Hille / Schneider / Großmann / Lensch

Elektro-Fachkunde 2

Energietechnik

Von Oberstudienrat Wilhelm Hille, Goslar
Studiendirektor Otto Schneider, Göttingen
Studiendirektor Klaus Großmann, Eutin
Oberstudienrat Knud Lensch, Eutin

3., neubearbeitete und erweiterte Auflage
mit 620 teils mehrfarbigen Bildern, 72 Tabellen,
58 Versuchen, 97 Beispielen und 534 Übungsaufgaben

B. G. Teubner Stuttgart 1991

Die Deutsche Bibliothek – CIP-Einheitsaufnahme

Elektro-Fachkunde. – Stuttgart : Teubner.

2. Energietechnik : mit 72 Tabellen, 58 Versuchen, 97 Beispielen und 534 Übungsaufgaben / Hille ... Von Wilhelm Hille ... – 3., neubearb. und erw. Aufl. – 1991
ISBN-13: 978-3-519-26806-2 e-ISBN-13: 978-3-322-87209-8
DOI: 10.1007/978-3-322-87209-8

Gesamtherstellung: Passavia Druckerei GmbH Passau
Umschlaggestaltung: Peter Pfitz, Stuttgart

Liebe Schüler,

der 2. Teil dieser Fachkunde schließt an den Grundlagenband 1 mit dem Stoff für die Fachstufen der energietechnischen Berufe nach den Lehrplänen der berufsbildenden Schulen an. Er berücksichtigt die Neuordnung der elektrotechnischen Industrie- und Handwerksberufe von 1987/88.

Auch in diesem Buch geht es nicht um reines „Einpauken", sondern um das Verstehen elektrischer Vorgänge. Deshalb legen wir besonderen Wert auf Versuche, aus denen Sie Erkenntnisse unmittelbar gewinnen. Die sich daraus ergebenden Gesetze und Formeln werden als „Rüstzeug" in Merkkästen zusammengefaßt. In technischen Berufen ist es wichtig, Zeichnungen lesen zu können. Sie stellen Vorgänge oft deutlicher dar als lange Beschreibungen. Deshalb finden Sie hier viele Informationsbilder, zu deren Verständnis Farben beitragen. Damit Sie das erworbene Wissen prüfen und festigen können, haben wir Übungsaufgaben aus der Praxis angefügt.

Der Inhalt wurde in der 3. Auflage nach neuen Gesichtspunkten geordnet. Neu sind die Abschnitte 10 (Digitale Schaltungstechnik), 11 (Automatisierungstechnik) und 14 (Antennen- und Blitzschutzanlagen). Der jüngste Stand der Technik und Normung wurde berücksichtigt. Fehler haben wir beseitigt. Soweit es uns sinnvoll erschien, haben wir Klarstellungen vorgenommen.

Anregungen und Hinweise von Lehrern und Schülern für die Weiterentwicklung unserer Fachkunde nehmen wir gern entgegen.

Sommer 1991 — Die Verfasser

Inhaltsverzeichnis

Seite

Seite

Seite

Seite

Seite

Hinweis auf DIN-Normen in diesem Werk entsprechen dem Stand der Normung bei Abschluß des Manuskripts. Maßgebend sind die jeweils neuesten Ausgaben der Normblätter des DIN Deutsches Institut für Normung e.V. im Format A4, Die durch die Beuth-Verlag GmbH, Berlin und Köln, zu beziehen sind. – Sinngemäß gilt das gleiche für alle in diesem Buch angezogenen amtlichen Richtlinien, Bestimmungen, Verordnungen usw.

1 Spule und Kondensator im Gleichstromkreis

1.1 Spule

1.1.1 Magnetfeld einer Spule

Wickeln wir einen Leiter zu einer wendelförmigen Spule auf, durchsetzen alle Feldlinien der einzelnen Spulenwindungen das Innere der Spule. Hierdurch wird die Feldliniendichte dort größer und das Feld mithin stärker als außerhalb der Spule, wie das Feldlinienbild **1**.1 zeigt.

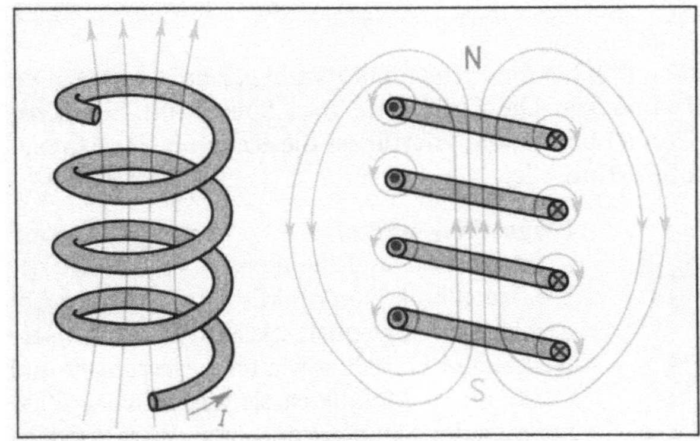

1.1 Entstehung des Magnetfelds einer Spule

1.2 Feldlinienbild des Magnetfelds einer Spule

Versuch 1.1 Über eine Spule mit vielen Windungen (z. B 600 Wdg.) wird wie in Bild **1**.2 ein passend ausgeschnittenes Kartonstück geschoben und durch die Spule Gleichstrom (etwa 2 A) geschickt. Streuen wir nun auf den Karton Eisenfeilspäne, ordnen sie sich ähnlich wie beim Stabmagneten. ■

Die Richtung des Spulenfelds können wir mit der Uhrzeigerregel bestimmen. Die Feldlinien aller Spulenwindungen haben demnach innerhalb der Spule den gleichen Richtungssinn und schließen sich zu einem gemeinsamen, alle Windungen umschließenden Feldlinienbündel zusammen. Die sich daraus ergebende Form des Spulenfelds ähnelt sehr dem Feld eines Stabmagneten (s. Elektro-Fachkunde 1). Die Pole liegen an den Stirnseiten der Spule.

Die magnetische Flußdichte von Spulen mit Eisenkern hängt von zwei Größen ab, nämlich von der Feldstärke $H = I \cdot N/l$ (wobei l die mittlere Feldlinienlänge und N die Windungszahl ist), und von der Permeabilitätszahl μ_r des Stoffs, der den vom Magnetfeld durchsetzten Raum ausfüllt.

Bild **1**.3 zeigt eine Magnetspule mit Eisenkern, in dem sich das Magnetfeld ausbildet.

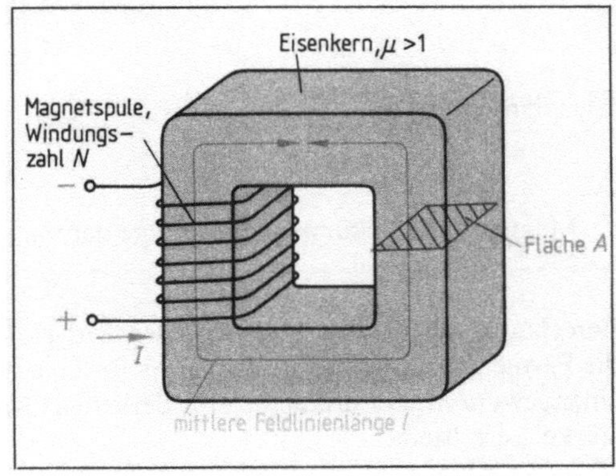

1.3 Einflußgrößen für die Magnetfeldbildung einer Magnetspule mit Eisenkern

Den Zusammenhang zwischen den drei genannten Größen drückt der folgende Satz aus:

Die Flußdichte B des Magnetfelds einer Spule steigt mit der Feldstärke H und mit der Permeabilitätszahl μ_r des im Magnetfeld vorhandenen Stoffs.

Magnetische Flußdichte $B = \mu_0 \cdot \mu_r \cdot H$ $\quad B$ in T $= \frac{\text{Vs}}{\text{m}^2}$ $\quad H$ in A/m, μ_r ohne Einheit

Die in der Formel verwendete Größe μ_0 ist die magnetische Feldkonstante, auch Induktionskonstante genannt. Sie hat den Wert

$$\mu_0 = \frac{4\pi}{10} \cdot 10^{-6} \frac{\text{Vs}}{\text{Am}} = 1{,}256 \cdot 10^{-6} \frac{\text{Vs}}{\text{Am}} = 1{,}256 \cdot 10^{-6} \frac{\text{Tm}}{\text{A}}.$$

Bei Eisen und anderen magnetischen Werkstoffen hat die Permeabilitätszahl μ_r keinen konstanten Wert, sondern ist von der Feldstärke H abhängig. Die Flußdichte B in Spulen mit Eisenkern können wir daher nicht mit der obigen Formel berechnen. Hierfür ist die Kenntnis der Magnetisierungskurve des betreffenden Werkstoffs erforderlich.

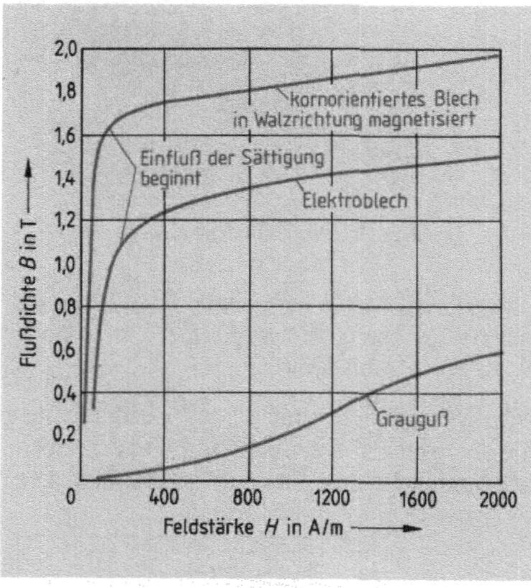

1.4 Magnetisierungskurven

Magnetisierungskurve. Die Permeabilitätszahl μ_r ist für Luft und die meisten Werkstoffe der Elektrotechnik, von praktisch belanglosen Abweichungen abgesehen, gleich 1. Nur für Eisen, Nickel und Kobalt sowie für Legierungen und Oxide dieser Metalle ist sie wesentlich größer. Sie hat jedoch keinen konstanten Wert, sondern nimmt infolge der magnetischen Sättigung mit zunehmender Feldstärke ab. Die Flußdichte können wir daher nicht mit der Formel $B = \mu_0 \cdot \mu_r \cdot H$ berechnen. Man ermittelt den Zusammenhang zwischen der Flußdichte B und der Feldstärke H durch Messung und stellt ihn in einem Kurvenschaubild dar. Es zeigt für den in Frage kommenden magnetischen Werkstoff die Abhängigkeit der Flußdichte B von der Feldstärke H. Ein solches Kurvenschaubild heißt Magnetisierungskurve (**1.4**). Magnetisierungskurven haben den typischen Verlauf von Sättigungskurven – sie sind gekrümmt.

Magnetisierungskurven sind infolge der magnetischen Sättigung gekrümmt.

Berechnung magnetischer Spulenfelder. Mit Hilfe der Magnetisierungskurve können wir sowohl die Permeabilitätszahl des Werkstoffs für eine bestimmte Feldstärke als auch die zur Erzeugung einer gewünschten Flußdichte erforderlichen Größen – also Feldstärke, Durchflutung und Stromstärke – ermitteln.

Beispiel 1.1 Flußdichte B und Permeabilitätszahl μ_r in einem Spulenkern aus geschichtetem Elektroblech sind für zwei Betriebsfälle zu ermitteln, für die Feldstärke $H_1 = 300$ A/m und für $H_2 = 1800$ A/m.

Lösung Für den Eisenkern aus Elektroblech entnehmen wir aus der Magnetisierungskurve in Bild 1.4

$$B_1 = 1{,}2\,\mathrm{T} = 1{,}2\,\frac{\mathrm{Vs}}{\mathrm{m}^2} \qquad B_2 = 1{,}5\,\mathrm{T} = 1{,}5\,\frac{\mathrm{Vs}}{\mathrm{m}^2}.$$

Durch Umstellen der Formel $B = \mu_0 \cdot \mu_r \cdot H$ erhält man für beide Fälle die Permeabilitätszahlen

$$\mu_{r1} = \frac{B_1}{\mu_0 \cdot H_1} = \frac{1{,}2\,\mathrm{Vs/m^2}}{1{,}256 \cdot 10^{-6}\,\mathrm{Vs/Am} \cdot 300\,\mathrm{A/m}} = \mathbf{3180}$$

$$\mu_{r2} = \frac{B_2}{\mu_0 \cdot H_2} = \frac{1{,}5\,\mathrm{Vs/m^2}}{1{,}256 \cdot 10^{-6}\,\mathrm{Vs/Am} \cdot 1800\,\mathrm{A/m}} = \mathbf{661}.$$

Die Ergebnisse in Beispiel 1.1 zeigen, daß bei zunehmender Magnetisierung des Eisens die Permeabilitätszahl μ_r stark zurückgeht, hier von 3180 auf 661. Größere Flußdichten erfordern im Sättigungsgebiet unverhältnismäßig große Feldstärken und damit auch höhere Stromstärken. Im Beispiel 1.1 erfordert die Zunahme der Flußdichte von 1,2 T auf 1,5 T in der gleichen Spule eine etwa sechsfache Durchflutung und damit etwa sechsfachen Strom.

1.1.2 Selbstinduktionswirkung einer Spule

Es soll untersucht werden, ob die Änderung des Magnetfelds einer Spule Rückwirkungen auf die Spule selbst hat. Der magnetische Fluß einer Spule läßt sich dadurch ändern, daß man den Strom ein- bzw. ausschaltet.

Einschalten einer Spule

Versuch 1.2 Das Glühlämpchen *1* und eine Spule mit Eisenkern legen wir über einen Schalter in Reihe an einer Batterie (**1.5**). Parallel dazu liegt das Lämpchen *2*, das durch einen in Reihe geschalteten Schiebewiderstand zunächst auf gleiche Helligkeit wie Lämpchen *1* eingestellt wird. Beim Schließen des Schalters leuchtet Lämpchen *2* sofort, Lämpchen *1* aber etwas später auf. Betreibt man die Spule ohne Eisenkern, leuchten beim Einschalten beide Lämpchen gleichzeitig auf. ■

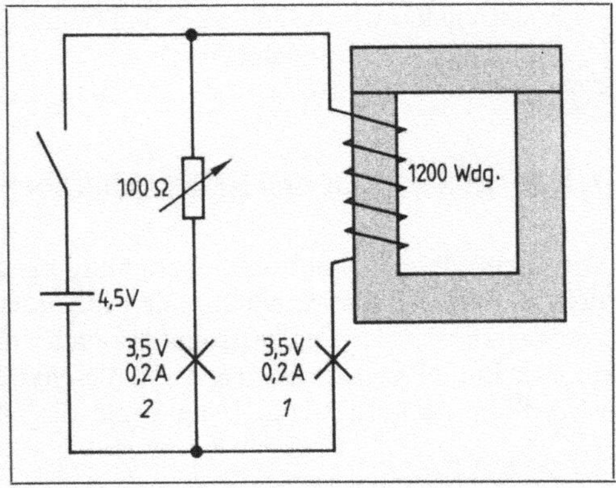

1.5 Selbstinduktionsspannung beim Einschalten einer Spule

Das verzögerte Aufleuchten des Lämpchens *1* ist auf eine in der Spule mit Eisenkern erzeugte und der angelegten Spannung entgegengesetzt gerichtete Selbstinduktionsspannung zurückzuführen. Diese entsteht beim Aufbau des Magnetfelds in der Spule und muß nach der Lenzschen Regel der angelegten Spannung entgegengesetzt gerichtet sein. Ohne Eisenkern ist das Magnetfeld der Spule zu schwach, um eine merkliche Selbstinduktionsspannung zu erzeugen.

Beim Einschalten des Spulenstroms entsteht eine Selbstinduktionsspannung, die der angelegten Spannung entgegenwirkt.

Ausschalten einer Spule

Versuch 1.3 Parallel zu einer Spule mit geschlossenem Eisenkern wird eine Glimmlampe für 230 V gelegt (**1.6**). Glimmlampen brauchen zur Zündung der Gasentladung eine Mindestspannung von etwa 150 V. Die

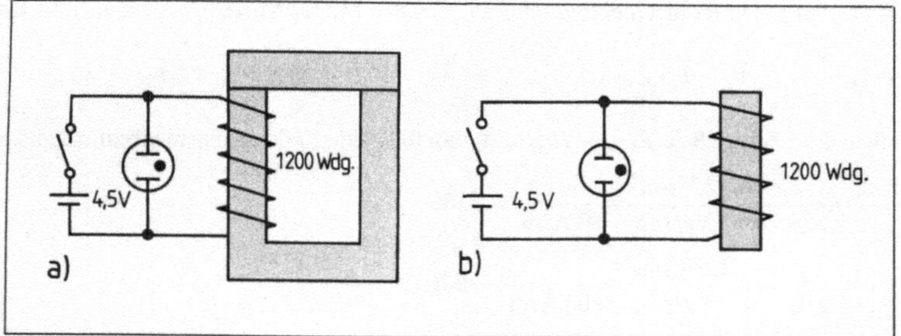

1.6
Selbstinduktionsspannung beim Ausschalten einer Spule
a) geschlossener Eisenkreis
b) offener Eisenkreis

230-V-Glimmlampe leuchtet beim Einschalten der 4,5-V-Batterie nicht auf, weil die Batteriespannung zu klein ist. Beim Ausschalten leuchtet sie jedoch einen Augenblick hell auf. Bei offenem Eisenkern ist nur ein schwaches Aufleuchten zu erkennen. ■

Offenbar entsteht bei Unterbrechung des Stromkreises eine kurze, hohe Selbstinduktionsspannung, die erheblich größer als die angelegte Spannung ist. Dieser „Spannungsstoß" entsteht durch das schnelle Zusammenbrechen des Magnetfelds beim Abschalten der Batterie. Ohne geschlossenen Eisenkern ist der Spannungsstoß, bedingt durch das dann schwächere Magnetfeld, viel kleiner.

Die Selbstinduktionsspannung muß die gleiche Richtung wie die angelegte Spannung haben, weil sie nach der Lenzschen Regel bestrebt ist, die Induktionsursache – hier das Verschwinden des Feldes – aufzuhalten. Sie ist bestrebt, den Strom in gleicher Richtung aufrechtzuerhalten.

Beim Ausschalten des Spulenstroms entsteht eine Selbstinduktionsspannung, die dieselbe Richtung hat wie die angelegte Spannung. Sie kann bei Spulen mit starken Magnetfeldern sehr große Werte annehmen.

1.1.3 Induktivität und Selbstinduktionsspannung

Die Größe der Selbstinduktionsspannung hängt von der Änderungsgeschwindigkeit des magnetischen Flusses in der Spule ab. Die Flußänderung hängt ihrerseits sowohl von der Änderungsgeschwindigkeit des Spulenstroms als auch von der Größe und Beschaffenheit der Spule ab. Der Einfluß von Spulengröße und -beschaffenheit auf die Höhe der Selbstinduktionsspannung wird durch die Induktivität L der Spule ausgedrückt.

Die Induktivität L einer Spule ist ein Maß für ihre Fähigkeit, eine Selbstinduktionsspannung zu erzeugen.

Einheit der Induktivität ist das Henry[1]) (H). 1 H = 1 Vs/A.

Eine Spule hat die Induktivität 1 H, wenn bei einer gleichmäßigen Änderung des Spulenstroms um 1 A je Sekunde (1 A/s) die Selbstinduktionsspannung 1 V induziert wird.

Die Induktivität L einer Spule ist um so größer, je größer die Windungszahl N, der Spulenquerschnitt A, die relative Permeabilität μ_r des Eisenkerns und je kleiner die Feldlinienlänge l sind.

Induktivität $$L = \frac{\mu_0 \cdot \mu_r \cdot N^2 \cdot A}{l}$$ L in Vs/A = H; A in m² l in m; $\mu_0 = 1{,}256 \cdot 10^{-6}$ Vs/Am

1) Joseph Henry, amerikanischer Naturforscher, 1797 bis 1878.

Die infolge einer Stromänderung entstehende Flußänderung ist um so größer, je größer die Windungszahl der Spule, je größer der Spulenquerschnitt, je kleiner die Feldlinienlänge und je größer die Permeabilität eines vorhandenen Eisenkerns sind. Von den genannten Spulendaten hat die Windungszahl einen besonders großen Einfluß auf die Selbstinduktionsspannung: Die doppelte Windungszahl hat einen doppelt so starken magnetischen Fluß zur Folge, der seine induzierende Wirkung wiederum auf die doppelte Windungszahl ausübt. Die Selbstinduktionsspannung ist daher bei der doppelten Windungszahl $2 \cdot 2 = 4$mal so groß. Sie steigt also mit dem Quadrat der Windungszahl.

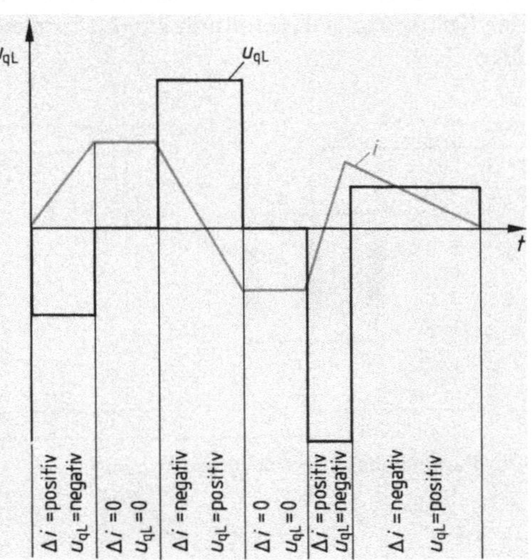

1.7 Zeitlicher Verlauf der Stromstärke I und der Selbstinduktionsspannung U_{qL}

Die Größe der Selbstinduktionsspannung erhält man mit der Formel:

Selbstinduktionsspannung $U_{qL} = -L \dfrac{\Delta I}{\Delta t}$

ΔI in A $\quad U_{qL}$ in V $\quad \Delta t$ in s

Die Bedeutung des Minuszeichens ergibt sich aus der Lenzschen Regel, denn bei Stromzunahme (ΔI positiv) ist die Selbstinduktionsspannung dem Strom entgegengerichtet, bei Stromabnahme (ΔI negativ) dagegen gleichgerichtet (**1**.7).

Beispiel 1.2 Wie groß ist die in einer Spule mit der Induktivität 1,8 H erzeugte Selbstinduktionsspannung, wenn die Stromstärke in 50 ms gleichmäßig von 3,8 A auf 2,4 A vermindert wird?

Lösung $U_{qL} = -L \dfrac{\Delta I}{\Delta t} = -1{,}8\,\text{H}\, \dfrac{2{,}4\,\text{A} - 3{,}8\,\text{A}}{50 \cdot 10^{-3}\,\text{s}} = \mathbf{50{,}4\,V}$

1.1.4 Schaltung von Induktivitäten

Die Reihenschaltung von Induktivitäten bedeutet eine Vergrößerung der Gesamtinduktivität. Diese ist gleich der Summe aller Einzelinduktivitäten der in Reihe geschalteten Spulen (**1**.8).

Gesamtinduktivität

$L = L_1 + L_2 + L_3 + \cdots$

Bei n gleichen Induktivitäten L_1 gilt

$L = n \cdot L_1$.

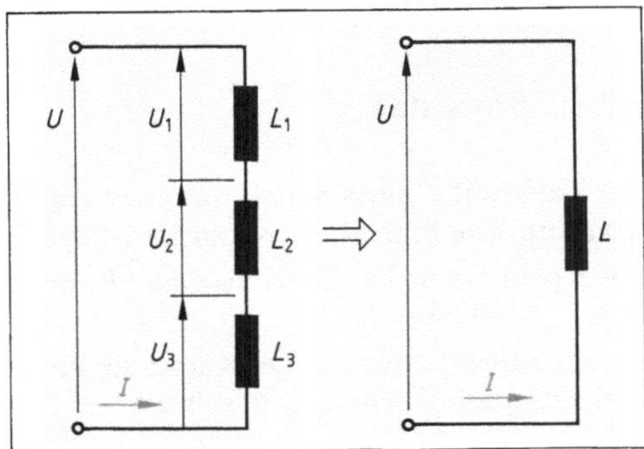

1.8 Reihenschaltung von Induktivitäten

Dieser Zusammenhang gilt streng genommen nur, wenn der Wirkwiderstand R_w der Spulen vernachlässigbar klein ist und die Spulen magnetisch völlig entkoppelt sind.

Beispiel 1.3 Wie groß ist die Gesamtinduktivität bei vier in Reihe geschalteten Induktivitäten $L_1 = 340$ mH, $L_2 = 230$ mH, $L_3 = 180$ mH, $L_4 = 280$ mH?

Lösung $L = L_1 + L_2 + L_3 + L_4$

$L = 340\text{ mH} + 230\text{ mH} + 180\text{ mH} + 280\text{ mH} = \mathbf{1030\text{ mH} = 1{,}03\text{ H}}$

Die Parallelschaltung von Induktivitäten bedeutet eine Verminderung der Gesamtinduktivität. Der Kehrwert der Gesamtinduktivität ist gleich der Summe der Kehrwerte der Einzelinduktivitäten (**1.9**).

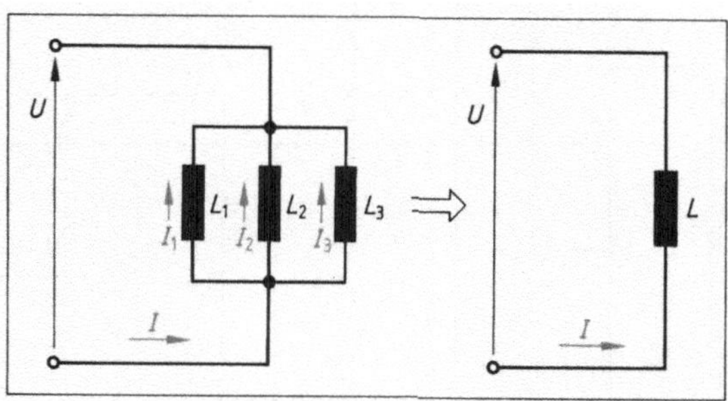

1.9 Parallelschaltung von Induktivitäten

Kehrwert der Gesamtinduktivität

$$\frac{1}{L} = \frac{1}{L_1} + \frac{1}{L_2} + \frac{1}{L_3} + \cdots$$

Bei n gleichen Induktivitäten L_1 gilt

$$L = \frac{L_1}{n}.$$

Auch für diese Formel gilt, was schon für die Reihenschaltung angemerkt wurde.

Beispiel 1.4 Wie groß ist die Gesamtinduktivität bei drei parallelgeschalteten Induktivitäten $L_1 = 340$ mH, $L_2 = 180$ mH, $L_3 = 250$ mH?

Lösung

$$\frac{1}{L} = \frac{1}{L_1} + \frac{1}{L_2} + \frac{1}{L_3} = \frac{1}{340\text{ mH}} + \frac{1}{180\text{ mH}} + \frac{1}{250\text{ mH}}$$

$$\frac{1}{L} = 0{,}002941\,\frac{1}{\text{mH}} + 0{,}00556\,\frac{1}{\text{mH}} + 0{,}00357\,\frac{1}{\text{mH}} = 0{,}01207\,\frac{1}{\text{mH}}$$

$$L = \frac{1}{0{,}01207\,\frac{1}{\text{mH}}} \approx \mathbf{82{,}85\text{ mH}}$$

1.2 Kondensator

1.2.1 Kapazität

Die Kapazität C eines Kondensators ist ein Maß für seine Fähigkeit, eine elektrische Ladung zu speichern. Die Einheit der Kapazität ist das Farad[1]) (F). 1 F = 1 As/V.

Ein Kondensator hat die Kapazität 1 F, wenn er bei der angelegten Spannung 1 V die Ladung 1 C = 1 As aufnimmt.

Da ein Kondensator mit der Kapazität 1 F sehr groß ist, benutzt man meist folgende Teile der Einheit Farad (s. Anhang, Tabelle 2):

[1]) Farad nach Michael Faraday, englischer Naturforscher, 1791 bis 1867

$$\text{Mikrofarad:}\quad 1\,\mu F = \frac{1}{1\,000\,000}\,F = \frac{1}{10^6}\,F = 10^{-6}\,F$$

$$\text{Nanofarad:}\quad 1\,nF = \frac{1}{1\,000\,000\,000}\,F = \frac{1}{10^9}\,F = 10^{-9}\,F$$

$$\text{Picofarad:}\quad 1\,pF = \frac{1}{1\,000\,000\,000\,000}\,F = \frac{1}{10^{12}}\,F = 10^{-12}\,F$$

Dielektrizitätskonstante. Die Kapazität eines Kondensators ist um so größer, je größer die sich gegenüberstehenden Plattenflächen sind und je kleiner der Plattenabstand ist. Befindet sich zwischen den Platten als Dielektrikum statt Luft ein anderer Stoff, wird die Kapazität ebenfalls erhöht. Die kapazitätserhöhende Wirkung des Dielektrikums wird durch seine Dielektrizitätszahl ε_r (griechisch Epsilon) gekennzeichnet.

> Die Dielektrizitätszahl ε_r eines Stoffs gibt an, um wieviel sich die Kapazität eines Kondensators erhöht, wenn statt Luft der betreffende Stoff als Dielektrikum dient.

Für Luft – genauer für das Vakuum – ist $\varepsilon_r = 1$. Einige gebräuchliche Dielektrika haben folgende Dielektrizitätszahlen:

Luft	1,0006	Papier	4 bis 6	Aluminiumoxid	8	Kunststoffe	2,5 bis 5
Glas	5 bis 16	Glimmer	7	Tantalpentoxid	25	keramische Dielektrika	bis 10000

Die kapazitätserhöhende Wirkung des Dielektrikums beruht auf der Polarisation seiner Atome im elektrischen Feld durch Influenz. Je leichter sich ein Dielektrikum polarisieren läßt, um so größer ist seine kapazitätserhöhende Wirkung und damit seine Dielektritätszahl. Das Dielektrikum rückt gleichsam die ungleichartigen Ladungen der sich gegenüberstehenden Platten näher aneinander. Dies hat also die gleiche Wirkung wie die Verringerung des Plattenabstands: Die Kapazität wird erhöht.

> Die Kapazität C eines Kondensators ist um so größer, je größer die sich gegenüberstehenden Plattenoberflächen A, je kleiner der Plattenabstand d und je größer die Dielektrizitätszahl ε_r des Dielektrikums sind.
>
> Kapazität $$C = \frac{\varepsilon_0 \cdot \varepsilon_r \cdot A}{d}$$ C in $F = \frac{As}{V}$, A in m^2, d in m, ε_r ohne Einheit

Die in der Formel verwendete Größe ε_0 ist die elektrische Feldkonstante. Sie hat den Wert

$$\varepsilon_0 = 8{,}86 \cdot 10^{-12}\,\frac{As}{Vm}.$$

1.2.2 Ladung und Feldstärke

Ladung. Sowohl beim Lade- als auch beim Entladevorgang eines Kondensators wird eine bestimmte Elektronenmenge, auch Ladung oder Elektrizitätsmenge genannt, durch die Zuleitung bewegt. Die in einer bestimmten Zeit durch irgendeinen Leiterquerschnitt bewegte Ladung Q ist um so größer, je größer die Stromstärke I und je größer die Zeitdauer t ist.

Ladung	$Q = I \cdot t$	I in A t in s Q in As
Für 1 As (Amperesekunde) wird auch der besondere Einheitenname Coulomb[1]) (C) benutzt. Es ist also 1 C = 1 As.		

Die Größe der beim Lade- bzw. Entladevorgang eines Kondensators durch die Zuleitung bewegten Ladung hängt aber auch von der angelegten Spannung und Kapazität des Kondensators ab.

Die beim Lade- und Entladevorgang bewegte Ladung Q wächst im gleichen Verhältnis wie die angelegte Spannung U und die Kapazität C des Kondensators.

Ladung	$Q = U \cdot C$	U in V C in F = As/V Q in C = As

Elektrische Feldstärke. Beim geladenen Kondensator bildet sich zwischen den Belägen ein elektrisches Feld aus. Für die Beschreibung des elektrischen Feldes verwendet man u. a. die elektrische Feldstärke E. Sie ist um so größer, je höher die Spannung U zwischen zwei elektrisch geladenen Körpern (z. B. Leitungen) und je geringer deren Abstand und damit die Feldlinienlänge l sind.

Elektrische Feldstärke	$E = \frac{U}{l}$	U in V l in m E in V/m

Die elektrische Feldstärke gibt demnach an, wie groß die Spannung je Längeneinheit (m) der elektrischen Feldlinien ist.

1.2.3 Lade- und Entladevorgang

Versuch 1.4 Einen Kondensator mit der Kapazität $C = 2\ \mu F$ können wir durch einen Umschalter (Ausgangsstellung 0) an eine veränderbare Gleichspannung U legen (Stellung 1) und dann kurzschließen (Stellung 2, in Bild 1.10). Der Zeiger des als Ladungsmesser mit beidseitigem Ausschlag (Nullpunkt in der Skalenmitte) verwendeten Spannungsmessers schlägt kurzzeitig aus, wenn man den Kondensator in Schalterstellung 1 auflädt. Wird der Kondensator jetzt nach Umlegen des Schalters in Stellung 2 entladen, schlägt der Zeiger des Ladungsmessers wieder kurzzeitig aus, und zwar um den gleichen Betrag, jedoch in entgegengesetzter Richtung. Bei doppelt so großer Spannung ist der Zeigerausschlag ebenfalls verdoppelt, bei dreifacher Spannung verdreifacht usw.

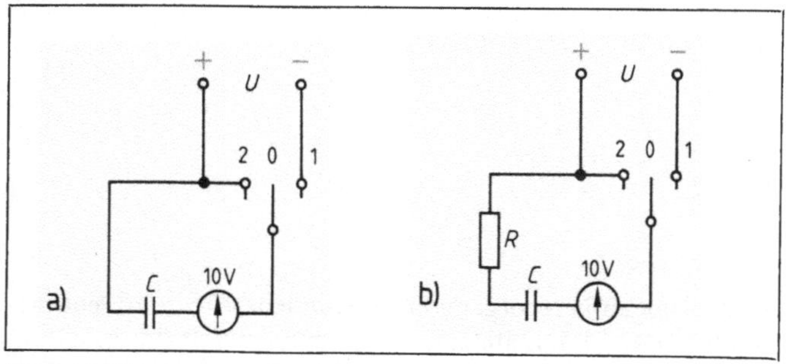

1.10 Laden und Entladen eines Kondensators an einer Gleichspannungsquelle, und zwar a) ohne, b) mit Widerstand R im Kondensatorstromkreis

[1]) Charles-Augustin Coulomb, französischer Naturforscher, 1736 bis 1806.

Beim Wiederholen des Versuchs mit einem Kondensator von 4 µF erhalten wir bei gleich großer Spannung den doppelten Aufschlag gegenüber dem Kondensator von 2 µF. Ein Kondensator von 6 µF bewirkt den dreifachen Zeigerausschlag usw.

Legt man nacheinander einen Widerstand von 1 und 2 MΩ in den Kondensatorstromkreis, wird der Zeigerausschlag des Ladungsmessers kleiner, dauert aber länger. ■

Laden. Der Zeigerausschlag des im Versuch **1**.4 als Ladungsmesser verwendeten Spannungsmessers ist ein Maß für die Größe der bei der Aufladung des Kondensators von dem einen Belag abgezogenen und dem anderen Belag zugeführten Elektronenmenge, also der Ladung des Kondensators. Die Aufladung des Kondensators ist beendet, wenn er die gleiche Spannung erreicht hat wie der angeschlossene Spannungserzeuger. Dann kann nämlich kein Ladestrom mehr fließen, da beide Spannungen gleich groß und entgegengesetzt gerichtet sind.

Entladen. Der von der Spannungsquelle abgetrennte Kondensator bleibt geladen und ist nun seinerseits in der Lage, einen Entladestrom in entgegengesetzter Richtung durch den Stromkreis zu treiben.

> Der Kondensator sperrt Gleichstrom. Beim Anlegen einer Gleichspannung entsteht lediglich ein kurzer Ladestromstoß, beim Entladen ein kurzer Entladestromstoß. Lade- und Entladestrom haben entgegengesetzte Richtungen.

Versuch 1.4 zeigt ferner, daß der Lade- und Entladevorgang bei gleicher Ladung $Q = U \cdot C$ länger dauern, wenn der Lade- und Entladestrom durch einen Widerstand begrenzt werden. Diese Beobachtung bestätigt die Richtigkeit der Formel $Q = I \cdot t$.

Zeitkonstante. Aus dem Versuch 1.4 sehen wir, daß Lade- und Entladezeit bei der Reihenschaltung von Kondensator und Widerstand (oft als RC-Glied bezeichnet) mit der Kapazität des Kondensators und der Größe des Widerstands zunehmen.

Bild **1**.11 zeigt die zeitliche Zunahme der Kondensatorspannung U_C im Verlauf der Ladung (Ladekennlinie). Die mit fortschreitender Ladezeit flacher werdende Kurve läßt erkennen, daß die Kondensatorspannung während der Ladung immer weniger wächst. Dies erklärt sich aus der während der Ladung zunehmenden Kondensatorspannung U_C, die der angelegten Spannung U entgegenwirkt. Dadurch wird die wirksame Ladespannung $U - U_C$ und damit der Ladestrom immer kleiner.

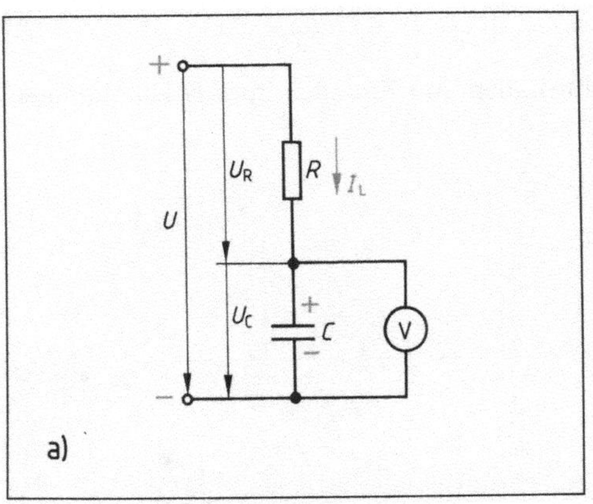

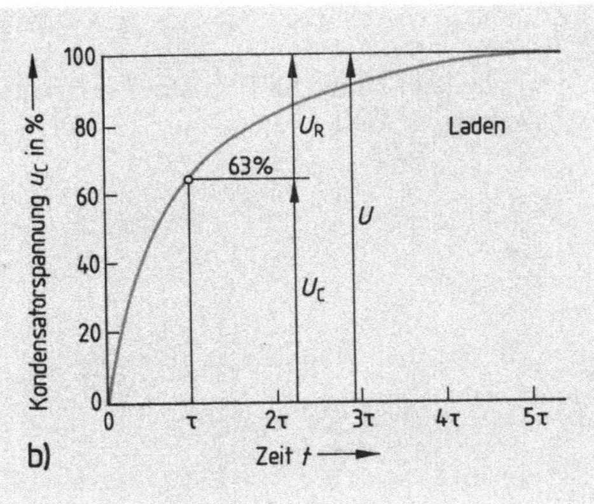

1.11 Laden eines Kondensators über einen Widerstand R

a) Schaltung, b) Verlauf der Kondensatorspannung U_C (τ Zeitkonstante)

Die Entladekurve **1**.12 zeigt uns, daß die Kondensatorspannung zuerst schnell und im weiteren Verlauf der Entladung immer langsamer absinkt. Wäre es möglich, die Aufladung bis zur Beendigung mit der wirksamen Spannung U – also mit gleichbleibendem Ladestrom I durchzuführen –, ergäbe sich die Ladezeit t aus den Formeln $Q = U \cdot C$ und $Q = I \cdot t$ wie folgt:

$$I \cdot t = U \cdot C \quad \text{und daraus} \quad t = \frac{U}{I} \cdot C; \quad \text{mit} \quad \frac{U}{I} = R \quad \text{wird} \quad t = C \cdot R$$

Dieser Zeitwert t für die Ladung wird als Zeitkonstante τ (griechisch tau) bezeichnet.

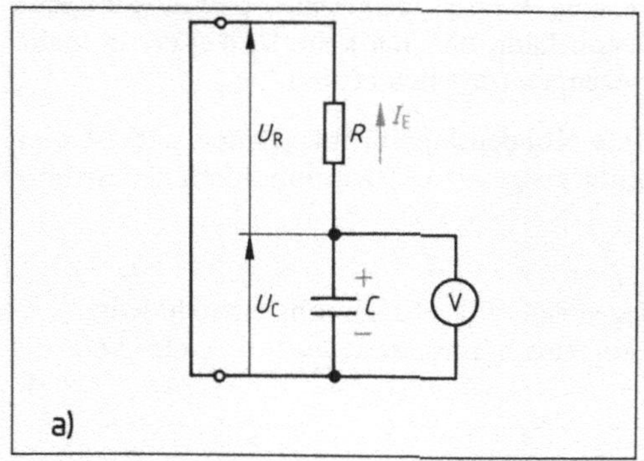

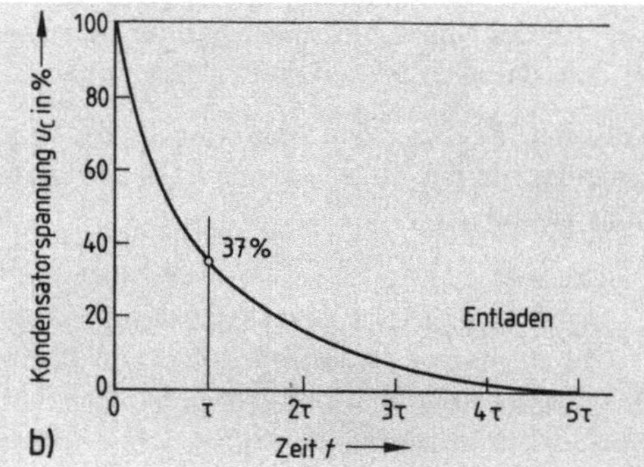

1.12 Entladen eines Kondensators über einen Widerstand R
a) Schaltung, b) Verlauf der Kondensatorspannung U_C

Durch den oben beschriebenen und aus den Lade- und Entladekennlinien ersichtlichen Verlauf von Ladung und Entladung wird deutlich, daß in der Zeit τ die Kondensatorspannung U_C während der Ladung auf 63% angestiegen bzw. während der Entladung auf 37% der vollen Ladespannung abgesunken ist. Lade- und Entladevorgang sind erst in der Zeit $5 \cdot \tau$ praktisch beendet.

Doch die Zeitkonstante ist nicht nur für den Spannungsverlauf, sondern auch für den Stromverlauf beim Laden und Entladen eines Kondensators von Bedeutung. In beiden Fällen hat der Strom zu Beginn seinen maximalen Wert und fällt während der Zeit τ auf 37% dieses Wertes ab. Nach $5\,\tau$ ist er in beiden Fällen praktisch gleich Null.

> Lade- und Entladevorgang sind nach $5\,\tau$ praktisch beendet.

Tragen wir den Strom- und Spannungsverlauf beim Laden und Entladen in zwei Diagrammen auf, erhalten wir Bild **1**.13.

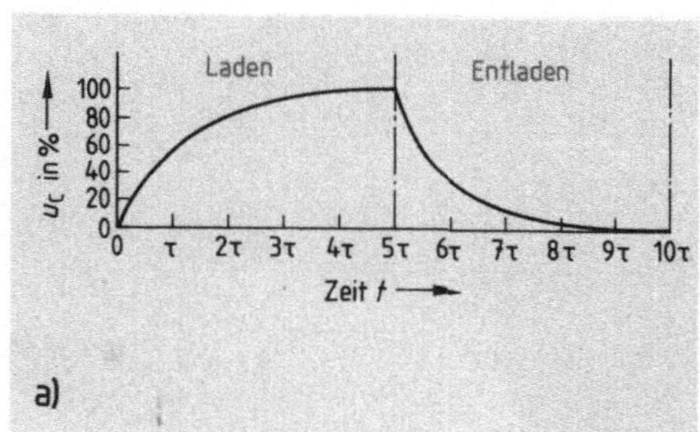

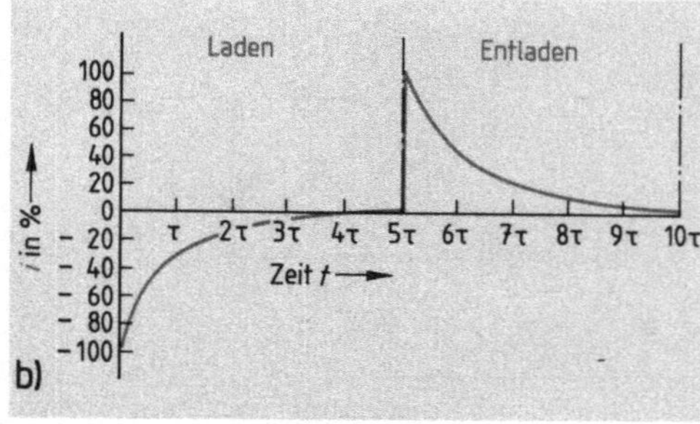

1.13 a) Spannungs- und b) Stromverlauf beim Laden und Entladen eines Kondensators

Die Zeitkonstante τ für ein RC-Glied gibt die Zeit an, in der beim Laden die Kondensatorspannungen U_C auf 63% der angelegten Spannung angestiegen bzw. beim Entladen auf 37% der vollen Ladespannung abgesunken ist.

Zeitkonstante $\tau = C \cdot R$ — C in F = As/V, τ in s, R in Ω = V/A

Beispiel 1.5 Ein Widerstand von 270 kΩ und ein Kondensator von 68 nF werden in Reihenschaltung an eine Gleichspannung gelegt. Wie groß ist die Zeitkonstante, und nach welcher Zeit ist der Kondensator praktisch aufgeladen?

Lösung $\tau = C \cdot R = 68 \cdot 10^{-9}\,\text{F} \cdot 270 \cdot 10^{3}\,\Omega = \mathbf{18{,}36\,ms}$

Ladezeit $= 5\,\tau = 5 \cdot 18{,}36\,\text{ms} = \mathbf{91{,}8\,ms}$

1.2.4 Schaltung von Kondensatoren

Parallelschaltung von Kondensatoren bedeutet eine Vergrößerung der Plattenoberfläche A bei gleichem Plattenabstand und bewirkt damit eine Kapazitätsvergrößerung (**1.14**). Die Gesamtkapazität ist gleich der Summe der Einzelkapazitäten aller parallelgeschalteten Kondensatoren.

Gesamtkapazität $C = C_1 + C_2 + C_3 + \cdots$

Bei n gleichen Kondensatoren C_1 gilt $C = n \cdot C_1$.

Beispiel 1.6 Wie groß ist die Gesamtkapazität C bei 4 parallelgeschalteten Kondensatoren $C_1 = 2\,\mu\text{F}$, $C_2 = 5\,\mu\text{F}$, $C_3 = 0{,}25\,\mu\text{F}$, $C_4 = 5{,}4\,\mu\text{F}$?

Lösung $C = C_1 + C_2 + C_3 + C_4$

$c = 2\,\mu\text{F} + 5\,\mu + 0{,}25\,\mu\text{F} + 5{,}4\,\mu\text{F} = \mathbf{12{,}65\,\mu F}$

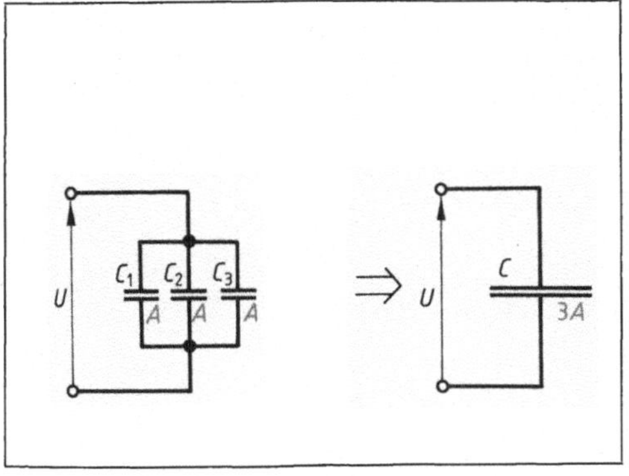

1.14 Parallelschaltung von Kondensatoren

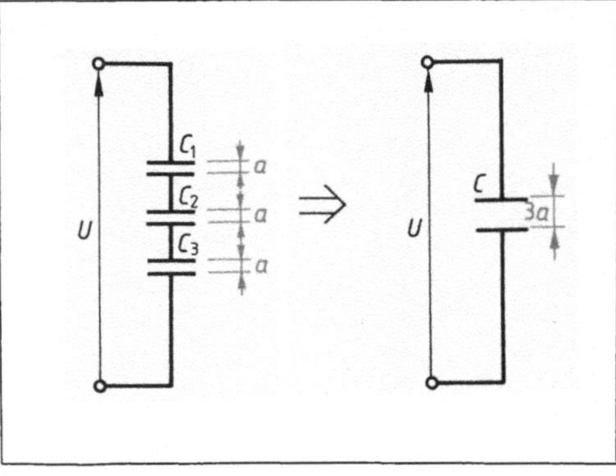

1.15 Reihenschaltung von Kondensatoren

Reihenschaltung von Kondensatoren wirkt sich wie eine Vergrößerung des Plattenabstands a bei gleicher Plattenoberfläche und damit wie eine Kapazitätsverminderung aus (**1.15**). Bei n gleich großen Kondensatoren C_1 wird der Plattenabstand als n-mal so groß und die Kapazität n-mal kleiner.

Bei n gleichen Kondensatoren C_1 ist die

Ersatzkapazität $C = \frac{C_1}{n}$.

Bei verschieden großen Kondensatoren erhält man den Kehrwert der Ersatzkapazität mit der Formel

$$\frac{1}{C} = \frac{1}{C_1} + \frac{1}{C_2} + \frac{1}{C_3} + \cdots$$

Beispiel 1.7 Wie groß ist die Ersatzkapazität C bei drei in Reihe geschalteten Kondensatoren $C_1 = 4\,\mu F$; $C_2 = 5\,\mu F$; $C_3 = 3\,\mu F$?

Lösung

$$\frac{1}{C} = \frac{1}{C_1} + \frac{1}{C_2} + \frac{1}{C_3} = \frac{1}{4\,\mu F} + \frac{1}{5\,\mu F} + \frac{1}{3\,\mu F} = \frac{15 + 12 + 20}{60}\frac{1}{\mu F} = \frac{47}{60}\frac{1}{\mu F}$$

$$C = \frac{60}{47}\,\mu F = \mathbf{1{,}28\,\mu F}$$

Übungsaufgaben zu Abschnitt 1

1. Welche Ursache hat die Entstehung einer Selbstinduktionsspannung in einer Spule?
2. In einer Spule soll eine große Selbstinduktionsspannung entstehen. Welche Maßnahmen sind zu ergreifen?
3. Welche elektrische Eigenschaft von Spulen wird durch die Induktivität ausgedrückt?
4. Von welchen Größen hängt die Stärke des Magnetfelds einer Spule ab?
5. Von welchen Größen hängt die Induktivität einer Spule ab? Wie ist die Einheit der Induktivität festgelegt?
6. Von welchen Einflußgrößen hängt die elektrische Feldstärke ab?
7. Worin besteht der Einfluß des Dielektrikums auf die Kapazität eines Kondensators?
8. Erläutern Sie den Lade- und Entladevorgang eines Kondensators anhand der Lade- bzw. Entladekurve.
9. Was versteht man unter der Kapazität eines Kondensators? Von welchen Größen hängt sie ab?
10. Wie groß ist die Ladung eines Kondensators von 10 µF, wenn er an 500 V angeschlossen ist?

2 Wechselstromschaltungen

2.1 Grundlagen

Wichtige Zusammenhänge der Wechselstromlehre wurden bereits in der Elektro-Fachkunde 1 behandelt. Hier sind die für die Wechselstromschaltungen grundlegenden Begriffe und Formeln noch einmal zusammengestellt.

2.1.1 Kenngrößen von Wechselspannung und Wechselstrom

Periodendauer und Frequenz. Wir erhalten aus der Periodendauer T einer Schwingung (**2.**1) die Frequenz der Wechselgröße. Die Frequenz f gibt die Anzahl der Perioden in der Zeiteinheit an.

Frequenz	$f = \frac{1}{T}$	f in Hz = 1/s T in s

Zeiger- und Liniendiagramm. Den zeitlichen Verlauf einer sinusförmigen Wechselgröße können wir sowohl mit dem Zeit- oder Liniendiagramm als auch vereinfacht mit dem Zeigerdiagramm darstellen (**2.**1).

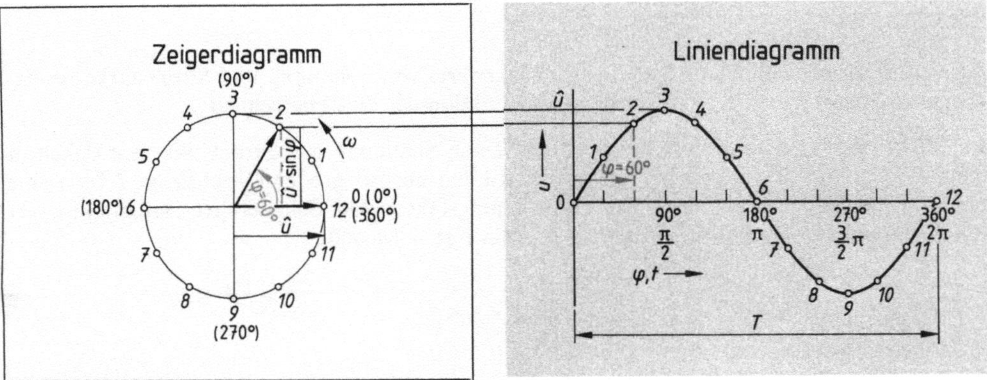

2.1 Zusammenhang zwischen Linien- und Zeigerdiagramm

Den Augenblicks- oder Zeitwert einer Wechselgröße erhält man durch Multiplizieren des Scheitelwerts mit dem Sinus des jeweiligen Phasenwinkels φ (**2.**1).

Augenblickswert der Spannung	$u = \hat{u} \cdot \sin\varphi$
Augenblickswert der Stromstärke	$i = \hat{i} \cdot \sin\varphi$

Bogenmaß. Es ist auch üblich, den Phasenwinkel im Bogenmaß φ_{rad} statt im Gradmaß φ_{grad} anzugeben. Man versteht darunter die zu dem betreffenden Winkel φ_{grad} gehörende Bogenlänge im Einheitskreis ($r = 1$). Da diese Bogenlänge φ_{rad} zum Umfang 2π des Einheitskreises im gleichen

Verhältnis steht wie φ_{grad} zu 360°, gilt die Verhältnisgleichung $\frac{\varphi_{rad}}{2\pi} = \frac{\varphi_{grad}}{360°}$. Daraus erhalten wir den

Phasenwinkel im Bogenmaß $\varphi_{rad} = \frac{2\pi}{360°} \varphi_{grad}$.	φ_{grad} in ° φ_{rad} ohne Einheit

Da die für den Augenblickswert der Wechselgröße geltende Zeit *t* zur Periodendauer *T* im gleichen Verhältnis steht wie der Phasenwinkel φ_{rad} zu 2π, gilt die Verhältnisgleichung $\frac{\varphi_{rad}}{2\pi} = \frac{t}{T}$. Damit ergibt sich der

Phasenwinkel im Bogenmaß $\varphi_{rad} = \frac{2\pi t}{T} = 2\pi f t$. Mit der Kreisfrequenz $\omega = 2\pi f$ ergibt sich $\varphi_{rad} = \omega t$.	*t* und *T* in s *f* in Hz = 1/s φ_{rad} ohne Einheit ω in 1/s

Mit der Kreisfrequenz ergeben sich die Augenblickswerte von Wechselspannung und Wechselstrom.

Augenblickswert der Spannung	$u = \hat{u} \cdot \sin \omega t$
Augenblickswert der Stromstärke	$i = \hat{i} \cdot \sin \omega t$

Mit diesen Formeln können wir die Augenblickswerte von Spannung und Stromstärke bei gegebener Frequenz *f* bzw. Kreisfrequenz ω als Funktion der Zeit *t* berechnen.

Der Effektivwert (Leistungsmittelwert) *U* bzw. *I* von Spannung und Stromstärke entwickelt in einem Widerstand *R* die gleiche Leistung *P* wie ein ebenso großer Gleichstrom *I* bzw. eine ebenso große Gleichspannung *U*. Der Umrechnungsfaktor vom Scheitelwert zum Effektivwert (Scheitelfaktor) hat bei Sinusform den Wert $\sqrt{2} = 1{,}41 = 1/0{,}707$.

Effektive Stromstärke	$I = 0{,}707\,\hat{i}$
Effektive Spannung	$U = 0{,}707\,\hat{u}$

2.1.2 Wechselstromwiderstände

Wirkwiderstand. In einem Wirkwiderstand *R* liegt der Strom mit der angelegten Spannung in Phase (2.2). Das Ohmsche Gesetz für den Wirkwiderstand lautet:

Stromstärke	$I = \frac{U}{R}$

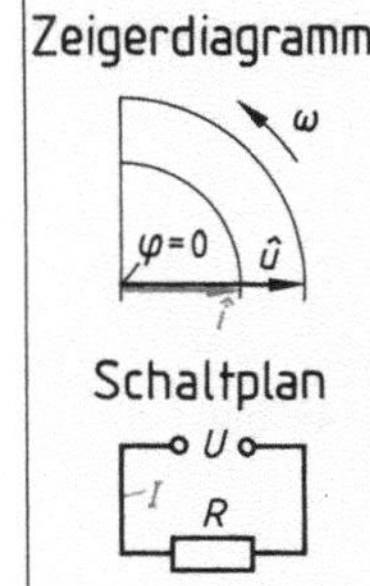

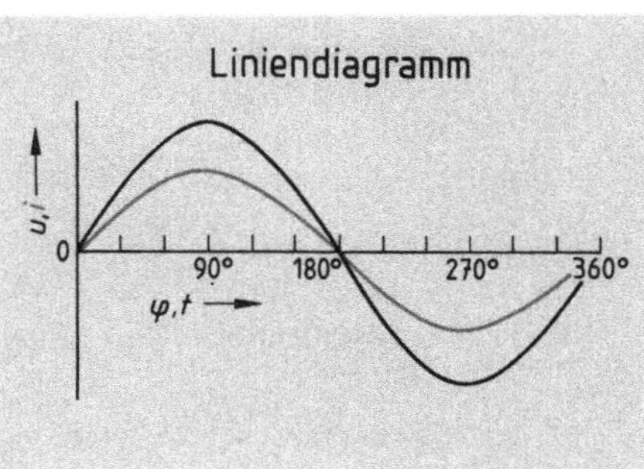

2.2 Wirkwiderstand an Wechselspannung

Eine verlustfreie Spule ($R = 0$) hat aufgrund der Selbstinduktionswirkung einen rein induktiven Blindwiderstand X_L, der im gleichen Verhältnis zunimmt wie die Induktivität L der Spule und die Frequenz f der angelegten Spannung (**2.4**).

Induktiver Widerstand $X_L = 2\pi f L$ Mit der Kreisfrequenz ω lautet die Formel $X_L = \omega L$ Ohmsches Gesetz für die verlustfreie Spule: **Stromstärke** $I = \frac{U}{X_L}$	X_L in Ω L in H = Vs/A f in Hz = 1/s ω in 1/s

In einem induktiven Widerstand eilt der Strom der angelegten Spannung um $\varphi = 90°$ nach (**2.3**).

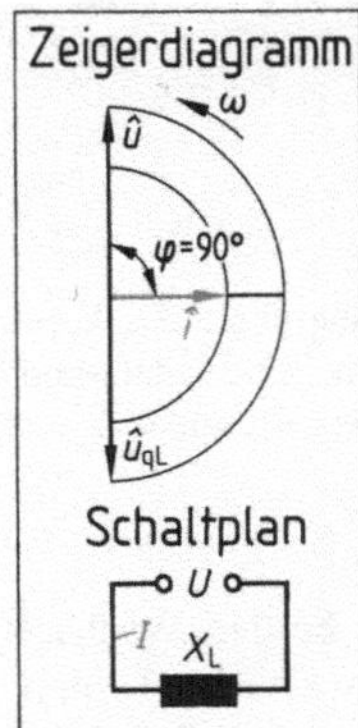

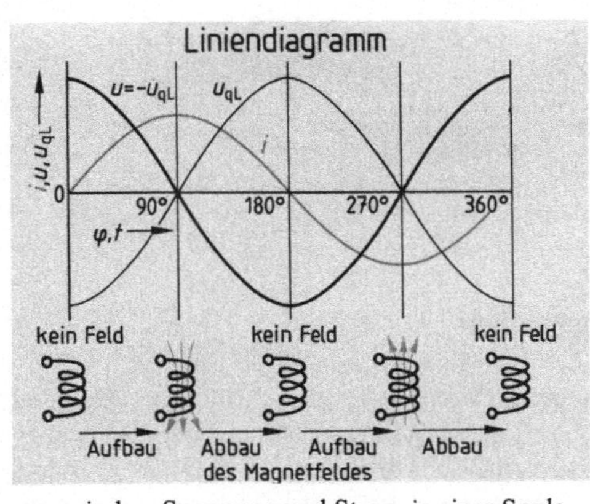

2.3 Phasenverschiebung zwischen Spannung und Strom in einer Spule mit rein induktivem Widerstand

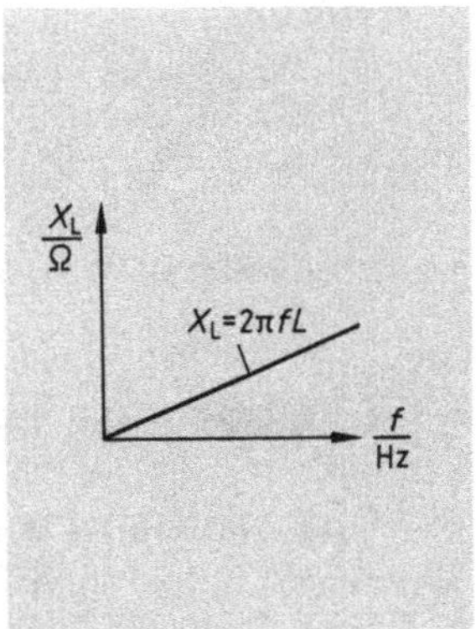

2.4 Abhängigkeit des induktiven Blindwiderstands von der Frequenz

Ein Kondensator wird im Takt der Frequenz der angelegten Spannung geladen und entladen. Die Stromstärke I nimmt im gleichen Verhältnis zu wie die Kapazität C des Kondensators und wie die Größe der angelegten Spannung U und deren Frequenz f. Es gilt $I = U \cdot 2\pi \cdot f \cdot C$ und daraus

$I = \frac{U}{\frac{1}{2\pi \cdot f C}}$. Hierin ist der Nenner der kapazitive Widerstand X_C (**2**.6).

Kapazitiver Widerstand	$X_C = \frac{1}{2\pi f C}$	
Mit der Kreisfrequenz $\omega = 2\pi f$ lautet die Formel:		
	$X_C = \frac{1}{\omega C}$	
Ohmsches Gesetz:		C in F = As/V X_C in Ω f in Hz = 1/s ω in 1/s
Stromstärke	$I = \frac{U}{X_C}$	

In einem kapazitiven Widerstand eilt der Strom der angelegten Spannung um $\varphi = 90°$ voraus (**2**.5).

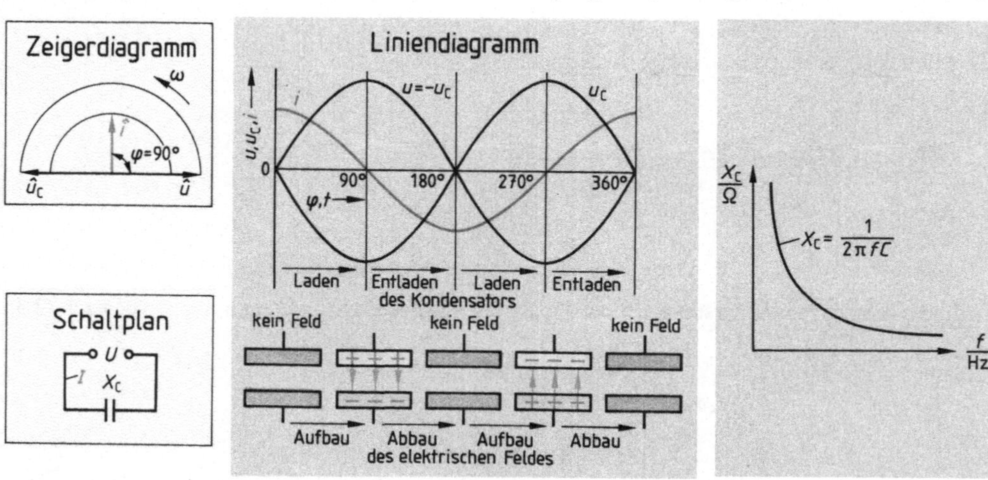

2.5 Kondensator an Wechselspannung

2.6 Abhängigkeit des kapazitiven Blindwiderstands von der Frequenz

2.1.3 Addition von Wechselgrößen

Sind zwei sinusförmige Wechselgrößen (z. B. zwei Wechselströme oder hier die beiden Wechselspannungen u_1 und u_2 aus Bild **2**.7) zu addieren, muß man ihre Augenblickswerte im Liniendiagramm Punkt für Punkt nach Größe und Vorzeichen addieren. So erhält man die Summenspannung u. Im Liniendiagramm dürfen auf diese Weise auch Wechselgrößen verschiedener Frequenz addiert werden.

Wechselgrößen beliebiger Frequenz werden addiert, indem man ihre Augenblickswerte im Liniendiagramm nach Größe und Vorzeichen addiert.

Sind die beiden zu addierenden Wechselgrößen sinusförmig und von gleicher Frequenz, hat die Summenkurve ebenfalls wieder Sinusform.

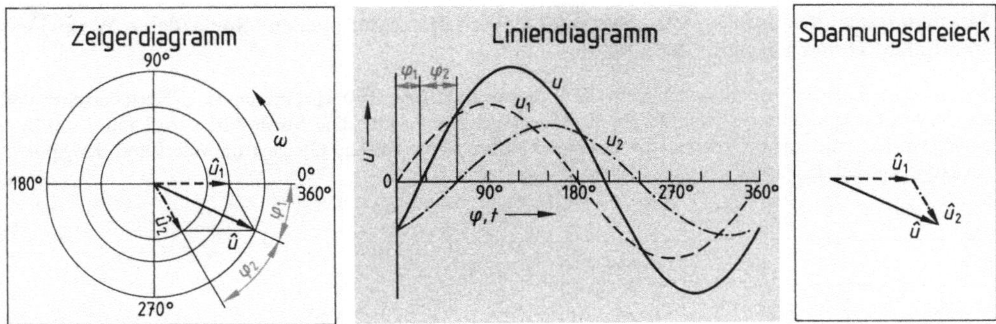

2.7 Addieren von zwei phasenverschobenen Wechselspannungen gleicher Frequenz im Zeigerdiagramm und Liniendiagramm

Geometrische Addition. Aus Bild **2.7** geht hervor, daß man die Addition zweier Wechselgrößen gleicher Frequenz einfacher im Zeigerdiagramm vornehmen kann, indem man die beiden zu addierenden Zeiger (hier $\hat{u}_1$ und $\hat{u}_2$) zu einem Parallelogramm ergänzt. Wie bei der Addition zweier Kräfte verschiedener Richtung erhält man den resultierenden Zeiger der Summengröße (hier $\hat{u}$) als Diagonale in diesem Parallelogramm. Die Addition gerichteter Größen unter Berücksichtigung von Größe und Richtung nennt man geometrische Addition.

> Sinusförmige Wechselgrößen gleicher Frequenz werden addiert, indem man ihre Zeiger geometrisch addiert, d.h. nach Größe und Richtung zusammensetzt.

Aus dem Zeigerdiagramm kann man das Spannungsdreieck in Scheitelwerten herauslösen (**2.7**). Wenn man die Seiten des Dreiecks durch den Scheitelfaktor $\sqrt{2} = 1{,}41$ dividiert, ergibt sich das Spannungsdreieck in Effektivwerten.

Beispiel 2.1 Zwei Spannungsquellen sind in Reihe geschaltet. Ihre Spannungen betragen $U_1 = 150$ V und $U_2 = 80$ V. Beide Spannungen sind bei gleicher Frequenz um $\varphi = 30°$ phasenverschoben. Wie groß ist die Summenspannung U?

Lösung Wir wählen einen beliebigen Spannungsmaßstab, z. B. 5 V ≙ 1 mm bzw. 5 V/mm. Die Längen der Effektivwertzeiger betragen $U_1 \mathrel{\widehat{=}} \frac{150\text{ V}}{5\text{ V/mm}} = 30$ mm und $U_2 \mathrel{\widehat{=}} \frac{80\text{ V}}{5\text{ V/mm}} = 16$ mm.

Nun konstruieren wir das Spannungsdreieck, indem wir beide Zeiger nach Größe und Richtung (also geometrisch) zur Gesamtspannung U addieren (**2.8**). Die Länge des Gesamtzeigers wird gemessen und mit dem gewählten Maßstab in den Effektivwert der Gesamtspannung umgewandelt. Hier ist

$U = 45\text{ mm} \cdot 5\text{ V/mm} = \mathbf{225\ V}.$

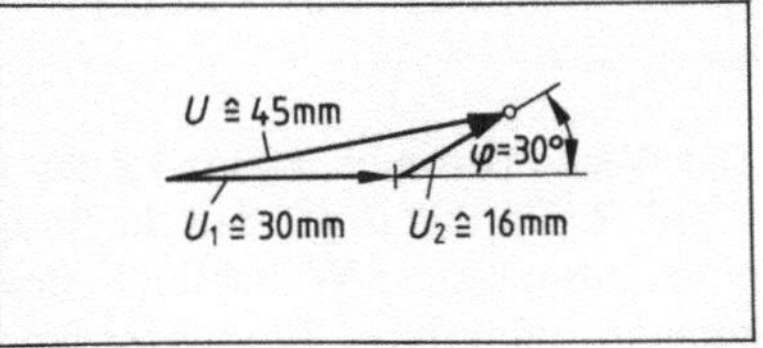

2.8 Spannungsdreieck

2.2 Spule im Wechselstromkreis

Mit dem folgenden Versuch betrachten wir das Verhalten einer „realen“ Spule, deren Wirkwiderstand nicht vernachlässigbar klein ist.

Versuch 2.1 Eine Experimentierspule mit der Windungszahl $N = 3600$ wird mit einem U-Kern versehen und an die Wechselspannung $U = 230$ V, $f = 50$ Hz angeschlossen (2.9). Die Stromstärke wird mit $I = 0{,}28$ A gemessen. Der mit einem Ohmmeter oder einer Meßbrücke gemessene Gleichstromwiderstand der Spulenwicklung beträgt $R = 150\ \Omega$. ■

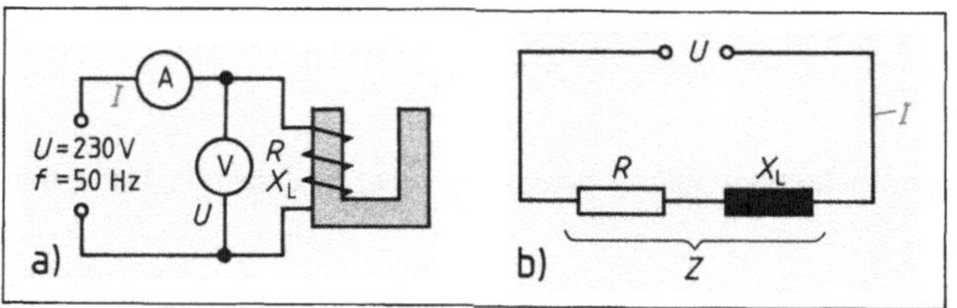

2.9
„Reale“ Spule an Wechselspannung
a) Versuchsschaltung
b) Ersatzschaltplan

Mit diesem Versuch erhalten wir aus der angelegten Spannung U und Stromstärke I den Wechselstromwiderstand der Spule. Er heißt Scheinwiderstand oder Impedanz Z. Demnach ist

$$Z = \frac{U}{I} = \frac{230\ \text{V}}{0{,}28\ \text{A}} = 821\ \Omega.$$

Der Scheinwiderstand Z ist der wirksame Wechselstromwiderstand der Spule.

Das Ohmsche Gesetz für den Wechselstromkreis läßt sich demnach durch die folgende Formel ausdrücken:

Stromstärke $$I = \frac{U}{Z}$$

Der mit einem Widerstandsmesser an Gleichspannung gemessene Widerstand der Spulenwicklung bewirkt auch im Wechselstromkreis die Entwicklung von Stromwärme. Man nennt den Wicklungswiderstand der Spule daher Wirkwiderstand R.

Der Wirkwiderstand R der Spule ist der wärmeerzeugende Widerstand der Spulenwicklung.

Der Wechselstromwiderstand Z der Spule ist im Versuch 2.1 beträchtlich größer als der Wirkwiderstand R. Daraus folgt, daß die Spule im Wechselstromkreis außer ihrem Wirkwiderstand noch einen zusätzlichen Widerstand entwickelt – den durch die Selbstinduktionswirkung hervorgerufenen induktiven Blindwiderstand oder kurz induktiven Widerstand X_L. Man nennt ihn auch induktive Reaktanz oder kurz Induktanz.

Der Wechselstromwiderstand Z einer Spule ist stets größer als ihr Wirkwiderstand R. Er setzt sich aus dem Wirkwiderstand R und dem induktiven Blindwiderstand X_L zusammen.

Man kann sich die Spule als Reihenschaltung aus dem Wirkwiderstand R und dem induktiven Widerstand X_L zusammengesetzt denken. In einer solchen Ersatzschaltung spielen sich die beschriebenen Vorgänge auf die gleiche Weise ab wie in der Spule selbst. Bild **2.**9b zeigt den zugehörigen Ersatzschaltplan, der bei der gedanklichen Klärung verwickelter Vorgänge oft verwendet wird.

Mit dem folgenden Versuch stellen wir die Phasenverschiebung fest, um die der Strom gegenüber der angelegten Spannung bei der realen Spule nacheilt.

Versuch 2.2 Die Experimentierspule aus Versuch 2.1 wird an ein Oszilloskop im Zweikanalbetrieb angeschlossen (**2.**10) und die Induktivität der Spule mit Hilfe eines verschiebbaren Jochs geändert. ■

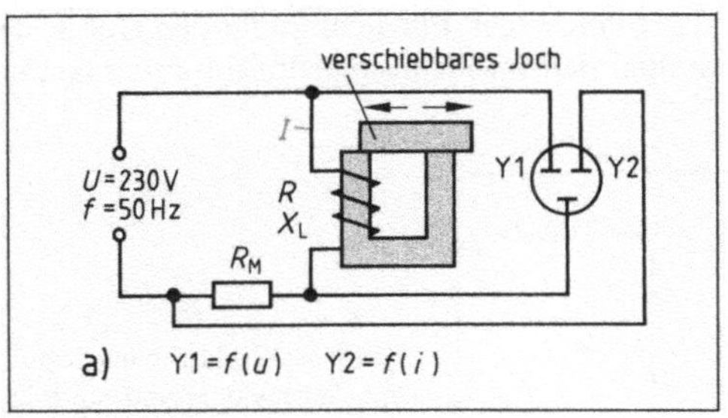

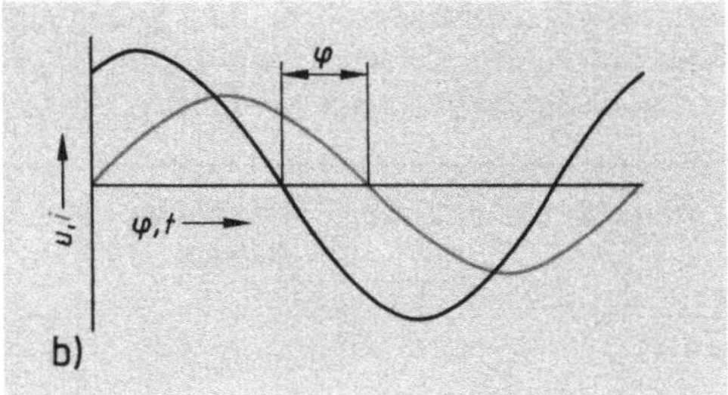

2.10 Phasenverschiebung bei einer Spule
a) Versuchsschaltung, b) Oszillogramm

Der Versuch zeigt, daß der Strom gegenüber der angelegten Spannung nacheilt, und zwar um so mehr, je größer die Induktivität L der Spule und damit ihr induktiver Blindwiderstand X_L gegenüber ihrem Wirkwiderstand R ist.

Hat die Spule einen so großen Wirkwiderstand R, daß dieser einen merklichen Wirkspannungsfall u_w hervorruft, ist eine zusätzliche Spannung u_w nötig, um auch diesen Spannungsfall aufzubringen (**2.**11). Die Wirkspannung u_w liegt mit dem Strom in Phase, da sie gleichzeitig mit dem Strom ihren Null- und Höchstwert hat.

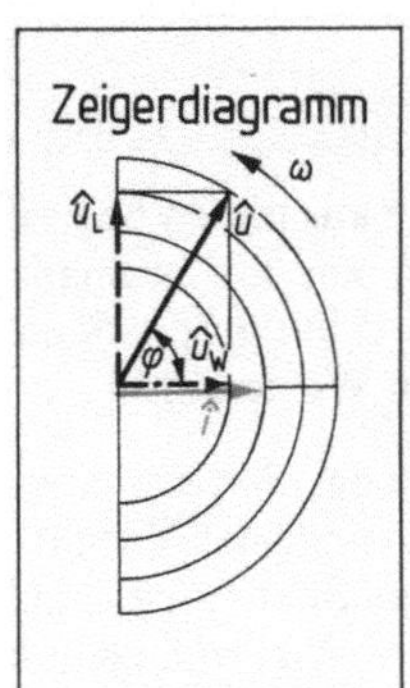

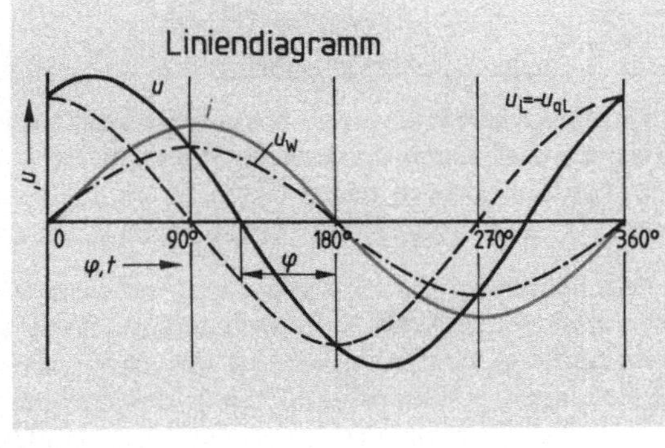

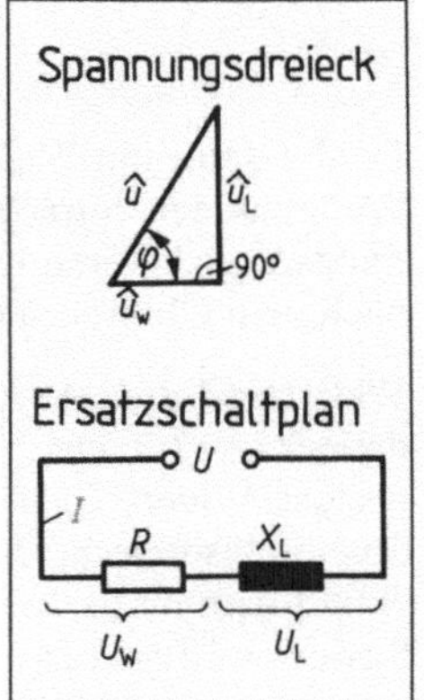

2.11 Phasenverschiebung zwischen Spannung und Strom in einer Spule mit Wirkwiderstand und induktivem Widerstand

Hinzu kommt die die Selbstinduktionsspannung u_{qL} überwindende induktive Blindspannung u_L. Sie eilt gegenüber der Wirkspannung u_w um 90° vor. Die an die Spule angelegte Spannung u erhält man durch Addition von u_w und u_L (s. Bild **2.**12). Gegenüber der ermittelten Spannung u hat der Strom i einen Phasenverschiebungswinkel φ, der kleiner ist als 90°.

In einer Spule mit dem Wirkwiderstand R und dem induktiven Widerstand X_L ist der Phasenverschiebungswinkel φ zwischen Strom i und angelegter Spannung u kleiner als 90°. Er ist um so größer, je größer X_L im Verhältnis zu R ist.

Spannungsdreieck. Aus dem Zeigerdiagramm kann man die Spannungen als Spannungsdreieck herauslösen (**2**.11). Darin sind die Spannungen noch mit ihren Scheitelwerten enthalten. Wenn man die Seiten des Dreiecks durch den Scheitelfaktor 1,41 dividiert, erhält man das Spannungsdreieck in Effektivwerten (**2**.12b). Als rechtwinkliges Dreieck gestattet es die Anwendung des Pythagoreischen Lehrsatzes: In einem rechtwinkligen Dreieck ist der Flächeninhalt des Quadrats über der Hypothenuse (U in Bild **2**.12b) gleich der Summe der Flächeninhalte der Quadrate über den beiden Katheten (dort U_w und U_L). Zwischen den im Spannungsdreieck miteinander verbundenen Spannungen gilt daher

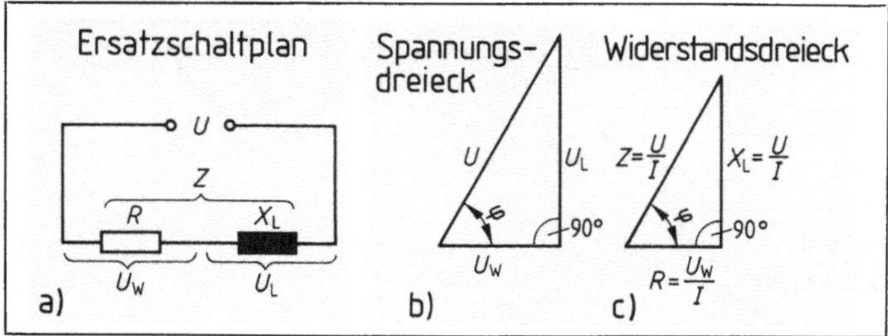

2.12 Ersatzschaltplan einer Spule mit Wirkwiderstand und induktivem Widerstand (a), Entstehung des zugehörigen Widerstandsdreiecks (c) aus dem Spannungsdreieck (b)

$$U^2 = U_w^2 + U_L^2$$

Mit Hilfe der Winkelfunktionen erhält man ferner folgenden Zusammenhang zwischen dem Phasenverschiebungswinkel φ und den Spannungen:

$$\cos\varphi = \frac{U_w}{U} \qquad \sin\varphi = \frac{U_L}{U}$$

Da die Spule mit Wirk- und induktivem Widerstand wie eine Reihenschaltung aus diesen beiden Widerständen betrachtet werden darf, durch die derselbe Strom I fließt, kann man die im Spannungsdreieck veranschaulichten Spannungen durch diesen Strom dividieren. Man erhält dann nach dem Ohmschen Gesetz die zu den betreffenden Spannungen gehörenden Widerstände.

Widerstandsdreieck. Aus dem Spannungsdreieck gewinnt man auf diese Weise das Widerstandsdreieck (**2**.12c). Der Phasenverschiebungswinkel φ ist darin unverändert erhalten, da das Verhältnis der Widerstände zueinander das gleiche ist wie das der entsprechenden Spannungen im Spannungsdreieck. Die Hypotenuse des Widerstandsdreiecks stellt den aus dem Wirkwiderstand R und dem induktiven Widerstand X_L gebildeten wirksamen Gesamtwiderstand der Spule, den Scheinwiderstand Z, dar.

Zwischen den im Widerstandsdreieck miteinander verbundenen Widerständen gilt ferner nach dem Lehrsatz des Pythagoras:

$$Z^2 = R^2 + X_L^2$$

Mit Hilfe der Winkelfunktionen erhält man zwischen dem Phasenverschiebungswinkel φ und den Widerständen den Zusammenhang

$$\cos\varphi = \frac{R}{Z} \qquad \sin\varphi = \frac{X_L}{Z}$$

Nach dem Ohmschen Gesetz ergibt sich ferner:

Wirkspannung	$U_w = I \cdot R$
induktive Blindspannung	$U_L = I \cdot X_L$

Beispiel 2.2 Eine Spule nimmt an der Gleichspannung $U_{-} = 12$ V den Strom $I_{-} = 0{,}5$ A auf. Bei der Wechselspannung $U\sim = 230$ V mit der Frequenz $f = 50$ Hz fließt der Wechselstrom $I\sim = 4{,}2$ A. Wie groß sind die Widerstände R, Z und X_L, die Induktivität L, der Phasenverschiebungswinkel φ zwischen Spannung und Strom sowie die Wirkspannung U_w und die induktive Blindspannung U_L?

Lösung Wirkwiderstand $R = \frac{U_{-}}{I_{-}} = \frac{12\text{ V}}{0{,}5\text{ A}} = \mathbf{24\ \Omega}$

Scheinwiderstand $Z = \frac{U\sim}{I\sim} = \frac{230\text{ V}}{4{,}2\text{ A}} = \mathbf{55\ \Omega}$

Den induktiven Widerstand X_L erhält man mit Hilfe der Formel $Z^2 = R^2 + X_L^2$. Subtrahiert man auf beiden Seiten R^2 und zieht anschließend auf beiden Seiten der Gleichung die Wurzel, ergibt sich $X_L = \sqrt{Z^2 - Z^2} = \sqrt{(55\ \Omega)^2 - (24\ \Omega)^2} = \mathbf{49{,}5\ \Omega}$.

$$L = \frac{X_L}{2\pi f} = \frac{49{,}5\ \Omega}{2\pi \cdot 50\text{ Hz}} = \mathbf{0{,}158\ H}$$

Aus dem Widerstandsdreieck **2**.12c erhält man $\cos\varphi = \frac{R}{Z} = \frac{24\ \Omega}{55\ \Omega} = 0{,}436$ und daraus $\varphi = \mathbf{64°}$.

Ferner findet man $U_w = I \cdot R = 4{,}2\text{ A} \cdot 24\ \Omega = \mathbf{101\ V}$ und $U_L = I \cdot X_L = 4{,}2\text{ A} \cdot 49{,}5\ \Omega = \mathbf{208\ V}$.

Probe $U^2 = U_w^2 + U_L^2$, also $U = \sqrt{U_w^2 + U_L^2} = \sqrt{(101\text{ V})^2 + (208\text{ V})^2} \approx 230$ V.

Wirkstrom und Blindstrom. Manchmal ist es zur Klärung der Vorgänge im Spulenstromkreis vorteilhaft, sich den Spulenstrom I in zwei Teilströme zerlegt zu denken. Der eine Stromanteil, Wirkstrom I_w genannt, liegt mit der angelegten Spannung U in Phase. Er überträgt im Stromkreis gewissermaßen die Wirkleistung $P = U \cdot I_w$. Der zweite Stromanteil, Blindstrom I_L genannt, eilt der angelegten Spannung U um 90° nach. Er deckt gleichsam den Strombedarf für die Blindleistung $Q_L = U \cdot I_L$. Bild **2**.13 zeigt das zugehörige Zeigerbild in Effektivwerten und das daraus gewonnene Stromdreieck. Es hat die gleichen Winkel wie Spannungs-, Widerstands- und Leistungsdreieck. Daher gilt:

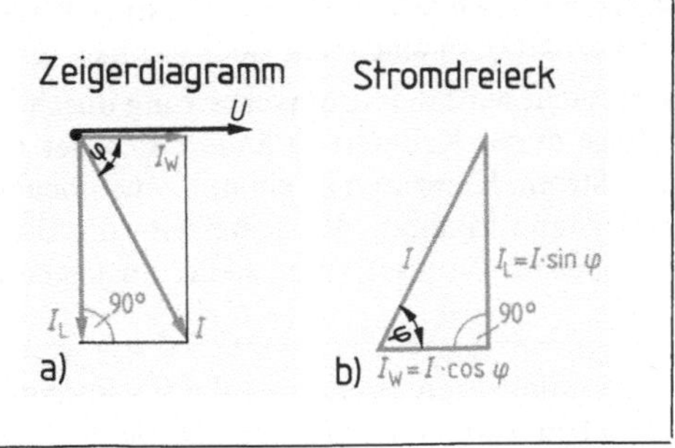

2.13 Zerlegung des Spulenstroms I in einen Wirkstromanteil I_w und einen Blindstromanteil I_L im Zeigerbild (a), Entstehung des Stromdreiecks (b) aus dem Zeigerdiagramm durch Umklappen

$$I^2 = I_w^2 + I_L^2 \qquad \cos\varphi = \frac{I_w}{I} \qquad \sin\varphi = \frac{I_L}{I}$$

Im Spulenstromkreis fließt der Strom I.
Wirkstrom I_w und Blindstrom I_L sind Rechengrößen.

Obwohl der Blindstrom keine Wirkarbeit verrichtet, belastet er das Leitungsnetz sowie die Transformatoren und Generatoren. Man ist daher bestrebt, die elektrischen Anlagen und Leitungen vom Blindstrom freizumachen.

Beispiel 2.3 Ein Wechselstrommotor für $U = 230$ V nimmt den Betriebsstrom $I = 5$ A auf. Dieser eilt der angelegten Spannung um den Phasenverschiebungswinkel $\varphi = 30°$ nach. Wie groß sind der Wirkstrom I_w und der Blindstrom I_L des Motors?

Lösung Für $\varphi = 30°$ erhalten wir

$$\cos\varphi = 0{,}866 \quad \text{und} \quad \sin\varphi = 0{,}5.$$

Wirkstrom $I_w = I \cdot \cos\varphi = 5\text{ A} \cdot \cos\varphi = 0{,}866 = \mathbf{4{,}33\ A}$

Blindstrom $I_L = I \cdot \sin\varphi = 5\text{ A} \cdot 0{,}5 = \mathbf{2{,}5\ A}$

Probe $I^2 = I_w^2 + I_L^2$, also $I = \sqrt{I_w^2 + I_L^2} = \sqrt{(4{,}33\text{ A})^2 + (2{,}5\text{ A})^2} = 5\text{ A}$

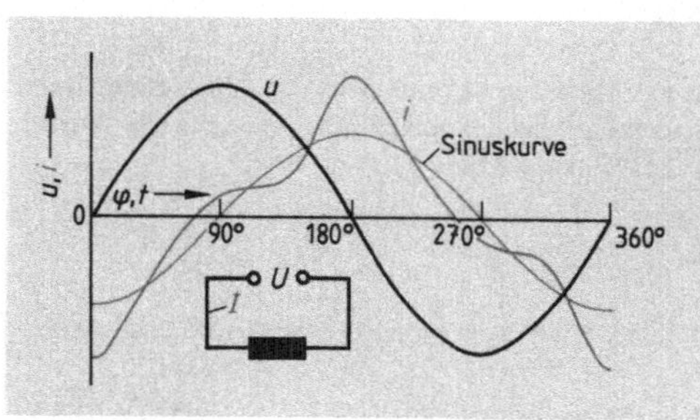

2.14 Verzerrung des Spulenstroms durch magnetische Sättigung des Eisenkerns

Spule mit magnetisch gesättigtem Eisenkern

Versuch 2.3 Die Spule aus Versuch 2.2 wird bei geschlossenem Eisenkern an eine veränderbare Wechselspannung gelegt. Bis zu einer bestimmten Größe der sinusförmigen Wechselspannung zeigt das Oszillogramm auch einen sinusförmigen Wechselstrom. Wird die Spannung jedoch darüber hinaus gesteigert, verzerrt sich die Stromkurve entsprechend Bild **2.**13. ■

Bisher wurde stillschweigend angenommen, daß in Spulen bei sinusförmiger Spannung, wie sie von den Versorgungsnetzen der EVU geliefert wird, auch immer sinusförmige Ströme entstehen. Das Oszillogramm des Spulenstroms zeigt jedoch, daß dies zwar bei Spulen mit ungesättigtem Eisenkern zutrifft, nicht aber bei Spulen, die im Sättigungsgebiet des Eisens arbeiten. Hier erhält man eine mehr oder weniger verzerrte Stromkurve (**2.**13).

Verursacht wird die Stromverzerrung durch den gekrümmten Verlauf der Magnetisierungskurve. Infolge dieser Krümmung ändert sich der magnetische Fluß nicht verhältnisgleich (linear) mit dem Strom. Hierdurch ist ein mit zunehmender Sättigung weniger rasch zunehmender induktiver Widerstand bedingt, der seinerseits die Stromkurve – abweichend von der Sinusform – mit beginnender Eisensättigung steiler ansteigen läßt.

Bei Spulen mit Eisenkern, die bis in den magnetischen Sättigungsbereich des Kerns betrieben werden, ist die Stromkurve nicht mehr sinusförmig.

2.3 Wechselstromleistung

2.3.1 Wechselstromleistung in einem Wirkwiderstand

Versuch 2.4 Ein Schiebewiderstand mit $R = 330\,\Omega$ wird über Spannungs-, Strom- und Leistungsmesser an die Wechselspannung $U = 230$ V angeschlossen (2.15). Die Stromstärke wird mit $I = 6{,}97$ A, die Leistung mit $P = 1600$ W gemessen. ■

Der Versuch zeigt, daß das Produkt der von Strom- und Spannungsmesser ermittelten Effektivwerte U und I gleich der vom Leistungsmesser gemessenen Wirkleistung P ist (s. Elektro-Fachkunde 1, Abschn. 10.2).

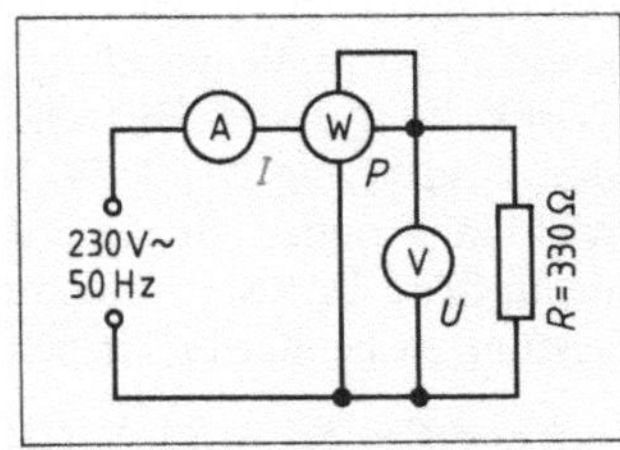

2.15 Leistung in einem Wirkwiderstand

Wirkleistung	$P = U \cdot I = I^2 \cdot R = \dfrac{U^2}{R}$	U in V R in Ω	I in A P in W

Die vom Leistungsmesser (s. Elektro-Fachkunde 1, Abschn. 11.4) angezeigte Wirkleistung P ist ein Maß für die im Widerstand R erfolgende Umwandlung elektrischer Energie in Wärmeenergie. Es gilt

$$P = U \cdot I = \frac{\hat{u}}{\sqrt{2}} \cdot \frac{\hat{\imath}}{\sqrt{2}} = \frac{\hat{u} \cdot \hat{\imath}}{2} = \frac{P_{max}}{2}.$$

Die Wirkleistung erscheint im Liniendiagramm demnach als Leistungsmittelwert (2.16).

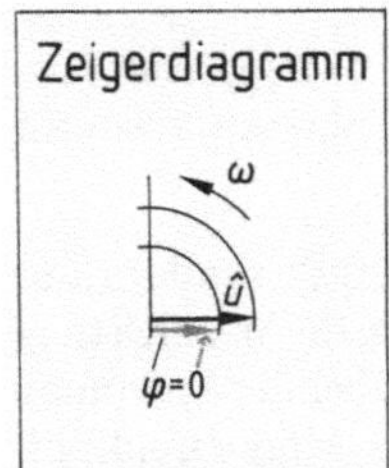

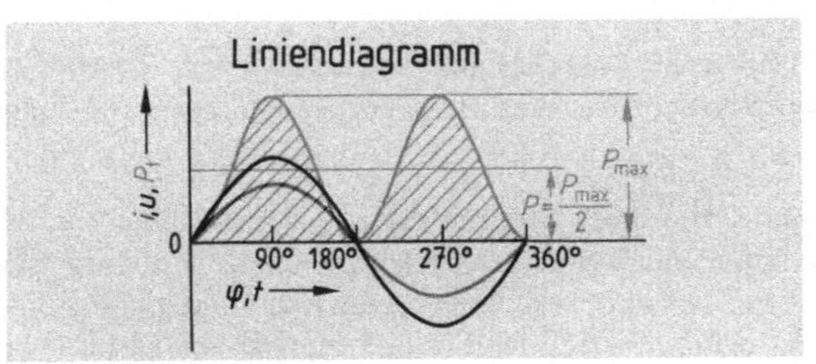

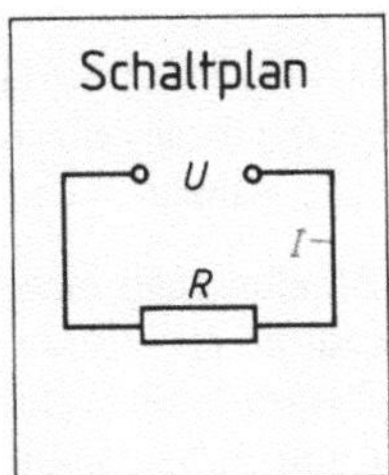

2.16 Leistungskurve bei Wirkbelastung ($\varphi = 0$)

2.3.2 Wechselstromleistung einer Spule

Versuch 2.5 Im Stromkreis nach Bild 2.17 liegt eine Spule mit geschlossenem Eisenkern. Der Gleichstromwiderstand der Spulenwicklung beträgt $R = 2{,}5\,\Omega$. Die Meßgeräte mögen folgende Werte anzeigen: $U = 230$ V, $I = 2{,}5$ A und $P = 70$ W. Abweichend von den Ergebnissen in Versuch 2.4, mit der gleichen Schaltung, aber einem Ohmschen Widerstand als Belastung ist das Produkt $U \cdot I$ hier bei Belastung durch eine Spule wesentlich größer als die vom Leistungsmesser angezeigte Leistung: Woran liegt das? ■

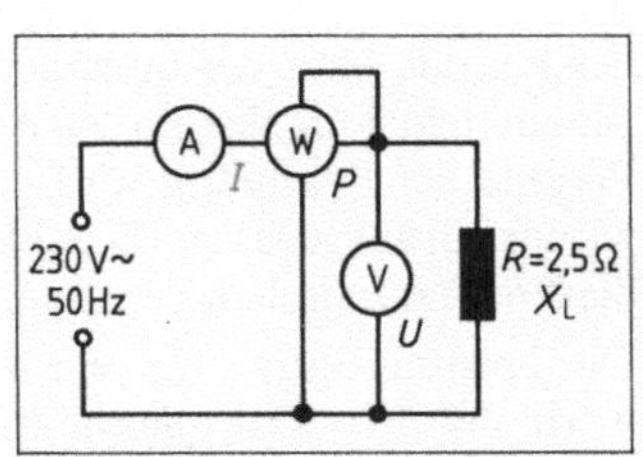

2.17 Leistung im Spulenstromkreis

Die Frage, die sich aus dem Versuch stellt, wird durch die folgenden Betrachtungen der verschiedenen Leistungsarten im Spulenstromkreis beantwortet.

Wirkleistung in der Spule mit Eisenkern. Die vom Leistungsmesser in Versuch 2.5 angezeigte Leistung $P = 70$ W ist als Wirkleistung ein Maß für die in eine andere Energieform umgewandelte elektrische Energie. Nachweisbar ist davon sofort der Anteil, den die Stromwärme im Wirkwiderstand R der Spulenwicklung erzeugt. Dieser für die Kupferverluste erforderliche Anteil der Wirkleistung ist in Versuch 2.5 $P_{Cu} = I^2 \cdot R = (2{,}5\ \text{A})^2 \cdot 2{,}5\ \Omega = 16$ W. Gemessen wurde aber die Wirkleistung $P = 70$ W. Nun entsteht Wärme jedoch nicht nur im Widerstand R der Spulenwicklung, sondern auch durch Hysterese- und Wirbelstromverluste im Eisenkern. Man nennt diese Verluste zusammen auch Eisenverluste. Der auf sie entfallende Anteil der Wirkleistung ist bei der in Versuch 2.5 verwendeten Spule

$$P_{Fe} = P - P_{Cu} = 70\ \text{W} - 16\ \text{W} = 54\ \text{W}.$$

Die vom Leistungsmesser angezeigte Wirkleistung P ist ein Maß für die dem Stromkreis entzogene Energie.

Scheinleistung einer Spule. Das in Versuch 2.5 ermittelte Produkt aus Spannung U und Stromstärke I (zahlenmäßig 575) ist erheblich größer als die vom Leistungsmesser angezeigte Wirkleistung $P = 70$ W. Es ist für die im Stromkreis umgesetzte Energie nicht maßgebend und heißt daher Scheinleistung S.

Die Scheinleistung S ist kein Maß für die Umwandlung der elektrischen Energie im Stromkreis. Sie ist lediglich eine Rechengröße. Für sie wird daher nicht die Einheit Watt, sondern die besondere Einheit Voltampere (VA) verwendet.

Scheinleistung $\quad S = U \cdot I \quad$ U in V $\quad I$ in A $\quad S$ in VA

In Versuch 2.5 beträgt die Scheinleistung der Spule demnach $S = U \cdot I = 230\ \text{V} \cdot 2{,}5\ \text{A} = 575$ VA. Bedeutung kommt der Scheinleistung S bei der Bemessung von Leiterquerschnitten bei Generatoren und Transformatoren zu (s. Abschn. 4 und 5).

Blindleistung einer Spule. Hätte die Spule in Versuch 2.5 keinen Wirkwiderstand, sondern nur induktiven Blindwiderstand, gäbe es in ihr überhaupt keine Energieumwandlung, die Wirkleistung P wäre Null. Welche Arbeit verrichtet aber der Strom i, der in diesem Fall gegenüber der Spannung u um 90° nacheilt? Im ersten Viertel der Periode baut er im Verbraucher das Magnetfeld auf, verwandelt also elektrische in magnetische Energie. Im zweiten Viertel der Periode wird das Magnetfeld wieder abgebaut. Dieses erzeugt eine Selbstinduktionsspannung u_L, die den Strom i in entgegengesetzter Richtung zur angelegten Spannung u durch den Stromkreis treibt. Hierbei wird die Energie des Magnetfelds in elektrische Energie zurückverwandelt. Im dritten Viertel der Periode baut der in entgegengesetzter Richtung fließende Strom ein umgekehrt gerichtetes Magnetfeld auf, das im letzten Viertel der Periode wieder zusammenbricht. Während einer Periode der Spannung wird dem Stromkreis also zweimal Energie entzogen und zweimal wieder zurückgegeben. Eine bleibende Energieumwandlung erfolgt jedoch nicht, vielmehr flutet die Energie zwischen dem Spannungserzeuger und der Spule hin und her.

Die Leistungskurve für rein induktive Belastung zeigt Bild **2.**18. In der ersten Viertelperiode, worin der Strom die gleiche Richtung wie die angelegte Spannung hat, die Energie also an den Verbraucher geliefert wird, verläuft die Leistungskurve oberhalb der Zeitachse (+). In der zweiten Viertelperiode, in der der Strom durch die Wirkung der Selbstinduktionsspannung in entgegengesetzter Richtung zur angelegten Spannung fließt, die Energie also an die Spannungsquelle zurückgeliefert wird, wird die Leistung deshalb unterhalb der Zeitachse aufgetragen (−).

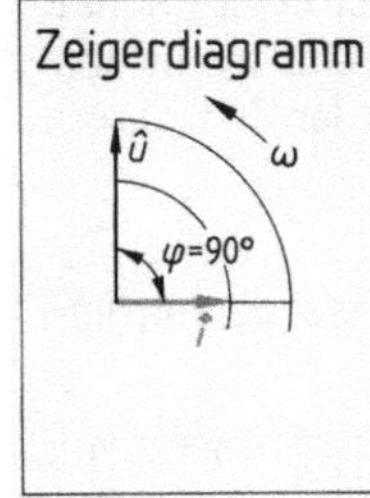

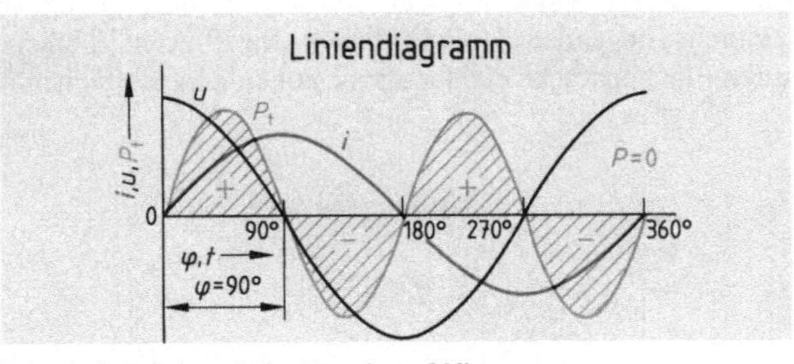

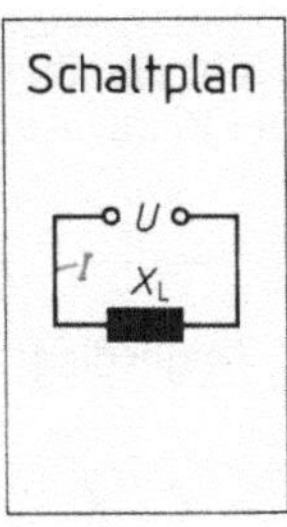

2.18 Leistungskurve bei rein induktiver Belastung ($\varphi = 90°$).

Positive Flächen:
Magnetisches Feld wird in der Spule aufgebaut. Elektrische Energie strömt vom Spannungserzeuger zum Verbraucher.

Negative Flächen:
Magnetisches Feld wird in der Spule abgebaut. Elektrische Energie strömt vom Verbraucher zum Spannungserzeuger zurück.

Die von der Leistungskurve und der Zeitachse eingeschlossene schraffierte Fläche ist ein Maß für die zwischen Spannungsquelle und Verbraucher fortwährend hin- und herflutende Energie.

Der Mittelwert der Leistung und damit die übertragene Wirkleistung ist Null. Da die zum Aufbau eines Magnetfelds erforderliche Leistung keine bleibende Energieumwandlung zur Folge hat, nennt man sie induktive Blindleistung Q_L.

> Die induktive Blindleistung Q_L dient zur Aufrechterhaltung des magnetischen Wechselfelds. Sie entzieht dem Stromkreis keine Energie.

Man hat für die Blindleistung Q die Einheit **V**oltampere **r**eaktiv (Var) eingeführt. (Reaktiv heißt soviel wie zurückwirkend.)

> In einem Stromkreis mit rein induktiver Belastung ist die induktive Blindleistung
>
> $$Q_L = U \cdot I = I^2 \cdot X_L = \frac{U^2}{X_L}.$$
>
> U in V, I in A, X_L in Ω, Q_L in Var

Beispiel 2.4 Eine Spule mit der Induktivität $L = 0{,}8$ H und vernachlässigbar kleinem Wirkwiderstand liegt an der Wechselspannung $U = 230$ V, $f = 50$ Hz. Wie groß ist die induktive Blindleistung Q_L?

Lösung

$X_L = 2\pi fL = 2 \cdot 3{,}14 \cdot 50\ \text{Hz} \cdot 0{,}8\ \text{H} = 251\ \Omega$

$$I = \frac{U}{X_L} = \frac{220\ \text{V}}{251\ \Omega} = 0{,}916\ \text{A}$$

$Q_L = U \cdot I = 230\ \text{V} \cdot 0{,}916\ \text{A} = \mathbf{211\ Var}$

Probe

$Q_L = I^2 \cdot X_L = (0{,}916\ \text{A})^2\ 251\ \Omega = 211\ \text{Var}$ oder

$$Q_L = \frac{U^2}{X_L} = \frac{(230\ \text{V})^2}{251\ \Omega} = 211\ \text{Var}$$

Wirk- und Blindleistung in der Spule. Ist der Wirkwiderstand R einer Spule wie in Versuch 2.5 so groß, daß er nicht vernachlässigt werden kann, nimmt die Spule sowohl Wirkleistung P als auch Blindleistung Q auf. Bild **2.**19 zeigt die Leistungskurve für den Fall, daß der Phasenverschiebungswinkel zwischen Spannung und Strom $\varphi = 60°$ beträgt. Die vom Leistungsmesser angezeigte Wirkleistung P wird durch den Mittelwert der Leistung wiedergegeben; das ist etwa die halbe Höhe der über der Zeitachse liegenden trapezähnlichen schraffierten Flächen. Sie sind um die unter der Zeitachse liegenden Flächenstücke kleiner als die vollen Kurvenflächen über der Zeitachse.

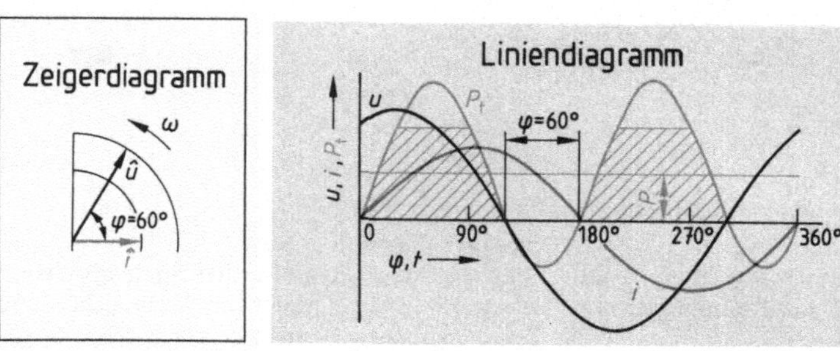

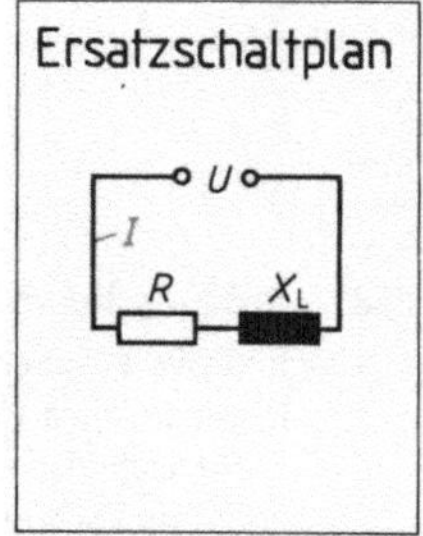

2.19 Leistungskurve für eine Spule mit induktivem Widerstand und Wirkwiderstand ($\varphi = 60°$). Schraffierte Flächen: Wirkarbeit $W = P \cdot t$

Leistungsdreieck. Der Zusammenhang zwischen Schein-, Wirk- und Blindleistung einer Spule wird anschaulicher, wenn man aus dem Widerstandsdreieck (**2.**20b) das Leistungsdreieck (**2.**20c) ableitet, dessen Winkel mit den Winkeln des Widerstandsdreiecks (und damit auch des Spannungsdreiecks) übereinstimmen. Man benutzt hierzu die allgemeine Leistungsformel und multipliziert die Widerstände R, Z und X_L mit dem Quadrat des gemeinsamen Stroms. Die dem Phasenverschiebungswinkel φ im Leistungsdreieck anliegende Kathete ist ein Maß für die Wirkleistung $P = I^2 \cdot R$. In dieser Wirkleistung sind die Eisenverluste der Spule mit enthalten.

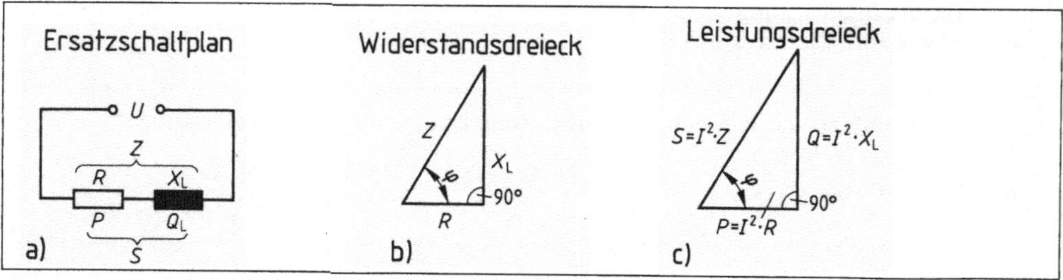

2.20 Ersatzschaltplan einer Spule mit Wirkwiderstand und induktivem Widerstand (a), Entstehen des Leistungsdreiecks (c) aus dem Widerstandsdreieck (b)

Die dem Winkel φ gegenüberliegende Kathete verkörpert die induktive Blindleistung $Q_L = I^2 \cdot X_L$. Die Hypotenuse schließlich veranschaulicht die Scheinleistung $S = I^2 \cdot Z$, denn nach Einsetzen von $Z = U/I$ in die vorstehende Formel erhält man $S = U \cdot I$.

Zwischen den im Leistungsdreieck miteinander verbundenen Leistungen gilt nach dem Lehrsatz des Pythagoras die Beziehung

$$S^2 = P^2 + Q_L^2.$$ S in VA P in W Q_L in Var

Mit Hilfe der Winkelfunktionen erhält man zwischen dem Phasenverschiebungswinkel φ und den Leistungen den Zusammenhang

$$\cos\varphi = \frac{P}{S} \qquad \sin\varphi = \frac{Q_L}{S}$$

und daraus nach Multiplikation beider Seiten der Gleichungen mit S die Formeln $P = S \cdot \cos\varphi = U \cdot I \cdot \cos\varphi$ und $Q_L = S \cdot \sin\varphi = U \cdot I \cdot \sin\varphi$.

Leistungsfaktor $\cos\varphi$. Man ermittelt die Wirkleistung P also durch Multiplizieren der Scheinleistung S mit dem Faktor $\cos\varphi$. Dieser wird daher auch als Wirkleistungsfaktor oder kurz als Leistungsfaktor bezeichnet.

In der Energietechnik ist es üblich, die Phasenverschiebung durch den Leistungsfaktor $\cos\varphi$ auszudrücken.

Leistungsfaktor $\cos\varphi = \frac{P}{S}$

Blindleistungsfaktor $\sin\varphi$. Die Blindleistung Q_L erhält man durch Malnehmen der Scheinleistung S mit dem Faktor $\sin\varphi$. Dieser wird daher auch Blindleistungsfaktor genannt.

Blindleistungsfaktor $\sin\varphi = \frac{Q_L}{S}$

Leistungsfaktor und Blindleistungsfaktor sind reine Zahlenfaktoren, haben also keine Einheit. Die Leistungsformeln sollen nochmals zusammengefaßt werden.

Scheinleistung	$S = U \cdot I$	S in VA
Wirkleistung	$P = U \cdot I \cdot \cos\varphi$	P in W
induktive Blindleistung	$Q_L = U \cdot I \cdot \sin\varphi$	Q_L in Var

Beispiel 2.5 Eine Drosselspule mit dem Wirkwiderstand $R = 8{,}5\ \Omega$ und der Induktivität $L = 0{,}16$ H liegt an der Wechselspannung $U = 230$ V, $f = 50$ Hz.

Wie groß sind die Stromaufnahme I, der Phasenverschiebungswinkel φ zwischen Strom und angelegter Spannung, die Wirkspannung U_W und die Blindspannung U_L, der Wirkstrom I_W und der Blindstrom I_L, die Wirkleistungsaufnahme P, die Scheinleistung S und die induktive Blindleistung Q_L? Die Eisenverluste sind vernachlässigbar klein.

Lösung

$$X_L = 2\pi f L = 2 \cdot 3{,}14 \cdot 50\ \text{Hz} \cdot 0{,}16\ \text{H} = 50{,}2\ \Omega$$

$$Z = \sqrt{R_W^2 + X_L^2} = \sqrt{(8{,}5\ \Omega)^2 + (50{,}2\ \Omega)^2} = 50{,}9\ \Omega$$

$$I = \frac{U}{Z} = \frac{230\ \text{V}}{50{,}9\ \Omega} = \mathbf{4{,}52\ A}$$

$$\cos\varphi = \frac{R}{Z} = \frac{8{,}5\ \Omega}{50{,}9\ \Omega} = 0{,}167 \qquad \varphi = \mathbf{80{,}4°}$$

$$U_W = U \cdot \cos\varphi = 230\ \text{V} \cdot 0{,}167 = \mathbf{38{,}4\ V}$$

$$U_L = U \cdot \sin\varphi = 230\ \text{V} \cdot 0{,}986 = \mathbf{227\ V}$$

$$I_W = I \cdot \cos\varphi = 4{,}52\ \text{A} \cdot 0{,}167 = \mathbf{0{,}755\ A}$$

$$I_L = I \cdot \sin\varphi = 4{,}52\ \text{A} \cdot 0{,}986 = \mathbf{4{,}46\ A}$$

$$S = U \cdot I = 230\ \text{V} \cdot 4{,}52\ \text{A} = \mathbf{1039{,}6\ VA}$$

$$P = S \cdot \cos\varphi = 1039{,}6\ \text{VA} \cdot 0{,}167 = \mathbf{173{,}6\ W}$$

$$Q_L = S \cdot \sin\varphi = 1039{,}6\ \text{VA} \cdot 0{,}986 = \mathbf{1025\ Var}$$

2.3.3 Wechselstromleistung bei kapazitiver Belastung

Versuch 2.6 Ein Kondensator von 10 µF wird an die Wechselspannung 230 V, 50 Hz gelegt, Spannung, Stromstärke und Wirkleistung werden gemessen (**2**.21). Obwohl der Strommesser die Stromstärke 0,7 A anzeigt, schlägt der Zeiger des Leistungsmessers nicht oder nur geringfügig aus. ■

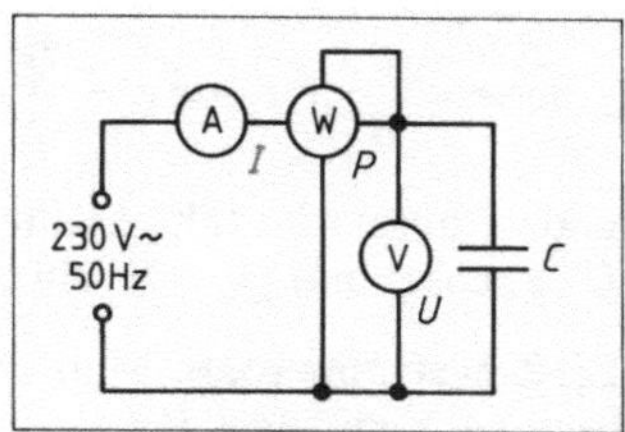

2.21 Leistung im Kondensatorstromkreis

Dieses überraschende Ergebnis hat seinen Grund darin, daß der Spannungsquelle keine Energie entzogen wird. Der kapazitive Blindstrom bewirkt vielmehr nur das Auf- und Entladen des Kondensators, also den Auf- und Abbau seines elektrischen Feldes. Die beim Aufbau aufgewendete Energie wird beim Abbau wieder zurückgewonnen, ähnlich wie beim Auf- und Abbau des magnetischen Feldes in der Spule. Hier wie dort wird für den Auf- und Abbau des Feldes lediglich eine Blindleistung Q gebraucht. Abweichend von der Spule entnimmt der Kondensator der Spannungsquelle jedoch bei niedrigeren Frequenzen fast keine Wirkleistung, da er keine nennenswerten Verluste hat (bei den sehr hohen Frequenzen der Hochfrequenz-Nachrichtentechnik sind die elektrischen Verluste allerdings nicht mehr vernachlässigbar klein). Die Leistungskurve für einen Stromkreis mit reiner Kondensatorbelastung zeigt Bild **2**.22.

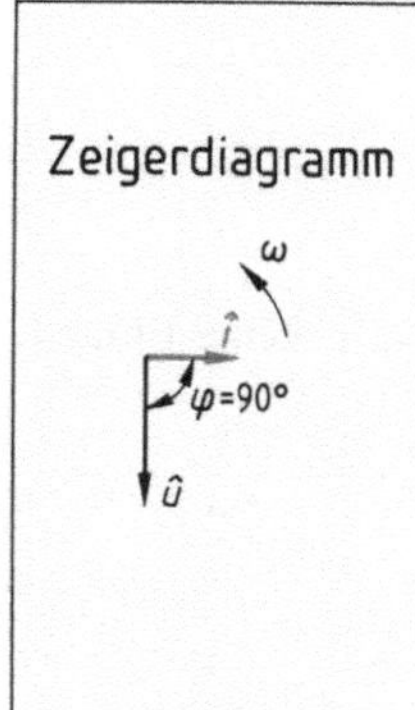

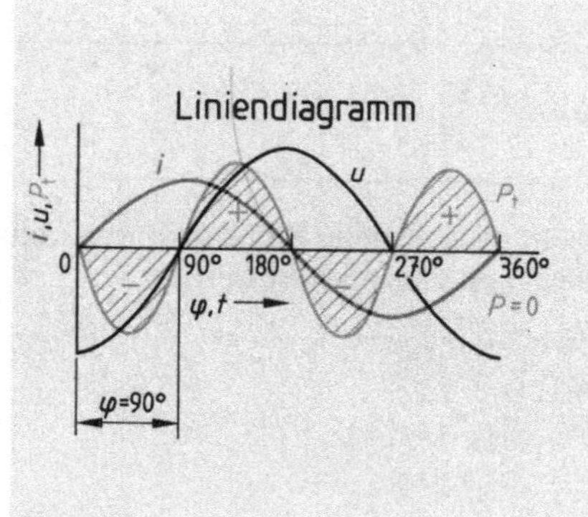

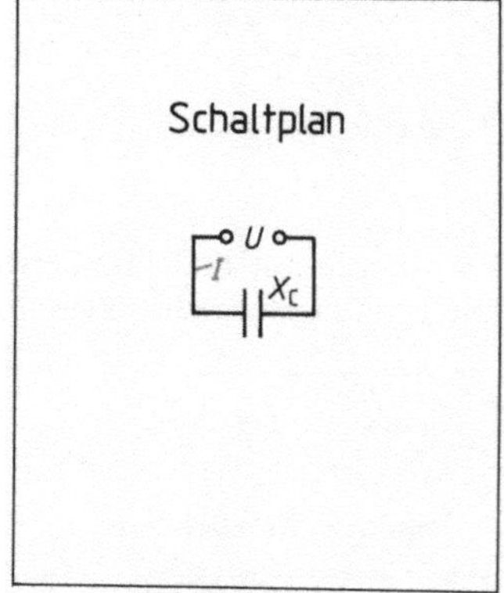

2.22 Leistungskurve bei kapazitiver Belastung ($\varphi = 90°$)

Positive Flächen:
elektrisches Feld wird im Kondensator aufgebaut. Elektrische Energie geht vom Spannungserzeuger zum Verbraucher über.

Negative Flächen:
elektrisches Feld wird im Kondensator abgebaut. Elektrische Energie geht vom Verbraucher zum Spannungserzeuger zurück.

Im Kondensatorstromkreis entsteht bei niedrigen Frequenzen keine nennenswerte Wirkleistung. Die kapazitive Blindleistung Q_C dient zur Aufrechterhaltung des elektrischen Wechselfelds im Kondensator.

In einem Stromkreis mit rein kapazitiver Belastung ist die kapazitive Blindleistung

$$Q_C = U \cdot I = I^2 \cdot X_C = \frac{U^2}{X_C}.$$

U in V, I in A, Q_C in Var, X_C in Ω

Beispiel 2.6 Ein Kondensator mit der Kapazität $C = 25$ µF liegt an der Wechselspannung $U = 230$ V, $f = 50$ Hz. Wie groß ist die kapazitive Blindleistung Q_C?

Lösung $X_C = \frac{1}{2\pi f C} = \frac{1}{2 \cdot 3{,}14 \cdot 50\,\text{Hz} \cdot 25 \cdot 10^{-6}\,\text{F}} = 127\,\Omega$

$$I = \frac{X}{X_C} = \frac{230\,\text{V}}{127\,\Omega} = 1{,}81\,\text{A}$$

$$Q_C = U \cdot I = 230\,\text{V} \cdot 1{,}81\,\text{A} = \mathbf{416\,Var}$$

Probe $Q_C = I^2 \cdot X_C = (1{,}81\,\text{A})^2 \cdot 127\,\Omega = 416\,\text{Var}$ oder

$$Q_C = \frac{U^2}{X_C} = \frac{(230\,\text{V})^2}{127\,\Omega} = 416\,\text{Var}$$

Verluste im Kondensator. Im Dielektrikum von Kondensatoren entstehen Verluste, wenn auch in geringerem Maß. Ein Teil wird dadurch verursacht, daß das Dielektrikum kein vollkommener Isolator ist. Das wirkt sich so aus, als ob parallel zum Kondensator ein hochohmiger Widerstand geschaltet wäre. Verluste dieser Art entstehen vor allem in Aluminium-Elektrolytkondensatoren (s. Elektro-Fachkunde 1, Abschn. 9.3.3).

Bei Wechselstrom kommt hinzu, daß durch die im Takt der Frequenz wechselnde Polarisation des Dielektrikums dielektrische Verluste entstehen. Sie sind den Hystereseverlusten in Spulenkernen vergleichbar. Dielektrische Verluste können sich vor allem bei hohen Frequenzen als spürbare Wärmeverluste bemerkbar machen.

2.3.4 Messen der Wechselstromleistung und -arbeit

Die Grundlagen der Messung elektrischer Größen wurden bereits in der Elektro-Fachkunde 1 behandelt. In Wechsel- und Drehstromkreisen erfordert die Messung von Leistung, Arbeit und Leistungsfaktor zusätzliche Meßverfahren.

Klemmenbezeichnung. Um die Verwechslung von Anschlußklemmen zu vermeiden, sind für Wechsel- und Drehstrom-Meßinstrumente die Klemmenbezeichnungen nach Tabelle **2.**23 festgelegt.

Tabelle **2.**23 **Klemmenbezeichnungen**

Anschluß für	Klemmenbezeichnung für Strom, von Stromquelle ankommend	Spannung	Strom, zum Verbraucher abgehend
Außenleiter L1	1	2	3
Außenleiter L2	4	5	6
Außenleiter L3	7	8	9
Neutralleiter N	10	11	12

Messen der Wechselstromleistung

Die Leistung eines Gleichstroms können wir durch je eine Messung von Stromstärke und Spannung ermitteln: $P = U \cdot I$. Die Leistung eines Wechselstroms, der mit der Wechselspannung „in Phase" ist (Phasenverschiebung Null, $\cos\varphi = 1$), erhalten wir auf die gleiche Weise. In beiden Fällen können wir auf einen Leistungsmesser zur unmittelbaren Messung der elektrischen Leistung verzichten.

Besteht jedoch zwischen Strom und Spannung eine Phasenverschiebung (induktive und kapazitive Belastung), ist beim Ermitteln der Wirkleistung P noch der Leistungsfaktor $\cos\varphi$ zu berücksichtigen: $P = U \cdot I \cdot \cos\varphi$. Die Wirkleistung P wird in diesem Fall von einem Leistungsmesser mit elektrodynamischem Meßwerk gemessen (**2.**24).

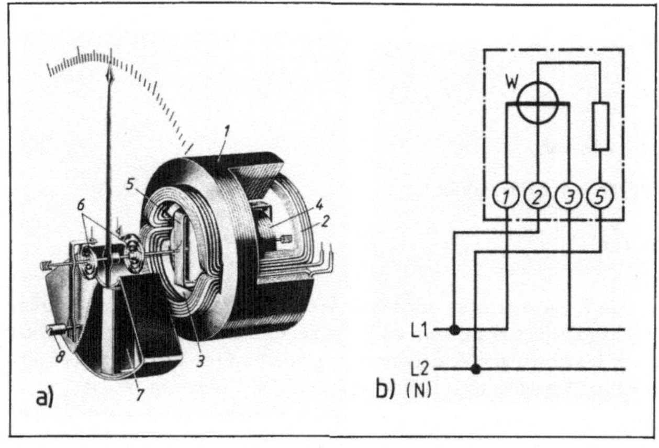

2.24
Elektrodynamisches Meßwerk, eisengeschlossen

a) Aufbau, b) Schaltplan eines Wirkleistungsmessers für Einphasen-Wechselstrom mit Ziffernbezeichnung der Anschlußklemmen

1 Weicheisenring, geblättert
2 Stromspule (fest)
3 Polschuhe
4 Weichseisenkern, geblättert
5 Spannungsspule (Drehspule)
6 Spiralfeder
7 Dämpfungskammer mit Dämpfungsflügel
8 Nullpunktrücker

Wirkleistungsmessung. Der Zeigerausschlag des elektrodynamischen Meßwerks ist von Stromstärke und Spannung sowie (bei phasenverschobenem Strom) auch von der Phasenverschiebung φ zwischen Strom und Spannung abhängig (**2.**25a). Der Ausschlag ist am größten, wenn Strom und Spannung in Phase sind ($\varphi = 0$), weil dann die Höchstwerte der Ströme im Spannungs- und Strompfad und damit die Höchstwerte des magnetischen Flusses in der Strom- und Spannungsspule zeitlich zusammenfallen. Je größer die Phasenverschiebung ist, desto geringer ist die Wirkleistung, um so weiter liegen diese Höchstwerte zeitlich auseinander, um so geringer ist das vom Meßwerk entwickelte Drehmoment. Bei dem Phasenverschiebungswinkel $\varphi = 90°$ sind die Wirkleistung und damit der Zeigerausschlag gleich Null (**2.**25b).

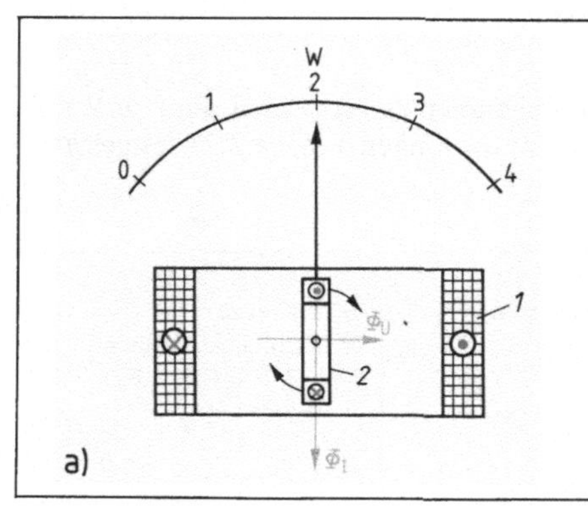

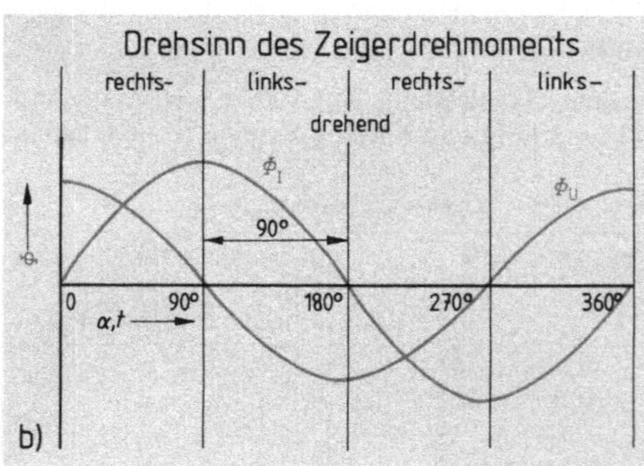

2.25 Wirkleistungsmessung

a) Entstehung des Drehmoments. *1* Stromspule mit magnetischem Fluß Φ_I *2* Spannungsspule mit magnetischem Fluß Φ_U

b) Magnetischer Fluß Φ_I und Φ_U der Strom- und Spannungsspule eines elektrodynamischen Meßwerks bei rein induktiver Blindleistung: Phasenverschiebung $\varphi = 90°$; Wirkleistung $P = 0$

In Bild **2.**25b nehmen wir an, daß die Phasenverschiebung zwischen Strom und Spannung $\varphi = 90°$ ist (Wirkleistung $P = 0$). Außerdem nehmen wir an, daß zwischen $\varphi = 0$ und 90° der magnetische Fluß Φ_I des Strompfads und der Fluß Φ_U des Spannungspfads auf den Zeiger des Meßwerks ein rechtsdrehendes Drehmoment entwickeln. Bei $\varphi = 90°$ kehrt nun der Fluß Φ_U seine Richtung um. Da Φ_U die Richtung behält, wirkt das Drehmoment zwischen 90 und 180° jetzt in entgegengesetztem Drehsinn, also linksdrehend. Bei 180° kehrt sich auch die Richtung von Φ_I um, so daß das Drehmoment zwischen 180 und 270° wieder rechtsdrehend ist. Bei jeder Periode wechselt so das Drehmoment viermal seine Richtung, bei der Frequenz

50 Hz demnach 4 · 50 = 200mal in der Sekunde. Diesem schnellen Richtungswechsel kann die Drehspule des Meßwerks nicht folgen; der Zeiger schlägt deshalb nicht aus, wie es im vorliegenden Fall (Wirkleistung gleich Null) auch erforderlich ist.

> Elektrodynamische Meßwerke eignen sich für die Messung der Gleich- und Wechselstromleistung. In Wechselstromkreisen zeigen sie die Wirkleistung an.

Blindleistungsmessung. Schaltet man in den Spannungspfad ein Phasendrehglied aus Drosselspule und Wirkwiderstand, das den Meßstrom im Spannungspfad um 90° gegenüber der Spannung verschiebt, wird statt der Wirkleistung P die Blindleistung Q gemessen (**2**.26). Da die Phasendrehung nur für eine bestimmte Frequenz 90° beträgt, ist ein solcher Blindleistungsmesser auch für eine feste Frequenz (meist 50 Hz) geeicht.

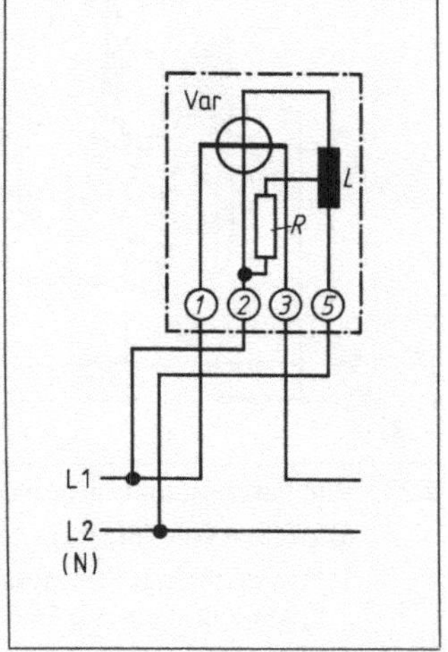

2.26 Schaltplan eines elektrodynamischen Meßwerks mit LR-Phasendrehglied als Blindleistungsmesser für Einphasen-Wechselstrom mit Ziffernbezeichnung der Anschlußklemmen

Meßbereichserweiterung. Im Wechselstromkreis erweitert man den Meßbereich des Strompfads mit Hilfe eines Stromwandlers oder durch Spulenumschaltung. Der Meßbereich des Spannungspfads wird dagegen mit Hilfe eines Vorwiderstands oder (bei Hochspannung) durch einen Spannungswandler erweitert.

Beim Anschluß an Meßwandler muß der Strompfad bei Verwendung eines Stromwandlers für 5 A, der Spannungspfad bei Verwendung eines Spannungsumwandlers für 100 V bemessen sein. Bei Verwendung eines getrennten Vorwiderstands für den Spannungspfad ist darauf zu achten, daß er nach Bild **2**.24b geschaltet wird. Würde der Vorwiderstand auf die andere Seite der Spannungsspule geschaltet, bestünde die Gefahr eines Spannungsdurchschlags zwischen Strom- und Spannungsspule, da zwischen beiden die volle Betriebsspannung läge.

Verwendung. In den meisten benutzten eisengeschlossenen Meßwerken werden starke Magnetfelder entwickelt. Die Beeinflussung der Messung durch fremde Magnetfelder ist also gering. Eingeschlossene Meßwerke sind allerdings nur für einen engen Frequenzbereich (z. B. von etwa 40 bis 60 Hz) verwendbar. Bei der Benutzung von Leistungsmessern ist stets daran zu denken, daß einer der beiden Meßpfade auch überlastet sein kann, ohne daß der Zeiger über den Skalenwert hinaus ausschlägt. In Zweifelsfällen ist es zweckmäßig, die Belastung der Meßpfade durch Strom- und Spannungsmesser zu überwachen.

Messen der Wechselstromarbeit

Meßgeräte zur Messung der elektrischen Arbeit W (Kilowattstundenzähler) müssen das Produkt aus Leistung und Zeit $W = P \cdot t$ messen, d. h. sie summieren die in jedem Augenblick übertragene Leistung P über die Betriebszeit t. Dazu haben sie wie die Leistungsmesser ein Triebwerk mit Spannungs- und Strompfad. Es wird jedoch keine Feder gespannt und kein Zeigerausschlag bewirkt, vielmehr ein Läufer in um so schnellere Drehung versetzt, je größer die gerade übertragene Leistung ist. Die Drehbewegung wird auf ein Zählwerk übertragen, und die Gesamtzahl der Läuferumdrehungen ist ein Maß für die während der Betriebszeit übertragene elektrische Arbeit. Das Zählwerk kann daher in Kilowattstunden geeicht werden. In Wechselstromnetzen verwendet man zur Messung der elektrischen Arbeit ausschließlich Induktionszähler.

Einphasen-Induktionszähler

Wirkungsweise. Bild **2.**27 zeigt den Aufbau des Triebwerks eines Wechselstromzählers (Zweileiterzähler). Der feststehende Teil besteht aus dem Stromeisen *1* mit der Stromspule und dem Spannungseisen *2* mit der Spannungsspule. In den Luftspalt der beiden Eisenkerne ragt die Läuferscheibe *3* aus Aluminium. Ihre Welle *4* trägt die Antriebsschnecke *5* für das Zählwerk.

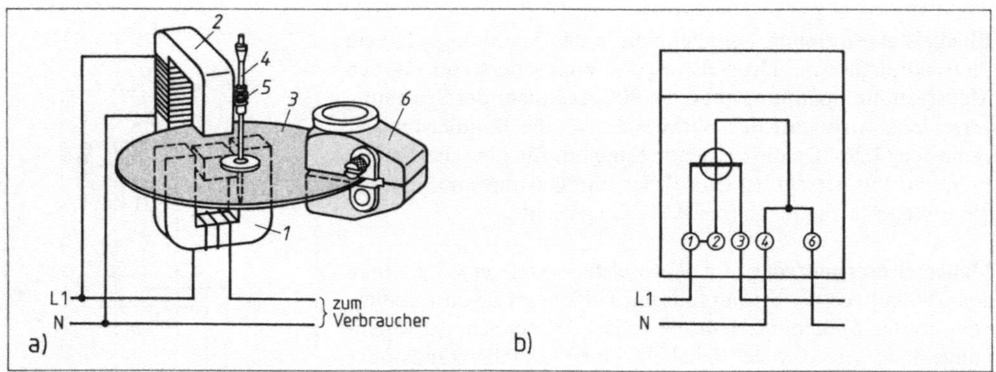

2.27 Einphasen-Induktionszähler

a) Aufbau (vereinfacht) b) Schaltplan mit Ziffernbezeichnung der Anschlußklemmen

1 Stromeisen mit Stromspule *3* Läuferscheibe *5* Antriebsschnecke für das Zählwerk
2 Spannungseisen mit Spannungsspule *4* Welle *6* Bremsmagnet

Unter der Voraussetzung, daß die Belastung durch den Verbraucher ohne Phasenverschiebung zwischen Strom und Spannung erfolgt, erzeugt die aus wenig Windungen dicken Drahts bestehende Stromspule ein magnetisches Wechselfeld, das mit der Netzspannung fast in Phase ist. Die aus vielen Windungen dünnen Drahts bestehende Spannungsspule dagegen erzeugt wegen ihrer hohen Induktivität ein magnetisches Wechselfeld, das gegenüber der Netzspannung um fast 90° nacheilt. Durch einen magnetischen Nebenschluß am Spannungseisen und eine Abgleichwicklung mit einem verstellbaren Widerstand am Stromeisen (in Bild **2.**27a nicht gezeigt) läßt sich eine Phasenverschiebung von genau 90° zwischen den Magnetfeldern im Strom- und Spannungseisen erreichen. Bild **2.**28a zeigt den zeitlichen Verlauf der Magnetfelder im Stromeisen Φ_I und im Spannungseisen Φ_U.

Dem Drehmoment der Läuferscheibe wirkt ein mit zunehmender Drehzahl größer werdendes Gegen-Drehmoment entgegen, das mit Hilfe eines Dauermagneten (*6* in Bild **2.**27) erzeugt wird, der mit seinen Polen über den Rand der Scheibe greift. In der sich drehenden Scheibe entstehen Induktionsströme, die ein mit der Drehzahl zunehmendes Gegendrehmoment bewirken (Wirbelstrombremse). Die Drehzahl der Scheibe nimmt so lange zu, bis Drehmoment und Gegenmoment gleich groß sind.

Bild **2.**28b zeigt, daß die Magnetpole während jeder Halbperiode des Wechselstroms einmal von rechts nach links über die Läuferscheibe wandern – ein Vorgang, der sich bei 50 Hz in der Sekunde 100mal wiederholt. Man bezeichnet daher das durch Strom- und Spannungseisen erzeugte Magnetfeld als Wanderfeld.

Entstehung des Drehmoments in der Läuferscheibe. Erläuterung für die Zeitpunkte *1* bis *3* in Bild **2.**28:

Zeitpunkt ***1:*** Der magnetische Fluß Φ_I im Stromeisen hat seinen positiven Höchstwert (**2.**28a). Dabei wird angenommen, daß er – durch entsprechenden Wickelsinn der Stromspule – die in Bild **2.**28b eingezeichnete

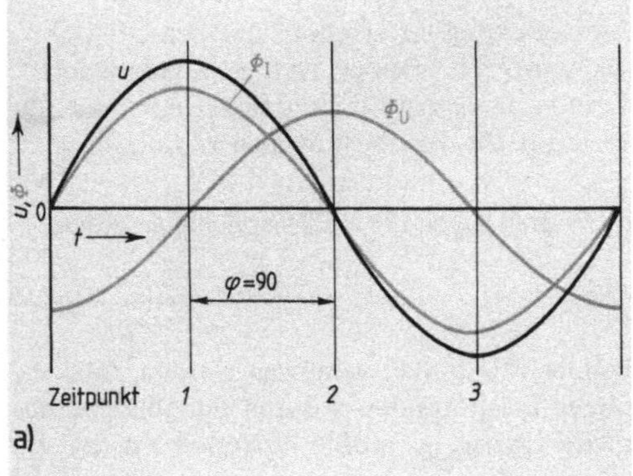

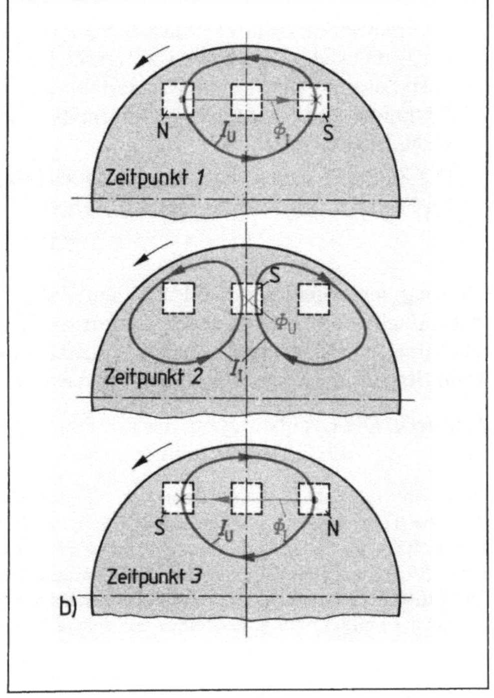

2.28
Entstehung des Drehmoments in der Läuferscheibe des Einphasen-Induktionszählers

a) Zeitlicher Verlauf des Flusses Φ_I und Φ_U im Strom- und Spannungseisen

b) Erzeugung des Drehmoments durch das Wanderfeld

Richtung hat. Der magnetische Fluß Φ_I ändert sich im Zeitpunkt *1* für einen sehr kleinen hier betrachteten Zeitraum praktisch nicht; daher ruft er keine Induktionswirkung in der Läuferscheibe hervor.

Der magnetische Fluß Φ_U im Spannungseisen dagegen durchläuft seinen Nullwert. Die Flußänderung ist am größten, und der dadurch in der Läuferscheibe erzeugte Induktionsstrom I_U hat seinen Höchstwert. Bei entsprechendem Wickelsinn der Spannungsspule ergibt sich nach der Lenzschen Regel die eingezeichnete Stromrichtung. So entsteht in der Läuferscheibe durch das Zusammenwirken des vom Stromeisen erzeugten Magnetflusses Φ_I und des durch den Induktionsstrom I_U erzeugten Magnetfelds ein linksdrehendes Drehmoment.

Zeitpunkt *2*: Der Fluß Φ_U im Spannungseisen hat seinen positiven Höchstwert. Seine Richtung ergibt sich aus der Richtung des Induktionsstroms I_U im Zeitpunkt *1*. Der Fluß Φ_U ändert sich im Zeitpunkt *2* nicht und ruft daher keine Induktionswirkung in der Läuferscheibe hervor.

Der Fluß Φ_I hat Nulldurchgang. Seine Änderung ist daher am größten, und der Induktionsstrom I_I in der Läuferscheibe, dessen Richtung sich nach der Lenzschen Regel aus der Richtung des Flusses Φ_I im Zeitpunkt *1* ergibt, hat seinen Höchstwert. Es ergibt sich ebenfalls ein linksdrehendes Drehmoment.

Zeitpunkt *3*: Die Verhältnisse sind in umgekehrtem Richtungssinn die gleichen wie im Zeitpunkt *1*. Man erhält wieder ein linksdrehendes Drehmoment.

Das Drehmoment wirkt in den betrachteten Zeitpunkten *1* bis *3* also stets linksdrehend. Auch in den dazwischenliegenden Zeitabschnitten wird ein Drehmoment in gleicher Richtung erzeugt. Allerdings erzeugen hier beide Flüsse – sowohl Φ_I als auch Φ_U – in der Läuferscheibe Induktionsströme. Die für die Zeitpunkte *1* und *2* bzw. *2* und *3* beschriebenen Verhältnisse sind also dann gleichzeitig gegeben.

Messung der Wirkarbeit. Das entwickelte Drehmoment und damit die Drehzahl der Läuferscheibe hängen ab vom Produkt aus Spannung und Stromstärke und von der Phasenverschiebung zwischen Strom und Spannung, also von der übertragenen Wirkleistung. Beträgt die Phasenverschiebung 90°, wird statt des Wanderfelds nur ein Wechselfeld erzeugt, das nicht wandert, da die Magnetfelder von Strom- und Spannungseisen zeitlich zusammenfallen. Es kann kein Drehmoment entwickelt werden.

Im Triebwerk des Induktionszählers entsteht durch zwei phasenverschobene Wechselfelder ein Wanderfeld, das in der Läuferscheibe Induktionsströme erzeugt. Deren Magnetfelder üben zusammen mit dem Wanderfeld auf die Läuferscheibe ein Drehmoment aus. Dieses Drehmoment verleiht der Läuferscheibe eine Drehzahl, die der übertragenen Wirkleistung verhältnisgleich ist.

Die Zahl der in einer bestimmten Zeit erfolgten Umdrehungen der Läuferscheibe ist daher ein Maß für die übertragene Wirkarbeit.

Messung der Blindarbeit. Soll mit dem Zweileiterzähler Blindarbeit gemessen werden, muß die Phasenlage des Stroms in der Spannungsspule wie beim Leistungsmesser durch eine Phasendrehschaltung um 90° gedreht werden. In diesem Fall wird dann das größte Drehmoment erzeugt, wenn Strom und Spannung um 90° phasenverschoben sind.

Zählwerk. Die Drehbewegung der Läuferscheibe wird über das Schneckengetriebe (*5* in Bild **2.**27) auf ein Rollenzählwerk übertragen.

Es hat fünf bis sechs lose nebeneinander auf einer Welle sitzende Rollen, die jeweils mit 0 bis 9 beziffert sind. Die erste Rolle von rechts zeigt die erste Dezimalstelle (Zehntel) der durch den Zähler gehenden Kilowattstunden an. Bei jeder vollen Umdrehung dreht sie die links daneben liegende Rolle, die die vollen Kilowattstunden zählt (Einer) um eine Ziffer weiter. Die Drehzahl der weiter links liegenden Rollen ist ebenfalls jeweils im Verhältnis 1:10 untersetzt. Bei Zweitarifzählern wird das Triebwerk durch eine Schaltuhr über die Zusatzklemmen 13 und 15 auf jeweils eines von zwei Zählwerken geschaltet (z. B. Tag- und Nachtstromtarif).

Übungsaufgaben zu Abschnitt 2.1 bis 2.3

1. Wovon hängt die Phasenverschiebung im Spulenstromkreis ab?
2. Aus welchen Messungen kann man den Leistungsfaktor eines Wechselstrommotors bestimmen?
3. Begründen Sie, weshalb als Einheit der Scheinleistung nicht das Watt, sondern das Voltampere gilt.
4. Die Blindleistung wird in Var gemessen. Erläutern Sie, was diese Einheitenbezeichnung aussagt.
5. Von welchen Größen hängt der kapazitive Widerstand eines Kondensators ab?
6. Ein an eine Wechselspannung angelegter Kondensator zeigt nach wiederholtem Abschalten jeweils sehr unterschiedliche Ladungen (Nachprüfen!). Wie ist dies zu erklären?
7. Freileitungen sind für die Spannungsquelle überwiegend induktive, Kabel dagegen kapazitive Widerstände. Begründen Sie diesen Sachverhalt.
8. Wie kommt es, daß in einem Wechselstromkreis mit Kondensator ein Strom fließt, obwohl das Dielektrikum des Kondensators ein Isolator ist?
9. Warum sind zur Leistungsbestimmung im Wechselstromkreis Leistungsmesser unentbehrlich?
10. Mit einem elektrodynamischen Meßwerk soll statt der Wirkleistung die Blindleistung eines Verbrauchers an Wechselspannung gemessen werden. Skizzieren Sie den Schaltplan und erläutern Sie die Meßschaltung.
11. Zeichnen Sie den Schaltplan einer Meßschaltung für Stromstärke, Spannung und Wirkleistung für eine Verbraucheranlage am Wechselstromnetz.

2.4 Zusammengesetzter Wechselstromkreis

Aus Wirkwiderständen, induktiven und kapazitiven Blindwiderständen lassen sich durch Reihen- und Parallelschaltungen verschiedenartig kombinierte Wechselstromkreise bilden. Von den zahlreichen Schaltungsmöglichkeiten sollen im folgenden die Kombinationen behandelt werden, die in praktisch verwendeten Schaltungen vorkommen.

2.4.1 Reihenschaltung von Wirkwiderstand und Spule

Versuch 2.7 In der Versuchsschaltung **2.**29a werden die angelegte Spannung (z. B. 100 V) und die Teilspannungen U_R und U_{Sp} gemessen. Es zeigt sich, daß die Summe $U_R + U_{Sp}$ wesentlich größer ist als die angelegte Spannung U. ■

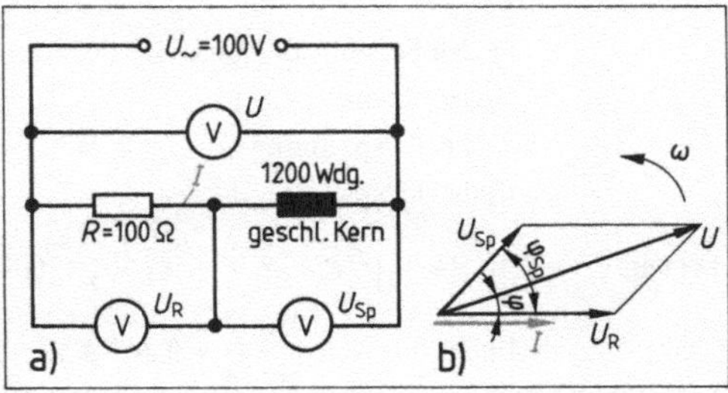

2.29 Versuchsschaltung (a) mit Zeigerdiagramm (b) zu Versuch 2.7

Das Zeigerdiagramm **2.**29b veranschaulicht die Vorgänge. In der Reihenschaltung werden Widerstand R und Spule (mit X_L und R_w) von demselben Strom durchflossen. Dieser Strom liegt im Widerstand R mit dessen Klemmenspannung U_R in Phase; in der Spule entsteht durch deren induktiven Widerstand die Phasenverschiebung φ_{Sp} zur Klemmenspannung U_{Sp}. Somit entsteht auch zwischen U_R und U_{Sp} die gleiche Phasenverschiebung. Man darf die Teilspannungen U_R und U_{Sp} also nicht einfach addieren, sondern muß die geometrische Summe aus beiden Spannungswerten bilden. Der Phasenverschiebungswinkel φ_{Sp} ist durch den Wirkwiderstand der Spule kleiner als 90°.

> Bei der Reihenschaltung von Widerstand und Spule ist die Summe der Teilspannungen U_R und U_{Sp} größer als die angelegte Spannung U.

Mit dem Oszilloskop läßt sich die Phasenverschiebung zwischen U_R und U_{Sp} sichtbar machen.

Ähnliche Spannungsverhältnisse treten an der Leuchtstofflampe mit induktivem Vorschaltgerät auf (s. Abschn. 12.3.2).

Beim Berechnen der Schaltung müssen wir davon ausgehen, daß der Wirkwiderstand R_w der Spule und der Widerstand R durch einfache Addition den Gesamtwirkwiderstand der Schaltung ergeben. Bild **2.**30 zeigt den Ersatzschaltplan, das Spannungsdreieck und das Widerstandsdreieck der Schaltung.

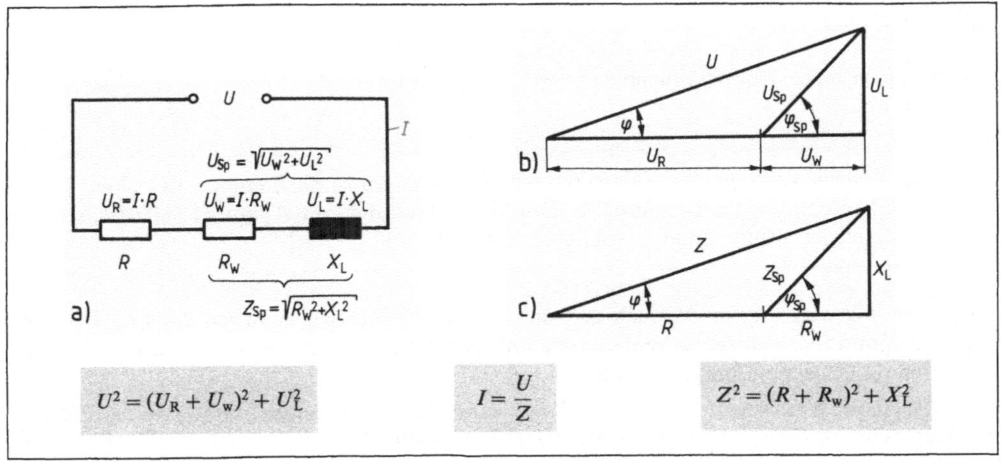

$$U^2 = (U_R + U_w)^2 + U_L^2 \qquad I = \frac{U}{Z} \qquad Z^2 = (R + R_w)^2 + X_L^2$$

2.30 Ersatzschaltplan (a), Spannungsdreieck (b) und Widerstandsdreieck (c) der Reihenschaltung von Wirkwiderstand und Spule

Beispiel 2.7 Zu einer Drosselspule mit $R_w = 50\ \Omega$ und $X_L = 450\ \Omega$ wird der Widerstand $R = 200\ \Omega$ in Reihe geschaltet. Die Reihenschaltung wird an die Wechselspannung 230 V; 50 Hz gelegt. Berechnen Sie

a) den Scheinwiderstand der Schaltung,
b) den Strom,
c) die Teilspannung U_R,
d) die Teilspannung U_{Sp}.

Lösung

a) $Z = \sqrt{(R + R_w)^2 + X_L^2} = \sqrt{(200\ \Omega + 50\ \Omega)^2 + (450\ \Omega)^2} = \mathbf{515\ \Omega}$

b) $I = \frac{U}{Z} = \frac{230\ \text{V}}{515\ \Omega} = \mathbf{0{,}447\ A}$

c) $U_R = I \cdot R = 0{,}447\ \text{A} \cdot 200\ \Omega = \mathbf{89{,}4\ V}$

d) $U_{Sp} = I \cdot \sqrt{R_w^2 + X_L^2} = 0{,}447\ \text{A} \cdot \sqrt{(50\ \Omega)^2 + (450\ \Omega)^2} = \mathbf{202\ V}$

2.4.2 Reihenschaltung von Wirkwiderstand und Kondensator

Versuch 2.8 In der Versuchsschaltung **2.**31a werden die angelegte Spannung (z. B. 100 V) und die Teilspannungen U_R und U_C gemessen. Wie im vorigen Versuch ist auch hier die Summe der Teilspannungen $U_R + U_C$ wesentlich größer als die angelegte Spannung U. Macht man R veränderlich (Schiebewiderstand), ändert sich das Verhältnis $U_R : U_C$. ■

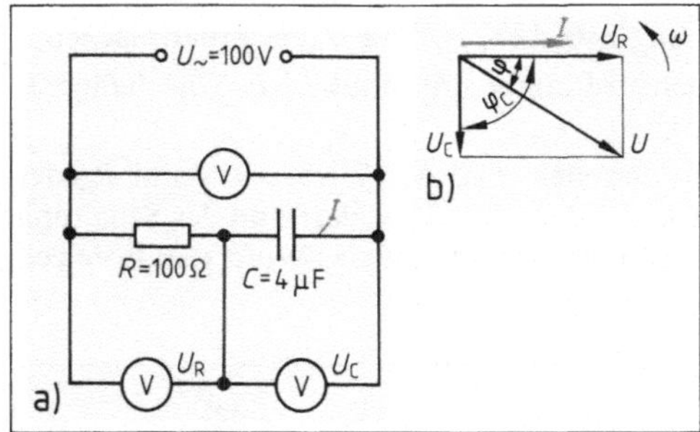

2.31 Schaltung (a) mit Zeigerdiagramm (b) zu Versuch 2.8

Das Zeigerdiagramm **2.**31 zeigt die Spannungs- und Stromverhältnisse. Sie ähneln denen im vorigen Versuch. Allerdings eilt die Kondensatorspannung U_C der Spannung U_R nicht vor wie bei der Reihenschaltung von Wirkwiderstand und induktivem Blindwiderstand, sondern um 90° nach. Der Phasenverschiebungswinkel φ_C ist hier praktisch 90°, da die Verluste im Kondensator bei 50 Hz sehr gering sind.

Bei der Reihenschaltung von Widerstand und Kondensator ist die Summe von U_R und U_C größer als die angelegte Spannung U. Durch Veränderung von R läßt sich die Phasenverschiebung zwischen U und U_C weitgehend ändern.

Auch hier läßt sich, wie im Versuch 2.7, die Phasenverschiebung zwischen U_R und U_C oder zwischen U und U_R sowie deren Veränderung im zweiten Fall bei verschieden großen Werten von R mit dem Oszilloskop sichtbar machen.

Die RC-Schaltung mit veränderbarem Widerstand wird z. B. zur Phasendrehung bei der Phasenanschnittsteuerung von Thyristoren angewendet (s. Abschn. 9.6).

Berechnet wird die Schaltung mit Hilfe des Spannungsdreiecks (**2.**32a) und des Widerstandsdreiecks (**2.**32b).

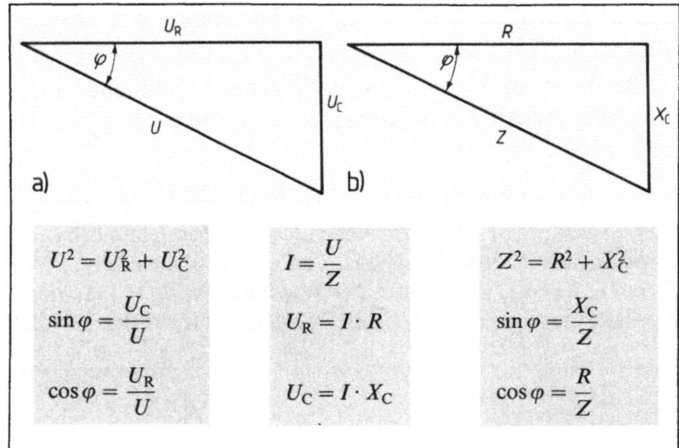

2.32
Spannungsdreieck (a) und Widerstandsdreieck (b) der Reihenschaltung von Wirkwiderstand und Kondensator

Beispiel 2.8 Ein Widerstand mit $R = 200\,\Omega$ wird mit einem Kondensator mit $C = 10\,\mu\text{F}$ (praktisch ohne Verluste) in Reihe geschaltet und an die Wechselspannung $U = 230$ V; 50 Hz gelegt. Wie groß sind

a) der kapazitive Widerstand X_C des Kondensators,
b) der Scheinwiderstand Z der Schaltung,
c) der Strom I,
d) die Teilspannung U_R,
e) die Teilspannung U_C,
f) der Phasenverschiebungswinkel φ zwischen U und I?

Lösung

a) $X_C = \frac{1}{2\pi \cdot f \cdot C} = \frac{1}{2 \cdot 3{,}14 \cdot 50\,\text{Hz} \cdot 0{,}00001\,\text{F}} = \mathbf{317\,\Omega}$

b) $Z = \sqrt{R^2 + X_C^2} = \sqrt{(200\,\Omega)^2 + (317\,\Omega)^2} = \mathbf{375\,\Omega}$

c) $I = \frac{U}{Z} = \frac{230\,\text{V}}{375\,\Omega} = \mathbf{0{,}613\,A}$

d) $U_R = I \cdot R = 0{,}613\,\text{A} \cdot 200\,\Omega = \mathbf{123\,V}$

e) $U_C = I \cdot X_C = 0{,}613\,\text{A} \cdot 317\,\Omega = \mathbf{194\,V}$

f) $\cos\varphi = \frac{U_R}{U} = \frac{123\,\text{V}}{230\,\text{V}} = 0{,}519;\ \varphi \approx \mathbf{59{,}4°}$

2.4.3 Parallelschaltung von Wirkwiderstand und Kondensator

Versuch 2.9 In der Versuchsschaltung **2**.33a werden die Ströme I_R im Widerstand und I_C im Kondensator sowie der Strom I in der gemeinsamen Zuleitung gemessen. Die Messungen ergeben, daß die Summe der Teilströme $I_C + I_R$ wesentlich größer ist als der Gesamtstrom I. ■

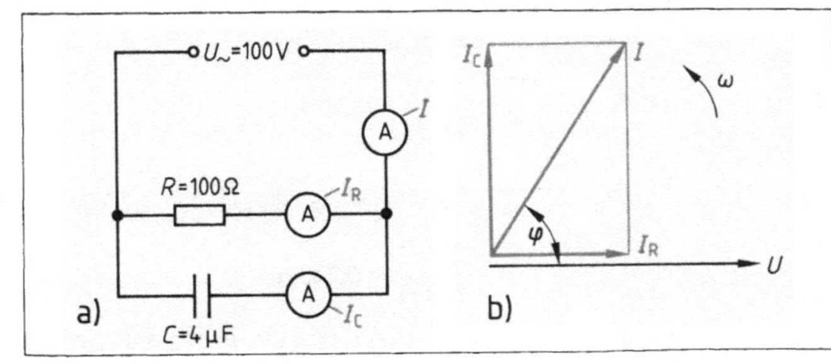

2.33
Versuchsschaltung (a) und Zeigerdiagramm (b) zu Versuch 2.9

Das Zeigerdiagramm **2.**33 b zeigt die Spannungs- und Stromverhältnisse der Schaltung.

> Bei der Parallelschaltung von Widerstand und Kondensator ist die Summe der Teilströme größer als der Gesamtstrom.

Berechnet wird die Schaltung mit Hilfe des aus dem Zeigerdiagramm gewonnenen Stromdreiecks (**2.**34 a) und des Leitwertdreiecks (**2.**34 b). Das letzte erhalten wir aus dem Stromdreieck nach Division der Ströme I, I_R und I_C durch die gemeinsame Spannung U. Im Leitwertdreieck sind $G = 1/R$ der Wirkleitwert des Widerstands, $B_C = 1/X_C$ der kapazitive Blindleitwert des Kondensators und $Y = 1/Z$ der Scheinleitwert der Parallelschaltung.

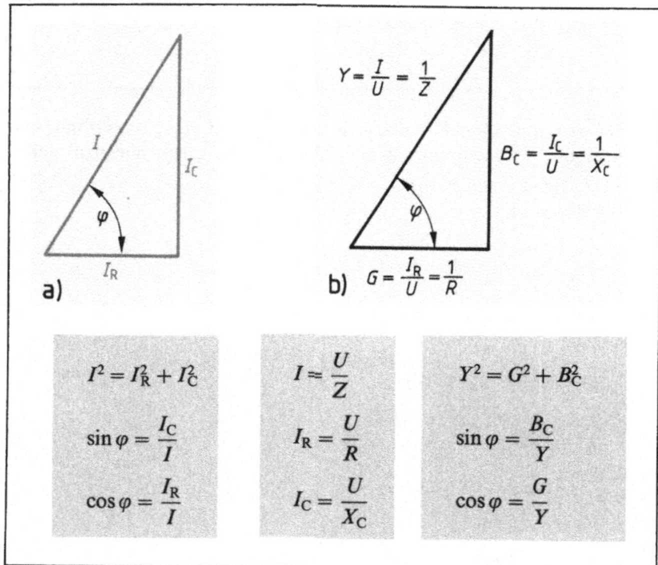

$I^2 = I_R^2 + I_C^2$	$I = \frac{U}{Z}$	$Y^2 = G^2 + B_C^2$
$\sin\varphi = \frac{I_C}{I}$	$I_R = \frac{U}{R}$	$\sin\varphi = \frac{B_C}{Y}$
$\cos\varphi = \frac{I_R}{I}$	$I_C = \frac{U}{X_C}$	$\cos\varphi = \frac{G}{Y}$

2.34
Stromdreieck (a) und Leitwertdreieck (b) der Parallelschaltung von Wirkwiderstand und Kondensator

Beispiel 2.9 Ein Widerstand $R = 200\ \Omega$ wird mit einem Kondensator $C = 10\ \mu\text{F}$ in Parallelschaltung an die Wechselspannung $U = 230$ V; 50 Hz gelegt. Wie groß sind

a) der Wirkstrom I_R im Wirkwiderstand,

b) der kapazitive Blindstrom I_C des Kondensators,

c) der Gesamtstrom I,

d) der Phasenverschiebungswinkel φ zwischen U und I,

e) der Scheinwiderstand Z der Schaltung?

f) Prüfen Sie mit Hilfe des Leitwertdreiecks durch geometrische Addition die Richtigkeit des berechneten Scheinwiderstands.

Lösung

a) $I_R = \frac{U}{I} = \frac{230\ \text{V}}{200\ \Omega} = \mathbf{1{,}15\ A}$

b) $X_C = \frac{1}{2\pi \cdot f \cdot C} = \frac{1}{2 \cdot 3{,}14 \cdot 50\ \text{Hz} \cdot 10 \cdot 10^{-6}\ \text{F}} = 318\ \Omega$

$I_C = \frac{U}{C_x} = \frac{230\ \text{V}}{318\ \Omega} = \mathbf{0{,}723\ A}$

c) $I = \sqrt{I_R^2 + I_C^2} = \sqrt{(1{,}36\ \text{A})^2 + (0{,}723\ \text{A})^2} = \mathbf{1{,}36\ A}$

Lösung, Fortsetzung

d) $\cos\varphi = \frac{I_R}{I} = \frac{1{,}15\,\text{A}}{1{,}36\,\text{A}} = 0{,}846;\ \varphi = \mathbf{32{,}3°}$

e) $Z = \frac{U}{I} = \frac{230\,\text{V}}{1{,}36\,\text{A}} = \mathbf{169\,\Omega}$

f) $G = \frac{1}{R} = \frac{1}{200\,\Omega} = 0{,}005\,S$

$B_C = \frac{1}{X_C} = \frac{1}{318\,\Omega} = 0{,}00314\,S$

$Y = \sqrt{G^2 + B_C^2} = \sqrt{(0{,}005\,S)^2 + (0{,}00314\,S)^2} = 0{,}0059\,S$

$Z = \frac{1}{Y} = \frac{1}{0{,}0059\,S} = \mathbf{169\,\Omega}$

2.4.4 Reihenschaltung von Spule und Kondensator

Versuch 2.10 In der Versuchsschaltung nach Bild **2.**35a mit einer Reihenschaltung von Spule und Kondensator wird die Induktivität L der Spule durch Verschieben des Jochs so lange verändert, bis der Strom I einen maximalen Wert erreicht. Spulenspannung U_{Sp} und Kondensatorspannung U_C haben dann ebenfalls Höchstwerte. Sie liegen wesentlich über der angelegten Spannung U und sind untereinander fast gleich. ■

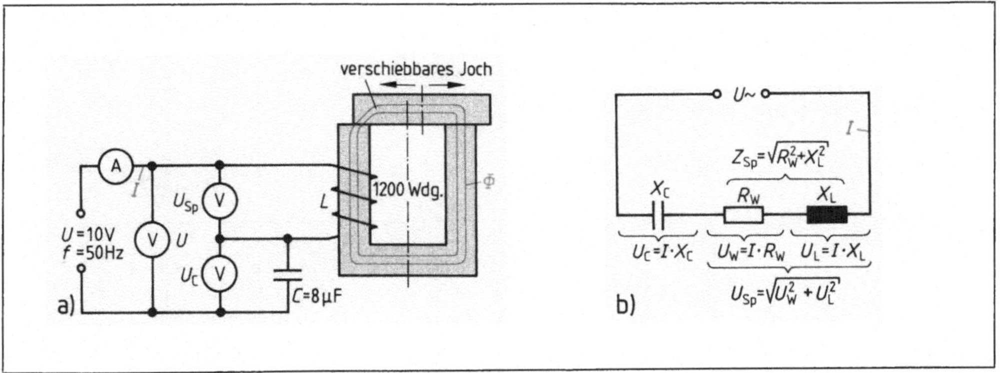

2.35 Versuchsschaltung (a) sowie Ersatzschaltplan (b) der Reihenschaltung von Spule und Kondensator

Bei der Reihenschaltung von Spule und Kondensator können die Teilspannungen sehr hohe Werte annehmen und die angelegte Spannung um ein Vielfaches übersteigen.

Um das Betriebsverhalten der Reihenschaltung von Spule und Kondensator zu verstehen, werden drei Betriebszustände betrachtet (**2.**36 auf S. 50).

Spannungsresonanz (Resonanz heißt Mitschwingen). Wenn der induktive Blindwiderstand X_L der Spule und der kapazitive Blindwiderstand X_C des Kondensators gleich groß sind ($X_L = X_C$), heben sie sich wegen ihrer gegenphasigen Lage gegenseitig auf, so daß als Resonanzwiderstand R_{res} nur der meist geringe Wirkwiderstand R_w ($R_{res} = R_w$) die Stromstärke I bestimmt ($I_{res} = U/R_w$). Diese erreicht demnach einen extrem großen Wert (Saugkreis). Der extrem große Resonanzstrom I_{res} erzeugt in den beiden Blindwiderständen X_L und X_C ebenfalls extrem große Teilspannungen ($U_L = I \cdot X_L$ und $U_C = I \cdot X_C$). Da er zudem mit der angelegten Spannung U in Phase ist ($\varphi = 0$),

Tabelle 2.36 **Betriebsverhalten der Reihenschaltung von Spule und Kondensator**

	Betriebszustand $X_L > X_C$	$X_L = X_C$	$X_L < X_C$
Zeigerdiagramm	U_L, U_{Sp}, ω, φ_{Sp}, U, φ, U_W, I, U_C	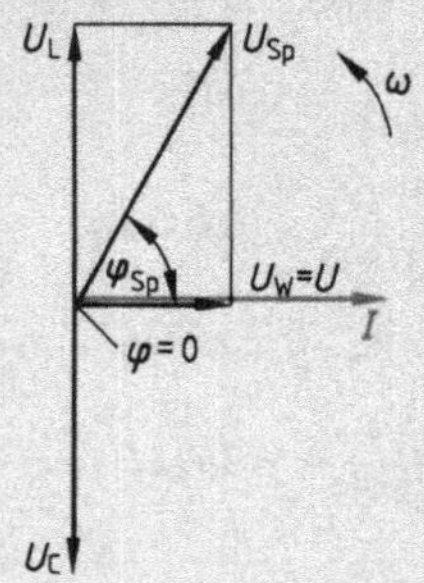 U_L, U_{Sp}, ω, φ_{Sp}, $U_W=U$, I, $\varphi=0$, U_C	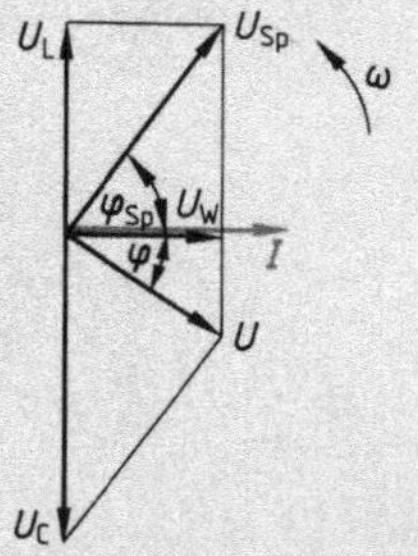 U_L, U_{Sp}, ω, φ_{Sp}, U_W, φ, I, U, U_C
Spannungsdreieck	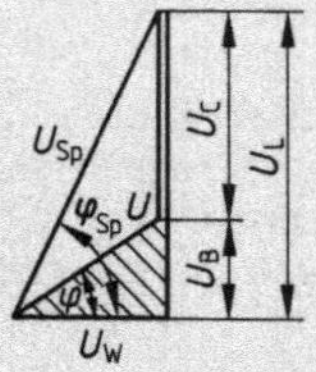 U_{Sp}, φ_{Sp}, U, φ, U_W, U_C, U_L, U_B $U_B = U_L - U_C$ $U^2 = U_w^2 + U_B^2$ $\sin\varphi = \frac{U_B}{U}$ $\cos\varphi = \frac{U_w}{U}$	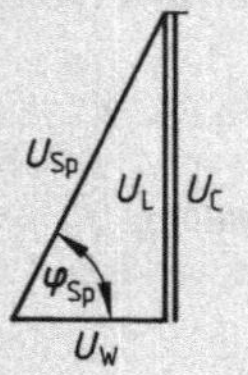 U_{Sp}, φ_{Sp}, U_L, U_C, U_W $U_B = 0$ $U\ = U_w$	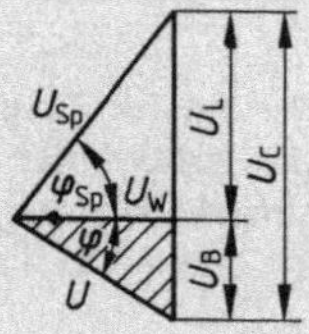 U_{Sp}, φ_{Sp}, U_W, φ, U, U_L, U_C, U_B $U_B = U_C - U_L$ $U^2 = U_w^2 + U_B^2$ $\sin\varphi = \frac{U_B}{U}$ $\cos\varphi = \frac{U_w}{U}$
Widerstandsdreieck	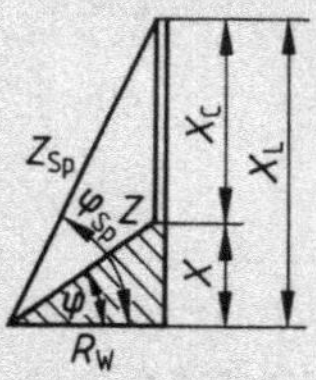 Z_{Sp}, φ_{Sp}, Z, φ, R_W, X_C, X_L, X $X\ = X_L - X_C$ $Z^2 = R_w^2 + X^2$ $\sin\varphi = \frac{X}{Z}$ $\cos\varphi = \frac{R_w}{Z}$	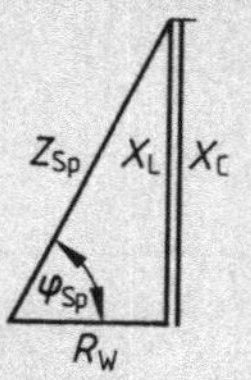 Z_{Sp}, X_L, X_C, φ_{Sp}, R_W $X\ = 0$ $R_{res} = R_w$ $I_{res}\ = \frac{U}{R_w}$	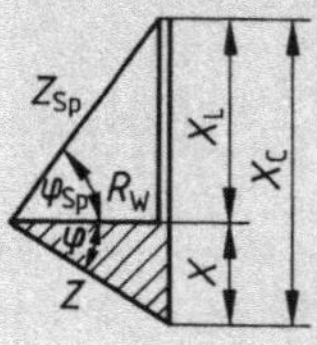 Z_{Sp}, φ_{Sp}, R_W, φ, Z, X_L, X_C, X $X\ = X_C - X_L$ $Z^2 = R_w^2 + X^2$ $\sin\varphi = \frac{X}{Z}$ $\cos\varphi = \frac{R_w}{Z}$
Betriebsverhalten	Der Strom I eilt der angelegten Spannung U nach. Die Schaltung wirkt insgesamt induktiv.	Der Strom I ist mit der angelegten Spannung U in Phase. Die Schaltung wirkt insgesamt wie ein Wirkwiderstand.	Der Strom I eilt der angelegten Spannung U voraus. Die Schaltung wirkt insgesamt kapazitiv.

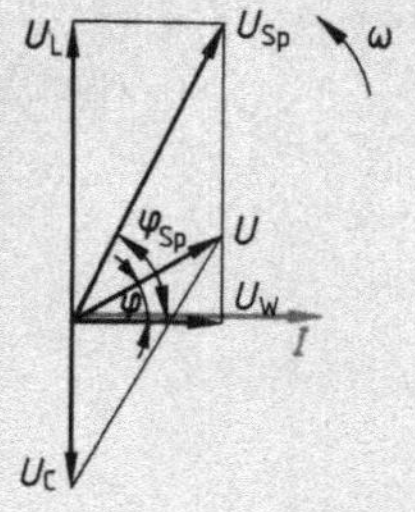

wirkt die Reihenschaltung von Spule und Kondensator im Resonanzfall wie ein reiner Wirkwiderstand.

> Die Reihenschaltung von Spule und Kondensator hat im Resonanzfall einen extrem kleinen Widerstand und damit einen extrem großen Strom (Saugkreis) sowie extrem große Teilspannungen, die um ein Vielfaches größer sind als die angelegte Spannung (Spannungsresonanz).

Beispiel 2.10 Eine Drosselspule mit dem Wirkwiderstand $R_w = 120\,\Omega$ und der Induktivität $L = 8{,}4$ H liegt in Reihenschaltung mit einem Kondensator mit der Kapazität $C = 5\,\mu$F an der Wechselspannung $U = 230$ V; 50 Hz.

Wie groß sind

a) die Stromstärke I,

b) die Teilspannung U_{Sp} an der Spule,

c) die Teilspannung U_C am Kondensator,

d) der Phasenverschiebungswinkel φ zwischen Strom I und angelegter Spannung U?

e) Durch Änderung der Kapazität des Kondensators soll Resonanz hergestellt werden. Wie groß ist die hierfür erforderliche Kapazität C_{res}?

f) Wie groß sind die Stromstärke, die Teilspannungen an Spule und Kondensator sowie der Resonanzwiderstand der Schaltung im Resonanzfall?

Lösung

a) $X_L = 2 \cdot \pi \cdot f \cdot L = 2 \cdot 3{,}14 \cdot 50\text{ Hz} \cdot 8{,}4\text{ H} = 2639\,\Omega$

$$X_C = \frac{1}{2\pi f C} = \frac{1}{2 \cdot 3{,}14 \cdot 50\text{ Hz} \cdot 5 \cdot 10^{-6}\text{F}} = 637\,\Omega$$

$$X = X_L - X_C = 2640\,\Omega - 637\,\Omega = 2002\,\Omega$$

$$Z = \sqrt{R_W^2 + X^2} = \sqrt{(120\,\Omega)^2 + (2002\,\Omega)^2} = 2006\,\Omega$$

$$I = \frac{U}{Z} = \frac{230\text{ V}}{2006\,\Omega} = \mathbf{0{,}115\text{ A}}$$

b) $Z_{Sp} = \sqrt{R_W^2 + X_L^2} = \sqrt{(120\,\Omega)^2 + (2639\,\Omega)^2} = 2640\,\Omega$

$$U_{Sp} = I \cdot Z_{Sp} = 0{,}115\text{ A} \cdot 2639\,\Omega = \mathbf{303\text{ V}}$$

c) $U_C = I \cdot X_C = 0{,}115\text{ A} \cdot 637\,\Omega = \mathbf{73{,}3\text{ V}}$

d) $\cos\varphi = \frac{R_W}{Z} = \frac{120\,\Omega}{2006\,\Omega} = 0{,}0598;\; \varphi = \mathbf{86{,}6°}$

e) $X_C = X_L = \mathbf{2639\,\Omega}$

$$X_C = \frac{1}{2\pi \cdot f \cdot C_{res}}$$

$$C_{res} = \frac{1}{2\pi \cdot f \cdot X_C} = \frac{1}{2 \cdot 3{,}14 \cdot 50\text{ Hz} \cdot 2639\,\Omega} = \mathbf{1{,}21\,\mu F}$$

f) $I_{res} = \frac{U}{R_W} = \frac{230\text{ V}}{120\,\Omega} = \mathbf{1{,}92\text{ A}}$

$$U_{Sp\,res} = I_{res} \cdot Z_{Sp} = 1{,}92\text{ A} \cdot 2640\,\Omega = \mathbf{5070\text{ V}}$$

$$U_{C\,res} = I_{res} \cdot X_C = 1{,}92\text{ A} \cdot 2640\,\Omega = \mathbf{5070\text{ V}}$$

Anwendung. Die Reihenschaltung von Spule und Kondensator und damit die Spannungsresonanz spielt in der Nachrichtentechnik eine wichtige Rolle. In der Energietechnik muß sie vermieden werden, da die bei Resonanz auftretenden erheblichen Überspannungen Spulenwicklungen und Kondensatoren gefährden. Angewendet wird sie jedoch beim kapazitiven Vorschaltgerät für die Duo-Schaltung von Leuchtstofflampen (s. Abschn. 12.3.2). Bei dieser Schaltung wird die Kapazität des Kompensationskondensators so groß bemessen, daß die Schaltung insgesamt stark kapazitiv wirkt und daher nicht in Resonanz ist.

2.4.5 Parallelschaltung von Spule und Kondensator

Versuch 2.11 In der Versuchsschaltung nach Bild **2.**37 a mit einer Parallelschaltung von Spule und Kondensator wird, wie im vorigen Versuch, die Spuleninduktivität L so lange verändert, bis der Strom I in der Zuleitung einen kleinsten Wert erreicht hat. Spulenstrom I_{Sp} und Kondensatorstrom I_C haben dann einen maximalen Wert und sind fast gleich groß. Sie sind wesentlich größer als der Strom I in der Zuleitung. ■

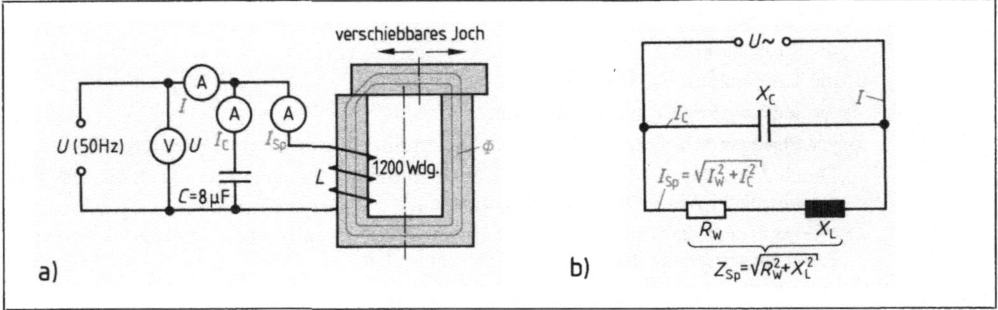

2.37 Versuchsschaltung (a) und Ersatzschaltplan (b) der Parallelschaltung von Spule und Kondensator

> Bei der Parallelschaltung von Spule und Kondensator können die Teilströme sehr hohe Werte annehmen und den Gesamtstrom in der Zuleitung um ein Vielfaches übersteigen.

Um das Betriebsverhalten in der Parallelschaltung von Spule und Kondensator zu verstehen, werden drei verschiedene Betriebszustände der Schaltung betrachtet (**2.**38). Wichtig ist hierbei die in Abschn. 2.2 behandelte Zerlegung des Spulenstroms I_{Sp} in Wirkstrom I_w und induktiven Blindstrom I_L.

Stromresonanz tritt ein, wenn der induktive Blindstrom I_L der Spule und der kapazitive Blindstrom I_C des Kondensators gleich groß sind ($I_L = I_C$). Beide heben sich wegen ihrer gegenphasigen Lage gegenseitig auf, so daß nur der meist geringe Wirkstrom I_w der Spule in der gemeinsamen Zuleitung fließt ($I_{res} = I_w$). Der Strom in der Zuleitung ist demnach extrem klein und daher wesentlich kleiner als die Ströme im Kondensator- und im Spulenzweig der Schaltung. Weil der Strom in der Zuleitung als Wirkstrom zudem mit der angelegten Spannung in Phase ist ($\varphi = 0$), wirkt die Parallelschaltung von Spule und Kondensator im Resonanzfall wie ein reiner Wirkwiderstand.

> Die Parallelschaltung von Spule und Kondensator hat im Resonanzfall einen extrem großen Widerstand und damit einen extrem kleinen Strom in der Zuleitung (Sperrkreis). Spulen- und Kondensatorstrom sind um ein Vielfaches größer als der Gesamtstrom (Stromresonanz).

Tabelle 2.38 **Betriebsverhalten der Parallelschaltung von Spule und Kondensator**

	Betriebszustand		
	$I_L > I_C$	$I_L = I_C$	$I_L < I_C$
Zeigerdiagramm	I_C, ω, U, φ, φ_{Sp}, I_w, I, I_L, I_{Sp}	I_C, ω, $\varphi=0$, U, φ_{Sp}, $I_w=I$, I_L, I_{Sp}	I_C, ω, I, φ, U, φ_{Sp}, I_w, I_L, I_{Sp}
Stromdreieck	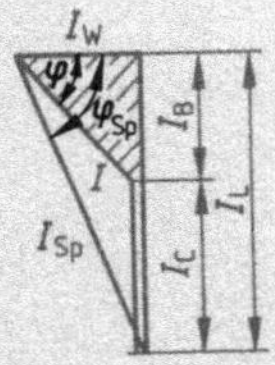 I_w, φ, φ_{Sp}, I_B, I, I_L, I_{Sp}, I_C $I_B = I_L - I_C$ $I^2 = I_w^2 + I_B^2$ $\sin\varphi = \frac{I_B}{I}$ $\cos\varphi = \frac{I_w}{I}$	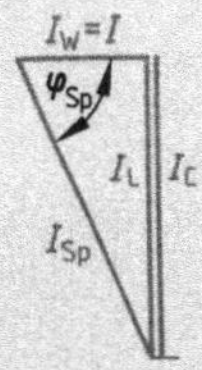 $I_w=I$, φ_{Sp}, I_L, I_C, I_{Sp} $I_B = 0$ $I_{res} = I_w$ $R_{res} = \frac{U}{I_w}$	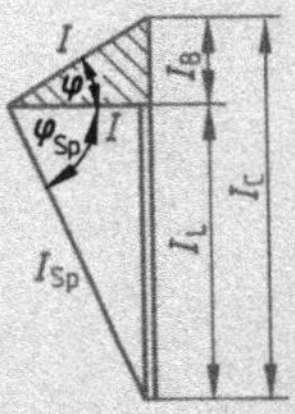 I, I_B, φ, φ_{Sp}, I, I_C, I_L, I_{Sp} $I_B = I_C - I_L$ $I^2 = I_w^2 + I_B^2$ $\sin\varphi = \frac{I_B}{I}$ $\cos\varphi = \frac{I_w}{I}$
Betriebsverhalten	Der Strom I eilt der angelegten Spannung U nach. Die Schaltung wirkt insgesamt induktiv.	Der Strom I ist mit der angelegten Spannung U in Phase. Die Schaltung wirkt insgesamt wie ein Wirkwiderstand.	Der Strom I eilt der angelegten Spannung U voraus. Die Schaltung wirkt insgesamt kapazitiv.

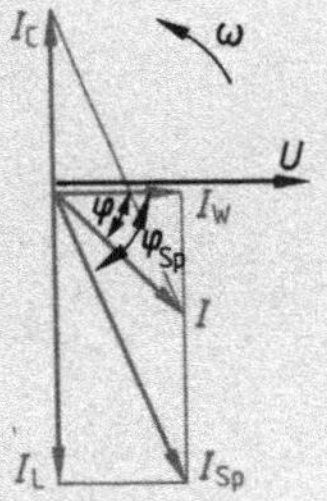

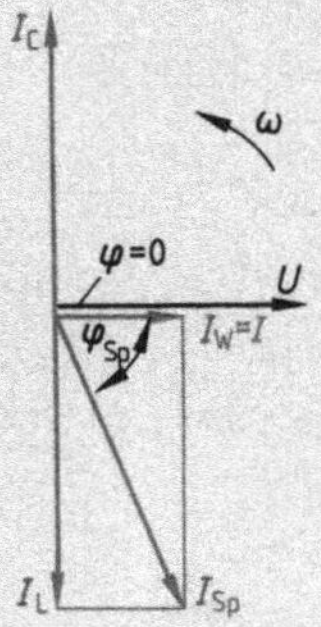

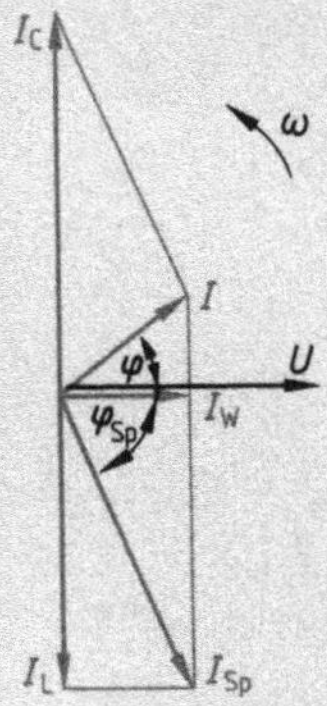

Beispiel 2.11 Ein Kondensator mit der Kapazität $C = 5\ \mu F$ und eine Spule mit dem Wirkwiderstand $R_w = 120\ \Omega$ und der Induktivität $L = 8{,}4$ H liegen in Parallelschaltung an der Wechselspannung $U = 230$ V; 50 Hz. Berechnen Sie

a) die Stromstärke I_C im Kondensator,

b) die Stromstärke I_{Sp} in der Spule,

c) die Stromstärke I in der Zuleitung,

d) den Phasenverschiebungswinkel φ zwischen Strom I und angelegter Spannung U.

e) Durch Ändern der Kondensatorkapazität soll Resonanz hergestellt werden. Wie groß ist die hierfür erforderliche Kapazität C_{res}?

f) Wie groß sind der Strom I_{res} in der Zuleitung und der Resonanzwiderstand R_{res} der Schaltung?

Lösung a) $X_C = \frac{1}{2\pi \cdot f \cdot C} = \frac{1}{2 \cdot 3{,}14 \cdot 50\ \text{Hz} \cdot 5 \cdot 10^{-6}\,\text{F}} = 637\ \Omega$

$$I_C = \frac{U}{X_C} = \frac{230\ \text{V}}{637\ \Omega} = \mathbf{0{,}361\ A}$$

b) $X_L = 2\pi \cdot f \cdot L = 2 \cdot 3{,}14 \cdot 50\ \text{Hz} \cdot 8{,}4\ \text{H} = 2640\ \Omega$

$$Z_{Sp} = \sqrt{R_w^2 + X_L^2} = \sqrt{(120\ \Omega)^2 + (2640\ \Omega)^2} \approx 2640\ \Omega$$

$$I_{Sp} = \frac{U}{Z_{Sp}} = \frac{230\ \text{V}}{2640\ \Omega} = \mathbf{0{,}0871\ A}$$

c) $\cos\varphi_{Sp} = \frac{R_w}{Z_{Sp}} = \frac{120\ \Omega}{2640\ \Omega} = 0{,}0455$

$$I_w = I_{Sp} \cdot \cos\varphi_{Sp} = 0{,}0871\ \text{A} \cdot 0{,}0455 = 0{,}00396\ \text{A}$$

$$\sin\varphi_{Sp} = \frac{X_L}{Z_{Sp}} = \frac{2640\ \Omega}{2640\ \Omega} = 1$$

$$I_L = I_{Sp} \cdot \sin\varphi_{Sp} = 0{,}0871\ \text{A} \cdot 1 = 0{,}0871\ \text{A}$$

$$I_B = I_C - I_L = 0{,}361\ \text{A} - 0{,}0871\ \text{A} = 0{,}274\ \text{A}$$

$$I = \sqrt{I_w^2 + I_B^2} = \sqrt{(0{,}00396\ \text{A})^2 + (0{,}274\ \text{A})^2} \approx \mathbf{0{,}274\ A}$$

d) $\cos\varphi = \frac{I_w}{I} = \frac{0{,}00396\ \text{A}}{0{,}274\ \text{A}} = 0{,}0145 \qquad \varphi = \mathbf{89{,}2°}$

e) $I_C = I_L = 0{,}0871\ \text{A}$

$$X_C = \frac{U}{I_C} = \frac{230\ \text{V}}{0{,}0871\ \text{A}} = 2640\ \Omega$$

$$X_C = \frac{1}{2\pi \cdot f \cdot C_{res}}$$

$$C_{res} = \frac{1}{2\pi \cdot f \cdot X_C} = \frac{1}{2 \cdot 3{,}14 \cdot 50\ \text{Hz} \cdot 2640\ \Omega} = \mathbf{1{,}21\ \mu F}$$

f) $I_{res} = I_w = \mathbf{3{,}96\ mA}$

$$R_{res} = \frac{U}{I_{res}} = \frac{230\ \text{V}}{3{,}96 \cdot 10^{-3}\ \text{A}} = \mathbf{58\ k\Omega}$$

Anwendung. Die Parallelschaltung von Spule und Kondensator und damit die Stromresonanz spielen sowohl in der Nachrichtentechnik als auch in der Energietechnik eine wichtige Rolle. In der Energietechnik ist sie für die Blindstromkompensation elektrischer Maschinen und Geräte unentbehrlich (s. Abschn. 2.5).

Schwingkreise. Die Schaltungen in Bild **2.**35 und **2.**37 nennt man Schwingkreisschaltungen, genauer Reihen- und Parallelschwingkreis. An Hand von Bild **2.**39 sollen die Vorgänge im Schwingkreis noch einmal genauer verfolgt werden. Der aufgeladene Kondensator ($I = 0$) entlädt sich bei geschlossenem Schalter in der ersten Viertelperiode über die Spule. Der damit verbundene Entladestrom baut in der Spule ein Magnetfeld auf; ist der Kondensator entladen, hat sich das Magnetfeld voll entwickelt ($\varphi = 90°$). Die dann bei abnehmendem Strom entstehende Selbstinduktionsspannung ist nach der Lenzschen Regel so gerichtet, daß sie den Strom auch bei entladenem Kondensator weiter aufrechterhält. Dadurch wird der Kondensator in der zweiten Viertelperiode im entgegengesetzten Sinn wieder voll aufgeladen ($\varphi = 180°$). In der zweiten Periodenhälfte ($\varphi = 180$ bis $360°$) wiederholt sich der Vorgang in umgekehrter Richtung. Es wird so ein fortgesetztes Hin- und Herschwingen der Elektronen zwischen Spule und Kondensator aufrechterhalten.

Die Dauer einer Schwingungsperiode und damit die Eigenfrequenz des Schwingkreises hängen von der Kapazität des Kondensators und der Induktivität der Spule ab.

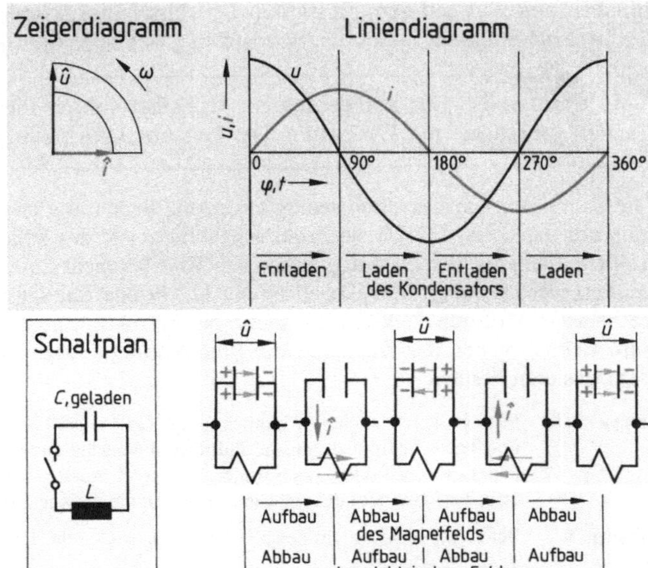

2.39
Auf- und Abbau elektrischer und magnetischer Felder im Schwingkreis

In einem idealen, d. h. verlustlosen Schwingkreis bleibt eine einmal angestoßene Schwingung ohne weitere Energiezufuhr von außen bestehen. Bei einem verlustbehafteten Schwingkreis klingt der Schwingungsvorgang jedoch schnell ab, weil sich die elektrische Energie des Schwingkreises in den Wirkwiderständen des Kreises in Wärme umsetzt. Wird ein verlustbehafteter Schwingkreis an eine Wechselspannung angelegt – als Reihenschwingkreis wie in Versuch 2.10 oder als Parallelschwingkreis wie in Versuch 2.11 –, deren Frequenz gleich der Eigenfrequenz des Schwingkreises ist, herrscht Resonanz zwischen der Eigenfrequenz des Kreises und der Frequenz der angelegten Spannung. Es entstehen die in den Versuchen beobachteten großen Resonanzspannungen bzw. -ströme. Die dabei der Spannungsquelle entnommene Leistung dient nur zur Deckung der Verluste in Spule und Kondensator.

2.5 Kompensation des induktiven Blindstroms

Bei Verbrauchern mit reinen Wirkwiderständen (Glühlampen, Elektrowärmegeräte) sind Strom und Spannung in Phase ($\varphi = 0$). Daneben gibt es in den Energieversorgungsnetzen zahlreiche Verbraucher, deren induktive Widerstände eine Phasenverschiebung verursachen (φ ist nicht gleich Null), z. B. Motoren, Drosselspulen und Transformatoren. Der darin fließende Blindstrom belastet das gesamte Leitungsnetz mit allen Leitungen, Schaltgeräten und Transformatoren, ohne Arbeit zu verrichten, also nutzlos.

Beispiel 2.12 Ein Wechselstrommotor für 230 V~ hat bei einer Stromaufnahme von $I = 10$ A den Leistungsfaktor $\cos\varphi = 0{,}5$. Seine Wirkleistung beträgt also $P = U \cdot I \cdot \cos\varphi = 230\,\text{V} \cdot 10\,\text{A} \cdot 0{,}5 = 1150$ W. Würde die Leitung nur den Wirkstrom $I_W = I \cdot \cos\varphi = 10\,\text{A} \cdot 0{,}5 = 5$ A führen, wäre sie statt mit 10 A nur mit 5 A belastet. Sie könnte also noch 5 A Wirkstrom aufnehmen und damit weitere 1150 W übertragen, ohne stärker als im ersten Fall belastet zu sein.

Versuch 2.11 zeigte, daß es durch Parallelschalten eines Kondensators zu einem induktiven Verbraucher möglich ist, die Zuleitung ganz oder teilweise von Blindstrom freizuhalten. Der Blindstrom fließt dann nur noch zwischen Spule und Kondensator. Der induktive Blindstrom wird, wie man sagt, durch den kapazitiven Blindstrom kompensiert, d. h. ausgeglichen. Man spricht dann von einer Verbesserung des Leistungsfaktors durch Kompensation der

Blindleistung. Soll auf den günstigsten Leistungsfaktor $\cos\varphi = 1$ kompensiert werden, müssen der kapazitive und der induktive Blindstrom gleich sein: $I_L = I_C$.

In einem vollständig kompensierten Wechselstromkreis fließt zwischen Spannungsquelle und Verbraucher nur Wirkstrom. Der Leistungsfaktor beträgt $\cos\varphi = 1$.

Die Kompensation des Blindstroms hat große Bedeutung erlangt, weil die Elektrizitätsversorgungsunternehmen (EVU) sie ihren Abnehmern oft zur Pflicht machen. Sie fordern, daß in größeren Anlagen der Leistungsfaktor den Wert 0,9 nicht unterschreitet. Motoren müssen kompensiert werden, wenn ihre Einzelleistung 11 kW oder die Gesamtleistung mehrerer gleichzeitig betriebener Motoren 25 kW oder mehr beträgt. Auf den dafür verwendeten Kondensatoren wird vielfach neben der Kapazität die Blindleistung angegeben, die sie bei der Nennspannung kompensieren können.

Beispiel 2.13 Eine größere Leuchtstofflampenanlage für $U = 230$ V~ nimmt die Leistung $P = 3{,}3$ kW auf und hat – bedingt durch die induktiven Vorschaltgeräte der Lampen – ohne Kompensation den Leistungsfaktor $\cos\varphi = 0{,}5$. Wie groß müssen Blindleistung Q_C und Kapazität C der erforderlichen Kondensatoren sein, wenn die Anlage auf $\cos\varphi = 1$ kompensiert werden soll?

Lösung Bei Kompensation auf $\cos\varphi = 1$ muß $Q_C = Q_L$ sein. Die Wirkleistung ist

$$P = U \cdot I \cdot \cos\varphi, \quad \text{daraus folgt} \quad I = \frac{P}{U \cdot \cos\varphi} = \frac{3300\ \text{W}}{230\ \text{V} \cdot 0{,}5} = 28{,}7\ \text{A}.$$

Bei $\cos\varphi = 0{,}5$ sind $\varphi = 60°$ und $\sin\varphi = 0{,}866$. Dann ist die kapazitive Blindleistung

$$Q_C = Q_L = U \cdot I \cdot \sin\varphi = 230\ \text{V} \cdot 28{,}7\ \text{A} \cdot 0{,}866 = \mathbf{5720\ Var}.$$

Jetzt erhält man aus $Q_C = U \cdot I_C = \dfrac{U^2}{X_C} = 2\pi \cdot f \cdot C \cdot U^2$ die Kapazität

$$C = \frac{Q_C}{2\pi \cdot f \cdot U^2} = \frac{5720\ \text{Var}}{2 \cdot 3{,}14 \cdot 50\ \text{Hz} \cdot (230\ \text{V})^2} = 0{,}000344\ \text{F} = \mathbf{344\ \mu F}.$$

Würde der induktive Blindstrom im Energieverteilungsnetz bei allen Verbrauchern vollständig, der Leistungsfaktor also auf $\cos\varphi = 1$ kompensiert, bestände die Gefahr, daß es im Netz wegen der dann möglichen Spannungsresonanz (Schwingkreis) zu einer unerwünschten Erhöhung der Netzspannung kommt. Daher wird in der Regel nicht vollständig kompensiert, sondern nur auf einen Leistungsfaktor von $\cos\varphi = 0{,}9$ bis 0,95. Die hierfür erforderliche kapazitive Blindleistung Q_C berechnet man zweckmäßig mit dem erweiterten Leistungsdreieck (**2.**40). Darin sind Q_1 die induktive Blindleistung und φ_1 der Phasenverschiebungswinkel vor der Kompensation, Q_2 und φ_2 die entsprechenden Größen nach der Kompensation.

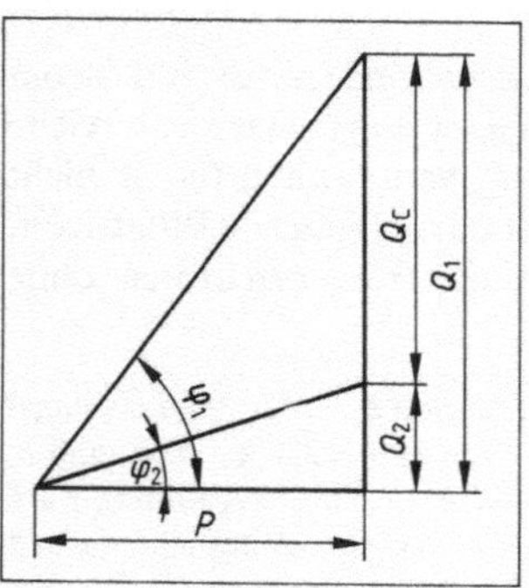

2.40 Erweitertes Leistungsdreieck zum Berechnen der kapazitiven Blindleistung

Die erforderliche kapazitive Blindleistung beträgt $Q_C = Q_1 - Q_2$. Q_1 und Q_2 kann man aus der Wirkleistung P des Verbrauchers und den Phasenverschiebungswinkeln φ_1 und φ_2 am einfachsten mit der Tangensfunktion berechnen. Es gilt $\tan\varphi_1 = Q_1/P$ und $\tan\varphi_2 = Q_2/P$. Hieraus erhalten wird durch Umstellen der Gleichungen $Q_1 = P \cdot \tan\varphi_1$ und $Q_2 = P \cdot \tan\varphi_2$. In die obige Gleichung eingesetzt, ergibt sich die kapazitive Blindleistung $Q_C = P \cdot \tan\varphi_1 - P \cdot \tan\varphi_2$ und nach Ausklammern von P:

Kapazitive Blindleistung $\quad Q_C = P(\tan\varphi_1 - \tan\varphi_2)$

Beispiel 2.14 Ein Verbraucher am Wechselstomnetz mit der Netzspannung $U = 230$ V, $f = 50$ Hz hat die Leistungsaufnahme $P = 1{,}8$ kW und den Leistungsfaktor $\cos\varphi_1 = 0{,}7$. Dieser soll auf $\cos\varphi_2 = 0{,}95$ verbessert werden. Berechnen Sie die hierfür erforderliche Blindleistung Q_C des Kompensationskondensators und dessen Kapazität C.

Lösung Mit dem Taschenrechner erhalten wir $\varphi_1 = 45{,}6°$ und $\varphi_2 = 18{,}2°$, ferner $\tan\varphi_1 = 1{,}02$ und $\tan\varphi_2 = 0{,}329$. Damit ist die erforderliche Blindleistung

$$Q_C = P(\tan\varphi_1 - \tan\varphi_2) = 1{,}8\text{ kW}(1{,}02 - 0{,}329) = \mathbf{1{,}24\text{ kVar.}}$$

Die Kapazität des Kompensationskondensators erhalten wir mit den Formeln $Q_C = \frac{U^2}{X_C}$ und

$$X_C = \frac{1}{2\pi \cdot f \cdot C} = \frac{U^2}{Q_C} = \frac{(230\text{ V})^2}{1240\text{ Var}} = 42{,}7\ \Omega$$

$$C = \frac{1}{2\pi \cdot f \cdot X_C} = \frac{10^6 \frac{\mu F}{F}}{2 \cdot 3{,}14 \cdot 50\text{ Hz} \cdot 42{,}7\ \Omega} = \mathbf{74{,}6\ \mu F}$$

2.6 RC-Glied an Rechteckspannung

In der Elektronik und digitalen Schaltungstechnik spielen Rechteckpulse eine bedeutende Rolle (s. Elektro-Fachkunde 1, Abschn. 10.5). Oft liegt dabei ein RC-Glied, bestehend aus der Reihenschaltung von Kondensator und Widerstand, an der Rechteckspannung. Im folgenden Versuch untersuchen wir das Verhalten eines RC-Glieds an Rechteckspannung.

2.6.1 Integrierglied

Versuch 2.12 Ein Signalgenerator wird auf Rechteckspannung eingestellt. Einseitige Rechteckpulse erhalten wir in einer der beiden Endstellungen der „Offset"-Einstellung. An den Signalausgang des Generators schalten wir ein RC-Glied, bestehend aus einem Kondensator mit der Kapazität $C = 100$ nF und einem Widerstand mit $R = 10$ kΩ. Mit dem Oszilloskop stellen wir die Gesamtspannung U und die Teilspannung U_C am Kondensator dar (**2.**41 a). ■

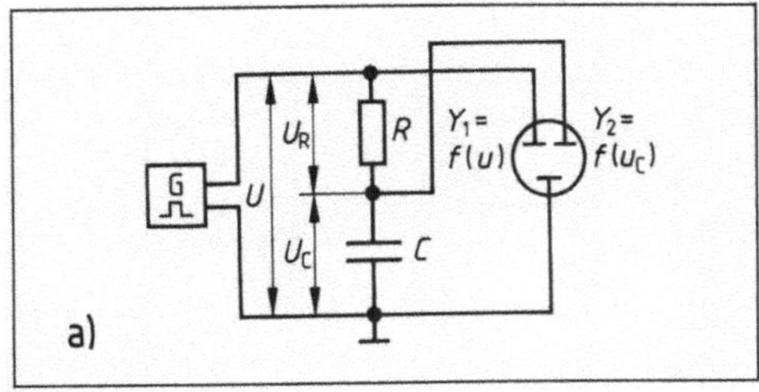

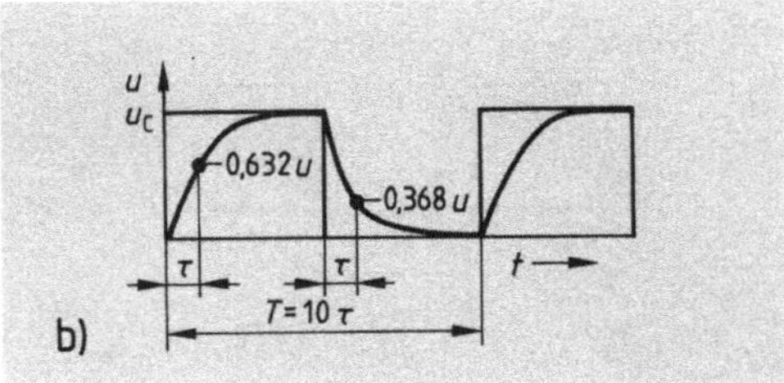

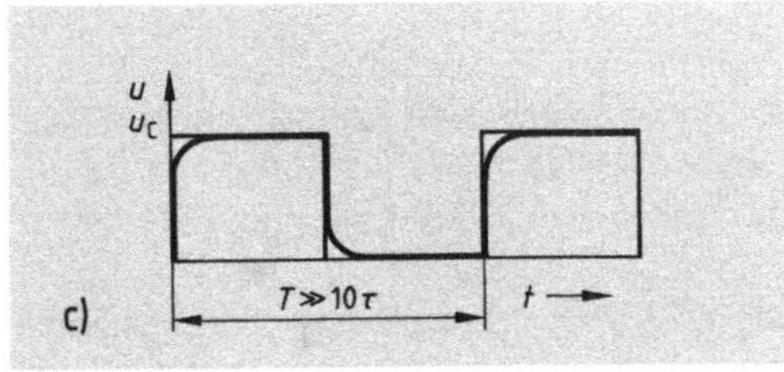

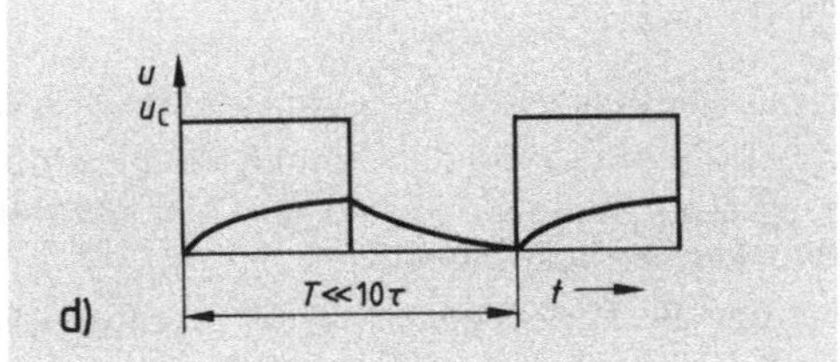

2.41 Integrierglied an Rechteckspannung

Der Versuch zeigt, daß das Zeitdiagramm der Teilspannung U_C ganz von der Zeit abhängt, die die Rechteckspannung U dem Kondensator für den Lade- und Entladevorgang zur Verfügung stellt. In diesem Fall beträgt die Zeitkonstante des RC-Glieds $\tau = R \cdot C = 10\ \text{k}\Omega \cdot 100\ \text{nF} = 1\ \text{ms}$.

Beträgt die Periodendauer T der Rechteckspannung etwa das Zehnfache der Zeitkonstanten des RC-Glieds, lädt und entlädt sich der Kondensator fast vollständig in der zur Verfügung stehenden Zeit ($T/2 = 5\,\tau$). Wir erhalten die bereits bekannte Lade- und Entladekurve der Kondensatorspannung (**2.**41 b).

Ist die Periodendauer T der Rechteckspannung erheblich größer als $10\,\tau$ ($T \gg 10\,\tau$), ergibt sich als Zeitdiagramm von U_C fast eine Rechteckkurve (**2.**41 c).

Ist die Periodendauer T der Rechteckspannung dagegen erheblich kleiner als $10\,\tau$ ($T \ll 10\,\tau$), nähert sich das Zeitdiagramm von U_C einer Dreieckkurve (**2.**41 d). In diesem Fall ist der Augenblickswert der Kondensatorspannung U_C ein Maß für den bis zu diesem Zeitpunkt erreichten Flächeninhalt der Rechteckkurve (Flächenintegral). Daher nennt man ein RC-Glied, dessen Ausgangsspannung die Kondensatorspannung U_C ist, auch Integrierglied.

2.6.2 Differenzierglied

Versuch 2.13 An den Signalgenerator aus Versuch 2.12 schließen wir ein RC-Glied so an, daß die Teilspannung U_R am Widerstand die Ausgangsspannung ist. Mit dem Oszilloskop stellen wir außer der Gesamtspannung U die Teilspannung U_R dar (**2.**41 a). ■

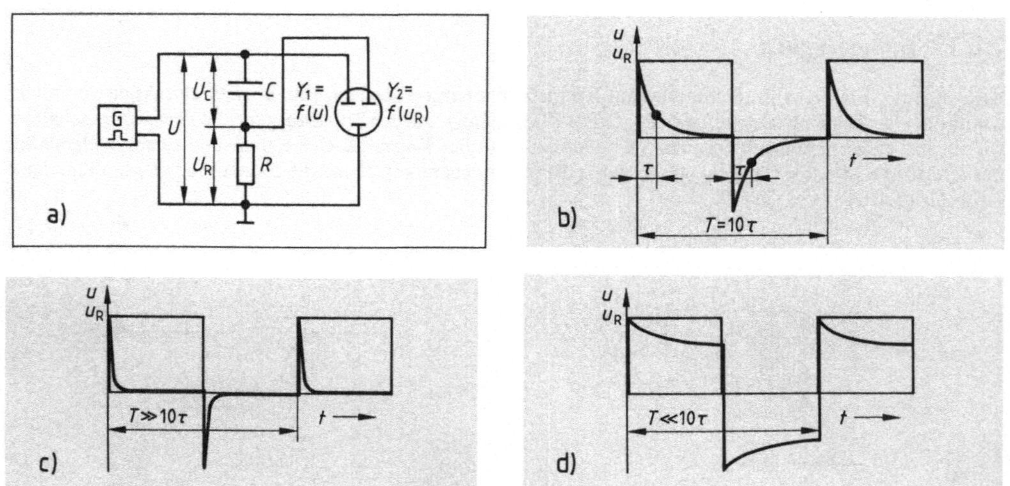

2.42 Differenzierglied an Rechteckspannung

In diesem Fall ist der Augenblickswert der Teilspannung u_R am Widerstand dem Stromverlauf von Lade- und Entladestrom des Kondensators proportional: $u_R = i \cdot R$. Die Kurvenform der Ausgangsspannung U_R hängt auch hier sehr stark von der Zeit ab, die dem Lade- und Entladevorgang zur Verfügung steht.

Beträgt die Periodendauer T der Rechteckspannung etwa das Zehnfache der Zeitkonstanten τ ($T = 10\,\tau$) des RC-Glieds, erhalten wir das schon bekannte Zeitdiagramm von Lade- und Entladestrom (**2.**41 b).

Ist die Periodendauer T der Rechteckspannung erheblich größer als 10τ ($T \gg 10\tau$), ergibt sich als Zeitdiagramm von u_R eine Nadelspitzenkurve (2.41 c). Darin ist der Augenblickswert der Teilspannung u_R am Widerstand ein Maß für die Steilheit der Rechteckkurve (Differentialquotient). Man nennt ein RC-Glied, dessen Ausgangsspannung die Teilspannung U_R am Widerstand ist, deshalb auch Differenzierglied.

Ist die Periodendauer T der Rechteckspannung dagegen erheblich kleiner als 10τ ($T \ll \tau$), nähert sich das Zeitdiagramm von U_R der Rechteckkurve (2.41 d).

> Ein RC-Glied an Rechteckspannung kann man als Integrierglied oder als Differenzierglied verwenden – je nachdem, ob die Teilspannung am Kondensator oder am Widerstand als Ausgangsspannung gewählt wird.

Wie die Versuche 2.12 und 2.13 zeigen, kann man RC-Glieder zum Umformen von Rechteckimpulsen als Impulsformer verwenden.

Übungsaufgaben zu Abschnitt 2.4 bis 2.6

1. Warum dürfen wir bei Reihenschaltung (und Parallelschaltung) von Spule und Kondensator die an Spule und Kondensator gemessenen Spannungen (bzw. Ströme) nicht einfach addieren, um die Gesamtspannung (den Gesamtstrom) zu ermitteln?
2. Motoren dürfen nicht auf den Leistungsfaktor $\cos\varphi = 1$ kompensiert werden, weil dann beim Auslaufen des abgeschalteten Motors hohe Überspannungen entstehen. Wie kommen diese zustande?
3. Warum beseitigt man den induktiven Blindstrom aus dem Leitungsnetz durch Kompensieren mit Kondensatoren?
4. Warum sind bei Stromresonanz Kondensator- und Spulenstrom viel größer als der Strom in der Zuleitung?
5. Welche Gefahr besteht, wenn die Kompensation der induktiven Blindleistung durch Kondensatoren erfolgt, die mit den induktiven Verbrauchern in Reihe geschaltet sind?
6. Skizzieren Sie die Zeigerdiagramme für die in Bild 2.43 dargestellten Wechselstromschaltungen unter Berücksichtigung aller eingetragenen Ströme und Spannungen.
7. Skizzieren Sie zu den Schaltungen 2.43a bis c jeweils das Spannungs- und das Widerstandsdreieck.
8. Skizzieren Sie zu den Schaltungen 2.43d und e das Strom- und das Leitwertdreieck.
9. Ein Reihenschwingkreis wird auch Saugkreis, ein Parallelschwingkreis auch Sperrkreis genannt. Begründen Sie diese Bezeichnungen.
10. Beschreiben Sie die Schaltung und Wirkungsweise eines RC-Phasenschiebers.
11. Ein RC-Glied liegt an einer Rechteckspannung. Unter welchen Bedingungen kann man damit a) eine Nadelspitzenkurve und b) eine Dreieckkurve gewinnen?

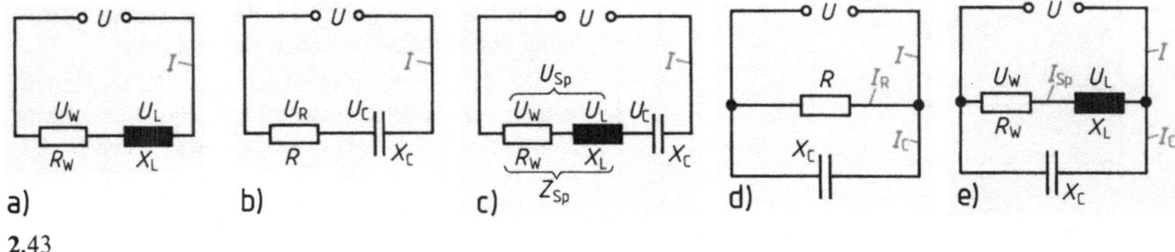

2.43

3 Drehstrom

Drehstrom oder Dreiphasenstrom entsteht durch das Zusammenschalten (Verketten) von drei um 120° (also um eine Drittelperiode) phasenverschobenen Wechselströmen, auch drei Phasen[1]) genannt. Die Bezeichnung Drehstrom besagt, daß man mit diesem in drei räumlich versetzt angeordneten Magnetspulen ein sich drehendes Magnetfeld, das Drehfeld, erzeugen kann. Drehstrom wird heute beim Erzeugen und Verteilen elektrischer Energie allgemein angewendet.

3.1 Entstehung des Drehstroms

3.1.1 Erzeugung von drei um 120° phasenverschobenen Wechselströmen

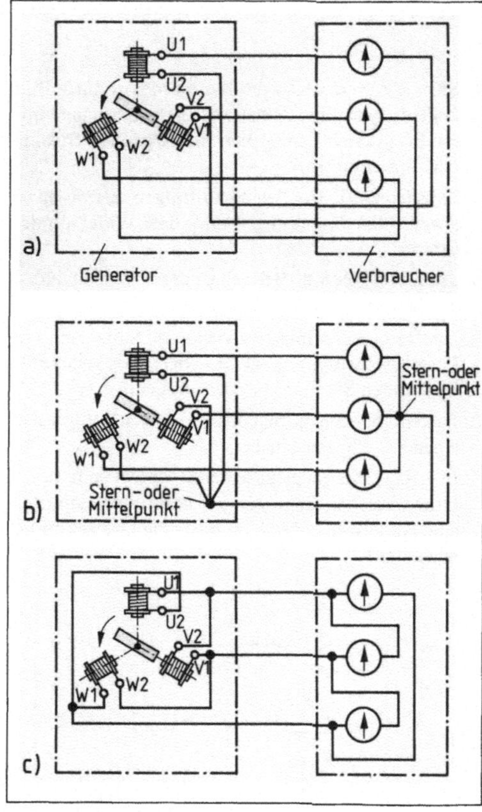

3.1 Drehstromsysteme

a) unverkettet, b) verkettet in Sternschaltung, c) verkettet in Dreieckschaltung

Drehstromgeneratoren enthalten drei Induktionswicklungen, Stränge genannt. Sie sind in zweipoligen Generatoren (Polpaarzahl $p = 1$) räumlich gegeneinander um den Winkel $\alpha = 120°$ versetzt angeordnet, so daß zwischen den drei Strangspannungen auch der Phasenverschiebungswinkel $\varphi = 120°$ entsteht.

Versuch 3.1 a) Drei Spulen (etwa 1200 Wdg.) mit Eisenkern (I-Kern) werden nach Bild **3.**1 a um jeweils 120° versetzt angeordnet und an jede der drei Spulen ein Milliamperemeter (Nullpunkt in Skalenmitte) angeschlossen. Dreht man einen Stabmagneten in der Mitte zwischen den symmetrisch angeordneten Spulen, wird in jeder Spule eine Wechselspannung induziert, und die Meßinstrumente zeigen zeitlich gegeneinander versetzte Wechselströme an.

b) Nun werden die drei an den Innenklemmen der Generatorspulen angeschlossenen Leiter zu einem gemeinsamen Leiter, dem Sternpunkt- oder Mittelleiter, nach Bild **3.**1 b zusammengefaßt: Sternschaltung. Das gleiche geschieht auf der Verbraucherseite. Obwohl statt sechs nur noch vier Netzleiter vorhanden sind, schlagen die Zeiger der Meßinstrumente in unveränderter Weise aus. Selbst die vollständige Entfernung des Mittelleiters ändert daran nichts.

c) Die drei Generatorspulen sowie die Meßinstrumente werden jetzt entsprechend Bild **3.**1 c zusammengeschaltet: Dreieckschaltung. Auch in diesem Fall schlagen die Zeiger der Meßinstrumente unverändert aus. ■

[1]) Das Wort Phase wird bei Drehstrom vereinfachend nicht nur statt Phasenwinkel benutzt, sondern auch als Bezeichnung für die drei miteinander verketteten Wechselspannungen und -ströme, häufig – wenn eigentlich auch nicht zulässig – sogar für die drei Außenleiter des Drehstromnetzes.

Der Versuch zeigt folgendes Ergebnis:

> Die drei Stränge eines Drehstromgenerators wie auch die des Verbrauchers lassen sich sowohl zur Sternschaltung als auch zur Dreieckschaltung verketten.

Genormte Bezeichnungen

U, V, W	Bezeichnung der Strangwicklungen
U1, V1, W1	Klemmenbezeichnung für die Wicklungsanfänge bei Generatoren, Transformatoren und Motoren für Drehstrom (bisher U, V, W)
U2, V2, W2	Klemmenbezeichnung der entsprechenden Wicklungsenden (bisher X, Y, Z)

Die zeitliche Verschiebung der in den drei Wicklungssträngen induzierten Spannungen und Ströme ist im Liniendiagramm **3.**2a und im Zeigerdiagramm **3.**2b dargestellt.

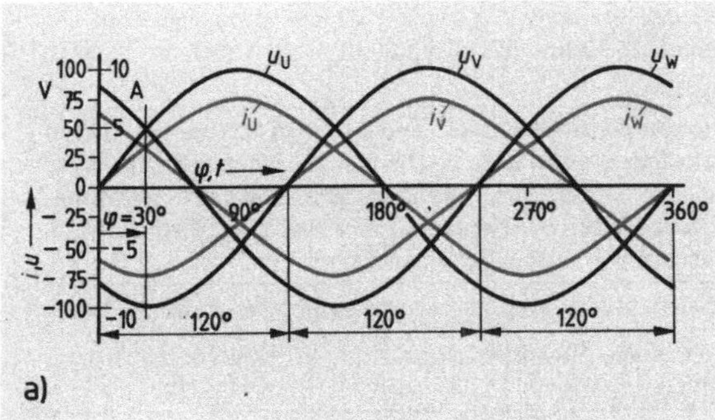

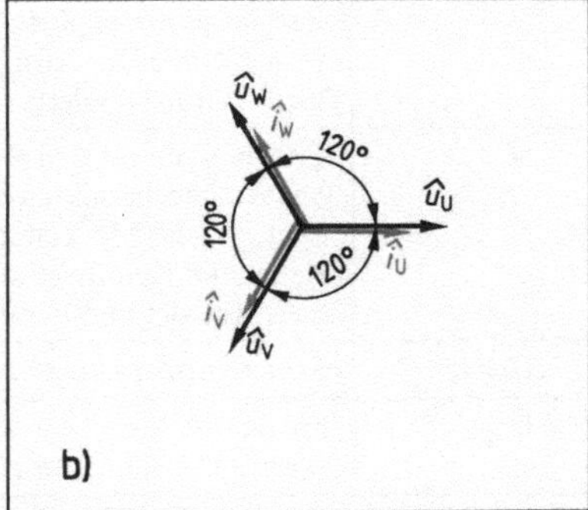

3.2 Liniendiagramm (a) der drei Strangspannungen U_U, U_V und U_W und der drei Strangströme I_U, I_V und I_W sowie zugehöriges Zeigerdiagramm (b)

Bildet man für einen beliebigen Zeitpunkt die Summe der drei Augenblickswerte $u_U + u_V + u_W$ oder $i_U + i_V + i_W$, erhält man immer den Wert Null, wenn man die Richtung beachtet und $\hat{u}_U = \hat{u}_V = \hat{u}_W$ bzw. $\hat{i}_U = \hat{i}_V = \hat{i}_W$ ist (**3.**1b).

Für den Phasenwinkel $\varphi = 30°$ ergibt sich z.B. $u_U + u_V + u_W = 50\,V - 100\,V + 50\,V = 0\,V$. Allgemein gilt:

> Die Summe der Augenblickswerte von drei gleich großen, um 120° phasenverschobenen Wechselspannungen und -strömen ist in jedem beliebigen Zeitpunkt gleich Null.

Diese Eigenschaft ermöglicht die Verkettung der drei Strangstromkreise zur Stern- und Dreieckschaltung.

3.1.2 Sternschaltung

Verbindet man die Enden U2, V2, W2 der drei Stränge miteinander, erhält man die Sternschaltung nach Bild **3.**3.

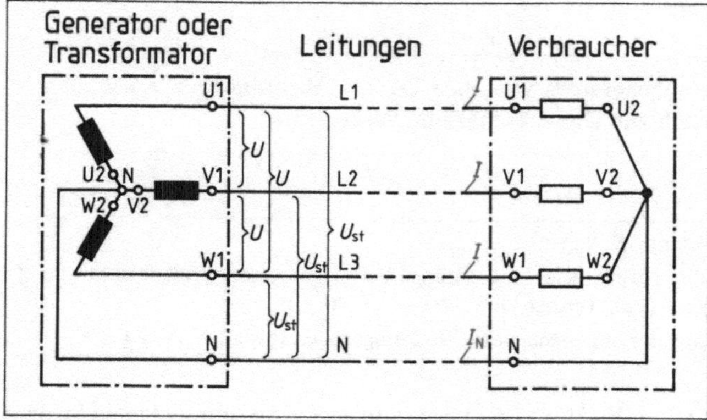

3.3 Drehstromsystem in Sternschaltung mit Sternpunktleiter (Vierleitersystem)

Genormte Bezeichnungen

L1, L2, L3	(alte Bezeichnung R, S, T) Bezeichnung für die drei Drehstromleiter. Sie werden Außenleiter oder auch Hauptleiter genannt. Als blanke Stromschienen erhalten sie in der Nähe der Anschlußstellen die Kennzeichnung L1, L2, L3 (früher die Farben Gelb–Grün–Violett).
N	Bezeichnung für den Sternpunkt oder Mittelpunkt und den vom Sternpunkt ausgehenden Sternpunkt- oder Mittelleiter, abgekürzt N-Leiter, d.h. Neutral-Leiter (alte Bezeichnung Mp-Leiter). Als blanke Stromschiene erhält er in der Nähe der Anschlußstellen die Kennzeichnung N oder blaue Farbstreifen (früher weiß). Er wird im Netz meist geerdet und dann zusätzlich mit E oder ⏚ gekennzeichnet.
U_{st}, I_{st}	Strangspannung bzw. Strangstrom, auch Phasenspannung bzw. -strom genannt.
U	Spannung zwischen zwei beliebigen Außenleitern, meist als Leiterspannung (verkettete Spannung) bezeichnet.
I	Strom in einem beliebigen Außenleiter, Leiterstrom genannt.

Spannungen und Ströme bei Sternschaltung. Bild 3.3 zeigt, daß die Leiterströme I bei Sternschaltung ebenso groß wie die Strangströme I_{st} sein müssen, da sich zwischen den einzelnen Strängen und den angeschlossenen Außenleitern keine Stromverzweigungspunkte befinden.

Leiterstrom	$I = I_{St}$

Weiterhin ergibt sich zwischen den drei Außenleitern insgesamt dreimal die Leiterspannung U und zwischen je einem Außenleiter und dem N-Leiter ebenfalls dreimal die Strangspannung U_{st}. In welchem Verhältnis Leiterspannung und Strangspannung zueinander stehen, klärt Bild 3.4.

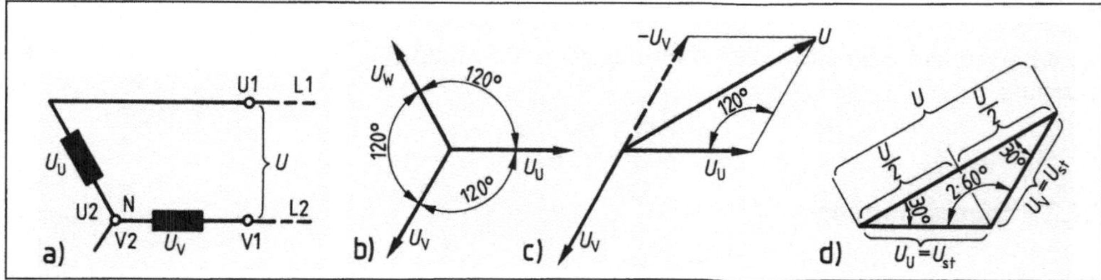

3.4 Leiterspannung bei Sternschaltung als Resultierende zweier Strangspannungen

Die Spannungen zwischen den Klemmen U1 – U2, V1 – V2 und W1 – W2, (also die Strangspannungen U_U, U_V und U_W) sind um je 120° gegeneinander phasenverschoben (**3.4**b). Verbindet man die Enden zweier Stränge, z. B. U2 mit V2 (**3.4**a), wirkt zwischen den Klemmen U1 und V1 die Spannung U_V im umgekehrten Sinn mit U_U zusammen (**3.4**c). Bildet man daraus das Spannungsdreieck in Bild **3.4**d, ergibt sich im Dreieck $\cos 30° = \frac{\frac{U}{2}}{U_{st}} = \frac{U}{2\,U_{st}}$; multipliziert man mit $2\,U_{st}$, wird $U = 2 \cdot U_{st} \cdot \cos 30°$.

Mit $\cos 30° = 0{,}866$ ist $U = 2 \cdot U_{st} \cdot 0{,}866 = 1{,}73 \cdot U_{st}$ und mit $1{,}73 = \sqrt{3}$ auch $U = \sqrt{3} \cdot U_{st}$. Also ist die

Leiterspannung $\quad U = 1{,}73 \cdot U_{st}$.

Bei der Sternschaltung werden je zwei Strangspannungen U_{st} miteinander zur Leiterspannung U verkettet. Bei mitgeführtem Mittelleiter (Vier-Leiter-Drehstromnetz) sind zwei Spannungen verfügbar: die Leiterspannung und die Strangspannung.

Da in den meisten öffentlichen Versorgungsnetzen die Strangspannung $U_{st} = 230$ V ist, beträgt die Leiterspannung $U = 1{,}73 \cdot U_{st} = 1{,}73 \cdot 230\ \text{V} \approx 400$ V (s. Versuch 3.2).

Nach DIN IEC 38 vom Mai 1987 beträgt der genormte Nennspannungswert für Niederspannungsnetze 230/400 V statt 220/380 V. Bei einer bis zum Jahr 2003 zugelassenen Toleranz der Nennspannung am Hausanschluß von $+6\% \mathrel{\hat{=}} 244$ V und $-10\% \mathrel{\hat{=}} 207$ V liegen die bisherigen Spannungswerte in dem zugelassenen Bereich.

Gleichmäßige Belastung bei Sternschaltung (symmetrische Last)

Versuch 3.2 Drei 230-V-Glühlampen mit je 100 Watt werden nach Bild **3.5** in Sternschaltung an das 400/230-V-Drehstromnetz angeschlossen. Wir messen den Strom jeder Lampe und den Strom im N-Leiter. Die Ströme in den Lampen sind gleich groß, und der N-Leiter ist stromlos. Wird der N-Leiter unterbrochen, brennen die Lampen unverändert weiter; auch die angezeigten Lampenströme ändern sich nicht. ■

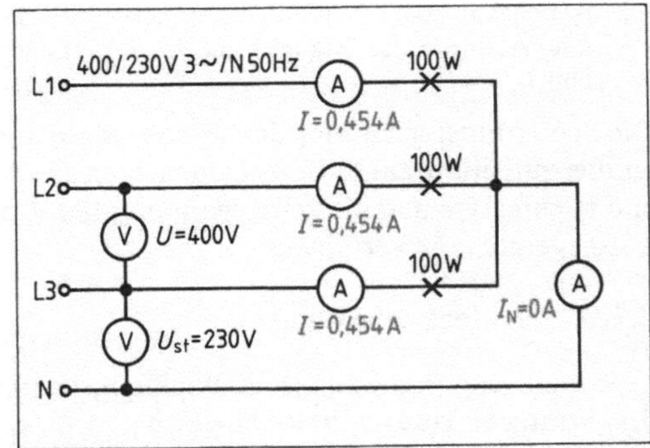

3.5 Ströme in den Außenleitern und im N-Leiter bei Sternschaltung

Das Versuchsergebnis bestätigt, daß im gleichmäßig belasteten Drehstromsystem in jedem Augenblick $i_U + i_V + i_W = 0$ ist. Die Stromverteilung auf die drei Leiter erfolgt in der Weise, daß der Strom, periodisch wechselnd in e i n e m Leiter zu den Lampen hinfließt und im zweiten sowie dritten Leiter zurückfließt oder in zwei hin- und im dritten Leiter zurückfließt. In dem $\varphi = 30°$ entsprechenden Zeitpunkt in Bild **3.2** sind also zwei Leiter Hinleiter für je $i_U = i_W = 4$ A, der dritte Leiter ist Rückleiter für $i_V = 8$ A.

Bei gleichmäßiger Belastung der drei Stränge fließt im N-Leiter eines Drehstromsystems in Sternschaltung kein Strom.

Ungleichmäßige Belastung bei Sternschaltung (Schieflast)

Versuch 3.3 Ersetzt man in der Schaltung nach Bild 3.5 eine der drei 100-W-Lampen durch eine 60-W-Lampe, wird die Belastung des Drehstroms ungleichmäßig. Jetzt zeigt der Strommesser im N-Leiter einen Strom an. Dieser ist allerdings kleiner als die Leiterströme. Unterbricht man den N-Leiter, leuchtet die 60-W-Lampe heller, die beiden 100-W-Lampen leuchten dunkler als vorher. ■

> Bei nicht gleichmäßiger Belastung der drei Stränge (Schieflast) fließt im N-Leiter eines Drehstromsystems in Sternschaltung ein Ausgleichsstrom.

Die Entstehung des Ausgleichstroms I_N im N-Leiter bei Schieflast zeigt Bild 3.6. Den Strom im N-Leiter erhalten wir auch hier als geometrische Summe der drei Strangströme I_U, I_V und I_W.

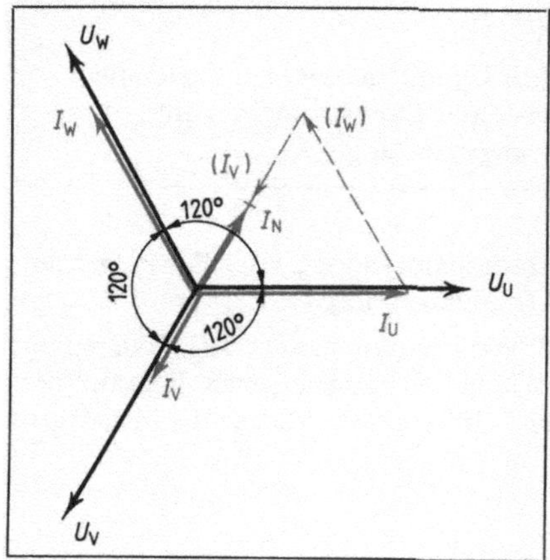

3.6 Ermittlung des Ausgleichsstroms I_N im N-Leiter bei Schieflast durch geometrische Addition der Strangströme I_U, I_V und I_W

Vier-Leiter-Drehstromnetz. Bei fehlendem N-Leiter erhält der geringer belastete Strang eine zu große, der höher belastete Strang eine zu kleine Spannung. Um dies zu verhindern, wird der N-Leiter in den Versorgungsnetzen der EVU immer mitgeführt: Vier-Leiter-Drehstromnetz.

In den Vier-Leiter-Drehstromnetzen ist der Sternpunkt des Generators im Kraftwerk bzw. der Transformatoren in den Umspannstationen und damit auch der N-Leiter geerdet. Der N-Leiter (Mittelleiter) führt daher keine Spannung gegen Erde. Daher rührt die Bezeichnung N-Leiter: Neutralleiter. Durch die Erdung des N-Leiters erreicht man, daß zwischen der Erde und einem Außenleiter nur die Strangspannung entsteht. Dies verringert die Unfallgefahr. Bei nicht geerdetem Sternpunkt entstände bei Erdschluß eines Außenleiters zwischen Erde und einem der beiden anderen Außenleiter die Leiterspannung 400 V. Der geerdete N-Leiter heißt PEN-Leiter, wenn er außer seiner Aufgabe als stromführender Leiter bei Anwendung einer Schutzmaßnahme im TN-Netz auch als Schutzleiter (PE) dient (s. Abschn. 13.2.4).

Die Speisetransformatoren der Versorgungsnetze sind ausgangsseitig fast immer in Stern geschaltet. Bei mitgeführtem N-Leiter stehen dann gleichzeitig die Strangspannung 230 V für Beleuchtung und Kleingeräte und die Leiterspannung 400 V für Motoren und Großgeräte (z. B. große Elektrowärmegeräte) zur Verfügung.

3.1.3 Dreieckschaltung

Verbindet man das Ende jedes Wicklungsstrangs mit dem Anfang des nächsten (3.7), sind alle drei Strangwicklungen in Reihe geschaltet. Es entsteht ein in sich geschlossener Ring, in dem die Summe der drei Strangspannungen zur Wirkung kommt. Da diese nach Abschn. 3.1.1 jedoch gleich Null ist, fließt innerhalb des aus den Wicklungssträngen gebildeten Ringes kein Strom. Nach der Form der Darstellung in Bild 3.7 heißt die Schaltung Dreieckschaltung.

Spannungen und Ströme bei Dreieckschaltung. Nach Bild 3.7 liegen zwei Außenleiter immer am Anfang und Ende eines Wicklungsstrangs; deshalb ist die Leiterspannung U gleich der Strangspannung U_{st}, also

> **Leiterspannung** $U = U_{st}$.
>
> In der Dreieckschaltung ist nur eine Spannung verfügbar.

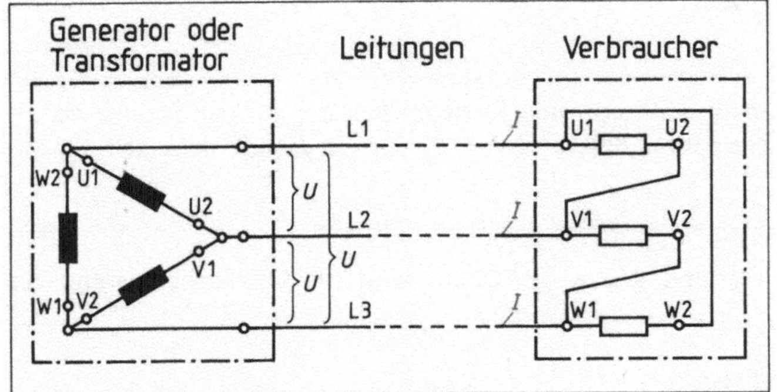

3.7 Drehstromsystem in Dreieckschaltung

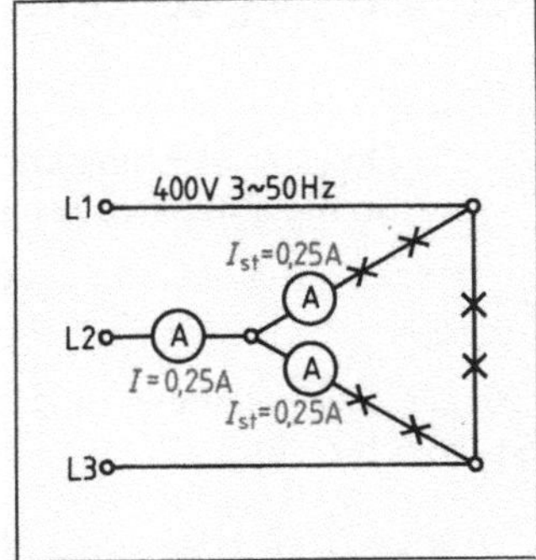

3.8 Leiter- und Strangstrom bei Dreieckschaltung

Versuch 3.4 Nach Bild **3.**8 werden dreimal je zwei 100-W-Glühlampen zu einer Dreieckschaltung zusammengeschaltet und an das 400-V-Drehstromnetz gelegt. Aus den Strommessungen erhält man $I:I_{st}$ = 0,43 A : 0,25 A = 1,73. ■

Der Leiterstrom I setzt sich jeweils aus zwei Strangströmen I_{st} zusammen (**3.**9a). In Punkt V1 fließen z. B. die Strangströme I_U und I_V zusammen. Der Leiterstrom ist dabei größer als der Strangstrom. In welchem Verhältnis Leiterstrom und Strangstrom zueinander stehen, geht aus Bild **3.**9 hervor. Die Strangströme I_U, I_V und I_W sind um je 120° gegeneinander phasenverschoben (**3.**9b). In Punkt V1 (**3.**9a) ist das Ende U2 des Strangs U1 – U2 mit dem Anfang V1 des Strangs V1 – V2 verbunden. Beide Stränge sind demnach gegensinnig parallel geschaltet. Wie die Leiterspannung aus Bild **3.**4c und d erhält man den Leiterstrom aus Bild **3.**9c und d in Übereinstimmung mit Versuch 3.4.

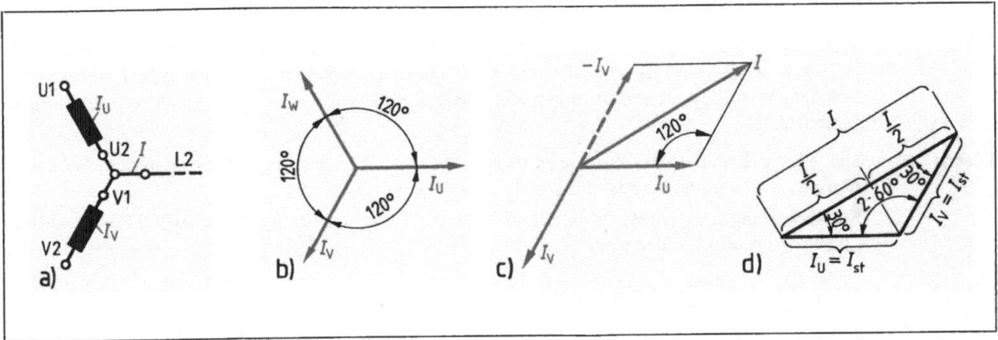

3.9 Leiterstrom bei Dreieckschaltung als Resultierende zweier Strangströme

> **Leiterstrom** $I = 1{,}73 \cdot I_{st}$.
>
> Bei der Dreieckschaltung sind je zwei Strangströme I_{st} zum Leiterstrom I verkettet.

Die Dreieckschaltung wird für Energieversorgungsnetze kaum noch angewendet, weil sie nur eine Netzspannung liefert. Man benutzt sie aber häufig bei Transformatoren zur Speisung der Hochspannungs-Fernleitungen (s. Abschn. 4.4.2), bei Drehstrommotoren und in Schaltungen von Kompensationskondensatoren für Drehstrommotoren (s. Abschn. 5.4.5 und 5.6).

3.2 Leistung des Drehstroms

Die Drehstromleistung erhält man bei Stern- und Dreieckschaltung aus der Summe der drei Strangleistungen. Bei gleichmäßiger Belastung $P = P_U + P_V + P_W$ gilt demnach
$P = 3P_{st} = 3 \cdot U_{st} \cdot I_{st} \cdot \cos\varphi$.

Bei der Sternschaltung sind $I_{st} = I$ und $U_{st} = \frac{U}{\sqrt{3}}$. Damit wird die Drehstromleistung bei Sternschaltung

$$P = 3 \cdot \frac{U}{\sqrt{3}} \cdot I \cdot \cos\varphi = \sqrt{3} \cdot U \cdot I \cdot \cos\varphi = 1{,}73 \cdot U \cdot I \cdot \cos\varphi.$$

Entsprechend sind bei der Dreieckschaltung $U_{st} = U$ und $I_{st} = \frac{I}{\sqrt{3}}$. Damit wird die Drehstromleistung bei Dreieckschaltung

$$P = 3 \cdot U \cdot \frac{I}{\sqrt{3}} \cdot \cos\varphi = \sqrt{3} \cdot U \cdot I \cdot \cos\varphi = 1{,}73 \cdot U \cdot I \cdot \cos\varphi.$$

Bei gleichmäßiger Belastung erhält man somit für Stern- und Dreieckschaltung die Leistung aus Leiterspannung U und Leiterstrom I mit der Formel

Drehstromleistung $P = 1{,}73 \cdot U \cdot I \cdot \cos\varphi$.

Bei dieser Formel ist zu beachten, daß der Phasenverschiebungswinkel φ nicht der Winkel zwischen Leiterspannung U und Leiterstrom I, sondern zwischen Strangspannung U_{st} und Strangstrom I_{st} ist. (Näheres über die Messung der Drehstromleistung s. Abschn. 3.3.)

Beispiel 3.1 Wie groß ist die Leistungsaufnahme eines Elektrowärmegeräts mit drei Heizwiderständen von je 100 Ω, wenn diese a) in Stern und b) in Dreieck geschaltet an 400 V gelegt werden? In welchem Verhältnis stehen Strangströme, Leiterströme und Leistungen in beiden Schaltungen zueinander?

Lösung Die Wirkwiderstände des Wärmegeräts nehmen reine Wirkleistung auf; es entsteht daher keine Phasenverschiebung, also ist $\cos\varphi = 1$.

Sternschaltung. An jedem Widerstand liegt die Strangspannung U_{st} (**3.**10). Daher werden Strangstrom und Leiterstrom

$$I_{st\curlyvee} = \frac{U_{st}}{R} = \frac{230\ \text{V}}{100\ \Omega} = 2{,}3\ \text{A} \quad \text{und} \quad I_\curlyvee = I_{st\curlyvee} = 2{,}3\ \text{A}.$$

Dann ist die Leistung $P_\curlyvee = 1{,}73 \cdot U \cdot I_\curlyvee = 1{,}73 \cdot 400\ \text{V} \cdot 2{,}3\ \text{A} =$ **1592 W.**

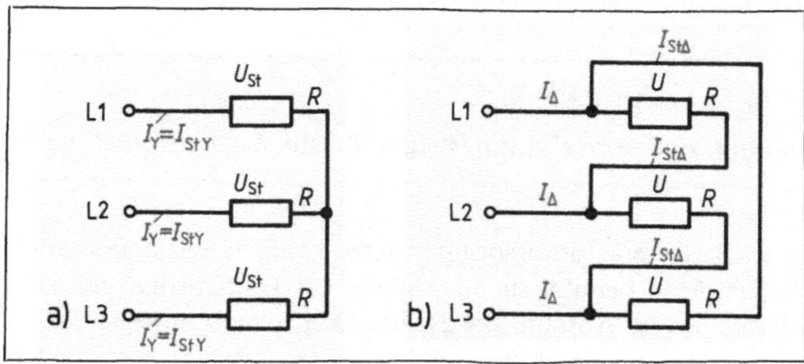

3.10
Zu Beispiel 3.1

Lösung, Fortsetzung **Dreieckschaltung.** An jedem Widerstand liegt die Leiterspannung U (3.10). Daher werden Strangstrom und Leiterstrom

$$I_{st\triangle} = \frac{U}{R} = \frac{400\ \mathrm{V}}{100\ \Omega} = 4{,}0\ \mathrm{A} \text{ und } I_{\triangle} = 1{,}73 \cdot I_{st\triangle} = 1{,}73 \cdot 4{,}0\ \mathrm{A} = 6{,}92\ \mathrm{A}.$$

Die Leistung wird $P_{\triangle} = 1{,}73 \cdot U \cdot I_{\triangle} = 1{,}73 \cdot 400\ \mathrm{V} \cdot 6{,}92\ \mathrm{A} = \mathbf{4789\ W}$.

Die gesuchten Verhältniszahlen sind

$$I_{st\curlyvee} : I_{st\triangle} = 2{,}3\ \mathrm{A} : 4{,}0\ \mathrm{A} = \mathbf{1:1{,}73} \quad I_{\curlyvee} : I_{\triangle} = 2{,}3\ \mathrm{A} : 6{,}92\ \mathrm{A} = \mathbf{1:3}$$

$$P_{\curlyvee} : P_{\triangle} = 1592\ \mathrm{W} : 4789\ \mathrm{W} = \mathbf{1:3}.$$

Aus den Ergebnissen dieses Beispiels ist zu folgern:

> Bei gleicher Leiterspannung sind die Leiterstromstärke I und die aufgenommene Leistung P bei einem Verbraucher in Dreieckschaltung das Dreifache der entsprechenden Werte bei Sternschaltung.

Beispiel 3.2 Wie groß ist die Stromaufnahme I eines Drehstrommotors mit den Nenngrößen $U = 400$ V; $P = 2{,}2$ kW; $\cos\varphi = 0{,}82$; $\eta = 0{,}8$?

Lösung Die auf dem Leistungsschild eingetragene Nennleistung ist immer die abgebbare Leistung P_{ab}. Der Wirkungsgrad ist

$$\eta = \frac{P_{ab}}{P_{zu}}, \quad \text{daraus} \quad P_{zu} = \frac{P_{ab}}{\eta} = \frac{2{,}2\ \mathrm{kW}}{0{,}8} = 2{,}75\ \mathrm{kW}.$$

Aus der zugeführten Leistung $P_{zu} = 1{,}73 \cdot U \cdot I \cdot \cos\varphi$ erhält man

$$I = \frac{P_{zu}}{1{,}73 \cdot U \cdot \cos\varphi} = \frac{2750\ \mathrm{W}}{1{,}73 \cdot 400\ \mathrm{V} \cdot 0{,}82} = \mathbf{4{,}85\ A}.$$

3.3 Messen der Drehstromleistung und -arbeit

3.3.1 Leistungsmessung bei Drehstrom

Wirkleistungsmessung

Im Drehstrom-Vierleiter-Netz genügt es, bei gleicher Belastung der drei Stränge die Strangleistung mit einem Leistungsmesser zu bestimmen. Die Gesamtleistung ist dann dreimal so groß. Bei ungleicher Belastung (Schieflast) muß in jeden Außenleiter ein Leistungsmesser geschaltet werden. Durch Zusammenzählen der drei Strangleistungen erhält man die Gesamtleistung. Die drei Leistungsmesser lassen sich zu einem Drehstromleistungsmesser mit drei Meßwerken (3.11) vereinigen, bei dem drei Drehspulen auf derselben Zeigerachse angeordnet sind, so daß sich ihre Drehmomente addieren.

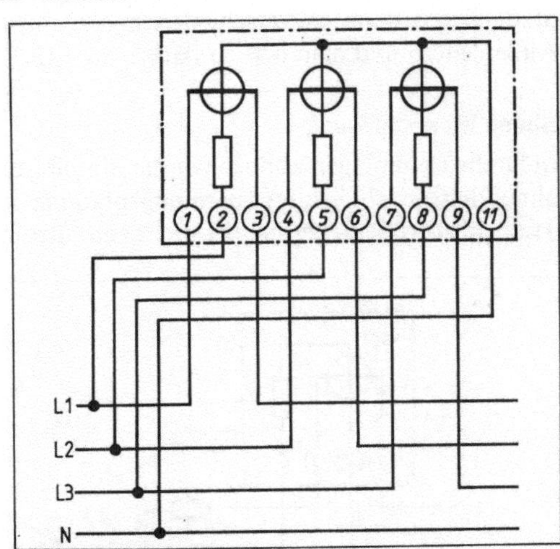

3.11 Messung der Wirkleistung bei ungleicher Strangbelastung im Drehstrom-Vierleiter-Netz, *1* bis *11* Ziffernbezeichnung der Anschlußklemmen des Meßgeräts

Im Drehstrom-Dreileiter-Netz kann man bei gleicher Belastung der drei Stränge die Strangleistung ebenfalls mit einem Leistungsmesser bestimmen, wenn man für den Spannungspfad einen künstlichen Sternpunkt (Nullpunkt) schafft (**3**.12). Es ist darauf zu achten, daß die drei Sternpunktwiderstände gleich groß sind, d.h. daß die Summe von Vorwiderstand R_v und Innenwiderstand R_i des Spannungspfads so groß ist wie jeder der Widerstände R_1 und R_2.

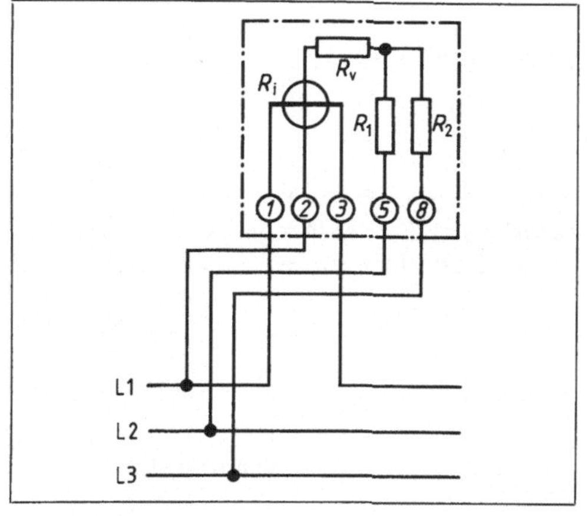

3.12 Wirkleistungsmesser mit künstlichem Sternpunkt für Dreileiter-Drehstrom bei gleicher Belastung der drei Stränge

3.13 Zwei-Leistungsmesser-Verfahren (Aronschaltung)

Bei Schieflast braucht man entweder drei Einzelleistungsmesser, deren Spannungspfade einen Sternpunkt bilden, oder man benutzt einen Drehstromleistungsmesser mit drei Meßwerken, die auf eine Zeigerachse wirken (**3**.11), jedoch ohne Klemme 11. Ein Drehstrom-Dreileiternetz kann man auch als System mit zwei Leitern und einem gemeinsamen Rückleiter auffassen. Daher kann man die Leistung für beliebige Belastungen auch mit zwei Leistungsmessern oder mit einem Leistungsmesser mit zwei Meßwerken ermitteln (Zwei-Leistungsmesser-Verfahren). Beide Strompfade liegen dann in verschiedenen Außenleitern, die Spannungspfade aber zwischen diesen Außenleitern und dem dritten Außenleiter (**3**.13).

Blindleistungsmessung

In Drehstromanlagen können wir die Blindleistung mit einem elektrodynamischen Meßwerk auch ohne Phasendrehglied im Spannungspfad messen. Schließen wir den Spannungspfad nämlich an die beiden Außenleiter an, die nicht zum Strompfad des Meßwerks gehören (**3**.14a), beträgt der

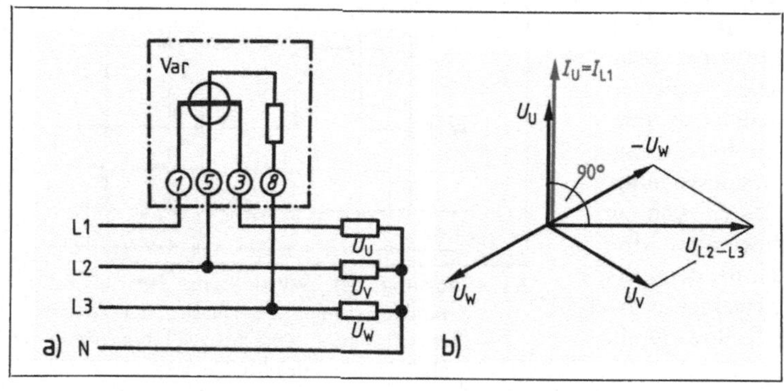

3.14 Blindleistungsmessung im Drehstromnetz bei gleicher Strangbelastung
a) Schaltplan
b) Zeigerdiagramm bei Wirklast

Phasenverschiebungswinkel zwischen den Strömen in Strom- und Spannungspfad bei Wirklast 90° und bei Blindlast 0° (**3**.14b). Bei dieser Schaltung ist zu beachten, daß nicht – wie beim Wirkleistungsmesser – die Strangspannung, sondern die Leiterspannung am Spannungspfad liegt. Bei Schieflast sind Blindleistungsmesser mit drei Meßwerken oder mit zwei Meßwerken (Aronschaltung) erforderlich (**3**.15).

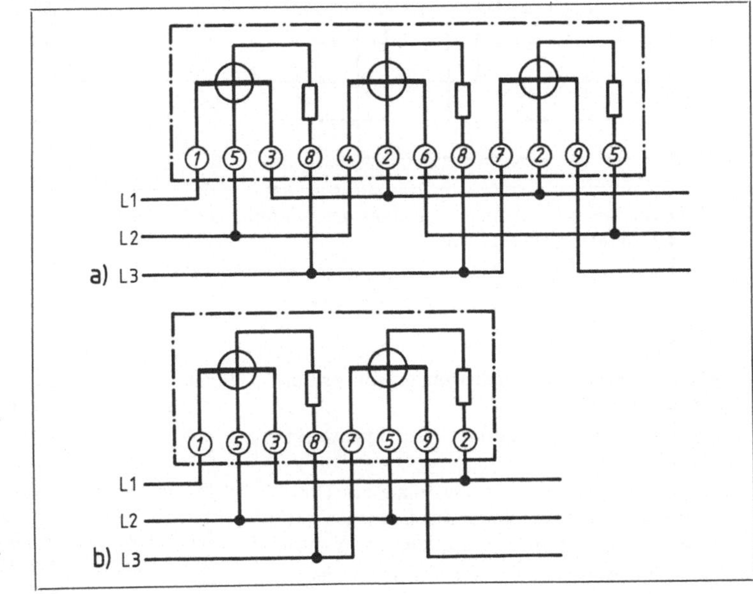

3.15
Blindleistungsmessung im Drehstromnetz bei Schieflast
a) Drei-Leistungsmesser-Verfahren
b) Zwei-Leistungsmesser-Verfahren (Aronschaltung)

3.3.2 Arbeitsmessung bei Drehstrom

Drehstromzähler

Sie werden, ähnlich wie die Drehstrom-Leistungsmesser, aus zwei oder drei Einphasenzählern zusammengebaut. Ihre Läuferscheiben wirken auf eine gemeinsame Achse, wodurch deren Drehmomente addiert werden (**3**.16).

Im Drehstrom-Vierleiter-Netz verwendet man Zähler mit drei Triebwerken (**3**.17a). Sie können auch im Dreileiternetz benutzt werden; dann werden die Klemmen 10 und 12 nicht angeschlossen.

Im Drehstrom-Dreileiter-Netz bevorzugt man jedoch Zähler mit zwei Triebwerken, die nach dem Zwei-Leistungsmesser-Verfahren geschaltet sind (s. Abschn. 3.3.1). Ihre Schaltung als Wirkverbrauchszähler zeigt Bild **3**.17b.

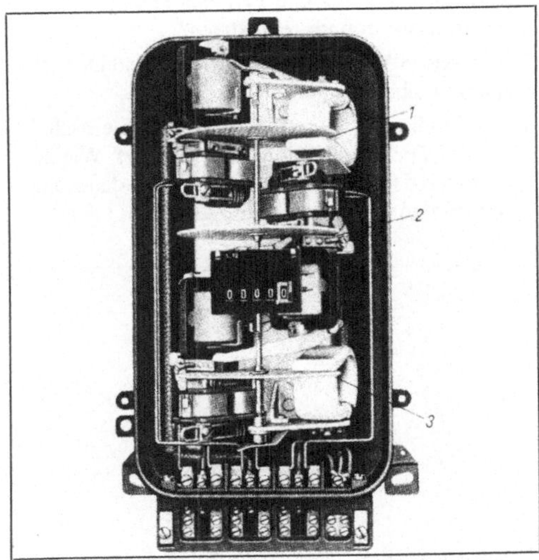

3.16 Drehstromzähler mit drei Läuferscheiben *1* bis *3*

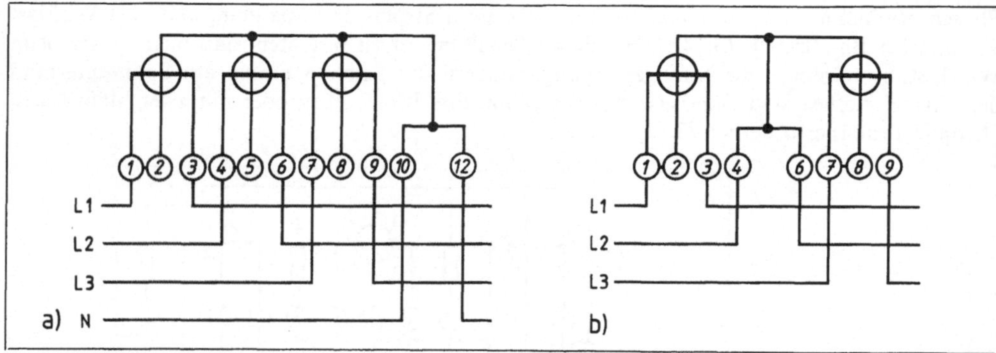

3.17 Schaltpläne mit Klemmenbezeichnungen (Ziffern) des Vierleiter-Drehstromzählers (a) und des Dreileiter-Drehstromzählers (b)

Übungsaufgaben zu Abschnitt 3

1. Welche Vorteile bietet Drehstrom gegenüber Einphasen-Wechselstrom?
2. Beschreiben Sie den Aufbau eines Drehstromgenerators.
3. Die drei gleich großen Strangströme des Drehstromsystems können mit nur drei Leitungen statt sechs übertragen werden. Wie ist dies zu erklären?
4. Welche Folgen treten ein, wenn in einem Vierleiternetz mit ungleich belasteten Strängen der N-Leiter unterbrochen wird?
5. Welche drei Aufgaben hat der geerdete N-Leiter?
6. In welchem Verhältnis stehen bei Stern- und Dreieckschaltung
   a) Strangspannung und Leiterspannung,
   b) Strangstrom und Leiterstrom?
7. Für welche Aufgaben werden Stern- und Dreieckschaltung bevorzugt?
8. Ein Drehstrom-Heizofen wird von Sternschaltung in Dreieckschaltung umgeschaltet. Wie ändern sich dadurch die Stromstärken in den Zuleitungen und die Leistungsaufnahme des Ofens?
9. Die Durchführung der Leistungsmessung im Drehstromnetz a) bei gleichmäßiger, b) bei ungleichmäßiger Belastung der drei Stränge ist zu beschreiben.
10. Skizzieren Sie die Schaltpläne a) eines Drehstrom-Vierleiter-Zählers mit 3 Meßwerken und b) eines Drehstrom-Vierleiter-Zählers mit 2 Meßwerken (Aronschaltung) zur Messung der Wirkleistung. Tragen Sie die Klemmenbezeichnungen in die Schaltpläne ein.
11. Skizzieren Sie die Schaltpläne von Drehstrom-Leistungsmessern für die Messung der Blindleistung und begründen Sie, warum bei Drehstrom im Gegensatz zum Wechselstromkreis die Messung der Blindleistung mit elektrodynamischen Meßwerken ohne Phasendrehglieder möglich ist.

4 Transformatoren

Durch die Induktionswirkung des magnetischen Feldes wird in einer Spule eine Spannung erzeugt, wenn der diese Spule durchsetzende magnetische Fluß verstärkt oder geschwächt, also geändert wird. Dies kann man z. B. durch Änderung des Erregerstroms einer Magnetspule erreichen. Wird die Magnetspule von einem sinusförmigen Wechselstrom durchflossen, entsteht in der Induktionsspule ebenfalls eine sinusförmige Wechselspannung mit derselben Frequenz. Eine solche Anordnung nennt man Transformator. Er hat den Zweck, eine gegebene Spannung (Primärspannung) in eine gewünschte Spannung (Sekundärspannung) umzuspannen (zu transformieren).

4.1 Einphasentransformator

Hat ein Transformator nur eine Magnetspule (Wicklung 1 in Bild 4.1), die an einer Einphasen-Wechselspannung liegt, und nur eine Induktionsspule (Wicklung 2), in der eine einphasige Wechselspannung erzeugt wird, spricht man von einem Einphasentransformator.

4.1.1 Aufbau und Wirkungsweise

Damit das von der Magnetspule erzeugte Magnetfeld möglichst stark ist und die Induktionsspule möglichst vollständig durchsetzt, müssen beide Spulen durch einen geschlossenen Eisenkern magnetisch eng miteinander gekoppelt werden.

Die am Eingang liegende und elektrische Energie aufnehmende Magnetspule heißt Eingangswicklung (Primärwicklung), die Spannung erzeugende und elektrische Energie abgebende Induktionsspule heißt Ausgangswicklung (Sekundärwicklung). Entsprechend diesen Bezeichnungen unterscheidet man Primär- und Sekundärstromkreis mit Primär- und Sekundärspannungen U_1 und U_2, Primär- und Sekundärströme I_1 und I_2 sowie Primär- und Sekundärwindungszahlen N_1 und N_2. Da beide Wicklungen in der Regel verschiedene Spannungen haben, benutzt man auch die Bezeichnung Ober- und Unterspannungswicklung. Dabei kann die Oberspannungs-

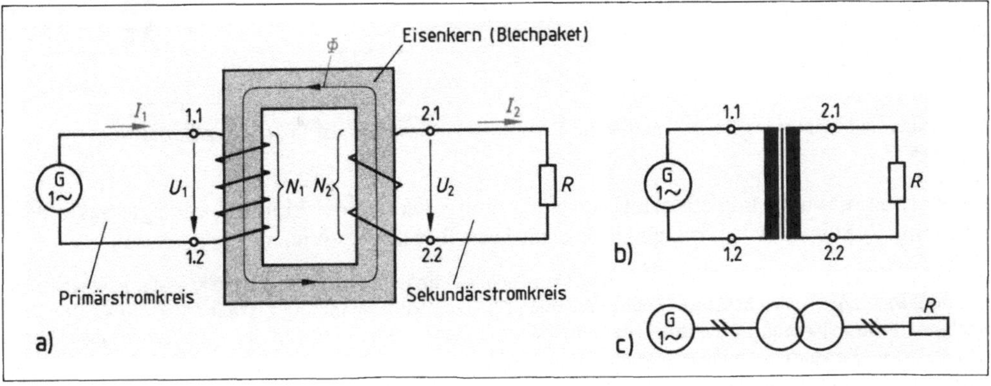

4.1 Einphasentransformator

a) Grundsätzlicher Aufbau mit den Wicklungen 1 und 2, b) Schaltplan, c) einpolige Darstellung mit Schaltkurzzeichen

wicklung sowohl Eingangs-(Primär-) als auch Ausgangs-(Sekundär-)wicklung sein, je nachdem, ob die Primärspannung hinunter- oder hinauftransformiert wird.

Klemmenbezeichnung. Für den Anfang der Primärwicklung ist die Klemmenbezeichnung 1.1, für das Ende 1.2 vorgesehen. Die Klemmen der Sekundärwicklung werden mit 2.1 und 2.2 bezeichnet. Die grundsätzliche Anordnung eines Einphasentransformators und das Schaltzeichen zeigt Bild **4**.1.

4.1.2 Transformator im Leerlauf

Im Leerlauf, also bei offenem Sekundärstromkreis, verhält sich der Transformator so, als ob die Sekundärwicklung nicht vorhanden wäre, d.h. wie eine Drosselspule mit geschlossenem Eisenkern. Wie bei dieser ist die Stromaufnahme, der Leerlaufstrom I_0, wegen der großen Induktivität und des dadurch vorhandenen großen induktiven Blindwiderstands X_L sehr gering.

> Der Leerlaufstrom I_0 von Transformatoren ist sehr klein.

Er beträgt bei Großtransformatoren 2 bis 5%, bei Kleintransformatoren bis 15% des Primärnennstroms und setzt sich nach Bild **4**.2 aus zwei Teilströmen zusammen: dem Magnetisierungsstrom und dem Eisenverluststrom. Der Magnetisierungsstrom I_m erzeugt das magnetische Wechselfeld Φ_1 (**4**.4), das auch die Sekundärwicklung N_2 durchsetzt. Zwischen dem Magnetisierungsstrom I_m und der Primärspannung U_1 besteht wie bei einer reinen Induktivität eine Phasenverschiebung von 90°. Außerdem wird durch das Ummagnetisieren des Eisens Wärme erzeugt. Das entspricht der Belastung mit einem Wirkwiderstand und wird durch den Eisenverluststrom I_{Fe} berücksichtigt. Infolgedessen ist die Phasenverschiebung des Leerlaufstroms I_0 gegenüber der Primärspannung etwas kleiner als 90° (**4**.2).

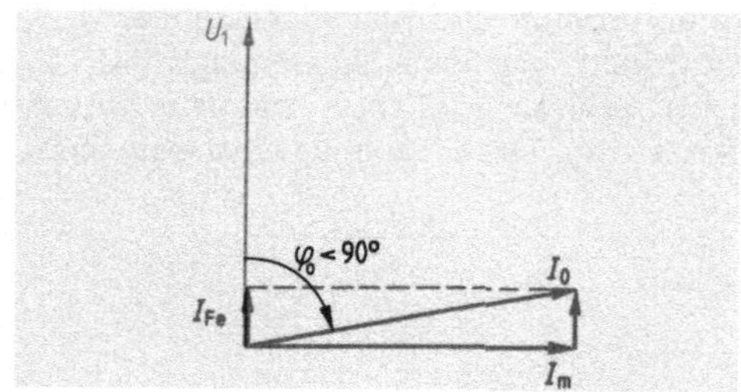

4.2 Zeigerdiagramm eines Transformators im Leerlauf

4.3 Ermitteln der Spannungsübersetzung

Die im Leerlauf vom Magnetisierungsstrom I_m in der Sekundärwicklung N_2 erzeugte Sekundärspannung U_2 können wir durch einen Versuch nach Bild **4**.3 bestimmen.

Versuch 4.1 Ein Aufbautransformator erhält bei gleicher Primärwicklung mit $N_1 = 600$ Wdg. nacheinander Sekundärwicklungen verschiedener Windungszahlen N_2. Die Primärspannung beträgt $U_1 = 230$ V. Der Vergleich der Primärspannung U_1 mit den Sekundärspannungen U_2 einerseits und der Primärwindungszahl N_1 mit den Sekundärwindungszahlen N_2 andererseits ergibt:

Ist die Sekundärwindungszahl $N_2 = 300$ Wdg., also halb so groß wie die Primärwindungszahl N_1, ist die Sekundärspannung $U_2 = 115$ V, also ebenfalls halb so groß wie die Primärspannung U_1. Ist die Sekundärwindungszahl $N_2 = 1800$ Wdg, also dreimal so groß wie die Primärwindungszahl N_1, ist die Sekundärspannung $U_2 = 690$ V, somit also ebenfalls dreimal so groß wie die Primärspannung U_1 usw. ■

Beim Transformator verhalten sich die Spannungen im Leerlauf proportional zu den Windungszahlen. Man nennt das Verhältnis der Spannungen die

Spannungsübersetzung $\frac{U_1}{U_2} = \frac{N_1}{N_2}$.

Dies gilt strenggenommen nur für einen idealen Transformator.

Tatsächlich ist, wie genauere Messungen zeigen, in Transformatoren die Sekundärspannung U_2 immer etwas kleiner, als es sich aus der Formel für die Spannungsübersetzung ergibt; denn ein geringer Teil des von der Primärwicklung erzeugten Flusses Φ_1 schließt sich als primärer Streufluß Φ_{S1} durch die Luft, ohne die Sekundärwicklung zu durchsetzen (**4.4**). Eine weitere Ursache für die kleinere Sekundärspannung sind die Spannungsabfälle, die durch die Wirkwiderstände in den Wicklungen entstehen. Beide Erscheinungen treten vor allem bei Belastung auf.

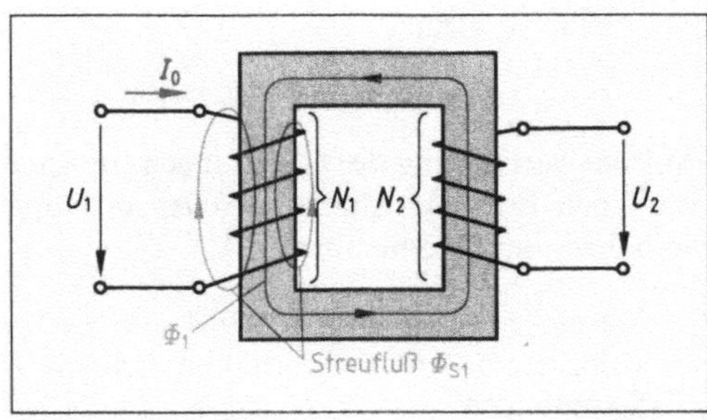

4.4 Streufeldlinien im Leerlauf

Das ungekürzte Verhältnis von Oberspannung zu Unterspannung nennt man nach DIN VDE 0532 die Nennübersetzung des Transformators.

Bei Transformatoren mit einer Nennleistung über 16 kVA sind die Nennspannungen die Leerlaufspannungen. Bei kleineren Transformatoren ist die Nennspannung U_2 gleich der Lastspannung bei Nennlast.

Beispiel 4.1 Ein Einphasentransformator mit der Primärwindungszahl $N_1 = 300$ Wdg. und der Sekundärwindungszahl $N_2 = 1200$ Wdg. soll an die Primärspannung $U_1 = 230$ V angeschlossen werden. Welche Sekundärspannung U_2 ist im Leerlauf zu erwarten?

Lösung Aus der Formel für die Spannungsübersetzung $\frac{U_2}{U_1} = \frac{N_2}{N_1}$ erhält man durch Multiplizieren mit U_1 auf beiden Seiten die

Sekundärspannung $U_2 = \frac{N_2 \cdot U_1}{N_1} = \frac{1200 \text{ Wdg.} \cdot 230 \text{ V}}{300 \text{ Wdg.}} = \mathbf{920\ V}$.

4.1.3 Transformator bei Belastung

Bei Belastung des Transformators fließt ein Sekundärstrom I_2. Sein Einfluß auf den Betrieb des Transformators soll durch folgenden Versuch festgestellt werden.

Versuch 4.2 Der Transformator in Bild **4.5** mit $N_1 = 1200$ Wdg. und $N_2 = 600$ Wdg. liegt an der Primärspannung $U_1 = 230$ V und erzeugt die Sekundärspannung $U_2 = 115$ V. Er wird durch Verstellen des Belastungswiderstands R nacheinander mit verschiedenen Sekundärströmen I_2 belastet. Diese wählt man so, daß sie groß gegen die Leerlaufstromstärke I_0 sind (also I_2 etwa mindestens gleich $10 \cdot I_0$ wählen). Außerdem wird hier das durch die inneren Spannungsabfälle verursachte geringe Absinken der Sekundärspannung bei zunehmender Belastung nicht berücksichtigt. Bei der Sekundärstromstärke $I_2 = 1$ A erhält man die Primärstromstärke $I_1 = 0{,}5$ A, bei $I_2 = 2$ A beträgt sie $I_1 = 1$ A usw. ■

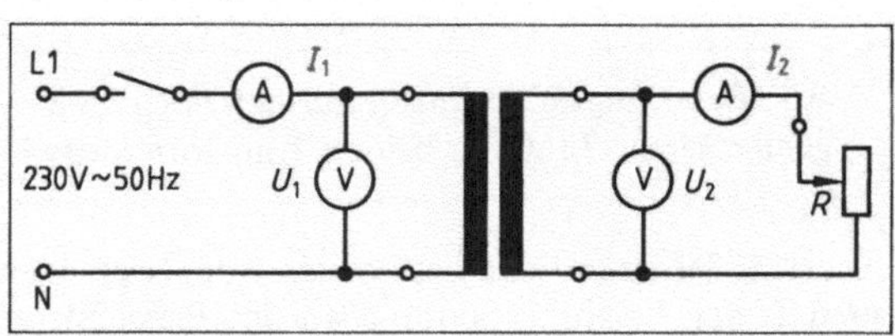

4.5 Ermitteln der Stromübersetzung

Auch nach Änderung der Übersetzung durch Auswechseln der Transformatorspulen erhält man stets das folgende Versuchsergebnis.

Beim Transformator verhalten sich die Stromstärken umgekehrt proportional zu den Windungszahlen. Man nennt das Verhältnis der Ströme die

Stromübersetzung $$\frac{I_1}{I_2} = \frac{N_2}{N_1}.$$

Aus der Verbindung der Gleichungen für Spannungsübersetzung und Stromübersetzung können wir einen Zusammenhang zwischen den Spannungen und Strömen sowie das Übersetzungsverhältnis der Ströme ableiten.

Beim Transformator verhalten sich die Stromstärken umgekehrt proportional zu den Spannungen.

$$\frac{I_1}{I_2} = \frac{U_2}{U_1}$$

Durch Umstellen erhalten wir daraus die Gleichung $U_1 \cdot I_1 = U_2 \cdot I_2$ oder

Primärscheinleistung S_1 = Sekundärscheinleistung S_2.

Genauere Spannungs- und Strommessungen ergeben, daß die Sekundärleistung tatsächlich etwas kleiner als die Primärleistung ist. Der Transformator hat einen Leistungsverlust (Näheres s. unter Verluste).

Die Verdoppelung der Sekundärstromstärke hat praktisch eine Verdoppelung der Primärstromstärke, die Verdreifachung der einen eine Verdreifachung der anderen zur Folge usw. Diese Abhängigkeit der Primärstromstärke von der Sekundärstromstärke wird aus folgender Überlegung deutlich: Wird der Sekundärstrom größer, erzeugt er einen stärkeren sekundären Fluß Φ_2, der den bereits vorhandenen Fluß nach der Lenzschen Regel schwächt (**4.**6). Dadurch sinkt die Selbstinduktionsspannung in der Primärwicklung, entsprechend vermag die Primärspannung nun einen größeren Primärstrom durch die Primärwicklung zu treiben. Dies geschieht in einem solchen Maße, daß der ursprünglich vorhandene Fluß immer wiederhergestellt wird.

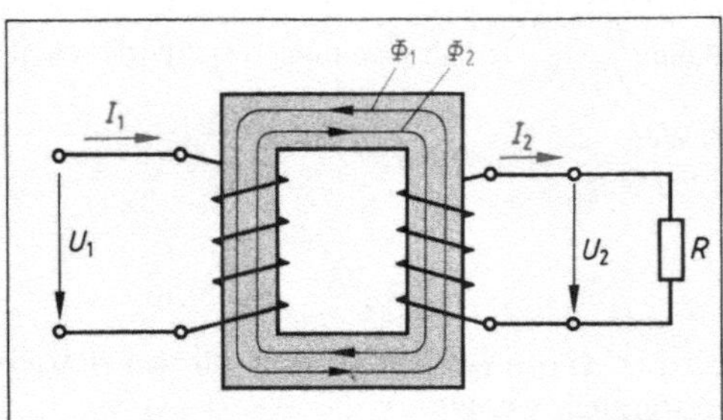

4.6 Magnetische Flüsse beim belasteten Transformator (ohne Streufelder)

Alle Belastungsänderungen auf der Sekundärseite des Transformators werden durch den gemeinsamen Fluß der beiden Transformatorwicklungen auf die Primärseite übertragen.

Auch die Phasenlage des Primärstroms richtet sich nach der Phasenlage des Sekundärstroms, so daß der Leistungsfaktor $\cos\varphi$ im Primärstromkreis etwa gleich dem Leistungsfaktor im Sekundärstromkreis ist.

Beispiel 4.2 Ein Einphasentransformator mit $U_1 = 230$ V und $U_2 = 42$ V wird durch ein Elektrowärmegerät ($\cos\varphi = 1$) mit $I_2 = 80$ A belastet. Wie groß ist der Primärstrom I_1?

Lösung Aus der Formel für die Stromübersetzung $\frac{I_1}{I_2} = \frac{U_2}{U_1}$ erhält man durch Multiplizieren mit I_2 auf beiden Seiten den

Primärstrom $I_1 = \frac{U_2 \cdot I_2}{U_1} = \frac{42\text{ V} \cdot 80\text{ A}}{230\text{ V}} = \mathbf{14{,}6\ V}.$

Streufluß bei Belastung

Versuch 4.3 Am Eisenkern des zunächst unbelasteten Aufbautransformators in der Schaltung nach Bild **4.**7 wird mit Hilfe eines Eisenstifts versucht, eine Anziehungskraft festzustellen. Das gelingt nicht, d. h., außerhalb des Kerns ist kein nennenswertes Streufeld vorhanden. Wird der Transformator nun durch den Widerstand R belastet, wird der Eisenstift an den Stellen 1 und 2 deutlich angezogen. Beim Öffnen des Sekundärkreises fällt der Eisenstift wieder ab. ■

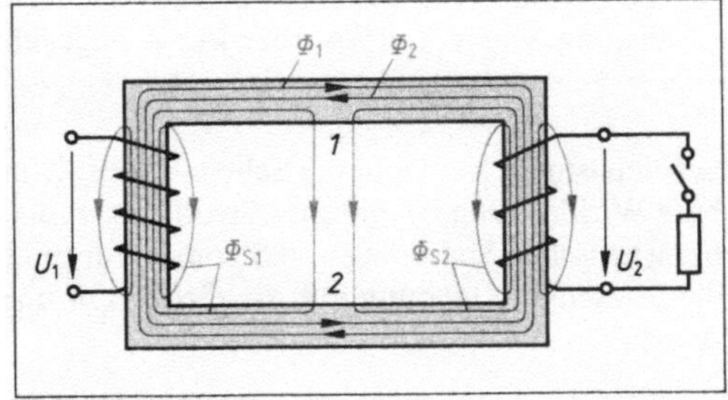

4.7 Entstehung von Streufeldern Φ_{S1} und Φ_{S2} bei belastetem Transformator

Das Bild **4.**6 zeigt den belasteten Transformator ohne Streufelder. Tatsächlich entsteht jedoch bei Belastung außer dem primären Streufluß Φ_{S1} auch ein sekundärer Streufluß Φ_{S2}. Mit zunehmender Belastung und damit zunehmendem sekundärem Gegenfluß Φ_2 werden weitere Feldlinien aus dem Eisenkern verdrängt und verlaufen außerhalb des Eisenkerns, d. h., die Streuflüsse nehmen zu. Diese in Bild **4.**7 eingezeichneten, einander entgegengerichteten Streuflüsse Φ_{S1} und Φ_{S2} bilden an den Austritts- bzw. Eintrittsstellen *1* und *2* der Feldlinien deutliche Magnetpole, die die beobachtete Anziehungskraft auf den Eisenstift ausüben.

Bei belastetem Transformator entsteht außer dem primären Streufluß auch ein sekundärer Streufluß.

4.1.4 Wirkungsgrad und Leistung

Der Wirkungsgrad ist das Verhältnis von abgegebener zu zugeführter Wirkleistung des Transformators.

Wirkungsgrad $$\eta = \frac{P_{ab}}{P_{zu}} = \frac{P_{ab}}{P_{ab} + P_v}$$

Da die Wirkverluste P_v verhältnismäßig gering sind, beträgt der Wirkungsgrad bei großen Transformatoren 96 bis 99%. Bei kleineren Transformatoren liegt er allerdings darunter.

Die Verluste setzen sich aus zwei Anteilen zusammen: den Leerlauf- und den Lastverlusten.

Leerlaufverluste. Im Leerlauf des Transformators entstehen, wenn man von dem geringen Stromwärmeverlust durch den Leerlaufstrom in der Primärwicklung absieht, Ummagnetisierungs- und Wirbelstromverluste im Eisenkern. Die Leerlaufverluste sind daher überwiegend Eisenverluste.

Lastverluste treten beim belasteten Transformator zusätzlich auf (die Eisenverluste sind natürlich weiterhin vorhanden) und werden durch die Stromwärme in den Wicklungen verursacht. Sie heißen deshalb auch Stromwärme-, Wicklungs- oder Kupferverluste. Während die Eisenverluste bei verschiedener Belastung des Transformators annähernd gleich bleiben, werden die Lastverluste bei wachsender Belastung größer (s. a. Kurzschlußverluste).

Leistung

> Als Nennleistung des Transformators wird auf dem Leistungsschild die abgebbare Scheinleistung S in VA, kVA oder MVA angegeben.

Scheinleistung. Man gibt die Scheinleistung S und nicht die Wirkleistung P an, weil die übertragbare Wirkleistung bei gleicher Stromstärke, also gleicher Scheinleistung von der Phasenverschiebung zwischen Spannung und Strom des angeschlossenen Verbrauchers abhängt. Welchen Einfluß die Phasenverschiebung auf die Größe der übertragbaren Wirkleistung P hat, soll Beispiel 4.3 zeigen.

Beispiel 4.3 Ein Einphasentransformator mit der Nennleistung $S = 10$ kVA speist mit Nennleistung nacheinander verschiedene Verbraucher bei den Leistungsfaktoren a) $\cos\varphi = 1$, b) $\cos\varphi = 0{,}8$, c) $\cos\varphi = 0{,}6$. Wie groß ist in jedem Fall die übertragbare Wirkleistung P?

Lösung

a) $P = S \cdot \cos\varphi = 10\,\text{kVA} \cdot 1 \quad = \mathbf{10\,kW}$

b) $P = S \cdot \cos\varphi = 10\,\text{kVA} \cdot 0{,}8 = \mathbf{8\,kW}$

c) $P = S \cdot \cos\varphi = 10\,\text{kVA} \cdot 0{,}6 = \mathbf{6\,kW}$

Aus den Zahlenergebnissen kann man folgern:

> Je kleiner der Leistungsfaktor $\cos\varphi$ des Verbrauchers ist, um so kleiner wird bei gleicher Scheinleistung S die übertragbare Wirkleistung P des Transformators.

Das Beispiel zeigt, wie wichtig der Leistungsfaktor für die Energieübertragung und für die Ausnutzung der Übertragungsmittel (in diesem Fall der Transformatoren) ist.

Die Nennleistung eines Transformators hängt von der Baugröße (also vom Kern- und Leiterquerschnitt), von der zulässigen Betriebstemperatur (und somit von der Temperaturbeständigkeit der verwendeten Isolierwerkstoffe) sowie von der Art der Kühlung ab.

4.1.5 Transformator im Kurzschluß

Kurzschlußspannung

Eine für das Betriebsverhalten von Transformatoren wichtige Größe ist die Kurzschlußspannung. Man kann sie durch folgenden Versuch ermitteln.

Versuch 4.4 Ein kleiner Netztransformator mit kurzgeschlossener Ausgangswicklung N_2 wird nach Bild **4.**8 an eine einstellbare Primärspannung angeschlossen. Diese Spannung wird von Null an so weit erhöht, daß in der Eingangswicklung der Eingangsnennstrom I_1 fließt. Die nun anliegende Spannung nennt man Kurzschlußspannung U_k. Die Spannung U_2 ist wegen der kurzgeschlossenen Ausgangswicklung N_2 gleich Null. Gleichzeitig werden die Kurzschlußverluste P_k gemessen. ■

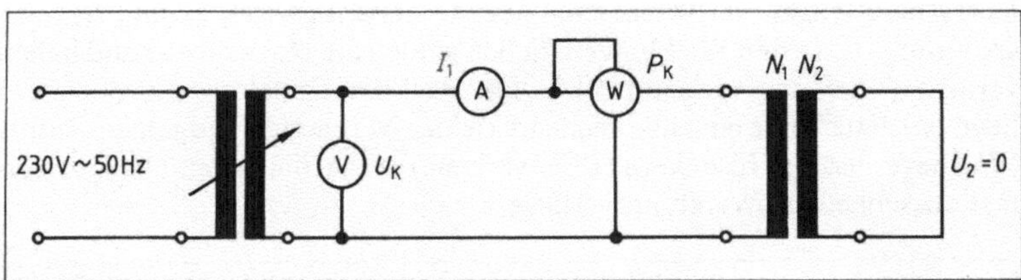

4.8 Ermitteln der Kurzschlußspannung

> Die Kurzschlußspannung U_k ist die Primärspannung, die bei kurzgeschlossener Sekundärwicklung anliegen muß, damit der Primärnennstrom I_1 fließt.

Mit Hilfe eines Ersatzschaltplans (**4.9**) für den Transformator läßt sich ableiten, daß die Kurzschlußimpedanz Z_k für den Zusammenhang von Kurzschlußspannung U_k und Primärnennstrom I_1 ausschlaggebend ist, denn es gilt:

$$I_1 = \frac{U_k}{Z_k}$$

Bezieht man die Kurzschlußspannung U_k auf die Nennspannung U_1 des Transformators und gibt sie in Prozent dieser Spannung an, bekommt man die relative Kurzschlußspannung u_k.

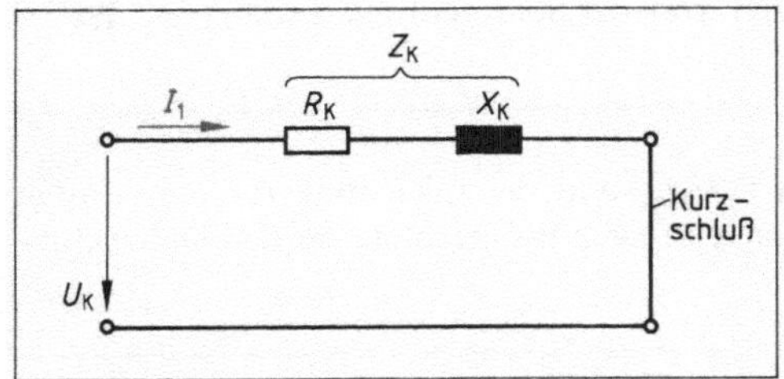

4.9 Ersatzschaltplan des Transformators für den Kurzschlußfall

Tabelle **4.10** **Kurzschlußspannung**

Transformatorart	relative Kurzschluß-spannung
Drehstromtransformator	2 bis 10%
Schutztransformator	15%
Klingeltransformator	40%
Experimentiertransformator	70%
Zündtransformator	100%

Sie ergibt sich nach der Gleichung:

Relative Kurzschlußspannung	$u_k = \frac{U_k}{U_1} \cdot 100\%$	U_k in V U_1 in V

Die Kurzschlußspannung ist u.a. von Bedeutung für den Spannungsabfall auf der Ausgangsseite bei Belastung, die Höhe eines möglichen Kurzschlußstroms im Kurzschlußfall und für die Lastverteilung bei Parallelschaltung von Transformatoren. Deshalb wird die relative Kurzschlußspannung u_k auf dem Leistungsschild größerer Transformatoren angegeben. Die Höhe der Kurzschlußspannung hängt vor allem von der Größe der Streufelder des Transformators ab (s. Streufeldtransformatoren). Tabelle **4.**10 gibt die relativen Kurzschlußspannungen verschiedener Transformatoren an.

Beispiel 4.4 An einem Klingeltransformator für 230 V wird bei einem Versuch nach Bild **4.**8 die Kurzschlußspannung $U_k = 92$ V eingestellt. Wie groß ist die relative Kurzschlußspannung u_k?

Lösung $u_k = \frac{U_k}{U_1} \cdot 100\% = \frac{92\text{ V}}{230\text{ V}} \cdot 100\% = \mathbf{40\%}$

Kurzschlußverluste. Im Versuch 4.4 liegt an der Eingangswicklung N_1 nur die kleine Kurzschlußspannung U_k. In den Wicklungen fließen jedoch die Nennströme und haben hier die Stromwärmeverluste (Wicklungsverluste) zur Folge. Weil der Transformator nur an einer kleinen Spannung liegt, wird auch nur ein entsprechend kleines Magnetfeld aufgebaut. Infolgedessen kann man die Wärmeverluste im Eisenkern (Eisenverluste) vernachlässigen. Die Kurzschlußverluste sind daher fast ausschließlich Wicklungsverluste.

Die Höhe des Dauerkurzschlußstroms I_{kd} hängt von der Kurzschlußimpedanz Z_k des Transformators ab.

Kurzschlußstrom

Tritt beim Betrieb eines Transformators sekundärseitig ein Kurzschluß auf, fließt nach Abklingen eines kurzzeitig sehr hohen Stoßkurzschlußstroms der Dauerkurzschlußstrom I_{kd}. Seine Höhe hängt nach dem Ersatzschaltplan **4.**9 des Transformators von der Kurzschlußimpedanz Z_k ab:

$$I_{kd} = \frac{U_1}{Z_k}$$

Die Höhe des Dauerkurzschlußstroms I_{kd} hängt von der Kurzschlußimpedanz Z_k des Transformators ab.

Mit der Formel für die Kurzschlußimpedanz $Z_k = U_k/I_1$ und der Gleichung für die relative Kurzschlußspannung $u_k = U_k/U_1 \cdot 100\%$ bekommen wir folgende Gleichung für den Dauerkurzschlußstrom:

Dauerkurzschlußstrom	$I_{kd} = \dfrac{I_1 \cdot 100\%}{u_k}$	I_1 und I_{kd} in A u_k in %

Der Strom im Kurzschlußfall hängt von der relativen Kurzschlußspannung ab. Er ist bei kleiner relativer Kurzschlußspannung groß und bei großer Kurzschlußspannung klein.

Beispiel 4.5 Bei einem Drehstromtransformator mit der relativen Kurzschlußspannung 4% und dem Nennstrom 36 A tritt ein Kurzschluß auf. Wie groß ist der Dauerkurzschlußstrom?

Lösung $I_{kd} = \dfrac{I_1 \cdot 100\%}{u_k} = \dfrac{36\text{ A} \cdot 100\%}{4\%} = \mathbf{900\ A}$

Die Höhe der Kurzschlußspannung und damit auch die Höhe des Kurzschlußstroms sind durch die Größe der Streufelder des Transformators bedingt. Deshalb hängen beide von der Bauform des Transformators ab und können von ihr beeinflußt werden (s. Streufeldtransformator, Abschn. 4.3.2).

4.2 Kleintransformator

4.2.1 Aufbau

Die Form des Eisenkerns wird so gewählt, daß der in der Erregerwicklung (Primärwicklung) erzeugte magnetische Fluß die Induktionswicklung (Sekundärwicklung) auch möglichst vollständig durchsetzt. Um die Bildung von Wirbelströmen einzuschränken, wird der Eisenkern aus einzelnen, voneinander isolierten Transformatorenblechen zusammengesetzt. Für die gegenseitige Isolierung der Bleche verwendet man Papier, Lack oder eine chemisch aufgebrachte Phosphatschicht. Um den spezifischen Widerstand zu erhöhen, sind die Elektrobleche mit Silicium legiert (**4.**11). Das geschichtete Blechpaket wird durch isoliert eingesetzte Bolzen zusammengepreßt. Die

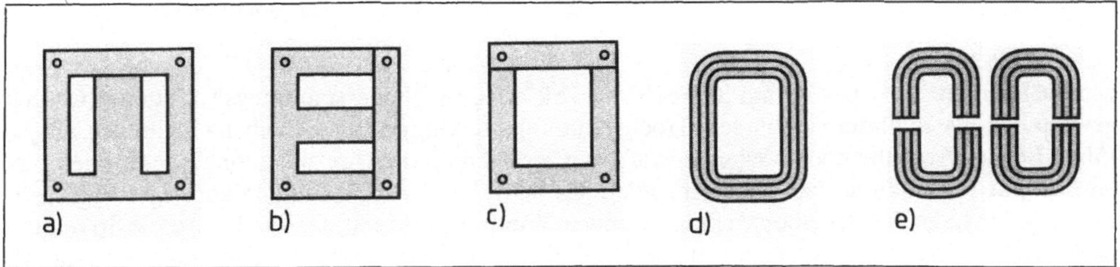

4.11 Gebräuchliche Formen für Transformatorenbleche nach DIN 41 302
a) M-Schnitt, b) E–I-Schnitt, c) U–I-Schnitt, d) Bandkern, e) Schnittbandkern

Blechpakete müssen so zusammengeschichtet werden, daß sich ihre Stoßstellen überlappen (**4.**12). Beim E–I-Schnitt erfolgt der Eisenschluß durch Joche und zwei weitere Schenkel mit halbem Querschnitt, die den Gesamtfluß teilen und den mittleren Schenkel wie einen Mantel umgeben (Manteltransformator). Diesen verwendet man bevorzugt als Kleintransformator.

Das obere Joch muß abnehmbar sein, damit die Wicklungen aufgebracht werden können. Die Verbindung zwischen Schenkel und Joch wird nach Bild **4.**12 oder **4.**13 hergestellt. Der Schrägschnitt wird bei Verwendung moderner kornorientierter Bleche vorgesehen. Dadurch bleibt das magnetisch günstige Verhalten dieser Bleche in Walzrichtung auch an den Stoßstellen erhalten.

Moderne Bandkerne (**4.**11 d) und Schnittbandkerne (**4.**11 e) haben keinen Luftspalt. Bei Schnittbandkernen werden die Schnittflächen plangeschliffen und poliert, so daß praktisch kein Luftspalt vorhanden ist.

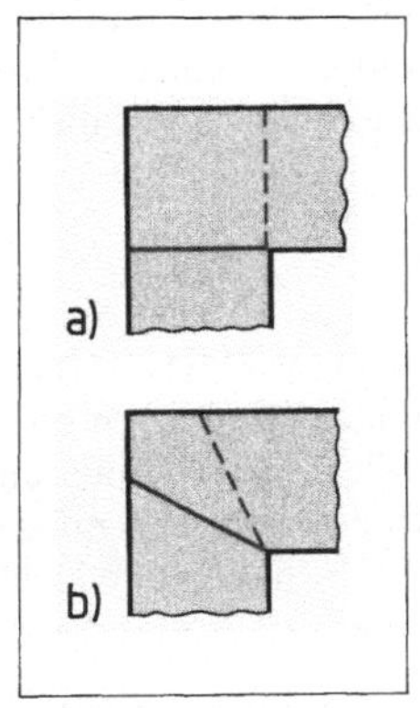

4.12 a) 90°-Schnitt, b) Schrägschnitt von Kernblechen

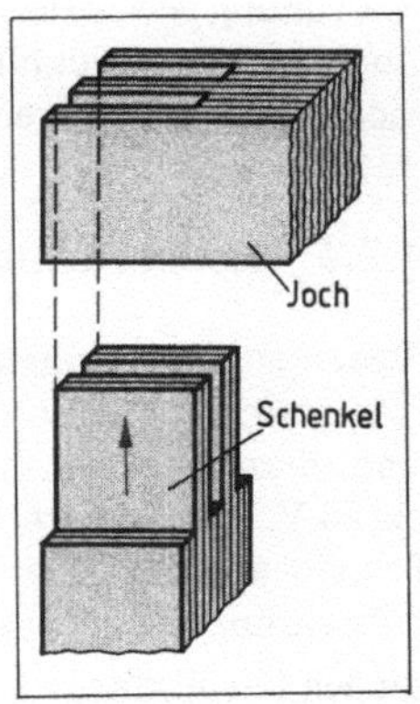

4.13 Verzapfung von Schenkel und Joch (Bleche mit 90°-Schnitt)

Wicklungen. Nach der Form des Eisenkerns unterscheidet man Kern- und Manteltransformatoren. Bei der Kernbauweise sitzen die Wicklungen auf Schenkeln, die oben und unten durch je ein Joch miteinander verbunden sind, um einen guten Eisenschluß zu gewährleisten (**4.**14a). Bei der Mantelbauweise werden die Wicklungen auf Innenschenkel aufgebracht.

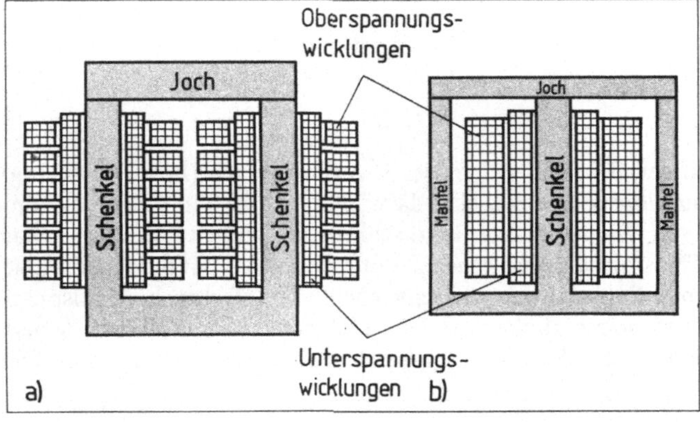

4.14
Aufbau von Einphasentransformatoren
a) Kerntransformator. Unterspannungswicklung als Zylinderwicklung, Oberspannungswicklung als Scheibenwicklung
b) Manteltransformator mit Zylinderwicklungen

Man verwendet Zylinder- und Scheibenwicklungen. Niederspannungswicklungen werden gewöhnlich als Zylinderwicklungen, Hochspannungswicklungen als Scheibenwicklungen ausgeführt. Bei der Ausführung als Scheibenwicklung zerlegt man die Hochspannungswicklung in eine Anzahl gut voneinander isolierter Teilspulen. So wird die Gesamtspannung günstiger unterteilt, weil in jeder Lage der Scheibenwicklung weniger Windungen liegen. Dadurch wird die Spannung zwischen zwei benachbarten Lagen kleiner, so daß sich die Gefahr eines Durchschlags vermindert.

Wie Bild **4.**14 zeigt, bringt man Primär- und Sekundärwicklung auch bei Kerntransformatoren nicht jede für sich auf je einen Schenkel auf, sondern je zur Hälfte übereinander auf beiden Schenkeln. (Hierdurch erreicht man, daß der von der Primärwicklung erzeugte magnetische Fluß die Sekundärwicklung vollständiger durchsetzt, so daß der Streufluß, der an der Spannungserzeugung in der Sekundärwicklung nicht teilnimmt, möglichst klein bleibt.) Eine Ausnahme bilden in dieser Beziehung manche Kleintransformatoren (s. Abschn. 4.3). Die Unterspannungswicklungen liegen gewöhnlich innen, nächst dem Kern, und die Oberspannungswicklungen außen. Diese Anordnung gewährleistet eine sichere Isolation der Oberspannungswicklung gegen den Kern. Die Oberspannungswicklung mit der kleineren Stromstärke erhält gegenüber der Unterspannungswicklung den kleineren Leiterquerschnitt, dafür aber die stärkere Isolation.

4.2.2 Kennzeichnung

Sicherheitstransformatoren. Die wichtigste Gruppe der Kleintransformatoren sind die Sicherheitstransformatoren mit Sekundärspannungen bis 24 V, die i. allg. auch Nichtfachleuten zugänglich sind. Dazu gehören auch die Klingel-, Spielzeug- und Auftautransformatoren mit Spannungen bis 24 V. Alle Sicherheitstransformatoren müssen eine besonders hochwertige Isolation zwischen Primär- und Sekundärwicklung haben und DIN VDE 0550 entsprechen. Klingeltransformatoren müssen unbedingt, Spielzeug- und Auftautransformatoren bedingt kurzschlußfest sein.

Zu den Kleintransformatoren gehören außerdem Trenn-, Steuer- und Netzanschlußtransformatoren. Die besonderen Bauformen und Betriebsbedingungen werden durch entsprechende Symbole gekennzeichnet (**4.**15).

Bedingt kurzschlußfeste Transformatoren haben als Kurzschlußschutz eingebaute Schmelzsicherungen, Temperaturbegrenzer oder Überstromauslöser.

Unbedingt kurzschlußfeste Transformatoren sind so aufgebaut, daß ihre Sekundärspannung mit zunehmender Belastung stark absinkt. Im Kurzschlußfall fließt dann sekundär – und somit auch primär – nur ein begrenzter Kurzschlußstrom, der die Wicklungen auch bei einem Dauerkurzschluß nicht unzulässig erwärmt (s. Streufeldtransformator).

Tabelle 4.15 **Kennzeichnung von Kleintransformatoren**

Grad der Kapselung	offener Sicherheits-transformator max. 24 V	gekapselter Sicherheits-transformator max. 24 V			
Verwendungs-zweck	Spielzeug-transformator max. 24 V	Klingel-transformator max. 12 V	Auftau-transformator max. 24 V	Handleuchten-transformator max. 42 V	Transformator für medizinische Zwecke med max. 6 oder 24 V
Kurz-schluß-festigkeit	unbedingt kurzschlußfester Transformator		bedingt kurzschlußfester Transformator		nicht kurzschlußfester Transformator

4.3 Sonderbauformen

4.3.1 Spartransformator

Diese Transformatoren haben nach Bild 4.16 eine gemeinsame Wicklung für Primär- und Sekundärseite; beide Wicklungen sind hier also elektrisch nicht getrennt.

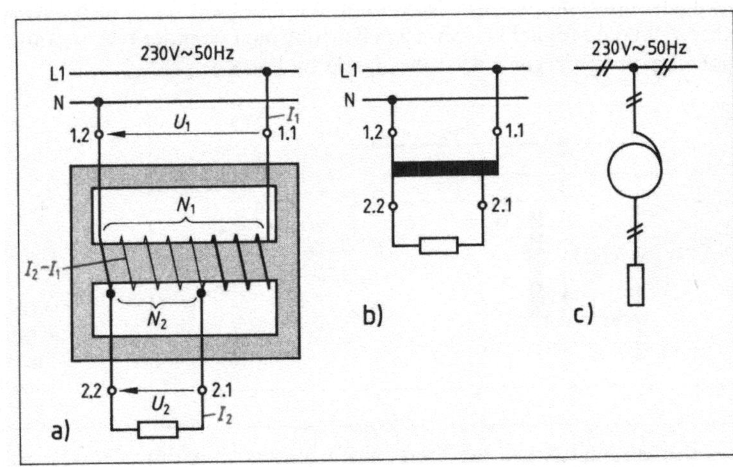

4.16
Spartransformator
a) Anordnung als Manteltransformator
b) Schaltplan
c) einpolige Darstellung mit Schaltkurzzeichen

Spartransformatoren haben für Primär- und Sekundärkreis eine gemeinsame Wicklung.

Die Schaltung erinnert an einen Spannungsteiler aus Widerständen. Diese Ähnlichkeit täuscht jedoch, denn die Wirkungsweise ist völlig anders. Während mit dem Widerstandsspannungsteiler die angelegte Spannung nur geteilt, also vermindert werden kann, ist mit dem Spartransformator nicht nur eine Spannungsverminderung, sondern auch eine Spannungserhöhung durchführbar (**4.**17).

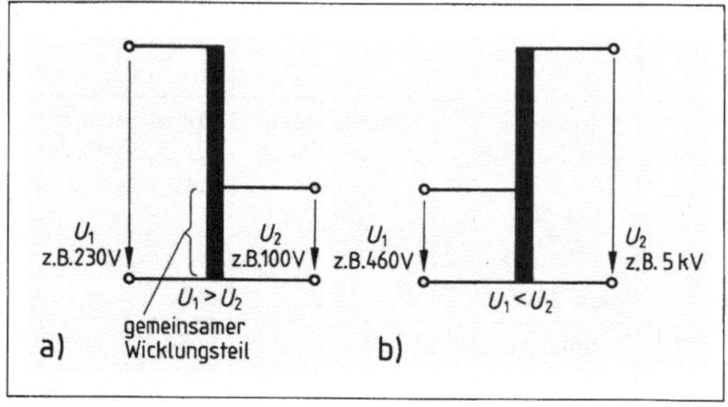

4.17
Spartransformator
a) Spannungsverminderung
b) Spannungserhöhung

Die Spannungsübersetzung läßt sich auch hier wie beim Transformator mit getrennten Wicklungen berechnen. Die Gleichung $U_1/U_2 = N_1/N_2$ für die Spannungsübersetzung gilt hier ebenfalls.

Bei Belastung fließt in dem für Primär- und Sekundärkreis gemeinsamen Wicklungsteil nur die Differenz von Primär- und Sekundärstrom, so daß dieser Wicklungsteil mit erheblich vermindertem Leiterquerschnitt hergestellt werden kann. Außerdem wird die abgegebene Leistung zum größten Teil durch Stromleitung über den gemeinsamen Wicklungsteil übertragen und nur zum geringen Teil über den magnetischen Fluß im Eisenkern.

Man spart also beim Verwenden von Spartransformatoren nicht nur Wicklungskupfer, sondern auch Kernwerkstoff. Außerdem erhält man geringere Stromwärmeverluste. Im gemeinsamen Wicklungsteil fließt um so weniger Strom, je mehr sich die Übersetzung dem Verhältnis 1:1 nähert. Der Spartransformator kommt daher besonders vorteilhaft in den Fällen zur Anwendung, in denen die Spannungsübersetzung nicht wesentlich vom Verhältnis 1:1 abweicht.

Der Spartransformator darf nicht als Schutztransformator für die Speisung von Kleinspannungsanlagen verwendet werden. Man kann mit ihm zwar die gewünschte Kleinspannung herstellen, aber nicht die Möglichkeit ausschließen, daß die Leiter der Kleinspannungsanlage eine unzulässig hohe Spannung gegen Erde führen, wie Bild **4.**18 zeigt.

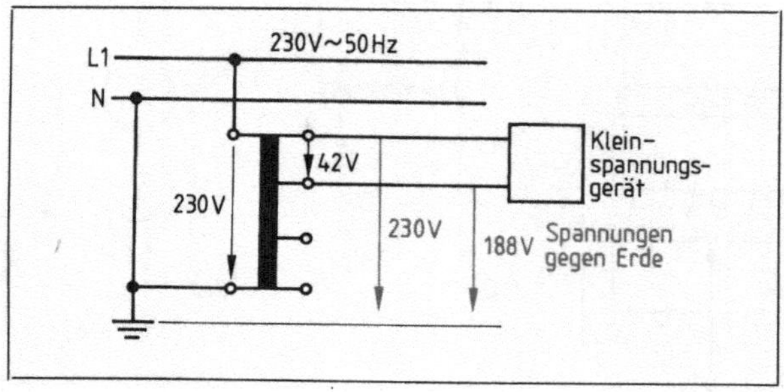

4.18
Unzulässiger Anschluß eines Spartransformators zur Speisung einer Kleinspannungsanlage

> Die Verwendbarkeit des Spartransformators ist dadurch eingeschränkt, daß seine Benutzung nicht zulässig ist, wenn aus Sicherheitsgründen die elektrische Trennung des Verbrauchers vom Netz notwendig ist.

Spartransformatoren werden deshalb dort eingesetzt, wo man auf eine elektrische Trennung von Eingangs- und Ausgangsseite verzichten kann. Hauptsächlich finden wir sie als Stelltransformatoren, Vorschalttransformatoren bei Natriumdampflampen, Anlaßtransformatoren für Motoren und Zeilentransformatoren in Fernsehgeräten.

4.3.2 Streufeldtransformator

Bild **4**.19 zeigt die Abhängigkeit der Sekundärspannungen vom Sekundärstrom bei einem Klingeltransformator (Kennlinie *b*) und bei einem Steuertransformator für elektrische Steuerungsanlagen (Kennlinie *a*). Während die Kennlinie des kurzschlußfesten Klingeltransformators mit zunehmender Belastung stark absinkt (spannungsweiches Verhalten), ist die Spannungsänderung beim Netzanschlußtransformator verhältnismäßig gering (spannungssteifes Verhalten).

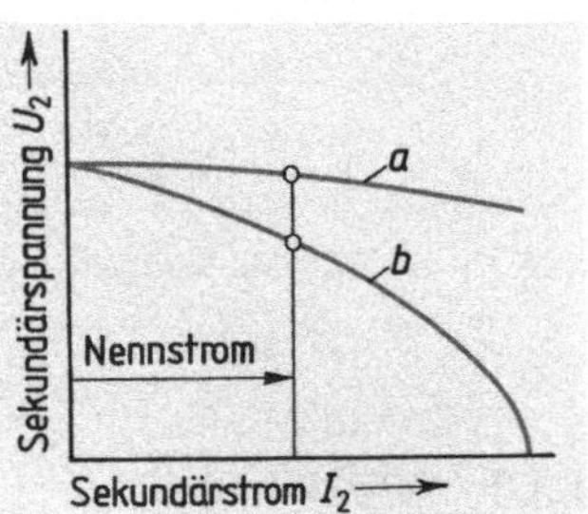

4.19 Abhängigkeit der Sekundärspannung U_2 vom Sekundärstrom I_2 eines Steuer- (*a*) und Klingeltransformators (*b*) gleicher Spannung und Leistung

Eine große Spannungsverminderung bei zunehmender Belastung erhält man, wenn die magnetische Kopplung zwischen Primär- und Sekundärwicklung durch verkleinerten Kernquerschnitt, durch das Anbringen eines Luftspalts im Eisenkern oder durch die getrennte Anordnung von Primär- und Sekundärwicklung verschlechtert wird.

Beim Kerntransformator erreicht man dies dadurch, daß man beide Wicklungen auf je einem Schenkel getrennt anordnet (**4**.20).

4.20 Wicklungsanordnung beim Kerntransformator
a) spannungsweiches,
b) spannungssteifes Verhalten

Beim Manteltransformator kann man beide Wicklungen auf dem Mittelschenkel des Eisenkerns axial nebeneinander anordnen (**4**.21).

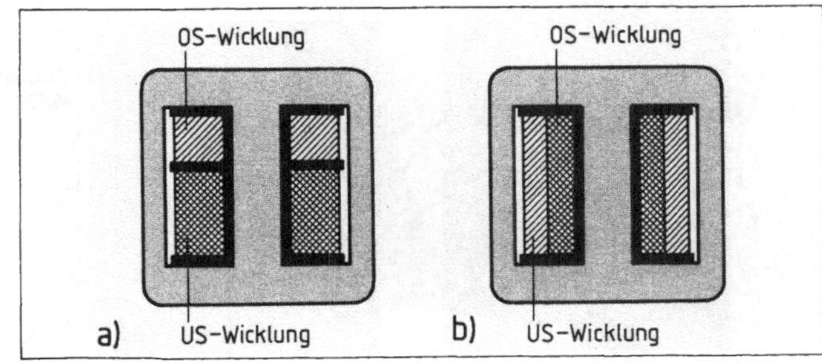

4.21 Wicklungsanordnung beim Manteltransformator
a) spannungsweiches,
b) spannungssteifes Verhalten

In beiden Fällen bilden sich bei zunehmender Belastung außerhalb des Kerns in immer höherem Maße magnetische Streufelder aus. Transformatoren mit großer Spannungsänderung heißen daher auch Streufeldtransformatoren. Zu ihnen gehören außer den Klingeltransformatoren (**4**.22) die Transformatoren für den Betrieb von Leuchtröhrenanlagen und Natriumdampflampen (s. Abschn. 12.3.3) sowie die Schweißtransformatoren (**4**.23).

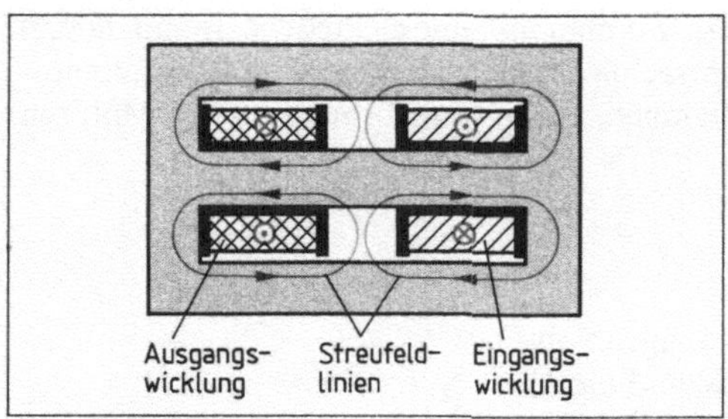

4.22 Streufeld beim Klingeltransformator

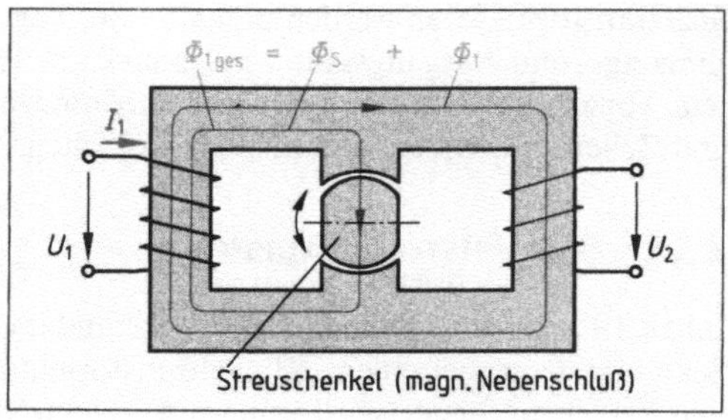

4.23 Aufbau eines Schweißtransformators mit mechanischer Schweißstromeinstellung über einen einstellbaren Nebenschluß (Streuschenkel)

4.3.3 Meßwandler

In Hochspannungsanlagen dürfen Meßgeräte aus Sicherheitsgründen nicht direkt an die Hochspannung führenden Anlageteile angeschlossen werden. Die Trennung der Meßstromkreise von der Hochspannungsanlage geschieht durch Sondertransformatoren, die Meßwandler. Sie haben zwei gut voneinander isolierte Wicklungen. Man unterscheidet Spannungs- und Stromwandler.

Spannungswandler

Spannungswandler transformieren die Hochspannung auf die ungefährliche Sekundärspannung von 100 V (auch 110 V) bei Vollausschlag des Spannungsmessers herunter (**4**.24). Die Primärwicklung wird wie ein Spannungsmesser an die Hochspannungsleitungen angeschlossen, deren Spannung gemessen werden soll (**4**.25). An die Sekundärwicklung schaltet man den Spannungsmesser. Seine Skale ist mit den Werten der zu messenden Hochspannung beschriftet. Die

4.24 Gießharz-Spannungswandler

1 Gießharzkörper *2* Primärwicklung
3 Sekundärwicklung *4* Eisenkern
5 Anschlußbolzen der Primärwicklung
6 Anschlußklemmen der Sekundärwicklung

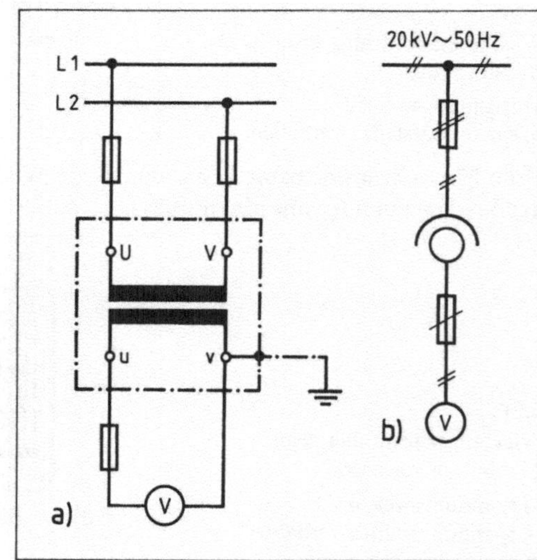

4.25 Anschluß von Spannungswandlern

a) Schaltplan
b) einpolige Darstellung mit Schaltkurzzeichen

primäre Hochspannungswicklung hat die Klemmenbezeichnung U – V, die sekundäre Niederspannungswicklung die Bezeichnung u – v.

> Spannungswandler beruhen auf der Spannungsübersetzung des Transformators. Sie gestatten es, Spannungsmesser für Niederspannung zum Messen von Hochspannungen zu verwenden.

Hochspannungsseitig werden Spannungswandler gegen Kurzschluß zweipolig abgesichert. Auf der Sekundärseite ist einpolige Absicherung als Schutz gegen Überlastung durch Leitungsschluß, durch falsche Erdung oder falsche Schaltung üblich. Um die Meßstromkreise bei einem Durchschlag der Hochspannung infolge eines Isolationsfehlers zu schützen, müssen die nicht abgesicherte Leitung und ebenso das Gehäuse des Wandlers mit einer Erdungsleitung von 16 mm² Kupferquerschnitt geerdet werden.

Sollen mehrere Spannungsmesser oder auch Spannungsspulen von Leistungsmessern, Zählern, Relais usw. an einen Spannungswandler angeschlossen werden, sind sie wie alle Spannungsmesser parallelzuschalten.

Stromwandler

Sie dienen zur Messung großer Ströme in Niederspannungsnetzen und aus Sicherheitsgründen für alle Strommessungen in Hochspannungsanlagen mit üblichen Strommessern für 1 A oder 5 A (**4**.26). Ihre Primärwicklung wird wie ein Strommesser in die Hochspannungsleitung, deren Strom gemessen werden soll, gelegt, an die Sekundärwicklung wird der Strommesser geschaltet (**4**.27). Die Klemmen der primären Hochspannungswicklung heißen K – L, die der Sekundärwicklung k – l. Dabei ist zu beachten, daß die Klemme K der Primärwicklung der Spannungsquelle, die Klemme L dagegen dem Verbraucher zugekehrt ist. Die Klemmenfolge K – L entspricht dann der Richtung des Energieflusses.

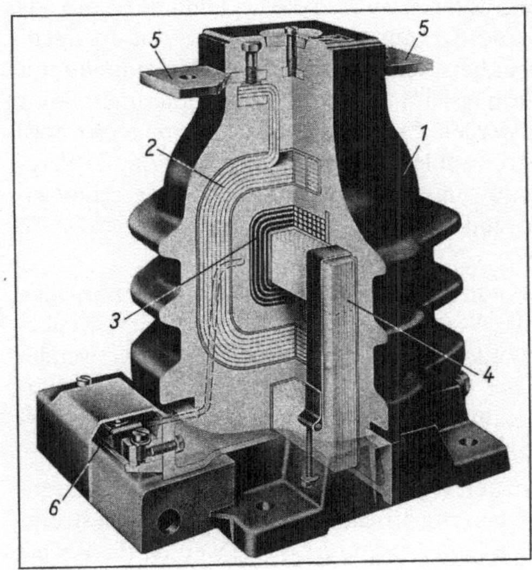

4.26 Gießharz-Stromwandler für Hochspannungsanlagen
1 Gießharzkörper *2* Primärwicklung
3 Sekundärwicklung *4* Eisenkern
5 Anschlußstücke der Primärwicklung
6 Anschlußklemmen der Sekundärwicklung

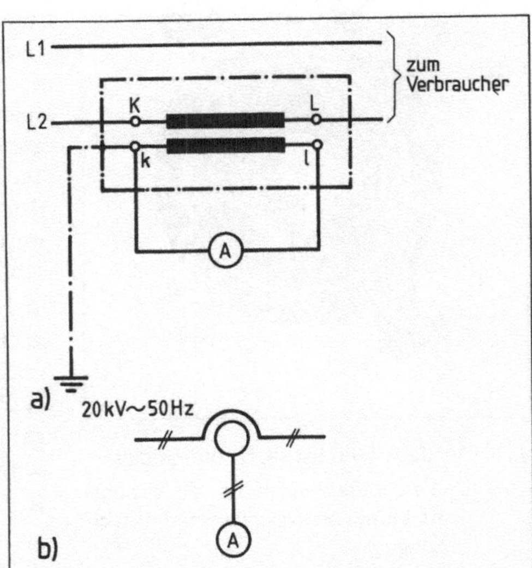

4.27 Anschluß von Stromwandlern
a) Schaltplan
b) einpolige Darstellung mit Schaltkurzzeichen

> Stromwandler beruhen auf der Stromübersetzung des Transformators. Sie gestatten es, Strommesser für kleinere Ströme zum Messen erheblich größerer Ströme (auch in Hochspannungsanlagen) zu verwenden.

Die Belastung, die der Strommesser für den Wandler bildet, heißt *Bürde*. Da Strommesser einen sehr geringen Widerstand haben, arbeiten Stromwandler mit *nahezu kurzgeschlossener Ausgangswicklung*. Aus Sicherheitsgründen dürfen Stromwandler niemals bei geöffnetem Ausgangsstromkreis (ohne Bürde) betrieben werden. Dieser Vorschrift liegt folgender Sachverhalt zugrunde: Bei geöffnetem Sekundärstromkreis kann die Ausgangswicklung im Eisenkern keinen sekundären magnetischen Fluß erzeugen, der dem Primärfluß entgegenwirkt. Im Eisenkern kann dann bei großem Primärstrom – das ist der Belastungsstrom der angeschlossenen Verbraucher – ein so starker magnetischer Fluß entstehen, daß eine gefährlich hohe Sekundärspannung von 1000 V und mehr erzeugt wird. Außerdem erhitzt sich der Eisenkern durch den sehr starken magnetischen Wechselfluß so stark (Eisenverluste), daß die Wicklungen des Wandlers zerstört werden. Aus diesen Gründen darf der Sekundärstromkreis auch *nicht abgesichert* werden. (Im Primärstromkreis kommen Sicherungen ohnehin nicht in Frage, da die Primärwicklung vom Verbraucherstrom durchflossen wird.)

> Stromwandler dürfen nicht bei geöffnetem Sekundärstromkreis angeschlossen und daher auf der Sekundärseite auch nicht mit Sicherungen versehen werden.

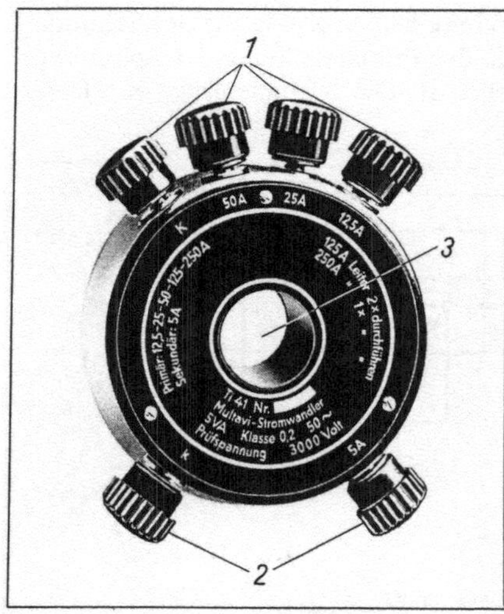

4.28 Vielfach-Durchsteck-Stromwandler
1 Anschlußklemmen für die Primärwicklung (drei verschiedene Übersetzungen)
2 Anschlußklemmen für die Sekundärwicklung
3 Durchstecköffnung für Primärleiter. Der Meßbereich kann durch ein- oder zweimaliges Durchstecken des Primärleiters auf 250 A bzw. 125 A erhöht werden

Stromwandler haben die genormte Sekundärstromstärke 5 A (z.T. auch 1 A) bei Vollausschlag des Strommessers. Dessen Skale ist mit den Werten der zu messenden Primärstromstärke beschriftet. In Hochspannungsanlagen müssen die Sekundärseite und das Gehäuse des Stromwandlers, ebenso wie die des Spannungswandlers, aus Sicherheitsgründen einpolig mit einer Erdungsleitung mit 16 mm^2 Kupferquerschnitt geerdet werden. Sollen *mehrere* Strommesser oder auch Stromspulen von Leistungsmessern, Zählern, Relais usw. an *einen* Stromwandler angeschlossen werden, sind sie wie alle Strommesser in *Reihe* zu schalten.

Stromwandler werden in Niederspannungsanlagen auch als *Vielfachstromwandler* zur Meßbereichserweiterung von Vielfachmeßgeräten verwendet (**4**.28). Bei großen Primärströmen besteht die Eingangswicklung häufig nur aus einer geraden Kupferschiene: *Stabstromwandler*.

Bei *Zangenstromwandlern* läßt sich der Eisenkern zangenartig öffnen und so leicht über den stromführenden Leiter legen (**4**.29). Sie werden für Rechteckschienen und Rundleiter gebaut. Noch einen Schritt weiter geht man bei *Zangenmeßgeräten*, die Zangenstromwandler, Spannungswandler und Meßgerät miteinander kombinieren (**4**.30). Die Meßwerte werden analog oder digital angezeigt.

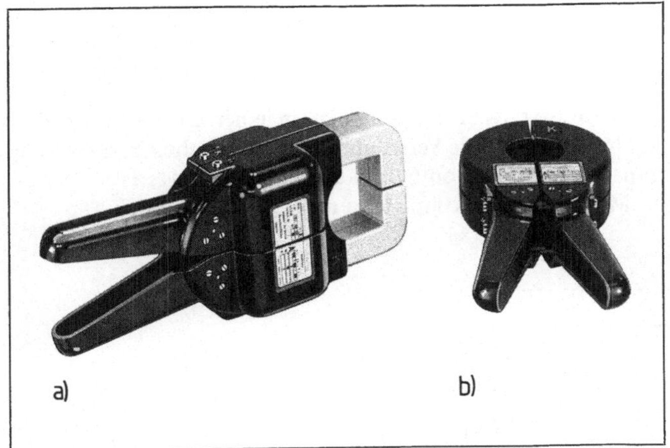

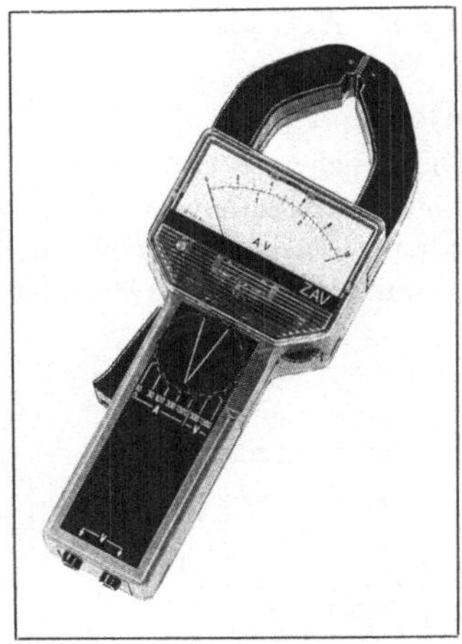

4.29 Zangenstromwandler
a) für Rechteckschienen und Rundleiter 250/5 A, 500/5 A, 1000/5 A
b) für Rundleiter 150/5 A, 300/5 A, 600/5 A

4.30 Zangenmeßgerät

4.4 Drehstromtransformator

Drehstrom kann man mit drei gleichen Einphasentransformatoren tranformieren, deren Primär- und Sekundärwicklungen in Dreieck- oder Sternschaltung miteinander verbunden werden (**4.**31 a). Zweckmäßiger und üblich ist jedoch ein Drehstromtransformator mit gemeinsamem Eisenkörper für alle Wicklungen (**4.**31 b).

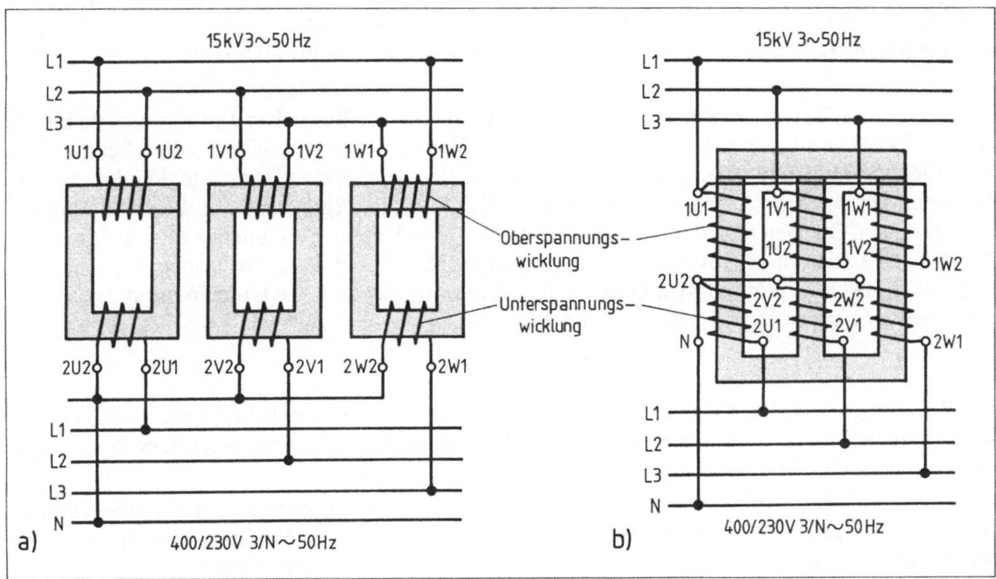

4.31 Transformierung des Drehstroms
a) Schaltung von drei Einphasentransformatoren in Dreieck-Stern-Schaltung zum Transformieren von Drehstrom, b) gleichwertiger Drehstrom-Kerntransformator in Dreieck-Stern-Schaltung

4.4.1 Aufbau

Kerne

Die üblichen Kerntransformatoren mit drei Schenkeln in einer Ebene haben den einfachsten Aufbau (**4.**32a), aber den Nachteil, daß die Verteilung des magnetischen Flusses nicht symmetrisch ist. Diesen Nachteil kann man beim Bau von Fünfschenkel-Kerntransformatoren (**4.**32b) oder Dreiphasen-Manteltransformatoren (**4.**32c) vermeiden.

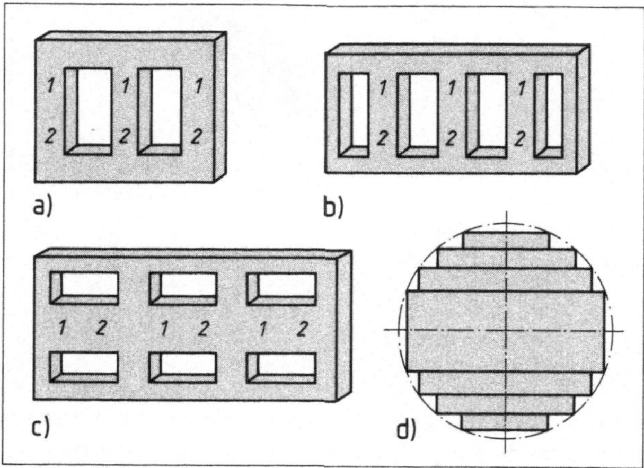

4.32
Bleche von Drehstromtransformatoren

a) Dreischenkel-Kerntransformator
b) Fünfschenkel-Kerntransformator
c) Drehstrom-Manteltransformator
d) Kernquerschnitt aus stufenförmig geschichteten Blechen

1 und *2* = bewickelte Kerne (Eingangs- und Ausgangswicklung)

Beim Fünfschenkel-Kerntransformator erfolgt der magnetische Rückschluß auch über die beiden äußeren Schenkel. Wegen des damit verbundenen geringeren Eisenquerschnitts der Joche wird eine niedrigere Bauhöhe möglich. Dies ist besonders für die Großtransformatoren von Bedeutung.

Für den Kernaufbau verwendet man heute fast ausschließlich kaltgewalzte, kornorientierte Bleche (Texturbleche) von 0,2 mm Dicke. Sie erfordern in Walzrichtung geringere Feldstärken als normale Elektrobleche und haben außerdem geringere Ummagnetisierungsverluste. Die Kerne werden sorgfältig geschichtet und mehrfach abgestuft (**4.**32d). So ergibt sich eine gute Nutzung des kreisförmigen Querschnitts der auf Isolierzylinder gewickelten Wicklungen. Die Anfänge der Wicklungen haben die Klemmenbezeichnung U1, V1 und W1, ihre Enden U2, V2, W2. Dabei sind die Oberspannungswicklungen durch eine vorgesetzte 1, die Unterspannungswicklungen durch eine vorgesetzte 2 gekennzeichnet.

Die Wicklungsart und der Spulenaufbau hängen nicht nur von der Transformatorleistung ab, sondern auch von der geforderten Strom- und Spannungsfestigkeit. Einige typische Wicklungsanordnungen zeigt Bild **4.**33.

Zwischen nebeneinanderliegenden Leitern einer Spule dürfen keine zu hohen Spannungen auftreten. Besonders gefährlich kann die Lagenspannung werden. Das ist die Spannung, die zwischen benachbarten Windungen verschiedener Lagen eines Wicklungsstrangs anliegt.

Bei den meisten Transformatoren soll die Streuung bzw. die Kurzschlußspannung nicht zu groß werden. Deshalb müssen die beiden magnetisch miteinander gekoppelten Wicklungsstränge möglichst nahe beieinander auf einem gemeinsamen Schenkel angeordnet sein.

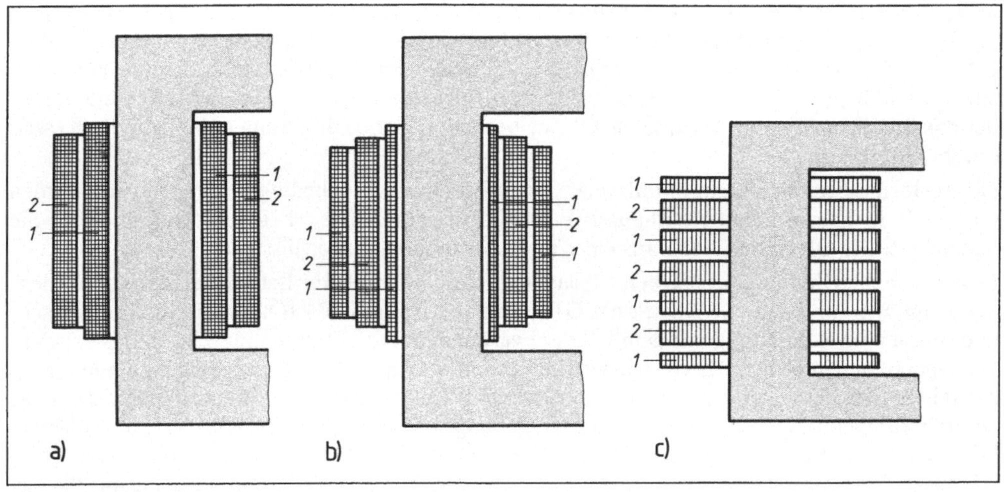

4.33 Wicklungsarten
a) Zylinderwicklung b) Doppelzylinderwicklung c) Scheibenwicklung
1 Unterspannungswicklung *2* Oberspannungswicklung

Alle Wicklungen werden als koaxiale Zylinderwicklungen ausgeführt. Aus isolationstechnischen Gründen ordnet man den inneren Wicklungszylinder der Unterspannungswicklung zu (**4**.33).

Kühlung

Kleinere Transformatoren werden mit Luftkühlung (Trockentransformatoren), größere mit Ölkühlung betrieben. Öltransformatoren werden in einen mit Transformatorenöl gefüllten Ölkessel gesetzt, die Wicklungsanschlüsse sind mit Hilfe von Durchführungsisolatoren *5* und *6*

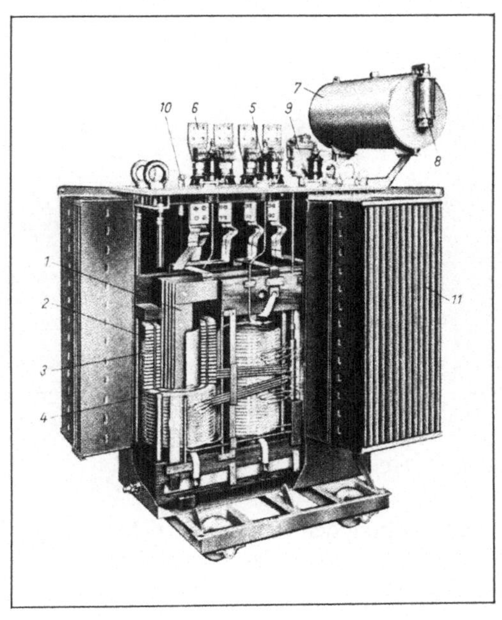

4.34
Drehstrom-Öl-Kerntransformator. 800 kVA
1 Eisenkern
2 Oberspannungswicklung
3 Unterspannungswicklung
4 Hartpapierzylinder (Isolation)
5 Oberspannungsdurchführung
6 Unterspannungsdurchführung
7 Ölausdehnungsgefäß
8 Ölstandsanzeige
9 Buchholzrelais
10 Thermometertasche
11 Kühlrippen

nach außen geführt (4.34). Das Transformatorenöl dient nicht nur zur Kühlung, sondern auch zur Isolierung. Es muß daher sehr rein, wasser- und säurefrei sein. Damit die entwickelte Wärme gut abgegeben werden kann, wird der Ölkessel zur Vergrößerung der wärmeabgebenden Oberfläche mit Kühlrippen *11* versehen. Sehr große Transformatoren erhalten eine Umwälzkühlung, bei der das durch eine Pumpe umgewälzte Öl eine besondere Kühleinrichtung außerhalb des Kessels durchläuft.

Öltransformatoren sind nicht brandsicher. Wenn Brandgefahr unbedingt ausgeschlossen werden muß (z.B. in Theatern und Kaufhäusern), verwendet man Askarel-Transformatoren. Sie haben statt des Öls eine Füllung aus einer nicht brennbaren Isolierflüssigkeit.

Damit sich die Ölfüllung bei stärkerer Belastung und damit höherer Betriebstemperatur ausdehnen kann, wird oberhalb des Kessels ein Ölausdehnungsgefäß *7* (Ölkonservator) angebracht und durch eine Rohrleitung mit dem Ölkessel verbunden. Die Ölfüllung muß bis in das Ausdehnungsgefäß hineinreichen. Hierdurch wird verhindert, daß im oberen Kesselteil ein ölfreier Raum entsteht, in dem sich explosive Öldämpfe ansammeln können; auch könnte eindringende Luft das Öl im Hauptgefäß zersetzen. Bis zu einer Umgebungstemperatur von 35 °C beträgt die zulässige Übertemperatur des Transformatoröls 60 °C; das Öl darf also die Temperatur 95 °C nicht überschreiten. Zur Überwachung des Transformators wird in die Verbindungsleitung zwischen Ölkessel und Ausdehnungsgefäß ein Buchholzschutzrelais *9* eingebaut.

Buchholzschutzrelais (4.35). Bildet sich infolge einer örtlichen Überhitzung des Eisenkörpers, eines Windungs- oder Erdschlusses Gas durch Zersetzung des Öls oder sinkt der Ölspiegel, ändert im Buchholzrelais ein Schwimmer *3* seine Lage, betätigt einen Schalter und löst dadurch eine Alarmeinrichtung aus. Bei schweren Fehlern entsteht außerdem durch plötzliche Verdampfung einer größeren Ölmenge ein kräftiger Ölstrom zum Ausdehnungsgefäß und kippt einen weiteren, in der Verbindungsleitung liegenden Schwimmer *7*, der durch einen Kontakt den Transformator abschaltet.

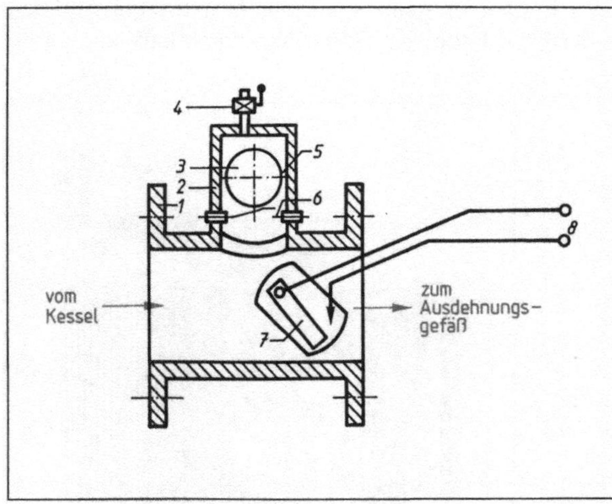

4.35
Buchholzschutzrelais (Zweischwimmerrelais)

1 Gehäuse mit Flanschen
2 Gasfangdom
3 (oberer) Schwimmer
4 Hahn zur Entnahme von Gasproben
5 Ölstand
6 Schaltkontakt
7 (unterer) Schwimmer mit Schaltkontakt
8 Meldevorrichtung

4.4.2 Schaltung

Die Schaltung der Wicklungen richtet sich nach dem Verwendungszweck des Drehstromtransformators. (Angaben darüber und über die wichtigsten Nenngrößen wie Nennspannungen, Nennleistung usw. findet man auf dem Leistungsschild des Transformators.)

Dreieck-Stern-Schaltung (4.36). Zur Versorgung von Niederspannungs-Verteilungsnetzen eignet sich für die Unterspannungswicklung nur die Sternschaltung, da sie (im Gegensatz zur Dreieckschaltung) einen Sternpunkt hat, an dem der Sternpunktleiter des Verteilungsnetzes angeschlossen werden kann. Die Sekundärwicklung darf aber nur dann ungleichmäßig belastet werden, wenn die Primärwicklung auf der Oberspannungsseite im Dreieck geschaltet ist. Die im Dreieck geschaltete Oberspannungswicklung sorgt nämlich auch bei Schieflast, d. h. ungleichmäßiger Belastung der drei Stränge, für eine gleichmäßige Verteilung des magnetischen Flusses auf die Kerne des Transformators. Dies ist notwendig, damit in allen drei Strängen der Sekundärwicklung gleich große Spannungen induziert werden. Verwendet wird die Dreieck-Stern-Schaltung für die Versorgung von Niederspannungs-Verteilungsnetzen bei Transformatoren großer Leistung (über 400 kVA).

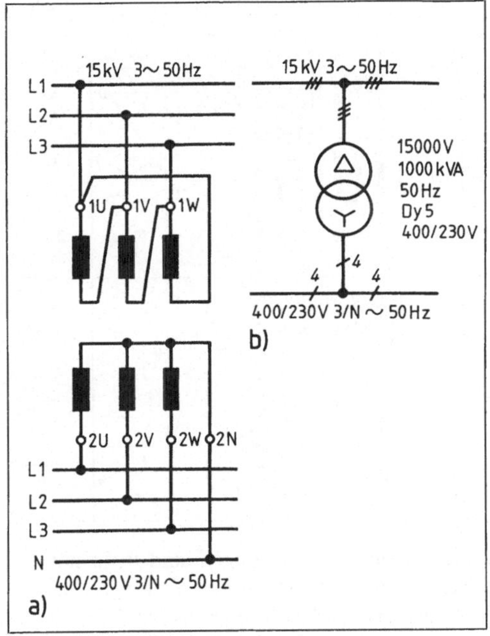

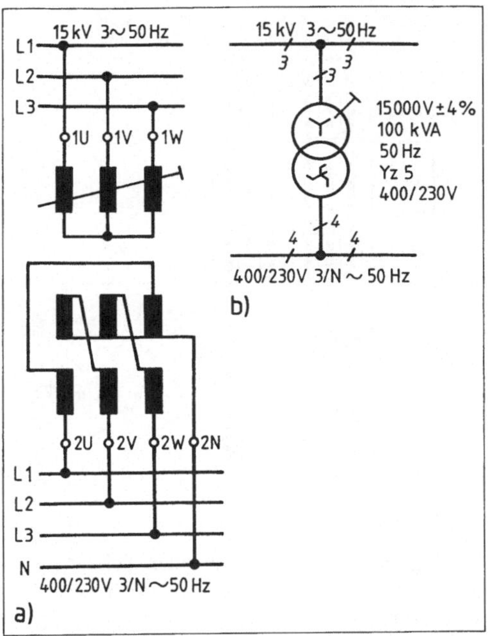

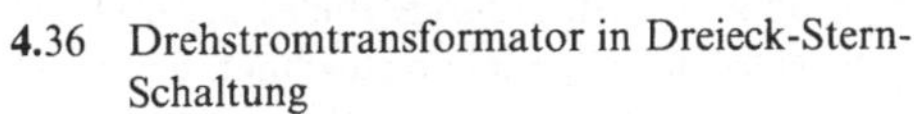

4.36 Drehstromtransformator in Dreieck-Stern-Schaltung
a) Schaltplan
b) einpolige Darstellung mit Schaltkurzzeichen

4.37 Drehstromtransformator in Stern-Zickzack-Schaltung, Oberspannungswicklung einstellbar
a) Schaltplan
b) einpolige Darstellung mit Schaltkurzzeichen

Stern-Stern-Schaltung. Wird auch die Oberspannungswicklung in Stern geschaltet, darf der Ausgleichsstrom im Sternpunktleiter der Unterspannungsseite nur bis zu 10% des Außenleiterstroms betragen, da sonst der unsymmetrische magnetische Fluß in den Kernen die Spannungen zwischen den Netzleitern verschieben würde.

Zickzack-Schaltung (4.37). Diese abgewandelte Form der Sternschaltung bietet hier einen Ausweg. Sie wird hergestellt, indem man jeden Strang der in Stern geschalteten Unterspannungswicklung in zwei gleiche Hälften aufteilt und dann auf jeweils zwei verschiedene Schenkel aufbringt. Dadurch wird der magnetische Fluß bei unsymmetrischer Belastung gleichmäßiger auf die Schenkel verteilt. Bei der in Zickzack geschalteten Unterspannungswicklung kann man die Oberspannungswicklung in Stern schalten: Stern-Zickzack-Schaltung.

Die in Stern geschaltete Oberspannungswicklung wird mit Anzapfungen versehen, die eine Anpassung der Übersetzung an die Netzverhältnisse auf Ober- und Unterspannungsseite ermöglichen. Üblich sind drei Anzapfungen je Strang, die eine Spannungsänderung der Unterspannungswicklung um $\pm 4\%$ gestatten. Verwendet wird die Stern-Zickzack-Schaltung für die Versorgung von Niederspannungs-Verteilungsnetzen bei Transformatoren kleiner und mittlerer Leistung bis zu 400 kVA.

Tabelle 4.38 **Schaltungen für Transformatoren**

Bezeichnung		Zeigerbild ◄──► Schaltung				Über-	Bezeichnung		Zeigerbild ◄──► Schaltung				Über-
Kennzahl	Schalt-gruppe	Ober-spannungs-wicklung	Unter-spannungs-wicklung	Ober-spannungs-wicklung	Unter-spannungs-wicklung	setzungs-verhältnis $\frac{U_1}{U_2}=$	Kennzahl	Schalt-gruppe	Ober-spannungs-wicklung	Unter-spannungs-wicklung	Ober-spannungs-wicklung	Unter-spannungs-wicklung	setzungs-verhältnis $\frac{U_1}{U_2}=$
	Dd 0	1U 1V 1W	2U 2V 2W	V U W	V U W	$\frac{N_1}{N_2}$		*Dd* 6	1U 1V 1W		V U W	W U V	$\frac{N_1}{N_2}$
0	*Yy* 0	1U 1V 1W	2U 2V 2W	V U W	V U W	$\frac{N_1}{N_2}$	6	*Yy* 6	1U 1V 1W	2U 2V 2W	V U W	W U V	$\frac{N_1}{N_2}$
	Dz 0	1U 1V 1W	2U 2V 2W	V U W	V U W	$\frac{2N_1}{3N_2}$		*Dz* 6	1U 1V 1W	2U 2V 2W	V U W	W U V	$\frac{2N_1}{3N_2}$
	Dy 5	1U 1V 1W		V U W	U W V	$\frac{N_1}{\sqrt{3}\cdot N_2}$		*Dy* 11	1U 1V 1W	2U 2V 2W	V U W	V W U	$\frac{N_1}{\sqrt{3}\cdot N_2}$
5	*Yd* 5	1U 1V 1W	2U 2V 2W	V U W	U W V	$\frac{\sqrt{3}\cdot N_1}{N_2}$	11	*Yd* 11	1U 1V 1W	2U 2V 2W	V U W	V W U	$\frac{\sqrt{3}\cdot N_1}{N_2}$
	Yz 5	1U 1V 1W	2U 2V 2W / 2U 2V 2W	V U W	W U V	$\frac{2N_1}{\sqrt{3}\cdot N_1}$		*Yz* 11	1U 1V 1W	2U 2V 2W	V U W	V W U	$\frac{2N_1}{\sqrt{3}\cdot N_2}$

Schaltgruppen. Die verschiedenen Schaltungsmöglichkeiten für die Wicklungen sind in Schaltgruppen geordnet. Man unterscheidet nach der IEC-Bezeichnung (**I**nternationale **E**lektrotechnische **C**ommission) die vier Schaltgruppen 0, 5, 6 und 11 mit je drei Schaltungen (**4**.38). Die drei für Ober- und Unterspannungswicklung möglichen Schaltungen werden durch Buchstaben (*D* für Dreieckschaltung, *Y* für Sternschaltung und *Z* für Zickzackschaltung) gekennzeichnet, wobei der erste (große) Buchstabe die Schaltung der Oberspannungswicklung, der zweite (kleine) Buchstabe die Schaltung der Unterspannungswicklung angibt (z. B. *Dy*). Die auf diese beiden Buch-

Tabelle **4**.39 **Übersicht über die wichtigsten Schaltgruppen** (n: mit herausgeführtem N-Leiter)

Schalt-gruppe	Hauptsächlicher Verwendungszweck	Schalt-gruppe	Hauptsächlicher Verwendungszweck
*Yyn*0	Stern-Stern Transformatoren, die nicht zur Verteilung dienen	*Dy*5	Dreieck-Stern große Verteilungstransformatoren mit sekundär voll belastbarem Sternpunktleiter
*Yzn*5	Stern-Zickzack Kleine Verteilungstransformatoren mit sekundär voll belastbarem Sternpunktleiter	*Yd*5	Stern-Dreieck Maschinentransformatoren für Generatoren großer Leistung

staben folgende Kennzahl der Schaltgruppe kennzeichnet die Phasenverschiebung zwischen Ober- und Unterspannung. Der Phasenwinkel φ ergibt sich, indem die Kennzahl jeweils mit 30° multipliziert wird. Bei Schaltgruppe 6 ist der Phasenwinkel zwischen Ober- und Unterspannung demnach $\varphi = 6 \cdot 30° = 180°$. Die 4 wichtigsten Schaltgruppen zeigt Tabelle **4.**38.

Leistungsschild. Transformatoren müssen an gut sichtbarer Stelle ein Leistungsschild mit allen wichtigen Angaben haben (**4.**40). Nach DIN VDE 0532 T1 sind vorgeschrieben:

1 Kurzzeichen der Transformatorenart
2 VDE-Nummer
3 Hersteller
4 Typenbezeichnung und Fertigungsnummer des Herstellers
5 Baujahr
6 Phasenzahl, falls nicht aus der Schaltgruppe ersichtlich
7 Nennleistung
8 Nennfrequenz
9 Nennspannungen
10 Nennströme
11 Schaltgruppe
12 Nennkurzschlußspannung
13 Gesamtgewicht
14 Ölgewicht

Zusatzangaben können sein: Isolierstoffklasse, Übertemperatur, Schaltbild, Anzapfungsart, Transportgewicht, Isolierflüssigkeit.

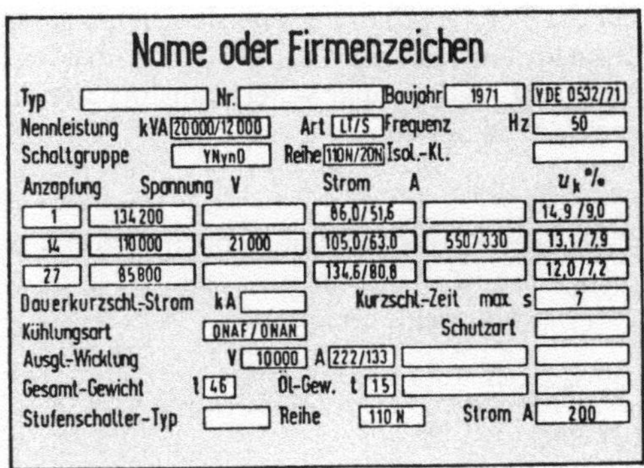

4.40 Leistungsschild

4.5 Parallelschaltung von Transformatoren

Will man die Leistungsfähigkeit einer Anlage erweitern, schaltet man zu den vorhandenen Transformatoren weitere parallel hinzu. Das Parallelschalten der Ober- oder Unterspannungswicklung mehrerer Transformatoren ist bei gleichen Nennspannungen ohne weiteres möglich. Wenn jedoch beide Wicklungen parallelgeschaltet werden sollen, gelten nach DIN VDE 0532 folgende

Parallelschaltbedingungen
- gleiche Nennspannungen und Nennfrequenzen,
- Nennleistungsverhältnis höchstens 3:1,
- annähernd gleiche Kurzschlußspannungen,
- gleiche Schaltgruppenkennzahlen bei Drehstromtransformatoren,
- phasenrichtiger Anschluß.

Die Transformatoren müssen gleiche Ober- und Unterspannung haben und für die gleiche Netzfrequenz ausgelegt sein – sonst stimmen die Ausgangsspannungen im Leerlauf nicht überein bzw. nimmt die Eingangswicklung Schaden, weil die Transformatorinduktivität und der Eisenkern für eine bestimmte Frequenz ausgelegt sind.

Das Verhältnis der Nennleistungen soll kleiner als 3:1 sein. Sonst kann im Kurzschlußfall eine Phasendrehung der Ausgangsspannungen auftreten und damit eine Änderung der Phasenlage auftreten.

Die Kurzschlußspannungen sollen um nicht mehr als 10% voneinander abweichen. Die relative Kurzschlußspannung u_k eines Transformators ist nach Abschn. 4.1.5 die Spannung in Prozent der Nennspannung, die primär angelegt werden muß, damit bei kurzgeschlossener Sekundärwicklung in der Primärwicklung der Nennstrom fließt. Je nach Größe des Transformators beträgt sie 2 bis 10%. Die Kurzschlußspannung ist ein Maß für die Streuung und damit für den induktiven Innenwiderstand eines Transformators. Bei parallelgeschalteten Transformatoren sinkt die sekundäre Klemmenspannung des Transformators mit der größeren Kurzschlußspannung bei Belastung stärker ab, so daß der Transformator mit der kleineren Kurzschlußspannung stärker belastet wird. Weichen die Kurzschlußspannungen um mehr als 10% voneinander ab, besteht die Gefahr, daß der Transformator mit der kleineren Kurzschlußspannung überlastet wird.

Bei der Parallelschaltung verteilt sich die gesamte zu übertragende Scheinleistung auf die beiden Transformatoren: $S_g = S_{ü1} + S_{ü2}$. Die beiden Lastanteile $S_{ü1}$ und $S_{ü2}$ hängen sowohl von den Nennleistungen S_1 und S_2 der Transformatoren als auch von deren relativen Kurzschlußspannungen u_{k1} und u_{k2} ab.

> Bei der Parallelschaltung von Transformatoren verteilt sich die Gaesamtlast auf die einzelnen Transformatoren proportional zu ihrer Nennleistung und umgekehrt proportional zu ihrer Kurzschlußspannung.
>
> $$\frac{S_{ü1}}{S_{ü2}} = \frac{S_1 \cdot u_{k2}}{S_2 \cdot u_{k1}}$$

Beispiel 4.6 Es sollen zwei Transformatoren gleicher Schaltung parallelgeschaltet werden.

Transformator 1: $S_1 = 160$ kVA, $u_{k1} = 4\%$

Transformator 2: $S_2 = 400$ kVA, $u_{k2} = 6\%$

Die Belastung durch das Netz beträgt 500 kVA. Wie verteilt sich diese Gesamtlast auf beide Transformatoren?

Lösung

$$\frac{S_{ü1}}{S_{ü2}} = \frac{S_1 \cdot u_{k2}}{S_2 \cdot u_{k1}} = \frac{160\,\text{kVA} \cdot 6\%}{400\,\text{kVA} \cdot 4\%} = \frac{3}{5}$$

Transformator 1 übernimmt 3, Transformator 2 dagegen 5 Anteile der Gesamtlast S_g.

$$S_{ü1} = \frac{S_g \cdot 3}{8} = \frac{500\,\text{kVA} \cdot 3}{8} = \mathbf{187{,}5\,kVA}$$

$$S_{ü2} = \frac{S_g \cdot 5}{8} = \frac{500\,\text{kVA} \cdot 5}{8} = \mathbf{312{,}5\,kVA}$$

Der Transformator mit der kleineren Kurzschlußspannung wird überlastet.

Bei parallel zu schaltenden Drehstrom-Transformatoren müssen die Kennzahlen ihre Schaltgruppen übereinstimmen, damit die Phasenlage der Sekundärspannungen übereinstimmt und Kurzschlüsse vermieden werden.

Parallel zu schaltende Transformatoren müssen phasenrichtig angeschlossen werden. Phasenrichtig ist der Anschluß dann, wenn die Anschlußklemmen miteinander verbunden werden, zwischen denen keine Spannung besteht. Bei falschem Anschluß der Sekundärwicklung des zweiten Transformators bilden beide Sekundärwicklungen gemeinsam einen Kurzschlußstromkreis. Der phasenrichtige Anschluß wird nach Bild **4.41** entweder mit Hilfe von Spannungsmessern oder Glühlampen geprüft.

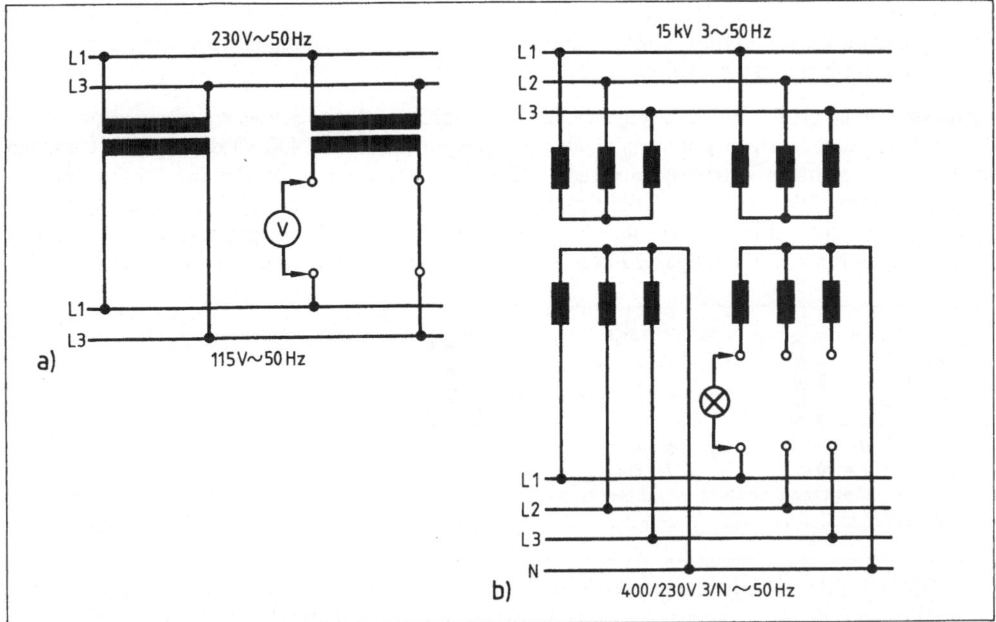

4.41 Prüfschaltungen zur Ermittlung des phasenrichtigen Anschlusses für den Parallelbetrieb von Transformatoren

a) bei Einphasentransformatoren, hier mit einem Spannungsmesser, b) bei Drehstromtransformatoren, hier mit einer Glühlampe (ggf. zwei 230-V-Lampen in Reihenschaltung)

4.6 Bedeutung der Transformatoren für die Energieversorgung

Das wichtigste Anwendungsgebiet der Transformatoren ist die Energieübertragung vom Kraftwerk zu den Verbrauchsorten.

Kraftwerke dienen zur Erzeugung elektrischer Energie. Sie liegen nur selten in den Schwerpunkten des Energiebedarfs. Das bedeutet, daß die von ihnen erzeugte elektrische Energie über größere Entfernungen hinweg zum Verbraucher übertragen werden muß. Für die einzelnen Arten von Kraftwerken sind die Vorbedingungen für eine wirtschaftliche Errichtung und für rentablen Betrieb sehr verschieden.

Wasserkraftwerke können nur an Talsperren, an den Staustufen von Flußläufen oder am Fuß von Wasserfällen errichtet werden. Gezeitenkraftwerke nutzen den Tidehub, sind aber nur dort wirtschaftlich, wo dieser mehrere Meter beträgt.

Braunkohlenkraftwerke sind an die Lagerstätten der Braunkohle gebunden. Der Transport dieses Brennstoffs zu entfernt gelegenen Kraftwerken wäre viel zu teuer, da Braunkohlenkraftwerke wegen des geringen Heizwerts der Braunkohle davon sehr große Mengen brauchen.

Steinkohlenkraftwerke. Hier ist der Transport des Brennstoffs zwar relativ billiger, da Steinkohle etwa den dreifachen Heizwert der Braunkohle hat und deswegen auch in entsprechend kleineren Mengen gebraucht wird, aber eine verkehrsgünstige Lage (vor allem an Wasserstraßen und Küsten) ist für einen rentablen Betrieb dennoch nötig.

Kernkraftwerke erfordern eine so geringe „Brennstoffmenge“, daß die Transportkosten keine Rolle spielen. Aber auch Kernkraftwerke werden nur wirtschaftlich arbeiten können, wenn sie eine bestimmte Mindestgröße haben. Dies bedeutet, daß auch bei ihnen die Erzeugung elektrischer Energie nur an wenigen Orten erfolgen und ebenfalls die Übertragung elektrischer Energie über sehr große Entfernungen erforderlich sein wird.

Fernübertragung großer Energiemengen stieße auf unüberwindliche Schwierigkeiten, wenn sie mit den in Verbrauchernetzen üblichen Niederspannungen (230 bzw. 400 V) durchgeführt werden sollte. Bei so geringen Betriebsspannungen wären zur Übertragung großer Leistungen nämlich so große Stromstärken nötig, daß die Leiterquerschnitte die tragbaren Höchstgrenzen weit überschritten. Um große Leistungen mit wirtschaftlich vertretbaren Leiterquerschnitten über große Entfernungen hinweg übertragen zu können, sind hohe Betriebsspannungen erforderlich (**4.**42).

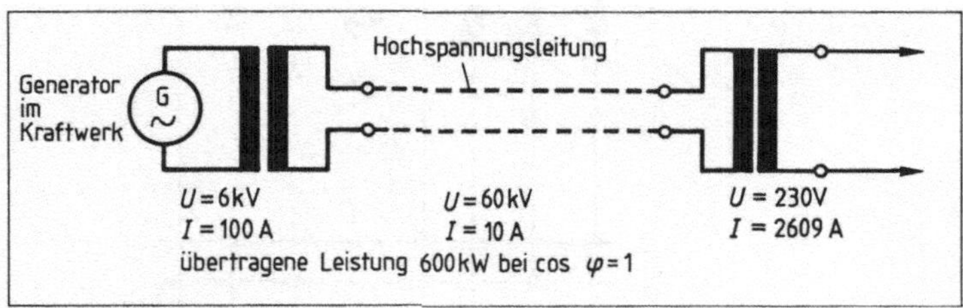

4.42 Fernübertragung elektrischer Energie ohne Berücksichtigung der Verluste

> Je höher bei der Übertragung elektrischer Energie die Betriebsspannung ist, um so kleiner wird bei gleicher übertragener Leistung die Stromstärke und damit der erforderliche Leiterquerschnitt.

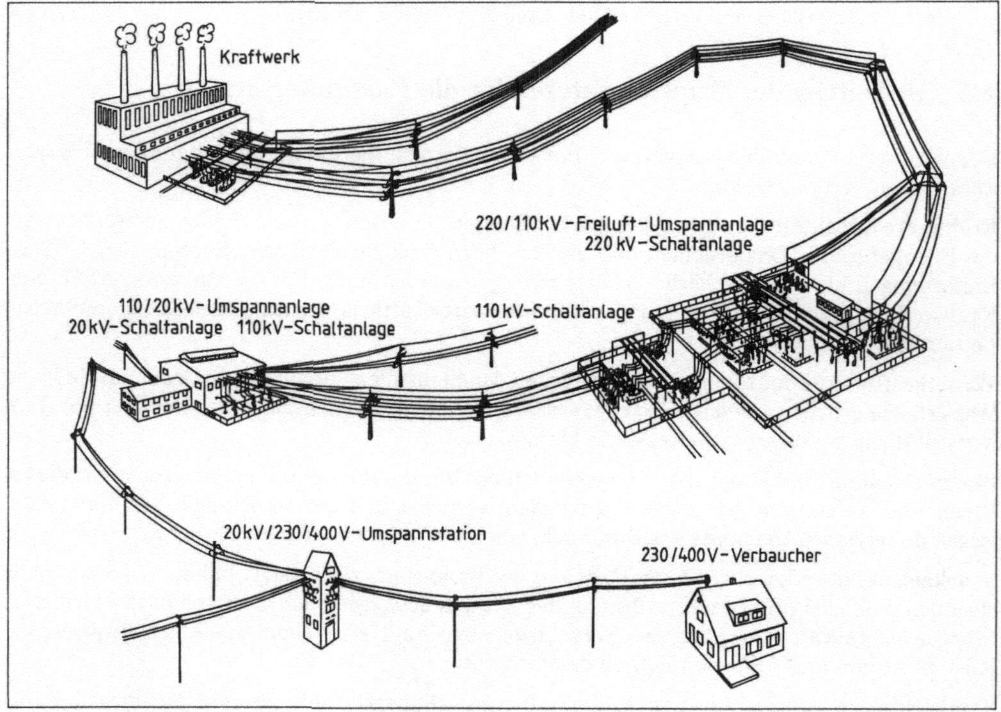

4.43 Aufbau eines Energieversorgungsnetzes

Üblich sind heute Hochspannungsleitungen mit Betriebsspannungen bis zu 230 kV und sogar bis zu 400 kV (**4.43** und **4.44**). Die Erhöhung der Betriebsspannung im Kraftwerk und die Verringerung der Betriebsspannung am Ort des Verbrauchers ist die Aufgabe der Transformatoren. Ohne Transformatoren wäre die Energieversorgung im heutigen Umfang nicht möglich.

Es soll noch erwähnt werden, daß bei dem heutigen Stand der Industrialisierung mit ihrem riesigen Energiebedarf die reibungslose Versorgung mit elektrischer Energie nur im Rahmen einer Verbundwirtschaft möglich ist, bei der alle Kraftwerke in ein gemeinsames Netz speisen, wie es sich heute z. B. über ganz Westeuropa erstreckt.

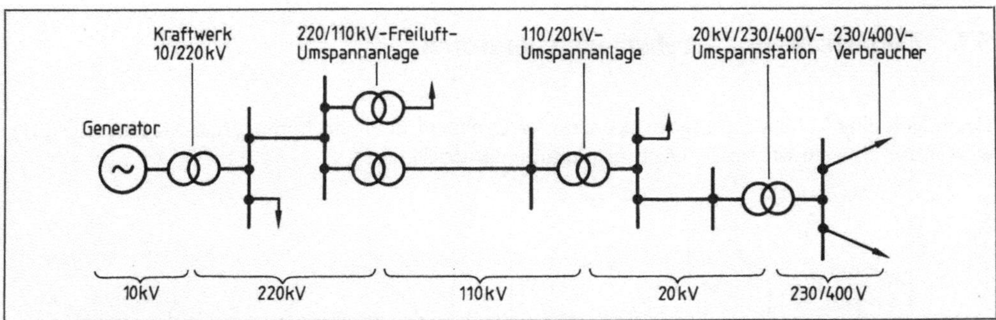

4.44 Zugehöriger Übersichtsschaltplan mit Schaltkurzzeichen, vereinfacht zu Bild **4.43**

Übungsaufgaben zu Abschnitt 4

1. Wozu werden Transformatoren verwendet?
2. Welche Wicklung heißt Eingangs-/Primärwicklung, welche Ausgangs-/Sekundärwicklung, und wie wird die Übersetzung eines Transformators angegeben?
3. Ein Transformator für eine Netzwechselspannung von 230 V wird versehentlich an 230 V Gleichspannung angeschlossen. Er erwärmt sich dabei in kurzer Zeit sehr stark. Wie ist dies zu erklären?
4. Beschreiben Sie den Aufbau eines Transformators und erläutern Sie, wie die Spannung in der Ausgangswicklung entsteht.
5. Warum nimmt ein Transformator bei größerer Belastung einen größeren Primärstrom auf?
6. Begründen Sie, weshalb der Eisenkern von Transformatoren aus einzelnen, gegeneinander isolierten Blechen aufgebaut ist.
7. Wodurch entstehen die Leerlauf- und wodurch die Lastverluste?
8. Welche Angaben muß das Leistungsschild eines Transformators enthalten?
9. Wie erreicht man bei Klingeltransformatoren die Kurzschlußfestigkeit?
10. Warum haben Transformatoren für die Energieversorgung eine kleine relative Kurzschlußspannung, Schweißtransformatoren dagegen eine sehr hohe?
11. Begründen Sie, weshalb der Wirkungsgrad eines Transformators von seiner Belastung abhängt.
12. Beschreiben Sie den Aufbau eines Spartransformators.
13. Welche Vor- und Nachteile haben Spartransformatoren gegenüber Transformatoren mit getrennten Wicklungen?
14. Welche Aufgaben haben Meßwandler für Strom- und Spannungsmessungen?
15. Worauf ist beim Anschluß von Stromwandlern zu achten?
16. Warum müssen die Sekundärwicklungen von Meßwandlern geerdet werden?
17. Welche Aufgaben hat das Buchholzrelais?
18. Unter welchen Voraussetzungen dürfen Transformatoren parallelgeschaltet werden?
19. Was bedeuten die Schaltgruppen-Bezeichnungen *Yzn*5 und *Dy*11?
20. Warum wird die Nennleistung eines Transformators nicht in W (kW), sondern in VA (kVA, MVA) angegeben?
21. Erläutern Sie die Bedeutung der Transformatoren für die Energieversorgung.

---

5 Drehfeldmaschinen

Wechselstrom und Drehstrom beherrschen die meisten Gebiete der Elektrotechnik. In der Energietechnik werden sie u. a. deshalb verwendet, weil sie sich in Generatoren einfach erzeugen und mit Hilfe der Transformatoren wirtschaftlich über weite Strecken übertragen lassen. Drehstrommotoren zeichnen sich zudem durch einen besonders einfachen Aufbau aus.

5.1 Einphasen- und Drehstromgeneratoren

Dreht sich eine Leiterwindung mit konstanter Drehzahl in einem homogenen Magnetfeld (5.1), wird in ihr eine sinusförmige Wechselspannung induziert (5.2).

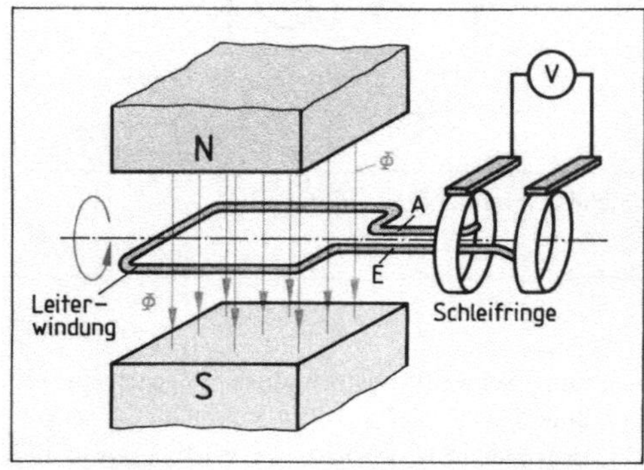

5.1 Erzeugung einer sinusförmigen Wechselspannung

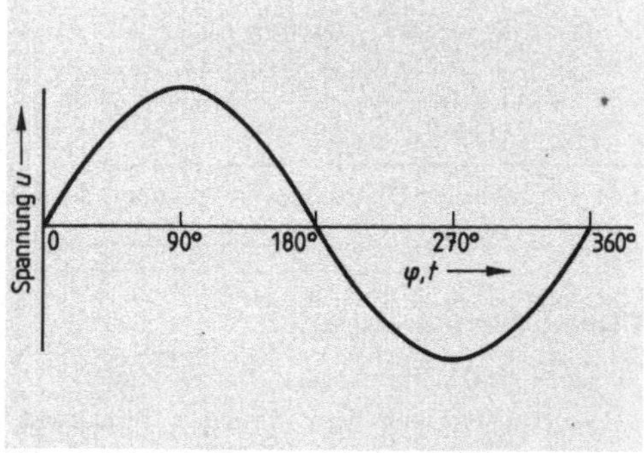

5.2 Liniendiagramm der induzierten Wechselspannung

5.1.1 Einphasengenerator

Ähnlich wie in der Leiterwindung nach Bild 5.1 werden in den Spulen der Wechselstromgeneratoren Wechselspannungen induziert. Allerdings wird zur Erzeugung eines starken Magnetfelds der Luftspalt zwischen dem feststehenden Maschinenteil (Ständer oder Stator) und dem sich drehenden Maschinenteil (Läufer oder Rotor) möglichst schmal ausgeführt. Die Induktionsspulen liegen selten in Nuten des Läufers (Außenpolmaschine, 5.3 a), sondern meist im Ständer. Sie werden in Nuten des Ständerblechpakets untergebracht. Das Magnetfeld wird von der Erregerwicklung des Läufers erzeugt (Innenpolmaschine, 5.3b). Dadurch ändert sich an dem Induktionsvorgang nichts; jedoch ergibt sich der Vorteil, daß der Induktionsstrom und damit die große Maschinenleistung über feste Anschlußklemmen abgenommen werden kann und nur die geringe Erregerleistung über Schleifringe zugeführt werden muß.

Der magnetische Fluß verläuft bis auf den schmalen Luftspalt zwischen Ständer und Läufer im Eisen. Im Luftspalt treten die Feldlinien senkrecht zur Oberfläche aus dem Eisen in die Luft über. Wäre der Luftspalt über die gesamte Polschuhbreite gleich breit, hätte das während der Drehung des Läufers unter den Polschuhen keine Flußänderung in den Induktionsspulen zur Folge. Nach dem Induktionsgesetz ergäbe sich dann statt des gewünschten sinusförmigen Verlaufs der

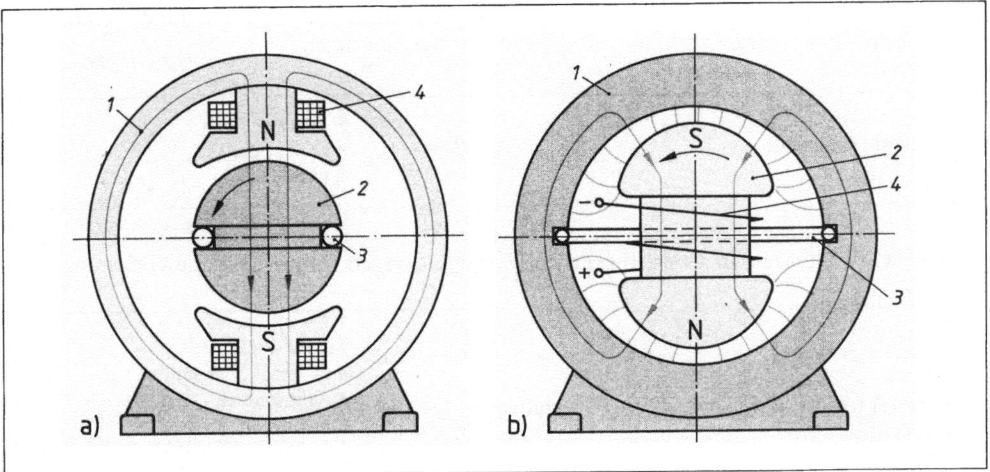

5.3 Zweipoliger Wechselstromgenerator mit sinusförmiger Flußverteilung im Luftspalt. Zur besseren Übersichtlichkeit sind nur ein Nutenpaar mit einer Induktionsspule und auch nur ein Feldlinienpaar eingezeichnet

a) Außenpolmaschine, b) Innenpolmaschine

1 Ständer *2* Läufer *3* Induktionsspule *4* Erregerwicklung

Spannung ein fast rechteckiger; d. h., nach einer halben Umdrehung kehrte sich die gleichbleibend große Induktionsspannung in eine ebensolche mit entgegengesetzter Richtung während der nächsten halben Umdrehung um. Um eine sinusförmige Spannung zu erhalten, wird der Luftspalt von der Mitte des Polschuhs aus nach beiden Seiten so verbreitert, daß die Flußdichte über die Breite jedes der beiden Polschuhe sinusförmig zu- und abnimmt. Dadurch entsteht in der Induktionsspule der gewünschte sinusförmige Verlauf der Spannung. Da das Läuferfeld bei den Innenpolmaschinen die gleiche Drehzahl wie das Ständerfeld hat, spricht man hier von Synchrongeneratoren.

Frequenz und Polpaarzahl. Um in einem Generator mit einem Polpaar (ein Nord- und ein Südpol wie in Bild **5.3**, Zahl der Polpaare also $p = 1$) eine Wechselspannung mit der Frequenz $f = 1$ Hz zu erzeugen, muß das Polrad in einer Sekunde eine Umdrehung machen. Bei einer beliebigen Frequenz f ist die erforderliche Drehzahl f-mal größer. Bei zwei Polpaaren ($p = 2$), also vier Polen, entsteht schon bei einer halben Umdrehung eine Periode, weil in der Leiterwindung schon bei einer halben Umdrehung dieselbe Flußänderung erfolgt, wie bei einem Polpaar während einer ganzen Umdrehung (**5.4**). Bei drei Polpaaren entsteht schon bei einer drittel Umdrehung eine Periode usw.

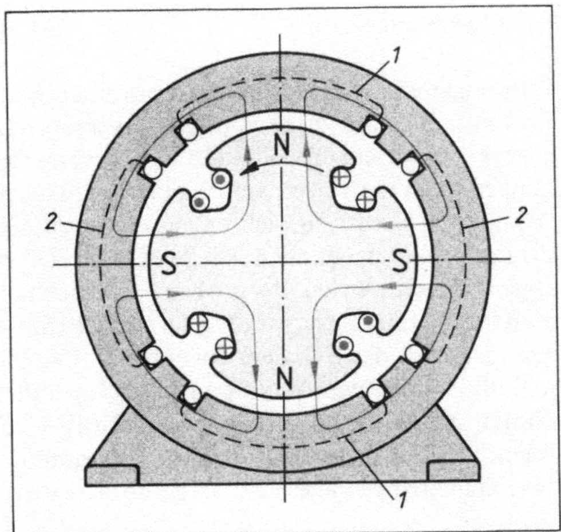

5.4 Vierpoliger Wechselstromgenerator. Läufer (Polrad) mit vier Polen (2 Polpaaren), Ständer mit zwei Paar Induktionsspulen *1–1* und *2–2*, die parallel oder in Reihe geschaltet werden

Mit dem Formelzeichen p für die Polpaarzahl kann man die für eine bestimmte Frequenz f erforderliche Generatordrehzahl nach folgender Formel berechnen:

Generatordrehzahl	$n = \frac{f}{p}$	f in Hz = 1/s n in 1/s oder s^{-1} p ohne Einheit

Meist wird die Drehzahl in 1/min angegeben. Dann gilt wegen 1 min = 60 s die Gleichung

Generatordrehzahl	$n = \frac{60 \cdot f}{p}$.	f in Hz = 1/s n in 1/min oder min^{-1} p ohne Einheit
Dem Faktor 60 ist die Einheit s/min zuzuordnen.		

Beispiel 5.1 Die Drehzahl n ist für einen vierpoligen Generator (Polpaarzahl $p = 2$) zu berechnen, wenn die Frequenz $f = 16\frac{2}{3}$ Hz erzeugt werden soll.

Lösung Mit $f = 16\frac{3}{4}$ Hz (1/s) $= \frac{50}{3}$ Hz (1/s) und $p = 2$ ist die erforderliche Drehzahl

$$n = \frac{60 \cdot f}{p} = \frac{60 \text{ s/min} \cdot 50 \text{ 1/s}}{2 \cdot 3} = \mathbf{500\ min^{-1}}.$$

5.1.2 Drehstromgenerator

Drehstrom oder Dreiphasenstrom entsteht bekanntlich durch das Zusammenschalten (Verketten) von drei um 120° (also um eine Drittelperiode) phasenverschobenen Wechselströmen, auch drei Phasen genannt (s. Abschn. 3). Die Bezeichnung Drehstrom besagt, daß man mit diesem in drei räumlich versetzt angeordneten Magnetspulen ein sich drehendes Magnetfeld, das Drehfeld, erzeugen kann.

Wirkungsweise. Drehstromgeneratoren enthalten mithin drei Induktionswicklungen, Stränge genannt. Sie sind in zweipoligen Generatoren (Polpaarzahl $p = 1$, s. Abschn. 5.1.1) räumlich gegeneinander um den Winkel $\alpha = 120°$ versetzt angeordnet, so daß zwischen den drei Strangspannungen auch der Phasenverschiebungswinkel $\varphi = 120°$ entsteht. Bei der Außenpolmaschine (**5.5**a) sind die Strangwicklungen in Nuten des Läufers untergebracht, die Magnetpole mit der Erregerwicklung befinden sich im Ständer. Die induzierten Strangströme müssen über Schleifringe abgenommen werden. Bei großen Maschinenleistungen ist dies von Nachteil. Deshalb verwendet man für die Energieversorgung Innenpolmaschinen (**5.5**b). Bei ihnen sind die Strangwicklungen in Nuten des Ständers angeordnet. Die induzierten Strangströme werden über „feste" Anschlußklemmen dem Versorgungsnetz zugeführt. Das zweipolige Magnetfeld wird in der auf dem Läufer angeordneten Erregerwicklung erzeugt. Der Erregerstrom wird der Erregermaschine, einem Gleichstromgenerator mit der Spannung U_{-}, entnommen und der Erregerwicklung über zwei Schleifringe zugeführt: Eigenerregung.

Drehstromgeneratoren erzeugen drei um 120° gegeneinander verschobene Wechselspannungen.

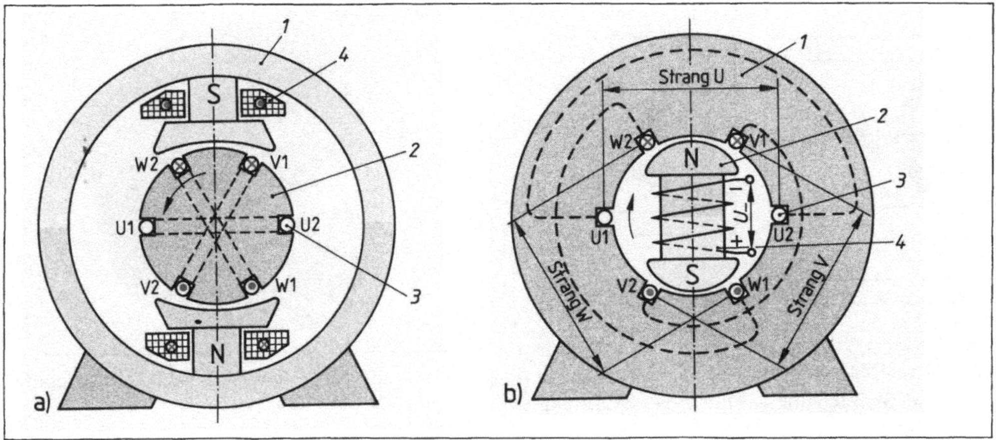

5.5 Drehstromgenerator in zweipoliger Ausführung

a) als Außenpolmaschine, b) als Innenpolmaschine (rückwärtige Verbindungen sind gestrichelt)

1 Ständer *2* Läufer *3* Induktionsspule *4* Erregerwicklung

Für den Zusammenhang zwischen der Frequenz der erzeugten Wechselspannung und der Polpaarzahl des Drehstromgenerators gilt die gleiche Beziehung wie beim Einphasengenerator: $n = f/p$ bzw. $n = 60 \cdot f/p$.

Beispiel 5.2 Im öffentlichen Verbundnetz beträgt die Netzfrequenz $f = 50$ Hz. Wie groß ist die erforderliche Polpaarzahl p für einen Drehstromgenerator, wenn dieser

a) von einer Dampfturbine mit der Drehzahl $n = 3000 \frac{1}{\text{min}}$ (Schnellläufer) oder

b) von einer Wasserkraftturbine mit der Drehzahl $n = 120 \frac{1}{\text{min}}$ (Langsamläufer) angetrieben wird?

Lösung Schnelläufer: $n = 3000 \frac{1}{\text{min}} = 50 \frac{1}{\text{s}}$

$$p = \frac{f}{n} = \frac{50\ 1/\text{s}}{50\ 1/\text{s}} = \mathbf{1}$$

Langsamläufer: $n = 120 \frac{1}{\text{min}} = 2 \frac{1}{\text{s}}$

$$p = \frac{f}{n} = \frac{50\ 1/\text{s}}{2\ 1/\text{s}} = \mathbf{25}\ .$$

Verkettet man die drei Stränge eines Drehstromgenerators miteinander, kann man eine Sternschaltung oder eine Dreieckschaltung herstellen (**5**.6, s. Abschn. 3).

Aufbau

Schenkelpolläufer. Werden die Synchrongeneratoren von Wasserturbinen mit Drehzahlen von 60 1/min bis 750 1/min angetrieben, führt man die Läufer als Schenkelpolläufer aus. Ihrer ausgeprägten Pole wegen spricht man auch vom Polrad (**5.7**). Bei solchen Maschinen mit kleinen Drehzahlen ergeben sich hohe Polzahlen und große Polraddurchmesser. Wasserkraftgeneratoren mit sehr niedrigen Drehzahlen haben daher Läuferdurchmesser bis zu 16 m!

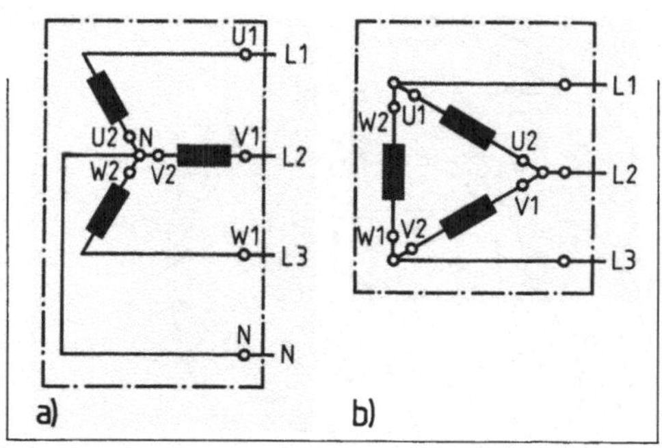

5.6 Drehstromgenerator
a) in Sternschaltung, b) in Dreieckschaltung

5.7 Polrad eines 18poligen Drehstromgenerators für 230 MVA bei 333 1/min

Vollpolläufer. In Dampfkraftwerken treibt man die Synchrongeneratoren dagegen durch Turbinen mit der hohen Drehzahl 3000 1/min an. Wegen der dabei auftretenden Fliehkräfte können die Läufer nicht als Schenkelpolläufer gebaut werden. Statt dessen verwendet man zylindrische Vollpolläufer (Turboläufer) mit maximal 1,2 m Durchmesser. Für Turbogeneratoren hoher Leistung ergeben sich dadurch sehr langgestreckte Läufer (**5**.8).

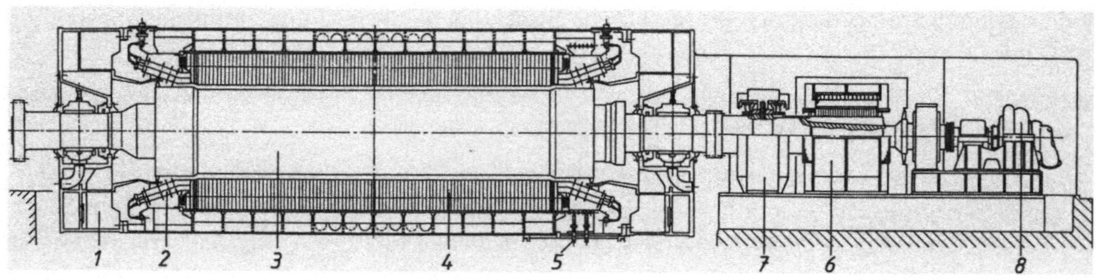

5.8 Wassergekühlter Turbogenerator mit Erregersatz

1 Ständergehäuse
2 wassergekühlte Ständerwicklung
3 wassergekühlter Läufer
4 Ständerblechpaket
5 Stromableitung
6 Erregermaschine
7 Gleichrichter
8 Kühlwasserkopf

Drehstrom-Synchrongeneratoren baut man z. Z. bis zu 2000 MVA Leistung und 25 kV Nennspannung.

5.2 Drehfeld

5.2.1 Entstehung des Drehfelds

Versuch 5.1 Drei Spulen mit Eisenkern (etwa 1200 Wdg.) werden nach Bild **5**.9 angeordnet, in Stern geschaltet und an das 400-V-Netz gelegt. In ihrer Mitte wird eine Magnetnadel aufgestellt. Beim Einschalten der Netzspannung ist ein Zittern der Nadel zu beobachten, hervorgerufen durch die Kraftwirkungen zwischen den Spulenmagnetfeldern und dem Feld der Magnetnadel. Wird nun die Magnetnadel in der eingetragenen

Richtung angestoßen, dreht sie sich mit hoher Drehzahl weiter. Es gelingt nicht, sie in umgekehrter Richtung in Drehung zu versetzen. Vertauscht man aber zwei Anschlüsse (z. B. L1 und L2), dreht sich die Nadel nur in umgekehrter Richtung. Werden die Spulen in Dreieck geschaltet, beobachtet man die gleichen Erscheinungen. ■

Ein Magnet stellt sich in einem fremden Magnetfeld mit seiner Längsachse in Richtung der Feldlinien dieses Feldes. Der Versuch läßt daher den Schluß zu, daß zwischen den drei von Drehstrom durchflossenen Spulen ein sich drehendes Magnetfeld, ein Drehfeld, entstanden ist.

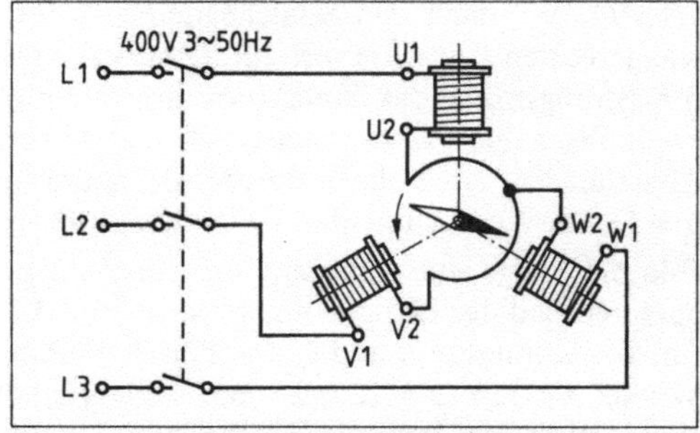

5.9 Nachweis des Drehfelds. Versuchsanordnung von oben gesehen

> Die durch die drei Strangströme des Drehstroms in drei Spulen entstehenden Wechselfelder bilden gemeinsam ein Drehfeld, wenn die Spulen kreisförmig um 120° gegeneinander versetzt angeordnet sind.
> Der Drehsinn des Drehfelds kehrt sich um, wenn zwei Außenleiter vertauscht werden.

Das Ergebnis von Versuch 5.1 soll mit Hilfe von Bild **5.**10 erläutert werden. Für drei Zeitpunkte t_1, t_2, t_3, die eine Drittelperiode (= 120°) auseinanderliegen, sind die Stromrichtungen in den drei Spulensträngen eingezeichnet. Dabei wird angenommen, daß der Strom von den Spulenanfängen

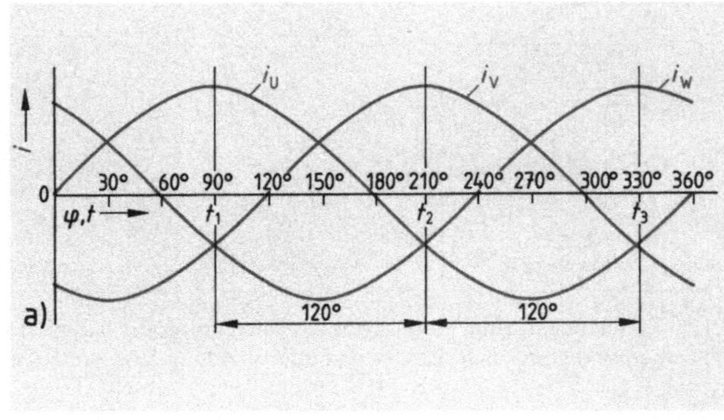

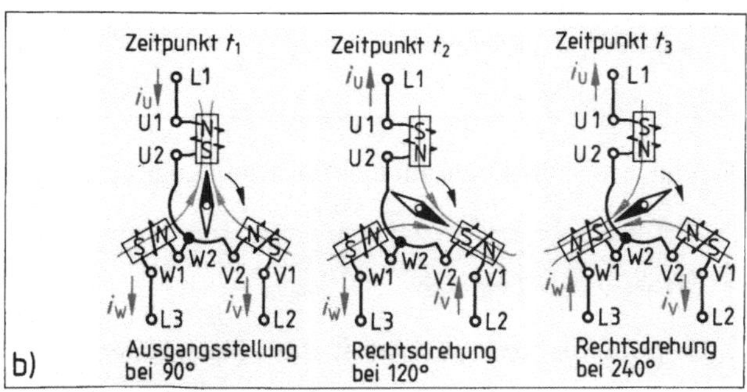

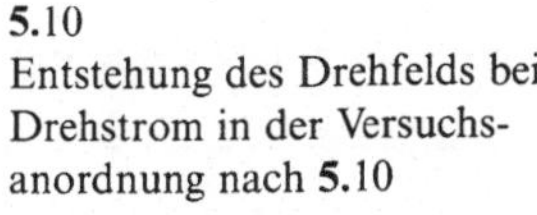

5.10
Entstehung des Drehfelds bei Drehstrom in der Versuchsanordnung nach **5.**10
a) Liniendiagramm der drei Strangströme
b) Feldlinienbilder für die Zeitpunkte t_1 bis t_3

U1, V1, W1 nach den Spulenenden U2, V2, W2 fließt, wenn die Stromkurve oberhalb der waagerechten Zeitachse verläuft. Dann ergibt sich der Feldverlauf in Bild **5**.10b. Er zeigt, daß die drei Strangströme des Drehstroms drei Wechselfelder erzeugen, die sich zu einem resultierenden, zweipoligen Feld zusammensetzen, das während e i n e r Periode e i n m a l umläuft. Wegen des entstehenden zweipoligen Drehfelds nennt man diese Spulenanordnung zweipolig (Polzahl $p = 1$). Die Anordnung der 3 Wicklungsstränge im Maschinenständer zeigt Bild **5**.5b.

Bild **5**.11 zeigt eine Maschine mit einer vierpoligen Wicklung im Ständer (Polpaarzahl $p = 2$), entsprechend der Darstellungsweise in Bild **5**.5. Die eingezeichneten Strom- und Feldrichtungen für die Zeitpunkte t_t und t_2 aus Bild **5**.10 veranschaulichen, daß sich das Drehfeld hier um den Winkel $\alpha = 120°/p = 120°/2 = 60°$ weitergedreht hat; es macht während e i n e r Periode als nur eine h a l b e Umdrehung. Entsprechend entsteht in einer sechspoligen Maschine (Polpaarzahl $p = 3$) eine drittel Umdrehung usw. Die Zahl der Umdrehungen des Drehfelds je Periode ist also $1/p$. In e i n e r Sekunde ist die Drehzahl dann f-mal so groß, also f/p. Ebenso wie die Drehzahl des Generators (s. Abschn. 5.1.1) hängt die Drehfeldzahl von der Frequenz der Spannung und der Polpaarzahl der Maschine ab.

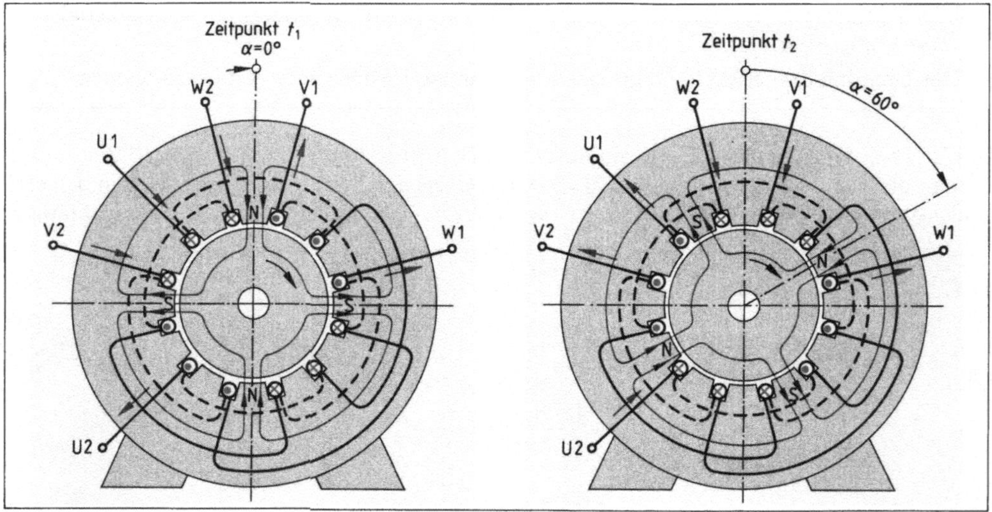

5.11 Polbildung in einer vierpoligen Drehstrommotorwicklung, Polpaarzahl $p = 2$. Rückwärtige Verbindungen sind gestrichelt; Läufer ist ohne Wicklung bzw. ohne Kurzschlußkäfig dargestellt.

Drehzahl des Drehfelds	$n_d = \frac{f}{p}$	f in Hz = 1/s n_d in 1/s oder s^{-1} p ohne Einheit

Da man jedoch die Drehzahl meist in 1/min angibt, erhält man wegen 1 min = 60 s die Gleichung

Drehzahl des Drehfelds Dem Faktor 60 ist die Einheit s/min zuzuordnen.	$n_d = \frac{60 \cdot f}{p}$.	f in Hz = 1/s n in 1/min oder min^{-1} p ohne Einheit

Beispiel 5.3 Ein sechspoliger Asynchronmotor ist für 400 V 50 Hz ausgelegt. Wie groß ist die Drehzahl des Drehfelds in 1/s und 1/min?

Lösung $n_d = \frac{f}{p} = \frac{50\ 1/s}{3} = \mathbf{16{,}67\ 1/s = 1000\ 1/min}$

Werden zwei Außenleiteranschlüsse einer Drehstromwicklung vertauscht, erhalten die Ströme in zwei Wicklungssträngen (z. B. U1–U2 und V1–V2) die umgekehrte Phasenfolge. Zeichnet man für diese Bild **5.**10 neu, erhält man für das Drehfeld den umgekehrten Drehsinn.

5.2.2 Wirkung des Drehfelds beim Synchronmotor

Die Magnetnadel in Versuch 5.1 dreht sich mit der gleichen Drehzahl wie das Drehfeld. Man sagt, sie läuft mit dem Drehfeld synchron („zeitgleich"). Nach diesem Prinzip arbeiten die Synchronmotoren. Als Läufer verwendet man (außer bei Kleinstmotoren) Elektromagnete, die wie die Läufer der Drehstromgeneratoren (s. Abschn. 5.1.2) über Schleifringe mit Gleichstrom erregt werden (**5.**5b). Drehstromgeneratoren eignen sich daher auch als Synchronmotoren (s. Abschn. 5.3.1).

5.2.3 Wirkung des Drehfelds beim Asynchronmotor

Versuch 5.2 In die Anordnung zu Versuch 5.1 wird statt der Magnetnadel als „Läufer" ein drehbar angeordneter, geschlossener Ring (**5.**12a) aus einem Nichteisenmetall (z. B. Aluminium) eingeführt. Er wirkt wie eine kurzgeschlossene Spule mit einer Windung. Nach Einschalten des Drehstroms beginnt sich der Ring zu drehen (**5.**12b), und zwar ohne angestoßen zu werden. Sein Drehsinn ist der gleiche wie der der Magnetnadel in Versuch 5.1. ■

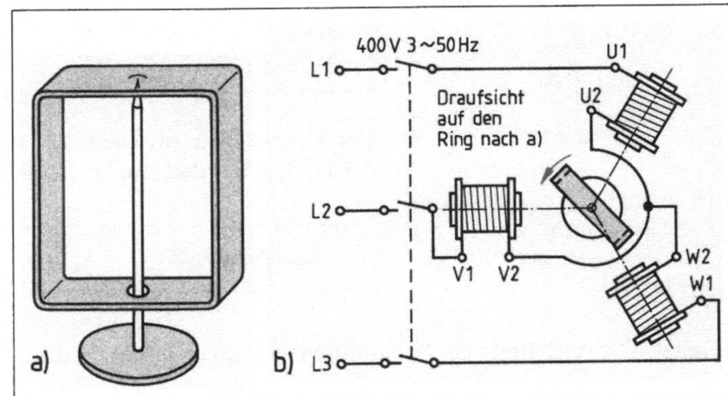

5.12
Kurzschlußring (a) als asynchroner Läufer im Drehfeld (b), Versuchsanordnung von oben gesehen

Die Drehung wird dadurch bewirkt, daß der Ring von einem sich periodisch ändernden Anteil des Drehflusses Φ_1 durchsetzt wird (**5.**13). Im geschlossenen Ring entsteht dadurch ein Induktionsstrom, dessen Feld nach der Lenzschen Regel die Feldänderung im Ring zu verhindern sucht. Dreht sich das Drehfeld Φ_1 z. B. aus der Stellung in Bild **5.**13a bis zur Stellung in Bild **5.**13b, verringert sich der Flußanteil des Drehfelds, der den Ring durchsetzt (als Vollinien dargestellte Feldlinien von Φ_1).

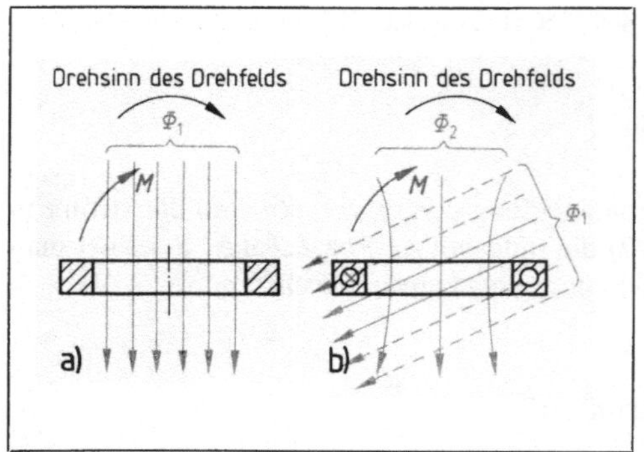

5.13 Entstehung des Drehmoments M in einem vom Drehfeld Φ_1 durchsetzten Kurzschlußring; Φ_2 ist das vom Induktionsstrom des Ringes erzeugte Feld

Durch den Induktionsstrom im Ring entsteht ein magnetischer Fluß Φ_2, der den abnehmenden Flußanteil des Drehfelds zu verstärken sucht. Nach der Uhrzeigerregel ergibt sich für den betrachteten Zeitabschnitt die in Bild **5.**13b eingezeichnete Stromrichtung des Induktionsstroms.

Die Felder Φ_1 und Φ_2 haben das Bestreben, sich in die gleiche Richtung auszurichten. Somit wird auf den Ring ein Drehmoment M im Umlaufsinn des Drehfelds ausgeübt, so daß er der Drehung des Drehfelds folgt. Käme er dabei auf die Drehzahl des Drehfelds, bliebe der ihn durchsetzende Anteil des Drehfelds Φ_1 unverändert; die Induktionswirkung im Ring hörte auf, das Drehmoment wäre gleich Null, und die Drehzahl des Ringes sänke infolgedessen ab. Dann dreht sich das Drehfeld aber wieder schneller als der Ring. Der dabei erzeugte Induktionsstrom ist allerdings kleiner als bei stillstehendem Ring, da die Feldänderung im Ring nur noch durch den Unterschied zwischen den Drehzahlen von Drehfeld und Ring entsteht. Die Induktionswirkung des Drehfelds ist also weitaus geringer als bei stillstehendem Läufer. Der Ring dreht sich demnach weiter, jedoch langsamer als das Drehfeld. Man sagt, er dreht sich asynchron, d.h. nicht synchron.

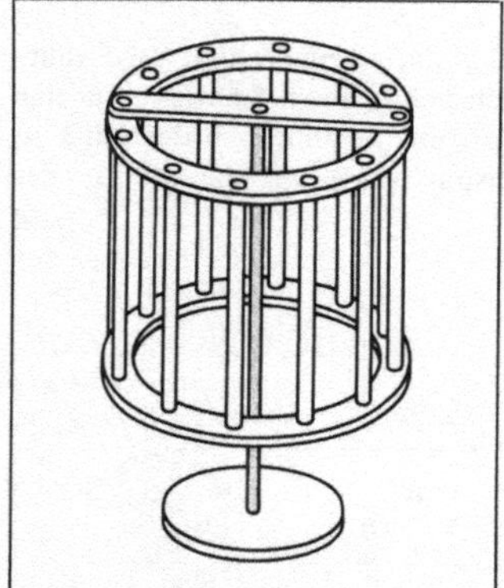

5.14 Käfigläufer. Auch dieser Läufer dreht sich in der Anordnung nach Bild **5.**9 und **5.**12b

Das gleiche Verhalten wie der Ring zeigen Läufer, die wie ein Käfig nach Bild **5.**14 aufgebaut sind: Käfig- oder Kurzschlußläufer.

> Das Drehfeld versetzt einen Läufer mit geschlossener Wicklung in asynchrone Drehung. Läufer und Drehfeld haben gleichen Drehsinn.

Der Unterschied zwischen der Drehzahl n_d des Drehfelds und der Drehzahl n des Läufers heißt Schlupfdrehzahl n_s.

Schlupfdrehzahl	$n_s = n_d - n$

Schlupf. Das Verhältnis der Schlupfdrehzahl n_s zur Drehzahl des Drehfeldes n_d heißt Schlupf s.

Schlupf	$s = \dfrac{n_s}{n_d}$	meist in %: $s = \dfrac{n_s}{n_d} \cdot 100\%$

Die nach diesem Prinzip arbeitenden Motoren heißen Asynchronmotoren oder auch Induktionsmotoren, weil der Läuferstrom durch Induktion erzeugt wird. Sie brauchen keine Stromzuführung für den Läufer. Der Asynchronmotor ist wegen seines einfachen Aufbaus die weitaus am häufigsten verwendete Motorenart (s. Abschn. 5.4).

Beispiel 5.4 Ein vierpoliger Asynchronmotor (Polpaarzahl $p = 2$) hat laut Leistungsschild die Nenndrehzahl $n = 1440\ \text{min}^{-1}$ bei $f = 50$ Hz. Wie groß sind die Drehzahl des Drehfelds n_d, die Schlupfdrehzahl n_s und der Schlupf s?

Lösung Mit der Netzfrequenz 50 Hz $= 50\ \frac{1}{s}$ ist die Drehzahl des Drehfelds

$$n_d = \frac{60 \cdot f}{p} = \frac{60\ \frac{s}{\text{min}} \cdot 50\ \frac{1}{s}}{2} = \mathbf{1500\ min^{-1}}.$$

Dann sind die Schlupfdrehzahl $n_s = n_d - n = 1500\ \text{min}^{-1} - 1440\ \text{min}^{-1} = \mathbf{60\ min^{-1}}$ und der Schlupf

$$s = \frac{n_s}{n_d} = \frac{60\ \text{min}^{-1}}{1500\ \text{min}^{-1}} = 0{,}04 = \mathbf{4\%}.$$

5.2.4 Drehfelderzeugung bei Einphasen-Wechselstrom durch eine Hilfsphase

Versuch 5.3 Zwei Spulen mit je etwa 1200 Windungen werden parallelgeschaltet und nach Bild **5.**15 an 230 V Wechselspannung gelegt. Zu der einen Spule kann man wahlweise einen Kondensator von etwa 10 µF (Schalterstellung 2) oder einen Widerstand von etwa 300 Ω (Schalterstellung 1) in Reihe schalten. Die beiden Spulen werden rechtwinklig zueinander aufgestellt, davor wird ein Kurzschlußring (**5.**12a) oder ein Käfigläufer (**5.**14) drehbar angeordnet. Beim Einschalten der Einphasen-Wechselspannung beginnt sich der Ring bzw. der Käfigläufer zu drehen. Wird eine der beiden Spulen umgepolt, dreht sich der Ring in entgegengesetztem Umlaufsinn. Die gleiche Wirkung wie der Kondensator hat der Widerstand (Schalterstellung 1). In Schalterstellung 3 wird dagegen kein Drehmoment ausgeübt. Der Versuch kann wie Versuch 5.1 auch mit einer Magnetnadel durchgeführt werden. ■

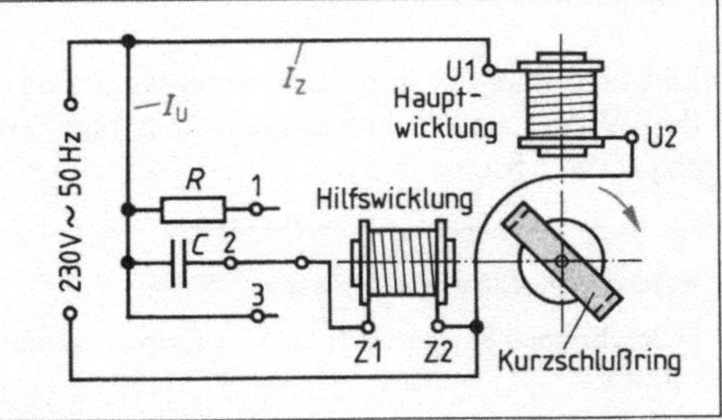

5.15 Erzeugung eines Drehfelds mit Einphasen-Wechselstrom

U 1 – U 2 und Z 1 – Z 2 sind die für Motoren mit Hilfswicklung genormten Klemmenbezeichnungen.

Offenbar wird bei den Schalterstellungen 1 und 2 ein Drehfeld erzeugt, das ohne Kondensator oder Widerstand nicht zustande kommt. Mit Hilfe von Bild **5.**16 (auf S. 108) soll seine Entstehung erklärt werden. Zur Vereinfachung wird eine Phasenverschiebung von $\varphi = 90°$ zwischen den beiden Spulenströmen zugrunde gelegt. Für vier Zeitpunkte t_1 bis t_4, die jeweils eine Viertelperiode = 90° auseinanderliegen, sind wieder (wie in Bild **5.**10) Strom- und Feldrichtung eingezeichnet. Es entsteht auch hier ein Drehfeld mit der Drehzahl $n_d = 60 \cdot f/p$.

> Die Wechselfelder zweier räumlich um 90° versetzt angeordneten Spulen bilden gemeinsam ein Drehfeld, wenn die Spulenströme gegeneinander um etwa 90° phasenverschoben sind.

Die Anordnung hat den Nachteil, daß das Drehmoment n u r d a n n während einer Umdrehung gleich groß bleibt, wenn die Phasenverschiebung der beiden Spulenströme 90° beträgt und die von ihnen erzeugten Wechselfelder gleich stark sind. Diese Bedingungen sind leider in der Praxis

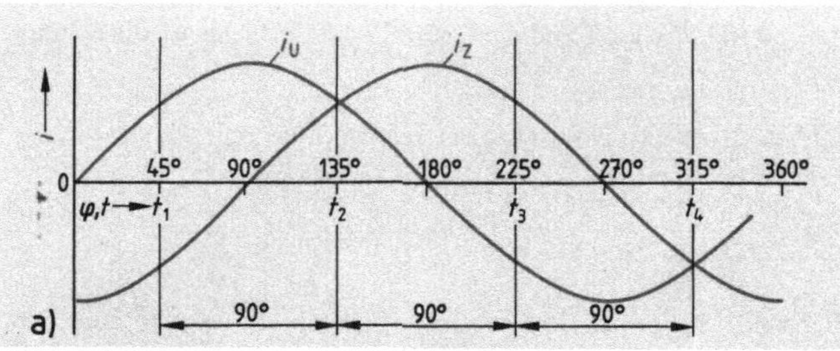

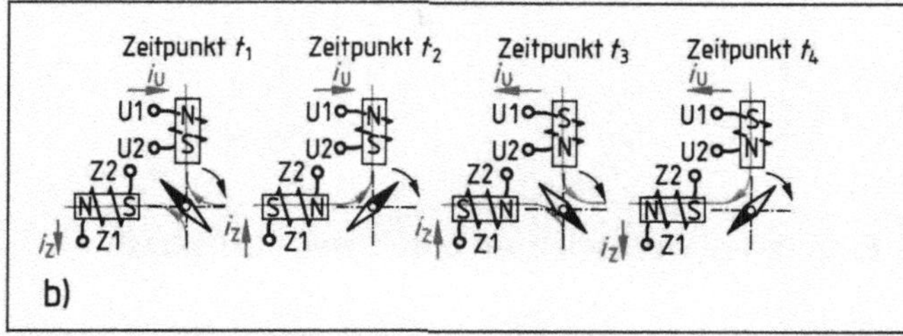

5.16
Entstehung des Drehfelds bei zwei um 90° phasenverschobenen Strömen
a) Liniendiagramm der beiden Spulenströme
b) Feldlinienbilder für vier Zeitpunkte t_1 bis t_4

nicht erfüllbar. Deshalb und auch wegen des erforderlichen zusätzlichen Bauteils (Kondensator oder Widerstand) werden nach dem hier beschriebenen Prinzip nur Motoren kleiner Leistung gebaut (s. Abschn. 5.5).

Übungsaufgaben zu Abschnitt 5.1 und 5.2

1. Beschreiben Sie den Aufbau eines Einphasengenerators.
2. Kennzeichnen Sie die Unterschiede zwischen Außenpol- und Innenpolmaschine.
3. Beschreiben Sie den Zusammenhang der Frequenz der erzeugten Wechselspannung und der Polpaarzahl des Generators.
4. Beschreiben Sie den Aufbau eines Drehstromgenerators.
5. Welche Möglichkeiten der Zusammenschaltung der 3 Wicklungen von Drehstromgeneratoren gibt es?
6. Kennzeichnen Sie die Unterschiede zwischen Schenkelpolläufer und Vollpolläufer.
7. Erläutern Sie das Zustandekommen eines Drehfelds beim Drehstrom-Asynchronmotor.
8. Beschreiben Sie, wie ein Drehfeld mit Einphasenwechselstrom erregt werden kann.
9. Begründen Sie durch Ändern von Bild **5**.10, warum sich der Drehsinn des Drehfelds durch Vertauschen zweier Anschlüsse umkehren läßt.
10. Durch welche besonderen Eigenschaften wird die Anwendung des Synchronmotors bestimmt?
11. Erläutern Sie die Entstehung des Drehmoments beim Asynchronmotor.
12. Erläutern Sie mit Hilfe von Bild **5**.16, wie sich der Drehsinn des Drehfeldes ändern läßt.

5.3 Synchronmotor

Der Synchronmotor hat eine geringere Bedeutung als der Asynchronmotor. Dennoch setzt man ihn bis in den MVA-Bereich (Megavoltamperebereich, also bei sehr großen Leistungen) ein, da der Blindleistungsbedarf eines gleich großen Asynchronmotors sehr hoch ist. In großen Stückzahlen verwendet man Synchronmotoren in Kleingeräten (z. B. Uhren, Phonogeräte), wo es auf eine konstante Drehzahl ankommt.

5.3.1 Aufbau und Wirkungsweise

Der Versuch 5.1 hat gezeigt, daß sich eine Magnetnadel mit der gleichen Drehzahl wie das Drehfeld dreht, also synchron mit diesem umläuft. Nach diesem Prinzip arbeiten auch die Synchronmotoren.

Die Drehzahl des Synchronmotors ist gleich der Drehfelddrehzahl.

Man berechnet die Drehzahl des Synchronmotors mit der Formel $n_d = f/p$. Die sich daraus ergebenden Drehzahlen für 2-, 4-, 6- usw. bis 12polige Maschinen sind bei f = 50 Hz dann 3000, 1500, 1000, 750, 600 und 500 min^{-1}. Die höchste Drehzahl bei 50 Hz beträgt mit $p = 1$ also 3000 min^{-1}.

Den Aufbau einer einfachen Innenpolmaschine (Schenkelpolmaschine) zeigt Bild **5.**17. Der Ständer trägt eine zweipolige dreiphasige Wicklung (zur Vereinfachung nicht gezeichnet), die an das Drehstromnetz angeschlossen wird. Als Läufer verwendet man (außer bei Kleinmotoren) Elektromagnete, die wie bei Synchrongeneratoren (**5.**3b und **5.**5b) über Schleifringe mit Gleichstrom erregt werden. Damit der Motor anläuft, braucht er eine Anlaufhilfe, z. B. eine zusätzliche Dämpferwicklung. Dies ist eine kurzgeschlossene Läuferwicklung, die ähnlich wie beim Kurzschlußläufer des Asynchronmotors ein Anlaufmoment erzeugt (**5.**13). Während des Hochlaufens ist die Läufererregung nicht eingeschaltet. Nach dem Hochlaufen wird die Läufererregung eingeschaltet und der Motor in den synchronen Lauf hineingezogen, d. h., die Achsen des Ständerfelds und des Läuferfelds stellen sich in eine Richtung (**5.**17a).

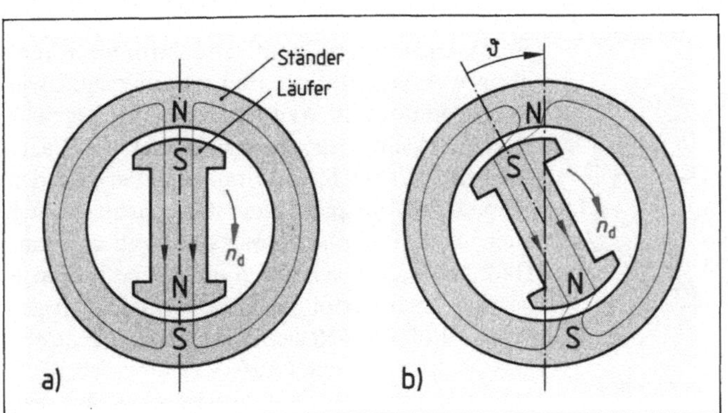

5.17 Prinzip des Synchronmotors a) im Leerlauf, b) bei Belastung

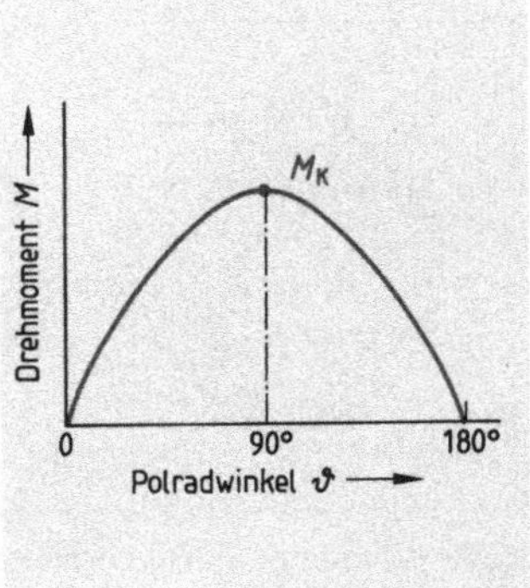

5.18 Drehmomentkennlinie des Synchronmotors

Synchronmotoren laufen nicht selbständig an, sondern brauchen eine Anlaufhilfe.

Bei Belastung bleibt der Läufer um den Polradwinkel ϑ hinter dem Drehfeld zurück (**5.**17b), läuft aber weiterhin synchron. Bei größerer Belastung vergrößert sich auch der Polradwinkel. Wird das Kippmoment erreicht, reißt die magnetische Bindung zwischen Ständer- und Läuferfeld ab, der Motor fällt „außer Tritt", was zum Stillstand führt (**5.**18).

Bei Überlastung fällt der Synchronmotor „außer Tritt" und bleibt stehen.

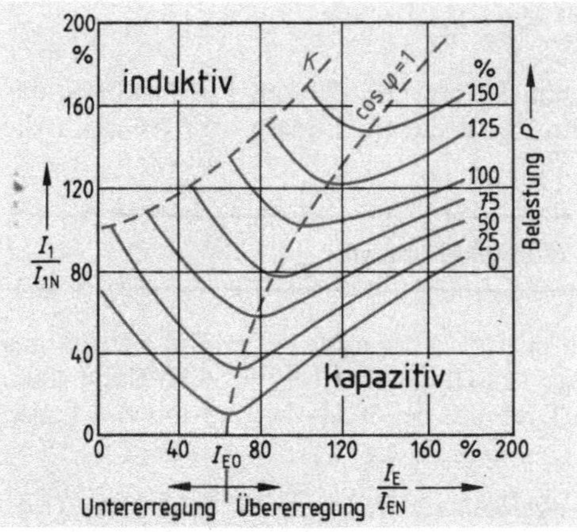

5.19 V-Kurven eines Synchronmotors

K Kippgrenze

I_{E0} Leerlauf-Erregernennstrom

Blindleistung. Asynchronmotoren nehmen aus dem Netz Magnetisierungsblindleistung auf. Ein Synchronmotor kann dagegen wie ein Kondensator sogar induktive Blindleistung in das Netz einspeisen, wenn er übererregt betrieben wird, also der Erregerstrom I_E höher als der Nennerregerstrom I_{EN} ist. Dieser Zusammenhang wird in Bild **5**.19 durch V-Kurven dargestellt. Man kann daher Synchronmotoren als Phasenschiebermaschinen einsetzen, die den Leistungsfaktor $\cos\varphi$ des Netzes zu besseren Werten „verschieben".

Synchronmotoren geben bei Übererregung induktive Blindleistung an das Netz ab, wirken als Phasenschiebermaschinen.

5.3.2 Reluktanzmotor

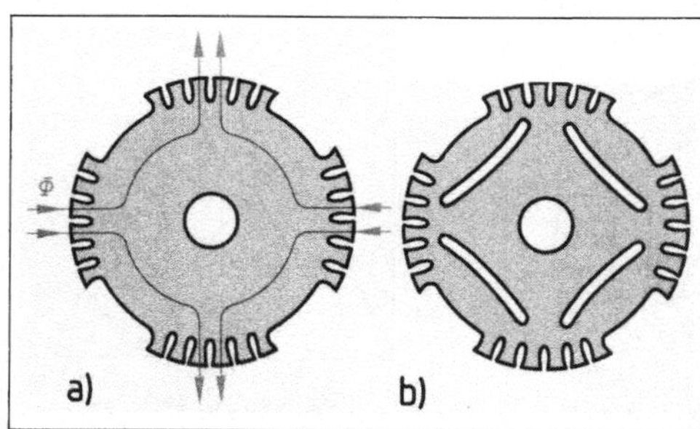

5.20 Vierpoliger Reluktanzmotor, Blechschnitt des Läufers

a) entwickelt aus Kurzschlußläufer

b) mit Flußsperren im Bereich der Pollücken

Reluktanzmotoren sind Drehstrommotoren, die wie Asynchronmotoren anlaufen und wie Synchronmotoren weiterlaufen. Dies erreicht man durch eine besondere Bauweise des Läufers (**5**.20). Am Läuferring befinden sich der Polpaarzahl entsprechende Aussparungen, die auch mit Aluminium ausgefüllt sein können. Dadurch ändert sich der magnetische Fluß wie bei der Schenkelpolmaschine, denn ein ausgeprägter Pol wechselt sich mit einer Pollücke ab. Das Magnetfeld des Läufers richtet sich nach dem umlaufenden Ständerfeld aus, und der Läufer dreht synchron mit dem Ständerdrehfeld. Bei Überlastung fällt der Motor außer Tritt und läuft wie ein Asynchronmotor weiter.

Reluktanzmotoren laufen asynchron an und werden dann in den Synchronismus hineingezogen.

Wegen des großen Streufelds nehmen Reluktanzmotoren aus dem Netz eine hohe Magnetisierungsblindleistung auf, sie erreichen deshalb nur einen geringen Leistungsfaktor von $\cos\varphi \approx 0{,}5$ und einen Wirkungsgrad von $\eta \approx 60\%$. Man setzt sie z. B. mit Leistungen bis zu 10 kW dort ein, wo mehrere Motoren mit genau gleicher Drehzahl arbeiten müssen (z. B. bei der Kunstfaserherstellung und in der Textilindustrie).

5.3.3 Synchrone Kleinstmotoren

In großen Stückzahlen werden synchrone Kleinstmotoren für Uhren, Schaltwerke und Phonogeräte verwendet. Der *Ständer* der einphasigen Motoren ist ähnlich aufgebaut wie beim Spaltpolmotor (s. Abschn. 5.5.4) und erzeugt ein Drehfeld. Der *Läufer* kann ein wicklungsfreier Läufer in Form eines Zahnrads sein (**5.**21 a). Infolge der in den Blechteilen des Läufers induzierten Wirbelströme läuft der Motor asynchron an und wird dann – ähnlich wie der Reluktanzmotor – nahe der synchronen Drehzahl in den Synchronismus hineingezogen.

5.21 Läufer von Synchronkleinstmotoren
a) gezahnter Läufer
b) Klauenpolläufer mit Klauenpolen aus Weicheisen (*1*) und Permanentmagnet (*2*)

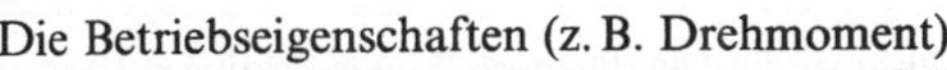

Die Betriebseigenschaften (z. B. Drehmoment) lassen sich durch einen permanent erregten Läufer verbessern, z. B. durch einen Klauenpolläufer mit eingesetztem Permanentmagneten, der wie ein Polrad wirkt (**5.**21 b).

Übungsaufgaben zu Abschnitt 5.3

1. Beschreiben Sie den Aufbau eines Synchronmotors.
2. Warum ist die Läuferdrehzahl des Synchronmotors gleich der Drehfeldzahl?
3. Wie erreicht man, daß ein Synchronmotor selbständig anläuft?
4. Wie verhält sich ein Synchronmotor bei Belastung und Überlastung?
5. Was versteht man unter Phasenschiebermaschine?
6. Erläutern Sie den besonderen Läuferaufbau eines Reluktanzmotors.
7. Welche Betriebseigenschaften hat ein Reluktanzmotor?
8. In welchen Geräten verwendet man synchrone Kleinstmotoren?
9. Beschreiben Sie den Aufbau eines synchronen Kleinstmotors.
10. Welchen Vorteil bieten Klauenpolläufer?

5.4 Drehstrom-Asynchronmotor

Der Asynchronmotor, vor allem der Kurzschlußläufer-Motor (auch Käfigläufer-Motor genannt), ist als einfachster, betriebssicherster und billigster Motor unter allen Elektromotoren der weitaus gebräuchlichste. Wie in Abschn. 5.2 dargestellt, entsteht durch das vom Drehstrom in der Ständerwicklung erzeugte Drehfeld in der geschlossenen Läuferwicklung ein Induktionsstrom. Dessen Magnetfeld erzeugt zusammen mit dem Ständerfeld ein Drehmoment, das den Läufer in asynchrone Drehung versetzt.

5.4.1 Aufbau

Arten. Man unterscheidet *Kurzschlußläufer-* und *Schleifringläufer-Motoren*. Ihr Aufbau ist, von der Ausführung des Läufers (mit Kurzschlußkäfig bzw. Läuferwicklung) abgesehen, derselbe. Deshalb bezieht sich die jetzt folgende Beschreibung der Bilder **5.**22 a und b meist auf gleiche Bauteile und somit auch gleiche Positionszahlen beider Maschinen.

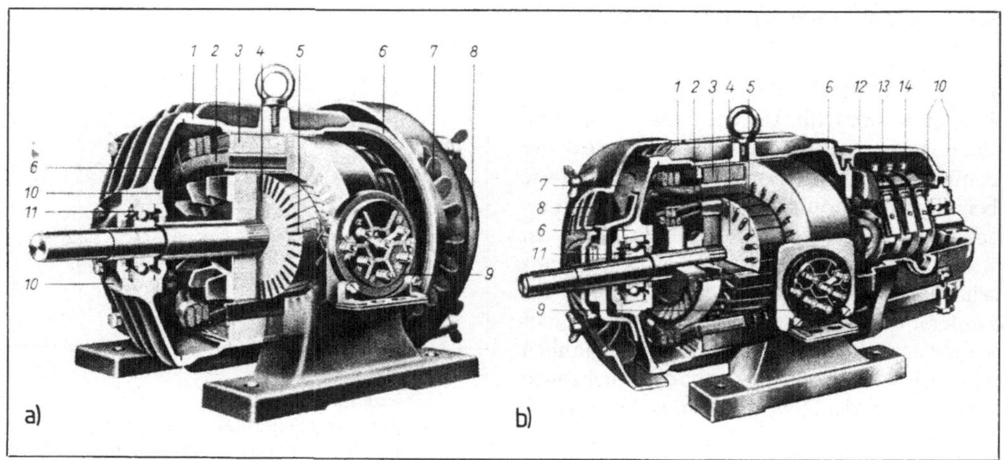

5.22 Aufbau von Drehstrommotoren, Gehäuse mit Kühlrippen für Oberflächenkühlung, Schutzart IP44
a) Motor mit Kurzschlußläufer, b) Motor mit Schleifringläufer

1 Gehäuse mit Kühlrippen
2 Ständerwicklung
3 Ständerblechpaket
4 Läuferblechpaket
5 Läuferstäbe bzw. -wicklung
6 Lagerschilde
7 Lüfter
8 Lüfterhaube
9 Klemmenbrett
10 Lagerdeckel
11 Wälzlager
12 Bürstenbrücke
13 Kohlebürste
14 Schleifring

Ständer. Er besteht aus dem Gehäuse *1* und den beiden Lagerschilden *6*. Das Gehäuse wird aus Gußeisen oder verschweißten Stahlteilen hergestellt; es ist bei innen gekühlten Motoren außen glatt, bei oberflächen-gekühlten Motoren mit Kühlrippen versehen. Die Lagerschilde *6* bestehen meist aus Gußeisen. Das Gehäuse umschließt das Ständerblechpaket *3*, in dessen Nuten die Ständerwicklung *2* liegt. Durch die Einlagerung der Ständerwicklung in Nuten verläuft der magnetische Fluß nahezu vollständig im Eisen. Er hat lediglich den zwischen Ständer und Läufer liegenden Luftspalt zu überwinden (0,2 bis 1,0 mm, je nach Größe des Motors). Am Gehäuse sind außen der Klemmenkasten *9* (für den Anschluß der Zuleitungen) und das Leistungsschild (mit allen für den Motor wichtigen Angaben) angebracht.

Läufer. Auf der Welle ist das Läuferblechpaket *4* befestigt, in dessen Nuten beim Kurzschluß- bzw. Käfigläufer (**5**.22a) die Läuferstäbe *5* aus Kupfer oder Aluminium eingelegt bzw. eingegossen sind. Sie sind an den beiden Stirnseiten durch je einen Ring kurzgeschlossen. Beim Schleifringläufer (**5**.22b) ist in die Nuten eine aus drei Strängen bestehende, in Stern geschaltete Wicklung *5* eingelegt. Die offenen Enden sind an drei Schleifringe *14* geführt. Darauf schleifende Kohlebürsten *13* gestatten, die Wicklung unmittelbar oder über Anlaßwiderstände kurzzuschließen.

Lüftung. Die beiden in Bild **5**.22 dargestellten Motoren sind völlig geschlossen (Schutzart IP44, s. Abschn. 8.2.5). Sie müssen daher von außen gekühlt werden. Der Lüfter 7 sitzt außerhalb des Gehäuses auf der Motorwelle und führt einen kühlenden Luftstrom, der die Verlustwärme abführt, durch die Lüfterhaube *8* über die Gehäuseoberfläche. Diese ist zur besseren Wärmeabgabe durch angegossene Kühlrippen erheblich vergrößert.

Bei geschützten Motoren (Schutzart IP12, IP21, IP22) sitzt der Lüfter innen auf der Läuferwelle. Er saugt durch Öffnungen in einem Lagerschild kühle Außenluft an und drückt sie durch den Luftspalt des Motors hindurch. Hierbei nimmt sie die Verlustwärme auf und tritt durch Öffnungen im gegenüberliegenden Lagerschild wieder aus. An die Kurzschlußringe des Läufers angegossene kurze Lüfterflügel unterstützen die Luftumwälzung im Innern der Kurzschlußläufer-Motoren.

Lager. Die Wellenlager sind in den Lagerschilden *6* untergebracht. Heute sind es meist Wälzlager *11* in Form von Kugel- oder Rollenlagern. Sie sind mit Wälzlagerfett gefüllt, das je nach den Betriebsverhältnissen nach 6 bis 24 Monaten erneuert werden muß. Motoren mit Nennleistungen bis etwa 50 kW sind für Dauerschmierung eingerichtet.

Gleitlager werden heute nur noch zur Errichtung eines leiseren Laufs verwendet. Sie sind mit Schmieröl gefüllt. Bei ganz kleinen Motoren bestehen die Lagerschalen aus poröser Sinterbronze, die in ihren Poren so viel Schmiermittel aufnimmt, daß eine Nachschmierung nicht nötig ist. Auch Kunststofflager sind üblich.

Leistungsschild. Nach DIN VDE 0530 muß das Leistungsschild elektrischer Maschinen alle wichtigen Angaben enthalten (**5**.23). DIN 42961 schreibt 21 Angaben vor, deren Reihenfolge auf dem Leistungsschild jedoch nicht festgelegt ist.

Die Wicklungsschaltung wird nach DIN 40710 durch Symbole gekennzeichnet (**5**.24).

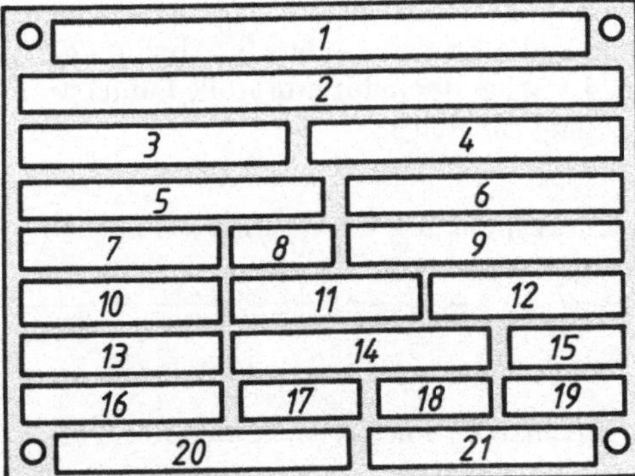

5.23 Leistungsschild

Feld	**Angabe**
1	Hersteller
2	Fertigungsnummer, Herstellungsjahr
3	Art der Maschine
4	Betriebsart
5	Nennleistung
6	Nennspannung
7	Nennstrom
8	Stromart
9	Nennfrequenz, Phasenzahl
10	Nenndrehzahl
11	zulässige Überdrehungszahl
12	Isolierstoffklasse
13	Nummer und Ausgabejahr der zugrunde gelegten Bestimmungen
14	Kennzeichnung der Wicklungsschaltung
15	Leistungsfaktor
16	Nennerregerstrom, Nennerregerspannung
17	Stillstandsspannung zwischen den Schleifringen
18	bei Wasserstoffkühlung: Wasserstoffdruck
19	Umgebungstemperatur, abweichend von 40°
20	Höhenlage, wenn Aufstellungshöhe über 1000 m
21	Gewicht, wenn mehr als 1000 kg

Tabelle **5**.24 **Kennzeichnung der Wicklungsschaltung nach DIN 40710**

Nr.	Phasensystem	Benennung	Schaltzeichen
1	Einphasensystem	–	|
2		mit Hilfsphase	⊥
3	Zweiphasensystem	allg., besonders offene Zweiphasenschaltung	||
4		L-Schaltung	L
5		Vierphasenschaltung mit herausgeführtem Sternpunkt	✕
6	Dreiphasensystem	allg., besonders offene Dreiphasenschaltung	|||
7		Dreieckschaltung	△
8		Sternschaltung	Y
9		Sternschaltung mit herausgeführtem Sternpunkt	Y
10	Sechsphasensystem	Doppeldreieckschaltung	✡
11		Sechseckschaltung	⬡
12		Sechsfach-Sternschaltung	✳
13	*n*-Phasensystem	allg., besonders offene *n*-Phasenschaltung	$\|^n$

5.4.2 Anzugsstrom und Drehmomente

Der Anzugsstrom ist der im Augenblick des Einschaltens vom Motor kurzzeitig aufgenommene Strom. Er beträgt, je nach der Bauart des Läufers bei direktem Einschalten das 4- bis 8fache des Motornennstroms (Nennstrom: Stromaufnahme bei der auf dem Leistungsschild angegebenen Nennleistung). Man ist bestrebt, den Anzugsstrom klein zu halten, um Spannungsschwankungen im Netz, die z. B. bei Lampen störende Helligkeitsschwankungen hervorrufen, zu verhindern. Die EVU schreiben daher vor, daß der Anzugsstrom bestimmte Grenzen nicht überschreiten darf. Das Verhalten beim Anlauf soll an einem Versuch beobachtet werden.

Versuch 5.4 Ein kleiner Drehstrommotor mit einer Leistung von etwa 1,1 kW wird über einen Motorschalter an das Drehstromnetz gelegt. In eine Zuleitung wird ein Strommesser mit ausreichendem Meßbereich (mindestens 10 A) geschaltet. Beim Schließen des Schalters entsteht kurzzeitig ein großer Zeigerausschlag, also ein großer Anzugsstrom. ■

Der große Anzugsstrom entsteht durch die besonders große Induktionswirkung des Drehfelds auf die Wicklung des im Augenblick des Einschaltens stillstehenden Läufers (s. Abschn. 5.2.3). Wie beim stark belasteten Transformator (s. Abschn. 4.1.3) hat der induzierte große Läuferstrom einen entsprechend großen Strom in der Ständerwicklung zur Folge.

> Beim Einschalten von Asynchronmotoren mit Kurzschlußkäfig oder kurzgeschlossener Läuferwicklung entsteht kurzzeitig ein großer Anzugsstrom.

Drehmomente

Bild 5.25 zeigt den Verlauf des Drehmoments beim Hochlaufen eines Asynchronmotors, das in dieser typischen Form für viele Motorarten gilt.

Das Anzugsmoment M_A ist das vom Motor im Augenblick des Einschaltens entwickelte Drehmoment; es beträgt das 1- bis 3fache des Motornennmoments M_N. Das Anzugsmoment sinkt nach dem Anlauf auf das Sattelmoment M_S ab. Das zum Anfahren der angetriebenen Arbeitsmaschine nötige Drehmoment muß also kleiner als das Sattelmoment sein, sonst zieht der Motor die Arbeitsmaschine zwar an, kommt aber mit seiner Drehzahl über die Drehzahl beim Sattelmoment nicht hinaus – er „schleicht“.

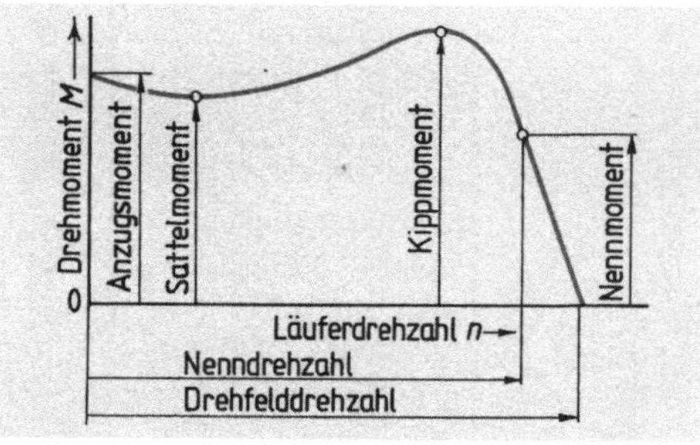

5.25 Asynchronmotor. Abhängigkeit des Drehmoments von der Drehzahl

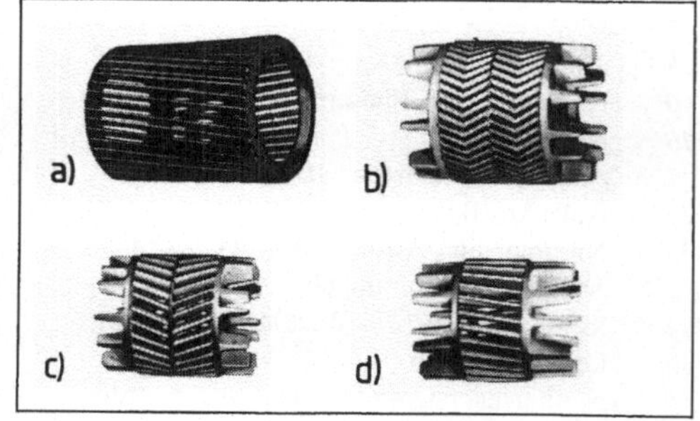

5.26 Kurzschlußläufer-Käfige ohne Blechpaket
a) Läufer mit geschränkten Stäben (Kupferstäben)
b) Doppelstaffelläufer
c) Staffelläufer
d) Läufer mit geschränkten Stäben
(b–d: Aluminium-Druckguß)

Das Kippmoment M_K ist das größte Drehmoment, das der Motor entwickeln kann. Es ist für kurzzeitige Überlastungen von Bedeutung. Nach DIN VDE 0530 (Bestimmungen für elektrische Maschinen) muß es wie in Bild **5**.25 mindestens das 1,6fache des Nennmoments betragen. Bei den meisten Motoren ist es jedoch größer. Bei einer Überlastung des Motors durch die angetriebene Arbeitsmaschine (also bei Überschreitung des Nennmoments) ist zu beachten, daß Motoren höchstens 2 min lang mit dem 1,5fachen Nennstrom belastet werden dürfen, wenn sie sich nicht unzulässig erwärmen sollen.

Durch die Aufteilung der Ständerwicklung auf die Ständernuten gerät das Drehfeld und damit auch das Drehmoment während jeder Umdrehung in periodische Schwankungen, es pulsiert. Bei einer bestimmten Stellung des Läufers kann das Drehmoment im Stillstand so klein sein, daß dieser nicht anläuft – er „klebt". Durch das Pulsieren des Drehmoments während des Laufs entstehen auch schädliche Schwingungen und damit Rüttelkräfte. Sie verursachen starke Geräusche, Nutengeräusche genannt. Um ein sicheres Anziehen und einen ruhigeren Lauf des Motors zu erzielen, werden die Läufernuten schräg gegen die Welle gestellt (geschrägt, **5**.26).

5.4.3 Kurzschlußläufermotor

Rundstabläufer. Einfache Kurzschlußläufer haben einen Käfig aus Rundstäben. Der Anzugsstrom beträgt je nach dem Käfigwerkstoff bis zum 10fachen des Nennstroms. Gleichzeitig erreicht das Anzugsmoment noch nicht einmal die Größe des Nennmoments (**5**.27). Rundstabläufer dürfen in den Netzen der EVU wegen des hohen Anzugsstroms im allgemeinen nur bis 2,2 kW direkt eingeschaltet werden.

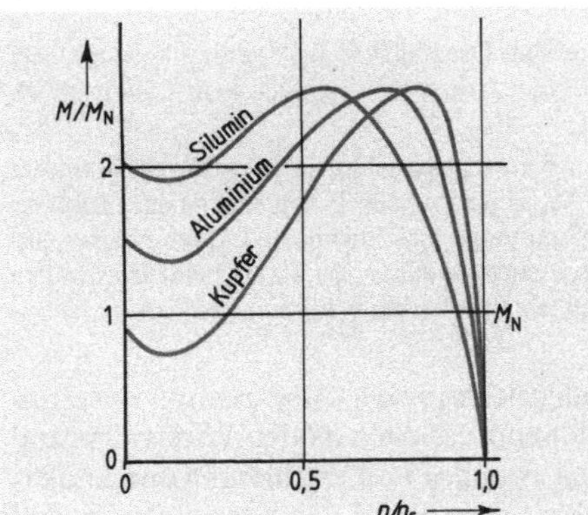

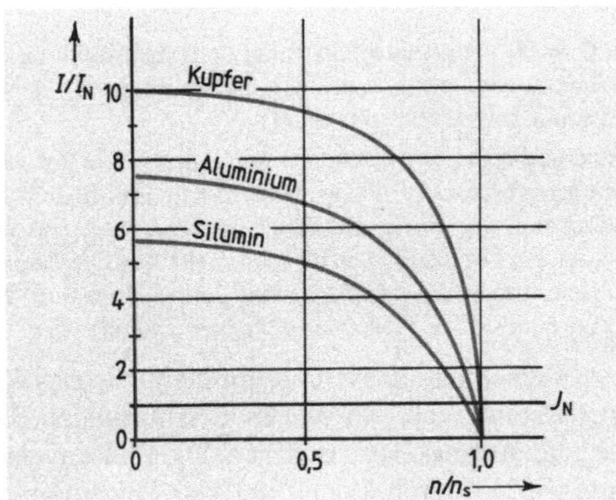

5.27 Verlauf von Drehmoment und Strom beim Kurzschlußläufer-Motor mit einem Käfig aus Kupfer, Aluminium oder Silumin

> Motoren mit Rundstabläufer haben ungünstige Anlaufeigenschaften. Ihre Anwendung beschränkt sich auf Leistungen bis 2,2 kW.

Das im Verhältnis zu dem hohen Anzugsstrom kleine Anzugsmoment machen die Bilder **5**.28 a und b verständlich. Sie zeigen in beiden Fällen das mit der Drehzahl n_d umlaufende Drehfeld Φ_1 in der Stellung zum Läufer, in der im kurzgeschlossenen Läufer die maximale Induktionsspannung $\hat{u}_2$ entsteht. In Bild **5**.28 ist ein Läufer mit reinem Wirkwiderstand R_2, angenommen, also mit dem Phasenverschiebungswinkel $\Phi_2 = 0$ zwischen Spannung u_2 und Strom i_2. Dann haben gleichzeitig mit u_2 auch der Läuferstrom i_2 und das Läuferfeld Φ_2 Höchstwerte; auf den Läufer wirkt ein großes Drehmoment M, da die Feldlinien von Φ_1 und Φ_2 das Bestreben haben, sich gleichzurichten. In Bild **5**.28 b wurde ein Läufer mit rein induktivem Widerstand X_{L2}, also

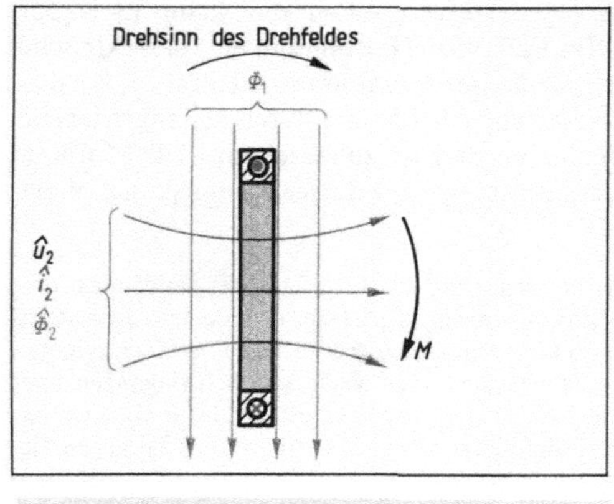

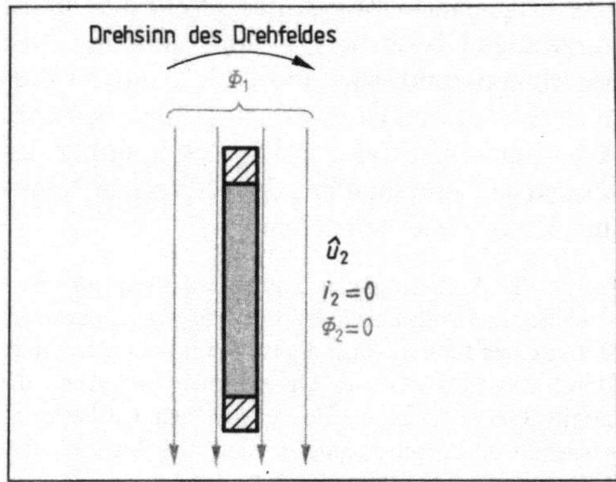

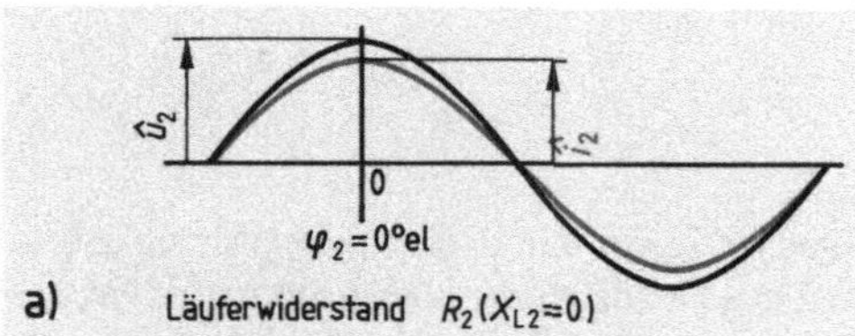

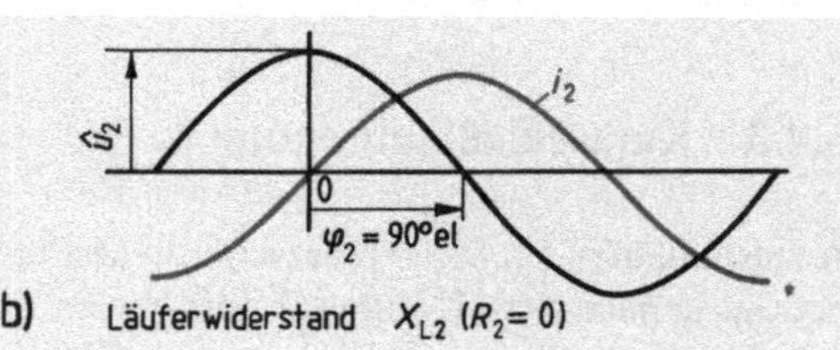

5.28 Kurzschlußläufermotor (Abhängigkeit des Drehmoments M von der Phasenverschiebung φ_2 zwischen Läuferspannung u_2 und Läuferstrom i_2. Läufer als einfacher Kurzschlußring, s. Bild 5.13).
a) großes Drehmoment M, b) kein Drehmoment

mit $\Phi_2 = 90°$, zugrunde gelegt. Bei derselben Stellung des Läufers im Drehfeld wie bei a) ensteht zwar wieder der Höchstwert der Spannung u_2, aber wegen $\varphi_2 = 90°$ kein Läuferstrom i_2, daher auch kein Läuferfeld Φ_2 und somit kein Drehmoment M.

Das Einschalten von Motoren mit Rundstabläufer kommt an den extremen Fall in Bild 5.28b heran, der Nennbetriebszustand des Motors an den Fall in Bild 5.28a. Die Läuferfrequenz f_2 und damit der induktive Widerstand X_{L2} sowie die Phasenverschiebung φ_2 zwischen Spannung und Strom im Läufer nehmen bei wachsender Drehzahl ja mehr und mehr ab. Die Läuferfrequenz sinkt nämlich von 50 Hz beim Einschalten (Stillstand) auf die Schlupffrequenz 1 bis 3 Hz bei der Nenndrehzahl (s. Abschn. 5.2.3); im gleichen Verhältnis sinkt der induktive Widerstand X_{L2} des Läufers.

Eine Möglichkeit, das Anzugsmoment zu vergrößern und gleichzeitig den Anzugsstrom zu verringern, besteht nach den obigen Erläuterungen darin, während des Anlaufs den Wirkwiderstand im Läuferstromkreis zu erhöhen. Die Phasenverschiebung zwischen Läuferspannung und Läuferstrom wird dadurch kleiner und das Drehmoment größer. Wie in Bild 5.27 zu erkennen ist, läßt sich dies durch einen Leiterwerkstoff mit schlechter elektrischer Leitfähigkeit erreichen (z. B. Silumin, einer Legierung aus Aluminium, Silicium und Mangan). Noch besser wird dieses Ziel beim Stromverdrängungsläufer und beim Schleifringläufer erreicht.

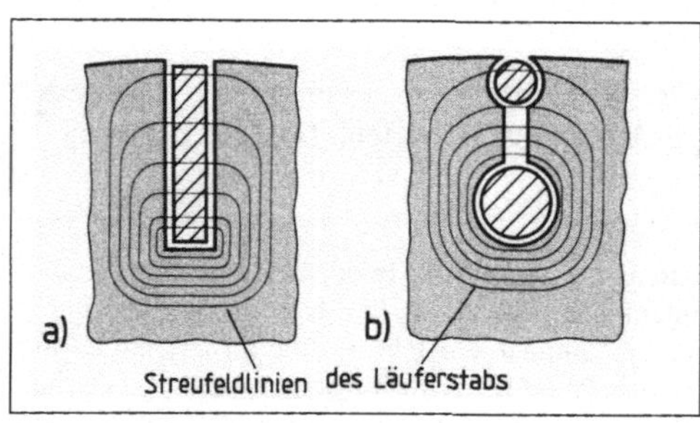

5.29 Streufeldlinien um den Läuferstab eines
a) Hochstabläufers, b) Doppelstabläufers

Stromverdrängungsläufer. Der Stromverdrängungsläufer ist ein Kurzschlußläufer, in dessen Kurzschlußkäfig durch besondere Formgebung der Läuferstäbe während des Anlaufs ein erhöhter Wirkwiderstand entsteht. Im Vergleich zum Rundstabläufer sind daher der Anzugsstrom kleiner und das Anzugsmoment größer (s. oben). Bild **5**.29 zeigt zwei gebräuchliche Querschnittsformen für Läuferstäbe von Stromverdrängungsläufern, die an den beiden Stirnseiten des Läufers wie üblich durch Kurzschlußringe miteinander verbunden sind.

Während sich der größte Teil der durch den Läuferstrom erzeugten Feldlinien über das Ständerblechpaket schließt, umgibt ein kleiner Teil die einzelnen Läuferstäbe als Streufeldlinien. Bild **5**.29 a zeigt, daß der tiefliegende Teil eines Läuferstabs des Hochstabläufers von vielen, der am Umfang liegende Teil dagegen nur von wenigen Streufeldlinien umgeben ist. Der tiefliegende Teil wird nämlich auch von den Streufeldlinien umgeben, die durch den Strom im oberen Stabteil erzeugt werden, weil alle Streufeldlinien unterhalb der Nut in Läufereisen verlaufen. Oberhalb der Nut befindet sich der Luftspalt, so daß sich die Streufeldlinien in verschiedener Höhe durch die Nut schließen und so die oberen Stabteile von weniger Streufeldlinien umgeben sind. Dieser Verlauf der Streufeldlinien hat zur Folge, daß die Induktivität L des Stabs vom äußeren zum tiefliegenden Teil seines Querschnitts zunimmt. Dadurch entwickelt der in der Tiefe liegende Teil während des Anlaufs bei der verhältnismäßig hohen Läuferfrequenz von etwa 50 Hz einen wesentlich größeren induktiven Widerstand $X_L = 2\pi \cdot f \cdot L$ als der am Umfang liegende Teil, so daß der Läuferstrom während des Anlaufs vorwiegend im außen liegende Teil der Läuferstäbe fließt: induktive Stromverdrängung.

Da sich der Läuferstrom beim Anlauf auf einen kleinen Querschnitt beschränken muß, hat die Stromverdrängung eine Erhöhung des Wirkwiderstands des Läuferkäfigs zur Folge. Mit zunehmender Drehzahl sinkt die Läuferfrequenz auf die Schlupffrequenz von 2 bis 5 Hertz. Bei dieser kleinen Frequenz ist der induktive Widerstand der tiefliegenden Teile der Läuferstäbe vernachlässigbar klein. Der Strom verteilt sich bei der Nenndrehzahl gleichmäßig über den ganzen Stabquerschnitt. Dann verhält sich der Stromverdrängungsläufer wie ein Rundstabläufer mit gleichmäßiger Stromverteilung. Ähnlich ist das Verhalten des Doppelstabläufers (**5**.29 b).

> Durch die Stromverdrängung erhöht sich beim Stromverdrängungsläufer das Anzugsmoment und verringert sich der Anzugsstrom.
>
> Mit zunehmender Drehzahl nimmt der Einfluß der Stromverdrängung ab.
>
> Bei Nennbetrieb verhält sich der Stromverdrängungsläufer wie ein Rundstabläufer.

Durch die Formgebung der Läufernuten kann man das Anzugsmoment und den Anzugsstrom von Drehstrom-Asynchronmotoren weitgehend beeinflussen. Gebräuchliche Nut- und Stabformen von Käfigläufern zeigt Bild **5**.30.

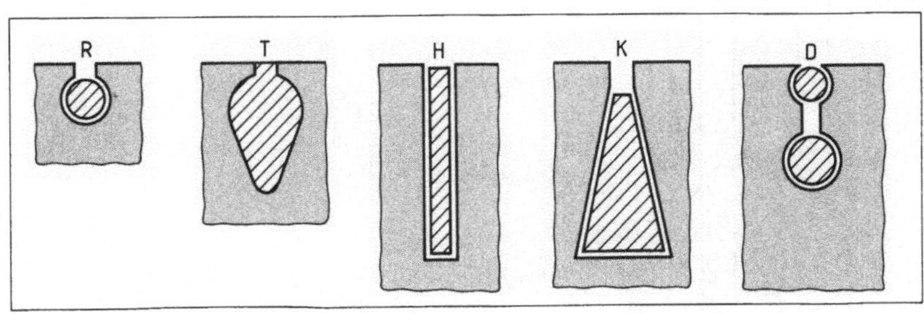

5.30 Nut- und Stabformen von Käfigläufern
R Rundstab
T Tropfennut
H Hochstab
K Keilstab
D Doppelkäfig

Der Rundstabläufer *R* hat nur geringe praktische Bedeutung. Bei Motoren bis etwa 20 kW herrscht der Läufer mit tropfenförmiger Nut *T* vor. Für noch größere Maschinen verwendet man Hochstabläufer *H* (Tiefnutläufer), Keilstabläufer *K* oder Doppelkäfigläufer *D*. In Bild **5**.31 sind die typischen Kennlinien für Drehstrom-Asynchronmotoren mit verschiedenen Läufern wiedergegeben, die die Unterschiede im Drehzahlverlauf deutlich machen.

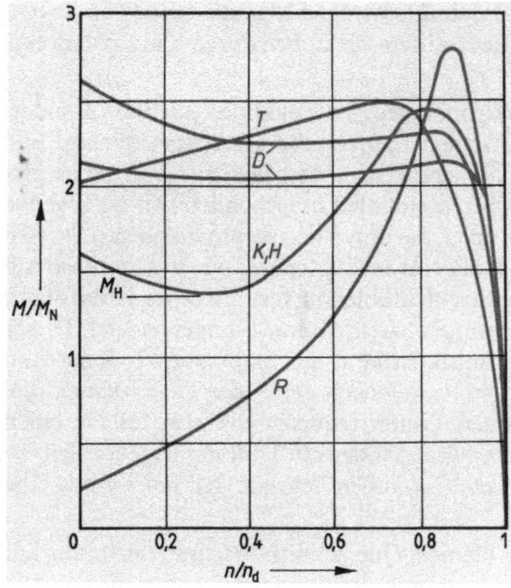

5.31 Mittlere Drehmoment-Drehzahl-Kennlinie von Drehstrom-Asynchronmotoren
R Rundstabläufer, *K* Keilstabläufer, *H* Hochstabläufer, *D* Doppelkäfigläufer, *T* Kleinmotor bis 1 kW mit Tropfennut

> Bei Motoren mit Stromverdrängungsläufern beträgt der Anzugsstrom das 4- bis 8fache des Nennstroms, das Anzugsmoment das 1,5- bis 3fache des Nennmoments, je nach Ausführungsart der Kurzschlußkäfige.

Anwendung. Stromverdrängungsläufer verwendet man heute überwiegend für Motoren über 1 kW. Sie werden in zahlreichen Ausführungsformen unter den Handelsbezeichnungen Stromdämpfungs-, Wirbelstrom-, Tiefnut-, Hochstab-, Doppelstab-, Doppelkäfigläufer gefertigt. Im allgemeinen dürfen sie bis zu 5,5 kW Nennleistung direkt eingeschaltet werden.

Stern-Dreieck-Schaltung

Wegen des hohen Anzugsstroms bei direkter Einschaltung werden größere Kurzschlußläufer-Motoren mit einem Stern-Dreieck-Schalter eingeschaltet (**5**.32).

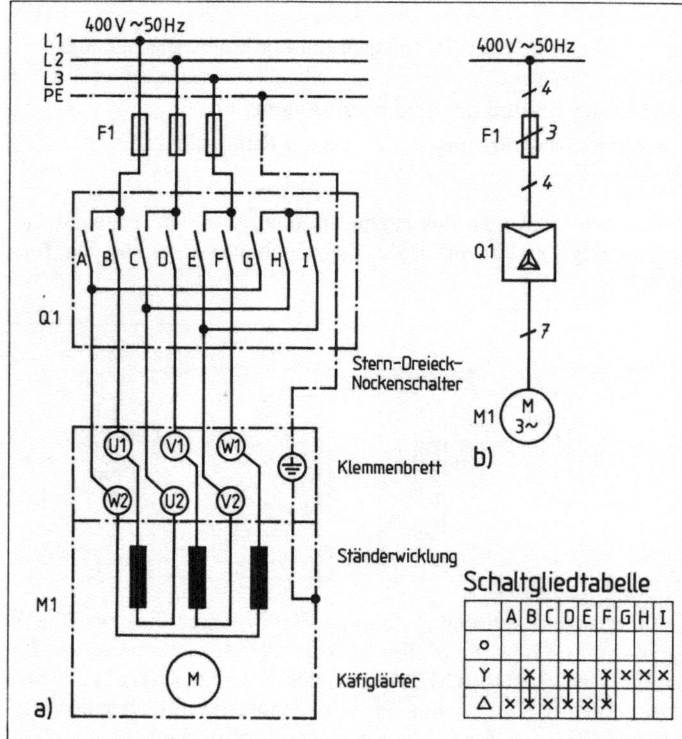

	A	B	C	D	E	F	G	H	I
o									
Y		×		×		×	×	×	×
Δ	×	×	×	×	×	×			

5.32
Käfigläufermotor mit Stern-Dreieck-Umschaltung
a) Schaltplan und Schaltgliedtabelle (Nockenschalter)
b) einpolige Darstellung mit Schaltkurzzeichen

Der Stern-Dreieck-Schalter gestattet, einen in Dreieckschaltung betriebenen Motor während des Anlaufs vorübergehend in Stern zu schalten. Hierdurch verringert sich der Anzugsstrom, aber auch das Anzugsmoment auf etwa ein Drittel des Werts bei direkter Einschaltung (**5**.33). Die Stern-Dreieck-Umschaltung kann nur bei Motoren angewendet werden, deren Ständerwicklung bei der verfügbaren Netzspannung Dreieckschaltung zuläßt. Dies ist der Fall, wenn z. B. in einem 400-V-Netz ein Motor mit den Leistungsschildangaben 400 V △ benutzt wird. Ein Motor mit den Angaben 230/400 V △/Y ist nicht verwendbar, weil die höhere Spannung 400 V nur bei Sternschaltung angelegt werden darf. Seine Wicklung wäre bei Dreieckschaltung überlastet.

Das Umschalten auf Dreieckschaltung darf erst erfolgen, wenn der Motor bei Sternschaltung seine volle Drehzahl erreicht hat. Bei zu früher Umschaltung entsteht ein starker Stromstoß, und der Zweck der Umschaltung wird nicht erreicht. Wegen des auf ein Drittel verringerten Anzugsmoments läßt sich die Stern-Dreieck-Umschaltung nur bei leichten Anlaufbedingungen verwenden, wie sie z. B. beim Anfahren von leerlaufenden Werkzeugmaschinen vorliegen. Sie wird von den EVU bis 11 kW (z. T. auch höher) allgemein zugelassen.

> Bei der Stern-Dreieck-Umschaltung verringert sich der Anzugsstrom auf ein Drittel seines Werts bei direkter Einschaltung. Da sich auch das Anzugsmoment auf ein Drittel verringert, kann die Stern-Dreieck-Umschaltung nur im Leerlauf oder bei geringer Motorbelastung verwendet werden.

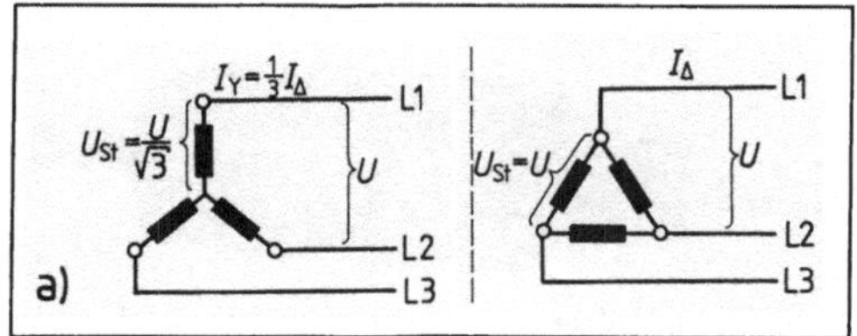

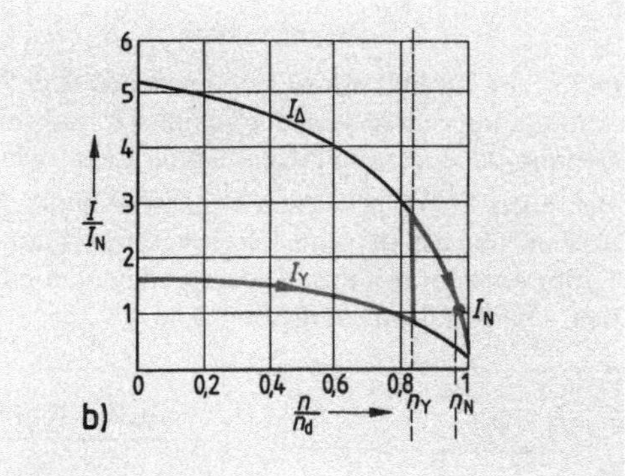

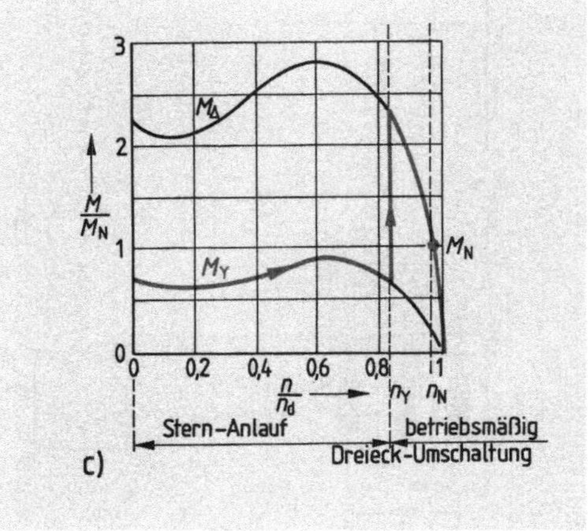

5.33 Stern-Dreieck-Anlauf eines Drehstrom-Asynchronmotors
a) Sternschaltung, Dreieckschaltung
b) Strom I und
c) Drehmoment M in Abhängigkeit von Drehzahl und Schaltung

5.4.4 Schleifringläufermotor

Für größere Motoren und vor allem bei schweren Anlaufbedingungen (z. B. bei Hebezeugen, Zentrifugen oder Mühlen, wo große Massen zu beschleunigen sind) werden oft Motoren mit Schleifringläufern eingesetzt (**5**.34). Auch bei diesen Maschinen erhöht man den Wirkwider-

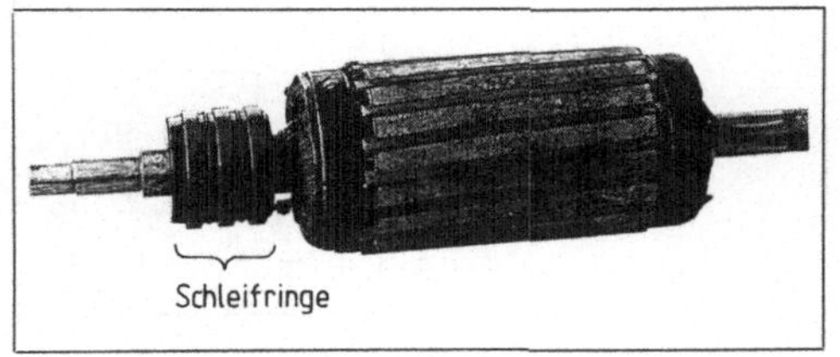

5.34 Schleifringläufer

stand im Läuferstromkreis während des Anlaufs und erreicht bei einem Anzugsstrom von etwa dem 1,5fachen Nennstrom Anzugsmomente bis zum doppelten Nennmoment. Die Betriebskennlinien zeigt Bild 5.37.

Läuferanlasser. Die Erhöhung des Läuferwiderstands während des Anlaufs geschieht durch einen Läuferanlasser, der über drei Schleifringe an die Läuferwicklung angeschlossen wird (5.35). Er besteht im allgemeinen aus drei Widerständen in Sternschaltung, die während des Anlaufs mit einem verschiebbaren Kontaktbügel stufenweise abgeschaltet werden. In der Nullstellung des Läuferanlassers ist die Läuferwicklung kurzgeschlossen.

Bisweilen finden wir auch Schleifringläufer mit einer Zweiphasen-Läuferwicklung, die billiger herzustellen ist als eine Dreiphasenwicklung. Zum Anlassen kann man dann den normalen Läuferanlasser mit drei Widerständen oder einen einfacheren mit nur zwei Widerständen verwenden. Die Schaltung zeigt Bild 5.36.

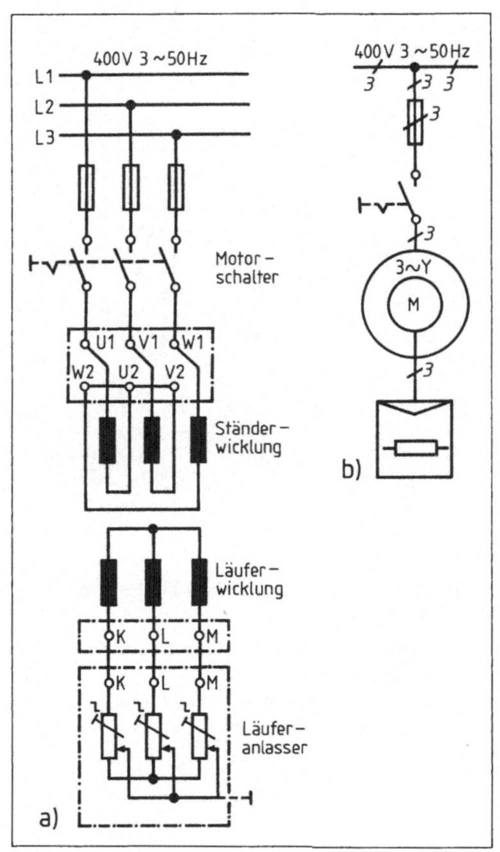

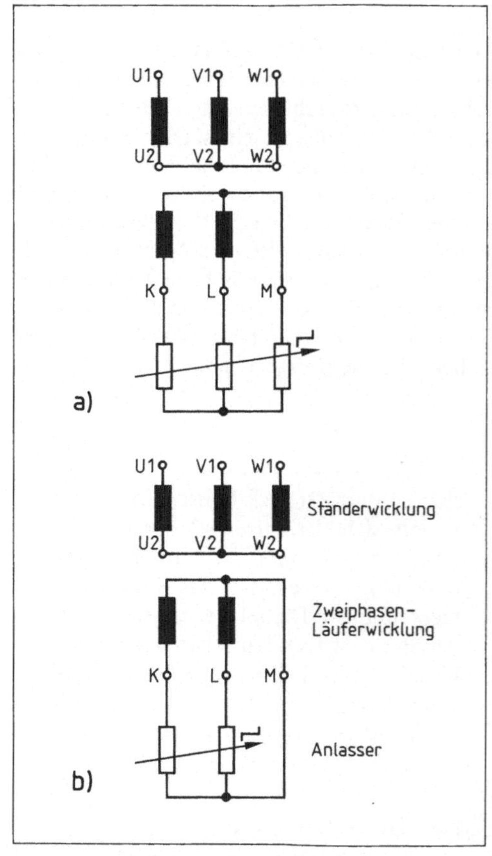

5.35 Schleifringläufermotor
a) Schaltplan mit Motorschalter und Läuferanlasser
b) einpolige Darstellung mit Schaltkurzzeichen

5.36 Anschluß des Anlassers bei zweiphasiger Läuferwicklung
a) Anlasser mit 3 Widerständen
b) Anlasser mit 2 Widerständen

Durch das Hinzuschalten des Anlaßwiderstands erhöht sich der gesamte Wirkwiderstand des Läuferkreises erheblich. Dies wirkt sich auf den Verlauf sowohl des Drehmoments als auch des Stroms aus. Wie Bild **5**.37 zeigt, wandert das Kippmoment mit zunehmendem Läuferwiderstand in den Bereich niedrigerer Drehzahlen. Damit wird das Drehzahlverhalten des Motors weicher, d. h., die Drehzahl sinkt bei Belastung stärker ab. Mit dem Drehmoment verschiebt sich aber auch der Läuferstrom und damit der Ständerstrom I_1, so daß der Motor einen geringeren Anlaufstrom aufnimmt.

Um den Verschleiß der Bürsten und Schleifringe zu verringern und Funkstörungen durch schlechte Kontaktgabe (Funkenbildung) zu vermeiden, sind größere Motoren oft mit einer Bürstenabhebe- und Kurzschlußvorrichtung versehen. Sie gestattet, die Schleifringe nach dem Anlaßvorgang durch Betätigen eines Hebels oder Handrads unmittelbar kurzzuschließen und gleichzeitig die Bürsten abzuheben.

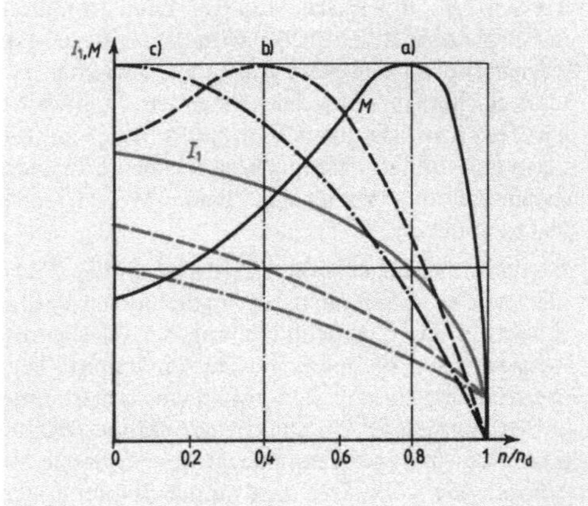

5.37 Strom- und Drehmomentverlauf beim Schleifringläufer

a) ohne Anlaßwiderstand, b) Anlaßwiderstand etwa 2mal Läuferwiderstand, c) Anlaßwiderstand etwa 4mal Läuferwiderstand

Der Läuferanlasser darf die Läuferwicklung nicht unterbrechen, weil sich der Motor sonst allein durch Unterbrechung der Läuferwicklung stillsetzen ließe. Dabei könnte der Ständer irrtümlich auf das Netz geschaltet bleiben, und seine Wicklung würde sich durch die bei stillstehendem Motor fehlende Kühlung unzulässig erwärmen. Außerdem könnte die Läuferspannung (Läuferstillstands-Spannung) hohe Werte annehmen, die für den Menschen gefährlich werden.

Die Läuferwicklung ist wegen der dann einfacher durchzuführenden Isolierung meist für eine unterhalb der Netzspannung liegende Spannung gewickelt. Das Leistungsschild in Bild **5**.38 zeigt Läuferdaten von 135 V (Läuferstillstands-Spannung) und 19,6 A (Läuferstrom bei Nennlast) bei Ständerwerten von 400 V und 9,25 A. Bei der Bemessung der Verbindungsleitungen zwischen Motor und Anlasser ist die größere Läuferstromstärke zu berücksichtigen.

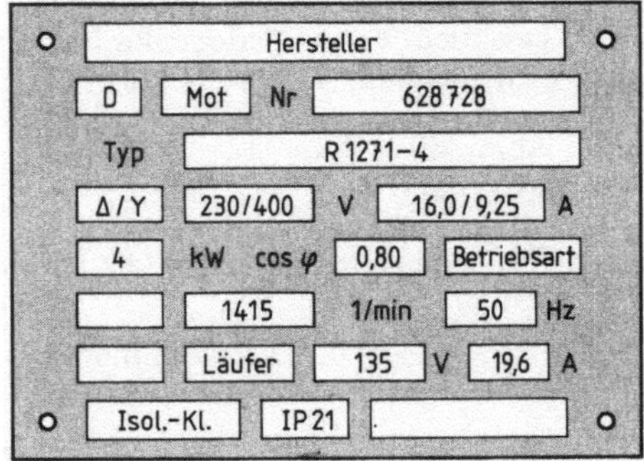

5.38 Leistungsschild eines Drehstrommotors mit Schleifringläufer

> Bei Schleifringläufermotoren mit Läuferanlasser hat der Anzugsstrom etwa den 1,5fachen Wert des Nennstroms. Ihr Anzugsmoment beträgt etwa das 2fache des Nennmoments.

Ein Nachteil des Schleifringläufermotors gegenüber dem Käfigläufermotor ist der komplizierte Aufbau des Läufers und der dadurch wesentlich höhere Preis, zu dem noch der Preis des zusätzlich erforderlichen Läuferanlassers kommt.

Zur Veranschaulichung der Vorgänge im Asynchronmotor sollen an einem Schleifringläufermotor einige Messungen durchgeführt werden.

Versuch 5.5 Ein kleiner 4poliger Drehstrommotor mit Schleifringläufer (5.39) wird bei offenen Läuferklemmen an das Netz geschaltet. Zwischen zwei Läuferklemmen wird bei ruhendem Läufer die Läuferspannung gemessen und mit der auf dem Leistungsschild des Motors angegebenen Läuferstillstandsspannung verglichen. Beide Werte müssen übereinstimmen.

Nun wird bei abgeschaltetem Motor an die Läuferklemmen ein Läuferanlasser angeschlossen und zusätzlich in eine Anschlußleitung ein Gleichstrommesser (dessen Nullpunkt in der Skalenmitte liegt), in eine andere Anschlußleitung ein Wechselstrommesser. Beim erneuten Einschalten der Ständerwicklung zeigen der Wechselspannungsmesser im ersten Augenblick die volle Läuferstillstands-Spannung und der Wechselstrommesser den zu erwartenden hohen Läuferstrom an. Der Zeiger des Gleichstrommessers dagegen schlägt nicht aus, er vibriert nur. Bei steigender Drehzahl wird der Ausschlag des Wechselspannungmessers immer kleiner, bis er bei kurzgeschlossenem Läufer schließlich auf Null zurückgeht. Der Zeigerausschlag des Wechselstrommessers geht ebenfalls zurück, bis bei Nenndrehzahl der Läuferbetriebsstrom erreicht ist. Der Zeiger des Gleichstrommessers geht mit zunehmender Drehzahl in immer langsamer werdende Pendelungen über. ■

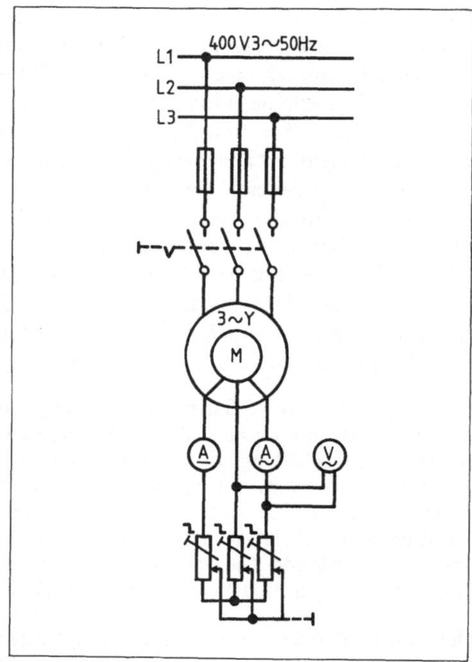

5.39 Messungen an einem Schleifringläufermotor

Die letzte Beobachtung ist offenbar auf die bei zunehmender Läuferdrehzahl abnehmende Läuferfrequenz (Schlupffrequenz) zurückzuführen. Ein Hin- und Hergang des Zeigers des Gleichstrommessers entspricht einer Periode des Läuferwechselstroms. Führt der Zeiger des Strommessers z. B. in einer Minute 30 Hin- und Herbewegungen aus, beträgt die Läuferfrequenz

$$f_L = \frac{30}{\text{min}} = \frac{30}{60\,\text{s}} = \frac{1}{2}\frac{1}{\text{s}} = \frac{1}{2}\,\text{Hz}.$$

Mit der Formel $n = f/p$ (s. Abschn. 5.2.1) wird die Schlupfdrehzahl n_s berechnet.

$$n_s = \frac{f_L}{p} = \frac{0{,}5\ 1/\text{s}}{2} = 0{,}25\ \text{s}^{-1} = 15\ \text{min}^{-1}$$

Die Läuferdrehzahl n erhält man nach Abschn. 5.2.3 aus der Schlupfdrehzahl n_s. Somit ist die Motordrehzahl

$$n = n_d - n_s = 1500\ \text{min}^{-1} - 15\ \text{min}^{-1} = 1485\ \text{min}^{-1}.$$

Diesen Wert kann man mit einem Drehzahlmesser prüfen.

5.4.5 Andere Anlaßverfahren

Anlaßtransformator. Um den Anzugsstrom zu verringern, kann man die Betriebsspannung des Motors für den Anlaßvorgang auch mit einem Anlaßtransformator heruntertransformieren (5.40). Wegen der starken Herabsetzung des Anzugsmoments kann der Motor jedoch nur im Leerlauf angelassen werden. Weil der Transformator zusätzliche Kosten verursacht, kommt dieses Anlaßverfahren erst bei Motorleistungen ab etwa 500 kW in Frage.

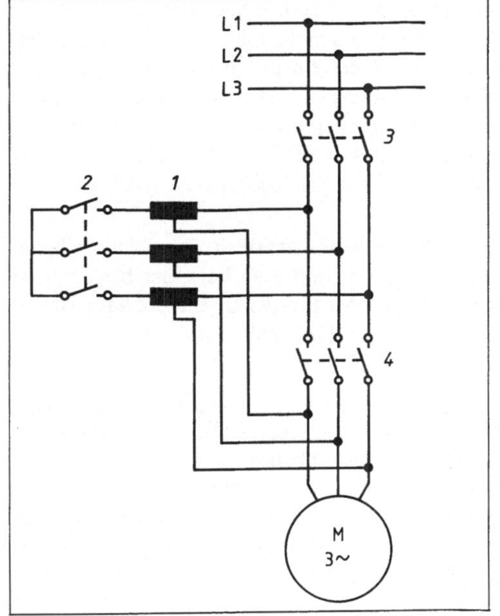

5.40 Anlaßtransformator (*1*) in Sparschaltung
2 Sternpunktschalter
3 Hauptschalter
4 Überbrückungsschalter

5.41 Kurzschlußläufer-Sanftanlauf-Schaltung
R_v Vorwiderstand
1 Netzschalter
2 Überbrückungsschalter

Kurzschlußläufer-Sanftanlauf-Schaltung (Ku-Sa-Schaltung). Diese Schaltung verringert nicht den Anzugsstrom, sondern das Anzugsmoment. Dadurch läuft der Motor sanft an. Dazu wird in eine der Zuleitungen der Ständerwicklung ein Wirkwiderstand geschaltet, der nach dem Anlauf überbrückt wird (**5**.41). Mit diesem zusätzlichen Widerstand erreicht man eine unsymmetrische Stromverteilung und damit eine ungleiche Durchflutung in den drei Ständerwicklungen. Es entsteht ein elliptisches Drehfeld, das ein kleineres Anzugsmoment zur Folge hat. Dieses Anlaßverfahren verwendet man z. B. bei Motoren für Wicklerantriebe in der Textilindustrie.

5.4.6 Drehzahlsteuerung

Unter der elektrischen Steuerung einer Größe (hier der Drehzahl *n*) versteht man deren Beeinflussung (Veränderung) mit Hilfe von Schaltmitteln wie Schaltern, Schützen, Stellwiderständen. Die Drehzahlsteuerung ist für elektromotorische Antriebe manchmal notwendig. Für die Drehzahlsteuerung der Asynchronmotoren stehen vier Möglichkeiten zur Verfügung.

Möglichkeiten der Drehzahlsteuerung
- Änderung der Schlupfdrehzahl mit Hilfe des Läuferanlassers (durchführbar nur bei Schleifringläufermotoren).
- Änderung der Polzahl durch eine polumschaltbare Ständerwicklung.
- Änderung der Frequenz eines den Motor speisenden Frequenzumformers.
- Änderung der Ständerspannung mit Hilfe von Stellgliedern.

Steuerung der Drehzahl durch Schlupfänderung geschieht bei Motoren mit Schleifringläufer durch Verstellen des Anlasserwiderstands, der dann im Betrieb zu einem mehr oder weniger großen Teil eingeschaltet bleibt. Die Drehzahl sinkt bei praktisch unverändertem Drehmoment um so mehr ab, je größer der in den Läuferstromkreis eingeschaltete Widerstand ist. Die üblichen Anlasser eignen sich nicht hierfür, weil ihre Stufung zu grob ist; sie sind auch nicht für Dauereinschaltung bemessen und würden sich daher unzulässig erwärmen. Anlasser für Drehzahlsteuerungen haben größeren Drahtquerschnitt und kleinere Stufung; sie heißen Anlaßsteller (früher Regelanlasser).

Diese Art der Drehzahlsteuerung hat zwei Nachteile. Es entstehen große Stromwärmeverluste, und die eingestellte Drehzahl ist stark belastungsabhängig. Sie sinkt also bei einer bestimmten Anlasserstellung um so mehr ab, je größer die Belastung des Motors wird. Im Leerlauf ist die Drehzahl durch den Anlaßsteller überhaupt nicht verstellbar. Dies soll durch einen Versuch nachgeprüft werden.

Versuch 5.6 Ein kleiner Drehstrommotor mit Schleifringläufer wird im Leerlauf mit einem Anlaßsteller zunächst so weit angelassen, daß dessen Widerstände etwa zur Hälfte eingeschaltet bleiben. Dann wird der Anlaßsteller kurzgeschlossen. Mit einem Drehzahlmesser mißt man in beiden Fällen die Drehzahl: Ohne einen nennenswerten Unterschied läuft der Motor in beiden Fällen mit seiner Leerlaufdrehzahl.

Nun wird der Motor mit einer Bremsvorrichtung (Band-, Backen-, Wirbelstrom-, Wasserwirbelbremse oder angekuppelter belasteter Generator) belastet. Wiederholt man die Drehzahlmessungen bei denselben Anlasserstellungen wie im Leerlauf, mißt man bei Belastung gegenüber Leerlauf eine erheblich kleinere Drehzahl. ■

Die mit dem Läufer-Anlaßsteller des Schleifringläufermotors eingestellte Drehzahl ist stark lastabhängig.

Steuerung der Drehzahl durch Polumschaltung

Nach der Gleichung $n_d = f/p$ läßt sich die Drehfeld-Drehzahl n_d bei fester Netzfrequenz f ändern, wenn man die Polpaarzahl p verändert. Die Drehfeld-Drehzahl und damit die Nenndrehzahl sind so in Stufen einstellbar.

Getrennte Wicklungen. Bild 5.42 zeigt das Leistungsschild eines Motors mit den beiden Nenndrehzahlen 2850 min^{-1} und 320 min^{-1}. Es handelt sich um den Motor für eine Waschmaschine mit den beiden Polpaarzahlen $p_2 = 1$ und $p_2 = 8$, der für den Waschgang und den Schleudergang zwei stark voneinander abweichende Drehzahlen braucht.

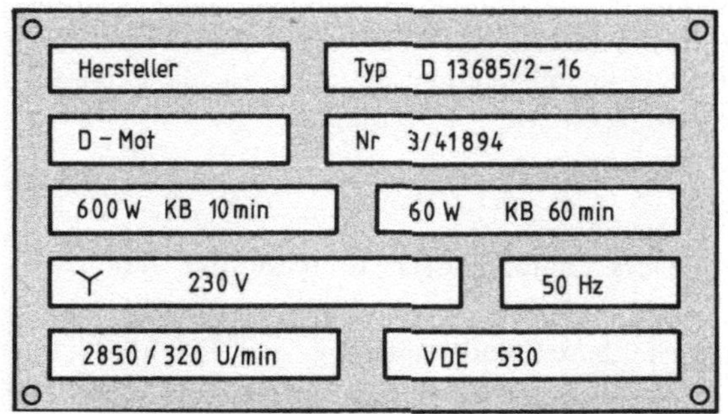

5.42 Leistungsschild eines Motors mit 2 getrennten Wicklungen

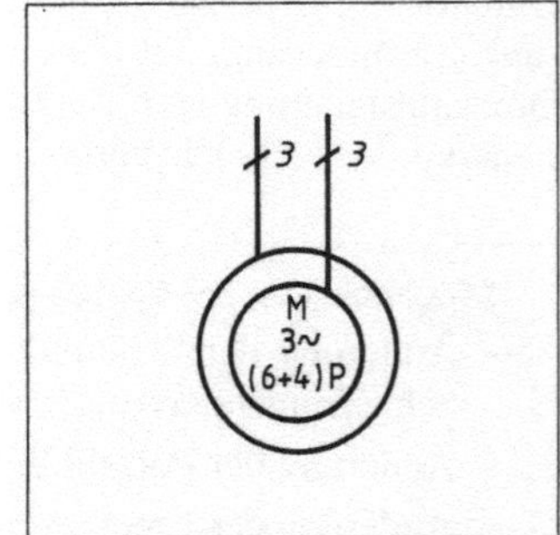

5.43 Polumschaltbarer Motor mit 6 und 4 Polen

Die verschiedenen Polpaarzahlen erreichen wir, indem wir in die Nuten des Ständerblechpakets getrennte Wicklungen einlegen. So sind völlig verschiedene Polpaarzahlen und Drehzahlen beim Käfigläufermotor möglich (**5**.43). Motoren bis zu drei verschiedenen Polpaarzahlen und Drehzahlen werden auf diese Weise gebaut.

Dahlanderschaltung. Eine andere Möglichkeit bietet sich, wenn man eine einzige Wicklung durch Umschalten für zwei Polpaarzahlen benutzt: Dahlanderschaltung (**5**.44).

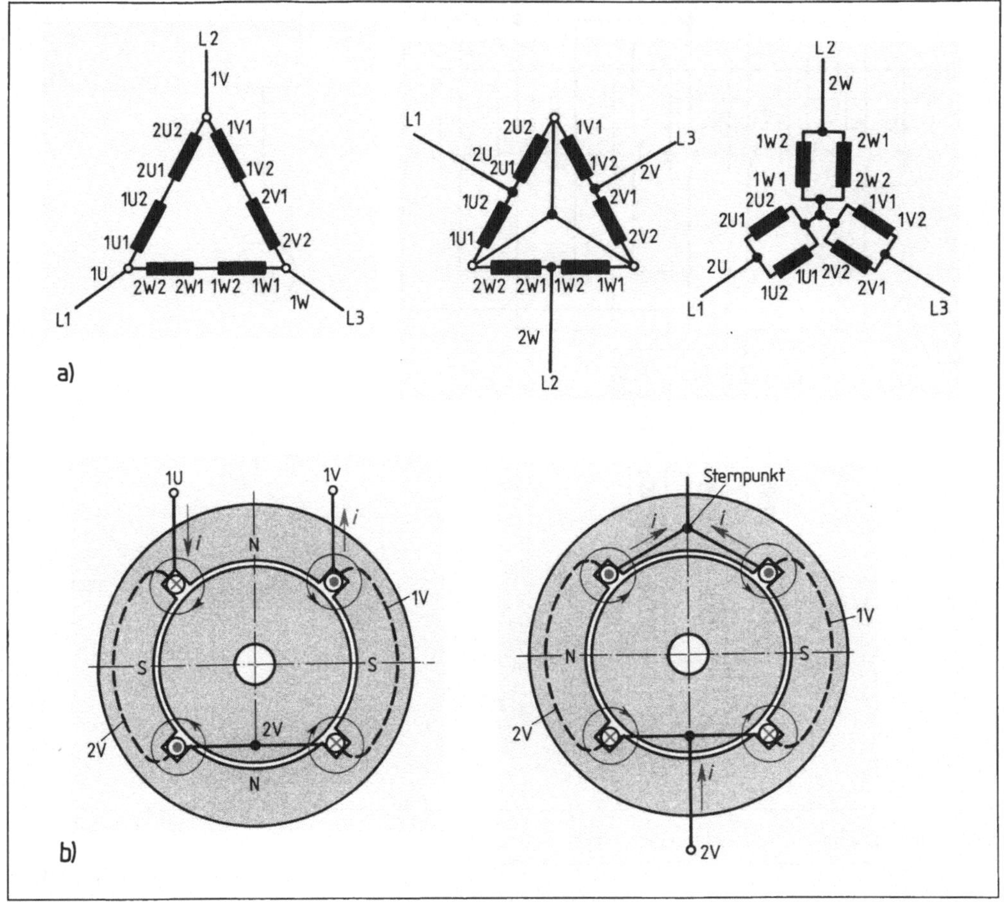

5.44 Dahlanderschaltung

a) Schaltung der Ständerwicklung für 4 und 2 Pole

b) Anordnung eines Strangs, bestehend aus den beiden Halbsträngen 1V und 2V (mit nur einer Windung dargestellt)

Bei dieser Schaltung kann man die beiden Spulen jedes Strangs durch einen Umschalter mit den Spulen der beiden anderen Stränge entweder in Reihe zu einer Dreieckschaltung oder parallel zu einer Doppelsternschaltung zusammenschalten. Bei der Dreieckschaltung entsteht die doppelte Polzahl im Vergleich mit der Doppelsternschaltung. Bei der Spulenanordnung nach Bild **5**.44 entstehen vier oder zwei Pole. Bild **5**.45 zeigt die vollständige Schaltung des Motors mit Polumschalter. Damit bei der Umschaltung der Drehsinn gleich bleibt, müssen zwei Anschlüsse durch den Umschalter vertauscht, also z. B. L1 an 1W und L3 an 1U gelegt werden.

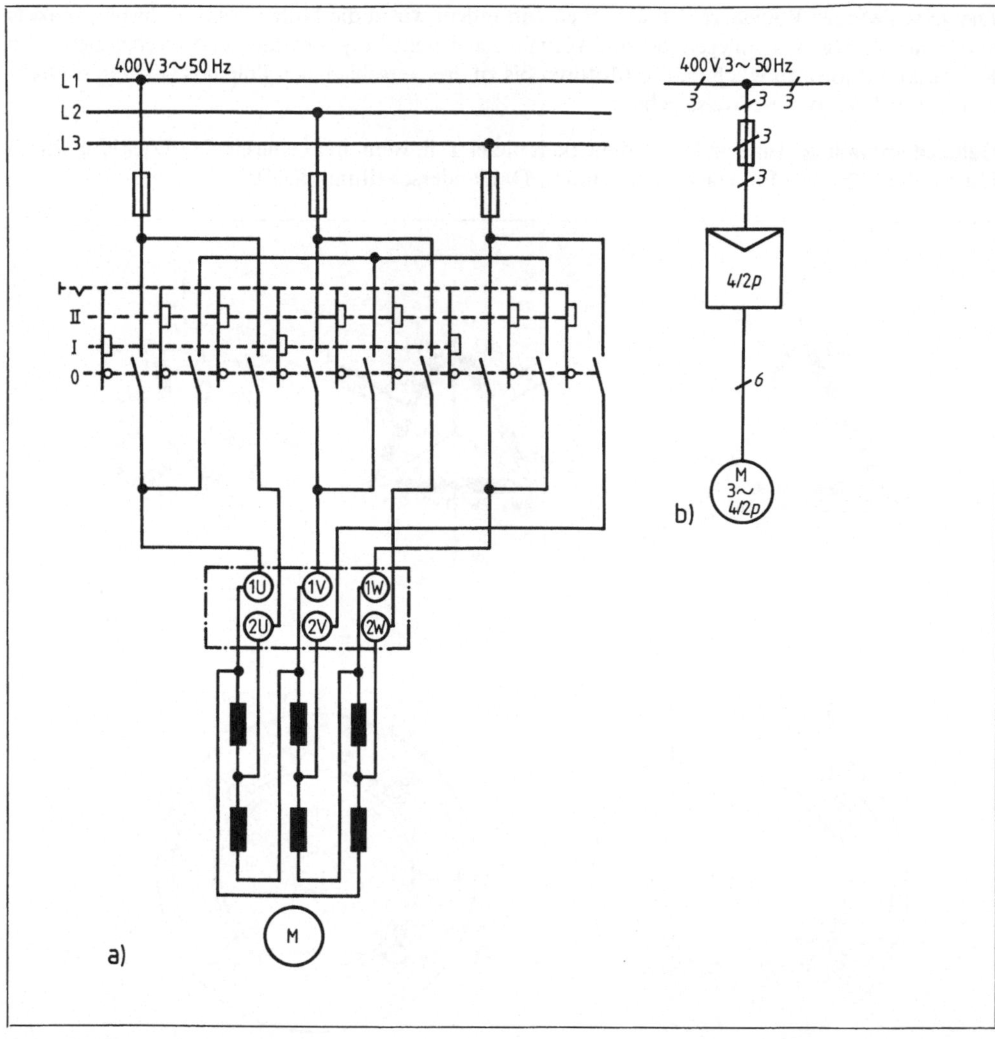

5.45 Drehstrommotor in Dahlanderschaltung

a) Schaltplan mit Nockenschalter als Polumschalter, Stellung I: kleine Drehzahl, z. B. 1500 min^{-1}, Stellung II: große Drehzahl, z. B. 3000 min^{-1}

b) einpolige Darstellung mit Schaltkurzzeichen

Der Nachteil dieser Schaltung gegenüber einem Motor mit zwei völlig voneinander getrennten Wicklungen besteht darin, daß sie nur zwei Drehzahlen im Verhältnis 1 : 2 ermöglicht. Durch eine zweite, getrennte Wicklung sind noch eine dritte oder (wenn die zweite Wicklung ebenfalls in Dahlanderschaltung ausgeführt ist) eine dritte und vierte Drehzahl möglich. Eine stufenlose Drehzahleinstellung ist aber nicht möglich.

> Polumschaltbare Motoren ermöglichen keine stetige Drehzahlveränderung; sie gestatten lediglich 2 bis 4 Drehzahlstufen.

Steuerung der Drehzahl durch Ändern der Ständerspannung

Die Ständerspannung einer belasteten Asynchronmaschine wird von der Nennspannung mit Hilfe eines Stellglieds (z.B. Stelltransformator oder Anlaßsteller) verringert, der magnetische Fluß dadurch kleiner. Um das Drehmoment aufrechtzuerhalten, muß ein größerer Läuferstrom fließen. Bei konstantem Läuferwiderstand ist dies nur durch Erhöhen der induzierten Läuferspannung zu erreichen. Deshalb muß sich der Schlupf des Motors vergrößern bzw. die Drehzahl verringern.

Steuerung der Drehzahl durch Stromrichterschaltungen. Alle bisher angegebenen Möglichkeiten der Drehzahlsteuerung lassen sich mit mechanisch bewegten Stellgliedern verwirklichen; sie sind deshalb sehr langsam. In der Praxis setzt man daher für schnelle, stufenlose und verlustarme Drehzahländerungen von Asynchronmotoren zunehmend kontaktlos arbeitende Stromrichterschaltungen ein (z.B. Frequenzumrichter, s. Abschn. 9.6.5), die sich außerdem durch eine hohe Wartungsfreiheit auszeichnen.

5.4.7 Betriebsverhalten

Das Leistungsschild nennt neben Hersteller, Motortyp (D bedeutet Drehstrom) und Herstellungsnummer alle für den betrieblichen Einsatz wichtigen Nennwerte des Motors. So gibt z.B. der Schleifringläufermotor mit dem in Bild **5.**38 dargestellten Leistungsschild in Dreieckschaltung bei 230 V und 50 Hz oder in Sternschaltung bei 400 V und 50 Hz die mechanische Nennleistung 4 kW ab. Bei dieser Leistung nimmt er in Dreieckschaltung 16,0 A und in Sternschaltung 9,25 A auf. Durch den Leistungsfaktor cos $\varphi = 0{,}8$ wird die bei Nennleistung gegebene Phasenverschiebung zwischen Spannung und Strom ausgedrückt. Der Motor entwickelt bei der Nennleistung 4 kW die Drehzahl 1415 min^{-1}. Die Läuferspannung beträgt bei Stillstand 135 V, der Läuferstrom bei Nennleistung 19,6 A. Diese beiden Angaben fehlen bei Motoren mit Käfigläufer, weil sie hier nicht meßbar sind. IP21 ist die Kennzeichnung der Schutzart des Motors (s. Abschn. 8.2.5). Die Isolationsklasse wird nur bei Wicklungen mit Sonderisolation, d.h. bei Isolation für erhöhte Temperaturanforderungen, angegeben.

Betriebskennlinien. Zur Veranschaulichung des Verhaltens von Motoren im Betrieb werden oft Kurvenschaubilder verwendet: Betriebskennlinien. Bild **5.**46 zeigt für die drei Grundtypen des Asynchronmotors den Drehmomentverlauf und die Stromaufnahme in Abhängigkeit von der Drehzahl. Die Kennlinien geben ein Bild von den Anlaufeigenschaften und damit von der Verwendbarkeit des Motors für die verschiedenen Anlaufbedingungen (s. Abschn. 8.2.2). Demnach eignen sich der Motor mit Rundstabläufer (a) nur für Halblastanlauf, der Motor mit Doppelstabläufer (b) auch für Vollastanlauf und der Schleifringläufer-Motor (c) für Schweranlauf.

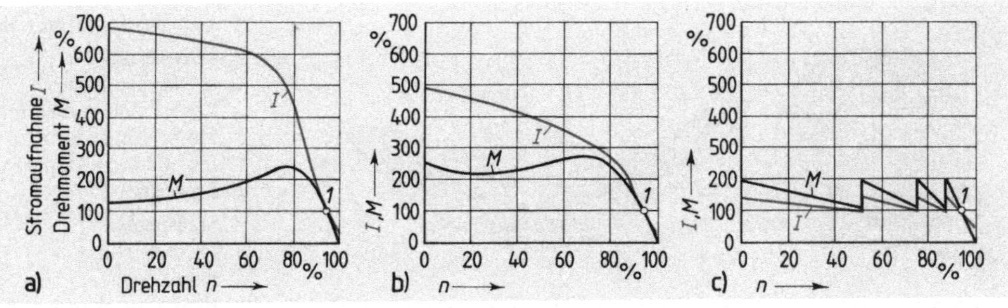

5.46 Strom I und Drehmoment M in Abhängigkeit von der Drehzahl n für einen Rundstabläufer (a), einen Doppelstabläufer (b) und einen Schleifringläufer mit vierstufigem Läuferanlasser (c); 100% ≙ Drehzahl des Drehfelds. Nennbetrieb bei Punkt *1*

Die Kennlinien in Bild 5.47 zeigen am Beispiel eines 2,2-kW-Motors, wie sich Stromaufnahme I, Drehzahl n, Wirkungsgrad η und Leistungsfaktor $\cos\varphi$ zwischen Leerlauf und Nennleistung verändern. Man ersieht daraus die geringfügige Drehzahländerung des Asynchronmotors zwischen Leerlauf und Vollast. Der Asynchronmotor ist in seinem Drehzahlverhalten also „hart" und somit dem Gleichstrom-Nebenschlußmotor ähnlich. Man spricht daher auch vom Nebenschlußverhalten des Asynchronmotors (s. Abschn. 6.2.2).

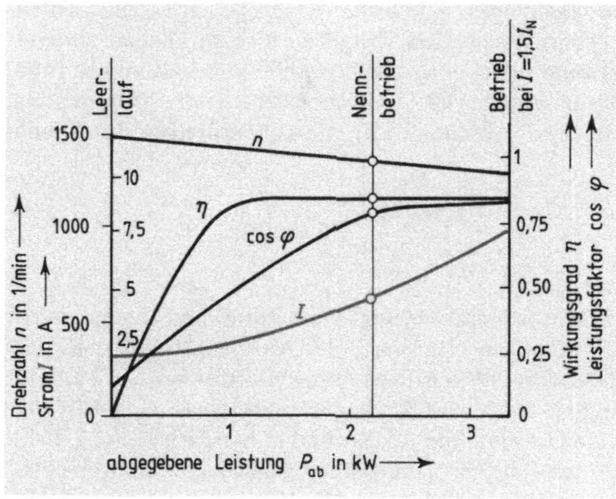

5.47
Strom I, Drehzahl n, Wirkungsgrad η und Leistungsfaktor $\cos\varphi$ in Abhängigkeit von der abgegebenen Leistung P_{ab} für einen 2,2-kW-Drehstrommotor mit den Nennwerten: $n = 1440\ \text{min}^{-1}$, $I = 4{,}9$ A, $\eta = 0{,}84$, $\cos\varphi = 0{,}82$

5.4.8 Asynchroner Linearmotor

Bei der Suche nach einem geeigneten Antrieb für Hochgeschwindigkeits-Schienenfahrzeuge hat man in den letzten Jahren das schon Ende des 19. Jahrhunderts erfundene Prinzip des Linearmotors aufgegriffen. Der Linearmotor formt elektrische Energie so in mechanische Energie um, daß dabei direkt eine geradlinige (lineare) Bewegung zustande kommt. Dies geschieht beim asynchronen Linearmotor nach demselben Prinzip, wie die Drehbewegung beim Drehstrom-Asynchronmotor entsteht. Nach Bild 5.48 kann man sich den Linearmotor als aufgeklappten Drehstrom-Asynchronmotor vorstellen. Beim Drehstrom-Asynchronmotor wird im Stator ein magnetisches Drehfeld erzeugt, beim Linearmotor entsteht im Induktorkamm ein magnetisches

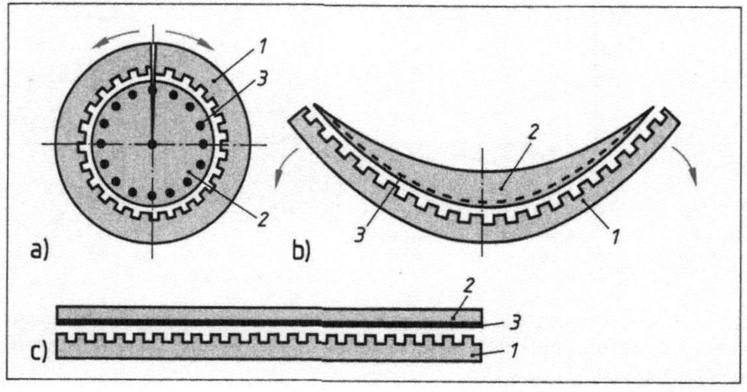

5.48
Prinzip des Linearmotors
a) Drehstrom-Asynchronmotor
b) Drehstrom-Asynchronmotor aufgeschnitten und aufgeklappt
c) Linearmotor
1 Stator bzw. Induktorkamm
2 Rotor bzw. Reaktionsschiene
3 Käfiganker bzw. Aluminium- oder Kupferschicht

Wanderfeld. Dieses induziert in der Reaktionsschiene eine Spannung, so daß darin ein Läuferstrom (Wirbelstrom) fließt, ähnlich dem Strom im Käfigläufer des Asynchronmotors. Wanderfeld und Magnetfeld des Läuferstroms verursachen eine Schubkraft und damit eine geradlinige (lineare) Bewegung. Je nach Bauart setzt sich so der bewegliche Stator oder die bewegliche Reaktionsschiene in Bewegung (5.49).

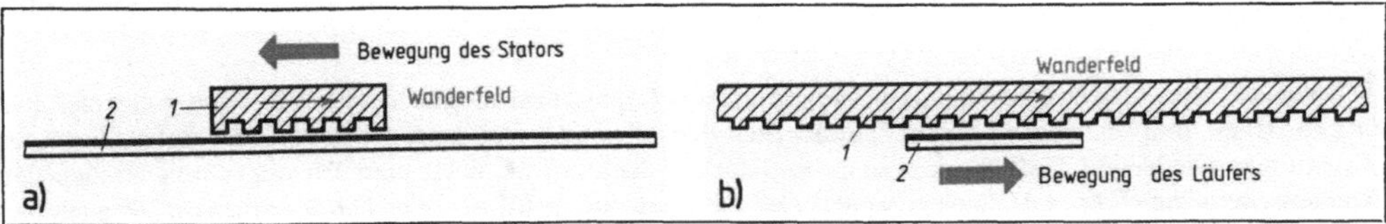

5.49 Bauarten des Linearmotors
a) Kurzstatorausführung, b) Kurzläuferausführung (Langstator)
1 Induktorkamm *2* Reaktionsschiene

Der Linearmotor erzeugt direkt eine geradlinige Bewegung.

Linearmotoren können nicht nur für den Antrieb moderner Schienenfahrzeuge (z. B. Magnetschwebebahn) verwendet werden, sondern überall dort, wo geradlinige Bewegungen auftreten (z. B. im Förderwesen, für Schneid- und Trennvorgänge und für Schiebetürenantriebe).

Übungsaufgaben zu Abschnitt 5.4

1. Aus welchen Teilen bestehen Ständer und Läufer eines Drehstrommotors mit Schleifringläufer?
2. Wie müssen die Brücken im Klemmenkasten eines Drehstrommotors für direkte Einschaltung geschaltet werden, wenn das Leistungsschild die Spannungsangabe 230/400 V △/'Y trägt? (Netzspannung 400/230 V)
3. Welche Leistung ist auf dem Leistungsschild von Motoren angegeben?
4. Welche Vor- und Nachteile haben Wälzlager gegenüber Gleitlagern?
5. Motoren erwärmen sich unzulässig, wenn sie nicht gekühlt werden. Wodurch entsteht die Verlustwärme?
6. Wie kann man feststellen, ob ein Motor mit Stern-Dreieck-Schalter eingeschaltet werden kann?
7. Welche Störungen können durch einen großen Anzugsstrom im Netz verursacht werden?
8. In welchen Fällen ist die Verwendung eines Schleifringläufermotors angebracht?
9. Wie kann man die Drehzahl eines Asynchronmotors verändern?
10. Wie groß ist die Läuferschlupffrequenz eines Asynchronmotors, dessen Drehzahl 2700 min^{-1} bei 50 Hz beträgt?
11. Wie kehrt man die Drehrichtung eines Asynchronmotors um?
12. Welche Vorteile hat der Stromverdrängungsläufer gegenüber dem Rundstabläufer?
13. Warum wirkt sich die Stromverdrängung bei einem Stromverdrängungsläufer nahe der Nenndrehzahl kaum aus?
14. Wie läßt sich die Drehzahl eines Asynchronmotors schnell und stufenlos steuern?
15. Wie wirkt sich die Erhöhung des Widerstands im Läuferstromkreis beim Schleifringläufermotor auf den Drehmomentverlauf aus?
16. Wodurch zeichnet sich die Kusaschaltung aus?
17. Beschreiben Sie den Vorgang der Stromverdrängung bei einem Stromverdrängungsläufer.
18. Welche Spannungsangabe muß das Leistungsschild eines Drehstrom-Asynchronmotors aufweisen, der in Stern-Dreieck-Schaltung am 400-V-Drehstromnetz angeschlossen werden soll: a) 400 V Y, b) 400 V △, c) 230/400 V?
19. Beschreiben Sie den Aufbau eines asynchronen Linearmotors.
20. Wie kommt beim Linearmotor der Bewegungsantrieb zustande?

5.5 Einphasen-Asynchronmotoren

5.5.1 Drehstrommotor als Einphasenmotor

Über das Verhalten der Drehstrommotoren bei Einphasenbetrieb soll ein Versuch Aufschluß geben.

Versuch 5.7 Ein kleiner Drehstrommotor wird an das Drehstromnetz geschaltet. Wird eine Netzzuleitung unterbrochen, läuft der Motor weiter. Schaltet man den Motor ab und dann bei ruhendem Läufer über zwei Zuleitungen wieder ein, läuft er nicht mehr an (starker Brummton). Wirft man ihn nun durch Drehen der Riemenscheibe an (Vorsicht!), läuft er weiter, und zwar sowohl im Rechts- als auch im Linkslauf, je nach der Anwurfsrichtung. ■

Bei der Unterbrechung e i n e s Leiters liegen bei Sternschaltung des Motors zwei Stränge in Reihe, bei Dreieckschaltung außerdem dazu parallel der dritte Strang. In beiden Fällen liegen die eingeschalteten Wicklungen an Wechselspannung. Es kann sich daher kein Drehfeld, sondern nur ein Wechselfeld ausbilden. In der Wicklung des stillstehenden Läufers entsteht durch Induktion ebenfalls ein Wechselfeld. Ein Drehmoment entsteht n i c h t; der Motor läuft daher nicht an. Erst wenn er angeworfen ist, bildet das Wechselfeld des sich drehenden Läufers zusammen mit dem Ständerwechselfeld ein Drehfeld, das die einmal eingeleitete Drehung aufrechterhält (Anwurfmotor, s. Abschn. 5.5.2).

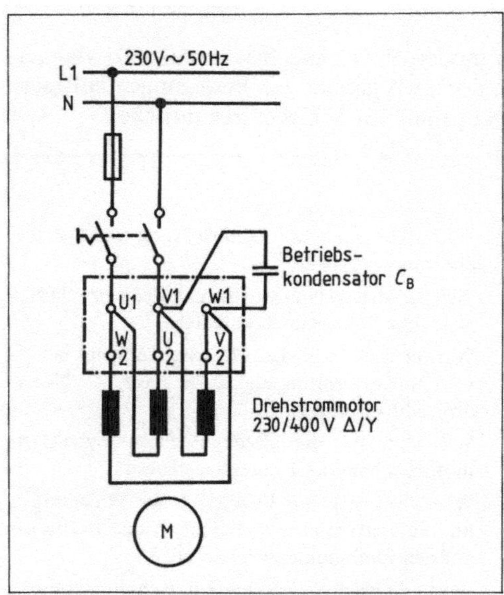

5.50 Drehstrommotor, als Einphasenmotor geschaltet (Steinmetzschaltung)

Durch den Ausfall von zwei der drei Phasen des Drehstroms kann der Motor nur noch ungefähr 60% seiner Nennleistung abgeben, ohne sich unzulässig zu erwärmen. Deshalb besteht die Gefahr der Überlastung, wenn bei einem mit 60 bis 100% der Nennleistung belasteten Motor ein Leiter unterbrochen wird (Einphasenlauf).

Nach Hinzuschalten eines Kondensators (**5**.50) kann der Motor auch am Einphasennetz bei stillstehendem Läufer ein Drehfeld entwickeln, da der Kondensator die Phasenlage des Stroms im Strang W1–W2 gegenüber den Strömen in den Strängen U1–U2 und V1–V2 verschiebt (s. Abschn. 5.5.3). Der Motor läuft jetzt also selbständig an (Steinmetzschaltung).

Drehstrommotoren können behelfsmäßig als Einphasenmotor betrieben werden.

Mit einem Kondensator von etwa 65 μF je kW bei der Netzspannung von 230 V ist die abgegebene Leistung in der Schaltung nach Bild **5**.50 rund 80% der Drehstromleistung.

$C_B \approx 65\ \mu F$ je kW Motorleistung an 230 V bzw. $C_B \approx 22\ \mu F$ an 400 V

Der Motor läuft in dieser Schaltung mit einem Anzugsmoment an, das etwa das 0,25fache des Nennmoments beträgt. Soll der Anzugsmoment verbessert werden, schaltet man dem Betriebskondensator C_B während des Anlaufs einen Anlaufkondensator C_A parallel ($C_A = 2 \cdot C_B$) (**5**.51). Nach dem Hochlaufen wird der Anlaufkondensator durch einen Fliehkraftschalter abgeschaltet.

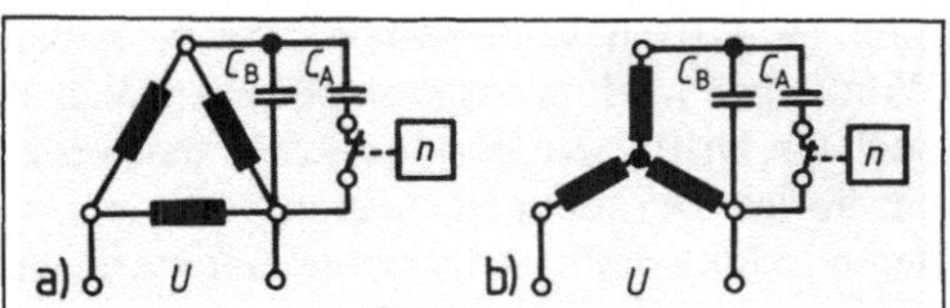

5.51
Drehstrom-Asynchronmotor als Einphasenmotor (Steinmetzschaltung) geschaltet, mit Betriebskondensator C_B und Anlaufkondensator C_A
a) bei Dreieckschaltung der Ständerwicklungen
b) bei Sternschaltung der Ständerwicklungen

5.5.2 Einsträngiger Motor – Anwurfmotor

Über das Verhalten des Anwurfmotors soll ein Versuch Aufschluß geben.

Versuch 5.8 Ein kleiner Einphasenmotor wird nach Bild **5**.52 nur mit seiner Arbeitswicklung U1–U2 an das Wechselstromnetz 230 V angeschlossen. Der Motor läuft nicht an, er brummt. Wird er jedoch wie der Drehstrommotor im Versuch 4.6 in beliebiger Richtung angeworfen, läuft er in dieser Richtung weiter. ■

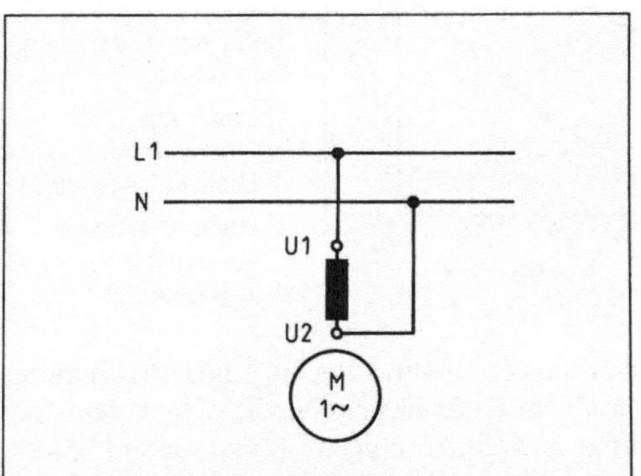

5.52 Einsträngiger Einphasenmotor (Anwurfmotor)

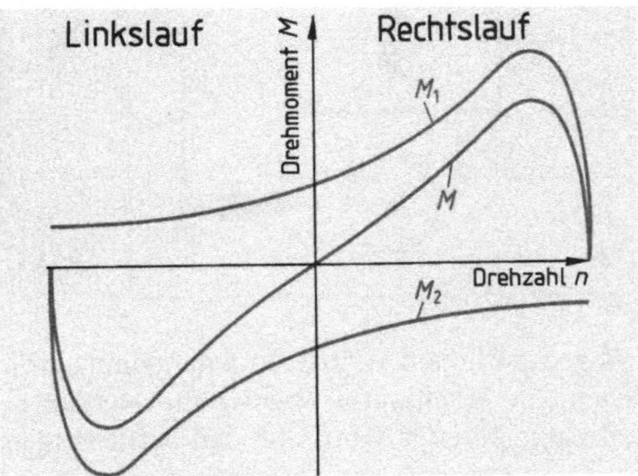

5.53 Drehmomentkennlinie des Anwurfmotors
M_1 rechtsdrehendes, M_2 linksdrehendes Drehmoment, M resultierendes Drehmoment

Der Wechselstrom erzeugt in der Ständerwicklung ein Wechselfeld. Dieses hat im Läufer zwei Drehmomente M_1 und M_2 zur Folge, die entgegengesetzt drehen wollen. Die beiden Drehmomente M_1 und M_2 ergeben das resultierende Drehmoment M des Motors (**5**.53).

Die Kennlinien lassen erkennen, daß das resultierende Drehmoment im Stillstand gleich Null ist. Wird der Motor jedoch in beliebiger Richtung angeworfen, überwiegt eins der Teilmomente; das resultierende Moment ist also größer als Null, und der Motor läuft in dieser Richtung hoch.

> Der Anwurfmotor läuft nicht selbständig an, sondern muß in beliebiger Richtung angeworfen werden.

5.5.3 Einphasenmotor mit Hilfswicklung

Wie wir aus Abschn. 5.2.4 wissen, kann sich auch in einem Einphasenmotor bei stillstehendem Läufer ein Drehfeld ausbilden, wenn man durch eine zur Ständerhauptwicklung U1–U2 versetzt angeordnete Hilfswicklung Z1–Z2 einen Strom schickt, der gegenüber dem Hauptwicklungsstrom phasenverschoben ist.

Motor mit Widerstandshilfswicklung. Die Phasenverschiebung kann man schon durch einen im Vergleich zur Hauptwicklung höheren Wirkwiderstand der Hilfswicklung erreichen (**5.**54a). Man wickelt deshalb die Hilfswicklung mit dünnerem Draht als die Hauptwicklung. Zur Verringerung ihres induktiven Widerstands wird sie außerdem teilweise bifilar gewickelt, d.h., ein Teil der Windungen wird im entgegengesetzten Wickelsinn wie die übrigen Windungen gewickelt, so daß noch ein Drittel der Windungszahl magnetisch wirksam ist. Das Magnetfeld dieses Teils ist dem der übrigen Windungen entgegengerichtet, so daß das Gesamtfeld der Hilfswicklung und damit deren induktive Phasenverschiebung stark verringert werden.

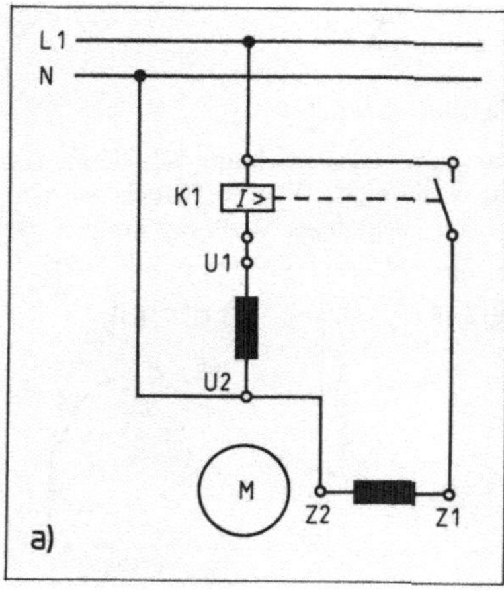

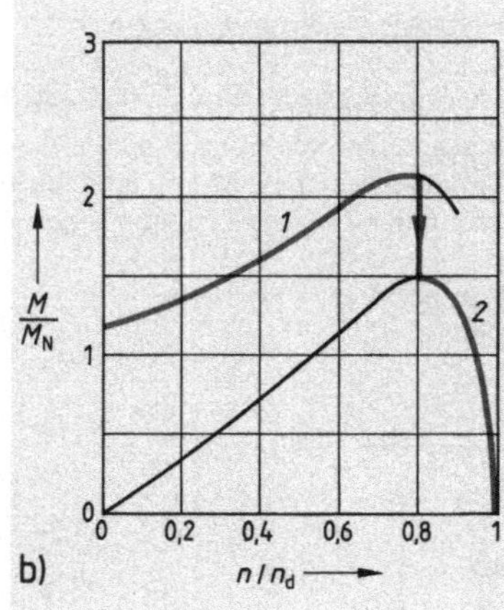

5.54
Einphasen-Asynchronmotor mit Widerstandshilfswicklung
a) Schaltung
b) Drehmoment-Drehzahl-Kennlinie
1 Hilfswicklung eingeschaltet,
2 ausgeschaltet

Wegen der hohen Verluste und der damit verbundenen starken Erwärmung muß die Hilfswicklung nach dem Hochlaufen abgeschaltet werden, z.B. durch ein Hilfsphasenrelais K1. Nach dem Abschalten läuft der Motor mit den Betriebseigenschaften eines einsträngigen Motors weiter (**5.**54b).

Solche Motoren werden praktisch nur noch mit Nennleistungen bis zu einigen hundert Watt in Kühlschränken verwendet.

> Einphasenmotoren mit Widerstandshilfswicklung werden nur noch für kleine Leistungen verwendet.

Kondensatormotor. Man kann die Phasenverschiebung zwischen den Strömen in Haupt- und Hilfswicklung auch durch einen in Reihe mit der Hilfswicklung geschalteten Kondensator bewirken. Bild **5.**55a zeigt den Schaltplan eines solchen Kondensatormotors. In Reihe mit der Hilfswicklung liegt der Anlaufkondensator C_A, der nach dem Hochlaufen des Motors durch einen Fliehkraftschalter F1, manchmal auch durch einen besonderen Anlaßschalter, abgeschaltet wird. Der Fliehkraftschalter ist im Ständer eingebaut und wird beim Erreichen einer bestimmten Drehzahl durch ein am Läufer angebrachtes Fliehkraftgewicht geöffnet. Der nicht abschaltbare Betriebskondensator C_B bewirkt ein stärkeres und gleichmäßigeres Drehfeld und dadurch höhere Leistung und ruhigeren Lauf des Motors.

Wie die (rote) Hochlaufkennlinie im Drehmoment-Drehzahl-Kennlinienbild **5.**55b erkennen läßt, gilt beim Hochlaufen mit Anlauf- und Betriebskondensator die Kennlinie *1*, nach Abschalten des Anlaufkondensators die Kennlinie *2*.

Als Richtwerte gelten für die bei 230-V-Motoren erforderliche Kapazität des Betriebs- und Anlaufkondensators.

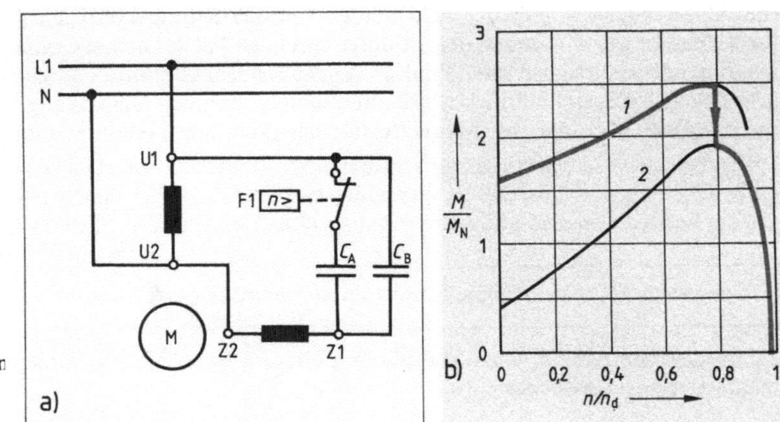

5.55 Kondensatormotor mit Anlaufkondensator C_A und Betriebskondensator C_B
a) Schaltung
b) Drehmoment-Drehzahl-Kennlinien
1 mit C_A und C_B
2 nur mit C_B

$C_B \approx 25\,\mu F$ je kW Motorleistung, $C_A \approx 100\,\mu F$ bis $120\,\mu F$ je kW Motorleistung.

Es gibt auch Motoren, die nur mit einem festen Betriebskondensator (kleineres Anzugsmoment) oder nur mit einem abschaltbaren Anlaufkondensator (kleinere Leistung) betrieben werden.

Kondensatormotoren laufen selbständig an. Sie haben bessere Betriebseigenschaften als Anwurfmotoren und werden für kleine Leistungen häufig verwendet.

Hilfsphasenmotoren haben den Vorteil, daß sie auch dort verwendet werden können, wo kein Drehstrom zur Verfügung steht, z. B. im Haushalt. Von den EVU werden sie im allgemeinen für Leistungen bis 1,4 kW zugelassen.

5.5.4 Spaltpolmotor

Im Prinzip ist der Spaltpolmotor ein Einphasenmotor mit ständig eingeschalteter Hilfswicklung. Bild 5.56 zeigt den Aufbau des Spaltpolmotors mit Kurzschlußläufer *1* in vereinfachter Darstellung. Die beiden Ständer p o l e *2* und *3* sind durch Schlitze in zwei ungleich breite Teile g e s p a l-

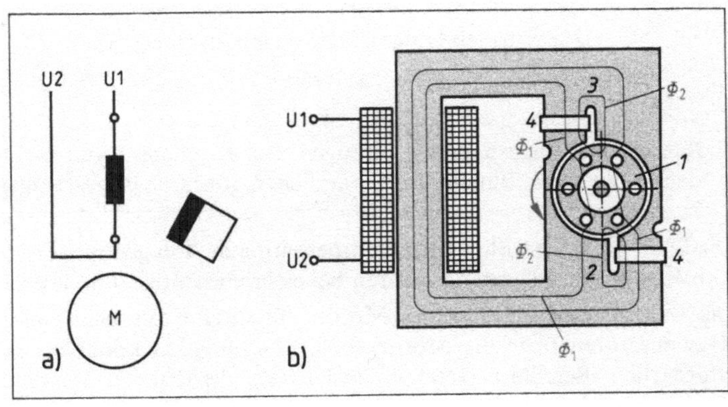

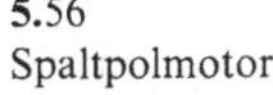

5.56 Spaltpolmotor
a) Schaltung
b) zweipolige Ausführung (schematisch)
1 Kurzschlußläufer
2, 3 Spaltpole
4 Kurzschlußringe

ten. Die schmaleren Teile der Pole werden von den Kurzschlußringen *4* umschlossen. In den Kurzschlußringen wird durch den sie durchsetzenden Teil des magnetischen Flusses Φ_1 ein Strom induziert, dessen magnetischer Fluß Φ_2 gegenüber dem Hauptfluß Φ_1 eine Phasenverschiebung aufweist. Die Kurzschlußringe wirken also ähnlich wie die Hilfswickung der in Abschnitt 5.5.3 beschriebenen Motoren: Ihre Magnetfelder bilden zusammen mit dem Hauptfeld Φ_1 ein Drehfeld.

Spaltpolmotoren haben einen sehr schlechten Wirkungsgrad von etwa 20%. Sie werden trotzdem bis zu Leistungen von ca. 200 W verwendet, weil sie einen sehr einfachen Aufbau haben, kostengünstig herzustellen sind und keine Zusatzgeräte (Kondensator, Fliehkraftschalter) erfordern.

Spaltpolmotoren sind kleine Einphasen-Asynchronmotoren besonders einfacher Bauart.

Sie werden zum Antrieb von Schaltuhren, Lüftern, Plattenspielern, Tonbandgeräten, Haushaltsmaschinen usw. verwendet.

5.6 Blindstromkompensation bei Drehstrommotoren

Zur Kompensation des Blindstroms werden Drehstrommotoren entweder einzeln oder in Gruppen kompensiert. Die kapazitive Blindleistung der erforderlichen Kondensatoren beträgt bei Einzelkompensation 40 bis 50% der Motornennleistung. Bei Gruppenkompensation wird meist auf einem Leistungsfaktor $\cos\varphi = 0{,}9$ bis 0,95 kompensiert. Die Kondensatoren werden immer in Dreieck geschaltet (s. Abschn. 3.2). Sie liegen dann an der vollen Außenleiterspannung und können eine höhere Blindleistung kompensieren, als wenn sie in Stern geschaltet wären, wie im folgenden Beispiel nachgewiesen wird.

Beispiel 5.5 Drei Kondensatoren mit je 15 µF werden einmal in Stern, einmal in Dreieck an ein 400-V-Netz gelegt. Wie groß ist in beiden Fällen ihre kapazitive Blindleistung?

Lösung Der kapazitive Widerstand eines Kondensators beträgt

$$X_C = \frac{1}{2\pi \cdot f \cdot C} = \frac{1}{2 \cdot 3{,}14 \cdot 50\ \text{Hz} \cdot 0{,}000015\ \text{F}} = 212\ \Omega.$$

Die kapazitive Blindleistung der drei Kondensatoren erhält man aus der Formel $Q_C = 3 \cdot U^2/X_C$. Bei Sternschaltung liegt an den Kondensatoren die Strangspannung U_{st}, bei der Dreieckschaltung die Außenleiterspannung U. Dann ist die kapazitive Blindleistung

bei Sternschaltung

$$P_{C\curlywedge} = \frac{3 \cdot U_{st}^2}{X_C} = \frac{3 \cdot (230\ \text{V})^2}{212\ \Omega} = \mathbf{749\ Var}$$

bei Dreieckschaltung

$$P_{C\triangle} = \frac{3 \cdot U^2}{X_C} = \frac{3 \cdot (400\ \text{V})^2}{212\ \Omega} = \mathbf{2264\ Var}.$$

Das Verhältnis beider Blindleistungen zueinander ist

$$P_{C\curlywedge} : P_{C\triangle} = 749\ \text{Var} : 2264\ \text{Var} = 1:3.$$

Bei gleicher Netzspannung erzeugen drei Kondensatoren in Dreieckschaltung die dreifache kapazitive Blindleistung, verglichen mit ihrer Blindleistung in Sternschaltung.

Die EVU verlangen Blindstromkompensation in Anlagen mit einem Motor bei Leistungen ab 11 kW oder mit mehreren Motoren bei einer Gesamtleistung über 25 kW.

Die Einzelkompensation eines Motors für direkte Einschaltung zeigt Bild **5**.57. Da sich die Kondensatoren über die Motorwicklungen entladen können, sind keine Entladewiderstände erforderlich. Bei Stern-Dreieck-Umschaltung besteht bei Verwendung eines normalen Stern-

Dreieck-Schalters und Anordnung der Kondensatoren nach Bild **5.**57 aber die Gefahr, daß die geladenen Kondensatoren bei der Umschaltung von Stern auf Dreieck gerade in dem Augenblick auf die volle Spannung geschaltet werden, in dem die Netzleiter die entgegengesetzte Polarität haben wie die Kondensatoren. Hierdurch käme im Augenblick der Umschaltung auf Dreieck über die Kontaktstücke des Schalters eine kurzschlußartige Entladung zustande, die die Schaltstücke schnell zerstören würde.

Um dies zu verhindern, werden Stern-Dreieck-Schalter verwendet, bei denen die Kondensatoren während der Umschaltung von Stern auf Dreieck an das Netz geschaltet bleiben, so daß der oben beschriebene Vorgang nicht eintreten kann (**5.**58). Die in der Nullstellung vorgesehenen, die Wicklungen kurzschließenden Schaltstücke haben den Zweck, die Kondensatoren nach dem Ausschalten des Motors über die Motorwicklungen zu entladen. Dies wäre bei der Stern-Dreieck-Umschaltung über die offenen Wicklungsstränge nicht möglich.

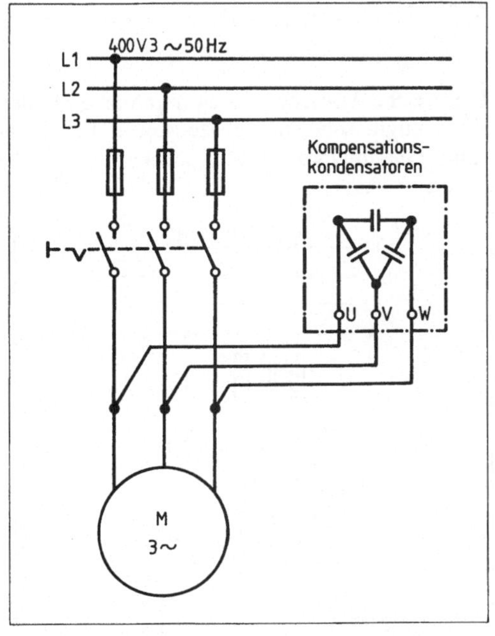

5.57 Blindstromkompensation eines Drehstrommotors bei direkter Einschaltung des Motors

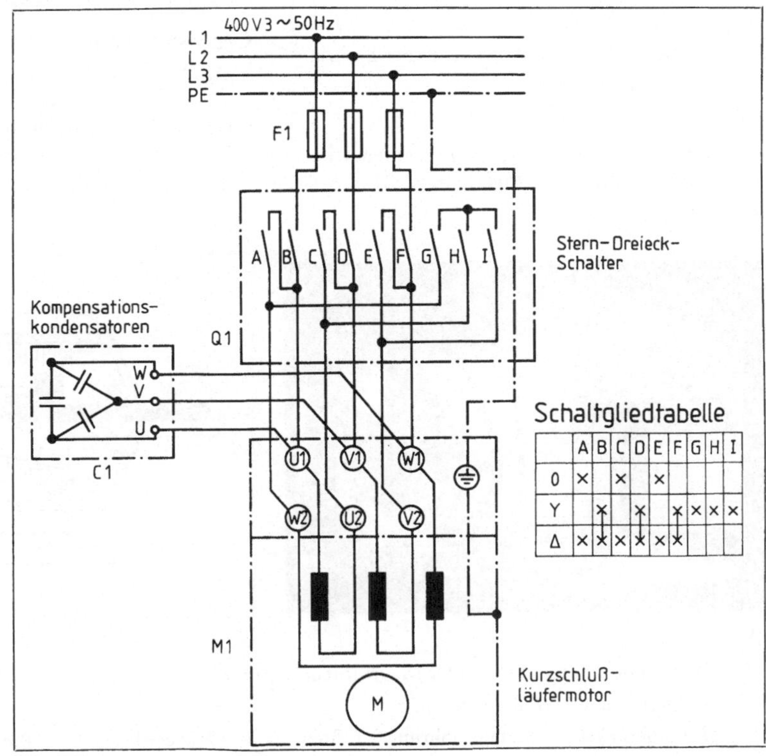

	A	B	C	D	E	F	G	H	I
0	×		×		×				
Y		×		×		×	×	×	×
Δ	×	×	×	×	×	×			

5.58 Stern-Dreieck-Schalter für einen kompensierten Drehstrommotor

5.7 Bremsen von Drehstrommotoren

Elektrische Antriebe müssen in manchen Fällen schnell zum Stillstand gebracht werden, z. B. bei Werkzeugmaschinen, Hebezeugen und Antrieben mit schnell wirkender Drehrichtungsumsteuerung. Diesem Zweck dienen mechanische und elektrische Bremsen.

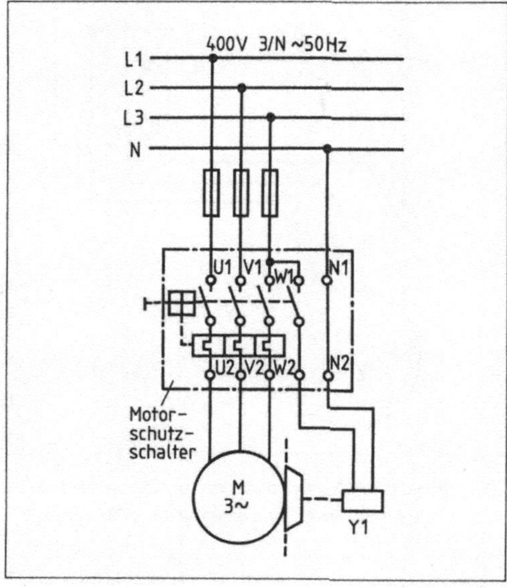

5.59 Drehstrommotor mit mechanischer Bremse
Y1 Bremslüftmagnet

Mechanische Bremse mit Bremslüftmagnet. Die mechanisch mittels Federkraft wirkende Bremse wird durch den Bremslüftmagneten Y1 gelöst, sobald dessen Magnetspule beim Einschalten des Motors erregt wird (5.59). Im stromlosen Zustand tritt die Bremse durch die Federkraft in Funktion. Die Bremse wird also sowohl beim Abschalten des Motors als auch bei Ausfall der Netzspannung wirksam.

Beim Bremsmotor ist eine mechanische Bremse eingebaut (5.60). Im ausgeschalteten Zustand wird die Bremsscheibe *5* durch eine Bremsfeder *3* gegen die Bremsbacken *4* gedrückt. Die Ständerbohrung *2* und das Läuferblechpaket *1* sind kegelig ausgebildet. Dadurch treten beim Einschalten des Motors magnetische Kräfte auf, die den Läufer in die Ständerbohrung hineinziehen und so die Bremse lösen.

Gegenstrombremse. Die elektrische Bremswirkung wird durch Vertauschen von zwei Motoranschlüssen mit Hilfe des Bremsschützes K2 erreicht (5.61). Dadurch ändert sich die Drehrichtung des Drehfelds, was eine Bremswirkung zur Folge hat. Bremsschütz K2 schaltet ein, wenn durch Betätigung des Aus-Tasters S1 das Motorschütz K1 abfällt und dabei der Öffner K1 schließt.

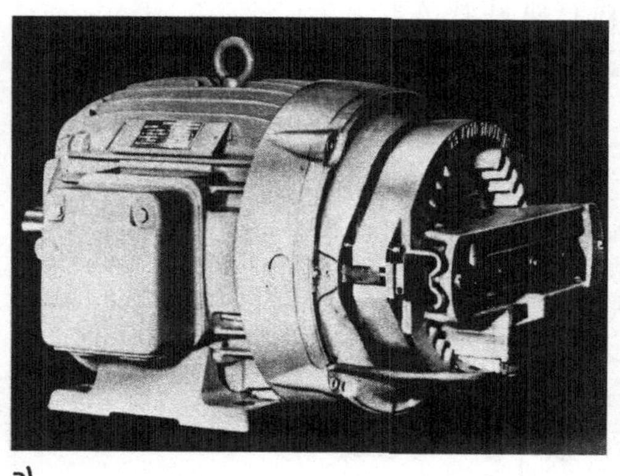

a)

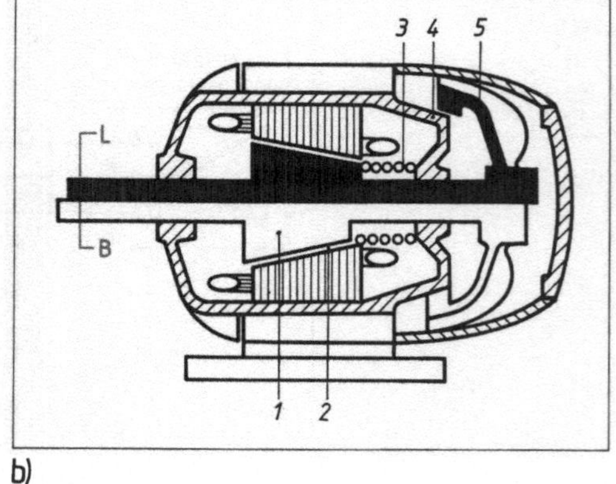

b)

5.60 Bremsmotor a) mit angebauter Magnetbremse, b) mit Verschiebeläufer
L Laufstellung B Bremsstellung
1 Läuferpaket *2* Ständerbohrung *3* Bremsfeder *4* Bremsbacken *5* Bremsscheibe

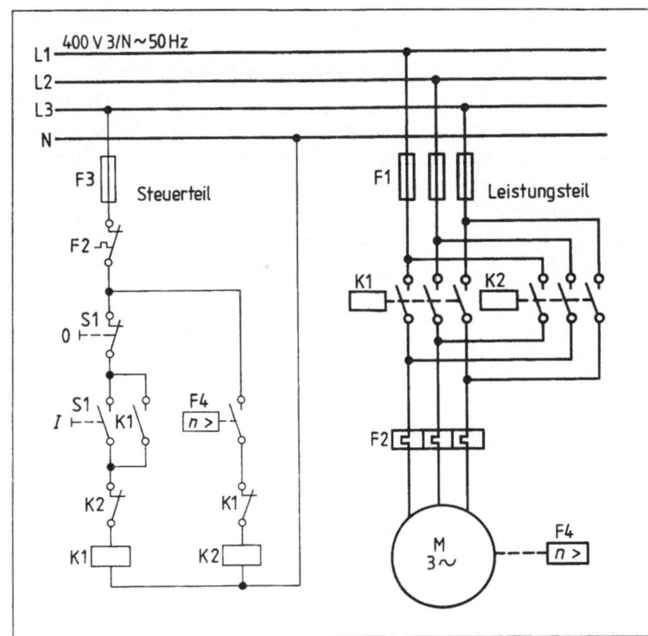

5.61
Gegenstrombremsung eines Drehstrommotors
K1 Motorschütz
K2 Bremsschütz
F4 Drehzahlwächter

Damit der Motor nicht über den Stillstand hinaus in entgegengesetzter Drehrichtung wieder hochläuft, wird der Drehzahlwächter F4 (Abschn. 8.3.3) in den Stromkreis des Bremsschützes K2 geschaltet. Der Drehzahlwächter, auch Bremswächter genannt, ist ein mit dem Antrieb gekuppelter, drehzahlabhängiger Schalter, dessen Schließer kurz vor dem Stillstand öffnet. Das Bremsschütz K2 fällt dadurch ab und trennt den Motor vom Netz.

Gleichstrombremse. Die Ständerwicklung des Motors wird beim Abschalten an eine Gleichspannung gelegt. Der weiterlaufende Motor arbeitet jetzt als Generator. Die in den kurzgeschlossenen Läuferstäben entstehenden Induktionsströme erzeugen ein kräftiges Bremsmoment. Bei Schleifringläufern läßt sich die Bremswirkung durch Zuschalten von Widerständen in den Läuferstromkreis beeinflussen.

Übungsaufgaben zu Abschnitt 5.5 bis 5.7

1. Warum werden trotz ihres schlechten Wirkungsgrads in vielen Fällen Einphasen-Asynchron-Motoren verwendet?
2. Beschreiben Sie, wie ein Drehstrom-Asynchronmotor am Einphasennetz betrieben werden kann.
3. Warum läßt sich ein Anwurfmotor in beiden Richtungen anwerfen?
4. Wie wird bei Einphasenmotoren mit Widerstandshilfswicklung die erforderliche Phasenverschiebung zwischen Arbeits- und Hilfswicklung erreicht?
5. Welche Aufgabe hat bei Kondensatormotoren der Kondensator?
6. Wie läßt sich bei einem Kondensatormotor die Drehrichtung ändern? Skizzieren Sie die Schaltung.
7. Was erreicht man beim Kondensatormotor mit Betriebskondensator durch das Zuschalten von Anlaufkondensatoren?
8. Ein Kondensatormotor brummt beim Einschalten und läuft nicht an. Was kann die Ursache sein?

9. Wie entsteht in einem Spaltpolmotor das Drehfeld?
10. Wie läßt sich beim Spaltpolmotor die Drehrichtung ändern?
11. In einem Haushaltsgerät ist ein Einphasenmotor ohne Stromwender eingebaut. Ein Hilfsgerät ist nicht vorhanden. Um welche Motorenart kann es sich handeln?
12. In welchen Fällen und warum müssen bei Kompensationskondensatoren Entladewiderstände vorgesehen werden?
13. Warum werden Kompensationskondensatoren in Dreieck und nicht in Stern geschaltet?
14. Welche Aufgabe hat der Drehzahlwächter bei der Gegenstrombremsung eines Drehstrommotors?
15. Welche Möglichkeiten gibt es, Elektromotoren nach dem Ausschalten mechanisch zu bremsen?

6 Gleichstrommaschinen

Obwohl die Wechselstrom- und Drehstrommaschinen für die Energieversorgung und die elektromotorischen Antriebe heute eine bevorzugte Stellung einnehmen, bleiben die Gleichstrommaschinen für bestimmte Aufgaben unentbehrlich.

6.1 Gleichstromgenerator

Wie bei allen Generatoren, wird auch bei den Gleichstromgeneratoren die Spannung durch elektrische Induktion erzeugt.

6.1.1 Erzeugen einer Gleichspannung

Aufgabe des Stromwenders beim Generator (6.1). Dreht man eine Leiterwindung in einem Magnetfeld, wird in ihr eine Wechselspannung induziert, die an den Enden der Leiterwindung mit zwei Schleifringen durch Bürsten abgenommen werden kann. Um diese Wechselspannung in eine

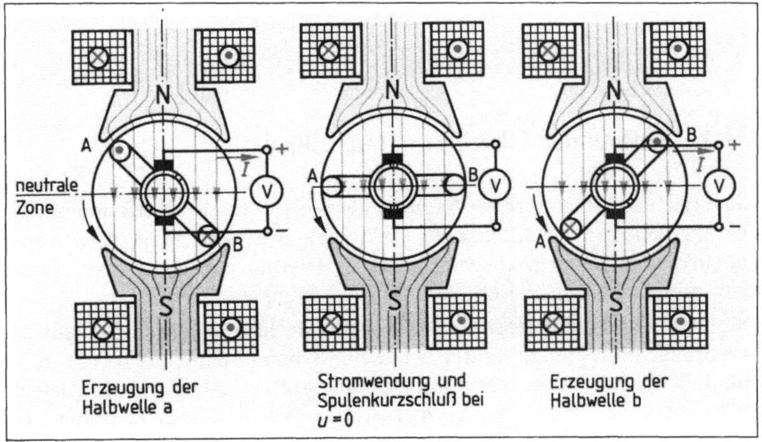

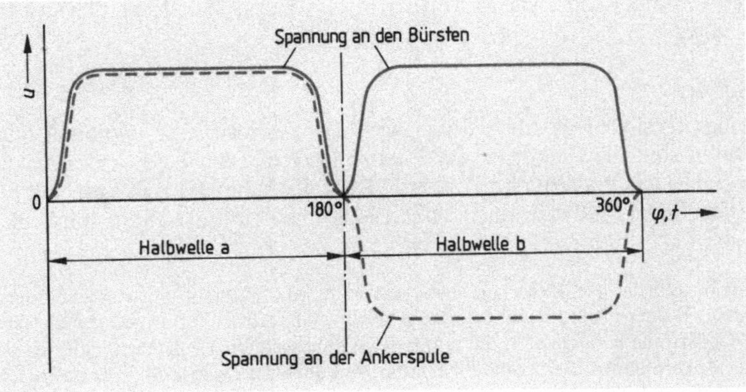

6.1
Erzeugen einer pulsierenden Gleichspannung in einer Leiterwindung bei homogenem Magnetfeld

Gleichspannung umzuwandeln, muß man einen mechanischen Gleichrichter vorsehen, der die Spulenenden in dem Augenblick miteinander vertauscht, in dem sich die Leiterwindung in der neutralen Zone befindet, die erzeugte Wechselspannung also Null ist. Verbindet man zu diesem Zweck die Enden der Leiterwindung statt mit zwei Schleifringen mit den beiden Hälften eines geteilten Schleifrings, kann man von den beiden Schleifringhälften über zwei gegenüberliegende Bürsten eine pulsierende Gleichspannung abgreifen. Der geteilte Schleifring erfüllt also die Rolle des oben genannten mechanischen Umschalters. Er heißt Stromwender, Kommutator oder auch Kollektor. Die Bürsten müssen so stehen, daß sich die Leiterwindung bei der Stromwendung in der neutralen Zone befindet. Um die erzeugte Spannung zu erhöhen, kann man statt einer Leiterwindung eine Spule mit mehreren Windungen benutzen.

Die bei der Drehung einer Spule in einem Magnetfeld induzierte Wechselspannung kann durch einen Stromwender gleichgerichtet werden.

Um die Spannung weiter zu erhöhen und eine geringere Welligkeit zu erzielen, kann man (wie später gezeigt wird) mehrere gegeneinander versetzt angeordnete Induktionsspulen verwenden und sie über einen mehrfach geteilten Stromwender in Reihe schalten, so daß sich ihre Spannungen addieren (**6**.8). Im Gegensatz zum Wechselstromgenerator spielt hier die Sinusform der in den Ankerspulen induzierten Spannung keine Rolle.

6.1.2 Aufbau der Gleichstrommaschinen

Zur Erzielung eines starken Magnetfelds werden in Gleichstrommaschinen, von kleinen Maschinen abgesehen, als Feldmagnete Elektromagnete verwendet (**6**.1). Die Induktionsspulen bettet man in die Nuten eines Ankerblechpakets. Hierdurch erhält man einen kleinen Luftspalt zwischen dem Läufer und den Polschuhen der Feldmagnete.

Der die Feldmagnete enthaltende feststehende Teil der Maschine heißt Ständer, der die Induktionsspulen enthaltende Läufer bei Gleichstrommaschinen Anker. In Abschn. 6.2 wird gezeigt, daß die Gleichstrommotoren den gleichen Aufbau haben wie die Gleichstromgeneratoren.

Gleichstrommaschinen sind Außenpolmaschinen, weil die Polkörper der Feldmagnete außen im Magnetgestell liegen. Wechselstrom- und Drehstromgeneratoren baut man wegen der einfacheren Stromabnahme als Innenpolmaschinen; hier dreht sich der innenliegende Polkörper (Läufer).

Ständer

Magnetgestell. Das Magnetjoch wird aus geschweißtem Walzstahl oder Grauguß hergestellt. Daran sind die Polkörper der Feldmagnete mit den Feldwicklungen befestigt. Die Polkörper bestehen aus Polkern und Polschuh. Die Polschuhe sind zum Luftspalt hin verbreitert, damit der magnetische Fluß Φ in einem möglichst großen Luftquerschnitt zum Ankerblechpaket übertreten kann.

Oft besteht der Polkern aus massivem Stahl oder Stahlguß mit rundem Querschnitt, während die Polschuhe stets aus voneinander isolierten Dynamoblechen zusammengenietet sind. Hierdurch werden die Wirbelströme herabgesetzt, die in den Polschuhen dadurch entstehen, daß sich der Fluß beim Vorbeilaufen der Ankernuten stoßartig ändert. Häufig wird auch der ganze Polkörper aus Blechen aufgebaut; dann erhält auch der Polkern rechteckigen Querschnitt.

6.2 Bauteile einer vierpoligen Gleichstrommaschine
1 Ständer *2* Läufer (Anker) *3* Lagerschilde *4* Bürstengestell *5* Klemmenkasten

Die Feldwicklungen werden meist in Reihe geschaltet und dabei so miteinander verbunden, daß sich Nord- und Südpole abwechseln. Dann entstehen in der vierpoligen Maschine vier magnetische Kreise mit jeweils dem Fluß Φ und zwei Polpaaren N–S (**6.3**). Bei kleinen und mittelgroßen

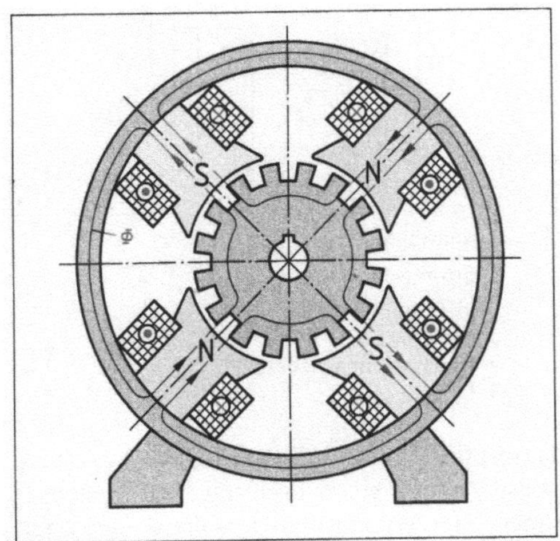

6.3 Magnetfeld einer vierpoligen Gleichstrommaschine (ohne Ankerwicklung)

6.4 Bürstenhalter
1 Bürste
2 Klemmvorrichtung für den Bürstenbolzen
3 Feder

Maschinen wird das Magnetgestell an den beiden Stirnseiten durch die Lagerschilde geschlossen. Schließlich sind am Magnetgestell noch der Klemmenkasten und das genormte Leistungsschild befestigt.

Bürstengestell. Zum feststehenden Teil der Maschine gehört ferner die Befestigungsvorrichtung für die Bürsten. Sie enthält z. B. für eine zweipolige Maschine 2, für eine vierpolige Maschine 4 Bürstenhalter usw. (**6**.4 auf S. 141). Die Bürsten *1* bestehen aus gepreßtem Kohlenstoff (Graphit). Sie werden durch eine Feder *3* auf den Stomwender gedrückt. Die Bürstenhalter sind mit Klemmvorrichtungen *2* auf Bürstenbolzen befestigt, die ihrerseits isoliert in der Bürstenbrücke sitzen. Bei großen Ankerstromstärken werden mehrere Bürstenhalter nebeneinander auf einem Bürstenbolzen angeordnet.

Die Bürstenbrücke ist an einem Lagerschild befestigt und kann verdreht werden, um die Bürsten in die für die Stromwendung günstigste Stellung bringen zu können. Die richtige Bürstenstellung ist meist durch eine Strichmarkierung am Lagerschild angegeben.

Anker

Der Anker wird zur Verminderung der Wirbelstromverluste aus voneinander isolierten Blechen zusammengesetzt (**6**.5). Das Blechpaket wird mit Hilfe von Druckplatten und Bolzen, bei kleinen Maschinen durch Niete zusammengepreßt und auf der Ankerwelle befestigt. Am Ankerumfang sind die Nuten zur Aufnahme der Ankerwicklung ausgestanzt. Ein an der Stirnseite des Blechpakets angebrachter Lüfter treibt einen kräftigen Luftstrom durch das Innere der Maschine (**6**.2).

6.5 Ankerläufer

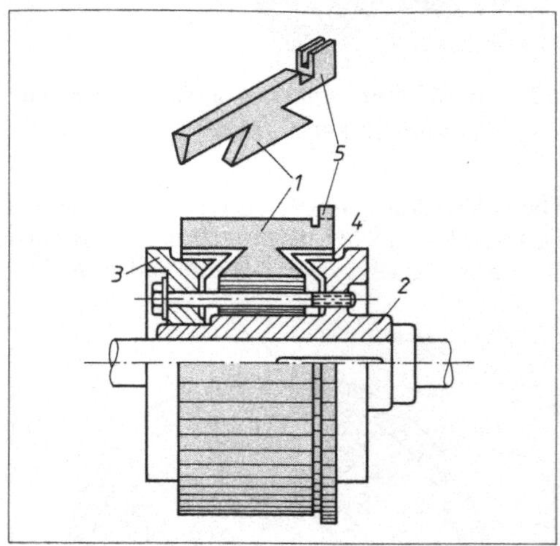

6.6 Stromwender (Kommutator)
1 Stromwenderstege
2 Strmwenderbuchse
3 Preßring
4 Isolierstoffmanschette
5 Lötfahnen

Der Stromwender (Kommutator, 6.6) besteht aus Hartkupferstegen *1*, die mit ihrem schwalbenschwanzförmigen Ansatz auf der Stromwenderbuchse *2* durch einen Preßring *3* festgeklemmt werden. Die Stege sind gegeneinander durch Glimmer- oder Mikanitplatten isoliert. Eine unerwünschte leitende Verbindung zu Buchse und Ring wird durch Isolierstoffmanschetten *4* vermieden. Der Stromwender wird als Baugruppe für sich auf die Welle aufgebracht; jeder Steg hat eine Lötfahne *5* oder einen ausgefrästen Schlitz, in die dann der Anfang einer Ankerspule und das Ende der nächsten eingelötet werden (**6**.7).

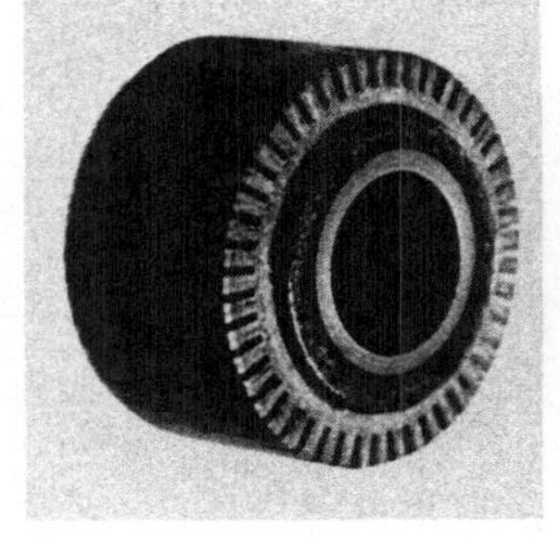
a)

b)

6.7
Stromwender
a) mit ausgefrästen Schlitzen
b) mit Lötfahnen

Ankerwicklungen sind entweder Draht- oder Stabwicklungen. Drahtwicklungen haben mehrere Windungen je Ankerspule, Stabwicklungen dagegen sind gewöhnlich aus einem einzigen Kupferstab rechteckigen Querschnitts gebogen. Keile aus Holz oder Preßstoff, die die Nuten am Ankerumfang abschließen, sowie Drahtbandagen sorgen dafür, daß die Wicklungen durch die auftretenden Fliehkräfte nicht aus den Nuten geschleudert werden.

Schaltung der Ankerwicklung

Die Anordnung und Schaltung der Ankerspulen geht aus Bild **6.**8 hervor. Zur Vereinfachung ist darin eine zweipolige Maschine mit nur sechs Ankerspulen auf dem Ankerumfang dargestellt. Die meisten Gleichstrommaschinen sind dagegen mindestens vierpolig und haben wesentlich mehr Ankerspulen; die Wirkungsweise ist aber die gleiche.

Die auf dem Ankerumfang gegeneinander versetzt angeordneten Ankerspulen sind mit Anfang und Ende an jeweils zwei benachbarte Stege des Stromwenders angeschlossen. Dieser hat demnach ebensoviel Stege I bis VI, wie Ankerspulen vorhanden sind. In jeder Nut des Ankerblechpakets liegen zwei Spulenseiten, z. B. 1 und 4′ oder 4 und 1′ (Zweischichtwicklung). Die beiden in einem Nutpaar liegenden Spulen sind mit je zwei gegenüberliegenden Stromwenderstegen verbunden, z. B. Spule 1 mit den Stegen I und II sowie Spule 4 mit den Stegen IV und V. Dann werden beide Ankerspulen von den sich gegenüberstehenden Bürsten zur gleichen Zeit, nämlich beim Durchgang durch die neutrale Zone (also im spannungslosen Zustand) kurzgeschlossen.

Man kann die Ankerwicklung auch gedanklich in Achsrichtung der Maschine aufschneiden und in der Ebene ausbreiten. Dann erhält man die Abwicklung in Bild **6.**9 a. Schließlich läßt sich die Wicklung noch nach Bild **6.**9 b darstellen. Daraus ist zu ersehen, daß die Ankerwicklung in sich geschlossen ist und durch die Bürsten in zwei parallelgeschaltete Zweige aufgeteilt wird.

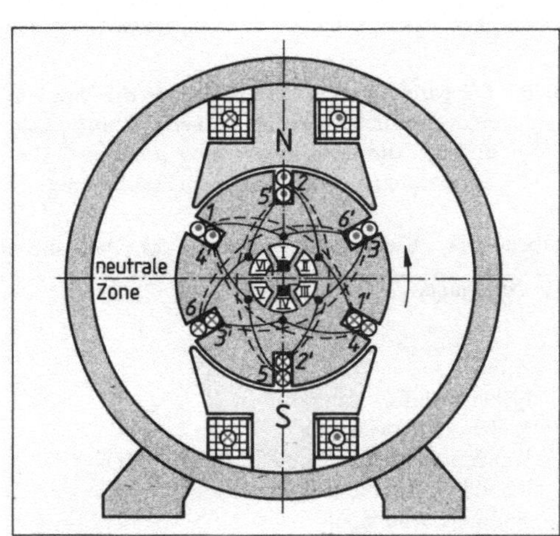

6.8 Ankerwicklung mit sechs Spulen für eine zweipolige Gleichstrommaschine (Drehsinn für Generatorbetrieb) Stirnansicht, rückwärtige Spulenköpfe gestrichelt; Hinleiter *1* bis *6*, Rückleiter *1′* bis *6′*

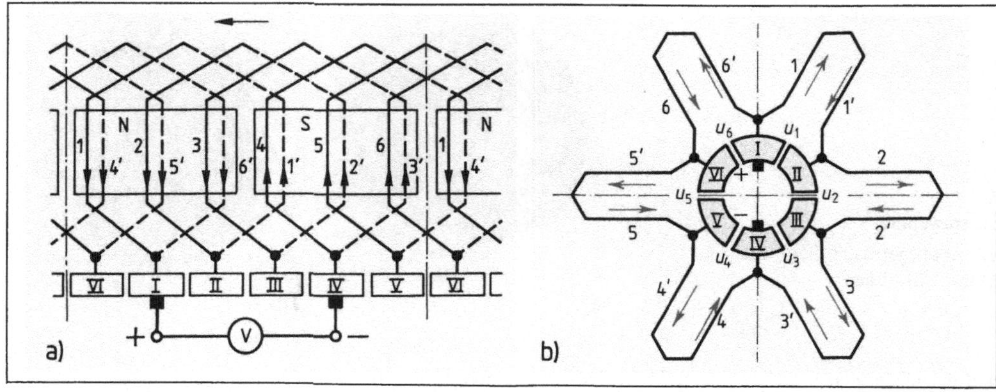

6.9 a) Abwicklung der Ankerwicklung nach Bild **6.8**; oben liegende Spulenleiter ausgezogen, unten liegende gestrichelt, b) Ankerspulen aus den Nuten herausgeklappt

Die Spulen 1 bis 1′, 2 bis 2′ und 3 bis 3′ bilden den einen, die Spulen 4 bis 4′, 5 bis 5′ und 6 bis 6′ den anderen Parallelzweig der Ankerwicklung

Die Spulen jedes Zweigs sind in Reihe geschaltet, ihre gegeneinander phasenverschobenen Spannungen u_1 bis u_3 bzw. u_4 bis u_6 werden also addiert. Die so am Stromwender erzeugte Ankerspannung hat schon bei sechs Ankerspulen nur noch eine geringe Welligkeit (**6.**10).

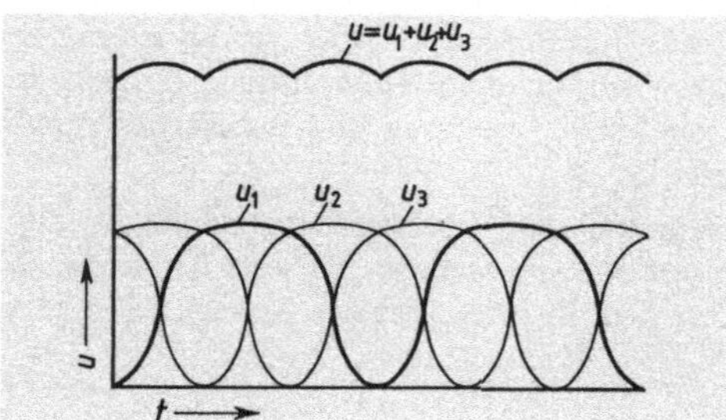

6.10 Teilspannungen u_1, u_2 und u_3 der drei Spulen eines Parallelzweigs der Ankerwicklung nach Bild **6.**8 zur Gesamtspannung u addiert. Die Teilspannungen sind hier nicht sinusförmig

> In den versetzt angeordneten Ankerspulen des Gleichstromgenerators entstehen gegeneinander phasenverschobene Wechselspannungen, die der Stromwender zu einer Gleichspannung geringer Welligkeit gleichrichtet.

Klemmenbezeichnung

Die Klemmenbezeichnungen der Gleichstrommaschinen, ihrer Schaltgeräte und der Netzleitungen sind in Tabelle **6.**11 zusammengestellt.

Tabelle **6.**11 **Klemmenbezeichnungen für Gleichstrommaschinen (nach VDE 0570 und DIN 42401)**

Maschinen		Bezeichnung bisher	neu
Anker		A-B	A1–A2
Nebenschlußwirkung		C-D	E1–E2
Reihenschlußwicklung		E-F	D1–D2
Wendepol- oder Kompensationswicklung Wendepol- mit Kompensationswicklung		G-H	–
getrennte Wendepol- und Kompensationswicklung	Wendepolwicklung	GW-HW	B1–B2
	Kompensationswicklung	GK-HK	C1–C2
fremderregte Feldwicklungen	allgemein	I-K	F1–F2
	bei Bemessung für die eigene Ankerspannung (wahlweise)	C-D	E1–E2

Fortsetzung s. nächste Seite

Tabelle 6.11, Fortsetzung

Anlasser und Steller			Bezeichnung
Anlasser	Klemme für Anschluß an	Netz Anker Nebenschlußwicklung	L R M
Feldsteller	Klemme für Anschluß an	Anfang der Nebenschlußwicklung Ankerwicklung oder Netz Ende der Nebenschlußwicklung, um diese kurzzuschließen	s t q
Netzleitungen			
positiver Leiter negativer Leiter Mittelleiter			L+ L– N

6.1.3 Ankerrückwirkung und Stromwendung

Die hier behandelten Erscheinungen gelten nicht nur für die Gleichstromgeneratoren, sondern auch für die Gleichstrommotoren (s. Abschn. 6.2). Bei den Motoren ist bei gleichen Feld- und Stromrichtungen lediglich die Drehrichtung umgekehrt wie bei den Generatoren.

Ankerrückwirkung

Bei unbelasteten Generator durchsetzt das von den Feldmagneten erzeugte Magnetfeld (das Hauptfeld) Luftspalt und Anker in der in Bild 6.3 und 6.12a gezeigten Weise. Die geometrisch neutrale Zone liegt symmetrisch zu den Magnetpolen. Wird der Generator belastet, führen die Ankerspulen Strom und erzeugen ebenfalls ein Magnetfeld. Das von der gesamten Ankerwicklung

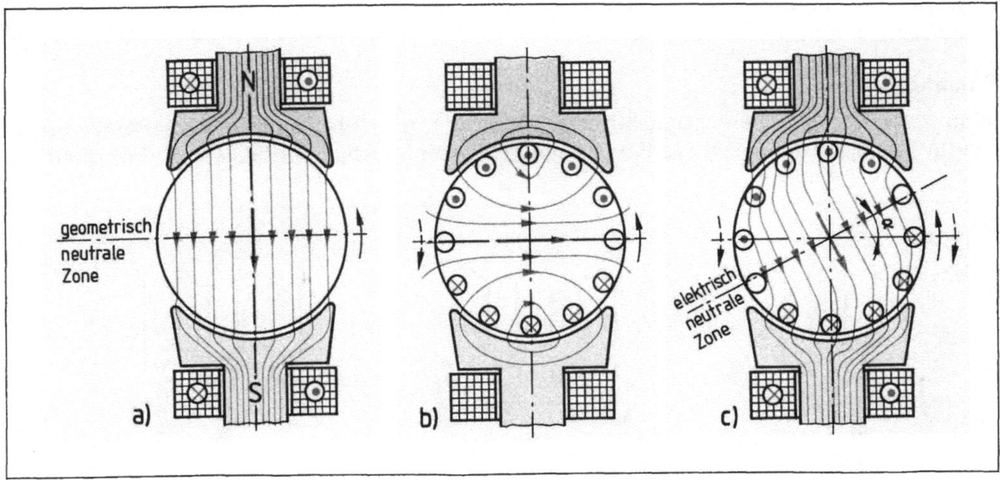

6.12 Ankerrückwirkung

a) Hauptfeld der unbelasteten Maschine, b) Ankerquerfeld der belasteten Maschine, c) Resultierendes Feld der belasteten Maschine

⟶ Drehsinn für Generatorbetrieb, --→ Drehsinn für Motorbetrieb

⟶ Magnetische Achsen der drei Felder

erzeugte Magnetfeld heißt Ankerfeld oder (weil es senkrecht zum Hauptfeld steht) Ankerquerfeld (**6.**12b). Seine magnetische Achse wird trotz der Ankerdrehung in der geometrisch neutralen Zone festgehalten, denn an den in dieser Zone stehenden Bürsten erfolgt ja die Stromwendung in den Ankerspulen so, daß die Stromrichtung in den Ankerspulen unter den Magnetpolen stets gleich bleibt. Das die Polschuhe durchsetzende Ankerquerfeld ist an der linken oberen und unteren Polschuhkante dem Hauptfeld gleichgerichtet, an den anderen Polschuhkanten aber entgegengesetzt gerichtet. Das aus Hauptfeld und Ankerquerfeld resultierende Gesamtfeld (**6.**12c) ist daher gegenüber dem Hauptfeld in Bild **6.**12a S-förmig verzerrt.

Hauptfeld und Ankerquerfeld der belasteten Gleichstrommaschine vereinigen sich zu einem resultierenden Gesamtfeld.

Die Verzerrung des Gesamtfelds hat eine Feldschwächung zur Folge, da die Feldschwächung an der einen Polschuhkante durch die Feldverstärkung an der anderen Polschuhkante wegen der dort herrschenden Eisensättigung nicht ausgeglichen werden kann. Die Feldschwächung bedeutet beim Generator eine Verminderung der erzeugten Spannung. Das verzerrte Gesamtfeld der belasteten Maschine hat eine neue elektrisch neutrale Zone, die gegenüber der geometrisch neutralen Zone der unbelasteten Maschine um den Winkel α verdreht ist (**6.**12c). Der Verdrehungswinkel wächst mit der Ankerstromstärke, also mit der Belastung der Maschine. Um diesen Winkel müßten also die Bürsten verschoben werden, um eine einwandfreie Stromwendung zu erreichen.
Bleiben die Bürsten jedoch in der ursprünglichen Stellung stehen, erfolgt die Stromwendung in einem Augenblick, in dem in den durch die Bürsten kurzgeschlossenen Ankerspulen Spannung induziert wird. Die Bürsten ziehen daher beim Öffnen des Kurzschlusses an der ablaufenden Bürstenkante einen kleinen Lichtbogen. Da sich dieser Vorgang bei jeder Ankerspule ständig wiederholt, wird der Stromwender beschädigt.

Das Ankerquerfeld der belasteten Maschine schwächt das Hauptfeld und verdreht die neutrale Zone. Beide Erscheinungen nennt man Ankerrückwirkung.

Stromwendung

Wenn zwei nebeneinanderliegende Stromwenderstege einer Ankerspule unter die Bürste gelangen (in Bild **6.**13a z.B. die Stege III, IV), muß die Stromwendung für diese Spule innerhalb der

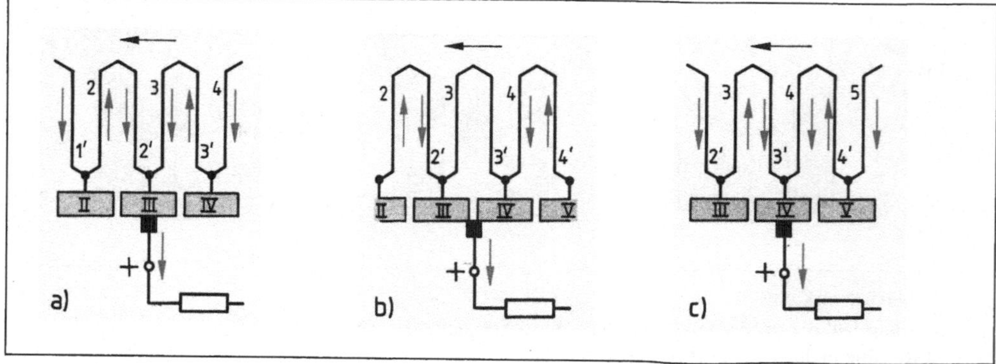

6.13 Stromwendung in den Ankerspulen (hier bei Generatorbetrieb). Man beachte die Stromrichtung in der Ankerspule *3–3'* vor (a), während (b) und nach der Stromwendung (c)

kurzen Zeit geschehen, während der sie durch die Bürste kurzgeschlossen wird (**6**.13b). Nach der Lenzschen Regel wird dabei in der Spule *3–3'* bei abnehmendem Spulenstrom eine Selbstinduktionsspannung erzeugt, die Stromwendespannung, die die Stromabnahme verzögert. Die Spule ist daher nicht stromlos, wenn der Kurzschluß der Spule *3–3'* beendet ist. An der ablaufenden Bürstenkante wird deshalb der Lichtbogen erzeugt – die Bürsten feuern.

> Die Stromwendung bereitet bei belasteter Maschine auch dann Schwierigkeiten, wenn die Bürsten die in der elektrisch neutralen Zone stehenden Spulen kurzschließen.

Durch zusätzliches Verschieben der Bürsten über diese Stellung hinaus zu größeren Winkeln α kann man die Stromwendung jedoch verbessern und Bürstenfeuer vermeiden. Werden die Bürsten bei belastetem Generator z. B. im Drehsinn (beim Motor entgegen dem Drehsinn) über die jeweilige elektrisch neutrale Zone hinaus verschoben, befindet sich die Ankerspule im Augenblick des Kurzschlusses bereits im Bereich des folgenden Hauptpols. Dieser induziert in ihr eine Spannung, die der Stromwendespannung bei Beendigung des Kurzschlusses entgegenwirkt. Werden beide Spannungen bei entsprechender Einstellung des Winkels α gleich groß, wird das Bürstenfeuer vermieden. Da die Lage der elektrisch neutralen Zone und damit die Bürstenstellung von der jeweiligen Belastung der Maschine abhängen, wäre es an sich erforderlich, die Bürsten zur Vermeidung von Bürstenfeuer bei jeder Belastungsänderung zu verstellen und beim Generator gleichzeitig die Spannungsänderungen durch Änderungen des Erregerstroms auszugleichen. Da dies praktisch nicht durchführbar ist, übernehmen Hilfspole, Wendepole genannt, diese Aufgaben.

Wendepole (**6**.14). Man ordnet in der geometrisch neutralen Zone kleine Hilfspole *3*, Wendepole, an. Sie heben das Ankerquerfeld in der geometrisch neutralen Zone auf und erzeugen in der kurzgeschlossenen Ankerspule die zur Aufhebung der Stromwendespannung erforderliche Gegenspannung. Jetzt kann man bei Belastungsänderungen auch ohne Bürstenverschiebung einen fast funkenfreien Lauf des Stromwenders erreichen. Da die Wirksamkeit der Wendepole mit wachsender Ankerstromstärke ebenfalls zunehmen muß, werden die Wendepolwicklungen in Reihe mit der Ankerwicklung *1* geschaltet, so daß sie vom Ankerstrom durchflossen werden und sich ihr Magnetfeld im gleichen Maße ändert wie das Ankerquerfeld. Die Wendepolwicklungen bestehen aus wenig Windungen dicken Drahts.

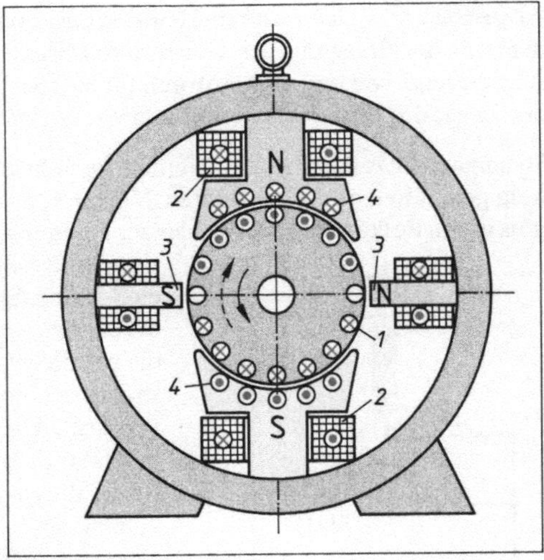

6.14 Wendepole und Kompensationswicklung der zweipoligen Gleichstrommaschine
1 Ankerwicklung
2 Feldwicklung
3 Wendepol mit Wendepolwicklung
4 Kompensationswicklung
——→ Drehsinn für Generatorbetrieb
---→ Drehsinn für Motorbetrieb

> Wendepole heben das Ankerquerfeld in der geometrisch neutralen Zone auf und erzeugen die für die Aufhebung der Stromwendespannung erforderliche Gegenspannung. Sie ermöglichen auch bei Belastungsänderungen einen funkenfreien Lauf der Maschine.

Auf einen Hauptpol (z. B. einen Nordpol N in Bild **6**.14) folgt beim Generator, im Drehsinn betrachtet, ein ungleichartiger Wendepol S, beim Motor dagegen ein gleichartiger Wendepol. In beiden Fällen ist das Wendepolfeld dem Ankerquerfeld also entgegengerichtet. Wendepolwicklungen und Ankerwicklung gehören zusammen und müssen stets miteinander umgepolt werden. Die entsprechenden Verbindungen für Anker- und Wendepolwicklung liegen deshalb innerhalb der Maschine, also nicht am Klemmenkasten.

Kompensationswicklung (**6**.14). Bei schnellaufenden und hohen Stromstößen ausgesetzten Maschinen ist es zum Erzielen einer einwandfreien Stromwendung erforderlich, das Ankerquerfeld nicht nur in der geometrisch neutralen Zone, sondern auch unter den Hauptpolen aufzuheben. Dazu versieht man die Polschuhe der Hauptpole mit Nuten und legt eine Wicklung ein, die wie die Wendepolwicklung mit der Ankerwicklung in Reihe geschaltet ist und vom Ankerstrom durchflossen wird. Diese Kompensationswicklung *4* muß so geschaltet sein, daß ihr Magnetfeld dem Ankerquerfeld entgegengerichtet ist. Bei richtiger Bemessung ihrer Windungszahl hebt die Kompensationswicklung das Ankerquerfeld unter den Hauptpolen auf.

6.1.4 Schaltung und Betriebsverhalten der Gleichstromgeneratoren

Abgesehen von Generatoren kleinster Leistung, die von Dauermagneten erregt werden, benutzt man für die Erregung der Generatoren Elektromagnete in Form der Feldmagnete in Bild **6**.2. Abweichend von den Generatoren für Wechsel- und Drehstrom sind Gleichstromgeneratoren in der Lage, das erforderliche Feld durch Selbsterregung zu erzeugen.

Dynamoelektrisches Prinzip. Werden die Feldwicklungen des Generators parallel zur Ankerwicklung geschaltet, erhält man einen Nebenschlußgenerator (**6**.15). Der geringe Restmagnetismus in den Polkörpern genügt hier zur Erregung. Wenn die Ankerspulen nämlich in dem schwachen Feld des Restmagnetismus gedreht werden, wird in ihnen bereits eine kleine Spannung, die Remanenzspannung, erzeugt, die an den Ankerklemmen zur Verfügung steht. Sie treibt durch die parallelgeschalteten Feldwicklungen einen kleinen Erregerstrom, der bei richtiger Polung der Feldwicklungen das Feld verstärkt. Dies hat eine höhere Spannung an den Ankerklemmen zur Folge, die ihrerseits wieder einen größeren Erregerstrom durch die Feldwicklungen treibt usw. Der Generator kommt so bei Inbetriebnahme innerhalb weniger Sekunden ohne eine äußere Stromquelle auf seine volle Spannung. Ihre Höhe wird durch die Eisensättigung begrenzt. Dieses Prinzip der Selbsterregung hat der Ingenieur Werner von Siemens (1816–1892) erfunden. Es ist unter der Bezeichnung dynamoelektrisches Prinzip bekannt.

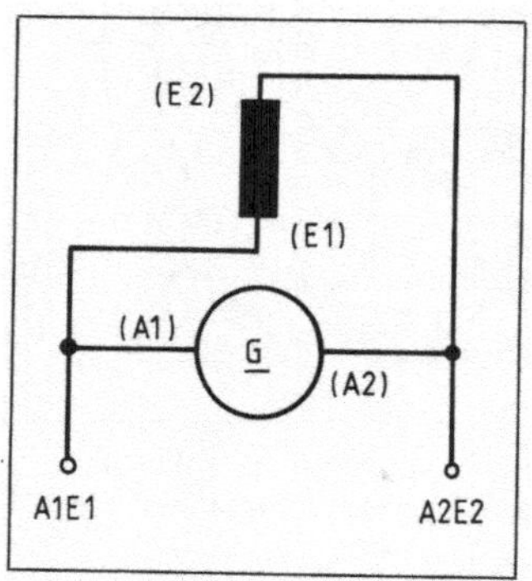

6.15 Nebenschlußgenerator

> Die Selbsterregung ermöglicht die Erzeugung des Magnetfelds im Generator ohne äußere Stromquelle.

Nebenschlußgenerator

Schaltung. In Bild **6**.16 ist der Schaltplan eines Nebenschlußgenerators mit den üblichen Schaltgeräten und den Klemmenbezeichnungen der Tabelle **6**.11 dargestellt. Um bei kleinem Erregerstrom I_E und damit niedriger Erregerleistung die nötige Durchflutung zu erhalten, bekommt die Erregerwicklung eine große Windungszahl.

> Die Erregerwicklung des Nebenschlußgenerators besteht aus vielen Windungen dünnen Drahts.

Die im Betrieb erzeugte Spannung hängt von der Drehzahl des Generators und von der Stärke des Erregerfelds ab. Da der Betrieb im allgemeinen bei konstanter Nenndrehzahl erfolgt, erhält die Erregerwicklung E1–E2 zur Einstellung der Ankerspannung einen verstellbaren Vorwiderstand, den Feldsteller.

> Die Spannung des Nebenschlußgenerators kann mit dem Feldsteller eingestellt werden.

Der Feldsteller braucht drei Anschlußklemmen. Die Klemme t wird an eine der beiden Ankerklemmen A1 oder A2, die Klemme s an die Klemme E1 der Feldwicklung gelegt. Die Klemme q des Feldstellers (Kurzschlußklemme) wird mit der Klemme E2 der Feldwicklung verbunden. Sie hat die Aufgabe, die Feldwicklung beim Öffnen des Erregerstromkreises kurzzuschließen. Dies ist zum Schutz der Isolation der Feldwicklung erforderlich, da diese als Nebenschlußwicklung wegen der hohen Windungszahl eine große Induktivität hat. Beim Öffnen des Erregerstromkreises würde eine gefährlich hohe Selbstinduktionsspannung erzeugt, die zu einem elektrischen Durchschlag der Wicklung führen könnte. Die Selbstinduktionsspannung bricht in der über die Klemme q kurzgeschlossenen Wicklung zusammen.

Betriebsverhalten. Das charakteristische Verhalten des Nebenschlußgenerators wird durch zwei Versuche veranschaulicht. Im Versuch **6.1** wollen wir das Leerlaufverhalten des G-N-Generators untersuchen.

Versuch 6.1 Eine Gleichstrom-Nebenschlußmaschine wird nach Bild **6.**16 geschaltet und als Generator im Leerlauf mit der Nenndrehzahl angetrieben. Bei geöffnetem Erregerstromkreis entwickelt sie eine Ankerspannung von nur etwa 5 bis 10% der Nennspannung (Remanenzspannung). Nun schließt man den Erregerstromkreis bei voll eingeschaltetem Feldsteller (großer Widerstand) und beobachtet, ob die Ankerspannung ansteigt. Sinkt sie ab, muß die Drehrichtung geändert werden. Bei stufenweiser Verkleinerung des Feldstellerwiderstands entwickelt der Generator eine zunehmende Ankerspannung. Diese steigt zunächst im gleichen Verhältnis wie der Erregerstrom. Mit zunehmender Eisensättigung wird die Zunahme der Ankerspannung aber immer geringer. ■

Stellt man diese Abhängigkeit der Ankerspannung vom Erregerstrom I_E in einem Schaubild dar, erhält man die Leerlaufkennlinie des Nebenschlußgenerators (**6.**17). Sie ähnelt in ihrem Verlauf der Magnetisierungskurve des verwendeten Eisenwerkstoffs.

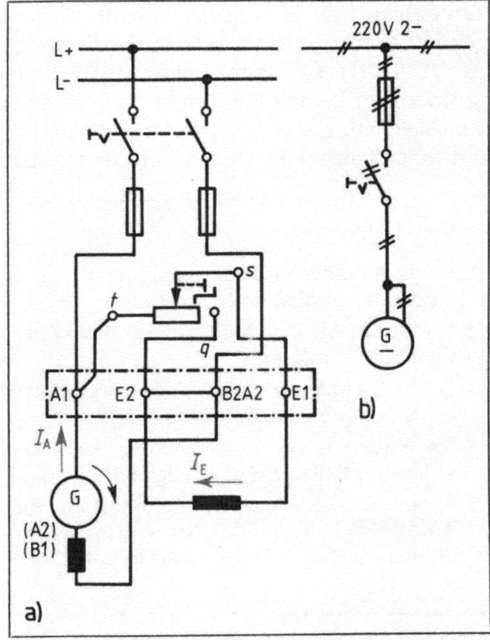

6.16 Nebenschlußgenerator mit Wendepolen
a) Schaltplan mit Feldsteller für Rechtslauf
b) einpolige Darstellung mit Schaltkurzzeichen

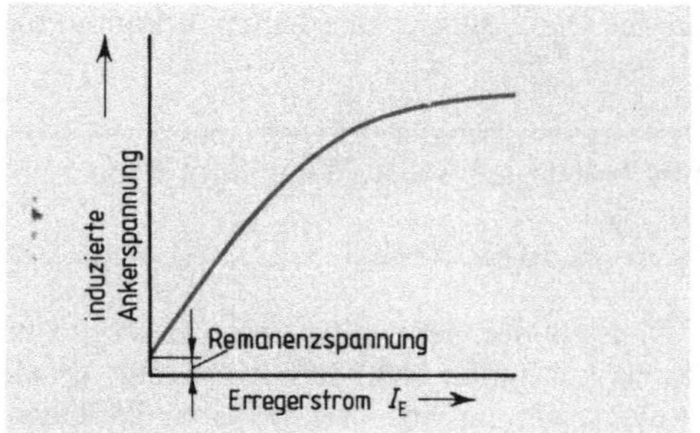

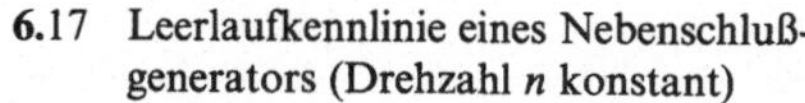

6.17 Leerlaufkennlinie eines Nebenschluß-generators (Drehzahl n konstant)

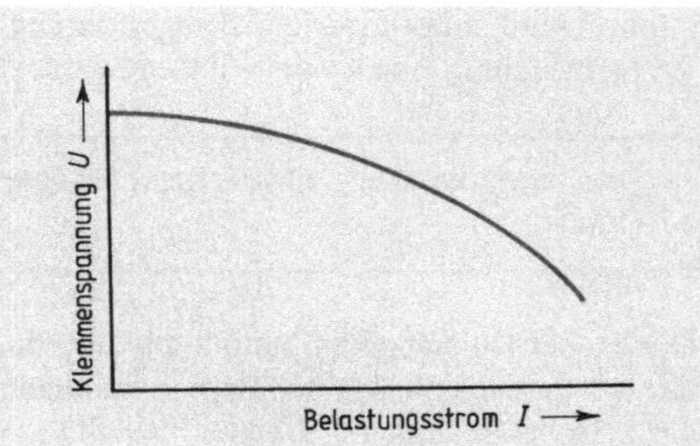

6.18 Belastungskennlinie eines Nebenschluß-generators

Der folgende Versuch zeigt das Belastungsverhalten des G-N-Generators.

Versuch 6.2 Eine Gleichstrom-Nebenschlußmaschine wird als Generator im Leerlauf mit der Nenndrehzahl angetrieben und der Erregerstrom mit dem Feldsteller auf seinen Nennwert eingestellt. Mit Hilfe eines Schiebewiderstands belasten wir den Generator, messen dabei Belastungsstrom und Klemmenspannung. ■

Stellt man die Abhängigkeit der Klemmenspannung vom Belastungsstrom in einem Schaubild dar, erhält man die Belastungskennlinie des Nebenschlußgenerators (**6.**18). Sie läßt deutlich erkennen, daß sich die Klemmenspannung mit zunehmender Belastung stark vermindert. D. h. der Generator hat ein spannungsweiches Verhalten. Der Grund liegt darin, daß durch die verminderte Klemmenspannung bei Belastung auch der Erregerstrom in der Feldwicklung kleiner wird und damit wiederum zur Spannungsverminderung beiträgt.

Verwendung. Für die Speisung von öffentlichen Energieversorgungsnetzen wird der Nebenschlußgenerator nicht mehr verwendet, da die Energieversorgung heute ausschließlich mit Drehstrom erfolgt. Als Erregergenerator für Wechsel- und Drehstrom-Synchrongeneratoren, als Steuergenerator im Leonardumformer und für manche Sonderaufgaben ist der Gleichstrom-Nebenschlußgenerator aber weiterhin unentbehrlich. Als Lichtmaschine in Kraftfahrzeugen wird er mehr und mehr vom Drehstromgenerator mit nachgeschalteten Siliciumgleichrichtern abgelöst.

Übungsaufgaben zu Abschnitt 6.1

1. Welche Aufgaben hat der Stromwender (Kommutator) eines Gleichstromgenerators?
2. Beschreiben Sie den Aufbau einer zweipoligen Gleichstrommaschine.
3. Welche Auswirkungen hat die Ankerrückwirkung auf den Betrieb von Gleichstrommaschinen?
4. Die Wendepolwicklung wird mit der Ankerpolwicklung in Reihe geschaltet. Begründen Sie dies.
5. Wie müssen die Wendepole angeordnet und die Wendepolwicklungen geschaltet werden? Welche Richtung müssen die Wendepolfelder haben?
6. Wodurch entsteht Bürstenfeuer, und wie kann man es verringern?
7. Beschreiben Sie den Vorgang der Selbsterregung. Welche Ursachen können vorliegen, wenn die Selbsterregung ausbleibt?
8. Was ist zu tun, wenn die Erregung eines Gleichstrom-Nebenschlußgenerators ausbleibt?
9. Wie kann man die Größe der vom Generator erzeugten Spannung verändern?
10. Welche Aufgabe hat die Klemme q des Feldstellers?

6.2 Gleichstrommotor

Wie bei allen Motoren, wird auch bei den Gleichstrommotoren das Drehmoment dadurch erzeugt, daß auf stromdurchflossene Leiter in einem Magnetfeld Kräfte wirken.

6.2.1 Wirkungsweise

Aufgabe des Stromwenders beim Motor. Wird eine Ankerspule in einem Magnetfeld über zwei Schleifringe an eine Gleichspannung gelegt (**6.**19a), entwickelt die Spule ein Drehmoment. Die Drehbewegung ist beendet, wenn sich die Spulenseiten in der neutralen Zone befinden, also die Magnetfelder des Magneten und der Spule gleiche Richtung haben. Würde die Spule – etwa durch die erhaltene Bewegungsenergie – über die neutrale Zone hinaus gedreht werden, entstünde ein Drehmoment in entgegengesetzter Richtung, und die Spule würde in die neutrale Zone zurückgedreht werden (**6.**19b). Um eine fortlaufende Drehbewegung zu erhalten, muß man die Stromrichtung in der Ankerspule jeweils in der neutralen Zone umkehren, damit die Spulenseiten unter demselben Magnetpol immer dieselbe Stromrichtung haben. Die Umschaltung in der neutralen Zone erreicht man durch Verwendung des in Abschn. 6.1.1 behandelten Stromwenders (**6.**20). Die an den Stromwender angeschlossenen Spulenenden werden in der neutralen Zone durch die feststehenden Bürsten umgeschaltet. Dadurch kehrt sich die Stromrichtung in der Ankerspule um, der Gleichstrom wird also in einen Wechselstrom umgeformt. So behalten die Spulenseiten unter demselben Magnetpol immer dieselbe Stromrichtung.

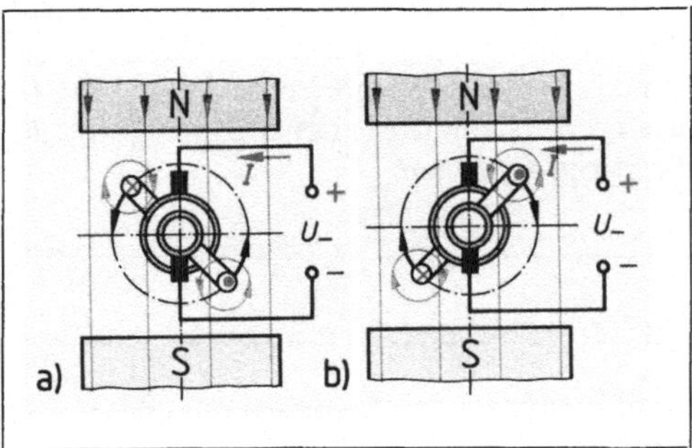

6.19 Ankerspule an zwei Schleifringen: Eine Drehbewegung erfolgt nur bis in die neutrale Zone. Die Schleifringe haben hier, abweichend von der tatsächlichen Anordnung, zur besseren Darstellung verschiedene Durchmesser

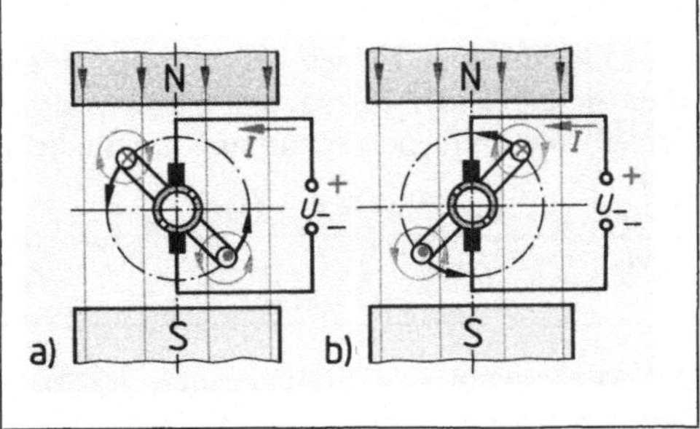

6.20 Ankerspule an einem Stromwender: Die Spule führt eine fortlaufende Drehbewegung aus. Stellung der Ankerspule (a) vor und (b) nach der Stromwendung

> Der Stromwender dient als mechanischer Wechselrichter. Er bewirkt, daß in den Ankerspulen eines Gleichstrommotors ein Wechselstrom fließt, damit der Anker eine fortlaufende Drehbewegung ausführen kann.

Aufbau. Ersetzt man die einfache Ankerspule durch eine mehrspulige Ankerwicklung nach Bild **6.**8, sorgt der Stromwender dafür, daß die Stromrichtung in der Ankerspule gewendet wird, die die neutrale Zone durchläuft. Diese Spule tritt dabei von einem Parallelzweig zum andern über (**6.**13), so daß die Stromrichtung in den Spulenseiten unter demselben Magnetpol stets gleich bleibt. Es wird also ein von der jeweiligen Ankerstellung unabhängiges, gleichbleibendes Drehmoment erzeugt. Die Ankerwicklung des Gleichstrommotors hat somit den gleichen Aufbau wie die des Gleichstromgenerators. Da auch der Ständer dem des Generators gleich ist, folgt:

> Gleichstrommotoren und -generatoren haben den gleichen Aufbau. Jede Gleichstrommaschine kann als Generator und als Motor betrieben werden.

Auch die in Abschn. 6.1.3 behandelten Vorgänge der Ankerrückwirkung und Stromwendung gelten für die Gleichstrommotoren in gleicher Weise wie für die Gleichstromgeneratoren.

Induktive Gegenspannung. Gleichstrommotoren haben jedoch nicht nur den gleichen Aufbau wie die Gleichstromgeneratoren, vielmehr ist jeder Gleichstrommotor während des Betriebs gleichzeitig auch Generator. Denn wenn sich Ankerspulen in einem Magnetfeld bewegen, wird in ihnen eine Induktionsspannung erzeugt. Da diese nach der Lenzschen Regel dem Ankerstrom – als der Ursache der die Induktion hervorrufenden Ankerdrehung – entgegenwirkt, nennt man diese Induktionsspannung Gegenspannung U_g.

> Jeder Gleichstrommotor ist während des Betriebs gleichzeitig Generator. In den Spulen des umlaufenden Ankers wird eine Gegenspannung U_g induziert.

Die Gegenspannung U_g hängt von der Drehzahl des Ankers und von der Stärke des Magnetfelds, also von der Größe des Erregerstroms ab. Bei stillstehendem Anker ist sie gleich Null. Mit zunehmender Drehzahl nimmt sie im gleichen Verhältnis zu, und bei der Nenndrehzahl des Motors ist sie nur um einen kleinen Betrag niedriger als die an den Motor angelegte Betriebsspannung U. Ohne diesen kleinen Betrag, den Spannungsabfall im Ankerwiderstand $U_A = I_A \cdot R_A$ als verbleibende treibende Spannung, könnte kein Ankerstrom I_A fließen.

> **Gegenspannung** $\quad U_g = U - I_A \cdot R_A$

Der Ankerstrom I_A wird also durch die Spannungsdifferenz von der Betriebsspannung U und Gegenspannung U_g durch den Ankerwiderstand getrieben.

> **Ankerstrom** $\quad I_A = \dfrac{U - U_g}{R_A}$

Beispiel 6.1 Ein Gleichstrommotor für $U = 220$ V hat den Nennstrom $I_A = 30$ A. Der Ankerwiderstand beträgt $R_A = 0{,}4\ \Omega$. Wie hoch ist die Gegenspannung U_g bei Nennlast und Nenndrehzahl?

Lösung $U_g = U - I_A \cdot R_A = 220\text{ V} - 30\text{ A} \cdot 0{,}4\ \Omega = 208$ V. Die den Ankerwiderstand überwindende kleine Spannung beträgt somit nur 220 V – 208 V = 12 V.

Die Gegenspannung bestimmt das Betriebsverhalten des Gleichstrommotors. Bei größerer Belastung muß er z.B. ein größeres Drehmoment abgeben. Die hierfür erforderliche höhere Stromstärke kann er bei gleichbleibender Betriebsspannung nur aufnehmen, wenn die Gegenspannung und damit die Drehzahl geringer werden. Umgekehrt wird bei abnehmender Belastung das

Drehmoment und damit die Stromaufnahme geringer. Dies aber ist wiederum nur möglich, wenn die Gegenspannung und damit die Drehzahl des Motors ansteigen.

Durch die in den Ankerspulen induzierte Gegenspannung werden Drehzahl und Stromaufnahme des Gleichstrommotors der Belastung angepaßt.

Anlasser. Ein stillstehender Gleichstrommotor darf nicht unmittelbar an das Netz geschaltet werden, da der Widerstand der Ankerwicklung sehr gering ist und bei Stillstand im Anker keine Gegenspannung erzeugt wird. Es würde somit ein sehr hoher Einschaltstrom fließen, der nur durch den relativ kleinen Ankerwiderstand begrenzt wäre. Im Beispiel 6.1 betrüge dieser Strom

$$I = \frac{U}{R_A} = \frac{220\ \text{V}}{0{,}4\ \Omega} = 550\ \text{A}.$$

Beim Einschalten des Motors muß der Anzugsstrom durch einen der Ankerwicklung vorgeschalteten Anlaßwiderstand, den Anlasser, begrenzt werden. Dieser kann mit zunehmender Drehzahl und damit zunehmender Gegenspannung stufenweise abgeschaltet werden.

Der Anlasser begrenzt den Anzugsstrom des Gleichstrommotors.

Der Anlasser muß so viele Schaltstufen haben und der Anlaßvorgang muß so langsam erfolgen, daß der Anzugsstrom auf das 1,5fache des Nennstroms begrenzt wird (s. Abschn. 5.4.2). Nur kleine Gleichstrommotoren können direkt eingeschaltet werden, da sie einen größeren Ankerwiderstand haben und ohnehin einen geringeren Strom aufnehmen. Heute hat sich weitgehend das Anlassen mit Hilfe von Stromrichtern durchgesetzt (s. Abschn. 9.6).

Beispiel 6.2 Welchen Gesamtwiderstand R_v muß der Anlasser eines Gleichstrommotors für 220 V und 30 A haben, wenn dieser den Ankerwiderstand $R_A = 0{,}4\ \Omega$ hat und der Anzugsspitzenstrom I_{sp} das 1,5fache des Nennstroms nicht überschreiten darf?

Lösung

Anzugsspitzenstrom	$I_{sp} = 1{,}5 \cdot 30\ \text{A} = 45\ \text{A}$
Spannungsabfall in der Ankerwicklung	$U_A = I_{sp} \cdot R_A = 45\ \text{A} \cdot 0{,}4\ \Omega = 18\ \text{V}$
Anlasser und Anker sind in Reihe geschaltet, also Spannungsfall im Anlasser	$U_v = U - U_A = 220\ \text{V} - 18\ \text{V} + 202\ \text{V}$
Widerstand des Anlassers	$R_v = \frac{U_v}{I_{sp}} = \frac{202\ \text{V}}{45\ \text{A}} = \mathbf{4{,}49\ \Omega}.$

Drehsinn. Gleichstrommotoren sind für Rechtslauf (s. Abschn. 8.2.1) geschaltet, wenn Anker- und Erregerstrom durch die Wicklungen bzw. über die mit Buchstaben bezeichneten Anschlußklemmen nach Tabelle **6.**11 in der Reihenfolge des Alphabets bzw. von 1 nach 2 fließen. Da sich der Drehsinn bei gleichzeitiger Umkehrung von Anker- und Erregerstrom nicht ändert, entsteht ebenfalls Rechtslauf, wenn Anker- und Erregerstrom entgegengesetzt durch die Wicklungen fließen. Durch bloßes Vertauschen der beiden Zuleitungen kann der Drehsinn nicht geändert werden, sondern nur dadurch, daß man entweder die Ankerwicklung oder die Feldwicklung umpolt. Die Umkehrung des Drehsinns erfolgt vorzugsweise durch Umpolen der Ankerwicklung. Bei Wendepolmotoren wird die Wendepolwicklung mit der Ankerwicklung stets gemeinsam umgepolt, denn beide Wicklungen gehören elektrisch zusammen (**6.**21b). Motoren für häufigen Wechsel des Drehsinns erhalten Wendeschalter oder Wendeanlasser.

6.2.2 Nebenschlußmotor

Schaltung (**6**.21). Die der Ankerwicklung A1–A2 parallelgeschaltete Nebenschlußwicklung E1–E2 aus vielen Windungen dünnen Drahts liegt – auch während des Anlaßvorgangs – an der vollen Betriebsspannung. Der Erregerstrom I_E ist daher, unabhängig von der Belastung, stets gleich groß. Der Anlasser hat drei Anschlußklemmen: Klemme L (Leitung) wird an das Netz, Klemme R (Rotor) an die Ankerwicklung, Klemme M (Magnet) an die Feldwicklung geschaltet. Die Klemme M stellt über ein Schaltstück, unabhängig von der Schleiferstellung des Anlassers, die direkte Verbindung der Feldwicklung zum Netz her.

Die Verbindung zwischen der Klemme M und dem Widerstand des Anlassers hat die gleiche Aufgabe wie die Klemme q des Feldstellers beim Nebenschlußgenerator (**6**.16). Durch sie wird beim Abschalten des Motors der Erregerstromkreis über die Ankerwicklung geschlossen, um die in der Erregerwicklung erzeugte Selbstinduktionsspannung unschädlich zu machen.

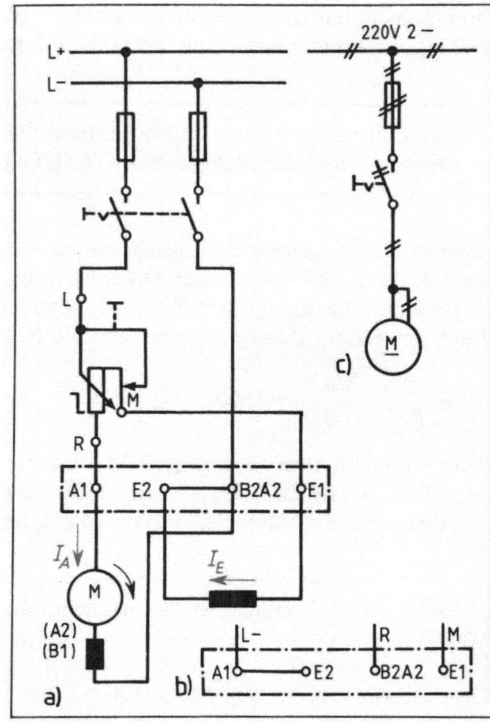

6.21 Nebenschlußmotor mit Wendepolen
a) Schaltplan für Rechtslauf
b) Klemmenbrettschaltung für Linkslauf
c) einpolige Darstellung mit Schaltkurzzeichen

Betriebsverhalten

Um die Abhängigkeit der Drehzahl von der Belastung zu ermitteln, wird der folgende Versuch durchgeführt.

Versuch 6.3 Ein Gleichstrom-Nebenschlußmotor wird mit Hilfe des Anlassers auf seine Nenndrehzahl gebracht und mit einer Bremsvorrichtung (Band-, Backen-, Wirbelstrom-, Wasserwirbelbremse) mehr und mehr belastet. Mißt man für verschiedene Belastungen Drehmoment M und Ankerstrom I_A einerseits sowie die Drehzahl n andererseits, ergeben die ermittelten Wertepaare die Belastungskennlinie (**6**.22).

Ein in den Ankerstromkreis geschalteter Strommesser zeigt, daß sich der Ankerstrom im gleichen Verhältnis ändert wie das abgegebene Drehmoment. Die Belastungskennlinie des Nebenschlußmotors kann man demnach auch ohne die Bestimmung des Drehmoments ermitteln, indem man den Motor durch einen angekoppelten, belasteten Generator bremst und zu den verschiedenen Drehzahlen die zugehörige Stromstärke mißt. ■

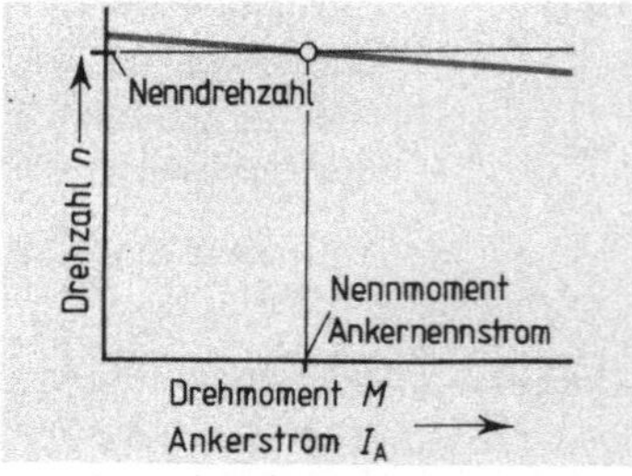

6.22 Abhängigkeit der Drehzahl n des Nebenschlußmotors vom Drehmoment M bzw. vom Ankerstrom I_A

> Die Drehzahl des Gleichstrom-Nebenschlußmotors sinkt bei Belastungszunahme nur wenig ab: Nebenschlußverhalten.

Dieses Verhalten ist dadurch zu erklären, daß bei konstantem Erregerstrom I_E und kleinem Ankerwiderstand R_A schon geringe Änderungen der Drehzahl und damit der Gegenspannung große Änderungen der Ankerstromstärke und damit des abgegebenen Drehmoments hervorrufen.

Beispiel 6.3 Bei dem Ankerwiderstand $R_A = 0{,}4\ \Omega$ und der Betriebsspannung $U = 220$ V beträgt die Stromaufnahme eines Nebenschlußmotors $I_A = 30$ A. Die erzeugte Gegenspannung ist dann $U_g = U - I_A \cdot R_A = 220\ \text{V} - 30\ \text{A} \cdot 0{,}4\ \Omega = 208$ V. Bei einer Belastungserhöhung um 100% steigt die Stromstärke auf $I_A = 60$ A, und die Gegenspannung sinkt auf $U_g = U - I_A \cdot R_A = 220\ \text{V} - 60\ \text{A} \cdot 0{,}4\ \Omega = 196$ V. Die Verringerung der Gegenspannung und damit auch der Drehzahl beträgt bei der Belastungserhöhung von 100% demnach nur

$$\frac{208\ \text{V} - 196\ \text{V}}{208\ \text{V}} \cdot 100\% = 5{,}8\%.$$

Drehzahlsteuerung

Für die Drehzahlsteuerung des Nebenschlußmotors gibt es zwei Möglichkeiten: die Änderung der Ankerspannung und die Änderung des Erregerstroms.

Änderung der Ankerspannung. Das Verhalten der Maschine bei dieser Art der Drehzahlsteuerung soll wieder in einem Versuch untersucht werden.

Versuch 6.4 Um die Abhängigkeit der Drehzahl von der Ankerspannung festzustellen, legt man einen Nebenschlußmotor über einen Anlasser an die Betriebsspannung. Zum Messen des Ankerstroms wird in den Ankerstromkreis ein Strommesser geschaltet. Während die Feldwicklung über die Klemme M des Anlassers wie üblich an der festen Betriebsspannung liegt, wird die Ankerspannung U verändert. Sie wird mit Hilfe des Anlaßwiderstands vom Wert $U = 0$ stufenweise bis zur Betriebsspannung vergrößert. Die durch Messen der Ankerspannung U und der jeweils dazugehörigen Drehzahl n ermittelten Wertepaare ergeben die Kennlinie in Bild 6.23. ■

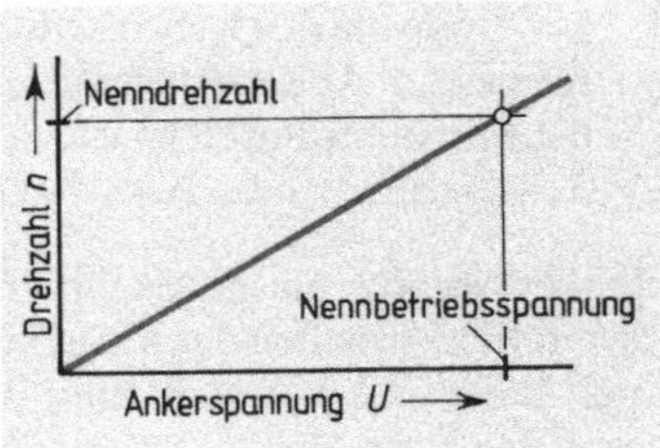

6.23 Abhängigkeit der Drehzahl n des Nebenschlußmotors von der Ankerspannung U (Erregerstrom I_E konstant)

> Die Drehzahl eines Gleichstrom-Nebenschlußmotors steigt bei konstantem Erregerstrom mit zunehmender Ankerspannung.

Soll der Nebenschlußmotor ein gleichbleibendes Drehmoment liefern (im Versuch ist es das Leerlaufmoment), muß die Stromstärke bei konstantem Erregerstrom ebenfalls konstant bleiben. Das ist bei zunehmender Ankerspannung aber nur möglich, wenn auch die Gegenspannung ansteigt. Bleibt der Erregerstrom unverändert, ist die Erhöhung der Gegenspannung nur durch eine Erhöhung der Drehzahl möglich.

Drehzahlsteuerung durch Ändern der Ankerspannung ist bei belastetem Motor mit einem gewöhnlichen Anlasser nicht durchführbar, da dessen Drahtquerschnitte nicht für Dauerlast bemessen sind. Man benutzt im praktischen Betrieb für Dauerlast bemessene Anlaßsteller mit feinerer Stufung.

> Die Drehzahlsteuerung des Gleichstrom-Nebenschlußmotors ist unterhalb der Nenndrehzahl mit Hilfe eines Anlaßstellers möglich.

Die Steuerung mit Anlaßsteller hat den Nachteil, daß die Drehzahl des Nebenschlußmotors bei Belastungsschwankungen stärker schwankt als bei üblicher Betriebsweise. Die Erhöhung des Ankerstroms durch höhere Belastung hat nämlich eine entsprechende Erhöhung des Spannungsabfalls im Anlaßsteller und damit eine entsprechende Verminderung der verfügbaren Ankerspannung zur Folge. Dieser Nachteil wird vermieden, wenn man die Ankerwicklung direkt an einen Spannungserzeuger mit kleinem Innenwiderstand und veränderbarer Spannung anschließt (s. Abschn. 7.4: Leonardumformer).

Änderung des Erregerstroms. Ein Versuch mit dieser Steuerungsart hat ein zunächst überraschendes Ergebnis.

Versuch 6.5 Um festzustellen, wie die Drehzahl von der Erregerstromstärke abhängt, wird der Motor im Leerlauf zunächst mit Hilfe des Anlassers auf die Nenndrehzahl gebracht. Dann wird mit einem Feldsteller die Erregerstromstärke stufenweise vermindert. Die Drehzahl erhöht sich! (Vorsicht! Drehzahl nicht zu weit erhöhen und keinesfalls den Erregerstromkreis unterbrechen!) Die gemessenen Wertepaare von Erregerstromstärke I_E und Drehzahl n ergeben die Kennlinie in Bild 6.24. ■

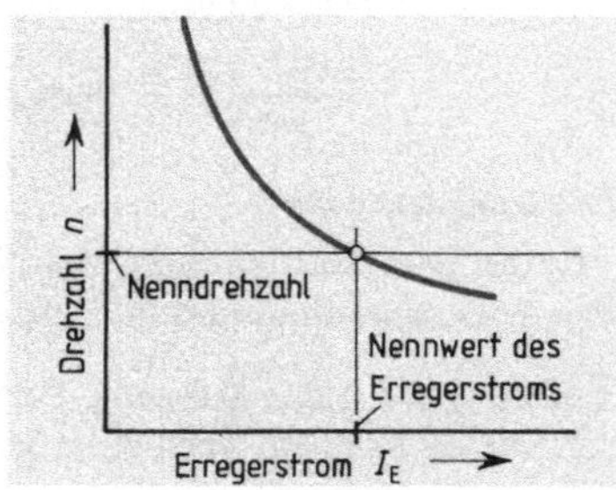

6.24 Abhängigkeit der Drehzahl n des Nebenschlußmotors von der Erregerstromstärke I_E (Ankerspannung U konstant)

> Die Drehzahl des Nebenschlußmotors wird bei gleichbleibender Ankerspannung um so größer, je kleiner die Erregerstromstärke ist.

Die Erklärung für dieses überraschende Versuchsergebnis erhält man leicht aus dem schon bekannten Verhalten der Maschine: Die Verringerung des Erregerstroms hat eine Feldschwächung und damit eine Verminderung der Gegenspannung zur Folge. Dadurch steigt der Ankerstrom auf einen Wert, der für das verlangte Drehmoment zu groß ist. Die Drehbewegung des Ankers wird daher so lange beschleunigt, bis seine Drehzahl und damit die Gegenspannung eine Höhe erreicht haben, bei der der Ankerstrom auf den der jeweiligen Belastung entsprechenden Wert zurückgegangen ist.

> Die Drehzahlsteuerung des Nebenschlußmotors ist oberhalb der Nenndrehzahl mit Hilfe eines Feldstellers möglich.

Bei ungewollter Unterbrechung des Erregerstromkreises, z. B. durch Drahtbruch, ist als erregendes Magnetfeld nur noch der geringe Restmagnetismus wirksam. Dabei kann die Drehzahl im Leerlauf so hoch werden, daß der Anker durch die auftretenden Fliehkräfte zerstört wird – der Motor „geht durch".

Verwendung. Da sich die Drehzahl des Nebenschlußmotors gut steuern läßt, ist er allen anderen Motoren in Antrieben überlegen, bei denen die Drehzahlsteuerung eine Rolle spielt. Er wird dann über Maschinenumformer oder Thyristoren am Drehstromnetz betrieben (s. Abschn. 9.6).

6.2.3 Reihenschlußmotor

Schaltung (6.25). Die mit der Ankerwicklung A1–A2 in Reihe liegende Feldwicklung D1–D2 aus wenigen Windungen dicken Drahts (Reihenschlußwicklung) wird vom Ankerstrom I_A durchflossen. Der Anlasser braucht nur die Klemmen L und R, wobei die Klemme L an das Netz, die Klemme R an die Ankerwicklung geschaltet werden.

Betriebsverhalten. Während im Nebenschlußmotor das Erregerfeld bei verschiedenen Ankerstromstärken konstant ist, ändert sich seine Stärke beim Reihenschlußmotor bis zum Beginn der magnetischen Sättigung mit der Ankerstromstärke. Daraus ergibt sich ein vom Nebenschlußmotor stark abweichendes Betriebsverhalten.

Leerlauf. Hier hat der Motor nur das geringe Leerlaufmoment abzugeben. Den hierfür erforderlichen geringen Ankerstrom nimmt er bei einer Gegenspannung auf, die nur wenig kleiner ist als die Betriebsspannung. Zur Erzeugung dieser Gegenspannung ist bei dem geringen Erregerstrom aber eine unzulässig hohe Drehzahl erforderlich.

> Der Reihenschlußmotor darf nicht ohne Belastung betrieben werden, weil er bei Leerlauf seine Drehzahl unzulässig erhöhen würde („Durchgehen").

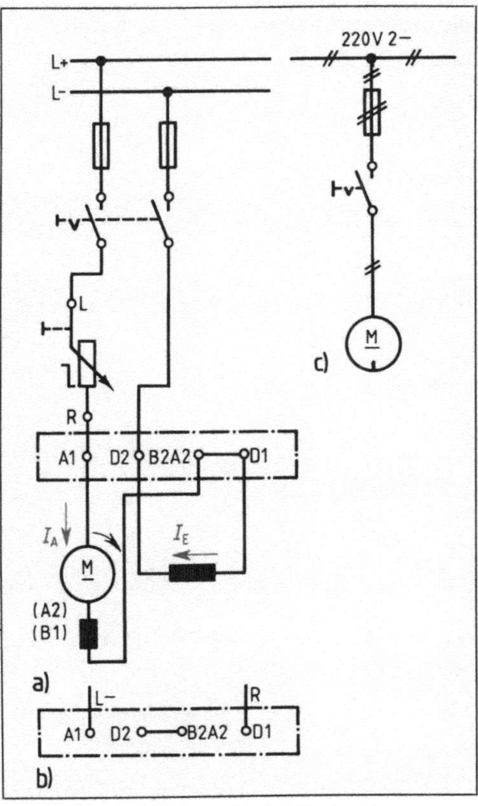

6.25 Reihenschlußmotor mit Wendepolen
a) Schaltplan für Rechtslauf
b) Klemmenbrettschaltung für Linkslauf
c) einpolige Darstellung mit Schaltkurzzeichen

Belastung. Um Leerlauf zu vermeiden, muß die belastende Arbeitsmaschine starr angekuppelt sein. Riemenantrieb ist unzulässig. Bei zunehmender Belastung muß die erforderliche Vergrößerung des Ankerstroms wie beim Nebenschlußmotor durch Verringern der Gegenspannung erreicht werden. Bei gleichzeitiger Zunahme des Erregerstroms ist die Verkleinerung der Gegenspannung aber nur durch eine erhebliche Verminderung der Drehzahl erreichbar (**6**.26).

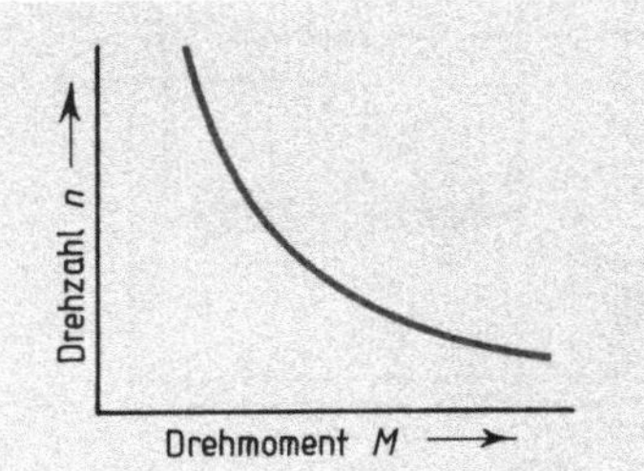

6.26 Abhängigkeit der Drehzahl n des Reihenschlußmotors vom Drehmoment M

> Die Drehzahl des Gleichstrom-Reihenschlußmotors ist stark belastungsabhängig. Bei großer Belastung sinkt die Drehzahl stark ab, bei geringer Belastung steigt sie stark an: Reihenschlußverhalten.

Drehzahlsteuerung. Da die Drehzahl stark belastungsabhängig ist, ist es schwierig, die Drehzahl des Reihenschlußmotors zu steuern. Wie beim Gleichstrom-Nebenschlußmotor erfolgt die Drehzahlsteuerung unterhalb der Nenndrehzahl durch einen Anlaßsteller, oberhalb der Nenndrehzahl durch einen Feldsteller, der in diesem Fall jedoch parallel zur Feldwicklung geschaltet werden muß. Er darf diese nicht kurzschließen, da der Motor sonst durchgehen kann.

Verwendung. Der Reihenschlußmotor entwickelt beim Anlauf von allen Motoren das größte Drehmoment. Er eignet sich daher für schwerste Anzugsbedingungen, z. B. für den Antrieb von Hebe- und Fahrzeugen (Elektrokarren, Straßen-, S- und U-Bahnen) sowie als Anlassermotor in Kraftfahrzeugen.

6.2.4 Doppelschlußmotor

Schaltung. Der Motor hat sowohl eine Nebenschluß- als auch eine Reihenschlußwicklung (**6**.27). Beide Wicklungen werden meist so geschaltet, daß sich ihre Magnetfelder gegenseitig verstärken. Der Anlasser hat wie der des Nebenschlußmotors die drei Anschlußklemmen L, M und R.

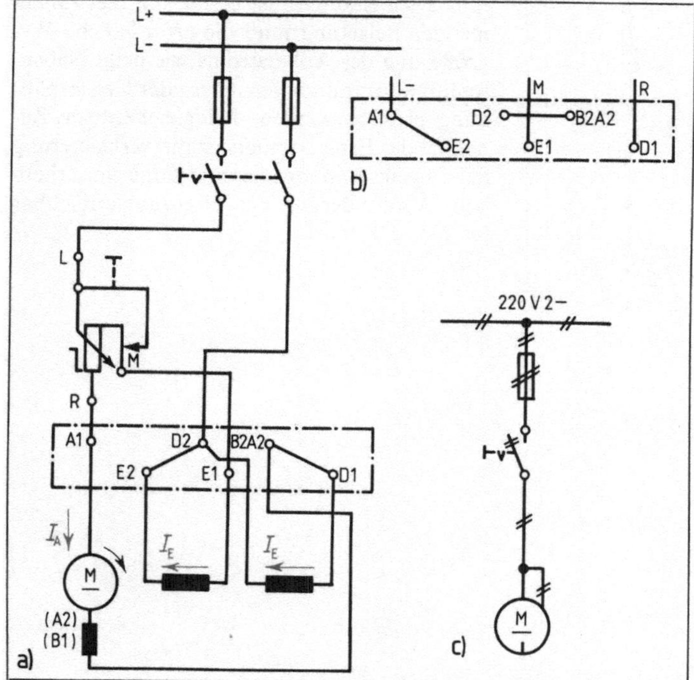

6.27
Doppelschlußmotor mit Wendeplan
a) Schaltplan für Rechtslauf
b) Klemmenbrettschaltung für Linkslauf
c) einpolige Darstellung mit Schaltkurzzeichen

Betriebsverhalten. Überwiegt durch die Bemessung der Wicklungen der Einfluß der Nebenschlußwicklung, zeigt der Motor vorwiegend Nebenschlußverhalten. Überwiegt dagegen die Reihenschlußwicklung, hat er vorwiegend Reihenschlußverhalten. Die Belastungskennlinie liegt zwischen den Kennlinien des Nebenschlußmotors (**6**.22) und des Reihenschlußmotors (**6**.26). Die Drehzahl sinkt deshalb mit zunehmender Belastung stärker ab als die des Nebenschlußmotors. Wegen der Wirksamkeit der Nebenschlußwicklung kann er im Leerlauf nicht durchgehen.

Der Doppelschlußmotor ändert seine Drehzahl bei unterschiedlicher Belastung stärker als der Nebenschlußmotor, aber weniger stark als der Reihenschlußmotor.

Verwendung. Der Doppelschlußmotor wird für besondere Antriebe verwendet, z. B. für Pressen, Stanzen und Walzen, bei denen große Schwungmassen in Bewegung zu setzen sind.

Gesteuerte Gleichstrommotoren am Wechselstromnetz. Am Einphasen- oder Dreiphasen-Wechselstromnetz kann man Gleichstrommotoren über gesteuerte Gleichrichter (s. Abschn. 9.6) oder über Maschinenumformer betreiben. Zu denen gehört der Leonardumformer (s. Abschn. 7.4).

6.2.5 Gleichstrommotor als Bremse

Die Tatsache, daß ein Gleichstrommotor während des Betriebs gleichzeitig Generator ist, ermöglicht es, den Motor als Bremse zu benutzen.

Widerstandsbremsung. Schaltet man einen Gleichstrommotor während des Laufs vom Netz ab und auf einen an die Ankerklemmen angeschlossenen Widerstand um, treibt die im Anker induzierte Spannung einen Strom durch den Belastungswiderstand, solange sich Anker und angekuppelte Arbeitsmaschine weiter drehen. Der Motor wird zum Generator, und der Ankerstrom bremst nach der Lenzschen Regel die Drehbewegung ab. Durch Verändern des Belastungswiderstands kann man die Bremswirkung steuern. Man spricht von Nachlaufbremsung (z. B. bei Fahrzeugen) und von Senkbremsung (z. B. bei Hebezeugen).

Nutzbremsung. Wird der Motor während des Bremsvorgangs mit so großer Drehzahl angetrieben, daß die erzeugte Spannung über der Netzspannung liegt (z. B. bei der Talfahrt von Fahrzeugen oder beim Senken einer Last bei Hebezeugen), kann er seine Bremsenergie als Nutzenergie in das Netz zurückspeisen.

Übungsaufgaben zu Abschnitt 6.2

1. Welche Aufgabe hat der Stromwender bei Gleichstrommotoren?
2. Wovon hängt das von einem Gleichstrommotor entwickelte Drehmoment ab?
3. Warum müssen Anker und Polschuhe der Gleichstrommaschinen aus voneinander isolierten Blechen aufgebaut sein?
4. Warum brauchen Gleichstrommotoren Anlasser?
5. Worauf ist die Ankerrückwirkung zurückzuführen?
6. In welcher Richtung müssen bei Rechtslauf des Gleichstrommotors Anker- und Erregerstrom durch die Wicklungen fließen?
7. Wie kann man den Drehsinn von Gleichstrommotoren umkehren?
8. Warum ist die Klemme M des Anlassers mit dem Anfang des Anlasserwiderstands verbunden?
9. Erläutern Sie, wie sich die Drehzahl beim Nebenschlußmotor steuern läßt.
10. Warum darf ein normaler Anlasser nicht für die Drehzahlsteuerung verwendet werden?
11. Warum ist die Drehzahl eines Reihenschlußmotors stark belastungsabhängig?
12. Warum dürfen Reihenschlußmotoren nicht mit einem Riementrieb versehen werden?
13. Beschreiben Sie die Bremsung eines Fahrzeugs mit Hilfe des zum Antrieb benutzten Reihenschlußmotors.
14. Auf welche Weise kann man einen Gleichstrommotor am Drehstromnetz betreiben?
15. Für welche Antriebe werden Gleichstrommotoren verwendet?
16. Begründen Sie, weshalb der Reihenschlußmotor ein hohes Anzugsmoment hat.
17. Durch welche Maßnahmen ist bei Gleichstrommotoren eine Drehzahlsteuerung oberhalb und unterhalb der Nenndrehzahl möglich?
18. Welchen Einfluß haben Netzspannungsänderungen auf das Betriebsverhalten von Reihenschlußmotoren?

---

7 Sondermaschinen

7.1 Servomotoren

In der Automatisierung der industriellen Fertigung und für viele andere Aufgaben der Steuerungs- und Regelungstechnik werden Motoren gebraucht, die Drehzahlen in Hochlauf- und Bremsbetrieben kurzzeitig verändern können. Diese Motoren nennt man Servomotoren. Sie können in wenigen Millisekunden aus dem Stillstand bis auf die Nenndrehzahl beschleunigen, in gleicher Zeit abbremsen und den Drehsinn umkehren. Typische Anwendungsbereiche sind daher Transferstraßen, Handhabungs- und Transportanlagen, Roboter und Vorschubantriebe in numerisch gesteuerten Werkzeugmaschinen (CNC-Maschinen).

Von der Bauform her unterscheidet man Langläufermotoren und Scheibenläufermotoren (7.1).

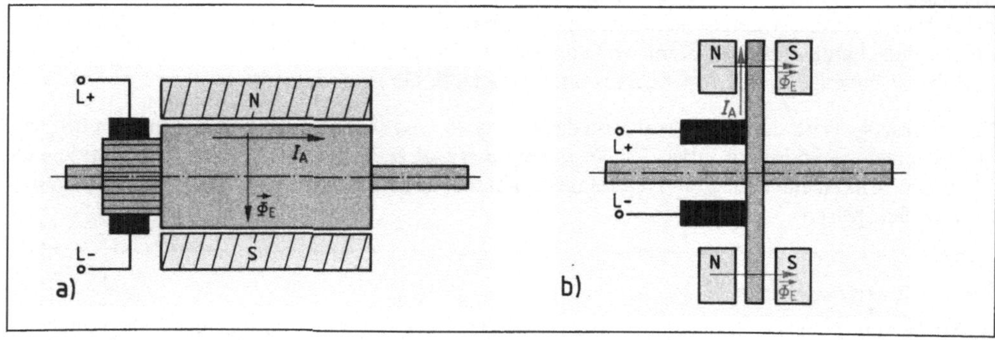

7.1 Aufbau von Servomotoren
a) als permanent erregter Langläufermotor, b) als Scheibenläufermotor

> Servomotoren haben geringe rotierende Massen und daher hohe Winkelbeschleunigungen.

7.1.1 Gleichstrom-Langläufermotoren

Hierbei handelt es sich in der Regel um einen dauermagneterregten Gleichstrommotor mit kleinem Ankerdurchmesser (7.2), der einem Gleichstrommotor mit Nebenschlußverhalten entspricht (s. Abschn. 6.2.2).

7.2 Langläufer-Servomotor mit Dauermagneten

Aufbau. Als Erregermagneten verwendet man Magnetmaterial mit hoher Energiedichte, z. B. Barium-Ferrit oder Samarium-Kobalt. Der Anker trägt eine normale Gleichstromankerwicklung (s. Abschn. 6.1.1), der Kommutator hat allerdings eine besonders hohe Lamellenzahl.

Der Motor zeichnet sich durch besonders gute Rundlauf- und Langsamlaufeigenschaften aus (z. B. Schleichdrehzahl von etwa 0,2 1/min). Mit entsprechenden Steuergeräten kann man die Drehzahl bis zu einem Verhältnis von 1:10000 verändern. Wegen des kleinen Außendurchmessers ist die Massenträgheit gering, so daß hohe Beschleunigungen und hohe Verzögerungen möglich sind.

7.1.2 Gleichstrom-Scheibenläufermotor

Aufbau. Axial angeordnete Dauermagneten aus Gußlegierungen, Ferriten oder Stahl (z. B. AlNiCo) bilden das Magnetsystem. Einseitig oder paarweise gegenüberliegend sind sie auf den magnetischen Rückschlußjochs angeordnet (7.3). Den scheibenförmigen Anker kann man vom üblichen Trommelanker ableiten. Wir müssen uns vorstellen, daß die zylindrische Wicklung und die Wellen des Kommutators durch Zusammenstauchen in eine gemeinsame Kreisfläche verschoben werden (7.4). Die Ankerwicklung bilden Leiterbahnen aus Kupfer, die auf beiden Seiten der Läuferscheibe aus Isolierstoff aufgebracht sind. Axial angeordnete Kohlebürsten führen den Strom zu (7.1 b). Es gibt jedoch auch Ausführungen mit Trommelkommutatoren und einem gewickelten, in Kunstharz eingegossenen Anker.

7.3 Gleichstrom-Scheibenläufermotor

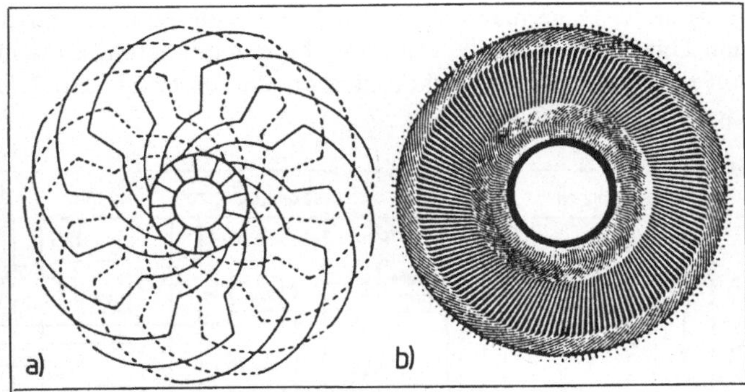

7.4 Ankerwicklung des Scheibenläufermotors
a) Prinzip, b) geklebte und verschweißte Ankerscheibe

Das homogene Erregerfeld und die eisenlose, trägheitsarme Läuferscheibe erlauben hohe Beschleunigungen und ermöglichen einen gleichmäßigen Rundlauf auch bei niedrigen Drehzahlen. Die Ankerscheibe läßt sich bei jedem Drehwinkel stoppen.

Verwendung. Eingesetzt werden diese Motoren, wenn bei kurzen Baulängen hohe Beschleunigungsfähigkeiten verlangt werden, z. B. als Antrieb für die Arme von Industrierobotern.

7.1.3 Bürstenloser Gleichstrom-Servomotor (Elektronikmotor)

Aufbau. Um den mechanischen Kommutator durch eine elektronische Kommutierungseinrichtung zu ersetzen, sind die Ankerwicklung in den Stator und die permanentmagnetische Erregung in den Rotor verlegt. Der mechanische Aufbau entspricht daher dem einer Synchronmaschine. Elektronisch kommutierende Gleichstrommotoren werden mit drei oder mehr Wicklungssträngen ausgeführt (7.5). Je nachdem, ob sich ein Wicklungsstrang unter einem Süd- oder einem

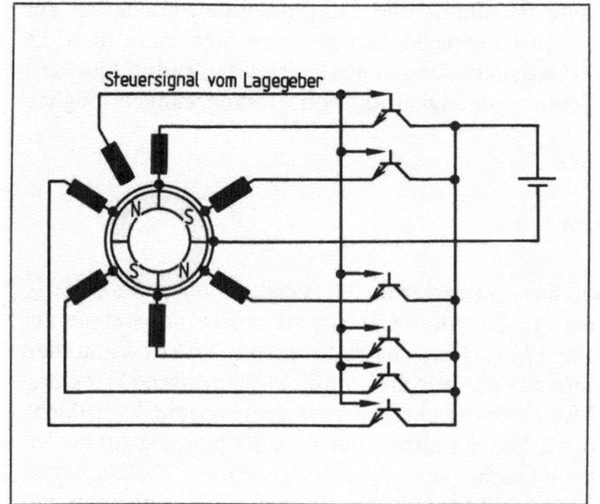

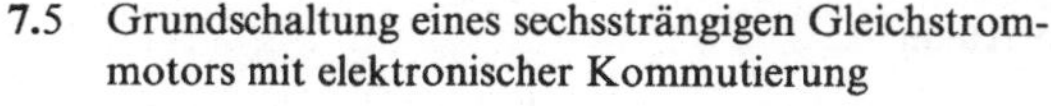
7.5 Grundschaltung eines sechssträngigen Gleichstrommotors mit elektronischer Kommutierung

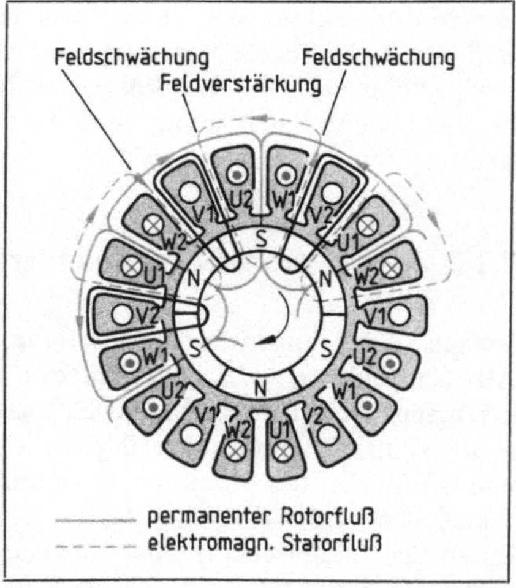

7.6 Feldverlauf bei einem sechspoligen bürstenlosen Gleichstrom-Servomotor

Nordpol des Dauermagnetläufers befindet, muß seine Stromrichtung umgekehrt werden (7.6). Zum Umsteuern dient die elektronische Kommutierungseinrichtung. Ein Meßgeber erfaßt die Rotorlage, ein anderer (Tachogenerator) die Drehzahl. Bild **7.7** zeigt den Übersichtsschaltplan eines solchen Servoantriebs.

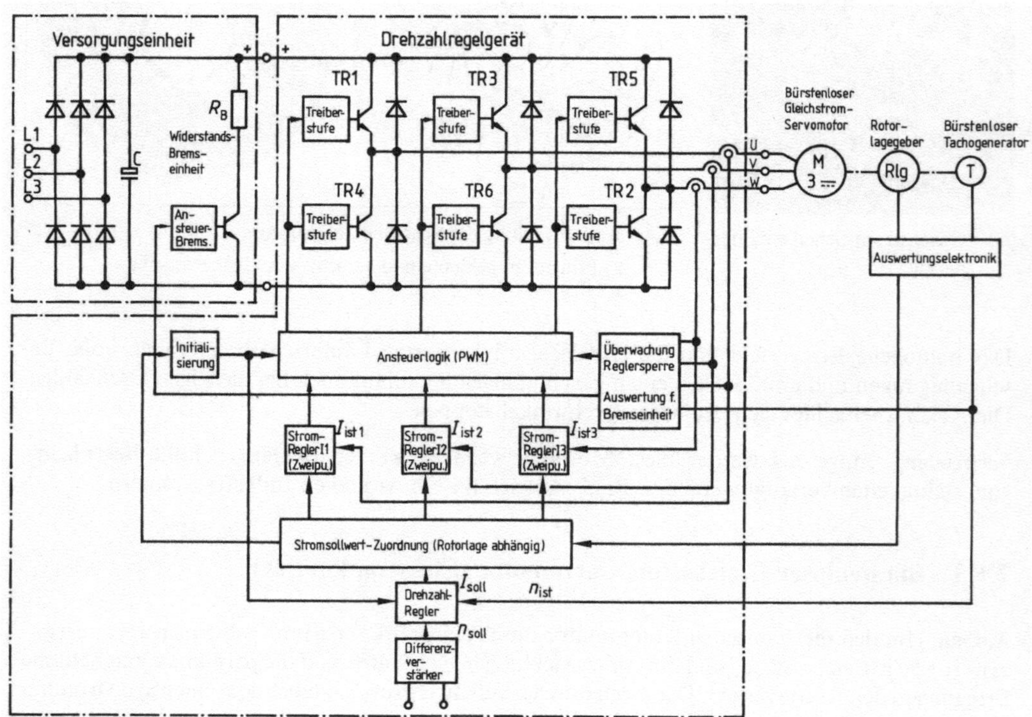

7.7 Übersichtsschaltplan eines sechssträngigen Gleichstrom-Servoantriebs

Bürstenlose Gleichstrom-Servomotoren werden mit Leistungen von 300 W bis 30 kW gebaut. Der Motor weist Nebenschlußverhalten auf.

7.1.4 Drehstrom-Servomotor

Drehstrom-Servomotoren gibt es als dauermagneterregte Synchronmotoren in der Ausführung Langläufer- oder Scheibenläufermotor. Zunehmend werden auch mikroprozessorgesteuerte Drehstrom-Asynchronmotoren eingesetzt.

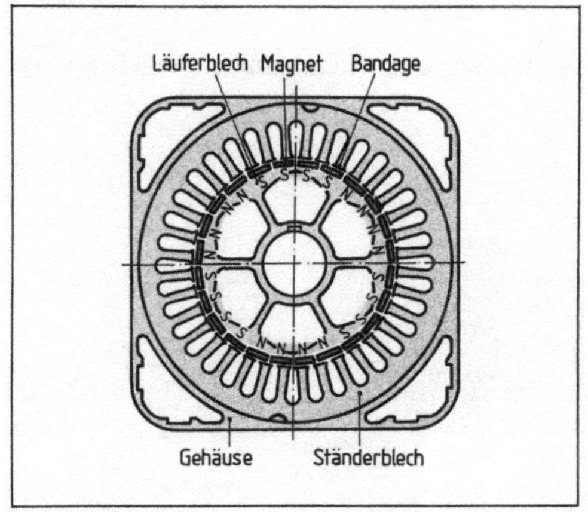

7.8 Querschnitt eines sechspoligen Drehstrom-Synchronservomotors

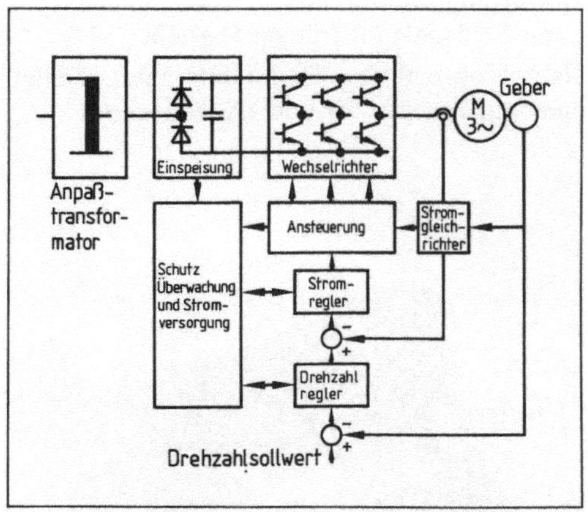

7.9 Übersichtsschaltplan eines Servoantriebs für einen Drehstrom-Synchronmotor

Drehstrom-Synchronservomotoren entsprechen im Aufbau dem Synchronmotor (s. Abschn. 5.3) mit einer dreisträngigen Statorwicklung und einem Dauermagnetläufer (7.8). Die Statorwicklung dient zum Erzeugen des Drehfelds und wird mit Drehstrom gespeist. Damit über den gesamten Drehzahlbereich ein möglichst konstantes Drehmoment erreicht wird, übernimmt ein Transistor-Pulsumrichter die Versorgung mit variabler Frequenz und variabler Spannung (7.9).

Drehstrom-Asynchronservomotoren gleichen im Aufbau den Asynchronmotoren mit Käfigläufer. Ihre Eigenschaften als Servomotor erreicht man durch konstruktive Verminderung der Massenträgheit aller rotierenden Teile. Der Vorteil des einfachen Aufbaus und der Wartungsfreiheit gegenüber Gleichstrommotoren wird allerdings teilweise durch den erheblichen Aufwand für die Versorgungs- und Steuerungseinrichtungen aufgehoben. Die Motoren werden deshalb hauptsächlich für Antriebe mit hohem Leistungsbedarf eingesetzt. Der Kostenanteil für die Elektronik ist dabei relativ klein (7.10).

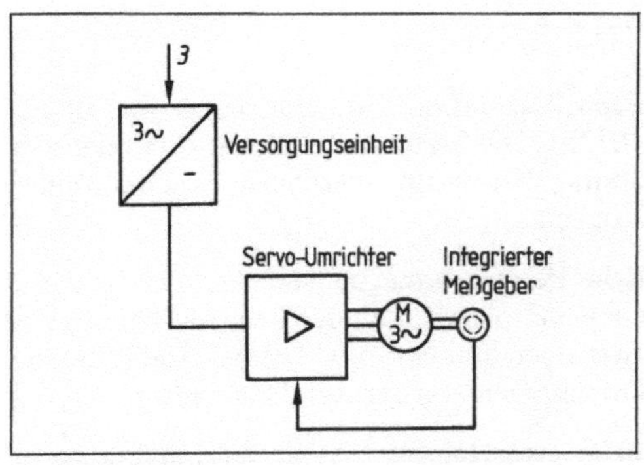

7.10 Blockschaltplan eines Servoantriebs mit Drehstrom-Asynchronmotor

7.2 Schrittmotor

Schrittmotoren wandeln digital-elektrische Steuerimpulse in schrittartige Drehbewegungen mit definierten Winkelschritten um. Dies ist z. B. erforderlich

- bei Typenscheiben, Wagen, Papierwalzen, Farbbändern in Schreibmaschinen und Druckern,
- bei Diskettenlaufwerken, registrierenden Meßgeräten, Plottern, Robotern und Rundtischen.

Vom Prinzip her entsprechen sie dem Synchronmotor mit einem Läufer in Lang- oder Scheibenausführung, während die Statorwicklung je nach Motorart aus mehreren, voneinander unabhängigen Feldspulen (Strängen) besteht (7.11).

Nach Konstruktion des Läufers unterscheidet man drei Bauarten: Reluktanzschrittmotor, Permanentmagnetmotor und Hybridmotor.

7.11 Schrittmotor

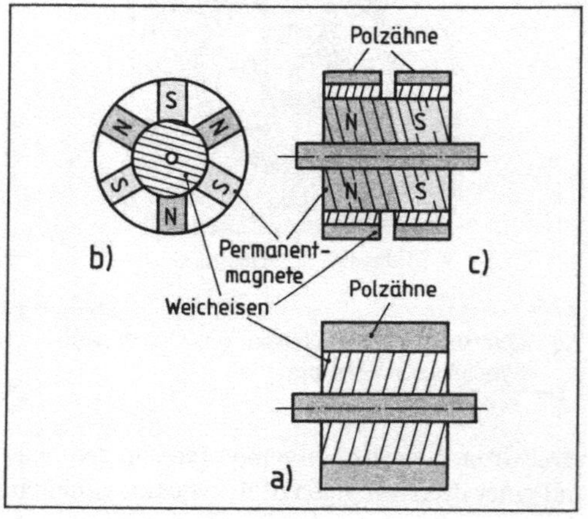

7.12 Bauarten des Schrittmotors
a) Reluktanzläufer, b) Permanentmagnetläufer in Wechselpolbauweise, c) Permanentmagnetläufer in Gleichpolbauweise (Hybridmotor)

Beim Reluktanzschrittmotor besteht der Läufer aus Weicheisen mit einer gezahnten Oberfläche (7.12a). Die Statorwicklung hat drei oder vier Stränge. Da der Läufer keinen Dauermagneten besitzt, hat er im unerregten Zustand kein Selbsthaltemoment. Es sind kleine Schrittwinkel möglich.

Beim Permanentmagnetmotor hat der Läufer einen Weicheisenkern, auf dessen Umfang Dauermagnete mit wechselnder Polarität befestigt sind (7.12b). Die Statorwicklung hat überwiegend zwei oder drei Stränge. Dieser Motor hat ein Selbsthaltemoment und entwickelt ein höheres Drehmoment als der Reluktanzmotor.

Beim Hybridmotor besteht der Läuferkern aus einem zweipoligen Dauermagneten in axialer Magnetisierung. Am Umfang sind gezahnte Weicheisenkuppen befestigt (7.12c). Die Zähne der einen Kuppe sind Nordpole, die der anderen Kuppe Südpole. Die Statorwicklung hat zwei, vier oder fünf Stränge. Dieser Motor vereinigt die Vorteile des Reluktanzmotors (kleine Schrittwinkel) und des Permanentmagnetmotors (großes Drehmoment).

Wirkungsweise. Die Stromrichtungen in den einzelnen Wicklungssträngen werden nach einem besonderen Bestromungsplan umgepolt oder abgeschaltet. Dadurch dreht sich das Magnetfeld des Stators, dem der Läufer folgt. Durch eine schnelle Umschaltfolge (Impulsfolge) geht die Schrittbewegung in eine kontinuierliche Drehbewegung über. Am Beispiel eines Schrittmotors mit zwei Strängen wollen wir uns die Funktion verdeutlichen (7.13).

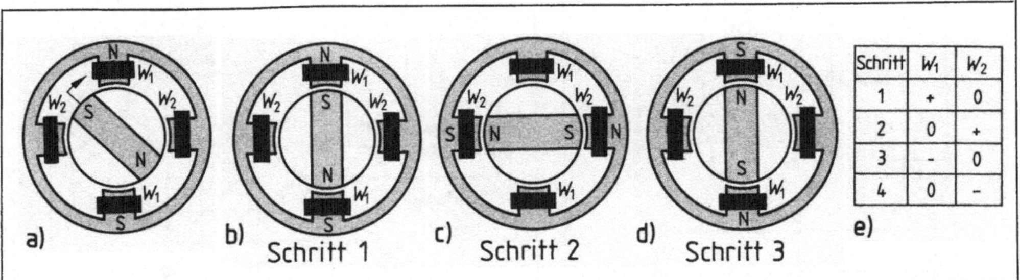

Schritt	W_1	W_2
1	+	0
2	0	+
3	-	0
4	0	-

7.13 Wirkungsweise des Schrittmotors
a) bis d) Schritte, e) Bestromungstabelle

Ausgehend von der Grundposition a) dreht sich der Läufer im Uhrzeigersinn und rastet in der Stellung b) ein. Werden Strang W1 ab- und Strang W2 eingeschaltet, dreht sich der Läufer weiter (c). Werden nun W2 abgeschaltet und W1 in umgekehrter Polarität wie in b) wieder bestromt, erfolgt ein weiterer 90°-Schritt (d). Der Läufer kehrt in seine Ausgangsposition zurück, wenn W1 abgeschaltet und die Stromrichtung in W2 umgekehrt werden.

Für die Berechnung des geometrischen Schrittwinkels α aus der Strangzahl m und der Polpaarzahl p des Läufers gilt die Gleichung

Schrittwinkel $$\alpha = \frac{360°}{2 \cdot p \cdot m}.$$

Beispiel 7.1 Ein Schrittmotor mit zwei Wicklungssträngen hat einen Läufer mit der Polpaarzahl 1. Berechnen Sie den Schrittwinkel.

Lösung $$= \frac{360°}{2 \cdot p \cdot m} = \frac{360°}{2 \cdot 1 \cdot 2} = 90°$$

Nach der Ausführung der Statorwicklungen unterscheidet man Unipolar- und Bipolarbetrieb.

Beim Unipolarbetrieb hat jeder Strang eine Wicklung mit Mittelanzapfung (7.14). Die Wicklung wird mit einem Umschalter angesteuert, so daß das entsprechende Spulenfeld umgepolt wird.

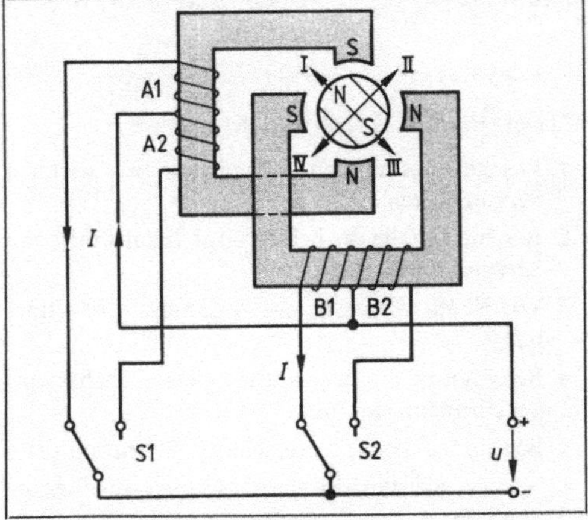

7.14 Schrittmotor mit 2 Strängen, Unipolarbetrieb

Beim Bipolarbetrieb haben die beiden Spulen keine Mittelanzapfung. Um die Stromrichtung in einem Strang umzukehren, ist ein zweipoliger Umschalter erforderlich (7.15).

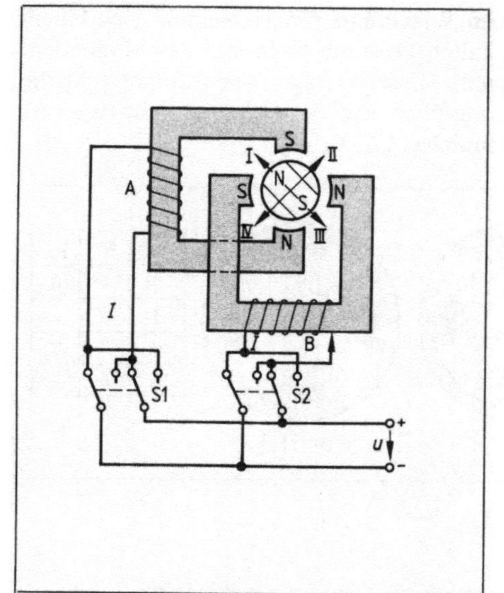

7.15 Schrittmotor mit 2 Strängen, Bipolarbetrieb

7.16 Schaltplan der Steuerlogik für einen Schrittmotor, Bipolarbetrieb

Zum Ansteuern der Schrittmotoren sind elektronische Steuerschaltungen erforderlich (**7**.16).

Schrittarten. Bei Schrittmotoren sind Voll-, Halb-, Viertel- und Mini- bzw. Mikroschrittbetrieb möglich. So sind z. B. bei einem Schrittmotor mit 90°-Schrittwinkel vier Vollschritte für eine volle Umdrehung erforderlich. Läuft der gleiche Motor durch andere Bestromung der Wicklungen im Halbschrittbetrieb, ergeben sich für eine volle Umdrehung acht Schritte. Im Mini- oder Mikrobetrieb verändert man die Ströme in den Strängen stufenweise und erreicht so mehrere Zwischenschritte. Mit Hilfe moderner Mikroschrittsysteme mit digitaler Steuerlogik läßt sich ein Vollschritt in 250 Mikroschritte zerlegen. Bei einem Schrittmotor mit 200 Vollschritten erreicht man dadurch bis zu 50000 Mikroschritte je Umdrehung.

Übungsaufgaben zu Abschnitt 7.1 und 7.2

1. Welche besonderen Eigenschaften zeichnen Servomotoren aus?
2. Beschreiben Sie die beiden Grundbauformen von Servomotoren.
3. Wie ist ein Gleichstrom-Langläufermotor aufgebaut?
4. Beschreiben Sie den Aufbau eines Gleichstrom-Scheibenläufermotors.
5. Begründen Sie die Bezeichnung „Schrittmotor".
6. Nennen Sie die Anwendungsgebiete für Schrittmotoren.
7. Beschreiben Sie den Aufbau eines Reluktanzschrittmotors, Permanentmagnetmotors und Hybridmotors.
8. Beschreiben Sie die Wirkungsweise eines Schrittmotors.
9. Was versteht man unter Unipolar- und Bipolarbetrieb?
10. Geben Sie einen Überblick über die Schrittarten.

7.3 Stromwendermotoren für Wechselstrom und Drehstrom

Diese Motoren haben Läufer, die wie die Anker von Gleichstrommaschinen aufgebaut sind. Sie haben wie diese eine in sich geschlossene Ankerwicklung und einen Stromwender. Eingesetzt werden sie überall dort, wo man keine synchronen und asynchronen Wechselstrom- und Drehstrommotoren verwenden kann. Dies ist der Fall, wenn stufen- und verlustarme Drehzahlsteuerung oder Reihenschlußverhalten (also großes Anzugsmoment bei möglichst belastungsabhängiger Drehzahl) verlangt werden oder wenn die geforderte Drehzahl über 3000 min^{-1} beträgt.

7.3.1 Universalmotor und Einphasen-Reihenschlußmotor

Der Drehsinn eines Gleichstrommotors wird nicht umgekehrt, wenn man die beiden Netzzuleitungen miteinander vertauscht (s. Abschn. 6.2.1). Es liegt daher der Gedanke nahe, Gleichstrommotoren mit Wechselstrom zu betreiben; denn der fortwährende Richtungswechsel des Wechselstroms hat die gleiche Wirkung wie das Vertauschen der Netzzuleitungen bei Gleichstrom.

Versuch 7.1 Ein kleiner Gleichstrom-Nebenschlußmotor wird zunächst mit seiner Nenngleichspannung und dann mit Wechselspannung gleicher Größe (Effektivwert) betrieben. An der Wechselspannung entwickelt er eine geringere Drehzahl und ein geringeres Drehmoment; außerdem tritt starkes Bürstenfeuer auf. Bei längerer Betriebsdauer erwärmt sich das Magnetgestell erheblich. ■

> Gleichstrom-Nebenschlußmotoren eignen sich nicht für den Betrieb an Wechselspannung.

Die starke Erwärmung des Magnetgestells wird durch die in den massiven Eisenteilen entwickelten Wirbelströme hervorgerufen. Diese werden herabgesetzt, wenn man das Magnetgestell aus voneinander isolierten Blechen aufbaut. Der Gleichstrom-Nebenschlußmotor entwickelt am Wechselstromnetz nur ein geringeres Drehmoment, weil sein Erregerstrom durch die hohe Induktivität der Feldwicklung (viele Windungen) um fast 90° gegenüber dem Ankerstrom nacheilt. Ein ausreichendes Drehmoment kann daher nur ein Reihenschlußmotor entwickeln, da hier durch die Reihenschaltung von Erregerwicklung und Ankerwicklung keine Phasenverschiebung zwischen Erreger- und Ankerstrom entstehen kann.

> Für Wechselstrombetrieb eignen sich Gleichstrom-Reihenschlußmotoren, deren Magnetgestell aus isolierten Blechen aufgebaut ist.

Das stärkere Bürstenfeuer des mit Wechselstrom betriebenen Gleichstrommotors rührt daher, daß die Stromwendung bei Wechselstrom schwieriger ist als bei Gleichstrom. Zu der in der kurzgeschlossenen Ankerspule auftretenden Selbstinduktionsspannung kommt nämlich eine weitere Induktionsspannung hinzu, die durch den Auf- und Abbau des Erregerwechselfelds erzeugt wird. Das Bürstenfeuer wird um so geringer, je kleiner die Induktivität der zwischen zwei Stromwenderstegen liegenden Ankerspulen, je geringer also ihre Windungszahl ist, ferner je geringer die Netzfrequenz und je kleiner die Netzspannung sind.

Universalmotor

Der Universalmotor ist ein für Gleich- und Wechselstrom geeigneter Reihenschlußmotor mit Leistungen bis etwa 0,5 kW (**7**.17). Er hat zwei ausgeprägte Magnetpole, auf denen die Feldwick-

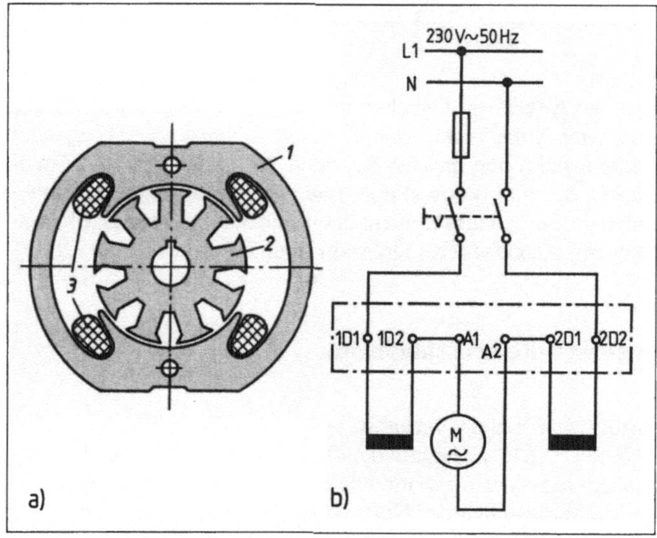

7.17
Universalmotor
a) Ständerblechschnitt *1* mit der Feldwicklung *3* und Läuferblechschnitt *2*
b) Schaltplan

lung, als Reihenschlußwicklung geschaltet, angeordnet ist. Wendepole und Kompensationswicklung fehlen. Der Anker ist wie ein üblicher Gleichstromanker aufgebaut. Feld- und Ankerwicklungen liegen in Reihe (**7**.17b). Beide Hälften der Feldwicklung 1D1 – 1D2 und 2D1 – 2D2 sind so geschaltet, daß die Ankerwicklung zwischen ihnen liegt. Sie wirken so als Drosselspulen für die durch Bürstenfeuer entstehenden Hochfrequenzspannungen, die sich sonst ungehindert über das Netz ausbreiten und Rundfunkstörungen verursachen könnten.

Versuch 7.2 Ein Universalmotor kleiner Leistung wird auf der Tischplatte festgespannt, an Nenngleichspannung angeschlossen und mit einer Holzlatte an der Riemenscheibe mehr oder weniger abgebremst. (Vorsicht! Motor neigt zum Durchgehen!) Der Motor entwickelt ein relativ großes Drehmoment. Mit zunehmender Belastung sinkt die Drehzahl aber stark ab. Der Versuch wird an Wechselspannung wiederholt. Schließlich wird der Motor noch über einen verstellbaren Vorwiderstand angeschlossen. Die Drehzahl kann man durch Verstellen des Vorwiderstands steuern. ■

Der Universalmotor verhält sich wie ein Gleichstrom-Reihenschlußmotor. Er entwickelt ein großes Anzugsmoment. Seine Drehzahl liegt meist über 3000 min^{-1}; sie ist stark belastungsabhängig. Er eignet sich für Gleich- und Wechselstrom (Allstrommotor).

Verwendung. Der Universalmotor wird vorwiegend zum Antrieb von Elektrowerkzeugen und Haushaltgeräten verwendet.

Drehzahlsteuerung. Sollen die Werkzeuge oder Haushaltsgeräte mit verschiedenen Drehzahlen betrieben werden, eignen sich einstellbare Vorwiderstände (Verlustwärme) weniger zur Drehzahlsteuerung. Günstiger ist die Drehzahlsteuerung durch die Feldwicklung mit Anzapfungen. Zunehmend steuern jedoch elektronische Bauelemente die Drehzahl (z. B. Triac, s. Abschn. 9.5.1).

Einphasen-Reihenschlußmotor

Die Stromwendung ist bei Stromwendermotoren um so schwieriger, je größer die Motorleistung und damit der Ankerstrom sind. Große Einphasen-Reihenschlußmotoren, z. B. für elektrische Bahnen, weichen deshalb im Aufbau vom Gleichstrom- und vom Universalmotor ab (**7**.18).

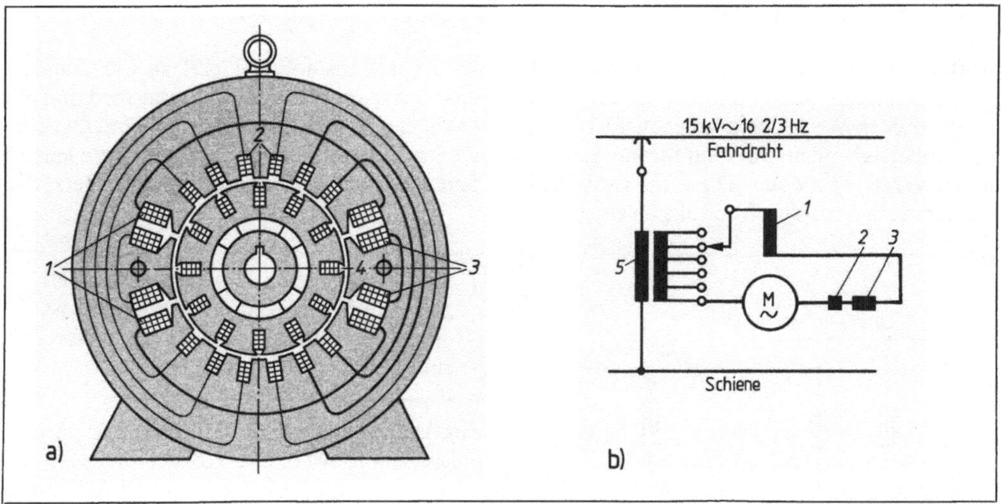

7.18 Einphasen-Reihenschlußmotor als Bahnmotor
a) Wicklungsanordnung im Ständer bei zweipoliger Ausführung, b) Schaltplan
1 Erregerwicklung
2 Kompensationswicklung
3 Wendepolwicklung
4 Wendezähne
5 Stelltransformator

Aufbau. Der aus Blechen aufgebaute Ständer (7.18a) hat keine ausgeprägten Magnetpole, um Streufelder gering zu halten. Die Erregerwicklung *1* wird daher in Nuten untergebracht. Zur Aufhebung des Ankerquerfelds erhält der Motor eine Kompensationswicklung *2*, die ebenfalls in Ständernuten liegt. Außerdem ist eine Wendepolwicklung *3* auf den Wendezähnen *4* erforderlich, um die für die Aufhebung der Stromwendespannung erforderliche Gegenspannung zu erzeugen (s. Abschn. 6.1.3). Der Anker ist wie ein Gleichstromanker aufgebaut. Die Ankerwicklung wird als Stabwicklung mit nur einer Windung für jede Ankerspule ausgeführt. Dadurch hält man die Induktivität der Ankerspulen klein und erleichtert die Stromwendung. Alle Wicklungen im Ständer und Anker sind in Reihe geschaltet.

Der Einphasen-Reihenschlußmotor verhält sich wie ein Gleichstrom-Reihenschlußmotor. Wegen des großen Anzugsmoments dient er als Bahnmotor in elektrischen Lokomotiven.

Zum Anfahren und zur Drehzahlsteuerung wird der Motor über den Stelltransformator *5* an eine veränderbare Betriebsspannung gelegt (7.18b). Die Primärwicklung des Steuertransformators liegt zwischen Fahrdraht und Lokomotivgestell, das über die Räder mit den Schienen leitend verbunden ist und so den Primärstromkreis schließt. Die zwischen Fahrdraht und Schienen liegende Betriebsspannung wird wegen der großen Ausdehnung des Bahnnetzes möglichst hoch gewählt. Sie beträgt meist 15000 V bei der Frequenz 50 Hz : 3 = 16⅔ Hz. Die niedrige Frequenz erleichtert die Stromwendung der Motoren; dem gleichen Zweck dient auch die Wahl einer niedrigen Motorspannung bis etwa 500 V.

Für Antriebe im öffentlichen Drehstromnetz sind größere Einphasen-Reihenschlußmotoren nicht geeignet, weil sie das Netz ungleichmäßig belasten und die Stromwendung bei der Netzfrequenz 50 Hz schwierig ist.

7.3.2 Repulsionsmotor

Aufbau. In den Nuten des Ständerblechpakets des Repulsionsmotors (7.19) ist die Ständer-Erregerwicklung untergebracht, die an die Einphasen-Netzspannung angeschlossen wird und ein magnetisches Wechselfeld erzeugt. Der Läufer ist wie ein Gleichstromanker gebaut. Die sich gegenüberstehenden, auf dem Stromwender schleifenden Bürsten sind durch eine Brücke leitend miteinander verbunden. Die Läuferwicklung hat keine leitende Verbindung mit dem Netz; der Läuferstrom wird durch Induktion erzeugt.

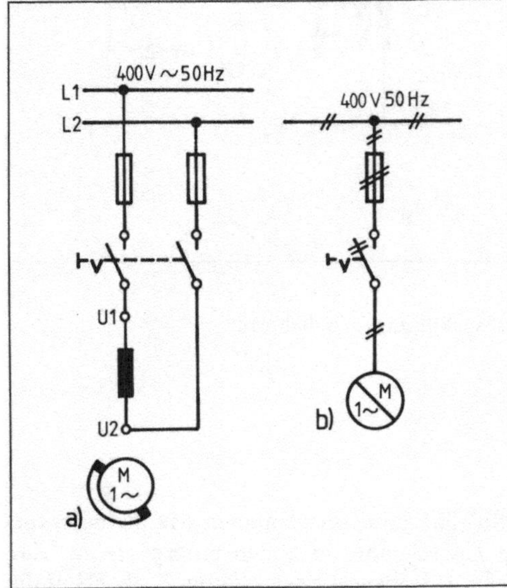

7.19 Repulsionsmotor mit einfachem Bürstensatz
a) Schaltplan
b) einpolige Darstellung mit Schaltkurzzeichen

Im Gegensatz zum Universalmotor und zum Einphasen-Reihenschlußmotor ist der Repulsionsmotor wie der Asynchronmotor ein Induktionsmotor.

Zur Veranschaulichung der Vorgänge im Repulsionsmotor ist in Bild 7.20 der Gleichstromanker aus Bild 6.8 eingezeichnet. Die Richtung der während einer Halbwelle des Ständerstroms i durch das Ständerfeld Φ_S in der Läuferwicklung induzierten Spannungen bleibt unabhängig von der Bürstenstellung erhalten.

Motor ohne Bürsten (7.20 a). Sind keine Bürsten vorhanden, fließt trotz der in sich geschlossenen Läuferwicklung kein Läuferstrom, da sich die in der Läuferwicklung induzierten Spulenspannungen (schwarze Punkte · und Kreuze ×) aufheben.

Bürstenausgangsstellung (7.20 b). Sind dagegen zwei Bürsten vorhanden und schließen diese die in der neutralen Zone befindlichen Läuferspulen 1 – 1′ und 4 – 4′ kurz, fließt in diesen ein Induktionsstrom (rote Punkte · und Kreuze ×). Es entsteht aber wegen der entgegengesetzten Richtung von Φ_S und Φ_L kein Drehmoment. In der Bürstenausgangsstellung nimmt der Motor nur einen geringen Magnetisierungsstrom auf.

Bürstenverschiebungswinkel zwischen 0 und 90°. In Bild 7.20 c sind die Bürsten um den Winkel α im Uhrzeigersinn verdreht. Jetzt heben sich die in der Läuferwicklung induzierten Spulenspannungen nicht mehr auf. Es fließt ein Läuferstrom in der eingetragenen Richtung, und der Läufer erzeugt ein Magnetfeld Φ_L. Er entwickelt ein Drehmoment und dreht sich gegen den Uhrzeiger. Werden die Bürsten in die entgegengesetzte Richtung verdreht, wird der Drehsinn umgekehrt.

Der Läufer des Repulsionsmotors dreht sich gegensinnig zur Bürstenverschiebung (Repulsion: Rückstoß).

Bürstenverschiebungswinkel 90°. In Bild 7.20 d sind die Bürsten um 90° verdreht. Die Läuferwicklung wirkt jetzt wie die kurzgeschlossene Sekundärwicklung eines Transformators. Es wird aber wieder kein Drehmoment entwickelt, da die im Uhrzeigersinn wirkenden Drehmomente ebenso groß sind wie die gegensinnigen Momente. In der Läuferwicklung fließt ein unzulässig hoher Induktionsstrom. In dieser Kurzschlußstellung darf der Motor daher nicht betrieben werden.

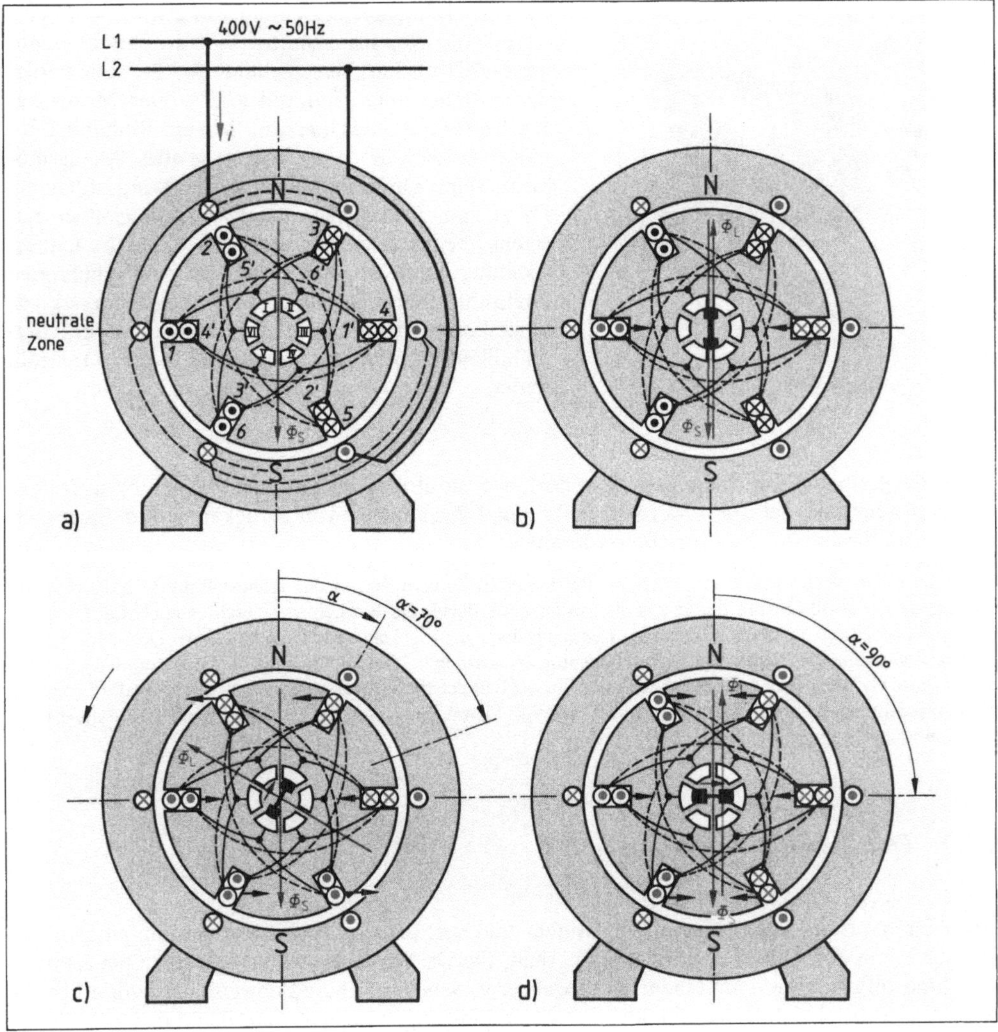

7.20 Repulsionsmotor, Wirkung der Bürstenverschiebung

a) Darstellung ohne Bürsten. Richtungen von Ständerstrom (rot) und induzierter Läuferspannung (schwarz) bei einer Halbwelle des Ständerstroms *i*

b) Bürstenausgangsstellung. Großer Strom in den kurzgeschlossenen, in der neutralen Zone stehenden Läuferspulen, aber kein Drehmoment

c) Bürstenverschiebung um den Winkel α. Es wird ein Drehmoment erzeugt (je zwei gleichsinnige Kraftpfeile oben und unten)

d) Kurzschlußstellung der Bürsten ($\alpha = 90°$). Kein Drehmoment (s. zwei gegensinnige Kraftpfeile). Gefahr für die Läuferwicklung

Der Einfachheit halber sind nur sechs Läuferspulen gewählt (rückwärtige Verbindung gestrichelt). Tatsächlich hat der Läufer, wie ein Gleichstromanker, wesentlich mehr Spulen.

Durch Bürstenverschiebung kann man den Repulsionsmotor anlassen, seine Drehzahl stufenlos steuern und den Drehsinn umkehren.

7.21 Repulsionsmotor

Bei einer Bürstenverschiebung von etwa $\alpha = 70°$ entwickelt der Repulsionsmotor sein größtes Drehmoment (7.20c). Die Verschiebung der Bürsten erfolgt durch Hebel oder Handrad (7.21). Der Motor hat Reihenschlußverhalten. Wie ein Reihenschlußmotor entwickelt er ein relativ großes Anzugsmoment, seine Drehzahl ist stark belastungsabhängig. Da er zum Durchgehen neigt, wird er vielfach mit einem Fliehkraftschalter ausgerüstet, der die Läuferwicklung ungefähr bei Erreichen der synchronen Drehzahl unter Umgehung des Stromwenders kurzschließt. Der Motor läuft dann als asynchroner Kurzschlußläufermotor mit etwas kleinerer Drehzahl weiter.

Verwendung finden Repulsionsmotoren dort, wo stoßfreier Anlauf und bequeme, stufenlose Drehzahlsteuerung gefordert werden, z. B. zum Einzelantrieb von Druckerei- und Spinnereimaschinen, ferner für den Antrieb von Kranen.

Déri-Motor. Der Repulsionsmotor darf im Betrieb nicht längere Zeit in der Ruhestellung (7.20b) belassen werden, da der große Strom der in der neutralen Zone durch die Bürsten kurzgeschlossenen Läuferspulen die Läuferwicklung unzulässig erwärmt. Der nach dem ungarischen Max Déri benannte Déri-Motor, eine Weiterentwicklung des einfachen Repulsionsmotors, vermeidet diesen Nachteil durch einen doppelten Bürstensatz. Hierdurch ergibt sich noch der Vorteil, daß der Bürstenverschiebungswinkel bis zum Erreichen der Kurzschlußstellung (7.20d) 180° statt 90° beträgt. Damit kann man die Drehzahl feinstufiger steuern als beim einfachen Repulsionsmotor.

7.3.3 Drehstrom-Stromwendermotor

Auch Drehstrommotoren können für stufen- und verlustarme Drehzahlsteuerung eingerichtet werden, wenn der Läufer eine Wicklung erhält, die wie die Ankerwicklung einer Gleichstrommaschine aufgebaut und mit einem Stromwender versehen ist. Diese Bauweise wird vor allem für Motoren großer Leistung verwendet. Für kleine Leistungen benutzt man heute meist thyristor- oder triacgesteuerte Gleichstrom- bzw. Universalmotoren (s. Abschn. 7.3.1).

Man unterscheidet Drehstrom-Nebenschluß- und -Reihenschlußmotoren.

Diese Motoren haben ihre Bezeichnung weniger auf Grund ihres Aufbaus, als wegen ihres Betriebsverhaltens, das im ersten Fall dem des Gleichstrom-Nebenschlußmotors entspricht (Nebenschlußverhalten).

Läufergespeister Drehstrom-Nebenschlußmotor. Der Ständer entspricht dem des Asynchronmotors. Eine in den Nuten des Läufers der Maschine untergebrachte Drehstromwicklung ist über drei Schleifringe an das Drehstromnetz angeschlossen (7.22). In denselben Läufernuten liegt die mit dem Stromwender verbundene Steuerwicklung. Auf dem Stromwender schleifen zwei gegeneinander verschiebbare Bürstensätze. Ihre Bürsten sind um jeweils 120° gegeneinander versetzt und an die als normale Drehstromwicklung ausgeführte Ständerwicklung angeschlossen. Die am Netz liegende Drehstrom-Läuferwicklung induziert in der Ständerwicklung die Schlupfspannung und in der Steuerwicklung die Steuerspannung, beide mit der der jeweiligen Drehzahl entsprechenden Schlupffrequenz.

Stehen die zu jeweils einem Strang der Ständerwicklung gehörigen Bürsten auf demselben Stromwendersteg, ist die Ständerwicklung kurzgeschlossen, und der Motor läuft als Asynchronmotor. In der Ständerwicklung ist nur die induzierte Schlupfspannung wirksam, die einen Ständerstrom zur Folge hat, der der jeweiligen Belastung entspricht.

Werden beide Bürstensätze gegensinnig um den gleichen Betrag auf dem Stromwender verdreht, greifen die beiden an jeweils demselben Strang der Ständerwicklung angeschlossenen Bürsten eine Steuerspannung ab, deren Höhe von der Größe der Bürstenverschiebung und deren Richtung von der Richtung der gegenseitigen Verschiebung abhängen. Jetzt sind in der Ständerwicklung sowohl die induzierte Schlupfspannung als auch die durch die Bürsten zugeführte Steuerspannung wirksam. Die aus beiden resultierende vergrößerte oder verkleinerte Ständerspannung hat nun so lange einen zu großen oder zu kleinen Ständerstrom zur Folge, bis die Schlupfspannung durch Drehzahländerung einen Wert erreicht, bei dem die resultierende Ständerspannung den der jeweiligen Belastung entsprechenden Ständerstrom erzeugt. Auf diese Weise kann man eine unter- oder übersynchrone Drehzahl bei dem Leistungsfaktor $\cos\varphi = 1$ einstellen.

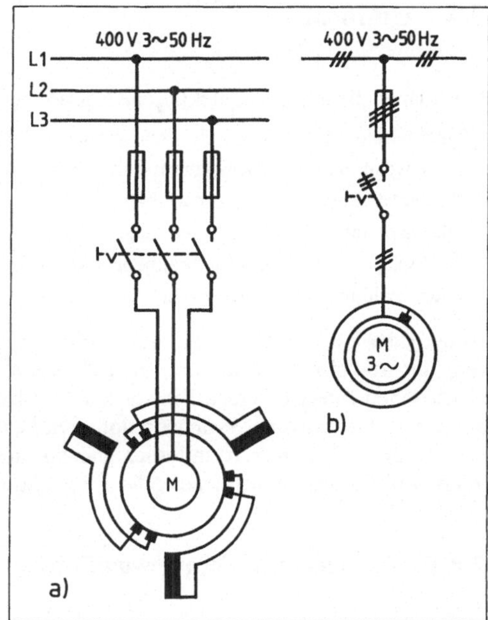

7.22 Läufergespeister Drehstrom-Nebenschlußmotor; Drehzahleinstellung durch Bürstenverschiebung

a) Schaltplan

b) einpolige Darstellung mit Schaltkurzzeichen

> Die Drehzahl des läufergespeisten Drehstrom-Nebenschlußmotors wird durch Bürstenverschiebung verlustlos gesteuert. Die Umkehrung des Drehsinns erfolgt wie beim Asynchronmotor durch Vertauschen zweier Zuleitungen.

Die Drehzahl der Drehstrom-Nebenschlußmotoren sinkt bei Belastungszunahme nur wenig ab (Nebenschlußverhalten). Sie kann in dem Drehzahlbereich 1 : 3 und mehr gesteuert werden.

Verwendung. Drehstrom-Nebenschlußmotoren werden vorwiegend zum Antrieb von Druckerei-, Papier- und Textilmaschinen verwendet. Für kleinere Leistungen bevorzugt man läufergespeiste, für größere Leistungen ständergespeiste Ausführungen. Die letzteren eignen sich auch für den Anschluß an Hochspannung.

7.4 Umformer

Umformer dienen dazu, elektrische Energie umzuwandeln, z. B.

- Wechselspannung in Wechselspannung anderer Größe,
- Gleichspannung in Gleichspannung anderer Größe,
- Wechselspannung in Gleichspannung,
- Gleichspannung in Wechselspannung,
- Wechselspannung in Wechselspannung anderer Frequenz,
- Phasenzahl in andere Phasenzahl.

Rotierender Umformer. Jede dieser Umformungen läßt sich mit einem Maschinensatz durchführen, der aus einem Elektromotor und einem Generator besteht, der die gewünschte Art der elektrischen Energie liefert. Ein solcher Motorgenerator ist z. B. der Schweißgenerator, der aus einem Drehstrom-Asynchronmotor und einem Gleichstromgenerator besteht. Da beide eine gemeinsame Welle haben und auch gemeinsam in einem Gehäuse angeordnet sind, spricht man auch vom Einwellenumformer oder Eingehäuseumformer.

7.4.1 Asynchroner Frequenzumformer

Verwendung. Asynchrone Frequenzumformer verwendet man z. B. als Mittelfrequenz-Spannungsquellen für Motoren zum Antrieb von Holzbearbeitungsmaschinen, die eine hohe Schnittgeschwindigkeit erfordern. Auch in Werkstätten mit sehr schnellaufenden Handwerkzeugmaschinen (Schnellfrequenzwerkzeuge, z. B. Bohr- und Poliermaschinen) werden sie eingesetzt.

Der dazu erforderliche Frequenzumformer (**7.23**) besteht aus einer als Generator wirkenden Asynchronmaschine mit Schleifringläufer und einem antreibenden Motor mit der festen Drehzahl n_1. Der Ständer des Generators ist an das Drehstromnetz ($f_1 = 50$ Hz) angeschlossen. Das Ständerdrehfeld induziert im stillstehenden Läufer eine Spannung mit der Frequenz $f_2 = 50$ Hz. Wird der

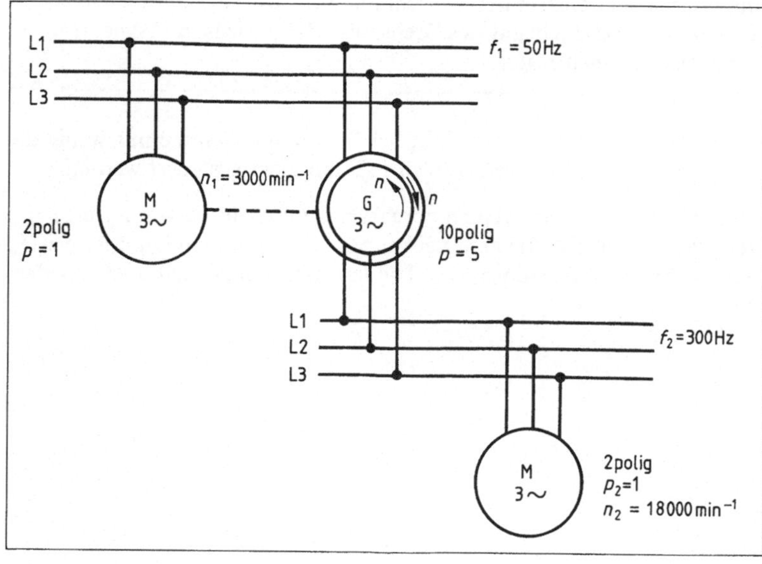

7.23 Schaltplan eines Frequenzumformers

Läufer durch den Antriebsmotor entgegen dem Ständerdrehfeld mit der festen Drehzahl n_1 angetrieben, erhöht sich die Frequenz f_2 der induzierten Läuferspannung um die Eingangsfrequenz f_1. Erfolgt der Antrieb dagegen mit dem Drehfeld, vermindert sich die Frequenz f_2 um den Betrag der Eingangsfrequenz.

Ausgangsfrequenz	$f_2 = p \cdot n_1 \pm f_1$	f_1, f_2 in Hz = 1/s n in 1/s p ohne Einheit

Dabei ist p die Polpaarzahl des Schleifringläufers.

Beispiel 7.2 Berechnen Sie für den Frequenzumformer in Bild 7.23 die Ausgangsfrequenz f_2 und die Drehzahl n_2 des Motors bei Betrieb gegen das Drehfeld.

Lösung $f_2 = p \cdot n_1 + f_1 = 5 \cdot 50\ 1/\text{s} + 50 \cdot 1/\text{s} = \mathbf{300\ Hz}$

$$n_2 = \frac{f_2}{p_2} = \frac{300\ 1/\text{s}}{1} = 300\ 1/\text{s} = \mathbf{18\,000\ 1/min}$$

Haben beide Maschinen die gleiche Polpaarzahl ($p_1 = p_2$), ist $f_2 = 100$ Hz. Durch Wahl anderer Polpaardifferenzen zwischen Antriebsmotor und Generator werden Frequenzumformer für die Frequenzen 150, 250 oder 300 Hz gebaut. Die damit erreichbaren Motordrehzahlen liegen zwischen 6000 und 18000 min^{-1}.

Frequenzumformer werden im allgemeinen nicht für eine stufenlose Drehzahlverstellung, sondern nur für eine feste Drehzahl über 3000 min^{-1} vorgesehen.

7.4.2 Leonardumformer

Leonardumformer dienen dazu, die Drehzahl eines Motors in einem weiten Bereich verlustarm zu steuern. Der Maschinensatz wird von einer beliebigen Antriebsmaschine angetrieben, deren Drehzahl konstant sein muß (z. B. Elektro- oder Verbrennungsmotor). In Bild 7.24 ist es ein an

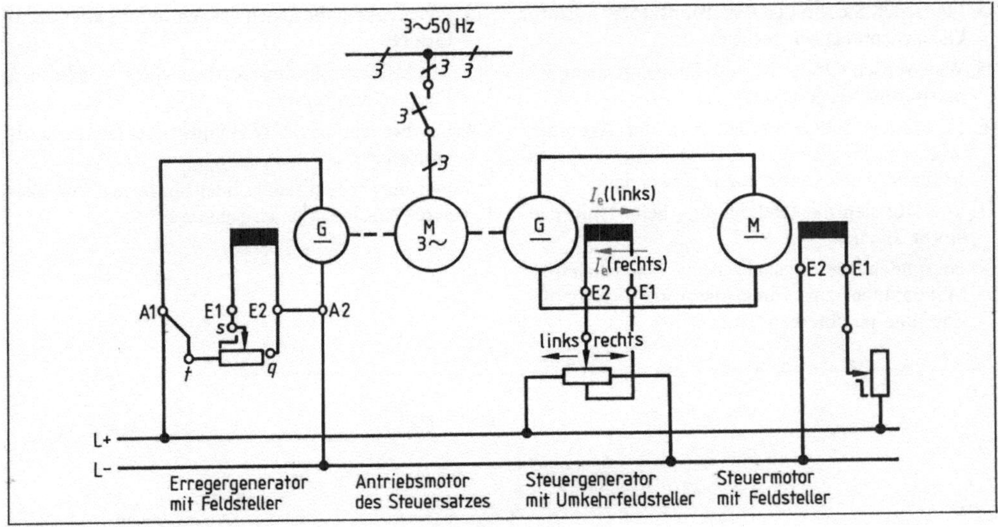

7.24 Leonardumformer

das Drehstromnetz angeschlossener Drehstrommotor. Er treibt mit konstanter Drehzahl einen Steuergenerator und einen kleinen Erregergenerator an. Die drei mechanisch fest miteinander gekuppelten Maschinen bilden den Steuersatz, durch den der eigentliche Antriebsmotor, der Steuermotor, gespeist wird. Steuermotor und Steuergenerator sind fremderregte Gleichstrommaschinen, der Erregergenerator ist eine Gleichstrom-Nebenschlußmaschine. Der Erregergenerator liefert die zur Erregung des Steuergenerators und -motors erforderliche Gleichspannung. Die Ankerspannung des Steuergenerators und damit die Drehzahl des Steuermotors lassen sich mit einem Umkehrfeldsteller von Null bis zur Nenndrehzahl des Motors stufenlos in beiden Drehrichtungen (Nullstellung in der Mitte) steuern. Durch einen weiteren Feldsteller im Erregerstromkreis des Steuermotors kann man dessen Drehzahl noch in beiden Drehrichtungen über die Nenndrehzahl hinaus erhöhen.

> Der Leonardumformer ermöglicht die stufenlose, verlustarme, belastungsunabhängige Drehzahlsteuerung in beiden Drehrichtungen ohne Zwischenschaltung eines Getriebes.

Verwendet wird der Leonardumformer vorwiegend für den drehzahlgesteuerten Antrieb großer Arbeitsmaschinen, z. B. großer Werkzeugmaschinen, Bagger und Walzenstraßen. Für kleinere Maschinen mit geringem Wirkungsgrad arbeitet der Leonardumformer unwirtschaftlich, weil sich der Gesamtwirkungsgrad aus dem Produkt der Wirkungsgrade von Antriebsmotor, Steuergenerator und Steuermotor ergibt.

Übungsaufgaben zu Abschnitt 7.3 und 7.4

1. Beurteilen Sie, ob man Gleichstrommotoren am Wechselstromnetz betreiben kann.
2. Warum lassen sich als Universalmotoren nur Reihenschlußmotoren verwenden?
3. Warum werden große Einphasen-Reihenschlußmotoren nicht am 50-Hz-Drehstromnetz betrieben?
4. Beurteilen Sie, ob der Repulsionsmotor auch für Gleichstrombetrieb geeignet ist.
5. Wie werden Drehzahl und Drehsinn beim Repulsionsmotor gesteuert?
6. In welchen Fällen werden statt der Asychronmotoren die teureren und störanfälligeren Drehstrom-Stromwendermotoren verwendet?
7. Wie läßt sich die Drehrichtung beim Universalmotor ändern?
8. Begründen Sie, weshalb beim Universalmotor Maßnahmen zur Funkentstörung erforderlich sind, und beschreiben Sie sie.
9. Erläutern Sie, weshalb beim Universalmotor eine Drehzahlsteuerung mit einem Vorwiderstand nicht besonders günstig ist. Nennen Sie andere Möglichkeiten der Drehzahlsteuerung.
10. Beschreiben Sie, wie es beim Repulsionsmotor zur Bildung eines Drehmoments kommt.
11. Wozu dienen Umformer?
12. Welche Aufgabe haben asynchrone Frequenzumformer?
13. Beschreiben Sie den Aufbau eines synchronen Frequenzumformers.
14. Beschreiben Sie die Wirkungsweise des Leonardumformers.
15. Warum arbeitet der Leonardumformer für kleinere Maschinen unwirtschaftlich?

---

8 Antriebstechnik

8.1 Mechanische Übertragung der Motorleistung

Die Übertragung der Motorleistung auf die Arbeitsmaschine kann auf verschiedene Weise erfolgen:

- starr oder elastisch auf kleine Entfernungen über Kupplungen. Ein Beispiel zeigt Bild **8**.1,
- starr auf kleine Entfernungen über Zahnrad- oder Schneckentriebe,
- elastisch auf kleine Entfernungen mit Keilriemen,
- elastisch auf größere Entfernungen mit Flachriemen.

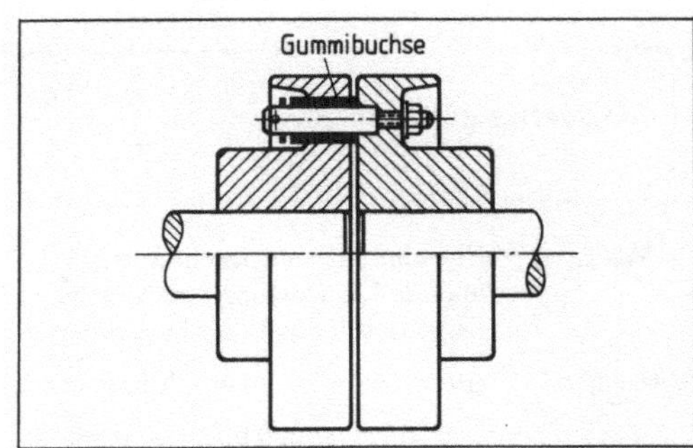

8.1 Elastische Zapfenkupplung

Elastische Übertragung dämpft die beim Anfahren und im Betrieb auftretenden Stöße; dadurch werden Lager und Welle von Motor und Arbeitsmaschine geschont. Die Leistungsübertragung nach den drei letzten Möglichkeiten gestattet die Änderung von Drehmoment und Drehzahl durch eine Übersetzung. Aus der Formel $P = M \cdot n/9550$ folgt, daß sich bei gleicher Leistung das Drehmoment bei verringerter Drehzahl erhöht und umgekehrt. (Das Produkt $M \cdot n$ bleibt unverändert.)

Durch Riemen- und Rädertriebe kann man Drehzahl und Drehmoment eines Elektromotors nach den Erfordernissen der anzutreibenden Maschine verändern.

8.1.1 Riementrieb

Drehzahl, Riemenscheibendurchmesser und Übersetzung (**8**.2). Die Umfangsgeschwindigkeiten v_1 und v_2 der beiden Riemenscheiben sind gleich, vorausgesetzt, daß der Riemen nicht rutscht: $v_1 = v_2$. Der Index 1 kennzeichnet die treibende Seite. Bei verschiedenen Durchmessern d_1 und d_2 ergeben sich daher auch verschiedene Drehzahlen n_1 und n_2, weil sich die Scheibe mit dem kleineren Durchmesser d_1 (und damit kleinerem Umfang $\pi \cdot d_1$) schneller drehen muß als die große Scheibe. Sind Durchmesser und Umfang der kleineren Scheibe z. B. jeweils halb so groß wie bei der großen Scheibe, dreht sich die kleine Scheibe mit der doppelten Drehzahl. Allgemein gilt: Die Umfangsgeschwindigkeiten $v_1 = \pi \cdot d_1 \cdot n_1$ und $v_2 = \pi \cdot d_2 \cdot n_2$ (s. Abschn. 8.1.3) sind gleich, also $\pi \cdot d_1 \cdot n_1 = \pi \cdot d_2 \cdot n_2$. Wird auf beiden Seiten durch π geteilt, erhält man für den

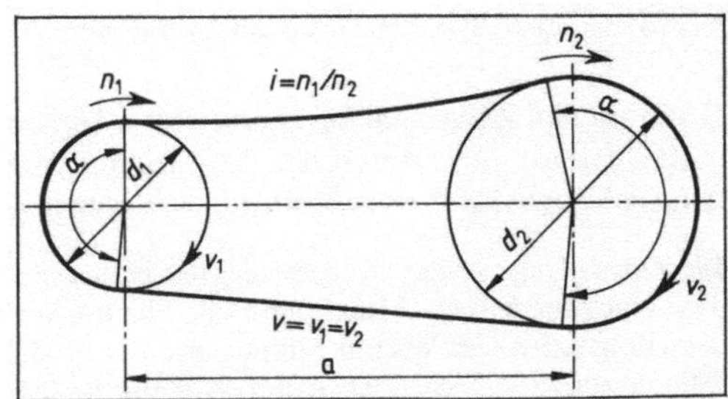

8.2 Einfacher Riementrieb

Riementrieb $d_1 \cdot n_1 = d_2 \cdot n_2$.

Die Produkte aus Drehzahl und Durchmesser sind für die treibende und die getriebene Riemenscheibe gleich groß.

Durch Umformen der Gleichung erhält man $n_1/n_2 = d_2/d_1$. Das Verhältnis n_1/n_2 heißt

Übersetzung $$i = \frac{n_1}{n_2} = \frac{d_2}{d_1}.$$

Beispiel 8.1 Für eine Arbeitsmaschine mit $n_2 = 780\ \text{min}^{-1}$ sind der Durchmesser der Riemenscheibe d_2 und die Übersetzung i zu berechnen. Die Motordrehzahl beträgt $n_1 = 1440\ \text{min}^{-1}$, die Motorriemenscheibe hat den Durchmesser $d_1 = 280$ mm.

Lösung Aus $d_1 \cdot n_1 = d_2 \cdot n_2$ erhält man durch Umformen den Scheibendurchmesser

$$d_2 = \frac{d_1 \cdot n_1}{n_2} = \frac{280\ \text{mm} \cdot 1440\ \text{min}^{-1}}{780\ \text{min}^{-1}} = \mathbf{520\ mm}. \qquad i = \frac{n_1}{n_2} = \frac{1440\ \text{min}^{-1}}{780\ \text{min}^{-1}} = \mathbf{1{,}85:1}$$

Riemenarten

Flachriemen bestehen meist aus Leder und werden nur noch für große Motoren mit großen Riemengeschwindigkeiten (bis 40 m/s) und für die manchmal nötige Überbrückung großer Abstände zwischen Motor und Arbeitsmaschine verwendet.

Keilriemen bestehen aus in Gummi gebetteten Gewebefäden (**8**.3). Sie haben durch ihre Keilform selbst bei kleineren Abmessungen ein wesentlich größeres Haftvermögen als Flachriemen. Dies wiederum gestattet ein geringeres Spannen des Riemens und schont damit Riemen und Lager. Weitere Vorteile gegenüber dem Flachriemen sind: kleinere Scheibendurchmesser, kleinere Mindestwerte für den Umschlingungswinkel α und damit kleinere Achsabstände sowie größere Übersetzungen (bis 10:1), praktisch kein Schlupf. Bei großen Leistungen werden mehrere Keilriemen auf eine mehrrillige Scheibe nebeneinander gelegt. Breite und Höhe der Riemenprofile sowie die Längen der Keilriemen sind genormt.

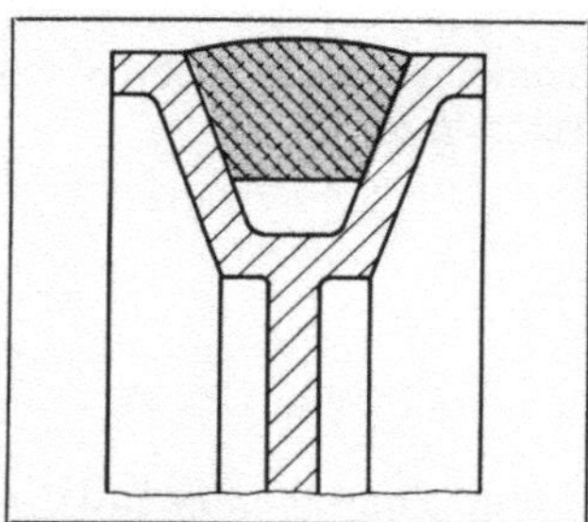

8.3 Keilriemenscheibe mit Keilriemen im Schnitt dargestellt

Die Riemengeschwindigkeit darf nicht größer als 25 m/s sein, damit die Fliehkraft den Riemen nicht von den Scheiben abhebt.

8.1.2 Zahnrad- und Schneckentrieb

Drehzahl und Zähnezahl bei Zahnrädern. Die Bestimmungsgrößen eines Zahnrads werden zweckmäßigerweise nicht durch den Raddurchmesser, sondern durch die Zähnezahl z und die Zahnteilung t bzw. durch den Modul $m = t/\pi$ angegeben (**8**.4).

Die Zahnteilung t ist der auf dem Teilkreis gemessene Abstand von Zahnmitte zu Zahnmitte. Der Teilkreis ist der Kreis, auf dem sich beim Eingriff die Flanken der Zähne berühren. Der Teilung t wird aus Fertigungsgründen ein ganzzahliger Wert in Millimetern, der Modul m, zugrunde gelegt. Er ergibt, mit π multipliziert, die Teilung, also $t = \pi \cdot m$. Der Teilkreisumfang ist dann $U = z \cdot t = \pi \cdot d$ und der Teilkreisdurchmesser $d = z \cdot t/\pi$. Mit $t/\pi = m$ erhält man $d = z \cdot m$.

Aus der Gleichung $d_1 \cdot n_1 = d_2 \cdot n_2$ (s. Abschn. 8.1.1) entsteht mit $d = z \cdot m$ die Gleichung $z_1 \cdot m \cdot n_1 = z_2 \cdot m \cdot n_2$. Durch Kürzen erhält man für den

Zahnradtrieb $z_1 \cdot n_1 = z_2 \cdot n_2$.

Die Produkte aus Drehzahl und Zähnezahl sind beim Zahnradtrieb für das treibende und getriebene Zahnrad gleich groß.

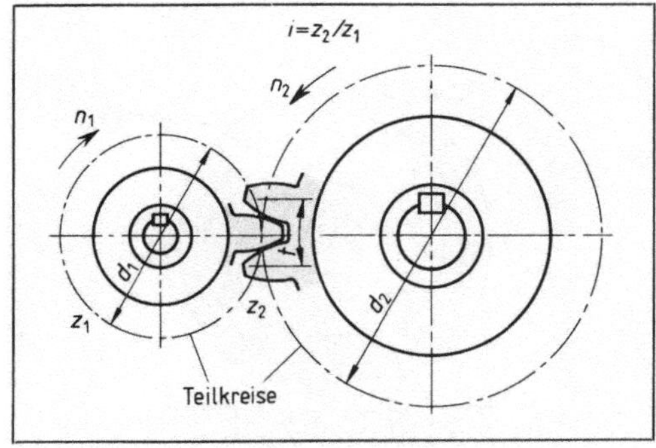

8.4 Einfacher Zahnradtrieb

Mit den Zähnezahlen z wird hier die

Übersetzung $i = \dfrac{n_1}{n_2} = \dfrac{z_2}{z_1}$.

Das getriebene Rad hat – abweichend vom Riementrieb – die dem treibenden Rad entgegengesetzte Drehrichtung. Soll die Drehrichtung beider Räder gleich sein, ist ein Zwischenrad erforderlich (**8.**5a); die Übersetzung ändert sich dadurch nicht. Große Übersetzungen kann man durch Mehrfachübersetzung erreichern (**8.**5b). Dafür gilt

Gesamtübersetzung $i = \dfrac{\textbf{Drehzahl des ersten Rads}}{\textbf{Drehzahl des letzten Rads}}$.

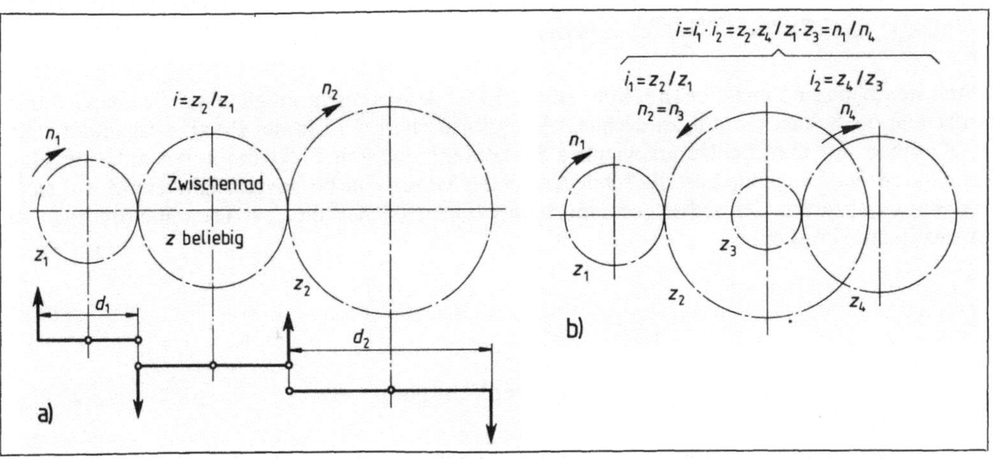

8.5 a) Zahnradtrieb mit Zwischenrad, unten als Hebelübersetzung dargestellt
b) zweistufiger Zahnradtrieb

Beispiel 8.2 Wie groß ist bei einem zweistufigen Zahnradgetriebe (**8.**5b) die Drehzahl n_4 bei $z_1 = 20$, $z_2 = 64$, $z_3 = 24$ und $z_4 = 90$ Zähnen, wenn $n_1 = 960\ \text{min}^{-1}$ ist?

Lösung $i_1 = \dfrac{z_2}{z_1} = \dfrac{64}{20} = \dfrac{16}{5}$ $\qquad i_2 = \dfrac{z_4}{z_3} = \dfrac{90}{24} = \dfrac{15}{4}$

$i = i_1 \cdot i_2 = \dfrac{16}{5} \cdot \dfrac{15}{4} = \dfrac{240}{20} = \dfrac{12}{1}$ $\qquad i = \dfrac{n_1}{n_4}$ $\qquad n_4 = \dfrac{n_1}{i} = \dfrac{960\ \text{min}^{-1}}{12} = \mathbf{80\ min^{-1}}$

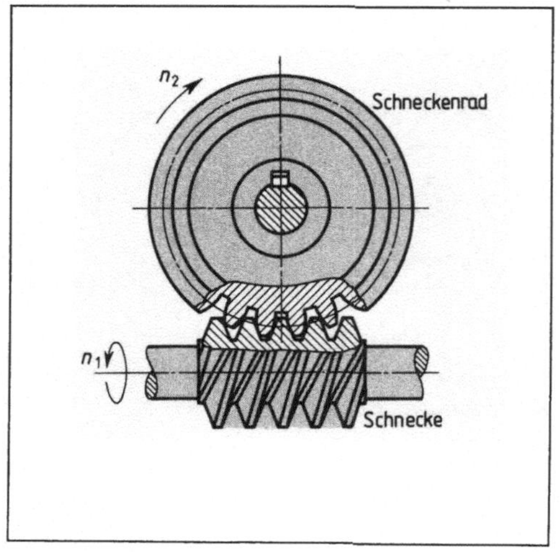

8.6 Schneckentrieb

Schneckentriebe ermöglichen bei sich kreuzenden Wellen sehr große Übersetzungen bis etwa 50 : 1 (**8.6**). Den Schneckengang können wir als Gewindegang eines Schraubenbolzens auffassen. Entsprechend kann die Schnecke wie die Schraube ein- oder mehrgängig sein; die Zahl der Gewindegänge erkennt man an der Anzahl der Gewindeanfänge. Bei einer Umdrehung der eingängigen Schnecke dreht sich das Schneckenrad um einen Zahn weiter, auf dem Teilkreis also um den Betrag der Zahnteilung t des Schneckenrads.

Beträgt die Drehzahl der eingängigen Schnecke n_1, ist die Drehzahl des Schneckenrads $n_2 = n_1/z$. Ist die Schnecke mehrgängig (Gangzahl g), ist die Drehzahl des Schneckenrads $n_2 = n_1 \cdot g/z$. Daraus folgt durch Malnehmen mit z für den

Schneckentrieb	$n_1 \cdot g = n_2 \cdot z.$

Beispiel 8.3 Wie groß ist die Drehzahl eines Schneckenrads mit $z = 40$ Zähnen, das von einer zweigängigen Schnecke (Gangzahl $g = 2$) angetrieben wird, deren Drehzahl $n_1 = 2900\ \text{min}^{-1}$ beträgt?

Lösung $n_1 \cdot g = n_2 \cdot z$

$$n_2 = \frac{n_1 \cdot g}{z} = \frac{2900\ \text{min}^{-1}}{40} = \mathbf{145\ min^{-1}}$$

Schneckentriebe sind meist selbstsperrend. Es ist deshalb nicht möglich, die Schnecke durch Antreiben des Schneckenrads zu drehen. Diese Eigenschaft wird in der Praxis ausgenutzt, z. B. im Kranbau, wo man Seiltrommeln über Schneckentriebe von Elektromotoren antreibt. Hier kann die am Seil hängende Last die Schnecke auf der Motorwelle bei ausgeschaltetem Motor nicht in Drehung versetzen. Der selbstsperrende Schneckentrieb sichert die Last also ohne Bremsen vor ungewolltem Absinken.

8.1.3 Mechanische Leistung bei der Drehbewegung

Bei Drehbewegungen wird statt der Kraft F das Drehmoment M und statt der Geschwindigkeit v die Drehzahl n zugrunde gelegt. Die Leistung P eines Motors muß also aus M und n ermittelt werden.

Die Leistung P des in Bild **8.7** dargestellten Motors wird über einen Treibriemen auf die angetriebene Maschine übertragen. Im Treibriemen wirkt die Riemenzugkraft F. Die Riemengeschwindigkeit v ist gleich der Umfangsgeschwindigkeit der Riemenscheibe.

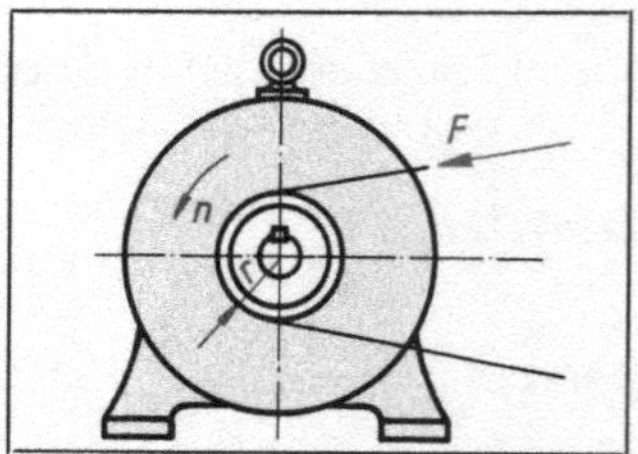

8.7 Ermitteln der Motorleistung

Umfangsgeschwindigkeit der Riemenscheibe $v = \pi \cdot d \cdot n = \pi \cdot 2r \cdot n$	d und r in m n in 1/s oder s^{-1} v in m/s

Setzen wir diese Formel in die Leistungsformel $P = F \cdot v$ ein, erhalten wir $P = F \cdot 2 \cdot \pi \cdot r \cdot n$. Da $F \cdot r$ das Drehmoment M des Motors ist, ergibt sich

Motorleistung $P = 2 \cdot \pi \cdot M \cdot n.$	M in Nm P in Nm/s oder W n in 1/s oder s^{-1}

Da 1 Nm/s = 1 W und 1 min^{-1} = 60 s^{-1} sind, erhält man zur Berechnung der Motorleistung P in kW aus Drehmoment M und Drehzahl n mit $\frac{2\pi}{60 \cdot 1000} = \frac{1}{9550}$ folgende Formel:

Motorleistung $P = \frac{M \cdot n}{9550}.$	M in Nm P in kW n in 1/min oder min^{-1}

Zahlenwert- und Größengleichungen. Die vorstehenden Gleichungen sind Zahlenwertgleichungen, d.h. in die Gleichungen werden für M und n nur die Zahlenwerte, nicht aber die Einheiten eingesetzt. Die Leistung in der gewünschten Einheit kW ergibt sich nur, wenn die Zahlenwerte von M und n in den Einheiten eingesetzt werden, die zusammen mit der Gleichung festgelegt sind. Das sind hier Nm für M und min^{-1} für n.

Die übrigen im Buch verwendeten Gleichungen sind Größengleichungen, d.h. alle gegebenen Werte werden mit ihrem Zahlenwert und mit der zugehörigen Einheit durchgerechnet.

Die Gleichungen $n = 60 \cdot f/p$ und $P = M \cdot n/9550$ (s. oben) sind nur dann echte Größengleichungen, wenn den Umrechnungsfaktoren ihre Einheiten zugeordnet werden, also 60 min/s bzw. 1/9,55 min/s ($2\pi/60$ min/s = 1/9,55 min/s).

Beispiel 8.4 Ein Motor gibt bei der Drehzahl $n = 950\ \text{min}^{-1}$ die Leistung $P = 1{,}1$ kW ab. Der Riemenscheibendurchmesser beträgt $d = 180$ mm. Wie groß sind das Drehmoment M des Motors in Nm und die Riemenzugkraft F in N bei Nennbetrieb?

Lösung Nach Umformen der Formel $P = \frac{M \cdot n}{9550}$ erhält man das Drehmoment

$$M = \frac{9550 \cdot P}{n} = \frac{9550 \frac{\text{s}}{\text{min}} \cdot 1{,}1 \frac{\text{kNm}}{\text{s}}}{950\ \text{min}^{-1}} = \mathbf{11\ Nm}.$$

Dann ist die Riemenzugkraft

$$F = \frac{M}{r} = \frac{11\ \text{Nm}}{0{,}09\ \text{m}} = \mathbf{122\ N}.$$

Änderung des Drehmoments bei Übersetzungen. Wird durch einen Riemen- oder Zahnradtrieb die Drehzahl verändert, ändert sich auch das Drehmoment; denn die Leistung muß ja, von geringen Verlusten im Getriebe abgesehen, unverändert bleiben. Treibt z.B. ein Motor mit der Leistung P_1, der Drehzahl n_1 und dem Drehmoment M_1 über Riemen oder Zahnräder eine Arbeitsmaschine an, stehen an der angetriebenen Welle die Leistung P_2, die Drehzahl n_2 und das Drehmoment M_2

zur Verfügung. Da $P_1 = P_2$ ist, erhält man $M_1 \cdot n_1/9550 = M_2 \cdot n_2/9550$ und durch Kürzen $M_1 \cdot n_1 = M_2 \cdot n_2$, weiterhin durch Umformen schließlich für alle

Rädergetriebe $\frac{M_1}{M_2} = \frac{n_2}{n_1}$.

Durch Übersetzungen in Rädergetrieben ändern sich die Drehmomente im umgekehrten Verhältnis wie die Drehzahlen.

Beispiel 8.5 Auf welche Drehzahl n_2 muß die Drehzahl eines Motors mit $n_1 = 960^{-1}$ übersetzt werden, wenn bei einer Motorleistung $P = 2{,}2$ kW die Last $G = 600$ N mit Hilfe einer Seiltrommel, deren Durchmesser $d = 300$ mm beträgt, gehoben werden soll. $\eta = 1$ (**8.**8)?

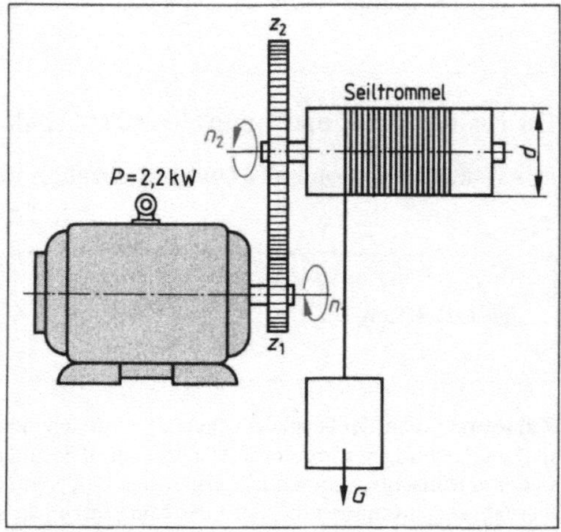

8.8 Antrieb einer Seilwinde über ein Zahnradgetriebe

Lösung Lastmoment an der Seiltrommel

$$M_2 = G \cdot \frac{d}{2} = 600\,\text{N} \cdot 0{,}15\,\text{m}$$

$$M_2 = 90\,\text{Nm}$$

Drehmoment des Motors

$$M_1 = \frac{9550 \cdot P}{n_1} = \frac{9550\,\frac{\text{s}}{\text{min}} \cdot 2{,}2\,\frac{\text{kNm}}{\text{s}}}{960\,\text{m}^{-1}}$$

$$M_1 = 21{,}9\,\text{Nm}$$

Aus der Gleichung $M_1/M_2 = n_2/n_1$ erhält man dann durch Malnehmen mit n_1

$$n_2 = n_1 \cdot \frac{M_1}{M_2} = 960\,\text{min}^{-1} \cdot \frac{21{,}9\,\text{Nm}}{90\,\text{Nm}} = \mathbf{234\,min^{-1}}.$$

8.2 Motorauswahl

Bei der Auswahl eines Elektromotors sind die folgenden Gesichtspunkte zu beachten.

- **Art und Leistungsbedarf der anzutreibenden Arbeitsmaschine.** Hieraus erhält man Aufschluß über Drehsinn, Nennleistung, Drehzahl, Drehmomentenkennlinie, Anlaßart, Drehzahlverhalten und Betriebsart des Motors.
- **Art des Versorgungsnetzes.** Danach richten sich die folgenden Motorwerte: Betriebsspannung, Stromart und Frequenz.
- **Aufstellungsort und -art des Motors.** Hieraus folgen Schutzart, Bauart und Isolation (z. B. Sonderisolation bei hohen Raumtemperaturen).
- **Art der Verbindung zwischen Motor und Arbeitsmaschine.** Sie bestimmt, ob die Motorwelle mit einer Flach- oder Keilriemenscheibe, einem Zahnrad (Ritzel) oder einer Kupplung zu versehen ist.

8.2.1 Drehsinn

Bezüglich des Drehsinns gelten für Motoren nach Bild 8.9 die folgenden Festsetzungen:

1. Der Drehsinn eines Motors wird von der Antriebsseite aus bestimmt.
2. Lauf im Uhrzeigersinn bezeichnet man als Rechtslauf, Lauf entgegen dem Uhrzeigersinn als Linkslauf. Als normaler Drehsinn gilt Rechtslauf.

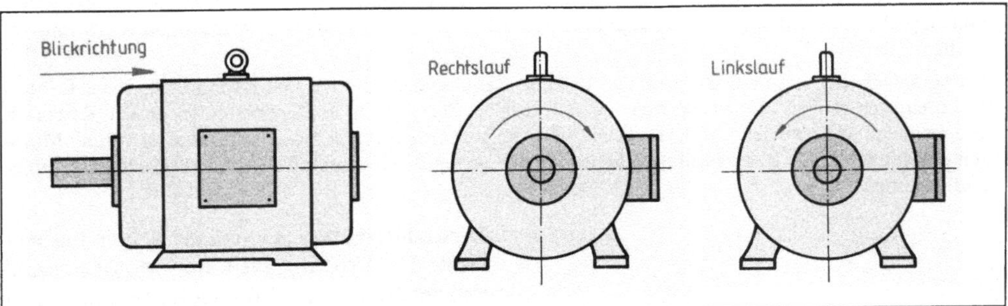

8.9 Drehsinn von Motoren

Hat ein Elektromotor zwei Wellenenden verschiedener Dicke, wird die Drehrichtung durch die Blickrichtung auf das dickere Wellenende festgelegt.

8.2.2 Leistung, Drehzahl und Drehmoment

Die Nennleistung des Motors darf nicht kleiner, soll aber auch nicht wesentlich größer sein, als es der Leistungsbedarf der anzutreibenden Arbeitsmaschine erfordert. Ein zu großer, nicht voll belasteter Motor hat einen schlechteren Wirkungsgrad als bei Nennleistung, arbeitet also unwirtschaftlich.

Die abgegebene mechanische Motorleistung erhält man aus der Formel $M = M \cdot n/9550$ in kW (s. Abschn. 8.1.3). Sie zeigt, daß an der Welle sowohl bei kleiner Drehzahl und großem Drehmoment als auch bei großer Drehzahl und kleinem Drehmoment die gleiche Leistung abgegeben wird, solange nur das Produkt $M \cdot n$ gleich bleibt. Motoren mit großem Drehmoment und kleiner Drehzahl müssen aber größeren mechanischen Kräften standhalten; durch die erforderliche Bauweise haben sie höhere Gewichte als schnellaufende Motoren gleicher Leistung. Deshalb setzt man, soweit möglich, Motoren mit hoher Drehzahl ein, die im Bedarfsfall durch Riemen- oder Zahnradgetriebe herabgesetzt wird (s. Abschn. 8.1).

Beispiel 8.6 Ein Firmenkatalog gibt bei einem bestimmten Motortyp für die Nennleistung 4 kW folgende Motorgewichte an:

Drehzahl in min^{-1}	3000	1500	1000	750
Gewicht in N	360	470	620	800

Lastmoment beim Anlauf. Das dem Drehmoment des Motors entgegenwirkende Drehmoment der anzutreibenden Arbeitsmaschine heißt Gegen- oder Lastmoment. Das Lastmoment beim Anlauf ist bei der Motorauswahl neben den Nennwerten von Leistung und Drehzahl besonders wichtig. Nach dem Verhältnis Anzugsmoment zu Nenndrehmoment unterscheidet man neben dem Leeranlauf drei Anlauffälle.

- **Halblastanlauf.** Beim Anlauf ist etwa das 0,5fache Nennmoment des Motors erforderlich. Dies trifft für die meisten Werkzeugmaschinen zu, soweit sie während des Anlaufs noch nicht belastet sind (z. B. Bohr-, Dreh- und Fräsmaschinen), sowie für Lüfter und Kreiselpumpen. Halblastanlauf kann von fast allen Elektromotoren bewältigt werden, von Kurzschlußläufermotoren sogar bei Stern-Dreieck-Umschaltung. Ist für einen Antrieb ein möglichst stoßfreier Anlauf erforderlich, muß man das Anzugsmoment des Motors beim Einschalten durch einen Anlasser herabsetzen.
- **Vollastanlauf.** Beim Anlauf ist etwa das 1,0fache Nennmoment des Motors erforderlich, z. B. bei Aufzügen, Kränen, Winden und Kolbenpumpen. Vollastanlauf ist mit vielen Motoren möglich; Stern-Dreieck-Anlauf von Asynchronmaschinen erfordert allerdings Motoren mit besonders großem Anzugsmoment (Stromverdrängungsläufer).
- **Schweranlauf.** Beim Anlauf ist etwa das 1,4fache Nennmoment des Motors erforderlich, wie z. B. beim Beschleunigen großer Massen (Walzen, Getreidemühlen, Zentrifugen) und bei besonders großen Reibungswiderständen während des Anfahrens (Elektrofahrzeuge, Gesteinsmühlen). Schweranlauf ist nur mit Motoren durchführbar, die Reihenschlußverhalten zeigen, also mit Reihenschluß-, Repulsions- und Schleifringläufermotoren.

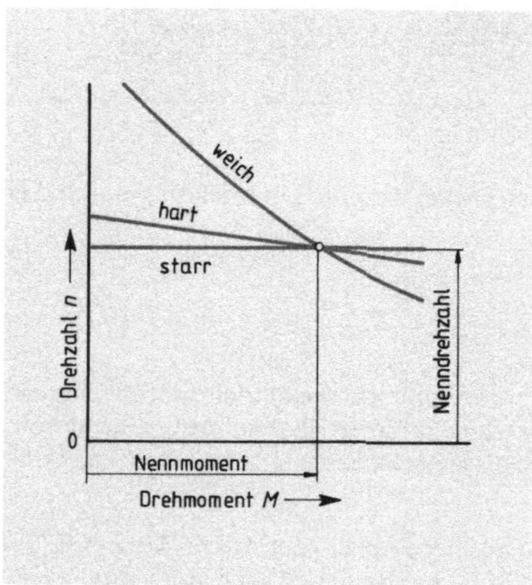

8.10 Kennlinien für Motoren mit verschiedenem Drehzahlverhalten

Synchronverhalten: starr
Nebenschlußverhalten: hart
Reihenschlußverhalten: weich

Drehzahlverhalten bei veränderlichem Lastmoment. Die Abhängigkeit der Motordrehzahl von der Belastung, also vom Lastmoment, läßt sich anschaulich durch Kennlinien darstellen (**8.**10).

Man unterscheidet:

- **Synchronverhalten.** Die Motordrehzahl ist unabhängig von der Belastung: starres Verhalten. Dieses Verhalten zeigt vor allem der Synchronmotor.
- **Nebenschlußverhalten.** Die Drehzahl sinkt zwischen Leerlauf und Vollast nur wenig ab: hartes Verhalten. Nebenschlußverhalten zeigen Gleichstromnebenschluß- und Doppelschlußmotoren, Drehstrom- und Einphasenmotoren mit Kurzschlußläufer sowie Drehstrom-Nebenschlußmotoren.
- **Reihenschlußverhalten.** Die Drehzahl sinkt bei Nennbelastung stark ab (über 25%). Bei Leerlauf steigt sie z. T. so stark an, daß die Gefahr des Durchgehens besteht. Dieses weiche Verhalten zeigen Reihenschlußmotoren für Gleich-, Wechsel- und Drehstrom. Auch Schleifringläufermotoren mit eingeschalteten Anlaßwiderständen zeigen Reihenschlußverhalten.

8.2.3 Betriebsarten

Nach den Bestimmungen für elektrische Maschinen DIN VDE 0530 werden für Motoren die Betriebsarten S1 bis S8 unterschieden. Die wichtigsten sind (in den Klammern die früher gebrauchten Kennbuchstaben):

Dauerbetrieb S 1 (DB). Der Motor kann beliebig lange betrieben werden (**8.**11). Er erreicht dabei schließlich seine Beharrungstemperatur, auch thermischer Beharrungszustand genannt. D. h., die

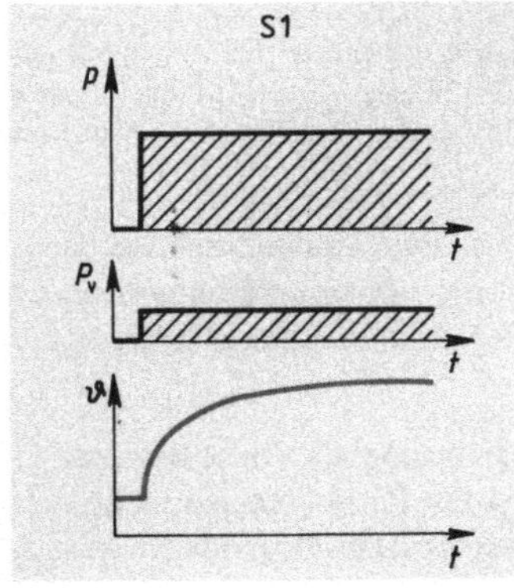

S2

8.11 Dauerbetrieb S1

8.12 Kurzzeitbetrieb S 2

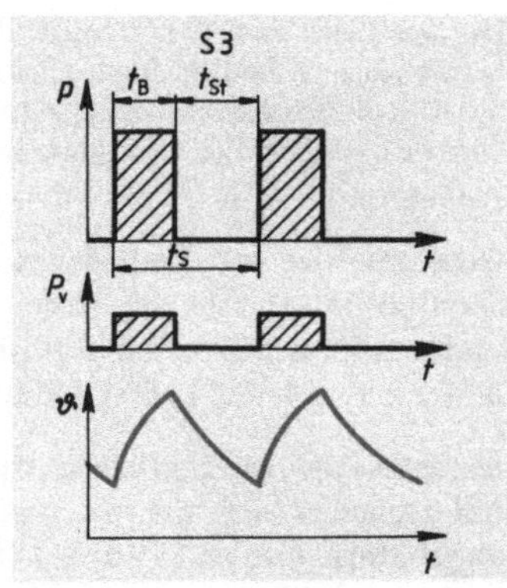

8.13 Aussetzbetrieb ohne Einfluß des Anlaufvorgangs S 3

erzeugte Verlustwärme P_v und die Wärmeabgabe an die Umgebung halten sich die Waage. Die Beharrungstemperatur darf die höchstzulässige Dauertemperatur, die Grenztemperatur, der verwendeten Isolierstoffe nicht überschreiten. Die überwiegend verwendete Normalausführung der Motoren genügt der Betriebsart S1. Ihr Leistungsschild trägt keinen besonderen Vermerk.

Kurzzeitbetrieb S 2 (KB). Die Betriebszeit t_B darf – je nach Ausführungsart des Motors – 10, 30, 60 oder 90 min nicht überschreiten (**8**.12). Die anschließende Betriebspause muß so lang sein, daß sich der Motor wieder auf die Umgebungstemperatur abkühlen kann. Das Leistungsschild solcher Motoren trägt das Kurzzeichen S 2 und die zulässige Betriebszeit in Minuten, z. B. S 2 – 30 min. Motoren für Kurzzeitbetrieb sind z. B. für Hauswasserpumpen und Küchenmaschinen geeignet.

Aussetzbetrieb S 3 (AB) und Durchlaufbetrieb mit Aussetzbelastung S 6 (DAB). Einschalt- bzw. Belastungszeiten wechseln mit Pausen ab, in denen der Motor stillsteht (S 3, **8**.13) bzw. leerläuft (S 6). Beide Zeiten bilden zusammen die Spieldauer t_s. Sie ist so kurz, daß die Beharrungstemperatur weder während der Belastungszeit noch während der Abkühlzeit erreicht wird.

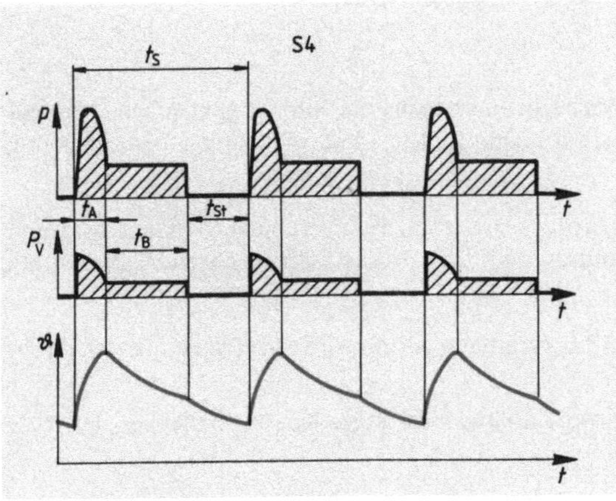

8.14 Aussetzbetrieb mit Einfluß des Anlaufvorgangs S 4

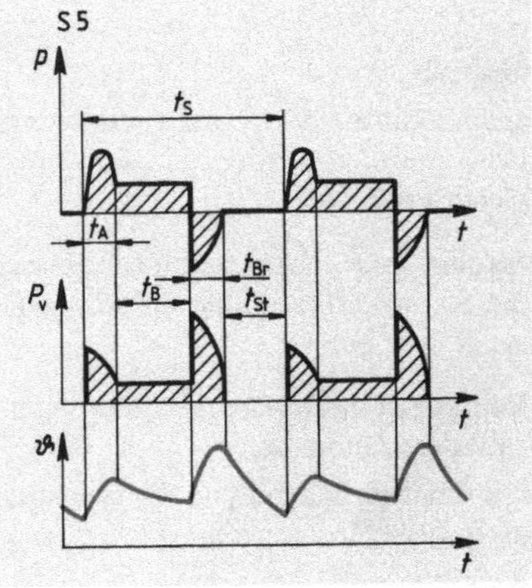

8.15 Aussetzbetrieb mit Einfluß des Anlaufvorgangs und der elektrischen Bremsung S 5

Die Spieldauer darf 10 min nicht überschreiten. Die zulässige Einschalt- bzw. Belastungsdauer ED je Spiel beträgt, je nach Ausführungsart des Motors, 15, 25, 40 oder 60% der Spieldauer. Ein Motor für Aussetzbetrieb mit 40% Einschaltdauer darf also bei einer Spieldauer von 5 min höchstens 2 min lang mit seiner Nennleistung betrieben werden. Die Leistungsschildangabe lautet in diesem Fall: S3–40% (AB 40% ED). Diese Motoren werden vor allem für Kräne verwendet.

Aussetzbetrieb mit Einfluß des Anlaufvorgangs S4. Einschalt- bzw. Belastungszeiten wechseln ebenfalls mit Pausen ab, jedoch macht sich der Anlaufvorgang mit der höheren Stromaufnahme und damit auch höheren Verlustleistung bemerkbar (**8.**14 auf S. 185). Die Leistungsschildangabe lautet z. B. S4–30%, 600 Anläufe je Stunde.

Aussetzbetrieb mit Einfluß des Anlaufvorgangs und der elektrischen Bremsung S5. Diese Betriebsart unterscheidet sich von S4 dadurch, daß der Motor am Ende jeder Betriebsphase elektrisch abgebremst wird (**8.**15 auf S. 185). Darum wird in dieser Zeit die Verlustleistung größer, was sich auch auf die Temperatur des Motors auswirkt.

Die Betriebsarten S6 bis S8 gelten für ununterbrochenen Betrieb mit unterschiedlichen Belastungen. Als Beispiel sei hier S7 aufgeführt.

Ununterbrochener Betrieb mit Anlauf und Bremsung S7 (DSB, 8.16**).** Der Motor steht dauernd unter Spannung. Zu jedem Spiel gehören neben der Belastungszeit eine Anlaufzeit und eine Zeit mit elektrischer Bremsung, die die Erwärmung des Motors wesentlich mitbestimmen. Die Betriebsart S7 liegt z. B. bei automatisierten Walzenstraßen vor. Das Leistungsschild trägt z. B. die Angabe S7–300c/h, wenn für den Motor 300 Schaltspiele je Stunde zulässig sind (c von engl. cycle = Kreis).

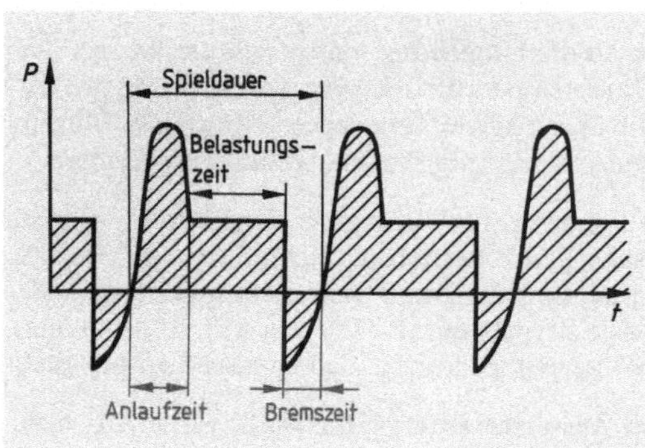

8.16 Ununterbrochener Betrieb mit Anlauf und Bremsung S7

8.2.4 Verluste und Kühlung, zulässige Betriebstemperatur

Verluste

Eisenverluste sind Ummagnetisierungs- und Wirbelstromverluste, die vom magnetischen Drehfeld hervorgerufen werden. Sie sind praktisch lastunabhängig, d. h. im Leerlauf und bei Belastung gleich groß.

Stromwärmeverluste treten bei Belastung des Motors zusätzlich auf. Verursacht werden sie durch die Stromwärme in den Wicklungen des Ständers und des Läufers. Mit wachsender Belastung steigen sie an.

Reibungsverluste werden durch Lager- und Lüftungsreibung verursacht. Sie steigen mit der Drehzahl des Motors an.

Die Verluste hängen von der Belastung des Motors ab und sind daher bei den einzelnen Betriebsarten verschieden groß.

Kühlung

Die Verluste führen zu einer Erwärmung des Motors. Deshalb muß die Verlustwärme an die Umgebung abgegeben werden. Je besser die Wärmeabgabe des Motors ist, um so höher ist er belastbar. Nach DIN VDE 0530 unterscheidet man nach dem Zustandekommen der Kühlung zwischen Selbst-, Eigen- und Fremdkühlung. Nach der Wirkungsweise der Kühlung gibt es Innen-, Oberflächen-, Kreislauf-, Flüssigkeits- und direkte Leiterkühlung (**8**.17).

Tabelle **8**.17 **Kühlungsarten nach DIN VDE 0530**

Einteilung nach dem Zustandekommen der Kühlung	
Selbstkühlung	Die Maschine wird ohne Verwendung eines Lüfters durch Luftbewegung oder Strahlung gekühlt.
Eigenkühlung	Die Kühlluft wird durch einen am Läufer angebrachten oder von ihm angetriebenen Lüfter bewegt.
Fremdkühlung	Die Maschine wird entweder durch einen nicht von ihr angetriebenen Lüfter oder durch ein anderes fremdbewegtes Kühlmittel gekühlt.
Einteilung nach der Wirkungsweise der Kühlung	
Innenkühlung	Die Wärme wird an das die Maschine durchströmende Kühlmittel abgegeben, das sich ständig erneuert.
Oberflächenkühlung	Die Wärme wird von der Oberfläche der geschlossenen Maschine an das Kühlmittel abgegeben.
Kreislaufkühlung	Die Wärme wird über ein Zwischenkühlmittel abgeführt, das Maschine und Wärmeaustauscher im Kreislauf durchströmt.
Flüssigkeitskühlung	Maschinenteile werden von Wasser oder einer anderen Flüssigkeit durchströmt oder in eine Flüssigkeit eingetaucht.
Direkte Leiterkühlung	Direkte Leiterkühlung als Gas- oder Flüssigkeitskühlung. Eine oder alle Wicklungen werden durch Gas (z. B. Wasserstoff) oder Flüssigkeit (z. B. Wasser) direkt innerhalb der Leiter oder Spulen gekühlt.
Mehrere Kühlwirkungsarten können miteinander kombiniert werden.	

Tabelle **8**.18 **Isolierstoffklassen**

Isolierstoffklasse	Grenztemperatur	Isolierstoffe	Binde- und Tränkmittel	Grenzübertemperatur[1]) für Maschinenwicklungen
Y	90 °C	Baumwolle, Papier, Kunstseide, Holz, PVC, Gummi	nicht erforderlich	45 K
A	105 °C	Baumwolle, Kunstseide, Holz, Preßspan, Polyamidfaser	ölmodifizierte Natur- oder Kunstharzlacke	60 K
E	120 °C	Baumwoll- und Papierschichtverbundstoffe, Cellulosetriacetatfolie	Kunstharzlacke, Epoxidharze	70 K
B	130 °C	Glasfaser, Asbest, Glimmer	Kunstharzlacke, Epoxidharze, vernetzte Polyurethanharze	80 K
F	155 °C	Glasfaser, Asbest, Glimmer	Epoxid-, Alkydharze, vernetzte Polyurethanharze	100 K
H	180 °C	geschichtete Glasfaser, Asbest, Glimmer	Siliconharze	125 K
C	> 180 °C	Glas, Porzellan, Quarz, Glimmer, Asbest, Polytetrafluoräthylen	Siliconharze	

[1]) Die Grenzübertemperatur ist die höchstzulässige Übertemperatur zwischen der Grenztemperatur und der höchsten Temperatur des Kühlmittels: Luft ≦ 40 °C, Wasser ≦ 25 °C, Wasserstoff ≦ 40 °C.

Kühlungsarten unterscheidet man nach dem Zustandekommen und der Wirkungsweise der Kühlung.

Die zulässige Betriebstemperatur wird maßgebend von der Art der Isolierstoffe bestimmt. Diese sind nach DIN VDE 0530 in 7 Wärmebeständigkeitsklassen eingeteilt, die in Tabelle **8.**18 (S. 187) aufgeführt sind.

8.2.5 Bauformen und Schutzarten

Bauformen (8.19). Motoren und Generatoren werden in ihrer äußeren Gestaltung nach drei Gesichtspunkten unterschieden und durch ein zweiteiliges Kurzzeichen gekennzeichnet:

- **Anordnung der Welle:** waagerecht (B) oder senkrecht (V)
- **Form des Ständers:** mit Füßen oder mit Befestigungsflansch
- **Art der Wellenlagerung:** Schildlager oder Stehlager

Tabelle **8.**19 **Bauformen elektrischer Maschinen** (Auswahl aus DIN 42950, IEC-Publ. 34)

Kurzzeichen	B 3	B 5	B 6	B 8	V1	V 5
IEC-Code I IEC-Code II	IMB 3 IM 1001	IMB 5 IM 3001	IMB 6 IM 1051	IMB 8 IM 1071	IM V1 IM 3011	IM V 5 IM 1011
Erläuterung	mit zwei Schildlagern, freies Wellenende, Gehäuse mit Füßen	mit zwei Schildlagern, freies Wellenende, Befestigungsflansch, Gehäuse ohne Füße	mit zwei um 90° gedrehten Schildlagern, für Wandbefestigung, Gehäuse mit Füßen	mit zwei um 180° gedrehten Schildlagern, für Deckenbefestigung, Gehäuse mit Füßen	mit zwei Führungslagern, Befestigungsflansch und freies Wellenende unten	mit zwei Führungslagern, freies Wellenende unten, Gehäuse mit Füßen für Wandbefestigung

Schutzarten für Maschinen und Schaltgeräte. Je nach dem Standort des Motors und seiner Schaltgeräte werden verschiedene Schutzvorkehrungen gegen das Eindringen von Schmutz und Wasser sowie gegen die Gefahr der unbeabsichtigten Berührung spannungführender oder sich drehender Teile erforderlich. Die genormten Schutzarten werden auf dem Leistungsschild nach DIN 40050 T1 durch die Buchstaben IP (= International Protection) und zwei Kennziffern vermerkt. Die erste Kennziffer (0 bis 6) gibt den Berührungsschutz und Schutz gegen das Eindringen von Fremdkörpern an (**8.**20), die zweite Kennziffer (0 bis 8) dagegen den Wasserschutz (**8.**21 auf S. 190).

Tabelle **8.20** **Schutzgrade für Berührungs- und Fremdkörperschutz nach DIN 40050 T1**

Erste Kenn-ziffer	Benennung	Erklärung
0	Kein Schutz	Kein besonderer Schutz von Personen gegen zufälliges Berühren unter Spannung stehender oder sich bewegender Teile. Kein Schutz des Betriebsmittels gegen Eindringen von festen Fremdkörpern.
1	Schutz gegen große Fremdkörper	Schutz gegen zufälliges großflächiges Berühren unter Spannung stehender und innerer sich bewegender Teile, z. B. mit der Hand, aber kein Schutz gegen absichtlichen Zugang zu diesen Teilen. Schutz gegen Eindringen von festen Fremdkörpern mit einem Durchmesser größer als 50 mm.
2	Schutz gegen mittelgroße Fremdkörper	Schutz gegen Berühren mit den Fingern unter Spannung stehender oder innerer sich bewegender Teile. Schutz gegen Eindringen von festen Fremdkörpern mit einem Durchmesser größer als 12 mm.
3	Schutz gegen kleine Fremdkörper	Schutz gegen Berühren unter Spannung stehender oder innerer sich bewegender Teile mit Werkzeugen, Drähten oder ähnlichem von einer Dicke größer als 2,5 mm. Schutz gegen Eindringen von festen Fremdkörpern mit einem Durchmesser größer als 2,5 mm.
4	Schutz gegen kornförmige Fremdkörper	Schutz gegen Berühren unter Spannung stehender oder innerer sich bewegender Teile mit Werkzeugen, Drähten oder ähnlichem von einer Dicke größer als 1 mm. Schutz gegen Eindringen von festen Fremdkörpern mit einem Durchmesser größer als 1 mm.
5	Schutz gegen Staub-ablagerung	Vollständiger Schutz gegen Berühren unter Spannung stehender oder innerer sich bewegender Teile. Schutz gegen schädliche Staubablagerungen. Das Eindringen von Staub ist nicht vollkommen verhindert, aber der Staub darf nicht in solchen Mengen eindringen, daß die Arbeitsweise beeinträchtigt wird.
6	Schutz gegen Staubeintritt	Vollständiger Schutz gegen Berühren unter Spannung stehender oder innerer sich bewegender Teile. Schutz gegen Eindringen von Staub.

Je nach dem Aufstellungsort sind bei Maschinen verschiedene Schutzgrade für Berührungs- und Fremdkörperschutz sowie Wasserschutz zu beachten.

Sonderschutz. Manchmal ist noch ein durch Zusatzbuchstaben gekennzeichneter besonderer Schutz erforderlich, z. B. Explosionsschutz (Ex) oder Schlagwetterschutz (Sch). Für die meisten Antriebe werden Motoren mit den Schutzarten IP 21, IP 22 (geschützte Ausführungen) und IP 44 (geschlossene Ausführung) verwendet. Bild **5**.23 zeigt zwei Motoren mit der Schutzart IP 44. (Ältere Bezeichnungen P 21, P 22 bzw. P 33)

Für Installations- und Verbrauchsgeräte kennzeichnet man die Schutzart statt durch die beschriebenen IP-Bezeichnungen auch durch Symbole (s. Tabelle **13**.2).

Tabelle 8.21 **Schutzgrade für Wasserschutz nach DIN 40050 T1**

Zweite Kenn-ziffer	Benennung	Erklärung
0	Kein Schutz	Kein besonderer Schutz
1	Schutz gegen senkrecht fallendes Tropfwasser	Wasserstropfen, die senkrecht fallen, dürfen keine schädliche Wirkung haben.
2	Schutz gegen schrägfallendes Tropfwasser	Wassertropfen, die in einem beliebigen Winkel bis 15° zur Senkrechten fallen, dürfen keine schädliche Wirkung haben.
3	Schutz gegen Sprühwasser	Wasser, das in einem beliebigen Winkel bis 60° zur Senkrechten fällt, darf keine schädliche Wirkung haben.
4	Schutz gegen Spritzwasser	Wasser, das aus allen Richtungen gegen das Beriebsmittel spritzt, darf keine schädliche Wirkung haben.
5	Schutz gegen Strahlwasser	Ein Wasserstrahl aus einer Düse, der aus allen Richtungen gegen das Betriebsmittel gerichtet wird, darf keine schädliche Wirkung haben.
6	Schutz bei Überflutung	Wasser darf bei vorübergehender Überflutung, z.B. durch schwere Seen, nicht in schädlichen Mengen in das Betriebsmittel eindringen.[1])
7	Schutz beim Eintauchen	Wasser darf nicht in schädlichen Mengen eindringen, wenn das Betriebsmittel unter den festgelegten Druck- und Zeitbedingungen in Wasser eingetaucht wird.[1])
8	Schutz beim Untertauchen	Wasser darf nicht in schädlichen Mengen eindringen, wenn das Beriebsmittel unter einem festgelegten Druck und für unbestimmte Zeit unter Wasser getaucht wird.[1])

[1]) In bestimmte Betriebsmittel darf kein Wasser eindringen. Dies ist erforderlichenfalls in dem Folgeteil für das betreffende Betriebsmittel festgelegt.

8.3 Schalt- und Schutzgeräte für Motoren

Die wichtigsten Einrichtungen dieser Art für Motoren sind Sicherungen, einfache Motorschalter, Anlasser, Motorschutzschalter und Schütze. Schmelzsicherungen dienen in Motorstromkreisen meist nur als Kurzschlußschutz für die Motorzuleitungen. Den Schutz des Motors vor Überlastung und Einphasenlauf können sie nicht übernehmen, weil man ihre Auslösestromstärke nicht auf den Motornennstrom einstellen kann wie beim Motorschutzschalter, der noch ausführlich zu besprechen ist. Da die Schmelzsicherungen für die Zuleitungen nicht auf den hohen Einschaltstromstoß des Motors ansprechen dürfen, werden träge Sicherungen, bei großen Kurzschlußströmen in Form von NH-Sicherungen verwendet.

8.3.1 Einfache Motorschalter und Anlasser

Steuerschalter sind Handschalter, die als Ein- und Ausschalter, Wendeschalter, Stern-Dreieck-Schalter und Polumschalter dienen (**8**.22). Motorschalter sind hinsichtlich ihrer Wirkungsweise Stellschalter, d.h. Schalter mit Dauerkontaktgabe, also ohne Rückzugskraft.

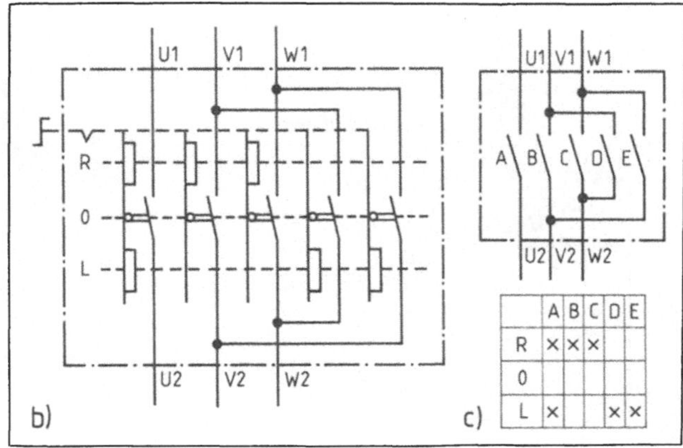

	A	B	C	D	E
R	×	×	×		
0					
L	×			×	×

8.22 Nockenschalter als Wendeschalter
a) Ansicht, b) Schaltung, c) vereinfachte Darstellung mit Tabelle für Schaltgliedstellung

Anlasser und Anlaßsteller sind Stufenschalter mit angebauten Widerständen. Anlasser dienen bei Gleichstrom- und Schleifringläufermotoren zum Anlassen, also zum stufenweisen Einschalten des Motors. Anlaßsteller ermöglichen außerdem eine Drehzahleinstellung. Sie haben, verglichen mit den Anlassern, größere Stufenzahl und für Dauereinschaltung bemessene Widerstände.

8.3.2 Motorschutzschalter und Leistungsschalter

Motorschutzschalter und Leistungsschalter sind Schloßschalter, d. h. Schalter mit mechanischer Sperrung und Freiauslösung (**8**.23). Motorschutzschalter haben ein Schaltvermögen entsprechend dem Anzugstrom des Motors. Leistungsschalter können auch bei Kurzschlußbelastung sicher ein- und ausschalten.

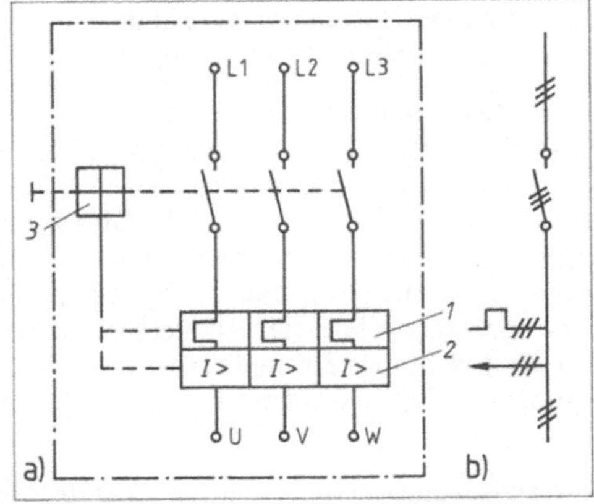

8.23 Motorschutzschalter mit Überlastungsschutz durch thermischen Überstromauslöser *1*, Kurzschlußschutz durch elektromagnetischen Schnellauslöser *2* und Schaltschloß *3*
a) Schaltzeichen, b) Schaltkurzzeichen

Der Schalter öffnet sich durch Auslösen der Verklinkung am Schaltschloß, und zwar entweder von Hand durch Einknicken des Kniehebels *1* mit Hilfe des Betätigungshebels *2* oder selbsttätig bei Überlastung sowie Kurzschluß durch thermische Überstromauslöser bzw. elektromagnetische Schnellauslöser (**8**.24). Der thermische Überstromauslöser kann mit der Einstellschraube *3* auf den Motornennstrom eingestellt werden. Bei Überlastung krümmt sich das Bimetall *4* so weit, daß der Sperrhebel *5* freigegeben wird. Bei Kurzschluß wird ein Eisenkern in die Stromspule *6* gezogen und bewirkt so ebenfalls die Freigabe des Sperrhebels *5*. Jetzt kann die beim Einschalten gespannte Feder *7* den Schalter selbst dann öffnen, wenn der Betätigungs-

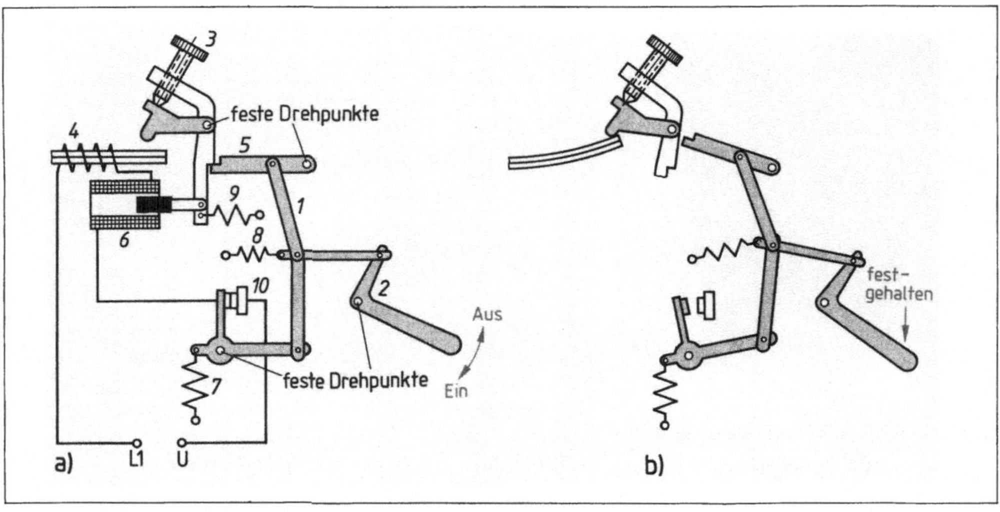

8.24 Schaltschloß mit Freiauslösung
a) Schalter geschlossen
b) Schalter bei festgehaltenem Betätigungshebel durch Überstromauslösung geöffnet

1 Kniehebel
2 Betätigungshebel
3 Einstellschraube des Überstromauslösers
4 Bimetall für Überstromauslöser
5 Sperrhebel
6 Stromspule für Schnellauslöser
7, 8, 9 Federn
10 Schaltkontaktstücke

hebel festgehalten wird (**8.**24b). Diese Freiauslösung löst also den Schalter bei Überlast oder Kurzschluß auch dann aus, wenn der Betätigungshebel verklemmt ist oder festgehalten wird. Die Feder *8* zieht den Betätigungshebel in die Aus-Stellung zurück.

Schutzaufgaben. Motorschutzschalter und Leistungsschalter schützen den Motor vor Überlastung, Kurzschluß und Unterspannung.

Überlastungsschutz wird von elektrothermisch wirkenden Bimetallauslösern bewirkt. Diese sind in alle Strompfade eingebaut und lassen sich in bestimmten Grenzen mit der Einstellschraube *3* (**8.**24) auf den Motornennstrom einstellen. Der Bimetallauslöser spricht mit Verzögerung an, die um so geringer ist, je größer der die Überlastung verursachende Überstrom ist. Die Auslöseverzögerung ist jedoch so bemessen, daß der Schalter durch den Stromstoß beim Einschalten des Motors nicht ausgelöst wird. Der Bimetallauslöser löst den Schalter bei Drehstrommotoren auch dann aus, wenn diese durch Unterbrechung einer Zuleitung mit zu großer Stromaufnahme in den übrigen beiden Zuleitungen weiterlaufen (Einphasenlauf). Neben dem Überlastungsschutz übernehmen Motorschutzschalter manchmal auch den Schutz gegen Kurzschluß und Überspannung.

Kurzschlußschutz bewirkt die unverzögerte Abschaltung von Kurzschlüssen durch den elektromagnetischen Schnellauslöser, der beim 10- bis 15fachen Nennstrom anspricht. Vor Motorschutzschaltern mit Kurzschlußauslösern sind im allgemeinen Schmelzsicherungen entbehrlich. In leistungsstarken Netzen mit großen Kurzschlußströmen sind sie allerdings erforderlich, weil der zu erwartende Kurzschlußstrom das Schaltvermögen des Motorschutzschalters übersteigen und den Schalter zerstören würde.

Unterspannungsschutz bewirkt, daß der Motor bei Netzausfall ausgeschaltet wird. Dadurch verhindert man, daß das Netz bei wiederkehrender Spannung durch das gleichzeitige Anlaufen aller Motoren überlastet wird. Außerdem muß man nach einer Netzstörung manchmal das Wiederanlaufen einer noch eingeschalteten Arbeitsmaschine verhindern, um Unfälle zu vermeiden. Der Unterspannungsschutz besteht aus einer als Spannungsspule geschalteten Magnetspule, deren Anker beim Absinken der Netzspannung unter einen bestimmten Wert abfällt und dadurch das Schaltschloß öffnet (**8**.25).

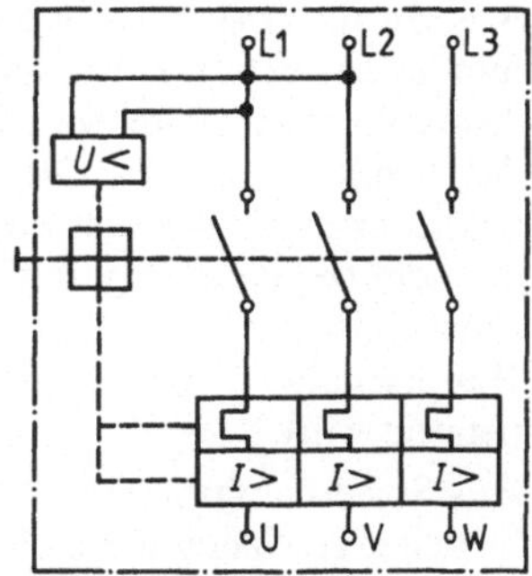

8.25 Motorschutzschalter mit zusätzlichem Unterspannungsschutz

Leitungs- und Geräteschutzschalter haben ebenfalls Überlastungs- und Kurzschlußauslöser. Der Motorschutzschalter unterscheidet sich von diesen Schaltern durch die allpolige Abschaltung und durch seine auf den Motor-Nennstrom einstellbare Überstromauslösung, vom Leitungsschutzschalter außerdem durch den höheren Ansprechstrom seiner Kurzschlußauslösung. (Ansprechstrom beim Motorschutzschalter meist das 10fache des Motor-Nennstroms, beim Leitungsschutzschalter das 3- bzw. 5fache.)

8.3.3 Schütze, Befehlsschalter und Wächter

Schütze sind elektromagnetisch betätigte Schalter. Sie werden unverklinkt, also ohne Schaltschloß ausgeführt und durch die Wirkung des Steuerstroms in einer Magnetspule *1* eingeschaltet und gehalten (**8**.26). Schützschaltungen bestehen immer aus zwei Teilen, aus dem

- **Steuerteil,** das sind die der Steuerung dienenden Hilfsstromkreise, und dem
- **Leistungsteil,** das sind die gesteuerten Hauptstromkreise.

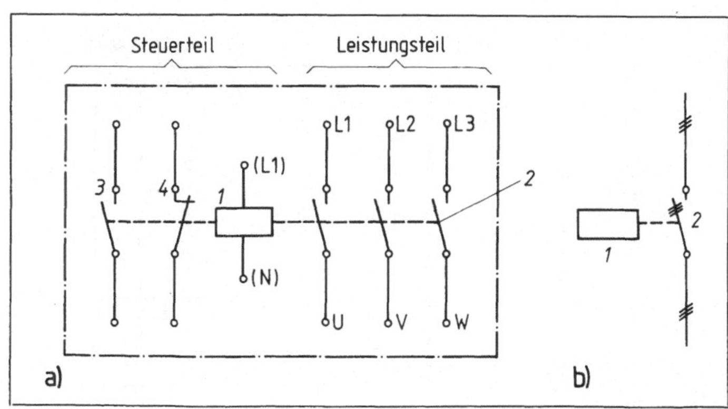

8.26
Drehstromschütz
a) Schaltplan
b) Schaltkurzzeichen
1 Magnetspule
2 Hauptschalter
3 Schließer als Hilfsschalter
4 Öffner als Hilfsschalter

Schützschaltungen eignen sich besonders für Fernbedienung durch Befehlsschalter sowie wegen ihres einfachen mechanischen Aufbaus für große Schalthäufigkeit und verwickelte Steuerungsaufgaben, die mit handbetätigten Schaltgeräten entweder gar nicht oder nur mit großem Aufwand zu bewältigen sind. Die Schaltungsmöglichkeiten sind außerordentlich mannigfaltig, vor allem in Verbindung mit besonderen Befehlsgeräten (z. B. Endschaltern, Zeitrelais, Fotozellen, Temperaturfühlern, Druckwächtern). Als Hauptschalter, der eine Anlage spannungslos macht, kann das Schütz allerdings n i c h t verwendet werden, weil die Steuerstromkreise der Anlage auch in der Aus-Stellung des Schützes noch unter Spannung stehen.

Schütze für Drehstrom haben einen dreipoligen Hauptschalter *2* (**8**.27). Daneben enthalten sie mindestens einen Hilfsschalter zur Selbsthaltung des Schützes, wenn der Steuerstromkreis durch Tastschalter geschaltet wird. Dieser Hilfsschalter ist hier der Schließer *3*, der sich bei Betätigung des Schützes schließt. Die Selbsthaltung des Schützes wird dadurch erreicht, daß man den Schließer *3* parallel zum Einschalttaster „Ein" schaltet. Er überbrückt daher den Taster, sobald die Schützspule *1* angezogen hat und hält so den Steuerstromkreis geschlossen, nachdem der Einschalttaster in die Ruhelage zurückgegangen ist. Der Steuerstromkreis und damit auch der Hauptschalter *2* des Schützes werden erst wieder geöffnet, wenn der Ausschalttaster „Aus" betätigt wird.

Aus Sicherheitsgründen ist darauf zu achten, daß die Magnetspule *1* des Schützes stets an den N-Leiter geschaltet wird. Dadurch schließt man die Möglichkeit aus, daß das Schütz unbeabsichtigt anzieht, wenn eine Zuleitung der Magnetspule durch einen Isolationsfehler Masseschluß bekommt. Steuerstromkreise dürfen nur mit Spannungen bis 230 V betrieben werden, Steuerstromkreise für mehr als zwei Motoren (auch Elektromagnete, wie Ventile, Bremslüfter u.ä.) müssen über einen Steuerstransformator (Trenntransformator) gespeist werden.

Die meisten Schütze enthalten außer dem Schließer *3* mindestens noch einen Öffner *4*. Öffner werden beim Betätigen des Schützes geöffnet und dienen meist zur elektrischen Verriegelung. Diese Verriegelung verhindert bei Schützsteuerungen mit zwei oder mehr Schützen, daß zwei Schaltungen versehentlich gleichzeitig vorgenommen werden, die nur nacheinander oder wahlweise erfolgen dürfen. Das ist z.B. der Fall beim Schalten auf Rechts- bzw. Linkslauf bei der Wendeschützschaltung (**8**.28).

Schütze mit Motorschutz (**8**.27). Schütze übernehmen oft mit Hilfe des eingebauten Bimetallrelais *5* auch den Überlastungsschutz des Motors. Abweichend vom Bimetallauslöser des Motorschutzschalters löst das Bimetallrelais hier aber keine mechanische Verklinkung; es betätigt vielmehr den Öffner *6* und unterbricht dadurch den Haltestromkreis des Schützes. Die solchen Schützen lediglich als Kurzschlußschutz vorgeschalteten Schmelzsicherungen können bis zu drei Stufen

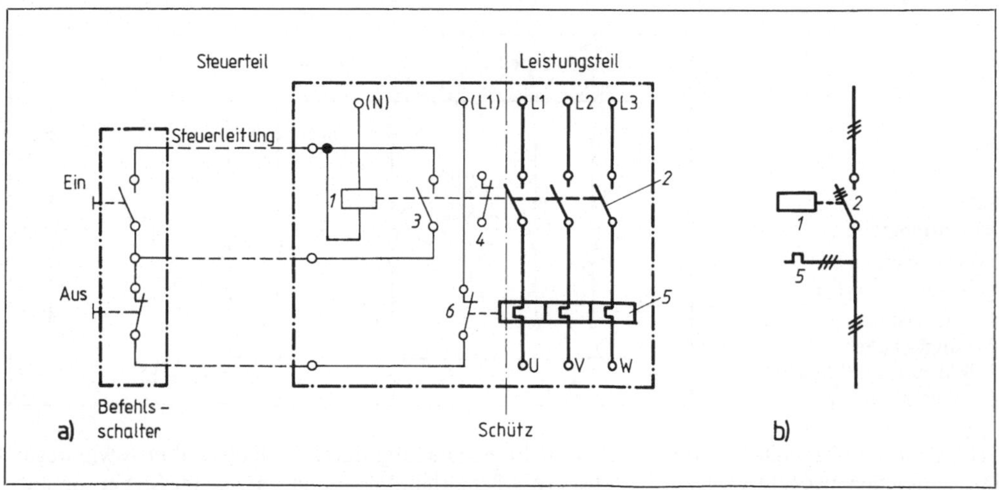

8.27 Drehstromschütz

a) Schaltplan mit Doppeldruckknopf-Taster als Befehlsschalter, thermischem Überlastungsschutz und ggf. Steuerleitungen für Fernbedienung

b) Schaltkurzzeichen

1 Magnetspule *2* Hauptschalter *3* Schließer als Hilfsschalter *4* Öffner als Hilfsschalter
5 Bimetallrelais mit Öffner *6*

höher gewählt werden, als es für den Überlastungsschutz der Leitung erforderlich wäre. Z. B. kann man für den Querschnitt 1,5 mm² statt einer 16-A-Sicherung eine 35-A-Sicherung verwenden.

Beispiele für Schützsteuerungen: Wendeschützschaltung (Umkehrung des Motordrehsinns), selbsttätige Stern-Dreieck-Schaltung, selbsttätige stufenweise Abschaltung der Anlasserwiderstände bei Läuferanlassern, abhängige Steuerungen mehrerer Motoren an Förderanlagen oder Werkzeugmaschinen.

Wendeschützschaltung (8.28). Bei rechtslaufendem Motor M1 (Rechtsschütz K1 ist betätigt) ist die Betätigung des Linkslaufschützes K2 nicht möglich, weil der Steuerstromkreis des Schützes K2 am geöffneten Verriegelungsschalter des Schützes K1 unterbrochen ist.

Stromlaufplan. Die Wendeschützschaltung in Bild **8.**28 ist als Stromlaufplan in aufgelöster Darstellung abgebildet. Beim Stromlaufplan wird (im Gegensatz zu den Stromlaufplänen in zusammenhängender Darstellung, früher Wirkschaltpläne genannt) die Schaltung übersichtlich nach Stromwegen aufgelöst, ohne Rücksicht auf die bauliche Zusammengehörigkeit und die örtliche Lage der einzelnen Teile. Die bauliche Zusammengehörigkeit getrennt gezeichneter Teile wird durch gleiche Kennzeichnung deutlich gemacht. So kehrt in Bild **8.**28 bei allen zum Schütz für Rechtslauf K1 gehörigen Teilen die Bezeichnung K1 wieder. In Tabelle **8.**29 (auf S. 196) sind die genormten Kennbuchstaben für Geräte aufgeführt.

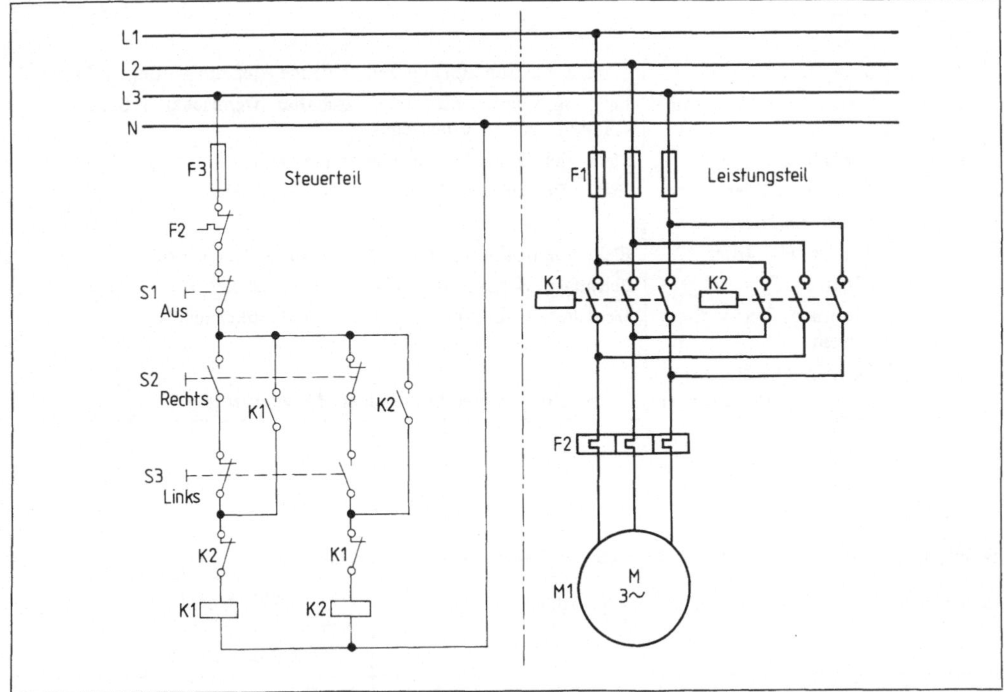

8.28 Stromlaufplan einer Wendeschützsteuerung mit Schütz- und Tastschalterverriegelung

Befehlsschalter und Meldegeräte. Befehlsschalter dienen zum Betätigen der Schütze; Meldegeräte, in der Regel Leuchtmelder, zeigen den Betriebszustand der Anlage an. Befehlsschalter sind meist Tastschalter, d.h. Schalter mit Rückzugskraft zur kurzzeitigen Kontaktgabe in Form von Drucktasten. Endtaster und Endschalter schalten den Motor selbsttätig aus oder um, wenn das bewegte Anlagenteil (z. B. ein Fahrstuhl oder der Schlitten einer Fräsmaschine) die gewünschte Stellung erreicht hat.

Drucktaster, Leuchtmelder und Leuchttaster erhalten eine Farbkennzeichnung nach DIN VDE 0199 (**8.**30).

Tabelle 8.29 **Kennbuchstaben für die Kennzeichnung von Betriebsmitteln in Schaltplänen** (Auswahl)

Kenn-buch-stabe	Art des Betriebsmittels	Beispiele
A	Baugruppen	Verstärker, Magnetverstärker, Regler, Gerätekombinationen
C	Kondensatoren	
D	Verzögerungs-, Speichereinrichtungen	Bistabile und monostabile Elemente, Kernspeicher, Plattenspeicher, Magnetbandspeicher
E	Verschiedenes	Beleuchtungs- und Heizeinrichtungen, Einrichtungen, die sonst nicht in dieser Aufstellung aufgeführt sind
F	Schutzeinrichtungen	Sicherungen, Schutzrelais, Auslöser, Wächter
G	Generatoren	Generatoren, Frequenzwandler, Batterien, Phasenschieber
H	Meldeeinrichtungen	Optische und akustische Meldegeräte
K	Schütze, Relais	Leistungsschütze, Hilfsschütze, Hilfs- und Zeitrelais, Drosselspulen
L	Induktivitäten	
M	Motoren	
P	Meßgeräte	Anzeigende, schreibende und zählende Meßeinrichtungen, Uhren
Q	Starkstromschaltgeräte	Leistungsschalter, Motorschutzschalter, Trennschalter, Schutzschalter, Sicherungslastschalter
R	Widerstände	Stellwiderstände, Potentiometer, Heißleiter
S	Schalter, Wähler	Taster, Endschalter, Steuerschalter, Signalgeber
T	Transformatoren	
V	Röhren, Halbleiter	Elektronenröhren, Dioden, Transistoren, Thyristoren
W	Übertragungswege	Leitungen, Schaltdrähte, Kabel, Sammelschienen
X	Klemmen, Steckverbindungen	Trennstecker und -dosen, Klemm- und Lötleisten
Y	Elektrisch betätigte mechanische Einrichtungen	Bremslüfter, Magnetkupplungen, Magnetventile

Tabelle 8.30 **Farbkennzeichnung für Drucktaster, Leuchttaster und Leuchtmelder**

Drucktaster	⊗ **EIN-Knopf** schwarz oder weiß	● **AUS-Knopf** nur rot (Gefahrenknopf)
Leuchttaster	⊗ **EIN-Knopf** weiß oder klar **verboten:** grün oder rot	● **AUS-Knopf** Gefahrenknopf Leuchttaster nicht zulässig!
Leuchtmelder	⊗ **Einschalt-Zustand** rot oder weiß **verboten:** grün	● **Ausschalt-Zustand** nur grün
	Grundsätzlich: rot = Gefahr, gelb = Vorsicht, grün = Sicherheit	

Wächter sind Grenzschalter. Sie überwachen entweder eine physikalische Größe (z.B. den Druck in einer Pumpanlage: Druckwächter) oder einen Betriebszustand (z.B. die Beendigung der Gegenstrombremsung eines Motors: Drehzahlwächter (**8.**31). Sie öffnen den Stromkreis, wenn der kritische Grenzwert erreicht ist, und schließen ihn wieder, wenn dieser Grenzwert um einen bestimmten Betrag unter- bzw. überschritten ist. Begrenzer schließen den Stromkreis nicht wieder selbsttätig.

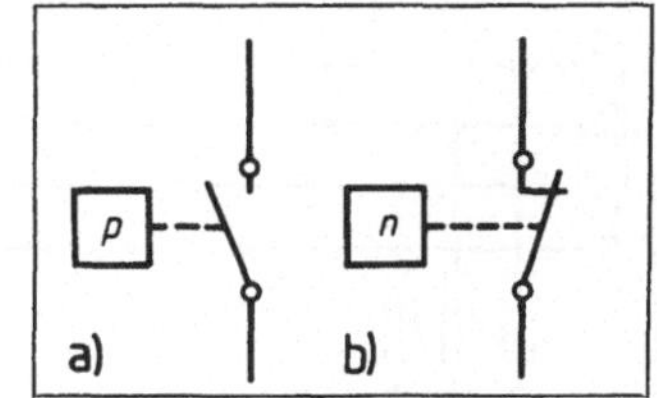

8.31 a) Druckwächter
b) Drehzahlwächter

8.3.4 Motorschutz durch Temperaturfühler

Bimetallauslöser und -relais sprechen an, wenn der vom Motor aufgenommene Strom eine bestimmte Grenze überschreitet. Der Strom dient hier also als Einflußgröße für die Auslösung des Auslöseorgans; er ist in den meisten Fällen auch ein zuverlässiger Maßstab für die Temperatur der Motorwicklung. Bei häufigem Einschalten des Motors (z.B. bei Aussetzbetrieb S3 in Bild **8.**13) oder bei länger dauerndem Schweranlauf kann aber der Fall eintreten, daß das Bimetall auslöst, obwohl die Grenztemperatur der Wicklung nicht erreicht ist. Auch bei starken Schwankungen der Umgebungstemperatur bieten Bimetallauslöser keinen zuverlässigen Schutz. In solchen Betriebsfällen wird der Motorschutz durch eingebaute Temperaturfühler erforderlich.

Motorvollschutz. Schutzeinrichtungen mit Temperaturfühlern werden wegen ihrer besseren Schutzwirkung gegenüber dem stromabhängigen Bimetallschutz als Motorvollschutz bezeichnet. Hier wird die Temperatur der Motorwicklung mit Hilfe von den in die Wickelköpfe eingebauten Temperaturfühlern unmittelbar als Einflußgröße für das Unterbrechen des Schützstromkreises herangezogen. Als Fühler dienen Bimetallstreifen oder temperaturabhängige Halbleiterwiderstände. Sie schalten beim Überschreiten der für die Wicklung zulässigen Grenztemperatur den Motor indirekt durch Unterbrechen des Schützstromkreises ab. So sind z.B. im Bild **8.**32 die in jeden Wicklungsstrang des Drehstrommotors eingebauten Bimetall-Temperaturfühler Temperaturwächter, die beim Überschreiten der Grenztemperatur der Wicklungen den Haltestromkreis des Schützes K unmittelbar unterbrechen.

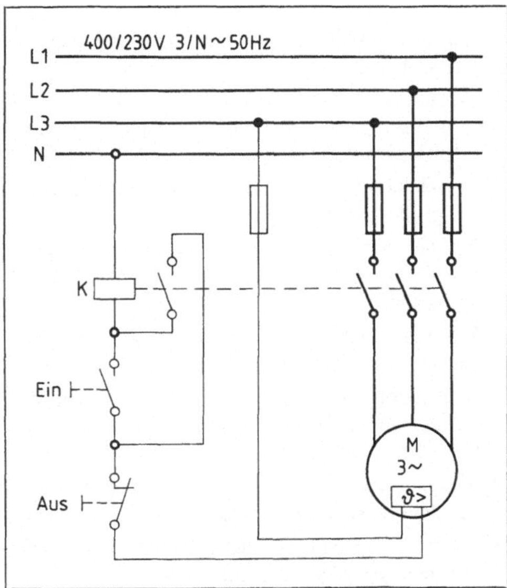

8.32 Motorvollschutz mit Bimetall-Temperaturfühler

Die Kaltleiter-Temperaturfühler in den Wicklungsköpfen des Motors liegen miteinander und mit dem Auslöserelais in Reihe an einer Gleichrichter-Brückenschaltung (**8.**33 auf S. 198, s. Abschn. 9.1). Durch den mit der Temperatur steigenden Widerstand des Kaltleiters wird der Strom kleiner. Bei Erreichen der Grenztemperatur schaltet das Relais K ab, und der Haltestromkreis des Schützes wird unterbrochen. Halbleiter-Temperaturfühler sind wesentlich kleiner als Bimetall-Temperaturfühler. Sie lassen sich daher leichter in den Wickelköpfen der Motoren unterbringen. Durch ihre kleinen Abmessungen haben sie eine kleine

Wärmekapazität und folgen darum der Wicklungstemperatur praktisch unverzögert. Das Relais spricht daher mit Sicherheit an, bevor sich die Wicklung unzulässig erwärmt hat.

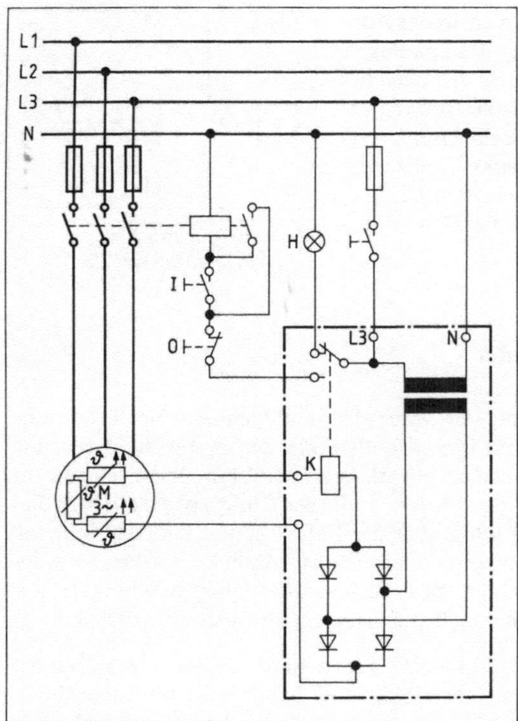

8.33
Motorvollschutz mit Kaltleiter-Temperaturfühlern
H Leuchtmelder „Störung“

Übungsaufgaben zu Abschnitt 8

1. Was versteht man unter Rechts- und Linkslauf eines Motors?
2. Warum soll die Nennleistung eines Motors nicht größer sein, als es für die anzutreibende Maschine erforderlich ist?
3. In welchen Betriebsfällen muß der Antriebsmotor ein großes Anzugsmoment haben?
4. Nennen Sie Anwendungsbeispiele für Motoren mit Synchron-, Nebenschluß- und Reihenschlußverhalten.
5. Welchen Einfluß haben die unterschiedlichen Betriebsarten auf die Erwärmung eines Motors?
6. Begründen Sie, weshalb eine gut gekühlte Maschine höher belastet werden kann als eine schlecht gekühlte.
7. Welche Bedeutung haben Buchstaben und Ziffern der Schutzart-Kennzeichnung?
8. Welche Vor- und Nachteile haben Keilriemenantriebe gegenüber Zahnradantrieben?
9. Warum sind Schmelzsicherungen nicht für den Überlastungsschutz von Motoren verwendbar?
10. Beschreiben Sie Aufbau und Funktion eines Motorschutzschalters.
11. Welche Aufgabe haben Schaltschloß und Freiauslösung eines Schutzschalters?
12. Worin besteht der Unterschied zwischen Stellschaltern, Tastschaltern und Schloßschaltern?
13. Auf welche Stromstärke muß der Überlastungsschutz von Motorschutzschaltern und Schützen bei nichtkompensierten und bei kompensierten Motoren eingestellt werden?
14. Warum sind Bimetallauslöser und Bimetallrelais nicht als Kurzschlußschutz geeignet?
15. Auf welchen Auslöserstrom ist ein Motorschutzschalter einzustellen, um einen mit Stern-Dreieck-Schalter eingeschalteten Motor zu schützen?
16. Warum kann man einen im Aussetz- oder Schaltbetrieb arbeitenden Motor nicht durch einen stromabhängigen Bimetallschutz schützen?

9 Leistungselektronik

Die Leistungselektronik umfaßt das Schalten, Steuern und Umformen elektrischer Energie unter Verwendung von Stromrichterventilen einschließlich der zugehörigen Meß-, Steuerungs- und Regelungseinrichtungen.

Überwiegend verwendet man in der Leistungselektronik Halbleiter-Bauelemente, und zwar im Leistungsteil der Steuerungs- und Regelungseinrichtungen Siliciumdioden, Thyristoren und Leistungstransistoren, im Steuerungs- und Regelungsteil dagegen Dioden, Transistoren und integrierte Schaltkreise.

9.1 Gleichrichterschaltungen für Wechsel- und Drehstrom

Zum Betrieb von Gleichstrommotoren und elektronischen Geräten am Stromversorgungsnetz braucht man Gleichrichter, die den Netzwechselstrom bzw. -drehstrom in Gleichstrom umwandeln. Die Wirkungsweise der Halbleiterdiode wurde bereits in der Elektro-Fachkunde 1 behandelt.

9.1.1 Gleichrichtung von Wechselstrom

Man unterscheidet die Einwegschaltung und Zweiwegschaltungen.

Bei der Einwegschaltung fließt nur während einer Halbperiode der Wechselspannung Gleichstrom durch den Lastwiderstand (**9**.1). Es handelt sich hier um einen Einpuls-Gleichrichter in Mittelpunktschaltung (Kennzeichen M1).

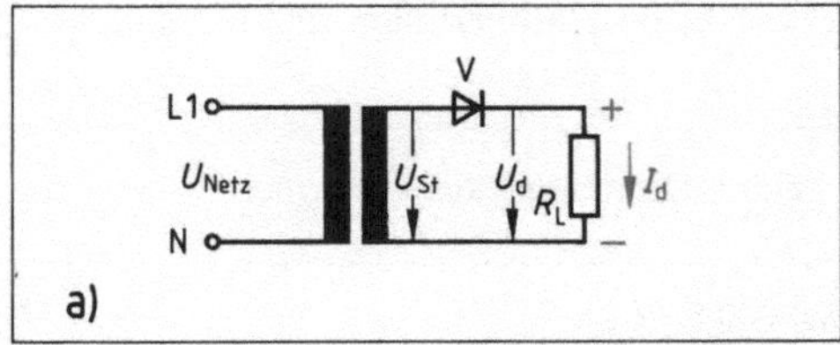

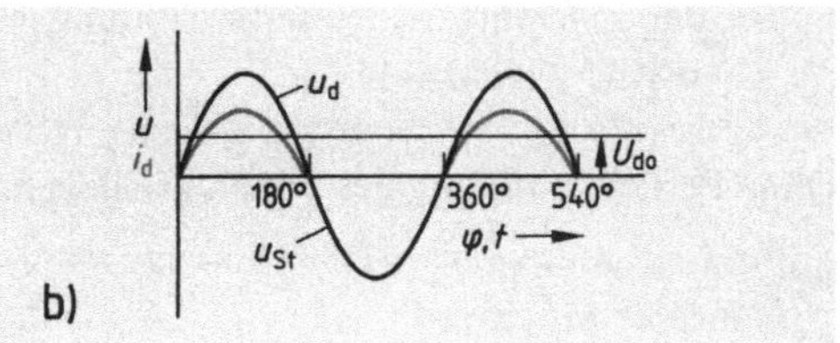

9.1 Einweg-Gleichrichter in Einpuls-Mittelpunktschaltung M1
a) Schaltung, b) Zeitdiagramm

Versuch 9.1 Eine Diode 1N4004 wird mit einem Lastwiderstand $R_L = 100\,\Omega$ in Reihenschaltung an die sinusförmige Wechselspannung $U_{St} = 24$ V gelegt (**9**.1 a). Eingangswechselspannung U_{St} (Strangspannung) und Ausgangsgleichspannung U_d werden sowohl mit dem Zweikanal-Oszilloskop dargestellt als auch mit einem Drehpulsmeßgerät sowie mit einem Dreheisenmeßwerk gemessen. Das Drehpulsmeßgerät zeigt die linearen Mittelwerte U_{d0}, das Dreheisenmeßwerk die Effektivwerte U_{deff} an. ■

Der Versuch zeigt, daß nur während der Halbperiode Strom fließt, in der die Diode in Durchlaßrichtung gepolt ist (**9**.1 b).

> Bei der Einpuls-Mittelpunktschaltung M1 wird nur eine Halbperiode der Eingangswechselspannung genutzt.

Der Vergleich der Meßwerte ergibt folgende Formeln, wenn man den Spannungsfall an der Diode vernachlässigt:

Linearer Mittelwert	$U_{d0} = 0{,}318 \cdot \hat{u}_{St} = 0{,}45\ U_{St}$
Effektivwert	$U_{deff} = 0{,}5 \cdot \hat{u}_{St}$

Wegen des stark pulsierenden Gleichstroms im Lastwiderstand R_L ist die Einpuls-Mittelpunktschaltung M1 unvorteilhaft. Sie wird daher nur selten angewendet.

Bei einer Zweiwegschaltung fließt während beider Halbperioden der Wechselspannung Gleichstrom durch den Lastwiderstand. Wir unterscheiden die Zweipuls-Mittelpunktschaltung und die Zweipuls-Brückenschaltung.

Die Zweipuls-Mittelpunktschaltung (Kennzeichen M2) erfordert einen Netztransformator mit Mittelanzapfung der Sekundärwicklung und zwei Dioden (**9**.2a). Das Zeitdiagramm **9**.2b zeigt, daß während beider Halbperioden der Wechselspannung ein mit doppelter Frequenz pulsierender Gleichstrom durch den Lastwiderstand fließt.

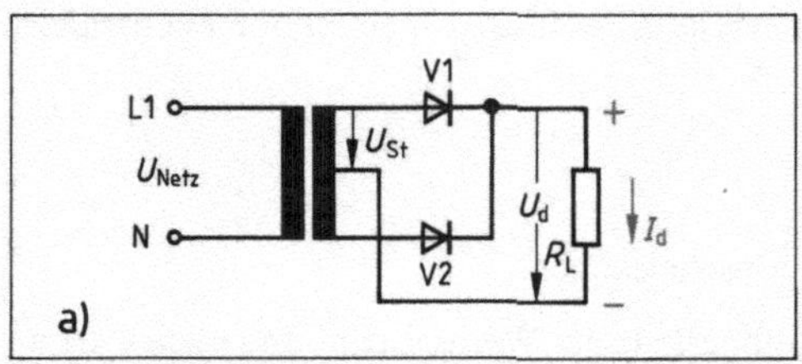

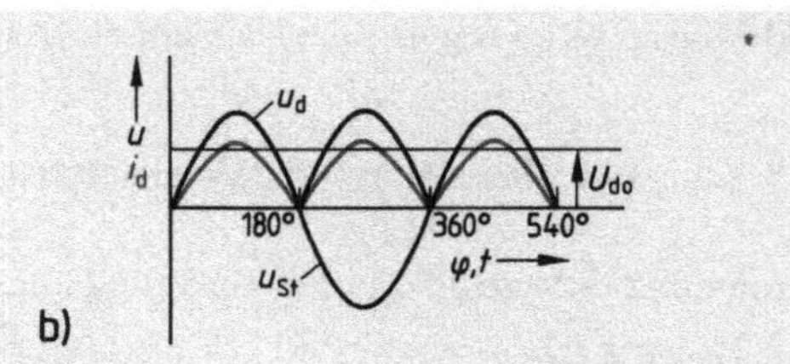

9.2 Zweiweg-Gleichrichter in Zweipuls-Mittelpunktschaltung M2
a) Schaltung, b) Zeitdiagramm

Bei der Zweipuls-Mittelpunktschaltung M2 werden beide Halbperioden der Eingangswechselspannung genutzt.

Ohne Berücksichtigung des Spannungsfalls in den beiden Dioden gilt diese Formel:

Linearer Mittelwert	$U_{d0} = 0{,}636 \cdot \hat{u}_{St} = 0{,}9 \cdot U_{St}$

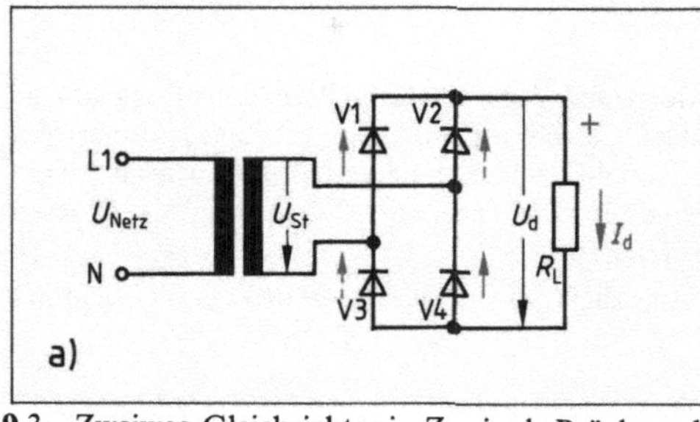

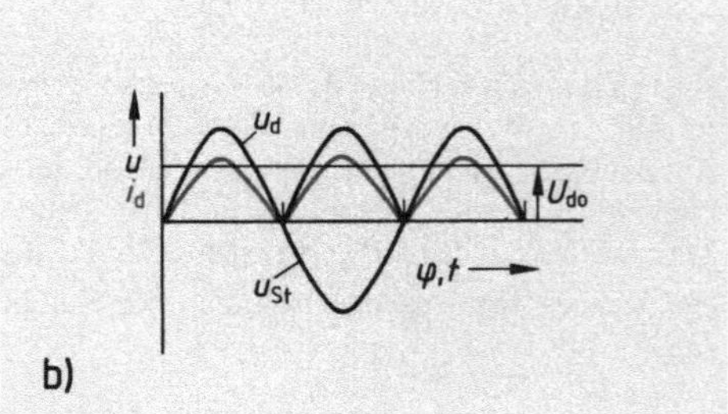

9.3 Zweiweg-Gleichrichter in Zweipuls-Brückenschaltung B2
a) Schaltung, b) Zeitdiagramm
⟶ Strom, wenn V1 und V4 leitend, - - -→ Strom, wenn V2 und V3 leitend

Die Zweipuls-Brückenschaltung (B2), auch Graetzschaltung genannt, braucht vier Dioden (**9.**3 a). Die Mittelanzapfung der Sekundärwicklung des Transformators ist dagegen entbehrlich. Das Zeitdiagramm **9.**3 b zeigt, daß auch bei dieser Schaltung während beider Halbperioden der Wechselspannung ein mit doppelter Frequenz pulsierender Gleichstrom durch den Lastwiderstand fließt.

> Bei der Zweipuls-Brückenschaltung B2 werden ebenfalls beide Halbperioden der Eingangswechselspannung genutzt.

Wenn man den Spannungsfall in den Dioden unberücksichtigt läßt, gilt diese Formel:

> Linearer Mittelwert $U_{d0} = 0{,}636 \cdot \hat{u}_{St} = 0{,}9 \cdot U_{St}$

Bei Zweiweg-Gleichrichtern hat der Ausgangsstrom im Lastwiderstand eine erheblich geringere Welligkeit als beim Einweg-Gleichrichter. Zweiweg-Gleichrichter werden daher bevorzugt verwendet.

9.1.2 Gleichrichtung von Drehstrom

Wie bei Wechselstrom-Gleichrichtern unterscheidet man auch bei Drehstrom-Gleichrichtern Einweg- und Zweiwegschaltungen.

Dreipuls-Mittelpunktschaltung (M3). Drehstrom-Gleichrichter in Sternschaltung sind Einweg-Gleichrichter. Sie bilden eine Dreipuls-Mittelpunktschaltung. Wie der Schaltplan **9.**4a zeigt, arbeiten hier drei Einpuls-Mittelpunktschaltungen um jeweils 120° phasenverschoben auf den gemeinsamen Lastwiderstand R_L. Der Strang mit dem jeweils höchsten Augenblickswert der Spannung in Durchlaßrichtung führt Strom. Der Strom im Lastwiderstand ist ein Mischstrom, dessen Wechselstromanteil dreifache Netzfrequenz hat (150 Hz). Das Zeitdiagramm **9.**4b kann auch mit einer Winkeleinteilung versehen werden. So erkennen wir, daß die Kommutierung, d. h. der Stromübergang von einer Diode zur nächsten, nach jeweils 120° erfolgt. Der Stromflußwinkel für jede Diode beträgt demnach $\varphi_i = 120°$ (**9.**4c). Da die Kommutierung jeweils 30° nach dem Nulldurchgang des Stroms erfolgt, erreicht dieser im Gegensatz zu den Wechselstrom-Gleichrichtern die Nullinie nicht.

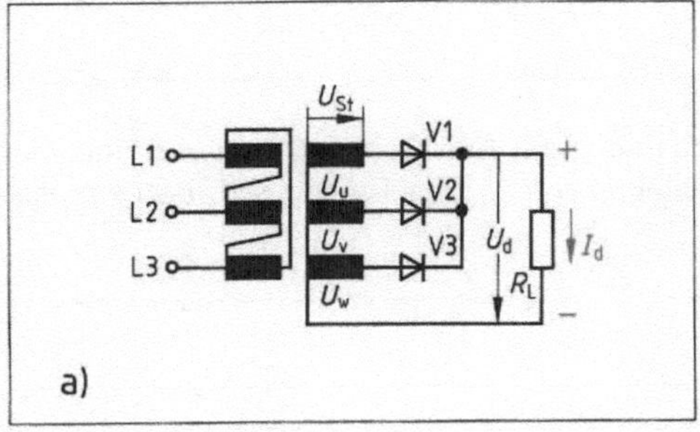

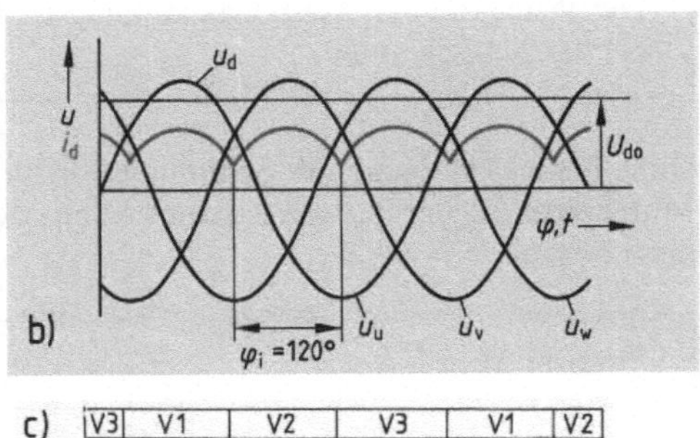

c) | V3 | V1 | V2 | V3 | V1 | V2 |

9.4 Drehstrom-Einweg-Gleichrichter in Dreipuls-Mittelpunktschaltung M3
a) Schaltung, b) Zeitdiagramm, c) Stromflußzeiten der Ventile

Durch die Überlagerung der drei Strangspannungen entsteht eine wesentlich geringere Welligkeit des Ausgangsstroms als bei der Gleichrichtung von Einphasen-Wechselstrom.

Ohne Berücksichtigung des Spannungsfalls in den Dioden gilt folgende Formel für die Abhängigkeit des linearen Mittelwerts U_{d0} der Ausgangsspannung am Lastwiderstand vom Effektivwert U_{St} der Strangspannung:

Linearer Mittelwert	$U_{d0} = 1{,}17 \cdot U_{St}$

Bei den Drehstrom-Zweiweggleichrichtern unterscheidet man die Sechspuls-Mittelpunktschaltung und Sechspuls-Brückenschaltung.

Die Sechspuls-Mittelpunktschaltung (M 6), auch Doppelsternschaltung genannt, erfordert einen Netztransformator mit Mittelanzapfungen der Sekundärwicklungen und sechs Dioden (**9.**5 a). Die Dioden V1, V3 und V5 sowie die Dioden V2, V4 und V6 bilden jeweils eine M3-Schaltung. Beide M3-Schaltungen sind gegenphasig parallelgeschaltet. Dabei überlappen sich die Diodenströme so, daß während der Periode einer Wechselspannung sechs Pulse auftreten (**9.**5 b). Der Stromflußwinkel jeder Diode beträgt $\varphi_i = 60°$ (**9.**5 c).

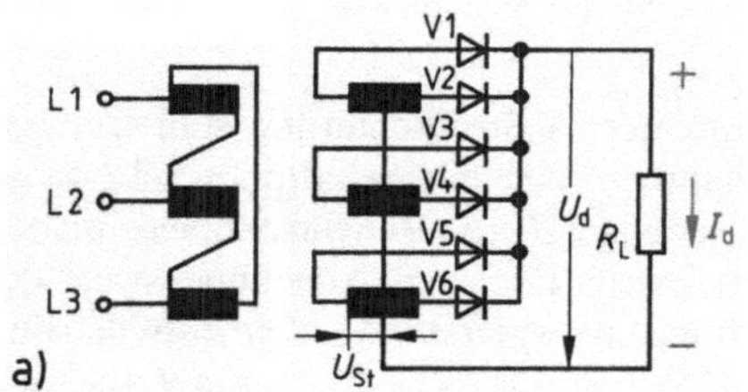

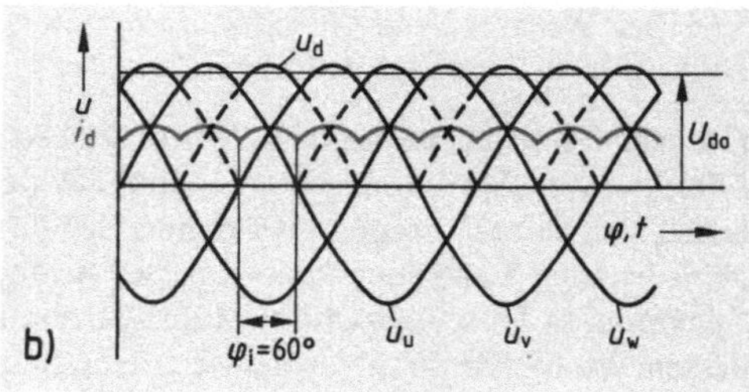

c)

V4	V1	V6	V3	V2	V5	V4	V1	V6

9.5 Drehstrom-Zweiweg-Gleichrichter in Sechspuls-Mittelpunktschaltung M6
a) Schaltung, b) Zeitdiagramm, c) Stromflußzeiten der Ventile

Die Welligkeit der Ausgangsspannung ist bei der M6-Schaltung wesentlich geringer als bei der M3-Schaltung.

Ohne Berücksichtigung des Spannungsfalls in den Dioden gilt für die Berechnung des linearen Mittelwerts U_{d0} der Ausgangsspannung aus dem Effektivwert U_{St} der Eingangsstrangspannung diese Formel:

Linearer Mittelwert	$U_{d0} = 1{,}36 \cdot U_{St}$

Die Sechspuls-Brückenschaltung (B 6) braucht ebenfalls sechs Dioden. Da der Netztransformator ohne Mittelanzapfungen der Sekundärwicklungen auskommt, ergibt sich auch ein einfacherer

Transformatoraufbau (**9.**6a). Die Dioden V1, V3 und V5 einerseits sowie V2, V4 und V6 andererseits bilden auch hier eine M3-Schaltung. Beide M3-Schaltungen sind gegenphasig in Reihe geschaltet. Dabei überlappen sich die Diodenströme so, daß während der Periode einer Wechselspannung sechs Pulse auftreten (**9.**6b). Der Stromflußwinkel φ_i jeder Diode beträgt 120° (**9.**6c).

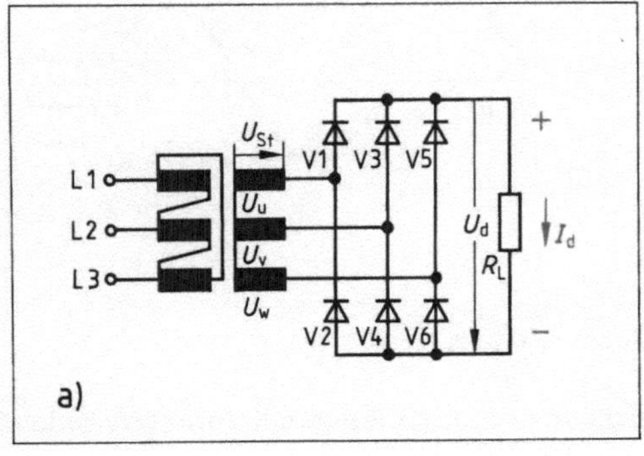

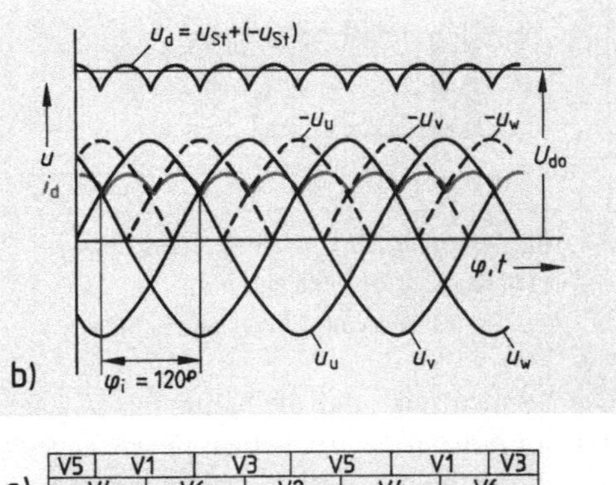

c) V5 | V1 | V3 | V5 | V1 | V3
V4 | V6 | V2 | V4 | V6

9.6 Drehstrom-Zweiweg-Gleichrichter in Sechspuls-Brückenschaltung B6
a) Schaltung, b) Zeitdiagramm, c) Stromflußzeiten der Ventile

Wegen der Reihenschaltung der beiden M3-Systeme hat die B6-Schaltung fast die doppelte Ausgangsspannung wie die M6-Schaltung.

Für die Berechnung des linearen Mittelwerts U_{d0} der Ausgangsspannung aus dem Effektivwert U_{St} der Eingangsstrangspannung gilt, wenn man den Spannungsfall in den Dioden nicht berücksichtigt, die folgende Formel:

Linearer Mittelwert $\qquad U_{d0} = 2{,}34 \cdot U_{St}$

Bei der B6-Schaltung ist das Verhältnis zwischen Transformator-Bauleistung und Gleichstromleistung am günstigsten von allen drei Drehstrom-Gleichrichterschaltungen. Da bei hoher Ausgangsspannung auch deren Welligkeit gering ist, werden B6-Schaltungen bevorzugt verwendet.

9.1.3 Siebschaltungen

Bei allen Gleichrichterschaltungen entsteht, wie gezeigt wurde, ein mehr oder weniger stark pulsierender Gleichstrom, den man sich aus Gleich- und Wechselstromanteil gemischt vorstellen kann. In vielen Fällen stört die Welligkeit des gleichgerichteten Stroms, vor allem die größere Welligkeit bei der Gleichrichtung von Einphasen-Wechselstrom. Der Wechselstromanteil bewirkt wie jeder Wechselstrom in Spulen einen induktiven Spannungsabfall; in Telefonen und Lautsprechern von Tonübertragungsanlagen entsteht ein Brummton. Um dies zu vermeiden, muß man den pulsierenden Gleichstrom mit Hilfe von Siebeinrichtungen glätten.

Gleichrichterschaltungen mit Ladekondensator

Versuch 9.2 Eine Einweggleichrichterschaltung nach Bild **9.**7 mit Diode 1N4004, $R_L = 100\ \Omega$ und parallelgeschaltetem Elektrolyt-Kondensator als Ladekondensator $C_L = 500\ \mu F$ wird mit $U1 = 24$ V betrieben und die Spannung U_{CL} am Ladekondensator oszillografiert. ■

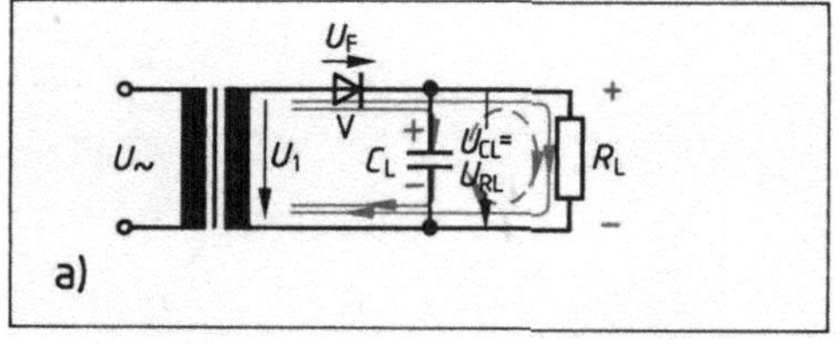

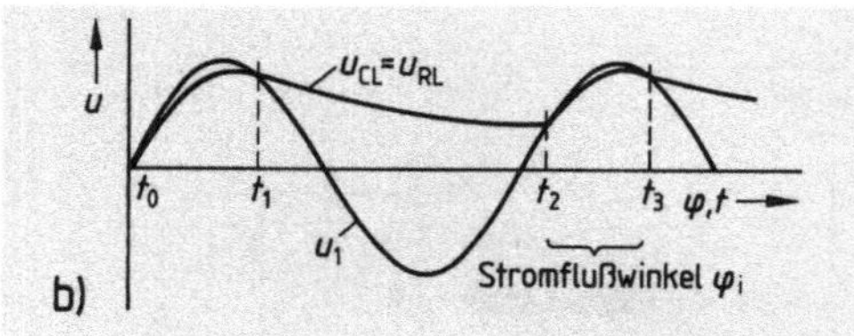

9.7 Einweggleichrichter mit Ladekondensator
a) Schaltung, b) Zeitdiagramm
——→ Ströme von t_0 bis t_1 und t_2 bis t_3, – – –→ Strom von t_1 bis t_2

Der Versuch zeigt, daß die Spannung U_{CL} am Ladekondensator etwa sägezahnförmigen Verlauf hat. Ihr Spitzenwert ist kleiner als der Spitzenwert $\hat{u}_1$ der Wechselspannung.

Wegen des hohen Wechselspannungsanteils der gleichgerichteten Spannung wird parallel zum Lastwiderstand ein Ladekondensator geschaltet.

> Der Ladekondensator glättet die Ausgangsspannung und vergrößert die mittlere Gleichspannung.

Wirkungsweise. Während des ersten Teils der positiven Halbschwingung (t_0 bis t_1) lädt sich C_L über V auf $\hat{u}_1 - U_F$. Sobald der Augenblickswert u_1 der Eingangsspannung kleiner als u_{CL} wird, sperrt die Diode durch die am Kondensator vorhandene Gegenspannung u_{CL}. In der folgenden Sperrphase der Diode entlädt sich C_L über R_L (t_1 bis t_2). Erst wenn der Augenblickswert u_1 der Eingangsspannung größer ist als $u_{CL} + U_F(t_2)$, leitet die Diode erneut und lädt C_L nach (bis t_3).

Mittelwert. Entsprechend der Zeitkonstanten $\tau = R_L \cdot C_L$ wird C_L mehr oder weniger stark entladen (**9.**8). Im unbelasteten Zustand ist U_{CL} eine Gleichspannung mit der Höhe $\hat{u}_1 - U_F$. Ihr Mittelwert U_{AV} wird um so kleiner, je stärker sich C_L entlädt, d. h. je größer I_L ist. Gleichzeitig wächst der Wechselspannungsanteil, die Brummspannung U_{Br}.

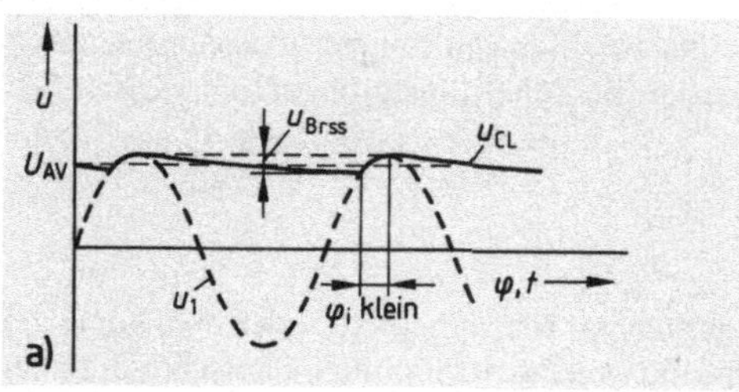

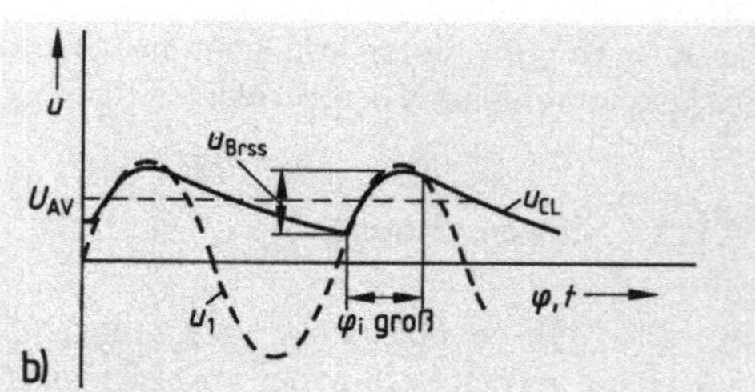

9.8 Spannung am Ladekondensator
a) bei geringem Laststrom, b) bei großem Laststrom
Den Effektivwert U_{Br} der Brummspannung erhält man annähernd aus deren Spitze-Spitze-Wert u_{Brss} mit der Formel $U_{Br} \approx \frac{1}{2\sqrt{2}} u_{Brss}$.

Der Ladekondensator wird üblicherweise so bemessen, daß der Effektivwert U_{Br} der Brummspannung etwa 5% der mittleren Gleichspannung U_{AV} beträgt. Dazu gilt für C_L:

$$C_L = \frac{k \cdot I_L}{f_{Br} \cdot U_{Br}} \qquad \begin{matrix} U \text{ in V} & C \text{ in F} \\ I \text{ in A} & f \text{ in Hz} \end{matrix}$$

Schaltung	k	f_{Br}
Einweg	0,25	$1 \cdot f\sim$
Zweiweg	0,2	$2 \cdot f\sim$

Beispiel 9.1 Ein Gleichrichter mit Ladekondensator soll folgende Betriebswerte haben: Ausgangsgleichspannung $U_{AV} = 30$ V, Netzfrequenz $f = 50$ Hz. Berechnen Sie die erforderliche Kapazität C_L des Ladekondensators in M1- und in B2-Schaltung, wenn der Effektivwert U_{Br} der Ausgangsbrummspannung bei einem Laststrom von $I_L = 0{,}4$ A den Wert 5% der Ausgangsgleichspannung nicht überschreiten soll.

Lösung

M1-Schaltung: $C_L = \frac{k \cdot I_L}{f_{Br} \cdot U_{Br}} = \frac{0{,}25 \cdot 0{,}4 \text{ A}}{50 \text{ Hz} \cdot 0{,}05 \cdot 30 \text{ V}} = \mathbf{1330\ \mu F}$

B2-Schaltung: $C_L = \frac{k \cdot I_L}{f_{Br} \cdot U_{Br}} = \frac{0{,}2 \cdot 0{,}4 \text{ A}}{100 \text{ Hz} \cdot 0{,}05 \cdot 30 \text{ V}} = \mathbf{530\ \mu F}$

Beim Zweiweggleichrichter ist C_L nur ca. 0,4mal so groß wie beim Einweggleichrichter, da seine Spannung nicht so stark absinkt und er zweimal während einer Periode der Eingangswechselspannung nachgeladen wird.

Bei der Zweiweggleichrichtung kann die Kapazität des Ladekondensators wesentlich kleiner gewählt werden als bei der Einweggleichrichtung.

Diodenströme. Während der leitenden Phase der Diode (t_1 bis t_2) fließt durch die Diode der Strom des Lastwiderstands und der (Nach-)ladestrom des Ladekondensators (**9.9**). Dieser nimmt die Ladungsmenge auf, die er während der Sperrphase der Diode (t_2 bis t_3) über den Widerstand wieder abgibt. Deshalb muß in dem kleineren Zeitintervall t_1 bis t_2 ein größerer Strom fließen als im größeren Intervall t_2 bis t_3. Die Größe des Stroms ist abhängig von den Zeitkonstanten $\tau = R_L \cdot C_L$ (= mehr oder weniger starke Entladung des Kondensators), vor allem aber von den Innenwiderständen des Transformators und der Diode. Der Ladestrom kann bei kleinem Innenwiderstand bis zum 50fachen Wert des mittleren Gleichstroms erreichen. Um solche Extremwerte zu vermeiden, wird oft der Innenwiderstand der Spannungsquelle durch einen Diodenvorwiderstand (zwischen 0,5 und 10 Ω) künstlich erhöht. Diodenhersteller geben für Dioden mindestens zwei Durchlaßströme an: den mittleren Gleichstrom I_{FAV} und den periodischen Spitzenstrom I_{FM} der 10- bis 30mal größer als I_{FAV} ist.

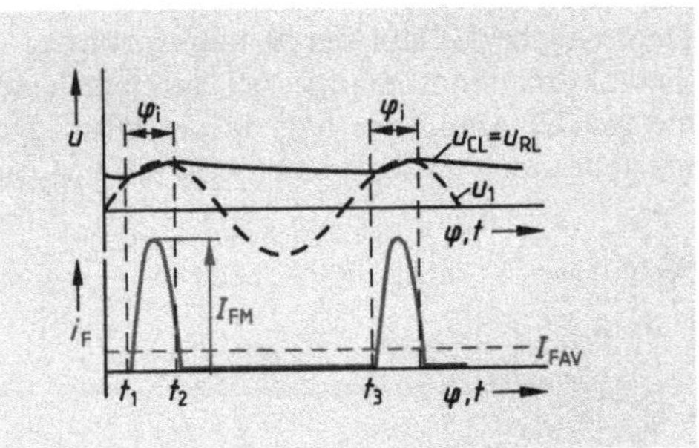

9.9 Diodenstrom beim Gleichrichter mit Ladekondensator

In Gleichrichterschaltungen mit Ladekondensator ist der Ladestrom erheblich größer als der mittlere Gleichstrom.

Sperrspannungen, Einweggleichrichter. Während der Sperrphase behält der Ladekondensator eine Gegenspannung, die im Leerlauf der Schaltung etwa $\hat{u}_1$ ist. Deshalb liegt beim negativen Maximum der Eingangsspannung zwischen Anode und Katode der Diode die Summe aus Eingangsspannung und Kondensatorspannung: $U_R = 2 \cdot \hat{u}_1 = \hat{u}_{1SS}$.

> In der Einweg-Gleichrichterschaltung mit Ladekondensator ist die Diodensperrspannung so groß wie der Spitze-Spitze-Wert der Eingangswechselspannung.

Mittelpunktschaltung. Unabhängig von der Belastung der Gleichrichterschaltung durch Widerstand oder Kondensator bleibt $U_R = 2 \cdot \hat{u}_1$ (s. Gleichrichterschaltung mit Ohmschem Lastwiderstand).

Brückenschaltung. Hier ist unabhängig von der Art der Belastung $U_R = \hat{u}_1$.

Siebglieder

Zum Betrieb elektronischer Geräte braucht man eine stark „geglättete" Gleichspannung, wie sie eine Batterie liefert. Dazu wird die am Ladekondensator anstehende und noch mit Brummspannung behaftete Gleichspannung über eine RC- oder RL-Siebschaltung geleitet.

RC-Siebung (9.10a). Siebwiderstand R_S und Siebkondensator C_S bilden einen frequenzabhängigen Spannungsteiler (Tiefpaß). Der Kondensator hat einen niedrigen Widerstand für die überlagerte Brummspannung. Die Siebwirkung ist um so größer, je größer der Wirkwiderstand im Verhältnis zum Blindwiderstand des Kondensators ist.

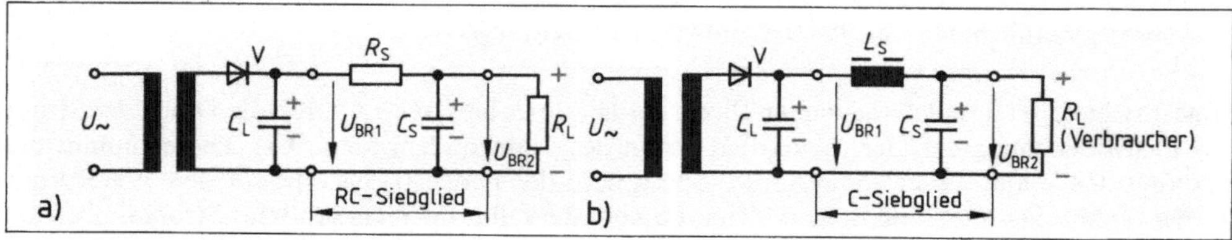

9.10 RC-Siebglied (a) und LC-Siebglied (b)

Der zeitliche Verlauf der Brummspannung ist etwa sägezahnförmig. Bei der Berechnung des Siebfaktors nimmt man jedoch vereinfachend an, daß die Brummspannung sinusförmig ist und die gleiche Amplitude hat, da der Oberschwingungsanteil (der den sägezahnförmigen Verlauf herstellt) noch besser gesiebt wird als die Grundschwingung.

Siebfaktor s eines RC-Glieds $s = \dfrac{U_{Br1}}{U_{Br2}} = \dfrac{\sqrt{R_S^2 + X_{CS}^2}}{X_C}$, da $R_S \gg X_{CS}$ gewählt wird, ist $\sqrt{R_S^2 + X_{CS}^2} \approx R_S$.

Siebfaktor	$s \approx \dfrac{R_S}{X_{CS}} = R_S \cdot 2\pi f C_S, \quad f = f_{Br}$	Einweg: $f_{Br} = 50$ Hz Zweiweg: $f_{Br} = 100$ Hz

Das Verhältnis $R : X_C$ läßt sich nicht beliebig vergrößern. Um kleine Blindwiderstände zu erreichen, müssen große Kapazitätswerte (Elektrolytkondensatoren) verwendet werden.

Der Widerstand von R_S wird in seiner Größe begrenzt. Der gesamte Gleichstrom des Lastwiderstands (z.B. Verstärker) fließt durch R_S und ruft dort einen unerwünschten Spannungsabfall hervor. Mit zunehmender Belastung sinkt daher die Ausgangsgleichspannung. Gleichzeitig steigt der Wechselspannungsanteil, weil C_S über R_L stärker entladen wird.

LC-Siebung (9.10 b). Wird an Stelle von R_S eine Spule („Drossel") eingesetzt, entfällt der Gleichspannungsabfall an L_S, und die Siebwirkung vergrößert sich.

Siebfaktor eines LC-Glieds $s = \dfrac{U_{Br1}}{U_{Br2}} = \dfrac{X_L - X_C}{X_C}$, da $X_L \gg X_C$, d.h. $X_L - X_C \approx X_L$

Siebfaktor	$s \approx \dfrac{X_L}{X_C} = (2\pi f)^2 \cdot L_S \cdot C_S, \quad f = f_{Br}$	Einweg: $f_{Br} = 50$ Hz Zweiweg: $f_{Br} = 100$ Hz

Wegen ihrer Größe, des Preises und unerwünschten magnetischen Streufelds werden Drosselspulen für die Spannungsversorgung elektronischer Geräte nicht mehr verwendet.

> Durch Siebglieder wird die Ausgangsspannung eines Gleichrichters stark geglättet.

Siebung durch Saugkreise. Bei größeren Strömen entsteht eine wirkungsvolle Siebung, wenn man hinter die Siebdrossel L_S mehrere Resonanzkreise, sogenannte Saugkreise, als Querglieder schaltet (9.11). Jeder dieser Kreise wird auf eine Oberwellenfrequenz abgestimmt und schließt wegen seines bei der Resonanzfrequenz f_R sehr geringen Widerstands den Oberwellenanteil der betreffenden Frequenz praktisch kurz.

Beispiel 9.2 Die am Ladekondensator noch vorhandene Brummspannung $U_{Br1} = 2{,}4$ V soll durch ein nachgeschaltetes Siebglied auf die Restbrummspannung $U_{Br2} = 30$ mV vermindert werden. Zur Verfügung steht ein Siebkondensator mit der Kapazität $C_S = 100\ \mu$F. Wie groß müssen der Siebwiderstand R_S bei RC-Siebung und die Induktivität L_S der Siebdrossel bei LC-Siebung mindestens sein?

9.11 Saugkreissiebung

Lösung Siebfaktor $s = \dfrac{U_{Br1}}{U_{Br2}} = \dfrac{2400\text{ mV}}{30\text{ mV}} = 80$

RC-Siebung: $s = w \cdot R_S \cdot C_S$

$$R_S = \frac{s}{w \cdot C_S} = \frac{80}{2 \cdot 3{,}14 \cdot 50\text{ Hz} \cdot 100 \cdot 10^{-6}\text{ F}} = \mathbf{2{,}55\ K\Omega}$$

LS-Siebung: $s = w^2 \cdot R_S \cdot C_S$

$$L_S = \frac{s}{w^2 \cdot C_S} = \frac{80}{(2 \cdot 3{,}14 \cdot 50\text{ Hz})^2 \cdot 100 \cdot 10^{-6}\text{ F}} = \mathbf{8{,}11\ H}$$

Übungsaufgaben zu Abschnitt 9.1

1. Beschreiben Sie Schaltung und Wirkungsweise eines Gleichrichters in B2-Schaltung.
2. Eingangswechselspannung und Ausgangsgleichspannung eines Gleichrichters in M2-Schaltung sollen mit einem Oszilloskop dargestellt werden. Skizzieren Sie den Meßschaltplan.
3. Skizzieren Sie die Schaltpläne von Drehstrom-Gleichrichtern in M3-, M6- und B6-Schaltung.
4. Beschreiben Sie Möglichkeiten zur Glättung der Ausgangsspannung eines Gleichrichters.
5. Mit welcher Klemmenspannung wird eine Diode bei Verwendung eines Ladekondensators in M1-, M2- und B2-Schaltung belastet?
6. Begründen Sie, weshalb die Kapazität des Ladekondensators zur Vermeidung einer Überlastung der Gleichrichterdiode nicht zu groß sein darf.
7. Warum ist die LC-Siebung bei Zweiweg-Gleichrichtung besonders wirksam?
8. Was versteht man unter Saugkreissiebung?

9.2 Bipolare Transistoren

PNP- und NPN-Transistoren. Fügt man einem PN-Halbleiterpaar eine weitere P- oder N-Zone hinzu, erhält man eine PNP- oder NPN-Halbleiterzusammenstellung (**9.**12 und **9.**13). In beiden Fällen entstehen zwei gegeneinandergeschaltete PN-Übergänge (**9.**12b und **9.**13b). Diese Anordnung läßt keine Rückschlüsse auf die Wirkungsweise der so gewonnenen Halbleiteranordnung, des Flächentransistors, zu. Seine Wirkungsweise wird am Beispiel des NPN-Transistors erläutert. Die Ausführungen gelten sinngemäß auch für den PNP-Transistor, wenn man sich an Stelle negativer Ladungsträger (Elektronen) positive Ladungsträger (Löcher) vorstellt und umgekehrt.

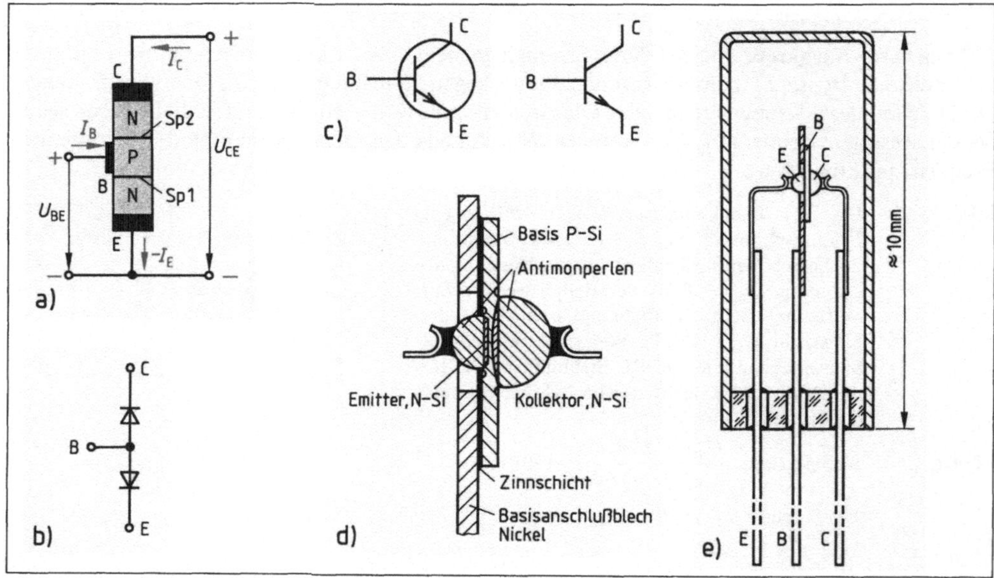

9.12 NPN-Flächentransistor

a) Anordnung in Emitterschaltung (Emitter als gemeinsame Elektrode für Eingangs- und Ausgangsspannung)
b) Dioden-Ersatzschaltbild
c) Schaltzeichen (wahlweise mit Kreis)
d) Schnitt durch das System eines Legierungstransistors (Si Silicium)
e) System mit evakuiertem Metallgehäuse

Die Halbleiterzone, die Ladungsträger in die mittlere Zone liefert (aussendet, emittiert), heißt Emitter E. Die mittlere Zone, die möglichst dünn (0,1 bis 0,01 mm) ausgeführt werden muß, heißt Basis B. Sie hat die Aufgabe, die Emission der Ladungsträger zu steuern. Die dritte Zone schließlich sammelt die die Basiszone durchströmenden Ladungsträger. Sie heißt daher Kollektor C. Zwischen Emitter, Basis und Kollektor bilden sich die beiden Sperrschichten Sp1 und Sp2 aus (**9.**12a u. **9.**13a). Die zwischen Emitter und Basis liegende Sperrschicht Sp1 ist in Durchlaßrichtung, die zwischen Basis und Kollektor liegende Sperrschicht Sp2 in Sperrichtung gepolt (s. Abschn. 12.4 der Elektro-Fachkunde 1). Als Halbleiterwerkstoff wird Silicium, aber auch Germanium verwendet.

Vorzeichen der Ströme und Spannungen. Der Strom erhält ein positives Vorzeichen, wenn er in den Transistor hineinfließt; andernfalls ist das Vorzeichen negativ. Als Stromrichtung gilt die international vereinbarte Richtung.

Für die eindeutige Bezeichnung von Spannungen zwischen den drei Elektroden (**E**mitter, **B**asis, **K**ollektor bzw. **C**ollektor) verwendet man Fußzeichen (Indizes). Das erste Zeichen gibt die Elektrode des Transistors an, deren Spannung bezeichnet werden soll, das zweite nennt die Bezugselektrode für diese Spannung. Das Vorzeichen der Spannungen ist positiv, wenn der von der Spannung hervorgerufene Strom im Transistor in Richtung von der zuerst genannten Elektrode zu der dann angegebenen Elektrode fließt (vereinbarte Stromrichtung); andernfalls ist das Vorzeichen negativ.

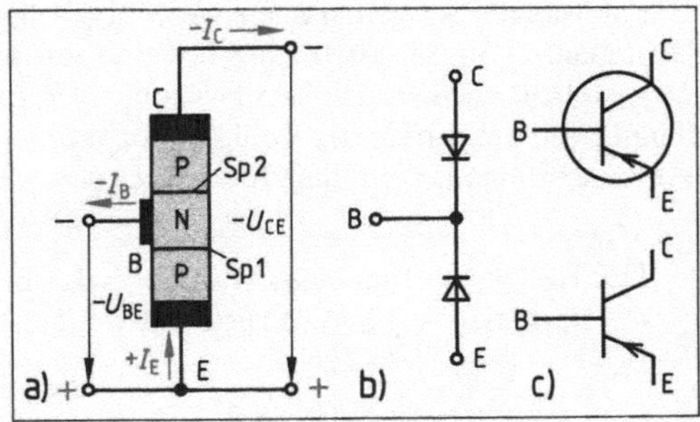

9.13 PNP-Flächentransistor

a) Anordnung in Emitterschaltung

b) Dioden-Ersatzschaltbild

c) Schaltzeichen (wahlweise mit Kreis)

9.2.1 Steuerung des Kollektorstroms

Versuch 9.3 Ein Transistor (z. B. BC 238) wird nach dem Schaltplan **9.14** a betrieben. Bei fester Kollektorspannung von z. B. $U_{CE} = 5$ V wird die Basisspannung U_{BE} schrittweise von 700 mV auf 760 mV vergrößert. Dabei erhöhen sich der Basisstrom I_B von etwa 80 µA auf etwa 300 µA und der Kollektorstrom I_C von etwa 200 mA auf etwa 60 mA. Wiederholt man die Meßreihe bei größeren Kollektorspannungen U_{CE}, liegen die Kollektorströme für die einzelnen Basisspannungen bzw. -ströme jeweils nur um einen geringen Betrag höher. Der Emitterstrom I_E ist in jedem Fall um den Basisstrom I_B größer als der Kollektorstrom I_C. ■

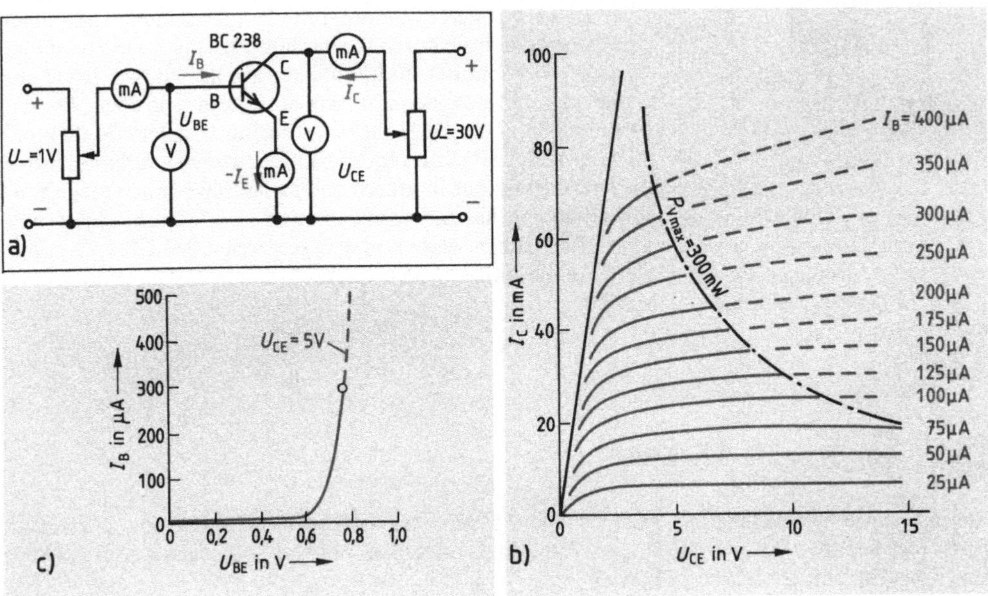

9.14 Steuerung des Kollektorstroms des Transistors BC238

a) Schaltplan, b) I_C, U_{CE}-(Ausgangs-)Kennlinien des Transistors, gestrichelte Kurvenabschnitte oberhalb der Leistungshyperbel für $P_{Vmax} = 300$ mW dürfen nicht ausgesteuert werden, um Überlastung zu vermeiden (verbotener Bereich), c) I_B, U_{BE}-(Eingangs-)Kennlinie

Die in Versuch 9.3 gemessenen Werte ergeben die Kennlinien in Bild **9.**14b. Vergleichen wir die Wertepaare von Basisspannung U_{BE} und Basisstrom I_B bei verschiedenen Kollektorspannungen U_{CE}, stellen wir fest, daß sie oberhalb der Kniespannung von etwa 0,5 V weitgehend unabhängig von der Größe der Kollektorspannung sind. Man begnügt sich daher mit der Darstellung nur einer Eingangskennlinie für z. B. $U_{CE} = 5$ V (**9.**14c).

Der Kollektorstrom eines Transistors kann durch Ändern der Basisspannung und damit des Basisstroms stufenlos gesteuert werden.

Versuch 9.3 zeigt, daß der Basisstrom I_B klein gegen Kollektorstrom I_C bzw. Emitterstrom I_E ist, und daß der Kollektorstrom stets um den Basisstrom kleiner als der Emitterstrom ist. Dies kann man folgendermaßen erklären:

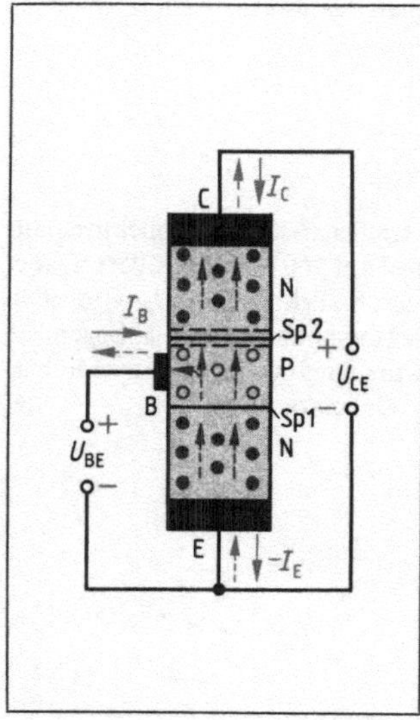

9.15 Vorgänge im NPN-Transistor
——→ Stromrichtung
---→ Richtung des Elektronenstroms

Wirkungsweise. Die Sperrschicht Sp 1 zwischen Basis und Emitter ist in Durchlaßrichtung gepolt (**9.**15). Die von der Basisspannung U_{BE} vom Emitter E durch die Sperrschicht Sp 1 in die Basiszone getriebenen Elektronen (Emitterstrom-I_E) können dort nur zu einem geringen Teil, nämlich zu etwa 1%, Löcher auffüllen, die von der Basis B geliefert werden (Basisstrom I_B). Die meisten Elektronen durchdringen die Basiszone, da diese sehr dünn und nur schwach dotiert ist, also nur wenige Ladungsträger in Gestalt freier Löcher hat. Die Elektronen gelangen in die Sperrschicht Sp 2 zwischen Basis und Kollektor. Obwohl diese Sperrschicht in Sperrichtung gepolt ist, wird sie von den ankommenden Elektronen überschwemmt und somit leitend. Sind die Elektronen erst einmal in die Sperrschicht Sp 2 eingedrungen, werden sie durch die verhältnismäßig hohe Spannung U_{CE} zwischen Emitter und Kollektor auf die Pluselektrode des Kollektors hin beschleunigt, wo sie Löcher auffüllen, die die Stromquelle über den Kollektoranschluß C liefert (Kollektorstrom I_C). Das Hineinwandern von Elektronen aus dem Emitter durch die Basiszone hindurch und in den gewöhnlich gesperrten PN-Übergang hinein bezeichnet man als Trägerinjektion. D. h., Elektronen werden in den gesperrten PN-Übergang injiziert („eingespritzt"), der dadurch seinen hohen Widerstand verliert.

9.2.2 Transistor als Verstärker

Gleichstromverstärkungsfaktor. Aus Versuch 9.3 geht hervor, daß der Basisstrom I_B klein ist gegenüber dem Kollektorstrom I_C. Das Verhältnis von Kollektorstrom I_C zu Basisstrom I_B nennt man Gleichstromverstärkungsfaktor B.

Gleichstromverstärkungsfaktor $B = \frac{I_C}{I_B}$

Beispiel 9.3 Wie groß ist der Gleichstromverstärkungsfaktor B des Transistors BC238 bei den Basisströmen $I_{B1} = 100$ µA und $I_{B2} = 200$ µA und der Kollektorspannung $U_{CE} = 5$ V (**9**.14)?

Lösung $B_1 = \frac{I_{C1}}{I_{B1}} = \frac{25\,\text{mA}}{0{,}1\,\text{mA}} = \mathbf{250}$ $\qquad B_2 = \frac{I_{C2}}{I_{B2}} = \frac{45\,\text{mA}}{0{,}2\,\text{mA}} = \mathbf{225}$

In der Praxis wird der Transistor stets mit einem Lastwiderstand betrieben, der mit dem Transistor in Reihe geschaltet ist. Dabei steuert der Eingangsstromkreis (Basisstromkreis) des Transistors den Betriebszustand des Ausgangsstromkreises (Kollektorstromkreis), d.h. Stromaufnahme, Klemmenspannung und Leistungsaufnahme des Lastwiderstands.

Versuch 9.4 In die dem Versuch 9.3 zugrundeliegende Schaltung wird der Lastwiderstand (auch Arbeits- oder Kollektorwiderstand genannt) $R_L = 220\,\Omega$ eingeführt (**9**.16). Ändert man jetzt bei fester Betriebsspannung $U_B = 15$ V mit Hilfe des Spannungsteilers den Basisstrom I_B von 100 µA auf 200 µA (also um $\Delta I_B = 100$ µA), ändern sich die Basisspannung von 710 mV auf 750 mV (also um 40 mV), der Kollektorstrom I_C von 25 mA auf 44 mA (also um $\Delta I_C = 19$ mA) und die Kollektorspannung U_{CE} von 9,5 V auf 5,3 V (also um $\Delta U_{CE} =$ 4,2 V). ■

Der Transistor hat in Versuch 9.4 demnach folgende Verstärkungen:

Stromverstärkung
$V_I = \Delta I_C / \Delta I_B = 19\,\text{mA}/0{,}1\,\text{mA} = 190$

Spannungsverstärkung
$V_U = \Delta U_{CE} / \Delta U_{BE} = 4200\,\text{mV}/40\,\text{mV} = 105$

Leistungsverstärkung
$V_P = V_I \cdot V_U = 190 \cdot 105 = 19950$

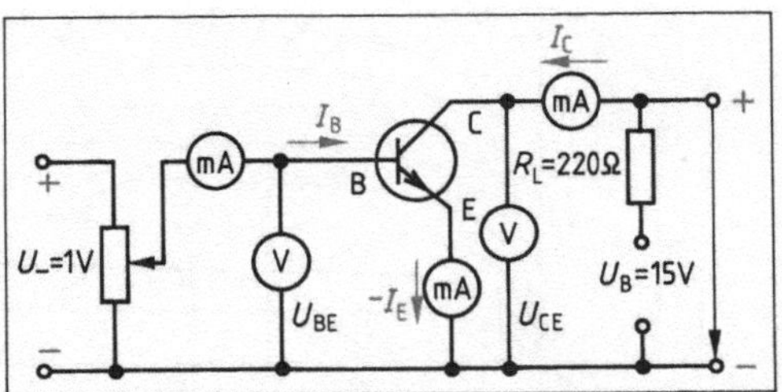

9.16 Verstärkerwirkung des Transistors BC238 in Emitterschaltung

> Der Transistor mit Arbeitswiderstand arbeitet als Strom-, Spannungs- und Leistungsverstärker.

In der Emitterschaltung nach Bild **9**.16 können die Stromverstärkung etwa bis zu $V_I = 200$, die Spannungsverstärkung etwa bis zu $V_U = 1000$ und die Leistungsverstärkung etwa bis zu $V_P = 10\,000$ betragen.

Ermittlung der Verstärkung mit Hilfe der Transistorkennlinien und der Widerstandsgeraden. Das Ergebnis des Versuchs 9.4 kann man auch mit den Kennlinien des Transistors und der Kennlinie des Lastwiderstands ermitteln. Für letzteren gilt die Gleichung

$$I_C = \frac{U_{RL}}{R_L}.$$

Der Spannungsfall $U_{RL} = I_C \cdot R_L$ am Lastwiderstand ist nach dem 2. Kirchhoffschen Satz gleich der Differenz von Betriebsspannung U_B und Kollektorspannung U_{CE}. Setzen wir diese Differenz in die Gleichung ein, erhalten wir für die Kennlinie des Lastwiderstands im I_C, U_{CE}-Kennlinienfeld des Transistors die Funktionsgleichung

$$I_C = \frac{U_B - U_{CE}}{R_L}.$$

Daraus ergibt sich für $U_B = 15$ V und $R_L = 220\,\Omega$ die folgende Wertetabelle:

U_{CE} in V	0	3	6	9	12	15
I_C in mA	68,2	54,5	40,9	27,3	13,6	0

Trägt man die Wertepaare der Tabelle in das Ausgangskennlinienfeld des Transistors (**9**.14) ein, erhält man eine Gerade, die Widerstandsgerade (**9**.17).

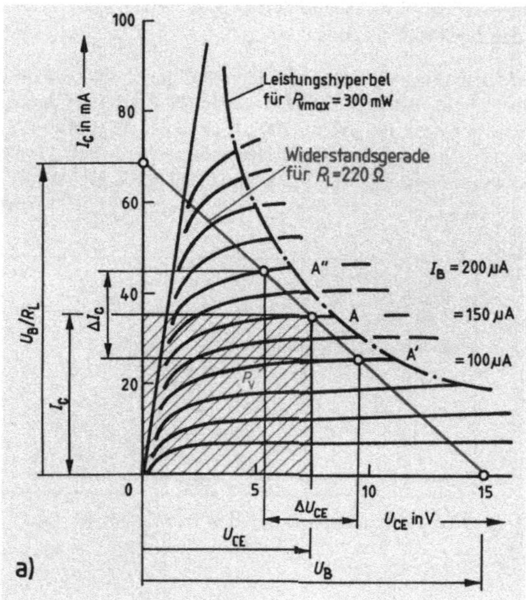

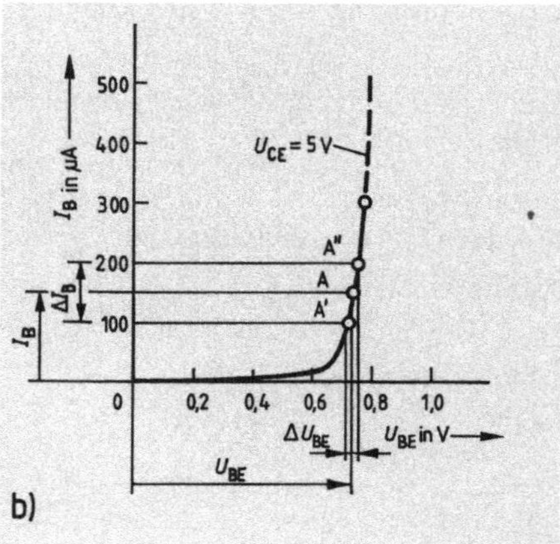

9.17 Ermitteln der Verstärkung
a) Ausgangskennlinienfeld mit der Widerstandsgeraden und dem Verlustleistungsrechteck
b) Eingangskennlinie

Man kann auch auf die Aufstellung der Wertetabelle verzichten, indem man nur die Endpunkte der Widerstandsgeraden ermittelt und diese anschließend durch eine Gerade miteinander verbindet. Für den unteren Endpunkt ist $U_{CE} = U_B = 15$ V, $I_C = 0$.

Für den oberen Endpunkt gilt $U_{CE} = 0$, $I_C = \frac{U_B}{R_L} = \frac{15\,\text{V}}{220\,\Omega} = 68{,}2$ mA.

Der obere Endpunkt der Widerstandsgeraden liegt um so höher, je größer der Ausdruck U_B/R_L, je kleiner demnach der Lastwiderstand R_L ist. Die Steilheit der Widerstandgeraden ist also um so größer, je kleiner der Lastwiderstand R_L ist.

> Die Widerstandsgerade stellt für einen bestimmten Lastwiderstand die Abhängigkeit des Kollektorstroms von der Kollektorspannung dar.

Für den Arbeitspunkt A′ (Schnittpunkt der Widerstandsgeraden mit der Kennlinie für den Basisstrom $I_B = 100$ µA) erhält man die Werte $U'_{CE} = 9{,}5$ V, $I'_C = 25$ mA und $U'_{BE} = 710$ mV (**9**.17), für den Arbeitspunkt A″ mit dem Basisstrom $I''_B = 200$ µA gilt entsprechend $U''_{CE} = 5{,}3$ V, $I''_C = 44$ mA und $U''_{BE} = 750$ mV. Diese Werte stimmen mit den im Versuch 9.4 ermittelten überein.

Wechselspannungsverstärker. Als Wechselspannungsverstärker wird der Transistor mit konstanter Basisvorspannung U_{BE} bzw. mit konstantem Basisvorstrom I_B betrieben (Arbeitspunkt A in Bild

9.17). Beide werden vom Eingangssignal[1], der Wechselspannung ΔU_{BE} bzw. dem Wechselstrom ΔI_B, abwechselnd vergrößert und verkleinert, so daß sich der Arbeitspunkt A abwechselnd nach A' und auch A" verlagert. Das Wechselsignal wird mit den Kopplungskondensatoren C_{K1} und C_{K2} ein- und ausgekoppelt (9.18). Hierbei ist zu beachten, daß die Größen ΔU_{BE}, ΔU_{CE}, ΔI_B und ΔI_C Spitze-Spitze-Werte, also das Zweifache der Scheitelwerte darstellen. Bei sinusförmigem Signal erhält man den Effektivwert durch Division mit $2 \cdot \sqrt{2}$.

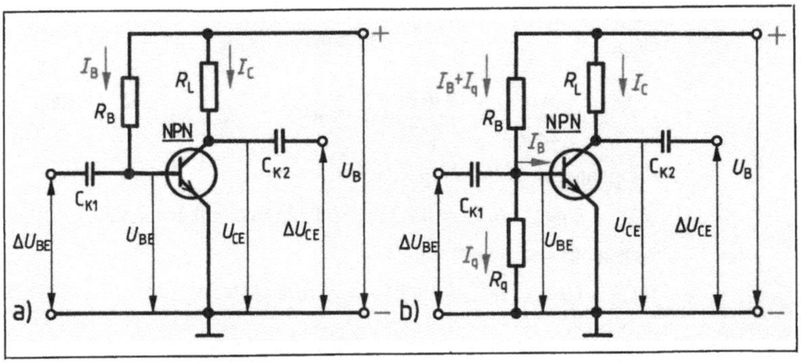

9.18
Transistor als Wechselspannungsverstärker
a) mit Basisvorwiderstand R_B,
b) mit Basisspannungsteiler, bestehend aus R_B und R_q

Verlustleistung. Für die Erwärmung des Transistors ist die mittlere Verlustleistung im Arbeitspunkt A, die Kollektorverlustleistung P_v, maßgebend. Man kann sie durch das in Bild 9.17a eingetragene Verlustleistungsrechteck veranschaulichen.

Kollektorverlustleistung	$P_V = U_{CE} \cdot I_C$

Die für den Transistor maximal zulässige Kollektorverlustleistung P_{Vmax} darf nicht überschritten werden, sonst wird der Transistor infolge zu starker Erwärmung zerstört. Es gilt für sie die Gleichung $P_{Vmax} = U_{CE} \cdot I_C$. Stellen wir sie nach I_C um, erhalten wir die Funktionsgleichung

$$I_C = \frac{P_{Vmax}}{U_{CE}}.$$

Für $P_{Vmax} = 300$ mW (9.17a) ergibt sich daraus die Wertetabelle

U_{CE} in V	0	2	4	6	8	10	12	14	16
I_C in mA	∞	150	75	50	37,5	30	25	21,4	20

Die zugehörige Kennlinie heißt Leistungshyperpel (9.17a). Im Verstärkerbetrieb darf der Arbeitspunkt A die Leistungshyperbel nicht überschreiten.

Groß- und Kleinsignalverstärkung. Die Verstärkungsermittlung mit Hilfe der Transistorkennlinien und der Widerstandsgeraden des Lastwiderstands ist nur bei ausreichend großem Eingangssignal möglich: Großsignalverstärkung. Kleine Eingangssignale kann man nicht im Kennlinienfeld darstellen. Hier ist die Ermittlung der Verstärkung nur durch Rechnung mit Hilfe der Transistorkenngrößen möglich, auf deren Behandlung hier jedoch verzichtet werden muß: Kleinsignalverstärkung.

[1]) Unter Signal versteht man bei Verstärkern die elektrische Größe (Spannung, Strom, Leistung), die verstärkt werden soll (Eingangssignal) oder verstärkt worden ist (Ausgangssignal). In Steuerungs- und Regelungsanlagen sind die Eingangs- und Ausgangssignale oft auch nichtelektrische Größen (z. B. Temperatur, Drehzahl; s. Abschn. 11).

Beispiel 9.4 Wie groß sind die Kollektorverlustleistung, der Emitterstrom und der Spannungsfall im Lastwiderstand für den Arbeitspunkt A, die Effektivwerte der Größen ΔU_{BE}, ΔU_{CE}, ΔI_B und ΔI_C sowie Eingangs- und Ausgangswechselleistung P_e bzw. P_a des Transistors in Bild **9.**17?

Lösung Kollektorverlustleistung $P_V = U_{CE} \cdot I_C = 7{,}5\ \text{V} \cdot 35\ \text{mA} \approx \mathbf{263\ mW}$

Spannungsfall am Lastwiderstand $U_{RL} = I_C \cdot R_L = 0{,}035\ \text{A} \cdot 220\ \Omega = \mathbf{7{,}7\ V}$

Emitterstrom $I_E = I_C + I_B = 35\ \text{mA} + 0{,}15\ \text{mA} = \mathbf{35{,}15\ mA.}$

Die Effektivwerte haben folgende Größen:

$$U_{BE\sim} = \frac{\Delta U_{BE}}{2 \cdot \sqrt{2}} = \frac{40\ \text{mV}}{2 \cdot \sqrt{2}} = \mathbf{14{,}2\ mV} \qquad U_{CE\sim} = \frac{\Delta U_{CE}}{2 \cdot \sqrt{2}} = \frac{4{,}2\ \text{V}}{2 \cdot \sqrt{2}} = \mathbf{1{,}49\ V}$$

$$I_{C\sim} = \frac{\Delta I\sim}{2 \cdot \sqrt{2}} = \frac{19\ \text{mV}}{2 \cdot \sqrt{2}} = \mathbf{6{,}74\ mV} \qquad I_{B\sim} = \frac{\Delta I_B}{2 \cdot \sqrt{2}} = \frac{100\ \text{mA}}{2 \cdot \sqrt{2}} = \mathbf{35{,}5\ mA}$$

Eingangswechselleistung

$$P_{e\sim} = U_{BE\sim} \cdot I_{BE\sim} = 14{,}2\ \text{mV} \cdot 0{,}0355\ \text{mA} = \mathbf{0{,}504\ \mu W,}$$

Ausgangswechselleistung

$$P_{a\sim} = U_{CE\sim} \cdot I_{C\sim} = 1{,}49\ \text{V} \cdot 6{,}74\ \text{mA} = \mathbf{10\ mW.}$$

9.2.3 Einstellen der Basisvorspannung bzw. des Basisvorstroms

Basisvorwiderstand und Basisspannungsteiler. Basisvorspannung bzw. Basisvorstrom und damit der Arbeitspunkt A (**9.**17) werden in der Praxis nicht wie in den Versuchen 9.3 und 9.4 von einer besonderen Basisspannungsquelle erzeugt, sondern durch Spannungsteilung aus der konstanten Betriebsspannung U_B gewonnen. Beim Basisvorwiderstand R_B (**9.**18a) ist der Spannungsabfall an der Diodenstrecke Emitter–Basis gleich der Basisvorspannung. Benutzt man dagegen einen Basisspannungsteiler, bestehend aus dem Basisvorwiderstand R_B und dem Basisquerwiderstand R_q (**9.**18b), bestimmt der Spannungsfall an R_q die Höhe der Basisvorspannung, und zwar um so wirksamer, je niederohmiger der Basisspannungsteiler und je größer damit der Querstrom I_q sind.

> Die Basisvorspannung wird entweder mit einem Basisvorwiderstand oder mit einem Basisspannungsteiler eingestellt.

Der Basisspannungsteiler hat gegenüber dem Basisvorwiderstand den Vorteil, daß Basisvorspannung und Basisvorstrom bei Temperaturänderungen des Transistors konstanter bleiben, und zwar um so mehr, je größer der Querstrom im Vergleich zum Basisstrom ist. Es ist üblich, den Querstrom fünf- bis zehnmal so groß wie den Basisstrom zu wählen. Der Basisspannungsteiler darf allerdings nicht zu niederohmig sein, damit einerseits die Betriebsspannungsquelle und andererseits die Eingangsspannungsquelle nicht zu stark belastet werden.

Beispiel 9.5 Ein PNP-Transistor soll mit einem Basisvorwiderstand entsprechend Bild **9.**18a die Basisvorspannung 250 mV und den Basisvorstrom 0,2 mA erhalten. Die Betriebsspannung beträgt 12 V. Wie groß muß der Basisvorwiderstand sein?

Lösung Die Klemmenspannung des Basisvorwiderstandes beträgt $U_{RB} = U_B - U_{BE} = 12\ \text{V} - 0{,}25\ \text{V} = 11{,}75\ \text{V}$. Für den Basisvorwiderstand erhält man

$$R_B = \frac{U_{RB}}{I_B} = \frac{11{,}75\ \text{V}}{0{,}2\ \text{mA}} = \mathbf{58{,}8\ k\Omega.}$$

Beispiel 9.6 Die Basisvorspannung eines NPN-Transistors ist mit einem Basisspannungsteiler nach Bild **9.**18b bei dem Basisvorstand 0,4 mA auf 680 mV einzustellen. Die Betriebsspannung soll 6 V, der Basisquerstrom das Fünffache des Basisvorstroms betragen. Zu berechnen sind der Querwiderstand R_q und der Basisvorwiderstand R_B.

Lösung Der Querstrom beträgt $I_q = 5 \cdot I_B = 5 \cdot 0{,}4\ \text{mA} = 2\ \text{mA}$ und damit der Querwiderstand

$$R_q = \frac{U_{BE}}{I_q} = \frac{680\ \text{mV}}{2\ \text{mA}} = \mathbf{340\ \Omega.}$$

Die Klemmenspannung am Basisvorwiderstand ist $U_{RB} = U_B - U_{BE} = 6\ \text{V} - 0{,}68\ \text{V} = 5{,}32\ \text{V}$. Er wird vom Strom $I_{RB} = I_q + I_B = 2\ \text{mA} + 0{,}4\ \text{mA} = 2{,}4\ \text{mA}$ durchflossen. Für den Basisvorwiderstand erhält man daher

$$R_B = \frac{U_{RB}}{I_{RB}} = \frac{5{,}32\ \text{V}}{2{,}4\ \text{mA}} = \mathbf{2{,}22\ k\Omega.}$$

9.2.4 Stabilisieren des Arbeitspunkts

Die Erwärmung des Transistors während des Betriebs bewirkt eine Verminderung seines Widerstands (negativer Temperaturkoeffizient) und damit eine Vergrößerung des Kollektorstroms. Dies wiederum hat eine weitere Erhöhung der Temperatur zur Folge usw.

> Ohne zusätzliche Stabilisierungsmaßnahmen ist der Betrieb des Transistors sehr stark temperaturabhängig. Infolge zu hoher Betriebstemperatur kann der Transistor zerstört werden.

Als Stabilisierungsmaßnahmen werden – in der Regel auch kombiniert – angewendet: Spannungsgegenkopplung, Stromgegenkopplung, Heißleiter und halbe Betriebsspannung.

Spannungsgegenkopplung. Schließt man den Basisvorwiderstand R_B statt an die Klemme U_B an den Kollektor des Transistors (**9.**19a), ergibt sich eine Spannungsgegenkopplung. Sie bewirkt, daß bei einer Erhöhung des Kollektorstroms infolge Temperaturerhöhung der Spannungsfall am

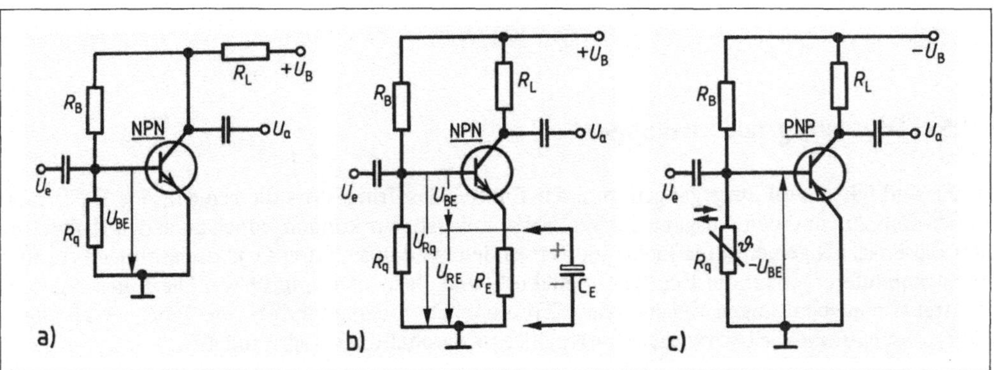

9.19 Arbeitspunkt-Stabilisierung

a) Spannungsgegenkopplung durch Anschluß des Basisvorwiderstands an den Kollektor

b) Stromgegenkopplung durch Emitterwiderstand R_E. C_E hebt die Stromgegenkopplung für Wechselspannungen auf

c) Stabilisierung durch Heißleiter als Querwiderstand

Lastwiderstand R_L größer, daher die am Basisspannungsteiler liegende Gesamtspannung und somit auch die Basisvorspannung kleiner werden. Dies wiederum hat zur Folge, daß der Kollektorstrom nicht in dem Maß steigen kann wie beim Anschluß des Basisvorwiderstands an die Klemme U_B (**9**.18a).

Stromgegenkopplung. Schalten wir einen Emitterwiderstand R_E in die Emitterzuleitung (**9**.19b), ist die Basisspannung gleich der Differenz der Spannungsfälle U_{Rq} und U_{RE}; also $U_{BE} = U_{Rq} - U_{RE}$. Bei diesem als Stromgegenkopplung bezeichneten Verfahren hat eine Vergrößerung des Kollektorstroms infolge der Erwärmung des Transistors bei konstanter Spannung U_{Rq} eine Erhöhung des Spannungsabfalls U_{RE} an R_E und damit eine Verminderung der Basisvorspannung U_{BE} zur Folge. Dadurch kann der Kollektorstrom nicht in dem Maß ansteigen wie ohne den Emitterwiderstand R_E. Soll die Schaltung zur Verstärkung von Wechselspannungen verwendet werden, schaltet man dem Emitterwiderstand R_E einen Emitterkondensator C_E parallel, damit durch die Stromgegenkopplung nicht auch noch das Nutzsignal geschwächt wird. Die Größe der Kapazität C_E des Emitterkondensators wählt man so, daß sein Wechselstromwiderstand bei der tiefsten zu übertragenden Frequenz etwa 10 bis 20% des Emitterwiderstands beträgt: $X_C = 0{,}1$ bis $0{,}2 \cdot R_E$.

Heißleiter. Verwendet man einen Heißleiter als Querwiderstand R_q (**9**.19c) und ordnet diesen so an, daß er infolge inniger Berührung mit dem Transistor an dessen Temperaturänderungen teilnimmt, verringert er bei einer Temperaturerhöhung des Transistors seinen Widerstand und damit seine Klemmenspannung, also die Basisvorspannung U_{BE}. Die Verringerung der Basisvorspannung wirkt aber einer Erhöhung des Kollektorstroms entgegen.

Halbe Betriebsspannung. Die wohl zuverlässigste Stabilisierungsmaßnahme besteht darin, daß man die Kollektorspannung U_{CE} durch geeignete Wahl des Kollektorwiderstands R_L oder der Betriebsspannung U_B höchstens gleich der halben Betriebsspannung macht. Nach einem Lehrsatz der Geometrie hat das Verlustleistungsrechteck (**9**.17a) dann seinen größtmöglichen Flächeninhalt, wenn $U_{CE} = \frac{U_B}{2}$ ist. Verlagert sich der Arbeitspunkt A infolge Erwärmung des Transistors in Richtung A″, wird das Kollektorverlustleistungsrechteck stets kleiner. Das bedeutet aber eine abnehmende Wärmeentwicklung des Transistors und eine begrenzte Zunahme des Kollektorstroms.

9.2.5 Transistorgrundschaltungen

Bisher sind wir davon ausgegangen, daß der Emitter des Transistors die gemeinsame Elektrode für den Eingang und den Ausgang der Verstärkerstufe ist. Wir können jedoch auch den Kollektor oder die Basis als gemeinsame Elektrode verwenden, so daß sich drei Grundschaltungen für die Verstärkerstufe ergeben: die Emitter-, Kollektor- und Basisschaltung (**9**.20). Die Eigenschaften der drei Grundschaltungen weichen zum Teil erheblich voneinander ab, wie Tabelle **9**.21 zeigt. Die Basisschaltung wird vorwiegend in Hochfrequenzschaltungen verwendet.

Kollektorschaltung (Emitterfolger). Die Eingangswechselspannung wird an die Basis gelegt, die Ausgangswechselspannung am Emitter abgenommen. Der Kollektorwiderstand entfällt, da der Emitterwiderstand als Lastwiderstand wirkt. Der Arbeitspunkt wird so eingestellt, daß am Emitterwiderstand etwa die halbe Betriebsspannung abfällt. Die Kollektorschaltung hat keine Spannungsverstärkung. Eingangs- und Ausgangsspannung liegen in Phase.

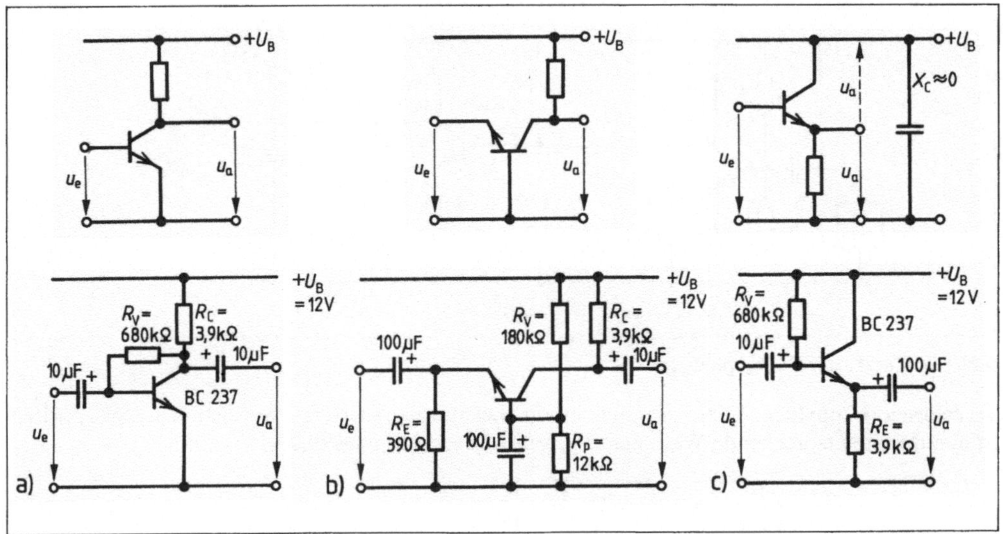

9.20 Transistorgrundschaltungen (Prinzip und schaltungstechnische Durchführung)
a) Emitterschaltung, b) Basisschaltung, c) Kollektorschaltung

Tabelle **9.21** **Transistorgrundschaltungen**

Eigenschaft	Emitterschaltung	Kollektorschaltung	Basisschaltung
Stromverstärkung V_i	groß (> 100)	groß (> 100)	< 1
Spannungsverstärkung V_u	groß (> 100)	< 1	groß (> 100)
Leistungsverstärkung V_p	groß ($\approx 10^4$)	mittel ($\approx$ 100)	mittel ($\approx$ 100)
Eingangswiderstand r_e	mittel ($\approx$ 1 bis 50 kΩ)	groß bis 10^6 Ω	klein 10 bis 50 Ω
Ausgangswiderstand r_a	mittel (1 bis 5 kΩ)	klein (10 bis 200 Ω)	groß ($\approx R_C$)
Phasendrehung	180°	keine	keine
obere Grenzfrequenz	mittel	hoch	hoch
Anwendungen	NF-/HF-Verstärker bis 10 MHz	Impedanzwandler	Oszillatoren und HF-Verstärker bis 1 GHz

Weil die Kollektorschaltung einen hohen Eingangswiderstand und einen kleinen Ausgangswiderstand hat, verwendet man sie vorwiegend zur Anpassung von Signalspannungsquellen mit hohem Ausgangswiderstand an Verbrauchern mit kleinem Eingangswiderstand: Leistungsanpassung.

Vorwiegend setzt man die Kollektorschaltung als Impedanzwandler ein (Impedanz = Scheinwiderstand).

9.2.6 Kopplung von Transistorstufen

Reicht die Verstärkung einer Transistorstufe nicht aus, schaltet man zwei oder mehrere Verstärkerstufen hintereinander.

RC-Kopplung. Die Signalübertragung von Stufe zu Stufe geschieht über Kopplungskondensatoren (**9.22**). Die einzelnen Stufen sind gleichspannungsmäßig voneinander getrennt, so daß sich die Arbeitspunkte jeweils einzeln einstellen lassen.

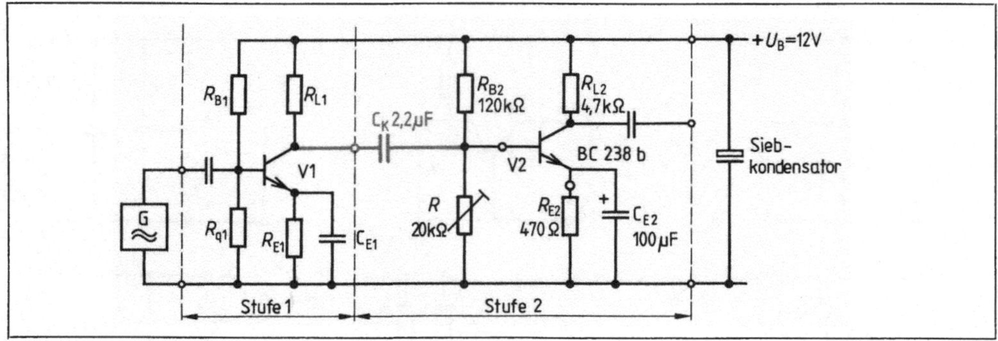

9.22 Verstärker mit RC-Kopplung

Transformatorkopplung. Diese ermöglicht die Leistungsanpassung zwischen den gekoppelten Stufen durch entsprechende Wahl des Übersetzungsverhältnisses (**9**.23).

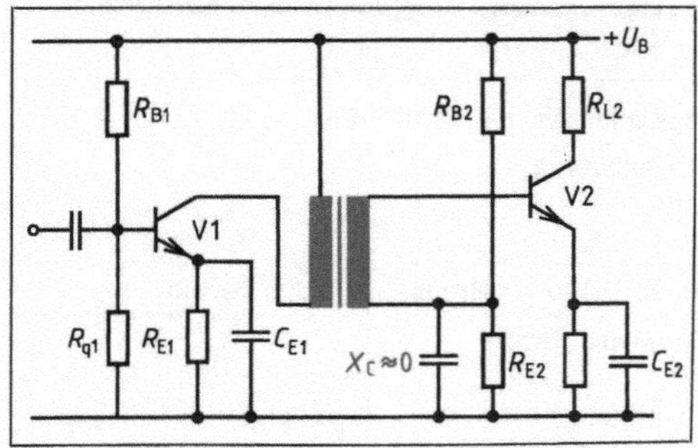

9.23 Transformatorkopplung

RC-Kopplung und Transformatorkopplung eignen sich nur für die Stufenkopplung in Wechselstromverstärkern.

Bei der Gleichstromkopplung wird das Signal ohne Kopplungskondensator direkt auf die nächsten Stufen übertragen. Dabei wird der Gleichspannungspegel mit übertragen. Wir unterscheiden die direkte Kopplung und die Kopplung über Spannungsteiler (**9**.24).

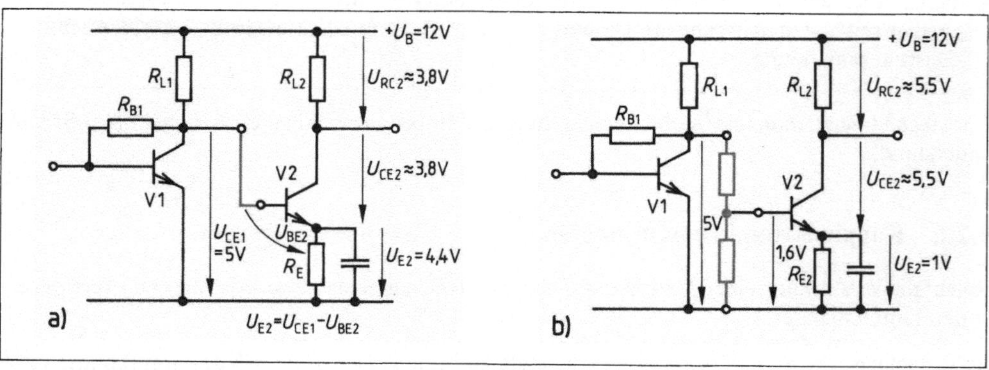

9.24 Gleichstromkopplung
a) direkte Kopplung, b) Kopplung über Spannungsteiler

NPN-PNP-Kopplung. Bei Kopplung eines NPN- und PNP-Transistors in Emitterschaltung bilden Kollektor-Emitterstrecke und Kollektorwiderstand des ersten Transistors den Basisspannungsteiler des zweiten Transistors (**9**.25). Der Arbeitspunkt des ersten Transistors ist durch Spannungsgegenkopplung, der des zweiten durch Stromgegenkopplung stabilisiert.

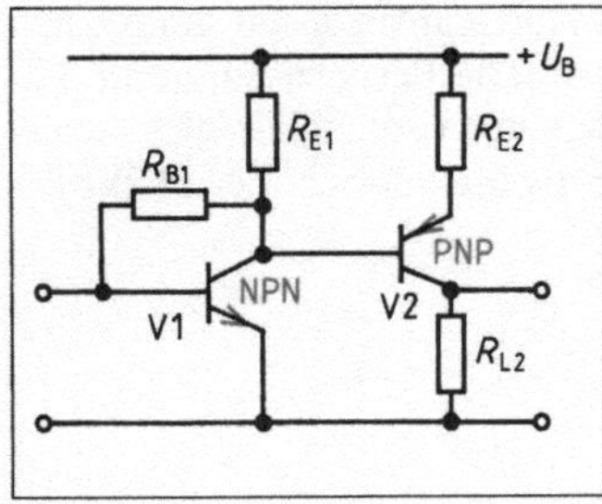

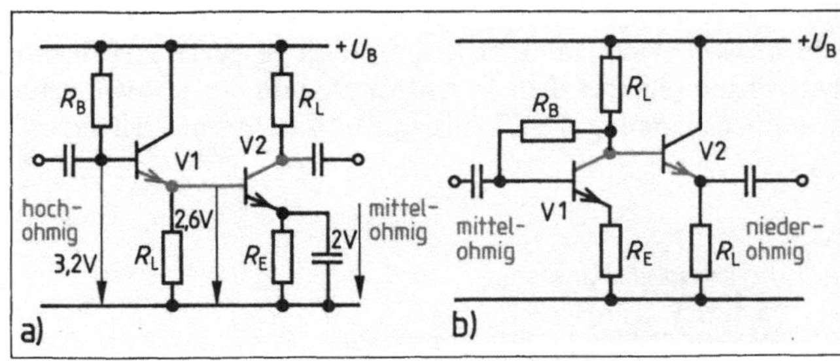

9.25

9.26 Wechsel der Transistorgrundschaltungen
a) Kollektor- und Emitterschaltung, b) Emitter- und Kollektorschaltung

Wechsel der Transistorgrundschaltung. Wenn die beiden Transistoren wechselweise in Emitter- und Kollektorschaltung betrieben werden, kann der Verstärker den verschiedenen Anpassungsfällen gerecht werden (**9**.26). Die gesamte Spannungsverstärkung ist so groß wie die der Stufe in Emitterschaltung.

Beim Darlington-Verstärker schaltet man zwei NPN- oder PNP-Transistoren so zusammen, daß der Emitterstrom des ersten der Basisstrom des zweiten Transistors ist. Die Kollektoren beider Transistoren werden parallelgeschaltet (**9**.27). Die gesamte Schaltung wirkt im vorliegenden Fall als NPN-Transistor.

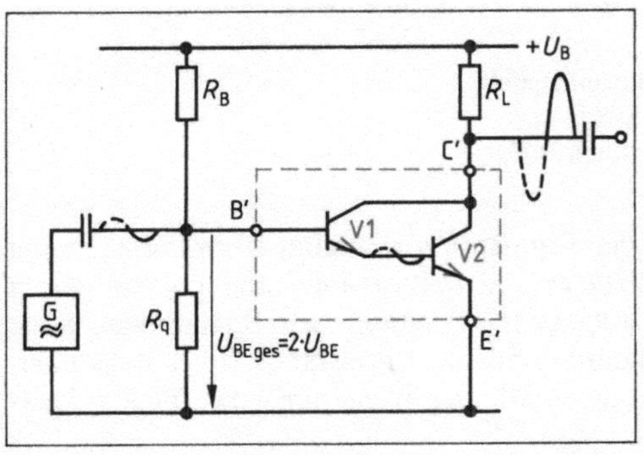

9.27 Darlington-Schaltung und NPN-Ersatztransistor

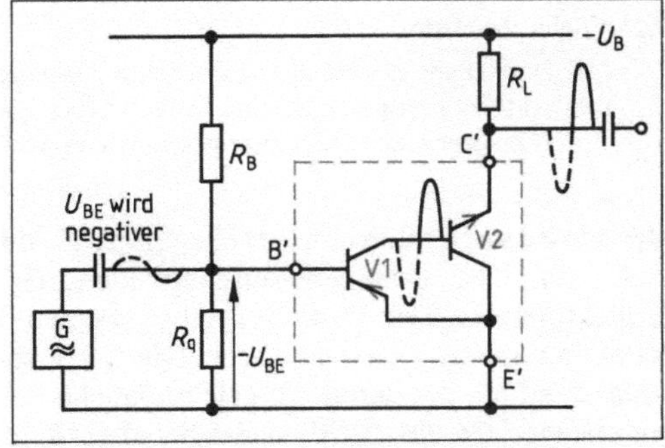

9.28 Komplementär-Darlington und PNP-Ersatztransistor

Komplementär-Darlington. Schaltet man einen NPN- und einen PNP-Transistor zu einer Darlington-Schaltung zusammen, entsteht eine Komplementär-Darlington-Schaltung (**9**.28; komplementär, lat: ergänzend). Im vorliegenden Fall wirkt die gesamte Schaltung als PNP-Transistor. Transistor V1 wird in Emitterschaltung, V2 in Kollektorschaltung betrieben.

> Transistoren ermöglichen auf vielfache Art eine direkte Kopplung der Verstärkerstufen.

9.2.7 Transistor als Schalter

Offener Schalter. Der Versuch 9.3 zeigt, daß der Kollektorstrom um so größer ist, je größer die Basis-Emitterspannung U_{BE} und je größer damit der Basisstrom I_B sind. Haben diese den Wert Null, hat die Basis demnach das Potential des Emitters, fließt in ein extrem kleiner Kollektorstrom durch Transistor und Lastwiderstand – der Reststrom (**9.**29a). Der Transistor hat dann einen sehr großen Widerstand; er ist praktisch gesperrt: Arbeitspunkt A′. Die Betriebsspannung fällt fast vollständig über dem Transistor ab, und der Lastwiderstand hat eine vernachlässigbar kleine Klemmenspannung. Der Transistor wirkt für den Lastwiderstand als offener Schalter (**9.**29b).

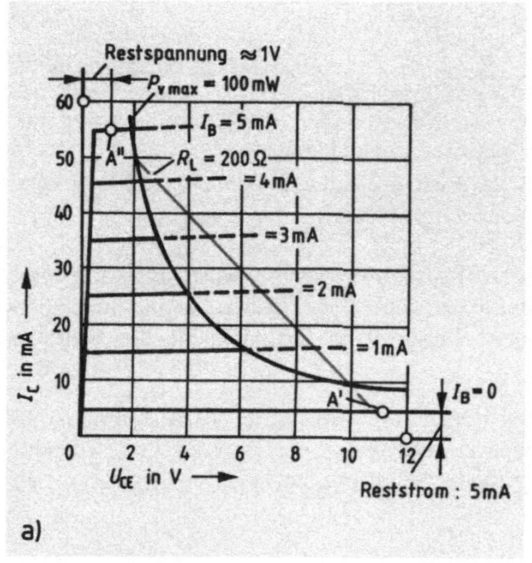

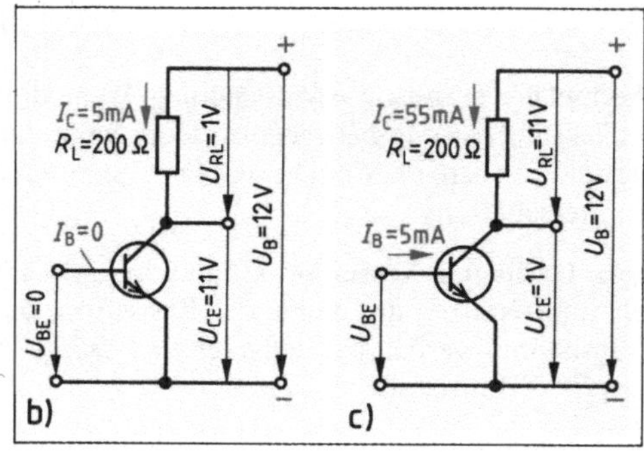

9.29 Schalttransistor

a) Darstellung des Schaltverhaltens im Ausgangskennlinienfeld
b) Transistor gesperrt: Schalter offen (Arbeitspunkt A′)
c) Transistor leitend: Schalter geschlossen (Arbeitspunkt A″)

Geschlossener Schalter. Im Arbeitspunkt A″ wird der Transistor von der Basis-Emitterspannung bzw. vom Basisstrom voll durchgesteuert. Es fließt der beim Lastwiderstand größtmögliche Kollektorstrom. Der Transistor hat jetzt einen sehr kleinen Widerstand. Sein Spannungsfall, die Restspannung, ist sehr klein. Die Betriebsspannung fällt fast vollständig über dem Lastwiderstand ab, der damit die größtmögliche Leistung erhält. Der Transistor wirkt für den Lastwiderstand jetzt als geschlossener Schalter (**9.**29c).

> Ein Transistor kann als kontaktloser Schalter verwendet werden, der von der Basis-Emitterspannung U_{BE} bzw. dem Basisstrom I_B geöffnet und geschlossen wird.

Im Schalterbetrieb hat der Transistor nur zwei stabile Arbeitspunkte (A′ und A″). Wenn die Widerstandsgerade beim Schalten sehr schnell durchfahren wird (z. B. bei rechteck- oder impulsförmigen Steuerspannungen oder -strömen), darf sie im Gegensatz zum Verstärkerbetrieb die Leistungshyperbel durchschneiden (**9.**29a). So erreicht man Einschaltzeiten von 0,1 µs bis 0,5 µs und Ausschaltzeiten von 0,3 µs bis 0,8 µs.

Schalt- und Schaltverlustleistung. Die vom Lastwiderstand aufgenommene Leistung, die Schaltleistung P, beträgt $P = (U_B - U_{CE}) \cdot I_C$. Da die Restspannung bei einem Schalttransistor jedoch sehr klein ist, können wir näherungsweise auch mit der Formel $P = U_B \cdot I_C$ rechnen. Die auf den durchgeschalteten Transistor entfallende Leistung heißt Schalterverlustleistung P_V. Man erhält sie mit der Formel $P_V = U_{CE} \cdot I_C$.

Beispiel 9.7 Wie groß sind die Schaltleistung P und die Schalterverlustleistung P_V des durchgesteuerten Transistors in Bild **9.29**?

Lösung Schaltleistung $P = (U_B - U_{CE}) \cdot I_C = (12\ \text{V} - 1\ \text{V}) \cdot 55\ \text{mA} = \mathbf{605\ mW}$
Schalterverlustleistung $P_V = U_{CE} \cdot I_C = 1\ \text{V} \cdot 55\ \text{mA} = \mathbf{55\ mW}$

Schalten einer induktiven Last. Wird als Lastwiderstand ein induktiver Widerstand (z. B. ein Relais) verwendet, besteht beim Ausschalten die Gefahr, daß der Schalttransistor durch die dabei auftretende hohe Selbstinduktionsspannung der Relaisspule zerstört wird. Dies verhindert eine parallel zur Relaisspule geschaltete Schutzdiode (Abfang- oder Freilaufdiode, **9**.30).

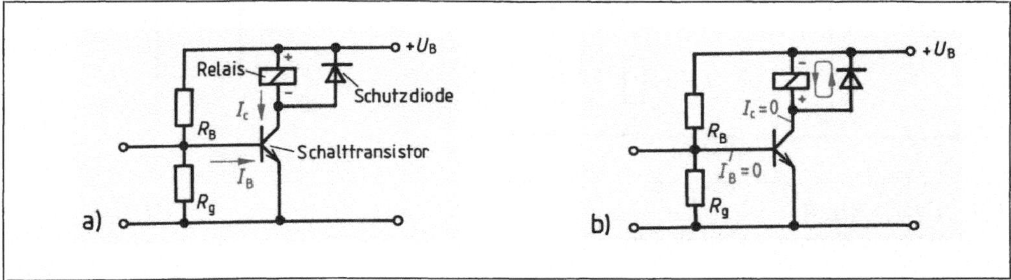

9.30 Schalttransistor mit Relais als Lastwiderstand und Schutzdiode
a) Transistor leitet, Schutzdiode in Sperrichtung
b) Transistor sperrt, Schutzdiode in Durchlaßrichtung

Im Durchschaltzustand des Transistors ist die Freilaufdiode in Sperrichtung gepolt und hat dann keinen Einfluß. Die beim Übergang in den Sperrzustand am Relais auftretende Selbstinduktionsspannung versucht, den Kollektorstrom des Transistors aufrechtzuerhalten. Sie entwickelt bei einem Transistor auf der Kollektorseite des Relais ihren Pluspol, auf der anderen Seite ihren Minuspol. Die Freilaufdiode ist jetzt in Durchlaßrichtung gepolt und schließt die Relaiswicklung kurz; die Selbstinduktionsspannung bricht zusammen. Das Relais fällt ohne Verzögerung ab, und auch der Kollektorstrom geht ohne Verzögerung auf den geringen Wert des Reststroms zurück.

Schalttransistoren. Für Schaltzwecke hat man spezielle Schalttransistoren mit extrem kleinen Restströmen und Restspannungen entwickelt. Gegenüber mechanischen Schaltern haben sie mehrere Vorteile: Sie arbeiten praktisch trägheitslos, weil keine Massen bewegt werden müssen. Darum haben sie auch eine große Schaltgeschwindigkeit. Außerdem entstehen keine Öffnungsfunken, die Verschleiß des Schalters, Funkstörungen und Explosionsgefahr zur Folge haben könnten. Schaltleistung und Betriebsspannung sind jedoch begrenzt. Zum Schalten größerer Leistungen (besonders im Energieversorgungsnetz) dienen daher andere Schaltelemente, nämlich die im Abschnitt 9.5 behandelten Thyristoren.

9.2.8 Schwellwertschalter

Schmitt-Trigger. Koppeln wir zwei Transistorschalterstufen wie in Bild **9**.31 a, erhalten wir einen Schmitt-Trigger (benannt nach dem Erfinder).

Versuch 9.5 In der Schaltung **9.**31a stellen wir den Widerstand R zunächst so ein, daß die Lampe nicht leuchtet, der Transistor V2 also gesperrt ist. Wenn wir R langsam vergrößern, leuchtet die Lampe plötzlich hell auf. Verkleinern wir R wieder, ändert sich die Helligkeit der Lampe zunächst nicht. Die Lampe erlischt erst, wenn R stark verkleinert wird. Merken wir uns die Punkte am Stellwiderstand R, bei denen die Lampe aufleuchtet bzw. erlischt, stellen wir zwischen Ein- und Ausschaltpunkt einen merklichen Unterschied fest. ■

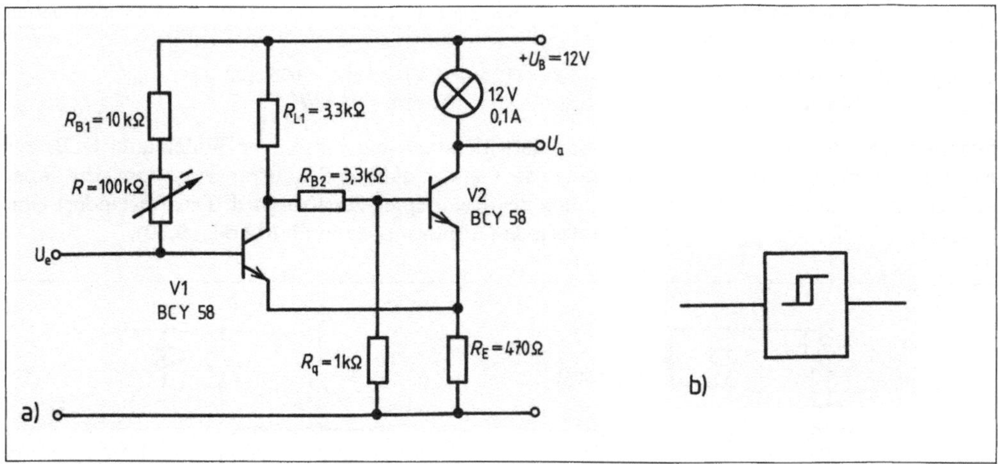

9.31 Schmitt-Trigger
a) Grundschaltung, b) Schaltzeichen

Die Wirkungsweise des Schmitt-Triggers beruht darauf, daß beide Transistoren über den gemeinsamen Emitterwiderstand R_E und über einen Spannungsteiler gekoppelt sind. Im Ausgangszustand ist z. B. V1 gesperrt (R groß). Der Basisspannungsteiler von V2, bestehend aus R_{B2} und R_q, liegt dann nahezu an der vollen Betriebsspannung. Dadurch ist V2 leitend, seine Kollektorspannung gering. Überschreitet die Eingangsspannung U_e durch Verringern des Stellwiderstands R einen bestimmten Wert, schaltet V1 vom Sperrzustand in den Durchlaßzustand. Seine Kollektorspannung sinkt dabei auf einen niedrigen Wert. Damit sinkt auch die Basisspannung U_{BE2} über den Basisspannungsteiler auf einen so niedrigen Wert, daß V2 in den Sperrzustand übergeht. V2 bleibt so lange gesperrt, wie V1 leitet. Der Schmitt-Trigger kippt erst wieder in seinen Ausgangszustand zurück, wenn die Eingangsspannung U_e die Schaltschwelle in umgekehrter Richtung überschreitet.

> Der Schmitt-Trigger kippt, wenn die Eingangsspannung den Schwellwert überschreitet. Er schaltet wieder in den Ausgangszustand zurück, wenn der Schwellwert unterschritten wird.

Hysterese. Aus Versuch 9.5 geht hervor, daß die Schwellwertspannung des Schmitt-Triggers beim Zurückkippen in den Ausgangszustand niedriger ist als beim Kippen in den Arbeitszustand. Diese Differenz nennt man Hysterese der Schaltung (griech.: Zurückbleiben, **9.**32b). Ursache ist die starke Übersteuerung beider Transistoren. Die Hysterese bestimmt weitgehend den Verlauf der Ausgangsspannung U_a (**9.**32a). Durch die Wahl der Widerstände läßt sie sich beeinflussen.

Anwendung. Den Schmitt-Trigger können wir als Schwellwertschalter und als Impulsformer verwenden. Als Impulsformer verwandelt er beliebige Kurvenformen (z. B. auch sinusförmige Spannungen) in Rechteckimpulse um.

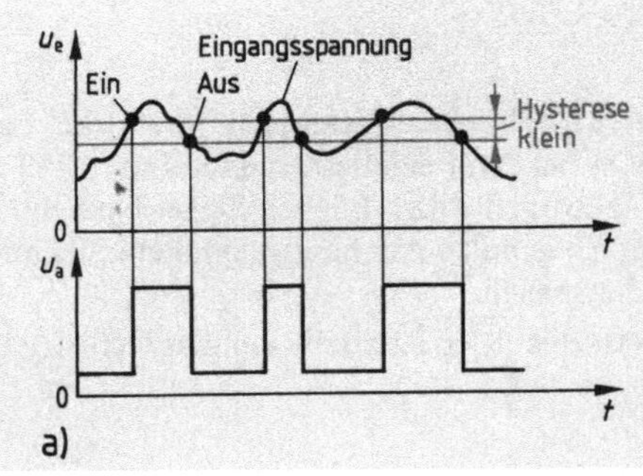

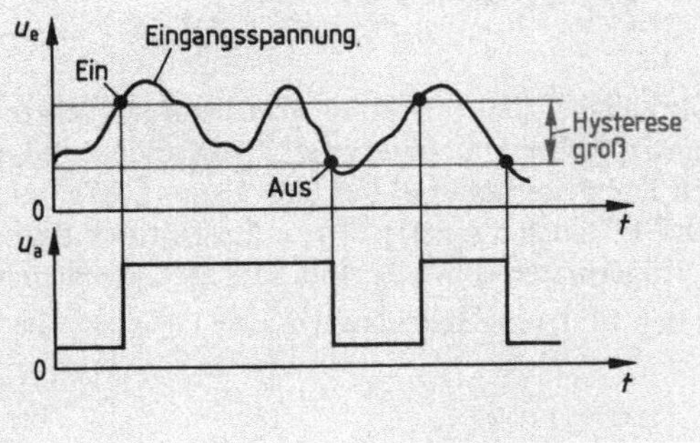

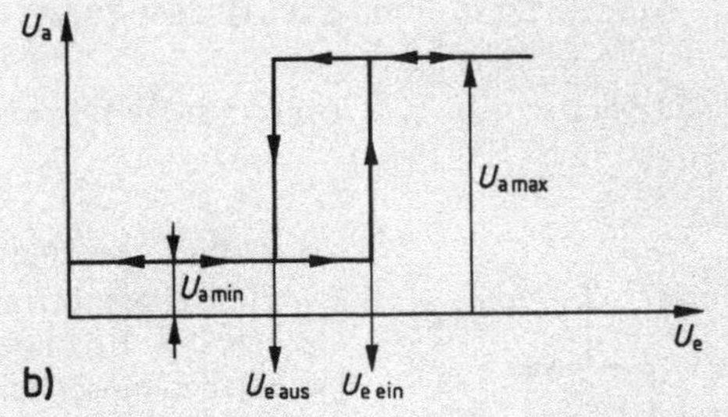

9.32
Schmitt-Trigger
a) Ausgangsspannung bei unterschiedlichen Hysteresen
b) Hysteresekennlinie

Übungsaufgaben zu Abschnitt 9.2

1. Beschreiben Sie den Aufbau und die Wirkungsweise eines Transistors.
2. Das Ausgangskennlinienfeld eines NPN-Transistors ist zu skizzieren, die Widerstandsgerade für $R_L = 150\ \Omega$ und $U_B = 12$ V sowie die Leistungshyperbel für $P_{Vmax} = 300$ mW sind in das Diagramm einzutragen.
3. Wie ändert sich die Lage der Widerstandsgeraden des Lastwiderstands, wenn dieser oder die Betriebsspannung geändert werden?
4. Erläutern Sie die Verstärkerfunktion des Transistors.
5. Die Basisvorspannung eines Transistors mit Lastwiderstand wird vergrößert. Wie ändert sich die Kollektorspannung?
6. Auf welche Weise kann man die Basisvorspannung eines Transistors einstellen? Was ist dabei zu überlegen?
7. Erläutern Sie die Schalterfunktion eines Transistors.
8. Beschreiben Sie Maßnahmen zur Temperaturstabilisierung eines Transistors.
9. Wie erfolgt die Steuerung eines Transistors?
10. Skizzieren Sie die drei Transistorgrundschaltungen und beschreiben Sie ihr Betriebsverhalten.
11. Skizzieren Sie den Schaltplan eines zweistufigen Transistorverstärkers mit RC-Kopplung zwischen den Stufen.
12. Beschreiben Sie die Möglichkeiten der Gleichstromkopplung von Transistoren.
13. Skizzieren Sie den Schaltplan eines Schmitt-Triggers und erläutern Sie seine Wirkungsweise.
14. Welche Wirkung hat die Hysterese eines Schmitt-Triggers auf dessen Betriebsverhalten?

9.3 Feldeffekttransistoren

Während bei den bipolaren Transistoren Elektronen und Löcher (Defektelektronen) als Ladungsträger im Halbleiterkristall vorhanden sind, gibt es bei den Feldeffekttransistoren (FET) je nach Halbleitermaterial nur eine Ladungsträgerart: Elektronen oder Löcher. Daher bezeichnet man FET auch als unipolare Transistoren (lat.: einfach gepolt). Am häufigsten dient Silicium als Trägermaterial. Meist sind FET in Planartechnik hergestellt.

Bei den FET unterscheiden wir zwei Gruppen: die Sperrschicht-FET und die Isolierschicht-FET.

9.3.1 Sperrschicht-Feldeffekttransistoren

Für einen Sperrschicht-FET sind auch die Bezeichnungen Junction-FET (engl. junction: Sperrschicht) und PN-FET üblich.

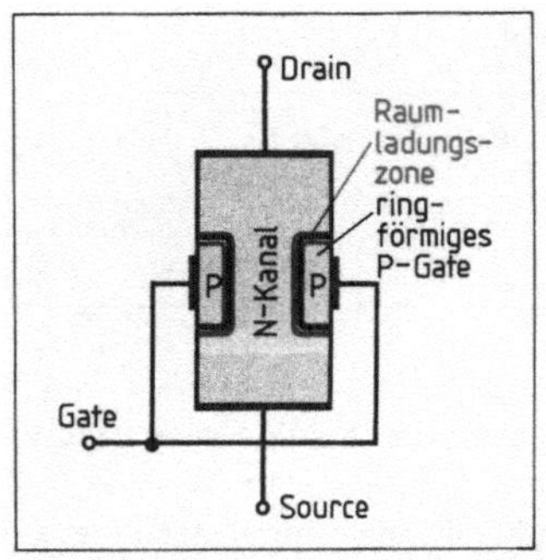

9.33 N-Kanal-Sperrschicht-FET

Aufbau. An den Enden eines schwach dotierten P- oder N-Halbleitersubstrats (Grundlage) – dem Kanal – liegen zwei Anschlüsse: Source (S, engl.: Quelle), vergleichbar mit dem Emitter des bipolaren Transistors, und Drain (D, engl.: Senke), vergleichbar mit dem Kollektor (9.33). Bei einem N-dotierten Kanal wird der Elektronenfluß durch Steuerung beeinflußt. Dazu befindet sich auf beiden Seiten des Kanals die eindotierte Steuerelektrode (P-dotiert): das Gate (G, engl.: Tor, Gatter), vergleichbar mit der Basis. Die Steuerelektrode ist stärker als der Kanal dotiert, damit sich die an den beiden PN-Übergängen befindlichen Raumladungszonen in den Kanalbereich hinein ausbilden.

Versuch 9.6 Zwischen je zwei Elektroden (Source-Drain, Gate-Source, Gate-Drain) eines Sperrschicht-FET (BF 245) werden die Widerstände mit einem Widerstandsmesser ermittelt. ■

Der Versuch zeigt, daß der Widerstand des Kanals mehrere 100 Ω beträgt. Zwischen Gate und Drain bzw. Gate und Source zeigt der FET das Verhalten von Dioden. Bei einem Sperrschicht-FET mit P-dotiertem Substrat liegen die Verhältnisse umgekehrt.

Wirkungsweise. Beim Sperrschicht-FET entsteht am PN-Übergang zwischen Gate und Kanal eine Raumladungszone und damit – wie bei der Diode – ein elektrisches Feld, das in den Kanal hineinreicht. Es engt damit den Querschnitt der Source-Drain-Strecke ein und vergrößert den Kanalwiderstand.

> Feldeffekttransistoren sind Widerstände, die durch das elektrische Feld am PN-Übergang gesteuert werden.

Beim Anlegen einer Spannung U_{DS} an die Source-Drain-Strecke fließt ein Drainstrom I_D (9.34). Solange noch keine Spannung an das Gate gelegt ist, ist der Kanalwiderstand relativ niederohmig. Je nach FET-Typ beträgt der Strom I_D 3 mA bis 25 mA. Wird eine Spannung U_{GS} in Sperrrichtung zwischen Gate und Source gelegt, dehnt sich die Raumladungszone im Kanal weiter

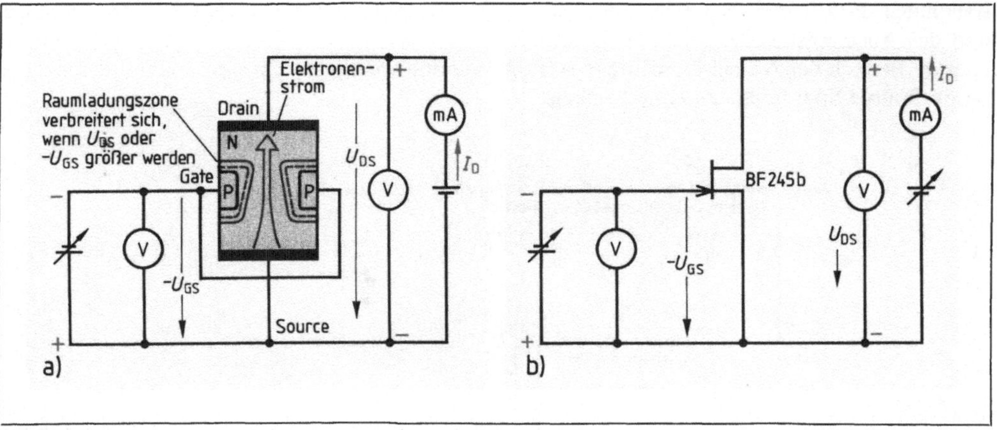

9.34 Wirkungsweise eines N-Kanal-Sperrschicht-FET
a) Prinzip, b) Meßschaltung zur Kennlinienaufnahme $I_D = f(-U_{GS})$

aus. Da zwischen Gate und Drain die höhere Sperrspannung liegt, verbreitert sich die Raumladungszone zum Drain hin keilförmig. Das stärkere elektrische Feld bewirkt, daß der Widerstand steigt und der Strom I_D sinkt.

Wird die Gate-Source-Spannung weiter bis zur Abschnürspannung $-U_{GSP}$ (P, engl.: pinch-off) vergrößert, erstreckt sich die Raumladungszone über den gesamten Kanalquerschnitt: Der Kanal wird abgeschnürt, es kann kein Strom I_D mehr fließen (**9.**35a). Je nach FET-Typ liegt die Spannung zwischen 2,5 V und 7,5 V.

Bei einem Sperrschicht-FET (J-FET) wird der Drainstrom durch die in Sperrichtung angelegte Spannung $-U_{GS}$ gesteuert. Beim Erreichen der Abschnürspannung $-U_{GSP}$ ist $I_D = 0$ A.

Da der PN-Übergang zwischen Gate und Kanal in Sperrichtung betrieben wird, kann nur ein sehr kleiner Sperrstrom fließen. Der FET wird damit fast leistungslos gesteuert.

Die Steuerung eines FET geschieht fast leistungslos.

Legt man versehentlich an das Gate eine positive Spannung gegen Source, wird der PN-Übergang leitend: Der Transistor kann zerstört werden.

Eine positive Gate-Source-Spannung kann zur Zerstörung des FET führen. Der PN-Übergang muß daher stets in Sperrichtung geschaltet sein.

Kennlinien. Bild **9**.34b zeigt eine Meßschaltung zur Aufnahme der Eingangs-(Steuer-)kennlinie und des Ausgangskennlinienfelds **9**.35. Die Steuerkennlinie verläuft weitgehend linear, ist aber im Bereich der Abschnürspannung stark gekrümmt, weil neben der Gatespannung auch die Drain-Source-Spannung den Kanal einengt.

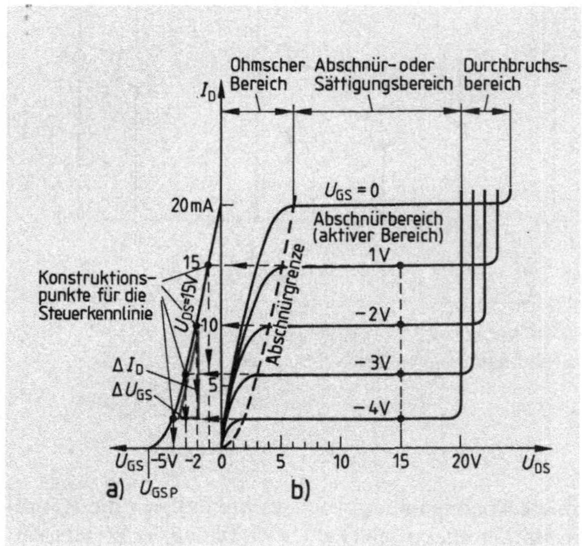

9.35
Kennlinien des N-Kanal-Sperrschicht-FET
a) Steuerkennlinie $I_D = f(U_{GS})$, U_{DS} = konstant
b) Ausgangskennlinienfeld $I_D = f(U_{DS})$, U_{GS} als Parameter

Aus der Steuerkennlinie läßt sich die Steilheit S ableiten. Sie ist ein Maß für die Steuerwirkung bzw. die Verstärkung beim FET bei konstanter Spannung U_{DS}.

Steilheit	$S = \frac{I_D}{U_{GS}}$	in $\frac{\text{mA}}{\text{V}}$

Im Ausgangskennlinienfeld steigt I_D zunächst fast linear in Abhängigkeit von U_{DS} an (Ohmscher Bereich). Mit steigender Spannung U_{DS} wird zwar der Kanal weiter eingeengt, doch steigt gleichzeitig durch U_{DS} die Feldstärke und treibt damit die Elektronen durch den Kanal. So wird die Einengung der Drain-Source-Strecke ausgeglichen. Bei weiterer Spannungserhöhung U_{DS} wird der Kanal zunehmend enger. Ein Ausgleich dieser Abschnürung ist nicht mehr möglich: Nach der Abschnürung steigt I_D mit steigender Spannung U_{DS} nur noch unwesentlich (Abschnür- oder Sättigungsbereich). Hier liegt der Arbeitsbereich des FET.

Bei U_{DS}-Werten zwischen 20 V und 30 V liegt der Durchbruchsbereich des PN-Übergangs. Es gibt wie bei einer in Sperrichtung betriebenen Diode einen Lawinendurchbruch: Der Strom I_D steigt stark an. Der Durchbruch erfolgt um so früher, je größer die Gate-Source-Spannung ist.

FET als Verstärker. Wie bei bipolaren Transistoren kennen wir auch bei FET verschiedene Grundschaltungen. Die Sourceschaltung entspricht der Emitterschaltung beim bipolaren Transistor, die Drainschaltung der Kollektorschaltung und die Gateschaltung der Basisschaltung. Auch die Eigenschaften sind in den entsprechenden Schaltungen ähnlich. Wegen des hohen Eingangswiderstands, der gering gekrümmten Steuerkennlinie und der dadurch bedingten geringen Verzerrung (geringes Rauschen) werden FET bevorzugt in der Hochfrequenztechnik als Verstärker eingesetzt. Die Verstärkereigenschaften behandeln wir deshalb hier nicht weiter.

9.3.2 Isolierschicht-Feldeffekttransistoren

Sie werden auch als IG-FET (engl.: **I**solated **G**ate = isoliertes Gate) bezeichnet. Im Unterschied zu den Sperrschicht-FET ist das Gate – eine dünne Metallelektrode – durch eine Isolierschicht (meist SiO_2) von etwa 0,1 μm vom Kanal getrennt (**9**.36). Am häufigsten ist der MOS-FET (engl.: **M**etal **O**xide **S**emiconductor = Metalloxidhalbleiter). Durch die Isolierschicht erhält der MOS-FET einen sehr hohen Eingangswiderstand (10^{12} Ω und größer). Damit kann nur noch ein ganz geringer Reststrom fließen (einige 10^{-15} A).

FET					
Sperrschicht-FET		Isolierschicht-FET			
		Verarmungstyp		Anreicherungstyp	
P-Kanal	N-Kanal	P-Kanal	N-Kanal	P-Kanal	N-Kanal
D, G, S	D, G, S	D, B, G, S	D, B, G, S	D, B, G, S	D, B, G, S

9.36 Einteilung und Schaltzeichen der Feldeffekttransistoren
D = Drain, S = Source, G = Gate, B = Bulk

Bei den MOS-FET unterscheidet man zwei Typen: den Verarmungs- und den Anreicherungstyp (**9**.37). Beim Verarmungstyp wird der niederohmige Kanal durch das gesteuerte Feld der Raumladungszone hochohmig (selbstleitender FET). Wird der Kanal erst durch das gesteuerte Feld stromleitend, handelt es sich um einen Anreicherungstyp (selbstsperrender FET).

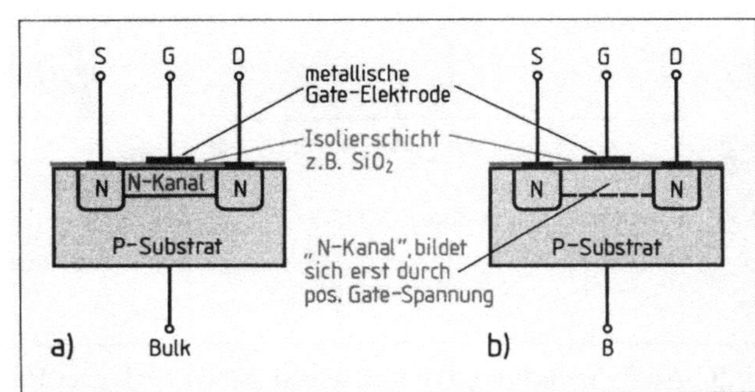

9.37
N-Kanal-Isolierschicht-FET (MOS-FET)
a) Verarmungstyp
b) Anreicherungstyp

Der Grundkörper, das Substrat, erhält einen eigenen Anschluß, Bulk genannt. Er ist bereits mit der Sourceelektrode verbunden. Wie bei den J-FET kann auch hier das Substrat P- oder N-dotiert sein.

IG-FET – Verarmungstyp, Wirkungsweise. Wird an den IG-FET **9**.38 eine Spannung U_{DS} so angelegt, daß der PN-Übergang zwischen Kanal und Substrat in Sperrichtung liegt, entsteht zwischen Gate und Kanal ein elektrisches Feld, das zum Drain hin stärker ausgebildet ist. Dieses

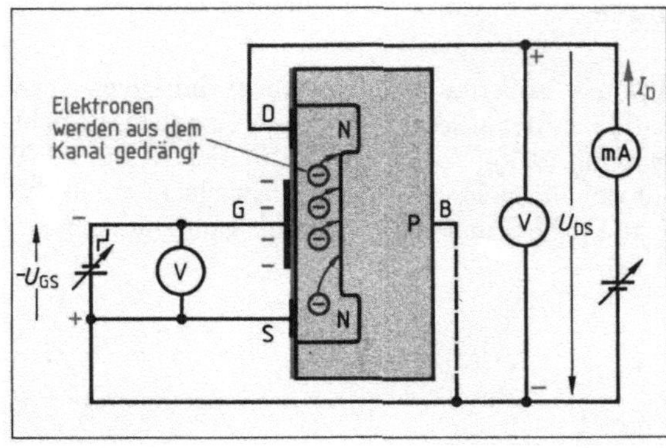

9.38
Wirkungsweise des N-Kanal-MOS-FET, Verarmungstyp

Feld drängt die freien Ladungsträger des N-Kanals hinaus in Richtung Substrat: Der Widerstand im Kanal wird größer, der Drainstrom I_D damit kleiner (**9.39**). Dies ist schon zu beobachten, wenn die Spannung $U_{GS} = 0$ V beträgt (Kurzschluß von Gate und Source). Durch eine angelegte negative Spannung U_{GS} (Gate an Minuspol) wird wie beim J-FET der Kanal weiter eingeschnürt: I_D sinkt weiter. Bei der Abschnürspannung U_{GSP} ist der Kanal an beweglichen Ladungsträgern so verarmt, daß $I_D = 0$ A.

Da sich zwischen dem Gateanschluß und dem N-Kanal eine Isolierschicht befindet, kann man hier auch eine positive Spannung U_{GS} ans Gate legen. Dadurch werden weitere negative Ladungsträger in den Kanal gezogen: I_D nimmt größere Werte an.

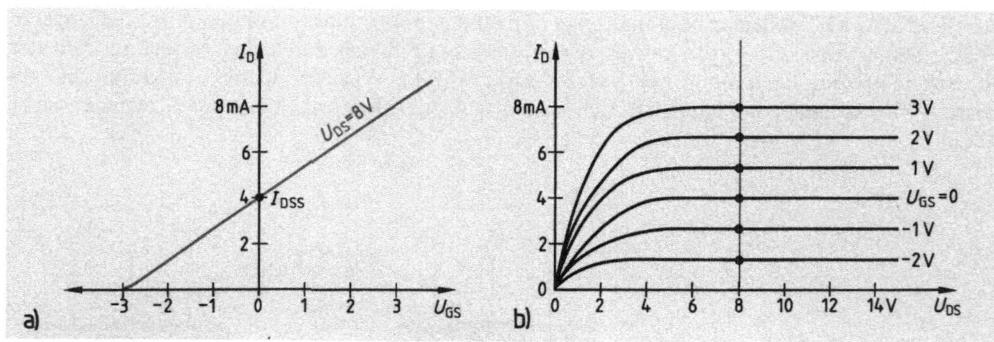

9.39 Kennlinien eines N-Kanal-MOS-FET, Verarmungstyp
a) Steuerkennlinie $I_D = f(U_{GS})$, U_{DS} = konstant
b) Ausgangskennlinienfeld $I_D = f(U_{DS})$, U_{GS} als Parameter

IG-FET-Verarmungstyp sind selbstleitende FET. Der PN-Übergang zwischen Kanal und Substrat muß in Sperrichtung betrieben werden. Die Gate-Source-Spannung kann negativ oder positiv sein.

IG-FET-Anreicherungstyp, Wirkungsweise. Im Vergleich zum Verarmungstyp hat dieser IG-FET keinen stromleitenden Kanal (**9.40**). Nur an den Source- und Drainanschlüssen befinden sich N-dotierte Zonen. Der PN-Übergang zwischen ihnen und dem Substrat wird auch hier in Sperrichtung betrieben.

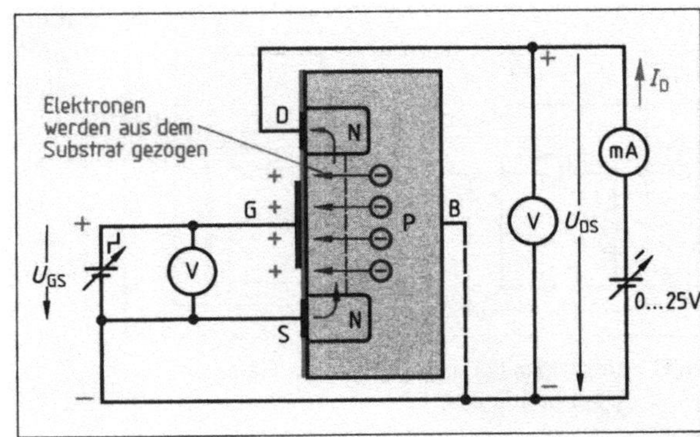

9.40
Wirkungsweise des N-Kanal-MOS-FET, Anreicherungstyp

Liegt keine Gate-Source-Spannung an, befinden sich zwischen Source und Drain keine freien Ladungsträger. Der Anreicherungstyp ist damit selbstsperrend. Erst beim Anlegen einer positiven Spannung an das Gate werden Elektronen aus dem Substrat in den Kanal gezogen. Dadurch nimmt der Kanalwiderstand ab, und der Drainstrom I_D steigt. Die Ausgangskennlinien entsprechen denen anderer FET (**9**.41).

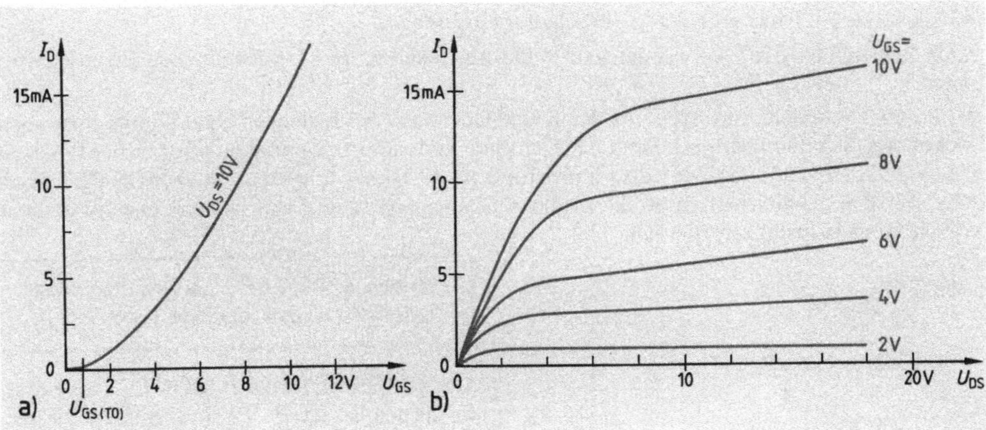

9.41 Kennlinien eines N-Kanal-MOS-FET, Anreicherungstyp

a) Steuerkennlinie
$I_D = f(U_{GS})$, U_{DS} = konstant

b) Ausgangskennlinienfeld
$I_D = f(U_{DS})$, U_{GS} als Parameter

> IG-FET – Anreicherungstyp sind selbstsperrende FET. Der PN-Übergang zwischen Kanal und Substrat muß in Sperrichtung betrieben werden. Die Gate-Source-Spannung ist positiv.

Umgang mit MOS-FET. Durch die auftretende Feldstärke an der äußerst dünnen Isolierschicht zwischen Gate und Kanal besteht die Gefahr eines Durchschlags. Die Spannung U_{GS} darf daher auf keinen Fall die zulässigen Werte überschreiten. Schon die statische Aufladung beim Berühren des Gateanschlusses kann zum Durchschlag führen. Zum Schutz vor Durchschlägen versieht man MOS-FET mit einem Kurzschlußring, der alle Elektroden miteinander verbindet. Er wird erst nach dem Einlösen entfernt. MOS-FET in integrierten Schaltungen werden in Schaumstoffmatten geliefert, die graphiert und dadurch elektrisch leitend sind. Oft werden auch parallel zur Gate-

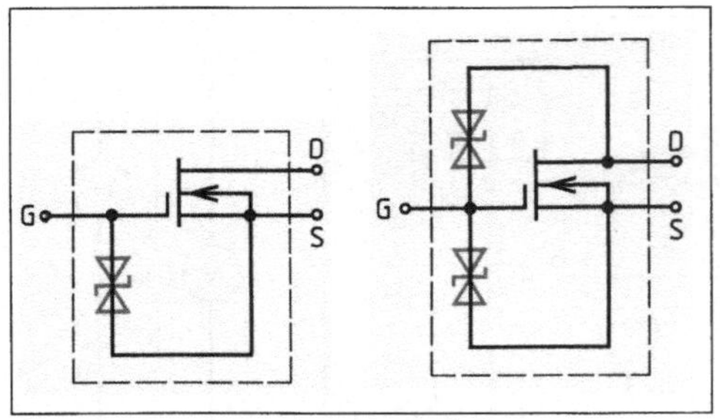

9.42 Integrierte Schutzdioden gegen Gate-Überspannungen

Source-Strecke bzw. Gate-Drain-Strecke Z-Dioden integriert, die erst bei Überspannungen leitend werden (9.42).

> MOS-FET können leicht durch zu hohe Durchschlagsspannungen an der Isolierschicht zerstört werden.

9.3.3 Feldeffekttransistoren als Schalter

Es wurde schon festgestellt, daß der IG-FET – Verarmungstyp bei fehlender Gate-Source-Spannung einen niederohmigen Kanalwiderstand (zwischen Drain und Source) hat. Er ist selbstleitend: Schalter geschlossen. Dieser FET sperrt (Schalter geöffnet), wenn eine Gate-Source-Spannung angelegt wird, die die entgegengesetzte Polarität hat wie die Drain-Source-Spannung (Betriebsspannung). D. h., der Transistor braucht dafür eine zusätzliche Vorspannung. Deshalb werden selbstleitende FET nur sehr selten als Schalter eingesetzt.

Auch Sperrschicht-FET verwendet man nicht als Schalter, da sie selbstleitende Eigenschaften haben.

Bei IG-FET-Anreicherungstypen ist der Kanalwiderstand bei fehlender Gate-Source-Spannung hochohmig (Schalter geöffnet). Beim Anlegen einer Gate-Source-Spannung mit gleicher Polarität wie die Betriebsspannung wird der Transistor leitend. Dieser selbstsperrende MOS-FET kann damit für den Schalterbetrieb direkt an die Ausgangsspannung gelegt werden; eine zusätzliche Vorspannung ist nicht erforderlich.

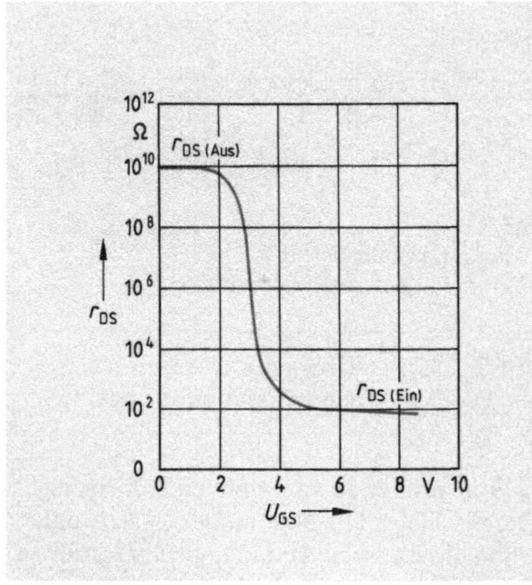

9.43 Abhängigkeit des Drain-Source-Widerstands r_{DS} von der Gate-Source-Spannung U_{GS} bei einem selbstsperrenden N-Kanal-MOS-FET

> Verwendet man FET als Schalter, setzt man meist selbstsperrende Typen ein.

Ob N-MOS-FET oder P-MOS-FET als Schalter dienen, ist gleich. Es sind lediglich die verschiedenen Vorzeichen bei Spannungen und Strömen zu beachten.

Die Abhängigkeit des Kanalwiderstands r_{DS} von der Gate-Source-Spannung ist für den Betrieb eines MOS-FET als Schalter von großer Bedeutung (9.43). In der Regel werden MOS-FET als Schalter in Sourceschaltung betrieben. In Reihe zum Drainanschluß liegt der Lastwiderstand R_L (9.44a). Die Schaltung läßt sich nur dann richtig betreiben, wenn R_L niederohmig gegenüber dem gesperrten MOS-FET und hochohmig gegenüber dem leitenden MOS-FET ist. Dabei ist der MOS-FET auch in leitendem Zustand nicht sehr niederohmig. So muß der Widerstandswert von R_L ziemlich hoch sein.

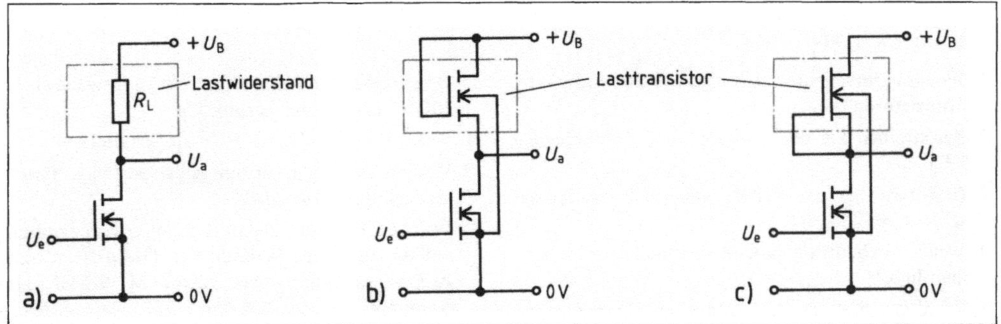

9.44 Selbstsperrender N-Kanal-MOS-FET als Schalter a) mit Lastwiderstand R_L, b) mit selbstsperrendem N-Kanal-MOS-FET, c) mit selbstleitendem N-Kanal-MOS-FET als Lastwiderstand

Da hochohmige Widerstände in integrierten Schaltungen eine große Chipfläche beanspruchen, kann man die Lastwiderstände durch weitere Last-FET ersetzen, deren Drain-Source-Widerstand größer ist als der Widerstand des leitenden Schalttransistors. FET lassen sich auf einer Chipfläche leichter integrieren (**9.44** b, c). Als Lasttransistoren können selbstsperrende oder selbstleitende MOS-FET eingesetzt werden.

Zwischen den einzelnen Anschlüssen des MOS-FET liegen innere Kapazitäten (**9.45**), die sich auf die Schaltzeiten des FET verzögernd auswirken, weil sich beim Ändern der Signalspannung U_e am Eingang der Ladungszustand ändert. Bild **9.46** zeigt die zeitlichen Verzögerungen der Spannungen und des Drainstroms bei einer angelegten Rechteckspannung. Die Verzögerungszeit T_D beim Drainstrom und bei der Ausgangsspannung ist dadurch bedingt, daß die Gate-Source-Spannung U_{GS} beim selbstsperrenden MOS-FET erst einen Schwellwert erreichen muß, bevor der Drainstrom fließt.

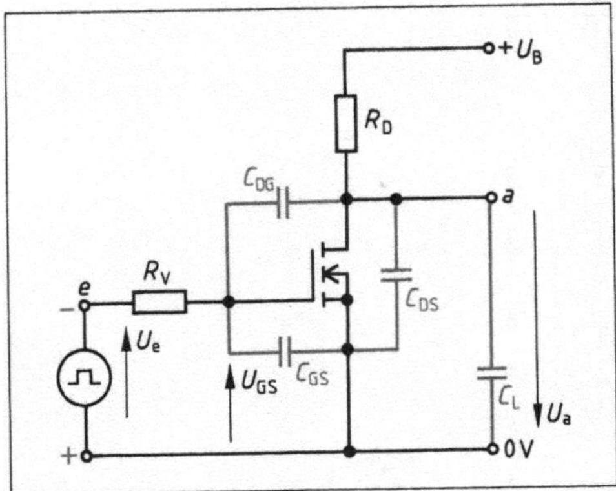

9.45 Selbstsperrender N-Kanal-MOS-FET mit inneren Kapazitäten C_{DG}, C_{GS} und C_{DS} sowie äußerer Lastkapazität C_L

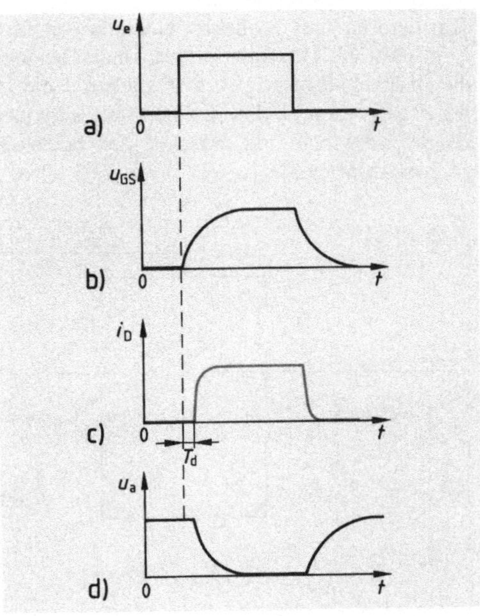

9.46 Zeitlicher Verlauf a) der Signalspannung U_e, b) der Gate-Source-Spannung u_{GS}, c) des Drainstroms i_D, d) der Ausgangsspannung u_a eines selbstsperrenden FET als Schalter

Übungsaufgaben zu Abschnitt 9.3

1. Worin unterscheiden sich bipolare und unipolare Transistoren?
2. Beschreiben Sie den Aufbau eines Sperrschicht-FET.
3. Erläutern Sie die WIrkungsweise eines Sperrschicht-FET!
4. Welche Bedeutung hat die Steilheit der Steuerkennlinie?
5. Erläutern Sie die Funktion eines Sperrschicht-FET als Verstärker.
6. Beschreiben Sie Aufbau und Wirkungsweise eines MOS-FET-Verarmungstyp.
7. Beschreiben Sie Aufbau und Wirkungsweise eines MOS-FET-Anreicherungstyp.
8. Wie arbeitet der MOS-FET als Schalter?
9. Warum werden meist nur selbstsperrende Typen als Schalter verwendet?
10. Welchen Einfluß haben die inneren Kapazitäten auf die zeitlichen Verläufe von Drainstrom und Ausgangsspannung bei einem MOS-FET als Schalter?
11. Was ist beim Umgang mit einem MOS-FET zu beachten?

9.4 Differenz- und Operationsverstärker

9.4.1 Differenzverstärker

Aufbau. Der Differenzverstärker besteht aus zwei parallelgeschalteten Transistorstufen V1 und V2 mit gemeinsamem Emitterwiderstand R_E (**9**.47). Die Basisanschlüsse der beiden Transistoren sind die Signaleingänge E1 und E2, die Kollektoranschlüsse die Signalausgänge A1 und A2. Mit den Ausgangsklemmen bildet der Differenzverstärker eine Brückenschaltung. Bei gleichen Transistoren und Kollektorwiderständen fließt durch jeden der beiden Transistoren der halbe Emitterstrom. Die Spannungen an den beiden Kollektorwiderständen sind dann gleich groß, und die Brückenschaltung ist abgeglichen – die Differenz-Ausgangsspannung ΔU_{CE} ist gleich Null. Wird einer der beiden Transistoren leitender als der andere, gerät die Brückenschaltung ins Ungleichgewicht, und zwischen den beiden Kollektoranschlüssen entsteht eine Differenz-Ausgangsspannung ΔU_{CE}.

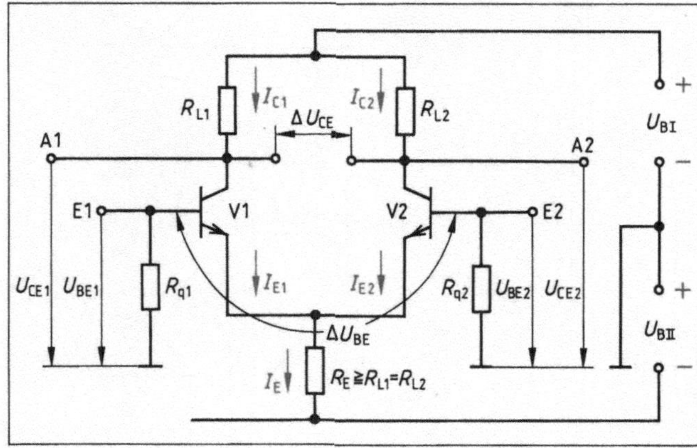

9.47
Differenzverstärker

Versorgungsspannungen. Der Differenzverstärker kann an einer Spannungsquelle betrieben werden. Vielfach verwendet man jedoch zwei in Reihe geschaltete Spannungsquellen, deren Mitte

Bezugspotential (Masse) ist (9.47). Die Arbeitspunkte der beiden Transistoren werden dann so eingestellt, daß die Basen Bezugspotential haben. Bei Fortfall der Kopplungskondensatoren läßt sich der Differenzverstärker als Gleichspannungsverstärker verwenden.

Gleichtaktansteuerung liegt vor, wenn an beiden Eingängen die gleiche Signalspannung U_{BE} liegt (Parallelschaltung der beiden Basisanschlüsse). Die Eingangs-Differenzspannung beträgt hierbei $\Delta U_{BE} = U_{BE1} - U_{BE2} = 0$. Da sich die Kollektorströme I_{C1} und I_{C2} und damit auch die Kollektorspannungen U_{CE1} und U_{CE2} im gleichen Maß ändern, ist die Ausgangs-Differenzspannung bei exaktem Gleichtakt in diesem Fall $\Delta U_{CE} = U_{CE1} - U_{CE2} = 0$.

> Der Differenzverstärker unterdrückt Gleichtaktsignale.

Die Gleichtaktunterdrückung ist besonders wirksam, wenn der Emitterwiderstand R_E durch eine Konstantstromquelle ersetzt wird (9.48). Die Konstantstromquelle hält die Summe der beiden Kollektorströme I_{C1} und I_{C2} konstant. Bei Gleichtaktansteuerung können sich die Kollektorströme und damit die Kollektorspannungen daher nicht ändern.

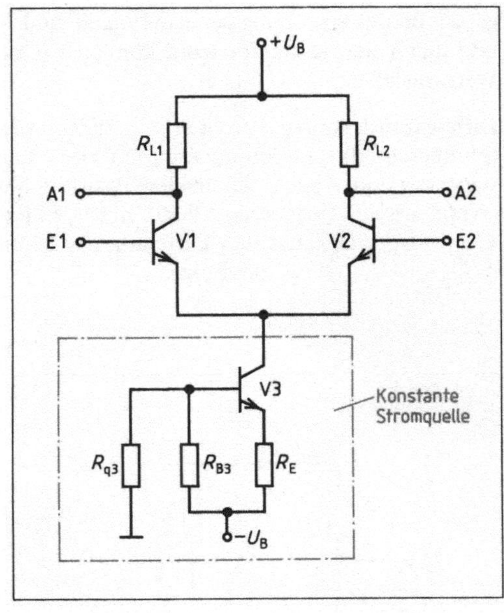

9.48 Differenzverstärker mit Konstantstromquelle

Konstantstromquelle

Versuch 9.7 Die Konstantstromquelle aus Bild 9.49a wird zunächst mit einem Emitterwiderstand $R_E = 470\ \Omega$ betrieben. Der Kollektorstrom I_C wird bei verschiedenen Lastwiderständen $R_L = 0$ bis $3\ k\Omega$ gemessen. Anschließend wiederholen wir die Meßreihe bei den Emitterwiderständen $R_{E1} = 1\ k\Omega$ und $R_{E2} = 2{,}2\ k\Omega$.

Trotz geänderter Kollektorwiderstände R_L bleibt der Kollektorstrom I_C in einem weiten Bereich konstant. Die Größe des Kollektorstroms können wir mit dem Emitterwiderstand R_E einstellen. ■

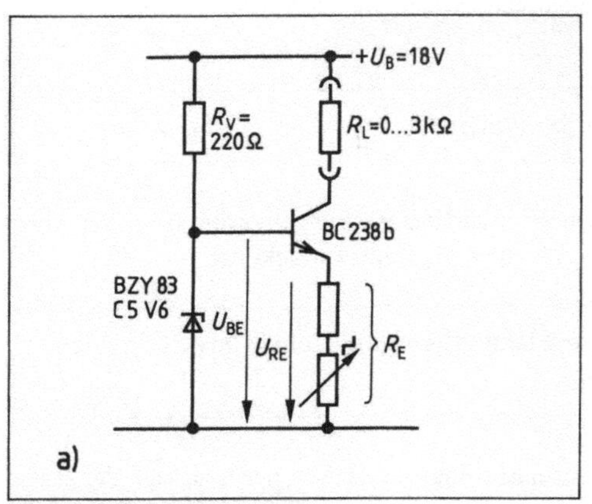

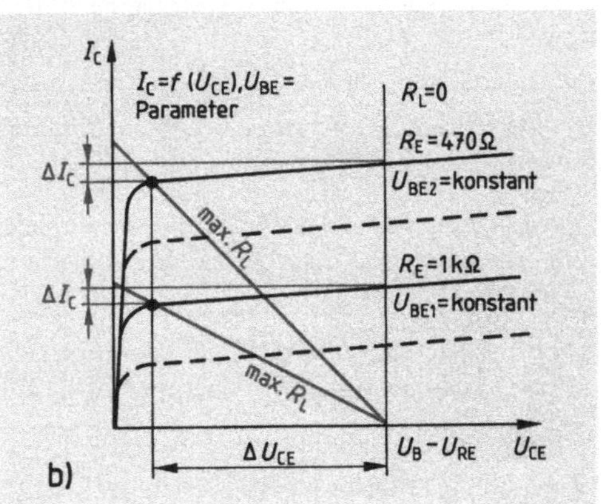

9.49 Konstantstromquelle
a) Schaltplan, b) Einfluß des Lastwiderstands R_L und Emitterwiderstands R_E auf den Konstantstrom I_C

Der Einfluß von Lastwiderstand R_L und Emitterwiderstand R_E geht aus Bild **9.49** b hervor. Wir erkennen daraus, daß sich bei konstanter Basis-Emitter-Spannung U_{BE} der Kollektorstrom I_C kaum ändert, wenn der Arbeitspunkt A (Schnittpunkt der Widerstandsgeraden mit der Ausgangskennlinie) im flachen Kennlinienteil bleibt. Die Z-Diode stabilisiert die Basis-Emitter-Spannung gegen Betriebsspannungsschwankungen und Temperatureinfluß. Die Basis-Emitter-Spannung und damit den Kollektorstrom können wir mit dem Emitterwiderstand auf den gewünschten Wert einstellen.

Differenzansteuerung erreichen wir, indem wir entweder einen Basisanschluß an Masse legen (Nullpotential) und den anderen mit einer Eingangsspannung ansteuern (unsymmetrische Ansteuerung) oder jeden der beiden Basisanschlüsse mit einer eigenen Basisspannung ansteuern (symmetrische Ansteuerung, **9.**50). In beiden Fällen hat die Eingangs-Differenzspannung $\Delta U_{BE} = U_{BE1} - U_{BE2}$ eine um den Differenzverstärkungsfaktor v größere Ausgangsdifferenzspannung $\Delta U_{CE} = U_{CE1} - U_{CE2}$ zur Folge.

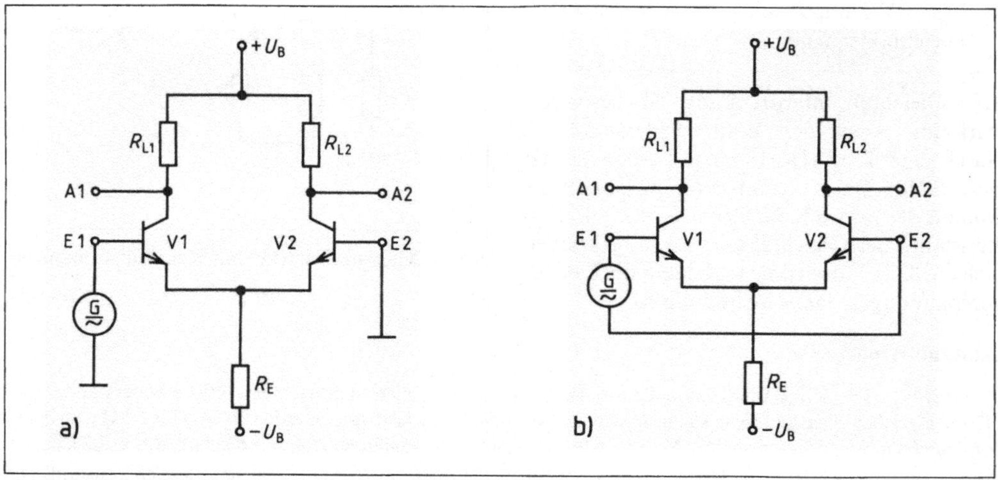

9.50 Differenzverstärker
a) mit unsymmetrischer Ansteuerung, b) mit symmetrischer Ansteuerung

> Der Differenzverstärker verstärkt Eingangs-Differenzsignale.

Ein Eingangssignal an V1 hat ein phasengleiches (nicht invertiertes) Ausgangssignal an V2, aber ein gegenphasiges (invertiertes) Ausgangssignal an V1 zur Folge und umgekehrt.

> Ein Differenzverstärker hat gegenüber einem der beiden Ausgänge einen invertierenden (−) und einen nichtinvertierenden (+) Eingang.

Anwendung. Differenzverstärker eignen sich als Gleichspannungsverstärker, hochwertige Wechselspannungsverstärker und Vergleicher in Regeleinrichtungen. Integrierte Differenzverstärker bilden grundsätzlich die Eingangsverstärker von Operationsverstärkern.

9.4.2 Operationsverstärker

Operationsverstärker (kurz OP genannt) sind mehrstufige Gleichspannungsverstärker mit hoher Leerlaufverstärkung. Sie werden als integrierte Schaltungen (IC) gefertigt, die eine größere Anzahl von Transistoren auf einem Halbleiterkristall enthalten. Der Verstärkereingang besteht stets aus einem Differenzverstärker mit Konstantstromquelle. Meist hat daher der OP zwei Signaleingänge E1, E2 und einen Ausgang A. Signale am nichtinvertierenden Eingang (+) sind gegenüber dem Ausgangssignal in Phase, Signale im invertierenden Eingang (−) gegenüber dem Ausgangssignal um 180° phasenverschoben (**9**.51).

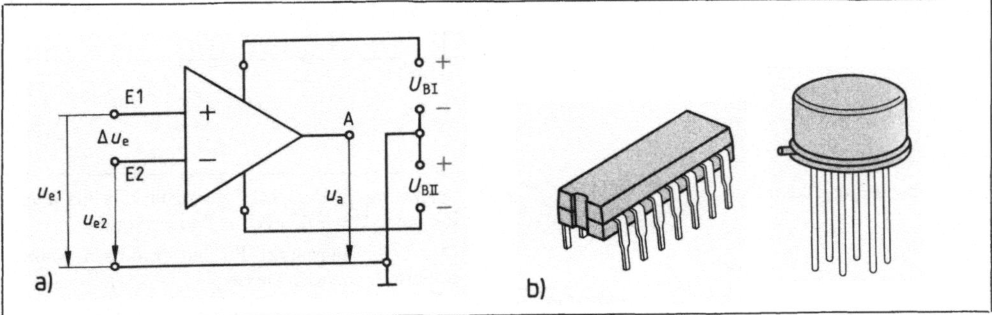

9.51 Operationsverstärker
a) Schaltzeichen mit Ein- und Ausgängen
b) Bauformen Dual-in-line- bzw. Zylindergehäuse
E1 = nichtinvertierender Eingang
E2 = invertierender Eingang

> Operationsverstärker können im nichtinvertierenden, im invertierenden und im Differenzbetrieb arbeiten.

Der Verstärkerausgang soll niederohmig sein, damit die Ausgangsspannung möglichst wenig belastungsabhängig ist. Als Ausgangsstufe verwendet man meist eine Transistorstufe in Kollektorschaltung (Emitterfolger, s. Abschn. 9.2.5).

Wichtige Eigenschaften des Operationsverstärkers sind

- hohe Leerlaufverstärkung (größer als 10^4),
- hoher Eingangswiderstand (größer als 1 MΩ),
- geringer Ausgangswiderstand (kleiner als 100 Ω).

> Operationsverstärker sind integrierte Verstärker mit hoher Leerlaufverstärkung, großem Eingangs- und kleinem Ausgangswiderstand.

Die Leerlaufverstärkung ist so hoch, daß eine Eingangsdifferenzspannung unter einem Millivolt ausreicht, um den Verstärker in den Sättigungsbereich zu treiben. Das Verstärkungsverhältnis wird durch die Übertragungs- oder Transferkennlinie dargestellt (**9**.52). In der Praxis setzt man die hohe Verstärkung durch Gegenkopplung (s. Abschn. 9.2.4) auf den gewünschten Wert herab.

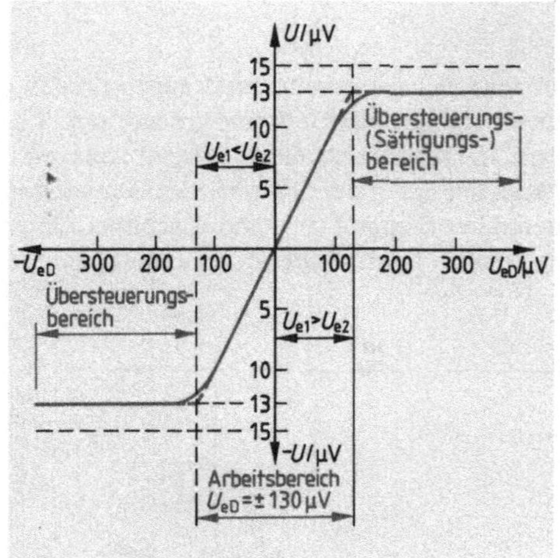

9.52 Übertragungskennlinie

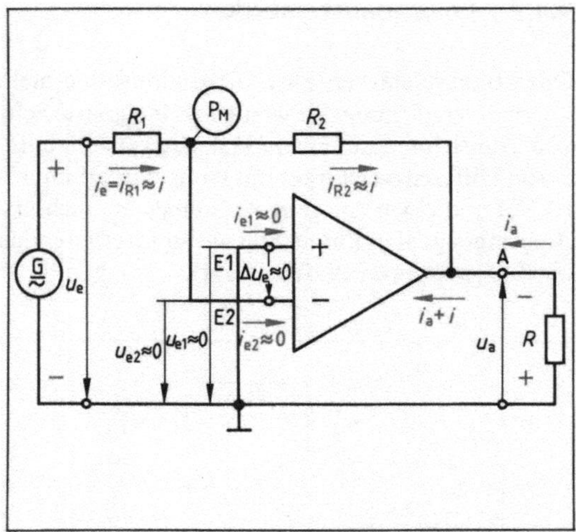

9.53 Schaltung eines Operationsverstärkers als invertierender Verstärker (Umkehrverstärker)

Der Schaltungspunkt P_M hat praktisch Massepotential: virtuelle Masse

Dabei wird ein Teil der Ausgangsspannung über einen Spannungsteiler, bestehend aus dem Gegenkopplungswiderstand R_2 und dem Vorwiderstand R_1, gegenphasig auf den (invertierenden) Eingang zurückgeführt (9.53). Durch die Art der gewählten Gegenkopplung erhält der OP seine Betriebseigenschaften.

> Operationsverstärker werden durch äußere Beschaltung (Gegenkopplung) an die geforderten Betriebsbedingungen angepaßt.

Aus der großen Vielfalt der Anwendungsmöglichkeiten des OP sollen hier nur einige für Regeleinrichtungen wichtige Schaltungen behandelt werden (Umkehr-, Elektrometer- und Substrahierverstärker, Integrierer und Differenzierer).

Der Umkehrverstärker wird am invertierenden Eingang (−) gesteuert (9.53). Er bewirkt daher eine Signalumkehr. Der nichtinvertierende Eingang liegt direkt an oder über einem Widerstand an Masse. Die Gegenkopplung geschieht durch die Widerstände R_1 und R_2.

Versuch 9.8 Ein Operationsverstärker TAB 221 wird nach Bild 9.53 als invertierender Verstärker geschaltet. Über einen Eingangsspannungsteiler legen wir eine kleine Gleichspannung an den Eingang und messen Eingangsspannung u_e und Ausgangsspannung u_a. Danach ändern wir die Eingangsspannung um einen geringen Betrag Δu_e und messen erneut die Spannungen. Die Betriebsverstärkung beträgt $V = -\Delta u_a/\Delta u_e$. Wir ermitteln sie für verschiedene Gegenkopplungswiderstände. Anschließend legen wir eine kleine Wechselspannung an den Eingang des OP und bestimmen die Wechselspannungsverstärkung für verschiedene Gegenkopplungswiderstände. ■

Die Betriebsverstärkung $V = -\dfrac{\Delta u_a}{\Delta u_e}$ (das Minuszeichen kennzeichnet die Phasenumkehrung des Signals) wird bestimmt durch das Verhältnis $\dfrac{R_2}{R_1}$ der Gegenkopplungswiderstände. Wegen der sehr hohen Leerlaufverstärkung genügen extrem kleine Eingangsspannungen zum Ansteuern des OP ($u_{e1} \approx 0$, $u_{e2} \approx 0$, $u_{eD} \approx 0$). Wegen des sehr hohen Eingangswiderstands sind die Eingangsströme extrem klein ($i_{e1} \approx 0$, $i_{e2} \approx 0$). Weil $u_{e2} \approx 0$ ist, hat der Punkt P_M praktisch Massepotential. Der Eingangswiderstand R_e der Schaltung ist damit gleich dem Widerstand R_1, und die Eingangsspannung $u_e \approx i \cdot R_1$. Weil $u_{eD} \approx 0$ ist, ist die Ausgangsspannung $u_a \approx i \cdot R_2$. Die Betriebsverstärkung erhalten wir mit

$$V = -\frac{u_a}{u_e} = -\frac{i \cdot R_2}{i \cdot R_1} = -\frac{R_2}{R_1}.$$

Betriebsverstärkung des invertierenden gegengekoppelten Operationsverstärkers

$$V = -\frac{u_a}{u_e} = -\frac{R_2}{R_1}$$

Eingangswiderstand $R_e = R_1$, Ausgangswiderstand sehr gering

Beispiel 9.8 Ein Operationsverstärker soll die Betriebsverstärkung $V = -80$ und den Eingangswiderstand $R_e = 10\ \text{k}\Omega$ haben. Wie groß muß der Gegenkopplungswiderstand R_2 sein?

Lösung $R_1 = R_e = 10\ \text{k}\Omega$

$$V = -\frac{R_2}{R_1}$$

$$R_2 = -V \cdot R_1 = -(-80) \cdot 10\ \text{k}\Omega = \mathbf{800\ k\Omega}$$

Anwendung. Der Umkehrverstärker wird nicht nur als invertierender OP verwendet, sondern auch als proportional wirkender Regelverstärker (P-Regler).

Der Elektrometerverstärker ist ein nichtinvertierender OP (**9**.54). Er wird am nichtinvertierenden Eingang (+) gesteuert.

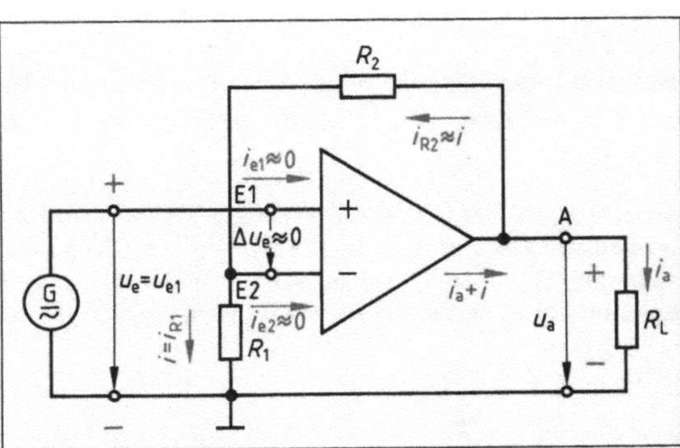

9.54
Schaltung eines Operationsverstärkers als nichtinvertierender Elektrometerverstärker

Versuch 9.9 Der Operationsverstärker TAB221 wird nach Bild **9**.54 als nichtinvertierender Verstärker geschaltet. Wir wiederholen die in Versuch 9.8 durchgeführten Messungen bei verschiedenen Gegenkopplungswiderständen. ■

Die Betriebsverstärkung ist $V = \frac{u_a}{u_e}$. Wegen $\Delta u_e \approx 0$ ist $u_e = u_{e1} = i \cdot R_1$. Ferner ist $u_a = i(R_1 + R_2)$. Die Betriebsverstärkung ist demnach $V = \frac{u_a}{u_e} = \frac{i(R_1 + R_2)}{i \cdot R_1}$. Nach Kürzen durch den gemeinsamen Strom i erhalten wir $V = \frac{u_a}{u_e} = \frac{R_1 + R_2}{R_1} = 1 + \frac{R_2}{R_1}$.

Der Eingangswiderstand der Schaltung ist gleich dem Eingangswiderstand R_{e1} des OP. Er ist damit extrem hochohmig (bis $10^{13}\,\Omega$).

Betriebsverstärkung des nichtinvertierenden gegengekoppelten Verstärkers

$$V = \frac{u_a}{u_e} = \frac{R_2}{R_1} + 1$$

Der Eingangswiderstand ist sehr hoch, der Ausgangswiderstand wie der des Umkehrverstärkers sehr gering.

Beispiel 9.9 Ein Operationsverstärker soll als Elektrometerverstärker mit den Widerständen $R_1 = 1\,\text{k}\Omega$ und $R_2 = 100\,\text{k}\Omega$ betrieben werden. Wie hoch ist die Betriebsverstärkung?

Lösung $V = \frac{u_a}{u_e} = \frac{R_2}{R_1} + 1 = \frac{100\,\text{k}\Omega}{1\,\text{k}\Omega} + 1 = \mathbf{101}$

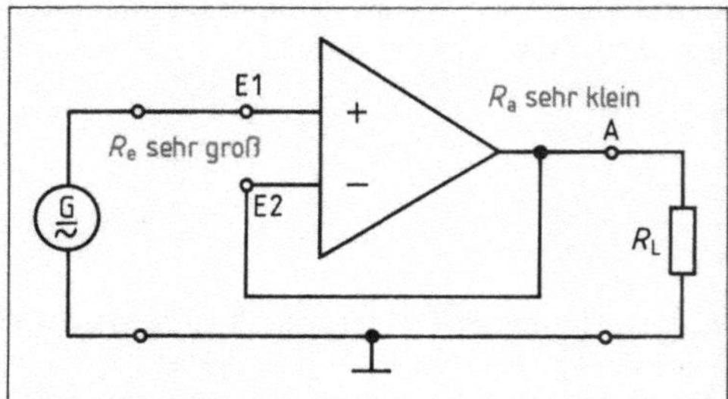

9.55 Operationsverstärker als Impedanzwandler mit der Betriebsverstärkung $V \approx 1$

Anwendung. Wegen des extrem hohen Eingangswiderstands erlaubt der Elektrometerverstärker belastungsarme Spannungsmessungen wie auch Ladungsmessungen. Legen wir den invertierenden Eingang (−) E2 direkt an den Verstärkerausgang (**9.**55), sind $R_1 = \infty$ und $R_2 = 0$, damit die Betriebsverstärkung $V = u_a/u_e \approx 1$. Diese Schaltung hat einen extrem großen Eingangswiderstand R_{e1} und einen kleinen Ausgangswiderstand R_a. Sie wird daher in Wechselstromkreisen wie ein Transistor in Kollektorschaltung als Impedanzwandler verwendet.

Substrahierverstärker. Benutzen wir beide Eingänge des OP als Signaleingänge, erhalten wir als Kombination von Umkehrverstärker und Elektrometerverstärker den Subtrahierverstärker (**9.**56).

Versuch 9.10 Der Operationsverstärker TAB221 wird nach Bild **9.**56 geschaltet. Die Widerstände R_1 bis R_4 wählen wir gleich groß (z. B. 10 kΩ). Wir vergleichen die Ausgangsspannung u_a mit der Eingangsdifferenzspannung Δu_e. Darauf wählen wir die Widerstände so, daß $R_2/R_1 = R_3/R_4$ ist, und vergleichen erneut die Spannungen u_a und u_e für $u_{e1} > u_{e2}$ und für $u_{e1} < u_{e2}$. ■

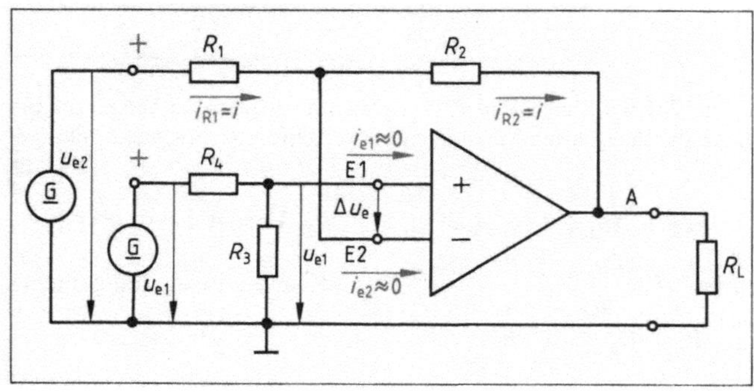

9.56 Operationsverstärker als Subtrahierverstärker

Wir erhalten folgende Ergebnisse:

Bei gleichen Widerständen R_1 bis R_4 ist die Ausgangsspannung u_a gleich der Eingangsdifferenzspannung $\Delta u_e = u_{e1} - u_{e2} = u_a$.

Für $R_2/R_1 = R_3/R_4$ erhalten wir die Ausgangsspannung mit der Formel

$$u_a = \frac{R_2}{R_1}(u_{e1} - u_{e2}) = \frac{R_3}{R_4}(u_{e1} - u_{e2}).$$

Der Subtrahierverstärker verstärkt die Differenz der beiden Eingangsspannungen.

Wählen wir die Widerstände R_1 bis R_4 gleich groß, bildet der Subtrahierverstärker die Differenz der beiden Eingangssignale u_{e1} und u_{e2} ohne Verstärkung: $u_a = u_{e1} - u_{e2}$. Soll die Differenz der beiden Eingangsspannungen verstärkt werden, wählen wir die Widerstände nach der Formel $R_2/R_1 = R_3/R_4$. Für $u_{e1} > u_{e2}$ ist das Ausgangspotential positiv gegen Masse, für $u_{e1} < u_{e2}$ dagegen negativ.

Betriebsverstärkung des Subtrahierverstärkers

$$V = \frac{u_a}{\Delta u_e} = \frac{R_2}{R_1} = \frac{R_3}{R_4}$$

Beispiel 9.10 Ein Operationsverstärker soll als Differenzverstärker die Eingangsdifferenzspannung $\Delta u_e = 5$ mV auf die Ausgangsspannung $u_a = 0{,}2$ V verstärken. Wie groß müssen die Widerstände R_2 und R_4 sein, wenn die Widerstände $R_1 = 10$ kΩ und $R_3 = 100$ kΩ betragen?

Lösung

$$V = \frac{u_a}{\Delta u_e} = \frac{200\,\text{mV}}{5\,\text{mV}} = 40$$

$$V = \frac{R_2}{R_1}$$

$$R_2 = V \cdot R_1 = 40 \cdot 10\,\text{k}\Omega = \mathbf{400\,k\Omega}$$

$$V = \frac{R_3}{R_4}$$

$$R_4 = \frac{R_3}{V} = \frac{100\,\text{k}\Omega}{40} = \mathbf{2{,}5\,k\Omega}$$

Anwendung findet der Subtrahierverstärker als Differenzverstärker und als Vergleicher (Komparator) z. B. in Regeleinrichtungen.

Der Integrierer ist ein invertierender Verstärker, bei dem der Gegenkopplungswiderstand R_2 durch einen Kondensator ersetzt wird (**9.**57a).

Versuch 9.11 Der Operationsverstärker TAB 221 wird nach Bild **9.**57a auf S. 240 an eine Gleichspannungsquelle geschaltet. Eingangsspannung u_e und Ausgangsspannung u_a legen wir an die beiden *y*-Eingänge eines Zweistrahl-Oszilloskops, um die Zeitdiagramme darzustellen (**9.**57b).

Das Zeitdiagramm u_e zeigt den Rechtecksprung, das Zeitdiagramm u_a einen linearen Anstieg über der Zeit bei Schalterstellung „Laden". Der geradlinige Anstieg der Ausgangsspannung setzt sich unabhängig von der

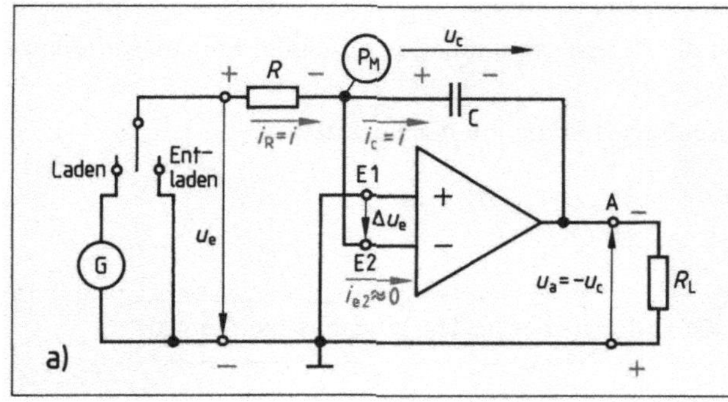

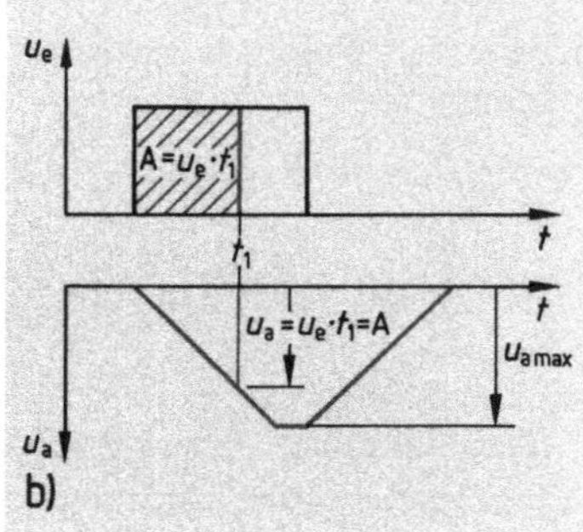

9.57 Integrierer

a) Schaltplan; Schaltungspunkt P_M hat praktisch Massepotential: virtuelle Masse

b) Zeitdiagramm u_e und u_a

$u_{a\,max}$ = maximale Ausgangsspannung

Größe der Eingangsspannung bis zur Sättigungsspannung des OP fort, wenn der Ladevorgang nicht vorher abgebrochen wird. Je größer u_e, desto steiler ist die Anstiegsgerade der Ausgangsspannung u_a. Je größer die Kapazität C des Kondensators, desto flacher verläuft die Anstiegsgerade der Ausgangsspannung. Bei Schalterstellung „Entladen" geht u_a zeitlinear wieder auf Null zurück. ■

Bis zur Sättigungsgrenze der Ausgangsspannung ist deren Zeitwert der Spannungs-Zeit-Fläche der Eingangsspannung proportional: Flächenintegral.

> Die Ausgangsspannung u_a ist der Spannungs-Zeit-Fläche des Eingangssignals proportional. Sie ist das Integral der Eingangsspannung u_e über der Zeit t.

Steht der Umschalter auf „Laden", fließt bei konstanter Gleichspannung u_e ein konstanter Gleichstrom i_R durch den Widerstand R, weil der Schaltungspunkt P_M praktisch auf Massepotential liegt: $i_R = u_e/R\,(u_{eD} \approx 0)$. Wegen $i_{e2} \approx 0$ ist der Ladestrom $i_C = i_R$ = konstant – der OP wirkt wie eine Konstantstromquelle für den Kondensator. Bei Schalterstellung „Entladen" entlädt sich der Kondensator über den Widerstand R mit den konstanten Entladestrom $i_C = i_R$ in der gleichen Zeit wie beim Ladevorgang.

> Der Kondensator wird mit einem konstanten Strom geladen und entladen.

Nach der Zeit t erreicht die Ausgangsspannung den Wert $u_a = -u_C$. Da die Spannung am Kondensator $u_C = Q/C$ und die Ladung des Kondensators $Q = i \cdot t$ sind, erhalten wir die Ausgangsspannung u_a der Schaltung nach der Zeit t mit der Formel

$$u_a = -u_C = -\frac{u_e}{R \cdot C} \cdot t.$$

Beispiel 9.11 Nach welcher Zeit t erreicht ein Integrierverstärker mit dem Kondensator $C = 10\ \mu F$ und dem Widerstand $R = 22\ k\Omega$ die maximale Ausgangsspannung $u_{a\,max} = 13$ V, wenn die Eingangsspannung $u_e = 50$ mV beträgt? Wie hoch ist die Ausgangsspannung des Verstärkers nach $t = 8$ s?

Lösung Nach Umstellen der Formel $u_a = -\frac{u_e}{R \cdot C} \cdot t$ nach der Zeit t erhalten wir die maximale Ladezeit

$$t_{ges} = -\frac{u_{a\,max} \cdot RC}{u_e} = -\frac{13\,\text{V} \cdot 22 \cdot 10^3\,\Omega \cdot 10 \cdot 10^{-6}\,\text{F}}{-50 \cdot 10^{-3}\,\text{V}} = \mathbf{57{,}2\,s.}$$

Die Ausgangsspannung u_a nach der Zeit $t = 8$ s beträgt

$$u_a = -\frac{u_e}{R \cdot C}\, t = -\frac{-50 \cdot 10^{-3}\,\text{V} \cdot 8\,\text{s}}{22 \cdot 10^3\,\Omega \cdot 10 \cdot 10^{-6}\,\text{F}} = \mathbf{1{,}82\,V.}$$

Anwendung. Den Integrierer benutzt man in der Regelungstechnik als integral wirkenden Regelverstärker (I-Regler). Weil er bei rechteckförmiger Eingangsspannung eine dreieck- bzw. trapezförmige Aussgangsspannung liefert, können wir ihn auch als Impulsumformer und Dreieckspannungsgenerator verwenden.

Der Differenzierer entsteht, wenn wir den Widerstand R_1 eines invertierenden OP durch einen Kondensator ersetzen (**9.**58 a).

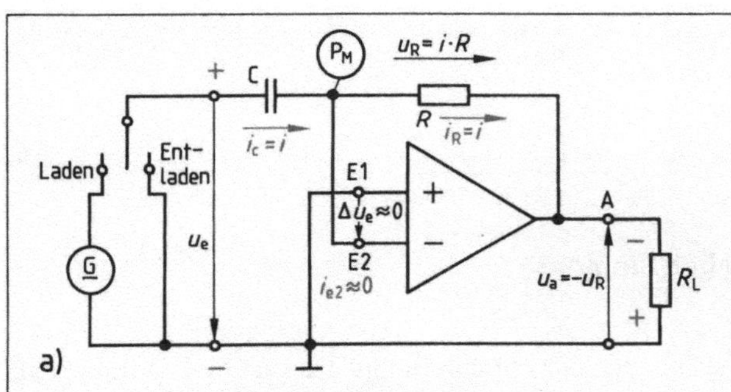

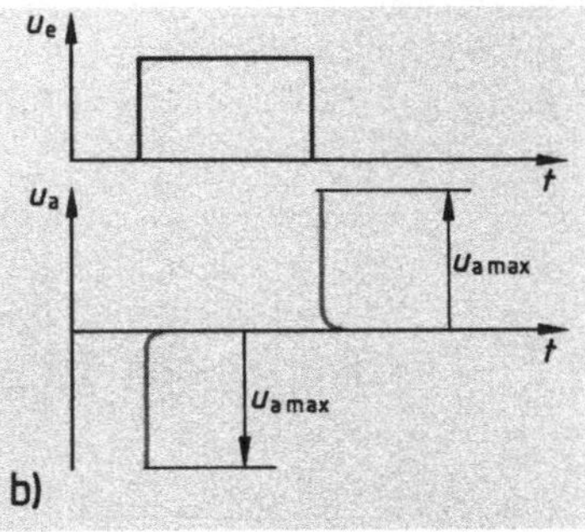

9.58 Differenzierer

a) Schaltplan; Schaltungspunkt P_M hat praktisch Massepotential: virtuelle Masse

b) Zeitdiagramm u_e und u_a ($u_{a\,max}$ = maximale Ausgangsspannung)

Versuch 9.12 Wir wiederholen den Versuch 9.11 mit dem als Differenzierverstärker geschalteten OP. Das Zeitdiagramm der Ausgangsspannung u_a zeigt bei Schalterstellung „Laden" zum Zeitpunkt der Anstiegsflanke der rechteckförmigen Eingangsspannung u_e einen entgegengesetzten Spannungsimpuls (**9.**58 b). Ändert sich die Höhe der Rechteckspannung am Eingang nicht, ist die Ausgangsspannung Null. Bei Schalterstellung „Entladen" zeigt das Zeitdiagramm der Ausgangsspannung u_a zum Zeitpunkt der Abstiegsflanke der Eingangsspannung u_e einen der Eingangsspannung gleichgerichteten Spannungsimpuls. ■

Die Größe der Ausgangsspannung u_a ist proportional der Steigung der invertierten Eingangsspannungskurve u_e. In der Mathematik heißt das Rechenverfahren, mit dem man die Steigung einer Kurve feststellt, Differenzieren.

> Die Ausgangsspannung u_a ist ein Maß für die Steigung der Zeitkennlinie der Eingangsspannung u_e.

Stellen wir den Schalter auf „Laden", fließt durch den Widerstand R kurzzeitig ein Ladestromstoß, bis der Kondensator geladen ist. Weil der Schaltungspunkt P_M fast auf Massepotential liegt ($\Delta u_e \approx 0$), ist die Ausgangsspannung des OP gleich, aber entgegengesetzt der Klemmenspannung u_R des Widerstands. Mit zunehmender Ladung des Kondensators geht der Strom i, damit die

Klemmenspannung am Widerstand und die Ausgangsspannung des OP sehr schnell auf Null zurück. Am OP-Ausgang erscheint ein Spannungsimpuls. Wird der Eingang kurzgeschlossen (Schalter auf „Entladen"), entlädt sich der Kondensator mit der gleichen Geschwindigkeit, mit der er aufgeladen wurde. Da der Entladestromstoß dem Ladestromstoß entgegengerichtet ist, zeigt der Ausgang des OP einen Spannungsimpuls, der dem Ladeimpuls entgegengerichtet ist.

Anwendung. Der Differenzierer wird in der Regelungstechnik in Verbindung mit dem P-Regler (PD-Regler) und dem I-Regler (PID-Regler) verwendet.

Übungsaufgaben zu Abschnitt 9.4

1. Skizzieren Sie den Schaltplan eines Differenzverstärkers und beschreiben Sie seine Wirkungsweise.
2. Erläutern Sie die Wirkungsweise einer Konstantstromquelle.
3. Nennen Sie wichtige Betriebseigenschaften eines Operationsverstärkers.
4. Was versteht man unter der Übertragungskennlinie eines Operationsverstärkers?
5. Beschreiben Sie Schaltung und Betriebsverhalten eines Elektrometerverstärkers.
6. Erläutern Sie Schaltung und Wirkungsweise eines Subtrahierverstärkers.
7. Ein Operationsverstärker soll als Impedanzwandler geschaltet werden. Skizzieren Sie den Schaltplan.
8. Ein Operationsverstärker soll a) als Integrierer und b) als Differenzierer geschaltet werden. Skizzieren Sie die Schaltpläne und erläutern Sie das jeweilige Betriebsverhalten.

9.5 Thyristoren und Triggerschaltelemente

Sie unterscheiden sich von den bisher behandelten Gleichrichtern und Transistoren dadurch, daß sie, um ihren Betriebszustand zu erreichen, durch einen Stromimpuls „gezündet" werden müssen, wobei sie schlagartig vom gesperrten in den leitenden Zustand übergehen.

9.5.1 Thyristoren

Zur Steuerung größerer Spannungen und großer Leistungen sind Transistoren mit wirtschaftlich tragbarem Aufwand nicht mehr einsetzbar. In diesen Fällen benutzt man Thyristoren.

Aufbau und Wirkungsweise. Der Thyristor ist ein steuerbares Halbleiterbauelement. Als Halbleiterwerkstoff verwendet man Silicium. Gegenüber dem Transistor mit drei Halbleiterzonen hat der Thyristor vier in der Reihenfolge NPNP (**9**.59). Sie bilden die drei Sperrschichten Sp 1, Sp 2 und Sp 3.

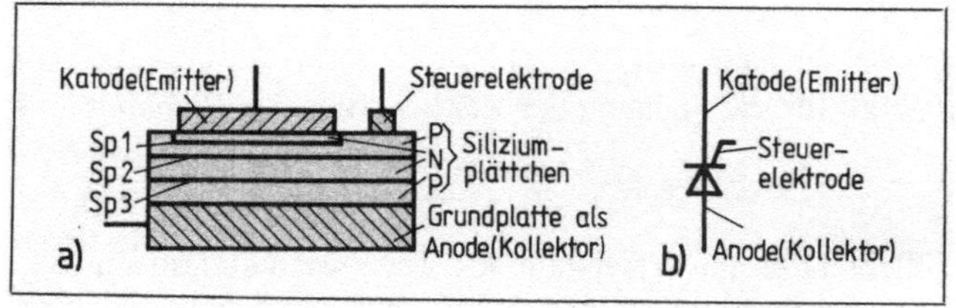

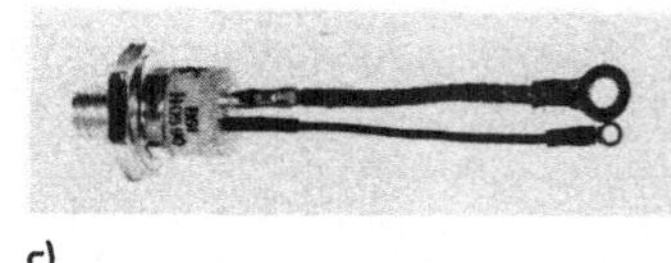

9.59 Thyristor
a) Schnitt durch das Halbleiterelement, b) Schaltzeichen, c) Ansicht ohne Kühlkörper

An der P-Zone zwischen den Sperrschichten Sp 1 und Sp 2 befindet sich die Steuerelektrode, auch Zündelektrode, Gatter (engl. gate) G genannt. Das Thyristorsystem befindet sich in einem Schutzgehäuse, das das System vor mechanischer Beschädigung und atmosphärischen Einflüssen schützt und die Verlustwärme an den Kühlkörper abführt. Bei Leistungshalbleiterelementen haben sich zwei Gehäusebauformen entwickelt, und zwar die einseitig kühlbare Zelle mit Flachboden oder Schraubbolzen (**9**.59 c) und die zweiseitig kühlbare Scheibenzelle.

Das Betriebsverhalten des Thyristors soll der folgende Versuch zeigen.

Versuch 9.13 Ein Thyristor wird entsprechend Bild **9**.60 a geschaltet. Als Verbraucher R möge eine Glühlampe 230 V, 15 W dienen. Wird die Betriebsspannung $U = 250$ V so angelegt, daß die Anode A am Minuspol und die Katode K am Pluspol liegen (eingeklammerte Polaritätszeichen), hat die Steuerspannung U_{GK} keine Wirkung. Der Thyristor ist, unabhängig von der Größe der Steuerspannung, gesperrt.

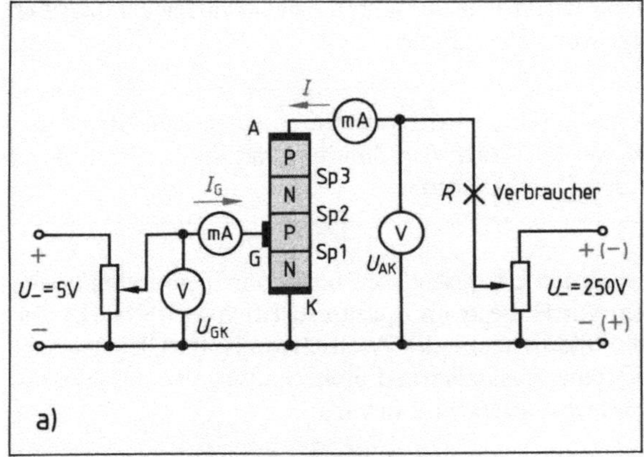

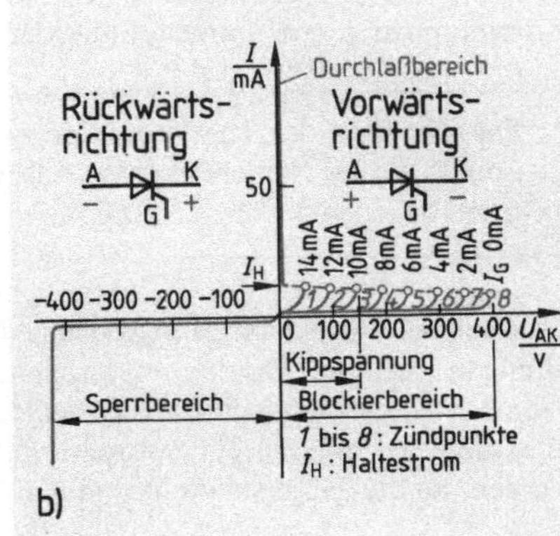

9.60 a) Schaltplan der Versuchsanordnung
b) Kennlinie des Thyristors

Polt man die Betriebsspannung U um und erhöht die Steuerspannung von Wert Null an, wird der Thyristor plötzlich leitend, wenn die Steuerspannung U_{GK} den Wert der Zündspannung $U_Z \approx 1$ V und der Steuerstrom I_G den Wert des Zündstroms $I_Z \approx 8$ mA erreichen. Die Glühlampe leuchtet, und es fließt der Durchlaßstrom $I = 60$ mA. Die Klemmenspannung des Thyristors beträgt nur noch etwa 0,8 V, die Betriebsspannung fällt fast vollständig am Lastwiderstand R ab. Änderung des Steuerstroms oder Unterbrechung des Steuerstromkreises haben keinen Einfluß mehr auf den Thyristor, der seine Sperrfähigkeit erst wieder erreicht, wenn der Durchlaßstrom den Wert des Haltestroms von etwa 10 mA unterschreitet. Messen wir die Betriebsspannung, bei der der Thyristor zündet (Kippspannung) für verschiedene Steuerströme I_G, stellen wir fest, daß die Kippspannung um so kleiner ist, je größer der Steuerstrom ist (Zündpunkte *1* bis *8* in Bild **9**.60 b). ■

Wird die Betriebsspannung U so angelegt, daß die Anode am Minuspol und die Katode am Pluspol liegen (eingeklammerte Polaritätszeichen in Bild **9**.60 a), sind die Sperrschichten Sp 1 und Sp 3 in Sperrichtung, die Sperrschicht Sp 2 dagegen in Durchlaßrichtung gepolt. Der Thyristor wirkt somit wie eine in Sperrichtung gepolte Siliciumdiode (s. Abschn. 12.3 der Elektro-Fachkunde 1). In diesem Fall hat die Steuerelektrode keine Wirkung; es fließt der geringe Sperrstrom. Die maximale Sperrspannung beträgt je nach Typ bis zu 3000 V.

Liegen die Anode dagegen am Pluspol und die Katode am Minuspol der Betriebsspannung U, ist nur die Sperrschicht Sp 2 in Sperrichtung, die Sperrschicht Sp 1 sowie Sp 3 sind dagegen in Durchlaßrichtung gepolt. Ohne Steuerspannung U_{GK} sperrt der Thyristor auch jetzt eine Spannung in Höhe der Sperrspannung, und es fließt ein geringer Sperrstrom. Legt man nun eine Steuerspannung U_{GK} so an, daß die Steuerelektrode positiv gegenüber Katode ist, fließt ein Steuerstrom U_G, da Sperrschicht Sp 1 in Durchlaßrichtung gepolt ist. Vergrößert man die

Steuerspannung auf den Wert der Zündspannung, so daß ein Steuerstrom in der Größe des Zündstroms fließt, wird die Zahl der in die mittlere P-Zone gelangenden Ladungsträger (Elektronen) so groß, daß die mittlere Sperrschicht Sp2 davon überschwemmt und somit leitend wird: Trägerinjektion (Transistor s. Abschn. 9.2). Der Thyristor „zündet" in sehr kurzer Zeit, und es fließt der Durchlaßstrom, der nur noch von der Betriebsspannung U und vom Lastwiderstand R_L abhängt, durch Ändern oder Unterbrechen des Steuerstroms U_G dagegen nicht mehr beeinflußt werden kann.

Anwendung. Der Thyristor ist als gesteuerter Gleichrichter vielseitig anwendbar. Er kann für eine maximale Sperrspannung über 3 kV und bei entsprechender Kühlung für Nennströme über 1 kA hergestellt werden. Daher ist direkter Anschluß an das 400/230-V-Netz möglich.

Zündung des Thyristors. Um den Zündzeitpunkt einwandfrei einstellen zu können, wendet man beim Thyristor Impulssteuerung an. Dabei wird zur gewünschten Zeit ein ausreichend großer Zündstromimpuls erzeugt, der den Thyristor sicher zündet.

> Die Zündung des Thyristors kann zum gewünschten Zeitpunkt durch einen Zündstromimpuls an der Steuerelektrode ausgelöst werden. Nach der Zündung hat die Steuerelektrode dagegen keinen Einfluß mehr auf den Durchlaßstrom.

Löschen des Thyristors. Man versteht darunter den Übergang vom niederohmigen in den hochohmigen Zustand. Thyristoren löschen, wenn ihr Haltestrom I_H unterschritten wird (**9.**60b). Im Wechselstromkreis geschieht dies bei jedem Nulldurchgang des Wechselstroms. Im Gleichstromkreis dagegen müssen Thyristoren mit Hilfe einer zusätzlichen Löschschaltung zwangsgelöscht werden, da der Haltestrom hier in der Regel nicht unterschritten wird.

> Im Wechselstromkreis erfolgt die Löschung des Thyristors bei jedem Nulldurchgang des Wechselstroms. Im Gleichstromkreis ist dagegen Zwangslöschung erforderlich.

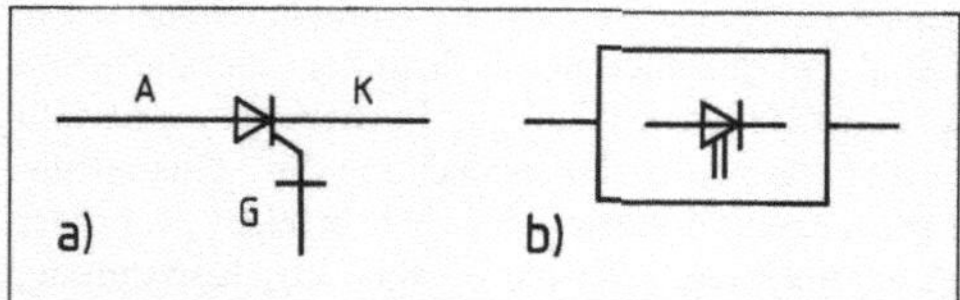

9.61 Schaltzeichen für Thyristoren mit Abschaltmöglichkeit
a) Schaltzeichen eines GTO-Thyristors (A Anode, K Katode, G Gate)
b) Schaltzeichen eines Ventilzweigs mit beliebigem Löschzweig

Abschaltthyristor. Um den Aufwand für eine zusätzliche Löschschaltung zu vermeiden, wurde der Abschaltthyristor entwickelt. Er kann im Wechsel- und im Gleichstromkreis ohne zusätzliche Löschschaltung durch einen Steuerungsimpuls in Sperrichtung gelöscht werden (**9.**61). Man bezeichnet ihn auch als GTO-Thyristor (**G**ate **T**urn-**O**ff). Mit GTO-Thyristoren lassen sich Spannungen bis 1,5 kV und Ströme bis 1 kA schalten.

Schutzmaßnahmen für Thyristoren

Thyristoren sind als Halbleiter-Bauelemente ebenso wie Halbleiterdioden und Transistoren empfindlich gegen zu hohe Ströme und Spannungen. Es sind daher stets Maßnahmen zu ihrem Schutz erforderlich.

Überstromschutz. Der Langzeitschutz (Überlastschutz) erfolgt durch thermische und magnetische Überstromauslöser oder durch Schmelzsicherungen. Der Kurzzeitschutz (Kurzschlußschutz) begrenzt den durch einen Kurzschluß hervorgerufenen Überstrom. Kurzzeitige Stromspitzen (Überlaststrom) dürfen ein Vielfaches des zulässigen Dauerstroms betragen.

> Je größer der Überlaststrom, desto schneller muß der Thyristor abgeschaltet werden.

Hierzu sind superflinke Halbleitersicherungen entwickelt worden (Ultrarapid- bzw. Silizid-Sicherungen).

Der Thyristor kann auch zerstört werden, wenn der Stromanstieg (z. B. beim Einschalten) zu schnell erfolgt. Dabei kann es im Halbleiterkristall nämlich zu lokalen Überlastungen und damit zur Zerstörung des Kristallaufbaus kommen. Die Schnelligkeit des Stromanstiegs wird durch die Stromsteilheit $\mathrm{d}i/\mathrm{d}t$ in A/µs ausgedrückt und die zulässige Stromsteilheit eines Thyristors in seinem Datenblatt angegeben.

> Auch unterhalb des zulässigen Dauerstroms kann der Thyristor durch zu schnellen Stromanstieg zerstört werden.

Zur Begrenzung der Stromsteilheit kann eine zusätzliche Induktivität in Reihe zum Thyristor geschaltet werden (**9**.62).

Überspannungsschutz. Beim Überschreiten der Durchbruchspannung in Sperrichtung kommt es zu einem starken Stromanstieg, durch den der Thyristor zerstört werden kann. Zu hohe Spannungsspitzen treten z. B. bei Schaltvorgängen in der Stromrichterschaltung auf. Auch bei zu schnellem Spannungsanstieg (z. B. bei unerwünschtem Zünden) kann der Thyristor zerstört werden. Hier ist die zulässige Spannungssteilheit $\mathrm{d}u/\mathrm{d}t$ in V/µs zu beachten.

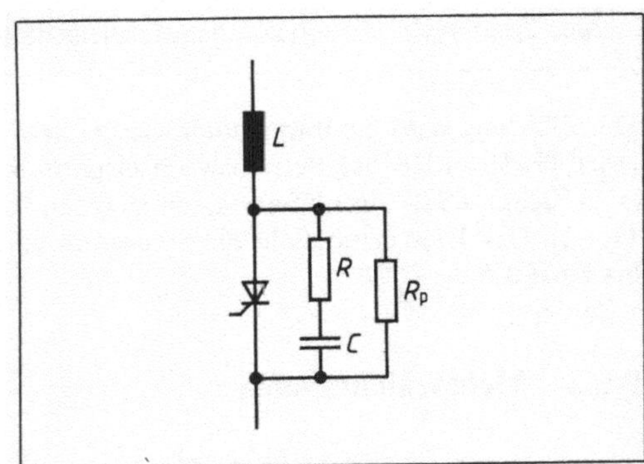

9.62 Schutzbeschaltung für Thyristoren

> Hohe Spannungsspitzen und zu schneller Spannungsanstieg können zur Zerstörung des Thyristors führen.

Unerwünschtes Zünden durch Störimpulse in der Steuerleitung infolge induktiver oder kapazitiver Einstreuungen wird durch magnetische Abschirmung bzw. Verdrillen der Steuerleitung vermieden.

Gegen zu hohe Spannungsspitzen und zu große Spannungssteilheit schaltet man dem Thyristor eine RC-Kombination parallel (**9**.62). Hinzu kommt häufig ein hochohmiger Parallelwiderstand als Entladewiderstand.

Triac. Ordnen wir zwei Thyristorsysteme in Gegenparallelschaltung in einem Siliciumkristall an, erhalten wir einen Zweiwegthyristor – Triac genannt – mit fünf einander abwechselnden P- und N-dotierten Zonen (**9**.63; Triac: Abkürzung für **Tri**ode-**AC**-Switch, d. h. Triodenwechselstromschalter).

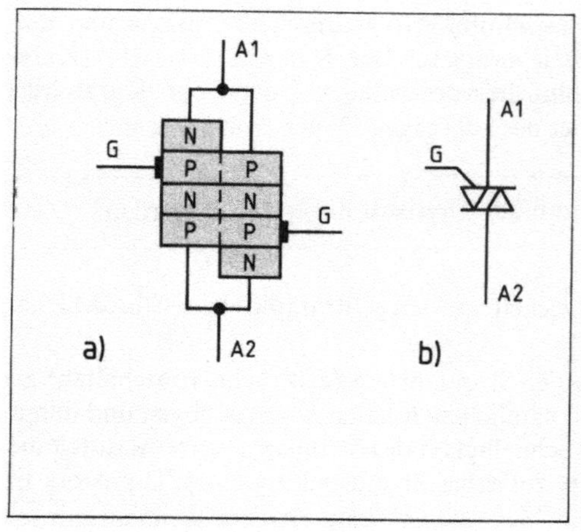

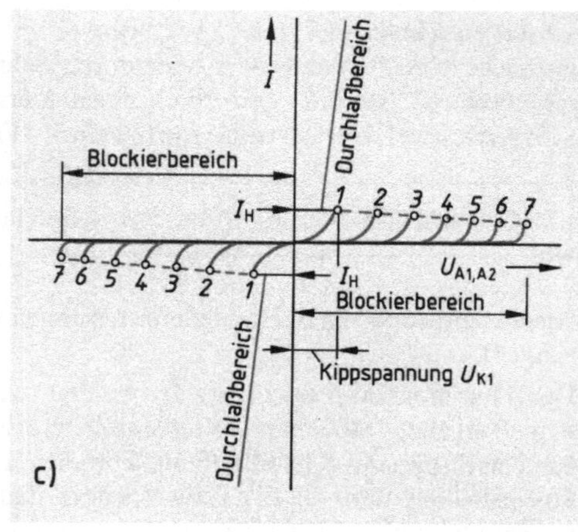

9.63 Triac

a) Schema, b) Schaltzeichen, c) Kennlinie

I_H: Haltestrom

1 bis *7*: Zündpunkte mit Steuerströmen $I_{St1} > I_{St2} > I_{St3} \ldots$ Kippspannungen $U_{K1} < U_{K2} < U_{K3} \ldots$

Der Triac wirkt wie eine Gegenparallelschaltung zweier Thyristoren.

Die Zündung wird bei ihm jedoch wie bei zwei Thyristoren in Gegenparallelschaltung (**9.**62) bei jeder Halbwelle der Betriebswechselspannung mit Steuerimpulsen ausgelöst. Mit einem Diac (s. Abschn. 9.5.2) zusammen lassen sich sehr einfache Steuerschaltungen aufbauen (s. Abschn. 11.1.3). Der Triac ermöglicht die Steuerung von Wechselstromverbrauchern am 400/230-V-Netz bis zu 100 A.

9.5.2 Mehrschichtdioden

Diese Schaltelemente gehen beim Erreichen einer bestimmten Spannung (der Durchbruch-, Zünd- oder Kippspannung) plötzlich vom gesperrten in den leitenden Zustand über. Man nennt sie auch Triggerdioden, da man sie zur Erzeugung von Steuerungsimpulsen für Thyristoren und Triacs verwendet.

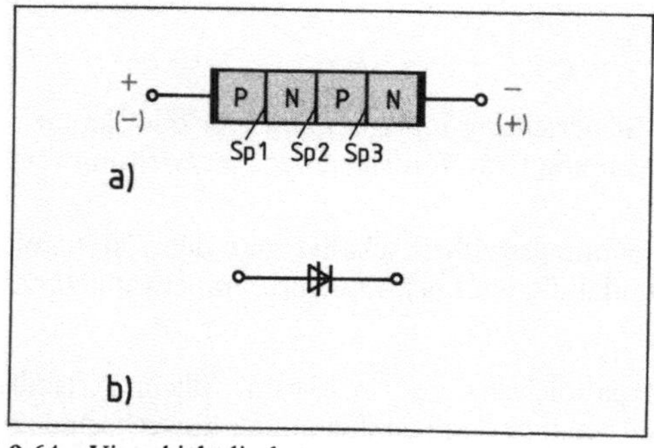

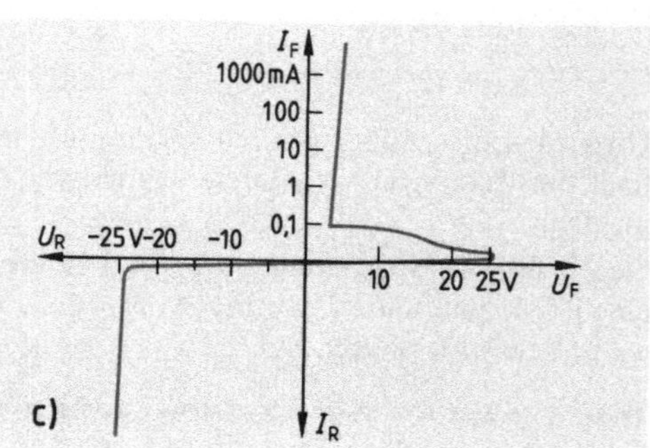

9.64 Vierschichtdiode

a) Aufbau, b) Schaltzeichen, c) Kennlinie

Die Vierschichtdiode kann man als Thyristor ohne Steuerelektrode ansehen (**9.**64). Sie verhält sich wie ein Thyristor ohne Steuerspannung.

Legt man eine Gleichspannung so an, daß der Pluspol an der äußeren P-Zone und der Minuspol an der äußeren N-Zone liegen, sind die äußeren Sperrschichten Sp1 und Sp3 in Durchlaßrichtung, die mittlere Sperrschicht Sp2 dagegen in Sperrichtung gepolt. Bei Erreichen der Kippspannung wird die mittlere Sperrschicht plötzlich leitend; die Vierschichtdicke schaltet durch.

Ihrem geringen Widerstand entsprechend hat sie jetzt als Klemmenspannung die niedrige Durchlaßspannung von weniger als 1 V. Im Durchlaßzustand entspricht ihre Kennlinie der einer normalen Siliciumdiode. In den Sperrzustand gelangt die Vierschichtdiode erst wieder, wenn der Haltestrom unterschritten wird.

Polt man die Spannung um (eingeklammerte Polaritätszeichen), ist die mittlere Sperrschicht Sp2 in Durchlaßrichtung, die Sperrschichten Sp1 und Sp3 sind dagegen ist Sperrichtung gepolt. Jetzt verhält sich die Vierschichtdiode wie eine Siliciumdiode in Sperrichtung; sie zeigt kein Kippverhalten.

> Die Vierschichtdiode zeigt nur in einer Richtung Kippverhalten. Sie ist eine Einweg-Schaltdiode.

Die Kippspannungen handelsüblicher Vierschichtdioden betragen zwischen 20 V und 200 V.

Die Fünfschichtdiode (Diac) entsteht, wenn man zwei Vierschichtdiodensysteme in Antiparallelschaltung auf einem Siliciumkristall anordnet (**9.**65; Diac: Abkürzung für **Di**ode-**AC**-Switch, d. h. Diodenwechselstromschalter). Beim Anlegen einer Wechselspannung blockiert die Fünfschichtdiode unterhalb der Kippspannung in beiden Richtungen. Beim Überschreiten der Kippspannung schaltet sie jedoch in beiden Richtungen durch. Dabei verringert sich ihre Klemmenspannung jeweils bis auf die Durchlaßspannung von weniger als 1 V. Im Durchlaßzustand hat sie dieselbe Kennlinie wie eine normale Siliciumdiode. Den Sperrzustand erreicht die Fünfschichtdiode erst wieder nach Unterschreiten des Haltestroms.

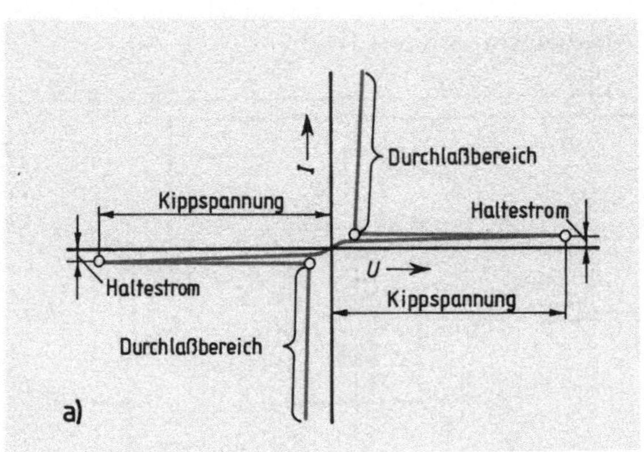

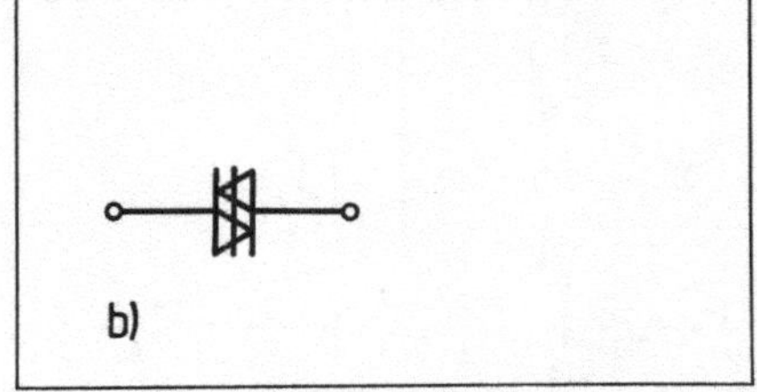

9.65 Fünfschichtdiode oder Diac
a) Kennlinie, b) Schaltzeichen

> Die Fünfschichtdiode – auch Diac genannt – zeigt in beiden Richtungen Kippverhalten. Sie ist eine Zweiwegschaltdiode.

Die Dreischichtdiode kann man sich aus zwei gegeneinander geschalteten Z-Dioden entstanden denken (**9**.66). Eine von beiden Diodenstrecken ist stets in Sperrichtung gepolt. Wie die Kennlinie zeigt, hat auch die Dreischichtdiode Kippverhalten. Bei Erreichen der Durchbruchspannung geht ihre Klemmenspannung um etwa 30% der Durchbruchspannung zurück. Ihr Kippverhalten ist demnach nicht so stark ausgeprägt wie das der Fünfschichtdiode.

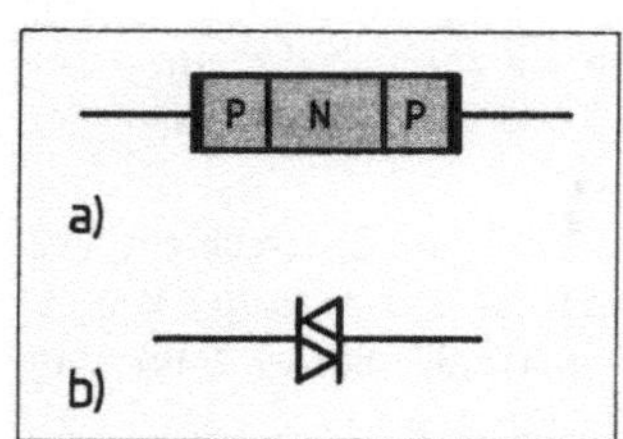

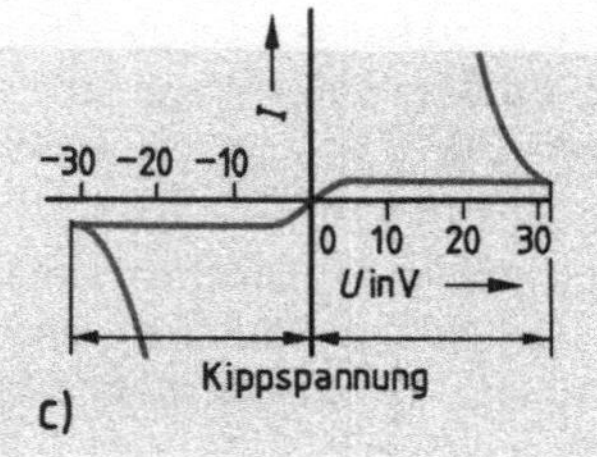

9.66 Dreischichtdiode
a) Aufbau, b) Schaltzeichen, c) Kennlinie

> Wie die Fünfschichtdiode zeigt auch die Dreischichtdiode in beiden Richtungen Kippverhalten. Man nennt sie daher ebenfalls Zweiweg-Schaltdiode oder Diac.

Die Durchbruchspannung der Dreischichtdiode beträgt etwa 30 V.

Werden Mehrschichtdioden als Triggerdioden zum impulsartigen Ansteuern von Thyristoren und Triacs verwendet, stellt man den Zeitpunkt, bei dem sie ihre Kippspannung erreichen, in der Regel mit einem RC-Glied als Phasenstellglied ein (s. Abschn. 11.1.3).

9.5.3 Unijunktion-Transistor

Der Unijunktion-Transistor[1]) – kurz UJT genannt – besteht aus einem N-leitenden Silicium-Stäbchen als Basis mit den beiden einander gegenüberliegenden Basisanschlüssen B_1 und B_2 und einer P-leitenden Zone als Emitter E (**9**.67a, b). Der Kollektor fehlt. Man nennt den UJT deswegen auch Doppelbasistransistor oder Doppelbasisdiode.

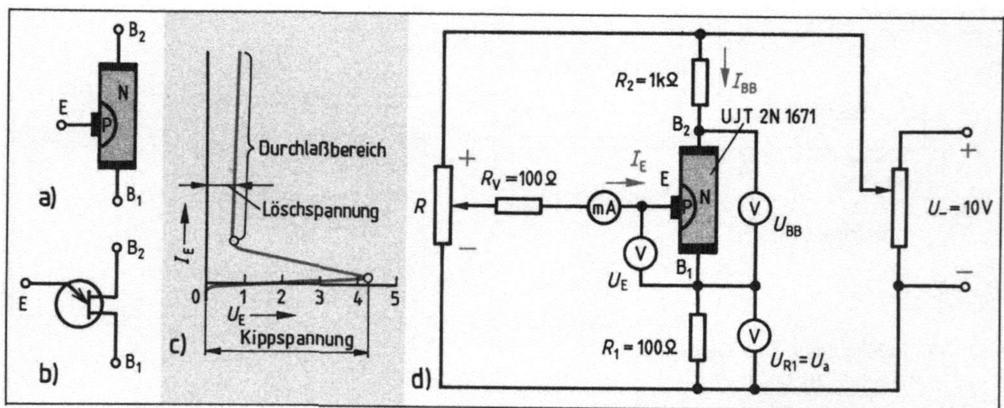

9.67 Unijunktion-Transistor
a) Aufbau, b) Schaltzeichen, c) Kennlinie, d) Schaltplan der Versuchsanordnung

[1]) junction (engl.) heißt Sperrschicht; unijunction (gesprochen junitschanktschn) also: eine Sperrschicht.

Versuch 9.14 Ein UJT wird nach Bild **9.**67 geschaltet. Liegt zwischen den beiden Basisanschlüssen die Betriebsspannung $U_{BB} = 5$ V (auch Zwischenbasisspannung genannt) und befindet sich der Schleifer des Eingangsspannungsteilers R an dessen negativem Ende, fließt ein geringer Emitterstrom I_E in Größe und Richtung des Sperrstroms der UJT-Sperrschicht.

Vergrößern wir nun die Steuerspannung U_E, indem wir den Schleifer in Richtung zum positiven Ende des Eingangsspannungsteilers verschieben, schaltet der UJT bei Erreichen der Kippspannung (hier Höckerspannung genannt) plötzlich durch. Die Spannung U_E verringert sich bis auf etwa 1 V, und der Emitterstrom fließt in Größe des Durchlaßstroms der Sperrschicht zwischen Emitter E und Basis B_1. Dadurch erhöht sich auch der Spannungsabfall U_{R1} im Widerstand R_1, der als Ausgangsspannung U_a abgegriffen werden kann. Vermindert man die Steuerspannung U_E, geht der Durchlaßstrom wieder in den Sperrstrom über, wenn die Steuerspannung die Größe der Löschspannung unterschreitet. Eine Erhöhung der Zwischenbasisspannung U_{BB} hat eine Erhöhung der Kippspannung und eine schärfere Ausprägung des Kippverhaltens zur Folge. ■

Das Verhalten des UJT läßt sich folgendermaßen erklären: Die Strecke $B_1 - B_2$ des N-dotierten Stabs hat den verhältnismäßig hohen Widerstand von etwa 5 bis 10 kΩ und zwischen B_2 und B_1 fließt der geringe Strom I_{BB}. Der Emitteranschluß E teilt diese Widerstandsstrecke in die beiden Teilwiderstände R_{B1-E} und R_{E-B2} und die Betriebsspannung U_{BB} in zwei Teilspannungen. Solange die Steuerspannung U_E kleiner ist als der Spannungsabfall an R_{B1-E}, ist die Sperrschicht in Sperrichtung gepolt. In dem Augenblick jedoch, in dem die Steuerspannung U_E größer wird als der Spannungsabfall an R_{B1-E}, geht die Sperrschicht zwischen E und B_1 in den Durchlaßzustand über, und ihr Widerstand geht auf etwa 20 Ω zurück. Der UJT kippt entsprechend der Kennlinie in Bild **9.**67c in den leitenden Zustand, und es fließt jetzt ein Emitterstrom in der Größe des Durchlaßstroms. Der UJT geht erst dann wieder in den gesperrten Zustand über, wenn die Steuerspannung U_E den Wert der Löschspannung unterschreitet.

> Der Unijunktion-Transistor, UJT, hat wie die Triggerdioden die Eigenschaften eines elektronischen Schwellenwertschalters. Mit dem Aufbau und dem Verhalten eines normalen Transistors hat er nichts gemein.

Man verwendet den UJT zum Ansteuern von Thyristoren. Der Zeitpunkt, bei dem er seine Kippspannung erreicht, kann durch ein RC-Glied in Verbindung mit einer Z-Diode eingestellt werden (s. Abschn. 11.1.3).

Übungsaufgaben zu Abschnitt 9.5

1. Welche unterschiedlichen Einsatzbereiche haben Transistoren und Thyristoren?
2. Beschreiben Sie den Aufbau eines Thyristors.
3. Wie verhält sich ein an der Betriebsspannung liegender Thyristor, wenn keine Steuerspannung an der Elektrode liegt?
4. Auf welche Weise wird der Zündvorgang eines Thyristors eingeleitet?
5. Wann kann ein leitender Thyristor wieder sperren?
6. Welche besonderen Eigenschaften hat ein GTO-Thyristor?
7. Erläutern Sie die Wirkungsweise und Anwendung des Triac und des Diac.
8. Wie kann man einen Thyristor bzw. Triac bei induktiver Last gegen Überspannungen schützen?
9. Vergleichen Sie Aufbau und Wirkungsweise von Unijunction-Transistoren und bipolaren Transistoren.
10. Welche Vorteile hat die Steuerung der Klemmenspannung eines Verbrauchers mit einem Thyristor gegenüber einer Steuerung mit einem Stellwiderstand.
11. Warum ist bei einem Thyristor eine Schutzbeschaltung erforderlich?
12. Beschreiben Sie Möglichkeiten der Schutzbeschaltung von Thyristoren.

9.6 Stromrichterschaltungen

Stromrichter sind Einrichtungen zum Umformen oder zur Steuerung elektrischer Energie unter Verwendung von Stromrichterventilen. Wir unterscheiden folgende Arten von Stromrichtern (**9**.68):

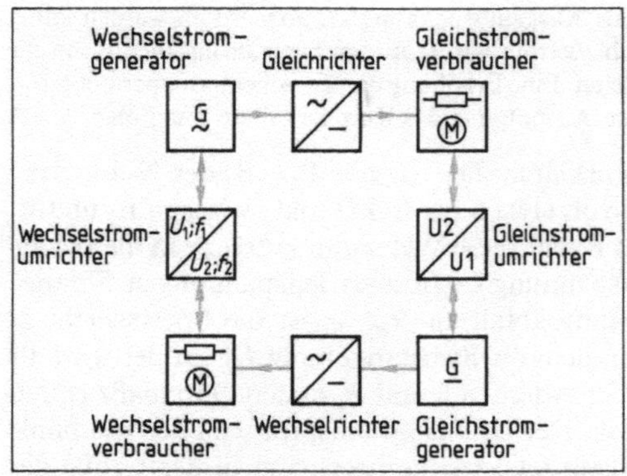

9.68 Stromrichterarten; die Pfeilrichtung gibt die Richtung des Energieflusses an

- **Gleichrichter** – Umformen von Wechselstrom in Gleichstrom,
- **Wechselrichter** – Umformen von Gleichstrom in Wechselstrom,
- **Gleichstromumrichter** – Umformen von Gleichstrom gegebener Spannung und Polarität in solche anderer Spannung und gegebenenfalls umgekehrter Polarität,
- **Wechselstromumrichter** – Umformen von Wechselstrom gegebener Spannung, Frequenz und Strangzahl in solche anderer Spannung, Frequenz und gegebenenfalls anderer Strangzahl.

Bei Gleich- und Wechselrichtern ist die Energieflußrichtung vorgegeben. Bei Gleichstrom- und Wechselstromumrichtern kann die Richtung des Energieflusses wechseln.

9.6.1 Gesteuerte Gleichrichter

Soll der Verbraucher am Wechsel- bzw. Drehstromnetz mit steuerbarem Gleichstrom gespeist werden, verwendet man an Stelle einfacher Gleichrichter Thyristoren. Diese arbeiten in Phasenanschnittsteuerung.

Phasenanschnittsteuerung. Verwendet man als Betriebsspannung eines Thyristors eine Wechselspannung, wird der Durchlaßstrom beim Unterschreiten des Haltestroms jeweils am Schluß einer Halbperiode unterbrochen, und der Thyristor muß nach Wiederkehr der Spannung in Durchlaßrichtung jedesmal erneut gezündet werden (**9**.69). Mit Zündimpulsen öffnet man deshalb zum gewünschten Zündzeitpunkt das Halbleiterventil über eine mehr oder weniger lange Zeit der Halbperiode der Wechselspannung: Anschnittsteuerung. Bei Impulssteuerung kann der Zünd- oder Steuerwinkel α mit dem Steuergerät von $\alpha = 0°$ bis 180° verändert werden. Je größer der Steuerwinkel α, desto kleiner ist der unter der Stromkurve übrigbleibende Gleichstrommittelwert.

> Durch Ändern des Steuerwinkels α lassen sich die linearen Mittelwerte von Ausgangsspannung und -strom und damit die Leistungsaufnahme des Verbrauchers stufenlos steuern.

Beim Steuerwinkel $\alpha = 0$ wirkt der Thyristor wie eine ungesteuerte Diode. Die Ausgangsspannung erhält in diesem Fall das Formelzeichen U_{d0}. Für Steuerwinkel $0° > \alpha > 180°$ erhält die Ausgangsspannung das Formelzeichen $U_{d\alpha}$. Die Abhängigkeit der Ausgangsspannung $U_{d\alpha}$ vom Steuerwinkel α wird durch die Steuerkennlinie dargestellt (**9**.69c).

Bei rein Ohmscher Belastung steigt der Strom im Zündzeitpunkt sprunghaft auf den zugehörigen Augenblickswert, ändert sich darauf proportional der Spannung und erreicht bei $\varphi = 180°$ wieder den Wert Null. In der zweiten Halbperiode sperrt der Thyristor den Strom (**9**.70a).

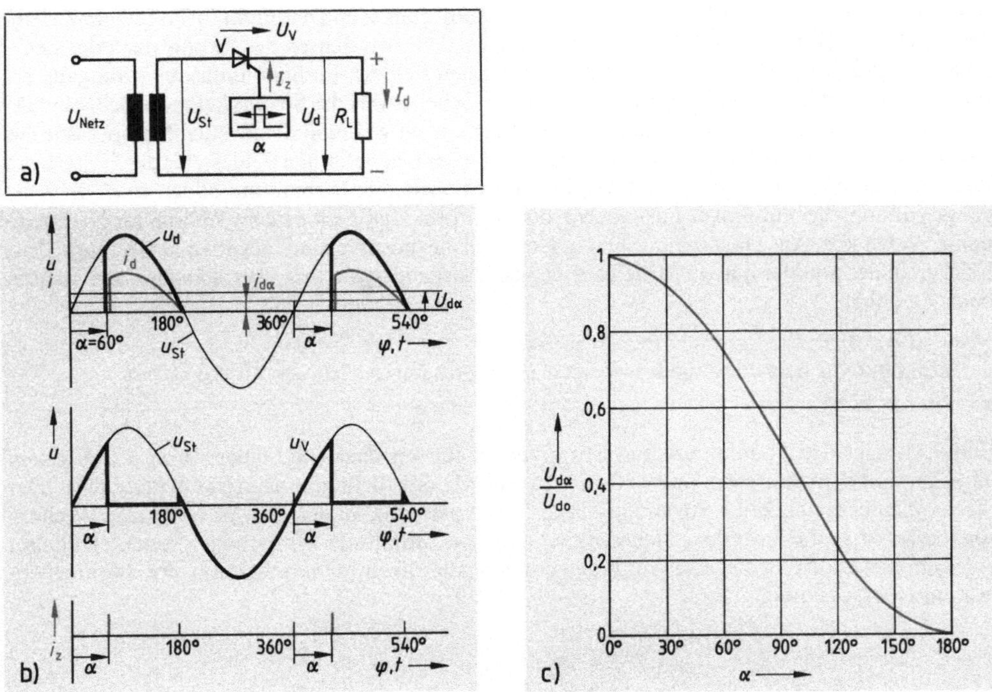

9.69 Ansteuerung eines Thyristors mit Zündstromimpulsen
a) Schaltplan in M1-Schaltung, b) zeitlicher Verlauf von Spannung und Strom, c) Steuerkennlinie

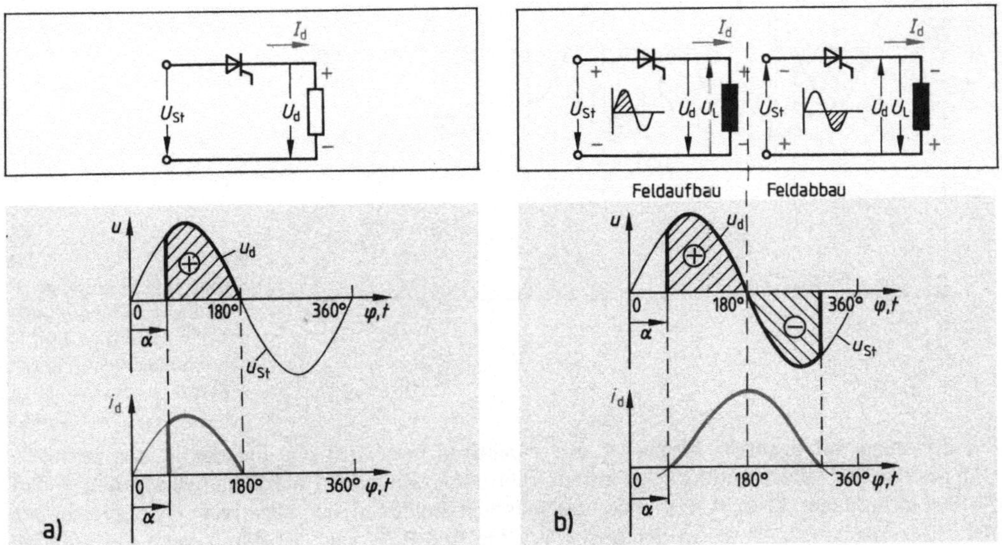

9.70 M1-Schaltung a) mit rein Ohmscher Last, b) mit rein induktiver Last

> **Bei Ohmscher Belastung fließt nur in der positiven Halbperiode der Netzspannung Strom.**

Bei rein induktiver Last (**9.**70b) beginnt der Strom zum Zündzeitpunkt bei Null und steigt verzögert an, weil die Selbstinduktionsspannung U_L dem Anwachsen des Stroms nach der Lenzschen Regel entgegenwirkt (Aufbau des magnetischen Feldes). Im Spannungsnulldurchgang bei $\varphi = 180°$ erreicht der Strom seinen Höchstwert. Im Scheitelwert des Stroms kehrt die Selbstinduktionsspannung U_L ihre Richtung um und treibt den Strom während der zweiten Halbperiode der Netzspannung weiterhin in gleiche Richtung (Abbau des magnetischen Feldes), bis der Haltestrom unterschritten wird. Da der gezündete Thyristor eine leitende Verbindung bildet, folgt die Ausgangsspannung bei induktiver Last auch in der negativen Halbperiode dem Verlauf der Netzspannung, wobei die Ausgangsspannung U_d gleich große positive und negative Spannungs-Zeit-Flächen bildet und der lineare Mittelwert $U_{d\alpha}$ der Ausgangsspannung über den gesamten Steuerbereich Null ist.

Bei induktiver Belastung fließt in beiden Halbperioden der Netzspannung Strom.

Bild **9.**71 zeigt den Spannungs- und Stromverlauf für verschiedene Steuerwinkel α. Bei einem Thyristor mit dem Steuerwinkel $\alpha = 0$ oder bei einer Diode fließt im Lastkreis ein nicht lückender Strom, d.h. es treten keine Strompausen auf. Die Spannung an der Last ist eine reine Wechselspannung. Mit zunehmendem Steuerwinkel wird die Amplitude des Stroms kleiner, es kommt zu einem lückenden Strom. Die Ausgangsspannung des Stromrichters ist dann eine zweifach angeschnittene Spannung.

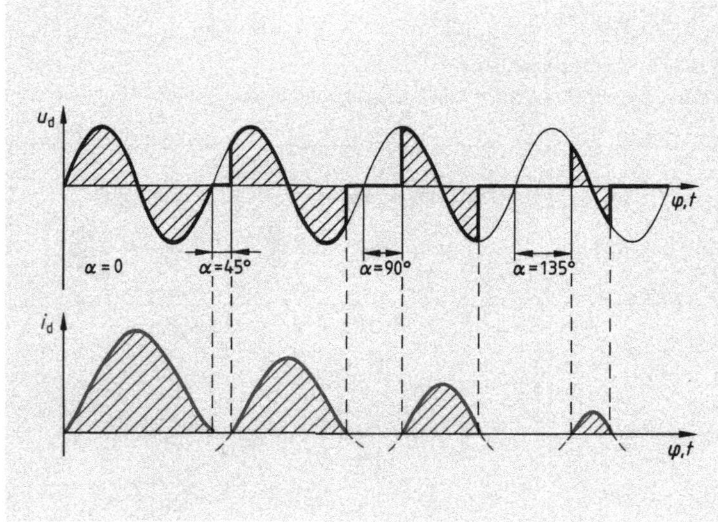

9.71
Strom- und Spannungsverlauf der M1-Schaltung mit rein induktiver Last bei verschiedenen Steuerwinkeln

Bei Belastung mit gemischt Ohmscher und induktiver Last wird ein Teil der in der positiven Halbperiode der Netzspannung zugeführten elektrischen Energie in Wärme umgewandelt, so daß die Stromflußdauer beim Abbau des magnetischen Feldes in der negativen Halbperiode der Netzspannung kürzer ist als in der positiven. Wie Bild **9.**72 zeigt, ist damit auch die negative Spannungs-Zeit-Fläche kleiner als die positive.

Induktive Last mit Freilaufzweig. Wird parallel zur induktiven Last wie in Bild **9.**73 eine Diode geschaltet, hat dies in der positiven Halbperiode der Netzspannung keinen Einfluß. Während der negativen Halbperiode jedoch treibt die Selbstinduktionsspannung U_L den Strom über die

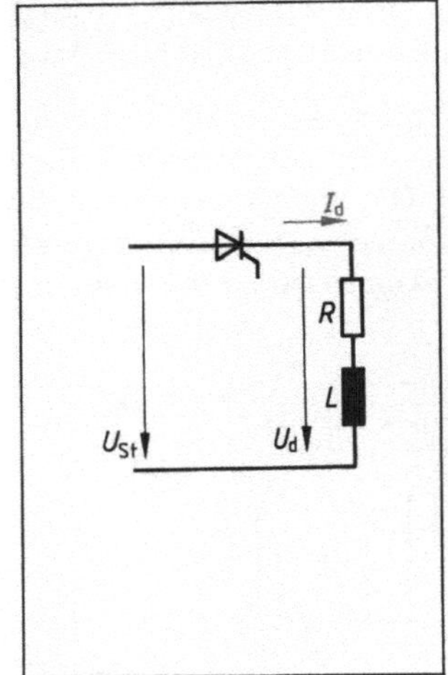

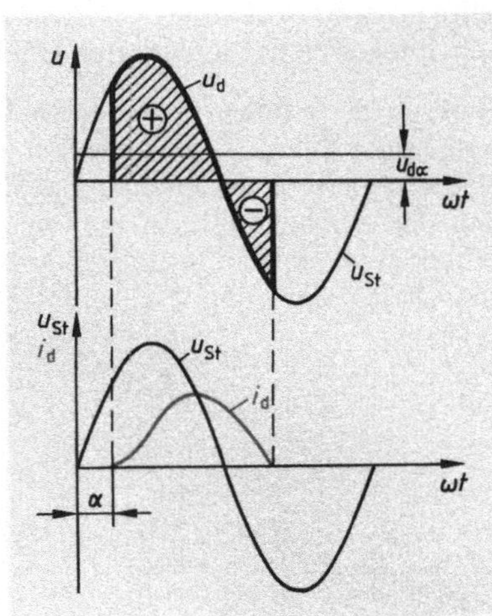

9.72
M1-Schaltung mit gemischt Ohmscher und induktiver Last

Freilaufdiode V2. Der Gleichstrom I_d kommutiert im Nulldurchgang der Wechselspannung vom Thyristor auf den Freilaufzweig, so daß während der negativen Halbperiode kein Strom über den Thyristor und über das Netz fließt. Da der Thyristor in der negativen Halbperiode sperrt, ergibt sich auch keine negative Spannungs-Zeit-Fläche bei Stromrichtern mit Freilaufzweig. Die Verlängerung der Stromflußzeit im Verbraucher erhöht dessen Wirkleistung, die Verkürzung der Stromflußzeit im Netz verringert die aufgenommene Scheinleistung und verbessert damit den Leistungsfaktor. Dieser Vorteil wird erkauft durch die fehlende negative Spannungs-Zeit-Fläche, so daß ein netzgeführter Wechselrichterbetrieb mit Freilaufschaltungen nicht möglich ist.

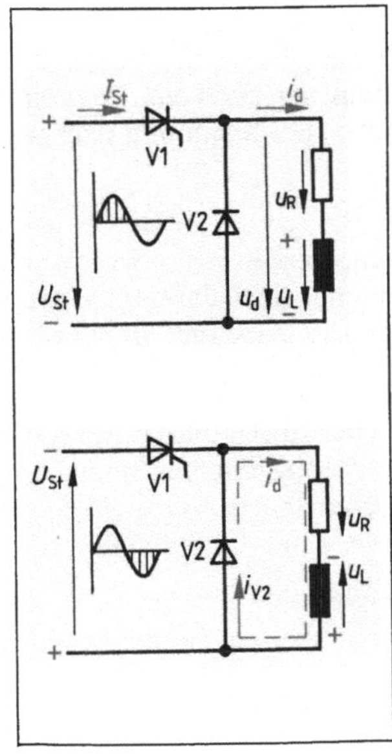

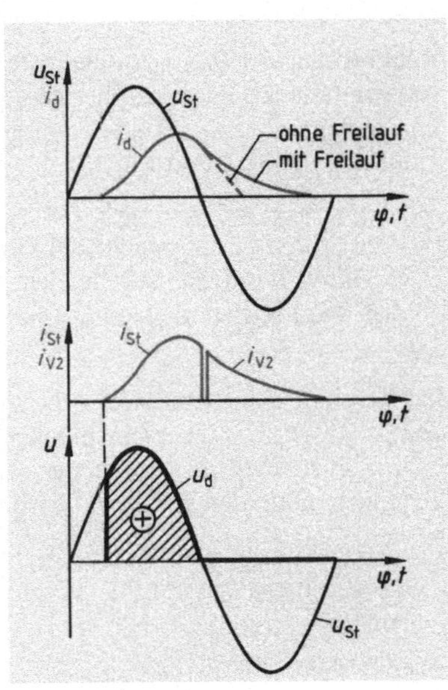

9.73
M1-Schaltung mit Freilauf

> Stromrichterschaltungen mit Freilauf verbessern den Leistungsfaktor, verhindern jedoch netzgeführten Wechselrichterbetrieb.

Wird in der M1-Schaltung der Freilauf durch ein zusätzliches Ventil erreicht, haben halbgesteuerte Schaltungen einen „integrierten" Freilauf. Auch damit ist kein Wechselrichterbetrieb möglich.

Halbgesteuerte Brückenschaltungen. Da bei Brückenschaltungen stets zwei Stromrichterventile in Reihe geschaltet sind, genügt es, nur jeweils eines der beiden in Reihe liegenden Ventile zu steuern: Halbgesteuerte Brückenschaltung (**9.**74). Die Vorteile bestehen außer dem integrierten Freilauf und der erhöhten Wirkleistung im Verbraucher bzw. der verringerten, vom Netz gelieferten Blindleistung, in dem geringeren Aufwand an steuerbaren Stromrichterventilen und der dadurch einfacheren Steuerung.

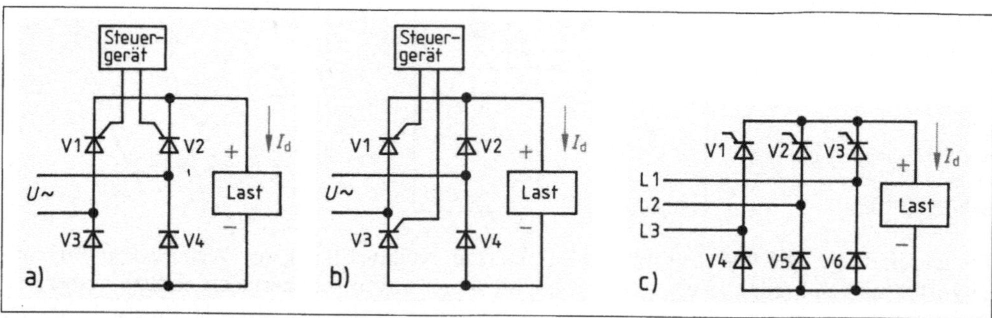

9.74 Halbgesteuerte Brückenschaltungen
a) B2H-Schaltung symmetrisch, b) B2H-Schaltung unsymmetrisch, c) B6H-Schaltung

> Gesteuerte Stromrichter in Brückenschaltung werden meist als halbgesteuerte Brückenschaltungen ausgeführt.

Rückwirkung der Phasenanschnittsteuerung auf das Versorgungsnetz. Der Thyristorstrom setzt bei Anschnittsteuerung gegenüber der Spannung verspätet ein. Das bedeutet, daß die Wechselstromkomponente des Ausgangsstroms gegenüber der Spannung nacheilt, der Thyristor also wie ein induktiver Widerstand wirkt.

> Thyristoren in Phasenanschnittsteuerung wirken auf das speisende Wechselstromnetz wie induktive Blindwiderstände, d. h. sie nehmen auch dann Blindstrom bzw. Blindleistung aus dem Wechselstromnetz auf, wenn der Lastwiderstand ein Ohmscher Widerstand ist.

In Phasenanschnittsteuerung arbeitende Thyristoren und Triacs erzeugen wegen des fortwährenden Schaltbetriebs Oberschwingungen des Stroms und der Spannung, weil die Kurvenform nicht mehr sinusförmig ist. Außer dem Laststrom mit der Grundfrequenz $f = 50$ Hz treten weitere Stromkomponenten auf, deren Frequenz ein ganzzahliges Vielfaches der Grundfrequenz beträgt.

> Bei der Phasenanschnittsteuerung treten Oberschwingungen auf, die in das Netz zurückwirken.

Um die durch die Oberschwingungen bedingten Netzstörungen zu begrenzen, schreiben die Technischen Anschlußbedingungen (TAB) der Elektrizitätsversorgungsunternehmen (EVU) höchstzulässige Anschlußwerte für Verbraucher vor, die mit Phasenanschnittsteuerung betrieben werden (**9.**75).

Tabelle **9.75** **Höchstzulässige Anschlußwerte am 400/230-V-Netz bei Phasenanschnittsteuerung** (Auszug)

Netzanschluß	Motoren Entladungslampen	Glühlampen
symmetrisch		
L1, N	1400 W	700 W
L1, L2, L3, N	2500 W	1200 W
L1, L2, L3	10000 W	3600 W
L1, L2	4500 W	2000 W
unsymmetrisch	400 W	
Leuchten je Haushaltsanlage insgesamt 1000 W		

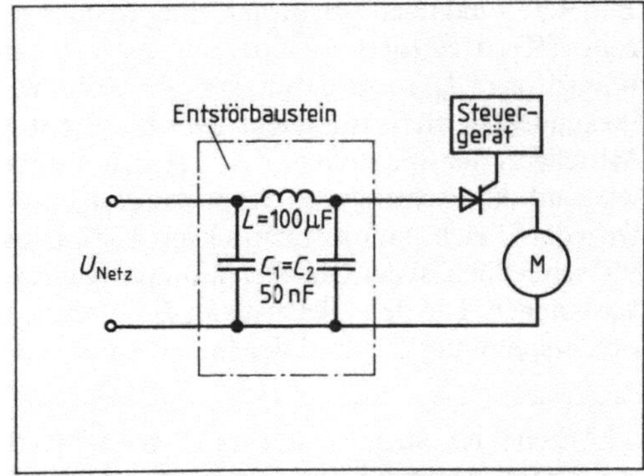

9.76 Entstörnetzwerk als Hochfrequenzfilter

Da die Oberschwingungen bis in den Hochfrequenzbereich hineinreichen, erzeugen sie hochfrequente Störspannungen, die den Empfang benachbarter Rundfunk- und Fernsehempfänger stören können.

> Um Hochfrequenzstörungen durch in Phasenanschnittsteuerung betriebene Verbraucher zu vermeiden, sind diesen Entstörbausteine als HF-Filter vorzuschalten.

Diese Entstörbausteine wirken wie die in Abschn. 9.1.3 behandelten Siebschaltungen, hier jedoch für Hochfrequenz, also oberhalb 100 kHz (**9.**76).

Netzgeführte Wechselrichter

Gleichrichterbetrieb. Bei den netzgeführten Stromrichterschaltungen bestimmt der Verlauf der Netzwechselspannung den Stromübergang von einem Ventil auf das nachfolgend gezündete Ventil: Kommutierung. Bisher haben wir die Verwendung der gesteuerten Stromrichter ausschließlich im Gleichrichterbetrieb behandelt. Dabei wird elektrische Energie vom Wechselstromnetz zum Gleichstromnetz bzw. Gleichstromverbraucher übertragen. Die maximal möglichen Steuerwinkel betragen hierfür $\alpha = 90°$ bei vollgesteuerten und $\alpha = 180°$ bei halbgesteuerten Schaltungen.

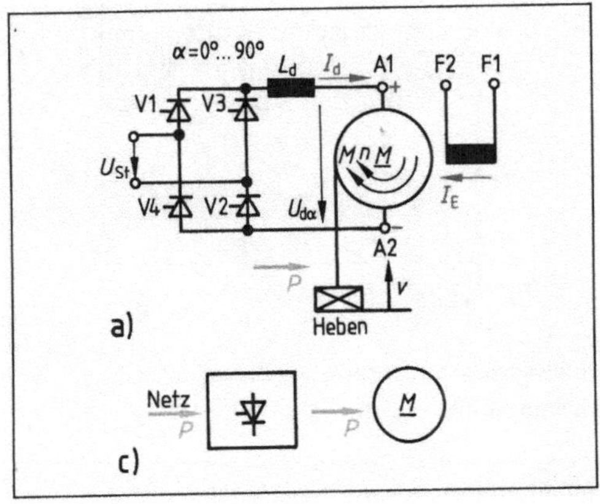

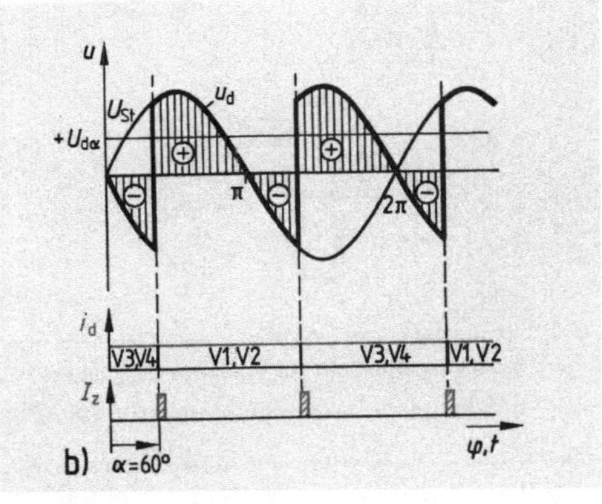

9.77 Gleichrichterbetrieb: Gleichstrommotor mit vollgesteuerter Zweipuls-Brückenschaltung
a) Schaltplan, b) Zeitdiagramme für $\alpha = 60°$, c) Leistungsfluß

Bild **9**.77 a zeigt den Schaltplan eines fremderregten Gleichstrommotors zum Antrieb eines Hebezeugs (Kran, Fördermaschine usw.) mit vollgesteuerter Zweipuls-Brückenschaltung B2. Die Glättungsdrossel L_d sorgt dafür, daß der Verbraucherstrom I_d kontinuierlich fließt und einen nichtlückenden Betrieb ermöglicht. Der Motorbetrieb zum Heben der Last erfordert, daß der lineare Mittelwert der Spannungs-Zeit-Flächen positiv ist, die Spannung $U_{d\alpha}$ am Verbraucher also überwiegend die Richtung des Verbraucherstroms I_d hat (**9**.77 b). Mit zunehmendem Steuerwinkel α wird der Gleichspannungsmittelwert $U_{d\alpha}$ kleiner und die Motordrehzahl n damit geringer. Bei $\alpha =$ 90° schließlich ist der Gleichspannungsmittelwert $U_{d\alpha} = 0$; die Maschine bliebe ohne angekuppelte Last stehen. Die den Gleichstrom I_d treibende Spannung ergibt sich als Differenz aus der Stromrichterspannung $U_{d\alpha}$ und der in der Ankerwicklung induzierten Gegenspannung U_g.

Arbeitet ein Stromrichter im Gleichrichterbetrieb ($\alpha < 90°$), wird elektrische Energie vom Wechselstromnetz zum Gleichstromnetz bzw. -verbraucher übertragen.

Im Wechselrichterbetrieb wird elektrische Energie vom Gleichstromnetz bzw. Gleichstromverbraucher zum Wechselstromnetz übertragen. Voraussetzung hierfür ist, daß eine „aktive" Last vorhanden ist, z. B. eine als Generator arbeitende Gleichstrommaschine (**9**.78). Ein Gleichstrommotor ist hierfür geeignet, weil er z. B. beim Senkbremsen mechanische Energie in elektrische Energie umwandelt und dabei als Generator arbeitet. Beim Senkbremsen werden sowohl der Drehsinn als auch die in der Ankerwicklung induzierte Gegenspannung U_g umgekehrt. Wie beim Gleichrichterbetrieb ergibt sich die den Gleichstrom I_d treibende Spannung aus der Differenz der Stromrichterspannung $U_{d\alpha}$ und der in der Ankerwicklung induzierten Gegenspannung U_g. Mit der Änderung des Steuerwinkels α können wir die Stromrichterspannung $U_{d\alpha}$, dadurch den Gleichstrom I_d und damit das Bremsmoment M steuern. Da sich die Richtung des Drehmoments M (Antriebsmoment beim Heben und Bremsmoment beim Senken der Last) und damit die Stromrichtung nicht ändern, können wir für Gleichrichter- und Wechselrichterbetrieb dieselbe Stromrichterschaltung verwenden.

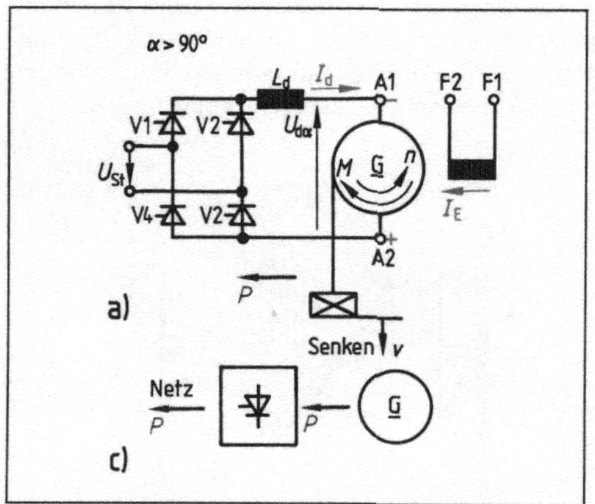

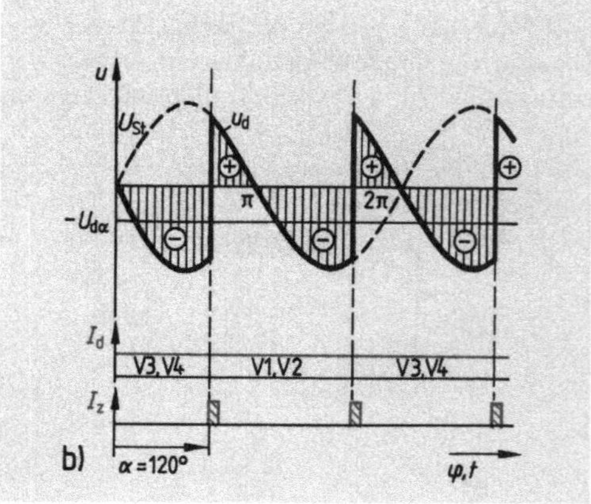

9.78 Wechselrichterbetrieb: Gleichstromgenerator mit vollgesteuerter Zweipuls-Brückenschaltung a) Schaltplan, b) Zeitdiagramme für $\alpha = 120°$, c) Leistungsfluß

Soll der Stromrichter im Wechselrichterbetrieb arbeiten, müssen wir den Gleichspannungsmittelwert $U_{d\alpha}$ umkehren ($\alpha > 90°$).

Voraussetzungen für den Wechselrichterbetrieb. Der lineare Mittelwert $U_{d\alpha}$ der Gleichspannung muß negativ werden und sich gegenüber dem Gleichrichterbetrieb umkehren, indem die negativen Spannungs-Zeit-Flächen größer werden als die positiven ($\alpha = 90°$). Dazu muß von der Gleichstromseite her Energie zugeführt werden. Ferner darf der Haltestrom der Stromrichterventile nicht unterschritten werden, damit die Ventile bis zur Kommutierung nicht löschen. Wir brauchen also einen geglätteten Gleichstrom, der auch in der negativen Halbperiode der Wechselspannung in unveränderter Richtung durch die Stromrichterventile weiterfließt. Mit vollgesteuerten Schaltungen mit Freilaufzweig und mit halbgesteuerten Brückenschaltungen, die einen integrierten Freilauf aufweisen, sind keine negativen Spannungs-Zeit-Flächen und damit kein Wechselrichterbetrieb möglich.

> Im Wechselrichterbetrieb des Stromrichters ($\alpha > 90°$) wird elektrische Energie vom Gleichstromnetz bzw. -verbraucher zum Wechselstromnetz übertragen.

Betrieb von Gleichstrommotoren am Wechselstromnetz

Die Steuerung der Drehzahl n eines fremderregten Gleichstrommotors bzw. eines Gleichstromnebenschlußmotors erfolgt unterhalb der Nenndrehzahl n_N durch Ankerspannungssteuerung, oberhalb n_N durch Feldsteuerung (**9**.79). Im Bereich der Ankerspannungssteuerung wird die Ankerspannung U und damit die Drehzahl n bei konstanter Erregung ($\Phi = \Phi_N$) durch Verändern des Stromrichter-Steuerwinkels α eingestellt. Bei Ankernennspannung U_{AN} ($\alpha = 0°$) hat der Motor im Leerlauf die Leerlauf-Grunddrehzahl n_{Gro}. Im Dauerbetrieb wird der nutzbare unterlegte Bereich des Kennlinienfelds durch den Ankernennstrom I_{AN} begrenzt, der bei Belastung mit dem Nenndrehmoment M_N auftritt.

9.79 Drehmoment-Drehzahl-Kennlinien eines stromrichtergesteuerten fremderregten Gleichstrommotors

Einquadrantenbetrieb (1Q-Betrieb) liegt vor, wenn für den Antrieb weder ein Wechsel des Drehsinns noch ein Wechsel der Drehmomentrichtung erforderlich sind (**9**.80a). Bei einer Pumpe z.B. ist nur der Motorbetrieb im Rechtslauf (I. Quadrant) oder im Linkslauf (III. Quadrant) erforderlich. Hier reicht ein Einfachstromrichter im Gleichrichterbetrieb (**9**.80b auf S. 258), der häufig zum Verringern des Blindleistungsbedarfs in halbgesteuerter Schaltung ausgeführt wird.

> Im Einquadrantenbetrieb arbeitet der Stromrichter nur als Gleichrichter.

Zweiquadrantenbetrieb (2Q-Betrieb). Hier ist zu unterscheiden, ob ein Wechsel des Drehsinns oder der Drehmomentrichtung erfolgen soll.

Hubantriebe mit den Antriebsaufgaben Heben (Motorbetrieb) und Senken (Generatorbetrieb) arbeiten mit einer Drehmomentrichtung bei unterschiedlichen Drehsinn im I. und IV. Quadranten oder im III. und II. Quadranten (**9**.80). Für nur eine Drehmomentrichtung und damit auch nur einer Stromrichtung reicht ein Einfachstromrichter aus. Er muß jedoch vollgesteuert sein, um den Generatorbetrieb zu ermöglichen. Beim Heben arbeitet er im Gleichrichterbetrieb mit den Steuerwinkeln $\alpha = 0$ bis $90°$, beim Senkbremsen im Wechselrichterbetrieb mit $\alpha > 90°$.

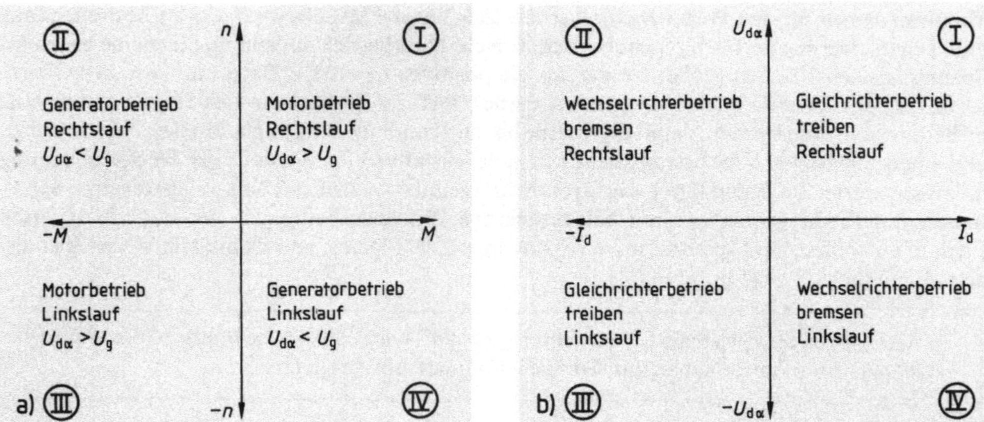

9.80 Betriebsarten von stromrichtergesteuerten Gleichstrommaschinen
a) Betriebsquadranten der Gleichstrommaschine, b) Betriebsquadranten des Stromrichters

Fahrantriebe, Walzen u.a. arbeiten beim Treiben (Motorbetrieb) und beim Nachlaufbremsen (Generatorbetrieb) mit einer Drehrichtung bei unterschiedlicher Drehmomentrichtung im I. und II. Quadranten oder im III. und IV. Quadranten. Wegen des Wechsels der Drehmomentrichtung werden vollgesteuerte Einfachstromrichter mit Schützumschaltung oder vollgesteuerte Umkehrstromrichter verwendet (**9**.81).

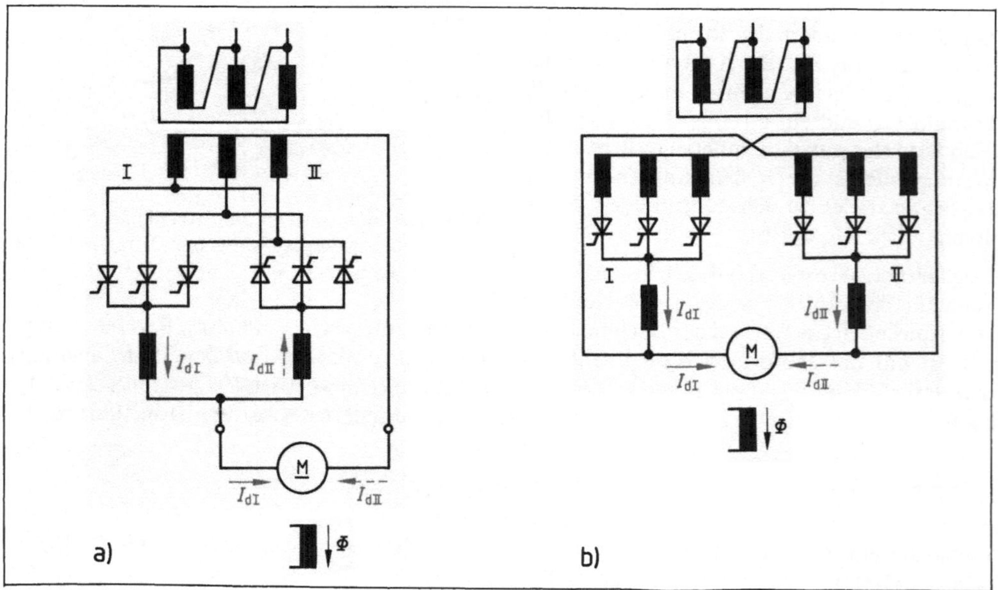

9.81 Umkehrstromrichter
a) Gegenparallelschaltung, b) Kreuzschaltung zweier M3-Stromrichter

> Im Zweiquadrantenbetrieb arbeitet der Stromrichter als Gleich- und Wechselrichter.

Vierquadrantenbetrieb (4Q-Betrieb). Dieser Antriebsfall liegt bei einem Umkehrwalzgerüst oder einem Fahrzeug vor, die z. B. im Motorbetrieb (Treiben) bei Vorwärtsfahrt im I. Quadranten und bei Rückwärtsfahrt im III. Quadranten sowie im Generatorbetrieb (Bremsen) bei Vorwärtsfahrt im II. Quadranten und bei Rückwärtsfahrt im IV. Quadranten arbeiten. Hier sind Wechsel sowohl des Drehsinns als auch der Drehmomentrichtung erforderlich, die durch vollgesteuerte Einfachstromrichter mit Schützumschaltung oder durch vollgesteuerte Umkehrstromrichter ermöglicht werden.

Umkehrstromrichter ermöglichen einen Vierquadrantenbetrieb.

Gesteuerter Gleich- und Wechselrichterbetrieb am Drehstromnetz. Die Wirkung der Anschnittsteuerung auf die Ausgangsspannung U_d eines Dreiphasen-Stromrichters, hier in M3-Schaltung, zeigt Bild **9.**82. Bei Vollaussteuerung mit dem Steuerwinkel $\alpha = 0$ hat die Ausgangsspannung ihren höchsten Wert: $U_d = U_{d0}$. Der Stromrichter verhält sich in diesem Fall wie ein ungesteuerter Gleichrichter (s. Abschn. 9.1.1). Die Kommutierung, d. h. der Stromübergang von einem Stromrichterventil auf das folgende, erfolgt im Schnittpunkt der beiden Strangspannungen (natürliche Kommutierung), so daß der Strang mit dem jeweils höchsten Augenblickswert der Spannung in Durchlaßrichtung stromführend ist. Bei zunehmendem Steuerwinkel α verringert sich die Ausgangsspannung stetig ($U_d = U_{d\alpha}$), wobei der Steuerwinkel stets vom natürlichen Schnittpunkt zweier Strangspannungen aus angegeben wird.

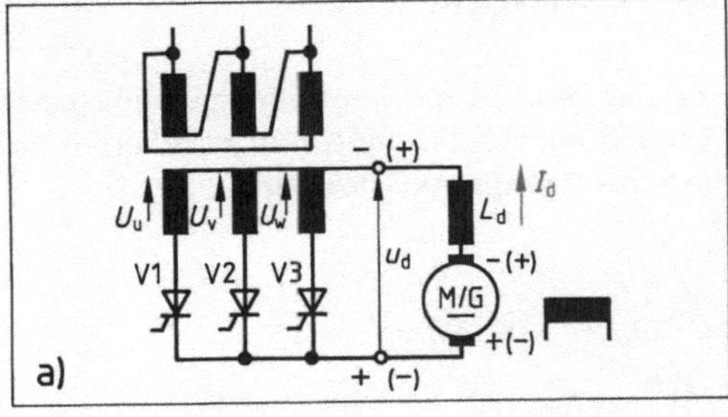

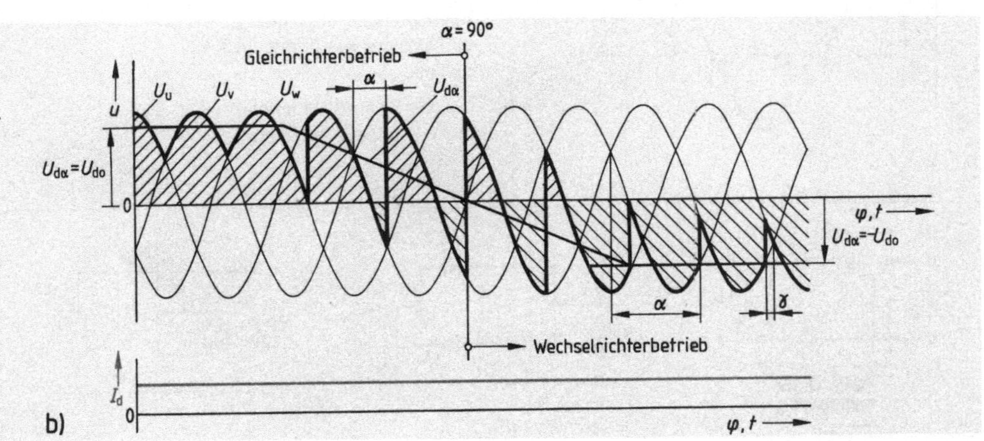

9.82
Umsteuern vom Gleichrichter- in den Wechselrichterbetrieb
a) Dreipuls-Mittelpunktschaltung
b) Spannungs- und Stromverlauf
α Steuerwinkel, γ Löschwinkel

Der Steuerwinkel α wird bei Stromrichtern vom Zeitpunkt der natürlichen Kommutierung an gezählt.

Bei $\alpha = 90°$ ist der Mittelwert der Ausgangsspannung $U_{d\alpha} = 0$. Bei weiterer Vergrößerung des Steuerwinkels über 90° hinaus wird der Mittelwert der Ausgangsspannung negativ und steigt bei zunehmendem Steuerwinkel mit negativem Vorzeichen weiter an. Bei $\alpha = 180° - \gamma$ erreicht die Ausgangsspannung ihren maximal möglichen negativen Mittelwert, wobei der Löschwinkel $\gamma \approx 30°$ die erforderliche Schonzeit (Freiwerdezeit) für die kommutierenden Stromrichterventile sicherstellt. Bild **9.**82 zeigt das Umsteuern eines Stromrichters in M3-Schaltung vom Gleichrichterbetrieb in den Wechselrichterbetrieb. Dabei behält wegen der vorgegebenen Ventilwirkung der Gleichstrom I_d seine Richtung, während sich das Vorzeichen des Mittelwerts $U_{d\alpha}$ der Gleichspannung umkehrt. Im Gleichrichterbetrieb nimmt die als Gleichstrommaschine eingetragene Last Energie aus dem Drehstromnetz auf, im Wechselrichterbetrieb liefert sie Energie in das Drehstromnetz zurück.

Das verlustarme Hochfahren einer Gleichstrommaschine vom Stillstand bis zur Nenndrehzahl geschieht durch Verringern des Steuerwinkels von $\alpha = 90°$ bis $\alpha = 0°$ (Gleichrichterbetrieb).

Die Bremswirkung der Gleichstrommaschine mit Energierücklieferung an das Netz beginnt beim Steuerwinkel $\alpha = 90°$. Sie erreicht ihren maximalen Wert bei $\alpha = 180° - \gamma$ (Wechselrichterbetrieb).

9.6.2 Wechselstromsteller

Für die verlustarme Leistungssteuerung eines Verbrauchers am Wechselstromnetz stehen bei Verwendung von Stromrichtern zwei Verfahren zur Verfügung: die Phasenanschnittsteuerung und die Schwingungspaketsteuerung.

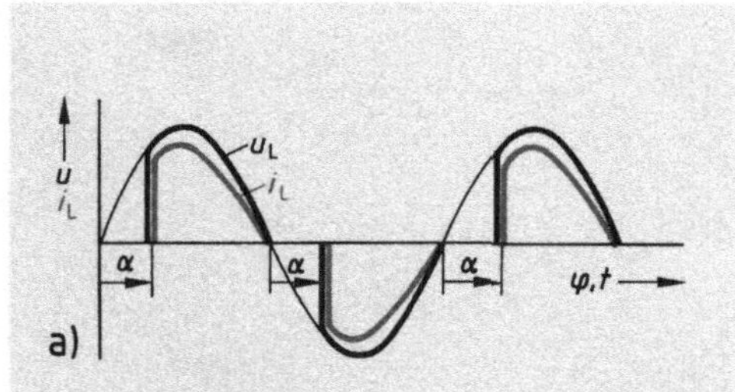

9.83
Wechselstromsteller für Phasenanschnittsteuerung
a) Der Laststrom I_L wird bei jeder Halbperiode neu gesteuert
b) Gegenparallelschaltung
c) Thyristor mit Diodenbrücke
d) Triac

——→ V1 und V4 leitend
- - -→ V2 und V3 leitend

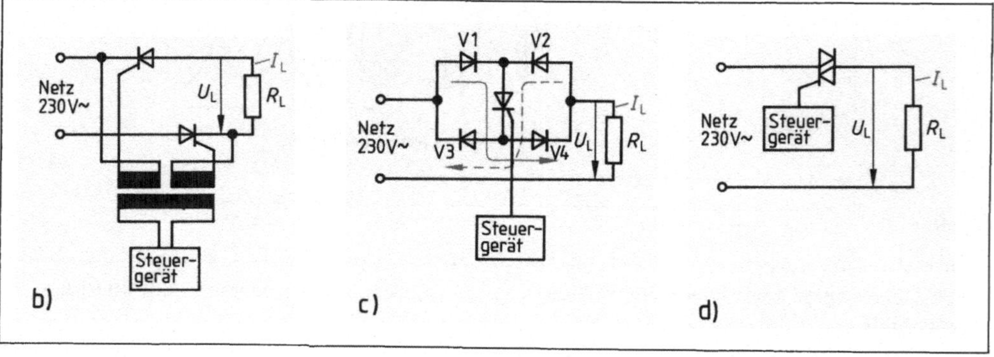

Phasenanschnittsteuerung

Beim Wechselstromsteller in Phasenanschnittsteuerung wird der Laststrom in jeder Halbperiode der Wechselspannung beim Steuerwinkel α neu gezündet (**9**.83a). Man verwendet entweder zwei Thyristoren in Gegenparallelschaltung (**9**.83b), einen Thyristor in Verbindung mit einer Diodenbrücke (**9**.83c) oder einen Triac (**9**.83d). Die beiden Thyristoren in Gegenparallelschaltung erhalten abwechselnd einen Steuerimpuls je Halbperiode der Wechselspannung. Die Schaltung **9**.83c kommt mit einem Thyristor aus. Dieser liegt im Gleichstromzweig der Diodenbrücke und braucht in jeder Halbperiode der Wechselspannung einen Steuerimpuls. Auch der Triac erhält in jeder Halbperiode der Wechselspannung einen Steuerimpuls.

Drehstromsteller für Phasenanschnittsteuerung erhalten je Außenleiter zwei Thyristoren in Gegenparallelschaltung (**9**.84a) oder einen Triac je Außenleiter (**9**.84b). Möglich ist bei fehlendem Neutralleiter jedoch auch die Verwendung von einer Diode und einem Thyristor je Außenleiter in Gegenparallelschaltung (halbgesteuert, **9**.84c) oder einer Gegenparallelschaltung zweier Thyristoren in zwei Außenleitern (Sparschaltung, **9**.84d).

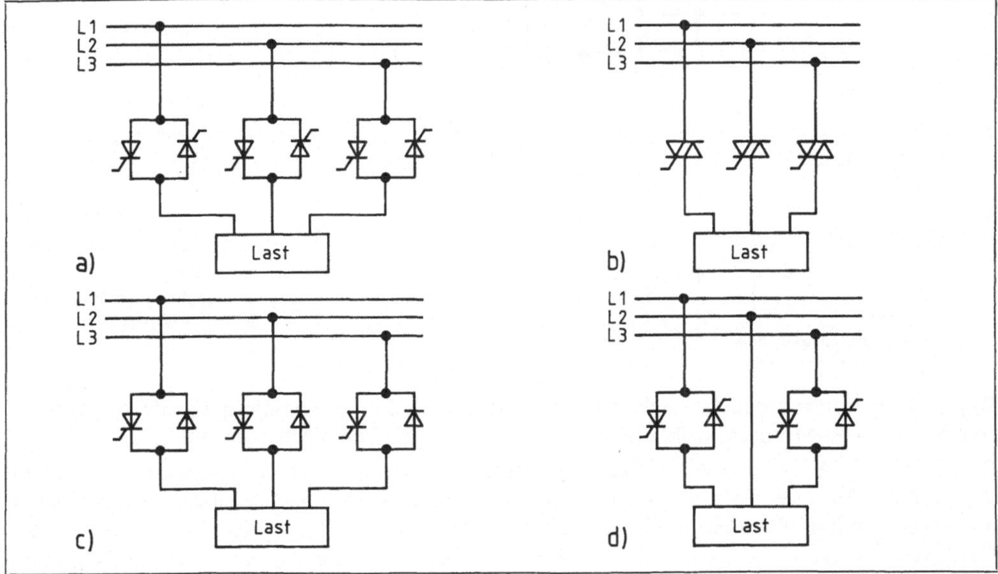

9.84 Drehstromsteller

a) Thyristoren in Gegenparallelschaltung, b) Triacs, c) halbgesteuerte Gegenparallelschaltung, d) Sparschaltung

Bei der Schwingungspaketsteuerung – auch Vielperioden- oder Vollwellensteuerung genannt – wird der Laststrom periodisch für jeweils mehrere Perioden der Wechselspannung ein- bzw. ausgeschaltet (**9**.85a auf S. 262). Je größer die Einschaltdauer t_E im Verhältnis zur Pausendauer t_P ist, desto größer ist die dem Verbraucher zugeführte Leistung. Wird der Wechselstromsteller in der Nähe der Nulldurchgänge des Wechselstroms geschaltet, ist die Entstehung von Oberschwingungen und dadurch hervorgerufene Netzstörungen gering.

Schwingungspaketsteuerungen mit Nullspannungsschalter erzeugen keine Oberschwingungen und damit Störungen des Elektrizitätsversorgungsnetzes.

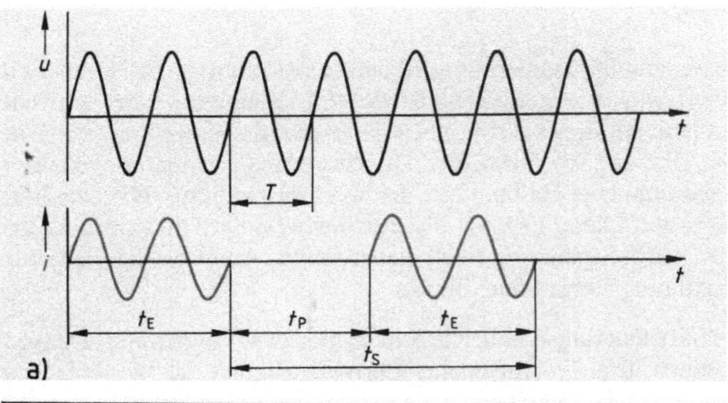

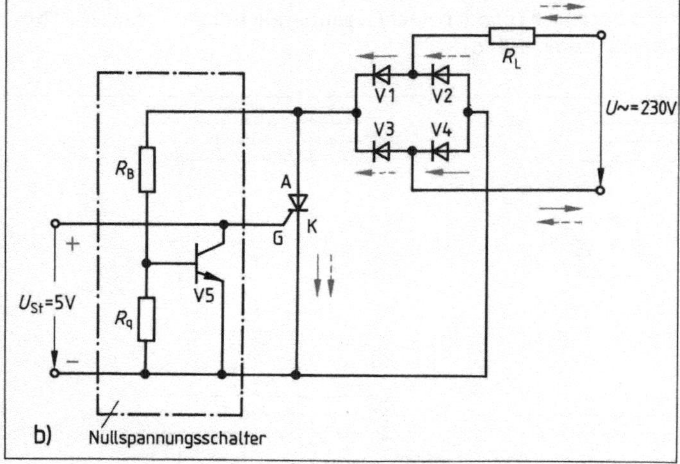

9.85
Schwingungspaketsteuerung
a) Zeitdiagramm
b) Schaltplan
——→ V1 und V4 leitend
- - -→ V2 und V3 leitend
T Periodendauer der Wechselspannung
t_S Dauer der Schaltperiode
t_E Einschaltdauer
t_P Pausendauer

Wegen der geringen möglichen Schaltfrequenz eignet sich die Schwingungspaketsteuerung nicht zum Steuern von Motoren, wohl aber zum Steuern von Widerstandsheizungen.

Bei der in Bild **9.**85b dargestellten Schwingungspaketsteuerung liegen der Lastwiderstand R_L im Wechselstromkreis des Brückengleichrichters, der Schaltthyristor im Gleichstromzweig. Durch den Lastwiderstand fließt ein Wechselstrom, wenn der Thyristor durchgesteuert, also leitend ist. Der Thyristor kann nur dann zünden, wenn die Steuerspannung U_{St} am Gate des Thyristors anliegt. Dies ist jedoch nur möglich, wenn der Steuertransistor V5 gesperrt ist. Da der Basisspannungsteiler aus R_B und R_q des Steuertransistors zwischen Anode A und Katode K des Thyristors liegt, ist der Steuertransistor V5 nur dann gesperrt, wenn der Augenblickswert der Netzspannung $U_\sim$ etwa Null ist ($U_{BE} < 0{,}7$ V). Während des Netzspannungsanstiegs beginnt der Steuertransistor V5 zu leiten, wenn $U_{BE} > 0{,}7$ V ist. Er schließt jetzt die Katoden-Gate-Strecke des Thyristors kurz, der damit seine Zündfähigkeit verliert.

> Der Nullspannungsschalter bewirkt, daß der Thyristor nur dann zündet, wenn der Augenblickswert der Netzspannung bei angelegter Steuerspannung etwa 0 V beträgt.

Die Thyristorzündung wiederholt sich bei angelegter Steuerspannung bei jedem Nulldurchgang der Netzspannung. Durch das Ein- und Ausschalten der Steuerspannung U_{St} werden Einschalt- und Pausendauer des Laststroms gesteuert.

9.6.3 Gleichstromsteller

Zur verlustarmen Drehzahlsteuerung eines Gleichstrommotors am Gleichstromnetz (z.B. bei batteriebetriebenen Fahrzeugen) verwendet man Gleichstromsteller, Chopper. Dies sind Stromrichter, die periodisch ein- und ausgeschaltet werden und dabei eine gepulste Gleichspannung liefern (**9.**86). Der Mittelwert dieser gepulsten Gleichspannung läßt sich mit der Schaltfrequenz des Gleichstromstellers stufenlos verändern und die Drehzahl des Gleichstrommotors damit stufenlos steuern.

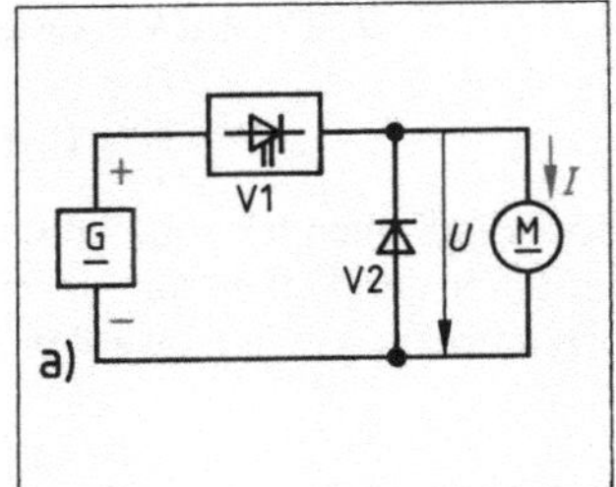

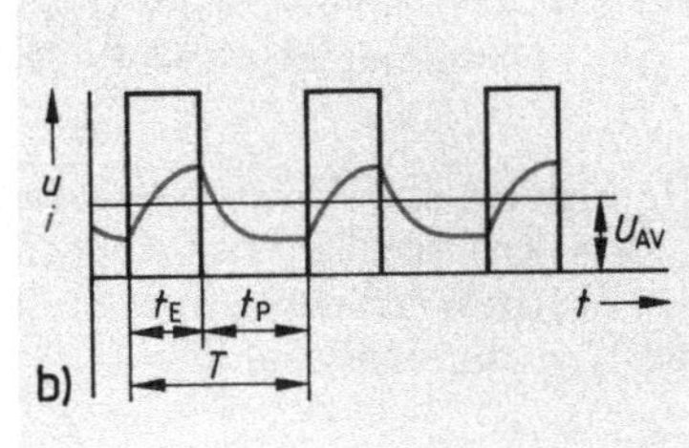

9.86
Gleichstromsteller
a) Prinzipschaltplan
b) Zeitdiagramm
V1 Thyristor mit Löscheinrichtung
V2 Freilaufdiode
T Periodendauer
t_E Einschaltdauer
t_P Pausendauer

Man unterscheidet Pulsfolgesteuerung und Pulsbreitensteuerung.

Bei der Pulsfolgesteuerung ändert sich die Periodendauer T unter Beibehaltung der Einschaltdauer t_E (Pulsbreite, **9.**87).

Bei der Pulsbreitensteuerung ändert sich die Einschaltdauer t_E (Pulsbreite) unter Beibehaltung der Periodendauer T (**9.**88).

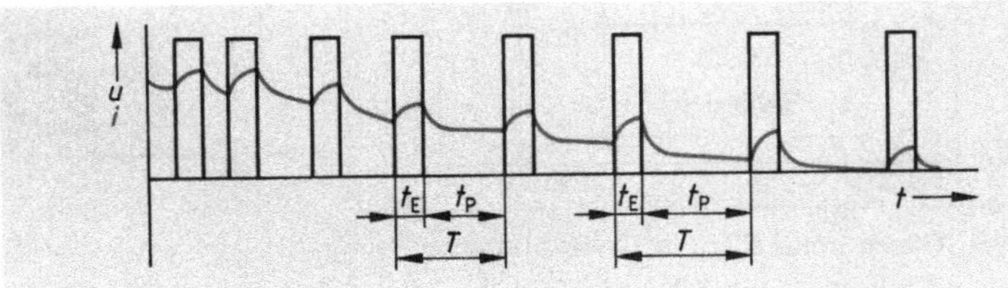

9.87
Pulsfolgesteuerung

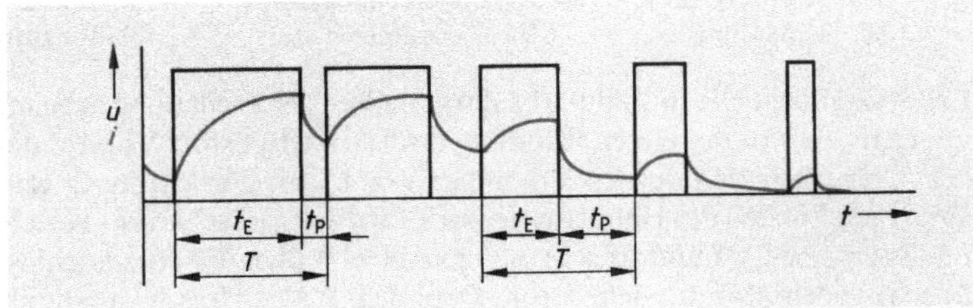

9.88
Pulsbreitensteuerung

> Gleichstromsteller sind gesteuerte Stromrichter (Gleichstrom-Umrichter), mit denen die vom Verbraucher aufgenommene Leistung an Gleichspannung gesteuert werden kann.

Als Gleichstromsteller verwendet man bei geringeren Lastströmen Leistungstransistoren (**9.**89), bei größeren Lastströmen Thyristoren. Bei Verwendung von Thyristoren unterscheidet man Schaltungen mit Abschaltthyristor (**9.**90) und solche mit Thyristorlöschschaltung (**9.**91). Während

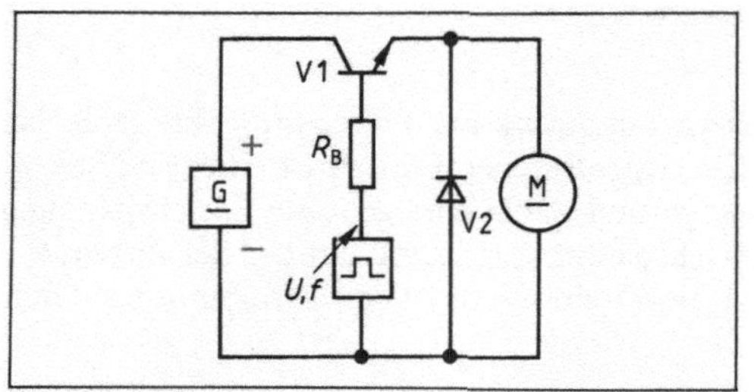

9.89 Gleichstromsteller mit Schalttransistor
V1 Schalttransistor V2 Freilaufdiode

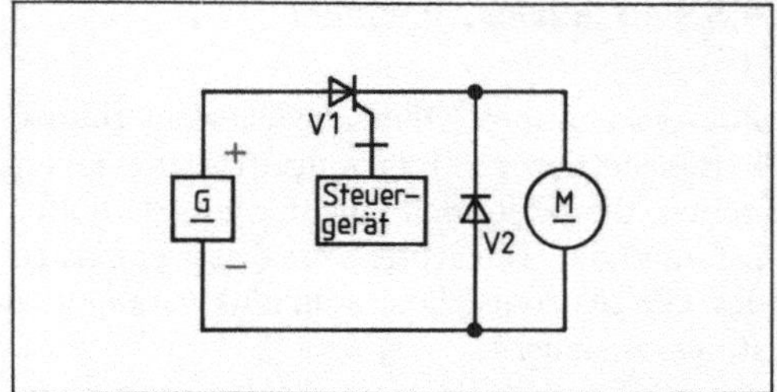

9.90 Gleichstromsteller mit Abschaltthyristor (GTO)
V1 GTO-Thyristor V2 Freilaufdiode

Transistoren und Abschaltthyristoren über die Steuerelektrode abschaltbar sind, muß man beim „normalen" Thyristor den Anodenstrom unter den Haltestrom absenken und dafür sorgen, daß der Thyristor erst nach seiner Freiwerdezeit erneut gezündet werden kann. Diese Aufgabe erfüllt die Thyristorlöschschaltung.

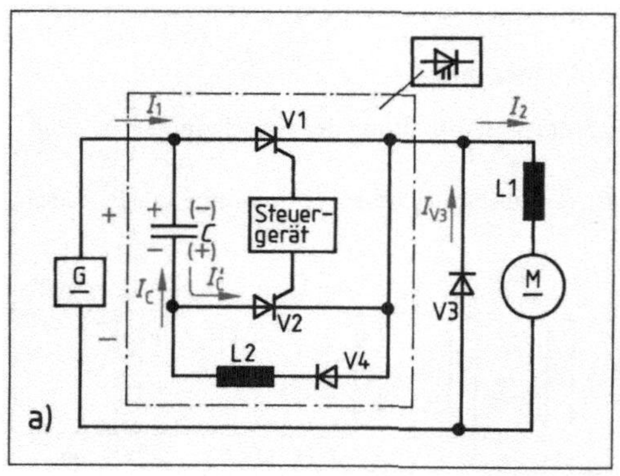

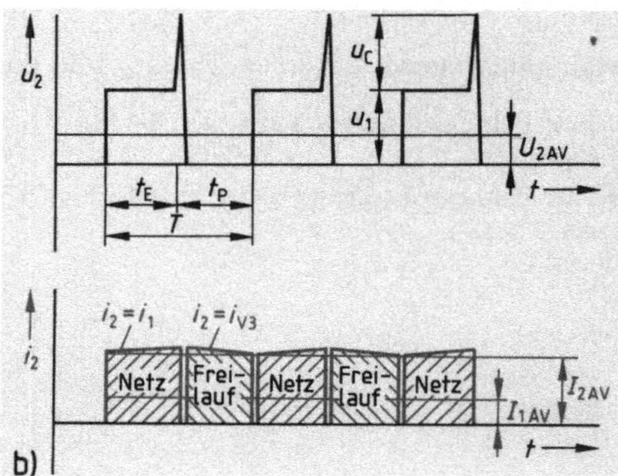

9.91 Gleichstromsteller mit Thyristorlöschschaltung
a) Schaltplan mit Schaltkurzzeichen, b) Spannungs- und Stromverlauf
V1 Hauptthyristor C Löschkondensator V4 Sperrdiode L2 Umschwingdrossel
V2 Löschthyristor V3 Freilaufdiode L1 Glättungsdrossel

Löschschaltung. Die in Bild **9.**91 a dargestellte Löschschaltung arbeitet nach dem Umschwingverfahren. Vor der ersten Zündung des Hauptthyristors V1 wird der Löschthyristor V2 gezündet. Dabei lädt sich der Löschkondensator C mit dem Strom I_C auf die eingetragene Polarität auf. Nach Zünden des Hauptthyristors V1 wird der Löschkreis – bestehend aus Umschwingdrossel L2, Sperrdiode V4 und Löschkondensator C – über V1 kurzgeschlossen. Dabei entlädt sich der Löschkondensator mit dem Strom I_C zunächst. Die Umschwinginduktivität L2 treibt den Strom I_C jedoch weiter, wodurch der Löschkondensator auf die in Klammern eingetragene Polarität umgeladen wird. Die Sperrdiode V4 verhindert ein Zurückschwingen der Energie in dem aus Umschwingdrossel L2 und Löschkondensator C bestehenden Reihenschwingkreis. Durch Zünden des Löschthyristors wird der Löschvorgang eingeleitet. Dabei wird der Löschkondensator C über den Löschthyristor V2 an den Hauptthyristor V1 gelegt. Dieser geht in den Sperrzustand über, weil die Kondensatorspannung U_C in Sperrichtung an V1 liegt. Bei gesperrtem Hauptthyristor V1 lädt sich der Löschkondensator über den Löschthyristor V2 wieder in seiner ursprünglichen Polarität auf, wobei V2 in dem Augenblick wieder in den Sperrzustand übergeht, in dem der Ladestrom I_C des Löschkondensators den Haltestrom von V2 unterschreitet.

Während der Strompausen des Hauptthyristors V1 treibt die Glättungsdrossel L1 auf Grund ihrer Selbstinduktionswirkung den Laststrom $I_2 = I_{V3}$ durch Freilaufdiode V3 und Lastwiderstand.

> Glättungsdrossel und Freilaufdiode sorgen trotz des Chopperbetriebs für einen nichtlückenden Laststrom.

Während der Einschaltzeit t_E fließt ein leicht ansteigender Strom $I_2 = I_1$ durch den Lastwiderstand und während der Einschaltpausen t_P ein sich geringfügig verringernder Strom $I_2 = I_{V3}$ im Freilaufzweig. Der Mittelwert U_{2AV} der Ausgangsspannung ergibt sich aus dem Tastgrad $g = t_E/T$ mit der Formel

$$U_{2AV} = \frac{t_E}{T} U_1.$$

Durch Ändern des Tastgrads kann man die Höhe der Ausgangsspannung des Gleichstromstellers und damit die Drehzahl des Gleichstrommotors steuern.

Energierücklieferung beim Bremsbetrieb. Mit der Schaltung **9**.92a liefert die Gleichstromquelle Energie an den Gleichstrommotor. Soll der Motor gebremst werden (z.B. bei einem Fahrzeug- oder Kranmotor), kann er bei geeigneter Schaltung Energie an die Quelle bzw. an das Netz zurückliefern: Nutzbremsung. Bei der Energierücklieferung wirkt der Motor als Generator, wobei die Spannung ihre Richtung beibehält, der Strom seine Richtung jedoch umkehrt. Der nun als Generator wirkende Motor behält seinen Drehsinn unter diesen Umständen ebenfalls bei (**9**.92b). Die für den Bremsbetrieb geeignete Schaltung des Gleichstromstellers zeigt Bild **9**.92b. Wird der parallel zum Motor liegende Thyristorschalter V1 gezündet, steigt der Laststrom I_2 an. Dabei wird in der Glättungsinduktivität L Energie gespeichert. Nach dem Löschen des Thyristorschalters V1 fließt der Laststrom I_2 über die Sperrdiode V2 auch gegen die höhere Gleichspannung U_1 in die Gleichspannungsquelle zurück, weil die Selbstinduktionsspannung der Glättungsdrossel L jetzt zusätzlich in Stromrichtung wirkt. Bei erneutem Zünden des Thyristor-

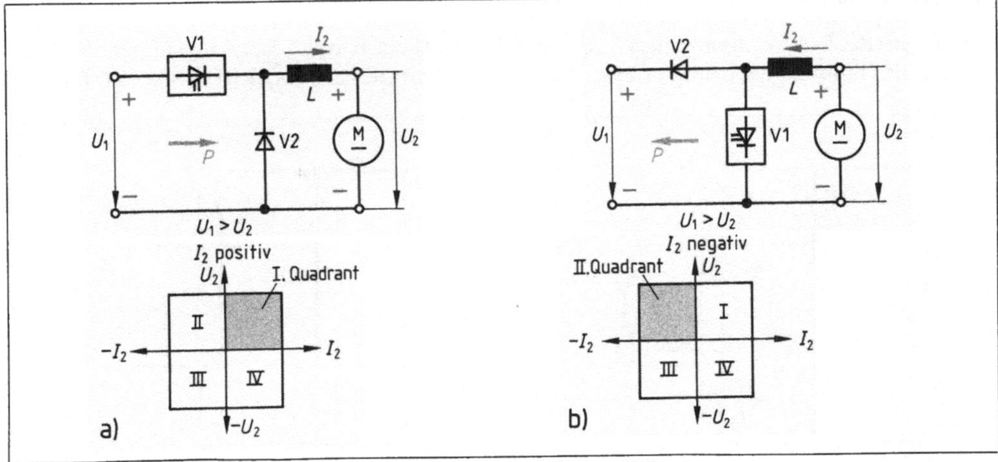

9.92 Gleichstromsteller mit Gleichstrommaschine ohne Umkehr des Drehsinns (Einquadrantenbetrieb)
a) Fahrbetrieb, b) Bremsbetrieb

schalters V1 übernimmt dieser wieder den Strom. Die Sperrdiode V2 verhindert dabei ein Kurzschließen der Gleichspannungsquelle U_1.

Kombiniert man die Schaltungen für Fahrbetrieb und Bremsbetrieb, erhält man einen Gleichstromsteller für Zweiquadrantenbetrieb mit Stromumkehr (**9**.93).

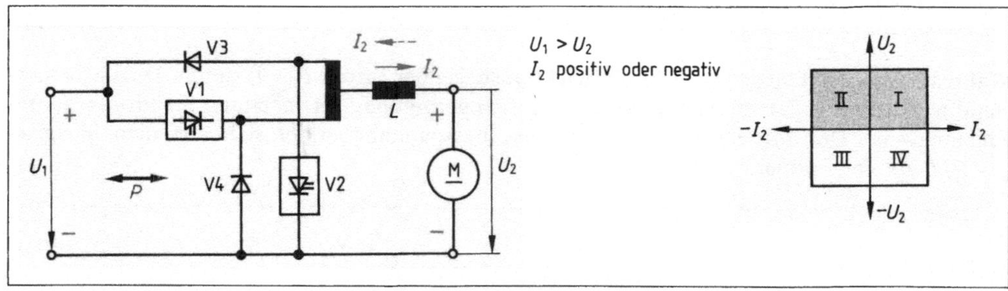

9.93 Zweiquadrantenbetrieb mit Stromumkehr (Fahr- und Bremsbetrieb)
⟶ Stromrichtung für Fahrbetrieb, ←-- für Bremsbetrieb

> Im Zweiquadrantenbetrieb mit Stromumkehr erfüllt der Gleichstromsteller die Funktion eines Gleichstromumrichters.

Die Schaltung **9**.93 läßt sich noch erweitern für den Betrieb eines Motors, der Fahr- und Bremsbetrieb in beiden Drehrichtungen umfaßt. In diesem Fall werden alle vier Betriebsquadranten genutzt: Vierquadrantenbetrieb.

9.6.4 Selbstgeführte Wechselrichter

Mit einem selbstgeführten Wechselrichter können wir einen Wechselstromverbraucher am Gleichstromnetz betreiben. Der selbstgeführte Wechselrichter muß mit löschbaren Stromrichterventilen (Transistor, Thyristor mit Löschschaltung oder Abschaltthyristor GTO) versehen sein, die im gewünschten Takt angesteuert werden.

Wirkungsweise. Das Wechselrichterprinzip zeigt Bild **9.94** am Beispiel eines einphasigen Wechselrichters für Ohmsche Belastung in Brückenschaltung. Statt der Stromrichterventile sind hier zur

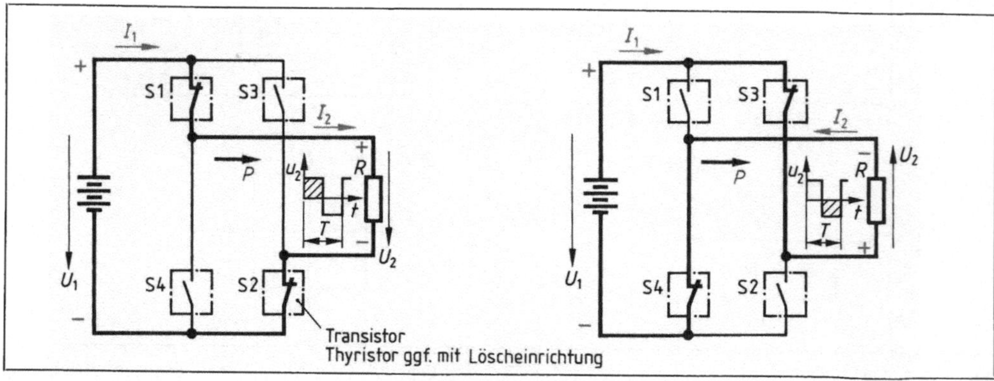

9.94 Wirkungsweise des selbstgeführten Wechselrichters in Brückenschaltung mit Ohmscher Last

Vereinfachung Schalter verwendet. Am Ausgang des Wechselrichters entsteht eine rechteckförmige Wechselspannung, wenn die Schalter S1 und S4 sowie S2 und S3 paarweise abwechselnd betätigt werden. Die Frequenz f bzw. die Periodendauer T der Ausgangswechselspannung U_2 wird durch den Schalttakt gesteuert.

> Selbstgeführte Wechselrichter formen Gleich- in Wechselspannung um. Frequenz bzw. Periodendauer der Wechselspannung werden durch den Schalttakt des Steuergeräts bestimmt.

Zur Speisung von Blindleistungsverbrauchern muß die Schaltung erweitert werden. In der Schaltung **9**.95 werden statt der mechanischen Schalter die Transistoren V1 bis V4 verwendet, die wie die Schalter paarweise diagonal angesteuert werden. Antiparallel zu jedem Transistor ist eine Rückstromdiode geschaltet. Die Rückstromdioden D1 bis D4 werden paarweise diagonal leitend, wenn das Magnetfeld des induktiven Verbrauchers abgebaut wird und die Selbstinduktionsspannung den Strom gegen die speisende Gleichspannung treibt (**9**.95b). In diesen Zeitabschnitten erfolgt Energierücklieferung vom Verbraucher zur Quelle. Während der Dauer der Energierücklieferung überbrücken die leitenden Rückstromdioden die jeweils parallel liegenden Transistoren, die trotz Ansteuerung während dieser Zeit stromlos bleiben und erst gegen Ende des Magnetfeldabbaus wieder leitend werden.

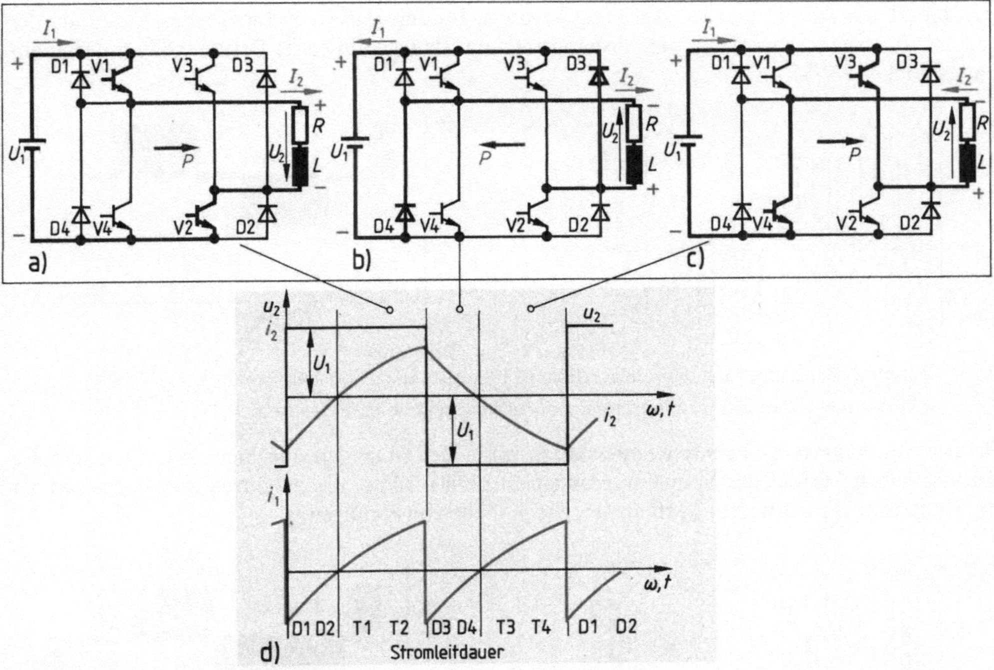

9.95 Wechselrichter in Brückenschaltung für Ohmsche induktive Last

a) bis c) Schaltzustände mit Stromführung der Transistoren bzw. Rückstromdioden, d) Spannungs- und Stromverlauf

> Die Rückstromdioden ermöglichen den Betrieb induktiver Verbraucher, z. B. von Wechsel- und Drehstrommotoren, in Verbindung mit Energierücklieferung.

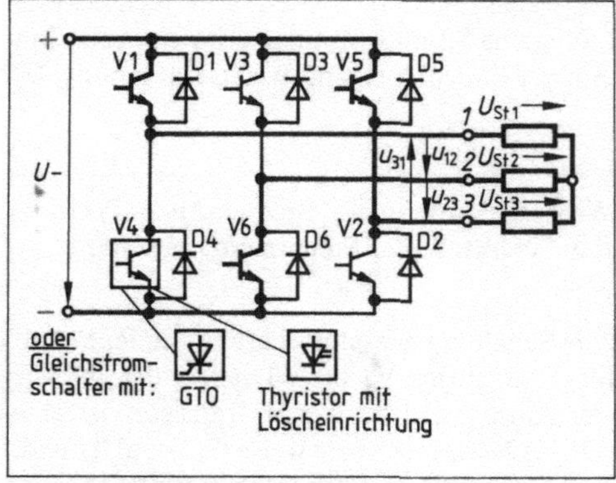

9.96 Dreiphasenwechselrichter

Die Schaltung eines Dreiphasenwechselrichters zur Speisung eines Drehstromnetzes bzw. eines Drehstrommotors zeigt Bild 9.96.

Anwendung finden die selbstgeführten Wechselrichter für die gesicherte Stromversorgung von Wechselstromnetzen aus Akkumulatoren (z. B. in Krankenhäusern, Schiffen, Flugzeugen, EDV-Anlagen). Selbstgeführte Wechselrichter werden mit Transistoren als Stromrichterventilen für Leistungen bis zu einigen Hundert Kilowatt verwendet. Für größere Leistungen setzt man Thyristoren ein.

Spannungssteuerung. Es ist üblich, die Höhe der Ausgangswechselspannung durch Ändern der Eingangsgleichspannung, durch Ansteuern des Wechselrichters nach dem Pulsverfahren oder durch Kombination beider Verfahren zu steuern.

Bei der Pulssteuerung werden die Stromrichterventile in jeder Periode der Ausgangswechselspannung mehrfach gezündet und gelöscht (Pulswechselrichter).

Pulsweitenmodulation (PWM). Dem Wechselrichter führt man eine konstante Gleichspannung zu, steuert die Amplitude der Ausgangswechselspannung durch Verändern des Tastgrads der gepulsten Ausgangsspannung, die Ausgangsfrequenz dagegen über die Periodendauer der Spannungsblöcke (9.97).

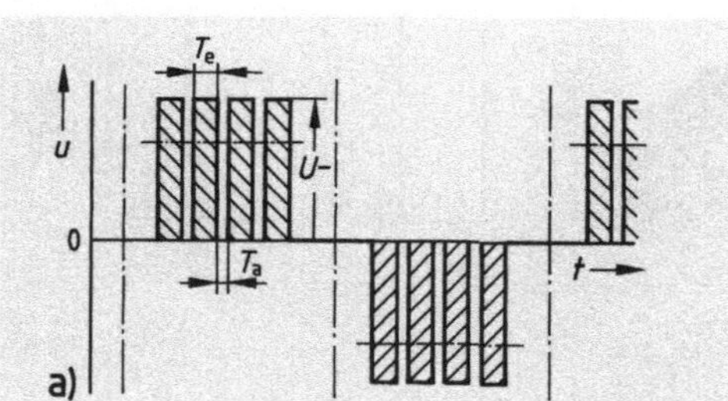

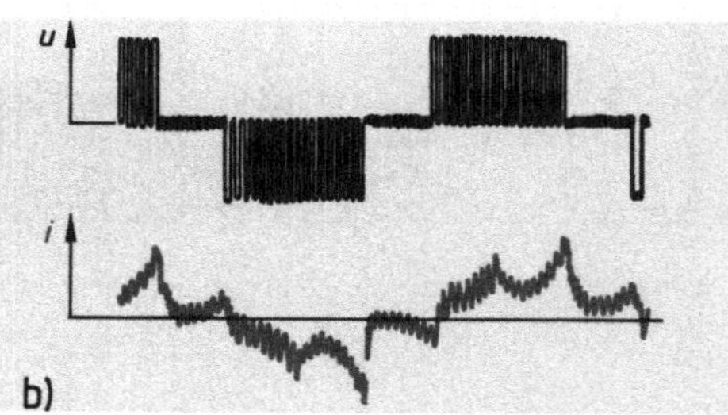

9.97 Spannungssteuerung nach dem Pulsverfahren mit konstantem Einschaltverhältnis $T_e/(T_e + T_a)$
a) Spannungsverlauf, b) Oszillogramm von Ausgangsspannung und -strom

Bei der sinusbewerteten Pulsweitenmodulation wird die Dauer der einzelnen Spannungsimpulse dem zeitlichen Verlauf der Sinuskurve angepaßt (9.98). Man erreicht durch die Anpassung an die Sinusform ein geringeres Maß an störenden Oberschwingungen.

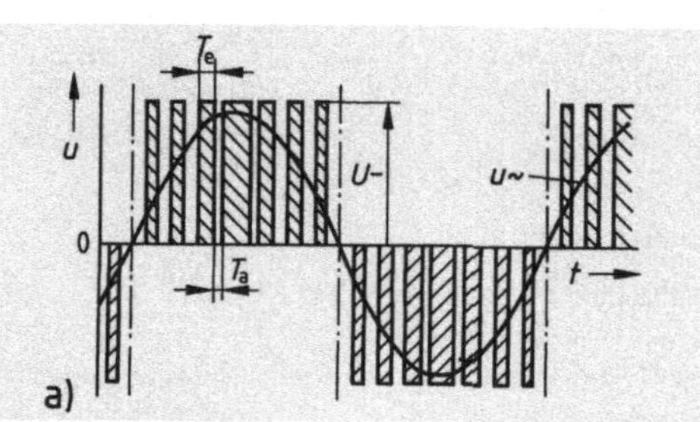

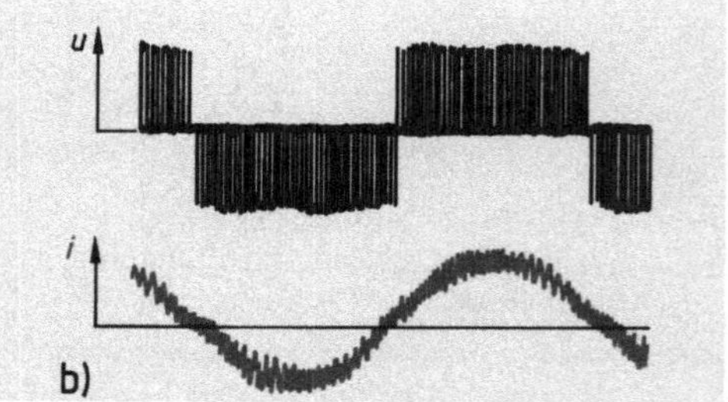

9.98 Spannungssteuerung nach dem Pulsverfahren mit sinusbewertetem Einschaltverhältnis $T_e/(T_e + T_a)$
a) Spannungsverlauf, b) Oszillogramm von Ausgangsspannung und -strom

Pulsamplitudenmodulation (PAM). Dem Wechselrichter wird eine Gleichspannung veränderlicher (z. B. sinusförmiger) Amplitude zugeführt, wobei er die Gleichspannung pulst und über die Periodendauer der Spannungsblöcke die Frequenz der Ausgangsspannung steuert. Die veränderliche Gleichspannung erhält man aus dem Wechselspannungsnetz über einen gesteuerten Gleichrichter, aus einem Gleichspannungsnetz über einen Gleichspannungssteller (Chopper, **9**.99).

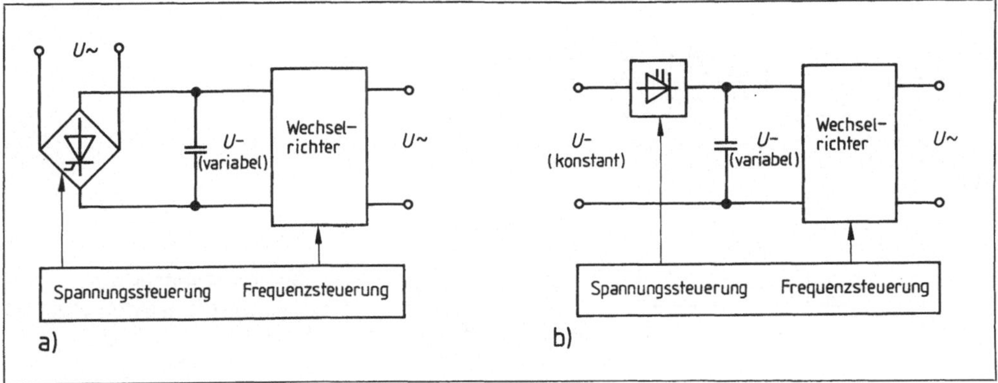

9.99 Wechselrichter mit Pulsamplitudenmodulation, Gleichspannungssteuerung
a) mit gesteuertem Gleichrichter, b) mit Gleichstromsteller (Chopper)

> Schnell schaltende Stromrichterventile ermöglichen die Pulssteuerung von selbstgeführten Wechselrichtern, die eine praktisch sinusförmige Ausgangswechselspannung mit veränderbarer Amplitude und Frequenz erzeugen.

Selbstgeführte Wechselrichter haben eine große Bedeutung für die stufenlose Steuerung der Drehzahl von Drehstrommotoren durch Frequenzänderung erlangt.

9.6.5 Statische Frequenzumrichter

Die zunehmende Automatisierung in der Industrie erfordert, die Drehzahl von Antriebsmotoren schnell und stufenlos zu verändern und die eingestellte Drehzahl konstant zu halten. Diese Anforderungen waren bisher mit Gleichstrommotoren besonders gut zu erfüllen, da sie durch Einstellen der Ankerspannung und des Erregerstroms leicht zu steuern sind. Wegen des Stromwenders als empfindlichem Bauteil sind Gleichstrommotoren jedoch störanfälliger als die einfachen und robusten Asynchronmotoren. Mit Hilfe der Stromrichtertechnik ergeben sich neue Möglichkeiten, die Drehzahl von Asynchronmotoren schnell, stufenlos und verlustarm zu steuern. Man verwendet dazu statische Frequenzumrichter.

Zwischenkreisumrichter bestehen aus einem voll- oder halbgesteuerten, netzgeführten Netzgleichrichter zur Bildung einer veränderbaren Zwischenkreis-Gleichspannung. Der nachgeschaltete, maschinenseitige, selbstgeführte Stromrichter arbeitet als Wechselrichter, der die Zwischenkreisspannung in Wechselspannungsblöcke einstellbarer Frequenz umwandelt (**9**.100). Besteht der Zwischenkreis aus einer als Längsglied geschalteten Glättungsdrossel L, handelt es sich um einen Gleichstrom-Zwischenkreis (I-Umrichter, **9**.100a). Enthält der Zwischenkreis außer der Glättungsdrossel einen als Querglied geschalteten Kondensator, spricht man von einem Gleichspannungs-Zwischenkreis (U-Umrichter, **9**.100b).

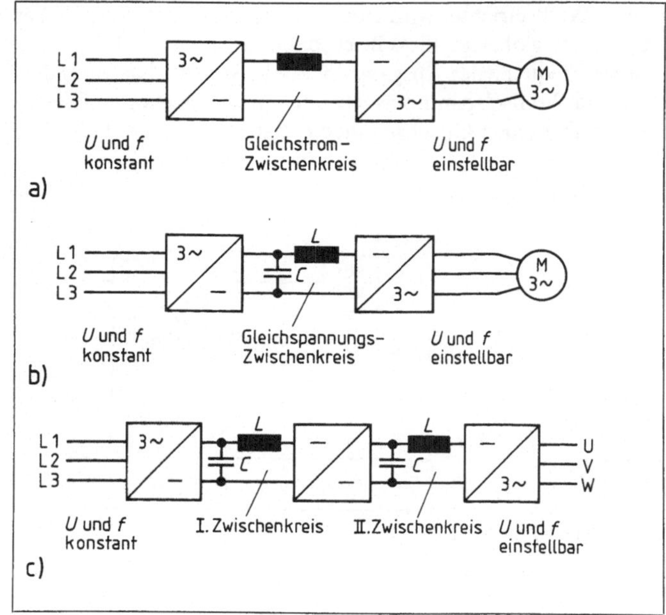

9.100
Zwischenkreisumrichter
a) mit Gleichstrom-Zwischenkreis
b) mit Gleichspannungs-Zwischenkreis
c) mit zwei Zwischenkreisen (Chopper-Umrichter)

Zwischenkreisumrichter bestehen aus einem netzseitigen, als gesteuerter Gleichrichter arbeitenden Stromrichter, dem Gleichstrom-Zwischenkreis und einem maschinenseitigen, als selbstgeführter Wechselrichter arbeitenden Stromrichter.

Der netzseitige Gleichrichter steuert die Ständerspannung des Motors, der maschinenseitige Wechselrichter steuert die Ständerfrequenz.

Zwischenkreisumrichter mit fester Zwischenkreisspannung (Pulsumrichter) haben einen ungesteuerten Eingangsstromrichter, der die konstante Zwischenkreisspannung liefert. Der motorseitige Wechselrichter übernimmt hier neben der Aufgabe der Frequenzeinstellung auch die der Spannungseinstellung.

Zwischenkreisumrichter mit zwei Zwischenkreisen (Chopper-Umrichter) bestehen aus einem ungesteuerten netzgeführten Stromrichter zur Erzeugung einer konstanten Zwischenkreisspannung für den ersten Zwischenkreis und aus einem Gleichstromsteller (Chopper), der den zweiten Zwischenkreis mit einer variablen Spannung versorgt. Der maschinenseitige Stromrichter hat als selbstgeführter Wechselrichter nur noch für die veränderliche Frequenz zu sorgen (**9**.100c).

Zwischenkreisumrichter werden zur Speisung von Asynchronmotoren mit Käfigläufer für Leistungen bis in den Megawattbereich hinein eingesetzt. Beim Umrichter mit veränderlicher Zwischenkreisspannung geht der Frequenzbereich bis etwa 600 Hz. Beim Pulsumrichter liegt die Frequenzgrenze bei etwa 200 Hz.

Direktumrichter haben keinen Zwischenkreis als Energiespeicher. Sie bestehen in Drehstromausführung aus sechs vollgesteuerten Drehstrom-Brückenstromrichtern mit insgesamt $2 \times 3 \times 6 = 36$ Stromrichterventilen. Jeder Strang des Drehstrommotors wird von je zwei Brückenstromrichtern I und II in Gegenparallelschaltung gespeist (**9**.101 a). Beide Teilstromrichter bilden einen Umkehrstromrichter. Da sie in Gegenparallelschaltung arbeiten, müssen sie so angesteuert werden, daß die Augenblickswerte ihrer Ausgangsspannungen möglichst gleich groß sind. Beide Teilstromrichter arbeiten abwechselnd im Gleich- bzw. im Wechselrichterbetrieb (**9**.101 b). Bei Phasenverschiebun-

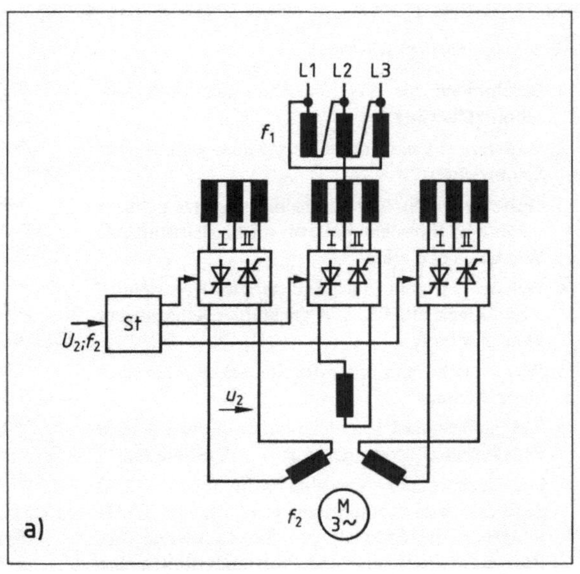

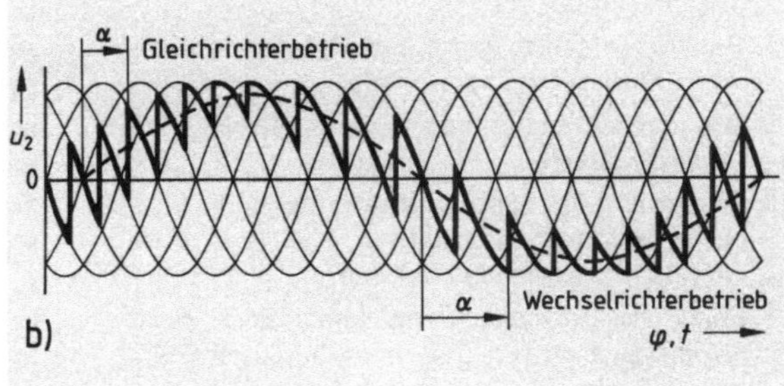

9.101
Steuerumrichter
a) Übersichtsschaltplan
b) Bildung der sinusförmigen Strangspannung U_2 durch stetige Änderung des Steuerwinkels α

gen auf der Ausgangsseite (z. B. beim Betrieb eines Drehstromasynchronmotors) führt der im Gleichrichterbetrieb angesteuerte Teilstromrichter den Strom, während die Energie von der Eingangs- zur Ausgangsseite fließt, im umgekehrten Fall der gerade im Wechselrichterbetrieb angesteuerte Teilstromrichter.

Beim Steuerumrichter erreicht man durch stetiges Verstellen der Steuerwinkel, daß sich die jeweiligen Gleichspannungsmittelwerte einer Halbperiode der Strangspannung U_2 mit der gewünschten Frequenz f_2 zeitlich annähernd sinusförmig ändern (**9.**101 b).

> Beim Steuerumrichter wird die Ausgangsspannung der beiden gegenparallel auf jeden Strang arbeitenden Teilstromrichter durch stetige Änderung des Steuerwinkels α jeweils sinusförmig ausgesteuert.

Die Frequenz f_2 der Ausgangsspannung U_2 ist von 0 Hz bis etwa zur halben Netzfrequenz bei ausreichender Sinusform der Ausgangsspannung einstellbar. Der Einsatzschwerpunkt des netzgeführten Direktumrichters liegt bei langsam laufenden Einzelantrieben für Zement- und Erzmühlen, Fördermaschinen und Walzwerkhauptantrieben bis zu einer Leistung von etwa 15 MW.

Übungsaufgaben zu Abschnitt 9.6

1. Beschreiben Sie das Verfahren der Phasenanschnittsteuerung.
2. Was versteht man unter dem Steuerwinkel eines Stromrichters?
3. Gesteuerte Stromrichterschaltungen nehmen selbst bei Ohmscher Belastung Blindleistung auf. Wie ist das zu erklären?
4. Welche Vor- und Nachteile haben Stromrichterschaltungen mit Freilauf gegenüber Schaltungen ohne Freilauf?
5. Was versteht man unter der Steuerkennlinie eines Stromrichters?
6. Welche Vor- und Nachteile haben halbgesteuerte Brückenschaltungen gegenüber vollgesteuerten?
7. Die Technischen Anschlußbedingungen (TAB) der Elektrizitätsversorgungsunternehmen (EVU) schreiben höchstzulässige Anschlußwerte bei Phasenanschnittsteuerung vor. Begründen Sie diese Beschränkung.
8. Welche Aufgaben haben Entstörbausteine zwischen Netz und Stromrichter?
9. Was versteht man unter einem netzgeführten Wechselrichter?
10. Warum läßt sich der netzgeführte Wechselrichterbetrieb nur mit einer aktiven Last (z. B. einer Gleichstrommaschine) erreichen?
11. Eine Gleichstrommaschine kann über einen Stromrichter im 1Q-, 2Q- und 4Q-Betrieb arbeiten. Erläutern Sie diese Betriebsarten.
12. Was ist ein Umkehrstromrichter?
13. Welche schaltungstechnische Vereinfachung ergibt sich bei Verwendung eines Triacs im Vergleich zu zwei gegenparallel geschalteten Thyristoren?
14. Erläutern Sie den Unterschied zwischen der Phasenanschnittsteuerung und der Schwingungspaketsteuerung und nennen Sie die Vor- und Nachteile beider Verfahren.
15. Warum eignet sich die Schwingungspaketsteuerung nicht zur Drehzahlsteuerung eines Motors?
16. Welchen Vorteil hat die Verwendung eines Nullspannungsschalters bei der Schwingungspaketsteuerung?
17. Was versteht man unter einem Gleichstromsteller?
18. Erläutern Sie die Aufgabe des Löschkondensators eines thyristorbestückten Gleichstromstellers.
19. Skizzieren Sie den Schaltplan einer Thyristorlöschschaltung.
20. Welcher Unterschied besteht zwischen Pulsbreiten- und Pulsfolgesteuerung eines Gleichstromstellers?
21. Erläutern Sie den Unterschied zwischen einem netzgeführten und einem selbstgeführten Wechselrichter.
22. Was versteht man unter der Pulssteuerung eines selbstgeführten Wechselrichters?
23. Erläutern Sie die Wirkungsweise eines Zwischenkreisumrichters.
24. Skizzieren Sie den Übersichtsschaltplan eines Direktumrichters und beschreiben Sie dessen Wirkungsweise.

10 Digitale Schaltungstechnik

Digitale Schaltungen führen Schaltaufträge aus. Dies kann auf mechanischem, pneumatischem, hydraulischem, magnetischem oder elektrischem Weg geschehen. In diesem Abschnitt werden außer digitalen Schaltungen Zahlensysteme, Codes und schaltalgebraische Grundlagen behandelt.

10.1 Logische Verknüpfungsglieder

Logische Schaltungen wurden bereits eingehend in Band 1, Abschn. 13 behandelt. Dabei wurden die einzelnen Verknüpfungssglieder anhand von Beispielen aus der Kontakttechnik vorgestellt (**10**.1). Wie die folgenden Beispiele zeigen, können digitale Schaltungen auch kontaktlos sein,

Tabelle **10**.1 **Übersicht über logische Verknüpfungen**

Verknüpfung	Schaltzeichen	Funktionstabelle	Funktionsgleichung
UND	E1, E2 – [&] – A	E1 E2 A 0 0 0 0 1 0 1 0 0 1 1 1	$A = E1 \wedge E2$
ODER	E1, E2 – [≧1] – A	E1 E2 A 0 0 0 0 1 1 1 0 1 1 1 1	$A = E1 \vee E2$
NICHT	E – [1]o – A	E A 0 1 1 0	$A = \overline{E}$
NAND (UND-NICHT)	E1, E2 – [&]o – A	E1 E2 A 0 0 1 0 1 1 1 0 1 1 1 0	$A = \overline{E1 \wedge E2}$
NOR (ODER-NICHT)	E1, E2 – [≧1]o – A	E1 E2 A 0 0 1 0 1 0 1 0 0 1 1 0	$A = \overline{E1 \vee E2}$
Äquivalenz (EX-NOR)	E1, E2 – [=] – A	E1 E2 A 0 0 1 0 1 0 1 0 0 1 1 1	$A = (E1 \wedge E2) \vee (\overline{E1} \wedge \overline{E2})$ $= E1 \leftrightarrow E2$
Antivalenz (EX-OR)	E1, E2 – [=1] – A	E1 E2 A 0 0 0 0 1 1 1 0 1 1 1 0	$A = (E1 \wedge \overline{E2}) \vee (\overline{E1} \wedge E2)$ $= E1 \leftrightarrow E2$

d. h. aus Halbleiterbausteinen bestehen (Dioden, Transistoren, integrierte Schaltkreise wie IC, engl. = **I**ntegrated **C**ircuit). Kontaktlose integrierte Schaltungen werden in der Energietechnik zunehmend verwendet.

Beispiel 10.1 Kontaktlose NICHT-Stufe (**10.**2).

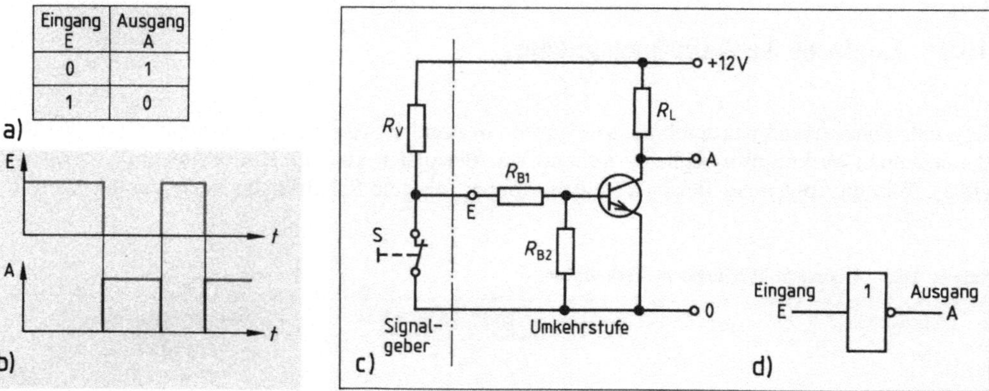

10.2 NICHT-Glied

a) Wahrheitstabelle, b) Impulsdiagramm, c) kontaktlos, d) Schaltzeichen

Mit der Transistorschaltung **10.**2 als Verknüpfungsglied kann man die Umkehrstufe kontaktlos herstellen (s. Abschn. 9.2.7). Ist der Schalter S des Signalgebers geschlossen, führt die Eingangsklemme E die Spannung 0 V (L- bzw. 0-Signal). Die Basisspannung des Transistors ist dadurch ebenfalls 0 V; der Transistor ist gesperrt. Das Potential (Spannung gegen Schaltungsnullpunkt: Emitter) am Ausgang A beträgt 12 V (H- bzw. 1-Signal).

Ist der Schalter S des Signalgebers dagegen geöffnet, beträgt das Potential am Eingang E etwa 12 V (Eingangssignal H bzw. 1). Der Transistor ist durchgesteuert und dadurch das Potential am Ausgang A annähernd 0 V (Ausgangssignal L bzw. 0).

> Die einfache Transistorstufe bewirkt eine Signalumkehr.

Beispiel 10.2 Kontaktlose UND-Stufe mit 3 Eingangssignalen (**10.**3).

Die kontaktlose UND-Stufe 10.3 d besteht aus dem UND-Gatter – hier ein Widerstand-Dioden-Gatter – und dem nachgeschalteten zweistufigen Transistorverstärker. Die zweite Transistorstufe ist erforderlich, um das durch die erste Stufe umgekehrte (negierte, invertierte) Signal durch nochmaliges Umkehren wieder in die richtige Lage zu bringen; denn zweimalige Verneinung bedeutet Bejahung.

Die Dioden V1, V2, V3 verhindern die Rückwirkung des betätigten Gebers auf die übrigen Geber. Wird z. B. der Geber S1 betätigt, schaltet die Diode V1 in Sperrichtung und verhindert so die Beeinflussung der übrigen Eingänge, die auf 0-Potential bleiben. Erst wenn alle Geber betätigt werden, hat der Gatter-Ausgang 1-Signal. Der Transistor V4 schaltet durch und hat an seinem Ausgang 0-Signal. Dadurch ist der Transistor V5 gesperrt und hat an seinem Ausgang 1-Signal.

Eingänge			Ausgang
E1	E2	E3	A
0	0	0	0
1	0	0	0
0	1	0	0
0	0	1	0
1	1	0	0
1	0	1	0
0	1	1	0
1	1	1	1

a)

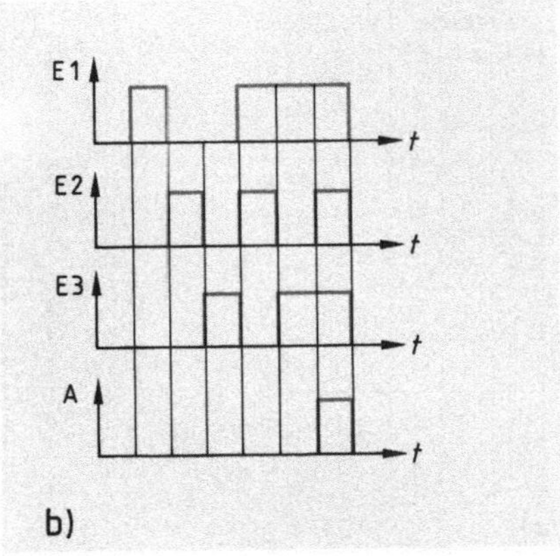

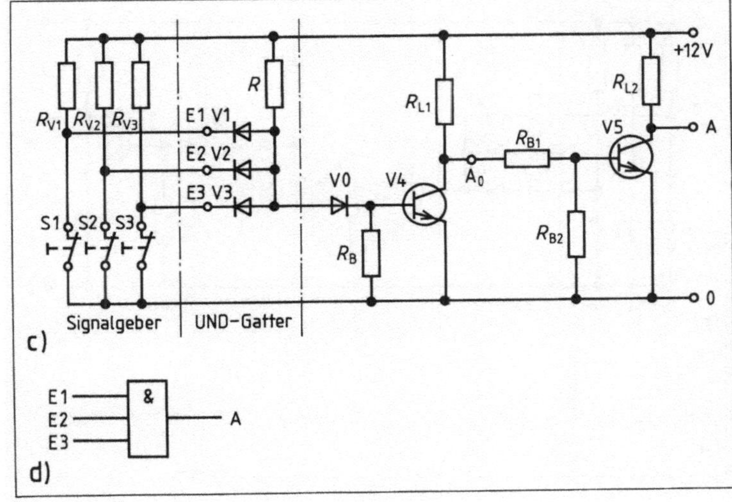

10.3
UND-Glied
a) Wahrheitstabelle
b) Impulsdiagramm
c) kontaktlos
d) Schaltzeichen

Bei nicht betätigten Gebern (alle Eingangssignale 0) fließt über den Widerstand R und die Dioden V1, V2, V3 ein Ruhestrom. Der dadurch in den Dioden und den vorgeschalteten Gebern verursachte Spannungsabfall kann bis zu etwa 1 V betragen. Dieser Wert würde als 0-Signal den Transistor V4 aufsteuern, was jedoch durch die in Durchlaßrichtung geschaltete Diode V0 mit der Schleusenspannung von etwa 2 V verhindert wird.

Die Zahl der Signal-Eingänge ist bei der UND-Stufe beliebig groß. Sie wird in der kontaktlosen Ausführung durch die Summe der Sperrströme der Dioden V1, V2, V3 usw. begrenzt.

Beispiel 10.3 Kontaktlose ODER-Stufe mit 3 Eingangssignalen (**10.4** auf S. 276).

Die kontaktlose ODER-Stufe 10.4 c besteht aus dem ODER-Gatter – hier ein Widerstand-Dioden-Gatter – und dem nachgeschalteten zweistufigen Transistorverstärker. Die zweite Transistorstufe hat auch hier die Aufgabe, die Signalumkehr der ersten Transistorstufe wieder rückgängig zu machen (s. UND-Stufe).

Die Dioden V1, V2, V3 verhindern die gegenseitige Beeinflussung der vorgeschalteten Geber bzw. Baustufen. Wird z. B. der Signalgeber S1 betätigt, wird der Eingang des Transistors V4 über die in Durchlaßrichtung geschaltete Diode V1 angesteuert. Die Dioden V2 und V3 sperren jedoch das Eingangssignal.

Eingänge			Ausgang
E1	E2	E3	A
0	0	0	0
1	0	0	1
0	1	0	1
0	0	1	1
1	1	0	1
1	0	1	1
0	1	1	1
1	1	1	1

a)

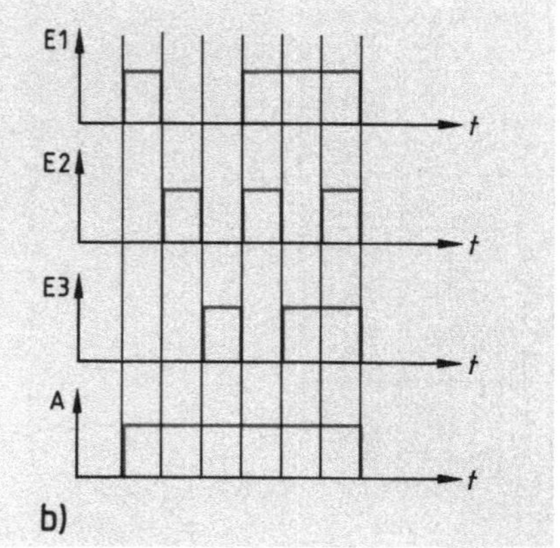

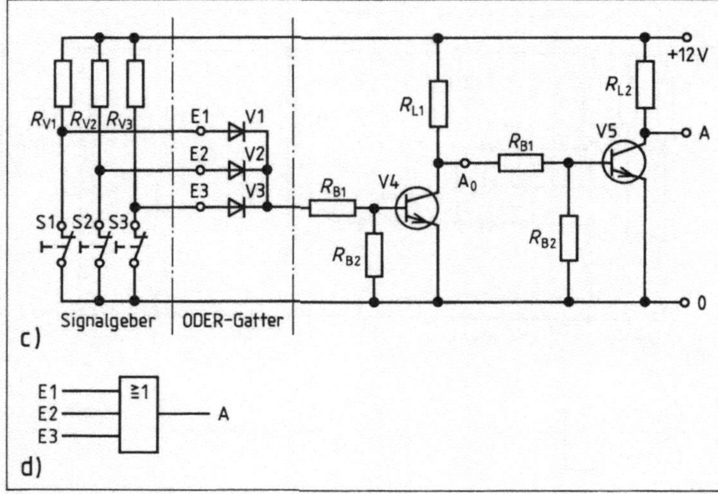

10.4
ODER-Glied
a) Wahrheitstabelle
b) Impulsdiagramm
c) kontaktlos
d) Schaltzeichen

10.2 Schaltkreisfamilien

Digitale Schaltungen in der Elektrotechnik werden auf zwei Arten realisiert: in diskreter und in integrierter Technik. Unter diskreter Technik versteht man, daß eine Schaltung aus den einzelnen Bauelementen zusammengelötet wird. Bei integrierter Technik werden mehrere oder auch alle Bauelemente in einer Gesamtschaltung hergestellt.

Ein Vorteil der integrierten Technik liegt in der hohen Zuverlässigkeit. So ist die Ausfallwahrscheinlichkeit bei logischen Schaltungen in diskreter Technik wegen der vielen Verbindungsstellen zwischen den Anschlußdrähten und den eigentlichen Bauelementen sowie wegen der vielen Lötstellen erheblich größer. Ein weiterer Vorteil ist die erreichbare Miniaturisierung von Schaltungen, wie sie mit diskreten Bauelementen nicht möglich wäre. Raumbedarf, Gewicht und Verbindungswege zwischen den einzelnen Schaltelementen sind erheblich geringer. Damit verkürzen sich auch die Signallaufzeiten; d.h., die Schaltungen arbeiten schneller.

Durch die Fortentwicklung der integrierten Schaltungstechnik haben sich verschiedene Schaltkreisfamilien mit jeweils typischen Grundschaltungen herausgebildet: DTL, LSL, TTL und MOS.

DTL-Technik. Die **D**ioden-**T**ransistor-Schaltkreisfamilie (**L**ogik-Familie) enthält als Schaltelemente Dioden, über die die Eingangssignale ankommen, und Transistoren. Bild **10.**5 zeigt ein DTL-NAND-Glied. Dabei bilden die Dioden V1 und V2 die UND-Stufe und der Transistor V5 die Negationsstufe. Statt der Dioden V3 und V4 könnte man auch einen Widerstand setzen, jedoch sind Dioden an dieser Stelle leichter bei der Herstellung zu integrieren. Beim Umschalten des Eingangs von H- auf L-Signal sperren die Dioden V3 und V4. Um zu vermeiden, daß die Basisladung dann über den Transistor abfließt und die Schaltung dadurch langsamer arbeitet, wird ein Widerstand R_3 zugeschaltet.

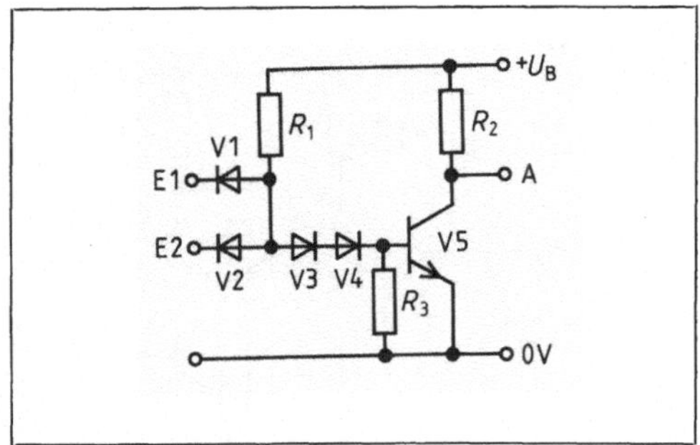

10.5 DTL-NAND-Schaltkreis

10.6 DTLZ-NAND-Schaltkreis

LSL-Technik. Bei Schaltungen der **l**angsamen **s**törsicheren **L**ogik wird an Stelle der Dioden V3 und V4 bzw. eines Widerstands auch eine Z-Diode eingesetzt (daher auch DTLZ-Schaltkreise, **10.**6). Damit der Transistor leitet, muß die Eingangsspannung so groß wie die Z-Spannung der Z-Diode sein. Die Z-Spannung bewirkt einen großen Spannungsunterschied zwischen den Schaltpunkten und bietet damit eine große Störsicherheit (hoher Störspannungsabstand). Wegen des langsamen Übergangs vom Durchbruch- in das Sperrverhalten vergrößert sich die Signallaufzeit der Z-Diode.

LSL-Schaltkreise weisen eine hohe Störsicherheit und größere Signallaufzeiten auf.

Die hohe Störsicherheit erlaubt die Verwendung dieser Schaltkreise gerade in der Industrieelektronik ohne besonders aufwendige Schutzmaßnahmen.

TTL-Technik. Hier wird die Verknüpfung nicht durch Eingangsdioden, sondern durch einen Multi-Emitter-Transistor hergestellt (**10.**7). Die Ausstattung dieser Transistoren mit zwei Emittern führte zu der Bezeichnung **T**ransistor-**T**ransistor-**L**ogik. Bei der Herstellung sind diese Transistoren leichter integrierbar als mehrere Dioden.

Wenn ein Emitter des Transistors V1 (UND-Stufe) an niedriger Spannung liegt (1 Eingang auf L-Potential), wird er normal betrieben. Am Ausgang von V1 liegt ein L-Signal. Der Transistor V2 (Umkehrstufe) wird nicht angesteuert; er sperrt (H-Signal). Liegen beide Emitter von V1 an Spannung (H-Signal), fließt ein Emitterstrom (H-Signal am Ausgang von V1). V2 wird über den Kollektor von V1 angesteuert und erhält dadurch am Ausgang ein L-Signal.

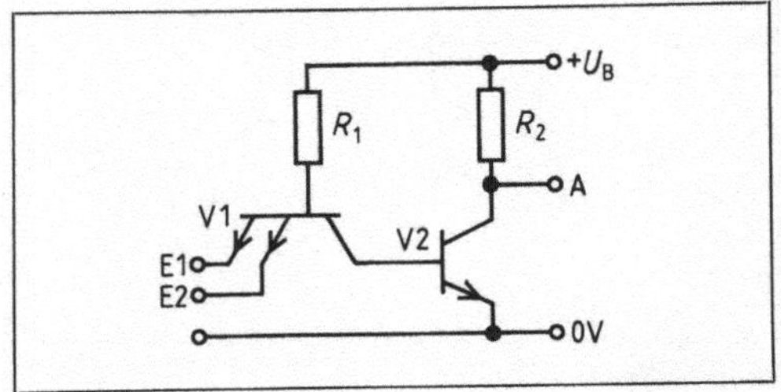

10.7 TTL-NAND-Schaltkreis

Bild **10.**8 zeigt einen TTL-Standard-NAND-Schaltkreis mit einem Zwischenverstärker V4. Die Transistoren V5 und V6 bilden eine Gegentaktendstufe, um den Aussteuerbereich zu vergrößern: Großsignalverstärker. Die Dioden V1 und V2 schützen V3 vor negativen Eingangsspannungen.

Bei einem Schaltkreis in TTL-Technik liegen die Eingänge an den Emittern eines Multi-Emitter-Transistors.

Auch NOR-Verknüpfungen werden über Transistoren hergestellt.

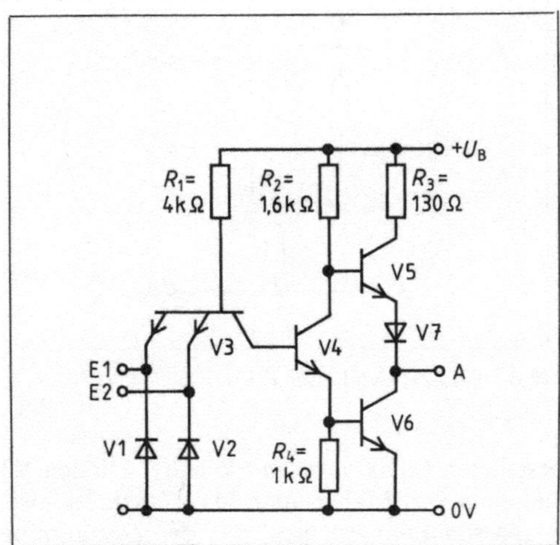

10.8 TTL-Standard-NAND-Schaltkreis

10.9 TTL-Schottky-NAND-Schaltkreis

Die Leistungsaufnahme beträgt bei einer Verknüpfung etwa 10 mW. Durch Zusammenschalten vieler Verknüpfungsglieder lassen sich auch hier größere Leistungen umsetzen. Die Betriebsspannung beträgt 5 V. Der Übergang vom leitenden in den gesperrten Zustand dauert bei TTL-Standard-Schaltkreisen verhältnismäßig lange: Signallaufzeit 20 ns.

TTL-Schottky-Technik. Schaltkreise dieser Variante arbeiten mit Signallaufzeiten von 3 ns wesentlich schneller (**10.**9).

Schottky-Dioden werden als schnelle Schaltdioden eingesetzt.

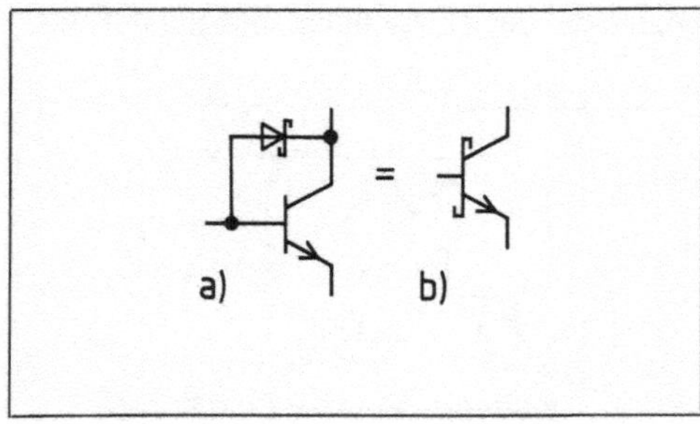

10.10 Schottky-Diodentransistor
a) Schaltung, b) Schaltzeichen

Diese Dioden verfügen über Metall-Halbleiter-Übergänge, deren Verhalten dem eines normalen Übergangs entsprechen. Dabei ist die Schleusenspannung mit 0,3 V kleiner als bei Siliciumdioden.

Wird eine Schottky-Diode parallel zur Basis-Kollektor-Strecke eines bipolaren Transistors gelegt, erhält man einen Schottky-Dioden-Transistor (**10.**10). Die Schleusenspannung von 0,3 V verhindert, daß die Basis-Kollektor-Spannung über diesen Wert ansteigen kann. Deshalb verhindert diese Schaltung eine Übersteuerung des Transistors im Schalterbetrieb. Damit sind auch die kürzeren Schaltzeiten zu erklären (etwa 30% der Schaltzeiten von TTL-Schaltkreisen).

Schaltkreise in TTL-Low-Power-Schottky-Technik verfügen über noch kürzere Schaltzeiten (20%). Bei der Fast-Version (**F**airchild **A**dvanced **S**chottky-**T**TL) wurde die Schaltzeit weiter auf 2,25 ns bei 5 mW Verlustleistung herabgesetzt.

Alle TTL-Bausteine werden mit einer Betriebsspannung von $U_{B+} = 5$ V versorgt.

MOS-Schaltkreise. Neben den behandelten Schaltkreisen mit bipolaren Transistoren kennen wir Schaltkreisfamilien aus unipolaren Transistoren (MOS-FET).

> MOS-Schaltkreise bestehen meist aus selbstsperrenden N- oder P-Kanal-Feldeffekttransistoren.

Dabei werden Schaltkreise mit ausschließlich einem Kanaltyp, aber auch mit beiden Kanaltypen aufgebaut. Technologisch bedingt arbeiten P-Kanal-Schaltkreise langsamer als N-Kanal-Schaltkreise; die erforderliche Betriebsspannung liegt höher (N-Kanal-Schaltkreise 5 V wie bei TTL-Bausteinen), und die beanspruchte Chipfläche bei integrierten Schaltungen ist größer.

Bei Einkanal-Schaltkreisen wird der Drainwiderstand durch den Kanalwiderstand eines weiteren leitenden MOS-FET ersetzt (**10.**11). Dabei werden Gate und Drain miteinander verbunden, so daß die Gate-Source- und die Drain-Source-Spannungen immer gleich groß sind. Bei steigender Spannung nimmt damit auch der Strom zu. Die Schaltung hat also ein widerstandsähnliches Verhalten. MOS-Technik-Verknüpfungsglieder werden in Transistor-Paralleltechnik (Verbindungstechnik, **10.**12) oder in Serientechnik (**10.**13) hergestellt.

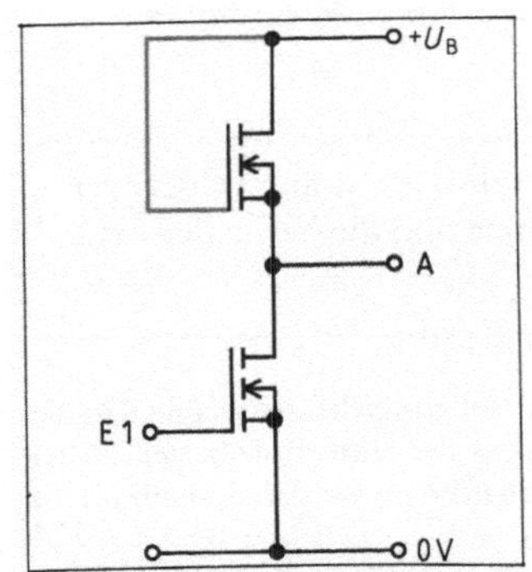

10.11 NICHT-Glied in Einkanal-N-MOS-Technik mit Verbindung (rot) zwischen Gate und Drain bei dem Transistor, der den Drainwiderstand ersetzt

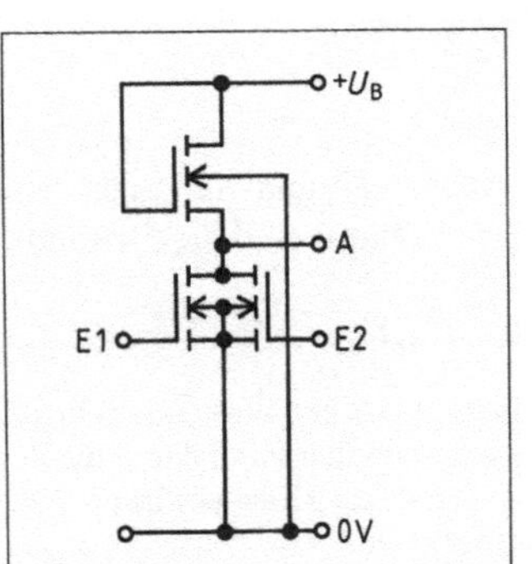

10.12 NOR-Schaltkreis in Einkanal-N-MOS-Technik

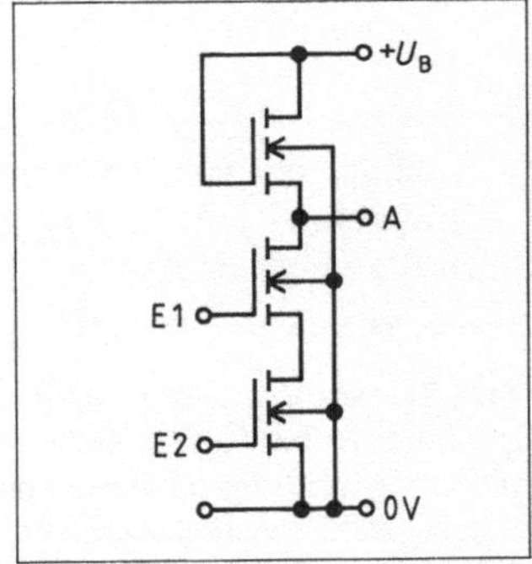

10.13 NAND-Schaltkreis in Einkanal-N-MOS-Technik

Da Schaltungen in MOS-Technik nur aus gleichen FET bestehen, ist ihre Herstellung einfach und preisgünstig. Beim Betrieb müssen alle Eingänge beschaltet werden, damit sie ein definiertes Potential erhalten. Da die Eingangswiderstände sehr hoch sind, entstände ein undefiniertes Potential, wenn die Eingänge nicht beschaltet werden.

Bedingt durch die hohen Widerstände ist die Arbeitsgeschwindigkeit der MOS-FET geringer als die der bipolaren Schaltkreise. Auch fließen nur kleine Ausgangsströme. Somit sind auch die Ausgangsleistungen geringer.

Zweikanal-Schaltkreis. MOS-Schaltkreise, in denen N- und P-Kanal gleichzeitig verwendet werden, nennt man C-MOS-Schaltkreise (C = engl. complementary = ergänzend). Statt des Drainwiderstands (bzw. eines FET) setzt man bei der Transistor-Paralleltechnik eine Serienschaltung und bei der Transistor-Serientechnik eine Parallelschaltung von P-MOS-FET ein. Ein N-Kanal-FET unterhalb des Ausgangs arbeitet dabei mit einem P-MOS-FET oberhalb des Ausgangs paarweise im Gegentakt zusammen (**10.**14 und **10.**15). Der Signalhub wird dadurch größer, die Verlustleistung sehr klein. Während die Transistoren im unteren Zweig sperren, leiten die des oberen Zweigs und umgekehrt.

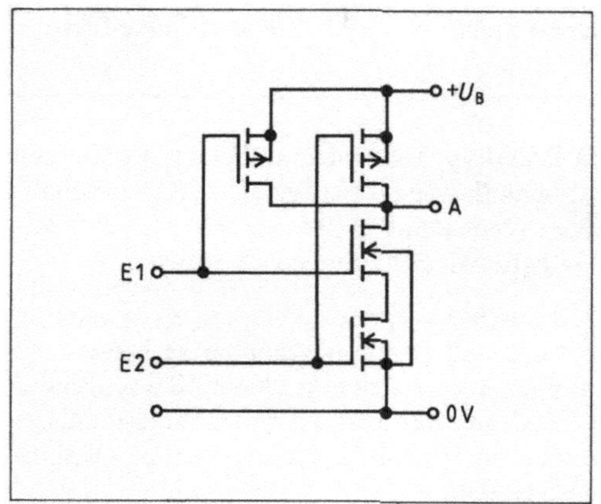

10.14 NAND-Schaltkreis in C-MOS-Technik

10.15 NOR-Schaltkreis in C-MOS-Technik

> Unabhängig vom jeweiligen Ausgangssignal (L- oder H-Zustand) ist immer einer der Transistoren am Ausgang gesperrt. Damit sind die Stromaufnahme und die Verlustleistung praktisch gleich Null.

MOS-Transistoren haben, wie im Abschn. 9.3.2 erwähnt, eine sehr dünne Isolierschicht, bei der bereits bei Spannungen über 50 V die Gefahr eines Durchschlags und damit die Zerstörung des Transistors besteht. Auch statische Aufladungen können Spannungen dieser Höhe bewirken. MOS-Schaltkreise werden deshalb oft am Eingang mit Diodenschutzschaltungen versehen.

Um die Signallaufzeiten weiter zu verringern und damit eine höhere Schaltgeschwindigkeit zu erreichen, wurden C-MOS-Schaltkreise fortentwickelt: LOC-MOS-Schaltkreise (Lokale Oxidation-C-MOS) und HC-Version (High Speed-C-MOS).

Beim Vergleich der Schaltkreisfamilien sind Verlustleistung, Signallaufzeit, Störsicherheit, Belastbarkeit und maximale Schaltfrequenz zu unterscheiden (**10.**16).

Unter mittlerer Verlustleistung versteht man das arithmetische Mittel der Verlustleistungen bei niedriger und hoher Ausgangsspannung.

Die mittlere Signallaufzeit bedeutet das arithmetische Mittel der Signallaufzeiten jeweils beim Wechsel von einem Schaltzustand in einen anderen (von L nach H bzw. von H nach L).

Mit Störsicherheit (Störspannungsabstand) bezeichnet man die Störspannung, die dem Ausgangssignal bei einer Schaltstufe überlagert sein darf, ohne die Werte der Eingangssignale einer nachgeschalteten Stufe zu überschreiten.

Mit Belastbarkeit ist der Fan-out (engl. = Ausgangsfächer) gemeint. Dies ist die Anzahl gleichartiger Schaltglieder, die der Ausgang eines Schaltglieds schalten kann.

Unter der maximalen Schaltfrequenz versteht man die Anzahl der symmetrischen Rechtecksignale je Sekunde, die mit getakteten Flipflops der jeweiligen Schaltkreisfamilie verarbeitet werden kann.

Tabelle **10.16** **Vergleich der Schaltkreisfamilien**

	Betriebs-spannung	mittlere Verlustleistung	mittlere Signallaufzeit	Störsicherheit (mittlere Störspannung)	Belastbarkeit (Ausgangsfächer)	maximale Schaltfrequenz
Schaltkreis-familie	$\frac{U_B}{V}$	$\frac{\overline{P}_V}{mW}$	$\frac{\overline{T}_P}{ns}$	$\frac{\overline{U}_s}{V}$	fan out	$\frac{f_{max}}{MHz}$
DTL	5	15	25	0,7	8	10
DTLZ (LSL)	12 15	16 27	175 167	5 6,5	10	0,5 bis 2
TTL-Standard	5	10	10	0,4	10	15
TTL-Schottky	5	19	3	0,4	10	75
P-MOS	−12	6	100	3	20	2
N-MOS	10 (5 bis 15)	2	15	2	20	15
CMOS	5 10 15	} 10^{-5}	100 50 40	1,5 3 4,5	} 50	2 5 7

Übungsaufgaben zu Abschnitt 10.1 und 10.2

1. Skizzieren Sie ein UND-NICHT-(NAND-)Glied aus Halbleiterbausteinen und erläutern Sie die Wirkungsweise.
2. Der Ausgang eines NAND-Glieds mit den Eingängen E1 und E2 liegt an beiden Eingängen eines weiteren NAND-Glieds. Welche Funktion erfüllt diese logische Schaltung? Stellen Sie eine Funktionsgleichung auf.
3. In welchen Techniken werden digitale Schaltungen realisiert? Nennen Sie unterschiedliche Merkmale.
4. Welche Eigenschaften haben die einzelnen Schaltkreisfamilien?
5. Weshalb verfügen LSL-Schaltglieder über eine hohe Störsicherheit und größere Signallaufzeiten als Schaltglieder in DTL-Technik?
6. Was bedeutet TTL-Technik?
7. Worin liegen die Vorteile der TTL-Schottky-Technik gegenüber der TTL-Standard-Technik?
8. Wie erreicht man bei C-MOS-Schaltkreisen einen höheren Signalhub und eine geringere Verlustleistung?

10.3 Begriffe der digitalen Informationsverarbeitung

Binärsignal. Aus den Abschnitten 13 und 14 der Fachkunde 1 wissen wir bereits, daß sich die moderne Signalverarbeitung auf zwei Signalwerte beschränkt. Ein solches System heißt binär-digitales Signalsystem (binär = zweiwertig). Die Signale sind Binärsignale. Die beiden Signalwerte werden mit den Ziffern 0 und 1 bezeichnet.

Positive/negative Logik. In den bisher behandelten Halbleiterbausteinen werden die beiden Signalzustände durch bestimmte Spannungsbereiche dargestellt. Beträgt die Betriebsspannung eines Transistorbausteins 12 V, liegen das 0-Signal z. B. im Bereich 0 bis 2 V und das 1-Signal im Bereich 8 bis 12 V.

Bei umgekehrter Polarität der Betriebsspannung ist das 0-Signal dem Spannungsbereich −12 V bis −10 V, das 1-Signal dagegen dem Spannungsbereich −2 V bis 0 V zugeordnet (**10**.17). Das 1-Signal ist also stets dem positiveren Spannungsbereich zugeordnet: positive Logik. Man bezeichnet diesen Spannungsbereich (auch Spannungs- oder Signalpegel genannt) in diesem Fall auch mit H (engl. high = hoch). Der dem 0-Signal zugeordnete Spannungsbereich wird entsprechend mit L bezeichnet (engl. low = niedrig).

Umgekehrt kann man das 1-Signal auch dem L-Pegel und das 0-Signal dem H-Pegel zuordnen: negative Logik.

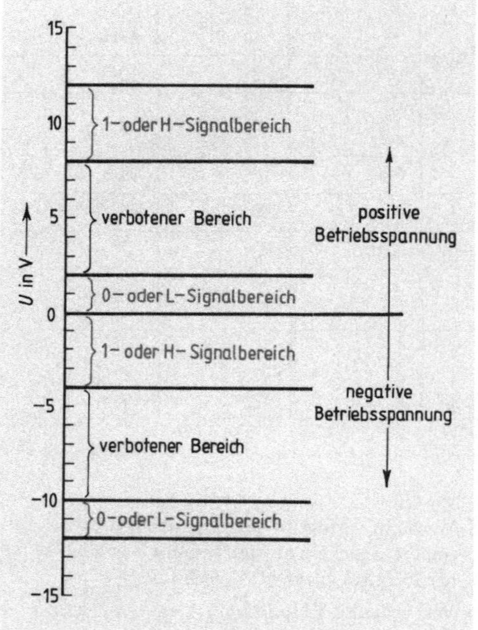

10.17 Signalbereiche für Binärsignale in positiver Logik

> Das binär-digitale Signalsystem besteht aus den beiden Signalwerten 0 und 1. Ihnen sind die beiden Signalpegel L und H zugeordnet.
>
> **Positive Logik**
> Pegel L entspricht Signal 0
> Pegel H entspricht Signal 1
>
> **Negative Logik**
> Pegel L entspricht Signal 1
> Pegel H entspricht Signal 0

Bit. Ein binäres Signal hat also nur zwei mögliche Zustände oder Informationsinhalte: 0 oder 1. Diese kleinste Informationseinheit nennt man 1 Bit. 2 Bit umfassen $2^2 = 4$, 3 Bit $2^3 = 8$ verschiedene Ziffernfolgen aus 0 oder 1.

Byte. Eine Gruppe aus 8 Bit, d.h. eine Folge aus 8 Informationsinhalten mit den Zuständen 0 oder 1, heißt 1 Byte.

> 1 Byte = 8 Bit umfaßt $2^8 = 256$ verschiedene Ziffernfolgen aus 0 und 1.
> 1 kByte = 1024 Byte = 2^{10} Byte.

10.4 Zahlensysteme und ihre Strukturen

Ein Blick auf ein Gebäude mit der Giebelaufschrift „Erbaut MDCCCLXIV" fordert den Betrachter auf, sich mit dem römischen Zahlensystem zu beschäftigen, wenn er die Inschrift richtig verstehen will: „Erbaut 1864". Während die Zahl 1864 im römischen Zahlensystem mit 9 Ziffern ausgedrückt wird, hat die größere Zahl 2000 nur 2 Ziffern (MM). Im Gegensatz zu unserem gebräuchlichen Zahlensystem können wir hier nicht von der Stellenzahl auf den Zahlenwert schließen (hier: größere Zahl – mehr oder weniger Ziffern). Damit eignet sich das römische Zahlensystem nicht für Rechenoperationen, zumal auch die Null als Ziffer fehlt.

Das Dezimalzahlensystem – unser gebräuchliches System – ist ein Stellenwertsystem, das durch eine Summe der nach links steigenden Potenzen der Basis 10, jeweils multipliziert mit Koeffizienten der Ziffern 0 bis 9 bestimmt ist. Durch diese Systematik erhält jede Stelle eine fest zugeordnete Wertigkeit. Die Anzahl der Ziffern 0 bis 9 ist gleich der Basis des Systems 10.

Beispiel 10.4 Darstellung einer Zahl im Dezimalzahlensystem

$$\begin{aligned} & 436\,097{,}5 \\ &= 4 \cdot 10^5 + 3 \cdot 10^4 + 6 \cdot 10^3 + 0 \cdot 10^2 + 9 \cdot 10^1 + 7 \cdot 10^0 + 5 \cdot 10^{-1} \\ &= 4 \cdot 100\,000 + 3 \cdot 10\,000 + 6 \cdot 1000 + 0 \cdot 100 + 9 \cdot 10 + 7 \cdot 1 + 5 \cdot 0{,}1 \\ &= 400\,000 + 30\,000 + 6000 + 0 + 90 + 7 + 0{,}5 \end{aligned}$$

Abgesehen davon, daß wir mit diesem Zahlensystem vertraut sind, eignet es sich schon von der Systematik her für Rechenoperationen. Andere, vor allem in der Datenverarbeitung benutzte Zahlensysteme sind ebenfalls Stellenwertsysteme mit jeweils anderen Basen.

Das Dualzahlensystem (binäres Zahlensystem) hat die Basis 2 mit den beiden möglichen Ziffern 0 und 1. Damit lassen sich gerade im physikalisch-technischen Bereich verschiedene Zustände beschreiben:

0 = Schalter geöffnet, Ventil geschlossen, Diode sperrt;
1 = Schalter geschlossen, Ventil geöffnet, Diode leitet.

Beispiel 10.5 Darstellung einer Zahl im Dualzahlensystem

$$\begin{aligned} & 101\,100 \\ &= 1 \cdot 2^5 + 0 \cdot 2^4 + 1 \cdot 2^3 + 1 \cdot 2^2 + 0 \cdot 2^1 + 0 \cdot 2^0 \\ &= 1 \cdot 32 + 0 \cdot 16 + 1 \cdot 8 + 1 \cdot 4 + 0 \cdot 2 + 0 \cdot 1 \\ &= 32 + 8 + 4 = 44 \text{ (im Dezimalsystem)} \end{aligned}$$

Das Hexadezimalsystem (Sedezimalsystem) hat die Basis 16 mit der gleichen Anzahl möglicher Koeffizienten (0, 1, 2 ... 8, 9, A, B, C, D, E, F). Die Ziffern A bis F entsprechen den Zahlen 10 bis 15 des Dezimalzahlensystems. Auch dieses System wird in der Datenverarbeitung benutzt.

Beispiel 10.6 Darstellung einer Zahl im Hexadezimalsystem

$$\begin{aligned} & \text{B40E} \\ &= \text{B} \cdot 16^3 + 4 \cdot 16^2 + 0 \cdot 16^1 + \text{E} \cdot 16^0 \\ &= \text{B} \cdot 4096 + 4 \cdot 256 + 0 \cdot 16 + \text{E} \cdot 1 \\ &= 11 \cdot 4096 + 4 \cdot 256 + 0 \cdot 16 + 14 \cdot 1 \\ &= 45\,056 + 1024 + 14 = 46\,094 \text{ (im Dezimalzahlensystem)} \end{aligned}$$

Das Zahlenbeispiel in Tab. **10.**18 zeigt, daß der Wert der Dezimalzahl 187 in den verschiedenen Systemen durch eine unterschiedliche Anzahl von Stellen dargestellt wird (8 Stellen, 3 Stellen, 2 Stellen). Offensichtlich ist die Stellenzahl um so kleiner, je größer die Basis des Zahlensystems ist. So ist es ein besonderer Vorteil des Hexadezimalsystems, große Zahlen durch wenige Ziffern darzustellen. Umgekehrt beruht der Nachteil des Dualsystems auf langen Ziffernfolgen für große, allerdings einfach aufgebaute Zahlen.

Tabelle **10**.18 **Gegenüberstellung verschiedener Zahlensysteme**

Zahlensytem	Basis/Koeffizientenzahl	Koeffizienten	Zahlenbeispiel Dezimalzahl 187
Dualzahlen	2	0 1	2^7 2^6 2^5 2^4 2^3 2^2 2^1 2^0 128 64 32 16 8 4 2 1 1 0 1 1 1 0 1 1
Dezimalzahlen	10	0 1 2 3 4 5 6 7 8 9	10^2 10^1 10^0 100 10 1 1 8 7
Hexadezimalzahlen	16	0 1 2 3 4 5 6 7 8 9 A B C D E F	16^1 16^0 16 1 B B (11) (11)

Umwandlung. Da wir im Dezimalsystem gleichsam zuhause sind, verbinden wir mit jeder Zahl eine feste Wert- oder Mengenvorstellung. Bei anderen Stellenwertsystemen können wir das nicht. Deshalb wollen wir Verfahren zur Umwandlung von Zahlen verschiedener Systeme kennenlernen.

Beispiel 10.7 Umwandeln einer Dezimalzahl in eine Dualzahl

Dezimalzahl	:	Basis des Dualsystems	=	Rest = Ziffernfolge der Dualzahl (von rechts)
311	:	2	155	1
155	:	2	77	1
77	:	2	38	1
38	:	2	19	0
19	:	2	9	1
9	:	2	4	1
4	:	2	2	0
2	:	2	1	0
1	:	2	0	1

1 0 0 1 1 0 1 1 1

Beispiel 10.8 Umwandeln einer Dezimalzahl in eine Hexadezimalzahl

Dezimalzahl	:	Basis des Hexadezimalsystems	=	Rest = Ziffernfolge der Hexadezimalzahl (von rechts)
3111	:	16	194	7
194	:	16	12	2
12	:	16	0	C (12)

C 2 7

> Die Dezimalzahl wird durch die Basis des Stellenwertsystems dividiert, in das sie überführt werden soll. Dabei entstehen ein ganzzahliges Ergebnis und ein Rest. Das ganzzahlige Ergebnis wird erneut durch die Basis dividiert, so daß sich wiederum ein ganzzahliges Ergebnis und ein Rest ergeben. Dieses Verfahren wird so lange wiederholt, bis nur noch ein Rest bleibt.
>
> Alle Reste bilden die neue Zahl mit dem unteren Rest als 1. Ziffer (links) und dem oberen Rest als letzte Ziffer (rechts).
>
> Die Umwandlung von Dezimal- in Hexadezimalzahlen geschieht nach der gleichen Regel.

Beispiele 10.9 Umwandeln einer Dualzahl in eine Hexadezimalzahl

Dualzahl 2^3	2^2	2^1	2^0	2^3	2^2	2^1	2^0	2^3	2^2	2^1	2^0	Hexadezimal-zahl
				1	1	1	0	1	0	0	1	E9
				8	+4	+2		8			+1	
				E (14)				9				
		1	0	0	1	1	0	0	1	0	1	265
					4	+2			4		+1	
		2			6				5			
	1	0	1	1	1	1	1	1	1	0	0	5FC
	4		+1	8	+4	+2	+1	8	+4			
	5			F (15)				C (12)				

Die Dualzahl wird, von rechts ausgehend, in Vierergruppen eingeteilt. Der Wert jeder Vierergruppe wird als Hexadezimalzahl angegeben.

Beispiele 10.10 Umwandeln einer Hexadezimalzahl in eine Dualzahl

Hexadezimal-zahl	Dualzahl 2^3	2^2	2^1	2^0	2^3	2^2	2^1	2^0	2^3	2^2	2^1	2^0
					E (14)				9			
					8	+4	+2		8			+1
E9					1	1	1	0	1	0	0	1
					9				C (12)			
		4			8			+1	8	+4		
49C		1	0	0	1	0	0	1	1	1	0	0
	B (11)				D (13)				7			
	8		+2	+1	8	+4		+1		4	+2	+1
BD7	1	0	1	1	1	1	0	1	0	1	1	1

Jede Ziffer einer Hexadezimalzahl wird, von links ausgehend, als Dualzahl geschrieben.

Die Umwandlung von Dualzahlen und Hexadezimalzahlen in Dezimalzahlen haben uns die Beispiele 10.5 und 10.6 gezeigt.

Rechts beginnend, wird jede Ziffer der Dual- bzw. Hexadezimalzahl mit der jeweils steigenden Potenz der Basis 2 (2^0, 2^1, 2^2...) bei Dualzahlen bzw. 16 (16^0, 16^1, 16^2...) bei Hexadezimalzahlen multipliziert. Die Summe aller Produkte ergibt die Dezimalzahl.

10.5 Codes

In der Digitaltechnik und Datenverarbeitung müssen Nachrichten so aufbereitet werden, daß sie einfach, wirtschaftlich, schnell und fehlerfrei verarbeitet bzw. übertragen und mit geringem Platzbedarf gespeichert werden können (z. B. die Umwandlung analoger in digitale Signale oder die Umwandlung von Zahlen eines Systems in Zahlen eines anderen Systems). Deshalb werden Signale oder Nachrichten codiert. DIN 44 300 definiert:

> Der Code ist eine Vorschrift für die eindeutige Zuordnung der Zeichen eines Zeichenvorrats zu denjenigen eines anderen Zeichenvorrats.

Grundsätzlich unterscheidet man direkt und nicht direkt umkehrbare Codes. Neben einer Vielzahl von Zahlencodes gehört auch das Morsealphabet zu den direkt umkehrbaren Codes. Jedem Buchstaben ist eine definierte Kombination von Punkt- oder/und Strichzeichen zugeordnet, so daß umgekehrt aus dieser Kombination wieder der Buchstabe zu erkennen ist. Die Zuordnung von Zahlen und Buchstaben zu einer Zahlenkombination ermöglicht keine eindeutige Umkehr. So könnte die Kombination entweder eine Zahl oder einen Buchstaben bedeuten. (Fünf-Bit-Fernschreibcode: 3 → 00001, e → 00001)

10.5.1 Binärdezimale Codes (BCD-Codes)

Bei diesen (**b**inary **c**oded **d**ecimal-) Codes werden die Ziffern 0 bis 9 des Dezimalsystems in Kombinationen von Binärstellen (Bits) übergeführt. Dabei bleibt die Stellenaufteilung der Dezimalzahl unverändert.

> Im BCD-Code wird jede Ziffer der Dezimalzahl durch einen Block von Binärstellen dargestellt.

Da keine ganze (mehrstellige) Zahl, sondern nur jede Ziffer zu codieren ist, sind Codieren und Decodieren verhältnismäßig einfach, auch wenn die Zeichenzahl größer als bei Verwendung des Dualzahlensystems ist.

Beispiel 10.11 Codieren einer mehrstelligen Dezimalzahl im Dualzahlencode und in einem BCD-Code (hier 8-4-2-1-Code)

Dezimalzahl	Dualzahl	BCD-Code		
956	1 1 1 0 1 1 1 1 0 0	1 0 0 1	0 1 0 1	0 1 1 0
		8 + 1 = 9	4 + 1 = 5	4 + 2 = 6

Der 8-4-2-1-Code unseres Beispiels ist ein gebräuchlicher vierstelliger BCD-Code. Die Stellenwertfolge entspricht der des Dualzahlensystems. Dieser Code ist ein additiver Code. D. h., man erhält die codierte Dezimalziffer, wenn man in jedem Block die Stellenwerte addiert, denen der Zustand 1 zugeordnet ist. Gleichzeitig gilt dieser Code als Minimalcode. Zu dieser Gruppe zählen Codes, deren Stellenvorrat gerade so groß ist, wie er zum Codieren einer Nachricht nötig ist. Seiner Eigenschaften wegen wird der 8-4-2-1-Code für Zählerschaltungen eingesetzt (s. Abschn. 10.9).

Zur Codierung der 10 Dezimalziffern braucht der 8-4-2-1-Code nur 10 von den $2^4 = 16$ möglichen Kombinationen, die ein 4-Bit-Code enthält. Die restlichen Kombinationen, die den Zahlendarstellungen 10 bis 15 im Dualcode entsprechen, werden nicht genutzt. Daher bezeichnet man sie als Pseudotetraden (falsche Vierergruppen).

Der Aiken-Code ist ein weiterer BCD-Code und gehört ebenfalls zu den additiven und den Minimalcodes. Im Unterschied zum 8-4-2-1-Code verfügt er jedoch über eine höhere Rechenfähigkeit. Rechenoperationen, meist im Additionsverfahren, lassen sich mit ihm leichter durchführen. Sein Kennzeichen ist die Stellenwertfolge 2-4-2-1. Dadurch bedingt liegen die Pseudotetraden hier in der Mitte (Dualzahlen 5,6 ... 10; **10.**19 und **10.**20).

Tabelle **10.**19 **Vierstellige BCD-Codes in Zuordnung zum vollständigen 4-Bits-Code**

Name	8-4-2-1-Code	Aiken-Code	Hexadezimal-zahlen-Code	Gray-Code	reflektierter Exzeß-3-Code
Stellenwert / Codierung	8 4 2 1	2 4 2 1			
0000	0	0	0	0	–
0001	1	1	1	1	–
0010	2	2	2	3	0
0011	3	3	3	2	–
0100	4	4	4	7	4
0101	5	–	5	6	3
0110	6	–	6	4	1
0111	7	–	7	5	2
1000	8	–	8	(15)	–
1001	9	–	9	(14)	–
1010	–	–	A	(12)	9
1011	–	5	B	(13)	–
1100	–	6	C	8	5
1101	–	7	D	9	6
1110	–	8	E	(11)	8
1111	–	9	F	(10)	7

Tabelle **10.**20 **Vierstellige BCD-Codes in geschlossener Darstellung**

Name	8-4-2-1-Code	Aiken-Code	Gray-Code	reflektierter Exzeß-3-Code
Stellenwert / Codierung	8 4 2 1	2 4 2 1		
0	0000	0000	0000	0010
1	0001	0001	0001	0110
2	0010	0010	0011	0111
3	0011	0011	0010	0101
4	0100	0100	0110	0100
5	0101	1011	0111	1100
6	0110	1100	0101	1101
7	0111	1101	0100	1111
8	1000	1110	1100	1110
9	1001	1111	1101	1010

Der Hexadezimalcode, auch ein BCD-Code, weist keine Pseudotetraden auf. Hier werden alle 16 möglichen Ziffern in ein vierstelliges Binärwort umgesetzt.

10.5.2 Einschrittige Codes

Zum Codieren von Strecken und Winkeln (z. B. bei Maschineneinstellungen) verwendet man Codierscheiben oder Codierlineale (**10.**21). Über optische Abtasteinrichtungen wird die jeweils gewünschte Maschinenposition abgegriffen. Bei den bisher behandelten BCD-Codes änderten

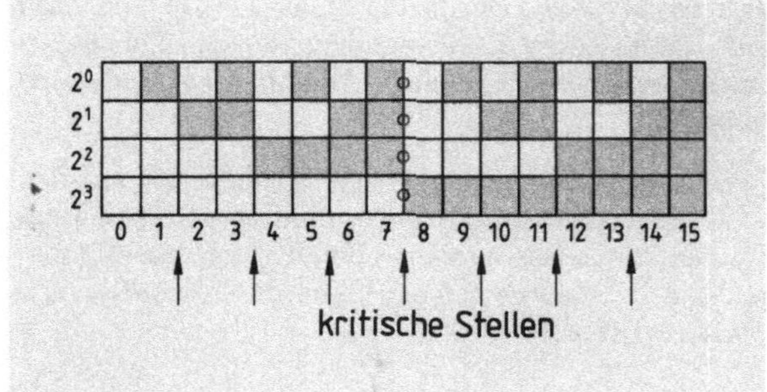

10.21
Abtastung des Dualcodes an kritischer Stelle

beim Übergang von einer Dezimalziffer zur nächsten u. U. mehrere Bits gleichzeitig ihren Zustand (so beim Übergang von 7 auf 8 gleich alle 4 Bitzustände). Solange die Abtastung korrekt erfolgt – entweder Schritt 7 (0111) oder Schritt 8 (1000) –, ist der gleichzeitige Wechsel mehrerer Bitzustände unproblematisch. Bei nicht korrekter Abtastung könnte beim Übergang von Schritt 7 auf Schritt 8 die Bitfolge 1111 (≙ Schritt 15!) erfaßt werden. Um diese bei mehrschrittigen Codes möglichen Abtastfehler zu vermeiden, hat man einschrittige Codes entwickelt.

> Bei einschrittigen Codes ändert beim Wechsel von einer Dezimalziffer zur nächsten jeweils nur 1 Bit seinen Zustand.

Der Gray-Code ist ein Beispiel dafür. Er gehört auch zu den BCD-Codes, ist aber kein additiver Code, weil er nach anderen Regeln gebildet wurde (**10.**22).

Tabelle **10.**22 **Gray-Code**

Dezimalzahl	IV	III	II	I
0	0	0	0	0
1	0	0	0	1
2	0	0	1	1
3	0	0	1	0
4	0	1	1	0
5	0	1	1	1
6	0	1	0	1
7	0	1	0	0
8	1	1	0	0
9	1	1	0	1
10	1	1	1	1
11	1	1	1	0
12	1	0	1	0
13	1	0	1	1
14	1	0	0	1
15	1	0	0	0

(Reflexionslinien: A zwischen 1 und 2, B zwischen 3 und 4, C zwischen 7 und 8)

rot = Wechsel der Bitzustände in der jeweils höheren Stelle an den Reflexionslinien A, B, C

Zustandsumkehr z. B. an Reflexionslinie B:

Stelle I: 0110 ⇹ 0110
Stelle II: 0011 ⇹ 1100

An den rot gedruckten Linien A, B, C der Tab. **10.**22 wechselt in der jeweils höheren Stelle II, III, IV der Bitzustand von 0 auf 1. Dabei werden die niedrigeren Stellen in umgekehrter Reihenfolge der davorliegenden Zeichen besetzt. Die Linien stellen somit Reflexionslinien dar (A für Stelle I, B für die Stellen I und II, C für die Stellen I bis III). Der Gray-Code wird daher auch als binär-reflektierter Code bezeichnet.

Ein Nachteil des Gray-Codes liegt darin, daß beim Wechsel auf die Dezimalziffer 9 auf 0 gleich 3 Bits ihren Zustand ändern (9: 1101 → 0: 0000). Bei dem reflektierenden Exzeß-3-Code (3-Exzeß-Gray-Code) gibt es auch beim Ziffernwechsel von 9 auf 0 nur 1 Bitänderung (9: ––– 1010 → 0: 0010, s. Tab. **10.**20). Da dieser Code durchgehend einschrittig ist, eignet er sich für die Umwandlung analoger Signale in digitale Signale (A/D-Wandler, s. Abschn. 10.11.2).

10.5.3 Alphanumerische Codes

Sie umfassen den Zeichenvorrat für Ziffern, Buchstaben und weitere Sonderzeichen. Hierzu gehört z. B. das Morsealphabet. Da diese Codes früher für die Datenverarbeitung mit Lochkarten bzw. -streifen verwendet wurden, bezeichnet man sie auch als Lochkarten- bzw. Lochstreifencodes.

Der ASCII-Code (**A**merican **S**tandard **C**ode for **I**nformation **I**nterchange = amerikanischer Normcode für den Datenaustausch) ist ein in der Datenverarbeitung viel verwendeter alphanumerischer Code. Als 7-Bit-Code ist er nach DIN 66003 genormt. Der deutsche Zeichensatz enthält an Stelle bestimmter Sonderzeichen die Umlaute Ä, Ö, Ü sowie § und ß. Üblicherweise werden die Zeichen des ASCII-Codes als 8-Bit-Zeichen übertragen. Das 8. Bit kann als Prüfbit zur selbständigen Korrektur eines bei der Zeichenübertragung aufgetretenen Fehlers dienen. Es kann aber auch Grafiksymbole codieren.

Die Tabellen **10.**23 und **10.**24 geben den ASCII-Code (ohne 8. Bit) mit Zahlen, Buchstaben, Sonderzeichen und Steuerbefehlen sowie die Bedeutung dieser Befehle wieder.

Tabelle **10.**23 **Erklärung der Steuerbefehle des ASCII-Codes**

Befehl	Art	Bedeutung englisch	Bedeutung deutsch
NUL		Null	Null (nichts)
SOH	Ü	Start of Heading	Anfang des Kopfes
STX	Ü	Start of Text	Anfang des Textes
ETX	Ü	End of Text	Ende des Textes
EOT	Ü	End of Transmission	Ende der Übertragung
ENQ	Ü	Enquiry	Anfrage
ACK	Ü	Acknowledge	Bestätigung
BEL	Ü	Bell	Klingel
BS	F	Back Space	Rückwärtsschritt
HT	F	Horizontal Tabulation	Horizontal-Tabulator
LF	F	Line Feed	Zeilenvorschub
VT	F	Vertical Tabulation	Vertikal-Tabulator
FF	F	Form Feed	Formularvorschub
CR	F	Carriage Return	Wagenrücklauf
SO	F	Shift Out	Ausrücken
SI	F	Shift In	Einrücken
DLE	Ü	Data Link Escape	Datenübertragungsumschaltung
DC	Ü	Device Control	Gerätesteuerung
NAK	Ü	Negative Acknowledge	Fehlermeldung
SYN	Ü	Synchronous Idle	Synchronisierung
ETB	Ü	End of Transmission Block	Ende des Übertragungsblocks
CAN	Ü	Cancel	Widerruf
EM	Ü	End of Medium	Ende der Aufzeichnung
SUB	Ü	Substitute Character	Substitution
ESC	Ü	Escape	Umschaltung
FS	T	File Separator	Block-Trennung
GS	T	Group Separator	Gruppen-Trennung
RS	T	Record Separator	Listen-Trennung
US	T	Unit Separator	Teilgruppen-Trennung
SP	F	Space	Zwischenraum
DEL	Ü	Delete	Löschen

Tabelle **10.24** **ASCII-Code als 7-Bit-Code (ohne Prüfbit)**

	0	1	0	1	0	1	0	1	n_5
	0	0	1	1	0	0	1	1	n_6
	0	0	0	0	1	1	1	1	n_7
0 0 0 0	NUL	DLE	SP	0	@	P		p	
0 0 0 1	SOH	DC1	!	1	A	Q	a	q	
0 0 1 0	STX	DC2	"	2	B	R	b	r	
0 0 1 1	ETX	DC3	#	3	C	S	c	s	
0 1 0 0	EOT	DC4	$	4	D	T	d	t	
0 1 0 1	ENQ	NAK	%	5	E	U	e	u	
0 1 1 0	ACK	SYN	&	6	F	V	f	v	
0 1 1 1	BEL	ETB	'	7	G	W	g	w	
1 0 0 0	BS	CAN	(	8	H	X	h	x	
1 0 0 1	HT	EM	)	9	I	Y	i	y	
1 0 1 0	LF	SUB	*	:	J	Z	j	z	
1 0 1 1	VT	ESC	+	;	K	[	k	{	
1 1 0 0	FF	FS	,	<	L	\	l	|	
1 1 0 1	CR	GS	−	=	M	]	m	}	
1 1 1 0	SD	RS	.	>	N	^	n	~	
1 1 1 1	SI	US	/	?	O	—	o	DEL	
$n_4\ n_3\ n_2\ n_1$									

Übungsaufgaben zu Abschnitt 10.3 bis 10.5

1. Erläutern Sie die Begriffe Binärsignal, Bit und Byte.
2. Wann spricht man von positiver und wann von negativer Logik?
3. Beschreiben Sie den Aufbau eines Stellenwertsystems.
4. Geben Sie die Werte der Dualzahlen 1011001 und 111000111 im Dezimalzahlensystem an.
5. Wandeln Sie Hexadezimalzahlen FA9 und 7EOC in Dezimalzahlen um.
6. Was sind Codes, und wozu dienen sie?
7. Worin unterscheiden sich direkt umkehrbare Codes von nicht direkt umkehrbaren? Nennen Sie Beispiele.
8. Beschreiben Sie den Aufbau von BCD-Codes.
9. Weshalb verwendet man den 8-4-2-1-Code bevorzugt für Zählerschaltungen?
10. Welche Nachteile haben mehrschrittige Codes bei der Verwendung von Codierlinealen?
11. Beschreiben Sie die Merkmale eines einschrittigen Codes.
12. Warum ändert sich beim Übergang von der Dezimalziffer 9 auf 0 im reflektierten Exzeß-3-Code nur 1 Bitzustand?
13. Codieren Sie die Dezimalzahlen 34, 98, 215, 459 und 460 mit den Codes der Tab. **10.**20 bzw. **10.**21.
14. Suchen Sie die ASCII-Zeichen für D, Z, &, <, Klingel, Wagenrücklauf.

10.6 Schaltalgebra

In diesem Abschnitt werden die Verknüpfungvorgänge mit logischen Bausteinen (Tab. **10**.1) mathematisch beschrieben. Diese mathematischen Verfahren heißen Schaltalgebra oder Boolesche Algebra (nach dem engl. Mathematiker George Boole, 1815–1864).

10.6.1 Regeln der Schaltalgebra

UND-Verknüpfung (Konjunktion) und ODER-Verknüpfung (Disjunktion) sind gleichwertig. Deshalb Klammer setzen

- bei der konjunktiven Verknüpfung von Disjunktionen
  $A = (E1 \vee E2) \wedge (E3 \vee E4)$
- bei der disjunktiven Verknüpfung von Konjunktionen
  $A = (E1 \wedge E2) \vee (E3 \wedge E4)$

Das Negationszeichen bindet stärker als andere Zeichen. Deshalb können die Klammern entfallen

$E1 \wedge \overline{(E2 \vee E3)} = E1 \wedge \overline{E2 \vee E3}$

Kommutativgesetz: Die Reihenfolge der Variablen ist beliebig.

$E1 \wedge E2 = E2 \wedge E1 \qquad E1 \vee E2 = E2 \vee E1$

Assoziativgesetz: Bei längeren Ausdrücken lassen sich beliebige Variablen zusammenfassen.

$E1 \wedge E2 \wedge E3 \wedge E4 = (E1 \wedge E2) \wedge (E3 \wedge E4)$

$E1 \vee E2 \vee E3 \vee E4 = (E1 \vee E2) \vee (E3 \vee E4)$

Dieses Gesetz ist wichtig für die Realisierung von Schaltungen: Verknüpfungen mehrerer Variablen können aufgeteilt werden (**10**.25).

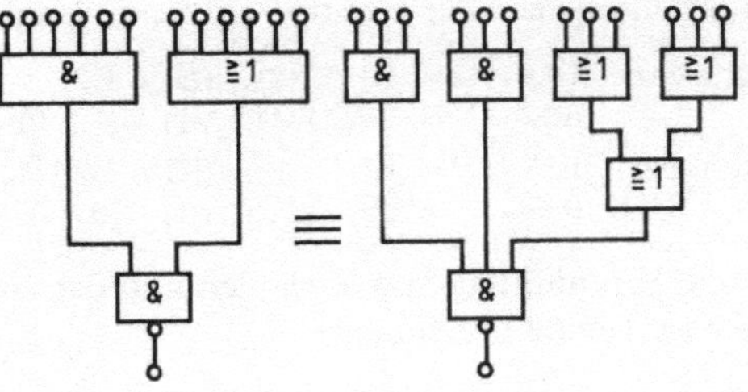

10.25
Anwendungsbeispiel für das assoziative Gesetz

Distributivgesetz: Klammern können aufgelöst werden.

$(E1 \vee E2) \wedge (E3 \vee E4) = (E1 \wedge E3) \vee (E1 \wedge E4) \vee (E2 \wedge E3) \vee (E2 \wedge E4)$

$(E1 \wedge E2) \vee (E3 \wedge E4) = (E1 \vee E3) \wedge (E1 \vee E4) \wedge (E2 \vee E3) \wedge (E2 \vee E4)$

Umgekehrt kann man auch ausklammern, um Funktionsgleichungen zu verkürzen und damit Schaltungen zu vereinfachen.

Für die Verknüpfung der binären Werte 0 bis 1 ergeben sich in der Schaltalgebra folgende Beziehungen:

Negation:	$\overline{0}=1$	$\overline{1}=0$	$\overline{\overline{0}}=0$	$\overline{\overline{1}}=1$
Konjunktion:	$0 \wedge 0=0$	$0 \wedge 1=0$	$1 \wedge 0=0$	$1 \wedge 1=1$
Disjunktion:	$0 \vee 0=0$	$0 \vee 1=1$	$1 \vee 0=1$	$1 \vee 1=1$
Äquivalenz:	$0 \leftrightarrow 0=1$	$0 \leftrightarrow 1=0$	$1 \leftrightarrow 0=0$	$1 \leftrightarrow 1=1$
Antivalenz:	$0 \nleftrightarrow 0=0$	$0 \nleftrightarrow 1=1$	$1 \nleftrightarrow 0=1$	$1 \nleftrightarrow 1=0$

Bild **10**.26 zeigt diese Beziehungen als Reihenschaltung für die UND-Verknüpfung und als Parallelschaltung für die ODER-Verknüpfung mit Schaltbrücken und Unterbrechungen.

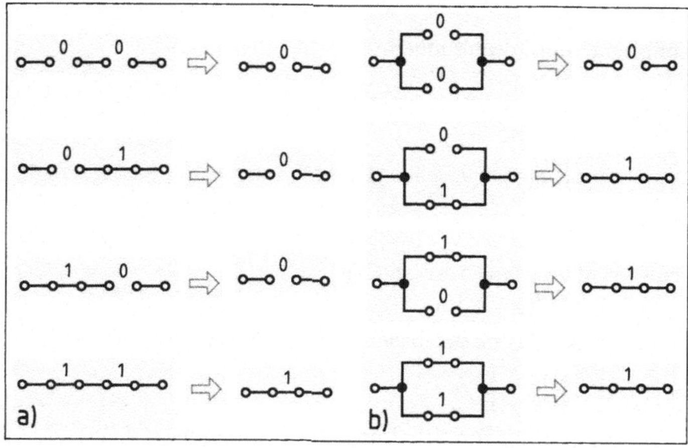

10.26
Realisierung
a) der Konjunktion
b) der Disjunktion
der binären Festwerte
0 und 1

Diese Regeln lassen sich auch auf die Äquivalenz (EX-NOR/logisches „Gleich"/↔) und die Antivalenz (EX-OR/logisches „Ungleich"/Entweder-Oder/↮) anwenden, wenn man in die ausführlichen Formen der Funktionsgleichungen die Zustandswerte 0 für E1 und 1 für E2 einsetzt.

Äquivalenz: $E1 \leftrightarrow E2 = (\overline{E1} \wedge \overline{E2}) \vee (E1 \wedge E2)$
$0 \leftrightarrow 1 = (\overline{0} \wedge \overline{1}) \vee (0 \wedge 1) = (1 \wedge 0) \vee (0 \wedge 1) = 0$

Antivalenz: $E1 \nleftrightarrow E2 = (E1 \wedge \overline{E2}) \vee (\overline{E1} \wedge E2)$
$0 \nleftrightarrow 1 = (0 \wedge \overline{1}) \vee (\overline{0} \wedge 1) = (0 \wedge 0) \vee (1 \wedge 1) = 0 \vee 1 = 1$

Für die Verknüpfung von Variablen und den binären Festwerten 0 bzw. 1 gelten in der Schaltalgebra folgende Beziehungen:

Konjunktion:	$E1 \wedge 0=0$	$E1 \wedge 1=E1$	$E1 \wedge E1=E1$	$E1 \wedge \overline{E1}=0$
Disjunktion:	$E1 \vee 0=E1$	$E1 \vee 1=1$	$E1 \vee E1=E1$	$E1 \vee \overline{E1}=1$
Äquivalenz:	$E1 \leftrightarrow 0=\overline{E1}$	$E1 \leftrightarrow 1=E1$	$E1 \leftrightarrow E1=1$	$E1 \leftrightarrow \overline{E1}=0$
Antivalenz:	$E1 \nleftrightarrow 0=E1$	$E1 \nleftrightarrow 1=E1$	$E1 \nleftrightarrow \overline{E1}=0$	$E1 \nleftrightarrow \overline{E1}=1$

Bild **10**.27 zeigt die Konjunktion und Disjunktion von Variablen und binären Festwerten in Kontaktschaltung.

de Morgansche Gesetze. Mit ihnen läßt sich jede Schaltung aus UND-Gliedern und Invertern in Schaltungen aus ODER-Gliedern und Invertern überführen und umgekehrt.

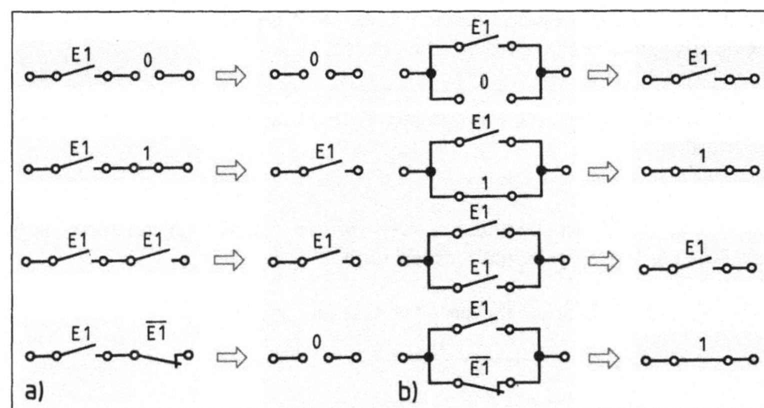

10.27 Realisierung
a) der Konjuktion
b) der Disjunktion
einer Variablen E1 mit den binären Festwerten 0 und 1 bzw. mit sich selbst

Beispiel 10.12 Überführung einer UND-Schaltung in eine ODER-Schaltung (**10.**28)
Die Funktionstabelle zeigt, daß beide Schaltungen die gleiche Funktion erfüllen.

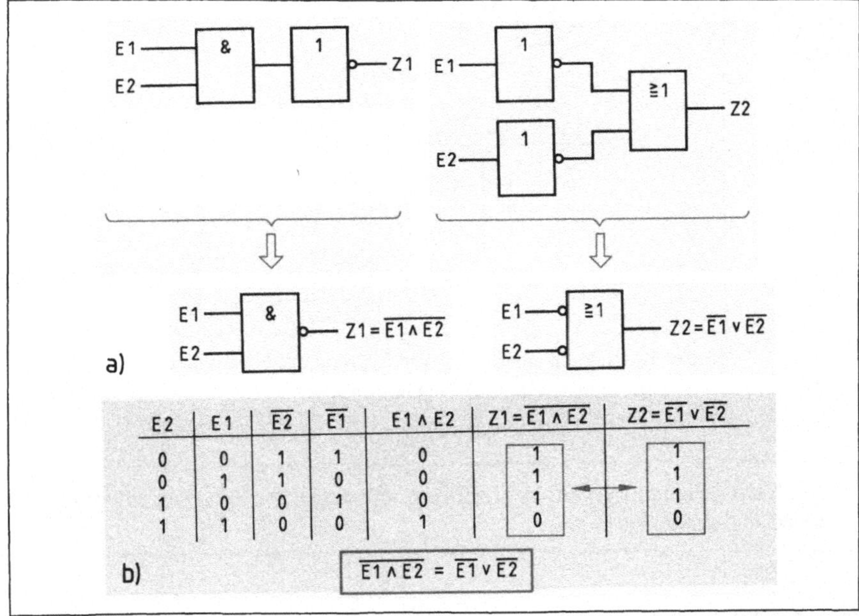

E2	E1	$\overline{E2}$	$\overline{E1}$	$E1 \wedge E2$	$Z1 = \overline{E1 \wedge E2}$	$Z2 = \overline{E1} \vee \overline{E2}$
0	0	1	1	0	1	1
0	1	1	0	0	1	1
1	0	0	1	0	1	1
1	1	0	0	1	0	0

$$\overline{E1 \wedge E2} = \overline{E1} \vee \overline{E2}$$

10.28 Vergleich zwischen einem UND-Glied mit invertiertem Ausgang (NAND-Glied) und einem ODER-Glied mit invertierten Eingängen
a) Funktionspläne, b) Funktionstabelle

de Morgansche Gesetze

Ein am Ausgang invertiertes UND-Glied erfüllt die gleiche Funktion wie ein ODER-Glied mit invertierten Eingängen.

Ein am Ausgang invertiertes ODER-Glied erfüllt die gleiche Funktion wie ein UND-Glied mit invertierten Eingängen.

Statt der NICHT-Glieder können auch NAND- oder NOR-Glieder verwendet werden, wenn beide Eingänge belegt werden, Dies bedeutet:

> Jede Digitalschaltung kann ausschließlich mit NAND- oder mit NOR-Gliedern realisiert werden.

Dies ist in der Praxis bedeutsam, weil für den Aufbau verschiedener logischer Schaltungen nur ein Bausteintyp vorgehalten werden muß.

Beispiel 10.13 UND-Schaltung aus NOR-Gliedern (**10**.29)

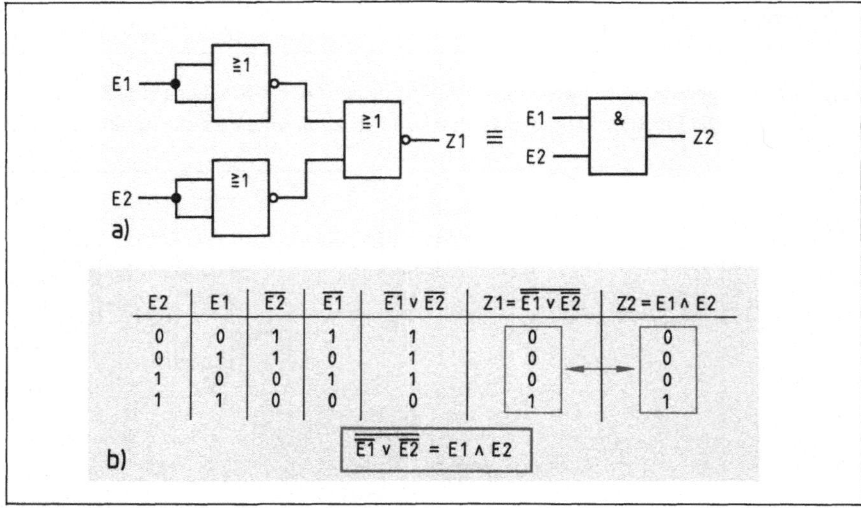

E2	E1	$\overline{E2}$	$\overline{E1}$	$\overline{E1} \vee \overline{E2}$	$Z1 = \overline{\overline{E1} \vee \overline{E2}}$	$Z2 = E1 \wedge E2$
0	0	1	1	1	0	0
0	1	1	0	1	0	0
1	0	0	1	1	0	0
1	1	0	0	0	1	1

10.29 Darstellung einer UND-Verknüpfung mit NOR-Gliedern
a) Funktionsplan, b) Funktionstabelle

> Ein NOR-Glied mit negierten Eingängen und negiertem Ausgang entspricht einem UND-Glied und umgekehrt.

10.6.2 Disjunktive und konjunktive Normalform

Soll aus einer Funktionstabelle, die aus einem vorgegebenen Schaltauftrag hergeleitet wurde, ein Funktionsplan entwickelt werden, kann man zunächst die für diese Schaltung vollständige Funktionsgleichung in einer (disjunktiven oder konjunktiven) Normalform aufstellen. Das ist für jede Schaltung möglich. Je nach Art der Normalform ist sie eine Verknüpfung von Mintermen oder Maxtermen.

Tabelle **10**.30 zeigt die Wahrheitstabelle für 3 Schaltvariablen und gibt die UND-Verknüpfung für alle möglichen Kombinationen dieser Variablen einschließlich ihrer negierten Zustände an. Bei 3 Schaltvariablen ergeben sich $2^3 = 8$ Kombinationen. Jede dieser Konjunktionen hat nur einmal den Wert 1.

Tabelle **10.**30 **Minterme einer Schaltung mit 3 Eingangsvariablen**

Zeile	E1	E2	E3	$E1 \wedge E2 \wedge E3$	$E1 \wedge E2 \wedge \overline{E3}$	$E1 \wedge \overline{E2} \wedge E3$	$E1 \wedge \overline{E2} \wedge \overline{E3}$	$\overline{E1} \wedge E2 \wedge E3$	$\overline{E1} \wedge E2 \wedge \overline{E3}$	$\overline{E1} \wedge \overline{E2} \wedge E3$	$\overline{E1} \wedge \overline{E2} \wedge \overline{E3}$
0	0	0	0								1
1	0	0	1							1	
2	0	1	0						1		
3	0	1	1					1			
4	1	0	0				1				
5	1	0	1			1					
6	1	1	0		1						
7	1	1	1	1							

Ein Minterm ist eine UND-Verknüpfung, in der alle Variablen nicht invertiert oder invertiert vorkommen. Jeder Minterm hat nur einmal den Wert 1, sonst immer den Wert 0.

Der Minterm für eine Konjunktion mit dem Wert 1 wird gebildet aus der jeweiligen UND-Verknüpfung, in der die Schaltvariablen invertiert werden, die den Zustand 0 haben.

Beispiel 10.14 (**10.**30)

Minterm für Zeile 3 (Schaltzustände 0 1 1): $\overline{E1} \wedge E2 \wedge E3$

Minterm für Zeile 6 (Schaltzustände 1 1 0): $E1 \wedge E2 \wedge \overline{E3}$

Beispiel 10.15 Nach einem vorgegebenen Schaltauftrag soll bei einer Schaltung mit 3 Eingangsvariablen der Ausgang bei den Schaltkombinationen 0 1 0, 1 0 0 und 1 1 1 (Zeilen 2, 4, 7 in Tab. **10.**31) den Wert 1 haben.

Tabelle **10.**31 **Minterme für Beispiel 10.15**

Zeile	E1	E2	E3	A	Minterme
0	0	0	0	0	
1	0	0	1	0	
2	0	1	0	1	$\overline{E1} \wedge E2 \wedge \overline{E3}$
3	0	1	1	0	
4	1	0	0	1	$E1 \wedge \overline{E2} \wedge \overline{E3}$
5	1	0	1	0	
6	1	1	0	0	
7	1	1	1	1	$E1 \wedge E2 \wedge E3$

Die ODER-Verknüpfung aller Minterme mit dem Wert 1 ergibt die disjunktive Normalform:

$$A = (\overline{E1} \wedge E2 \wedge \overline{E3}) \vee (E1 \wedge \overline{E2} \wedge \overline{E3}) \vee (E1 \wedge E2 \wedge E3)$$

Die disjunktive Normalform ergibt sich aus der ODER-Verknüpfung aller Minterme, bei denen der Ausgang den Wert 1 hat.

Den Funktionsplan für die disjunktive Normalform nach Beispiel 10.15 zeigt Bild **10.**32.

Tabelle **10.**33 zeigt die Wahrheitstabelle für 3 Schaltvariablen und gibt die ODER-Verknüpfungen für alle möglichen Kombinationen dieser Variablen einschließlich ihrer negierten Zustände an.

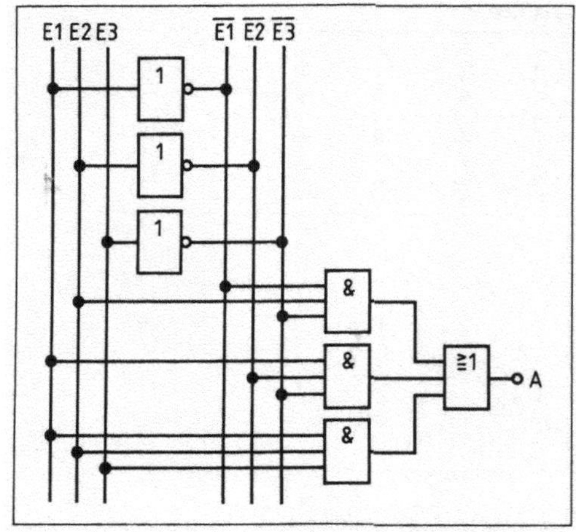

10.32 Funktionsplan zum Beispiel 10.15

Jede dieser 8 Kombinationen hat nur einmal den Wert 0.

> Maxterme sind ODER-Verknüpfungen, in der alle Variablen invertiert oder nicht invertiert vorkommen. Jeder Maxterm hat nur einmal den Wert 0, sonst immer den Wert 1.
>
> Der Maxterm für alle Disjunktionen mit dem Wert 0 wird gebildet aus der jeweiligen ODER-Verknüpfung, in der die Schaltvariablen invertiert werden, die den Zustand 1 haben.

Beispiel 10.16 (**10.**33)

Maxterm für Zeile 4 (Schaltzustände 1 0 0): $\overline{E1} \vee E2 \vee E3$

Maxterm für Zeile 6 (Schaltzustände 1 1 0): $\overline{E1} \vee \overline{E2} \vee E3$

Tabelle **10.**33 **Maxterme für die Schaltung mit 3 Schaltvariablen**

Zeile	E1	E2	E3	$E1 \vee E2 \vee E3$	$E1 \vee E2 \vee \overline{E3}$	$E1 \vee \overline{E2} \vee E3$	$E1 \vee \overline{E2} \vee \overline{E3}$	$\overline{E1} \vee E2 \vee E3$	$\overline{E1} \vee E2 \vee \overline{E3}$	$\overline{E1} \vee \overline{E2} \vee E3$	$\overline{E1} \vee \overline{E2} \vee \overline{E3}$
0	0	0	0	0							
1	0	0	1		0						
2	0	1	0			0					
3	0	1	1				0				
4	1	0	0					0			
5	1	0	1						0		
6	1	1	0							0	
7	1	1	1								0

Beispiel 10.17 Nach einem vorgegebenen Schaltauftrag soll bei einer Schaltung mit 3 Eingangsvariablen der Ausgang bei den Schaltkombinationen 0 0 1, 0 1 1, 1 0 1, 1 1 1 (Zeilen 1, 3, 5, 7 in Tab. **10.**34) den Wert 0 haben.

Tabelle **10.**34 **Maxterme für Beispiel 10.17**

Zeile	E1	E2	E3	A	Maxterme
0	0	0	0	1	
1	0	0	1	0	$E1 \vee E2 \vee \overline{E3}$
2	0	1	0	1	
3	0	1	1	0	$E1 \vee \overline{E2} \vee \overline{E3}$
4	1	0	0	1	
5	1	0	1	0	$\overline{E1} \vee E2 \vee \overline{E3}$
6	1	1	0	1	
7	1	1	1	0	$\overline{E1} \vee \overline{E2} \vee \overline{E3}$

Die UND-Verknüpfung aller Maxterme mit dem Wert 0 ergibt die **konjunktive Normalform**:

$$A = (E1 \vee E2 \vee \overline{E3}) \wedge (E1 \vee \overline{E2} \vee \overline{E3})$$
$$\wedge (\overline{E1} \vee E2 \vee \overline{E3}) \vee (\overline{E1} \vee \overline{E2} \vee \overline{E3})$$

> Die konjunktive Normalform ergibt sich aus der UND-Verknüpfung aller Maxterme, bei denen der Ausgang den Wert 0 hat.

Den Funktionsplan für die konjunktive Normalform nach Beispiel 10.17 zeigt Bild **10.**35.

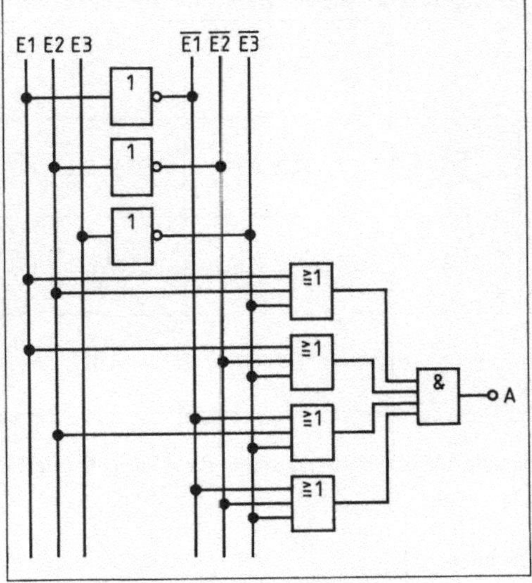

10.35 Funktionsplan zum Beispiel 10.17

10.6.3 Vereinfachen von Schaltfunktionen

Es wurde gezeigt, daß für jede Schaltung die disjunktive oder konjunktive Normalform aufgestellt werden kann. Oft kann man diese Funktionen weiter vereinfachen. Ziel einer Vereinfachung ist eine Funktionsgleichung mit möglichst wenig Variablen. Dadurch gestaltet sich das Netzwerk einfacher und lassen sich bei gleicher Funktion Verknüpfungsglieder einsparen.

Schaltungen können mit den Regeln der Schaltalgebra vereinfacht werden. Sind nur bis zu 4 Schaltvariablen vorhanden, bietet sich ein grafisches Vereinfachungsverfahren an. Hier soll das Verfahren nach Karnaugh und Veitch – KV-Diagramme – vorgestellt werden.

Ein KV-Diagramm wird aus einem Rechteck bzw. Quadrat gebildet, das man in so viele Felder unterteilt, wie Minterme oder Maxterme aus den Eingangsvariablen einer Schaltung gebildet werden können: bei 3 Variablen → 8, bei 4 Variablen → 16 Felder. In diese Felder werden die Minterme bzw. Maxterme so eingetragen, daß sie sich sowohl vertikal als auch horizontal in den einzelnen benachbarten oder gegenüberliegenden Feldern nur im Zustand e i n e r Variablen unterscheiden (**10.**36 auf S. 298). Enthält eine Funktionsgleichung benachbarte oder gegenüberliegende Min- bzw. Maxterme, fällt durch Zusammenfassung die Variable heraus, die in beiden Feldern einmal negiert und einmal nicht negiert auftritt. Dies ist mit der Schaltalgebra überprüfbar:

Benachbarte Felder in Tab. **10.**36a sind z. B. $(E1 \vee \overline{E2} \vee \overline{E3})$ und $E1 \vee \overline{E2} \vee E3)$.

$(E1 \vee \overline{E2} \vee \overline{E3}) \wedge (E1 \vee \overline{E2} \vee E3)$
$= (E1 \vee \overline{E2} \vee \overline{E3}) \wedge (E1 \vee \overline{E2} \vee E3) = (E1 \vee \overline{E2}) \vee (\overline{E3} \wedge E3) = E1 \vee \overline{E2}$
denn: $\overline{E3} \wedge E3 = 0$

Gegenüberliegende Felder in Tab. **10.**36b sind z. B. $(E1 \wedge \overline{E2} \wedge E3 \wedge E4)$ und $(\overline{E1} \wedge \overline{E2} \wedge E3 \wedge E4)$.

$(E1 \wedge \overline{E2} \wedge E3 \wedge E4) \vee (\overline{E1} \wedge \overline{E2} \wedge E3 \wedge E4)$
$= (E1 \wedge \overline{E2} \wedge E3 \wedge E4) \vee (\overline{E1} \wedge \overline{E2} \wedge E3 \wedge E4)$
$= (\overline{E2} \wedge E3 \wedge E4) \wedge (E1 \vee \overline{E1}) = \overline{E2} \wedge E3 \wedge E4$ denn: $E1 \vee \overline{E1} = 1$

Tabelle **10.36a** **KV-Diagramm für 3 Variable** (hier: Maxterme)

	$E1$	$E1$	$\overline{E1}$	$\overline{E1}$
$\overline{E3}$	$E1 \vee \overline{E2} \vee \overline{E3}$	$E1 \vee E2 \vee \overline{E3}$	$\overline{E1} \vee E2 \vee \overline{E3}$	$\overline{E1} \vee \overline{E2} \vee \overline{E3}$
$E3$	$E1 \vee \overline{E2} \vee E3$	$E1 \vee E2 \vee E3$	$\overline{E1} \vee E2 \vee E3$	$\overline{E1} \vee \overline{E2} \vee E3$
	$\overline{E2}$	$E2$	$E2$	$\overline{E2}$

Tabelle **10.36b** **KV-Diagramm für 4 Variable** (hier: Minterme)

	$E1$	$E1$	$\overline{E1}$	$\overline{E1}$	
$\overline{E3}$	$E1 \wedge \overline{E2} \wedge \overline{E3} \wedge \overline{E4}$	$E1 \wedge E2 \wedge \overline{E3} \wedge \overline{E4}$	$\overline{E1} \wedge E2 \wedge \overline{E3} \wedge \overline{E4}$	$\overline{E1} \wedge \overline{E2} \wedge \overline{E3} \wedge \overline{E4}$	$\overline{E4}$
$\overline{E3}$	$E1 \wedge \overline{E2} \wedge \overline{E3} \wedge E4$	$E1 \wedge E2 \wedge \overline{E3} \wedge E4$	$\overline{E1} \wedge E2 \wedge \overline{E3} \wedge E4$	$\overline{E1} \wedge \overline{E2} \wedge \overline{E3} \wedge E4$	$E4$
$E3$	$E1 \wedge \overline{E2} \wedge E3 \wedge E4$	$E1 \wedge E2 \wedge E3 \wedge E4$	$\overline{E1} \wedge E2 \wedge E3 \wedge E4$	$\overline{E1} \wedge \overline{E2} \wedge E3 \wedge E4$	$E4$
$E3$	$E1 \wedge \overline{E2} \wedge E3 \wedge \overline{E4}$	$E1 \wedge E2 \wedge E3 \wedge \overline{E4}$	$\overline{E1} \wedge E2 \wedge E3 \wedge \overline{E4}$	$\overline{E1} \wedge \overline{E2} \vee E3 \wedge \overline{E4}$	$\overline{E4}$
	$\overline{E2}$	$E2$	$E2$	$\overline{E2}$	

KV-Diagramme sind grafische Verfahren zum Vereinfachen von Funktionen und Schaltungen. Dabei entfallen in benachbarten bzw. in gegenüberliegenden Mintermen bzw. Maxtermen die Variablen, die negiert und nicht negiert vorkommen.

Bild **10.**37 gibt Beispiele für Zusammenfassungen benachbarter oder gegenüberliegender Felder. Es können jeweils nur 2, 4 oder 8 Felder zusammengefaßt werden. Die Beispiele zeigen, daß Felder auch mehrfach erfaßt werden können. Allerdings entfällt die Zusammenfassung, wenn die Felder bereits alle in anderen Zusammenfassungen berücksichtigt wurden.

Wie sich Funktionen mit KV-Diagrammen vereinfachen lassen, sehen wir aus den Beispielen 10.18 und 10.19.

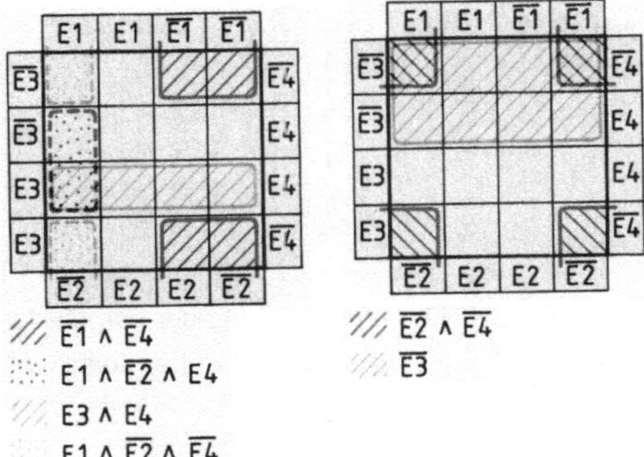

10.37 Beispiele für die Zusammenfassung von Feldern in KV-Diagrammen

Beispiel 10.18 Es ist zu prüfen, ob die disjunktive Normalform folgender Funktion vereinfacht werden kann.

$$A = (\overline{E1} \wedge E2 \wedge \overline{E3} \wedge \overline{E4}) \vee (E1 \wedge \overline{E2} \wedge E3 \wedge E4) \vee (\overline{E1} \wedge E2 \wedge E3 \wedge \overline{E4}) \vee (\overline{E1} \wedge \overline{E2} \wedge E3 \wedge \overline{E4}) \vee (E1 \wedge \overline{E2} \wedge \overline{E3} \wedge E4) \vee (E1 \wedge E2 \wedge \overline{E3} \wedge E4) \vee (\overline{E1} \wedge \overline{E2} \wedge \overline{E3} \wedge \overline{E4})$$

In das KV-Diagramm **10.**38 für 4 Schaltvariable wird in die Felder eine 1 eingetragen, deren Minterme den Zustand 1 haben. Fassen wir dann die Minterme benachbarter Felder zusammen, entfallen die negiert und nicht negiert vorkommenden Variablen. Die ODER-Verknüpfungen aller vereinfachten schaltalgebraischen Ausdrücke ergibt die vereinfachte (minimierte) disjunktive Normalform. Die vereinfachte Funktionsgleichung enthält statt 28 nur noch 8 Variable.

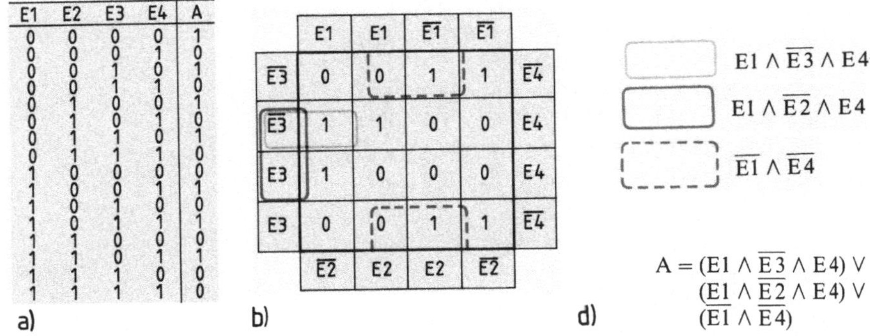

E1	E2	E3	E4	A
0	0	0	0	1
0	0	0	1	0
0	0	1	0	1
0	0	1	1	0
0	1	0	0	1
0	1	0	1	0
0	1	1	0	1
0	1	1	1	0
1	0	0	0	0
1	0	0	1	1
1	0	1	0	0
1	0	1	1	1
1	1	0	0	0
1	1	0	1	1
1	1	1	0	0
1	1	1	1	0

10.38 Vereinfachung der disjunktiven Normalform zum Beispiel 10.18

a) Funktionstabelle, b) KV-Diagramm, c) vereinfachte schaltalgebraische Ausdrücke, d) vereinfachte (minimierte) disjunktive Normalform

Beispiel 10.19 Die konjunktive Normalform des Beispiels 10.17 soll vereinfacht werden. Hier sind in die Felder des KV-Diagramms **10.**39 auf S. 300 eine 0 einzutragen, wenn die dazugehörigen Maxterme den Zustand 0 haben.

Die Funktionstabelle zeigt, daß die konjunktive Normalform in der vollständigen und der minimierten Darstellung gleichwertig sind.

$$A = (E1 \vee E2 \vee \overline{E3}) \wedge (E1 \vee \overline{E2} \vee \overline{E3}) \wedge (\overline{E1} \vee E2 \vee \overline{E3}) \wedge (\overline{E1} \vee \overline{E2} \vee \overline{E3})$$

$Z1 = E1 \vee E2 \vee \overline{E3}$ $\quad Z2 = E1 \vee \overline{E2} \vee \overline{E3}$

$Z3 = \overline{E1} \vee E2 \vee \overline{E3}$ $\quad Z4 = \overline{E1} \vee \overline{E2} \vee \overline{E3}$

Beispiel 10.19, Fortsetzung

E1	E2	E3	$\overline{E1}$	$\overline{E2}$	$\overline{E3}$	Z1	Z2	Z3	Z4	A = $\overline{E3}$
0	0	0	1	1	1	1	1	1	1	1
0	0	1	1	1	0	0	1	1	1	0
0	1	0	1	0	1	1	1	1	1	1
0	1	1	1	0	0	1	0	1	1	0
1	0	0	0	1	1	1	1	1	1	1
1	0	1	0	1	0	1	1	0	1	0
1	1	0	0	0	1	1	1	1	1	1
1	1	1	0	0	0	1	1	1	0	0

a)

	E1	E1	$\overline{E1}$	$\overline{E1}$
$\overline{E3}$	0	0	0	0
E3	1	1	1	1
	$\overline{E2}$	E2	E2	$\overline{E2}$

b)

c) $\overline{E3}$

d) A = $\overline{E3}$

10.39 Vereinfachung der konjunktiven Normalform zum Beispiel 10.19

a) vollständige konjunktive Normalform mit Maxtermen, b) Funktionstabelle dazu, c) vereinfachter schaltalgebraischer Ausdruck $\overline{E3}$, d) vereinfachte (minimierte) konjunktive Normalform

10.6.4 Analyse von Schaltungen

Gegebene Verknüpfungsschaltungen werden untersucht, um ihre Funktion über die Funktionsgleichung und -tabelle zu ermitteln. Dabei bildet man mit Hilfe der Schaltalgebra Teilfunktionen und ermittelt durch deren Zusammenfassen die Funktionsgleichung.

Beispiel 10.20 Für den Funktionsplan **10.40** sind die Funktionsgleichung und die Funktionstabelle zu ermitteln.

1. Ermitteln der Teilfunktionen aus dem Funktionsplan

$Z1 = E1 \wedge \overline{E3} \quad Z2 = \overline{E1} \wedge E2 \quad Z3 = \overline{E1} \wedge \overline{E3} \quad Z4 = E2 \wedge E3$

2. Erweitern der Teilfunktionen mit Hilfe der Schaltalgebra, hier zu Mintermen

$Z1 = E1 \wedge \overline{E3} = E1 \wedge \overline{E3} \wedge (E2 \vee \overline{E2})$ beachte: $E2 \vee \overline{E2} = 1$

$= (E1 \wedge E2 \wedge \overline{E3}) \vee (E1 \wedge \overline{E2} \wedge \overline{E3})$

$Z2 = \overline{E1} \wedge E2 = (\overline{E1} \wedge E2) \wedge (E3 \vee \overline{E3})$

$= (\overline{E1} \wedge E2 \wedge E3) \vee (\overline{E1} \wedge E2 \wedge \overline{E3})$

$Z3 = \overline{E1} \wedge \overline{E3} = (\overline{E1} \wedge \overline{E3}) \wedge (E2 \vee \overline{E2})$

$= (\overline{E1} \wedge E2 \wedge \overline{E3}) \vee (\overline{E1} \wedge \overline{E2} \wedge \overline{E3})$

$Z4 = (E2 \wedge E3) = (E2 \wedge E3) \wedge (E1 \vee \overline{E1})$

$= (E1 \wedge E2 \wedge E3) \vee (\overline{E1} \wedge E2 \wedge E3)$

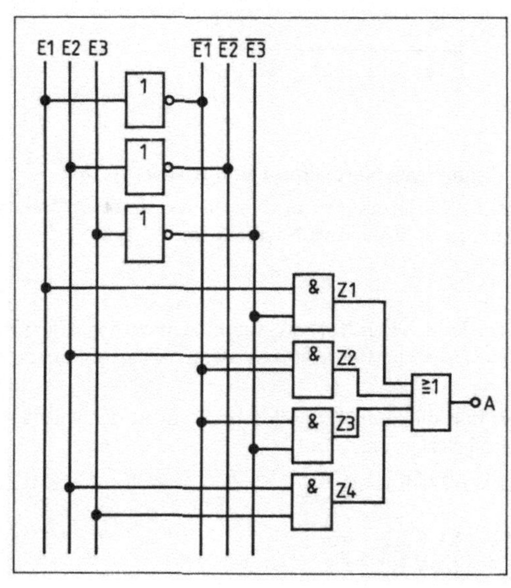

10.40 Funktionsplan zum Beispiel 10.20

Beispiel 10.20, Fortsetzung

3. Aufstellen der Funktionsgleichung, hier der vollständigen disjunktiven Normalform

$$\begin{aligned} A = {} & (E1 \wedge E2 \wedge \overline{E3}) \vee (E1 \wedge \overline{E2} \wedge \overline{E3}) \vee (\overline{E1} \wedge E2 \wedge E3) \\ & \vee (\overline{E1} \wedge E2 \wedge \overline{E3}) \vee \cancel{(\overline{E1} \wedge E2 \wedge \overline{E3})} \vee (\overline{E1} \wedge \overline{E2} \wedge \overline{E3}) \\ & \vee (E1 \wedge E2 \wedge E3) \vee \cancel{(\overline{E1} \wedge E2 \wedge E3)} \end{aligned}$$

Doppelte Kombinationen werden nur einmal aufgeführt.

4. Aufstellen der Funktionstabelle unmittelbar aus der Normalform. Die Schaltzustände der einzelnen Teilfunktionen werden hier nicht mehr berücksichtigt.

Funktionstabelle zum Funktionsplan 10.40

E1	E2	E3	A	
0	0	0	1	$\overline{E1} \wedge \overline{E2} \wedge \overline{E3}$
0	0	1	0	
0	1	0	1	$\overline{E1} \wedge E2 \wedge \overline{E3}$
0	1	1	1	$\overline{E1} \wedge E2 \wedge E3$
1	0	0	1	$E1 \wedge \overline{E2} \wedge \overline{E3}$
1	0	1	0	
1	1	0	1	$E1 \wedge E2 \wedge \overline{E3}$
1	1	1	1	$E1 \wedge E2 \wedge E3$

Ein anderer Weg der Schaltungsanalyse führt über die KV-Diagramme. Um die vollständige Normalform und damit die Funktionsgleichung und Funktionstabelle zu erhalten, verfahren wir auf umgekehrte Weise wie beim Schaltungsvereinfachen mit KV-Diagrammen.

1. Eintragen der Zustände 1 (für Minterme) oder 0 (für Maxterme) in das Diagramm.
2. Einrahmen der Zusammenfassungen benachbarter oder gegenüberliegender Minterme bzw. Maxterme.
3. Aufstellen der vollständigen Normalform und der Funktionstabelle.

Sollte die vollständige disjunktive oder konjunktive Normalform nicht herzuleiten sein, müssen einzelne Maxterme in Minterme oder umgekehrt überführt werden, indem man die de Morganschen Gesetze für einzelne Terme anwendet.

10.6.5 Synthese von Schaltungen

Hierunter ist das Umsetzen einer Schaltungsaufgabe in einen Funktionsplan zu verstehen. Folgende Schritte sind dabei zu beachten:

1. Zuordnen von Eingangsvariablen zu den verschiedenen Eingangsgrößen, die ihren Zustand ändern (z. B. Taster), und ggf. von Ausgangsvariablen zu den Ausgangsgrößen, die ihren Zustand ändern (z. B. Motor, Leuchtmelder, Ventil).
2. Den möglichen Zuständen der Variablen Werte zuweisen (z. B. Taster geöffnet: 0, Taster geschlossen: 1).
3. Aufstellen der Funktionstabelle.
4. Herleiten einer vollständigen disjunktiven oder konjunktiven Normalform.
5. Vereinfachen der Normalform.
6. Zeichnen des Funktionsplans und Realisieren der Schaltung.

Beispiel 10.21 Eine Förderbandanlage aus 2 Bändern soll durch einen Hörmelder H1 überwacht werden. H1 soll bei Überlastung über thermische Überstromauslöser F3 und F4 ansprechen, wenn Bandmotor M2 allein oder die Bandmotoren M1 und M2 gleichzeitig durch überhöhte Zuladung der Bänder überlastet werden. H1 soll nicht ansprechen, wenn nur Bandmotor M1 überlastet ist. Die ganze Anlage wird über einen Hauptschalter geschaltet.

Die Funktionsgleichung für diese Steuerung und ein Funktionsplan für die Umsetzung des Schaltauftrags mit Verknüpfungsgliedern sind aufzustellen.

1. Zuordnen von Eingangs- und Ausgangsvariablen

Hauptschalter Q1	Überstromauslöser F3	 F4	Hupe H1
E1	E2	E3	A

2. Wertezuweisung

Q1 geschlossen	F3 ausgelöst (M1 bzw. M2 aus)	F4	H1 ausgelöst
E1 = 1	E2 = 1	E3 = 1	A = 1

3. Funktionstabelle

E1	E2	E3	A	
0	0	0	0	
0	0	1	0	
0	1	0	0	
0	1	1	0	
1	0	0	0	
1	0	1	1	$E1 \wedge \overline{E2} \wedge E3$
1	1	0	0	
1	1	1	1	$E1 \wedge E2 \wedge E3$

4. Funktionsgleichung, hier vollständige disjunktive Normalform

$A = (E1 \wedge \overline{E2} \wedge E3) \vee (E1 \wedge E2 \wedge E3)$

5. Vereinfachen der Funktionsgleichung

$A = (E1 \wedge E3) \wedge (E2 \wedge \overline{E2})$ $\qquad E2 \vee \overline{E2} = 1$

$A = E1 \wedge E2$ $\qquad$ E2-Zustand ist ohne Auswirkung auf den Ausgang

6. Funktionsplan

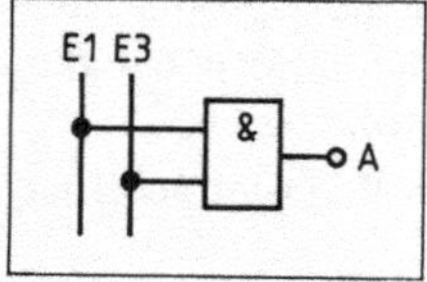

Übungsaufgaben zu Abschnitt 10.6

1. Berechnen Sie
   a) E1 ∧ E2 ∧ E3 ∧ 0 b) E1 ∧ E2 ∧ E3 ∧ 1
   c) (E1 ∨ E2) ∧ 1 d) (E1 ∧ E2) ∨ 1
2. Erklären Sie die Bedeutung der de Morganschen Gesetze für die Realisierung logischer Schaltungen.
3. Zeigen Sie an einer Funktionstabelle, daß ein NOR-Glied die gleiche Funktion erfüllt wie ein UND-Glied mit negierten Eingängen.
4. Stellen Sie eine ODER-Funktion mit NAND-Gliedern dar.
5. Eine logische Schaltung soll dann den Wert 1 haben, wenn die 1. oder die 2. Eingangsvariable den Wert 1 haben. Um welche Schaltung handelt es sich? Entwerfen Sie diese Schaltung a) mit NAND-Gliedern, b) mit NOR-Gliedern.
6. Stellen Sie die disjunktive Normalform und den Funktionsplan auf, wenn die Ausgänge in den Zeilen 0, 2 und 5 der Tab. **10.**31 den Zustand 1 haben.
7. Ermitteln Sie die konjunktive Normalform und die Funktionstabelle einer logischen Schaltung mit 4 Eingangsvariablen, wenn die Ausgänge in den Zeilen 0, 4, 5, 9 und 13 den Zustand 0 haben.
8. Stellen Sie für das Beispiel 10.18 die Funktionstabellen auf für die disjunktive Normalform und die minimierte disjunktive Normalform. Überprüfen Sie die Ausgangszustände in beiden Tabellen.
9. Für den Funktionsplan **10.40** ist eine Schaltungsanalyse durchzuführen, über ein KV-Diagramm sind die Funktionstabelle und die Funktionsgleichung aufzustellen.
10. Ein Alarmmelder soll von 4 Stellen aus ausgelöst werden. Er spricht an, wenn jeweils 2 Taster gleichzeitig oder die Taster S2, S3 und S4 gleichzeitig betätigt werden. Stellen Sie die Funktionsgleichung und den Funktionsplan auf.

10.7 Kippglieder

Ein Kippglied ist eine Schaltung, deren Betriebszustand sich sprunghaft ändert. Wir unterscheiden drei Arten von Kippgliedern:

- **Das bistabile Kippglied (Flipflop)** hat zwei stabile Schaltzustände, die sich nur unter besonderer Steuereinwirkung ändern lassen.
- **Das monostabile Kippglied (Univibrator)** hat nur einen stabilen Schaltzustand, der durch Steuereinwirkung in den unstabilen Zustand kippt und nach einer bestimmten Zeit wieder in den stabilen zurückkippt.
- **Das astabile Kippglied (Multivibrator)** hat zwei unstabile Schaltzustände, die sich ständig abwechseln.

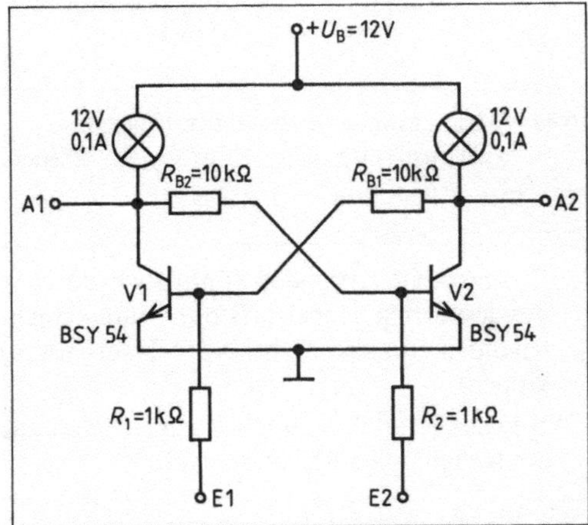

10.41 Versuchsschaltung eines bistabilen Kippglieds. Die Widerstände R_1 und R_2 dienen als Basisstrombegrenzung

10.7.1 Bistabiles Kippglied

Versuch 10.1 Die Schaltung **10.**41 wird aufgebaut und mehrfach ein- und ausgeschaltet. Nach dem Einschalten wird stets einer der beiden Transistoren leitend, während der andere sperrt.

Durch Anlegen eines positiven Spannungsimpulses an den Eingang des gesperrten Transistors (+ an E) wird dieser leitend, und der vorher leitende Transistor geht in den Sperrzustand über. Diesen Kippvorgang können wir auch durch Anlegen eines negativen Spannungsimpulses am leitenden Transistor auslösen (− an E). ■

Der leitende Transistor V1 in Bild **10.**42a hat eine sehr geringe Kollektor-Emitter-Spannung U_{CE1}. Sie reicht nicht aus, um den Transistor V2 in den leitenden Zustand zu überführen – die Schaltung hat deshalb einen stabilen Zustand. Durch kurzzeitiges Anlegen eines positiven Spannungsimpulses an die Basis des gesperrten Transistors V2 wird dieser leitend. Dabei geht seine Kollektor-Emitter-Spannung U_{CE2} auf einen sehr niedrigen Wert zurück, und V1 (dessen Basis an dieser Spannung liegt) geht in den Sperrzustand über (**10.**42b) – die Schaltung kippt in den anderen stabilen Zustand und behält ihn auch nach Wegnahme des Steuersignals bei. Diesen Kippvorgang können wir auch durch Anlegen eines negativen Spannungsimpulses an den leitenden Transistor auslösen, der dadurch in den Sperrzustand übergeht. Gleichzeitig wird V2 aufgesteuert, weil seine Basis nun an der hohen Kollektor-Emitter-Spannung von V1 liegt.

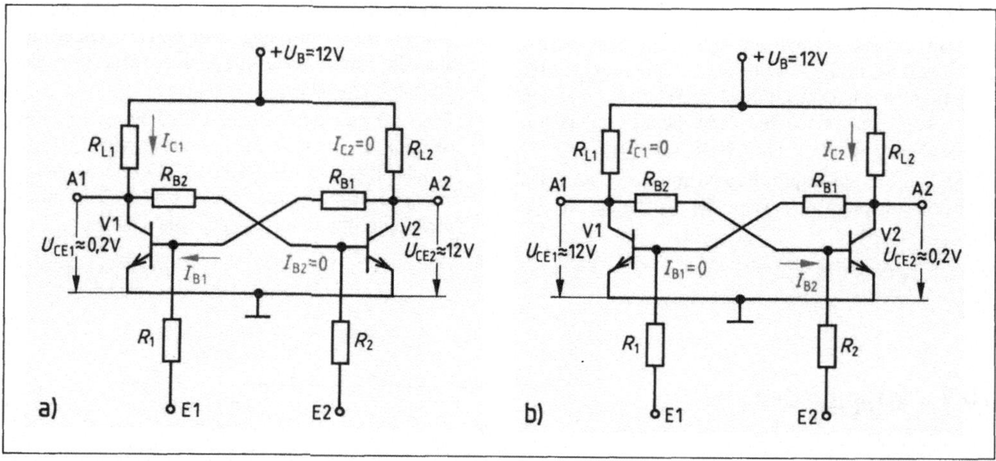

10.42 Wirkungsweise des bistabilen Kippglieds
a) V1 leitet, V2 sperrt, b) V1 sperrt, V2 leitet

> Das bistabile Kippglied können wir durch einen positiven Spannungsimpuls an der Basis des gesperrten Transistors oder durch einen negativen Spannungsimpuls an der Basis des leitenden Transistors (bei NPN-Transistoren) in den jeweils anderen stabilen Schaltzustand kippen.
>
> Weil das bistabile Kippglied seinen Schaltzustand ohne äußere Einwirkung beibehält, wird es als Signalspeicher verwendet.

Erst durch Anlegen eines positiven Spannungsimpulses an E1 oder eines negativen Spannungsimpulses an E2 kippt die Schaltung wieder in den anderen Schaltzustand: Flipflop. Der Versuch **10.**1 zeigt eine wichtige Eigenschaft des Flipflops:

> An den beiden Ausgängen A1 und A2 liegen stets entgegengesetzte Schaltzustände.

Bild **10.**43 zeigt die Wahrheitstabelle und das Schaltzeichen eines Flipflops. Durch die Wahl der Widerstände können wir erreichen, daß das Flipflop nach dem Einschalten zunächst immer in die gleiche Lage kippt. Dann hat das Flipflop eine Vorzugslage (**10.**43c).

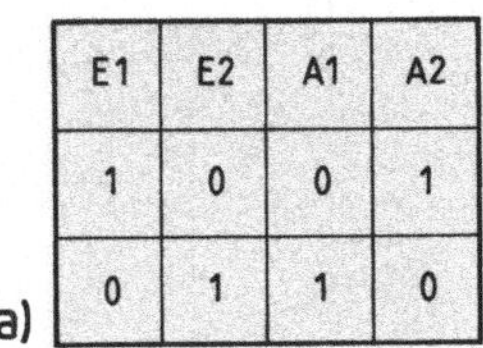

E1	E2	A1	A2
1	0	0	1
0	1	1	0

a)

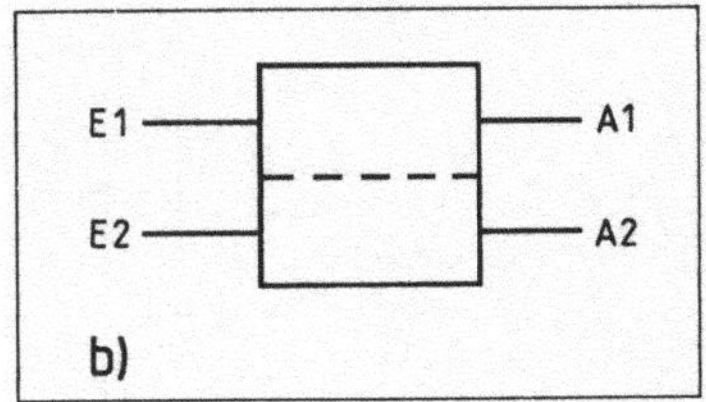

10.43
Bistabiles Kippglied
a) Wahrheitstabelle
b) Schaltzeichen

Anwendung. Das Flipflop ist einer der wichtigsten Bausteine der Elektronik, Steuerungs- und Regelungstechnik sowie der EDV.

Beispiel 10.22 Wendesteuerung eines Drehstrommotors im Dauerbetrieb über zwei Flipflops (**10.44**). Das Umschalten des Drehsinns ist nur über Aus-Befehl möglich. Außerdem sind die beiden Schütze gegeneinander verriegelt, um einen Kurzschluß zu vermeiden.

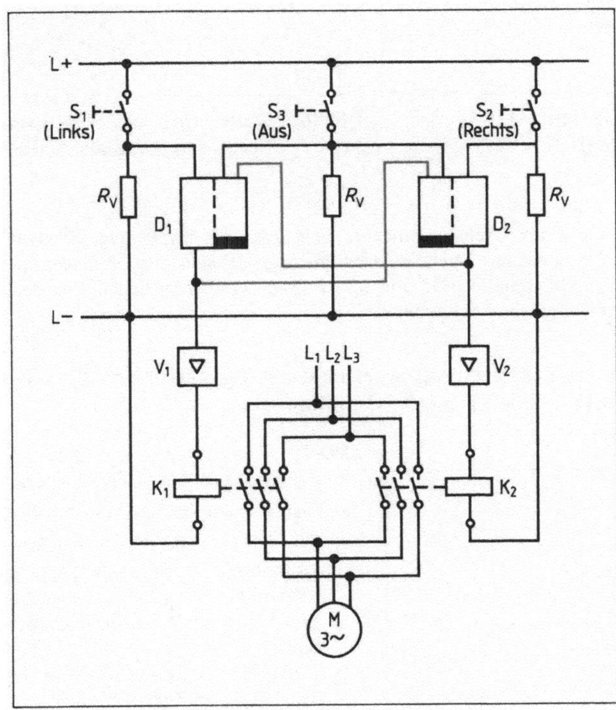

10.44
Wendebetrieb eines Drehstrommotors mit zwei Flipflops, Verriegelungsleitungen rot

Flipflop aus logischen Bausteinen. An Stelle diskreter Bauelemente können bistabile Kippschaltungen (Flipflops) auch aus zwei gekoppelten NOR- oder NAND-Gliedern bestehen.

Dabei hängt der Ausgangszustand ebenso von den Zuständen der Eingangsvariablen ab wie von den beiden inneren Zuständen. Dies wird durch die Rückkopplung eines Ausgangszustands auf einen Eingang der Schaltung bewirkt (**10.45**). Der jeweils erzeugte innere Zustand wird aufrechterhalten, so daß Daten (Zustände) gespeichert werden können.

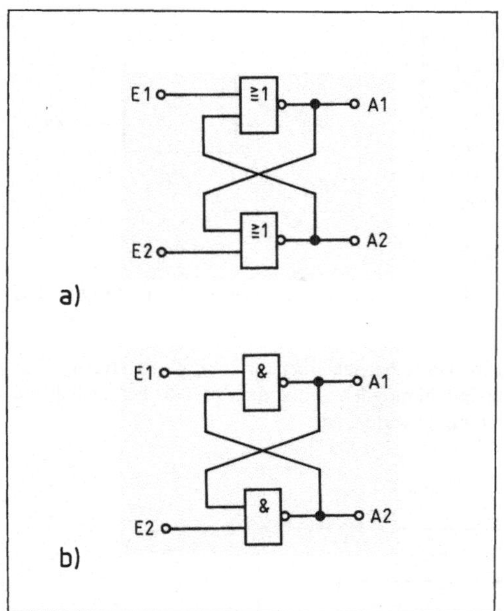

10.45 Flipflop aus NOR-Gliedern (a) und NAND-Gliedern (b)

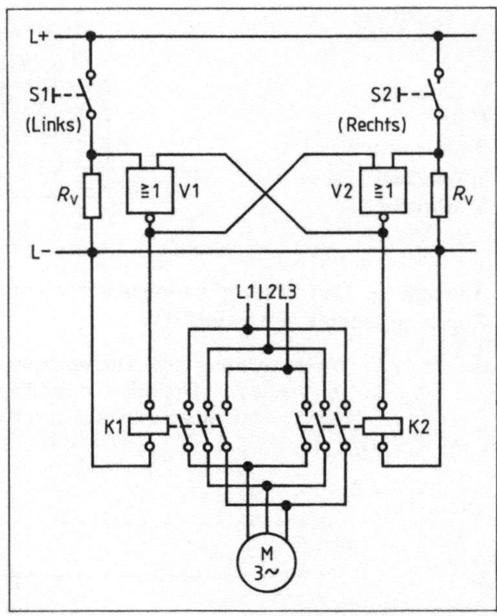

10.46 Wendebetrieb eines Drehstrommotors mit zwei als Flipflop geschalteten NOR-Gliedern

Beispiel 10.23 Wendesteuerung eines Drehstrommotors über zwei als Flipflop geschaltete NOR-Glieder (**10.46**). Weil die Schaltung Speicherverhalten zeigt, arbeitet der Drehstrommotor im Dauerbetrieb. Mit den Tastschaltern S1 und S2 ist ohne zwischenzeitlichen Aus-Befehl eine direkte Umkehrung des Drehsinns möglich.

RS-Flipflop (engl. **r**eset = zurücksetzen, **s**et = setzen der Ausgänge Q bzw. Q*). Bild **10.47** zeigt Schaltzeichen und Wahrheitstabelle für ein RS-Flipflop.

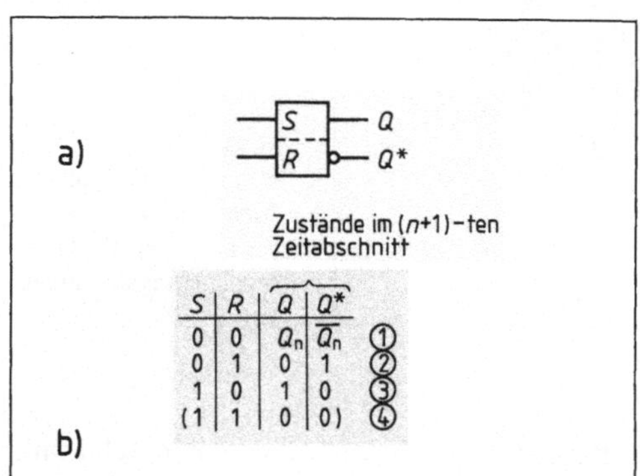

S	R	Q	Q*	
0	0	Q_n	$\overline{Q}_n$	①
0	1	0	1	②
1	0	1	0	③
(1	1	0	0)	④

10.47
RS-Flipflop, z. B. aus NOR-Gliedern (s. **10.45**)
a) Schaltzeichen, b) Funktionstabelle

① Wenn $S = 0$ und $R = 0$, bleiben die Ausgangszustände $Q_n/\overline{Q}_n$ des vorangegangenen n-ten Zeitabschnitts erhalten (entweder Setzzustand $Q = 1$ und $Q^* = 0$ oder Rücksetzzustand $Q = 0$ und $Q^* = 1$).
② Der Rücksetzzustand wird unabhängig vom vorangegangenen Zustand eingenommen: $Q = 0$ und $Q^* = 1$.
③ Der Setzzustand wird eingenommen: $Q = 1$ und $Q^* = 0$.
④ Der Zustand ist nicht definiert und daher nicht sinnvoll bzw. unbrauchbar.

Ein RS-Flipflop ist der einfachste Speicher. Es ist nicht taktgesteuert: asynchrones Flipflop.

Taktgesteuertes Flipflop. Beim RS-Flipflop ist es nicht möglich, über einen Eingang sowohl ein 0- als auch ein 1-Signal zu speichern. Auch bewirkt eine Impulsfolge an einem Eingang keinen entsprechenden Wechsel des Ausgangszustands. Dazu muß der Flipflop an den Eingängen mit einer Ansteuerschaltung versehen werden. Bei einem aufgegebenen Takt wird die Eingangswirkung (0 oder 1 setzen) ausgelöst. Zustandsänderungen sind also stets von Impulsen abhängig. Daher spricht man von synchronen Flipflops.

Wir unterscheiden taktzustands- und taktflankengesteuerte Flipflops. Beim taktzustandsgesteuerten Flipflop kann eine Zustandsänderung so lange erfolgen, wie ein Takt wirkt (**10.**48 a). Beim taktflankengesteuerten Flipflop ist eine Zustandsänderung nur möglich, wenn der Takt den Zustand ändert, d.h. bei der positiven oder negativen Flanke des Impulses. Während der Taktdauer wirken neue Informationen an den Eingängen nicht auf das Flipflop ein (**10.**48 b).

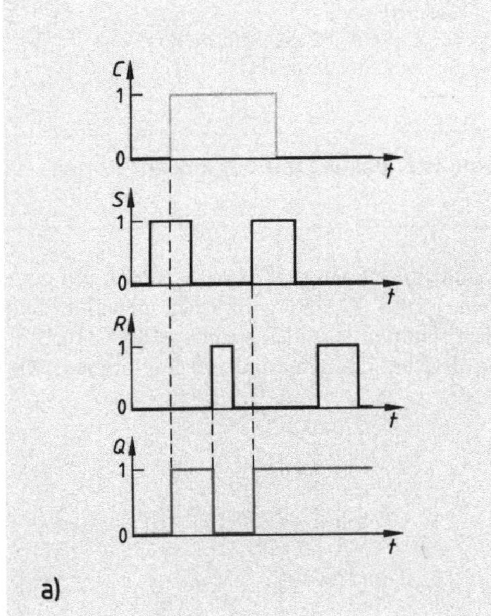

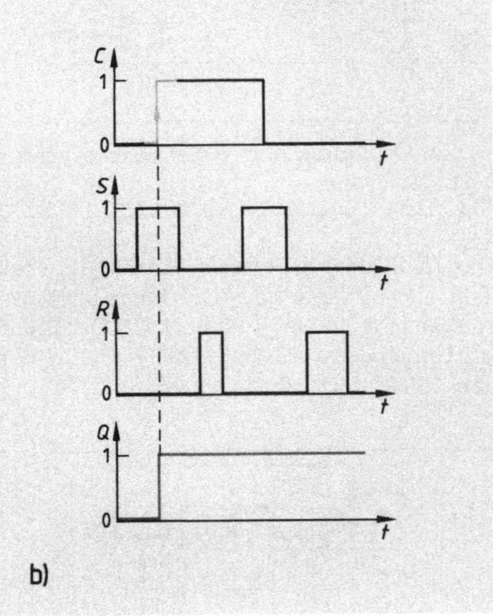

10.48 Impulsdiagramm eines RS-Flipflops
a) bei Taktzustandssteuerung, b) bei Taktflankensteuerung
C = Takteingang (engl. clock = Takt)

> Getaktete Flipflops sind synchrone Flipflops. Man unterscheidet taktzustands- und taktflankengesteuerte Flipflops.

Das D-Flipflop ist getaktet (**10.**49 a). Es verfügt über einen Informationseingang, der – über ein NICHT-Glied invertiert – auch an den R-Eingang gelegt wird. Der beim RS-Flipflop nicht sinnvolle Zustand S = 1/R = 1 kann hier nicht auftreten. Takteingang C und Informationseingang D (engl. **d**elay = verzögern) werden über UND-Glieder zusammengeführt. Die am D-Eingang anliegende Information (0 oder 1) wird von der Kippstufe übernommen, solange ein Takt den Zustand 1 hat: taktzustandsgesteuert (**10.**49 c). Die übernommene binäre Information wird gespeichert. Beim taktflankengesteuerten Flipflop wird eine Information übernommen und gespeichert, wenn der Takt seinen Zustand ändert (positive Flanke von 0 auf 1, **10.**49 d).

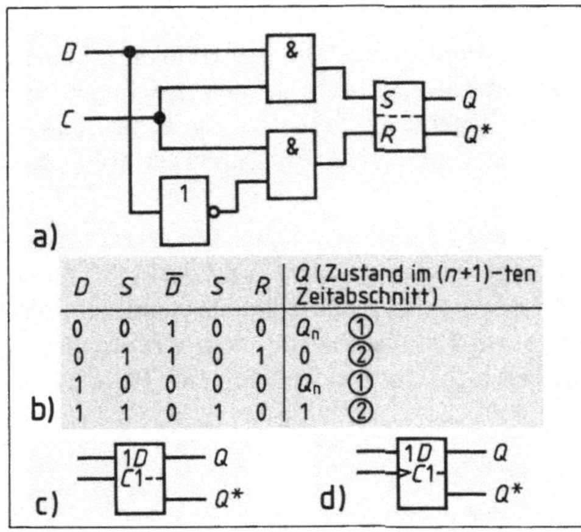

D	S	$\overline{D}$	S	R	Q (Zustand im (n+1)-ten Zeitabschnitt)	
0	0	1	0	0	Q_n	①
0	1	1	0	1	0	②
1	0	0	0	0	Q_n	①
1	1	0	1	0	1	②

10.49
D-Flipflop

a) Schaltung eines zustandsgesteuerten D-Flipflops
b) Funktionstabelle
c) Schaltzeichen eines zustandsgesteuerten,
d) eines flankengesteuerten D-Flipflops

① Solange $C = 0$, bleiben die aus dem n-ten Zeitabschnitt übernommenen Informationen Q_n gespeichert.
② Bei $C = 1$ wird die Information von D übernommen und gespeichert.

> Ein D-Flipflop ist eine getaktete (synchrone) bistabile Kippstufe mit nur einem Informationseingang.

Das JK-Flipflop hat (wie das RS-Flipflop) zwei Informationseingänge (J, K), die jedoch mit dem Takt C verknüpft sind. Die Eingangsbezeichnungen J und K sind willkürlich gewählt. Die Ausgänge Q und Q* sind über UND-Glieder an die Eingänge R und S zurückgeführt (**10.**52a, b). Undefinierte Zustände, die beim RS-Flipflop auftreten können, sind ausgeschlossen, wie Tab. **10.**50c zeigt.

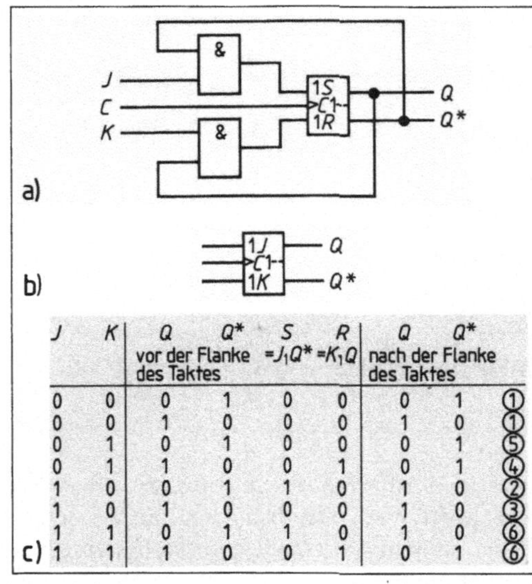

J	K	Q (vor der Flanke des Taktes)	Q* (vor der Flanke des Taktes)	S $=J_1Q^*$	R $=K_1Q$	Q (nach der Flanke des Taktes)	Q* (nach der Flanke des Taktes)	
0	0	0	1	0	0	0	1	①
0	0	1	0	0	0	1	0	①
0	1	0	1	0	0	0	1	⑤
0	1	1	0	0	1	0	1	④
1	0	0	1	1	0	1	0	②
1	0	1	0	0	0	1	0	③
1	1	0	1	1	0	1	0	⑥
1	1	1	0	0	1	0	1	⑥

10.50
JK-Flipflop

a) Schaltung, b) Schaltzeichen, c) Funktionstabelle

① Der jeweils gespeicherte Zustand bleibt erhalten.
② S wird $= 1$ gesetzt: Der Flipflop schaltet in den Setzzustand ($Q = 1$).
③ Da $S = 0$ ($Q^* = 0$!) und gleichzeitig $R = 0$ ($K = 0$!), bleibt der Setzzustand erhalten.
④ R wird $= 1$ gesetzt: Der Flipflop schaltet in den Rücksetzzustand ($Q^* = 1$).
⑤ Da $R = 0$ ($Q = 0$!) und gleichzeitig $S = 0$ ($J = 0$!), bleibt der Rücksetzzustand erhalten.
⑥ Bei jedem Takt wechselt der Zustand der Kippstufe.

> Das JK-Flipflop ist universell einsetzbar. Im Vergleich zum RS-Flipflop ist es taktflankengesteuert und kennt keine undefinierten Zustände.

JK-Flipflops können ein- oder zweiflankengesteuert sein. Im ersten Fall ändern sie ihren Zustand bei der positiven oder negativen Flanke des Taktimpulses, im zweiten Fall sowohl bei der positiven als auch bei der negativen Flanke.

Beim Master-Slave-Flipflop sind zwei JK-Flipflops hintereinandergeschaltet. Es handelt sich also um ein Zwei-Speicher-Flipflop. Das 2. Flipflop (engl. slave = Sklave) hängt in seinem Zustand vom 1, ab (engl. master = Herr). Die Informationseingänge sind so geschaltet, daß sie nur den Zustand des Master-Flipflops übernehmen können. Gesteuert werden die beiden Flipflops durch entgegengesetzte Taktflanken oder Taktzustände. Das taktflankengesteuerte Master-Slave-Flipflop übernimmt eine Eingangsinformation daher beim Eintreffen der positiven Flanke vom Master-Flipflop; das Slave-Flipflop behält seinen Zustand. Erst bei der negativen Flanke übernimmt es die Information des Master-Flipflops und übergibt sie an den Ausgang Q (**10.**51).

10.51
RS-Master-Slave-Flipflop, taktzustandsgesteuert
a) Schaltung, b) Schaltzeichen, c) Impulsdiagramm
im Schaltzeichen weist auf verzögerte Ausgabe des am Eingang übernommenen Zustands hin

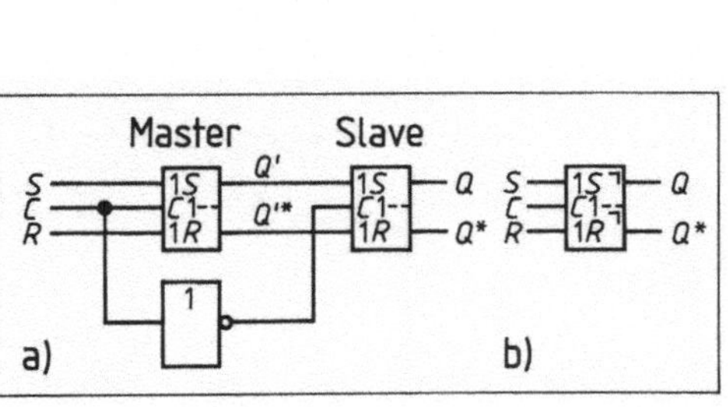

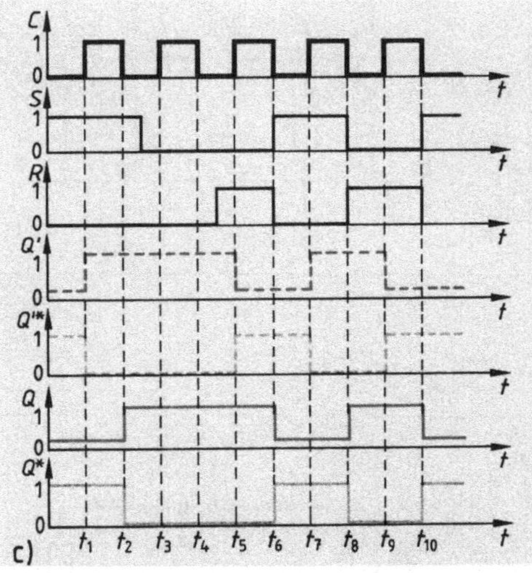

Master-Slave-Flipflops sind Zwei-Speicher-Flipflops. Eine am Eingang übernommene Information wird beim 1. Takt im Master-Flipflop zwischengespeichert und erst beim 2. Takt (d.h. verzögert) über das Slave-Flipflop an den Ausgang weitergegeben.

10.7.2 Monostabiles Kippglied

Versuch 10.2 Die Schaltung **10.**52 nimmt nach dem Einschalten einen stabilen Zustand ein, bei dem V1 leitet und V2 sperrt. Durch Anlegen eines positiven Spannungsimpulses an E2 oder eines negativen Spannungsimpulses an E1 wird V2 leitend, während V1 in den gesperrten Zustand übergeht. Die Schaltung kippt also in den nichtstabilen Zustand, nach einer gewissen Zeit jedoch wieder in den stabilen Zustand zurück. ■

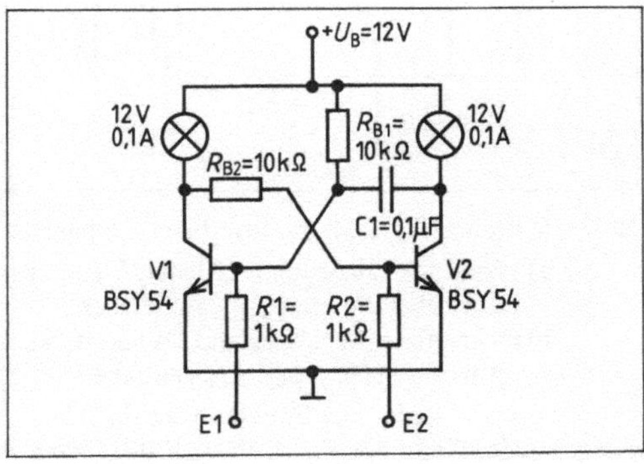

10.52 Versuchsschaltung eines monostabilen Kippglieds

Nach dem Einschalten wird V1 durch den Ladestromstoß des Kondensators C1 schneller leitend als V2. Dadurch sperrt V2, und C1 lädt sich über R_{L2} und die Basis-Emitter-Strecke R_{BE1} des Transistors V1 auf (**10.**53a). Machen wir V2 durch einen positiven Spannungsimpuls an E2 leitend, springt die Spannung U_{CE2} von etwa 12 auf 0,2 Volt. Der Kondensator entlädt sich nun

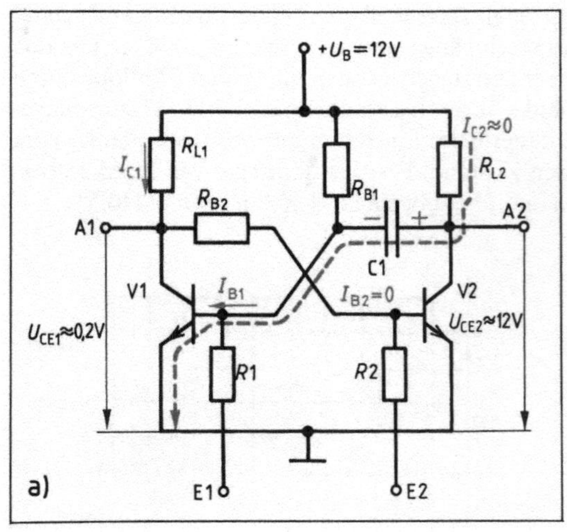

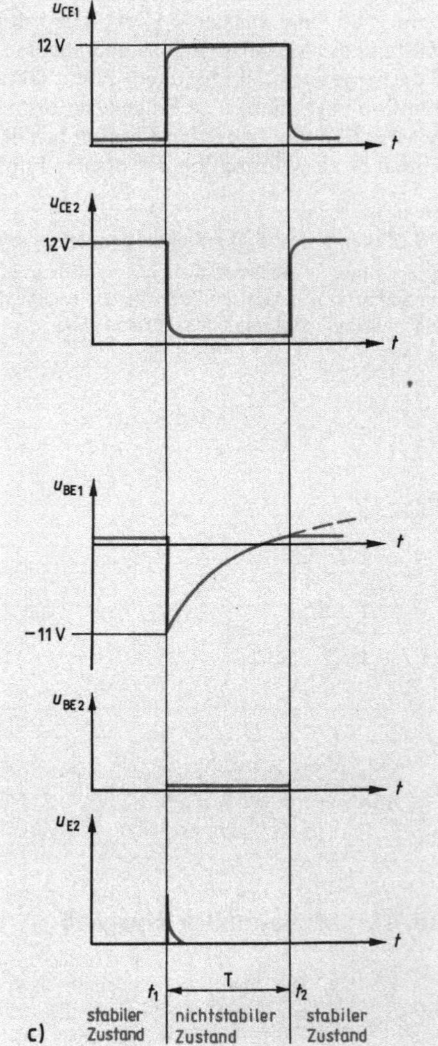

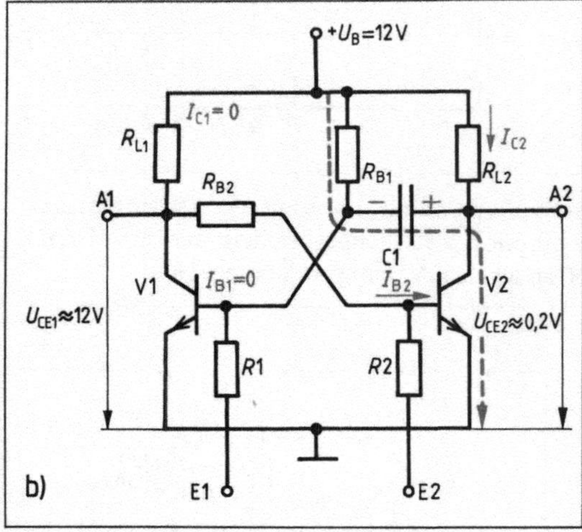

10.53 Wirkungsweise des monostabilen Kippglieds

a) stabiler Schaltzustand V1 leitet, V2 sperrt
C1 ist über R_{L2} und R_{BE1} aufgeladen

b) nichtstabiler Schaltzustand V1 sperrt, V2 leitet
C1 wird über R_{B1} und R_{CE2} entladen
←-- Lade- und Entladestrom für C1
R_1 und R_2 dienen zur Basisstrombegrenzung

c) Spannungsverlauf an V1 und V2
$T = t_2 - t_1$ nichtstabiler Zustand

über R_{B1} und die Kollektor-Emitter-Strecke R_{CE2} des Transistors V2. Gleichzeitig sperrt V1, weil seine Basis am hohen negativen Potential des Kondensators liegt (**10.**53 b). Anschließend lädt dieser sich mit entgegengesetzter Polarität auf, bis die Spannung an der Basis von V1 den Wert erreicht, bei dem der Transistor wieder leitend wird. Die Schaltung kippt also in den stabilen Zustands zurück. Die Dauer des nichtstabilen Zustands wird von der Zeitkonstanten $\tau = R_{B1} \cdot C1$ (**10.**53 c) bestimmt.

> Das monostabile Kippglied hat einen stabilen Betriebszustand. Durch einen positiven Spannungsimpuls an der Basis des gesperrten Transistors oder durch einen negativen Spannungsimpuls an der Basis des leitenden Transistors können wir es in den nichtstabilen Zustand kippen. Nach einer bestimmten Zeit kippt die Schaltung selbsttätig wieder in den stabilen Zustand zurück.

Dem Betriebsverhalten entsprechend nennt man das monostabile Kippglied auch Monoflop, Univibrator oder monostabiler Multivibrator.

Ebenso wie bistabile lassen sich auch monostabile Kippstufen mit logischen Schaltungen oder mit fertigen Digitalbausteinen realisieren. Allerdings muß man stets extern eine RC-Schaltung zufügen.

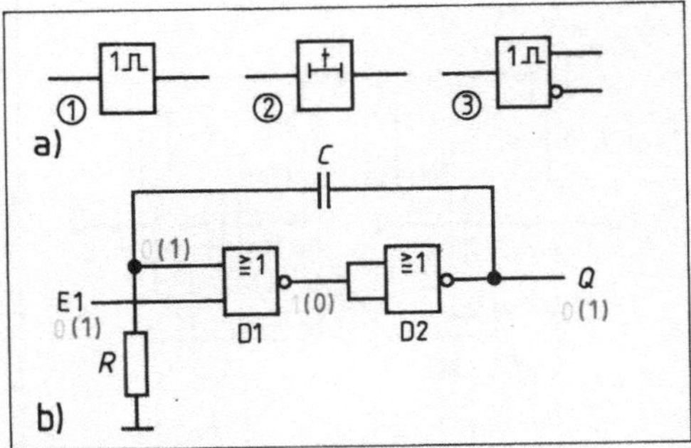

10.54 Monostabile Kippstufe
a) Schaltzeichen, b) Schaltung aus NOR-Gliedern
Angabe des stabilen (Ruhe-)Zustands
(—) Angabe des nicht stabilen (Arbeits-)Zustands
① Wenn der Eingang den Wert 1 hat, hat auch der Ausgang den Wert 1. Nach bestimmter Zeit wird der stabile Zustand eingenommen.
② Monostabile Kippschaltung mit Verzögerungseinrichtung; erst nach der Zeitdauer t (Angabe in s) nimmt das Kippglied den nicht stabilen Zustand ein.
③ Taktflankengesteuerte monostabile Kippschaltung mit nicht invertiertem und invertiertem Ausgang.

Bild **10.**54 zeigt als Beispiel eine monostabile Kippstufe aus NOR-Gliedern. Im stabilen Zustand (Ruhezustand) liegen der Eingang E1 auf 0, der Ausgang von D1 auf 1, der Ausgang Q (Ausgang von D2) auf 0 (Invertierung). Wenn Q = 0 ist, ist der Kondensator nicht geladen (keine Spannung an C), so daß am 2. Eingang von D1 ebenfalls 0 liegt.

Wird nun E1 kurzzeitig auf 1 gelegt, schaltet die Kippstufe in den nichtstabilen Zustand (Arbeits- oder metastabiler Zustand) um: Ausgang D1 erhält 0-Signal, Ausgang Q damit 1-Signal. Durch die über C und R anliegende Spannung kann ein Ladestrom fließen; C wird aufgeladen. Der infolge des Ladestroms an R auftretende Spannungsfall bewirkt, daß der 2. Eingang von D1 ein 1-Signal erhält. Somit bleibt Q auf 1, auch wenn E1 auf 0 zurückgeht. Erst wenn der Ladestrom bei zunehmender Aufladung von C kleiner wird und damit die Spannung an R unter den für das 1-Signal erforderlichen Wert sinkt, fällt der 2. Eingang von D1 und daher auch Q auf 0 zurück. Die Kippstufe nimmt selbsttätig wieder einen stabilen Zustand an. Die Dauer des Arbeitszustands hängt von der Zeitkonstanten der RC-Schaltung ab ($\tau = R \cdot C$).

> Monostabile Kippstufen fallen nach einer bestimmten Zeit aus dem nichtstabilen Zustand in den stabilen (Ruhe-)Zustand zurück.

Anwendung. Monostabile Kippstufen verwendet man als Zeitglieder (Zeitschalter) zum Erzeugen von Rechteckimpulsen bestimmter Dauer (Impulsformung) und zur Impulsverlängerung oder -verzögerung.

10.7.3 Astabiles Kippglied

Versuch 10.3 Wir ersetzen den Basisvorwiderstand R_{B2} der Schaltung in Versuch 10.2 ebenfalls durch ein RC-Glied, bestehend aus R_{B2} und C2 (**10.**55). Nach Einschalten der Betriebsspannung wechseln beide Transistoren fortwährend vom leitenden in den gesperrten Zustand und umgekehrt. An den Ausgängen A1 und A2 können wir eine Rechteckspannung abgreifen. ■

Die Wirkungsweise des astabilen Kippglieds ergibt sich aus Bild **10.**56. Dem Betriebsverhalten entsprechend nennt man das astabile Kippglied auch astabiler Multivibrator oder kurz Multivibrator.

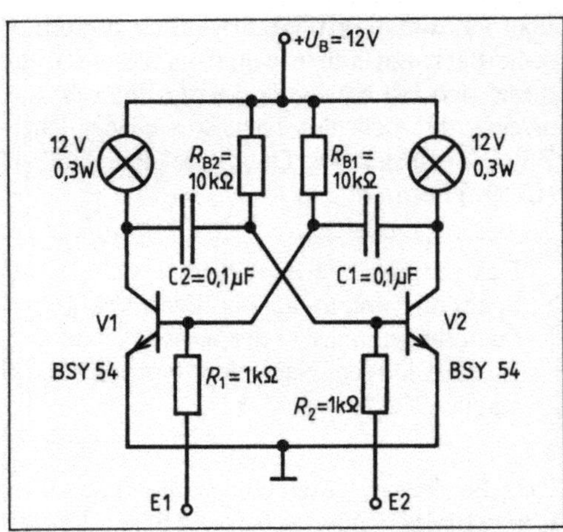

10.55 Versuchsschaltung eines astabilen Kippglieds

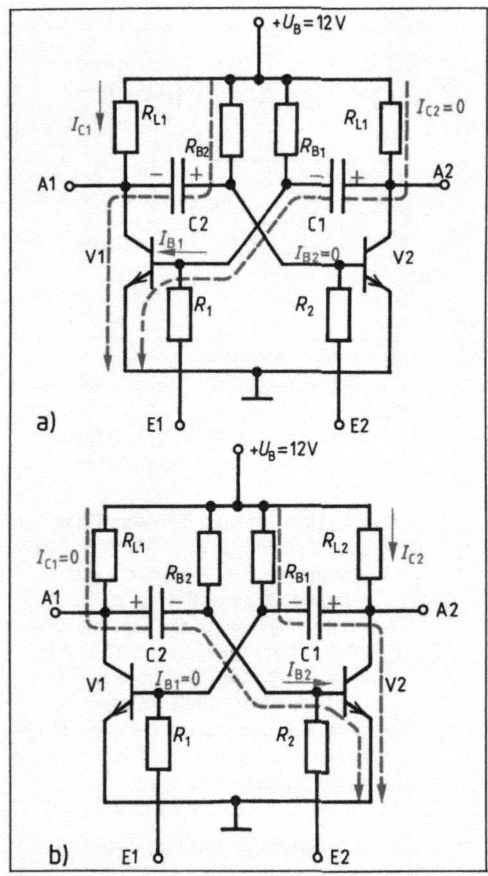

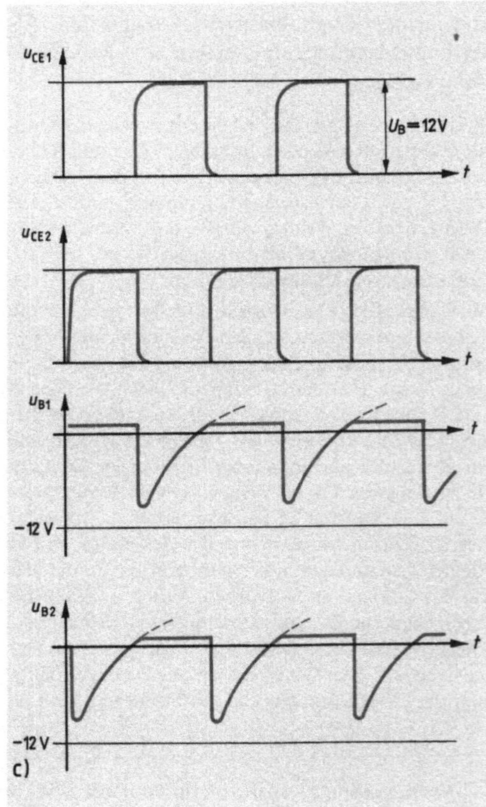

10.56 Wirkungsweise des astabilen Kippglieds

a) V1 leitet, V2 sperrt C1 wird geladen, C2 entladen
b) V1 sperrt, V2 leitet C1 wird entladen, C2 geladen
←-- Lade- und Entladeströme für C1 und C2
c) Spannungsverlauf an V1 und V2

Anwendung. Der Multivibrator wird als Spannungserzeuger für Rechteckspannungen verwendet. Die Generatorfrequenz wird durch die Zeitkonstanten der beiden RC-Glieder bestimmt. Sind sie verschieden, ist die vom Multivibrator erzeugte Rechteckspannung unsymmetrisch (**10.**57).

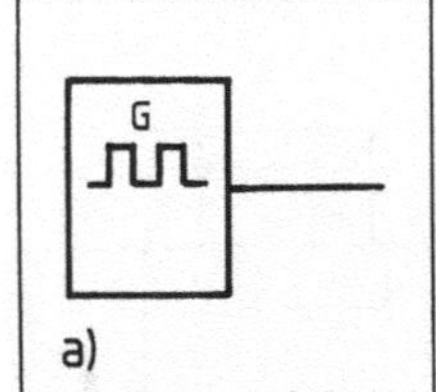

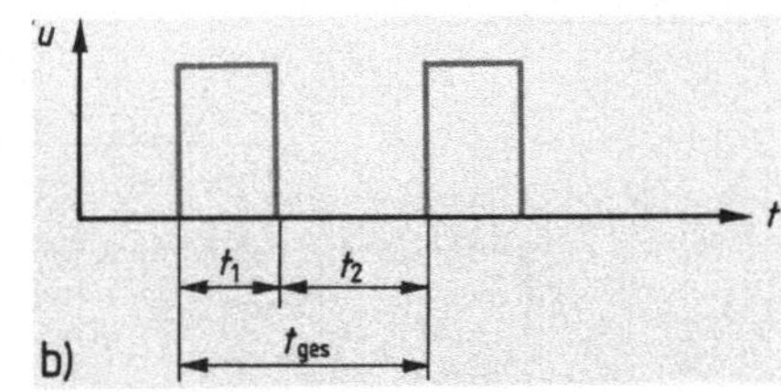

10.57
Schaltzeichen der astabilen Kippstufe (a) und unsymmetrisches Ausgangssignal (b)

> Die astabile Kippstufe hat keinen stabilen Schaltzustand. Sie wird als Rechteckspannungs-Generator verwendet.

Astabiles Kippglied aus logischen Bausteinen. Die Schaltung **10.**58 zeigt, daß das astabile Kippglied aus zwei kondensatorgekoppelten NICHT-Gliedern besteht.

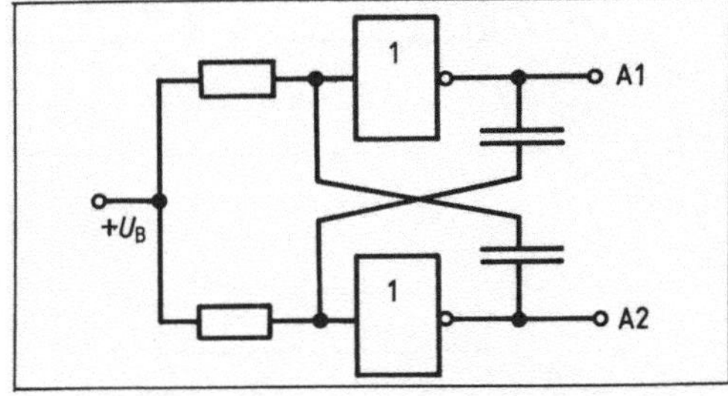

10.58 Astabiles Kippglied mit zwei NICHT-Gliedern

Übungsaufgaben zu Abschnitt 10.7

1. Was sind Kippstufen?
2. Beschreiben Sie die Eigenschaften von bistabilen, monostabilen und astabilen Kippstufen.
3. Skizzieren Sie den Schaltplan einer bistabilen Kippstufe und beschreiben Sie die Wirkungsweise.
4. Skizzieren Sie den Schaltplan eines RS-Flipflops aus NOR-Gliedern.
5. Worin liegen die Unterschiede zwischen einem JK- und einem RS-Flipflop?
6. Was sind synchrone Flipflops? Unterscheiden Sie dabei die Begriffe taktzustands- und taktflankengesteuert.
7. Die Wirkungsweise eines Master-Slave-Flipflops ist zu erläutern. Wofür werden diese Flipflops besonders eingesetzt?
8. Nennen Sie Verwendungsmöglichkeiten für eine monostabile Kippstufe.
9. Wovon hängt die Dauer des nichtstabilen Zustands einer monostabilen Kippstufe ab?
10. Beschreiben Sie Aufbau und Wirkungsweise eines Multivibrators. Wofür wird er eingesetzt?

10.8 Zähler

Zählerschaltungen zählen elektrische Impulse. Mit ihnen werden Codes realisiert. Man kann sie z. B. zum Zählen von Stücken oder als Zeitzähler einsetzen. Aufgebaut sind sie aus Speicherelementen, wobei nur getaktete Flipflops verwendet werden. Zu unterscheiden sind synchrone und asynchrone Zähler.

10.8.1 Synchrone Zähler

Mit ihnen werden besonders BCD-Codes verarbeitet (s. Abschn. 10.5.1). Bild **10.**59 zeigt, daß alle zu zählenden Impulse parallel auf die Flipflops geführt werden: Die Kippglieder kippen gleichzeitig (synchron) in den anderen Zustand. Da für die Verarbeitung eines BCD-Codes (z. B. des 8-4-2-1-Codes) beim Codieren einer Dezimalziffer 4 binäre Stellen nötig sind, verfügt dieser Zähler über 4 Kippglieder.

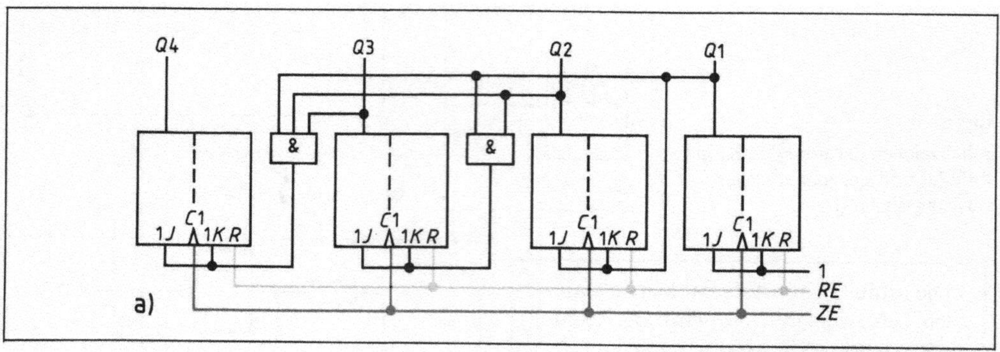

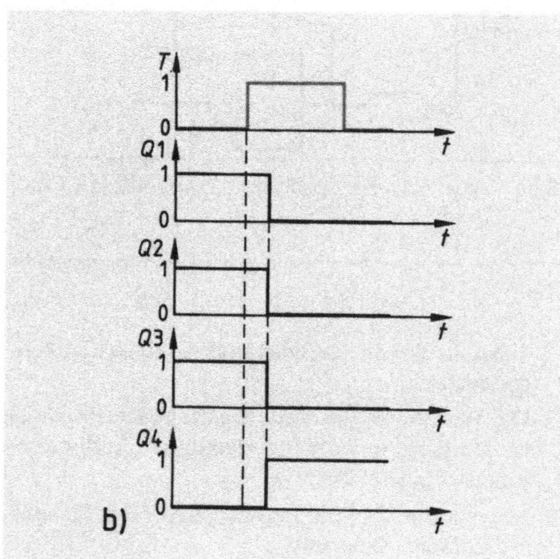

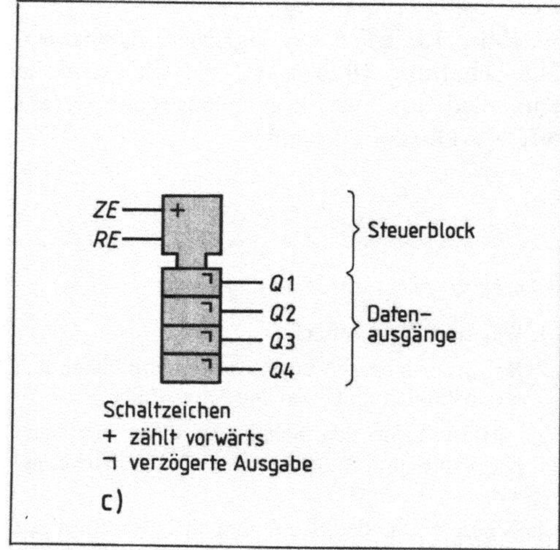

10.59 Vierstelliger Vorwärts-Dualzähler synchroner Betriebsart
a) Schaltung
b) Impulsdiagramm für den Übergang von 0111 (7) nach 1000 (8). Dabei sind:
$Q1 = 1 = J = K$ (Flipflop mit Ausgang $Q2$)
$Q1 \wedge Q2 = 1 = J = K$ (Flipflop mit Ausgang $Q3$)
$Q1 \wedge Q2 \wedge Q3 = 1 = J = K$ (Flipflop mit Ausgang $Q4$)
Damit werden bei der nächsten positiven Taktflanke alle 4 Flipflops angeregt und kippen (0111 → 1000)
c) Schaltzeichen

Bei synchronen Zählern mit Steuerung der taktabhängigen Informationseingänge liegen alle parallelgeschalteten Takteingänge am Zählereingang ZE. Die Flipflopausgänge steuern über UND-Glieder die taktabhängigen Informationseingänge so, daß sich die gewünschten Zustandsfolgen ergeben. Wenn z. B. der Zähler von 7 auf 8 umschalten soll, muß der Zählerstand bei 7 für die Umschaltung auf 8 mit eingearbeitet werden. Der Zähler schaltet dann auf 8 um, wenn der nächste Takt folgt. Zur Rücksetzung verfügen die Flipflops über taktunabhängige Eingänge am Rücksetzeingang RE des Zählers. So läßt sich ein Zähler taktunabhängig auf Null/0000 zurücksetzen.

Der vorwärtszählende Dualzähler 10.60 mit 4 JK-Flipflops hat im Gegensatz zum Zähler **10.**59 einen Freigabeausgang FA, der den Freigabeeingang eines nachgeschalteten Zählers ansteuert. Damit erreicht man, daß der Freigabeeingang des 2. Zählers nur getaktet werden kann, wenn der 1. Zähler von 1111 auf 0000 übergeht. Est wenn der Freigabeeingang auf 1 liegt, kann gezählt werden.

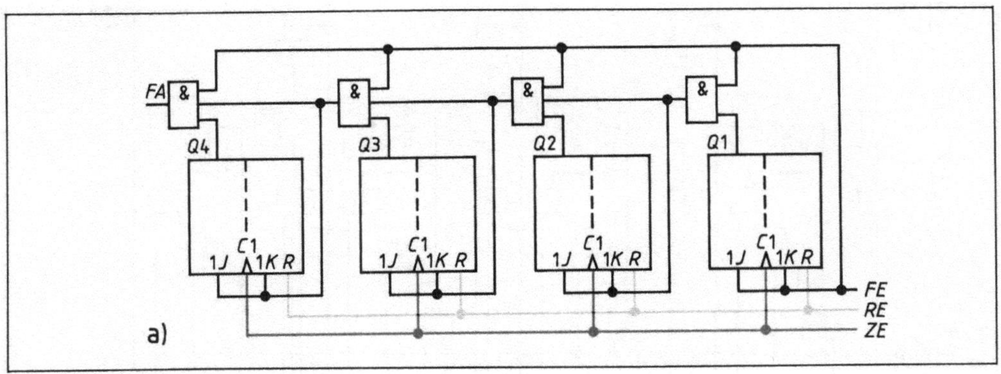

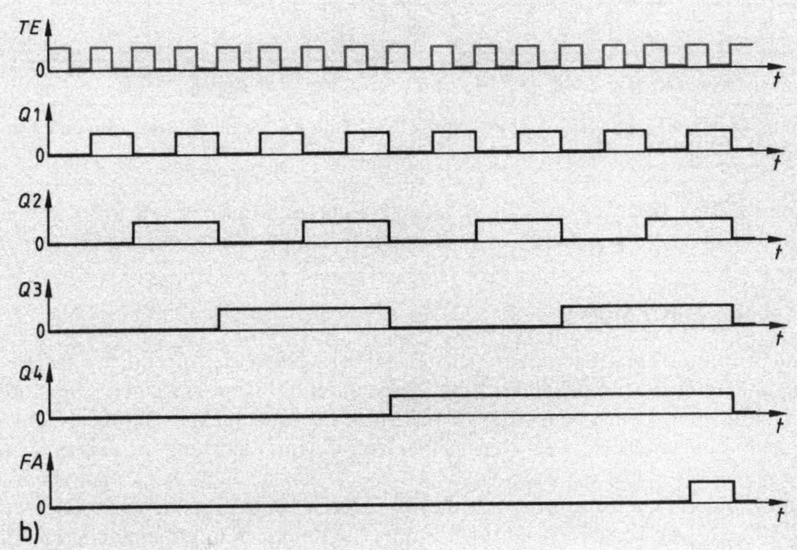

10.60 a) Synchroner, vierstelliger Vorwärts-Dualzähler aus JK-Flipflop mit Freigabeeingang PE und Freigabeausgang FA, b) mit Impulsdiagramm bei der Eingangsschaltung $FE = 1$

$Q1$ kippt bei jeder positiven Flanke in den Setzzustand bzw. zurück. Stets ist $J = K = 1$.

$Q2$ kippt bei jeder 2. positiven Flanke. Stets ist $J = K = Q1$. Setzzustand bei $Q1 = 1 = J = K$. Wenn $Q1 = 0 = J = K$ ist, bleibt der Setzzustand erhalten, weil dann keine auslösende Anregung erfolgt. Zustandsänderung/Kippen nur, wenn $Q = 1 = J = K$ (d. h. bei jeder 2. positiven Flanke).

$Q3$ kippt bei jeder 4. positiven Flanke. Stets ist $J = K = Q1 \wedge Q2$; nur bei jeder 4. positiven Flanke ist $Q1 \wedge Q2 = 1 = J = K$.

$Q4$ kippt bei jeder 8. positiven Flanke. Stets ist $J = K = Q1 \wedge Q2 \wedge Q3$; nur bei jeder 8. positiven Flanke ist $Q1 \wedge Q2 \wedge Q3 = 1 = J = K$.

(Die Eingangsschaltung FE fließt bei dieser Betrachtung nicht mit ein.)

Rückwärtszähler nutzen nicht die Ausgänge Q, sondern die invertierten Ausgänge Q*. Werden an beiden Ausgängen Q und Q* der Flipflops Signale abgenommen, erhält man einen Vorwärts-Rückwärts-Zähler (**10.**61).

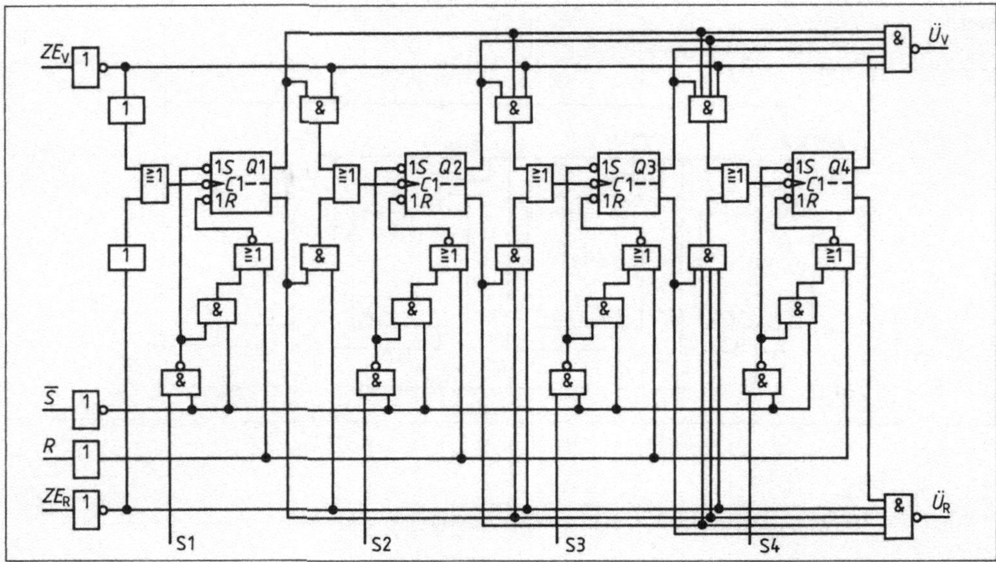

10.61 Vorwärts-Rückwärts-Dualzähler (Baustein TTL 74193) mit getrennten Eingängen und Ausgängen für die beiden Zählrichtungen

> Synchrone Zähler bestehen aus taktflankengesteuerten Flipflops, oft JK-Kippgliedern, deren Takteingänge parallel liegen. Alle Kippglieder kippen daher gleichzeitig (synchron).

10.8.2 Asynchrone Zähler

Hier sind die Flipflops hintereinandergeschaltet. Dabei werden die folgenden Flipflops von den Ausgangssignalen eines vorhergehenden Flipflops getaktet. D. h., die einzelnen Kippstufen kippen nicht gleichzeitig, sondern nacheinander (asynchron). Daraus ergeben sich die Nachteile dieser Zähler: längere Laufzeiten für das Umschalten von einem Zählstand in den nächsten; nicht gewollte Zwischenwerte; nur die Zustandsfolgen lassen sich schalten, bei denen alle Kippstufen ihren Zustand ändern. So kann man mit diesen Zählern keine einschrittigen Codes darstellen (s. Abschn. 10.5.2). Der Vorteil asynchroner Zähler liegt meist in ihrem einfacheren Aufbau.

Ein Vergleich des Impulsdiagramms **10.**62 mit der Zählerschaltung **10.**59 macht die unterschiedliche Wirkung von synchronen und asynchronen Zählern deutlich.

Der dargestellte Dualzähler ist die einfachste Schaltung eines asynchronen Zählers, bei dem nur die Informationseingänge taktabhängig gesteuert werden. Nur beim Dualzähler steuert der Ausgang des vorangehenden Flipflops (hier jeweils Q*) den Takteingang der folgenden Kippstufe. Bei Zählerschaltungen für andere Codes müssen mindestens zwei Flipflops von derselben Kippstufe angesteuert werden.

> Asynchrone Zähler bestehen aus taktflankengesteuerten Flipflops, deren Takteingänge hintereinandergeschaltet sind. Alle Kippstufen kippen daher nacheinander (asynchron). Sie arbeiten langsamer als synchrone Zähler.

Auch hier gibt es Vorwärts-, Rückwärts- und Vorwärts-Rückwärts-Zähler.

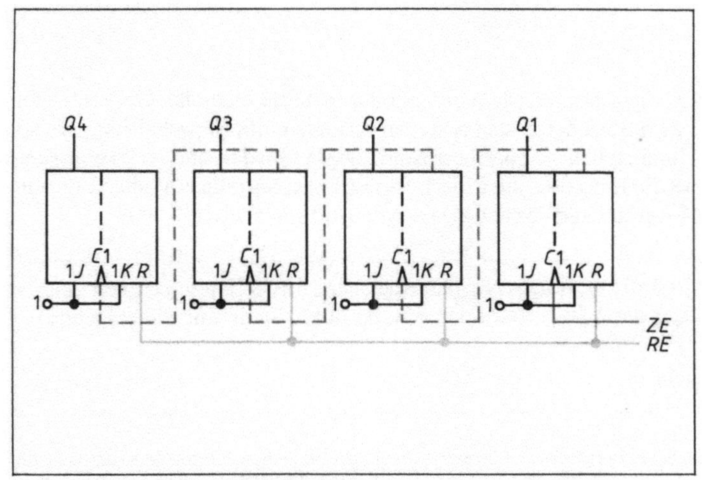

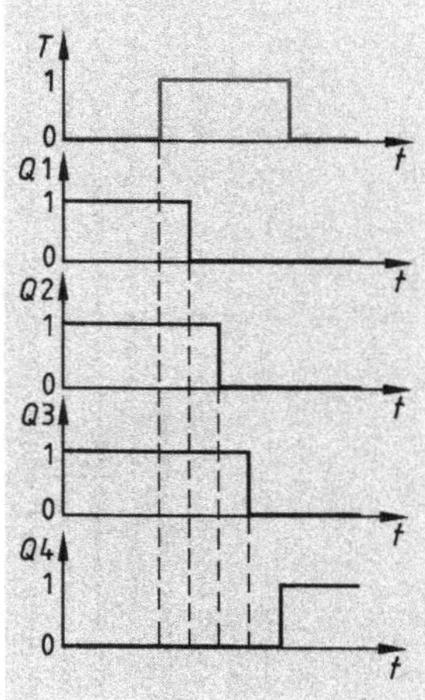

10.62 Vierstelliger Vorwärts-Dualzähler in asynchroner Betriebsart
a) Schaltung, b) Impulsdiagramm

10.8.3 Zählerschaltungen als Frequenzteiler

Das Impulsdiagramm des Dualzählers **10.60** b zeigt, daß die Ausgänge der einzelnen Zählstufen Q1 bis Q4 unterschiedliche Periodendauern und damit unterschiedliche Frequenzen haben. So wird die Frequenz f, mit der der Zähler arbeitet, am Ausgang der 1. Kippstufe Q1 halbiert, die Periodendauer verdoppelt. Dieser Vorgang wiederholt sich an allen folgenden Kippstufen, weil das Ausgangssignal der vorangehenden Zählstufe gleich dem Taktsignal der folgenden Stufe ist:

Zählstufe	Frequenz	Periodendauer
Eingang der 1. Zählstufe	f_0	T_0
Ausgang der 1. Zählstufe Q1	$f_1 = \frac{1}{2} \cdot f_0$	$T_1 = 2 \cdot T_0$
Ausgang der 2. Zählstufe Q2	$f_2 = \left(\frac{1}{2} \cdot f_1\right) = \frac{1}{4} \cdot f_0$	$T_2 = 4 \cdot T_0$
Ausgang der 3. Zählstufe Q3	$f_3 = \left(\frac{1}{2} \cdot f_2\right) = \frac{1}{8} \cdot f_0$	$T_3 = 8 \cdot T_0$
Ausgang der 4. Zählstufe Q4	$f_4 = \left(\frac{1}{2} \cdot f_3\right) = \frac{1}{16} \cdot f_0$	$T_4 = 16 \cdot T_0$

Zählerschaltungen können als Frequenzteiler verwendet werden. Bei einem Dualzähler wird die Frequenz mit jeder Zählstufe halbiert.

Teilerschaltungen lassen sich auch mit anderen Flipfloptypen realisieren, z. B. mit taktflankengesteuerten (JK-)Master-Slave-Flipflops. Da bei ihnen die Information mit der positiven Taktflanke übernommen und zwischengespeichert, aber erst bei der negativen Taktflanke an den Ausgang abgegeben wird, ergibt sich auch hier eine Frequenzhalbierung. Frequenzteiler mit anderen Teilerverhältnissen als 2:1 erreicht man z. B. auch mit Zählschaltungen für andere Codes.

10.9 Schieberegister

Binäre Signale können zwischengespeichert werden, indem man mehrere bistabile Kippstufen zu Registern zusammenschaltet. Auch Schieberegister bestehen aus einer Flipflopschaltung, die so viele Kippglieder enthält, wie Binärstellen zu speichern sind. Diese Glieder sind so zusammengeschaltet, daß bei Eingabe eines Taktimpulses die Binärinformation eines Glieds an das folgende „weitergeschoben" wird. Dabei werden alle Takteingänge synchron gesteuert.

> Schieberegister können binäre Informationen zwischenspeichern. In Abhängigkeit von den Taktimpulsen verschieben sich diese Informationen jeweils um 1 Stelle auf die folgende Kippstufe.
> Schieberegister arbeiten synchron.

Damit die Informationen zwischengespeichert werden können, müssen die einzelnen Kippstufen verzögernde Ausgänge haben wie Master-Slave-Flipflops oder mit verzögernd wirkenden RC-Gliedern gekoppelt werden.

Ein weiteres Anwendungsgebiet für Schieberegister ist die Übernahme und Zwischenspeicherung binärer Informationen, die in Serie (hintereinander) ankommen und parallel (gleichzeitig) ausgegeben werden: Serien-Parallel-Umsetzer. Umgekehrt können Daten parallel aufgenommen,

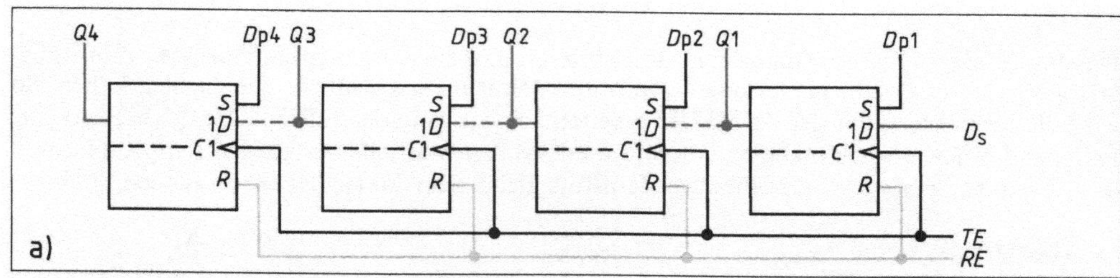

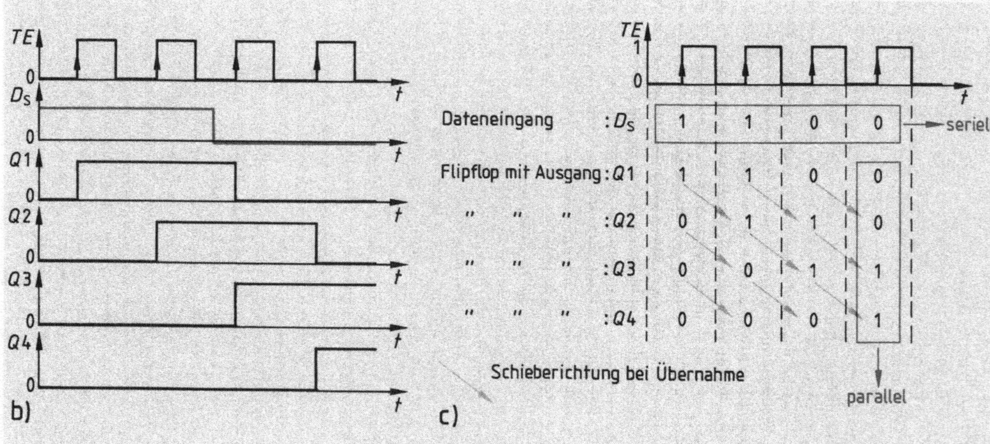

10.63 Ein-Richtungs-Schieberegister aus D-Flipflops (a) mit Impulsdiagramm bei der Serien-Parallel-Umwandlung der Eingangsinformationen $D_S = 1100$ (b); c) Übernahme der Binärinformationen durch die Flipflops bei den einzelnen Taktimpulsen

zwischengespeichert und seriell ausgegeben werden: Parallel-Serien-Umsetzer. Diese Wandler setzt man z. B. ein, wenn binäre Informationen nacheinander auf einen Übertragungskanal gegeben werden sollen: serielle Datenübertragung.

Die Wirkungsweise eines Schieberegisters als Serien-Parallel-Wandler wollen wir am Ein-Richtungs-Schieberegister **10.**63 verdeutlichen.

Bei den positiv-taktflankengesteuerten D-Flipflops wird die Eingangsinformation (hier die Dualzahl 1100) am seriellen Dateneingang D_s übernommen und parallel an die Ausgänge Q1 bis Q4 weitergegeben. (Die parallelen Dateneingänge D_p haben bei dieser Wandlerfunktion keine Bedeutung.) Bei der positiven Flanke des 1. Taktimpulses übernimmt das Flipflop mit dem Ausgang Q1 den Wert der 1. Binärziffer (1) der Zahl 1100. Bei der positiven Flanke des 2. Impulses übernimmt das Flipflop mit dem Ausgang Q1 den Wert der 2. Binärziffer (1); das Flipflop mit dem Ausgang Q2 übernimmt vom vorgeschalteten Flipflop den Wert der 1. Binärziffer. Mit jedem neuen Impuls wird der entsprechende Wert der folgenden Binärziffern aufgenommen. Gleichzeitig werden die Informationen taktweise an die jeweils folgenden Kippglieder weitergeschoben (**10.**63c). Wenn alle Informationen übernommen, zwischengespeichert und weitergeschoben worden sind, liegen sie gleichzeitig (parallel) an den Ausgängen Q1 bis Q4.

Bei JK- oder RS-Flipflops an Stelle von D-Flipflops legt man die J-Eingänge (S-Eingänge) an die nichtinvertierten Ausgänge der vorgeschalteten Flipflops und entsprechend die K-Eingänge (R-Eingänge) an die invertierten Ausgänge. An den J-Eingang (S-Eingang) des 1. Kippglieds wird der Dateneingang D_s gelegt, an den K-Eingang (R-Eingang) wird D_s invertiert gelegt (**10.**64).

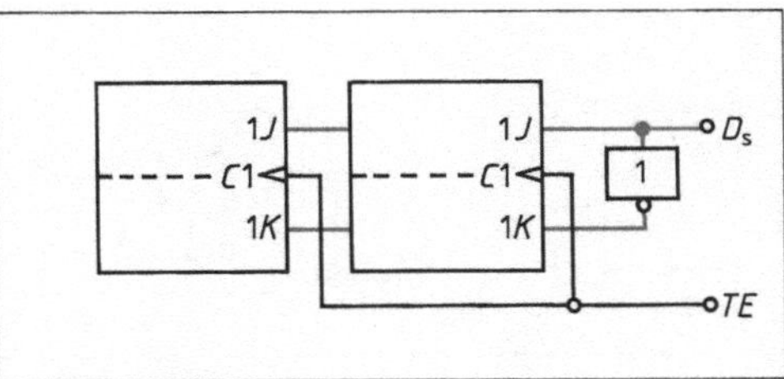

10.64 Beschaltung der taktabhängigen Informationseingänge eines JK-Flipflops beim Schieberegister

Beim Schieberegister als Parallel-Serienumsetzer wird die Information gleichzeitig von den parallelen Dateneingängen D_p1 bis D_p4 übernommen. (Der serielle Dateneingang sowie die Ausgänge Q1, Q2 und Q3 bleiben unberücksichtigt.) Gleich nach der Übernahme des Wertes der 1. Binärinformation am Eingang D_p4 wird dieser Wert am Ausgang Q4 ausgegeben. Nach einem weiteren Impuls folgt an Q4 die Ausgabe des Wertes der am Eingang D_p3 übernommenen 2. Binärinformation. Nach einem weiteren Impuls wird der Wert der 3. Binärinformation an Q4 ausgegeben usw.

Rechts-/Linksschiebebetrieb. Bei den behandelten Schieberegistern wird der Ausgang einer Kippstufe mit dem Eingang der folgenden Kippstufe verbunden (Flipflop 1 → Flipflop 4). Man spricht deshalb von einem Rechtsschiebebetrieb. Wird dagegen der Ausgang eines Flipflops an den Eingang des vorgeschalteten Flipflops gelegt (Flipflop 4 → Flipflop 1), läuft der Informationsfluß in umgekehrter Richtung, im Linksschiebebetrieb. Viele Schieberegister eignen sich für Rechts- und Linksschiebebetrieb.

10.10 Rechenschaltungen, Code-Umsetzer, Multiplexer

Rechenschaltung. Stellvertretend für Rechenschaltungen zur Addition oder Subtraktion von Dualzahlen oder Zahlen anderer Codes sollen hier die Schaltungen eines Halbaddierers und eines Volladdierers vorgestellt werden.

Mit dem Halbaddierer werden 2 Dualziffern A und B addiert. Da jede Dualziffer zwei Werte einnehmen kann, ergeben sich für die Addition von 2 Ziffern 4 Möglichkeiten (**10.**65 a). In der 2. Spalte der Tab. **10.**65 a stehen die Summen (im Dualzahlensystem!) von A und B. Die Summe wird aufgeteilt in die Stellensumme Z und den Übertrag C (engl. carry = Übertrag). So ergibt sich beim Addieren der Dualzahlen 1 und 1 die Summe Z = 0 mit dem Übertrag C = 1 zur nächsthöheren Stelle. Bei der Addition mehrstelliger Dualzahlen ist der Übertrag zu berücksichtigen. Ist die Summe B + A einstellig (die ersten drei Fälle), entsteht kein Übertrag (C = 0).

Die Wertefolge für Z entspricht der eines Antivalenz-(Exklusiv-ODER-)glieds, die Wertefolge für C der eines UND-Glieds (Funktionsgleichungen **10.**65 b). Eine Schaltung, die die Antivalenzfunktion für Z und die UND-Funktion für C erfüllt, heißt Halbaddierer (**10.**65 c).

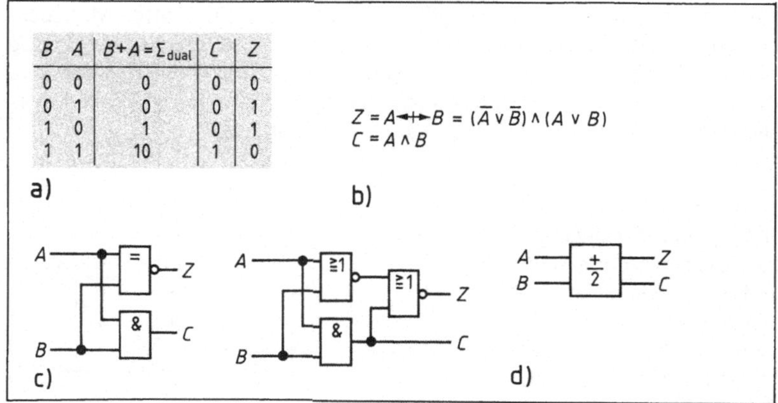

B	A	$B+A=\Sigma_{dual}$	C	Z
0	0	0	0	0
0	1	0	0	1
1	0	1	0	1
1	1	10	1	0

a)

$Z = A \leftrightarrow B = (\bar{A} \vee \bar{B}) \wedge (A \vee B)$

$C = A \wedge B$

b)

10.65 Halbaddierer
a) Funktionstabelle
b) Funktionsgleichungen für die Antivalenzfunktion für Z und die UND-Funktion für C
c) Funktionspläne
d) Schaltzeichen

Volladdierer setzt man ein, um mehrstellige Dualzahlen zu addieren. Bei dieser Zusammenschaltung aus zwei Halbaddierern (**10.**66 b, c) muß der Übertrag berücksichtigt werden. So sind stets 3 Dualzahlen zu addieren: A, B und der Übertrag aus der vorhergehenden Stelle C_{n-1}. Damit ergeben sich 8 Additionsmöglichkeiten (**10.**66 a).

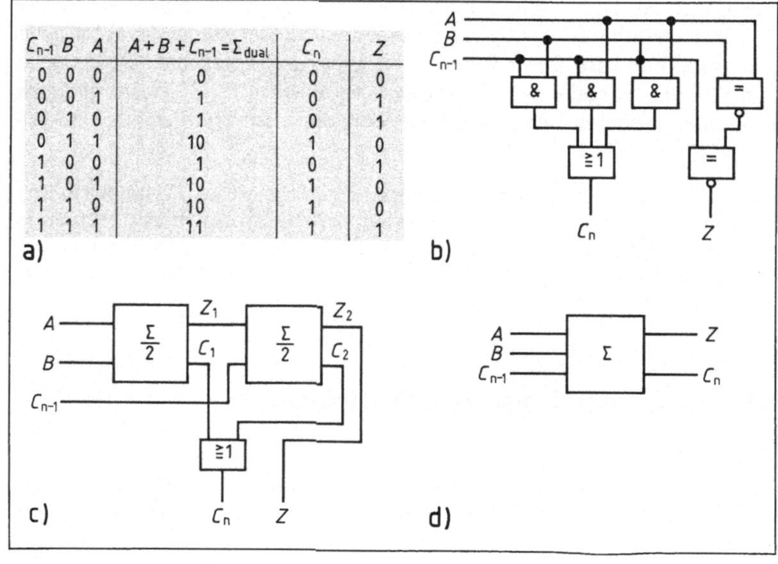

C_{n-1}	B	A	$A+B+C_{n-1}=\Sigma_{dual}$	C_n	Z
0	0	0	0	0	0
0	0	1	1	0	1
0	1	0	1	0	1
0	1	1	10	1	0
1	0	0	1	0	1
1	0	1	10	1	0
1	1	0	10	1	0
1	1	1	11	1	1

a)

10.66 Volladdierer
a) Funktionstabelle
b) Schaltung aus einzelnen Gattern
c) Schaltung aus 2 Halbaddierern
d) Schaltzeichen

Zum Addieren mehrstelliger Dualzahlen bieten sich zwei Möglichkeiten. Einmal kann man alle Dualzahlen gleichzeitig addieren: Paralleladdition. Dabei ist für jede Stelle ein Volladdierer erforderlich; nur für die Addition der 1. Stelle genügt ein Halbaddierer. Addiert man dagegen die einzelnen Stellen der Zahlen nacheinander, genügt 1 Volladdierer: Serienaddition.

Code-Umsetzer. In der Digitaltechnik können Informationen nicht immer in ihrer Ursprungsform, d. h. ihrem Ausgangscode, verarbeitet werden. Mit Hilfe von Code-Umsetzern (Code-Wandlern) lassen sich diese Codes in andere, aufgabengerechte Codes umwandeln. So sind z. B. für die Analog-Digital-Umsetzung von Strecken oder Winkeln einschrittige Codes erforderlich (s. Abschn. 10.5.2).

Allgemeine Code-Umsetzer wandeln beliebige Codes in beliebige Codes um. Codierer setzen einen bestimmten Code in beliebige Codes um. Decodierer dagegen einen beliebigen Code in einen bestimmten Code (z. B. in den Dezimalzahlencode).

Je nach Bauart können Code-Umwandler Informationen parallel (gleichzeitig) oder seriell (nacheinander) aufnehmen bzw. umsetzen und ausgeben. Für die serielle Verarbeitung werden Schieberegister eingesetzt.

Beispiel 10.24 Für die Umsetzung des Aiken-Codes in den 8-4-2-1-Code ist eine logische Schaltung zu entwickeln.

Zunächst stellen wir eine vollständige Funktionstabelle auf, worin alle möglichen Kombinationen des 8-4-2-1-Codes denen des Aiken-Codes zugeordnet sind (**10.67** a). Dabei treten im Aiken-Code nicht genutzte Kombinationen auf. Diese fehlenden Kombinationen werden im Zielcode ergänzt (XXXX) und beim Vereinfachen der Schaltfunktionen mit Hilfe der KV-Diagramme berücksichtigt. Aus der Vereinfachung **10.67** b ergeben sich für A1 bis A4 die Funktionsgleichungen **10.67** c. Damit können wir die Codierschaltung entwerfen (**10.67** d).

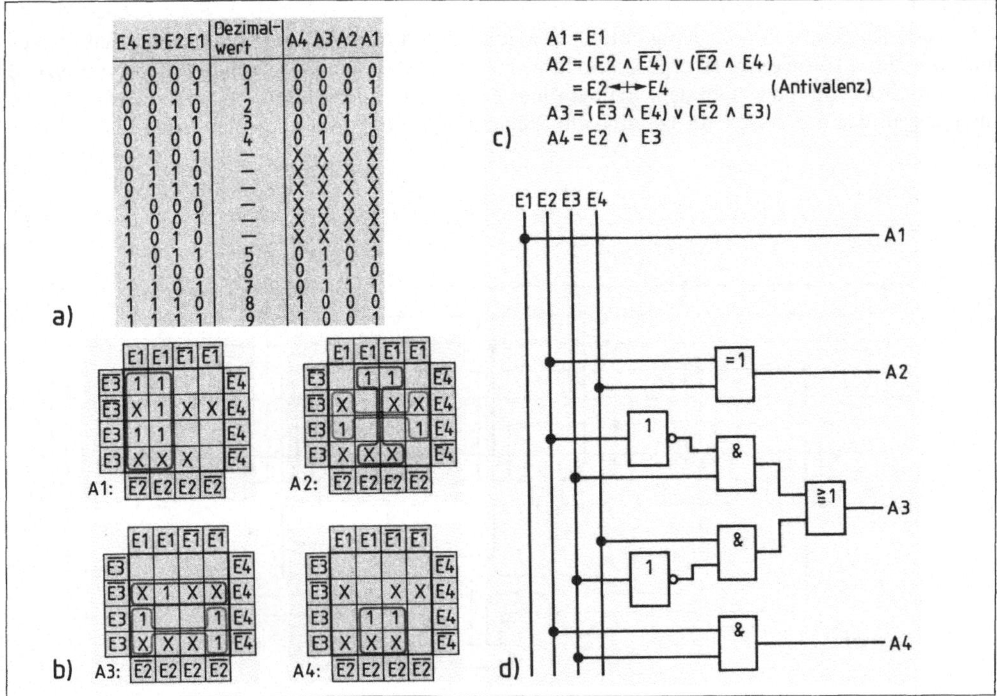

a)

E4 E3 E2 E1	Dezimalwert	A4 A3 A2 A1
0 0 0 0	0	0 0 0 0
0 0 0 1	1	0 0 0 1
0 0 1 0	2	0 0 1 0
0 0 1 1	3	0 0 1 1
0 1 0 0	4	0 1 0 0
0 1 0 1	–	X X X X
0 1 1 0	–	X X X X
0 1 1 1	–	X X X X
1 0 0 0	–	X X X X
1 0 0 1	–	X X X X
1 0 1 0	–	X X X X
1 0 1 1	5	0 1 0 1
1 1 0 0	6	0 1 1 0
1 1 0 1	7	0 1 1 1
1 1 1 0	8	1 0 0 0
1 1 1 1	9	1 0 0 1

10.67 Umsetzen von Aiken-Code in den 8-4-2-1-Code

a) Zuordnungstabelle für Quellen- und Zielcode, b) *KV*-Diagramme zum Herleiten der Schaltfunktion, c) Funktionsgleichungen für A1 bis A4, d) Schaltung des Codierers

Bei Multiplexern handelt es sich nach DIN 44300 um Funktionseinheiten, die Daten von einer Gruppe von Datenkanälen in eine andere Gruppe von Datenkanälen übergeben. Dabei unterscheidet man

- **konzentrierende Multiplexer,** die die Daten von *n* Kanälen auf einen Kanal konzentrieren, und
- **expandierende oder Demultiplexer,** die die Daten eines Kanals auf *n* Kanäle verteilen.

Multiplexer setzt man z. B. zur Parallel-Serien-Umsetzung bzw. Serien-Parallel-Umsetzung von Daten oder als Festwertspeicher ein. Das Prinzip einer Datenübertragung über Multiplexer zeigt Bild **10.68**.

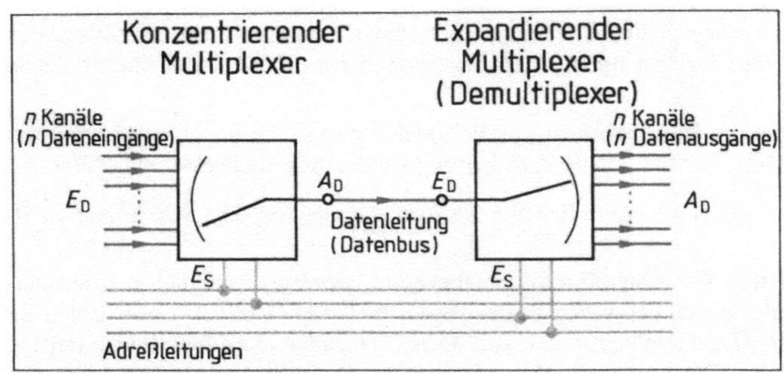

10.68 Prinzip einer Datenübertragung mit Multiplexern über 1 Datenleitung

Beim konzentrierenden Multiplexer (10.69) ist jeder Dateneingang E_D0 bis E_D7 über je ein UND-Glied mit einem gemeinsamen ODER-Glied verbunden. Wenn Daten von verschiedenen Kanälen zu übertragen sind, entscheiden Signale an den Steuereingängen E_s1, E_s2, E_s3, welches UND-Glied den Zustand 1 am Ausgang hat, d. h., welche Daten über das ODER-Glied an den Datenausgang des Multiplexers übergeben werden sollen. Dabei hat jedes UND-Glied eine eigene Kombination von Steuersignalen. Bei dem hier dargestellten Multiplexer werden die Daten nur übertragen, wenn er durch ein 1-Signal am Steuereingang E_s4 „freigeschaltet" wird.

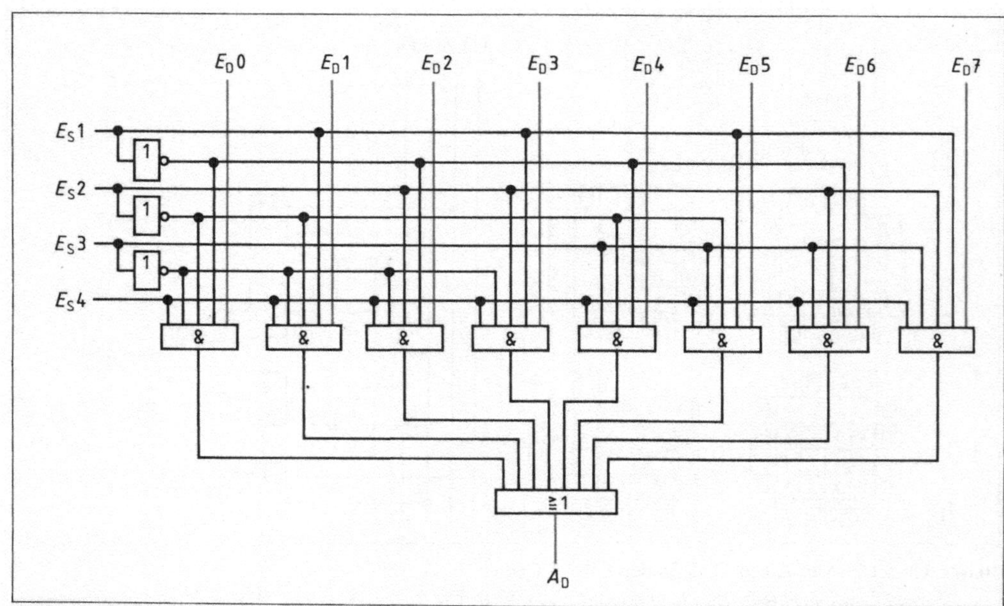

10.69 Konzentrierender Multiplexer

Multiplexer übertragen die auf verschiedenen Kanälen ankommenden Daten auf eine Datenleitung.

Der Demultiplexer arbeitet grundsätzlich ebenso. Die Unterschiede zeigen sich beim Vergleich der Schaltungen **10.**69 und **10.**70: Das ODER-Glied fehlt; jedes UND-Glied hat einen eigenen Datenausgang; die parallelgeschalteten Dateneingänge der UND-Glieder liegen an der UND-Schaltung des Dateneingangs des Demultiplexers und des Übergabeeingangs E_s4.

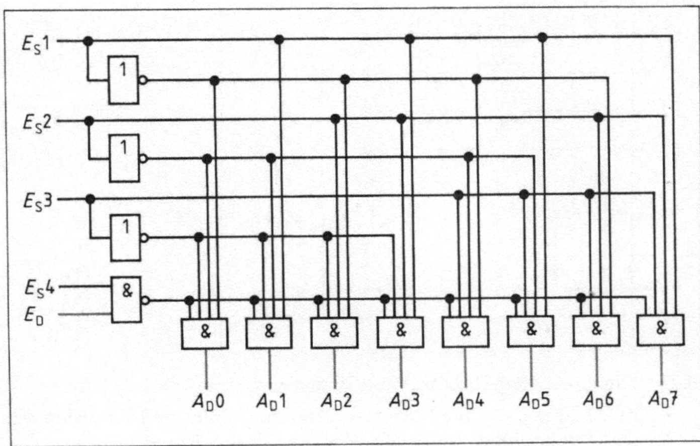

10.70
Expandierender Multiplexer (Demultiplexer)

Demultiplexer übertragen die auf einer Datenleitung ankommenden Informationen wahlweise auf verschiedene Datenleitungen.

10.11 Signalumwandlung

Liegen bei einer Meßwerterfassung die Orte der Meßwertaufnahme und der -anzeige weit auseinander, kann es sinnvoll sein, den Meßwert digital zu übertragen. Dabei lassen sich gleichzeitig mehrere digitale Informationen auf einer Leitung übertragen. Zur Übertragung muß der analoge Meßwert in ein digitales Signal umgesetzt werden. Dazu braucht man Analog-Digital-Umsetzer. Je nach Verarbeitung oder Anzeige des Meßwerts ist das Übertragungssignal ggf. wieder in ein Analogsignal umzusetzen: Digital-Analog-Umsetzer.

10.11.1 Digital-Analog-Umsetzer

Einen einfachen D/A-Wandler für die Umwandlung einer vierstelligen Dualzahl zeigt Bild **10.**71 a. Es ist ein Umsetzer mit Stromsummierung, der das Analogsignal am Ausgang aus einer Summe abgestufter Teilströme bildet. Die Teilströme entsprechen den Werten der Digitalsignale am Eingang (0 oder 1). Das Ausgangssignal und die Summe der Eingangssignale sind damit verhältnisgleich. Jeder Eingang E1 bis E4 liegt an einer gleichgroßen Spannung U, wenn das anliegende

Binärsignal 1 ist. Die Widerstände R_1 bis R_4 der einzelnen Stromkreise sind dem Dualzahlensystem entsprechend abgestuft (**10.**71 a). Unter der Voraussetzung, daß der Summierwiderstand R_S sehr viel kleiner als der kleinste Teilwiderstand R_4 ist, hängen die Teilströme und damit auch der Summenstrom praktisch nur von den Teilwiderständen ab, und zwar im umgekehrten Verhältnis wie die dazugehörenden Widerstände. Der geringe Wert von R_S im Vergleich zu den Teilwiderständen bedingt, daß auch die Ausgangsspannung U_A sehr klein ist im Verhältnis zur Gesamtspannung. So ist eine Verfälschung bei der Signalumwandlung weitgehend ausgeschlossen.

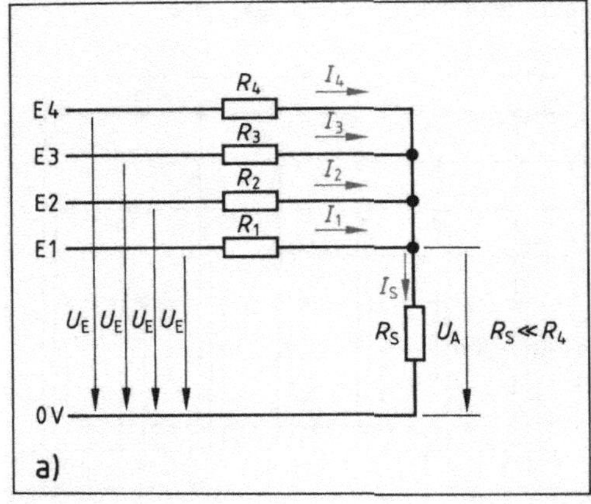

b)

	R	I_S, wenn 1-Signal anliegt
E1	$R_1 = \frac{R}{2^0} = R$	$I_1 = 2^0 \cdot I = I$
E2	$R_2 = \frac{R}{2^1} = \frac{R}{2}$	$I_2 = 2^1 \cdot I = 2I$
E3	$R_3 = \frac{R}{2^2} = \frac{R}{4}$	$I_3 = 2^2 \cdot I = 4I$
E4	$R_4 = \frac{R}{2^3} = \frac{R}{8}$	$I_4 = 2^3 \cdot I = 8I$

c)

	E4	E3	E2	E1	I_S
(3)	0	0	1	1	
I_{Teil}	–	–	$2I$	I	$3I$
(14)	1	1	1	0	
I_{Teil}	$8I$	$4I$	$2I$	–	$14I$
(15)	1	1	1	1	
	$8I$	$4I$	$2I$	$1I$	$15I$

10.71 Digital-Analog-Umsetzer mit Stromsummierung

a) Schaltung, b) Zuordnung von Teilwiderständen und Teilströmen zu den Eingängen, c) Beispiele für die Umwandlung von Dualzahlen in analoge Summenströme

An der Umwandlung von Dualzahlen in einen Summenstrom ist zu erkennen, daß auch das Ausgangssignal nicht genau analog dargestellt wird (**10.**71 c). Es bleibt ein stufiges Signal mit maximal 15 Stufen. Je größer jedoch die Anzahl der umzuwandelnden Binärstellen ist, desto weniger wirkt sich der Stromsprung relativ aus.

Statt des Summierwiderstands kann man zur Anzeige analoger Meßwerte auch ein Drehspulmeßwerk anschließen.

> Digital-Analog-Umsetzer wandeln digitale Signale in verhältnisgleiche analoge Signale um.

10.11.2 Analog-Digital-Umsetzer

Sie werden in der Datenverarbeitung und Meßtechnik häufig verwendet, weil z. B. digitale Meßgeräte preisgünstiger sind als analoge und keine Ablesefehler zulassen.

Der A/D-Wandler **10.**72 arbeitet nach dem Parallelverfahren. Analoge Signale werden sehr schnell in digitale Signale umgesetzt – bis zu 10^{18} Umsetzungen in 1 s. Damit lassen sich z. B. Fernsehbilder digitalisieren.

Der abgebildete A/D-Wandler verwendet Operationsverstärker (s. Abschn. 9.4), hier als K o m p a r a t o r e n (Vergleicher). Sie vergleichen die am nicht invertierenden und am invertierenden Komparatoreingang liegenden Spannungen. Ist die Spannungsdifferenz positiv, gibt der Komparator ein 1-Signal ab.

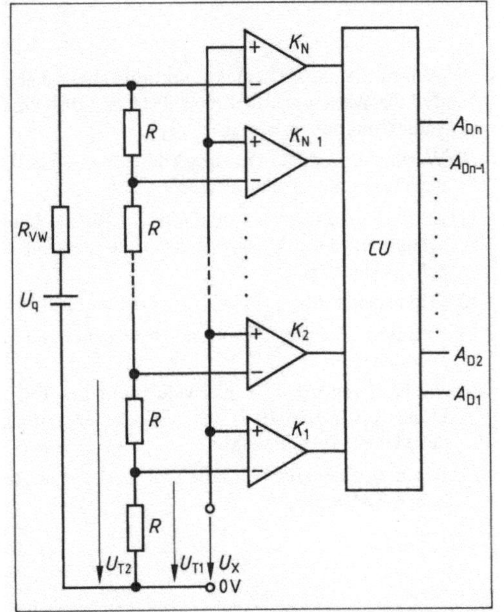

10.72 Analog-Digital-Umsetzer nach dem Parallelverfahren
CU = Code-Umsetzer
K = Komparator

10.73 Speisung der Spannungsteilerkette zum Digitalisieren von Wechselspannungen

Eine Spannungsteilerkette aus *N* gleichen Widerständen liegt über einem Vorwiderstand an einer Quellenspannung U_q. Die an den Widerständen fallenden *n* abgestuften Teilerspannungen U_T liegen an den invertierenden Eingängen der Komparatoren K1 ... K*N*. Die zu digitalisierende Analogspannung U_X liegt parallel an den nicht invertierenden Eingängen (daher Parallelverfahren). Sie wird an jedem Komparator gleichzeitig mit der anliegenden Teilerspannung verglichen. Ist bei einem Komparator die Spannungsdifferenz positiv, die analoge Spannung U_X also größer als die anliegende Teilerspannung, erhält der Ausgang den Zustand 1. Die Ausgangssignale aller Komparatoren werden einem Code-Umsetzer-CU zugeführt, der sie codiert (Ausgänge A_{D1} ... A_{Dn}). Bei z. B. 8 Komparatoren sind mindestens 3 Ausgänge möglich, bei 16 mindestens 4 Ausgänge.

Mit dem dargestellten A/D-Wandler lassen sich nur Gleichspannungen digitalisieren. Eine Schaltung zum Umsetzen von Wechselspannungen zeigt Bild **10.73**, wobei die Einspeisung über zwei Spannungsquellen erfolgt.

Der Nachteil parallel arbeitender A/D-Umsetzer liegt in der großen Anzahl von Teilerwiderständen und Komparatoren.

Analog-Digital-Umsetzer setzen analoge Signale in digitale Signale um. Arbeiten sie nach dem Parallelverfahren, ist die Umsetzung sehr schnell, erfordert jedoch einen großen Aufwand an Komparatoren und Widerständen.

Übungsaufgaben zu Abschnitt 10.8 bis 10.11

1. Erläutern Sie den Aufbau und die Wirkungsweise eines Synchronzählers.
2. Worin unterscheiden sich synchrone und asynchrone Zähler?
3. Wie arbeiten Frequenzteiler?
4. Wieviel Kippstufen hat der Frequenzteiler als Dualzähler einer Uhr, deren Quarzfrequenz $f =$ 32,768 kHz beträgt, damit Sekundentakte entstehen?
5. Welche Aufgaben haben Schieberegister?
6. Erläutern Sie an einem Beispiel die Wirkungsweise eines Schieberegisters.
7. Mit einem 4-Bit-Serien-Parallel-Wandler soll die Dualzahl 0110 umgesetzt werden. Zeichnen Sie das Impulsdiagramm.
8. Wie arbeitet ein Halbaddierer?
9. Weisen Sie anhand einer Funktionstabelle nach, daß die Wertefolge für Z in Bild **10.**65a der Antivalenzfunktion entspricht.
10. Warum verwendet man zum Addieren mehrstelliger Dualzahlen Volladdierer?
11. Entwickeln Sie einen Code-Wandler für die Umsetzung des 8-4-2-1-Codes in den reflektierten Exzeß-3-Code (Tab. **10.**19).
12. Wie arbeiten Multiplexer? Wozu dienen Sie?
13. Erläutern Sie die Wirkungsweise eines D/A-Wandlers.
14. Weshalb soll der Summierwiderstand des D/A-Umsetzers in Bild **10.**71 sehr viel kleiner sein als der kleinste Teilwiderstand?
15. Beschreiben Sie die Aufgabe und Wirkungsweise von A/D-Wandlern.

11 Automatisierungstechnik

11.1 Steuerungstechnik

11.1.1 Begriffe und Merkmale von Steuerungen

Die Grundlagen der Steuerungstechnik enthält Abschn. 13 der Elektro-Fachkunde 1.

> DIN 19226 definiert: Steuern „ist der Vorgang in einem System, bei dem eine oder mehrere Größen als Eingangsgrößen andere Größen als Ausgangsgrößen aufgrund der dem System eigentümlichen Gesetzmäßigkeit beeinflussen."

Dabei ist das System eine Anordnung von Bauteilen (z. B. Tastern, Fühlern, Motoren, Ventilen), die miteinander in Beziehung stehen.

Wesentliches Merkmal einer Steuerung ist der offene Wirkungsablauf in der Steuerkette. Im Unterschied zur Regelung wirkt die Ausgangsgröße nicht wieder auf die Eingangsgröße zurück (**11**.1).

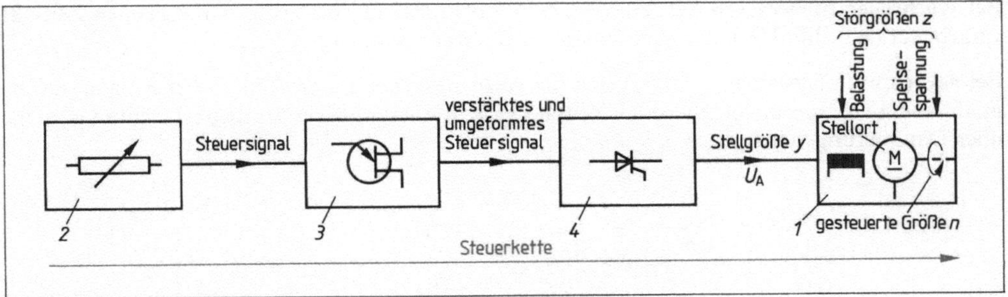

11.1 Signalflußplan der Drehzahlsteuerung eines Gleichstrommotors
1 Steuerstrecke *2* Befehlsgeber (Steuerglied) *3* Vorverstärker *4* Leistungsverstärker und Stellglied

> Befehlsgeber, Verstärker, Stellglied und Steuerstrecke bilden für den Signalfluß eine Steuerkette.

Steuerungen können nach verschiedenen Merkmalen eingeteilt werden: nach der Informationsdarstellung, Signalverarbeitung oder Programmverwirklichung.

Unterscheidungsmerkmal Informationsdarstellung (**11**.2 auf S. 328)

Bei einer analogen Steuerung werden die Signale stetig verarbeitet (z. B. Helligkeit einer Lampe in Abhängigkeit von der Schleiferstellung eines vorgeschalteten Stellwiderstands, Zeigerstellung eines Meßgeräts in Abhängigkeit von dem zu messenden Strom, Durchflußmenge einer Flüssigkeit in Abhängigkeit von der Ventilstellung).

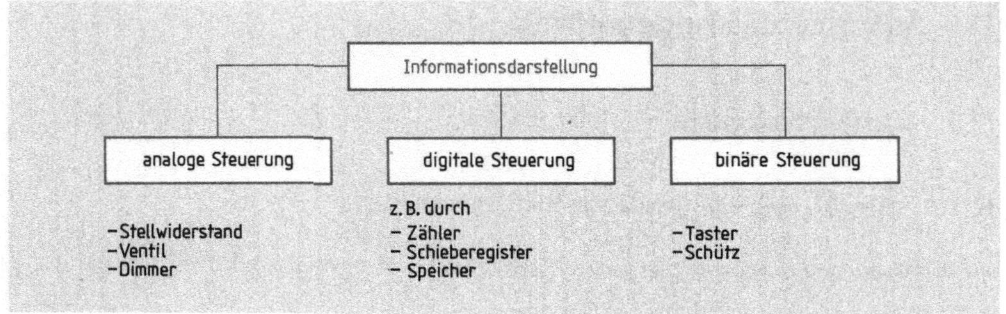

11.2 Steuerungen, unterschieden nach der Informationsdarstellung

Bei der digitalen Steuerung werden die Signale unstetig verarbeitet. Die zu verarbeitenden Informationen sind zahlenmäßig meist in einem Binärcode dargestellt (s. Abschn. 10).

Bei einer binären Steuerung werden binäre Informationen (z. B. EIN–AUS, geöffnet–geschlossen) oft mit Verknüpfungs-, Zeit- oder Speichergliedern zu binären Ausgangssignalen verarbeitet. Die Binärsignale beschreiben dabei nur zwei Zustände, die weiter keine zahlenwertmäßige Bedeutung haben.

Unterscheidungsmerkmal Sginalverarbeitung (11.3)

Bei synchronen Steuerungen werden Signale in Abhängigkeit von einem vorgegebenen Zeittakt verarbeitet (z. B. Blinkleuchte, Umschalten einer Verkehrsampel).

Bei asynchronen Steuerungen ändert sich die Ausgangsgröße durch Ändern der Eingangsgröße unabhängig von einem vorgegebenen Zeittakt (z. B. Steuerung einer Straßenbeleuchtungsanlage über Dämmerungsschalter).

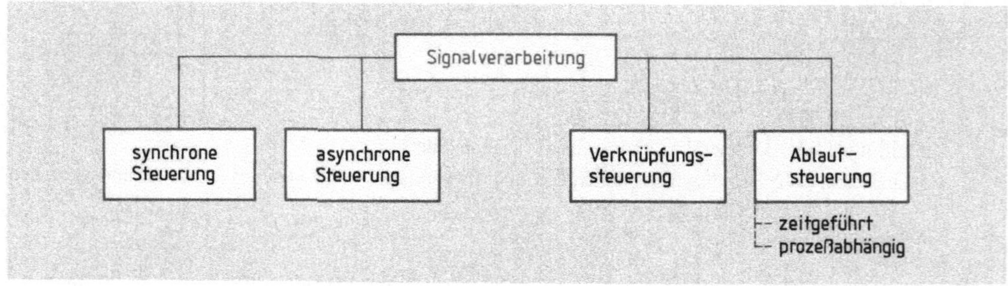

11.3 Steuerungen, unterschieden nach der Signalverarbeitung

Bei Verknüpfungssteuerungen (kombinatorische Steuerungen) werden den Zuständen der Eingangssignale bestimmte Zustände der Ausgangssignale als logische Verknüpfungen zugewiesen. So beginnt der Waschvorgang bei einer Waschmaschine (Einlaufen des Wassers, Drehen der Wäschetrommel), wenn der Netzschalter betätigt, der Programmschalter betätigt, die Tür verriegelt und der Wasserdruck vorhanden sind (Leitungsventil).

> Der logische Wert des Ausgangssignals ergibt sich aus einer Kombination (Verknüpfung) von logischen Zuständen der Eingangssignale.

Zu den Verknüpfungssteuerungen zählen auch die Steuerungen mit Hilfe von Digitalbausteinen (s. Abschn. 10). DIN 19237 empfiehlt, für diese Steuerungen die ebenfalls verwendeten Begriffe „Parallelsteuerung“, „Führungssteuerung“ und „Verriegelungssteuerung“ zu vermeiden, weil sie mißverständlich sind.

Bei Ablaufsteuerungen erfolgt der Ablauf nach fest vorgegebenen Programmschritten. Weitergeschaltet zum nächsten Programmschritt wird erst, wenn bestimmte Bedingungen erfüllt sind. Dabei unterscheiden wir zeitgeführte und prozeßabhängige Ablaufsteuerungen. Frühere Bezeichnungen wie „Programmsteuerung“ oder „Taktsteuerung“ sind mißverständlich und daher nicht mehr gebräuchlich.

> Ablaufsteuerungen arbeiten ein Programm schrittweise ab. Sie können zeitgeführt oder prozeßabhängig sein.

Beispiele für zeitgeführte Ablaufsteuerungen sind der Waschvorgang einer Waschmaschine, die den Ablauf über einen motorgesteuerten Programmschalter steuert, oder eine Ampelsteuerung mit Zeitgliedern. Bei einer prozeßgeführten Ablaufsteuerung wird der nächste Schritt stets durch den vorangegangenen Schritt ausgelöst (z. B. Zuschalten eines zweiten Motors über einen Fliehkraftschalter bei Folgeschaltung aus zwei Motoren, Stern-Dreieck-Schaltung, Befördern von Lasten mit Kränen oder Aufzügen, Pressen bzw. Stanzen von Werkstücken).

Tatsächlich kommen die verschiedenen Steuerungen reinen Typs nicht oft vor. Überwiegend enthalten die Steuerungen Elemente mit unterschiedlichen Steuerungsmerkmalen.

Unterscheidungsmerkmal Programmverwirklichung

Jede Steuerung läuft nach einem bestimmten vorgegebenen Programm ab.

> Nach DIN 19237 ist ein Programm die „Gesamtheit aller Anweisungen und Vereinbarungen für die Signalverarbeitung, durch die eine zu steuernde Anlage (Prozeß) aufgabenmäßig beeinflußt wird“.

Programme können auf zwei Arten verwirklicht werden: verbindungs- oder speicherprogrammiert (**11.4**).

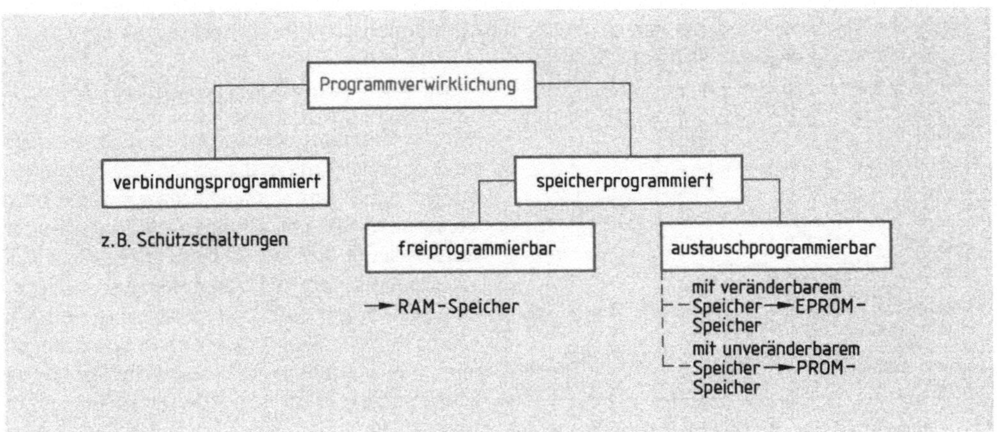

11.4 Steuerungen, unterschieden nach der Programmverwirklichung

Bei verbindungsprogrammierten Steuerungen wird das Programm durch die Art der Funktionsglieder und deren Verbindungen vorgegeben. Hierzu gehören u. a. die Schützschaltungen (weitere Beispiele s. Abschn. 11.1.3).

Bei speicherprogrammierten Steuerungen ist eine Funktionseinheit (der Speicher) vorhanden, der das Programm oder andere Daten in digitaler Form enthält. Diese Steuerungen werden über Automatisierungsgeräte oder über Mikrocomputer programmiert (s. Abschn. 11.1.4 und 11.1.5). Je nach Speicherart können sie frei- oder austauschprogrammierbar sein.

Freiprogrammierbare Steuerungen verfügen über einen Schreib-Lese-Speicher (RAM-Speicher – **R**andom **A**ccess **M**emory). Hier läßt sich der Dateninhalt beliebig äußern oder austauschen. RAM-Speicher können Magnetkern- oder Halbleiterspeicher sein.

Bei einer austauschprogrammierten Steuerung kann das Programm in einem Nur-Lese-Speicher abgelegt sein, dessen Inhalt nach der Herstellung des Speicherbausteins programmiert wird und durch Einwirken von UV-Licht wieder gelöscht werden kann: Steuerung mit veränderbarem Speicher (EPROM-Speicher – **E**rasable **P**rogrammable **R**ead **O**nly **M**emory). Ist der Speicherinhalt nicht veränderbar, verwendet man Festwertspeicher (PROM-Speicher – **P**rogrammable **R**ead **O**nly **M**emory) oder auch Lochkarten bzw. Lochstreifen.

11.1.2 Sensoren und Aktoren (Stellglieder)

Steuerungen werden mit Hilfe von Eingabebauteilen, Verarbeitungseinheiten und Ausgabeeinheiten verwirklicht. Sie arbeiten damit nach dem gleichen Prinzip wie eine Datenverarbeitungsanlage (s. Elektro-Fachkunde 1, Abschn. 14.2.1).

EVA-Prinzip: Eingabe ⟶ Verarbeitung ⟶ Ausgabe

Wegen der geringen Abmessungen bieten auch hier elektronische Bauteile besondere Vorteile.

Eingabebauteile sind vorwiegend Elemente, die Signale eines Steuerungsanwenders umsetzen (z. B. Schalter und Taster, s. Abschn. 8.3) oder eine physikalische Größe meßtechnisch erfassen (Sensoren).

Sensoren erfassen die Ist-Werte für eine Steuerung bzw. Regeleinrichtung (das sind physikalische Größen wie Temperatur, Druck, Kraft, magnetisches Feld) und setzen diese in elektrische Signale um (**11.**25 auf S. 351).

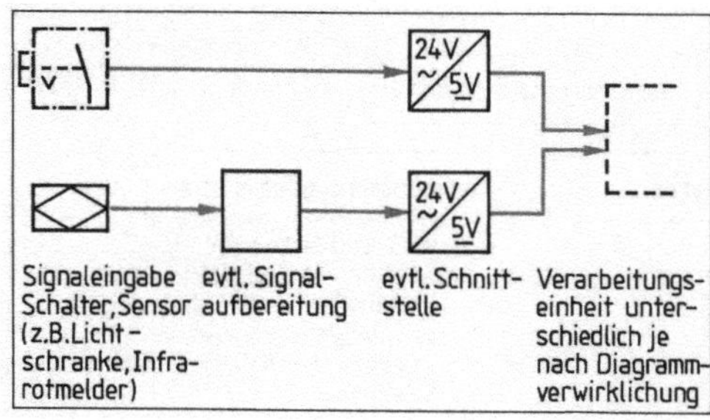

11.5 Signalfluß vom Eingabebauteil zur Verarbeitungseinheit

Bei der Signalaufbereitung entstehen analoge oder digitale Signale, die an die Verarbeitungseinheit (z. B. eine speicherprogrammierbare Steuerung, SPS) bzw. einen Mikrocomputer weitergeleitet werden. Da die an elektronisch arbeitenden Verarbeitungseinheiten anliegenden Signale nur eine Gleichspannung von 5 V haben dürfen, Sensoren aber mit Spannungen von > 24 V arbeiten, müssen die Signale häufig über Schnittstellen (Interfaces) angepaßt werden (**11.**5).

Verarbeitungseinheiten setzen die über Eingangs-Schnittstellen eingegebenen Signale um. D.h., die Signale werden hier so verarbeitet, daß – gegebenenfalls über weitere Schnittstellen – Ausgabesignale auf Ausgabebauteile wirken können. Wie eine Verarbeitungseinheit Signale verarbeitet, hängt von der Art der Programmverwirklichung ab (**11**.4): verbindungsprogrammiert z.B. als Schützschaltung (eine Verdrahtungsschaltung von Schützen) oder als pneumatische Steuerung (durch Druckschläuche verbundene Ventile) bzw. speicherprogrammiert (RAM-, PROM-, EPROM-Speicher).

Ausgabebauteile (auch Aktoren oder Stellglieder genannt) werden entsprechend der Steuerungsaufgabe angesteuert. Es können z.B. Ventile (auch bei elektrischen Steuerungen!), elektromagnetische Schalter (Schütze, Relais), Halbleiterbauelemente wie Transistoren oder Thyristoren sein. Diese Aktoren beeinflussen wiederum die zu steuernden Anlagenbauteile des Last- oder Arbeitskreises (z.B. pneumatisch oder hydraulisch arbeitende Zylinder, Melder, Motoren oder Schrittmotoren zum Positionieren von Maschinenteilen mit Spindeln). Eine Übersicht über die Stellglieder und ihre Wirkungsart gibt Tab. **11**.30. Je nach Verarbeitungseinheit und Aktor müssen die Ausgangssignale evtl. wieder über Schnittstellen herausgeführt werden (**11**.6).

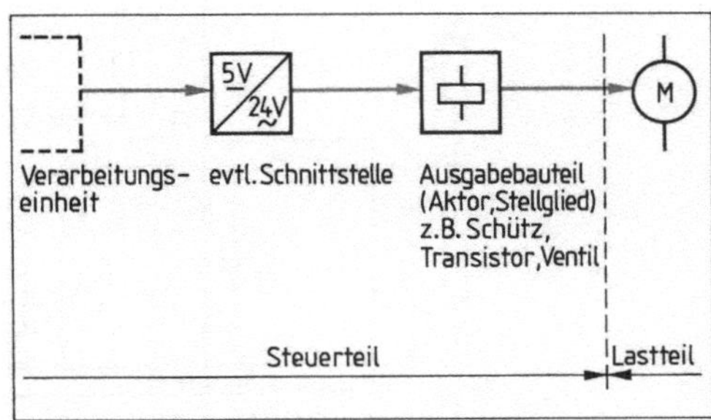

11.6 Signalfluß von der Verarbeitungseinheit zum Ausgabebauteil

11.1.3 Verbindungsprogrammierte Steuerung (VPS) mit Beispielen

Nach DIN 19237 sind solche Steuerungen verbindungsprogrammiert, „deren Programm durch die Art der Funktionsglieder und durch deren Verbindungen vorgegeben wird" (s. Abschn. 11.1.1). Sie können in Kontakttechnik als Schütz- bzw. Relaissteuerung oder kontaktlos mit elektronischen Bauteilen realisiert werden.

Kontaktsteuerung. Kennzeichnendes Merkmal ist das Schaltschütz bzw. Relais. In Verbindung mit Schaltern (Schließer, Öffner) und Meldern (Sichtmelder, Hörmelder) sowie unter Verwendung der Funktionen Selbsthaltung, Verriegelung, Zeitschaltung (z.B. Schaltverzögerung) und mechanischer Programmschaltung lassen sich mit der Kontaktsteuerung einfache Steuerungsaufgaben lösen. Nachteilig sind die Störanfälligkeit infolge Abnutzung der bewegten Teile sowie der große Wartungsaufwand und Raumbedarf.

Kontaktlose Steuerung. Elektronische Bauelemente (z.B. Diode, Transistor, Thyristor, Triac) und ihre Kombinationen (Logische Bausteine, Kippstufen als Speicher und Zeitglieder) ermöglichen die Herstellung kontaktloser Steuerungen. Vorteile sind hohe Betriebssicherheit, da die Abnutzung bewegter Teile entfällt, sowie geringer Wartungsaufwand und geringer Raumbedarf.

> Sowohl bei der Kontaktsteuerung als auch bei der kontaktlosen Steuerung ist das Steuerungsprogramm durch die Art der Schaltung festgelegt: Verbindungsprogrammierung. Programmänderungen sind bei verbindungsprogrammierten Steuerungen (VPS) nur durch Schaltungsänderungen möglich.

Im folgenden werden einige kontaktlose VPS vorgestellt.

Lichtempfindliche Steuerung eines Relais mit Fotodiode und Schmitt-Trigger

Mit der in Bild **11.**7 dargestellten Schaltung wird ein Relais in Abhängigkeit von der auf einen Fotowiderstand (s. Elektro-Fachkunde 1, Abschn. 12.2.3) wirkenden Beleuchtungsstärke gesteuert. Damit auch bei langsamer Änderung der Beleuchtungsstärke das Relais für die beiden Schaltzustände „Ein“ und „Aus“ eindeutig angesteuert wird, das Relais also nicht „schleichend“ anspricht, befindet sich zwischen dem Fotowiderstand und der Leistungsstufe ein Schmitt-Trigger (s. Abschn. 9.2.8).

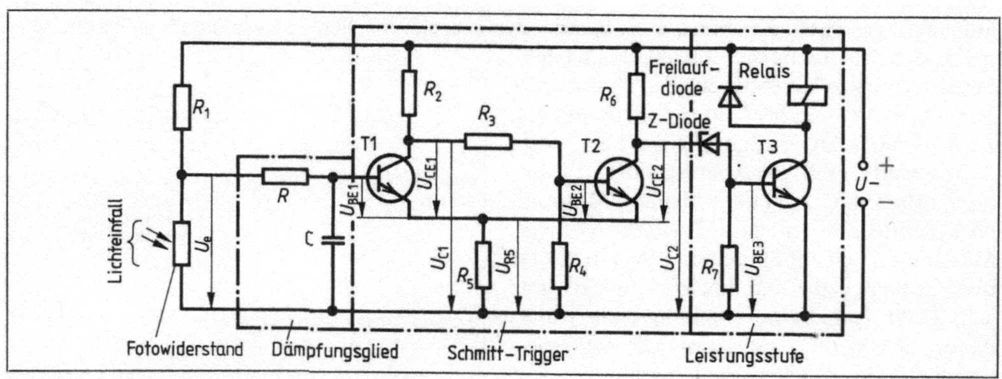

11.7 Lichtempfindliche Steuerung mit NPN-Transistoren

Der in Sperrichtung betriebene Fotowiderstand bildet mit dem Widerstand R_1 einen Spannungsteiler. Bei großer Beleuchtungsstärke hat der Fotowiderstand einen so kleinen Widerstand, daß die Eingangsspannung U_e und damit die Basisspannung U_{BE1} des Transistors V1 gering sind und dieser sicher sperrt. Der Basisspannungsteiler des Transistors V2 (bestehend aus den Widerständen R_2, R_3 und R_4) ist so bemessen, daß bei gesperrtem V1 der Transistor V2 eine genügend große Basisspannung U_{BE2} erhält, um sicher durchzusteuern. Seine Ausgangsspannung $U_{C2} = U_{R5} + U_{CE2}$ ist daher gering. Da die nachgeschaltete Z-Diode diese geringe Spannung sperrt, hat die Basisspannung U_{BE3} des Leistungstransistors V3 den Wert Null. V3 ist daher gesperrt, und das Relais zieht nicht an.

Erhöht sich bei kleiner werdender Beleuchtungsstärke des Fotowiderstands die Eingangsspannung U_e des Schmitt-Triggers und damit die Basisspannung U_{BE1} des Transistors V1, hat das zunächst keine Wirkung auf den Betriebszustand des Schmitt-Triggers, solange V1 einen nur kleinen Kollektorstrom führt. Überschreitet die Eingangsspannung U_e jedoch die Schwellwertspannung U_{S1} (Triggerschwelle), wird V1 durchgesteuert. Sein Kollektorstrom erzeugt nun im Widerstand R_2 einen so großen Spannungsabfall, daß die Basisspannung U_{BE2} des Transistors V2 zu gering wird, um ihn im durchgesteuerten Zustand zu halten. Der Schmitt-Trigger kippt sehr schnell in den anderen Schaltzustand, worin V1 leitet und V2 sperrt.

Hat der Schmitt-Trigger den neuen Betriebszustand erreicht, ist die Ausgangsspannung U_{C2} des jetzt gesperrten Transistors V2 praktisch gleich der Betriebsspannung. Die Z-Diode schaltet durch und führt dem Leistungstransistor V3 den Spannungsabfall am Widerstand R_7 als Basisspannung U_{BE3} zu. V3 schaltet durch, und das Relais zieht an.

Dient als Lichtquelle eine mit Wechselspannung gespeiste Glühlampe, schwankt deren Helligkeit im Takt der doppelten Netzfrequenz. Ein Schmitt-Trigger mit kleiner Hysterese neigt dazu, im Takt der Helligkeitsschwankungen ein- und auszuschalten, wenn die Eingangsspannung U_e im Bereich der Schwellwertspannungen liegt. Das in der Schaltung vorgesehene RC-Glied glättet als Sieb- oder Dämpfungsglied (s. Abschn. 9.1.3) die Eingangsspannung U_e und verhindert so diese störende Erscheinung.

Anwendung. Die Schaltung wird als Lichtschranke (z. B. nur für eine Rolltreppe) oder als Dämmerungsschalter (z. B. zum Einschalten einer Beleuchtungsanlage) verwendet. Tauscht man den Fotowiderstand gegen einen geeigneten NTC- oder PTC-Widerstand aus, erhält man einen temperaturempfindlichen Schalter.

Drehzahlsteuerung eines Gleichstrom-Nebenschlußmotors mit Thyristor und UJT

Mit der in Bild **11.8** dargestellten Schaltung kann man die Drehzahl des Gleichstrom-Nebenschlußmotors stufenlos und praktisch verlustlos steuern. Als Stellglied arbeitet der Thyristor in

11.8
Drehzahlsteuerung (das zum Schutz des Thyristors bzw. des Triac gegen Spannungsstöße erforderliche RC-Glied sowie die ebenfalls notwendige Funkentstörschaltung sind der Einfachheit wegen fortgelassen)

Anschnittsteuerung. Er wird von einem Unijunktiontransistor (s. Abschn. 9.5.3) mit nadelförmigen Impulsen angesteuert. Der UJT wiederum ist Bestandteil eines Sägezahngenerators, der seine Betriebsspannung aus einem eigenen Netzteil erhält, bestehend aus einem Netztransformator und einem Einweg-Gleichrichter. Die Halbwellen der Betriebsspannung (**11.9** a) werden durch die Z-Diode in Verbindung mit dem Vorwiderstand R_V begrenzt, damit am RC-Glied für die Dauer

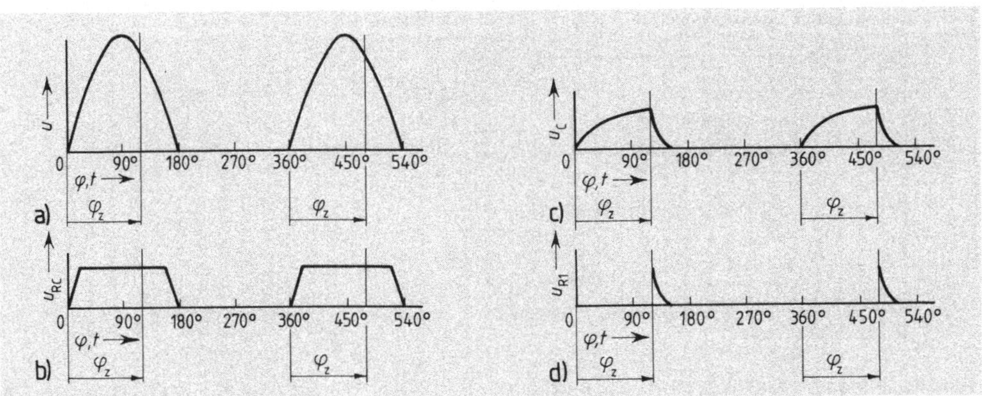

11.9 Erzeugung der Steuerimpulse

a) Betriebsspannung des Sägezahngenerators
b) Durch Z-Diode begrenzte Betriebsspannung
c) Klemmenspannung am Ladekondensator bzw. Steuerspannung (Eingangsspannung) des UJT
d) Ausgangsspannung des UJT bzw. Steuerspannung des Thyristors

einer Halbwelle eine trapezförmige Spannung anliegt (**11.9**b). Sie treibt einen Ladestrom durch das RC-Glied, dessen Kondensator C über den Stellwiderstand R aufgeladen wird. Die Klemmenspannung am Kondensator steigt entsprechend Bild **11.9**c an. Die Schnelligkeit des Spannungsanstiegs wird durch die Zeitkonstante $\tau = R \cdot C$ des RC-Glieds bestimmt. Erreicht die Spannung am Ladekondensator die Größe der Zündspannung des UJT, schaltet dieser durch, und der Kondensator entlädt sich über die Diodenstrecke E-B_1 des UJT und den Widerstand R_1. Der Entladestrom erzeugt in R_1 einen impulsförmigen Spannungsabfall U_{R1} (**11.9**d), durch den der Thyristor gezündet wird.

Der Zündzeitpunkt bzw. der Zündwinkel φ_Z des Thyristors kann mit dem Stellwiderstand R des RC-Glieds von annähernd 0 bis 180° eingestellt werden. Bei Zündwinkeln zwischen 60° und 90° zündet der UJT zweimal, zwischen 45° und 60° dreimal usw. Wirksam ist jedoch nur jeweils die erste Zündung während der Halbwelle, da der Thyristor erst beim Nulldurchgang der Netzspannung wieder in den gesperrten Zustand übergeht.

Der Verbraucher arbeitet im Einwellenbetrieb. Soll er mit beiden Halbwellen angesteuert werden, sind zwei Thyristoren erforderlich (halbgesteuerte Brückenschaltung in Bild **9.**74a), die beide mit der Spannung U_{R1} angesteuert werden. Damit die Zündung bei jeder Halbwelle erfolgt, ist statt des Einweggleichrichters ein Zweiweggleichrichter zur Speisung des Sägezahngenerators erforderlich.

Helligkeitssteuerung einer Glühlampe mit Triac, Diac und Phasenstellglied

Die Schaltung **11.**10 ermöglicht es, die Leistungsaufnahme des Lastwiderstands (hier eine Glühlampe) stufenlos und praktisch verlustlos zu steuern. Das Stellglied, ein Triac (s. Abschn. 9.5.1), arbeitet bei beiden Halbwellen in Anschnittsteuerung. Die Steuerimpulse liefert ein Diac (s. Abschn. 9.5.2). Er wird seinerseits angesteuert von einem Phasenstellglied, bestehend aus dem als Stellwiderstand geschalteten Potentiometer R_1 und dem Kondensator C_1. Um die Leistungsaufnahme des Lastwiderstands von Null bis zur Nennleistung zu ermöglichen, muß man den Zündwinkel φ_Z mit dem Stellwiderstand R_1 von 0 bis 180° ändern können.

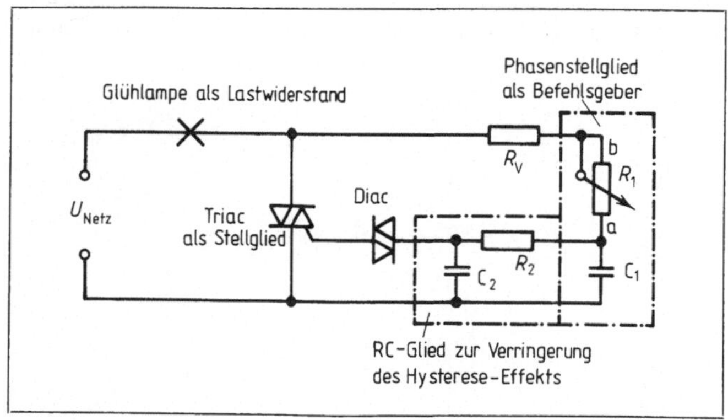

11.10
Helligkeitssteuerung (vereinfacht)

Phasenstellglied. Seine Wirkungsweise geht aus Bild **11.**11 hervor. Der Stellwiderstand R_1 und der Kondensator C_1 liegen in Reihenschaltung an der Klemmenspannung U_{Tr} des Triac, wenn man von dem geringen Spannungsabfall am Schutzwiderstand R_V absieht. Die Teilspannungen U_{R1} an R_1 und U_{C1} an C_1 haben stets eine Phasenverschiebung von 90° gegeneinander. Vergrößert man den Stellwiderstand R_1, ändert sich die Spannungsteilung derart, daß U_{R1} größer und U_{C1} kleiner werden. Nach einem Lehrsatz der Geometrie (Satz des Thales) verlagert sich der Punkt

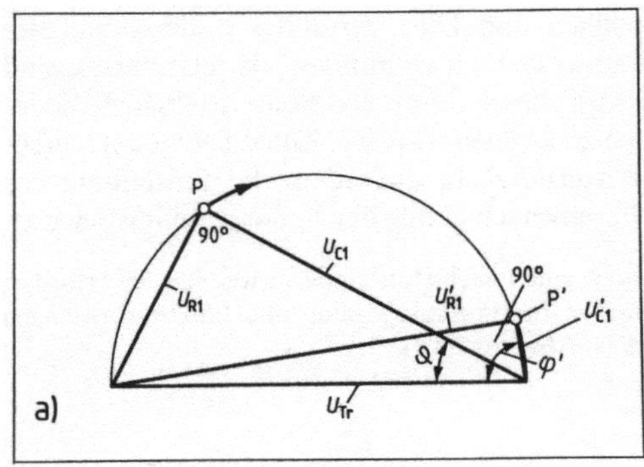

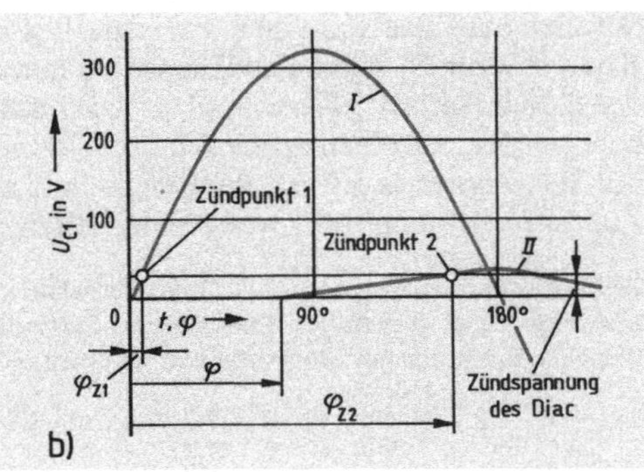

11.11 Wirkungsweise des Phasenstellglieds
a) Spannungsdreieck, b) Zeitdiagramm

P dabei auf einem Halbkreis in Richtung auf P′ (Pfeilrichtung **11.**11 a). Der Phasenverschiebungswinkel φ zwischen der Klemmenspannung U_{Tr} am Triac und der Teilspannung U_{C1} kann sich dabei von 0 bis auf fast 90° ändern. Daß sich der Zündwinkel φ_Z, wie erforderlich, jedoch von etwa 0 bis 180° ändern kann, liegt daran, daß er nicht nur vom Phasenverschiebungswinkel φ, sondern auch von der Größe der Teilspannung U_{C1} abhängt (**11.**11 b). Steht der Schleifer des Stellwiderstands in der unteren Endstellung a, ist also $R_1 = 0$ (Stellung „hell"), stimmt die Klemmenspannung am Kondensator C_1 in Größe und Phasenlage mit der Klemmenspannung U_{Tr} am Triac überein (Kurve I), wenn man den geringen Spannungsabfall am Schutzwiderstand R_V vernachlässigt. Der Diac erreicht seine Durchbruchspannung im Zündpunkt 1, dem der Zündwinkel φ_{Z1} entspricht. Der Lastwiderstand erhält jetzt die volle Leistung. Der Schutzwiderstand R_V verhindert bei dieser Schleiferstellung, daß der Diac durch einen zu großen Zündstrom zerstört wird.

Befindet sich der Schleifer des Stellwiderstands R_1 in der entgegengesetzten, also der oberen Endstellung b (Stellung „dunkel"), erreicht die Klemmenspannung am Kondensator gerade noch sicher die Zündspannung des Diac; ihr Phasenverschiebungswinkel φ gegenüber der Klemmenspannung des Triac beträgt fast 90° (Kurve II). Das Diagramm zeigt, daß der Zündpunkt 2 des Diac (Zündwinkel φ_{Z2}) jetzt jedoch um fast 180° gegenüber Zündpunkt 1 phasenverschoben ist. Man erkennt daraus, daß der Zündwinkel φ_Z des Triac mit dem Stellwiderstand um fast 180° verschoben und die Leistungsaufnahme des Lastwiderstands ungefähr vom Wert Null bis zur vollen Nennleistung verändert werden können.

Schaltungshysterese. Ohne das RC-Glied (bestehend aus dem Widerstand R_2 und dem Kondensator C_2) hätte die Schaltung jedoch noch einen erheblichen Mangel, der sich darin zeigt, daß die Helligkeit der Lampe beim Betätigen des Stellwiderstands von Stellung „dunkel" an aufwärts nicht gleichmäßig wächst, sondern plötzlich auf „halbhell" springt. Beim Zurückdrehen des Stellknopfs geht die Helligkeit der Lampe dagegen stetig auf etwa Null zurück. Die Schaltung hat eine Hysterese. Die Ursache hierfür liegt in der teilweisen Entladung des Kondensators C_1 durch den relativ hohen Zündstrom während der ersten Zündung. Bild **11.**12 zeigt, daß sich dadurch der Zündwinkel der folgenden Zündungen um den Wert $\Delta\varphi_Z$ verringert, was zu einem schlagartigen Anstieg der Lampenhelligkeit führt.

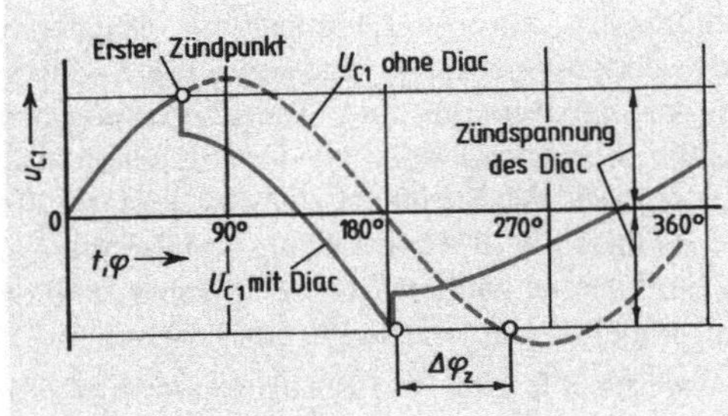

11.12 Hysterese-Effekt

Schaltet man das RC-Glied zwischen Phasenstellglied und Diac, wird der Ladezustand des Kondensators C_1 durch den Zündstrom nur noch unwesentlich vermindert, da jetzt vorwiegend der Kondensator C_2 belastet wird. Anschließend wird dieser durch das Phasenstellglied wieder nachgeladen, um die folgende Zündung durchführen zu können. Das RC-Glied hebt jedoch nicht nur den Hysterese-Effekt weitgehend auf, sondern ermöglicht außerdem die Einstellung des Zündwinkels bis auf 180°, weil es eine zusätzliche Phasenverschiebung der Zündspannung bewirkt.

Als Lastwiderstand kann man an Stelle der Glühlampe auch eine Leuchtstofflampe verwenden. Sie erfordert allerdings einen getrennten Heizkreis mit Heiztransformator. In Haushaltsgeräten und Elektrowerkzeugen dient die Schaltung zur Steuerung von Universalmotoren (s. Abschn. 7.3.1).

11.1.4 Speicherprogrammierte Steuerung (SPS)

Die Entwicklung integrierter Schaltungen (IC-Bausteine), vor allem der Mikroprozessoren, ermöglicht die Herstellung von Steuerungsgeräten, deren Steuerungsprogramm nicht durch die Art der Verdrahtung, sondern durch Programmieren eingegeben und gespeichert wird. Man nennt sie speicherprogrammierte Steuerungen, kurz SPS. Aufbau und Schaltung des Steuerungsgeräts sind unabhängig vom gewünschten Steuerungsprogramm. Dieses wird dem Steuerungsgerät (Hardware) vielmehr in Form eines Programms (Software) mit Hilfe eines Programmiergeräts eingegeben. Das Programmiergerät hat eine Eingabetastatur und eine Anzeigeeinheit zur Überprüfung der eingegebenen Anweisungen.

Anstatt über ein Programmiergerät kann die Programmeingabe in die SPS auch über einen Mikrocomputer mit Tastatur und Monitor (ebenfalls zur Eingabekontrolle) erfolgen.

Bei der SPS wird das Steuerungsprogramm durch den Programmierungsvorgang eingegeben und gespeichert. Änderungen des Steuerungsprogramms sind daher ohne Schaltungsänderung durch Programmänderung möglich.

Die einfache Möglichkeit, eine Steuerung nur durch Umprogrammieren der Software zu ändern und nicht durch eine Neuverdrahtung wie bei verbindungsprogrammierten Steuerungen, macht die SPS den herkömmlichen Steuerungen – zumindest bei hinreichend großem Schaltungsumfang – wirtschaftlich überlegen. Da das Programm zudem beliebig oft kopiert werden kann, lassen sich die Kosten gerade bei Serienproduktionen von Steuerungen niedrig halten.

Steuerungsgerät. Aufbau und Wirkungsweise entsprechen grundsätzlich denen einer Datenverarbeitungsanlage (s. Elektro-Fachkunde 1, Abschn. 14). An die Eingänge des Steuerungsgeräts schließt man die Signalgeber an (Sensoren: Tast-, End-, Näherungsschalter), an die Ausgänge die Stellglieder (Aktoren: Hauptschütze, Magnetventile) für den Leistungsteil des gesteuerten Geräts bzw. der gesteuerten Anlage sowie die Anzeigegeräte (Melder, Ziffernanzeigen, **11.**13 auf S. 337). Außer den Eingabe- und Ausgabebaugruppen enthält das Steuerungsgerät die Zentraleinheit (einen Mikroprozessor) mit dem Steuerwerk und dem Programmspeicher sowie einen Festwertspeicher (ROM–Speicher), der das Betriebssystem der SPS enthält. Hinzu kommen Zeitbaugruppen (Timer) für die Realisierung von Zeitverzögerungen (Ein- bzw. Ausschaltverzögerung), Zähler (Counter) und Merker (RAM-Speicher) zum Speichern von Ergebnissen der Zwischen-Verknüpfungsoperationen, die später im Programm weiterverarbeitet werden sollen.

Steuerwerk und Programmspeicher ermöglichen die Eingabe, Speicherung und Ausgabe einer bestimmten Anzahl der zwischen den Eingängen erforderlichen Verknüpfungen bzw. Steuerungsfunktionen, z. B. UND, ODER, NAND, NOR, Exklusiv-ODER (s. Abschn. 10.1). Im

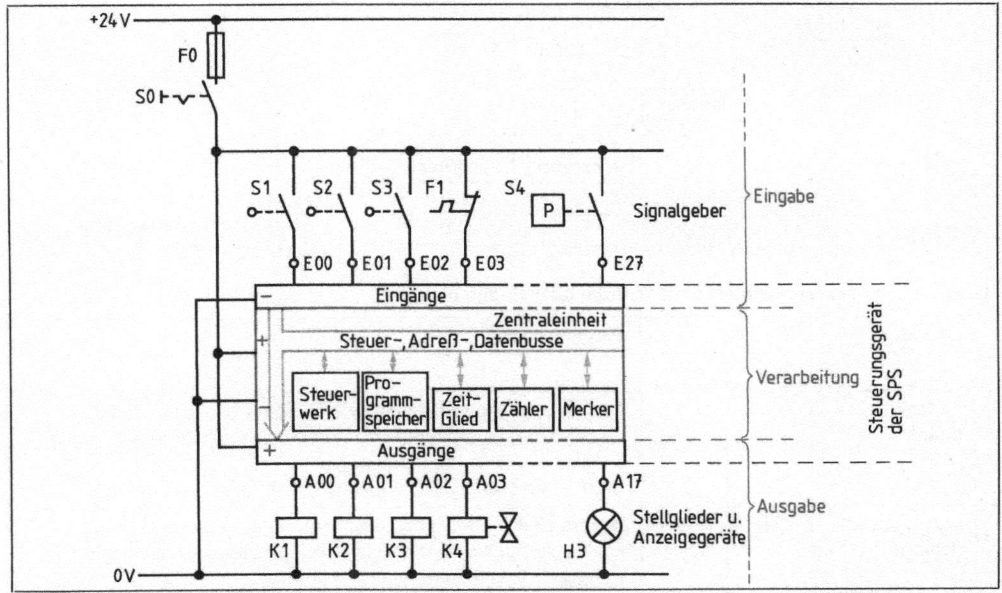

11.13 Speicherprogrammierte Steuerung (SPS)

Gegensatz zu den verbindungsprogrammierten Steuerungen, die mehrere Steuerungsoperationen gleichzeitig gestatten, lassen sich die Steuerungsanweisungen bei der SPS nur seriell, d.h. zeitlich nacheinander ausführen. Hierbei werden die Speicherplätze der Reihe nach mit dem 1- oder 0-Signal gesetzt (Programmierung), oder ihr Signalzustand wird der Reihe nach abgefragt (Betrieb). Dies geschieht beim Programmablauf mit Hilfe eines Taktgenerators jedoch so schnell, daß der Eindruck der Gleichzeitigkeit entsteht.

Während des Steuerungsablaufs durchläuft das Programm der Reihe nach alle für den Steuerungsvorgang erforderlichen Steuerungsanweisungen. Am Ende des Programms sind alle nötigen Verknüpfungen durchgeführt. Da sich aber in der gesteuerten Anlage die Schaltzustände der Signalgeber fortwährend ändern können, wird der Programmablauf nach jedem Durchgang sofort wieder gestartet (zyklische Programmbearbeitung). Die Zeit, die das Steuerungsgerät für einen Programmdurchlauf braucht, wird als Zykluszeit bezeichnet. Sie beträgt je nach Fabrikat und Programmlänge etwa 1 ms bis 20 ms.

Wie alle Datenverarbeitungsanlagen arbeitet auch die SPS nach dem EVA-Prinzip.

- Eingabe: Sensorik mit Sensoren, Schnittstellen/Eingängen
- Verarbeitung: Zentraleinheit mit Logikbausteinen
- Ausgabe: Aktorik mit Ausgängen/Schnittstellen, Stellgliedern

Der Datenverkehr läuft auch hier über ein Bussystem. Es besteht aus Steuerbus, Adreßbus und Datenbus.

Steueranweisungen. Nach DIN 19239 (05.83) besteht das Programm einer SPS aus einer Folge von Steuerungsanweisungen, die eine einheitliche Struktur aufweisen (**11.**14). Außer der Adresse des Speicherplatzes enthält jede Anweisung einen Inhalt, nämlich einen Operationsteil (die Anweisung, was zu tun ist, **11.**15) und einen Operanden (mit welchem Eingang, Ausgang oder Merker etwas getan werden soll, **11.**16) mit Kennzeichen und Parameter.

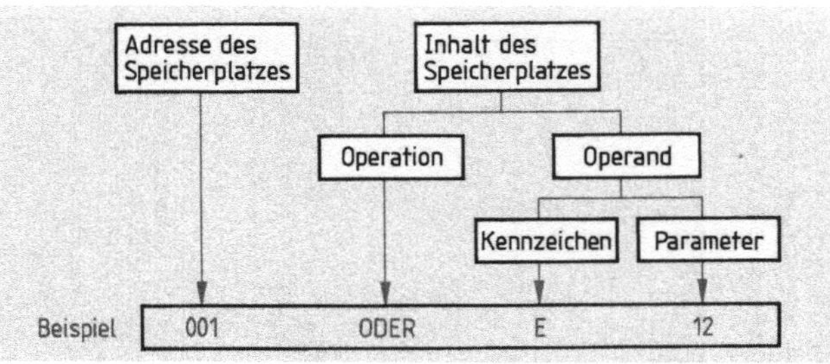

11.14
Struktur einer Anweisung nach DIN 19239

Tabelle **11.15** **Steueroperationen** (in Deutsch oder Englisch)

Operation	Zeichen		Beschreibung
	Z1	Z2	
Laden (load)	L	!	Beginn einer Anweisungsfolge bzw. erster Steuerungsbefehl eines Strompfads durch Laden des Speichers mit dem 0- bzw. 1-Zustand des ersten Operanden Statt L werden auch die Operationen U bzw. 0 verwendet
Laden negiert (load not)	LN		Beginn einer Anweisungsfolge bzw. erster Steuerungsbefehl eines Strompfads durch Laden des Speichers mit den negierten (umgekehrten) Signalzustand des ersten Operanden
UND (and) ODER (or)	U (A) O	& /	Der Signalzustand 0 bzw. 1 des vorhergehenden Operanden wird mit dem des folgenden Operanden verknüpft, das Ergebnis gespeichert
UND NICHT (and not) ODER NICHT (or not)	UN (AN) ON (ON)		
Zuweisung (assignment)	=		Zuweisung des Verknüpfungsergebnisses an den angesprochenen Operanden A, M oder T
Zuweisung negiert	= N		Zuweisung des negierten Verknüpfungsergebnisses an den angesprochenen Operanden A, M oder T
Setzen (set)	S		Bei Signalzustand 1 wird der angesprochene Operand A oder M gesetzt bzw. rückgesetzt. Bei Signalzustand 0 bleibt der Operand unverändert
Rücksetzen (reset)	R		
Sprung (jump)	SP (J, JP)		Das Steuerungsprogramm wird an der Adresse fortgesetzt, die als Sprungziel in der Anweisung angegeben ist
Nulloperation (no operation)	NOP		Leerer Speicherplatz. Er kann verwendet werden, um spätere Zusätze im Programm einzubauen oder um Befehle zu löschen
Programmende	PE		Gleichbedeutend mit SP 000, d. h. Sprung an die Adresse 000 (Programmanfang)

Tabelle **11.16** **Operanden**

Kennzeichen	Kurzzeichen	Parameter
Eingang (input)	E(I)	E00 bis E... (I00 bis I...)
Ausgang (output)	A(Q)	A00 bis A... (QOO bis Q...)
Merker (marker)	M	M00 bis M...
Zeitglied (timer)	T	T00 bis T...
Zähler (counter)	Z(C)	
Konstante	K	

Steuerungsfunktionen. Tabelle **11.**17 zeigt die Programmierung der wichtigsten Steuerungsfunktionen. Umfangreiche Steuerungen bestehen aus Kombinationen verschiedener Einzelfunktionen.

Eine Steuerung ist auf vier Arten darstellbar: im (bekannten) Stromlaufplan in aufgelöster Darstellung, im Funktionsplan, im Kontaktplan und in der Anweisungsliste. Der Kontaktplan hat Ähnlichkeit mit dem Stromlaufplan in aufgelöster Darstellung. Symbole für die Darstellung in Kontaktplänen zeigt Tab. **11.**18 auf S. 341.

Tabelle **11.**17 Wichtige Steuerungsfunktionen

Funktion	Stromlaufplan	Funktionsplan	Kontaktplan	Anweisungsliste
UND UND NICHT	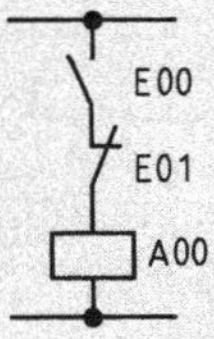 E00 E01 A00	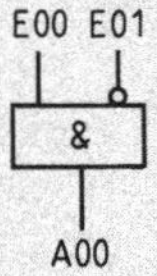 E00 E01 & A00	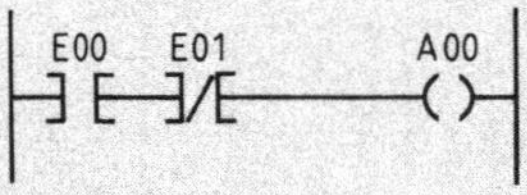 E00 E01 A00	000 L E00 001 UN E01 002 = A00
ODER ODER NICHT	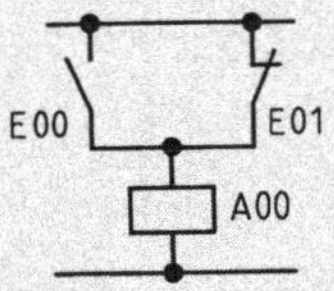 E00 E01 A00	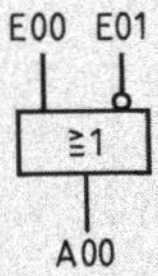 E00 E01 ≥1 A00	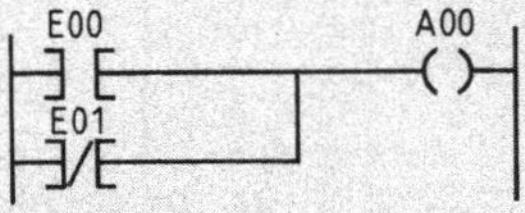 E00 A00 E01	000 L E00 001 ON E01 002 002 A00
Merker (1) Speicherung eines Zwischenergebnisses von Verknüpfungen, Setzen einer Verriegelung	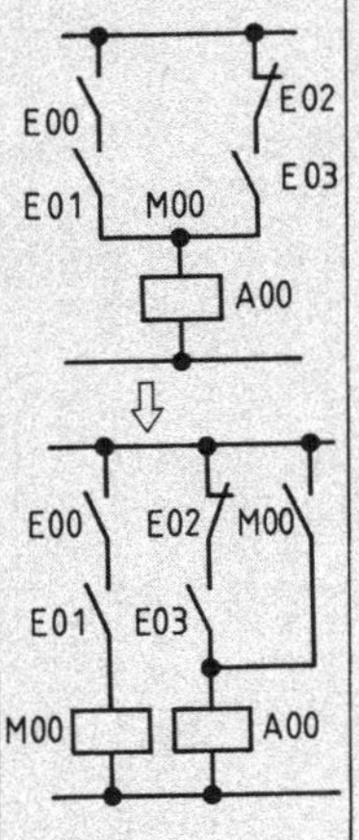 E02 E00 E03 E01 M00 A00 ⇩ E00 E02 M00 E01 E03 M00 A00	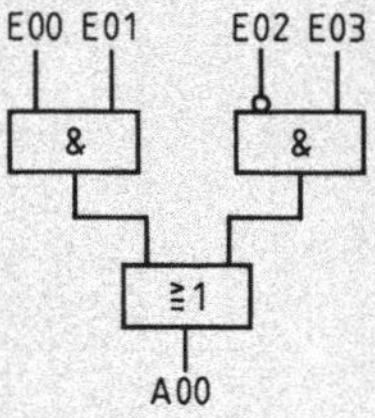 E00 E01 E02 E03 & & ≥1 A00	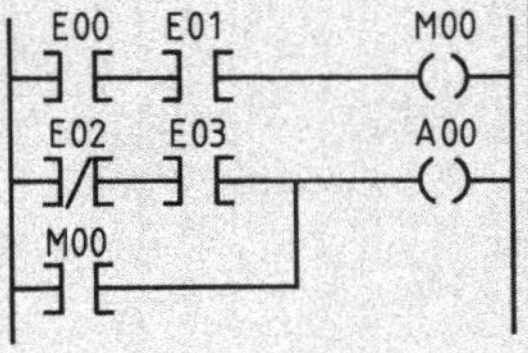 E00 E01 M00 E02 E03 A00 M00	000 L E00 001 U E01 002 = M00 003 LN E02 004 U E03 005 O M00 006 = A00
Parallele Ausgänge Das Ergebnis wird mit mehreren Operanden zugeführt	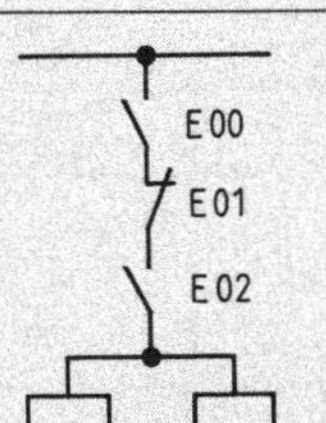 E00 E01 E02 A00 A01	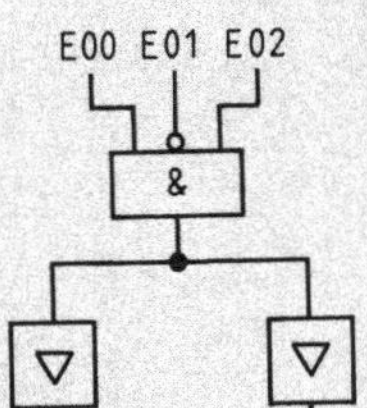 E00 E01 E02 & ▽ ▽ A00 A01	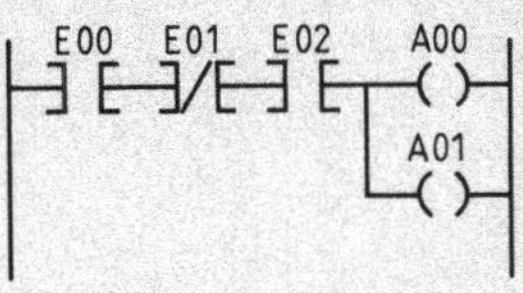 E00 E01 E02 A00 A01	000 L E00 001 UN E01 002 U E02 003 = A00 004 = A01

Fortsetzung s. nächste Seite

Tabelle **11**.17, Fortsetzung

Funktion	Stromlaufplan	Funktionsplan	Kontaktplan	Anweisungsliste
Selbsthaltung (2) Austaster vorrangig vor Eintaster (drahtbruchsicher)	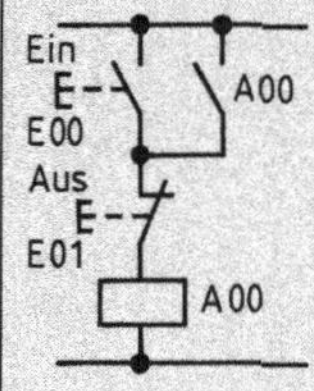	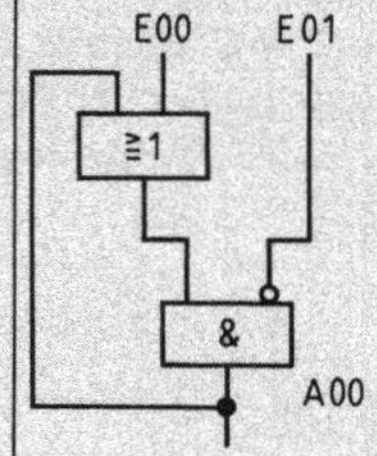	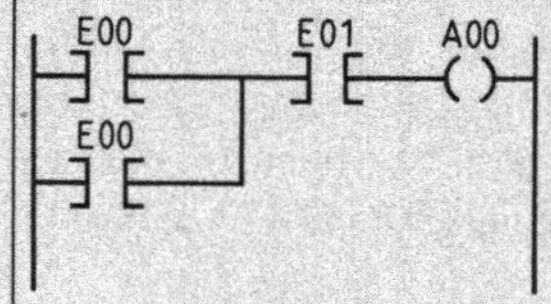	000 L E00 001 O A00 002 U E00 003 = A00
Speicher (3) dominierend (vorrangig) rücksetzend	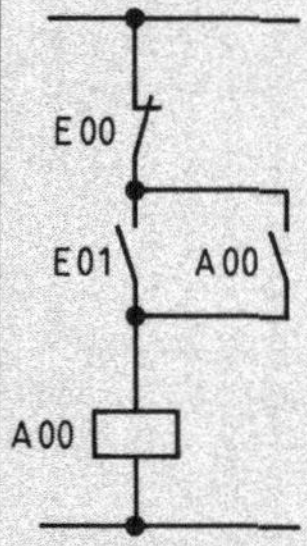	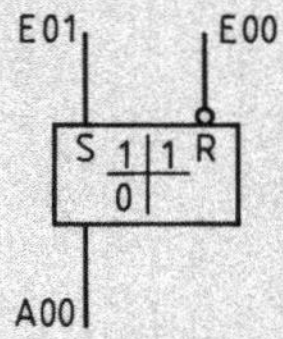	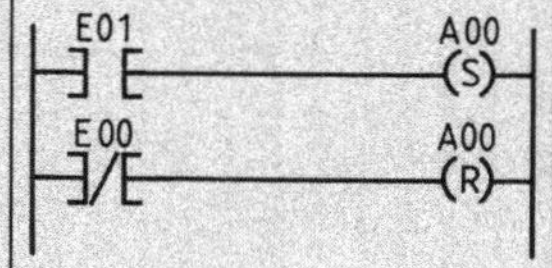	000 L E01 001 S A00 002 UN E00 003 R A00
Speicher dominierend (vorrangig) setzend	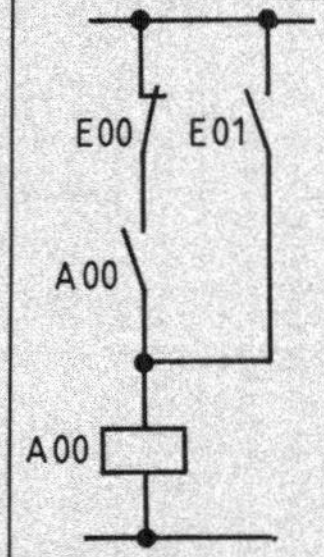	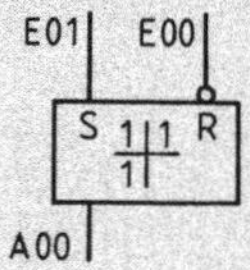	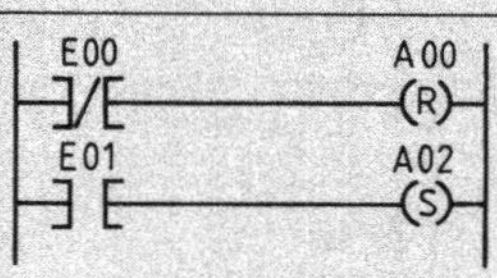	000 LN E00 001 R A00 002 U E01 003 S A00
Einschaltverzögerung (4)	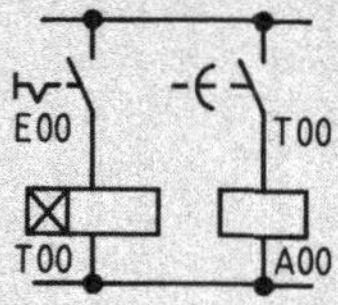	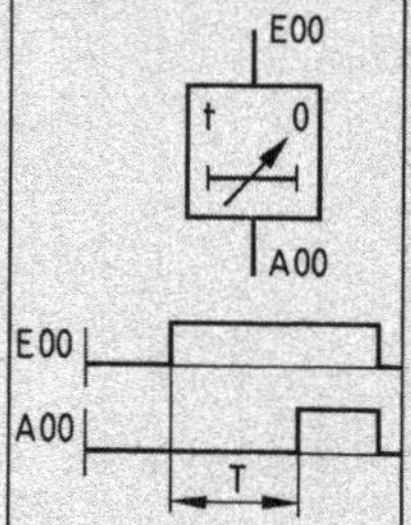	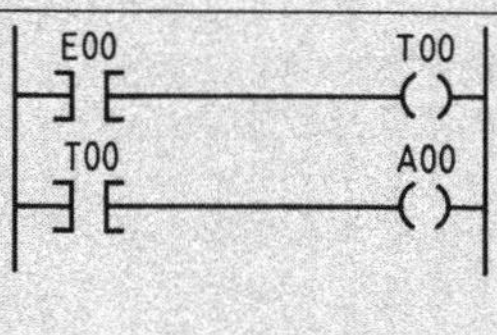	000 L E00 001 = T00 002 L T00 003 = A00
Ausschaltverzögerung (5)	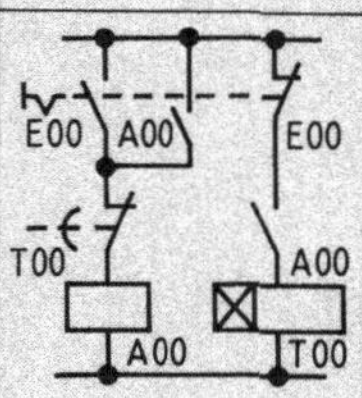	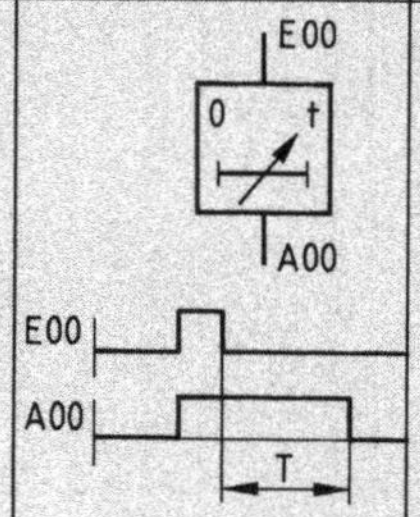	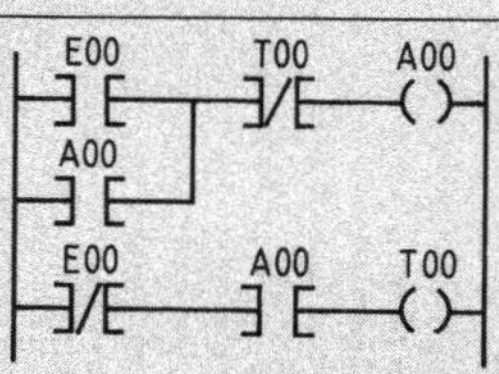	000 L E00 001 O A00 002 UN T00 003 = A00 004 LN E00 005 U A00 006 = T00

Anmerkungen zu Tab. **11**.17

(1) **Ein Merker** speichert die Zwischenergebnisse von Verknüpfungen. Er hat damit die Funktion eines Hilfsschützes. Da die genaue Verwendung des Merkers geräteabhängig ist, sind die entsprechenden Herstellerhinweise zu beachten.

(2) Bei einem externen Öffner (hier am Eingang E01) registriert die SPS das Aussignal, wenn keine Signalspannung anliegt. Der Öffner bewirkt demnach, daß das Aussignal invertiert wird.

(3) **Speicher** in einer SPS entsprechen in ihrer Wirkungsweise den RS-Flipflops (s. Abschn. 10). Erhält der Setzeingang des Speichers ein 1-Signal (Setzen), übernimmt der Ausgang das 1-Signal und speichert es, auch wenn am Setzeingang kein 1-Signal mehr anliegt. Entsprechend wird der Ausgang auf 0 gesetzt (Rücksetzen), wenn der Rücksetzeingang ein 1-Signal erhält. Auch dieser Zustand wird gespeichert.

Speicher, vorrangig rücksetzend: Bei gleichzeitigem Anliegen eines 1-Signals am Setz- und am Rücksetzeingang wird der Ausgang auf 0 zurückgesetzt. Da die SPS die Steueranweisungen seriell (nacheinander) abarbeiten, muß die Rücksetzanweisung zuletzt programmiert werden.

Bei Nichtbetätigen des Öffners am Rücksetzeingang führten E01 und damit R stets ein 1-Signal. Würde der Eingang nicht invertiert, könnte der Ausgang nie auf 1-Signal gesetzt werden. Die Invertierung des Signalzustands an R bewirkt: Öffner betätigt → E00/R = 1 → Rücksetzen bzw. Öffner unbetätigt → E00 = 1/ R = 0 → Setzen möglich.

Da bei gleichzeitigem Anliegen eines 1-Signals an beiden Eingängen S und R die Steuerung aus Sicherheitsgründen in der Regel ausgeschaltet werden soll, verwendet man vorwiegend den dominierend rücksetzenden Speicher.

Speicher, vorrangig setzend: Bei gleichzeitigem Anliegen eines 1-Signals am Setz- und Rücksetzeingang wird der Ausgang auf 1 gesetzt. Dazu muß die Setzanweisung zuletzt programmiert werden. Das Eingangssignal an R muß invertiert werden, damit durch Betätigen des Öffners eine Rücksetzung möglich ist: Öffner betätigt → E00 = 0/R = 1 → Rücksetzen.

(4) **Einschaltverzögerung:** E00 muß während der gesamten Laufzeit ein 1-Signal führen, damit das Zeitglied nicht zurückfällt.

(5) **Ausschaltverzögerung:** Die einstellbare Verzögerungszeit beginnt erst, wenn der Schalter am Eingang E00 nicht mehr betätigt ist: 1-Signal am Zeitglied (T00).

Je nach Gerätetyp weisen die einzelnen SPS systemtypische Unterschiede auf, besonders beim Umsetzen der Anweisungsstrukturen. Sie sind beim Programmieren einer Steuerung zu beachten. Dieser Abschnitt kann also nicht die Geräteanweisungen des Herstellers ersetzen.

Tabelle **11**.18 **Symbole für Kontaktpläne (KOP) nach DIN 19239**

Benennung	Symbol im KOP
Eingang	—] [—
Eingang / negiert	—]/[—
Ausgang	—( )—
Ausgang / negiert	—(/)—

11.1.5 Beispiele für speicherprogrammierte Steuerungen

Verwendet wird die SPS für Geräte und Anlagen, bei denen eine große Zahl von Steuerungsfunktionen oder Ablaufschritten erforderlich ist (z. B. Werkzeugmaschinen, Fahrzeuge, Waschmaschinen, Prozeßsteuerungen).

Um einen Vergleich mit herkömmlichen verbindungsprogrammierten Steuerungen zu ermöglichen, sollen hier als Steuerungsbeispiele zwei bekannte Schaltungen behandelt werden, die in der Praxis für eine SPS wegen ihrer Einfachheit allerdings kaum in Frage kommen, die Wendeschütz-Schaltung (**11**.19) und die selbständige Stern-Dreieck-Schaltung (**11**.20).

Beispiel 11.1 **Wendeschütz-Schaltung** (**11**.19).

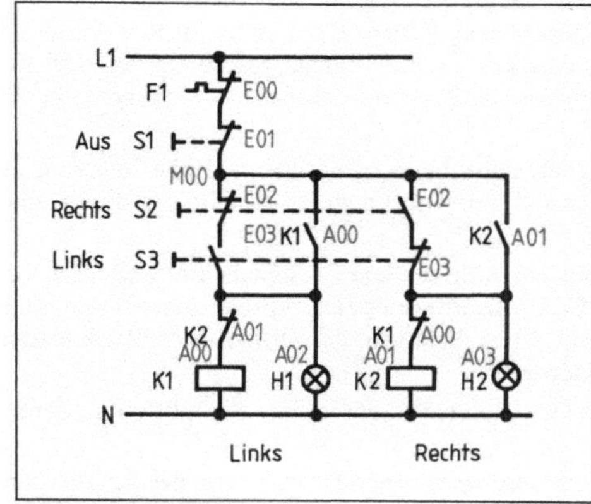

a) Stromlaufplan

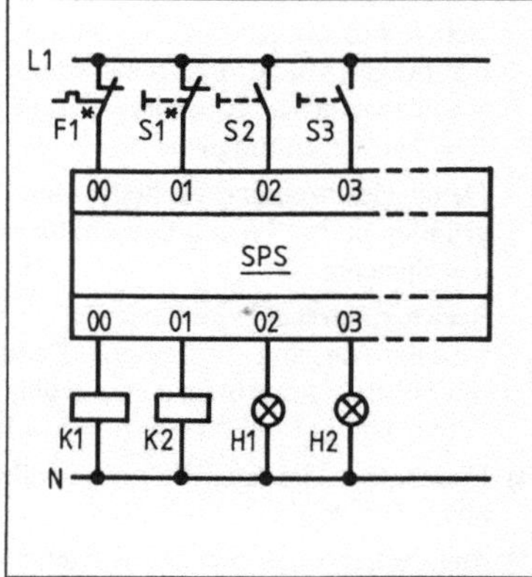

b) SPS-Anschlußplan

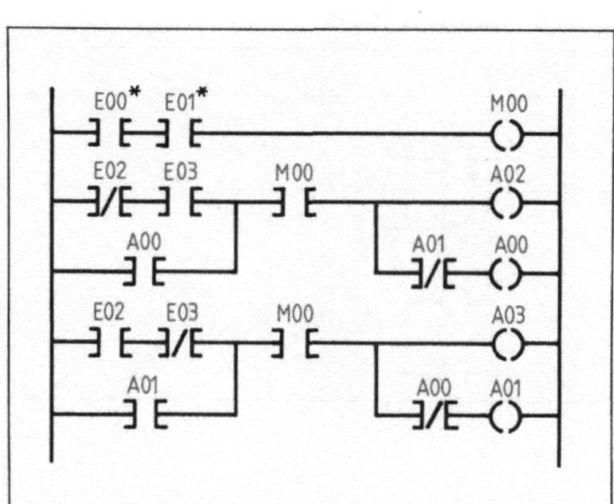

c) Kontaktplan

000	L	E00
001	U	E01
002	=	M00
003	LN	E02
004	U	E03
005	O	A00
006	U	M00
007	=	A02
008	UN	A01
009	=	A00
010	L	E02
011	UN	E03
012	O	A01
013	U	M00
014	=	A03
015	UN	A00
016	=	A01
017	PE	

d) Anweisungsliste

* Alle Tasterkontakte S und Überstrom-Schutzkontakte F sind als Schließer an die SPS angeschlossen.

Beispiel 11.2 **Selbständige Stern-Dreieck-Schaltung (11.20)**

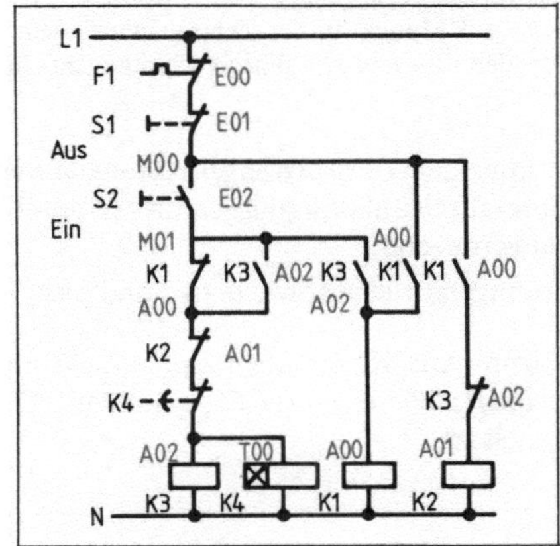

a) Stromlaufplan

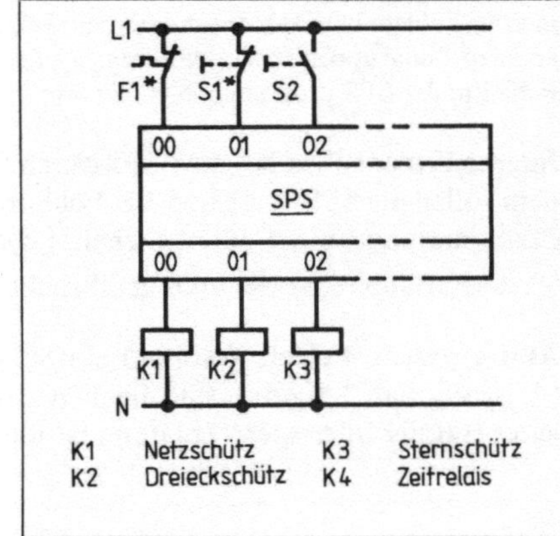

b) SPS-Anschlußplan

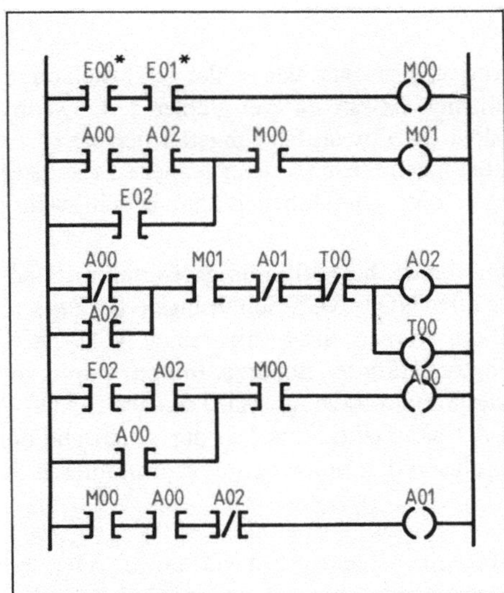

c) Kontaktplan

* Alle Tasterkontakte S und Überstrom-Schutzkontakte F sind als Schließer an die SPS angeschlossen.

000	L	E00
001	U	E01
002	=	M00
003	L	A00
004	U	A02
005	O	E02
006	U	M00
007	=	M01
008	LN	A00
009	O	A02
010	U	M01
011	UN	A01
012	UN	T00
013	=	A02
014	=	T00
015	L	E02
016	U	A02
017	O	A00
018	U	M00
019	=	A00
020	L	M00
021	U	A00
022	UN	A02
023	=	A01
024	PE	

d) Anweisungsliste

11.1.6 Sicherheit speicherprogrammierter Steuerungen

Bei jeder Steuerungsart können Fehler oder Störungen auftreten, die zu unerwünschten Funktionen im Steuerungsablauf führen. So kommt es bei der Entwicklung und Fertigung von Steuerungen oder ihren Bauteilen und deren Bedienung stets darauf an, Fehler zu vermeiden oder zumindest deren gefährliche Folgen zu begrenzen, also für den Anwender gefährliche Betriebszustände zu verhindern.

Während bei Schützsteuerungen etwa 20% aller Fehler intern (an den Geräten und in der Verdrahtung im Schaltschrank) und 80% extern (an den Bedienelementen) vorkommen, gibt es bei einer SPS nur noch 5% interne Fehler. Nur $^1/_{10}$ dieser internen Fehler sind auf Mängel in der Zentraleinheit, den Speichern und anderen Baugruppen zurückzuführen; $^9/_{10}$ liegen bei den Ein- und Ausgangsbeschaltungen. Daneben können Fehler in der SPS programmabhängig sein.

Interne Fehler sollen bei einer SPS durch Leuchtmelder (LED-Anzeigen) gemeldet werden. Außerdem sollen die SPS-Ausgänge bei Fehlern automatisch auf 0-Signal gesetzt werden. Dadurch wird der Steuerungsablauf unterbrochen, Schaden vermieden.

Weiterhin unterscheidet man gefährliche und ungefährliche sowie aktive und passive Fehler.

Aktive/passive Fehler. Während ein Schütz beim Ausfall der Schützspule nicht anziehen kann (Ausgang hat 0-Signal), sind beim Ausfall von Halbleitern zwei Fälle möglich: Der Halbleiter leitet ständig oder sperrt (Leitung ist unterbrochen).

	Eingang	Ausgang (dauernd)
aktiver Fehler	1- oder 0-Signal	1-Signal
passiver Fehler	1- oder 0-Signal	0-Signal

Gefährliche/ungefährliche Fehler. Ob ein aktiver bzw. passiver Fehler gefährlich oder ungefährlich ist, hängt von seiner Wirkung ab. Gefährlich ist ein aktiver Fehler z. B., wenn ein 1-Signal am Eingang einen Steuerungsprozeß auslöst (Motor läuft). Ungefährlich ist er z. B., wenn ein Leuchtmelder durch das 1-Signal den Fehler anzeigt. Ein passiver Fehler ist z. B. gefährlich, wenn infolge des 0-Signals keine Fehlermeldung erfolgt. Ungefährlich kann er sein, wenn dadurch der Steuerungsprozeß unterbrochen wird.

Zur sicherheitstechnischen Einrichtung gehören wie bei verbindungsprogrammierten Steuerungen die gegenseitige Verriegelung, Endschalter oder NOT-AUS-Schaltungen. So kann man alle Ausgangssignale, die gefährliche Fehler bewirken können, direkt über einen NOT-AUS-Öffner bzw. über den Öffner eines durch NOT-AUS-Taster betätigten Schützes führen. Damit verhindert man Steuervorgänge wie z. B. das Absenken eines Stanzwerkzeugs. Wird das NOT-AUS-Signal an den Eingang einer SPS gelegt, kann über den Ausgang eine optische oder akustische Fehlermeldung erfolgen. Als zusätzliche sicherheitstechnische Maßnahmen beim Programmieren dienen Drahtbruchsicherheit und Erdschlußsicherheit.

Drahtbruchsicherheit muß besonders bei Maschinensteuerungen wie Stanzen oder Pressen gewährleistet sein. Damit keine gefährlichen Fehler auftreten können, müssen bei Drahtbruch zwischen einem AUS-Taster und dem SPS-Eingang die Steuerung und damit der Verbraucher abgeschaltet werden können. Auch darf durch einen Drahtbruch zwischen EIN-Taster und SPS-Eingang der Verbraucher nicht eingeschaltet werden.

Zur Drahtbruchsicherheit sind auch bei der SPS für das EIN-Signal ein externer Schließer und für das AUS-Signal ein externer Öffner zu verwenden.

Die SPS kann jedoch nicht zwischen externen Öffnern und Schließern unterscheiden. Sie erkennt nur, ob eine Spannung anliegt (Schließer betätigt/Öffner nicht betätigt → 1-Signal) oder keine Spannung anliegt (Schließer nicht betätigt/Öffner betätigt → 0-Signal). Folglich hat der Ausgang A00 dann 1-Signal, wenn beide Eingänge E00 und E01 1-Signal haben (**11**.21).

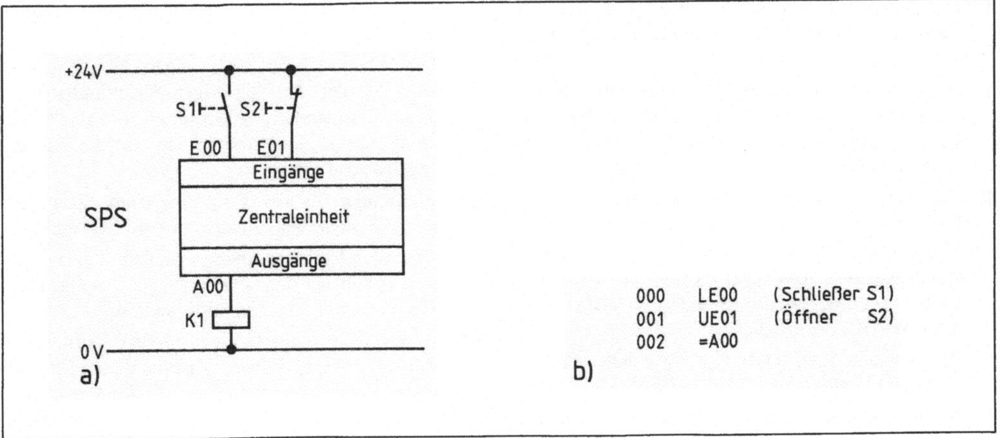

11.21 Programmieren der Drahtbruchsicherheit
a) Schaltplan mit SPS, b) Anweisungsliste

Bei der SPS müssen alle externen Öffner als Schließer programmiert werden. Zwischen externen und internen Öffnern ist zu unterscheiden.

Die Überlegungen zur Drahtbruchsicherheit gelten entsprechend auch für konventionelle Steuerungen.

Erdschlußsicherheit. Verbraucher dürfen bei Erdschluß nicht von selbst anlaufen, sondern müssen abgeschaltet werden. Im Normalfall wird bei Erdschluß eines der vorgeschalteten Überstromschutzorgane auslösen.

Wie bei Schützsteuerungen liegt auch bei SPS Erdschlußsicherheit vor, wenn externe Schließer 1-Signale und externe Öffner 0-Signale bewirken.

Beim Erdschluß zwischen EIN-Taster und SPS-Eingang ist bei geerdeter Steuerung die Eingabe eines 1-Signals nicht mehr möglich. Ein Erdschluß zwischen einem AUS-Taster (nicht betätigt) und dem SPS-Eingang führt zum sofortigen Ausschalten (0-Signal) der Steuerung. In beiden Fällen spricht durch den Erdschluß das Überstromschutzorgan an.

Übungsaufgaben zu Abschnitt 11.1

1. Was verstehen Sie unter einer Steuerung?
2. Wonach werden Steuerungen unterschieden? Erläutern Sie die unterschiedlichen Merkmale an Beispielen.
3. Beschreiben Sie anhand eines Beispiels die Merkmale einer kombinatorischen Steuerung?
4. Was ist ein Programm?
5. Erläutern Sie an zwei Beispielen das EVA-Prinzip.
6. Was sind Sensoren? Nennen Sie Beispiele, und beschreiben Sie deren Wirkungsweise.
7. Erklären Sie bei einer Steuerung den Signalfluß von der Eingabe bis zum angesteuerten Bauteil.
8. Was sind Schnittstellen?
9. Die Steuerschaltung mit einem UJT für einen Thyristor ist zu skizzieren und deren Wirkungsweise zu erläutern.

10. Die Schaltung **11.8** ist so zu ändern, daß der Verbraucher mit beiden Halbwellen angesteuert wird.
11. Wie muß die Schaltung **11.8** geändert werden, wenn statt des Gleichstrommotors ein Wechselstromverbraucher in Antiparallelschaltung betrieben werden soll?
12. Die Zündspannung am Triac in Bild **11.10** kann bis etwa 180° verschoben werden, obwohl das Phasenstellglied die Phasenlage der Klemmenspannung des Kondensators gegenüber der Betriebsspannung nur um etwa 90° zu drehen vermag. Wie ist das möglich?
13. Was versteht man unter Hysterese beim Betrieb eines Triac entsprechend Bild **11.10**?
14. Nennen Sie Bauelemente der Kontaktsteuerungen und der kontaktlosen Steuerungen.
15. Welche Unterschiede bestehen zwischen einer verbindungsprogrammierten Steuerung (VPS) und einer speicherprogrammierten Steuerung (SPS) in Bezug auf Schaltung, Gerätebedarf und Programmierung?
16. Erläutern Sie das Verarbeitungsprinzip bei einem Steuergerät.
17. Skizzieren Sie den Anschlußplan für eine SPS.
18. Erläutern Sie die Struktur einer Steueranweisung für eine SPS.
19. Beschreiben Sie Ihnen bekannte Steuerungsoperationen.
20. Nennen Sie wichtige Steuerungsfunktionen, skizzieren Sie den dazugehörigen Stromlaufplan in aufgelöster Darstellung, den Funktionsplan sowie den Konktaktplan, und stellen Sie die Anweisungsliste auf.
21. Beschreiben Sie die Funktion eines Speichers. Welche Speicherart wird bevorzugt? Warum?
22. Begründen Sie, weshalb die einzelnen Steuerungsoperationen bei der SPS nicht gleichzeitig, sondern nur seriell durchgeführt werden.
23. Für eine zeitverzögerte Zwangsfolgeschaltung mit 2 Motoren, deren Betriebszustand durch Leuchtmelder angezeigt werden soll, sind der Stromlaufplan in aufgelöster Darstellung, der Kontaktplan und die Anweisungsliste zu entwerfen.
24. Erläutern Sie die Vorteile der SPS gegenüber der VPS. Geben Sie dabei jeweils die Grenzen für den sinnvollen Einsatz der beiden Steuerungsarten an.
25. Erläutern Sie anhand von Beispielen die Unterschiede zwischen aktiven und passiven sowie zwischen gefährlichen und ungefährlichen Fehlern?
26. Wie werden beim Beschalten und Programmieren einer SPS die Anforderungen hinsichtlich der Drahtbruchsicherheit und der Erdschlußsicherheit erfüllt?

11.2 Regelungstechnik

11.2.1 Begriffe und Merkmale der Regelung

Ändern sich bei einer Motorsteuerung die als Störgrößen auftretende Belastung und die Speisespannung des Motors, ändert sich auch die Motordrehzahl n. Diese unerwünschte Drehzahländerung kann man durch Eingreifen von Hand am Befehlsgeber rückgängig machen. Soll die Drehzahl aber, unabhängig von Belastungs- und Spannungsschwankungen, ohne äußeren Eingriff auf einem konstanten Wert gehalten werden, muß man eine Drehzahlregelung vorsehen, die jede Drehzahländerung sebsttätig (automatisch) feststellt und beseitigt.

> Regeln ist ein selbsttätig (automatisch) verlaufender Vorgang, durch den der gewünschte Wert einer Größe (der Regelgröße) hergestellt und auch bei auftretenden Störgrößen aufrechterhalten wird.

Das geregelte Gerät, die geregelte Maschine oder Anlage heißt Regelstrecke *1* (**11.**22), die geregelte Größe (hier die Motordrehzahl n) Regelgröße x. Abweichend von der Steuerung (**11.**1) ist für die Regelung entscheidend, daß der jeweilige Istwert der Regelgröße fortwährend durch Messen erfaßt wird. Ein Meßwertgeber *2* (hier ein Tachogenerator) wandelt diesen Istwert in eine geeignete elektrische Größe (z. B. eine Spannung) um. Die umgeformte Regelgröße wird als Reglereingangsgröße, als Rückführgröße r dem Vergleicher *3* zugeführt. Er vergleicht sie mit der vom Führungsgrößengeber *4* (Sollwertgeber, -einsteller) vorgegebenen Führungsgröße w (hier eine dem Sollwert der Regelgröße entsprechende Spannung). Stimmen Rückführgröße r und Führungsgröße w infolge des Einwirkens einer Störgröße z nicht überein, entsteht im Vergleicher eine Regeldifferenz e.

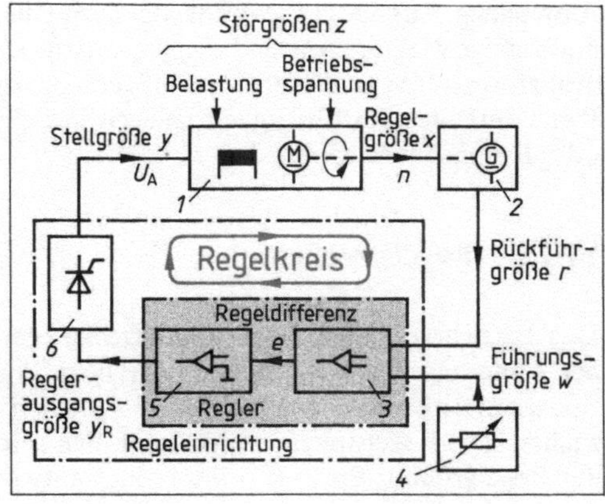

11.22 Signalflußplan des Regelkreises
1 Regelstrecke — *4* Führungsgrößengeber
2 Meßwertgeber — *5* Regelglied
3 Vergleicher — *6* Steller

Regeldifferenz $e = w - r$

Die Regeldifferenz e ist die Eingangsgröße für das Regelglied *5*. Dieses verändert den zeitlichen Verlauf der Regeldifferenz so, daß die Regelung das geforderte Verhalten zeigt (s. Abschn. 11.2.5). Meist besteht das Regelglied aus einem Verstärkerelement, in der Regel aus einem Operationsverstärker, der durch entsprechende Wahl der äußeren Schaltelemente (Widerstände und Kondensatoren) das gewünschte Betriebsverhalten bekommt (s. Abschn. 9.4).

Vergleicher und Regelglied bilden zusammen den Regler mit den Eingangsgrößen r und w sowie der Ausgangsgröße y_R.

Die Ausgangsgröße y_R des Reglers steuert den Steller *6* (hier ein Thyristor), der mit seiner Ausgangsgröße y (hier die Ankerspannung U_A) wiederum die Regelstrecke steuert.

Regler und Steller bilden zusammen die Regeleinrichtung.

Wesentliches Merkmal einer Regelung ist der in sich geschlossene Wirkungsablauf im Regelkreis. D. h., die Ausgangsgröße x der Regelstrecke wirkt über die Regeleinrichtung wieder auf die Eingangsgröße y zurück.

Unverzichtbare Merkmale einer Regelung sind demnach:
- **Messung,** d. h. fortlaufendes Erfassen der Regelgröße,
- **Vergleich,** d. h. Sollwert-Istwert-Vergleich,
- **Regelkreis,** d. h. in sich geschlossener Wirkungsablauf.

Die einzelnen Funktionen einer Regelung können jeweils durch eigene Schalt- bzw. Bauelemente wahrgenommen werden. Eine solche funktionelle Trennung ist aber nicht in allen Fällen möglich.

Anwendung. Aus der großen Fülle der durch die Regelungstechnik gegebenen Möglichkeiten seien noch einige wichtige Anwendungen genannt: Regelung der Klemmenspannung von Generatoren, Transformatoren und Netzanschlußgeräten, des Drucks von Gasen und Dämpfen in Kesseln, Konstanthalten des Flüssigkeitsspiegels in Behältern sowie der Temperatur in Öfen, Fahrzeugen oder Räumen bzw. Gebäuden.

11.2.2 Regelstrecken

Das Betriebsverhalten einer Regelstrecke (geregeltes Gerät, geregelte Maschine oder Anlage) bei Änderung der Stellgröße y oder beim Auftreten von Störgrößen z können wir mit einer Sprungfunktion, d.h. mit einer plötzlich auftretenden Änderung der Stellgröße y untersuchen. Die Regelstrecke reagiert auf eine solche Sprungfunktion mit einer Sprungantwort der Regelgröße x. Sprungfunktion und -antwort werden im Zeitdiagramm dargestellt (**11**.23).

> Das Betriebsverhalten einer Regelstrecke können wir aus ihrer Sprungantwort auf einen Rechtecksprung der Stellgröße (Sprungfunktion) erkennen.

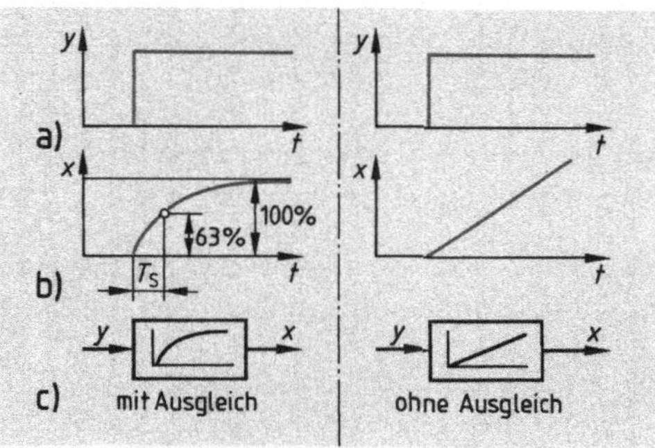

11.23 Zeitverhalten von Regelstrecken
a) Sprungfunktion, b) Sprungantwort, c) Schaltzeichen

Wir unterscheiden Regelstrecken mit und ohne Ausgleich.

Regelstrecken mit Ausgleich (stabile Strecken) erreichen bei sprunghafter Änderung der Stellgröße y nach einer gewissen Übergangszeit auch ohne Regelung stets wieder einen stabilen Betriebszustand (**11**.23). Es sind z. B. Temperaturregelstrecken, Spannungsregelstrecken und Gleichstrom-Nebenschlußmotoren, wenn deren Drehzahl die Regelgröße ist.

> Regelstrecken mit Ausgleich gehen beim Ändern der Stellgröße auch ohne Regelung von einem stabilen Betriebszustand in einen anderen stabilen Zustand über.

Steigt die Sprungantwort einer Regelstrecke mit Ausgleich nach einer e-Funktion an (Strecke 1. Ordnung), wird das Zeitverhalten der Strecke durch die Zeitkonstante T_S beschrieben (**11**.23b). Man versteht darunter die Zeit, in der die Regelgröße x 63% ihres stabilen Endwerts erreicht. Dieser Endwert wird annähernd in der Zeit $5 \cdot T_S$ erreicht.

Eine Regelstrecke mit Ausgleich wird gekennzeichnet durch den Ausgleichswert Q. Das ist der Quotient aus der Stellgrößenänderung Δy und der durch sie hervorgerufenen Regelgrößenänderung Δx. Der Kehrwert des Ausgleichswerts heißt Übertragungsbeiwert oder Verstärkung K_S.

Ausgleichswert $Q = \dfrac{\Delta y}{\Delta x}$ **Übertragungsbeiwert, Verstärkung** $K_S = \dfrac{1}{Q} = \dfrac{\Delta x}{\Delta y}$

Beispiel 11.3 Der Basisstrom I_B eines Transistors wird um $\Delta I_B = 64\ \mu A$ erhöht. Wie groß sind Ausgleichswert Q und Übertragungsbeiwert bzw. Verstärkung K_S, wenn der Kollektorstrom durch die Basisstromerhöhung um $\Delta I_C = 32$ mA zunimmt?

Lösung $\Delta I_B \mathrel{\hat{=}} \Delta y$ und $\Delta I_C \mathrel{\hat{=}} \Delta x$

$$Q = \frac{\Delta y}{\Delta x} = \frac{0{,}064\ \text{mA}}{32\ \text{mA}} = \mathbf{2 \cdot 10^{-3}}$$

$$K_S = \frac{1}{Q} = \frac{1}{2 \cdot 10^{-3}} = \mathbf{500}$$

Regelstrecken ohne Ausgleich (instabile Strecken) erreichen nach einer sprunghaften Änderung der Stellgröße y ohne Regelung keinen stabilen Betriebszustand (**11.23**). Es sind z. B. Flüssigkeitsbehälter mit Zu- und Abfluß oder Vorschubantriebe von Werkzeugmaschinen.

> Regelstrecken ohne Ausgleich nehmen nach Ändern der Stellgröße ohne Regelung keinen stabilen Betriebszustand ein.

Eine Regelstrecke ohne Ausgleich wird gekennzeichnet durch den Anlaufwert A. Man versteht darunter den Kehrwert der größten Änderungsgeschwindigkeit $\Delta x/\Delta t$ für den Fall, daß Δy gleich der maximalen Stellgrößenänderung (Stellbereich) y_h ist.

> **Anlaufwert** $$A = \frac{1}{\frac{\Delta x}{\Delta t}} = \frac{\Delta t}{\Delta x}$$

Beispiel 11.4 Eine Wasserstands-Regelstrecke hat den Anlaufwert $A = 4{,}5$ s/mm. Um welchen Betrag erhöht sich der Wasserstand, wenn das Zuflußventil für $t = 30$ s um den vollen Betrag geöffnet wird?

Lösung

$$A = \frac{\Delta t}{\Delta x}$$

$$\Delta x = \frac{\Delta t}{\Delta A} = \frac{30\ \text{s}}{4{,}5\ \text{s/mm}} = \mathbf{6{,}67\ mm}$$

11.2.3 Unstetige und stetige Regeleinrichtungen

Das Betriebsverhalten einer Regelstrecke bestimmt die für die Regeleinrichtung erforderlichen Eigenschaften. Je nach der Art, wie die im Vergleicher festgestellte Regeldifferenz e an das Stellglied weitergegeben wird, unterscheidet man unstetige und stetige Regelungen.

Bei unstetigen Regeleinrichtungen benutzt man Zweipunkt- oder Dreipunktregler. Zweipunktregler (**11.24**a) erfassen nur zwei Grenzwerte der Regeldifferenz. Beim Erreichen des unteren Grenzwerts wird ein fester Wert der Stellgröße eingeschaltet und nach Erreichen des oberen Grenzwerts wieder ausgeschaltet (**11.24**b). Die Temperaturregelung bei Heißwasserspeichern, bei Öl- und Gasheizungen sowie in Kühlschränken sind z. B. Zweipunktregelungen.

Unstetige Regeleinrichtungen haben den Nachteil, daß die Regelgröße weniger genau konstant gehalten wird. Sie pendelt im störungsfreien Betrieb periodisch zwischen einem oberen und einem unteren Grenzwert hin und her, weil sich die Stellgröße nicht genau auf den Wert einstellen läßt, der zur Aufrechterhaltung des Sollwerts der Regelgröße erforderlich ist. Bei Störeinwirkungen

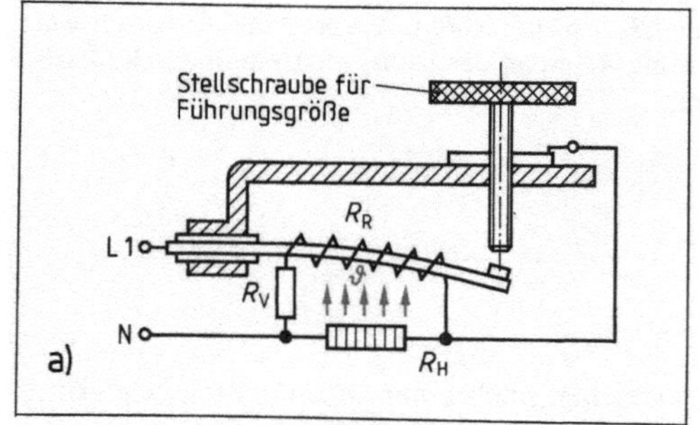

Schaltdifferenz $\Delta x = x_o - x_u$

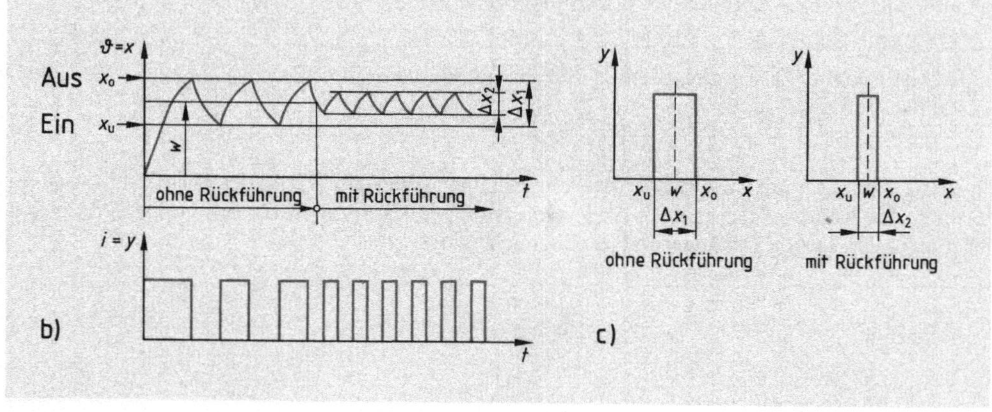

11.24 Bimetallregler als Zweipunktregler mit thermischer Rückführung

a) Schnittbild, b) Zeitdiagramm der Regelgröße „Temperatur“ und der Stellgröße „Heizstrom“, c) Schalthysterese

R_H = Heizwiderstand des Bügeleisens	w = Führungsgröße „Solltemperatur“
R_R = zusätzlicher Heizwiderstand der thermischen Rückführung	Δx_1 = Schaltdifferenz ohne Rückführung
	Δx_2 = Schaltdifferenz mit Rückführung
x = Regelgröße „Temperatur“	x_u = unterer Schaltwert
y = Stellgröße „Stromstärke“	x_o = oberer Schaltwert

auf die Regelstrecke ändert sich lediglich das Verhältnis der Einschaltdauer zur Ausschaltdauer der Stellgröße.

Durch eine thermische Rückführung läßt sich die Schaltdifferenz Δx eines Zweipunktreglers für Temperaturregelung verringern und damit die Regelungsgüte erhöhen. Bei einem Zweipunktregler für Bügeleisen z. B. erreicht man die thermische Rückführung durch eine auf dem Bimetall angebrachte zusätzliche Heizwicklung (**11.**24 a). Sie sorgt für eine verhältnismäßig schnelle Erwärmung des Bimetalls, bevor die relativ träge Wärmeabgabe des Heizwiderstands der Bügeleisensohle wirksam wird. Bei richtiger Abstimmung der Bauteile verringert sich die Schaltdifferenz Δx erheblich (**11.**24 b).

Bei stetigen Regeleinrichtungen beeinflußt die Regelgröße stetig (kontinuierlich) die Stellgröße. Die Stellgröße ändert sich nur, wenn durch Störeinwirkungen eine Regeldifferenz entsteht. Die großen periodischen Schwankungen der Regelgröße bei unstetigen Regelungen ergeben sich also bei stetigen Regelungen nicht. Allerdings muß dieser Vorteil durch einen höheren Geräteaufwand erkauft werden.

11.2.4 Meßwertgeber, Vergleicher, Steller

Meßwertgeber. Eingangsgröße des Meßwertgebers ist die Regelgröße x, Ausgangsgröße die Reglereingangsgröße (Rückführgröße) r. Der Meßwertgeber (Meßeinrichtung) wird häufig unterteilt in den

- **Meßwertaufnehmer** (Fühler, Sensor, **11**.25), der den jeweiligen Istwert der Regelgröße x fortlaufend erfaßt, und den
- **Meßwertumformer,** der den Meßwert in eine für die Weiterverarbeitung geeignete Form (z. B. genormtes Einheitssignal) umwandelt. Genormte Einheitssignale können z. B. der Spannungsbereich 0 bis 10 V oder der Strombereich 0 bis 20 mA sein.

Tabelle **11**.25 **Übersicht über gebräuchliche Sensoren nichtelektrischer Größen**

Regelgröße	Sensor	elektrische Ausgangsgröße	behandelt in Elektro-Fachkunde 1, Abschn.
Länge	Linearpotentiometer	Widerstand	4.4
Winkel	Drehpotentiometer	Widerstand	–
Dehnung	DMS	Widerstand	12.2.5
Kraft, Druck	DMS	Widerstand	–
	Piezo-Element	Spannung	8.5
Drehzahl	Tachogenerator	Spannung	–
	Impulszähler	Frequenz	–
Temperatur	metallische Fühler	Widerstand	12.2.1
	Heiß- und Kaltleiter	Widerstand	12.2.1
	Thermoelement	Spannung	8.3
Lichtstärke	Fotoelement	Spannung	8.4
	Fotowiderstand	Widerstand	12.2.3
	Fotodiode	Widerstand	–
	Fototransistor	Widerstand	–
Magnetische Flußdichte	Feldplatte	Widerstand	12.2.4
	Hallgenerator	Spannung	12.2.4

Meßverstärker. Die vom Meßwertgeber an den Vergleicher gegebene Rückführgröße r muß dem Istwert der Regelgröße x streng proportional sein. Die Anforderungen an die Genauigkeit (Übertragungstreue) eines im Meßwertumformer vorhandenen Meßverstärkers sind daher sehr hoch, denn ein von ihm verursachter Fehler täuscht am Vergleichsort einen falschen Istwert der Regelgröße vor. Meist verwendet man einen Operationsverstärker dazu (s. Abschn. 9.4).

Als Vergleicher kann man eine Brückenschaltung (**11**.26), einen Transistor (**11**.27 auf S. 352) oder einen als Subtrahierverstärker geschalteten Operationsverstärker (Komparator, **11**.28) verwenden.

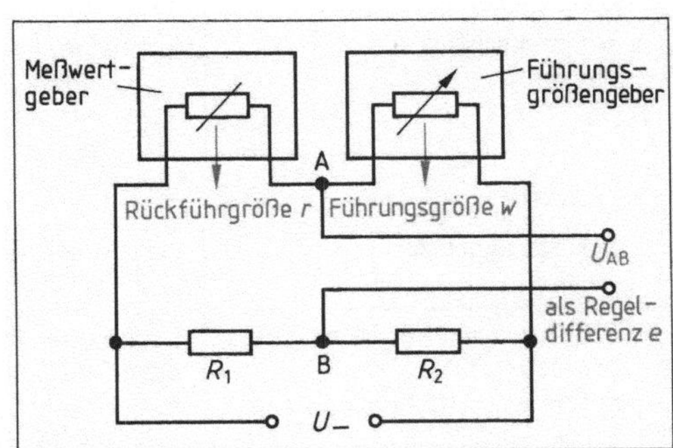

11.26 Brückenschaltung als Vergleicher

Regelverstärker. Die vom Vergleicher gebildete Regeldifferenz e wird gewöhnlich im folgenden Regelglied verstärkt, damit eine ausreichend große Reglerausgangsgröße y_R zur Verfügung steht. Da ein vom Regelverstärker hervorgerufener Fehler mit ausgeregelt wird, braucht der Regelverstärker nicht so genau zu sein wie der Meßverstärker. Als Verstärker dienen im Regelglied vorwiegend Operationsverstärker, die

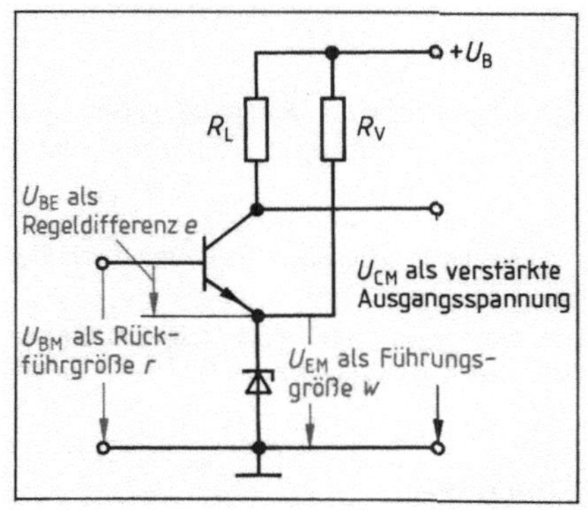

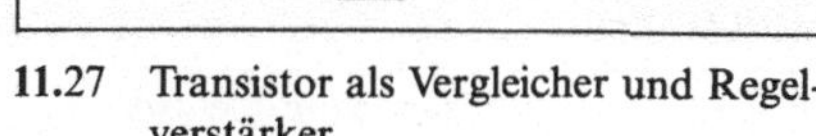

11.27 Transistor als Vergleicher und Regelverstärker

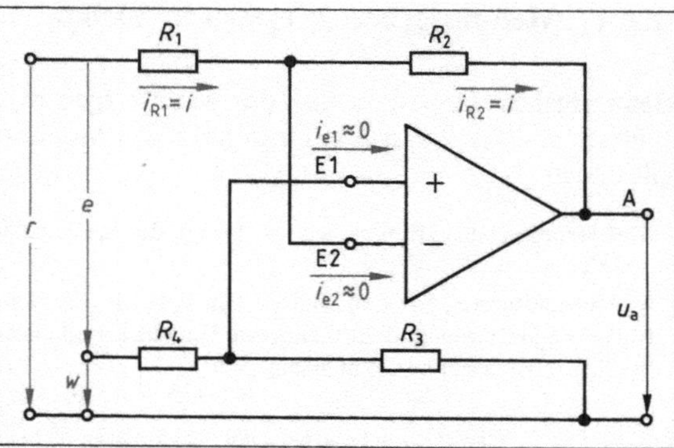

11.28 Operationsverstärker als Vergleicher (Komparator)

der Regeleinrichtung durch entsprechende Wahl der äußeren Schaltelemente das gewünschte Betriebsverhalten geben (s. Abschn. 9.4).

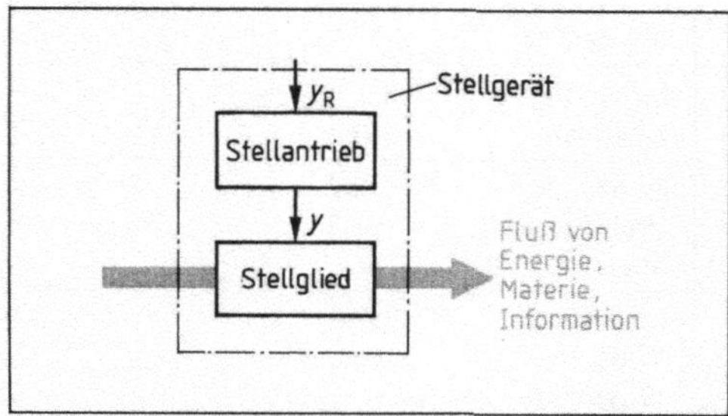

11.29 Schema eines Stellgeräts

Steller. Die Eingangsgröße des Stellers ist die Reglerausgangsgröße y_R, seine Ausgangsgröße die Stellgröße y. Mit dem Steller greift der Regler so in den Betrieb der Regelstrecke ein, daß die Regelgröße den gewünschten Wert annimmt. Hierzu bedient man sich häufig eines Stellgeräts, worin das Stellglied von einem Stellantrieb gesteuert wird (**11**.29). Diese Trennung ist aber nicht in allen Fällen möglich. Tab. **11**.30 gibt einen Überblick über gebräuchliche Stellglieder und Stellantriebe.

Tabelle **11**.30 **Gebräuchliche Stelleinrichtungen**

Stellglieder für elektrische Stellgrößen		Stellglieder für Massenströme (z. B. Ströme von Luft, Gas, Dampf, Flüssigkeiten)
mit unstetiger Wirkung	mit stetiger Wirkung	
Schalter Quecksilber-Schaltröhre Schaltschütz bzw. Relais Schalttransistor Thyristor	Stellwiderstand Stelltransformator Transistor Thyristor	Klappe, Ventil, Schieber, Pumpe } mit Stellmotor Magnetventil
Stellantriebe		
elektromagnetisch	elektromotorisch	pneumatisch (Druckluft) hydraulisch (Öl, Wasser)
Elektromagnet mit Hub-, Dreh- oder Klappanker, elektromagnetische Kupplung	Servomotor mit Scheibenläufer oder Glockenanker, Elektronikmotor (kollektorlos), Linearmotor, Schrittmotor	Membrandose, Kolbenzylinder

11.2.5 Betriebsverhalten von Regelgliedern

Die gewünschte Wirkung der Regelung wird vom Betriebsverhalten des Regelglieds bestimmt. Es hängt ab vom Betriebsverhalten der Regelstrecke.

Das Betriebsverhalten eines Regelglieds können wir wie das einer Regelstrecke mit einer Sprungfunktion untersuchen. Als Sprungfunktion dient hier eine plötzlich auftretende Änderung des Eingangssignals, der Regeldifferenz e. Das Regelglied reagiert auf diese Sprungfunktion mit einer Sprungantwort, hier der Reglerausgangsgröße y_R. Sprungfunktion und Sprungantwort werden im Zeitdiagramm dargestellt.

> Das Betriebsverhalten eines Regelglieds erkennen wir aus seiner Sprungantwort auf einen Rechtecksprung der Regeldifferenz (Sprungfunktion).

Der P-Regler (Proportionalregler) erzeugt als Sprungantwort eine der Regeldifferenz proportionale Änderung der Reglerausgangsgröße (**11**.31). Er arbeitet verzögerungsfrei. Die Stärke des Regelungseingriffs wird durch den Übertragungsbeiwert des P-Reglers, den Proportionalbeiwert (Verstärkung) K_P angegeben. Je größer der K_P-Wert, desto größer ist die Änderung Δy_R der Reglerausgangsgröße bei einer bestimmten Regeldifferenz e.

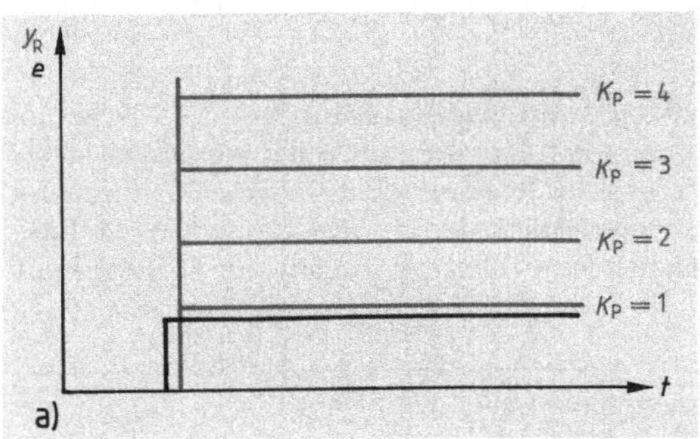

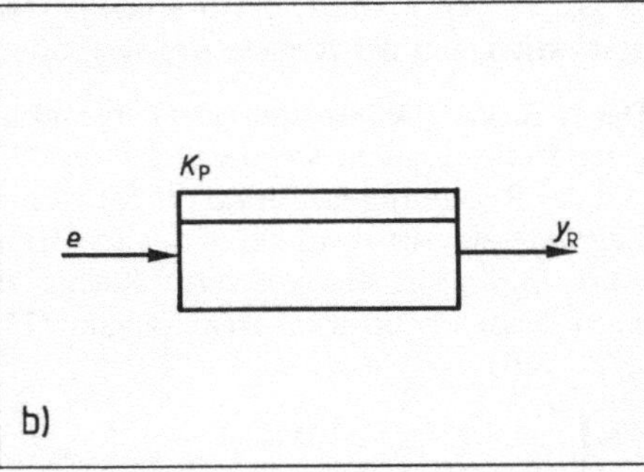

11.31 P-Regler
a) Sprungfunktion mit Sprungantwort, b) Schaltzeichen

> Der P-Regler liefert eine Änderung Δy_R der Reglerausgangsgröße, die der Regeldifferenz e proportional ist.
>
> $\Delta y_R = K_p \cdot e$ $\qquad$ K_p ohne Einheit

Durch Ändern des K_P-Werts kann man den P-Regler an die Regelstrecke anpassen. Wählen wir den K_P-Wert zu groß, setzen Regelschwingungen ein; d.h., die Regelgröße schwingt um ihren Sollwert. Um dies zu vermeiden, muß stets eine gewisse Regeldifferenz bestehen bleiben.

Der I-Regler (Integralregler) erzeugt als Sprungantwort eine mit der Dauer der Regeldifferenz steigende Reglerausgangsgröße (**11**.32). Die Reglerausgangsgröße ändert sich demnach um so stärker, je länger die Regeldifferenz auftritt. Die Regeldifferenz wird, wenn auch mit Verzögerung, vollständig ausgeregelt ($e = 0$). Die Stärke des Regelungseingriffs gibt man durch den Übertragungsbeiwert des I-Reglers, den Integrierbeiwert K_I an. Je größer der K_I-Wert, desto steiler ist die Zeitkennlinie der Reglerausgangsgröße y_R bei einer bestimmten Regeldifferenz e.

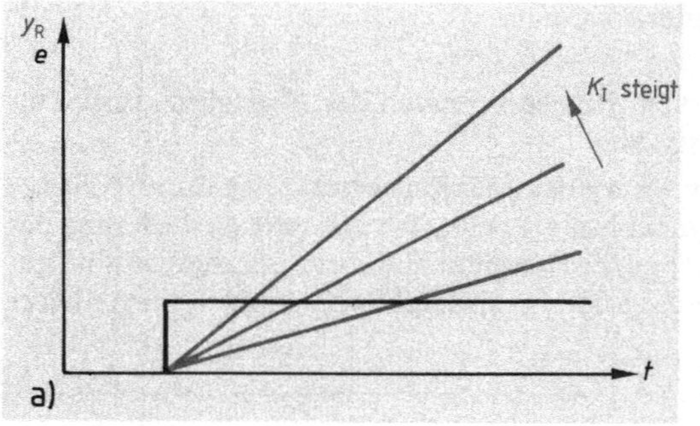

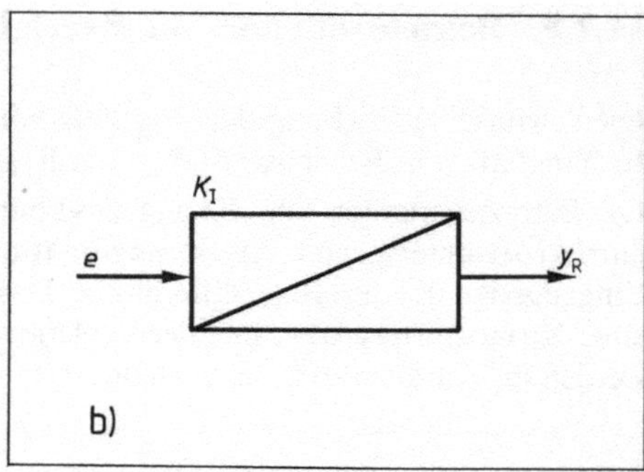

11.32 I-Regler
a) Sprungfunktion mit Sprungantwort, b) Schaltzeichen

> Der I-Regler liefert eine Änderung Δy_R der Reglerausgangsgröße, die der Dauer t der Regeldifferenz e proportional ist.
>
> $\Delta y_R = K_I \cdot t$ K_I in 1/s

Je größer der K_I-Wert, desto schneller reagiert der I-Regler, desto größer ist die Änderungsgeschwindigkeit der Reglerausgangsgröße y_R.

Der D-Regler (Differentialregler) erzeugt als Sprungantwort eine Änderung Δy_R der Reglerausgangsgröße nur dann, wenn sich die Regeldifferenz e ändert. Je größer die Änderungsgeschwindigkeit der Regeldifferenz, desto größer ist die Änderung der Reglerausgangsgröße. Die Stärke des Regelungseingriffs wird durch den Übertragungsbeiwert des D-Reglers, den Differenzierbeiwert K_D angegeben. Auf einen Rechtecksprung der Regeldifferenz reagiert der D-Regler mit einem Nadelimpuls als Ausgangssignal (**11.**33).

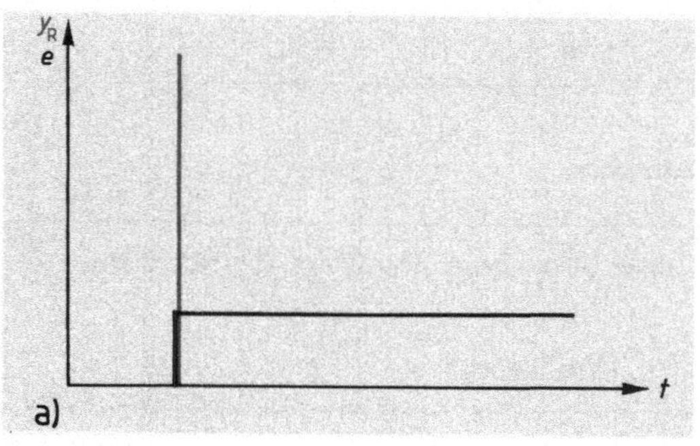

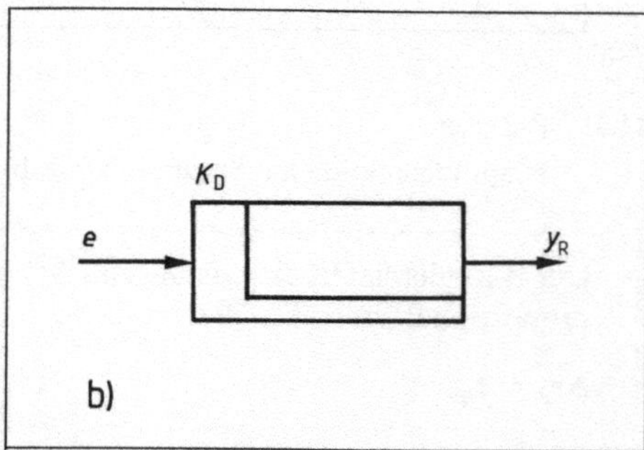

11.33 D-Regler
a) Sprungfunktion mit Sprungantwort, b) Schaltzeichen

> Ein D-Regler liefert eine Änderung Δy_R der Reglerausgangsgröße, die der Änderungsgeschwindigkeit der Regeldifferenz e proportional ist.
>
> $\Delta y_R = K_D \cdot \frac{e}{t}$ K_D in s

Je größer der K_D-Wert, desto größer ist die Änderung Δy_R der Reglerausgangsgröße bei gegebener Änderungsgeschwindigkeit der Regeldifferenz. Der D-Regler reagiert sehr schnell auf Änderungen der Regeldifferenz. Er ist aber nicht in der Lage, einen Sollwert der Regelgröße zu halten. D-Regler kommen daher nur in Verbindung mit P- und I-Reglern vor.

Das P-T_t-Glied (Totzeitglied) verzögert die Reglerausgangsgröße y_R um die Totzeit T_t, behält aber die Kurvenform gegenüber der Regeldifferenz e bei (**11**.34).

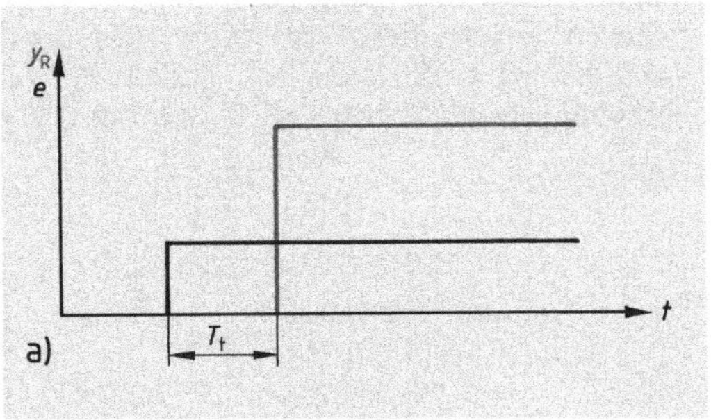

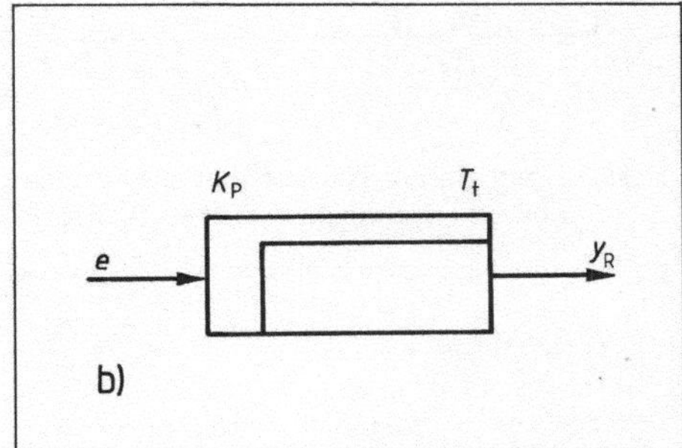

11.34 P-T_t-Glied
a) Sprungfunktion mit Sprungantwort, b) Schaltzeichen

> Das P-T_t-Glied ist ein Verzögerungsglied mit P-Verhalten.

Den PI-Regler erhalten wir, wenn wir ein P- und ein I-Glied parallelschalten (**11**.35a). Sein Betriebsverhalten ergibt sich aus der Kombination von P- und I-Verhalten: Auf einen Rechtecksprung der Regeldifferenz e springt die Reglerausgangsgröße y_R zunächst entsprechend dem K_P-Wert des P-Glieds und steigt dann entsprechend dem K_I-Wert des I-Glieds zeitproportional an (**11**.35b).

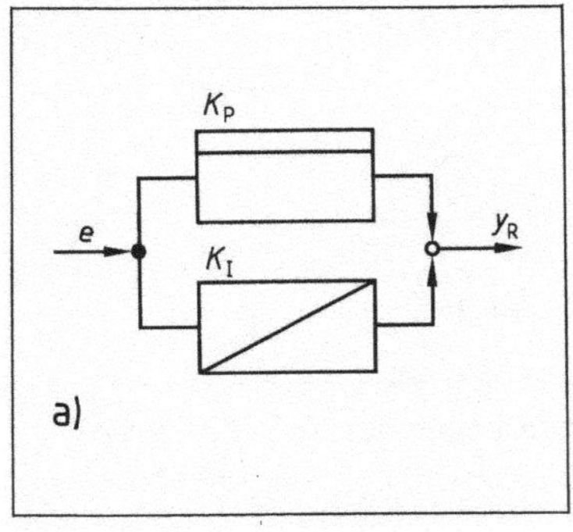

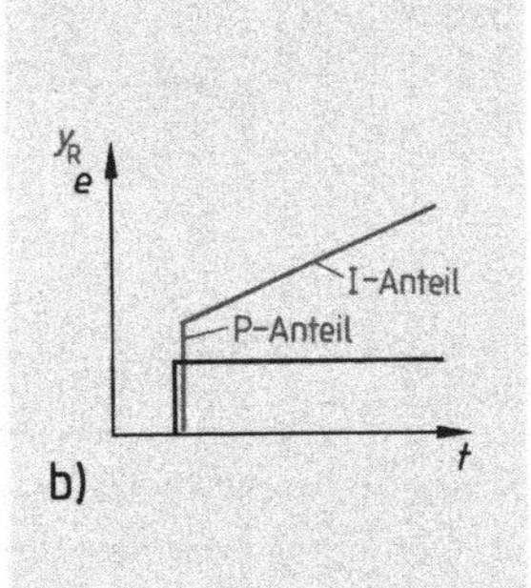

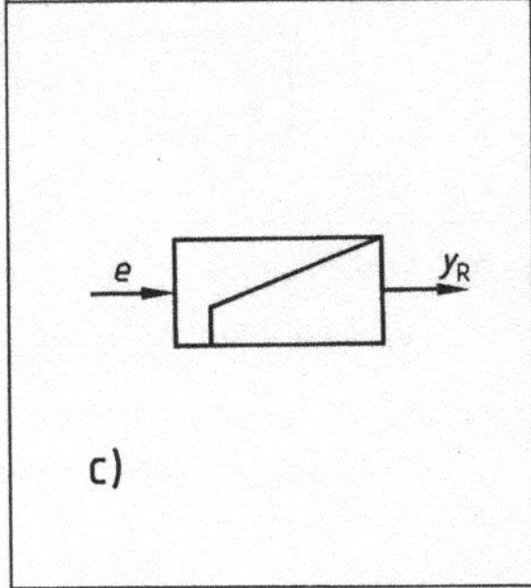

11.35 PI-Regler
a) Schaltplan, b) Sprungfunktion mit Sprungantwort, c) Schaltzeichen

> Der PI-Regler reagiert schnell und regelt eine Regeldifferenz vollständig aus ($e = 0$).

Bei zu großem K_P-Wert besteht Schwingneigung des Regelkreises.

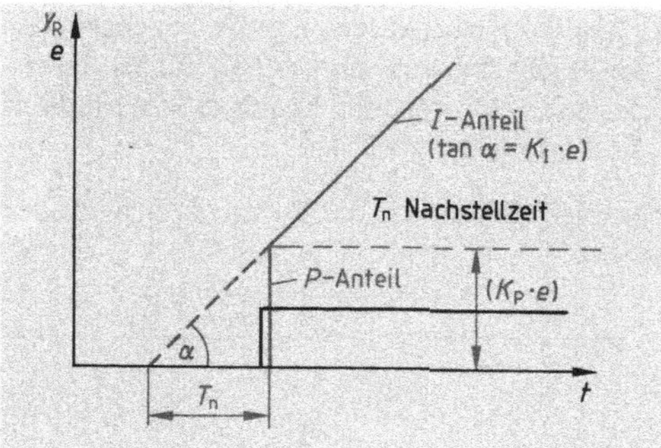

11.36 Ermitteln der Nachstellzeit aus Sprungfunktion und Sprungantwort eines PI-Reglers

Nachstellzeit T_n. Die für den PI-Regler kennzeichnende Nachstellzeit T_n gibt die Zeit an, die ein I-Regler allein bräuchte, um die gleiche Änderung der Reglerausgangsgröße y_R hervorzurufen, die ein PI-Regler infolge seines P-Anteils sofort bewirkt. Da die Nachstellzeit T_n im gleichen Verhältnis wächst wie der Proportionalitätsbeiwert K_P (Höhe des P-Anteils $K_P \cdot e$) und im umgekehrten Verhältnis wie der Integrierbeiwert K_I (Steigung des *I*-Anteils $K_I \cdot e$), erhalten wir die Nachstellzeit T_n aus der Gleichung $\tan\alpha = K_I \cdot e = \frac{K_P \cdot e}{T_n}$ (**11.**36).

Nachstellzeit	$T_n = \frac{K_P}{K_I}$	K_P ohne Einheit K_I in 1/s T_n in s

Zum Einstellen der Reglerfunktion des PI-Reglers genügt die Einstellung von zwei der drei Einstellgrößen K_P, K_I oder T_n, z. B. der Einstellgrößen K_P und T_n.

Der PD-Regler entsteht, wenn wir ein P- und ein D-Glied parallelschalten (**11.**37 a). Das Betriebsverhalten ergibt sich aus der Kombination von P- und D-Verhalten: Auf einen Rechtecksprung der Regeldifferenz *e* liefert der PD-Regler zunächst entsprechend dem K_P-Wert des D-Glieds einen Nadelimpuls der Reglerausgangsgröße y_R und dann entsprechend dem K_P-Wert des P-Glieds eine andauernde, konstante Reglerausgangsgröße y_R (**11.**37 b).

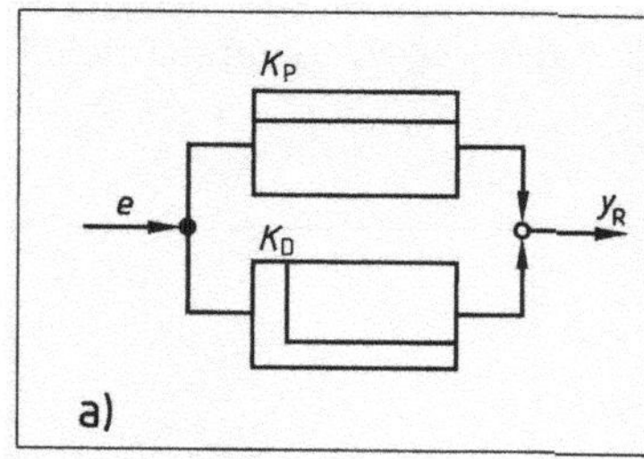

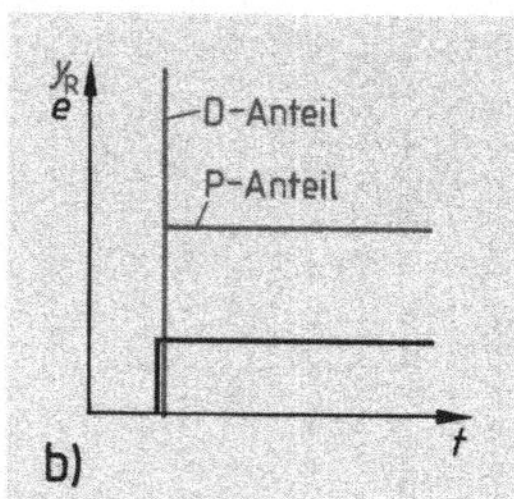

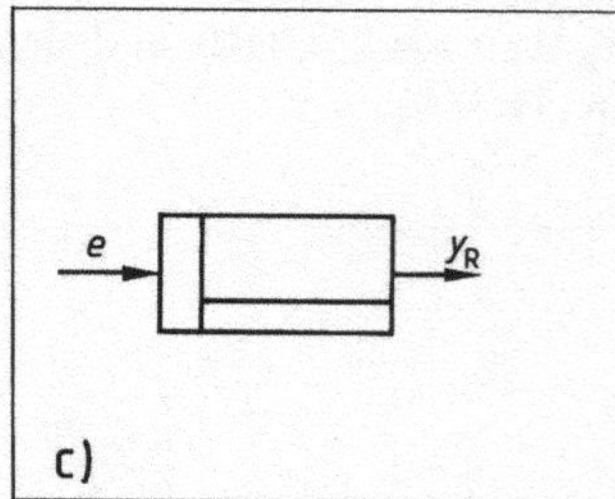

11.37 PD-Regler
a) Schaltplan, b) Sprungfunktion und Sprungantwort, c) Schaltzeichen

Der PD-Regler reagiert sehr schnell und andauernd auf Änderungen der Regeldifferenz.

Bei einem zu großen K_P-Wert besteht wie beim P-Regler Schwingneigung des Regelkreises. Daher bleibt stets eine gewisse Regeldifferenz bestehen.

Die Vorhaltezeit T_v ist das Kennzeichen von Reglern mit D-Anteil. Um die Vorhaltezeit zu bestimmen, gehen wir am besten von der Anstiegsfunktion eines PD-Reglers aus. Während sich die am Eingang des Regelglieds liegende Regeldifferenz *e* bei der Sprungfunktion sprungartig ändert, ändert man bei der Anstiegsfunktion *e* kontinuierlich, d. h. mit konstanter Geschwindigkeit (**11.**38). Die Vorhaltezeit T_v ist die Zeit, die ein P-Regler bei konstanter Änderungsgeschwindigkeit der am Eingang liegenden Regeldifferenz bräuchte, um die gleiche Änderung der Reglerausgangsgröße hervorzurufen, die ein PD-Regler infolge seines D-Anteils sofort bewirkt. Bild **11.38** zeigt, daß sich die Vorhaltezeit T_v im gleichen Verhältnis ändert wie der Differenzierbeiwert K_D (Höhe des D-Anteils $K_D \cdot e$) und im umgekehrten Verhältnis wie der Proportionalitätsbeiwert K_P (Steigung des P-Anteils $K_P \cdot e$). Wir erhalten die Vorhaltezeit aus der Gleichung $\tan\alpha = K_P \cdot e = \frac{K_D \cdot e}{T_v}$.

Vorhaltzeit	$T_v = \frac{K_D}{K_P}$	K_D in s K_P ohne Einheit T_v in s

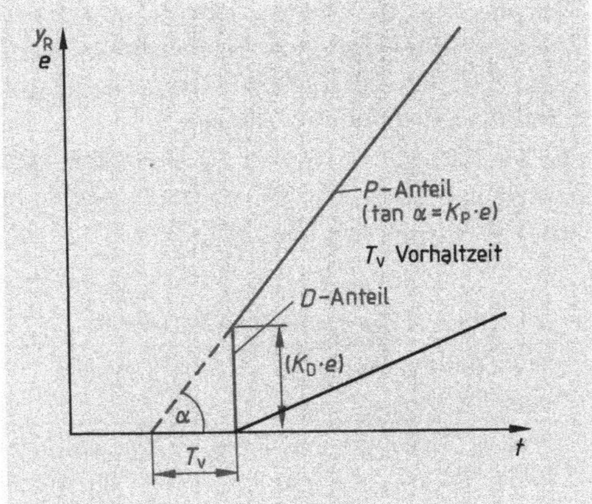

11.38 Ermitteln der Vorhaltezeit aus Anstiegsfunktion und Anstiegsantwort eines PD-Reglers

Zum Einstellen der Reglerfunktion des PD-Reglers gnügt die Einstellung von zwei der drei Einstellgrößen K_P, K_D oder T_v, z. B. der Einstellgrößen K_P und T_v.

Den PID-Regler erhalten wir, wenn wir je ein P-, I- und D-Glied parallelschalten (**11.39** a). Dieser Regler erlaubt eine optimale Anpassung der Regeleinrichtung an eine gegebene Regelstrecke. Im Augenblick des Rechtecksprungs der Regeldifferenz e reagiert das D-Glied entsprechend seinem K_D-Wert mit einem Nadelimpuls der Reglerausgangsgröße y_R. Gleichzeitig beginnt entsprechend seinem K_I-Wert die konstante Regelungswirkung des P-Glieds. Die Wirkung des I-Glieds steigt entsprechend seinem K_I-Wert von Null stetig an (**11.39** b).

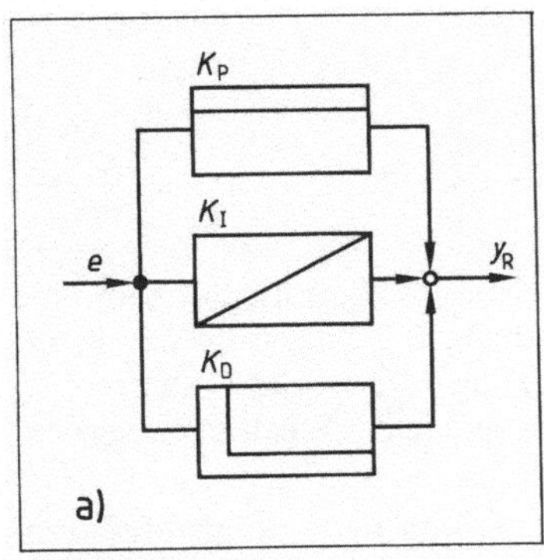

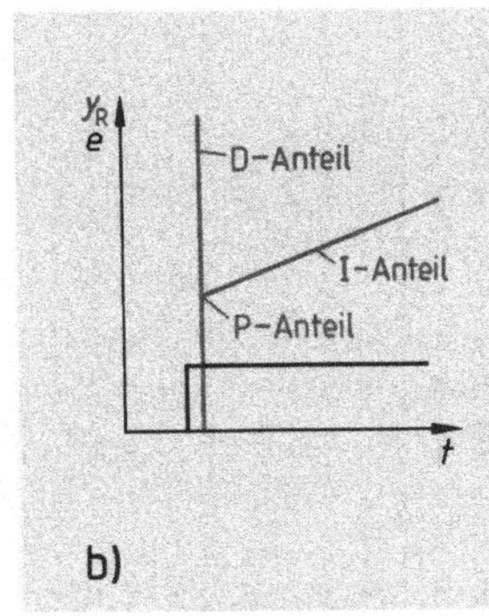

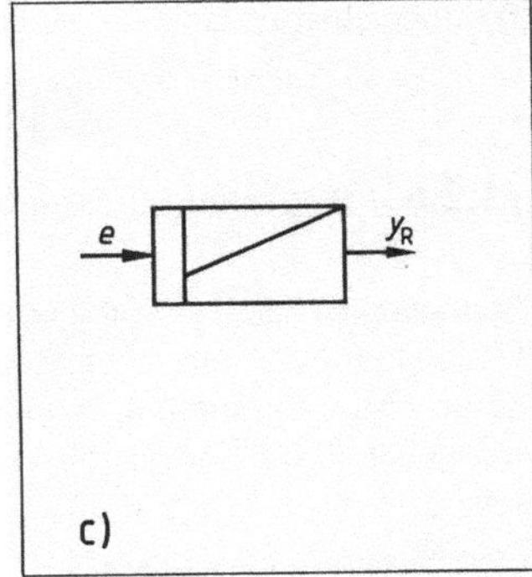

11.39 PID-Regler

a) Schaltplan, b) Sprungfunktion mit Sprungantwort, c) Schaltzeichen

> Der PID-Regler reagiert sehr schnell und andauernd auf Änderungen der Regeldifferenz. Er regelt eine Regeldifferenz vollständig aus ($e = 0$).

Der PID-Regler ist ein universell einsetzbarer Regler. Bei zu großem K_P-Wert des P-Glieds besteht Schwingneigung des Regelkreises.

Einstellen des PID-Reglers. Der P-Anteil der Reglerfunktion wird durch den Proportionalbeiwert K_P, der I-Anteil durch die Nachstellzeit T_n und der D-Anteil durch die Vorhaltzeit T_v eingestellt. Diese drei für die Reglerfunktion maßgebenden Bestimmungsgrößen lassen sich in der Regel getrennt voneinander einstellen.

Der PID-Regler ist universell einsetzbar. Man kann ihn für unterschiedliches Regelverhalten einstellen, z. B. P-, PI-, PD- oder PID-Verhalten. Maßnahmen zum Einstellen der Regelung mit dem PID-Regler zeigt Tab. **11**.40.

Tabelle **11**.40 **Regelung mit dem PID-Regler**

Betriebsverhalten des Regelkreises	Ursache	notwendige Maßnahmen
Regelgröße schwingt um ihren Sollwert	K_P zu groß und/oder T_n zu klein und damit I-Anteil zu groß oder T_v und damit D-Anteil zu groß	K_P verringern und/oder T_n vergrößern oder T_v verringern
Regelgröße bleibt nach längerer Zeit zu weit unterhalb des Sollwerts	K_P zu klein	K_P vergrößern, evtl. T_n verringern und damit I-Anteil vergrößern. Vorsicht: Schwinggefahr!
Ausgleich der Regelgröße erfolgt zu langsam	T_n zu groß, weil I-Anteil zu klein	T_n verringern
Ausgleich der Regelgröße wird nach angemessener Zeit erreicht, aber bei einer Störung ist die Sollwertabweichung zu groß	T_v zu klein, weil D-Anteil zu klein	T_v vergrößern

Achtung Bei Regelstrecken ohne Ausgleich führt ein I-Anteil der Reglerfunktion zu Schwingungen der Regelgröße. Dabei können die zulässigen Grenzwerte der geregelten Anlage überschritten und die Anlage beschädigt werden.

11.2.6 Regelungsbeispiele

Spannungsgeregeltes Netzgerät. Bild **11**.41 zeigt die Schaltung eines Netzgeräts, mit dem eine Gleichspannung aus dem Wechselstromnetz (die Ausgangsspannung U_a) erzeugt werden kann, deren Höhe unabhängig von Schwankungen der Eingangsspannung U_e oder des Laststroms I_L weitgehend konstant bleibt. Gleichrichter und Netztransformator sind in der Schaltung weggelassen.

Der Ausgangsspannungsteiler (bestehend aus den Widerständen R_1 und R_2) wirkt als Meßwertgeber, indem er einen Teil der Ausgangsspannung U_a (Istwert der Regelgröße) als Rückführgröße auf die Basis des Transistors V2 gibt. Das Emitterpotential dieses Transistors wird durch die Z-Diode in Verbindung mit dem Vorwiderstand R_V konstant gehalten. Es bildet die Führungsgröße (**11**.41). Der Emitter-Basis-Übergang wirkt somit als Vergleicher zwischen Basispotential (Rückführgröße) und Emitterpotential (Führungsgröße). Die Differenz aus diesen beiden Größen, die Basis-Emitter-Spannung U_{BE2}, ist die Regeldifferenz, die den Kollektorstrom I_{C2} steuert. Dieser erzeugt am Kollektorwiderstand R_{C2} den Spannungsabfall U_{RC2}, der um ein Vielfaches größer ist als die Basis-Emitter-Spannung U_{BE2}. Der Transistor V2 wirkt demnach als Regelverstärker. Sein Kollektorpotential steht an der Basis des als Stellglied wirkenden Transistors V1 und bestimmt dessen Basis-Emitter-Spannung U_{BE1}, die die Reglerausgangsgröße darstellt.

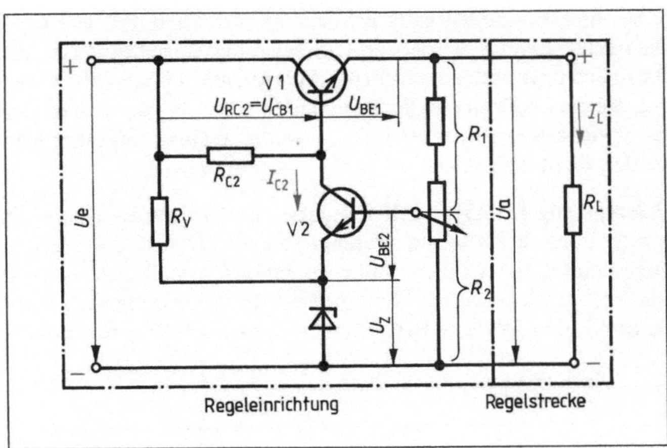

11.41
Geregeltes Netzgerät mit NPN-Transistoren

Steigt nun z. B. die Ausgangsspannung U_a, weil sich die Eingangsspannung U_e erhöht oder der Laststrom I_L verringert, wird das Basispotential des Transistors V2 negativer, so daß seine Basis-Emitter-Spannung U_{BE1} größer wird. Die Folge ist ein größerer Kollektorstrom I_{C2} und damit ein größerer Spannungsabfall U_{RC2} am Kollektorwiderstand R_{C2}. Dadurch erhält die Basis des Transistors V1 ein positiveres Potential. Das bedeutet aber eine kleinere Basis-Emitter-Spannung U_{BE1} des Stelltransistors V1, dessen Durchgangswiderstand damit entsprechend größer wird.

Bei günstiger Bemessung der Schaltelemente ist die Zunahme des Spannungsabfalls am Stelltransistor V1 fast gleich der Zunahme der Eingangsspannung U_e. Damit bleibt die Ausgangsspannung U_a weitgehend konstant. Mit dem Schleifer des Ausgangsspannungsteilers läßt sich der Sollwert der Ausgangsspannung verändern.

Da sich die Reglerausgangsgröße U_{BE1} annähernd proportional mit der Regeldifferenz U_{BE2} ändert, handelt es sich bei der beschriebenen Spannungsregelung um eine P-Regelung.

Temperaturregelung in elektrischen Speicherheizanlagen. Die Speicherheizgeräte in elektrischen Speicherheizanlagen werden im allgemeinen mit billigem Nachtstrom in der Zeit zwischen 22^h bis 6^h aufgeladen. Sie müssen in dieser Zeit so viel Wärme speichern, daß sie für den folgenden Tag von 6^h bis 22^h für die zu beheizenden Räume ausreicht. Die Speicherheizgeräte enthalten zu dem Zweck keramische Speicherkerne *2* (**11**.42), die von eingebauten Rohrheizkörpern *3* bis auf etwa 650 °C erwärmt werden können: L a d e v o r g a n g. Die Wärmeabgabe an die Luft des beheizten Raumes erfolgt durch ein Gebläse *7*, das die Raumluft durch die Luftkanäle *4* des Speicherkerns bläst. E n t l a d e v o r g a n g. Die Bimetallfeder *6* bewirkt, daß auch bei voller Aufladung des Speichers die Luftaustrittstemperatur unter 100 °C bleibt. Dies wird durch Beimischen einer mehr oder weniger großen Menge von Raumluft zu der austretenden Heißluft erreicht.

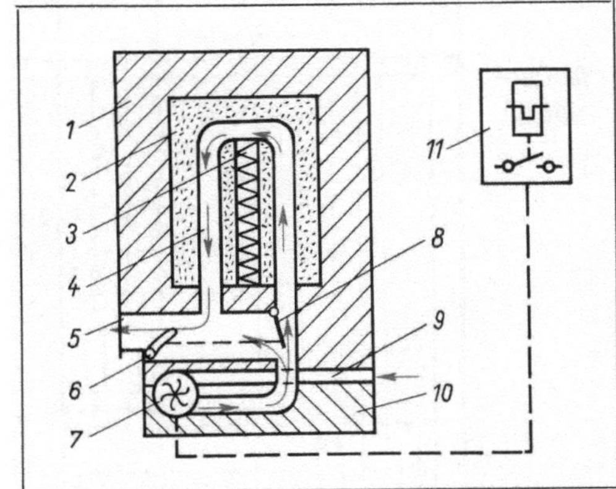

11.42 Speicherheizgerät
1 Wärmedämmung
2 Speicherkern
3 Heizelement
4 Luftkanal
5 Warmluftaustritt
6 Bimetallfeder
7 Gebläse
8 Luftmischklappe
9 Lufteintritt
10 Sockel
11 Raumtemperaturregler

Lade- und Entladevorgang erfolgen selbsttätig durch je eine Temperaturregelungseinrichtung. Die nachstehend beschriebene Laderegelungseinrichtung ist nur eine von vielen Möglichkeiten. Die in den praktisch ausgeführten Anlagen meist noch vorgesehenen Feinheiten – z. B. Einrichtungen, die die Ladezeit möglichst an das Ende der Niedertarifzeit legen oder den maximalen Sollwert der Speichertemperatur verringern, wenn tagsüber mit einer geringen Entladung zu rechnen ist – werden nicht behandelt.

Laderegelung (11.43). Nach Freigabe des Nachttarifs durch eine Schaltuhr oder einen Steuerimpuls über die Rundsteueranlage des EVU wird über das Schütz K_1 das Speicherheizgerät eingeschaltet. Es wird so lange aufgeheizt, wie der Schalter des eingebauten Temperaturreglers geschlossen ist. Den Sollwert der Speichertemperatur bestimmt die Außentemperatur, die durch den Witterungsfühler (hier ein Heißleiter) erfaßt wird. Das Steuergerät wirkt

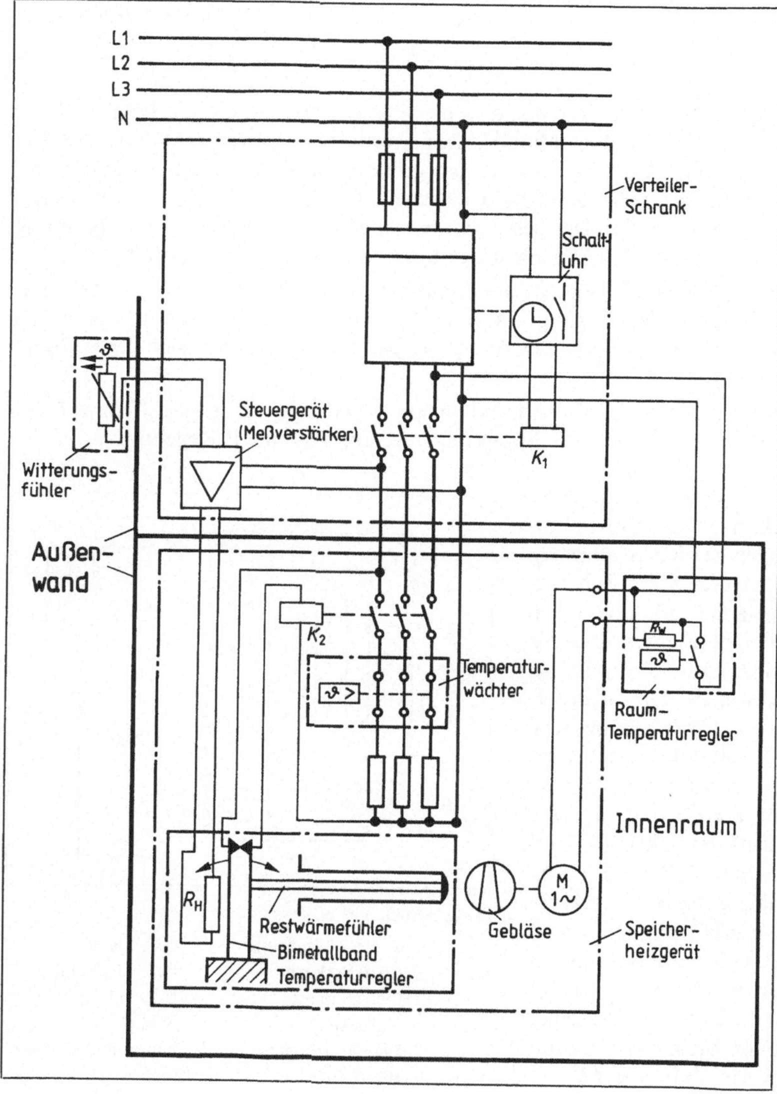

11.43
Schaltplan der Regelungsschaltung

als Meßverstärker und erzeugt eine von der Außentemperatur abhängige Spannung, die am Heizwiderstand R_H des Temperaturreglers anliegt. Dieser Heizwiderstand erwärmt das Bimetallband, das sich um so stärker in Pfeilrichtung (nach links) krümmt, je höher die Steuerspannung, je höher also die Außentemperatur ist. Bei stärkerer Krümmung schaltet der Schalter des Temperaturreglers das Schütz K_2 und damit den Heizstrom des Speichers früher ab. Auf diese Weise wird die Speichertemperatur durch die Außentemperatur bestimmt.

Die Einschaltzeit des Speichers wird aber auch durch die im Speicher noch vorhandene Wärmemenge (Restwärme) und die damit verbundene Temperatur bestimmt. Sie wird durch den Restwärmefühler des Temperaturreglers erfaßt. Er arbeitet nach dem Prinzip des Invarstabreglers. Das Schaltstück des Restwärmefühlers wird um so mehr in Pfeilrichtung (nach rechts) geschwenkt, je höher die Temperatur im Speicher von der vorhergehenden Ladung her noch ist. Der Temperaturwächter verhindert, daß die höchstzulässige Speichertemperatur überschritten wird.

Die beschriebene Anordnung bildet eine Regeleinrichtung mit einem Zweipunkt-Temperaturregler, der die Speichertemperatur in Abhängigkeit von der Außentemperatur regelt. Der Witterungsfühler hat dabei die Funktion des Sollwert-Einstellers. Er erfaßt die Außentemperatur, die als Führungsgröße der Regelung dient. Die Speichertemperatur ist die Regelgröße. Führungsgröße und Regelgröße werden im Temperaturregler des Speichers miteinander verglichen. Der Regler unterbricht den Steuerstrom des Schützes K_2 und damit den Strom für die Heizelemente (Stellgröße), wenn die Regelgröße, also die Speichertemperatur, ihren Sollwert erreicht hat.

Regelung der Raumtemperatur bei der Entladung. Die Wärmeabgabe des Speicherheizgeräts an den beheizten Raum erfolgt im wesentlichen durch die Luft, die das Gebläse *7* durch die Luftkanäle *4* des erhitzten Speicherkerns bläst. Der Gebläsemotor wird eingeschaltet, wenn das Bimetall des Raumtemperaturreglers den Motorschalter schließt. Bei geschlossenem Schalter ist gleichzeitig der Heizwiderstand R_W eingeschaltet. Er erzeugt innerhalb des Reglergehäuses eine etwas über der Raumtemperatur liegende Temperatur. Der Regler schaltet daher schon vor Erreichen der eingestellten Solltemperatur ab. Durch diese Maßnahme wird verhindert, daß er (bedingt durch die Wärmeträgheit des Bimetalls) erst abschaltet, wenn der Sollwert der Raumtemperatur um mehr als 1 °C überschritten ist (**11.44**). Diese Einrichtung heißt thermische Rückführung.

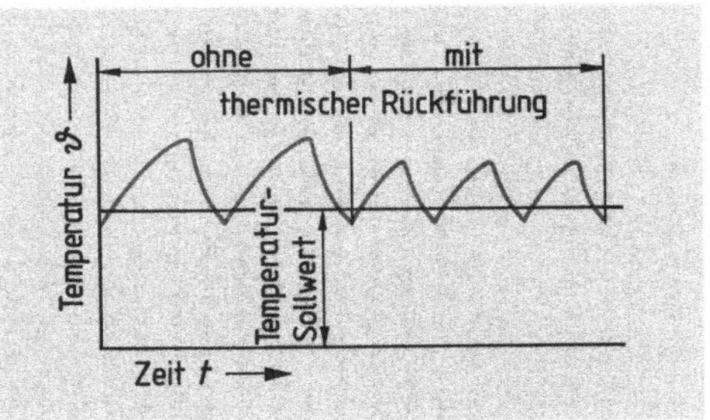

11.44 Einfluß der thermischen Rückführung auf die Regelung der Raumtemperatur

Folgekontaktsystem. Die Raumtemperatur-Regler haben meist noch ein Folgekontaktsystem. Ist die Raumtemperatur über Nacht stark abgesunken, wird durch das Einstellen der höheren Solltemperatur am Morgen zunächst ein Kontakt geschlossen, über den das Gebläse *7* im Schnellgang betrieben wird. Hat der Raum die eingestellte Solltemperatur erreicht, wird der Gebläsemotor über einen Vorwiderstand mit kleinerer Spannung betrieben, und das Gebläse arbeitet im weiteren Verlauf der Nachheizung mit niedrigerer Drehzahl.

Drehzahlregelung eines fremderregten Gleichstrommotors. Bild **11.45** zeigt den Schaltplan eines fremderregten Gleichstrommotors (Regelstrecke), dessen Drehzahl n (Regelgröße) durch eine Drehzahlregelung konstant gehalten werden soll. Störgrößen z des Antriebs sind Laständerungen des Motors und Änderungen der Betriebsspannung. Der Motor ist über eine vollgesteuerte Thyristor-Brückengleichrichterschaltung (Stellglied) an das Drehstromnetz angeschlossen. Den Istwert der Drehzahl wandelt ein Tachogenerator (Meßumformer) in eine der Drehzahl proportionale Spannung, die Rückführgröße r, um. Die Führungsgröße wird dem Konstantspannungsgeber

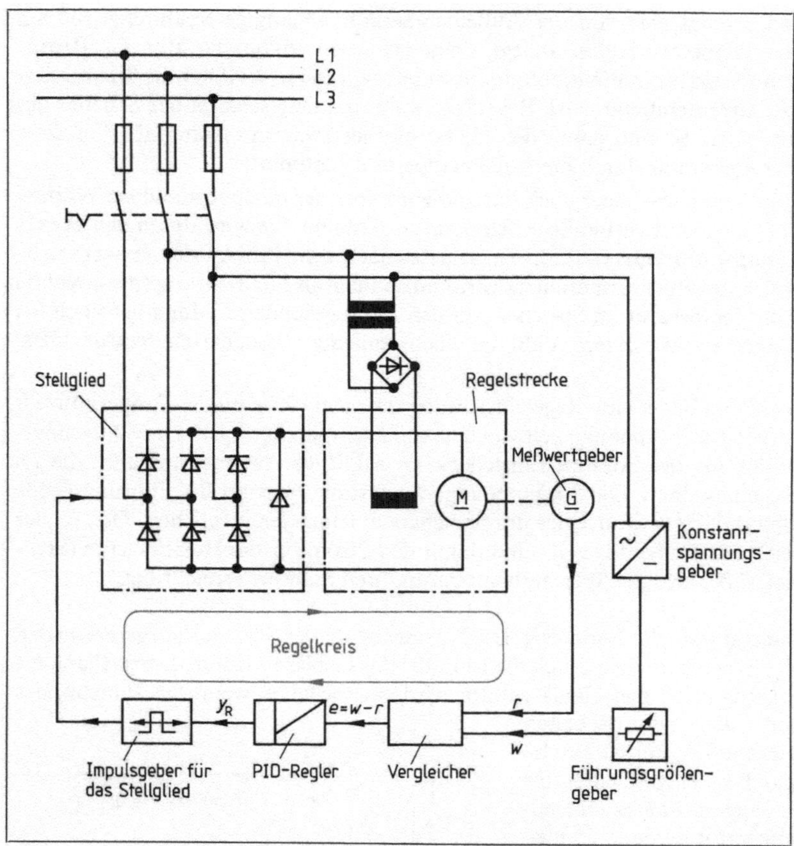

11.45 Drehzahlregelung eines fremderregten Gleichstrommotors

über einen Führungsgrößeneinsteller entnommen. Führungsgröße w und Rückführgröße r vergleicht ein als Subtrahierverstärker geschalteter Operationsverstärker (Vergleicher). Die dem Vergleicher entnommene Regeldifferenz e wird dem PID-Regler zugeführt. Er erlaubt die getrennte Einstellung seines K_P-, T_n- und T_v-Werts. Damit ist eine optimale Anpassung des Reglers an das Betriebsverhalten der Regelstrecke möglich.

Die Steuerung der Thyristor-Brückengleichrichterschaltung erfolgt durch Phasenanschnittsteuerung. Die hierfür nötigen Steuerimpulse liefert ein Impulsgeber. Dieser wandelt die dem PID-Regler entnommene Gleichspannung (Reglerausgangsgröße y_R) in eine proportionale Phasenverschiebung der Steuerimpulse um.

Übungsaufgaben zu Abschnitt 11.2

1. Worin besteht der Unterschied zwischen Steuern und Regeln?
2. Nennen Sie drei wesentliche Merkmale einer Regelung.
3. Führen Sie Anwendungsbeispiele für stetige und unstetige Steuerungs- und Regelungsvorgänge auf.
4. Welche Wirkung haben Störeinflüsse (Störgrößen) auf die gesteuerte und die geregelte Größe?
5. Welche Störgrößen können a) auf die Temperatur eines geheizten Raumes, b) auf die Klemmenspannung eines Generators, c) auf die Drehzahl eines Gleichstrommotors und eines Drehstromkurzschlußläufermotors einwirken?

6. Welche Anforderungen sind an die Genauigkeit eines Meßverstärkers (Verstärkung der Rückführgröße) und eines Regelverstärkers (Verstärkung der Reglerausgangsgröße) zu stellen?
7. Welche Schaltelemente bzw. Schaltungen lassen sich als Vergleicher verwenden?
8. Wie kommen Regelgröße und Führungsgröße in einem Raumthermostat zur Wirkung?
9. Was versteht man unter thermischer Rückführung?
10. Was versteht man unter einer Regelstrecke mit und ohne Ausgleich?
11. Beschreiben Sie die Wirkungsweise von Meßwertgebern für verschiedene Regelgrößen.
12. Skizzieren Sie den Schaltplan eines als Vergleicher verwendeten Operationsverstärkers und erläutern Sie seine Wirkungsweise.
13. Erklären Sie an einem Beispiel die Aufgabe eines Stellgeräts bei einer Regelung.
14. Beschreiben Sie verschiedene Arten von Stellantrieben.
15. Was versteht man unter dem K_P-Wert eines P-Reglers?
16. Welche Betriebseigenschaften haben PI-Regler und PD-Regler? Durch welche Kenngrößen werden sie eingestellt?
17. Mit welchen Regeleinrichtungen ist ein völliger Ausgleich der Regeldifferenz möglich?
18. Skizzieren und erläutern Sie das Zeitdiagramm eines PID-Reglers.
19. Unter welchen Bedingungen entstehen Regelschwingungen?
20. Der Signalflußplan für den Regelkreis des in Bild **11**.41 dargestellten spannungsgeregelten Netzgeräts ist entsprechend Bild **11**.22 zu skizzieren, neben den Blöcken ihre Funktion anzugeben und in die Blöcke jeweils das Schaltzeichen des bestimmenden Bauelements einzutragen.

12 Licht- und Beleuchtungstechnik, Elektrowärmegeräte

Elektrische Lampen (Glühlampen und Gasentladungslampen) wandeln elektrische Energie in Lichtenergie um. Eine elektrische Beleuchtungseinrichtung besteht aus der Lampe als Lichtquelle und der Leuchte. Die Leuchte dient zur Aufnahme der Lampe und sorgt für eine zweckmäßige Verteilung des Lichtes.

12.1 Grundlagen

12.1.1 Wesen und Verhalten des Lichtes

Licht ist eine durch das menschliche Auge wahrnehmbare elektromagnetische Schwingungsenergie. Schwingungsvorgänge, die sich wie das Licht von ihrem Entstehungsort ausbreiten, nennt man Wellen. Ein Wellenbündel wird als Strahl bezeichnet. Wie alle elektromagnetischen Wellen (z. B. die Funkwellen) hat auch das Licht die Fähigkeit, sich im leeren Raum auszubreiten. Dies ist am eindrucksvollsten an der von der Sonne ausgesandten Licht- und Wärmestrahlung erkennbar, die durch den leeren Weltraum zur Erde gelangt.

Licht ist eine Energieform. Man kann es nur unter Energieaufwand erzeugen. Von Licht getroffene Körper werden erwärmt. Es entsteht also Wärmeenergie.

Die Ausbreitung elektromagnetischer Schwingungsenergie ist der Ausbreitung von Wasser- und Schallwellen verwandt. Allerdings besteht der wesentliche Unterschied, daß bei allen elektromagnetischen Wellen – also auch bei Lichtwellen – keine periodischen Bewegungen von Stoffteilchen entstehen wie bei Wasser- und Schallwellen, sondern periodische Änderungen von elektrischen und magnetischen Feldern im Raum.

Lichtgeschwindigkeit und Wellenlänge. Die Anzahl der Lichtschwingungen je Sekunde wird wie bei anderen Wechselgrößen (Spannung, Strom, magnetischer Fluß) als Frequenz f bezeichnet. Während einer Schwingungsperiode entseht im Raum eine Welle mit der Wellenlänge λ (griech. lambda). Da die Zahl der Schwingungen je Sekunde gleich der Frequenz f ist, entstehen je Sekunde mithin f Schwingungsperioden der Welle. Diese hat die Ausbreitungsgeschwindigkeit $f \cdot \lambda$, die für alle elektromagnetischen Wellen rund 300000 km/s beträgt. Sie heißt Lichtgeschwindigkeit c.

Lichtgeschwindigkeit	$c = f \cdot \lambda \approx 300000$ **km/s**

Spektrum. Bild **12.**1a zeigt, nach der Wellenlänge geordnet, eine Zusammenstellung der heute bekannten elektromagnetischen Wellen, das Spektrum. Darin ist die Wellenlänge λ in Nanometer (nm) angegeben, $1\ \text{nm} = 10^{-9}\ \text{m} = (^1/_{1000000})\ \text{mm}$. Die vom Auge als Licht wahrnehmbaren Wellenlängen liegen zwischen $\lambda = 380$ und 750 nm. Dies entspricht dem Frequenzbereich $f = 7{,}9 \cdot 10^{14}$ bis $4 \cdot 10^{14}$ Hz. Für alle anderen Wellenlängen hat der Mensch kein Sinnesorgan. Die verschiedenen Wellenlängen innerhalb des sichtbaren Bereichs unterscheidet das Auge als unter-

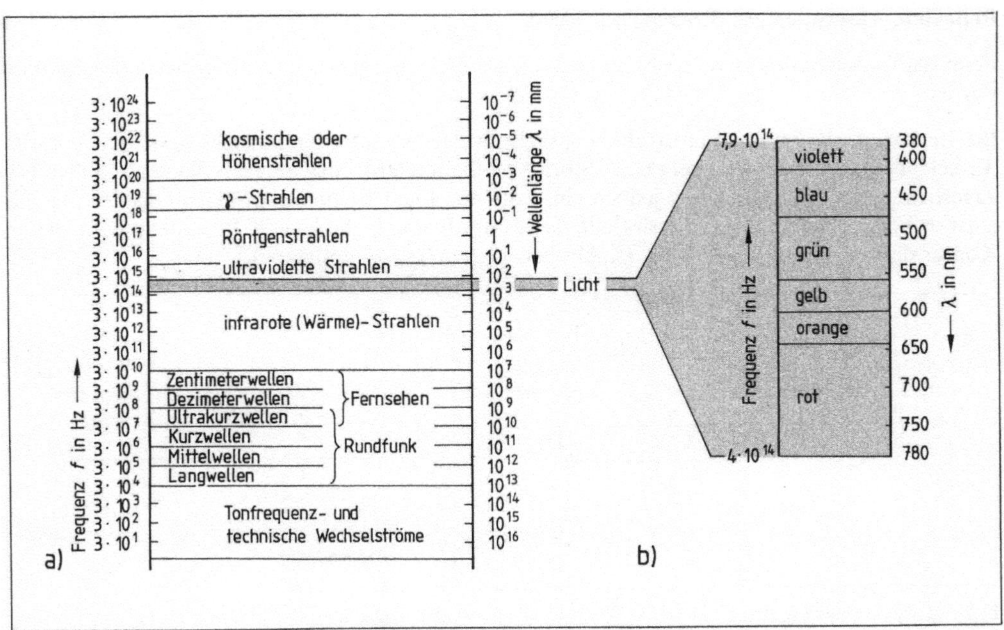

12.1 Spektrum der heute bekannten elektromagnetischen Wellen (a) und darin des sichtbaren Lichtes (b) 10^{-1}, 10^{-2}, 10^{-3} usw. ist eine andere Schreibweise für $1/10^1$, $1/10^2$, $1/10^3$ usw.

schiedliche Farben, 750 nm z. B. als Rot, 380 nm als Violett (s. das vergrößert dargestellte Spektrum in Bild **12.**1 b).

> Je nach der Wellenlänge der aufgenommenen Lichtstrahlen unterscheidet das Auge die einzelnen Farben. Der Farbeindruck reicht von Rot bis Violett.

Infrarotstrahlen. Das an das rote Ende dieses Spektrums anschließende Wellengebiet umfaßt den Bereich der infraroten Strahlen. Sie werden auch als W ä r m e s t r a h l e n bezeichnet, weil sie von erwärmten Körpern ausgehen und sich beim Auftreten auf andere Körper nur durch Wärmewirkungen bemerkbar machen.

Ultraviolettstrahlen. Die an das violette Ende des Spektrums anschließenden Wellenlängen heißen ultraviolette Strahlen (UV-Strahlen). Sie sind wie die infraroten Strahlen unsichtbar und treten bei elektrischen Gasentladungsvorgängen und bei Lichtbögen auf, wo sie Augenschädigungen (das Verblitzen beim Lichtbogenschweißen) verursachen. Die UV-Strahlen der Sonne bewirken u. a. das „Verbrennen" und die Bräunung der Haut. Die im Quecksilberdampf der Entladungslampen entstehende UV-Strahlung wird in der auf der Innenseite der Glaskörper der Lampen angebrachten Leuchtstoffschicht in sichtbares Licht umgewandelt (s. Abschn. 12.3.2).

Tageslicht, also Sonnenlicht, besteht aus einer Mischung von Lichtwellen des gesamten sichtbaren Spektrums. Es enthält somit alle Farben. Dies zeigt der Regenbogen, der das in seine Grundfarben rot-gelb-grün-blau-violett und deren Übergänge zerlegte Sonnenlicht zeigt.

Künstliches Licht hat Spektren, die je nach der Lichtquelle verschieden zusammengesetzt sind. Glühlampen haben einen größeren Rotanteil als Sonnenlicht. Bei Leuchtstofflampen kann das Spektrum durch die Art des Leuchtstoffs weitgehend beeinflußt werden.

Reflexion, Absorption und Streuung des Lichts

Beim Auftreffen auf einen Körper kann das Licht reflektiert, gebrochen, absorbiert oder gestreut werden.

Bei Reflexion werden die Lichtstrahlen zurückgeworfen, d.h. reflektiert. Dabei ist der Ausfallwinkel gleich dem Einfallwinkel (**12.**2). Stoffe, die Licht aller Wellenlängen reflektieren, sehen bei Tageslicht weiß aus. Reflektiert jedoch ein Stoff nur Licht bestimmter Wellenlänge, hat er die entsprechende Farbe, z.B. rot. Enthält das auftreffende Licht keinen Rotanteil, sieht dieser Körper dann grau bis schwarz aus (s. Abschn. 12.3.3, Na-Dampflampe).

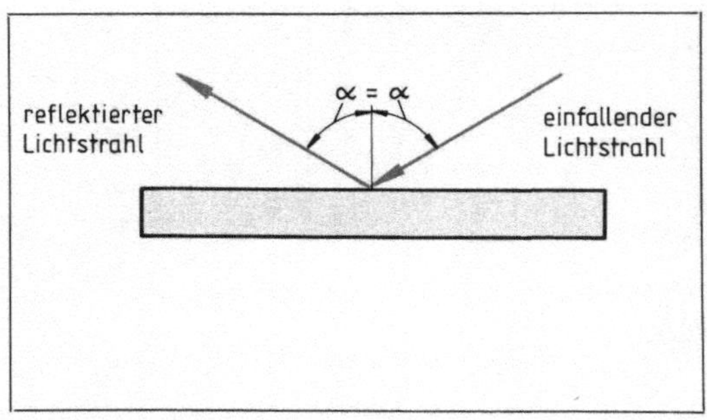

12.2 Reflexion des Lichtes

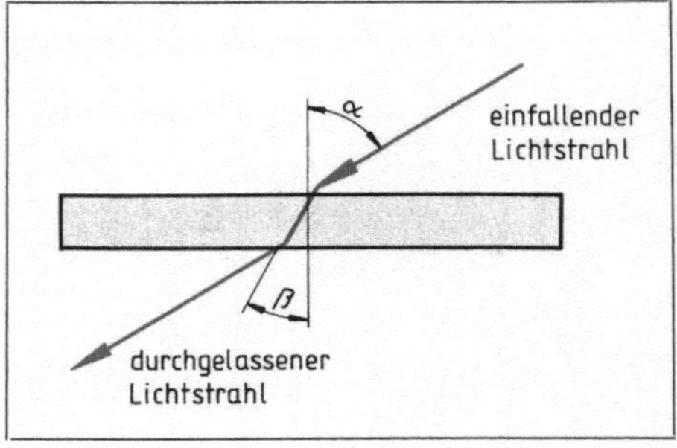

12.3 Brechung des Lichtes

Brechung und Absorption. Ist der Körper lichtdurchlässig, durchdringt das Licht den Stoff. Dabei werden die Lichtstrahlen gebrochen. Der Brechungswinkel hängt vom Werkstoff des lichtdurchlässigen Körpers und der Wellenlänge des Lichtes ab (**12.**3). Lichtdurchlässige Stoffe sind also durchsichtig, z.B. Glas.

Sowohl bei der Reflexion als auch bei der Durchdringung eines Stoffes wird ein Teil des Lichtes absorbiert, d.h. verschluckt. Stoffe, die das gesamte auftreffende Licht absorbieren, sehen schwarz aus.

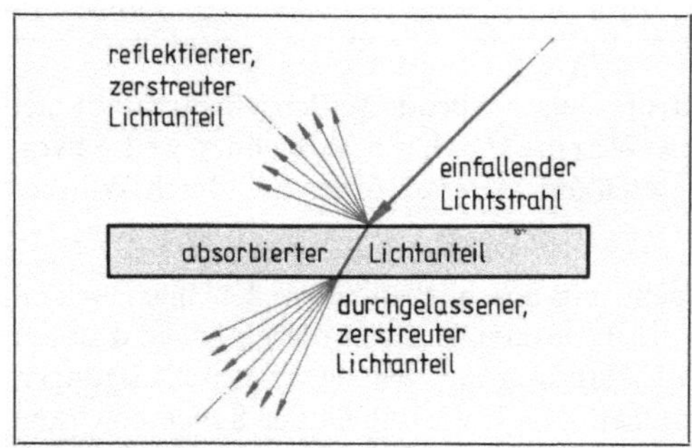

12.4 Verhalten des Lichtes beim Auftreffen auf eine getrübte Glasplatte (Milchglas)

Streuung. Sowohl der reflektierte als auch der den Stoff durchdringende Teil des Lichtes wird häufig auch noch zerstreut, vor allem bei rauher Oberfläche. Bei Streuung verläßt ein Lichtstrahl die Körperoberfläche als ein auseinanderstrebendes, schwächeres Lichtbündel, vergleichbar den feinen Wasserstrahlen bei einer Brauseeinrichtung. Bei Lampen und Leuchten wird die Lichtstreuung oft absichtlich durch die Verwendung mattierter oder getrübter Gläser herbeigeführt (**12.**4).

Durchsichtige Stoffe. Hier treten die genannten Erscheinungen gleichzeitig auf, je nach der Stoffart anteilmäßig verschieden. Klarglas läßt etwa 90% des auffallenden Lichtes durch, nur 3% werden absorbiert, 7% reflektiert; getrübtes Glas (Milchglas) absorbiert einen größeren Anteil. Der durchgelassene Anteil wird bei Klarglas kaum, bei getrübtem Glas jedoch stark zerstreut. In einer brennenden Glühlampe mit getrübtem Glas ist daher der Glühfaden nur noch schwach und unscharf erkennbar.

Undurchsichtige Stoffe lassen kein Licht durch. Hier wird das Licht nur reflektiert (dabei z.T. gestreut) und absorbiert. Ein versilberter Glasspiegel reflektiert bei geringer Streuung 88%, eine Aluminiumfolie bei starker Streuung etwa 80% des auftreffenden Lichtes.

12.1.2 Grundbegriffe und -größen der Beleuchtungstechnik

Größen und Einheiten

Lichtstärke *I*. Lichtquellen geben Energie in Form von Lichtstrahlung ab. Die Stärke der Lichtstrahlung in einer bestimmten Richtung heißt Lichtstärke der Lichtquelle in dieser Richtung (**12**.5). Sie ist bei den meisten Lichtquellen in verschiedenen Richtungen verschieden groß. Einheit der Lichtstärke ist die Candela (= Kerze, cd). Aus der Basiseinheit Candela werden alle anderen Einheiten der Beleuchtungstechnik abgeleitet.

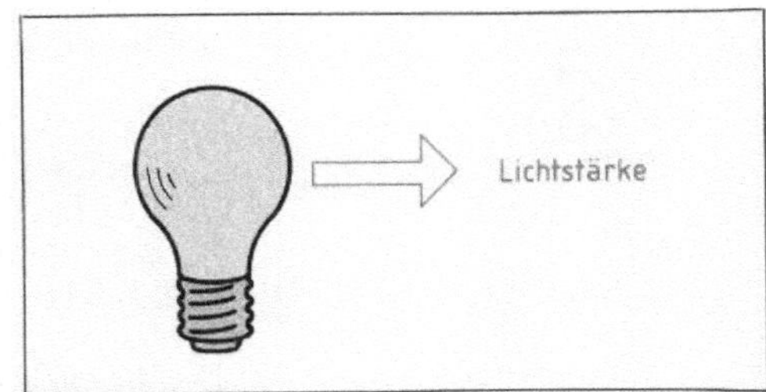

12.5 Lichtstärke einer Lichtquelle

> Eine Candela (cd) ist $^1/_{60}$ der Lichtstärke, die 1 cm² der Oberfläche des schmelzenden Platins (1773 °C) in senkrechter Richtung ausstrahlt.

Lichtstrom *Φ*. Mit dieser Größe bezeichnet man die gesamte Lichtleistung einer Lichtquelle in alle Richtungen (**12**.6). Denkt man sich eine punktförmige Lichtquelle im Mittelpunkt einer Hohlkugel mit dem Halbmesser $r = 1$ m, die in allen Richtungen die Lichtstärke 1 cd hat, so strahlt ihr gesamter Lichtstrom gleichmäßig auf die innere Oberfläche der Hohlkugel $A = 4\pi \cdot r^2 = 4\pi \cdot 1\,\text{m}^2 = 4\pi\,\text{m}^2$. Auf 1 m² fällt also $\frac{1}{4\pi}$ des gesamten Lichtstroms. Dieser Lichtstrom heißt 1 Lumen (= Licht, lm, **12**.7).

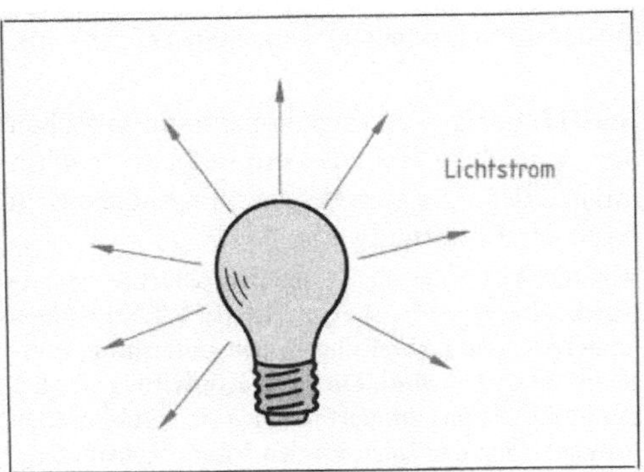

12.6 Lichtstrom einer Lichtquelle

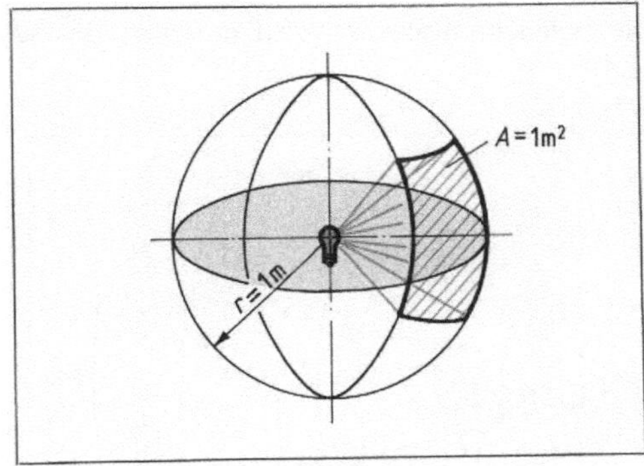

12.7 Lichtstärke und Lichtstrom

> Ein Lumen (lm) ist der Lichtstrom, den eine Lichtquelle, die in allen Richtungen die Lichtstärke 1 cd hat, in 1 m Entfernung auf eine 1 m² große Fläche strahlt.

Diese Lichtquelle erzeugt somit den Lichtstrom $\Phi = 4\pi \cdot 1$ cd = 12,57 lm. Bei beliebiger, jedoch in allen Richtungen des Raumes gleicher Lichtstärke I ist daher der

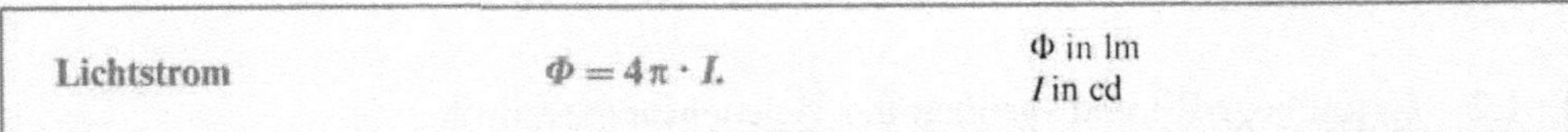

Lichtstrom	$\Phi = 4\pi \cdot I$	Φ in lm I in cd

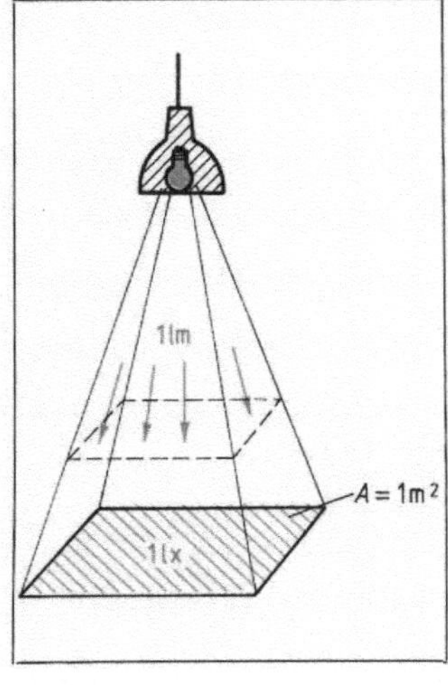

12.8 Lichtstrom und Beleuchtungsstärke

Beleuchtungsstärke *E*. Der auf eine Fläche auftreffende Lichtstrom erzeugt auf ihr eine bestimmte Beleuchtungsstärke. Einheit für die Beleuchtungsstärke ist das Lux (= Licht, lx, **12**.8).

> Ein Lux (lx) ist die Beleuchtungsstärke, die auf der Fläche $A = 1\ \text{m}^2$ entsteht, wenn diese von dem Lichtstrom $\Phi = 1$ lm beleuchtet wird. Es ist also 1 lx = 1 lm/m².

Die Beleuchtungsstärke auf einer beleuchteten Fläche ergibt sich wie folgt:

$\Phi = 1$ lm beleuchtet die Fläche $A = 1\ \text{m}^2$ mit $E = 1$ lx

$\Phi = 3$ lm beleuchtet die Fläche $A = 1\ \text{m}^2$ mit $E = 3$ lx

$\Phi = 3$ lm beleuchtet die Fläche $A = 4\ \text{m}^2$ mit $E = \frac{3}{4}$ lx

Φ in lm beleuchtet die Fläche A in m² mit $E = \frac{\Phi}{A}$ in lx

Also:

Beleuchtungsstärke	$E = \dfrac{\Phi}{A}$	E in lx Φ in lm A in m²

Die Beleuchtungsstärke wird mit dem Beleuchtungsmesser (Luxmeter) gemessen (s. Abschn. 12.4).

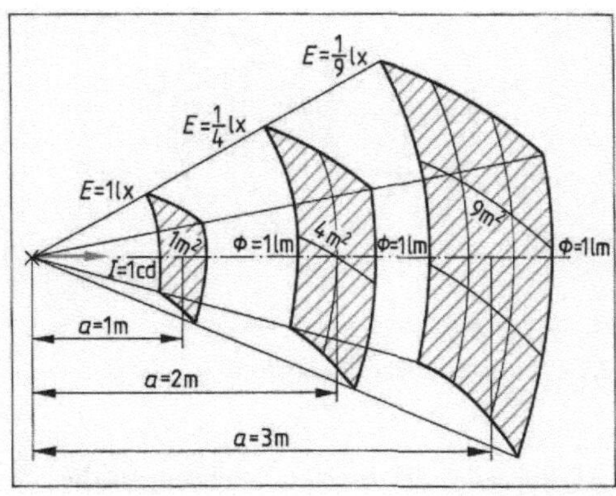

12.9 Abnahme der Beleuchtungsstärke E mit dem Quadrat der Entfernung a

Bild **12**.9 zeigt den Zusammenhang zwischen der Lichtstärke I (in cd), dem Lichtstrom Φ (in lm) und der erzeugten Beleuchtungsstärke E (in lx) in der Entfernung a.

Aus Bild **12**.9 folgt die Beleuchtungsstärke, die eine punktförmige Lichtquelle bei allseitig ungehinderter Lichtausbreitung in der Entfernung a erzeugt; sie ist $E = \Phi/a^2$. Die Lichtausbreitung ist aber nur im Freien ungehindert möglich. In geschlossenen Räumen wird das Licht an den Raumflächen (Decken, Wänden) reflektiert. Die Lichtquellen weichen auch häufig erheblich von der Punktform ab, z. B. die Leuchtstofflampe. Aus diesen beiden Gründen ist die vorstehende einfache Formel für Innenräume überhaupt nicht anwendbar und liefert auch für die Beleuchtungseinrichtungen im Freien nur angenähert richtige Werte.

Leuchtdichte L. Die Helligkeit einer selbstleuchtenden Fläche (z. B. die dem Auge sichtbare, leuchtende Fläche einer Glühlampe) und die Helligkeit einer angeleuchteten, das Licht reflektierenden Fläche werden durch die Leuchtdichte gekennzeichnet (**12.**10). Die Einheit der Leuchtdichte ist die Candela je Quadratmeter (cd/m²) bzw. cd/cm² (1 cd/cm² = 10^4 cd/m²). Die ältere Einheitenbezeichnung Stilb (sb, von stilbein = glänzen) für 1 cd/cm² ist nicht mehr zulässig. Nicht mehr zulässig ist auch die Einheit Apostilb (asb). 10 sb = $1/\pi$ cd/m².

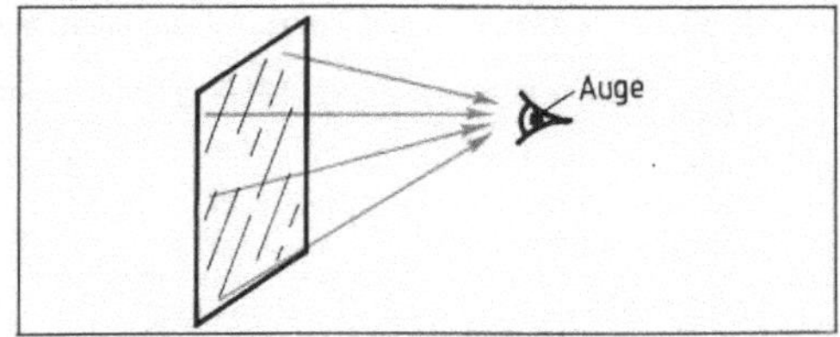

12.10 Leuchtdichte einer Fläche

Die leuchtende Fläche $A = 10\ \text{cm}^2$ hat daher bei der Lichtstärke $I = 80$ cd die Leuchtdichte $L = I/A = 80\ \text{cd}/10\ \text{cm}^2 = 8\ \text{cd/cm}^2$. Bei zu großer Leuchtdichte wird das Auge geblendet.

12.1.3 Eigenschaften üblicher Lampen

Die Lichtverteilung wird durch die Ausführung der Lampen und Leuchten bestimmt. Wird die Lichtstärke einer Lampe oder Leuchte aus verschiedenen Richtungen im Raum gemessen und durch entsprechend lange Pfeile zeichnerisch dargestellt, entsteht durch Verbindung der Endpunkte aller Pfeile der Lichtverteilungskörper (**12.**11 a). Meist wird die Lichtverteilung nicht räumlich, sondern nur in einer oder in zwei senkrechten Ebenen als Lichtverteilungskurve angegeben (**12.**11 b). Um bei einem Lampentyp oder einer Leuchte nicht für jede Lampenleistung eine Lichtverteilungskurve zeichnen zu müssen, legt man den Lichtverteilungskurven immer den Lichtstrom $\Phi = 1000$ lm zugrunde.

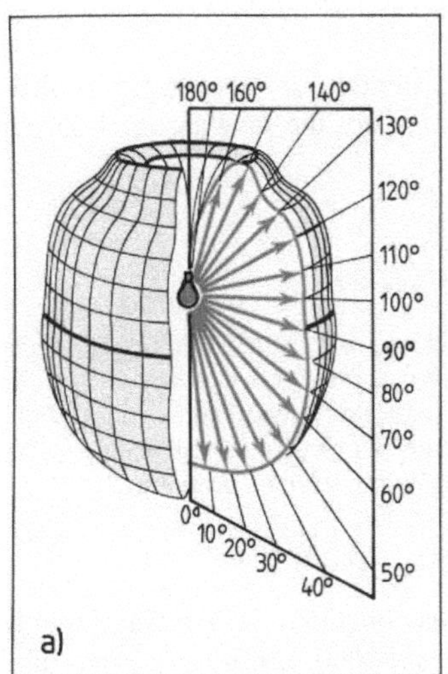

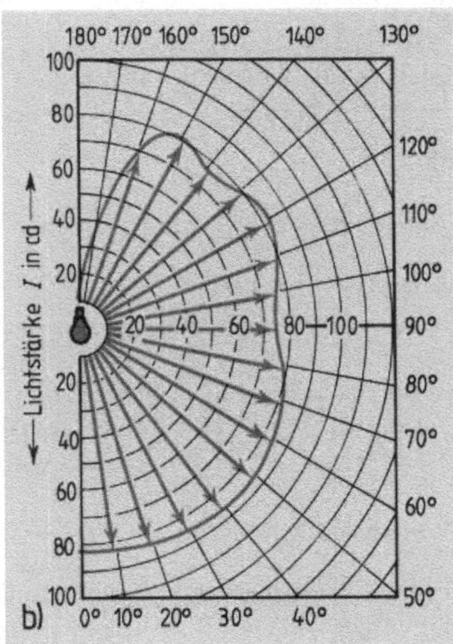

12.11 Lichtverteilungskörper (a) und Lichtverteilungskurve in einer senkrechten Ebene (b) für eine Allgebrauchslampe

Die Lichtausbeute in lm/W gibt an, wie weit eine Lampe elektrische Leistung im Licht umsetzt. Tabelle **12.**12 enthält für die gebräuchlichen Glühlampen und Leuchtstofflampen Zahlenwerte für den Lichtstrom und die Lichtausbeute.

Die Tabellenwerte lassen erkennen, daß die Lichtausbeute der neueren, dünnen Leuchtstofflampen erheblich besser ist als die der älteren, dickeren Leuchtstofflampen.

Tabelle **12.12 Lichtstrom und Lichtausbeute gebräuchlicher Glüh- und Leuchtstofflampen für 230 V**

Glühlampen, innenmattiert oder Klarglas (Allgebrauchslampen)							
elektrische Leistung in W	40	60	75	100	150	200	300
Lichtstrom in lm	430	730	960	1380	2100	3150	5000
Lichtausbeute in lm/W	10,8	12,2	12,8	13,8	14,0	15,8	16,6

elektrische Leistung[1]) in W	Lichtstrom in lm für die Lichtfarben			Lichtausbeute in lm/W für die Lichtfarben		
	neutral-weiß	warmton-weiß	tageslicht-weiß	neutral-weiß	warmton-weiß	tageslicht-weiß
Leuchtstofflampen (38 mm Durchmesser)						
20 (25)	1150	1150	1050	46	46	42
40 (50)	3000	3000	2500	60	60	50
65 (78)	4800	4800	4000	62	62	51
Leuchtstofflampen (26 mm Durchmesser, Dreibandenlampen)						
18 (23)	1450	1450	1300	81	81	72
36 (46)	3450	3450	3250	96	96	90
58 (70)	5400	5400	5200	93	93	90

[1]) Klammerwerte: Leistungsaufnahme einschließlich Vorschaltgerät

12.2 Glühlampen

Glühlampen enthalten einen dünnen Glühfaden aus Metall oder Kohle, der bei Stromdurchgang so stark erwärmt wird, daß er glüht. Er strahlt dann Wärme und Licht ab; das Licht wird also indirekt, d.h. auf dem Umweg über eine Erwärmung erzeugt. Der abgestrahlte Lichtstrom wird um so größer, je höher die Temperatur des Glühfadens ist. Glühlampen heißen daher auch Temperaturstrahler.

Lichtquellen, deren Licht direkt, also nicht durch Temperaturerhöhung entsteht, heißen Lumineszenzstrahler. Dazu gehören vor allem die in Abschn. 12.3 behandelten Gasentladungslampen.

Aufbau und Ausführungsformen

Kohlefadenlampen

In den ersten Jahren der Glühlampenentwicklung wurden als Glühfäden Kohlefäden verwendet. Kohlefäden dürfen aber nur auf etwa 1900 °C erhitzt werden, weil sie sonst zu stark verdampfen. Bei dieser Temperatur ist der erzeugte Lichtstrom relativ klein. Es entsteht vorwiegend Wärmestrahlung, und man erreicht deshalb nur eine geringe Lichtausbeute. Deshalb werden Kohlefadenlampen heute nur noch selten verwendet, z. B. für medizinische Lichtbäder, wo man vor allem Wärmestrahlen braucht.

Wolframfadenlampen

Für Beleuchtungszwecke wird heute ausschließlich die Wolframfadenlampe benutzt. Das schwer schmelzbare Metall Wolfram kann bis auf 3000 °C erhitzt werden; hierdurch wird die Lichtausbeute wesentlich größer. Die mittlere Lebensdauer dieser Lampen beträgt 1000 Brennstunden.

Glühlampen sind sehr empfindlich gegen Spannungsschwankungen. Bei Unterspannung nimmt ihr Lichtstrom stark ab, z. B. um etwa 20% bei 5% Unterspannung. Bei Überspannung sinkt ihre Lebensdauer beträchtlich, z. B. um etwa 50% bei 5% Überspannung (**12.**13). Deshalb ist es wichtig, daß Netz- und Lampenspannung gut übereinstimmen. Dazu liefert die Lampenindustrie für die Nennspannung 230 V drei Lampentypen, und zwar für 220 bis 230 V, 235 V und 240 V.

Die Lampenkolben sind bei kleinen Lampen praktisch luftleer. Bei Lampen über 25 W wird der Glaskolben mit Gas gefüllt, um die Verdampfung des Glühfadens bei der hohen Glühtemperatur zu erschweren. Das Gas muß chemisch neutral sein, d.h., es darf sich nicht mit dem glühenden Metallfaden verbinden. Hierfür eignen sich Stickstoff, Argon und Krypton. Um die Wärmeableitung durch das Gas über den Glühlampenkolben an die umgebende Luft und damit die Abkühlung des Glühfadens gering zu halten, sind die Glühfäden gewendelt, bei Lampen zwischen 40 und 100 W sogar doppelt gewendelt (**12.**14). Man erreicht so bei gleicher elektrischer Leistung eine höhere Fadentemperatur und damit eine größere Lichtausbeute. Sie liegt heute durchschnittlich bei 15 lm/W. D.h., rund 95% der Energie werden für Wärme (Infrarotstrahlung) und nur 5% für Licht verbraucht! Zur Verminderung der Blendung werden die Glaskörper der Lampen häufig auf der Innenseite mattiert oder aus einem getrübten Silikatglas hergestellt (Milchglas, Opalglas).

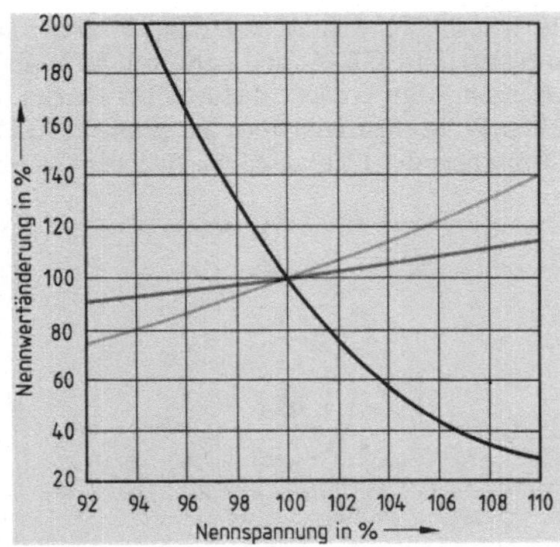

12.13 Einfluß der Netzspannungsschwankungen auf die Lampendaten
— Lampenleistung
— Lichtstrom der Lampe
— Lebensdauer

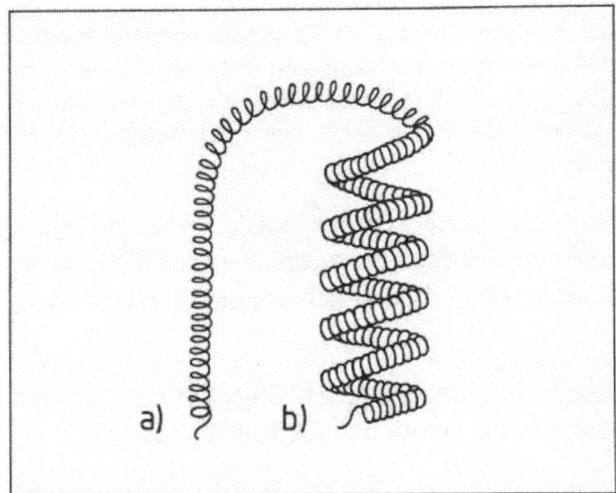

12.14 Gewendelter Glühfaden (etwa 20fache Vergrößerung)
a) einfach, b) doppelt gewendelt

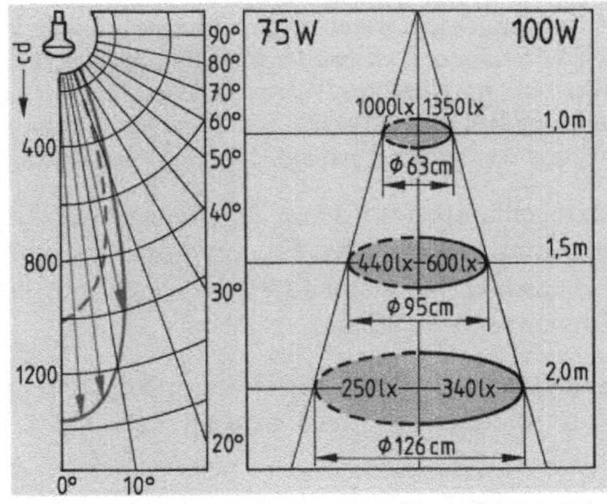

12.15 Lichtstärkeverteilung bei einer Reflektorlampe (75-W- bzw. 100-W-Lampe, Ausstrahlungswinkel 35°)

Für Sonderzwecke gibt es außer der birnenförmigen Allgebrauchslampen besondere Ausführungen, z.B. Kerzen, Tropfen-, Röhren- und Zierlampen. Eine Besonderheit sind die Reflektorlampen. Sie haben einen innenverspiegelten Glaskolben und werden mit eng- oder weitstrahlender Charakteristik hergestellt. Dadurch wird das Licht mehr oder weniger stark gebündelt abgestrahlt (**12.**15).

Halogenglühlampen

Wegen des kompakten Aufbaus und der besonderen Eigenschaften haben sich Halogenglühlampen in verschiedenen Anwendungsbereichen durchgesetzt. Sie enthalten außer der Gasfüllung geringe Zusätze eines Halogens (griech.: Salzbildner), z.B. Brom oder Jod. Dadurch wird das aus der heißen Glühwendel verdampfte Wolfram in einem Kreisprozeß immer wieder auf die Wendel zurückgeführt (**12.**16) und kann sich nicht auf dem Glaskolben als schwärzender Niederschlag absetzen. Man erreicht dadurch bei kleinen Abmessungen eine höhere Lichtausbeute (12 bis 25 lm/W, bei Speziallampen bis 36 lm/W, **12.**17) und eine höhere Lebensdauer (etwa 2000 Std.). Damit liegt der Lichtanteil bei 10% der Gesamtenergie.

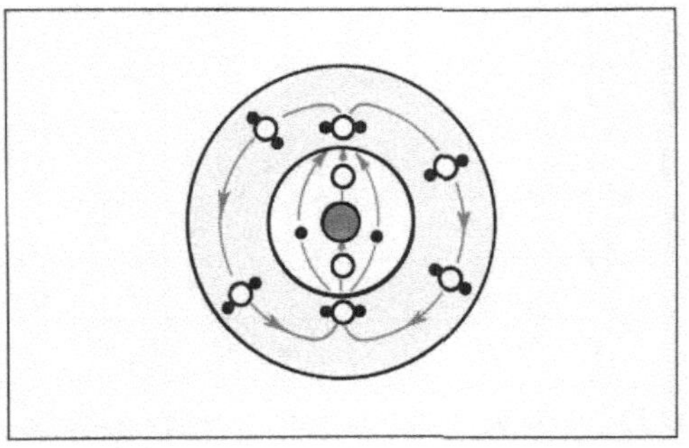

12.16 Kreisprozeß bei der Halogenglühlampe
weiße Zone > 1400 °C graue Zone < 1400 °C
● Glühwendel (Wolframdraht)
○ Wolfram (verdampft)
• Halogen

12.17 Halogenglühlampen

Der Kreisprozeß kann hier nur sehr vereinfacht dargestellt werden (**12.**16). Das verdampfte Wolfram gelangt in den Bereich geringerer Temperatur (graue Zone), wo es sich mit dem Halogen zu einem Halogenid verbindet. Diese Verbindung ist bei der hier herrschenden Temperatur gasförmig und kann sich nicht am Glaskolben absetzen. Aufgrund der Wärmeströmung in der Lampe gelangen die Halogenide wieder in den Bereich der höheren Temperatur (weiße Zone) und in die Nähe der Glühwendel. Infolge der hohen Temperatur zerfallen sie, und das Wolfram schlägt sich wieder auf der Glühwendel nieder.

Halogenlampen werden z. Z. hauptsächlich für Auto-Scheinwerfer, Projektionslampen und Flutlichtlampen verwendet, Niedervolt-Halogenglühlampen wegen der Energieersparnis und längeren Lebensdauer zunehmend auch im privaten Bereich eingesetzt. Sie brauchen zum Betrieb einen Transformator (**12.**18).

Lampensockel dienen zur Halterung der Lampe in der Lampenfassung. Im allgemeinen wird der Schraubsockel (Edisonsockel) verwendet. Die genormten Größen zeigt Tabelle **12.**19.

12.18 Niedervolt-Halogenglühlampen mit Reflektor

Tabelle **12.**19 **Schraubsockel für Lampen**

Bezeichnung	Sockeldurchmesser	Gewinde
Zwergsockel	10 mm	E 10
Mignonsockel	14 mm	E 14
Normalsockel	27 mm	E 27
Goliathsockel	40 mm	E 40

Für Fahrzeuge sind Schraubsockel nicht geeignet, weil sich die Lampen durch die Erschütterungen während des Fahrens lockern. Hier verwendet man daher den Bajonettsockel (**12.**20). Er wird in eine Steckfassung mit federndem Fußkontaktstück *1* eingeführt. Die Feder drückt die beiden sich gegenüberliegenden Stifte *2* des Sockels unverrückbar in die Führungsschlitze *3* der Fassung, so daß sich die Lampe nicht verdrehen und lockern kann. Fassungs- und Sockelmantel dienen hier als Gegenkontakt. Es gibt auch Ausführungen mit zwei Fußkontakten.

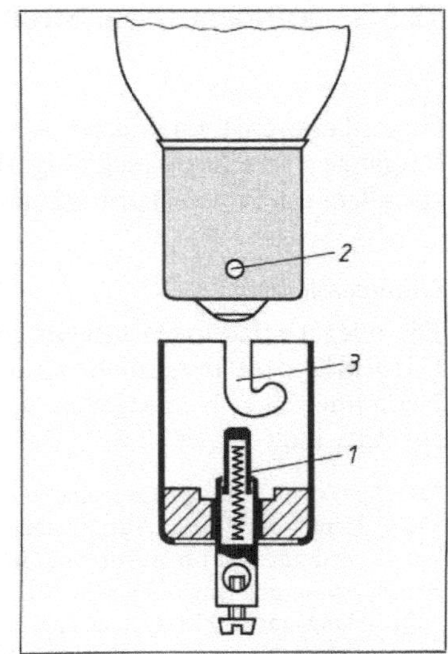

12.20 Bajonettsockel (Swansockel) mit Bajonettfassung
1 Federndes Fußkontaktstück
2 Führungsstift
3 Führungsschlitz

Übungsaufgaben zu Abschnitt 12.1 und 12.2

1. Wie ist der Vorgang der Lichtausbreitung zu erklären?
2. Was versteht man unter Reflexion, Absorption und Streuung des Lichts?
3. Was versteht man unter dem Lichtstrom einer Lampe? In welcher Einheit gibt man sie an?
4. Durch welche Größe wird die Helligkeit auf einer beleuchteten Fläche ausgedrückt?
5. Erläutern Sie die unterschiedlichen Lichtverteilungskurven einer Allgebrauchslampe und einer Reflektorlampe. Begründen Sie daran die Einsatzmöglichkeiten.
6. Wie wirken sich Netzspannungsänderungen auf die Lebensdauer von Glühlampen aus?
7. Warum sind die meisten Glühlampen mit Gas gefüllt? Welche Gase werden verwendet?
8. Welchen Zweck hat die Wendelung des Glühfadens?
9. Durch welchen Vorgang wird die Blendwirkung des Glühfadens bei Verwendung mattierten Glases verhindert?
10. Welche Vorteile hat eine Halogenlampe, und wodurch werden sie erreicht?
11. Warum verwendet man in Fahrzeugen Glühlampen mit Bajonettsockel und nicht mit Schraubsockel?

12.3 Gasentladungslampen

Gasentladungslampen bestehen aus einem luftdicht verschlossenen, gasgefüllten Glasgefäß (Entladungsgefäß), in das zwei Elektroden eingeschmolzen sind. Das Entladungsgefäß ist mit einem Edelgas (Neon, Argon, Xenon) gefüllt, oder es enthält eine geringe Menge Quecksilber oder Natrium, die während des Betriebs verdampft bzw. bei geringem Druck zum Teil stets in Dampfform vorhanden ist. Nach dem Betriebsdruck der Gasfüllung unterscheidet man Niederdruck- und Hochdrucklampen. Die Niederdrucklampen arbeiten mit dem geringen Gasdruck von etwa 0,1 mbar[1]) bis etwa 100 mbar. Zu ihnen zählen Leuchtstofflampen, Glimmlampen, Natriumdampflampen, Leuchtröhren und Leuchtstoffröhren. Die Hochdrucklampen haben einen Gasdruck von etwa 1 bar bis 20 bar, Höchstdrucklampen bis zu 100 bar. Hochdrucklampen sind die Quecksilberdampflampen, die Hochdruck-Natriumdampflampen und Xenonlampen.

[1]) Einheit des Luftdrucks: 1 mbar = $^1/_{1000}$ bar – Normaler Luftdruck 1,033 bar = 1033 mbar.

12.3.1 Vorgänge beim Stromdurchgang durch Gase

Gasentladung ist ein anderer Ausdruck für die Stromleitung in Gasen. Die dabei auftretenden Vorgänge sind sehr mannigfaltig. Ihr Ablauf wird durch die Art der Gas- bzw. Dampffüllung und vor allem durch den Betriebsdruck bestimmt.

Glimmentladung

Die allen Entladungen gemeinsamen Merkmale sollen durch den folgenden Versuch an einer Glimmlampe festgestellt werden. Glimmlampen enthalten eine Niederdruck-Gasfüllung aus Neon oder einer Neon-Helium-Mischung sowie zwei Elektroden, die in geringem Abstand voneinander angeordnet sind.

Versuch 12.1 Eine Glimmlampe ohne eingebauten Vorwiderstand für 230 V 15 mA wird – zur Strombegrenzung in Reihe mit dem getrennten Vorwiderstand 5 kΩ 1,6 W – an eine Gleichspannungsquelle mit verstellbarer Betriebsspannung angeschlossen (**12**.21). Diese Spannung wird vom Wert Null an langsam erhöht. Gemessen werden die Stromstärke I, die Klemmenspannung U_L an der Lampe und die Betriebsspannung U.

Ein Strom ist bei kleinen Spannungen U nicht feststellbar. Erreicht die Betriebsspannung etwa den Wert $U = 147$ V (Zündspannung), setzt der Strom plötzlich ein; er beträgt etwa 3 mA. Nach Einleitung der Gasentladung durch die Zündung der Lampe geht die Klemmenspannung an der Lampe auf etwa $U_L = 137$ V (Brennspannung) zurück.

Erhöht man die Betriebsspannung U, steigt zwar die Stromstärke, doch die Klemmenspannung U_L an der Lampe erhöht sich nur geringfügig. Wird die Betriebsspannung wieder verringert, bleibt bei unveränderter Brennspannung die Gasentladung zunächst erhalten, um dann bei einer Lampenspannung von ungefähr 136 V (Löschspannung) plötzlich wieder auszusetzen. Während des Brennens der Lampe leuchtet das Gas zwischen den Elektroden rötlich-gelb, und zwar besonders unmittelbar an der negativen Elektrode. ■

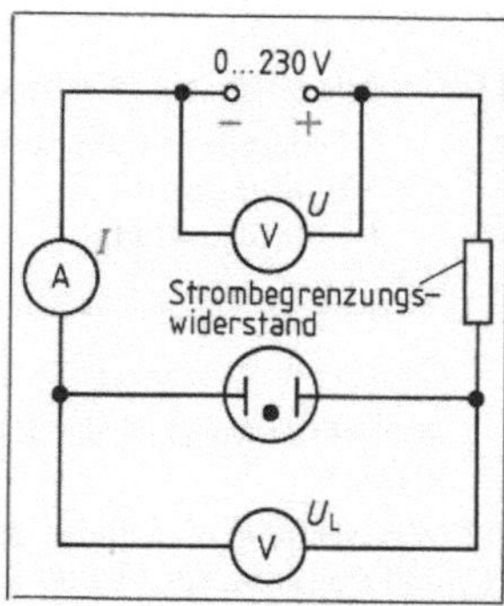

12.21 Untersuchung der Vorgänge bei der Glimmentladung (der Punkt im Schaltzeichen der Glimmlampe bedeutet Gasfüllung)

Stoßionisation. Der Versuch 12.1 bestätigt die Tatsache, daß „kalte" Gase (Raumtemperatur) Nichtleiter sind. Entsprechend fließt auch in der Gasfüllung der Glimmlampe bis zum Erreichen der Zündspannung zwischen den Elektroden kein Strom. Tatsächlich sind aber in der Gasfüllung stets einige Ladungsträger, sowohl freie Elektronen als auch positive Neon-Ionen vorhanden. Die Ursache hierfür ist in der durchdringenden Weltraumstrahlung und in den Zusammenstößen der Moleküle durch deren Wärmebewegung zu suchen. Sie spalten in jedem Gas aus den neutralen Gasatomen stets eine mehr oder weniger große Anzahl von Elektronen ab, so daß freie Elektronen und positive Gasionen entstehen.

Legt man also eine Gleichspannung an die Elektroden einer Gasentladungslampe (z. B. einer mit Neon gefüllten Glimmlampe), werden die wenigen im Gas vorhandenen Ladungsträger in dem nun vorhandenen elektrischen Feld in Richtung auf die ungleichartig elektrische Elektrode in Bewegung gesetzt (**12**.22). Mit zunehmender Spannung werden das elektrische Feld stärker und die Geschwindigkeit der Ladungsträger größer. Bei Erreichen der Zündspannung haben die freien Elektronen schließlich eine so große Geschwindigkeit, daß sie bei einem Zusammenstoß mit neutralen Gasatomen (hier

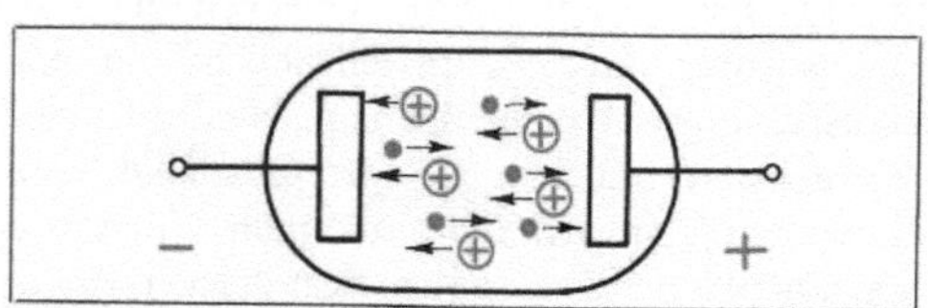

12.22 Bewegung der Ladungsträger in einer Glimmlampe

⊕ Neon-Ionen • Elektronen

des Neons **12.**23 a) aus diesen Elektronen herausschlagen. Bei jedem derartigen Zusammenstoß entsteht ein neues freies Elektron und ein positives Gasion (**12.**23 b), wobei das stoßende Elektron frei bleibt. Jeder neue Elektronenstoß erzeugt neue freie Elektronen und positive Ionen, so daß die Zahl der Ladungsträger lawinenartig anwächst. Die Gasentladung setzt jetzt plötzlich ein, die Lampe zündet. Man nennt diese Entstehung von freien Elektronen und von Gasionen durch Zusammenstoß von bewegten Ladungsträgern mit neutralen Atomen Stoßionisation und den Leitungsvorgang Glimmentladung.

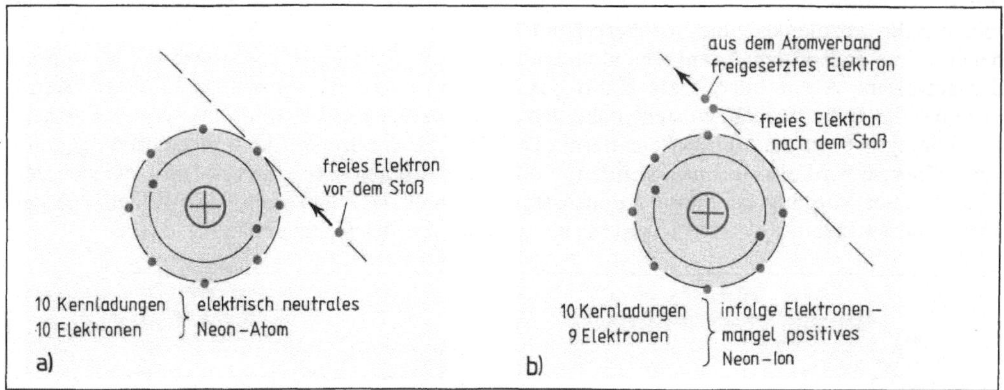

12.23 Stromleitung in Gasen durch Stoßionisation
a) Neon-Atom, b) Neon-Ion

Da die Stromstärke nach dem Zünden der Gasentladung plötzlich kurzschlußartig bis zur Zerstörung des Entladungsgefäßes anwachsen würde, muß zur Strombegrenzung ein Vorwiderstand, ein Begrenzungswiderstand (**12.**21) in den Stromkreis geschaltet werden.

Eine Glimmentladung wird durch Stoßionisation eingeleitet (gezündet) und aufrechterhalten, wobei der Strom selbst fortwährend neue Ladungsträger erzeugt. Der Strom muß durch einen Begrenzungswiderstand begrenzt werden.

Ist die Gasentladung eingeleitet, geht die Lampenspannung von der Zündspannung auf die zum Aufrechterhalten der Entladung nötige kleinere Brennspannung zurück. Die Brennspannung ist um den Spannungsabfall im Begrenzungswiderstand kleiner als die Betriebsspannung (**12.**24).

Die Höhe von Zündspannung, Brennspannung und Löschspannung einer Gasentladung wird bestimmt durch Abstand, Form und Werkstoff der Elektroden, durch den Querschnitt des Entladungsgefäßes sowie durch Art, Druck und Temperatur der Gasfüllung.

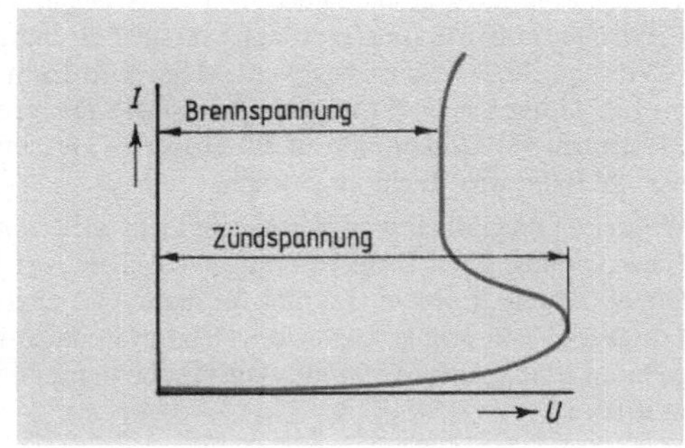

12.24 Kennlinie einer Glimmlampe

Bei Wechselstrom benutzt man zur Strombegrenzung statt eines Widerstands, dessen Stromwärme einen großen Leistungsverlust ergäbe, eine Drosselspule oder einen Streufeldtransformator als Vorschaltgerät. Diese haben bei kleinem Wirkwiderstand einen hohen induktiven Widerstand, der nur geringe Wärmeverluste verursacht.

Direkte Lichterzeugung durch Glimmentladungen. Versuch 12.1 zeigt die direkte Erzeugung von Licht in einem gasförmigen Leiter, also die Lichterzeugung ohne den Umweg über die Erwärmung des Leiters, wie bei der Glühlampe. Diesen Vorgang, die Lumineszenz, kann man sich vereinfacht so vorstellen.

Ein freies Elektron hat auf seinem Weg durch das elektrische Feld beim Auftreffen auf ein neutrales Gasatom (hier des Neons, **12.**25 a) nicht immer eine so große Geschwindigkeit, daß es ein Elektron aus dem „Atomverband" des Gasatoms herausschlagen kann wie in Bild **12.**23. Die Wucht des Aufpralls reicht aber in vielen Fällen aus, um ein Elektron des getroffenen Atoms aus seiner Bahn abzulenken und vorübergehend in eine Umlaufbahn größeren Durchmessers zu heben, ohne daß es den Atomverband endgültig verläßt. Dabei gibt das stoßende Elektron an das getroffene Atom Energie ab. Kehrt das Elektron durch die Anziehungskraft des Kerns in seine alte Bahn zurück, entsteht dabei ein Lichtteilchen (Photon), das sich von seinem Entstehungsort aus als Lichtwelle entfernt (**12.**25 b). Die durch den Elektronenstoß aufgenommene Energie wird also in Form sichtbaren oder unsichtbaren Lichts (UV-Licht) wieder frei. Findet dieser Vorgang bei vielen Atomen statt, leuchtet das Gas, wobei die Wellenlänge des ausgesandten Lichtes (also die Lichtfarbe) von der Art des Gases abhängt.

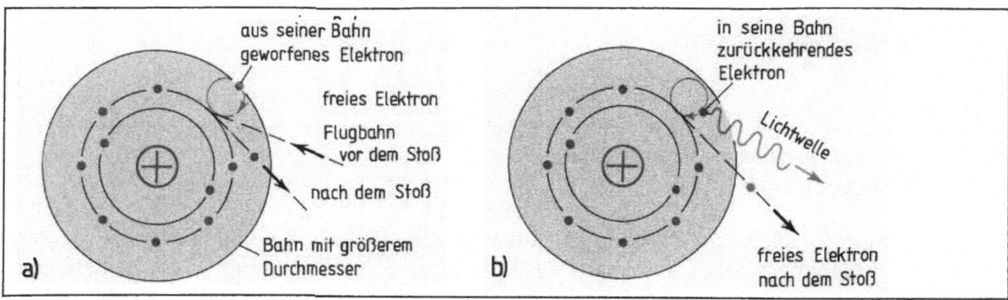

12.25 Direkte Lichterzeugung in Gasen durch Elektronenstoß. Neon-Atom kurz vor (a) und während der Lichtabstrahlung (b)

> Atome und Ionen können durch Elektronenstoß zur Lichtabstrahlung angeregt werden.

Vergleich von direkter und indirekter Lichterzeugung. Der eben beschriebenen direkten Lichterzeugung durch Elektronenstoß in Gasen (Lumineszenz) steht die indirekte Lichterzeugung gegenüber, die bei den Glühlampen (s. Abschn. 12.2) beschrieben wurde. Hier wird Licht dadurch erzeugt, daß man die Temperatur des Körpers bis zum Glühen steigert (Temperaturstrahler). Dadurch wird der Energiegehalt der Atome so weit erhöht, daß Elektronen auf Umlaufbahnen mit größerem Durchmesser gehoben werden können. Beim Zurückkehren in die alte Bahn wird Licht abgestrahlt.

Während nun Glühlampen gleichzeitig Licht aller Wellenlängen des sichtbaren Spektrums erzeugen, strahlen Gasentladungen nur Licht von einigen durch die Art des verwendeten Gases bestimmten Wellenlängen ab. Daher entsteht in jedem Gas eine für dieses Gas charakteristische Lichtfarbe. So ist z. B. die Leuchtfarbe des Edelgases Neon orangerot, die des Heliums weißlich-rosa. Kohlendioxid sendet weißes Licht, Natriumdampf gelbes, Lithium rotes Licht aus. Quecksilberdampf erzeugt vorwiegend unsichtbares UV-Licht und bläulichweißes Licht.

Verwendung der Glimmlampe zur Polbestimmung bei Gleichspannung. Der Vorgang der Lumineszenz spielt sich vorwiegend in der Nähe der Minuselektrode (Kathode) ab. Sie ist deshalb nach der Zündung oder Gasentladung mit einer leuchtenden Gashaut überzogen.

> Beim Anschluß an Gleichspannung leuchtet die Gasfüllung an der Minuselektrode.

Bogenentladung

Die beschriebene Glimmentladung erfolgt mit Hilfe von Ladungsträgern, die durch Stoßionisation entstehen. Wird die Spannung an der Lampe durch Verkleinerung des Begrenzungswiderstands gesteigert, prallen die positiven Ionen so heftig auf die Kathode, daß sich diese stark erhitzt (bis etwa 3000 °C). Dadurch wird in der Kathode eine so starke molekulare Wärmebewegung erzeugt, daß Elektronen ihren Atomverband verlassen und aus der Kathodenoberfläche austreten. So entsteht zusätzlich eine sehr große Anzahl freier Elektronen. Die Stromstärke wächst erheblich an, und es bildet sich ein hell leuchtender Lichtbogen mit sehr hoher Temperatur (4000 bis 6000 °C). Man nennt diese Form der Entladung Bogenentladung.

> Im Gegensatz zur Glimmentladung vollzieht sich die Bogenentladung bei großer Stromstärke und hoher Temperatur.

Anwendung. Die Bogenentladung wird bei der Bogenlampe und beim Lichtbogenschweißen angewendet. Unerwünscht ist die Lichtbogenbildung beim Öffnen von Schaltern in Stromkreisen mit induktiver Belastung. Der Lichtbogen zerstört die Schalter-Kontaktstücke durch starke Erhitzung.

12.3.2 Aufbau und Schaltung der Leuchtstofflampen

Aufbau und Wirkungsweise. Leuchtstofflampen sind neben den Glühlampen die am meisten verwendeten Lichtquellen (**12.**26 a). Sie bestehen aus dem Entladungsgefäß *1*, einem langgestreckten Glasrohr, das an den Enden mit Sockeln *2* versehen ist, aus denen je zwei Kontaktstifte *3* (**12.**26 b) herausragen. Diese sind mit Glühelektroden *4* im Rohr leitend verbunden. Die Glühelektroden bestehen aus Wolfram-Wendeln, die mit einer Paste aus Metalloxiden (z. B. Bariumoxid) überzogen sind, um den Elektronenaustritt zu erleichtern.

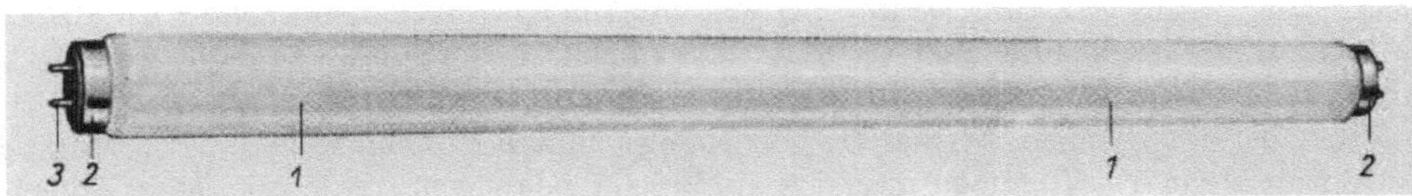

a)

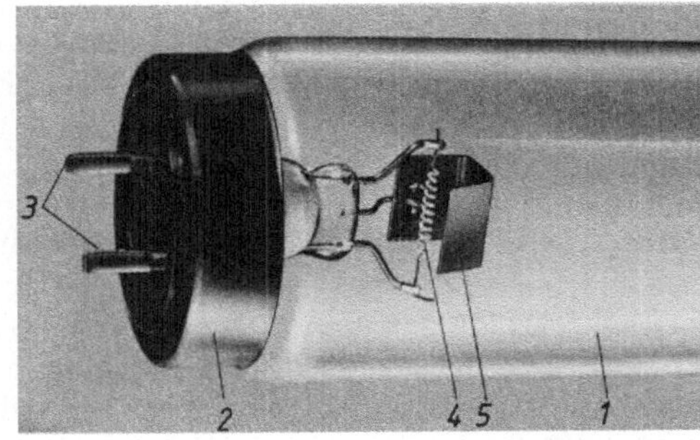

b)

12.26
Leuchtstofflampe
a) Leuchtstofflampe, Ansicht
b) Leuchtstofflampe, Sockelaufbau
1 Entladungsgefäß
2 Sockel
3 Kontaktstifte
4 Glühelektroden
5 Abschirmblech

Das Entladungsrohr enthält eine Gasfüllung geringen Drucks aus Argon und Quecksilber in Dampfform. Die Innenseite des Rohrs ist mit einem Leuchtstoff beschichtet. Das Argon dient zur Erleichterung der Zündung. An der Lichterzeugung beteiligen sich vorwiegend die Atome des Quecksilberdampfs. Sie erzeugen nach dem Zusammenstoß mit Elektronen vorzugsweise unsichtbare Ultraviolett-(UV-)Strahlung; der Anteil an sichtbarem Licht ist sehr gering. Treffen die unsichtbaren ultravioletten Strahlen jedoch auf die Leuchtstoffschicht der Gefäßwand, regen sie diese zum Leuchten an: Fluoreszenz. Die Leuchtstoffschicht wandelt also die unsichtbare UV-Strahlung in sichtbares Licht um, sie wirkt als Lichtumformer (**12.**27).

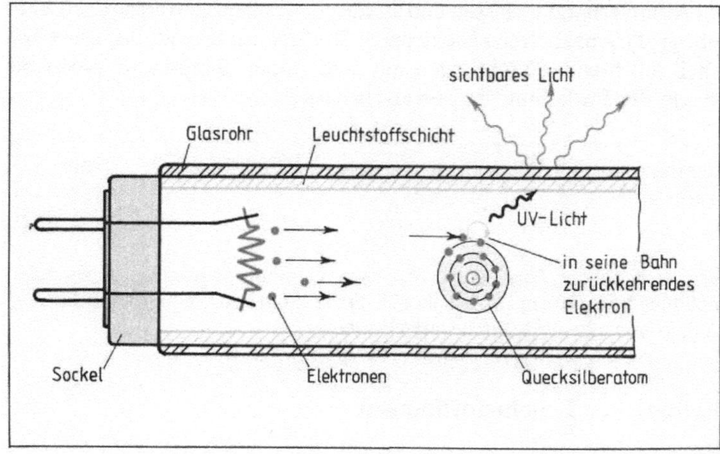

12.27 Umwandlung des UV-Lichtes in sichtbares Licht

Vergleich mit der Glühlampe. Die Lichtausbeute der Leuchtstofflampen ist relativ gut. Sie wandeln nämlich etwa 10% der elektrischen Energie in Licht um, die neueren Dreibandenlampen sogar etwa 18%, Glühlampen nur etwa 3%. Wegen der großen leuchtenden Flächen ist die Leuchtdichte *L* gering. Entsprechend ist das Licht blendungsfreier als bei Glühlampen. Je nach Zusammensetzung des Leuchtstoffs lassen sich verschiedene Lichtfarben erzeugen. Die vorwiegend verwendeten Lichtfarben sind in Tabelle **12.**12 aufgeführt. Lampen mit besonders guter Farbwiedergabe erhalten meist die Zusatzbezeichnung „de Luxe", z. B. warmweiß de Luxe. Sie haben eine geringere Lichtausbeute. Bei den Dreibandenlampen konnte die Lichtausbeute durch verbesserte Leuchtstoffe und verringerten Lampenrohrdurchmesser erhöht werden. Die mittlere Lebensdauer der Leuchtstofflampen beträgt etwa 7500 Brennstunden, also etwa das 7,5fache der Glühlampen. Beträgt die Umgebungstemperatur weniger als +5 °C, nimmt der Lichtstrom der Leuchtstofflampen merklich ab. Bei Außenanlagen werden sie daher immer in geschlossenen Leuchten untergebracht.

Die Leuchtstofflampe hat eine erheblich höhere Lichtausbeute und Lebensdauer als die Glühlampe.

Betriebsschaltung. Zur Zündung der Lampe am Wechselstromnetz wird meist die Schaltung nach Bild **12.**28 mit vorgeschalteter Drosselspule (induktives Vorschaltgerät, konventionelles Vorschaltgerät KVG[1])) und Starter verwendet (**12.**29). Der Starter besteht aus dem Glimmzünder *1* und einem dazu parallelgeschalteten Entstörkondensator *3*. Der Glimmzünder ist eine kleine Glimmlampe, deren eine Elektrode als Bimetallelektrode ausgebildet ist. Beim Einschalten der Leuchtstofflampe (kalter Glimmzünder) ist der Bimetallschalter *2* offen. Über das Vorschaltgerät und die Glühelektroden liegt Spannung an den Elektroden des Starters. Die Gasfüllung des Glimmzünders zündet, durch die Glimmentladung erwärmt sich die Bimetallelektrode, krümmt

[1]) Eine verbesserte Variante ist das verlustarme Vorschaltgerät VVG.

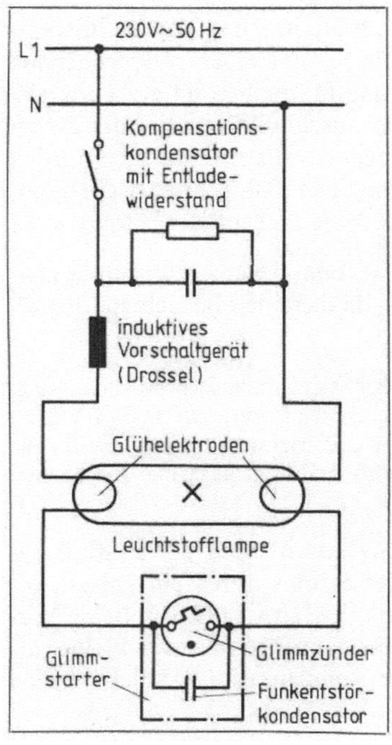

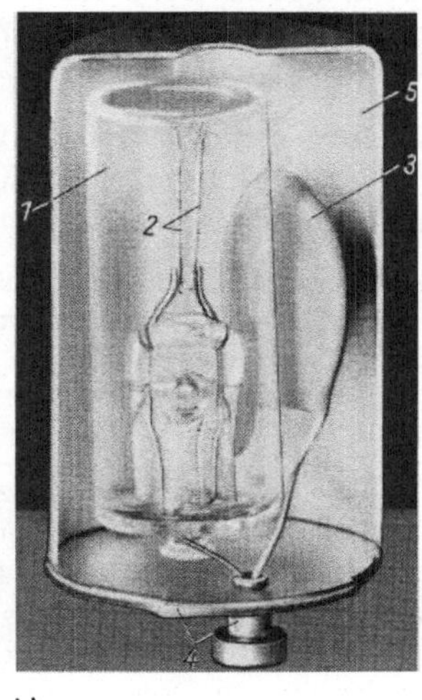

12.28 Betriebsschaltung der Leuchtstofflampe mit induktivem Vorschaltgerät

12.29 Starter
a) Ansicht, b) Schnitt
1 Glimmzünder
2 Bimetallschalter
3 Entstörkondensator
4 Anschlußkontakte
5 Metallbecher

sich und schließt dann die Glimmstrecke kurz; die Glimmentladung erlischt. Jetzt werden die Glühelektroden der Leuchtstofflampe kräftig vorgeheizt, aus ihrer Oberfläche treten Elektronen aus.

Während dessen kühlt sich der Glimmzünder wieder ab. Die Bimetall-Elektrode biegt sich in ihre Ruhelage zurück und öffnet den Heizstromkreis der Leuchtstofflampe. Das durch den Vorheizstrom in dem Vorschaltgerät aufgebaute Magnetfeld bricht plötzlich zusammen und erzeugt durch Selbstinduktion einen Spannungsstoß von mehreren hundert Volt. Dieser Spannungsstoß erzeugt zwischen den Glühelektroden der Lampe kurzzeitig ein so starkes elektrisches Feld, daß die durch die Vorheizung der Elektroden freigewordenen Elektronen die Stoßionisation im Gas einleiten können: Die Lampe zündet.

Nach der Zündung dient das Vorschaltgerät als B e g r e n z u n g s w i d e r s t a n d. Die Lampenspannung geht auf etwa die Hälfte der Netzspannung zurück (Brennspannung). Der Glimmzünder spricht bei gezündeter Lampe nicht an, weil die Brennspannung der Lampe unter seiner Zündspannung liegt. Seit einiger Zeit gibt es auch kleine kolben- oder ringförmige Leuchtstofflampen, die mit einem normalen E27-Schraubsockel ausgestattet sind und damit in normale Leuchten passen. Bei ihnen sind die erforderlichen Zusatzgeräte wie Starter und Vorschaltgerät kompakt im Sockel der Lampe untergebracht.

Wie bei jeder Gasentladung ist es auch für den Betrieb der Leuchtstofflampe erforderlich, die Gasentladung zu zünden und den Betriebsstrom zu begrenzen.

Blindstromkompensation bei induktivem Vorschaltgerät. Die Induktivität der Vorschaltdrossel der Leuchtstofflampe bewirkt eine induktive Belastung des Netzes mit einer entsprechenden Phasenverschiebung zwischen Spannung und Strom; der Leistungsfaktor beträgt etwa $\cos\varphi = 0{,}5$. Zur Kompensation des Blindstroms kann parallel zu den Netzanschlußklemmen jeder einzelnen Lampe ein Kondensator geschaltet werden. Bei größeren Leuchtstofflampenanlagen werden mehrere Lampen gemeinsam kompensiert (Gruppenkompensation). Die EVU schreiben die Kompensation vor, wenn die Lampenleistung mehr als insgesamt 130 W je Außenleiter beträgt.

Blindstromkompensation bei kapazitivem Vorschaltgerät. Manche Energieversorgungsunternehmen lassen netzparallele Kompensationskondensatoren nicht zu, da diese den Betrieb von Rundsteueranlagen beeinträchtigen.

Tonfrequenz-Rundsteueranlagen dienen der Fernschaltung z. B. der Straßenbeleuchtung. Hier wird der Netzspannung eine Steuerspannung von etwa 1000 Hz überlagert. Die zu steuernden Geräte sprechen „selektiv“, d. h. nur auf diese Frequenz an. Liegen nun zwischen den Netzleitern Kondensatoren, bilden diese für die Rundsteuerspannung einen sehr geringen Widerstand, schließen sie also praktisch kurz und machen sie unwirksam.

Sind aus diesem Grund netzparallele Kondensatoren nicht zugelassen, muß der Einfluß des induktiven Vorschaltgeräts einer Lampe auf die Phasenlage des Stroms durch ein kapazitives Vorschaltgerät einer zweiten Lampe kompensiert werden: Duoschaltung (**12**.31). Beide Vorschaltgeräte werden so aufeinander abgestimmt, daß der Leistungsfaktor $\cos\varphi$ etwas kleiner als 1 ist, z. B. $\cos\varphi = 0{,}9$. Beim kapazitiven Vorschaltgerät wird der Kompensationskondensator in Reihe mit der Drosselspule geschaltet (**12**.30).

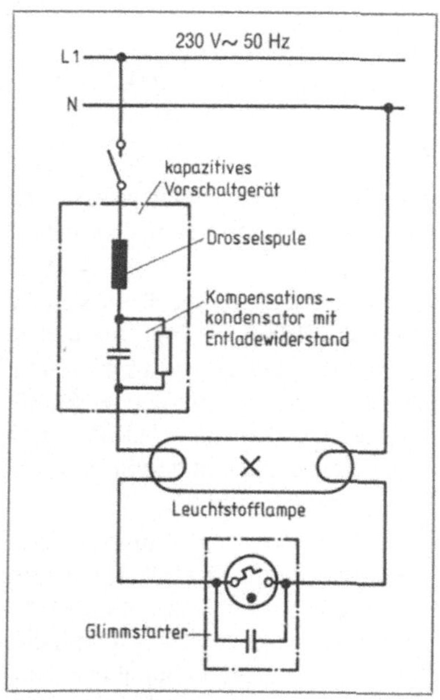

12.30 Betriebsschaltung der Leuchtstofflampe mit kapazitivem Vorschaltgerät

12.31 Duoschaltung

In explosionsgefährdeten Räumen und bei Gleichstrombetrieb, z. B. bei der Zugbeleuchtung, werden Leuchtstofflampen besonderer Bauart ohne Starter betrieben. Als Zündhilfe dient ein an der Innenwandung des Glaskörpers der Lampe angebrachter metallischer Zündstreifen, dessen eines Ende mit einer Elektrode verbunden ist und dessen anderes Ende bis dicht an die zweite Elektrode reicht. Beim Einschalten bildet sich dann über die kurze Strecke zwischen dem freien Ende des Zündstreifens und der zweiten Elektrode eine Glimmentladung, die die Zündung einleitet. Die Elektroden dieser Lampen werden nicht vorgeheizt.

Bei Gleichstrombetrieb dient ein Widerstand als Vorschaltgerät.

Flimmerwirkung. Bei Wechselstrombetrieb erlischt die Gasentladung in der Leuchtstofflampe jeweils kurz vor dem Ende jeder Halbperiode und zündet erneut während der folgenden Halbperiode. Dies hat zur Folge, daß der bei der Gasentladung erzeugte Lichtstrom mit der doppelten Frequenz der Betriebsspannung zwischen Null und dem Höchstwert schwankt: Die Lampe „flimmert". Das Flimmern macht sich im allgemeinen nicht bemerkbar. Es kann aber unangenehm werden, wenn schnell bewegte oder sich drehende Gegenstände beleuchtet werden. Dann werden oft eine langsame Bewegung oder gar ein Stillstand vorgetäuscht (stroboskopischer Effekt) und dadurch eine erhebliche Unfallgefahr hervorgerufen.

Man kann die Flimmerwirkung bei einer Leuchtstofflampenanlage durch die Duoschaltung weitgehend beseitigen.

Infolge der Phasenverschiebung zwischen den Lampenströmen fällt nämlich die größte Helligkeit der einen Lampe mit der kleinsten Helligkeit der anderen zeitlich zusammen. Noch wirksamer ist es, die Lampen derselben Anlage auf die drei Netzleiter des Drehstromnetzes zu verteilen: Dreiphasenanschluß. Auch durch die Verwendung von stark nachleuchtenden Leuchtstoffen wird die Flimmerwirkung verringert.

Um die Flimmerwirkung zu verringern, werden Leuchtstofflampen in Duoschaltung und im Dreiphasenanschluß betrieben.

Elektronische Vorschaltgeräte (EVG) verbessern die Betriebseigenschaften der Leuchtstofflampen erheblich. Wie das Blockschaltbild 12.32 verdeutlicht, wird der Netz-Wechselstrom in einen Betriebsstrom mit 30 kHz für die Lampe umgewandelt. Die Lichtausbeute erhöht sich dadurch um rund 10%, wie das Diagramm 12.33 zeigt. Außerdem erreicht man einen flackerfreien Start, während der stroboskopische Effekt praktisch nicht mehr auftritt. Eine Kompensation ist nicht nötig, da der Leistungsfaktor $\cos\varphi$ nahe 1 liegt.

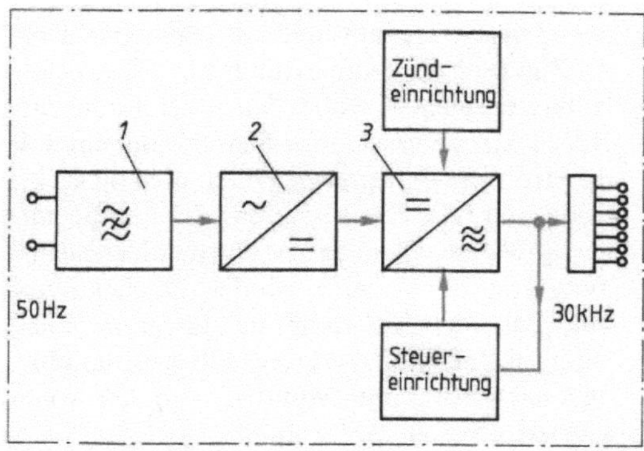

12.32 Elektronisches Vorschaltgerät EVG (Blockschaltplan)
1 Filter *2* Gleichrichter *3* Wechselrichter

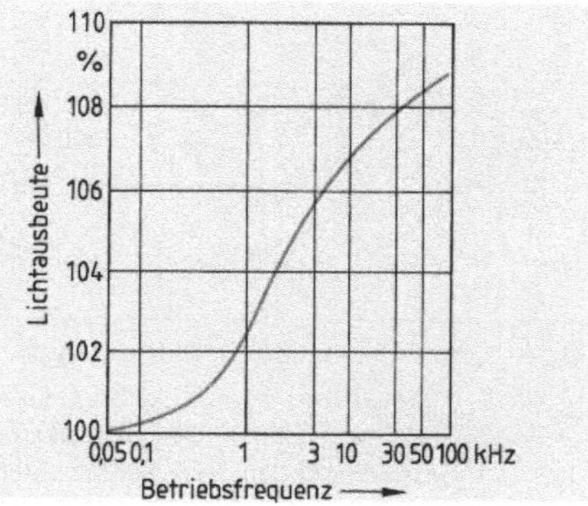

12.33 Lichtausbeute von L-Lampen in Abhängigkeit von der Betriebsfrequenz

Kompakt-Leuchtstofflampen mit eingebautem Vorschaltgerät haben einen Schraubsockel der Größe E27 und lassen sich in vielen Leuchten statt der Glühlampen einsetzen (**12**.34). Sie haben eine mittlere Lebensdauer von 6000 Std., also etwa sechsmal länger als die Glühlampen. Deshalb bilden sie eine wirtschaftliche Alternative. Sie werden auch für externe Vorschaltgeräte hergestellt und sind dann mit Stecksockeln ausgestattet (**12**.35).

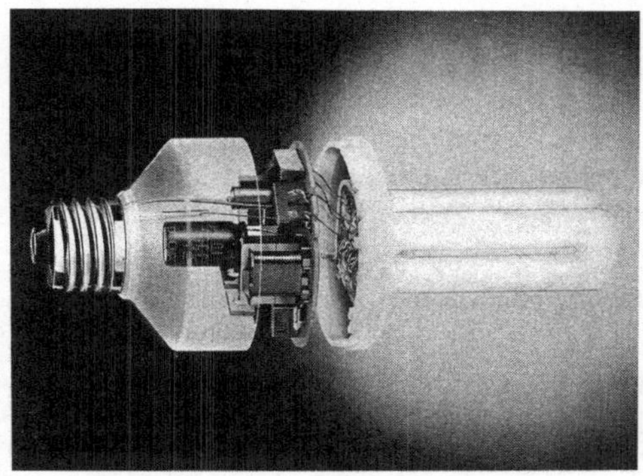

12.34 Kompakt-Leuchtstofflampe mit eingebautem Vorschaltgerät

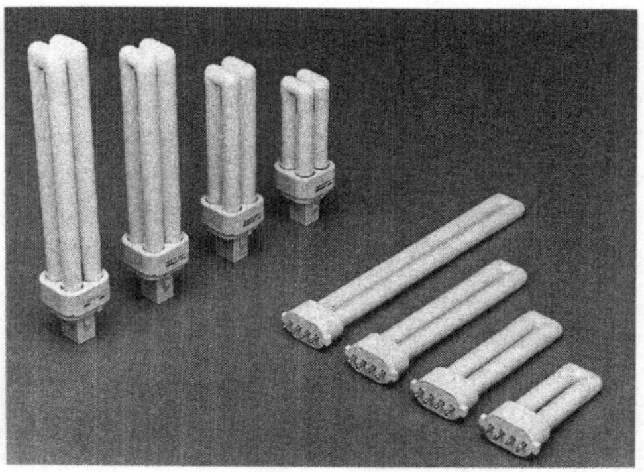

12.35 Kompakt-Leuchtstofflampen mit Stecksockel

12.3.3 Andere Gasentladungslampen

Quecksilberdampf-Hochdrucklampen (Hg-Lampen, 12.36). Ein kugel- oder röhrenförmiger Außenkolben *1* – meist mit Schraubsockel *2* versehen – enthält das verhältnismäßig kleine eigentliche Entladungsgefäß *3* aus Quarz- oder Hartglas. Obwohl Quarz- und Hartglas sehr hitzebeständig sind, muß das Entladungsgefäß gekühlt werden. Dies geschieht durch Füllung des Außenkolbens mit Stickstoff. Das Entladungsgefäß selbst ist mit Argongas – zur Einleitung der Zündung – und mit einer geringen Menge Quecksilber gefüllt. Gezündet wird mit Hilfe einer oder zweier Hilfselektroden *4*. Diese liegen in unmittelbarer Nähe einer Hauptelektrode *5* und sind über einen hochohmigen Schutzwiderstand *6* mit der gegenüberliegenden Hauptelektrode verbunden. Zwischen Haupt- und Hilfselektrode wird die Zündung der Lampe durch eine Glimmentladung eingeleitet, wobei der in der Reihe zur Hilfselektrode geschaltete Schutzwiderstand *6* die Stromstärke begrenzt. Durch die Hilfselektroden wird die Zündspannung der Lampe unter 180 V gesenkt, so daß sie an einer Netzspannung von 230 V sicher zündet. Nach kurzer Zeit greift die Entladung auf das ganze Entladungsgefäß über, das Quecksilber verdampft, und nach etwa drei Minuten wird der volle Lichtstrom erreicht.

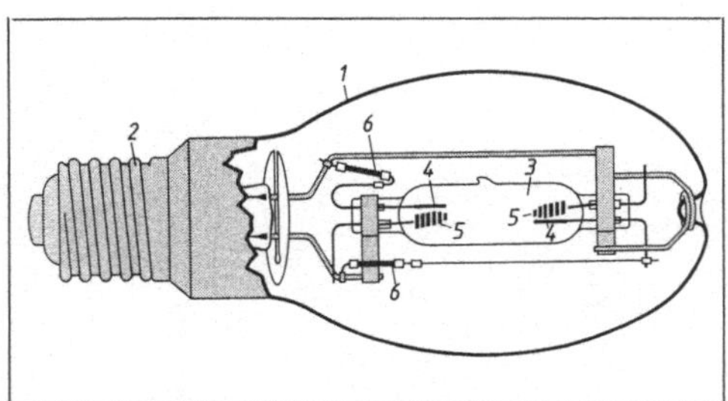

12.36 Quecksilberdampf-Hochdrucklampe
1 Außenkolben *2* Schraubsockel
3 Entladungsgefäß *4* Hilfselektroden
5 Hauptelektroden *6* Schutzwiderstände

Infolge des hohen Gasdrucks liefert die Lampe neben der starken UV-Strahlung, die aber durch den Außenkolben verschluckt wird, ein sehr intensives bläulich-weißes Licht. Um die starke unsichtbare UV-Strahlung auszunutzen und die Lichtfarbe zu verbessern, wird die Innenseite des Außenkolbens meist mit einer Leuchtstoffschicht versehen (HgL-Lampen). Die Strombegrenzung erfolgt bei den Quecksilberdampf-Hochdrucklampen mit Hilfe einer Vorschaltdrossel (**12**.37). Dadurch beträgt der Leistungsfaktor etwa $\cos\varphi = 0{,}5$. Wiederzündung nach dem Abschalten ist erst nach einer Abkühlzeit von etwa drei bis fünf Minuten möglich, da die Zündspannung der heißen Lampe wegen des hohen Gasdrucks zunächst über der Versorgungsspannung liegt.

Quecksilberdampf-Hochdrucklampen haben eine etwa drei- bis viermal so große Lichtausbeute wie vergleichbare Glühlampen. Die mittlere Lebensdauer beträgt 6000 Brennstunden, ist also sechsmal so hoch wie die der Glühlampen. Gegenüber den Leuchtstofflampen haben sie den Vorteil geringerer Abmessungen, auch werden sie für Leistungen bis zu 2000 W hergestellt.

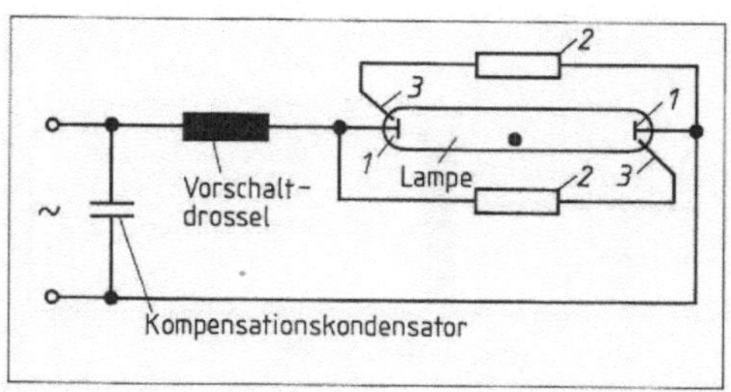

12.37 Schaltung der Quecksilberdampf-Hochdrucklampe
1 Hauptelektroden
2 Schutzwiderstände
3 Hilfselektroden

Man verwendet Quecksilberdampf-Hochdrucklampen wegen ihres billigen Betriebs und ihrer langen Lebensdauer vorwiegend für die Beleuchtung von Verkehrs- und Industrieanlagen.

Quecksilberdampf-Mischlichtlampen (**12**.38). Bei diesen Verbundlampen aus Quecksilberdampf- und Glühlampe befindet sich zur Verbesserung der Lichtfarbe zwischen Außenkolben und Entladungsgefäß eine Glühwendel, die in Reihe mit dem Entladungsgefäß geschaltet ist. Sie dient gleichzeitig als Begrenzungswiderstand, so daß kein besonderes Vorschaltgerät erforderlich ist.

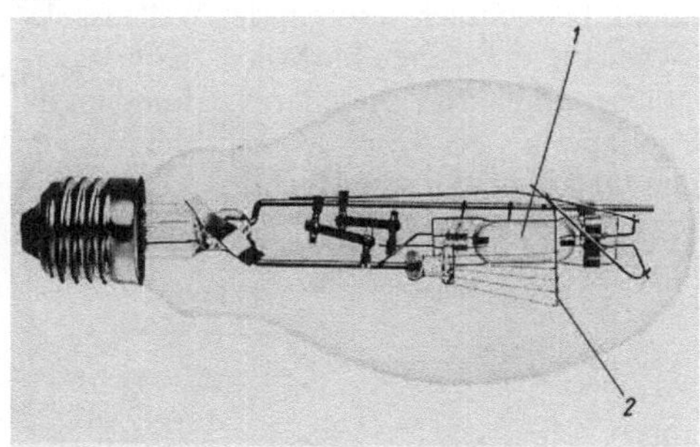

12.38 Quecksilberdampf-Mischlichtlampe
1 Entladungsrohr
2 Glühwendel

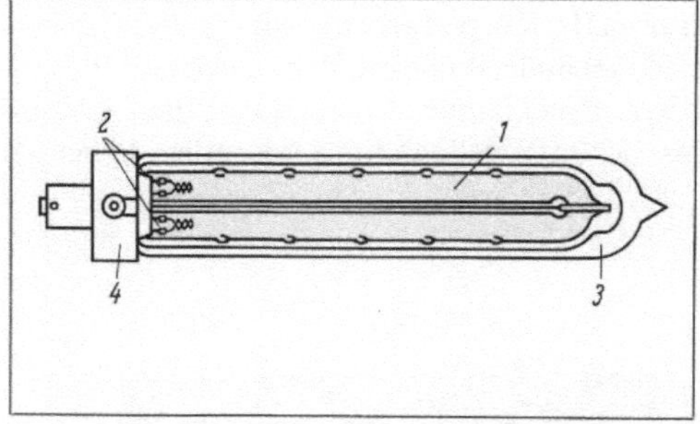

12.39 Niederdruck-Natriumdampflampe
1 U-förmiges Entladungsrohr
2 Elektroden
3 Wärmeschutzgefäß
4 Lampensockel

Halogen-Quecksilberdampflampen (HgI-Lampen) haben als Zusatz zum Quecksilber einer Halogenverbindung. Lichtausbeute und Farbwiedergabe verbessern sich dadurch wesentlich. Sie sind jedoch erheblich teurer als einfache Hg- und HgL-Lampen.

Natriumdampf-Niederdrucklampen (Na-Lampen, **12**.39) bestehen aus einem U-förmig gebogenen Entladungsrohr *1*, in dem zwischen zwei Elektroden *2* eine Entladung in Natriumdampf stattfindet. Die Zündung wird durch einen Zusatz von Edelgas, meist Neon, erleichtert.

Die zur Zündung der Lampe erforderliche Spannung von etwa 470 V erzeugt ein Streufeldt-Transformator, der meist als Spartransformator (s. Abschn. 4.3.1) ausgeführt ist und während des Betriebs als Strombegrenzer wirkt (**12**.40). Das Entladungsgefäß befindet sich in einem luftleeren doppelwandigen Wärmeschutzgefäß *3*, wodurch die zum ungestörten Betrieb der Lampe erforderliche Temperatur von etwa 300 °C erreicht und eingehalten werden kann.

Nach der Zündung der Edelgasfüllung verdampft das zunächst feste Natrium, so daß der volle Lichtstrom erst nach einer Anlaufzeit von 5 bis 10 Minuten erreicht wird. Während des Betriebs liefert der Vorschalttransformator eine Betriebsspannung von etwa 400 V. Er bewirkt einen Leistungsfaktor von $\cos\varphi \approx 0{,}3$.

12.40 Schaltung einer Natriumdampf-Niederdrucklampe

Die Lichtausbeute der Natriumdampf-Niederdrucklampen ist zehnmal so groß wie die der Glühlampen und liegt bei 145 bis 165 lm/W. Die mittlere Lebensdauer beträgt 4000 Brennstunden. Die Lampe strahlt intensiv gelbes Licht einer Wellenlänge (monochromatisches Licht) aus. Daher erscheinen die Körperfarben der angestrahlten Gegenstände lediglich als Grauabstufungen. Durch bessere Kontrastwirkung lassen sich jedoch mehr Einzelheiten als bei weißem Licht erkennen.

> Wegen des blendungsfreien Lichtes und ihrer Wirtschaftlichkeit eignet sich die Natriumdampflampe besonders für die Beleuchtung von Verkehrs- und Industrieanlagen, staubhaltigen Werkhallen, zur Anstrahlung von Gebäuden usw.

Natriumdampf-Hochdrucklampen (**12**.41) geben durch ein beträchtlich verbreitertes Wellenspektrum alle Körperfarben wieder (gelbe überbetont). Wegen dieser besseren Farbwiedergabe lassen sich Gebäude, Anlagen, Fahrzeuge und Personen deutlicher erkennen als mit der Natriumdampf-Niederdrucklampe. Allerdings ist die Lichtausbeute geringer als bei dieser. Sie liegt mit Werten bis 130 lm/W jedoch noch wesentlich höher als bei den Quecksilberdampf-Hochdrucklampen.

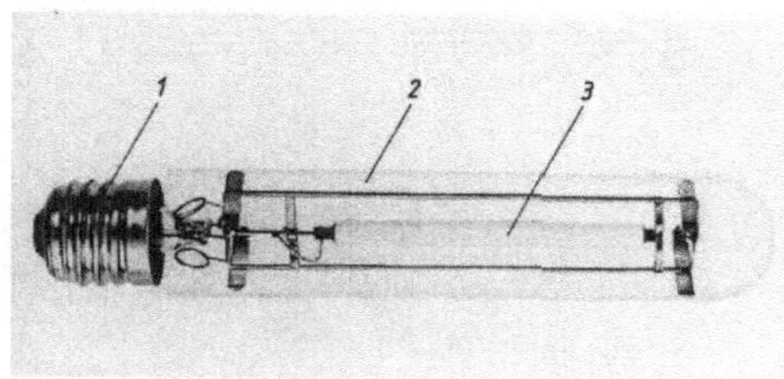

12.41 Natriumdampf-Hochdrucklampe
1 Sockel
2 Außenkolben
3 Keramik-Entladungsgefäß

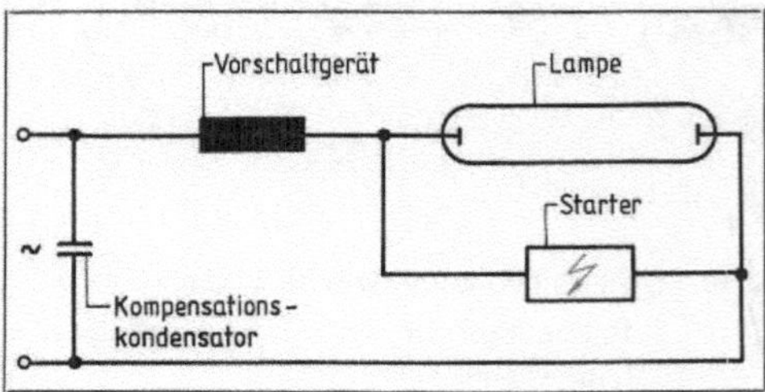

12.42 Schaltung einer Natriumdampf-Hochdrucklampe

Weil die normale Netzspannung zur Zündung der Natriumdampf-Hochdrucklampe nicht ausreicht, muß ein Starter beim Einschalten der Lampe kurze Hochspannungsimpulse von etwa 3000 V erzeugen (**12**.42). Neuerdings gibt es jedoch auch Lampen mit einer Zündhilfsspirale und einem besonderen Brenner, die bereits bei Netzspannung zünden.

Leuchtröhren und Leuchtstoffröhren werden mit Hochspannung betrieben. Es sind Niederdruck-Gasentladungslampen mit einer Füllung aus einem Edelgas bzw. Edelgasgemisch oder einem Edelgas-Quecksilberdampf-Gemisch. Die Elektroden, die oft mit einer freie Elektronen abgebenden aktiven Schicht versehen sind, werden im Gegensatz zu denen der Niederspannungs-Leuchtstofflampen nicht vorgeheizt. Die Lichtfarbe hängt von der Art der Gasfüllung und von der Färbung des Glases ab, z. B. Neon: rot, Helium: gelb. Leuchtstoffröhren haben auf der Innenseite der Glaswand noch eine Leuchtstoffschicht. Je nach Art des Leuchtstoffs stehen zahlreiche Leuchtfarben zur Verfügung.

Die zum Betrieb erforderliche Hochspannung wird von Streufeldtransformatoren (s. Abschn. 4.3.2) erzeugt, die während des Betriebs auch für die notwendige Strombegrenzung sorgen (**12**.43). Der Zündspannungsbedarf der Röhren beträgt je nach Gasfüllung und Röhrendurchmesser je 1 m Röhrenlänge 300 bis 1000 V. Die zu einer Leuchtgruppe gehörenden Röhren liegen alle in Reihe an der Sekundärwicklung eines Transformators. Dessen Sekundärspannung geht nach der Zündung durch das magnetische Streufeld auf die Brennspannung der Röhren (etwa 50 bis 75% der Sekundär-Leerlaufspannung) zurück. Meist besteht die Möglichkeit, die Nennstromstärke mit Hilfe eines verstellbaren Jochs (magnetischer Nebenschluß) dem zu speisenden Röhrenstromkreis anzupassen.

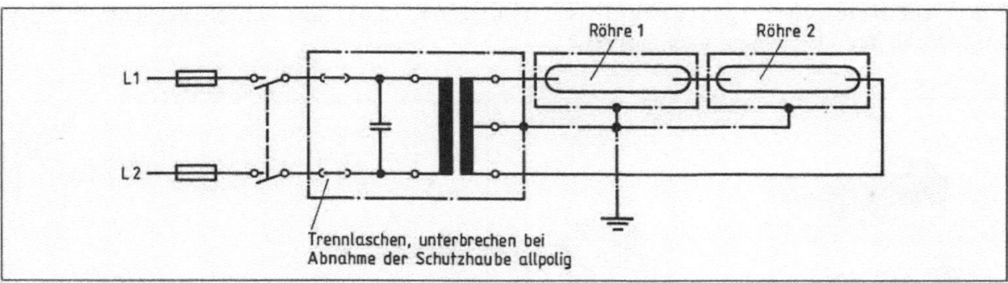

12.43 Schaltung einer Leuchtröhrenanlage

Die Sekundär-Leerlaufspannung der Leuchtröhren-Transformatoren darf nach VDE 0128 aus Sicherheitsgründen höchstens 7,5 kV gegen Erde betragen, bei Erdung der Mittelanzapfung des Transformators also insgesamt 15 kV. Im sekundären Hochspannungsstromkreis dürfen nur Leuchtröhrenleitungen NYL oder NYLRZY für Nennspannungen von 7,5 kV oder 3,75 kV verlegt werden.

Leuchtröhren und Leuchtstoffröhren benutzt man im Freien in Werbelichtanlagen (Röhrenschrift), Leuchtstoffröhren auch zum Beleuchten und Dekorieren von Innenräumen.

12.4 Bemessung von Beleuchtungsanlagen

12.4.1 Anforderungen

Beleuchtungsstärke. Eine Beleuchtungsanlage soll bei ausreichender Beleuchtungsstärke gleichmäßiges, blendungsfreies Licht erzeugen. Auch die Lichtfarbe ist zweckentsprechend zu wählen, vor allem bei Verwendung von Leuchtstofflampen (s. Abschn. 12.3.2). Die in DIN 5035 empfohlenen Beleuchtungsstärken werden nach den Ansprüchen in Gruppen eingeteilt (Tabelle **12.44** für Allgemeinbeleuchtung zur Unterscheidung von Einzelplatzbeleuchtung).

Tabelle **12.44** **Empfohlene Beleuchtungsstärken für Arbeitsstätten nach DIN 5035** (Auswahl)

Ansprüche an die Beleuchtung	Beleuchtungsstärke bei Allgemeinbeleuchtung	Beispiele für Räume und Arbeitsverrichtungen
leichte Sehaufgaben	100 lx	Mindestwert für Räume, die dem ständigen Aufenthalt von Personen dienen
	200 lx	Mindestwert für ständig besetzte Arbeitsplätze, grobe Arbeiten
normale Sehaufgaben	300 lx	mittelfeine Arbeiten, z. B. Drehen, Fräsen, Hobeln
schwierige Sehaufgaben	500 lx	feine Arbeiten, Büroräume
	1000 lx	Feinmontage, Großraumbüro dunkel

Als beleuchtete Bezugsfläche, auf der die angegebenen Werte der Beleuchtungsstärke vorhanden sein sollen, gilt eine waagerechte Fläche 1 m über dem Fußboden.

Mit einem Beleuchtungsstärkemesser (Luxmeter, **12.**45) läßt sich die erreichte Beleuchtungsstärke in den Räumen nachmessen.

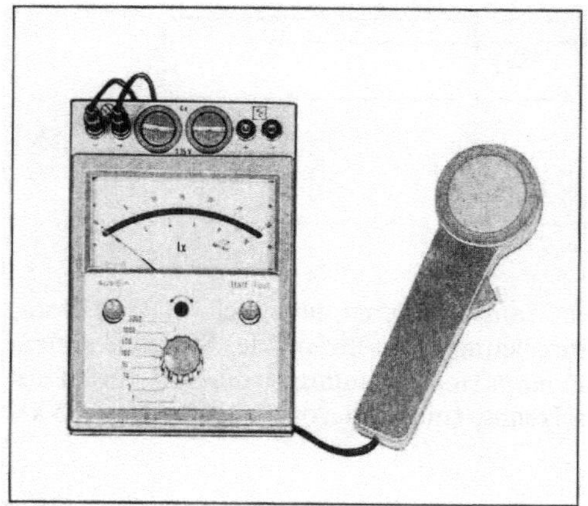

12.45 Beleuchtungsstärkemesser

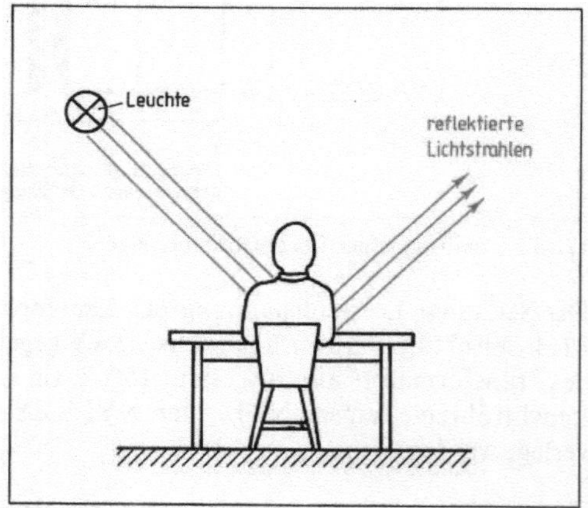

12.46 Seitlich einfallendes Licht blendet nicht

Es handelt sich dabei um eine Solarzelle (s. Abschn. 8.4, Elektro-Fachkunde 1), die direkt mit einem Spannungsmesser verbunden ist. Die Spannung ist der Beleuchtungsstärke proportional.

Blendung. Es kommt jedoch nicht nur darauf an, für eine ausreichende Beleuchtungsstärke im Raum zu sorgen, sondern auch Blendungen zu vermeiden. Blendungen kommen dadurch zustande, daß das Auge zu große Leuchtdichten wahrnimmt (Direktblendung). Dies ist der Fall, wenn sich Lampen im direkten Blickfeld befinden, z. B. bei frei einsetzbaren Glühlampen oder Leuchtstofflampen. Blenderscheinungen können aber auch als Reflexblendung entstehen, wenn das Licht der Lichtquelle unter einem ungünstigen Winkel einfällt und dadurch glänzende oder spiegelnde Oberflächen reflektiert ins Auge gelangen. Vermeiden lassen sich solche Blendungen durch Verwendung glanzarmer Werkstoffe und richtige Leuchtenanordnung – z. B. Lichteinfall nicht von vorn, sondern von der Seite (**12.**46) oder durch Verwendung von Leuchten, die die Leuchtdichte durch Lichtstreuung herabsetzen.

12.4.2 Leuchten

Sicherheitstechnische Einteilung. Leuchten sind Lampenträger und erfüllen verschiedene Aufgaben. Zunächst sollen sie gegen Blendung schützen. Leuchten schirmen die Lampe ab und setzen die Leuchtdichte durch Lichtstreuung auf erträgliche Werte herab (z. B. durch Lampenschirme, Blendschutzraster). Leuchten sollen die Lampen aber auch gegen mechanische Beschädigungen schützen und die elektrische Sicherheit gewährleisten. Sie sind nach den Anforderungen in Schutzarten (**12.**47) und Schutzklassen (**12.**48) eingeteilt.

Tabelle **12.**47 **Schutzgrade für Leuchten nach DIN 40050 (mechanischer Schutz)**

Kenn-buchstabe	1. Ziffer	2. Ziffer	Schutz	Kurz-zeichen
IP	2	–	gegen Berührung mit Finger	–
IP	3	–	gegen Fremdkörper > 2,5 mm	–
IP	4	–	gegen Fremdkörper > 1 mm	–
IP	5	–	gegen Staub	❉
IP	6	–	gegen Eindringen von Staub	◈
IP	–	0	kein Wasserschutz	–
IP	–	1	gegen Tropfwasser	💧
IP	–	2	gegen Regenwasser	[💧]
IP	–	3	gegen Sprühwasser	–
IP	–	4	gegen Spritzwasser	△
IP	–	5	gegen Strahlwasser	△△
IP	–	6	gegen Wasser	💧💧
IP	–	6	gegen Druckwasser	💧💧 ... bar
Leuchten für direkte Montage auf oder an normal entflammbaren und leicht entflammbaren Baustoffen (z. B. Holz)				▽F
Leuchten für die Montage in Betriebsstätten, in denen brennbare Stäube entstehen (z. B. Spinnereien)				▽F▽F
Leuchten für die Anbringung auf nicht- oder schwerentflammbaren Einrichtungsgegenständen				▽M [1]
Leuchten für die Montage in Einrichtungsgegenständen				▽M▽M [1]

[1]) M = Möbelleuchte

Tabelle **12.**48 **Elektrischer Schutz**

Schutzklasse	Kurzzeichen
I mit Schutzleiter	⏚
II mit Schutzisolierung	⧈
III für Kleinspannung	◇III

Die Beleuchtungsart kennzeichnet die Art der Lichtverteilung durch die Leuchte (**12.**49). Sie drückt also aus, wie groß der Lichtanteil ist, der von der Leuchte direkt auf die Arbeitsfläche fällt, und welcher Anteil auf Decke und Wände trifft und von dort durch Reflexion (also indirekt) zur Arbeitsfläche gelangt. Der indirekte Lichtanteil wird gleichzeitig stark zerstreut, gelangt also von allen Seiten auf die Arbeitsfläche, so daß durch ihn keine Schatten entstehen. Rein indirekte Beleuchtung ist daher schattenlos; rein direkte Beleuchtung erzeugt dagegen scharfe Schatten. Meist werden die zwischen diesen Grenzfällen liegenden Beleuchtungsarten angewendet, wobei sich mehr oder weniger weiche Schatten ergeben.

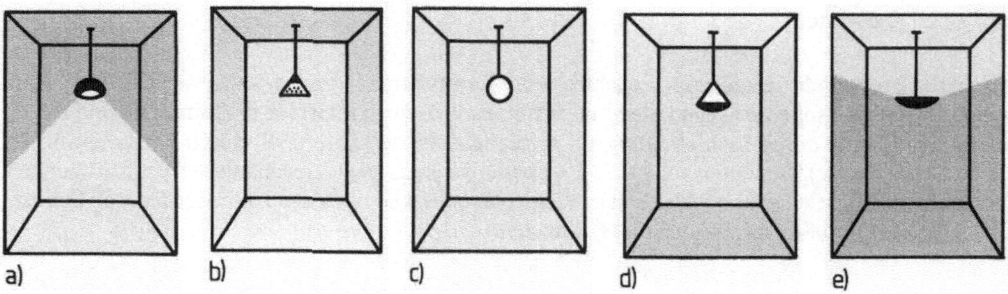

12.49 Lichtverteilung durch die Leuchte
a) direkt, b) vorwiegend direkt, c) gleichförmig, d) vorwiegend indirekt, e) indirekt

12.4.3 Beleuchtungsberechnung

Beleuchtungswirkungsgrad. Bei jeder Beleuchtungsanlage entstehen Lichtverluste, weil ein Teil des Lichtes absorbiert wird, bevor es die Arbeitsfläche erreicht. Verluste entstehen durch den Reflektor und die Abdeckgläser der Leuchte (Wirkungsgrad der Leuchte) sowie durch unvollständige Reflexion an Decken und Wänden (Wirkungsgrad des Raumes). Außerdem gelangt ein Teil des Lichtes durch die Fenster ins Freie. Die Lichtverluste sind um so größer, je größer der indirekte Lichtanteil (durch Reflexion an Wänden und Decke), je kleiner und höher der Raum und je dunkler Wände und Decken sind. Der Nutzlichtstrom ist um die Summe dieser Verluste kleiner als der erzeugte Lichtstrom. Das Verhältnis beider ist der Beleuchtungswirkungsgrad η. Er berücksichtigt sowohl den Leuchten- als auch den Raumwirkungsgrad.

Beleuchtungswirkungsgrad $$\eta = \frac{\text{Nutzlichtstrom}}{\text{erzeugter Lichtstrom}}$$

Tabelle **12.50** gibt einen ungefähren Anhalt für den Beleuchtungswirkungsgrad. Eine genauere Bestimmung erreicht man mit der Berechnungsmethode des „Deutschen Lichtinstituts“, Wiesbaden, oder nach Angaben der Leuchtenhersteller.

Tabelle **12.50** **Beleuchtungswirkungsgrade η**

	Beleuchtungsart									
	direkt[1]		vorwiegend direkt		gleichförmig		vorwiegend indirekt		indirekt	
Lichtverteilung										
Raumflächen	hell	dunkel	hell	dunkel	hell	dunkel	hell	dunkel	hell	dunkel
große, niedrige Räume	0,5	0,45	0,45	0,30	0,38	0,25	0,33	0,20	0,30	0,15
kleine, hohe Räume	0,45	0,40	0,35	0,25	0,30	0,20	0,25	0,15	0,20	0,10

[1]) Für frei strahlende Leuchtstofflampen η-Werte mit 1,25 multiplizieren.

■ lichtundurchlässig ▒ Milchglas

Berechnungsgang. Wie schon dargelegt, ist der Nutzlichtstrom, der auf der Fläche A die Beleuchtungsstärke E erzeugt, $\Phi = E \cdot A$. Wegen der Lichtverluste in den Leuchten und im Raum muß bei der Ermittlung des für die Arbeitsfläche zu erzeugenden Lichtstroms der Beleuchtungswirkungsgrad η berücksichtigt werden. Dann wird der in den Lampen zu erzeugende

Lichtstrom	$\Phi = 1{,}25 \cdot \frac{E \cdot A}{\eta}$.	E in lx A in m²	Φ in lm η ohne Einheit

A ist die Fußbodenfläche des zu beleuchtenden Raumes in m². Durch den Faktor 1,25 wird der Lichtstromrückgang infolge Alterung und Verschmutzung der Beleuchtungsanlage berücksichtigt.

Beispiel 12.1 Ein Büroraum mit 7 m × 10 m = 70 m² Fußbodenfläche und 3,5 m Höhe, mit weißer Decke und hellen Wänden soll eine Beleuchtung durch 300-W-Glühlampen erhalten. Wie groß ist der zu erzeugende Lichtstrom Φ, und wieviel Lampen sind erforderlich, wenn eine gleichförmige Beleuchtung gefordert wird? Wie groß ist der Leistungsaufwand?

Lösung Da die Raumflächen hell sind und der Raum verhältnismäßig niedrig ist, kann nach Tabelle **12.**50 der Beleuchtungswirkungsgrad $\eta = 0{,}38$ angenommen werden. Nach Tabelle **12.**44 wird die Beleuchtungsstärke $E = 500$ lx gewählt. Dann ist der zu erzeugende Lichtstrom

$$\Phi = 1{,}25 \cdot \frac{E \cdot A}{\eta} = 1{,}25 \cdot \frac{500\,\text{lx} \cdot 70\,\text{m}^2}{0{,}38} = \mathbf{115\,000\,lm.}$$

Nach Tabelle **12.**12 erzeugt eine 300-W-Glühlampe den Lichtstrom $\Phi_1 = 5000$ lm. Somit ergibt sich die Anzahl n der Lampen aus

$$n = \frac{\Phi}{\Phi_1} = \frac{115\,000\,\text{lm}}{5000\,\text{lm}} = \mathbf{23\ Lampen.}$$

Diese erfordern eine elektrische Leistung von $P = n \cdot P_1 = 23 \cdot 300\,\text{W} = \mathbf{6900\,W}$.

Beispiel 12.2 Der Raum im vorigen Beispiel soll statt mit Glühlampen in der gleichen Art mit 65-W-Leuchtstofflampen, Lichtfarbe neutralweiß, beleuchtet werden. Die Anzahl der Lampen und der Leistungsaufwand sind zu berechnen.

Lösung Nach Tabelle **12.**12 ist $\Phi_1 = 4800$ lm. Dann braucht man

$$n = \frac{\Phi}{\Phi_1} = \frac{115\,000\,\text{lm}}{4800\,\text{lm}} = \mathbf{24\ Lampen.}$$

Da in den Vorschaltdrosseln der Lampen 13 W Verluste entstehen, ergibt sich die Gesamtleistung $P = n \cdot P_1 = 24 \cdot 78\,\text{W} = \mathbf{1872\,W}$. Das ist nur ein Drittel der Leistung bei Glühlampenbeleuchtung. Bei frei brennenden Lampen in nach allen Seiten offenen Leuchten kann mit dem 1,25fachen Wirkungsgrad gerechnet werden. Dann verringert sich die Lampenzahl auf $24 : 1{,}25 \approx 19$ Lampen und die Leistung auf $19 \cdot 78\,\text{W} = 1482\,\text{W}$.

Übungsaufgaben zu Abschnitt 12.3 und 12.4

1. Welcher Unterschied besteht zwischen der Stromleitung in Gasen sowie Metalldämpfen und der Stromleitung in Metallen?
2. Beschreiben Sie die direkte Lichterzeugung beim Stromdurchgang in Gasen und Metalldämpfen (Lichtwirkung des Stroms).
3. Welcher Unterschied besteht zwischen dem Licht einer Glühlampe und dem einer Gasentladungslampe?
4. Warum muß eine Gasentladungslampe mit einem Vorwiderstand betrieben werden?
5. Beschreiben Sie Aufbau, Arbeitsweise und Schaltung einer Leuchtstofflampe.
6. Auf welche Weise kann der Leistungsfaktor von Leuchtstofflampenanlagen verbessert werden?
7. Wie kann man die Flimmerwirkung von Leuchtstofflampen verringern?
8. Welche Wirkung hat monochromatisches Licht?

9. Welche Aufgabe hat die Leuchtstoffschicht bei einer Leuchtstofflampe?
10. Nennen Sie die Aufgaben der beiden Kondensatoren, die in einer Leuchtstofflampen-Schaltung verwendet werden.
11. Beschreiben Sie den stroboskopischen Effekt und die durch ihn hervorgerufene Unfallgefahr.
12. Skizzieren Sie eine Duoschaltung und beschreiben Sie die Funktion der einzelnen Bauteile.
13. Für welche Beleuchtungszwecke sind Metalldampf-Entladungslampen besonders geeignet? Welche Vor- und Nachteile haben sie?
14. Welche Vor- und Nachteile haben Natriumdampf-Hochdrucklampen gegenüber Natriumdampf-Niederdrucklampen?
15. Beschreiben Sie den Verwendungszweck und Betrieb von Leuchtröhrenanlagen.
16. Wodurch kann Blendung auftreten? Wie lassen sich Blendungen vermeiden?
17. Welche Einflüsse bestimmen den Beleuchtungswirkungsgrad?
18. Die Lichtverteilung kann durch die Form der Leuchte wesentlich beeinflußt werden. Nennen und beschreiben Sie die möglichen Beleuchtungsarten.
19. Das Licht gelangt bei einer überwiegend indirekten Beleuchtung hauptsächlich durch Reflexion an Decken und Wänden auf die Arbeitsfläche. Welchen Einfluß hat das auf die Schattenwirkung?
20. Welche Gesichtspunkte bestimmen die Güte einer Beleuchtung?
21. Auf einer Leuchte finden Sie die Angaben **12.**51. Erläutern Sie ihre Bedeutung.

12.51

12.5 Elektrowärmegeräte

Der Wärmebedarf in Industrie, Gewerbe und Haushalt zum Schmelzen, Glühen, Heizen, Trocknen, Kochen usw. wird oft durch elektrische Energie gedeckt. In den Schmelz- und Heizöfen, Glühöfen, Kochplatten, Heißwasserbereitern usw. muß die erzeugte Wärme dorthin übertragen werden, wo sie gebraucht wird (z. B. vom Heizdraht der Kochplatte zum Inhalt des Kochtopfs).

12.5.1 Möglichkeiten der Wärmeübertragung

Wärme kann durch Wärmeleitung, Wärmestrahlung und Wärmeströmung übertragen werden.

Wärmeleitung. Hierunter versteht man die Fortleitung der Wärme in Körpern, vor allem in festen Körpern. So werden z. B. die Wärme der brennenden Kohle durch die Ofenwandungen nach außen und die Wärme der elektrischen Kochplatte durch den Topfboden auf das Kochgut

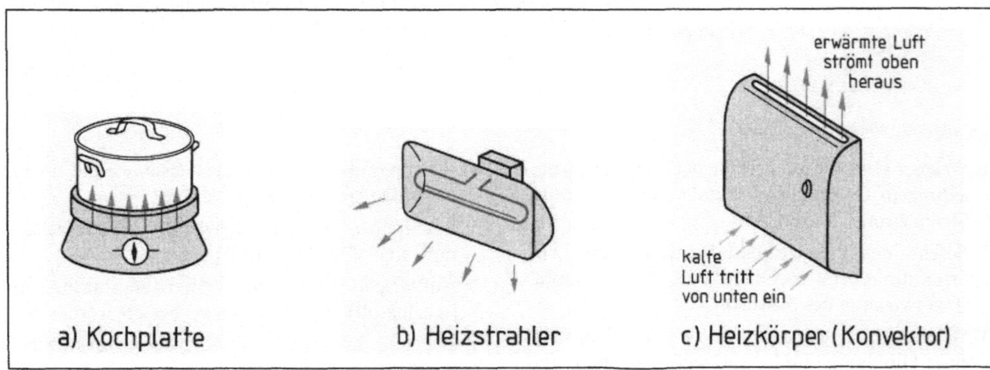

12.52 Wärmeübertragung a) durch Wärmeleitung, b) durch Wärmestrahlung, c) durch Wärmeströmung

geleitet (**12.**52a). Gute Wärmeleiter sind alle Metalle, besonders jedoch diejenigen, die auch den elektrischen Strom gut leiten, also Silber, Kupfer und Aluminium. Schlechte Wärmeleiter sind vor allem die Gase (also auch Luft) und alle porösen Stoffe, also Stoffe mit Lufteinschlüssen (z. B. Holz, Kork, Wolle, Haare, Torf, selbst Schnee). Poröse Stoffe werden verwendet, um die Wärmeabgabe zu verhindern, Glaswolle z. B. zur Wärmeisolation bei Warmwasserspeichern.

Wärmestrahlung ist eine Form der Wärmeübertragung, bei der kein stofflicher Wärmeträger mitwirkt; sie erfolgt also auch im luftleeren Raum. Durch Strahlung dringt z. B. die Wärmeenergie der Sonne zur Erde. Die Wirkung der Wärmestrahlung spüren wir, wenn wir die Hand in die Nähe eines glühenden Körpers halten: die Hand wird dann unmittelbar von dem strahlenden Körper erwärmt. Würde ihr die Wärme von der umgebenden Luft durch Wärmeleitung zugeführt, müßte die Wärmeempfindung auch noch spürbar sein, kurz nachdem wir den glühenden Körper weggenommen oder gegen die Hand abgeschirmt haben. Das ist aber nicht der Fall. Die Wärmestrahlung wird zur Wärmeübertragung bei Heizsonnen, Strahlöfen usw. ausgenutzt (**12.**52b).

Wärmestrahlung ist wie das Licht und die Wellen der Funktechnik eine elektromagnetische Strahlung mit den Wellenlängen der Infrarotstrahlung, d. h. sie hat eine größere Wellenlänge als die rote Lichtstrahlung (s. Abschn. 12.1.1). Wenn die Strahlen auf einen Körper auftreffen, werden sie dort mehr oder weniger absorbiert (verschluckt). Reflektierende (spiegelnde) Flächen werfen die Wärmestrahlen jedoch, ähnlich wie Lichtstrahlen, zurück. Dabei absorbiert die reflektierende Oberfläche selbst um so weniger Wärme, je glatter sie ist. Deshalb haben elektrische Wärmestrahlgeräte einen polierten Metallreflektor, der die Wärmestrahlen in eine bestimmte Richtung lenkt, so wie der Reflektor eines Scheinwerfers die Lichtstrahlen.

Wärmeströmung (Konvektion) kommt zustande, wenn der erwärmte Stoff in Bewegung gerät und so die Wärme weiterträgt. Dazu sind aber nur Gase und Flüssigkeiten in der Lage. Beispiele: Zimmerluft erwärmt sich am heißen Ofen und steigt nach oben, kalte Luft strömt vom Fußboden her nach. Bei der Warmwasserheizung strömt die im Heizkessel erzeugte Wärme mit dem umlaufenden Wasser in die Heizkörper und wird dann über die Heizkörperwandungen auf die Zimmerluft übertragen (**12.**52c).

Versuch 12.2 Die Wärmeströmung wird sichtbar, wenn man in ein mit Wasser gefülltes Glasgefäß einige nasse Sägespäne wirft und das Wasser mit einem Tauchsieder erhitzt. Man sieht dann an der Bewegung der Sägespäne, wie sich das am Tauchsieder durch Wärmeleitung erwärmte Wasser nach oben bewegt und von unten her kaltes Wasser nachströmt. ■

> Wärme kann durch Leitung, Strahlung und Strömung übertragen werden.

12.5.2 Steuerungs- und Regelungseinrichtungen für Elektrowärmegeräte

Bei Elektrowärmegeräten ist es oft erwünscht, daß die Temperatur durch einen Stellschalter oder einen Regler auf bestimmte Werte eingestellt wird oder daß sich das Gerät nach Erreichen einer bestimmten Temperatur selbsttätig abschaltet. Hierfür kommen in Frage:

- Stufenschalter als Stellschalter für Heiz- und Kochgeräte,
- Temperaturbegrenzer für Boiler und Heizkissen,
- Temperaturregler (Thermostaten) für Bügeleisen, Schnellkochplatten, Heißwassergeräte usw.,
- Leistungsregler für Kochplatten.

Steuern und Regeln. Betriebszustände von Geräten, Maschinen und Anlagen (z. B. Temperaturen, Drehzahlen, elektrische Ströme), kann man durch Steuern oder Regeln beeinflussen (s. Abschn. 11).

Unter Steuern versteht man die Beeinflussung der zu ändernden Größe durch Betätigen eines Steuergeräts.

Die Steuerung kann in Stufen durch einen Stellschalter oder stufenlos durch einen Stellwiderstand erfolgen. Beispiele: Mit dem Stufenschalter eines elektrischen Heizofens wird der Heizstrom und damit die Heizleistung in Stufen gesteuert. Mit einem Spannungsteiler wird die Lampenhelligkeit stufenlos gesteuert.

Regeln ist ein Vorgang, bei dem die zu beeinflussende Größe durch einen meist selbstätigen Regler auf einen bestimmten Wert, dem Sollwert, gehalten wird. Dieser kann häufig mit einem Vorwähler eingestellt werden.

Beispiel 12.3 Die Temperaturregeleinrichtung eines Heißwassergeräts regelt die Wassertemperatur durch selbsttätiges Ein- und Ausschalten des Heizstroms auf den vorher am Temperaturwähler eingestellten Sollwert. Für die Temperaturbegrenzung und -regelung werden hauptsächlich der Bimetall-, der Invarstab- und der Flüssigkeitsregler verwendet.

Bimetallregler. Zwei Blechstreifen aus Werkstoffen mit unterschiedlicher Wärmeausdehnung sind aufeinandergeschweißt („Bi" bedeutet doppelt). Ein solcher Blechstreifen krümmt sich, wenn man ihn genügend großen Temperaturänderungen aussetzt. Bei Erwärmung biegt er sich nach der Seite des Bleches mit der kleineren Wärmeausdehnung. Die dabei auftretende Kraft kann man zum Öffnen oder Schließen eines Schaltorgans nutzen. Macht man im Bimetallregler den Abstand a (im Ruhezustand des Bimetalls) veränderlich, läßt sich innerhalb eines bestimmten Bereichs die Temperatur einstellen, bei der der Sprungschalter betätigt wird (**12**.53). Beim Temperaturregler (Thermostat) wird das Bimetall durch die Temperatur am Einbauort erwärmt. Beim Leistungsregler geschieht es mit Hilfe einer Heizwendel, die entweder isoliert auf dem Bimetall selbst oder unmittelbar daneben angeordnet ist.

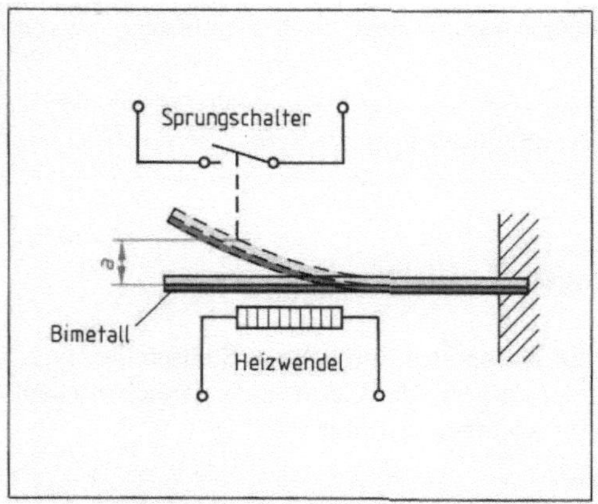

12.53 Bimetallregler im Ruhezustand und nach Erwärmung (gestrichelt). Eine besondere Heizwendel ist nur beim Leistungsregler erforderlich.

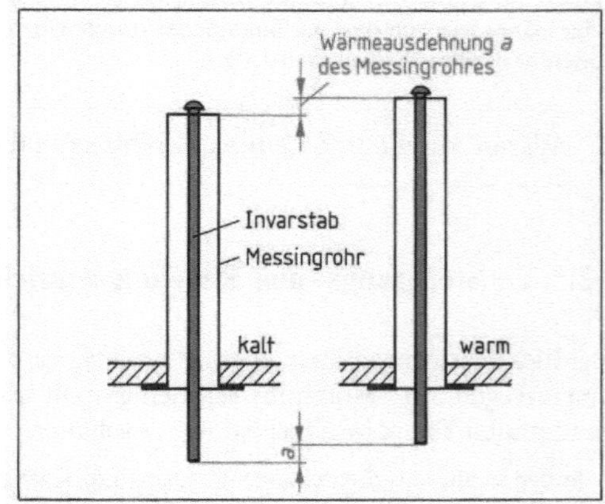

12.54 Invarstabregler (Maß a vergrößert dargestellt)

Invarstabregler (12.54). Die Bezeichnung Invar ist von „invariabel" (unveränderlich) abgeleitet. Der Invarstab besteht aus einer Metallegierung mit sehr kleiner Wärmeausdehnung. Er ist mit einem Ende in einem Rohr aus Kupfer oder Messing (Metallen mit viel größerer Wärmeausdehnung) befestigt. Erwärmt sich das Rohr, wird es länger, nicht aber der Invarstab, so daß dieser den Weg *a* zurücklegt, der (ähnlich wie die Biegung des Bimetalls) dazu benutzt wird, über eine Hebelübertragung einen Schalter zu betätigen (**12**.67). Man kann mit dem Invarstab größere Kräfte als mit dem Bimetall erzeugen. Verwendet wird er als Temperaturregler in Heißwasserspeichern und Backöfen sowie zur Betätigung von Temperaturbegrenzungsschaltern in Boilern.

Die Wärmeausdehnung allein eines Metallstabs mit üblicher Wärmeausdehnung (z. B. Kupfer oder Messing) ließe sich dann für die Betätigung eines Schalters nutzen, wenn sich das in Bild **12**.67 dargestellte Hebelsystem und der Schalter selbst nicht mit erwärmten. Aus konstruktiven Gründen liegen diese Teile bei den genannten Wärmegeräten aber so nahe bei den Heizquellen, daß sie sich fast im gleichen Maße wie der Stab erwärmen und ausdehnen. Daher käme bei Verwendung allein eines Stabs aus gewöhnlichem Metall keine ausreichende Bewegung zwischen Stab und Schalter zustande.

Flüssigkeitsregler (**12**.55). Er wird vielfach in Warmwasserbereitern verwendet. Ein Kapillarrohr ist an einem Ende mit einer Membran abgeschlossen. Am anderen, ebenfalls geschlossenen Ende befindet sich – wie bei einem Flüssigkeitsthermometer – der Temperaturfühler in dem aufgeweiteten Kapilarrohr. Das Rohr ist mit einer Flüssigkeit gefüllt, die sich bei Temperaturerhöhung im Temperaturfühler ausdehnt und die Membran am anderen Rohrende nach außen drückt. Durch diese Membranbewegung wird ein Sprungschalter betätigt.

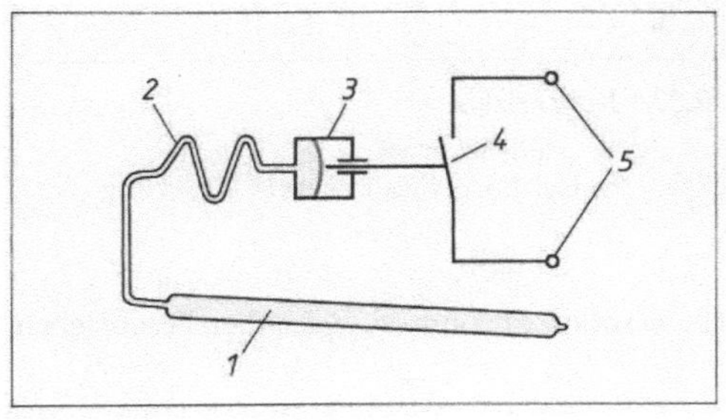

a)

b)

12.55 Flüssigkeitsregler
a) Schema, b) technische Ausführung
1 Ausdehnungsgefäß mit Temperaturfühler
2 Kapillarrohr
3 Druckdose mit Membran
4 Sprungschalter
5 Anschlüsse

12.5.3 Haushaltswärmegeräte

Bei elektrischen Haushaltsgeräten unterscheidet man

- Raumheizgeräte (z. B. Heizstrahler, Heizlüfter, Radiatoren, Speicherheizgeräte),
- Kochgeräte (z. B. Einzel- und Doppelkochplatten, Backöfen, Herde),
- Heißwassergeräte (z. B. Speicher, Boiler, Durchlauferhitzer; auch Geschirrspüler und Waschmaschinen enthalten Aufheizeinrichtungen für Wasser),
- Sonstige Geräte (z. B. Tauchsieder, Heizkissen, Wasserkocher, Brotröster, Kaffeemaschinen, Wäschetrockner, Bügeleisen).

Die im Haushalt verwendeten Geräte nutzen alle die Stromwärme, d.h. die Wärmeentwicklung in stromdurchflossenen Widerstandsdrähten, den Heizleitern. Als Heizleiter verwendet man Drähte und Bänder aus besonderen Widerstandslegierungen. Meist handelt es sich dabei um Chrom-Nickel-, Chrom-Nickel-Eisen- oder Aluminium-Chrom-Eisen-Legierungen mit großem spezifischen Widerstand und hoher Temperaturbeständigkeit, die in DIN 17470 genormt sind. Die Heizleiter werden auf temperaturbeständigen Isolierteilen aus Glimmer, Mikanit, Steatit oder Schamotte aufgewickelt oder in Isoliermassen (z.B. Magnesiumoxid) eingebettet. Die häufigste Heizkörperform ist die aus Draht gewickelte Wendel, die isoliert in Metallrohre einebettet wird (**12.**56). Diese Rohrheizkörper werden nach Anwendungsbedarf in die gewünschte Form gebogen (**12.**57). Außerdem verwendet man Stäbe aus Siliciumcarbid.

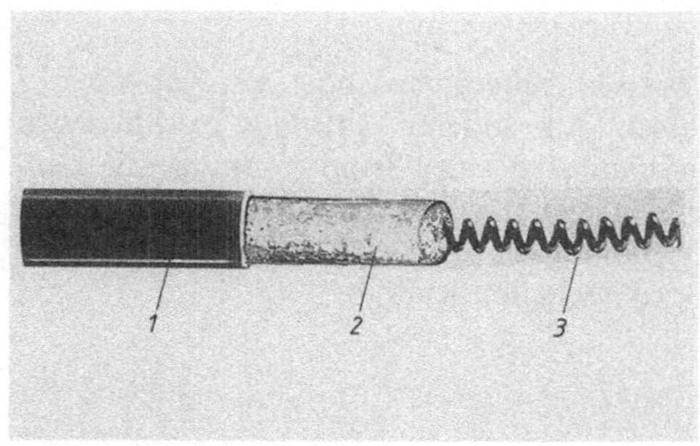

12.56 Rohrheizkörper
1 Heizwendel
2 Isoliermasse (Magnesiumoxid)
3 Rohrmantel

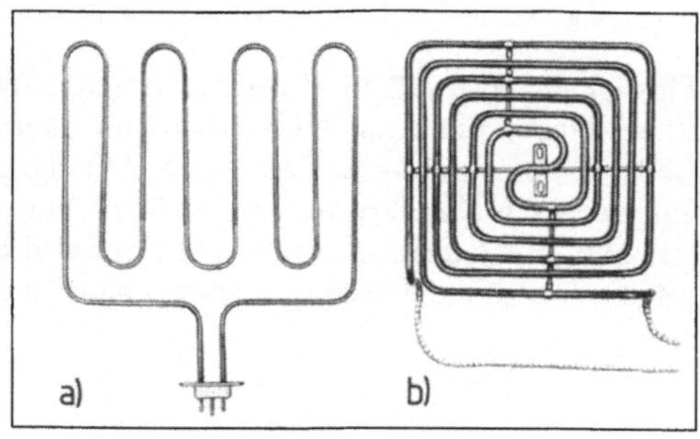

12.57 Rohrheizkörper
a) Grillheizkörper
b) Heizkörper für indirekte Beheizung

Von den vielen verschiedenen Haushaltswärmegeräten sollen hier nur einige näher beschrieben werden.

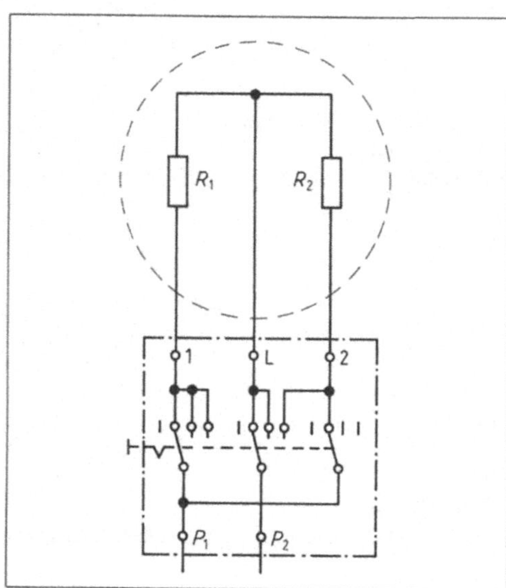

12.58 Viertaktschaltung einer Kochplatte

Kochplatten

Es gibt drei genormte Plattengrößen mit den Durchmessern 145 mm, 180 mm und 220 mm.

Standardkochplatten werden mit den Nennleistungen 1000 W, 1500 W und 2000 W hergestellt. Einfache Ausführungen haben zwei Heizleiter, die mit Hilfe eines Viertakt-Stufenschalters in drei Leistungsstufen geschaltet werden können (**12.**58). Verbreiteter ist die Siebentaktschaltung. Hier ist die eingebaute Heizwicklung in drei Widerstandsabschnitte unterteilt und läßt sich in sechs Leistungsstufen schalten. Hinzu kommt die Aus-Schaltstufe des Schalters.

Schnellkochplatten. Heute haben Elektroherde mindestens eine Schnellkochplatte (Blitzkochplatte, **12.59**). Sie ist durch einen roten Punkt gekennzeichnet und hat eine um 500 bis 600 W höhere Heizleistung als die Standardplatte. Dadurch verkürzt sie die Ankochzeit. Bild **12.60** zeigt den Schaltplan einer Schnellkochplatte mit Siebentaktschaltung und einem Überhitzungsschutz (Protektor). Dieser Bimetallschalter dient als Temperaturwächter, der bei Schaltstufe 6 einen der drei Heizleiter (R_1) abschaltet (taktet), sobald sich die Platte unzulässig erwärmt ($\approx$ 500 °C). Die Schaltungen der drei Heizleiter R_1, R_2 und R_3 in den Schalterstellungen 6 bis 1 zeigen die Ersatzschaltpläne **12.61**.

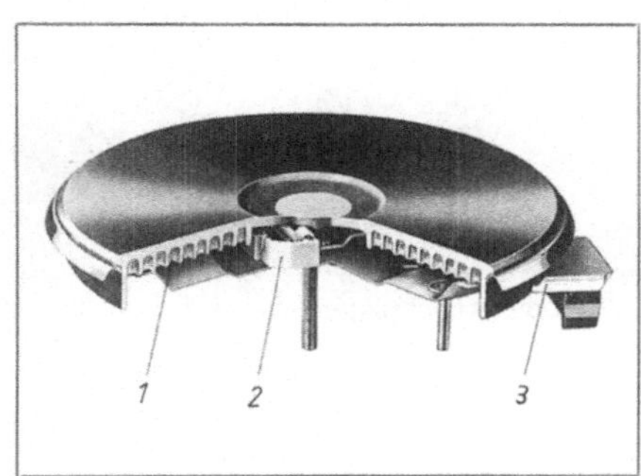

12.59 Schnellkochplatte mit eingebautem Überhitzungsschutz (Protektor)
1 Heizleiter
2 Überhitzungsschutz
3 Anschlußstein

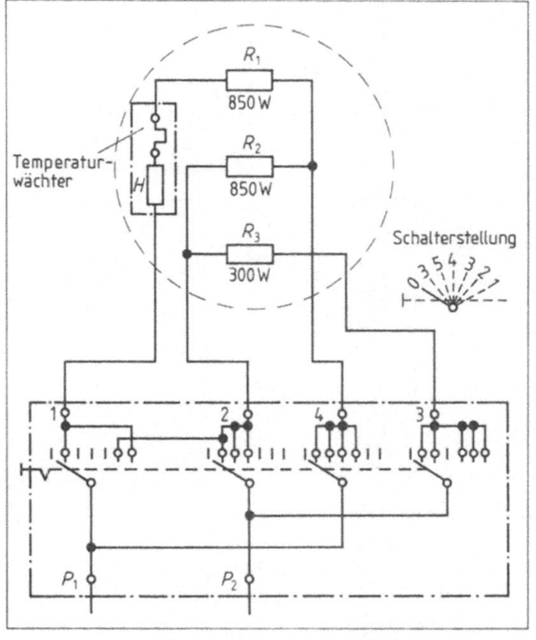

12.60 Siebentaktschaltung einer Kochplatte mit Temperaturwächter (*H* Heizwiderstand des Bimetallschalters)

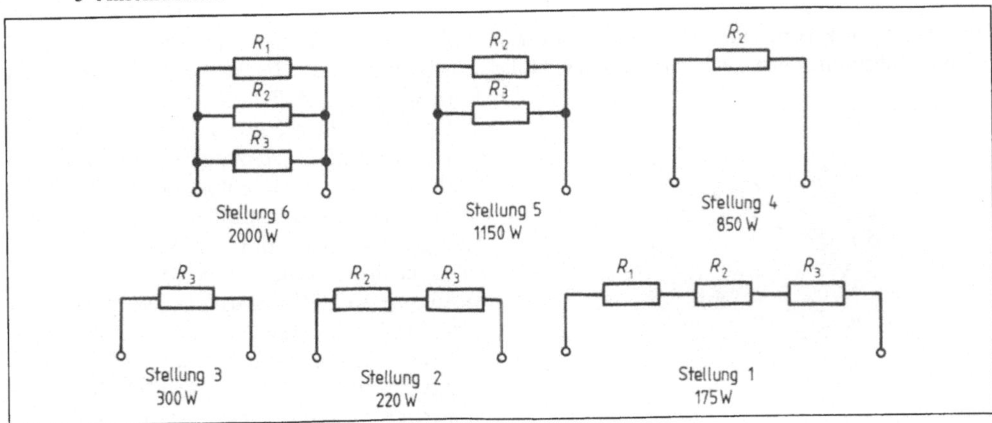

12.61 Ersatzschaltpläne der Heizleiter R_1, R_2, R_3 in der Siebentaktschaltung für die Schalterstellung 1 bis 6

Bei der Energiereglerschaltung wird die mittlere Heizleistung einer Schnellkochplatte stufenlos durch Takten, d. h. periodisches Ein- und Ausschalten verändert. Mit einem Vorwähler läßt sich die dem Wärmebedarf entsprechende Temperatur einstellen (**12**.62). Die Regelung wirkt dadurch, daß ein Bimetall im Regler durch einen besonderen Heizwiderstand beheizt und dadurch ein Steuerkontakt geöffnet oder geschlossen wird.

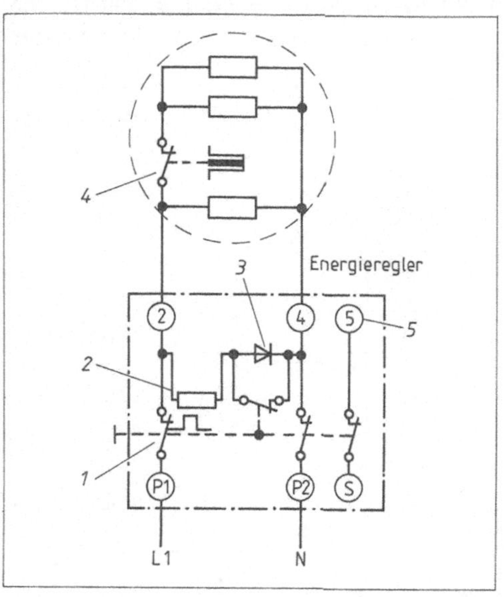

12.62 Energiereglerschaltung einer Kochplatte
1 Steuerkontakt mit Bimetall
2 Heizwiderstand für Bimetall
3 Diode mit Überbrückungskontakt
4 Invarstabregler
5 Anschluß für Betriebsanzeigelampe

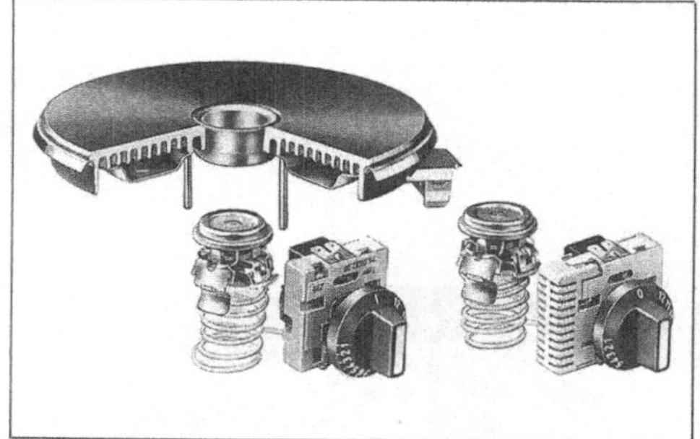

12.63 Automatikkochplatte

Automatikkochplatten (**12**.63) haben in der Mitte einen Wärmefühler, der die Temperatur des Topfbodens überwacht. Der Fühler sitzt am Ende des Kapillarrohrs eines Flüssigkeitsreglers, mit dem sich die Temperatur einstellen läßt (**12**.55).

Strahlheizkörper verwendet man für Glaskeramik-Kochflächen (**12**.64). In einem nach oben offenen Blechteller mit einer thermischen Isolierschicht liegen die Heizkörper in keramischen Formstücken, so daß die Wärme nur nach oben abgegeben werden kann. Als Heizkörper dienen Heizspiralen, Heizrohre oder Halogenstrahler, aber auch Kombinationen aus Heizspiralen und Halogenstrahlern. Der Vorteil der Halogenstrahler ist, daß die Wärme praktisch sofort nach dem Einschalten in voller Höhe zur Verfügung steht (Blitzstrahlheizkörper). Man stellt Strahlheizkörper mit den Durchmessern 140 mm, 180 mm und 210 mm und den Leistungen 1200 W, 1700 W und 2100 W für die Steuerung mit Siebentaktschaltern und für stufenlose Leistungssteuerung her. Üblich sind

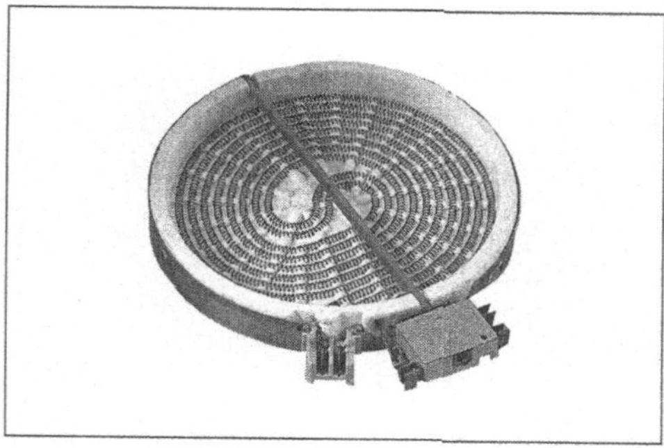

12.64 Strahlheizkörper

auch Zweikreis-Strahlheizkörper. Hier kann man zu einer Grundkochzone einen weiteren Heizkreis hinzuschalten. So ergibt sich eine Kochzone mit größerem Durchmesser oder mit einer ovalen bzw. rechteckigen Form (**12.65**).

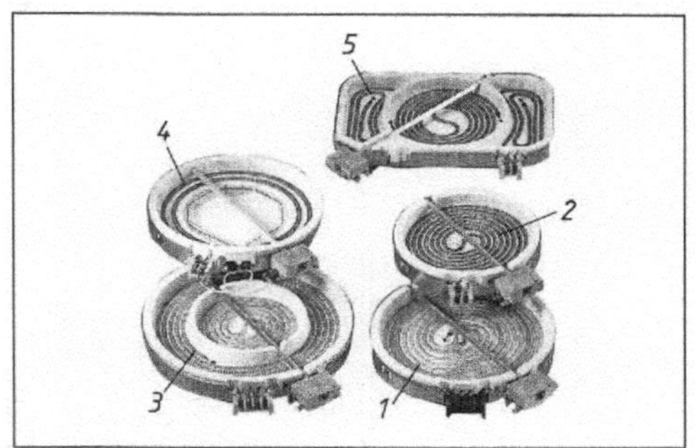

12.65 Verschiedene Strahlheizkörper
1 Siebentakt-Strahlheizkörper
2 Einkreis-Strahlheizkörper
3 Zweikreis-Strahlheizkörper, rund
4 Zweikreis-Strahlheizkörper mit Halogenstrahler
5 Zweikreis-Strahlheizkörper, rechteckig

Warmwasserbereiter

Warmwasserspeicher sind wärmeisolierte Wasserbehälter mit elektrischer Heizung. Verbreitet ist vor allem der offene (drucklose) Speicher (**12.66**), beheizt durch eine Art Tauchsieder. Das Wasser wird auf die am Temperaturwähler eines Reglers eingestellte Temperatur (höchstens 85 °C) erhitzt. Wird diese Temperatur überschritten, schaltet der Regler (z. B. ein Invarstabregler) die Heizung durch Kippen einer Quecksilberschaltröhre oder Betätigen eines Sprungschalters ab (**12.67**). Der Regler hat einen Temperaturwähler *1*, der eine Hebelanordnung *2* so verstellt, daß die Quecksilberschaltröhre *4* den Strom bei höherer Wassertemperatur abschaltet und bei niedrigerer wieder einschaltet.

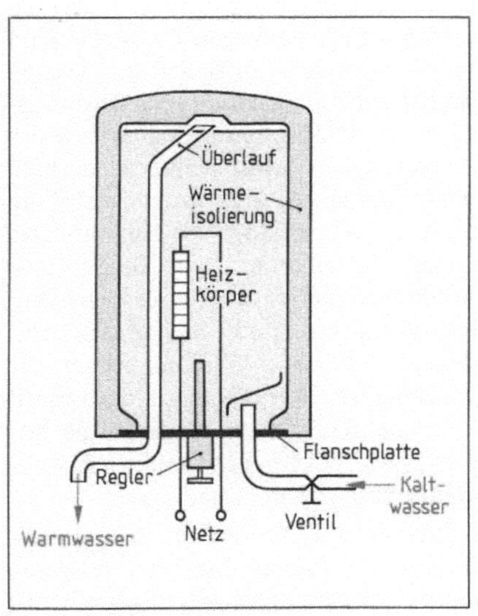

12.66 Warmwasserspeicher

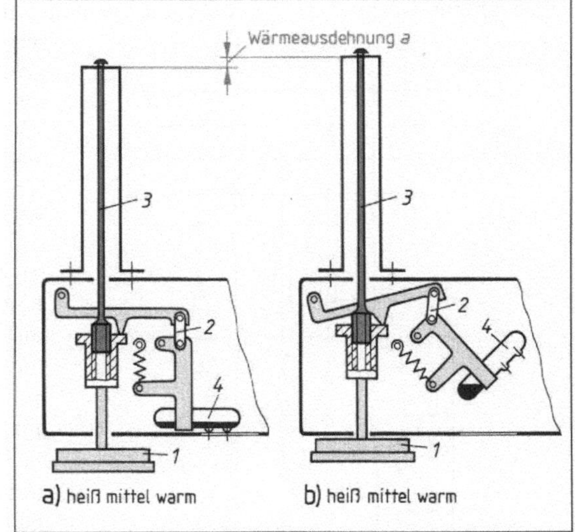

12.67 Temperaturregler eines Warmwasserspeichers Heizelement durch Quecksilberschaltröhre
a) eingeschaltet, b) ausgeschaltet
1 Temperaturwähler
2 Hebelanordnung
3 Invarstab
4 Quecksilberschaltröhre

Warmes Wasser wird dem Speicher entnommen, indem man durch Öffnen des Wasserleitungs-Absperrventils unten kaltes Wasser zufließen läßt (**12.66**). Hierdurch wird das warme Wasser bis zum Überlauf gehoben. Dort fließt immer so viel warmes Wasser ab, wie kaltes Wasser unten einströmt. Das Absperrventil sperrt den Wasserleitungsdruck vom Kessel ab. Diese offenen

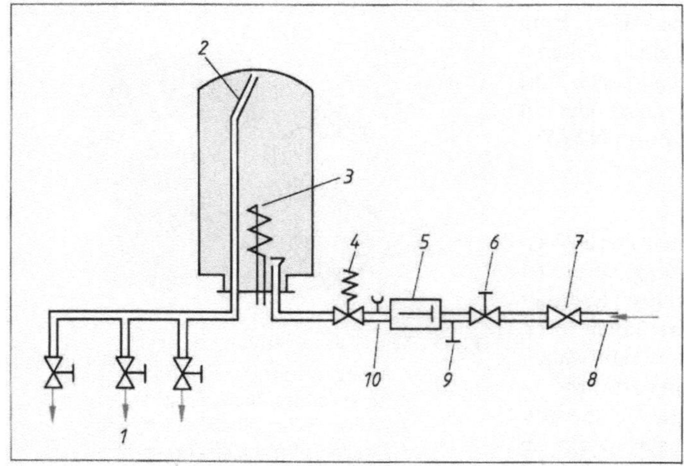

12.68
Geschlossener Warmwasserspeicher
1 Zapfstellen
2 Wasseraustritt
3 Heizkörper
4 Sicherheitsventil
5 Rückflußverhinderer
6 Absperrhahn
7 Druckminderer
8 Kaltwasserzufluß
9 Prüfventil
10 Manometeranschluß

Speicher sind daher drucklose Speicher. Die Wärmeisolierung bewirkt, daß sich das aufgeheizte Wasser nur sehr langsam abkühlt, die am Regler eingestellte Temperatur also durch kurze Heizzeiten gehalten wird (Takten). Speicher gibt es für 5 bis 120 l Fassungsvermögen mit 2 bis 9 kW Heizleistung, Standspeicher bis 600 l. Die zweckmäßige Größe richtet sich z. B. danach, ob nur ein Waschbecken oder auch die Küche und das Bad mit heißem Wasser versorgt werden sollen. Offene Warmwasserspeicher eignen sich nur zur Versorgung einer einzigen Zapfstelle. Sind mehrere Warmwasser-Zapfstellen zur versorgen, braucht man geschlossene Warmwasserspeicher, die ständig unter dem Druck des Wassernetzes stehen. Man nennt sie deshalb auch „Druckspeicher". Wegen der Auslegung für Drücke bis 6 bar haben sie ein stabileres Wassergefäß und erfordern zum Betrieb eine besondere Sicherheitsgruppe aus Absperrhahn, Rückflußverhinderer und Sicherheitsventil. Außerdem sind eine Anschlußmöglichkeit für einen Druckmesser (Manometer) und ein Ventil zur Prüfung des Rückflußverhinderers, bei hohen Netzwasserdrücken auch noch ein Druckminderventil vorzusehen (**12.**68).

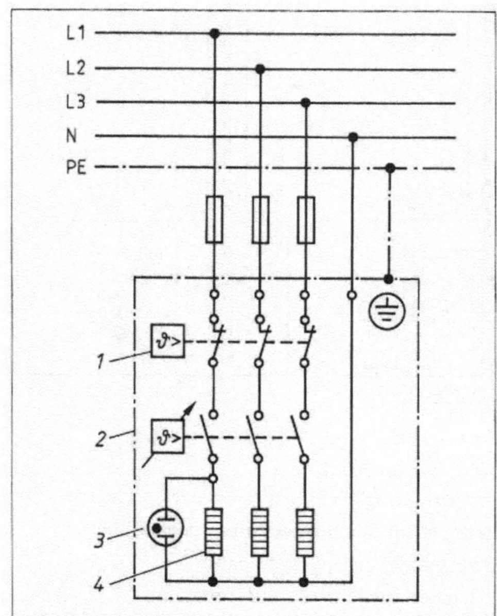

12.69 Schaltung eines Einkreisgeräts
1 Sicherheitstemperaturbegrenzer
2 Temperaturwähler
3 Betriebsanzeigelampe
4 Heizwiderstände

Es gibt Ein- und Zweikreisgeräte, d.h. mit einem oder zwei Heizkreisen. Mit Zweikreisgeräten kann man den günstigen Niedrigtarif (NT) bei Betrieb mit Nachtstrom ausnutzen. Weil dann die gesamte Niedrigtarifzeit (Schwachlastzeit) zur Verfügung steht, genügt eine kleinere Heizleistung. Bild **12.**69 zeigt die Schaltung eines Einkreisspeichers. Außer dem Temperaturwähler zum Einstellen der gewünschten Wassertemperatur ist ein Sicherheitstemperaturbegrenzer vorgeschrieben, der das Gerät beim Erreichen einer unzulässig hohen Temperatur (110 °C) allpolig abschaltet.

Boiler unterscheiden sich von Speichern dadurch, daß sie keine Wärmeisolation haben, also Warmwasser nicht speichern. Sie werden daher erst kurz vor der Wasserentnahme aufgeheizt. Nach Erreichen der zwischen 35 bis 85 °C einstellbaren Temperatur schaltet ein Temperaturbegrenzer den Strom ab. Er muß für einen weiteren Aufheizvorgang von Hand wieder eingeschaltet werden. Boiler eignen sich z. B. zur Warmwasserbereitung für ein Wannenbad. Kleine Boiler sind als Kochendwassergeräte auf dem Markt. Sie erhitzen kleine Wassermengen bis 5 l bis zum Kochen.

Durchlauferhitzer erhitzen aufgrund ihrer hohen Heizleistung – in leistungsfähigen Energieversorgungsnetzen bis zu 24 kW und mehr – das Wasser während des Durchströmens. Dadurch können sie sofort und fortlaufend heißes Wasser liefern. Die Temperatur des auslaufenden Wassers hängt von der Heizleistung und der Durchströmgeschwindigkeit ab. Sie läßt sich durch Einstellen der Durchströmmenge verändern. Die Geräte werden hydraulisch gesteuert oder thermisch geregelt. Für 40 °C warmes Wasser ergibt sich als Durchschnittswert

- bei 18 kW Heizleistung etwa 9 l/min,
- bis 24 kW Heizleistung etwa 12 l/min.

Wie bei Speichern ist oft noch ein wärmeisolierter Kessel vorhanden, der jedoch wesentlich kleiner ist als dort (Durchlaufspeicher). Ein Temperaturbegrenzer schaltet die Heizung bei 85 °C ab. Das heiße Wasser wird durch Betätigen des Auslaßventils entnommen. Der Kessel steht unter vollem Wasserleitungsdruck; er muß daher ein Druck-Sicherheitsventil haben.

Vor dem Anschluß leistungsstarker Geräte muß die Zustimmung des Energieversorgungsunternehmens eingeholt werden.

Elektroheizung

Eine direkte Raumheizung ist mit Infrarotstrahlern (s. Wärmestrahlung, S. 391) oder mit Konvektoren möglich (s. Wärmeströmung, S. 391). Beide geben die Wärme während der Einschaltzeit ab. Speicherheizgeräte speichern dagegen die Wärme und geben sie später wieder ab. So läßt sich der günstige Tarif während der Schwachlastzeiten ausnutzen. Den Aufbau eines Speicherheizgeräts zeigt Bild **12.**70.

Die Wärme wird in einem Kern aus Magnetisitsteinen gespeichert, die in den günstigen Schwachlastzeiten von Rohrheizkörpern oder Heizspiralen auf etwa 600 °C aufgeheizt werden (Aufladung). Für die Wärmeabgabe am Tage wird mit einem Ventilator kalte Raumluft angesaugt, durch Luftkanäle des Speicherkerns hindurchgeblasen und an den Raum abgegeben (Entladung). Spezielle Luftführungen (Bypaß) garantieren, daß die Temperatur der austretenden Luft bestimmte ungefährliche Grenzwerte nicht überschreitet. Damit die Oberflächentemperatur des Geräts nicht zu hoch wird und die Wärmeabgabe nicht zu schnell verläuft, ist der Speicherkern mit einer Wärmedämmung umgeben.

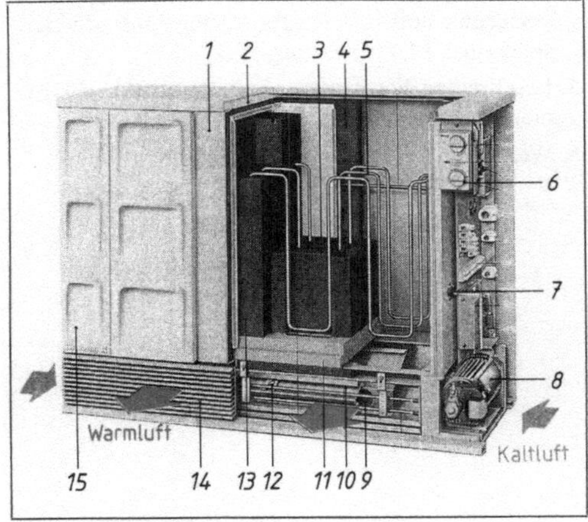

12.70 Speicherheizgerät
1 Stahlblechgehäuse
2 Glasfaser-Wärmedämmung
3 Luftkanal
4 Mineralfaser-Wärmedämmung
5 Heizwiderstände
6 Übertemperaturbegrenzer
7 Temperaturwächter Zusatzheizung
8 Tangentialventilator
9 Luftausblasöffnung
10 Luftmischklappe (Bypaß)
11 Bodenisolierung
12 Bimetallfeder
13 Speicherkern
14 Luftaustrittsgitter
15 Verkleidung

Andere Möglichkeiten bieten die Warmwasser-Zentralspeicherheizung mit Wärmespeicherung in einem Feststoffspeicher oder einem Wasserspeicher und die elektrische Fußbodenheizung. Diese gibt die Wärme von den im Estrich verlegten Heizelementen über die Fußbodenoberfläche an den Raum weiter (Fußboden-Speicherheizung und Fußboden-Direktheizung).

Außerdem wird die Elektroheizung im Haushalt und Gewerbe in vielen anderen Klein- und Großgeräten ausgenutzt, z. B. in Kaffeeautomaten, Waschmaschinen und Geschirrspülmaschinen. Aus beiden Bereichen ist die Elektrowärme nicht mehr wegzudenken, da sie sich leicht erzeugen läßt und die Elektrowärmegeräte einfach zu steuern oder zu regeln sind.

Übungsaufgaben zu Abschnitt 12.5

1. Erläutern Sie die Möglichkeiten der Wärmeübertragung und nennen Sie Beispiele für die Anwendung.
2. Beschreiben Sie die Viertakt- und die Siebentaktschaltung einer Kochplatte.
3. Zum Erwärmen von Wasser verwendet man Boiler und Speicher. Beschreiben Sie die Unterschiede dieser Warmwasserbereiter.
4. Erläutern Sie die Merkmale der Temperatursteuerung und der Temperaturregelung am Beispiel eines Elektrowärmegeräts.
5. Beschreiben Sie Aufbau und Funktion eines Bimetallreglers.
6. Wie ist ein Flüssigkeitsregler aufgebaut?
7. Beschreiben Sie die Wirkungsweise eines Invarstabreglers.
8. Erläutern Sie den Unterschied zwischen einem offenen und einem geschlossenen Speicher.
9. Welchen Vorteil haben Zweikreisgeräte?
10. Kennzeichnen Sie den Unterschied zwischen einem Gerät zur direkten Raumheizung und einem Speicherheizgerät.
11. Beschreiben Sie den Aufbau eines Speicherheizgeräts.
12. Beschreiben Sie die Wirkungsweise eines Durchlauferhitzers.

13 Elektrische Anlagen

13.1 Bestimmungen für das Errichten von Starkstromanlagen bis 1000 V

Elektrische Starkstromanlagen erfordern Maßnahmen, die Leben und Gesundheit von Personen und Nutztieren schützen sowie Sachschäden durch Brände verhindern. Der Verband Deutscher Elektrotechniker e.V. (VDE) – 1893 in Berlin von führenden Männern der deutschen Elektrotechnik gegründet – hat entsprechende Vorschriften geschaffen. Sie betreffen die zweckmäßige Gestaltung von Geräten und Leitungen sowie die sachgemäße Errichtung, Pflege und Instandsetzung elektrischer Anlagen. Die Festlegungen des VDE-Vorschriftenwerks müssen dem Fachmann vertraut sein und von ihm sorgfältig beachtet werden.

VDE-Bestimmungen enthalten für den Elektro-Fachmann verbindliche sicherheitstechnische Festlegungen für das Errichten und Betreiben elektrischer Anlagen sowie für die Herstellung und den Betrieb elektrischer Betriebsmittel. Seit einigen Jahren arbeiten das Deutsche Institut für Normung e.V. (DIN) und der Verband Deutscher Elektrotechniker (VDE) eng zusammen. Die gemeinsame Deutsche Elektrotechnische Kommission (DEK) gibt überarbeitete und neue Bestimmungen als DIN VDE-Normen heraus. Besonders wichtig für Elektroinstallationen sind

- **DIN VDE 0100:** Errichten von Starkstromanlagen mit Nennspannungen unter 1000 V,
- **DIN VDE 0105:** Betrieb von Starkstromanlagen,
- **VDE 0190:** Bestimmungen für das Einbeziehen von Rohrleitungen in Schutzmaßnahmen von Starkstromanlagen mit Nennspannungen bis 1000 V (noch nicht überarbeitet, daher keine DIN-Nr.).

VDE-Leitlinien enthalten ebenfalls sicherheitstechnische Festlegungen, räumen aber dem Anwender einen größeren Ermessensspielraum für eigenverantwortliches Handeln ein (z. B. beim zusätzlichen Schutz beim direkten Berühren in Wohnungen).

Daneben gibt es VDE-Merkblätter und -Schriften.

VDE-Merkblätter geben Ratschläge für ein bestimmtes Anwendungsgebiet der VDE-Bestimmungen, z. B. für die Bekämpfung von Bränden in elektrischen Anlagen.

VDE-Schriften informieren über Aufgaben des VDE und enthalten ausführliche Erläuterungen zu einzelnen VDE-Bestimmungen.

Prüf- und Sicherheitszeichen. Geprüfte und zugelassene Geräte tragen entweder das VDE-Prüfzeichen (**13.**1 a bis c) oder das Sicherheitszeichen für technische Arbeitsmittel (**13.**1d). Sie genügen den Anforderungen, die das „Gesetz über technische Arbeitsmittel" (Gerätesicherungsgesetz) vom 24. 6. 1968 stellt. Leitungen enthalten entweder den rotschwarzen Kennfaden und einen Firmenkennfaden oder – bei kunststoffisolierten Leitungen – den Aufdruck ⟨VDE⟩ und das Firmenzeichen. Neuartige Geräte und Leitungen werden zunächst probeweise zugelassen. Leitungen erhalten dann einen rot-schwarz-gelben Kennfaden bzw. den Aufdruck ⟨VDE PR⟩, Geräte im VDE-Prüfzeichen den Zusatz PR.

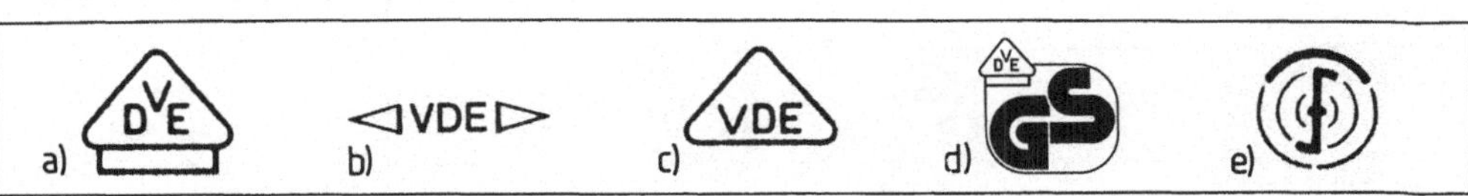

13.1 Prüf- und Sicherheitszeichen

a) VDE-Prüfzeichen, b) VDE-Kabelkennzeichen, c) VDE-Elektronikprüfzeichen, d) Sicherheitszeichen, e) zusätzlich: Funkschutzzeichen

Im folgenden sind die wichtigsten in DIN VDE 0100 festgelegten Bestimmungen sinngemäß wiedergegeben.

Die VDE-Bestimmungen sind die wichtigsten Vorschriften für elektrische Anlagen.

13.1.1 Elektrische Betriebsmittel

Schutzarten. Elektrische Betriebsmittel sind alle Mittel, die dem Erzeugen, Fortleiten, Verteilen und Anwenden elektrischer Energie dienen. Installationsgeräte und Verbrauchsgeräte müssen in ihrer konstruktiven Ausführung einer der in Tabelle **13.**2 erläuterten Schutzarten entsprechen, wenn der verlangte Schutz über den Berührungsschutz hinausgeht.

Tabelle **13.**2 **Schutzarten für Installationsgeräte und Verbrauchsgeräte,** die über den Schutz gegen Berührung hinausgehen (DIN VDE 0710), in Klammer entsprechende Kurzzeichen nach DIN 40050

Schutzart	Schutzumfang	Kurzzeichen
abgedeckt	kein Wasserschutz (IP 30)	—
tropfwassergeschützt	Schutz gegen hohe Luftfeuchte, Wrasen und senkrecht fallende Wassertropfen (IP 31)	🌢
regengeschützt	Schutz gegen von oben unter Winkeln bis zu 30° über der Waagerechten auftreffende Wassertropfen (IP 33)	⊡
spritzwassergeschützt	Schutz gegen aus allen Richtungen auftreffende Wassertropfen (IP 54)	△
strahlwassergeschützt	Schutz gegen aus allen Richtungen auftreffenden Wasserstrahl (IP 55)	△ △
wasserdicht	Schutz gegen Eindringen von Wasser ohne Druck (IP 67)	🌢🌢
druckwasserdicht	Schutz gegen Eindringen von Wasser unter Druck (IP 68)	🌢🌢... bar
staubgeschützt	Schutz gegen Eindringen von Staub ohne Druck (IP 50)	⋇
staubdicht	Schutz gegen Eindringen von Staub unter Druck (IP 60)	◈

Kennzeichnung der Schutzart für Maschinen und Schaltgeräte (nicht Installationsschalter) s. Abschn. 8.2.5.

Schutzklassen. Je nach dem Schutz gegen einen elektrischen Schlag im Fall eines Isolationsfehlers teilt DIN VDE 0106 die elektrischen Betriebsmittel in Schutzklassen ein und kennzeichnet sie durch Symbole (**13.**3).

Tabelle **13.**3 **Schutzklassen der Betriebsmittel nach DIN VDE 0106**

Schutzklasse	I	II	III
Kennzeichen	⏚	⧈	◇
Merkmal der Betriebsmittel	Anschlußstelle für Schutzleiter	Symbol für zusätzliche Isolierung, keine Anschlußstelle für Schutzleiter	Versorgung mit Schutzkleinspannung

Bestimmungen für Schalter

1. Sie müssen alle gegen Erde Spannung führenden Pole gleichzeitig schalten. Einpoliges Schalten ist daher nur zulässig in Zweileiterstromkreisen mit Neutralleiter (N-Leiter).

2. Einpolige Schalter in festverlegten Leitungen müssen im nicht geerdeten Leiter angeordnet sein. Für Taster von Betätigungsspulen von Zeitautomaten und Stromstoßrelais ist diese Vorschrift nicht zwingend.

3. An einpolige Wechselschalter dürfen nicht beide Leiter des Stromkreises angeschlossen werden (Sparschaltung).

Bestimmungen für Steckvorrichtungen

1. Stecker müssen so angebracht werden, daß die Steckerstifte in nicht gestecktem Zustand nicht unter Spannung stehen.

2. Steckdoseneinsätze für Unterputzinstallation müssen so befestigt werden, daß sie beim Ziehen des Steckers nicht aus der Verankerung gerissen werden können. Dazu dient z. B. eine Schraubbefestigung.

3. Die Verwendung von Steckvorrichtungen in Verbindung mit Lampenfassungen oder -sockeln ist nicht zulässig.

4. Abzweigstecker jeglicher Art sind nicht zulässig.

5. An einen Stecker darf nur eine ortsveränderliche Leitung angeschlossen werden.

Bestimmungen für Leuchtstofflampen-Anlagen

1. Werden Leuchtstofflampengruppen auf die drei Außenleiter eines Drehstromnetzes verteilt, muß jeder Drehstromkreis durch einen Drehstromschalter allpolig geschaltet werden. Die zu einem Drehstromkreis gehörenden Leitungen müssen dabei in einem Rohr oder – bei Lichtbändern – in demselben Hohlraum verlegt werden.

2. Parallel zu Kondensatoren von mehr als 0,5 μF sind Entladewiderstände anzuordnen. Für Kondensatoren bis 25 μF sind bei 230 V Widerstände von 1 MΩ; 0,25 W vorzusehen.

3. Bei Anbringung auf brennbaren Baustoffen müssen Leuchten mit dem Zeichen ▽F verwendet werden oder die Leuchte muß auf ihrer ganzen Länge und Breite gegenüber der Befestigungsfläche mit 1 mm dickem Blech abgedeckt sein. Bei Einrichtungsgegenständen (Möbel) aus brennbaren Werkstoffen müssen Leuchten und Vorschaltgeräte von der Befestigungsfläche mit einem Abstand von mind. 35 mm angebracht werden (DIN VDE 0100 Teil 559).

4. Vorschaltgeräte, die außerhalb von Leuchten angebracht werden, müssen das Zeichen Ⓟ tragen. Sie verursachen bei Windungsschluß keinen Brand.

13.1.2 Beschaffenheit und Verlegung von Leitungen

Isolierte Starkstromleitungen

Bedingt durch unterschiedliche Anforderungen an die elektrischen Leitungen gibt es eine ganze Anzahl verschiedener Leitungsarten. Leitungen sind im allgemeinen für die Elektroinstallation in und an Gebäuden sowie zum Anschluß ortsveränderlicher Verbraucher gedacht. Kabel haben eine größere mechanische Festigkeit als Leitungen. Sie sind für die Verlegung im Erdreich und in Beton vorgesehen.

In den Tabellen **13.4** und **13.5** sind einige gebräuchliche Leitungsarten zusammengestellt. Bild **13.6** zeigt den Aufbau von zwei Leitungsarten für feste Verlegung. Seit dem 1. Januar 1978 ist für eine Reihe von Leitungen die international harmonisierte Normung in Kraft getreten. Sie gilt für

Tabelle **13.4** **Leitungen für feste Verlegung** (Auswahl)

Bezeichnung	VDE- (CENELEC-) Kurzzeichen	Anwendung
PVC-Aderleitung (Y PVC-Kunststoff) (N normgerecht)	N Y A (HO7V–U)	in trockenen Räumen; in Rohr auf und unter Putz sowie offen auf Isolierkörpern. Nur 1adrig
Stegleitung (IF im Putz, flach)	N Y I F	in trockenen Räumen nur in und unter Putz
Rohrdraht mit Zinkmantel	N Y R A M Z	in trockenen Räumen auf, in und unter Putz bis 4 mm² 2- und 3adrig, bis 2,5 mm² auch 4adrig
Umhüllter Rohrdraht (Z Zinkmantel)	N Y R U Z Y	Feuchtraumleitungen: in allen Räumen über, auf und unter Putz sowie im Freien. NYM auch im Putz[1])
Bleimantelleitungen	N Y B U Y	
Mantelleitung	N Y M	
PVC-Verdrahtungsleitung	N Y F A (HO5V–U)	für Verdrahtungen in und an Leuchten (Fassungsader) sowie in Schaltanlagen in trockenen Räumen
Pendelschnur	N Y P L Y w	für Schnur- und Zugpendel (w erhöhte Wärmebeständigkeit)

[1]) In Räumen mit Badewanne oder Dusche sind Leitungen mit Metallmantel (NYRUZY, NYBUY) nicht zulässig.

Tabelle **13.5** **Flexible Leitungen zum Anschluß ortsveränderlicher Stromverbraucher**

Bezeichnung	Kurzzeichen nach VDE 0250	Anwendung	Typenkurzzeichen nach DIN VDE 0281 u. 0282
Gummiaderschnur	N S A	in trockenen Räumen bei geringer mechanischer Beanspruchung	H03RT–F
Leichte Zwillingsleitung	N L Y Z	0,1 mm²; 2adrig; Belastung bis 1 A, Länge bis 2 m	H03VH–Y
Zwillingsleitung	N Y Z	in trockenen Räumen für leichte Handgeräte bei sehr geringer mechanischer Beanspruchung, nicht für Wärmegeräte. 0,5 und 0,75 mm², 2adrig	H03VH–H
Leichte Gummischlauchleitung für Handgeräte	N L H	in trockenen Räumen für leichte Handgeräte und für Elektrowärmegeräte bei geringer mechanischer Beanspruchung	H05RR–F
Leichte PVC-Schlauchleitung	N Y L H Y	wie vor; bei Wärmegeräten beschränkt zulässig	H03VV–F
Mittlere Gummischlauchleitung	N M H	in trockenen und feuchten Räumen für Küchen- und Werkstattgeräte bei mittlerer Beanspruchung	H05RR–F
Mittlere PVC-Schlauchleitung	N Y M H Y	in trockenen Räumen; für Haus- und Küchengeräte auch in feuchten Räumen bei mittlerer mechanischer Beanspruchung; für Wärmegeräte beschränkt zulässig	H05VV–F
Schwere Gummischlauchleitung, ölfest, schwer entflammbar	N S Höu	in trockenen und feuchten Räumen sowie im Freien für schwere Geräte bei hoher mechanischer Beanspruchung	H07RN–F

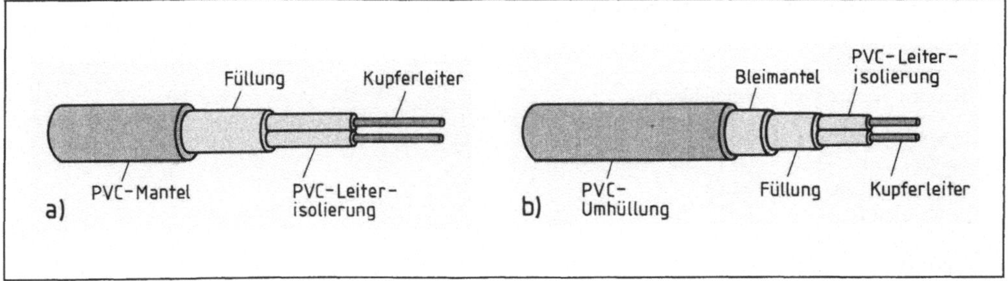

13.6 Leitungen für feste Verlegung
a) Mantelleitung NYM, b) Bleimantelleitung NYBUY

diejenigen Leitungsarten, bei denen in den Tabellen **13.4** und **13.5** neben dem bisher gültigen Kurzzeichen das neue CENELEC-Kurzzeichen nach DIN VDE 0281 und 0282 angegeben ist (CENELEC: Europäische Kommission für elektrotechnische Normung, für die EG-Staaten). Diese Kurzzeichen sind in Tabelle **13.9** erläutert. Harmonisierte Leitungen sind durch den schwarz-rot-gelben Harmonisierungs-Kennfaden oder durch das Zeichen ◁VDE▷ ◁HAR▷ gekennzeichnet.

Bild **13.7** zeigt den Aufbau zweier flexibler Leitungen.

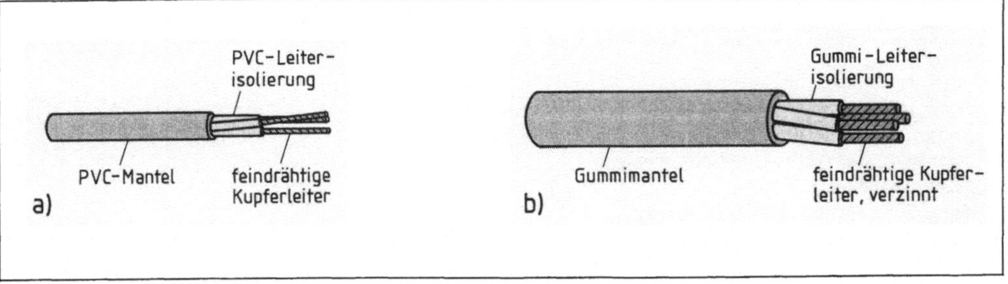

13.7 Flexible Leitungen
a) PVC-Schlauchleitung HO3VV-F, b) Gummischlauchleitung HO7RN-F

Zu den Kurzzeichen für mehradrige Leitungen wird bei Leitungen ohne grüngelbe Ader der Buchstabe O bzw. X, bei Leitungen mit grüngelber Ader der Buchstabe J bzw. G hinzugefügt, z. B. NYRUZY – 5 J × 10 für einen 5adrigen umhüllten Rohrdraht mit grüngelber Ader und mit dem Querschnitt 10 mm^2. Die harmonisierten Leitungen werden mit den Kurzzeichen in Tabelle **13.9** auf S. 406 gekennzeichnet.

Die Form der Leiterquerschnitte ist bei den für die Hausinstallation verwendeten Leitungen meist rund (**13.**8 a). Bei Querschnitten $\geq$ 16 mm^2 verwendet man mehrdrähtige Leiter, weil sie biegsamer sind. Um bei Kabeln einen besseren Füllgrad und damit kleineren Außendurchmesser zu erreichen, haben sie oft sektorförmige Leiter (**13.**8 b).

13.8 Leiterformen
a) runde, b) sektorförmige Leiter

Tabelle **13.9** **Kurzzeichen für harmonisierte Leitungen**

Feld	1	2	3	4	5	–	6	7	8	9
Beispiel: leichte PVC-Schlauchleitung	H	03	V	V		–	F	3	G	1,5
Normungsart										
harmonisiert	H									
von CENELEC anerkannter nationaler Typ	A									
Nennspannung U_0/U[1]										
300/300 V		03								
300/500 V		05								
450/750 V		07								
Leiterisolierung										
PVC			V							
Gummi			R							
Silikonkautschuk			S							
Mantelwerkstoff										
PVC				V						
Gummi				R						
Synthetischer Kautschuk				N						
Glasfasergeflecht				J						
Textilgeflecht				T						
Besonderheiten im Aufbau										
flache, aufteilbare Leitung					H					
flache, nicht aufteilbare Leitung					H2					
Leiterart										
rund, eindrähtig							U			
rund, mehrdrähtig							R			
feindrähtig für feste Verlegung							K			
feindrähtig für bewegliche Leitungen							F			
Lahnlitzenleiter[2]							Y			
feindrähtig für bewegliche Leitungen							H			
Aderzahl								---		
mit gnge Ader									G	
ohne gnge Ader									X	
Nennquerschnitt des Leiters										---

[1]) U_0: Spannung zwischen einer Ader und Erde, U: Spannung zwischen zwei Adern.
[2]) Feine Textilfäden mit dünnem Kupferband umwickelt, 0,1 mm^2.

Tabelle **13.10** **Kennzeichnung der Adern bei mehradrigen Leitungen für feste Verlegung und für flexible Leitungen nach DIN VDE 0293** (gnge grüngelb; sw schwarz; bl blau; br braun)

Anzahl der Adern	Leitungen mit grüngelb gekennzeichneter Ader (mit Kurzzeichen J)	Leitungen ohne grüngelb gekennzeichneter Ader (mit Kurzzeichen 0)
2	–	sw/bl[1])
3	gnge/sw/bl[2])	sw/bl/br
4	gnge/sw/bl/br	sw/bl/br/sw
5	gnge/sw/bl/br/sw	sw/bl/br/sw/sw
6 und mehr	gnge/weitere Adern sw mit Zahlenaufdruck, fortlaufend von innen beginnend mit 1	

[1]) Die Adern der 2adrigen flexiblen Leitungen haben die Farben br/bl.
[2]) Die Adern der 3adrigen flexiblen Leitungen haben die Farben gnge/br/bl.

Aderkennzeichnung. Die Isolierung einadriger Leitungen ist grüngelb, hellblau oder schwarz gekennzeichnet. Fassungsadern, Zwillings- und Drillingsleitungen haben keine Aderkennzeichnung. Die Aderkennzeichnung mehradriger Leitungen erfolgt gemäß Tabelle **13.**10. Nach einer weiteren internationalen Vereinbarung werden die Aderfarben nach englischen Bezeichnungen abgekürzt (**13.**11).

Tabelle **13.**11 **Farbkennzeichnung der Adern nach DIN IEC 757** (Auswahl)

Farbe	bisher	nach DIN IEC 757	englisch
schwarz	sw	BK	black
braun	br	BN	brown
blau	bl	BU	blue
grüngelb	gnge	GNYE	greenyellow

Auch die mehrfarbige Angabe bekommt eine neue Schreibweise: BK + BN + BU statt sw/br/bl.

Verlegung von Leitungen

Fest verlegte Leitungen. Die Verlegearten sind nach DIN VDE 0298 Teil 4 zu 5 Gruppen zusammengefaßt (**13.**12). Damit wird auch die unterschiedliche Möglichkeit der Wärmeabgabe der Leitung berücksichtigt. Je freier eine Leitung verlegt ist, desto besser ist die Wärmeabgabe an die Umgebung. Dies ist bei der Strombelastbarkeit der Leitungen zu berücksichtigen (s. Abschn. 13.1.3). Am häufigsten sind die Verlegearten B2 und C.

Tabelle 13.12 **Verlegearten von Leitungen und nicht im Erdreich verlegten Kabeln nach DIN VDE 0298 Teil 4**

Verlegeart	Verlegung in wärmedämmenden Wänden
A	Aderleitungen – im Elektroinstallationsrohr in Wand, Decke oder Fußboden – im Elektroinstallationsrohr in geschlossenen Fußbodenkanälen – im Elektroinstallationskanal im Fußboden Einadrige Mantelleitungen – im Elektroinstallationskanal im Fußboden
	Mehradrige Leitung – im Elektroinstallationsrohr in Wand, Decke oder Fußboden – im Elektroinstallationskanal im Fußboden
	Mehradrige Leitung – in der Wand oder Decke
B1	**Verlegung in Elektroinstallationsrohren oder -kanälen auf oder in Wand oder Decke oder unter Putz**
	Aderleitungen – im Elektroinstallationsrohr auf der Wand oder der Decke – im Elektroinstallationsrohr in belüfteten Fußbodenkanälen
	Aderleitungen im Elektroinstallationskanal auf der Wand oder der Decke

Fortsetzung s. nächste Seite

Tabelle **13**.12, Fortsetzung

Verlegeart	
	Verlegung in Elektroinstallationsrohren oder -kanälen auf oder in Wand oder Decke oder unter Putz
	Aderleitungen im Installationsrohr in der Wand, der Decke oder dem Fußboden aus Mauerwerk oder Beton 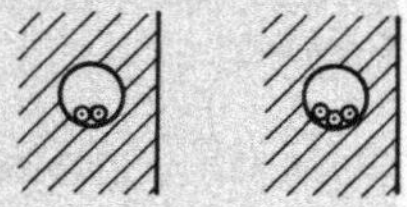
	Einadrige Mantelleitungen und mehradrige Leitung im Elektroinstallationsrohr in der Wand, der Decke oder dem Fußboden aus Mauerwerk oder Beton 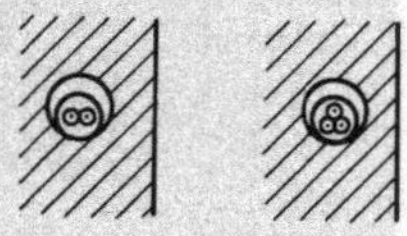
B2	**Verlegung in Elektroinstallationsrohren oder -kanälen auf der Wand, der Decke oder dem Fußboden**
	Mehradrige Leitung im – Elektroinstallationsrohr oder – geschlossenem Elektroinstallationskanal auf der Wand, der Decke oder dem Fußboden 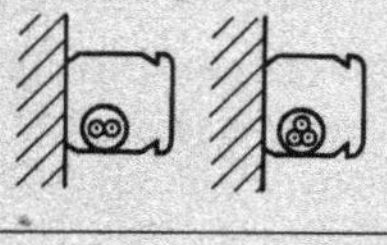
C	**Direkte Verlegung auf oder in Wänden oder unter Putz**
	Mehradrige Leitung auf der Wand, der Decke oder dem Fußboden oder im offenem Kanal oder im belüfteten geschlossenen Elektroinstallationskanal 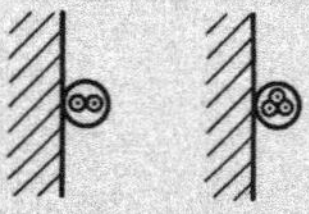
	Einadrige Mantelleitungen auf der Wand, der Decke oder dem Fußboden 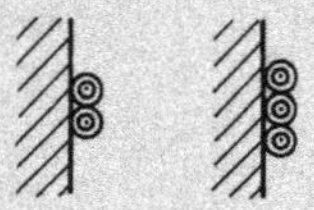
	Mehradrige Leitung und Stegleitung in der Wand oder Decke oder unter Putz 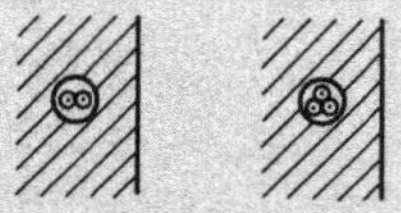
E	**Verlegung frei in Luft mit ungehinderter Wärmeabgabe**
	Mehradrige Leitungen bei einem Abstand von der Wand $\leq 0{,}3\,d$ (d = Außendurchmesser der Leitung) d $\geq 0{,}3d$ d $\geq 0{,}3d$ 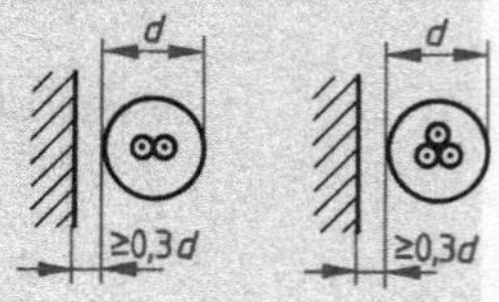

Für fest verlegte Leitungen gilt weiterhin:

1. Fest verlegte Leitungen müssen durch ihre Lage oder Verkleidung vor mechanischer Beschädigung geschützt sein. Im Handbereich (s. Abschn. 13.2.2) ist stets eine Verkleidung erforderlich. An besonders gefährdeten Stellen ist für zusätzlichen mechanischen Schutz zu sorgen, z. B. über einer Deckendurchführung durch ein über die Leitung geschobenes Stahlrohr.

2. In einem Rohr dürfen nur die Leitungen eines Stromkreises einschließlich der zu diesem Stromkreis gehörigen Steuer- und Signaladern vereinigt sein. In einer Mehraderleitung dürfen dagegen Leitungen mehrerer Stromkreise vereinigt werden.

3. Leitungsverbindungen und -abzweige dürfen nur auf isolierender Unterlage oder mit isolierender Umhüllung durch Verschrauben, Quetschen, Kerben oder gleichwertige Kaltverbindung sowie durch Vernieten, Löten und Schweißen oder durch schraubenlose Klemmen vorgenommen werden. Leuchtenklemmen (Lüsterklemmen) dürfen nicht als Verbindungsklemmen im Zuge festverlegter Leitungen verwendet werden.

4. Anschlüsse unter Putz sowie Verbindungen bei Rohrverlegung und Mehraderleitungen dürfen nur in Dosen oder Kästen hergestellt werden.

5. Stegleitungen dürfen nur im oder unter Putz verlegt werden. Ohne Putzabdeckung dürfen sie lediglich in Hohlräumen von Decken und Wänden aus Beton, Stein oder ähnlichen Baustoffen verlegt werden. Sie dürfen jedoch nicht an Metall z. B. an Baustahlgewebe anliegen.

6. Stegleitungen dürfen nicht einbetoniert werden. Für Stegleitungen sind nur Dosen aus Isolierstoff zugelassen.

7. Der grüngelb gezeichnete Leiter darf nur als Schutzleiter verwendet werden.

8. Für den Mittel-(N-)Leiter ist die blaue Ader zu verwenden.

9. Im Erdboden dürfen nur Kabel verlegt werden.

10. Freileitungen und ihre Isolatoren sind so anzubringen, daß sie ohne Hilfsmittel weder vom Erdboden, noch von Dächern, Ausbauten, Fenstern und anderen von Menschen regelmäßig betretenen Stätten zugänglich sind. Der Abstand zum Erdboden muß mindestens 4 m, über befahrbaren Wegen und Plätzen mindestens 5 m betragen.

Bewegliche Leitungen

1. Die Leitungen müssen an den Anschlußstellen von Zug und Schub entlastet, Leitungsumhüllungen gegen Abstreifen und Leitungsadern gegen Verdrehen gesichert sein.

2. Haben die Betriebsmittel ein Metallgehäuse, muß die Schutzleitungsader so lang sein, daß sie bei Versagen der Zugentlastung erst nach den stromführenden Adern auf Zug beansprucht wird (**13.**13).

3. Das Knicken von Zuleitungen an der Einführungsstelle ist durch zweckentsprechende Maßnahmen (z. B. durch Abrunden der Einführungsstelle) zu vermeiden; Metallwendeln oder -schläuche sind unzulässig.

4. Mehrdrähtige Leitungen müssen an den Anschlußstellen gegen das Abspleißen einzelner Drähte gesichert sein, z. B. durch Löten, Kabelschuhe, Ringösen, Quetschhülsen (**13.**14).

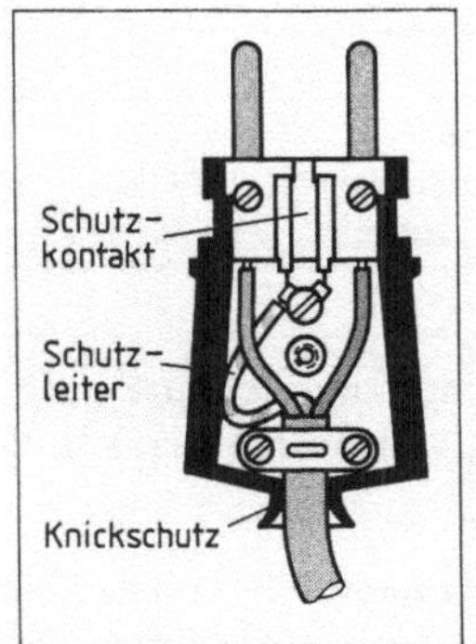

13.13 Anschluß des Schutzleiters von beweglichen Leitungen

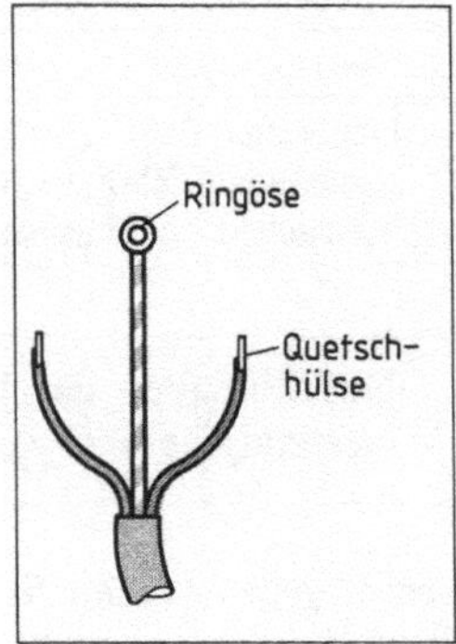

13.14 So verhindert man das Abspleißen einzelner Drähte

13.1.3 Bemessung und Absicherung von Leitungen

Mindestquerschnitte

Elektrische Leitungen sind nach DIN VDE 0100 so zu bemessen, daß sie eine ausreichende mechanische Festigkeit haben und sich nicht unzulässig erwärmen. Außerdem soll der Energieverlust auf den Leitungen gering sein.

Die mechanische Festigkeit der Leitungen wird durch Einhalten der Mindestquerschnitte gewährleistet, die DIN VDE 0100 in Teil 523 festgelegt hat (**13.**15).

Tabelle **13.**15 **Mindest-Leiterquerschnitte für Leitungen nach DIN VDE 0100 T523**

Verlegungsart	Mindestquerschnitt in mm^2 bei Cu	bei Al
Feste, geschützte Verlegung	1,5	2,5
Leitungen in Schaltanlagen und Verteilern bei Stromstärken bis 2,5 A – über 2,5 A bis 16 A – über 16 A	 0,5 0,75 1,0	 –
Offene Verlegung (auf Isolatoren) – Abstand der Befestigungspunkte bis 20 m – über 20 bis 45 m	 4 6	 16 16 (mehrdrähtig)
Bewegliche Leitungen für den Anschluß von – leichten Handgeräten bis 1 A Stromaufnahme und einer größten Länge der Anschlußleitung von 2 m, wenn dies in den entsprechenden Gerätebestimmungen festgelegt ist – Geräten bis 2,5 A Stromaufnahme und einer größten Länge der Anschlußleitung von 2 m, wenn dies in den entsprechenden Gerätebestimmungen festgelegt ist – Geräten bis 10 A Stromaufnahme, für Gerätesteck- und Kupplungsdosen bis 10 A Nennstrom – Geräten über 10 A Stromaufnahme, Mehrfach-, Gerätesteckdosen und Kupplungsdosen mit mehr als 10 A bis 16 A Nennstrom	 0,1 0,5 0,75 1,0	 –
Fassungsadern	0,75	–
Lichtketten für Innenräume – zwischen Lichtkette und Stecker – zwischen den einzelnen Lampen	 0,75 0,5	

Das Einhalten der Mindestquerschnitte nach DIN VDE 0100 T 523 gewährleistet die mechanische Festigkeit von elektrischen Leitungen.

Schutz gegen zu hohe Erwärmung. Elektrische Leiter erwärmen sich bei Stromdurchgang. Damit diese Erwärmung nicht zu hoch wird, dürfen die Leitungen nur mit bestimmten Stromstärken dauernd belastet werden. Die Strombelastbarkeit richtet sich nach dem Leiterquerschnitt und der Verlegeart (**13.**16). Die Verlegeart (**13.**12) ist für die Wärmeabgabe an die Umgebung ausschlaggebend.

Die Strombelastbarkeit von Leitungen hängt vom Leiterquerschnitt und von der Verlegeart ab.

In Tab. **13.**16 ist eine Umgebungstemperatur von 30 °C zugrunde gelegt. Weicht die Umgebungstemperatur davon ab, muß die Strombelastbarkeit mit bestimmten Umrechnungsfaktoren korrigiert werden (**13.**17). Dabei spielt das Isoliermaterial eine Rolle.

Tabelle **13.16** **Strombelastbarkeit von Leitungen und Kabeln aus Kupfer mit PVC-Isolierung bei einer Umgebungstemperatur von 30 °C nach DIN VDE 0298 Teil 4**

Verlegeart	Gruppe A		Gruppe B1		Gruppe B2		Gruppe C		Gruppe E	
Anzahl der belasteten Adern	2	3	2	3	2	3	2	3	2	3
Querschnitt in mm² Cu	Strombelastbarkeit I_z in A									
1,5	14,5	13	17,5	15,5	15,5	14	19,5	17,5	20	18,5
2,5	19,5	18	24	21	21	19	26	24	27	25
4	26	24	32	28	28	26	35	32	37	34
6	34	31	41	36	37	33	46	41	48	43
10	46	42	57	50	50	46	63	57	66	60
16	61	56	76	68	68	61	85	76	89	80
25	80	73	101	89	90	77	112	96	118	101
35	99	89	125	111	110	95	138	119	145	126
50	119	108	151	134	–	–	–	–	–	–
70	151	136	192	171	–	–	–	–	–	–

Tabelle **13.17** **Korrekturtabelle für abweichende Werte der Umgebungstemperatur**

Isolierwerkstoff	Gummi	PVC	EPR
Zulässige Betriebstemperatur	60 °C	70 °C	80 °C
Umgebungstemperatur °C	Umrechnungsfaktoren		
10	1,29	1,22	1,18
15	1,22	1,17	1,14
20	1,15	1,12	1,10
25	1,08	1,06	1,05
30	1,0	1,0	1,0
35	0,91	0,94	0,95
40	0,82	0,87	0,89
45	0,71	0,79	0,84
50	0,58	0,71	0,77
55	0,41	0,61	0,71
60	–	0,50	0,63
65	–	–	0,55
70	–	–	0,45

Auch wenn es wegen einer Häufung von Leitungen zu gegenseitiger thermischer Belastung kommt, ist die Strombelastbarkeit mit Hilfe von Umrechnungsfaktoren zu vermindern (**13**.18).

Tabelle 13.18 **Umrechnungsfaktoren für die Häufung von Leitungen** (Verlegearten A, B1, B2 und C)

Anordnung	Anzahl der mehradrigen Leitungen oder Anzahl der Wechsel- oder Drehstromkreise aus einadrigen Leitungen (2 bzw. 3 stromführende Leiter)														
	1	2	3	4	5	6	7	8	9	10	12	14	16	18	20
Gebündelt direkt auf der Wand, dem Fußboden, im Elektroinstallationsrohr oder -kanal, auf oder in der Wand	1,00	0,80	0,70	0,65	0,60	0,57	0,54	0,52	0,50	0,48	0,45	0,43	0,41	0,39	0,38
Einlagig auf der Wand oder Fußboden mit Berührung	1,00	0,85	0,79	0,75	0,73	0,72	0,72	0,71	0,70						
Einlagig auf der Wand oder Fußboden, mit Zwischenraum gleich Leitungsdurchmesser	1,00	0,94	0,90	0,90	0,90	0,90	0,90	0,90	0,90	0,90	0,90	0,90	0,90	0,90	0,90
Einlagig unter der Decke, mit Berührung	0,95	0,81	0,72	0,68	0,66	0,64	0,63	0,62	0,61						
Einlagig unter der Decke, mit Zwischenraum gleich Leitungsdurchmesser	0,95	0,85	0,85	0,85	0,85	0,85	0,85	0,85	0,85	0,85	0,85	0,85	0,85	0,85	0,85

Schutz bei Überlast. Leitungen sind gegen zu hohe Erwärmung infolge Überlastung und Kurzschluß zu schützen. Um beide Ursachen auszuschließen, müssen beim Zuordnen der Überstromschutzeinrichtungen folgende Bedingungen erfüllt sein:

Nennstromregel	$I_B \leq I_n \leq I_Z$	I_B = Betriebsstrom im Stromkreis
Auslöseregel	$I_2 \leq 1{,}45 \cdot I_Z$	I_n = Nennstrom der Schutzeinrichtung
		I_Z = zulässige Strombelastbarkeit der Leitung
		I_2 = Auslösestrom von mehr als 1 Stunde Dauer (auch großer Prüfstrom genannt)

Diese Bedingungen werden eingehalten bei Auswahl der Überstromschutzeinrichtungen nach Tabelle **13**.19.

Tabelle **13**.19 **Zuordnung von Überstromschutzeinrichtungen zu den Leiterquerschnitten isolierter Kupferleitungen bei Umgebungstemperaturen von 25 °C nach DIN VDE 0636**

Kabel- und Leitungsbauart mit PVC-Isolierung	Bauart-Kurzzeichen NYY, NYCWY, NYKY, NYM, NYBUY, NHYRUZY, NYIF, NYIFY, H07V-U, H07V-R, H07V-K, NYMT, NYMZ									
Verlegeart	Gruppe A		Gruppe B1		Gruppe B2		Gruppe C		Gruppe E	
Anzahl der belasteten Adern	2	3	2	3	2	3	2	3	2	3
Nennquerschnitt in mm^2 Cu	Nennstrom der Schutzeinrichtung in A									
1,5	16	10	16	16	16	10	16	16	20	20
2,5	20	16	25	20	20	20	25	25	25	25
4	25	25	25	25	25	25	35	35	35	35
6	35	25	40	35	35	35	40	40	50	40
10	40	40	50	50	50	50	63	63	63	63
16	63	50	80	63	63	63	80	80	80	80
25		63		80		80		100		100
35		80		100		100		125		125
50		100		125		125		160		160
70		125		160		160		200		200

Stehen Überstromschutzeinrichtungen mit der Charakteristik $I_2 \leq 1{,}45 \cdot I_n$ zur Verfügung, kann die Zuordnung unter Beachtung der Regel $I_n \leq I_Z$ erfolgen. Dies ist bei Leitungsschutzschaltern mit der Auslösecharakteristik G, K, B oder C der Fall (s. **13**.51).

Weitere Bestimmungen nach DIN VDE 0100

1. Überstrom-Schutzorgane für Überlast und Kurzschluß müssen am Anfang jedes Stromkreises sowie an allen Stellen eingebaut werden, an denen die Strombelastbarkeit gemindert wird (z. B. durch Verringern des Querschnitts).

2. Schutzorgane nur für Überlast (z. B. Motorschutzschalter mit Bimetallauslöser) dürfen beliebig versetzt werden, wenn die Leitung vor dem Schutzorgan gegen Kurzschluß gesichert ist und weder Abzweige- noch Steckvorrichtungen enthält. Die vorgeschaltete Sicherung gegen Kurzschluß darf im allgemeinen 2 Stufen höher sein, als es der Zuordnung zu den Leiterquerschnitten nach Tabelle **13**.19 entspricht. Für lange Leitungen und Sicherungen über 160 A sind Ermittlungen nach DIN VDE 0100 Teil 430 erforderlich.

3. Schutzorgane nur für Kurzschluß dürfen bis zu 3 m versetzt werden, wenn die Leitung vor dem Schutzorgan kurzschluß- und erdschlußsicher ist (z. B. Hauptleitungsabzweig zum Zähler).

4. In Sicherungssockel bis 63 A sind Paßeinsätze entsprechend der zu wählenden Sicherung einzusetzen. Für Schmelzeinsätze und Schraub-LS-Schalter unter 10 A sind Paßeinsätze 10 A zulässig.

5. Bei einseitiger Einspeisung muß die Zuleitung an den Fußkontakt angeschlossen werden.

6. Sicherungen müssen so angeordnet werden, daß ein etwa auftretender Lichtbogen keine Gefahr bringt (Glasplatte vor dem Kennmelder darf nicht entfernt werden).

7. Sicherungen dürfen nicht geflickt oder überbrückt werden.

8. Beleuchtungs- und Steckdosen-Stromkreise in Hausinstallationen dürfen nur bis 16 A gesichert werden. Reine Steckdosen-Stromkreise dürfen bis 25 A gesichert werden, wenn Steckdosen für 25 A Nennstrom verwendet werden. (Tabelle **13.**19 beachten!)

9. Schutzleiter dürfen keine Überstrom-Schutzorgane enthalten.

10. Als Schmelzsicherungen über 100 A dürfen nur NH-Sicherungen verwendet werden.

Leistungsverlust und Spannungsfall auf Leitungen

Für die Bemessung von Leiterquerschnitten kurzer Leitungen ist deren Strombelastbarkeit entsprechend Tabelle **13.**16 bis **13.**18 maßgebend.

Die Leiterquerschnitte längerer Leitungen werden dagegen nach dem zulässigen Spannungsfall ΔU zwischen dem Leitungsanfang und dem Verbraucher berechnet (**13.**20). Nach DIN VDE 0100 Teil 520 darf der Spannungsfall zwischen dem Anfang der Verbraucheranlage (Hausanschlußkasten) und dem zu versorgenden Betriebsmittel nicht größer als 4% der Netznennspannung sein.

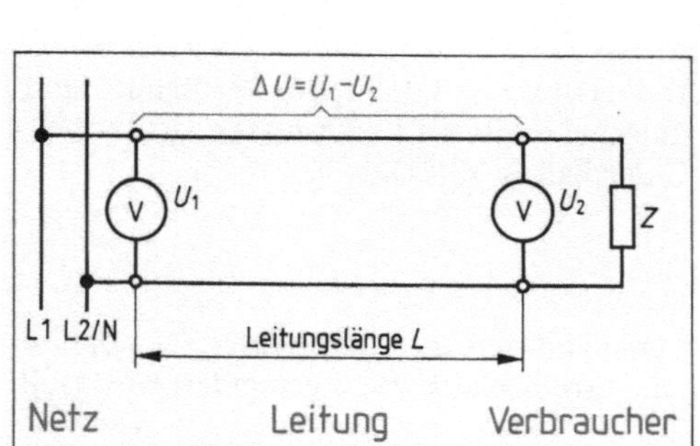

13.20 Spannungsfall bei Leitungen

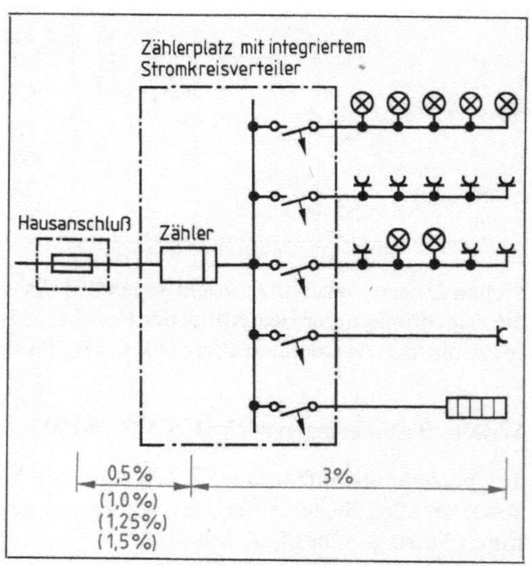

13.21 Spannungsfall bei Verbraucheranlagen

DIN 18013 Teil 1 legt für Wohngebäude fest, daß der Spannungsfall in der elektrischen Anlage hinter der Meßeinrichtung (Zähler) 3% nicht überschreiten darf. Nach den Technischen Anschlußbedingungen (TAB) der Elektrizitätsversorgungsunternehmen (EVU) darf der Spannungsfall zwischen dem Hausanschlußkasten und der Meßeinrichtung 0,5% nicht überschreiten (**13.**21). Bei einem höheren Leistungsbedarf als 100 kVA kann er erhöht werden

- auf 1% Spannungsfall bei 100 kVA bis 250 kVA,
- auf 1,25% Spannungsfall bei 250 kVA bis 400 kVA,
- auf 1,5% Spannungsfall über 400 kVA.

In einer Gleichstromleitung erhält man den Spannungsfall $\Delta U = U_1 - U_2$ zwischen Leitungsanfang und -ende nach dieser Beziehung:

Spannungsfall	$\Delta U = \dfrac{2 \cdot l \cdot I}{\gamma \cdot A}$	ΔU in V; l in m; I in A; γ in $\dfrac{\text{m}}{\Omega \cdot \text{mm}^2}$; A in mm^2

Der L e i s t u n g s v e r l u s t P_v der Leitung ergibt sich aus dem Spannungsfall ΔU und der Stromstärke I oder aus dem Quadrat der Stromstärke I und dem Leitungswiderstand R.

Leistungsverlust	$P_v = U \cdot I = I^2 \cdot R$	P_v in W; ΔU in V; I in A; R in Ω

Beispiel 13.1 Ein elektrisches Heizgerät mit der Leistung 6 kW ist über eine 12 m lange zweiadrige Leitung aus Kupfer mit dem Querschnitt 4 mm² an 230 V angeschlossen. Gesucht werden der Spannungsfall in der Zuleitung und der Leistungsverlust.

Lösung Zunächst wird die Stromstärke ermittelt.

$$I = \frac{P}{U} = \frac{6000\ \text{W}}{230\ \text{V}} = 26{,}09\ \text{A}.$$

Damit ist der Spannungsfall

$$\Delta U = \frac{2 \cdot l \cdot I}{\gamma \cdot A} = \frac{2 \cdot 12\ \text{m} \cdot 26{,}09\ \text{A}}{56 \dfrac{\text{m}}{\Omega \cdot \text{mm}^2} \cdot 4\ \text{mm}^2} = \mathbf{2{,}8\ V}.$$

Für den Leistungsverlust ergibt sich

$$P_v = \Delta U \cdot I = 2{,}8\ \text{V} \cdot 26{,}09\ \text{A} = \mathbf{72{,}93\ W}.$$

Wechselstromleitung. Da man in Wechselstrom-Niederspannungsnetzen den Blindwiderstand der Leitung vernachlässigen kann, ist es ausreichend genau, zum Ermitteln der Übertragungsverluste nur den Wirkwiderstand der Leitung zu berücksichtigen. Ausgehend vom vereinfachten Zeigerdiagramm der Leitung **13**.22 erkennen wir, daß sich der Spannungsfall ΔU annähernd mit $I \cdot R \cdot \cos\varphi$ ermitteln läßt:

$$\Delta U \approx I \cdot R \cdot \cos\varphi$$

Dabei ist $I_W = I \cos\varphi$ der Wirkanteil des Gesamtstroms I. Damit gilt:

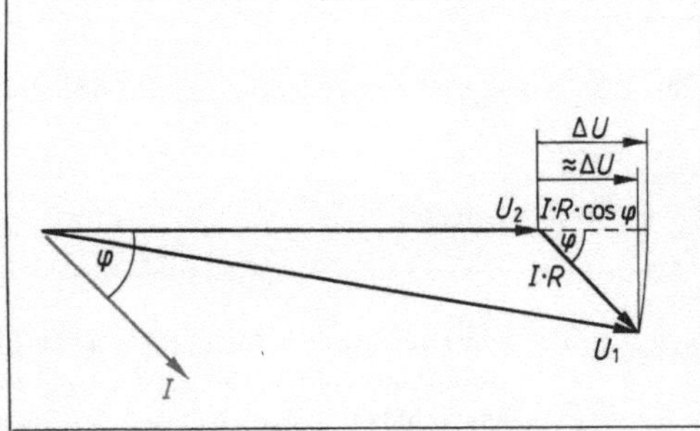

13.22 Vereinfachtes Zeigerdiagramm einer Wechselstromleitung

Spannungsfall	$\Delta U = \dfrac{2 \cdot l \cdot I \cdot \cos\varphi}{\gamma \cdot A}$	ΔU in V; l in m; I in A; γ in $\dfrac{\text{m}}{\Omega \cdot \text{mm}^2}$; A in mm^2

Diese Formel weist eine gewisse Ungenauigkeit auf, da $\Delta U < U_1 - U_2$ ist, wenn $\cos\varphi < 1$ ist.

L e i s t u n g s v e r l u s t e entstehen in Wechselstromleitungen nicht durch den Wirkanteil, sondern durch den Gesamtstrom I.

Leistungsverlust	$P_v = I^2 \cdot R$	P_v in W; I in A; R in Ω

Beispiel 13.2 Ein Verbraucher entnimmt dem 230-V-Netz beim Leistungsfaktor 0,85 die Wirkleistung 4,5 kW. Wie groß sind der Spannungsfall und der Leistungsverlust in der 24 m langen Kupferleitung mit dem Querschnitt 2,5 mm²?

Lösung Für die Stromstärke erhalten wir

$$I = \frac{P}{U \cdot \cos\varphi} = \frac{4500\ \text{W}}{230\ \text{V} \cdot 0{,}85} = 23\ \text{A}.$$

Daraus ergeben sich der Spannungsfall

$$\Delta U = \frac{2 \cdot l \cdot I \cdot \cos\varphi}{\gamma \cdot A} = \frac{2 \cdot 24\ \text{m} \cdot 23\ \text{A} \cdot 0{,}85}{56\,\frac{\text{m}}{\Omega \cdot \text{mm}^2} \cdot 2{,}5\ \text{mm}^2} = \mathbf{6{,}7\ V}$$

und der Leistungsverlust

$$P_v = I^2 \cdot R = (23\ \text{A})^2 \frac{2 \cdot 24\ \text{m}}{56\,\frac{\text{m}}{\Omega \cdot \text{mm}^2} \cdot 2{,}5\ \text{mm}^2} = \mathbf{181{,}4\ W}.$$

Bei der Drehstromleitung ist der Spannungsfall die Differenz der Spannungen zwischen je zwei Außenleitern am Leitungsanfang und -ende. Geht man von einer symmetrischen Belastung der drei Außenleiter aus und berücksichtigt die zeitliche Verschiebung der drei Außenleiterströme, ergibt sich der Spannungsfall nach folgender Beziehung:

Spannungsfall	$\Delta U = \frac{1{,}73 \cdot l \cdot I \cdot \cos\varphi}{\gamma \cdot A}$	ΔU in V l in m I in A	γ in $\frac{\text{m}}{\Omega \cdot \text{mm}^2}$ A in mm²

Der Leistungsverlust in den drei Außenleitern ist bei symmetrischer Belastung

Leistungsverlust	$P_v = 3 \cdot I^2 \cdot R.$	P_v in W I in A R in Ω

Beispiel 13.3 Ein Drehstrommotor mit $P = 4$ kW für $U = 400$ V hat den Wirkungsgrad 80% und den Leistungsfaktor 0,85. Er ist über eine 43 m lange Kupferleitung mit dem Querschnitt 1,5 mm² angeschlossen. Wie groß sind der Spannungsfall und der Leistungsverlust in der Zuleitung?

Lösung Aus den Motordaten wird die Stromaufnahme berechnet.

$$I = \frac{P}{1{,}73 \cdot U \cdot \cos\varphi \cdot \eta} = \frac{4000\ \text{W}}{1{,}73 \cdot 400\ \text{V} \cdot 0{,}85 \cdot 0{,}8} = 8{,}5\ \text{A}.$$

Damit ist der Spannungsfall

$$\Delta U = \frac{1{,}73 \cdot l \cdot I \cdot \cos\varphi}{\gamma \cdot A} = \frac{1{,}73 \cdot 43\ \text{m} \cdot 8{,}5\ \text{A} \cdot 0{,}85}{56\,\frac{\text{m}}{\Omega \cdot \text{mm}^2} \cdot 1{,}5\ \text{mm}^2} = \mathbf{6{,}4\ V}.$$

Für den Leistungsverlust erhalten wir

$$P_v = 3 \cdot I^2 \cdot R = 3\,(8{,}5\ \text{A})^2 \frac{43\ \text{m}}{56\,\frac{\text{m}}{\Omega \cdot \text{mm}^2} \cdot 1{,}5\ \text{mm}^2} = \mathbf{111\ W}.$$

13.1.4 Sonderbestimmungen für Räume besonderer Art

Räume mit Badewanne oder Dusche

Hier ist die Unfallgefahr durch den verringerten Widerstand der feuchten Haut und durch die gute Erdverbindung eines im Wasser stehenden Menschen besonders groß. Deshalb sind nach DIN VDE 0100 Teil 701 Sonderbestimmungen zu beachten.

Schutzbereiche. Nach dem Grad der Gefährdung sieht die VDE-Bestimmung verschiedene Bereiche oder Gefährdungszonen vor (**13.**23).

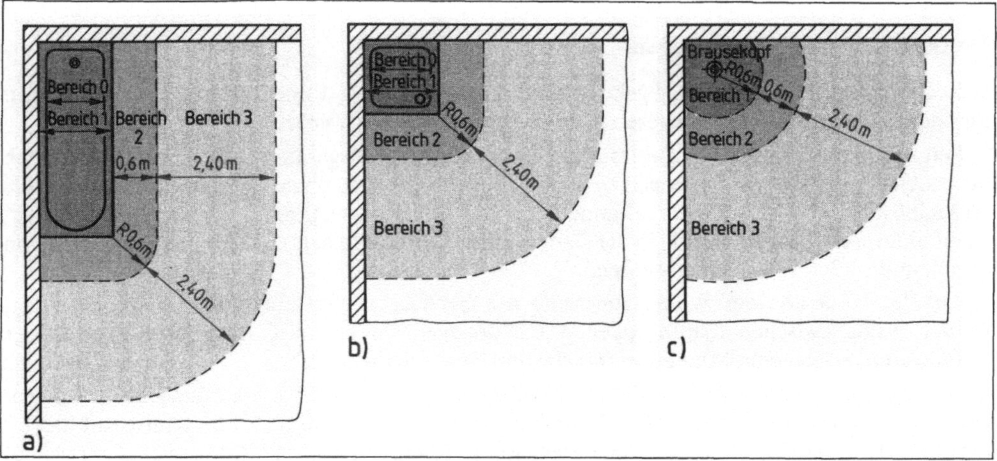

13.23 Schutzbereiche in Räumen mit Badewanne oder Dusche
a) um eine Badewanne, b) um eine Dusche, c) um einen feststehenden Brausekopf

Bereich 0 ist das Innere der Badewanne oder Dusche. Hier dürfen nur Geräte eingesetzt werden, die ausdrücklich zum Betrieb in Badewannen vorgesehen sind (z. B. auch Leuchten im Wannenboden). Sie dürfen außerdem nur mit einer Schutzkleinspannung von maximal 12 V betrieben werden.

Bereich 1 liegt oberhalb der Badewanne oder Dusche. Bei einem feststehenden Brausekopf endet dieser Bereich 0,6 m von ihm entfernt (**13.**23 c). Im Bereich 1 dürfen nur Warmwasserbereiter und Abluftgeräte fest installiert werden. Andere Betriebsmittel sind mit einer Schutzkleinspannung von höchstens 25 V Wechselspannung oder 60 V Gleichspannung zugelassen (z. B. Ruf- und Signalanlagen).

Bereich 2 (Sprühbereich) beginnt an der Grenze des 1. Bereichs. Sein Abstand beträgt 0,6 m. Hier gelten die Bedingungen wie für den 1. Bereich. Leuchten sind nur in Ausnahmefällen zulässig (schutzisoliert und spritzwassergeschützt).

Bereich 3 schließt sich an 2 an und endet nach 2,4 m. Während in den vorhergehenden Bereichen keine Installations- und Schaltgeräte zulässig sind, dürfen im Bereich 3 Gerätedosen und Verbindungsdosen aus Kunststoff vorgesehen werden. Ebenso Steckdosen. Sie müssen entweder mit Schutzkleinspannung von 50 V betrieben, aus einem Trenntransformator gespeist werden oder durch einen Fehlerstrom-(FI-)Schutzschalter mit einem Nennfehlerstrom von $I_{\Delta n} \leq 30$ mA geschützt sein (Voraussetzung: TN-S-Netz oder TT-Netz).

> Damit ist in Badezimmern und Duschräumen die FI-Schutzschaltung praktisch vorgeschrieben.

Die Bereiche 0 bis 3 sind in der Höhe auf 2,25 m begrenzt (**13.**24).

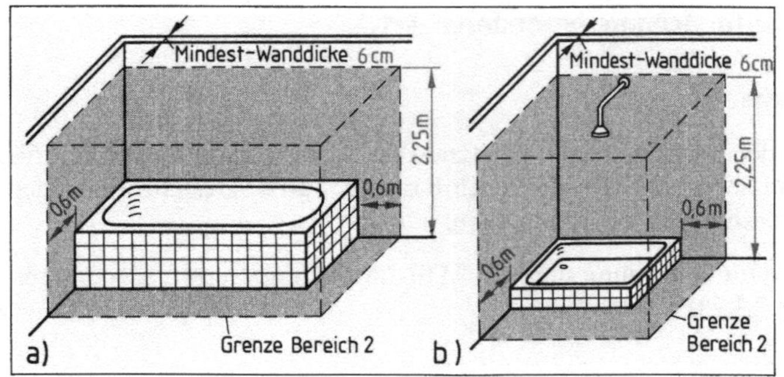

13.24
Bereich 2
a) um Badewannen
b) um Duschecken

Verlegen von Leitungen und Kabeln

1. In den in Bild **13.**23 und **13.**24 gekennzeichneten Bereichen 0, 1 und 2 dürfen weder Leitungen im oder unter Putz noch Steckdosen und Schalter angebracht werden.

2. Leitungen zur Versorgung von festangebrachten Verbrauchsgeräten (z. B. Heißwassergeräten oder Leuchten) dürfen im Bereich 0, 1 und 2 senkrecht von oben verlegt werden, wenn die Anschlußstelle oberhalb der Badewanne liegt. Die Verlegung senkrecht von unten ist zulässig, wenn die Anschlußstelle unterhalb der Badewannen-Oberkante liegt. Die Leitungen müssen von hinten in das Gerät eingeführt werden.

3. Auf der Rückseite der Wände innerhalb des Bereichs dürfen nur dann Leitungen verlegt werden, wenn zwischen Leitung oder Wandeinbaugehäuse einerseits und der Innenseite der Wände andererseits eine Mindestwanddicke von 6 cm erhalten bleibt.

4. Die Leitungen dürfen keinen Metallmantel haben, wie NYRUZY oder ähnliche Leitungen. Zugelassen sind Kunststoffkabel NYY und Kunststoffmantelleitungen NYM. Kunststoffaderleitungen in Kunststoffrohren H07V und Stegleitungen NYIF dürfen nur im Bereich 3 verwendet werden.

5. Leitungen zur Stromversorgung anderer Räume dürfen nicht durch die Bereiche 0 bis 3 geführt werden.

Betriebsmittel. Für die Auswahl der in den verschiedenen Bereichen einzusetzenden Betriebsmittel ist ausschlaggebend, ob es sich um öffentliche Bäder oder Bäder im Privatbereich handelt. Maßgebend ist der mögliche N ä s s e n i e d e r s c h l a g durch Betauung (**13.**25).

Tabelle **13.**25 **IP-Schutzarten für elektrische Betriebsmittel nach DIN 40050 und Kurzzeichen nach DIN VDE 0710**

Bereich	Bäder, in denen sich häufig Nässe infolge Betauung bildet (z. B. öffentliche Bäder, Bäder in Betrieben und Sportanlagen)	Bäder, in denen sich nur selten Nässe infolge Betauung bildet (z. B. im Wohnbereich und in Hotels)
0	IP × 7	IP × 7
1	IP × 5	IP × 4[1])
2	IP × 5	IP × 4
3	IP × 5	IP × 1[2])

[1]) IP × 5 beim Auftreten von Strahlwasser (z. B. Massageduschen)
[2]) für Leuchten genügt IP × 0

Der Potentialausgleich bietet in den Bereichen 1 bis 3 zusätzlichen Schutz vor berührungsgefährlichen Spannungen. Bade- und Duschwannen, ihre Abflußstutzen sowie metallische Rohrleitungen (Wasser-, Heizungs- und Gasrohre) sind zur Herstellung der Potentialgleichheit durch eine ungeschnittene Potentialausgleichsleitung untereinander zu verbinden (**13.**26). Die Potentialausgleichsleitung ist mit dem Schutzleiter zu verbinden. Dazu wird von der Schutzleiterschiene einer Verteilungstafel, an der der Schutzleiter einen Querschnitt von mindestens 4 mm² hat, eine einadrige Leitung von mindestens 4 mm² (z. B. NYM) in den Baderaum geführt. Die Leitung kann unter den Fliesen oder im Putz verlegt werden. Diese Verbindung ist nicht erforderlich, wenn bereits am Hausanschluß ein Potentialausgleich hergestellt wurde (s. Abschn. 13.2.2).

Der Potentialausgleich verhindert das Zustandekommen von gefährlichen Berührungsspannungen zwischen leitenden Bauteilen, die nicht zur elektrischen Anlage gehören.

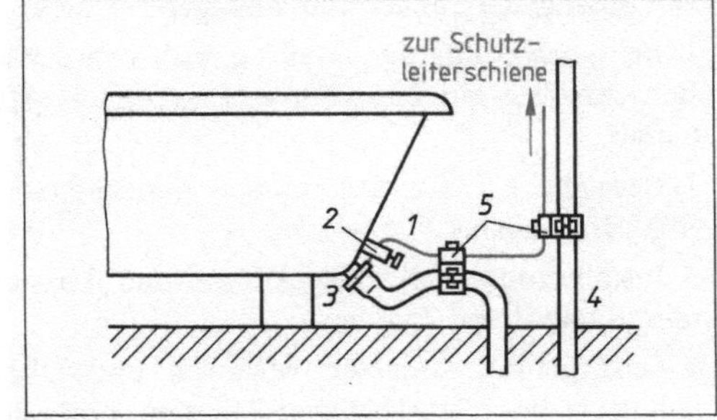

13.26 Potentialausgleichsleitung
1 (4 mm² Cu) zur Herstellung der Potentialgleichheit zwischen Badewanne *2*, Abflußrohr *3* und Frischwasserleitung *4*; Anschlußschellen *5*

Feuchte und nasse Räume. Anlagen im Freien

Feuchte und nasse Räume sind Räume, in denen die Sicherheit der elektrischen Anlage durch Feuchtigkeit, Kondenswasser, chemische oder andere Einflüsse beeinträchtigt ist. Werden Wände und Decken zu Reinigungszwecken abgespritzt, wird der Raum als „naß" bezeichnet. Feuchte und nasse Räume sind z. B. Stallungen, feuchte Keller, Großküchen, Metzgereien, Backstuben, Kühlräume, Kesselhäuser.

Hier gelten folgende VDE-Bestimmungen:

1. Für feste Verlegung dürfen nur Feuchtraumleitungen mit Kunststoffumhüllung (NYM, NYRUZY, NYBUY, s. Tabelle **13.**4) oder Kabel verwendet werden.

2. Als bewegliche Leitungen sind mittlere Gummischlauchleitungen H07RN-F (NMHöu), bis 2,5 mm² auch mittlere PVC-Schlauchleitungen H05VV-F (NYMHY) zu verwenden.

3. Elektrische Betriebsmittel müssen mindestens in tropfwassergeschützter Ausführung, Leuchten in regengeschützter Ausführung, Handleuchten in schutzisolierter Ausführung verwendet werden. In nassen Räumen müssen die Betriebsmittel strahlwassergeschützt sein (s. Tab. **13.**2).

4. Abzweigdosen, Schalter und Steckdosen sind an den Einführungsstellen feuchtigkeitssicher abzudichten. Steckvorrichtungen müssen ein Isoliergehäuse haben.

5. Für die Steckdosen wird ein Schutz durch einen vorgeschalteten Fehlerstrom-Schutzschalter mit dem Nennstrom $I_{\Delta n} \leq 30$ mA gefordert.

6. Die betriebsmäßig unter Spannung gegen Erde stehenden Leiter von Verbrauchsgeräten müssen durch Schalter mit erkennbarer Schaltstellung oder durch Steckvorrichtungen schaltbar sein. Ausgenommen hiervon sind fest angebrachte Leuchten.

Für geschützte Anlagen im Freien (überdacht) gelten die gleichen Bestimmungen. Für ungeschützte Anlagen gilt die Einschränkung, daß alle Betriebsmittel mindestens sprühwassergeschützt (IP 43) und Leuchten mindestens regengeschützt (IP 33) sein müssen (s. Tab. **13.**2).

Feuergefährdete Betriebsstätten

Feuergefährdete Betriebsstätten sind Räume, in denen die Gefahr besteht, daß an fehlerhaften elektrischen Betriebsmitteln durch leichtentzündliche Stoffe ein Brand entsteht. Feuergefährdete Betriebsstätten sind z. B. Holz- und Papierverarbeitungsbetriebe, Holz- und Strohlager, Garagen, Ölfeuerungsanlagen.

Die wichtigsten Sonderbestimmungen für diese Räume nach DIN VDE 0100 Teil 720 sind:

1. Bei Anwendung der Nullung muß von der letzten Verteilung außerhalb der feuergefährdeten Betriebsstätte ein besonderer Schutzleiter geführt werden, auch bei Leiterquerschnitten über 6 mm².

2. Bewegliche Leitungen müssen mindestens als mittlere Gummischlauchleitungen H07RN-F (NMHöu) ausgeführt werden.

3. Installationsschalter, Steckdosen und Abzweigdosen müssen mindestens tropfwassergeschützt sein (Symbol: ein Tropfen).

4. Schaltgeräte, Anlasser, Motoren und Überstromschutzorgane müssen mindestens in der Schutzart IP41, in staubigen Räumen mindestens in der Schutzart IP5· (staubdicht) ausgeführt sein.

5. Leuchten in staubigen Räumen müssen mindestens in der Schutzart IP5· ausgeführt sein.

6. Lampen müssen durch geeignete Abdeckung, z. B. durch Schutzgläser oder Schutzgitter gegen mechanische Beschädigung geschützt sein.

7. Wärmegeräte müssen mit Vorrichtungen versehen sein, die ein Berühren der Heizleiter mit entzündlichen Stoffen verhindern (keine offenen Heizleiter!).

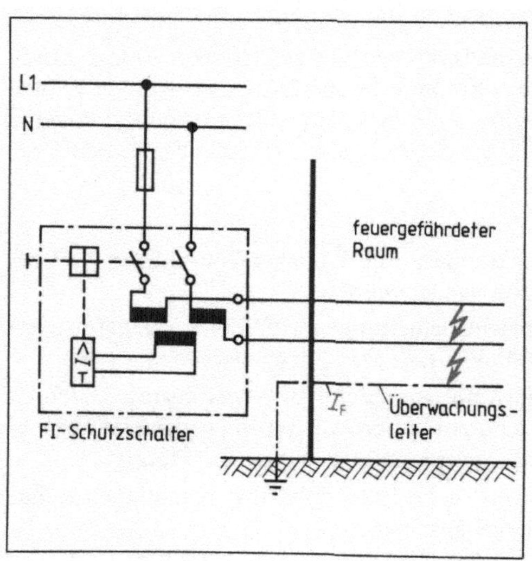

13.27 Isolationsüberwachung durch FI-Schutzschaltung mit Hilfe eines geerdeten Überwachungsleiters

8. Zur Vermeidung von Bränden durch zu hohe Erwärmung an einer Kurzschluß- oder Erdschlußstelle sind besondere Maßnahmen zu treffen. Dafür eignet sich vor allem die Isolationsüberwachung durch einen FI-Schutzschalter (**13.**27). Hierbei führt die Leitung (z. B. NYM) einen zusätzlichen, geerdeten Überwachungsleiter. Entsteht ein unvollkommener Kurzschluß oder Erdschluß, wird durch die damit verbundene Erwärmung sehr bald auch der Überwachungsleiter betroffen. Es entsteht über die Betriebserdung des Netzes ein Fehlerstrom I_F, der die Abschaltung der fehlerhaften Leitung durch den FI-Schutzschalter bewirkt. Der Nennfehlerstrom des FI-Schutzschalters darf höchstens 0,5 A betragen.

9. Sind leitfähige Bauteile vorhanden, die nicht zur elektrischen Anlage gehören, z. B. Stahlkonstruktionen oder Metallrohrleitungen, ist ein Potentialausgleich (s. Abschn. 13.2.2) durchzuführen.

Räume und Anlagen besonderer Art

Auf die besonderen Bestimmungen für die Installationsarbeiten in solchen Betriebsstätten, Räumen und in Anlagen besonderer Art kann hier nur kurz hingewiesen werden. Es fallen darunter u. a. Schwimmbäder (s. DIN VDE 0100 Teil 702), Saunen (s. DIN VDE 0100 Teil 703), die elektrischen Betriebsstätten und abgeschlossenen elektrischen Betriebsstätten (s. DIN VDE 0100 Teil 704), elektrische Anlagen in landwirtschaftlichen Betriebsstätten (s. DIN VDE 0100 Teil 705), Versammlungsstätten und Warenhäuser (VDE 0108), explosionsgefährdete Betriebsstätten (VDE 0165) und elektrische Ausrüstungen von Bearbeitungs- und Verarbeitungsmaschinen (VDE 0113).

Übungsaufgaben zu Abschnitt 13.1

1. Welchen Zweck haben die VDE-Bestimmungen?
2. Worin unterscheiden sich die VDE-Bestimmungen von den VDE-Richtlinien, -Merkblättern und -Schriften?
3. Wie ist an Geräten und Leitungen zu erkennen, ob sie den VDE-Bestimmungen genügen?
4. Warum sind parallel zu den Kompensationskondensatoren für Leuchtstofflampen Entladewiderstände erforderlich?
5. Beschreiben Sie den Aufbau folgender Leitungsarten: NYIF, NYM, NYRUZY.
6. Welche Angaben kann man dem Kurzzeichen für harmonisierte Leitungen entnehmen (z. B. H03VH-Y, H07RN-F)?
7. Warum dürfen in einem Rohr nur Leitungen eines Stromkreises zusammengefaßt werden?
8. Welchen Zweck hat die Vorschrift, daß in beweglichen Leitungen die Schutzleitungsader bei Versagen der Zugentlastung erst nach den stromführenden Adern auf Zug beansprucht werden darf?
9. Warum muß das Abspleißen von Einzeldrähten oder feindrähtigen flexiblen Leitern verhindert werden?
10. Wo müssen Stromsicherungen vorgesehen werden?
11. Warum darf der PEN-Leiter nicht abgesichert werden?
12. Worin liegt die Schutzwirkung der in Räumen mit Badewanne oder Dusche vorgeschriebenen Potentialausgleichsleitung?
13. Warum dürfen innerhalb der Schutzbereiche von Räumen mit Badewanne und Dusche keine Rohre mit Metallmänteln und keine zur Stromversorgung anderer Räume dienenden Leitungen verlegt werden?
14. Was müssen Sie bei der Leitungsführung für den Anschluß festangebrachter Verbrauchsgeräte in den Schutzbereichen beachten?
15. Welche Gesichtspunkte sind vor Beginn einer Installationsarbeit für die Auswahl der Leitungsart zu beachten?

13.2 Schutzmaßnahmen in elektrischen Anlagen

Sowohl die nach DIN VDE 0100 und VDE 0190 vorgeschriebenen Schutzmaßnahmen als auch die Unfallverhütungsvorschriften der Berufsgenossenschaft (Elektrische Anlagen und Betriebsmittel VBG 4) dienen nicht dem Schutz der Anlage, sondern dem Schutz der Menschen gegen die Gefahren des elektrischen Stroms, z. T. auch dem Schutz der Gebäude gegen Brandgefahr. Besondere Bedeutung kommt dabei den

VDE-Bestimmungen für das Errichten von Starkstromanlagen mit Nennspannungen bis 1000 V (DIN VDE 0100)

zu, die zusätzliche Maßnahmen vorschreiben.

13.2.1 Ursachen elektrischer Unfälle

Wie in Band 1, Abschnitt 15 ausführlich dargestellt wurde, besteht Gefahr für Gesundheit und Leben, wenn der Mensch zwei Punkte überbrückt, zwischen denen eine Spannung besteht. Der menschliche Körper ist dann Teil eines geschlossenen Stromkreises und wird von einem elektrischen Strom durchflossen. Diese Möglichkeit ist in drei Fällen gegeben:

1. In einem Netz mit geerdetem N-Leiter (Neutralleiter) wird ein Anlageteil berührt, der zwar im Betrieb keine Spannung führen darf, durch einen Isolationsfehler jedoch Spannung gegen Erde annimmt (z. B. das metallische Gehäuse eines Geräts oder einer Maschine). Dieser häufig auftretende Fehler heißt Körperschluß.

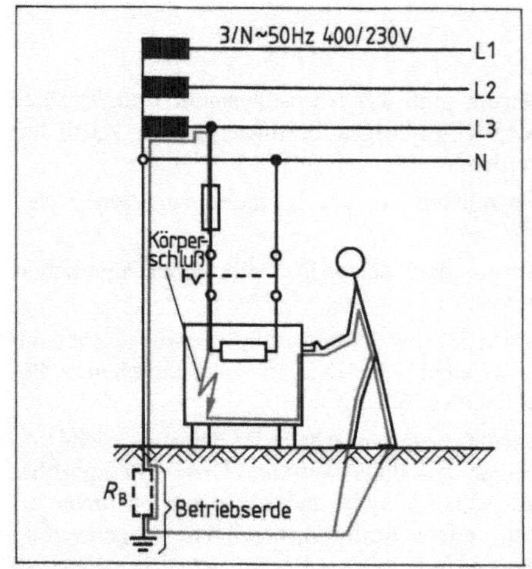

13.28 Fehlerstromkreis (rot) über den menschlichen Körper bei Berührung eines Geräts mit Körperschluß (hier eines Elektroherds).

Berührt man einen mit einem Körperschluß behafteten Anlageteil und gleichzeitig die Erde, schließt sich ein Stromkreis über den eigenen Körper, die Erde und den Widerstand R_B der Betriebserdung des Transformator-Sternpunkts (**13**.28). Diese Gefahr kann nur ausgeschlossen werden, wenn der Standort einen isolierenden Fußboden hat oder wenn der Sternpunkt des Speisetransformators nicht geerdet ist. (Der letzte Fall ist sehr selten, s. Abschn. 13.2.4.)

2. In einem Netz mit geerdetem N-Leiter werden versehentlich ein spannungsführender Anlageteil und gleichzeitig die Erde berührt. Dann kann sich wie unter 1. ein Stromkreis bilden.

3. Bei isoliertem Standort gegen Erde kann sich über den Körper ein Stromkreis schließen, wenn er mit zwei gegeneinander Spannung führenden Anlageteilen in Berührung kommt.

Fall 2 oder 3 gefährden hauptsächlich den an der Anlage arbeitenden Fachmann, Fall 1 vor allem den Benutzer des schadhaften Geräts.

13.2.2 Verhütung elektrischer Unfälle

Schutz gegen direktes Berühren

Diese Schutzmaßnahme ist auf den ungestörten Betriebsfall abgestimmt. DIN VDE 0100 schreibt vor, daß betriebsmäßig unter Spannung stehende, „aktive Teile" gegen direktes Berühren durch den Menschen zu schützen sind. Dazu kann man die aktiven Teile durch Abdeckungen, Umhüllungen oder Hindernisse (z.B. Schutzgitter, Abschrankungen) isolieren (**13**.29). Eine andere Möglichkeit ist der Schutz durch Abstand. Da im Handbereich nicht gleichzeitig zwei Teile mit unterschiedlichem Potential berührt werden dürfen, müssen sie mindestens 2,5 m voneinander entfernt sein (**13**.30). Nur bei Nennspannungen bis zu 25 V Wechselspannung bzw. 60 V Gleichspannung ist ein Schutz gegen direktes Berühren in der Regel nicht erforderlich. Ausnahmen sind bei bestimmten Umgebungsbedingungen möglich.

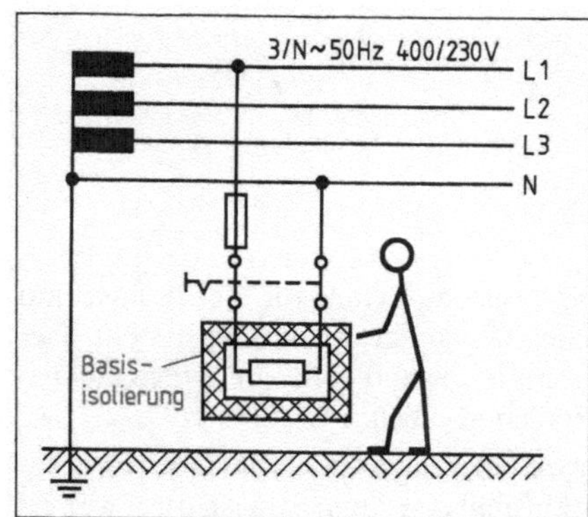

13.29 Schutz gegen direktes Berühren durch Isolierung

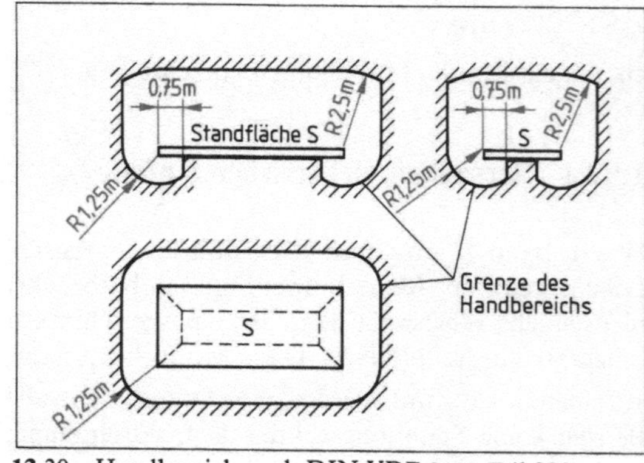

13.30 Handbereich nach DIN VDE 0100 Teil 200

Bei elektrischen Anlagen mit Spannungen über 25 V Wechselspannung oder 60 V Gleichspannung sind Maßnahmen gegen direktes Berühren erforderlich.

Schutz bei indirektem Berühren

Fällt der Schutz gegen direktes Berühren infolge Isolationsfehler (Körperschluß) aus und berührt der Mensch Anlagenteile mit zu hoher Berührungsspannung, muß ein Schutz gegen indirektes Berühren wirksam werden.

Körperschluß. Durch Isolationsfehler kann ein Körperschluß entstehen. Von Körperschluß spricht man, wenn ein aktives Teil mit einem „Körper" in leitende Verbindung kommt. Körper sind leitfähige, betriebsmäßig keine Spannung führenden Teile, z. B. metallische Gehäuse. Der Motor in Bild **13**.31 hat einen vollkommenen Körperschluß und wird von einem Menschen berührt. Dieser wird vom vollen Fehlerstrom durchflossen ($I_K = I_F$).

Fehlerspannung. U_F ist die Spannung, die bei einem Isolationsfehler zwischen den nicht zum Betriebsstromkreis gehörenden Teilen untereinander oder zwischen diesen und der Bezugserde auftritt (**13**.31). Unter Bezugserde versteht man die feuchten, gut leitenden Schichten des Erdreichs, deren Widerstand praktisch gleich Null ist. Der Strom, der durch eine Fehlerspannung zum Fließen kommt, heißt Fehlerstrom I_F.

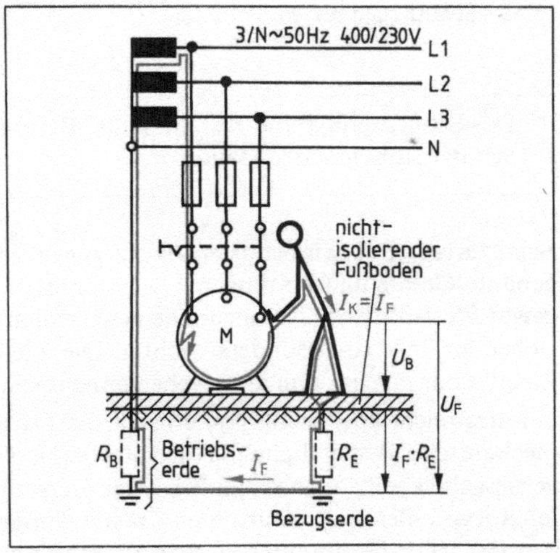

13.31 Fehlerspannung U_F und Berührungsspannung U_B bei Körperschluß eines Anlageteils (hier eines Motors). Fehlerstromkreis rot

Berührungsspannung. U_B ist der Teil der Fehlerspannung, der vom Menschen überbrückt wird, z. B. wenn er einen durch Körperschluß unter Spannung stehenden Anlagenteil und die Erde berührt (**13**.31). Zwischen seinen Füßen und der Bezugserde liegt in Reihe der Erdungswiderstand R_E am Standort. Er setzt sich aus der Summe der Widerstände aus Fußboden, Mauerwerk und dem Widerstand zwischen den oberen Schichten des Erdreichs und der Bezugserde zusammen. Dazu kommt in den meisten Fällen noch der Widerstand des Schuhwerks. Die Berührungsspannung ist also um den Betrag $I_F \cdot R_E$ kleiner als die Fehlerspannung. Ist R_E gleich Null (z. B. wenn der Mensch gleichzeitig das fehlerhafte Gerät und die Wasserleitung berührt), ist $U_B = U_F$.

Zulässige Berührungsspannung. Nach DIN VDE 0100 wurde die dauernd zulässige Berührungsspannung U_L im Rahmen der internationalen Harmonisierung auf 50 V Wechselspannung bzw. 120 V Gleichspannung festgelegt.

Die dauernd zulässige Berührungsspannung U_L beträgt 50 V Wechselspannung bzw. 120 V Gleichspannung.

In landwirtschaftlichen Betriebsstätten sind Schutzmaßnahmen nach DIN VDE 0100 Teil 410 schon bei Nennspannungen über 25 V Wechselspannung bzw. 60 V Gleichspannung

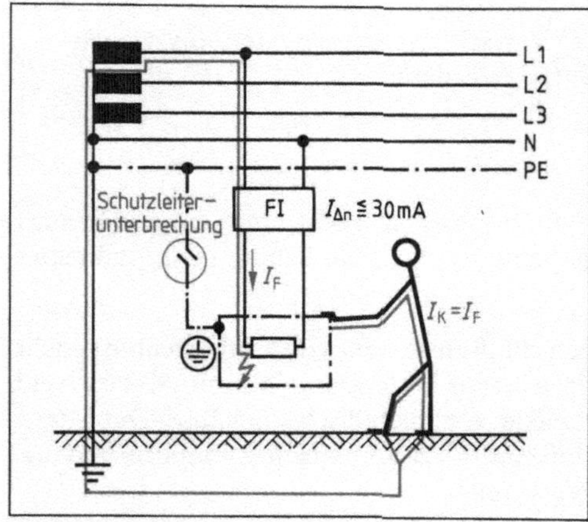

13.32 Schutz bei direktem Berühren

erforderlich. In Sonderfällen (z. B. medizinisch genutzte Räume) ist die dauernd zulässige Berührungsspannung nach DIN VDE 0107 auf 24 V begrenzt.

Schutz bei direktem Berühren

Kommt es trotz anderer Schutzmaßnahmen zu einer Berührung von unter Spannung stehenden Anlagenteilen (**13.32**), kann man den Menschen dadurch schützen, indem die Anlage schnell abgeschaltet wird. Dies ist durch hochempfindliche Fehlerstrom-Schutzeinrichtungen (s. Abschn. 13.2.4) mit einem Fehlerstrom $I_{\Delta n} \leqq 30$ mA möglich.

Die Schutzmaßnahme bei direktem Berühren bietet zusätzlichen Schutz, wenn andere Schutzmaßnahmen ausfallen.

Schutzarten. Der wirksamste Schutz gegen zu hohe Berührungsspannungen sind zuverlässig gebaute Geräte und Leitungen sowie durch gut ausgebildete Fachleute sorgfältig errichtete und gewartete elektrische Anlagen. Die gewissenhafte Isolierung aller betriebsmäßig unter Spannung stehender Teile ist besonders wichtig. Die Zuverlässigkeit der Geräte und Leitungen kann der Installateur immer dann als gegeben annehmen, wenn sie vom VDE geprüft und zugelassen sind.

All dies reicht aber nicht aus, um auf die Dauer einen wirksamen Schutz zu erreichen. Denn mechanische Beschädigung, Alterung der Isolierstoffe, Feuchtigkeit und chemische Einflüsse verursachen trotz aller Sorgfalt bei der Herstellung der Geräte und der Errichtung der Anlagen Isolationsfehler und damit unter Umständen gefährliche Berührungsspannungen. Daher schreiben die VDE-Bestimmungen Schutzmaßnahmen vor, wenn die Nennspannung in elektrischen Anlagen 50 V Wechselspannung oder 120 V Gleichspannung überschreitet.

In Anlagen mit Spannungen über 50 V Wechselspannung oder 120 V Gleichspannung sind nach DIN VDE 0100 Maßnahmen zum Schutz bei indirektem Berühren vorgeschrieben.

Dazu gehören netzunabhängige und netzabhängige Schutzmaßnahmen (**13.33**).

Tabelle **13.33** **Schutzmaßnahmen bei direktem Berühren**

Netzunabhängige Schutzmaßnahmen	Netzabhängige Schutzmaßnahmen
– Schutzisolierung – Schutzkleinspannung – Schutztrennung	– Schutzmaßnahmen im TN-Netz (Nullung) – Schutzmaßnahmen im TT-Netz (Schutzerdung) – Schutzmaßnahmen im IT-Netz (Schutzleitungssystem) – Fehlerstrom-(FI-)Schutzschaltung – Fehlerspannungs-(FU-)Schutzschaltung

Zusätzlicher Schutz gegen zu hohe Berührungsspannungen durch Potentialausgleich

Außer den zu Bild **13.**31 beschriebenen Ursachen können Berührungsspannungen auch zwischen leitenden Bauteilen entstehen, die nicht zur elektrischen Anlage gehören. So wäre es z. B. möglich, daß ein Heizungsrohr, das keine oder nur eine schlechtleitende Erdverbindung hat, durch einen Isolationsfehler an einem elektrischen Anlagenteil (z. B. in einer Deckendurchführung) Spannung angenommen hat. Auf diese Weise könnte eine Berührungsspannung zwischen dem Heizungsrohr und einem Wasserrohr, das eine gute Erdverbindung hat, entstehen. Man spricht dann von einem Potentialunterschied (= Spannungsunterschied).

Der Hauptpotentialausgleich besteht nach DIN VDE 0100 und VDE 0190 darin, alle berührbaren Metallteile in einem Gebäude (vor allem Wasser-, Gas- und Heizungsrohrleitungen) an zentraler Stelle untereinander und mit dem Schutzleiter der Anlage durch eine Potentialausgleichsleitung zu verbinden. Die Verbindung wird an der Potentialausgleichsschiene in der Nähe des Hausanschlußkastens vorgenommen (**13.**34). An diese Schiene müssen, soweit vorhanden, auch berührbare Metallteile des Gebäudes (z. B. bei Stahlkonstruktionen), metallene Abwasserrohre, Blitzschutzanlagen, Antennengestänge, Erder (außer FU-Erder), vor allem Fundamenterder u. ä. angeschlossen werden. Die Anschlüsse sind zu kennzeichnen.

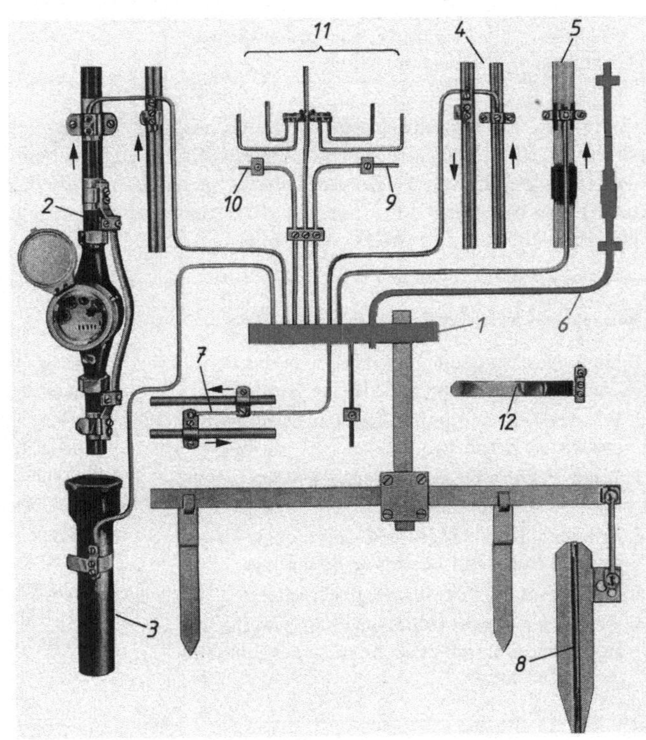

13.34
Potentialausgleich
1 Potentialausgleichsschiene
2 Frischwasserleitung
3 Abwasserleitung
4 Heizungsanlage
5 Gasleitung
6 Blitzschutzanlage
7 Ölversorgung
8 Erder
9 PEN-Leiter
10 Antennenanlage
11 Dusche, Badewanne
12 Erdungs-Bandschelle

Zusätzlicher Potentialausgleich. Für Orte mit erhöhtem Risiko (Baderäume, Schwimmbäder, medizinisch genutzte Räume, landwirtschaftliche Betriebsstätten) ist ein zusätzlicher Potentialausgleich erforderlich. Er verbindet die Körper der elektrischen Betriebsmittel mit fremden leitfähigen Teilen.

> Der Potentialausgleich verhindert das Zustandekommen eines Potentialunterschieds, also einer Spannung zwischen berührbaren Metallteilen untereinander sowie zwischen diesen und dem Schutzleiter.

Der Querschnitt der Hauptpotential-Ausgleichsleitungen muß nach DIN VDE 0100 Teil 540 dem des Schutzleiters angeglichen sein, mindestens aber 6 mm^2 betragen (**13.**35). Sie sind zwar keine Schutzleiter, können aber wie diese grüngelb gekennzeichnet sein. Eine besondere Kennzeichnung ist jedoch nicht vorgeschrieben. Als Ausgleichsschiene kann entweder ein Kupferband (Mindestquerschnitt 25×2 mm^2) oder verzinkter Bandstahl ($30 \times 3{,}5$ mm^2) dienen.

DIN VDE 0100 Teil 540 legt auch die notwendigen Querschnitte der zusätzlichen Potentialausgleichsleiter fest (**13.**35).

Tabelle **13.**35 **Querschnitte der Potentialausgleichsleitungen**

	Hauptpotentialausgleich	Zusätzlicher Potentialausgleich
normal	0,5 mal Querschnitt des Hauptschutzleiters	zwischen zwei Körpern: 1 mal Querschnitt des kleineren Schutzleiters zwischen einem Körper und einem fremden leitfähigen Teil: 0,5 mal Querschnitt des Schutzleiters
mindestens	6 mm^2 Cu oder gleichwertiger Leitwert	bei mechanischem Schutz: 2,5 mm^2 Cu, 4 mm^2 Al ohne mechanischen Schutz: 4 mm^2 Cu
mögliche Begrenzung	25 mm^2 Cu oder gleichwertiger Leitwert	

Prüfung des Potentialausgleichs. Vor Inbetriebnahme der elektrischen Verbraucheranlage sind nach DIN VDE 0100 alle Verbindungen durch Augenschein auf einwandfreie Beschaffenheit zu überprüfen. Durch Widerstandsmessung ist festzustellen, ob der Widerstand zwischen der Ausgleichsschiene und den Enden der in den Potentialausgleich einbezogenen Rohrleitungen 3 Ω nicht überschreitet. Der Meßstrom sollte etwa 5 A betragen.

Übungsaufgaben zu Abschnitt 13.2.1 und 13.2.2

1. Unter welchen Bedingungen bedeutet das Berühren spannungsführender Teile eine Gefahr?
2. Was versteht man unter direktem Berühren und indirektem Berühren?
3. Welcher Schutz ist am wirksamsten gegen zu hohe Berührungsspannung?
4. Erläutern Sie die Begriffe Körperschluß, Fehlerstrom, Fehler- und Berührungsspannung.
5. Wozu dient der Potentialausgleichsleiter?
6. Welche besonderen Bedingungen sind für die Verlegung und Querschnittsbemessung des Schutzleiters zu beachten?
7. Welchen Zweck haben die für elektrische Starkstromanlagen vorgeschriebenen Schutzmaßnahmen?
8. Nennen Sie die gegen zu hohe Berührungsspannung schützenden zusätzlichen Maßnahmen.
9. Unter welchen Bedingungen brauchen bei der üblichen Netzspannung 230/400 V ~ 50 Hz keine Schutzmaßnahmen angewendet zu werden?
10. Welche Schutzwirkung erreicht man durch den in DIN VDE 0100 und VDE 0190 geforderten Potentialausgleich?

13.2.3 Netzunabhängige Schutzmaßnahmen gegen Gefahren bei indirektem Berühren

Infolge mechanischer Beschädigung, Alterung der Isolierstoffe oder chemischer Einflüsse können trotz aller bei der Herstellung der Geräte und Anlagen aufgewendeten Sorgfalt Isolationsfehler entstehen. Sie haben unter Umständen gefährliche Berührungsspannungen zur Folge. Daher schreiben die „VDE-Bestimmungen für das Errichten von Starkstromanlagen mit Nennspannungen bis 1000 V“ (DIN VDE 0100) Schutzmaßnahmen vor, wenn von einem Menschen dauernd Berührungsspannungen über 50 V überbrückt werden können (in Sonderfällen schon über 25 V). Maßnahmen zum Schutz bei indirektem Berühren, also bei Körperschluß, sind z. B. Schutzmaßnahmen ohne Schutzleiter, die das Entstehen einer gefährlichen Berührungsspannung verhindern:

- Schutzisolierung,
- Schutzkleinspannung,
- Schutztrennung.

Schutzisolierung

Die Schutzisolierung soll die Überbrückung einer Berührungsspannung gegen Erde durch den Menschen dadurch verhindern, daß Isolationsfehler praktisch nicht auftreten können. Dies erreicht man durch zusätzliche oder verstärkte Basisisolation (**13.**36a) wie isolierende Gehäuse und Abdeckungen (Beispiel: Haartrockner, **13.**37) oder isolierende Zwischenteile in Getrieben (Kunststoffzahnräder), Wellen, Gestängen oder Gehäusen (Beispiel: Handbohrmaschine mit Leichtmetallgehäuse, **13.**38).

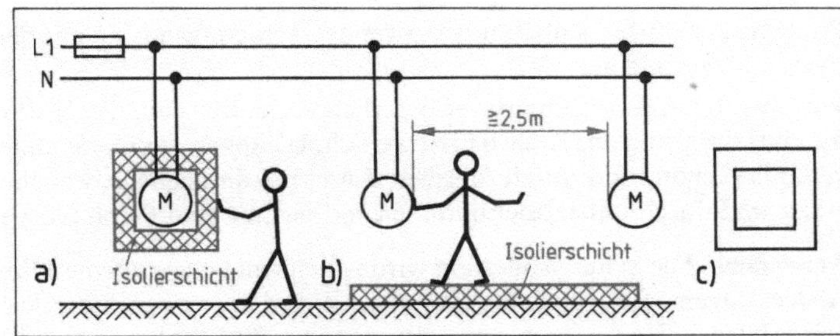

13.36 Schutzisolierung
a) Verstärkte Basisisolierung
b) Schutz durch nichtleitende Räume
c) Kennzeichnung

Eine andere Möglichkeit ist der Schutz durch nichtleitende Räume (**13.**38b). Hier deckt man den Fußboden und alle im Handbereich befindlichen, mit der Erde in Verbindung stehenden leitfähigen Teile isolierend ab. Beispiel: Arbeitsplatz an einem Prüftisch für elektrische Geräte. Dabei müssen mehrere Geräte voneinander und von fremden leitfähigen Teilen mindestens 2,5 m

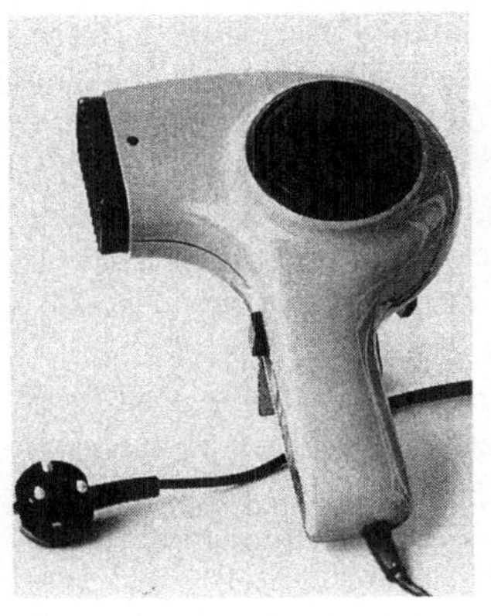

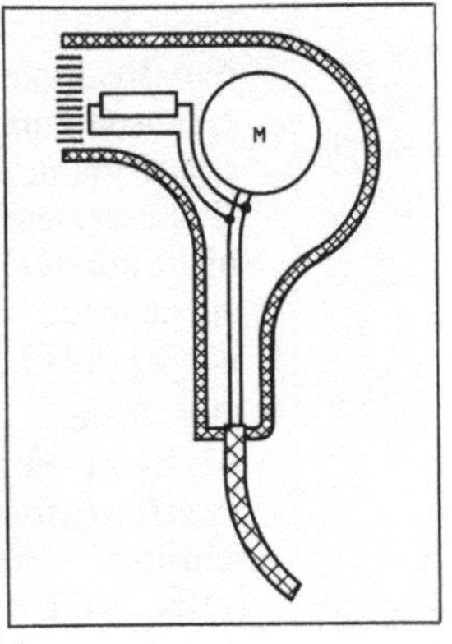

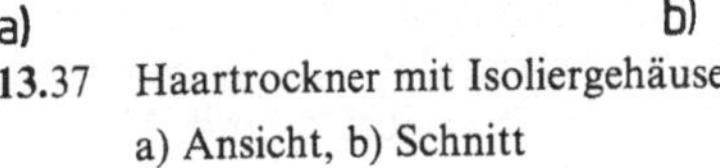

13.37 Haartrockner mit Isoliergehäuse
a) Ansicht, b) Schnitt

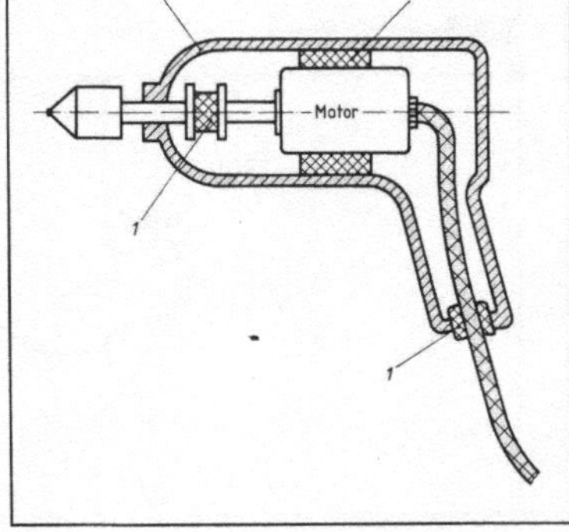

13.38 Elektrische Handbohrmaschine mit Metallgehäuse *2* und innen liegenden Isolierstücken *1*

entfernt sein. Damit ist sichergestellt, daß der Mensch im Fall eines Fehlers nur ein Gerät gleichzeitig berühren kann (Handbereich).

> Schutzisolierte Geräte müssen der Schutzklasse II angehören und auf dem Gehäuse mit dem Zeichen für Schutzisolierung ⧈ gekennzeichnet sein.

Lack- und Emailleüberzüge, Oxidschichten und Faserstoffumhüllungen gelten nicht als Schutzisolierung.

Für ortsveränderliche Geräte gilt folgende Vorschrift:

> Die Zuleitung ortsveränderlicher schutzisolierter Geräte darf keinen Schutzleiter enthalten, muß aber mit einem Schutzkontaktstecker oder einem entsprechend geformten Profilstecker versehen sein, der in Schutzkontakt-Steckdosen paßt.

Profilstecker dürfen jedoch nur verwendet werden, wenn sie mit der Anschlußleitung ein unteilbares Ganzes bilden.

Wird bei Reparaturen an ortsveränderlichen Geräten eine dreiadrige Anschlußleitung verwendet, darf die grüngelbe Ader nicht als Schutzleiter an das Gerät angeschlossen werden. Hierdurch verhindert man, daß durch falschen Anschluß die nicht gebrauchte grüngelbe Ader Spannung erhält und durch unbeabsichtigte Verbindung mit dem Gerätekörper eine Gefahr bildet.

Anwendung. Die Schutzisolierung wird zunehmend – vor allem in Form isolierender Gehäuse und Abdeckungen – für Haushalts-, Rundfunk- und Fernsehgeräte, Kleingeräte (Handleuchten, Elektrowerkzeuge, Haarschneidemaschinen) sowie für Schaltgeräte und Verteilungskästen verwendet. Sie bildet den sichersten Berührungsschutz. Ihre Anwendung ist jedoch durch die relativ geringe mechanische und thermische Festigkeit der Isolierstoffe begrenzt. Bei Motorgehäusen aus Isolierstoff entständen auch wegen deren geringer Wärmeleitfähigkeit Kühlungsschwierigkeiten.

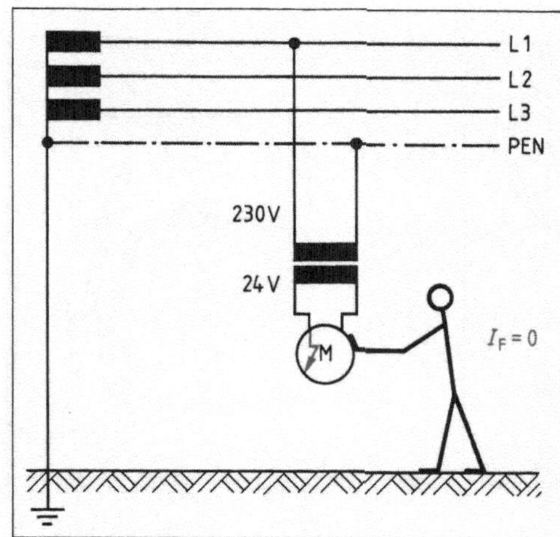

13.39 Schutzkleinspannung durch Kleinspannungstransformator: im Fehlerfall fließt kein Fehlerstrom

Schutzkleinspannung

Diese Schutzmaßnahme für erschwerte Umgebungsbedingungen beruht darauf, daß die Nennspannung 50 V Wechsel- oder 120 V Gleichspannung, in besonderen Fällen 25 V Wechselspannung bzw. 60 V Gleichspannung nicht überschreitet. Dann ist im Fehlerfall die entstehende Berührungsspannung ungefährlich klein (**13.**39).

Der Schutz durch Kleinspannung wird in Wechselstromnetzen meist durch Sicherheitstransformatoren gewährleistet, die den „Vorschriften für Sicherheitstransformatoren" (DIN VDE 0551) genügen, z. B. getrennte Wicklungen haben müssen (**13.40**). Seltener verwendet man Akkumulatoren, galvanische Elemente, elektronische Geräte und Motor-Generatoren zur Kleinspannungserzeugung.

Tabelle 13.40 **Sicherheitstransformatoren**

Grad der Kapselung	offener Sicherheits-transformator max. 25 V	gekapselter Sicherheits-transformator max. 25 V			
Ver-wendungs-zweck	Spielzeug-transformator max. 25 V	Klingel-transformator max. 12 V	Auftau-transformator max. 25 V	Handleuchten-transformator max. 50 V	Transformator für medizini-sche Zwecke max. 6 oder 25 V
Kurz-schluß-festigkeit	unbedingt kurzschlußfester Transformator		bedingt kurzschlußfester Transformator		

Klingeltransformatoren müssen unbedingt, Spielzeug- und Auftautransformatoren bedingt kurzschlußfest sein (s. Abschn. 4.2 und 4.3).

Ortsfeste Kleinspannungstransformatoren mit Metallgehäuse müssen in die Schutzmaßnahme des Versorgungsnetzes einbezogen, in ortsveränderlicher Ausführung müssen sie schutzisoliert sein.

Die Schutzkleinspannung beträgt höchstens 50 V Wechselspannung oder 120 V Gleichspannung, in Sonderfällen höchstens 25 V Wechselspannung oder 60 V Gleichspannung.

Bei getrennter Verlegung darf die Isolierung etwas geringer ausgeführt werden, weil die maximale Nennspannung nur 50 V Wechsel- bzw. 120 V Gleichspannung beträgt.

Um die Einschleppung einer gefährlichen Spannung in den Kleinspannungsstromkreis zu verhindern, gelten folgende Vorschriften:

Kleinspannungsstromkreise dürfen weder geerdet noch mit Anlagen höherer Spannung leitend verbunden werden (sichere galvanische Trennung, **13.**39).

Installationsmaterial und Leitungen müssen für 250 V isoliert sein, z. B. NYM für feste Verlegung und H05 VV... (leichte PVC-Schlauchleitung) oder H05 RR... (mittlere Gummischlauchleitung) für bewegliche Leitungen. Ausnahmen: Kinderspielzeug und Fernmeldegeräte (z. B. Klingelanlagen).

Stecker für ortsveränderliche Kleinspannungsgeräte dürfen nicht in Steckdosen für höhere Spannungen (z. B. Netzspannung) passen.

Kleinspannungsgeräte dürfen kein Schutzleiterklemme haben, um zu verhindern, daß durch fehlerhaften Anschluß dieser Klemme eine zusätzliche Gefahrenquelle entsteht.

Anwendung. Der Schutz durch Kleinspannung ist auf Kleingeräte beschränkt, weil Großverbraucher wegen der bei kleiner Spannung großen Stromaufnahme unwirtschaftlich sind. Nach DIN VDE 0100 ist Kleinspannung in einigen Bereichen verbindlich vorgeschrieben:

- 6 V für medizinische Geräte, die in den Körper eingeführt werden,
- 12 V für elektrische Geräte, die in Badewannen und Duschen eingesetzt werden,
- 24 V, wenn die Umgebung aus leitfähigen Stoffen besteht wie z. B. in oder an Dampfkesseln, Behältern, Rohrleitungen, Stahlgerüsten und ähnlichen engen Räumen mit leitenden Baustoffen sowie für elektromotorisch angetriebenes Spielzeug und für Backofenleuchten und Faßleuchten. Geräte für Schutzkleinspannungen tragen das Symbol ⟨III⟩ (Schutzklasse III). Der Basisschutz gegen direktes Berühren muß voll gewährleistet sein.

Wahlweise mit der Schutztrennung ist Schutzkleinspannung vorgeschrieben für Handnaßschleifmaschinen und Elektrowerkzeuge bei Instandsetzungs-, Reinigungs- und anderen Arbeiten an Kesseln, Behältern, Rohrleitungen sowie in engen Räumen mit leitenden Bauteilen. (Ortsfest angebrachte Leuchten können bei derartigen Arbeiten außerdem unter Anwendung der Schutzmaßnahme Schutzisolierung betrieben werden.)

Wahlweise mit der Schutzisolierung ist Schutzkleinspannung für elektrische Geräte zur Haar- und Hautbehandlung bei Menschen und Tieren vorgeschrieben.

Ein Kleinspannungsnetz wird manchmal in Werkstätten angewendet, in denen viele Elektrowerkzeuge oder eine durch die Umstände erhöhte Gefährdung dies besonders rechtfertigen.

Funktionskleinspannung ist eine Schutzmaßnahme für normale Umgebungsbedingungen, bei der die Bedingungen für Schutzkleinspannung nicht voll erfüllt werden. Es gibt Fälle, in denen die Kleinspannungsseite bzw. die Kleinspannungsbetriebsmittel aus Funktionsgründen geerdet oder gegen die Oberspannungsseite nicht besonders hochwertig isoliert sind (z. B. Meß- und Steueraufgaben, Klingel- und Türsprechanlagen). Bei Kinderspielzeug wird allerdings sichere elektrische Trennung gefordert.

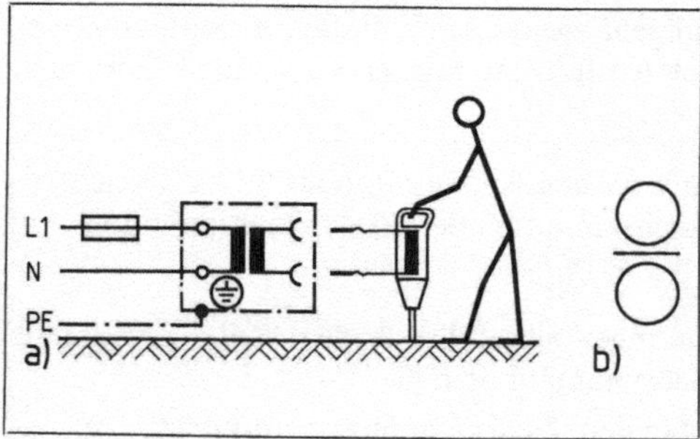

13.41 Trenntransformator
a) am TN-S-Netz
b) Kennzeichnung nach DIN VDE 0550

Schutztrennung

Die Schutztrennung soll bei Körperschluß eines Anlageteils das Entstehen einer Berührungsspannung gegen Erde durch Trennung des Verbraucherstromkreises vom geerdeten Versorgungsnetz verhindern. Die Trennung wird durch Trenntransformatoren mit getrennten Wicklungen oder Motorgeneratoren erreicht (**13**.41). Vom Schutz durch Schutzkleinspannung unterscheidet sich die Schutztrennung u. a. dadurch, daß sie für Primärspannungen bis 500 V zugelassen ist. Der Nennausgangsstrom darf maximal 16 A, die Ausgangsspannung maximal 1000 V betragen.

Die Trenntransformatoren (bis 4 kVA, bei Drehstrom bis 10 kVA) müssen eine besonders hochwertige Isolation zwischen Eingangs- und Ausgangswicklung haben und DIN VDE 0550 entsprechen. Sie sind besonders gekennzeichnet (**13**.41 b). Metallgehäuse ortsfester Trenntransformatoren müssen in die Schutzmaßnahme des Versorgungsnetzes einbezogen werden. In ortsveränderlicher Ausführung müssen die Trenntransformatoren schutzisoliert sein.

Bewegliche Anschlußleitungen für die Verbraucher müssen bei 1000 V mindestens der Ausführung NMH (H07 RR-F) entsprechen. Der Verbraucherstromkreis muß sicher vom Versorgungsnetz getrennt sein. Er darf deshalb weder geerdet noch mit anderen Anlageteilen leitend verbunden sein.

Die Schutztrennung wäre unwirksam, wenn sich auf der Sekundärseite des Trenntransformators oder auf der Generatorseite des Motorgenerators ein Erdschluß ergäbe. Hierdurch entstände bei

Körperschluß der erdschlußfreien Zuleitung ein Fehlerstromkreis und damit eine Fehlerspannung gegen Erde. Um diese Gefahr weitgehend auszuschließen, gelten besondere Vorschriften.

Wird keine besonders hochwertige Schutzmaßnahme, sondern nur der normal übliche Schutz verlangt, dürfen auch mehrere elektrische Verbraucher von einem Trenntransformator versorgt werden.

> Werden mehrere Verbraucher an einen Trenntransformator angeschlossen, müssen ihre Gehäuse untereinander durch ungeerdete, isolierte Potentialausgleichsleiter verbunden werden (13.42).

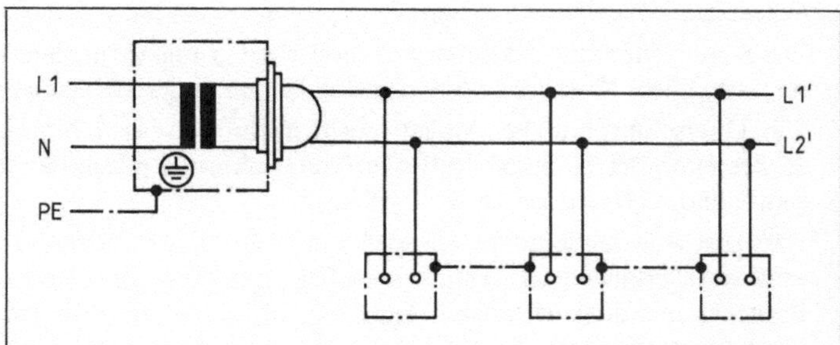

13.42
Schutztrennung am TN-S-Netz bei mehreren Verbrauchern

Ist jedoch Schutztrennung wegen besonderer Gefährdung vorgeschrieben, gelten diese Vorschriften:

> An einen Trenntransformator (oder Motorgenerator) darf nur e i n Verbraucher über eine fest eingebaute Steckdose ohne Schutzkontakt angeschlossen werden.
> Die Schutztrennung ist auf höchstens 16 A Nennstrom beschränkt.

Anwendung findet die Schutztrennung bei Elektrorasierern, Elektrowerkzeugen, Betonrüttlern, Naßschleifmaschinen. Bei besonderer Gefährdung (Arbeiten in Kesseln, auf Stahlgerüsten usw.) ist das Gehäuse des schutzgetrennten Geräts mit dem Standort durch einen „besonderen Leiter" zu verbinden. Dieser Leiter muß außerhalb der Zuleitung sichtbar verlegt und sein Querschnitt wie der eines Schutzleiters bemessen werden. Bei Arbeiten in Kesseln ist der Trenntransformator oder Motorgenerator a u ß e r h a l b des Kessels aufzustellen.

Übungsaufgaben zu Abschnitt 13.2.3

1. Worin besteht der Unterschied zwischen Basis- und Schutzisolierung?
2. In welchen Fällen sind nach DIN VDE 0100 bestimmte Schutzmaßnahmen vorgeschrieben? Welche sind es?
3. Welche besonderen Bedingungen sind beim Schutz durch nichtleitende Räume zu beachten?
4. Was versteht man unter Schutzkleinspannung?
5. Was ist eine Funktionskleinspannung?
6. Was versteht man unter aktiven Teilen?
7. Was bedeutet Schutz gegen direktes Berühren?
8. In welchen Anlagen ist ein Schutz bei indirektem Berühren vorgeschrieben?
9. Beschreiben Sie die Schutzisolierung eines elektrischen Betriebsmittels.
10. Unter welchen Bedingungen wenden Sie die Schutztrennung an?
11. Ein Metallbehälter soll mit einer Handlampe ausgeleuchtet werden. Beschreiben Sie die erforderliche Schutzmaßnahme und skizzieren Sie den Schaltplan.

13.2.4 Netzabhängige Schutzmaßnahmen gegen Gefahren bei indirektem Berühren

Durch diese Schutzmaßnahmen mit Schutzleiter wird die Anlage beim Entstehen einer gefährlichen Berührungsspannung sofort abgeschaltet oder der Fehler gemeldet (Schutz durch Abschalten oder Meldung). Die Art der Schutzmaßnahme muß der jeweiligen Netzform angepaßt sein.

Schutzleiter (PE-Leiter; engl. protection = Schutz, earth = Erde; in TN-Netzen PEN-Leiter) verbinden das zu schützende, nicht zum Betriebsstromkreis gehörende Anlagenteil je nach Art der Schutzmaßnahme mit der Erde, dem N-Leiter oder dem Fehlerspannungsschutzschalter. Sie führen keinen Betriebsstrom, sondern nur im Schadensfall den Fehlerstrom I_F.

> Der Schutzleiter muß in seinem ganzen Verlauf grüngelb (in alten Anlagen rot) gekennzeichnet sein. Diese Kennzeichnung darf für keinen anderen Leiter verwendet werden.
>
> Sein Querschnitt muß bei Außenleiterquerschnitten bis 16 mm² mindestens gleich dem der Außenleiter, bei größeren Außenleiterquerschnitten gleich der Hälfte dieses Querschnitts sein, mindestens jedoch 16 mm² (**13**.43).
>
> Der Anschluß des Schutzleiters erfolgt in Verbrauchern, Schaltgeräten, Steckvorrichtungen und Verteilerkästen an der mit dem Schutzzeichen ⏚ versehenen Klemme, die im Verbraucher mit dem leitfähigen Gehäuse, in Steckvorrichtungen mit dem Schutzkontakt leitend verbunden ist.

Tabelle **12**.43 **Nennquerschnitte von Schutzleitern nach DIN VDE 0100 Teil 540**

Außenleiter	Schutzleiter oder PEN-Leiter		Schutzleiter getrennt verlegt oder Erdungsleiter	
	isolierte Starkstromleitungen	0,6/1-kV-Kabel mit 4 Leitern	geschützt Cu/Al	ungeschützt Cu⁺
in mm²	in mm²	in mm²	in mm²	in mm²
bis 0,5	0,5	–	2,5/4	4
0,75	0,75	–	2,5/4	4
1	1	–	2,5/4	4
1,5	1,5	1,5	2,5/4	4
2,5	2,5	2,5	2,5/4	4
4	4	4	4	4
6	6	6	6	6
10	10	10	10	10
16	16	16	16	16
25	16	16	16	16
35	16	16	16	16
50	25	25	25	25
70	35	35	35	35
95	50	50	50	50
120	70	70	50	50
150	70	70	50	50
185	95	95	50	50
240	–	120	50	50
300	–	150	50	50
400	–	185	50	50

Ist das Gerät für S t e c k e r a n s c h l u ß vorgesehen (z. B. Heizofen), muß dieser auf der Geräteseite einen mit den Metallteilen des Geräts verbundenen metallischen Schutzkragen haben. Der Kragen stellt über den Schutzkontakt der Gerätesteckdose der Anschlußschnur die Verbindung des Gerätegehäuses mit dem Schutzleiter her.

Der Schutzleiter muß u n m i t t e l b a r an jedes zu schützende Anlagenteil angeschlossen werden. Es darf also nicht streckenweise z. B. durch Gehäuse von Geräten ersetzt werden, bei deren Entfernung die Schutzleitung unterbrochen wäre. Für feststehende Schaltkästen, Schaltgerüste usw. gilt diese Vorschrift nicht, wenn die Verbindungsstellen verschweißt, vernietet oder unter Verwendung von Zahnscheiben verschraubt sind.

Bewegliche Leitungen für den Anschluß von Verbrauchsgeräten müssen – soweit diese nicht durch Schutzisolierung, Schutzkleinspannung oder Schutztrennung geschützt sind – in der gemeinsamen Umhüllung mit den stromführenden Leitern den grüngelb (in alten Anlagen rot) gekennzeichneten Schutzleiter enthalten.

Für den Anschluß ortsveränderlicher Verbraucher verwendete Stecker, Gerätesteckdosen und Kupplungsdosen müssen mit einem Schutzkontakt versehen sein.

Dies gilt nicht für Geräte, die durch Kleinspannung, Schutzisolierung oder Schutztrennung geschützt sind, weil dafür kein Schutzleiter erforderlich ist.

Netzformen

Durch Vereinbarung innerhalb der EG (Europäische Gemeinschaft) werden die Verteilungsnetze im Rahmen der internationalen Harmonisierung entsprechend den Erdungsverhältnissen mit Buchstaben gekennzeichnet. Es bedeuten:

T = franz. terre = Erde
I = isoliert = Netz ohne Betriebserdung
N = neutral

Dabei unterscheidet man nach DIN VDE 0100 Teil 300 die Netzformen im wesentlichen nach diesen Gesichtspunkten:

- Erdungsverhältnisse der Stromquelle,
- Erdungsverhältnisse der Körper in der elektrischen Anlage.

Dadurch ergeben sich auch die Bezeichnungen der Netzformen von Niederspannungsnetzen.

Erster Buchstabe: Erdungsverhältnisse der Stromquelle

- T direkte Erdung der Stromquelle (Betriebserder)
- I Isolierung aller aktiven Teile gegenüber Erde oder Verbindung eines Punktes mit Erde über eine Impedanz

Zweiter Buchstabe: Erdungsverhältnisse der Körper in Verbraucheranlagen

- N Körper direkt mit dem Betriebserder verbunden
- T Körper direkt geerdet

Weitere Buchstaben:

- S Neutral- und Schutzleiter sind zwei getrennte Leiter
- C Neutral- und Schutzleiter sind zu einem Leiter kombiniert (PEN-Leiter)

Daraus ergeben sich die drei Netzgrundformen TN-, TT- und IT-Netz (**13.44**).

Tabelle **13.44** **Netzformen nach DIN VDE 0100 Teil 300**

TN-Netz

Transformatorsternpunkt direkt geerdet (Betriebserder), Körper der Verbraucheranlage ebenfalls mit dem Betriebserder verbunden. 3 Verbindungsarten:

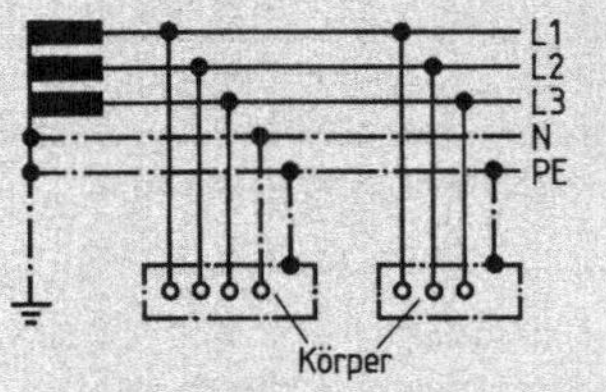

TN-S-Netz

Körper über Schutzleiter (PE) mit Betriebserder verbunden;

Schutz- und Neutralleiter im gesamten Netz getrennt geführt

TN-C-Netz

Körper über PEN-Leiter mit Betriebserder verbunden;

Schutz- und Neutralleiter im gesamten Netz zum PEN-Leiter zusammengefaßt

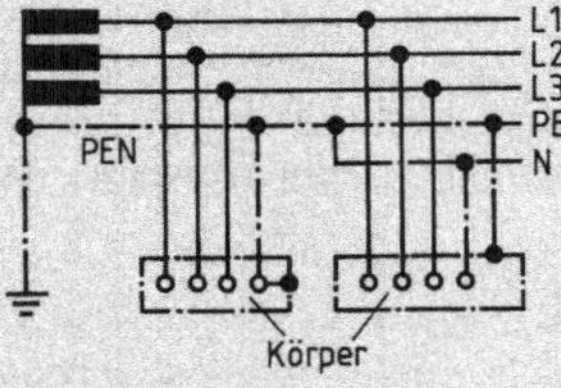

TN-C-S-Netz

Körper über PE- bzw. PEN-Leiter mit Betriebserder verbunden;

Schutz- und Neutralleiter teils zum PEN-Leiter zusammengefaßt, teils getrennt geführt

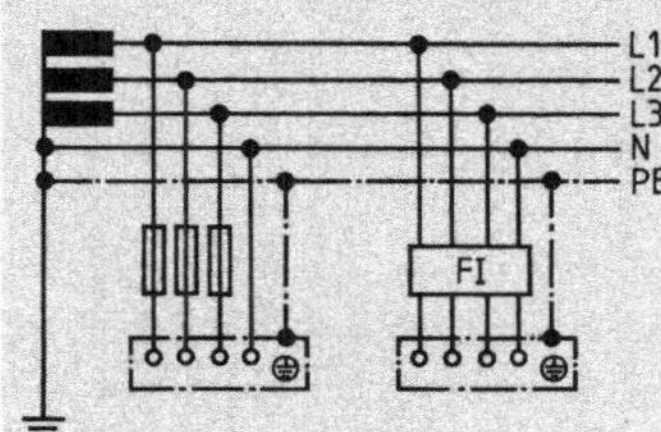

Überstrom-Schutzeinrichtungen und Fehlerstrom-Schutzschalter

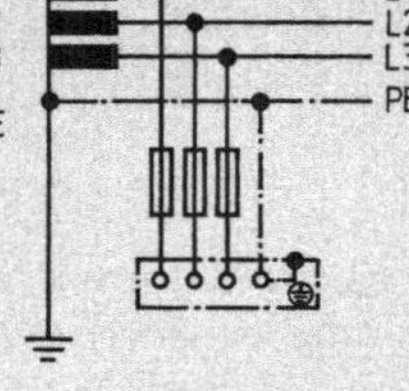

Nur Überstrom-Schutzeinrichtungen

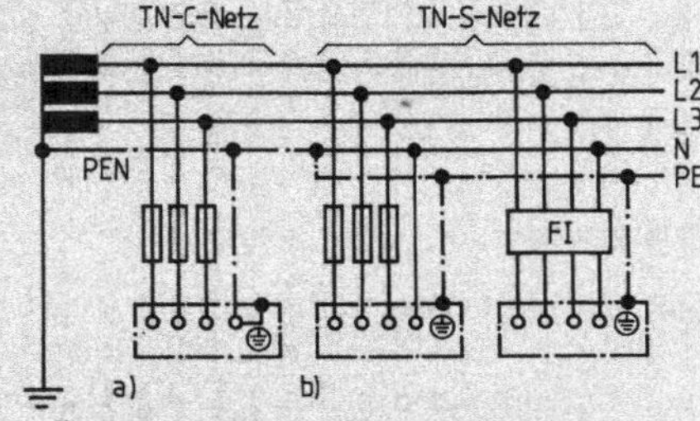

Überstrom-Schutzeinrichtungen und Fehlerstrom-Schutzschalter

TT-Netz

Transformatorsternpunkt und Körper der Verbraucheranlage sind direkt geerdet

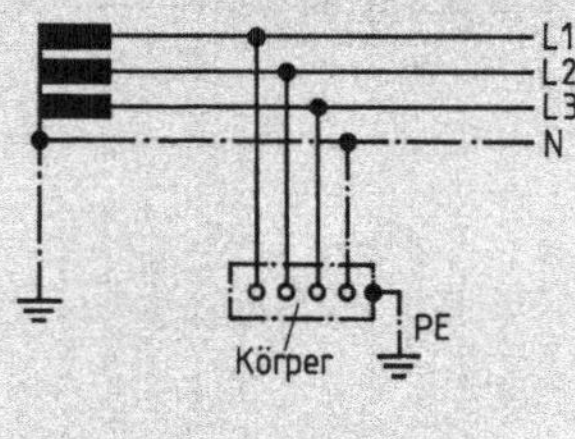

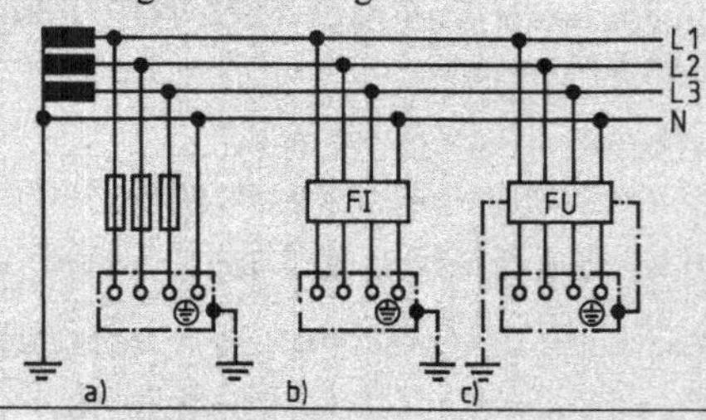

IT-Netz

Transformatorsternpunkt nicht geerdet, alle aktiven Teile gegenüber Erde isoliert, Körper der Verbraucheranlage direkt geerdet

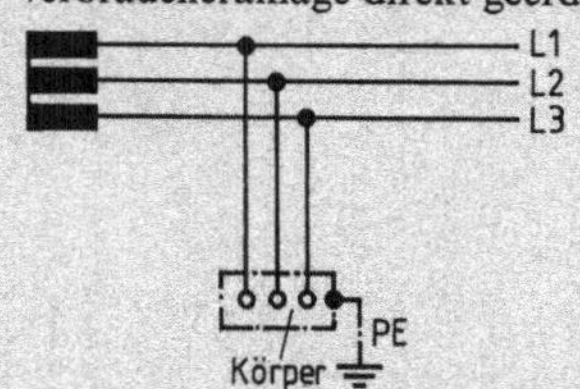

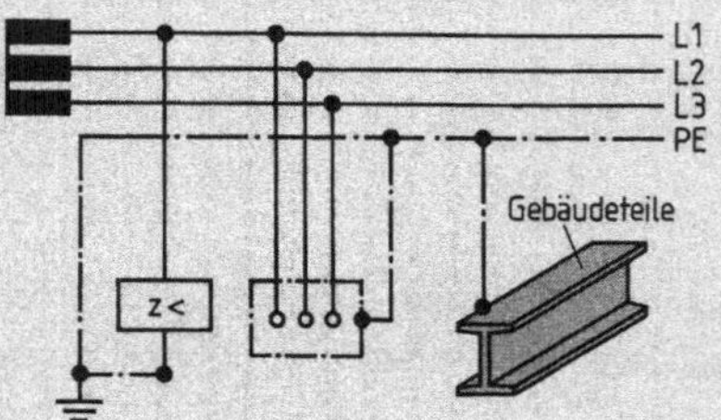

Schutzmaßnahmen im TN-Netz

Diese Schutzmaßnahmen wendet man an, wenn ein geerdeter Leiter vorhanden ist. Normalerweise ist der Sternpunkt des speisenden Transformators zugänglich und kann geerdet werden. Ist dies nicht der Fall (Drehstromnetz ohne Neutralleiter), kann auch ein Außenleiter geerdet werden. Alle zu schützenden Anlageteile (z. B. auch Geräte- und Motorgehäuse) müssen durch Schutz- oder PEN-Leiter mit dem geerdeten Punkt des Netzes verbunden sein,

- bei Leiterquerschnitten bis 6 mm^2 Cu über einen besonderen Schutzleiter (PE),
- bei Leiterquerschnitten ab 10 mm^2 Cu oder 16 mm^2 Al auch direkt an den PEN-Leiter, der sowohl Neutralleiter- als auch Schutzleiterfunktion erfüllt.

Im Fehlerfall führt ein Körperschluß zu einem Kurzschluß. Der entsprechend hohe Fehlerstrom läßt sofort die Schutzeinrichtung ansprechen, die das fehlerhafte Gerät vom Netz trennt (**13**.45).

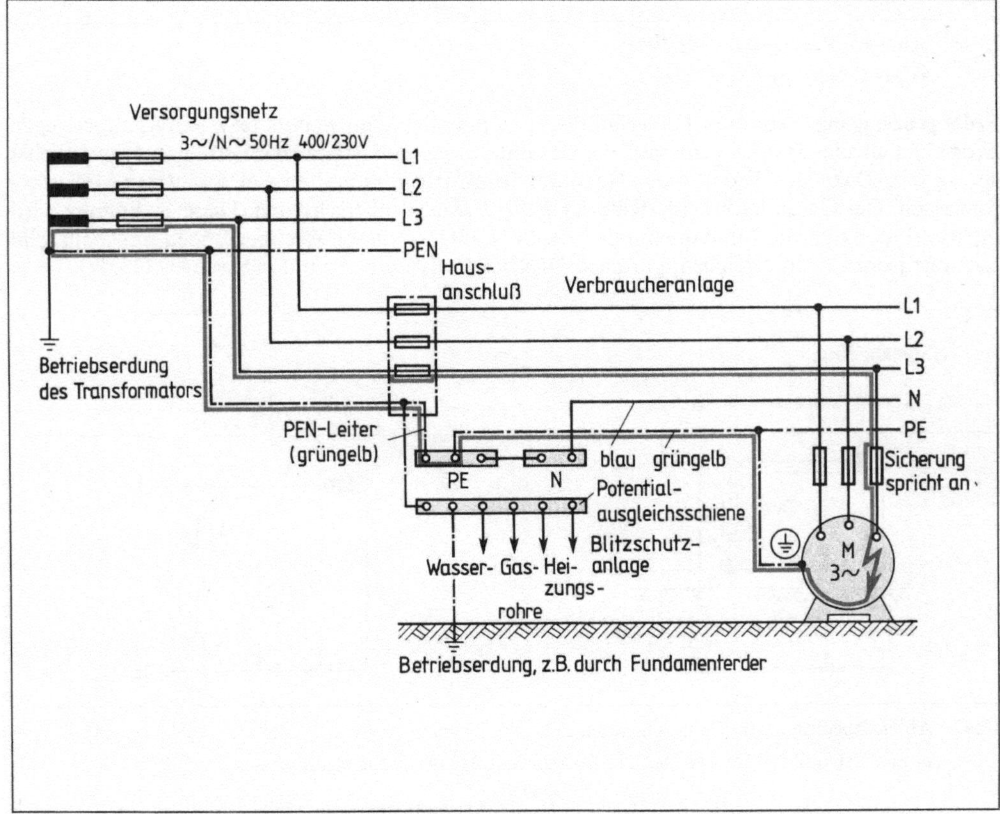

13.45 Schutzmaßnahme über einen besonderen Schutzleiter
PE Schutzleiterschiene oder -klemme
N Nulleiterschiene oder -klemme
Bei einem Körperschluß am Außenleiter L3 entsteht der rot eingezeichnete Fehlerstromkreis

Als Schutzeinrichtung sind Überstrom-Schutzeinrichtungen (bisher „Nullung" genannt) und Fehlerstrom-(FI-)Schutzschalter zugelassen (**13**.46).

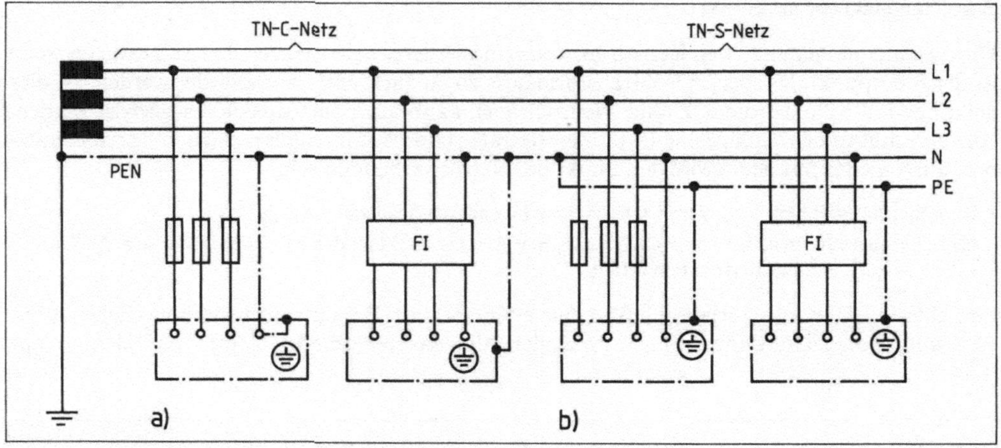

13.46 Schutzeinrichtungen im TN-Netz
a) TN-C-Netz, b) TN-S-Netz

Erdungsbedingung. Damit im Fehlerfall die Spannung des Schutzleiters bzw. PEN-Leiters gegen Erde nicht unzulässig hoch wird, muß der Gesamterdungswiderstand aller Betriebserder möglichst gering sein. Dazu sind Erder in der Nähe des Transformators und an vielen weiteren Stellen erforderlich. Der Gesamterdungswiderstand sollte 2 Ω nicht überschreiten. Diese Bedingung wird im Regelfall durch die Fundamenterder erfüllt. Läßt sich dieser Wert bei Böden mit niedrigem Leitwert jedoch nicht erreichen, gilt nach DIN VDE 0100 die „Spannungswaage" (**13.47**):

Erdungsbedingung $\quad \dfrac{R_B}{R_E} \leq \dfrac{U_L}{U_o - U_L}$

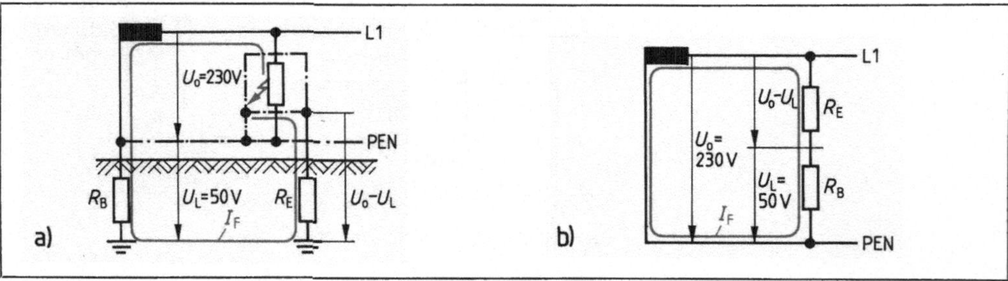

13.47 Abschaltbedingungen (Spannungswaage)
a) Fehlerstromkreis im TN-Netz, b) Ersatzschaltplan des Fehlerstromkreises

Es gelten $\dfrac{R_B}{R_E + R_B} = \dfrac{U_L}{U_o}$ oder $\dfrac{R_B}{R_E} = \dfrac{U_L}{U_o - U_L}$

R_B = Gesamterdungswiderstand aller Betriebserder

R_E = angenommener kleinster Erdübergangswiderstand fremder leitfähiger Teile, die nicht mit dem Schutzleiter verbunden sind, über die aber ein Erdschluß entstehen könnte (R_E = 6,8 Ω bei U_L = 50 V und R_B = 2 Ω)

U_o = Nennspannung eines Außenleiters gegen geerdete Leiter

U_L = dauernd zulässige Berührungsspannung (z. B. 50 V oder 25 V)

Abschaltzeit. Die Leitungsquerschnitte des Netzes und die Kennwerte der Schutzeinrichtungen müssen so bemessen sein, daß die Anlage im Fehlerfall innerhalb der festgesetzten Zeit abschaltet. Dabei wird vorausgesetzt, daß der Fehler eine vernachlässigbar kleine Impedanz (Scheinwiderstand) hat und an beliebiger Stelle zwischen einem Außenleiter und dem Schutzleiter oder dem PEN-Leiter bzw. einem mit ihm verbundenen Körper der Anlage auftritt. Als maximale Abschaltzeit sind die in Tabelle **13.48** aufgeführten Werte gefordert:

Diese Abschaltzeiten sind nur einzuhalten, wenn im Fall eines Körperschlusses ein entsprechend hoher Fehlerstrom (Abschaltstrom I_a) fließt. Diese Bedingung wird erfüllt, wenn der Scheinwiderstand der Fehlerschleife (Schleifenimpedanz Z_s) einen bestimmten Höchstwert nicht überschreitet.

Tabelle **13.48** **Höchstzulässige Abschaltzeiten nach DIN VDE 0100 Teil 410**

Abschaltzeit	Stromkreis
0,2 s	Stromkreise mit Steckdosen bis 35 A Nennstrom
0,2 s	Stromkreise mit ortsveränderlichen Betriebsmitteln der Schutzklasse I, die während des Betriebs üblicherweise dauernd in der Hand gehalten oder umfaßt werden
5,0 s	alle anderen Stromkreise, auch für solche mit Geräten, die während des Betriebs vorübergehend in der Hand gehalten werden.

Abschaltbedingung

$$Z_s \leq \frac{U_o}{I_a}$$

Z_s = Impedanz der Fehlerschleife
U_o = Nennspannung eines Außenleiters gegen geerdeten Leiter
I_a = Abschaltstrom

Wie groß die tatsächlichen Abschaltzeiten sind, ergibt sich aus der jeweiligen Zuordnung der Überstrom-Schutzeinrichtungen nach den Auslösekennlinien (**13.**49 und **13.**50).

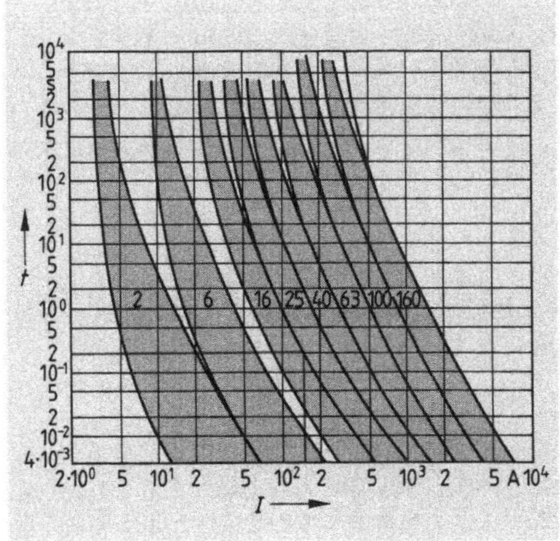

13.49 Auslösekennlinien für Leitungsschutzsicherungen der Betriebsklasse gL nach DIN VDE 0636

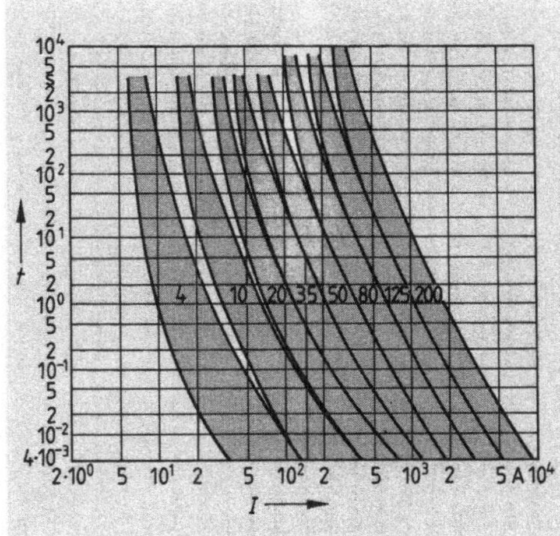

13.50 Auslösekennlinien für Leitungsschutzsicherungen der Betriebsklasse gL nach DIN VDE 0636

Beispiel 13.4 Für einen mit einer 16-A-Leitungsschutzsicherung abgesicherten Steckdosenstromkreis wurde die Schleifenimpedanz $Z_s = 1{,}2\ \Omega$ gemessen. Ist die Abschaltbedingung erfüllt?

Lösung Aus der Zeit-Strom-Kennlinie **13.**49 der Sicherung lesen wir für die geforderte Abschaltzeit $t = 0{,}2$ s den Abschaltstrom $I_a = 150$ A ab.

$$\text{Abschaltbedingung } Z_s \leqq \frac{U_o}{I_a}\ \frac{230\ \text{V}}{150\ \text{A}} = 1{,}53\ \Omega > 1{,}2\ \Omega\text{: } \textbf{Bedingung erfüllt}$$

Beispiel 13.5 Ein Stromkreis mit ortsfest installiertem Betriebsmittel (zulässige Abschaltzeit 5 s) soll mit einer Leitungsschutzsicherung 35 A abgesichert werden. Die Impedanz der Fehlerschleife wurde mit 0,9 Ω ermittelt. Wird die Abschaltbedingung eingehalten?

Lösung Aus der Zeit-Strom-Kennlinie **13.**50 wird für $t = 5$ s der Abschaltstrom 170 A abgelesen.

$$Z_s \leqq \frac{U_o}{I_a}\ \frac{230\ \text{V}}{170\ \text{A}} = 1{,}35\ \Omega > 0{,}9\ \Omega\text{: } \textbf{Bedingung erfüllt}$$

Vereinfacht können wir davon ausgehen, daß bei Leitungsschutzsicherungen der 10- bis 15fache Nennstrom erreicht werden muß, um die Abschaltzeit 0,2 s einzuhalten – bzw. der 5- bis 6fache Nennstrom für die Abschaltzeit von 5 s.

Bei Leitungsschutzschaltern können wir für beide Fälle vom etwa 5fachen Nennstrom ausgehen (**13.**51).

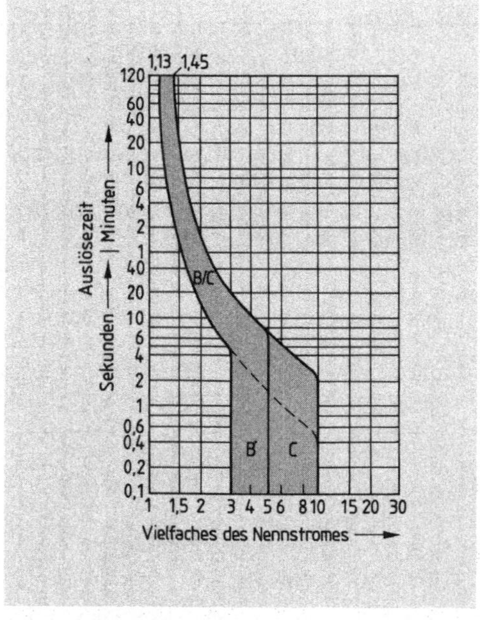

13.51 Auslösekennlinie für Leitungsschutzschalter, Auslösecharakteristiken B/C, nach DIN VDE 0641 A4

Bei Fehlerstromschutzschaltern als Schutzeinrichtung (FI-Nullung, „schnelle Nullung") ist der Abschaltstrom I_a = Nennfehlerstrom $I_{\Delta n}$ des Fehlerstromschutzschalters. Die Anlage wird schon in 20 bis 30 ms (0,02 bis 0,03 s) abgeschaltet (s. S. 447).

In allen Fällen müssen die Leitungsquerschnitte des Netzes so reichlich bemessen sein, daß beim Kurzschluß zwischen Außenleiter und geerdetem Leiter der Abschaltstrom I_a der nächsten vorgeschalteten Sicherung entsteht.

Für PEN-Leiter im TN-C-Netz gilt aus dem gleichen Grund:

1. Der Querschnitt des PEN-Leiters und des getrennt verlegten Schutzleiters muß bis zu Querschnitten von 16 mm² gleich dem des Außenleiters sein, bei den Querschnitten 25–35–50 und 70 mm² mindestens 16–16–25 bzw. 35 mm² (**13.**43). Hierdurch wird sichergestellt, daß ein Körperschluß im Gerät ja zu einem Kurzschluß zwischen dem Außenleiter mit Körperschluß und dem PEN-Leiter oder Schutzleiter führt und die Gefahr durch sofortiges Abschalten des fehlerhaften Gerätes beseitigt wird.

2. Der PEN-Leiter muß wie die Außenleiter isoliert sein, ebenso sorgfältig verlegt und mit diesen in gemeinsamer Umhüllung geführt werden. In seinem ganzen Verlauf ist der PEN-Leiter grüngelb (in alten Anlagen auch grau) gekennzeichnet, da er zwar stromführender Leiter, gleichzeitig aber auch Schutzleiter ist.

Die Isolierung des PEN-Leiters ist nötig, damit die Betriebsströme, die er führt, nicht über andere Wege (z. B. Rohrleitungen) fließen und dabei womöglich einen Brand hervorrufen. Sorgfältige Verlegung des PEN-Leiters ist besonders wichtig, weil durch seine Unterbrechung alle hinter der Unterbrechungsstelle liegenden Gehäuse Spannung erhalten, ohne daß die Geräte selber Körperschluß haben.

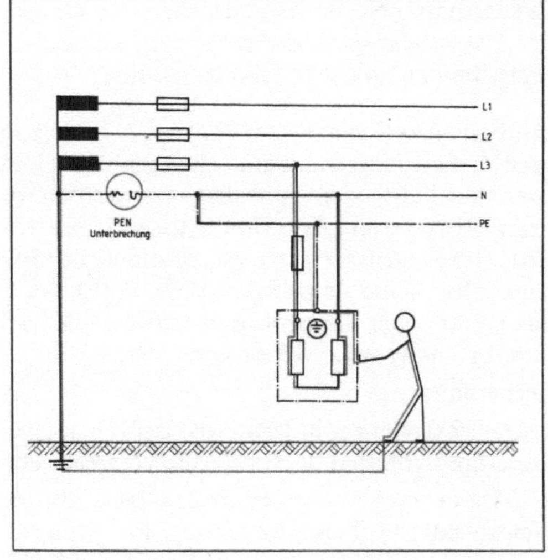

13.52 Entstehen einer Berührungsspannung an einem Verbraucher ohne Körperschluß bei PEN-Leiter-Unterbrechung

Wenn man nach Bild 13.52 annimmt, daß der PEN-Leiter vor dem angeschlossenen Verbraucher unterbrochen ist, wird das einphasig angeschlossene Wärmegerät stromlos. In seinen beiden Heizwiderständen entsteht daher kein Spannungsfall, und die Spannung des Außenleiters liegt am Gehäuse an, ohne daß das Gerät einen Isolationsfehler (Körperschluß) aufweist. Es besteht Lebensgefahr.

3. Der PEN-Leiter darf nicht abgesichert und für sich allein nicht abschaltbar sein. In beiden Fällen würde der PEN-Leiter unterbrochen, und es entständen die oben beschriebenen Gefahren. Wird der PEN-Leiter zusammen mit den Außenleitern abgeschaltet – sei es durch einen Schalter oder durch eine Steckvorrichtung –, muß das im PEN-Leiter liegende Schaltstück beim Einschalten voreilen, beim Ausschalten nacheilen, damit die Spannung auch nicht kurzzeitig auf ein Gerätegehäuse geschaltet werden kann (s. Bild 13.52).

4. Der PEN-Leiter ist in der Nähe des Transformators zu erden (Betriebserde, Bild 13.45). Durch diese Vorschrift soll erreicht werden, daß ein Erdschluß in einem Außenleiter immer zu einem Kurzschluß wird und sich durch das Ansprechen der im Erdschluß-Stromkreis liegenden Sicherung bemerkbar macht.

Wäre der PEN-Leiter nicht geerdet, bestände nach Bild 13.53 die Gefahr, daß durch einen unbemerkt gebliebenen Erdschluß in einem Außenleiter alle Gehäuse Spannung gegen Erde führen. Ein Erdschluß ist aber bei einem Isolationsfehler in weitverzweigten Ortsnetzen mit ihren vielen erdnahen Punkten (Erdkabel, Rohrleitungen, metallische Gebäudeteile usw.) leicht möglich.

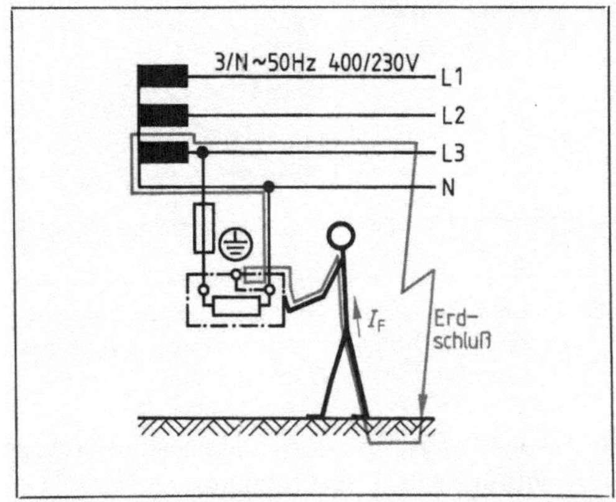

13.53 Entstehen einer Berührungsspannung durch Erdschluß in einem Netz mit nicht geerdetem N-Leiter. Fehlerstromkreis rot

5. Ist ein metallisches Wasserrohrnetz vorhanden, muß der PEN-Leiter an möglichst vielen Stellen, mindestens aber an den Hauptrohren oder an den Hausanschlüssen, mit dem Wasserrohrnetz verbunden werden. Hierbei ist auf die ordnungsgemäße Überbrückung des Wassermessers zu achten.

Da für Wasserleitungsrohre in zunehmendem Maß Kunststoff verwendet wird, fordern die

Elektrizitätsversorgungsunternehmen (EVU) statt dessen eine Einzelerdung des PEN-Leiters an der Potentialausgleichsschiene, z. B. mit dem Fundamenterder (s. Abschn. 13.2.5), bei Stahlskelettbauten an der Stahlkonstruktion.

Der besondere Schutzleiter (PE) im TN-S-Netz soll die Gefahr einer Leitungsverwechslung verringern. Erfahrungsgemäß entstehen nämlich Unfälle auch dadurch, daß der PEN-Leiter mit dem spannungsführenden Außenleiter verwechselt wird. Dient der Neutralleiter gleichzeitig als Schutzleiter (PEN-Leiter), liegt durch diesen Schaltfehler an allen Gerätekörpern volle Spannung gegen Erde. Im Gegensatz zur Unterbrechung des PEN-Leiters bildet die Unterbrechung des Schutzleiters (PE) keine unmittelbare Gefahr (**13**.54). Lebensgefahr besteht erst in dem Moment, in dem das Gerät einen Körperschluß aufweist. Die Schutzmaßnahme ist dann durch die Schutzleiterunterbrechung wirkungslos geworden.

Ferner gilt:

1. Der besondere Schutzleiter ist bei Neuanlagen und bei Erweiterung bestehender Anlagen mit Leiterquerschnitten bis 6 mm² Cu vorgeschrieben.

2. Wird in einer Anlage neben dem Neutralleiter ein besonderer Schutzleiter geführt, müssen der Neutralleiter hellblau, der Schutzleiter grüngelb gekennzeichnet sein.

3. Der Schutzleiter darf getrennt verlegt werden, muß dann aber ausreichend gegen mechanische Beschädigung geschützt werden.

4. Der Schutzleiter darf nicht mit dem Neutralleiter an dieselbe Schiene oder Klemme angeschlossen werden. Der ankommende PEN-Leiter muß mit der Schutzleiterklemme verbunden werden (**13**.45).

5. Hinter der Aufteilung dürfen Neutral- und Schutzleiter nicht mehr miteinander verbunden werden. Der Neutralleiter darf dann auch nicht mehr geerdet werden. Durch diese Vorschrift wird der Brandgefahr begegnet, die dadurch entstehen kann, daß der Betriebsstrom des N-Leiters an einer unvollkommenen Erdungsstelle eine gefährliche Erwärmung hervorruft.

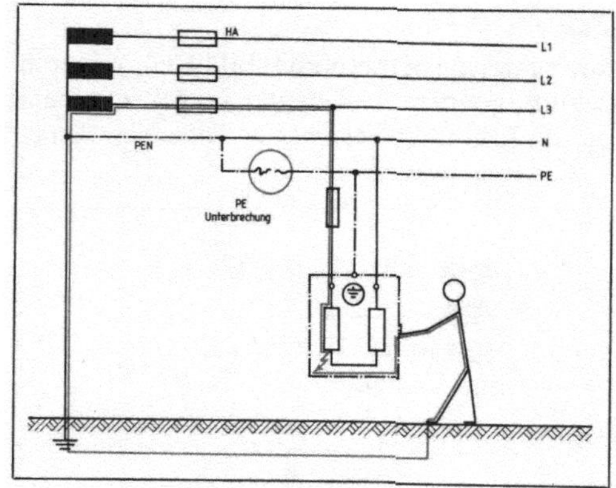

13.54 Entstehen einer Berührungsspannung an einem Verbraucher mit Körperschluß bei Schutzleiter (PE-)Unterbrechung

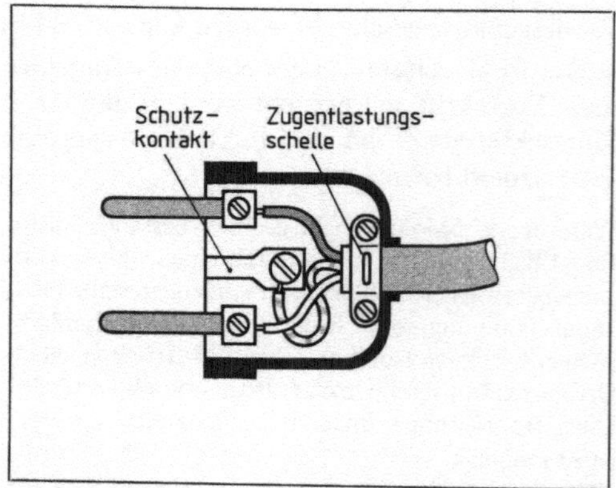

13.55 Anschluß des Schutzleiters von beweglichen Leitungen

6. Die Schutzleitungsader von beweglichen Anschlußleitungen muß in Betriebsmitteln, wie Steckvorrichtungen und Verbrauchern, so lang sein, daß sie beim Versagen der Zugentlastung erst nach dem stromführenden Adern auf Zug beansprucht wird (**13**.55). Durch diese Vorschrift soll verhindert werden, daß beim Versagen der Zugentlastung nur der Schutzleiter abreißt und das Gerät so ohne Berührungsschutz betriebsfähig bleibt.

Prüfung der Schutzmaßnahme. Eine fehlerhafte Schutzmaßnahme macht sich nicht – wie ein anderer Schaltfehler – durch Versagen der Anlage bemerkbar. Die Wirksamkeit der Schutzmaßnahme muß daher bei neu errichteten Anlagen, hin und wieder auch bei älteren Anlagen, besonders geprüft werden. Beim Erweitern einer älteren Installationsanlage darf man sich nicht darauf verlassen, daß ihr grüngelber (grauer) Leiter auch wirklich der PEN-Leiter ist. Mit einem Spannungsmesser ist daher nachzuprüfen, ob dies der Fall ist und ob das zu schützende Geräte- oder Maschinengehäuse tatsächlich mit dem PEN-Leiter verbunden ist. Die gleiche Prüfung muß man an den Schutzkontakten aller Steckdosen durchführen. Die Wirksamkeit der Schutzmaßnahme kann dann wahlweise wie folgt geprüft werden.

- **Bei Sicherungen bis etwa 16 A** wird am ausgeschalteten Gerät ein Körperschluß erzeugt. Die Sicherungen müssen bei einwandfreier Schutzmaßnahme beim Einschalten des Geräts sofort ansprechen.
- **Bei Sicherungen über 16 A** wird der bei Körperschluß auftretende Kurzschlußstrom I_K durch eine Meßschaltung nach Bild 13.56 ermittelt. Dieser Strom muß mindestens gleich dem Abschaltstrom I_a der vorgeschalteten Sicherung sein.

Zum Messen der Schleifenimpedanz und Ermitteln des Kurzschlußstroms dient die Schaltung 13.56. Zunächst mißt man bei geöffneten Schaltern die Spannung U_0 zwischen dem Außenleiter und dem PEN-Leiter. Der Innenwiderstand des Spannungsmessers muß mindestens 40 kΩ betragen ($R_i = 40$ kΩ). Dann wird zur Vorprüfung der Vorprüfwiderstand R_v eingeschaltet, der etwa den zwanzigfachen Wert des Hauptprüfwiderstands R_h haben soll. Dabei soll die gemessene Spannung kaum absinken. Nun schaltet man den Hauptprüfwiderstand R_h ein und mißt den Strom I des Meßstromkreises sowie die Spannung U am Hauptprüfwiderstand R_h. Die Schleifenimpedanz Z_s (das sind vor allem die Leitungswiderstände) läßt sich nun nach folgender Beziehung berechnen:

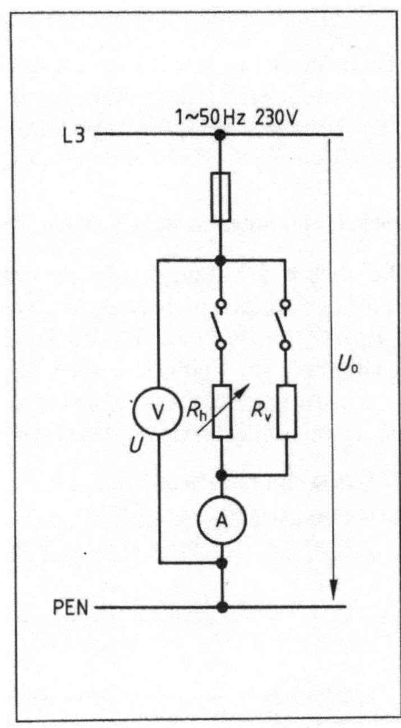

13.56 Ermittlung der Schleifenimpedanz Z_s

Schleifenimpedanz $$Z_s = \frac{U_0 - U}{I}$$

Da bei einem Kurzschluß zwischen einem Außenleiter und dem PEN-Leiter die volle Netzspannung U_0 an der Schleifenimpedanz anliegt, ergibt sich für den Abschaltstrom I_a:

Abschaltstrom $$I_a = \frac{U_0}{Z_s} = \frac{U_0}{U_0 - U} I$$

Der Hauptprüfwiderstand R_h soll nicht wesentlich größer als 20 Ω sein, sonst ist der Spannungsunterschied bei offenem und geschlossenem Schalter zu gering: Bei dem ohnehin vorhandenen Meßgerätefehler des Spannungsmessers ergäbe sich dann ein unzulässig großer Fehler bei der Ermittlung des Abschaltstroms I_a.

Beispiel 13.6 Der Spannungsmesser in der Meßschaltung **13.56** mißt bei geöffneten Schaltern 230 V; bei geschlossenem Hauptschalter zeigt er 210 V, der Strommesser 6,6 A an. Demnach liegen an der Schleifenimpedanz Z_s des Meßstromkreises 230 V – 210 V = 20 V. Somit ist die Schleifenimpedanz

$$Z_s = \frac{20\ \text{V}}{6{,}6\ \text{A}} = 3{,}03\ \Omega.$$

Bei einem Kurzschluß zwischen einem Außenleiter und dem PEN-Leiter liegt die volle Netzspannung 230 V an Z_s, und es entsteht der Abschaltstrom

$$I_a = \frac{230\ \text{V}}{3{,}03\ \Omega} = 75{,}9\ \text{A}.$$

Dieser Strom reichte aus, um eine 6-A-Sicherung sofort ansprechen zu lassen.

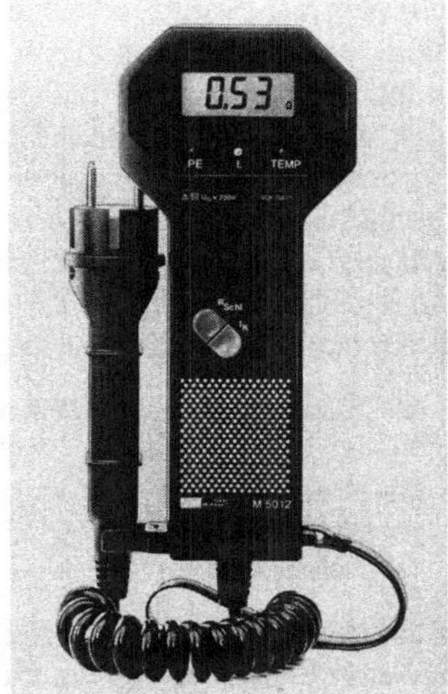

13.57 Prüfgerät für Schutzmaßnahmen im TN-Netz

Einfacher ist es, die Schleifenimpedanz und den Abschaltstrom mit besonderen Prüfgeräten festzustellen. Bei ihnen können wir die Höhe der Schleifenimpedanz Z_s und des äquivalenten Abschaltstroms I_a direkt ablesen (**13.57**).

Schutzmaßnahmen im TT-Netz

Bei diesen Schutzmaßnahmen werden die nicht zum Betriebsstromkreis gehörenden leitfähigen Teile der Anlage über einen Schutzleiter (hier Erdungsleiter genannt) mit einem gemeinsamen „Erder" verbunden. Deshalb nannte man diese Schutzmaßnahme bisher auch „Schutzerdung". Im Fehlerfall wird dadurch aus dem Körperschluß ein Erdschluß, und die Schutzeinrichtung macht das fehlerhafte Gerät spannungslos. Damit ist eine zu hohe Berührungsspannung verhindert. Als Schutzeinrichtungen sind zugelassen (**13.58**)

- Überstrom-Schutzeinrichtungen,
- Fehlerstrom-(FI-)Schutzschalter,
- Fehlerspannungs-(FU-)Schutzschalter.

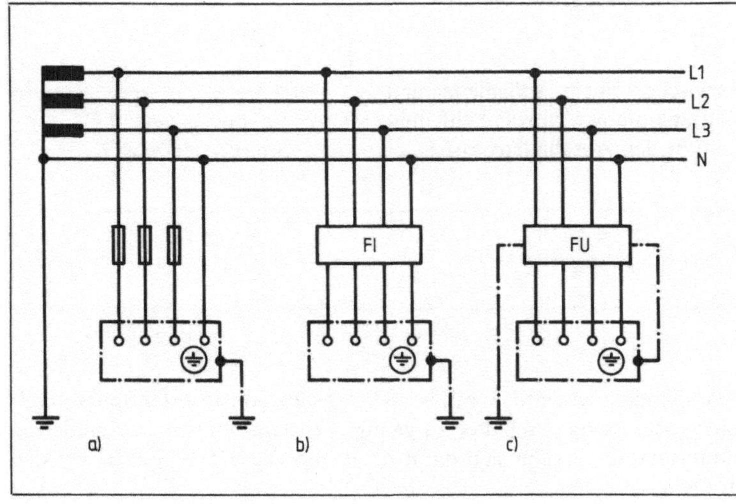

13.58 Schutzeinrichtungen im TT-Netz
a) Überstrom-Schutzeinrichtungen
b) Fehlerstrom-(FI-) Schutzschalter
c) Fehlerspannungs-(FU-)Schutzschalter

Als **Erder** dienen Band- oder Staberder als Einzelerder oder Fundamenterder als Ringerder. Der Fehlerstromkreis schließt sich dann über das Erdreich (**13**.59).

Bis zum Herbst 1990 war es zulässig, Wasserrohrnetze als Erder zu verwenden. Der Fehlerstromkreis schloß sich dabei über das Wasserrohrnetz (**13**.60). Wegen der zunehmenden Verwendung von Kunststoffwasserrohren mußte diese Erdungsmöglichkeit aufgegeben werden.

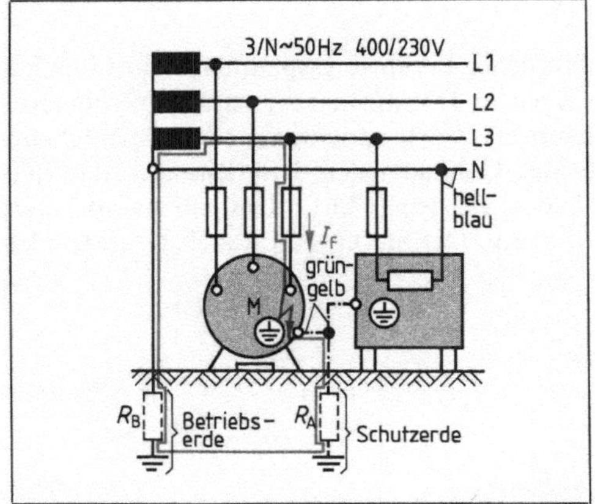

13.59 Schutzmaßnahme in einem TT-Netz. Bei einem Körperschluß entsteht der rot eingetragene Fehlerstromkreis

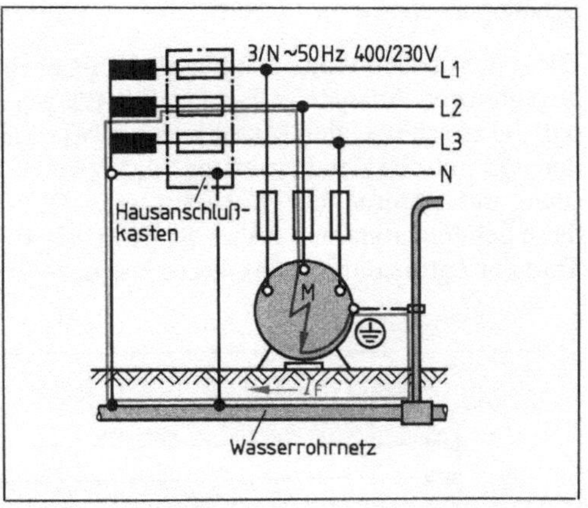

13.60 Der Fehlerstromkreis entsteht über das Wasserrohr

Hierfür gilt folgende Vorschrift:

> Soll sich der Fehlerstromkreis über das Erdreich schließen, muß der Erdungswiderstand der Schutzerdung so klein sein, daß die dauernd zulässige Berührungsspannung mit Sicherheit nicht größer als 50 V bzw. 25 V ist. Das heißt: Der Gesamterdungswiderstand soll nicht größer als 2 Ω sein.

Damit bei einem Fehler mit vernachlässigbarer Impedanz die Schutzeinrichtung innerhalb 5 s anspricht, muß also diese Bedingung erfüllt sein:

Schutzbedingung	$R_A \cdot I_a \leq U_L$	R_A = Erdungswiderstand der Körpererder I_a = Abschaltstrom, der das Abschalten der Anlage bewirkt U_L = dauernd zulässige Berührungsspannung (z. B. 50 V oder 25 V)

Wie groß die tatsächlichen Abschaltzeiten sind, ergibt sich wieder aus der Zuordnung der Schutzeinrichtungen (s. Kennlinien **13**.49 und **13**.50). Beim Fehlerstrom-(FI-)Schutzschalter ist der Abschaltstrom I_a gleich dem Nennfehlerstrom $I_{\Delta n}$ des FI-Schutzschalters, und die Anlage wird in 0,2 s abgeschaltet. Dies ist für landwirtschaftliche Betriebsstätten nach DIN VDE 0100 Teil 705 vorgeschrieben. Auf Baustellen und für fliegende Bauten lassen die VDE-Bestimmungen nun auch das TN-Netz mit Fehlerstrom-Schutzeinrichtung zu, d. h., der PEN-Leiter darf statt eines Schutzleiters verwendet werden.

Anwendung. Wie bereits ausgeführt, ist der für diese Schutzmaßnahme erforderliche Erdungswiderstand R_A so gering, daß er sich mit Einzelerdern nur schwer erreichen läßt. Diese Art der Schutzmaßnahme ist deshalb in Neuanlagen nicht mehr zulässig. Daher muß man auf andere Schutzeinrichtungen zurückgreifen (z. B. auf FI-Schutzschaltung). In Sonderfällen ist auch der Fehlerspannungs-(FU-)Schutzschalter zugelassen. Dann soll der Erdungswiderstand R_A den Wert 200 Ω nicht überschreiten.

Schutzmaßnahmen im IT-Netz

Diese Schutzmaßnahmen sollen das Entstehen gefährlicher Berührungsspannungen in räumlich abgegrenzten Anlagen (z. B. in Fabrikanlagen mit eigenem Transformator) dadurch verhindern, daß die zu schützenden Maschinen- und Gerätegehäuse einzeln, gruppenweise oder alle miteinander und mit den der Berührung zugänglichen leitenden Gebäudeteilen, Rohrleitungen und dgl. sowie mit Erdern über Schutzleiter PE verbunden werden (**13.**61). Deshalb nannte man diese Schutzmaßnahme bisher Schutzleitungssystem. Der Sternpunkt des Generators oder Transformators darf nicht geerdet sein.

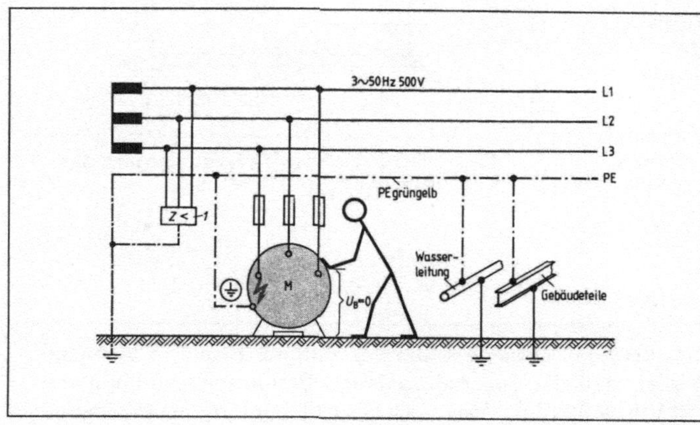

13.61
Schutzmaßnahmen im IT-Netz mit Überwachungsrelais. Bei einem Körperschluß entsteht noch kein Fehlerstromkreis und damit auch keine Berührungsspannung.

Hat ein Gerät (z. B. der Motor in Bild **13.**61) einen Körperschluß, entsteht kein Fehlerstromkreis, weil der Sternpunkt des Speisetransformators nicht geerdet ist. Jedoch nehmen alle in das Schutzleitungssystem einbezogenen leitenden Teile, die Erde und die bedienende Person die Spannung des Motorgehäuses mit Körperschluß an. Es entsteht also keine Berührungsspannung zwischen Motorgehäuse und Standort des Menschen. Da kein Fehlerstrom fließt, spricht die Sicherung bei einem Körperschluß nicht an. Das Gerät mit Körperschluß bleibt daher betriebsfähig, ohne den Menschen zu gefährden; der Fehler kann in der nächsten Betriebspause behoben werden. Es kommt zu keinem Betriebsausfall – ein nicht geringer Vorteil.

Eine Gefährdung des Menschen tritt erst ein, wenn zu einem ersten Körperschluß ein zweiter an einem anderen Außenleiter hinzutritt und die Sicherung nicht sofort anspricht, weil der Widerstand im Körperschlußkreis relativ hoch ist. Die gleiche Wirkung hat der Erdschluß eines anderen Außenleiters. Um diese Gefahr auszuschließen, gilt folgende Vorschrift:

Bei dieser Schutzmaßnahme ist eine Isolations-Überwachungseinrichtung anzubringen, die mit Hilfe eines Relais die Anlage auf Körper- und Erdschluß überwacht und jeden Fehler optisch oder akustisch anzeigt.

Damit der Schutz des Menschen gewährleistet ist, muß folgende Bedingung erfüllt sein:

Schutzbedingung $R_A \cdot I_a \leq U_L$

R_A = Erdungswiderstand aller mit einem Erder verbundenen Körper
I_a = Fehlerstrom im Fall des ersten Fehlers und vernachlässigbare Impedanz zwischen einem Außenleiter und dem Schutzleiter oder einem Körper
U_L = vereinbarte Grenze der dauernd zulässigen Berührungsspannung

Anwendung. Das Schutzleitungssystem ist nur in örtlich begrenzten Anlagen mit Stromerzeugung für den Eigenbedarf oder mit eigenem Transformator bei getrennten Wicklungen zulässig, nicht aber für öffentliche Versorgungsnetze. Hier bestünde die Gefahr, daß ein Körperschluß im Stromkreis eines Außenleiters – der ja nicht, wie bei allen anderen Schutzmaßnahmen, sofort aufgedeckt wird – längere Zeit bestehen bleibt. Entstünde in dieser Zeit in einem zweiten Gerät an einem anderen Außenleiter ebenfalls ein Körperschluß, könnten bis zum Ansprechen der Sicherungen an beiden fehlerhaften Geräten gefährliche Berührungsspannungen entstehen.

Deshalb benutzt man das Schutzleitungssystem hauptsächlich in Industrieanlagen, in denen der Ausfall eines Stromkreises zu schweren Betriebsstörungen führen würde, z. B. in der Hüttenindustrie und chemischen Industrie. Solche Betriebe haben meist ein vom 230-V-Lichtnetz getrenntes 500-V-Netz für Motoren und Großgeräte, in dem das Schutzleitungssystem angewendet wird.

13.62 Isolationswächter

In Narkose- und Operationsräumen der Krankenhäuser ist das Schutzleitungssystem nach DIN VDE 107 (Bestimmungen für medizinisch genutzte Räume) vorgeschrieben. Es bietet in diesen Anlagen ein Höchstmaß an Sicherheit. Eine Überwachungseinrichtung zeigt optisch und akustisch an, wenn der Isolationswert der Anlage 15 kΩ unterschreitet (**13.62**). Aus Sicherheitsgründen muß in diesen Räumen eine Ersatzstromversorgung vorgesehen werden (Batterie oder Netzstromsatz).

Die Prüfung des Schutzleitungssystem erfolgt durch den Augenschein, durch Kontrolle der richtigen Bemessung, Verlegung und Kennzeichnung des Schutzleiters sowie durch eine Messung des Erdungswiderstands.

Aufgrund der internationalen Anpassung und Harmonisierung der Bestimmungen für das Errichten elektrischer Anlagen sind neuerdings außer den Isolationsüberwachungseinrichtungen auch Überstrom-Schutzeinrichtungen, Fehlerstrom-Schutzschalter und Fehlerspannungs-Schutzschalter zugelassen.

Fehlerstrom-(FI)-Schutzschaltung

Die Fehlerstrom-Schutzschaltung soll das Bestehenbleiben einer zu hohen Berührungsspannung dadurch verhindern, daß der FI-Schutzschalter das fehlerhafte Gerät allpolig einschließlich des N-Leiters innerhalb von 0,2 s abschaltet. Der Fehlerstromkreis schließt sich über einen Hilfserder

(**13**.63 a), über den natürlichen Erdungswiderstand, die Standorterdung des zu schützenden Geräts oder über den vor dem FI-Schutzschalter mit dem Schutzleiter verbundenen Null-Leiter (letzteres nicht in Freileitungsnetzen und bei erhöhten Sicherheitsanforderungen, s. unter Anwendungen). Der Schutzleiter PE ist in diesem Fall in der Verteilung mit der Schutzleiterklemme oder der Potentialausgleichsschiene zu verbinden.

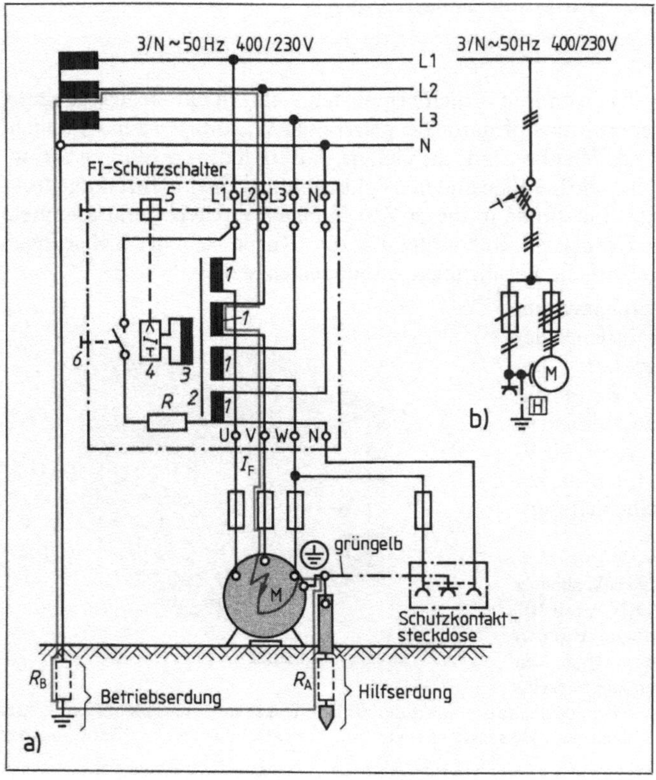

13.63 Fehlerstrom-(FI-)Schutzschaltung im TT-Netz

a) Schaltplan für zwei Verbraucher (Motor und Schutzkontakt-Steckdose). Bei einem Körperschluß entsteht der rot eingetragene Fehlerstromkreis

b) Einpolige Darstellung mit Schaltkurzzeichen

1 Wandler-Primärwicklung (Zuleitung)
2 Ring-Eisenkern
3 Sekundärwicklung
4 Auslöserelais
5 Schaltschloß
6 Prüftaster

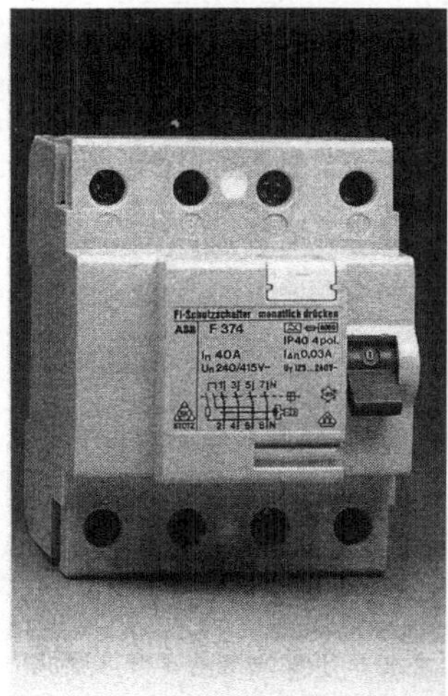

13.64 FI-Schutzschalter

Der FI-Schutzschalter ist ein Schloßschalter mit Freiauslösung für Betriebsstromstärken von 16 A, 25 A, 40 A und 63 A (**13**.64). Sein Hauptelement ist der Ringstromwandler mit Eisenkern (**13**.65).

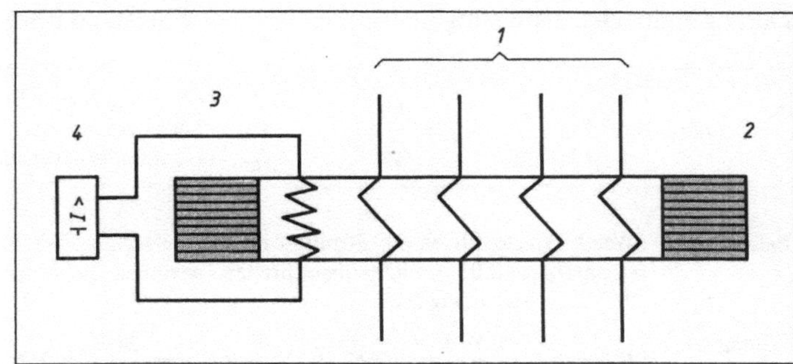

13.65 Schnitt durch den Ringstromwandler
1 Zuleitungen
2 Ring-Eisenkern
3 Sekundärwicklung
4 Auslöserelais

Alle Zuleitungen *1* zu dem zu schützenden Gerät (auch der N-Leiter) werden durch einen ringförmigen Kern *2* geführt; sie bilden die Primärwicklungen des Wandlers. Die in mehreren Windungen um den Ring gelegte Sekundärwicklung *3* ist an die Auslösespule *4* angeschlossen. Bei körperschlußfreien Verbrauchern ist im Wandler die Summe der zufließenden Ströme in jedem Augenblick gleich der Summe der abfließenden Ströme. Ihr gemeinsames Magnetfeld ist daher gleich Null, der Eisenring führt keinen magnetischen Fluß, und in der Sekundärwicklung wird keine Spannung induziert (**13.**66a). Entsteht aber durch einen Körperschluß – in Bild **13.**63a im Außenleiter L2 – ein Fehlerstrom I_F, der seinen Weg über den Schutzleiter zur Hilfserdung bzw. zum N-Leiter oder über die Standorterdung des Geräts nimmt, ist die Summe der zu- und abfließenden Ströme im Wandler nicht mehr gleich Null; in seinem Eisenring entsteht dann ein magnetischer Wechselfluß. Dieser induziert in der Sekundärwicklung *3* eine Spannung (**13.**66b). Diese Spannung und somit auch der von ihr im Auslöserelais *4* erzeugte Strom werden vom Fehlerstrom I_F bestimmt. Erreicht der Fehlerstrom I_F die Nennfehlerstromstärke (Auslösestrom) $I_{\Delta n}$ des FI-Schutzschalters, betätigt das Auslöserelais *4* das Schaltschloß *5*. Das Auslöserelais löst je nach Bauart des FI-Schutzschalters bei den Nennfehlerstromstärken 10 mA, 30 mA, 300 mA, 500 mA oder 1 A aus. FI-Schutzschalter mit kleinen Nennfehlerstromstärken haben ein Hilfsrelais, weil die Sekundärstromstärke des Wandlers für die direkte Betätigung des Auslöserelais nicht ausreicht.

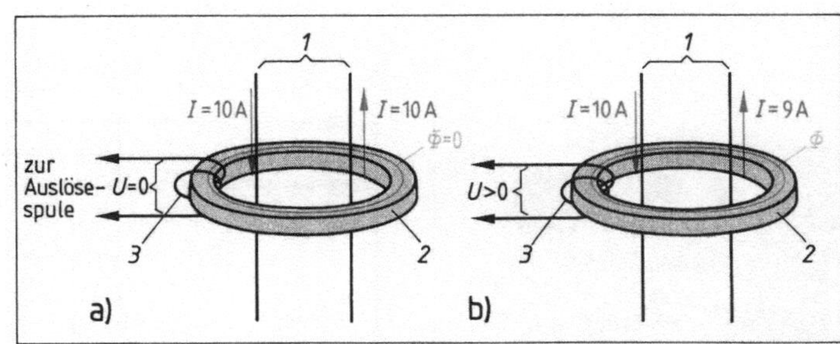

13.66 Wirkungsweise des Ringstromwandlers
a) Körperschlußfreier Verbraucher: Zufließender und abfließender Strom sind gleich groß
b) Verbraucher mit Körperschluß: Rückfließender Strom ist kleiner als der zufließende

Der Ringstromwandler wird auch als Summenstromwandler bezeichnet, weil seine Sekundärspannung von der Summe (Σ) der Ströme in den Zuleitungen abhängig ist.

Bei Anlagen mit der FI-Schutzschaltung muß man den Erdungswiderstand R_A der Hilfserdung oder die Standorterdung des zu schützenden Geräts so bemessen, daß bei dem jeweiligen Grenzfehlerstrom des Schutzschalters die Fehlerspannung unter der höchstzulässigen Berührungsspannung bleibt (z. B. 50 V oder 25 V).

Daraus ergibt sich als Bedingung für den Erdungswiderstand des Hilfserders:

Erdungswiderstand	$R_A = \frac{U_L}{I_{\Delta N}}$	R_A = höchstzulässiger Erdungswiderstand U_L = höchste dauernd zulässige Berührungsspannung $I_{\Delta N}$ = Nennfehlerstromstärke des FI-Schutzschalters

Beispiel 13.7 Welche Werte dürfen die Erdungswiderstände R_A für FI-Schutzschalter mit dem Grenzfehlerstrom $I_{\Delta N} = 0{,}03$ A nicht überschreiten, wenn die Fehlerspannungen $U_L = 50$ V bzw. $U_L = 24$ V zugelassen werden?

Lösung $R_{A3} = \frac{U_L}{I_{\Delta N}} = \frac{50\ \text{V}}{0{,}03\ \text{A}} \leqq \mathbf{1667\ \Omega}$ bzw. $R_{A3} = \frac{24\ \text{V}}{0{,}03\ \text{A}} \leqq \mathbf{800\ \Omega}$

Tabelle **13**.67 zeigt die Werte der höchstzulässigen Erdungswiderstände für die höchstzulässigen Berührungsspannungen und die Nennfehlerströme der FI-Schutzschalter.

Tabelle **13**.67 **Höchstzulässige Erdungswiderstände**

U_L \ $I_{\Delta N}$	10 mA	30 mA	100 mA	300 mA	500 mA	1 A
50 V	5000 Ω	1667 Ω	500 Ω	167 Ω	100 Ω	50 Ω
25 V	2500 Ω	833 Ω	250 Ω	83 Ω	50 Ω	25 Ω
24 V	2400 Ω	800 Ω	240 Ω	80 Ω	48 Ω	24 Ω

FI-Schutzschalter im TN-Netz. Diese Schutzmaßnahme (FI-Nullung, „schnelle Nullung") ist eine Kombination von Überstrom-Schutzorgan und FI-Schutzschaltung. Nach DIN VDE 0100 Teil 410 ist sie ausdrücklich zugelassen. Der empfindliche FI-Schutzschalter schaltet schon bei sehr kleinen Fehlerströmen ab. So z. B. innerhalb 0,04 s, wenn der Fehlerstrom in der Anlage den fünffachen Wert des Nennfehlerstroms vom FI-Schutzschalter erreicht. So erzielt man einen besseren Personenschutz, der z. B. bei Steckdosen-Stromkreisen in Küchen und Badezimmern sowie für Außengeräte besonders wichtig ist.

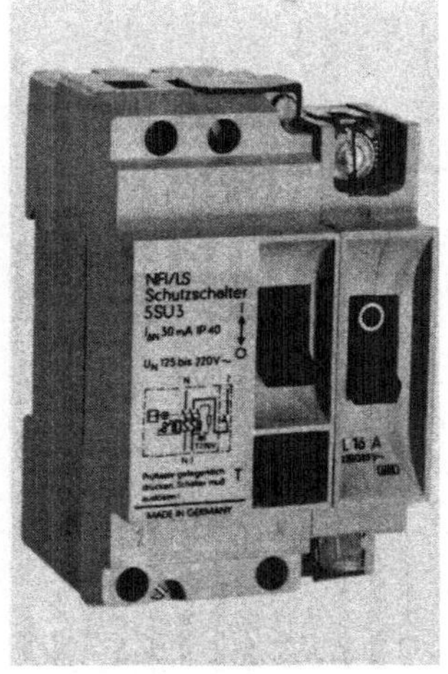

13.68 FI-Leitungsschutzschalter

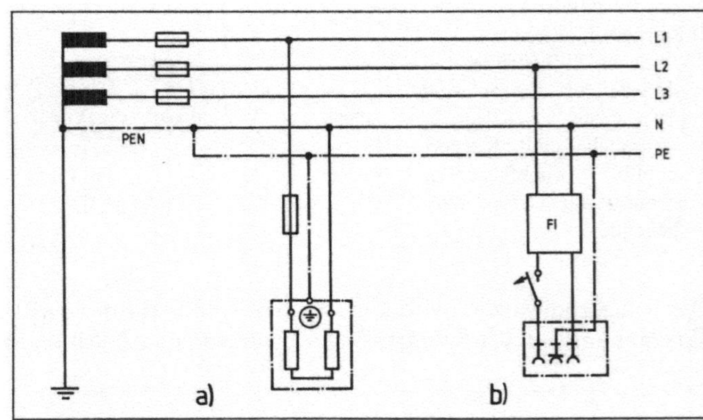

13.69 TN-Netz

a) Schutzmaßnahme mit Sicherungen, b) Schutzmaßnahme mit FI-Schutzschalter (Überstromschutz durch Leitungsschutzschalter)

Es ist zulässig, im TN-Netz Schutzmaßnahmen mit Überstrom-Schutzorganen und FI-Schutzschalter nebeneinander einzusetzen (**13.69**). Für diesen Zweck ist es am einfachsten, kombinierte F I - L e i t u n g s s c h u t z s c h a l t e r (FI-LS-Schalter) zu verwenden (**13.68**). Sie bestehen aus einem FI-Schutzschalter und einem Leitungsschutzschalter (Personenschutzautomat). Bei zu hoher Berührungsspannung schaltet der FI-Schutzschalter ab, bei Überlast oder Kurzschluß wird dagegen über den Leitungsschutzschalter abgeschaltet.

Zusätzlicher Schutz im Wohnbereich. Die VDE-Leitlinie DIN VDE 0100 Teil 739 sieht in TN- und TT-Netzen den Einsatz hochempfindlicher Fehlerstrom-Schutzschalter (Nennfehlerstrom $I_{\Delta n} = 10$ mA oder 30 mA) im gesamten Wohnbereich als zusätzlichen Schutz bei direktem Berühren von spannungsführenden Teilen vor. Damit ist ein umfassender Schutz bei Installationsfehlern (z. B. PE-Unterbrechung, Vertauschen von PE- und Außenleiter) und bei Isolationsfehlern (z. B. schadhafte Leitungsisolierung) möglich. Auch bei schutzisolierten Geräten wird ein zusätzlicher Schutz erreicht, falls die Isolation zerstört ist (**13.70**). Kurzzeitig fließt dann ein kleiner Fehlerstrom durch den Menschen, und der FI-Schutzschalter löst aus.

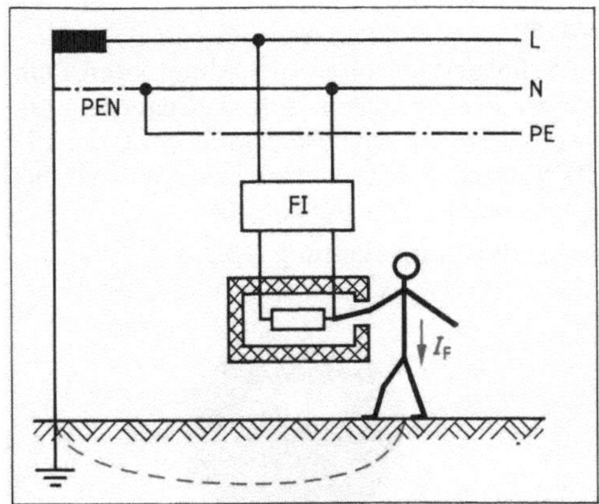

13.70 Zusätzlicher Schutz durch FI-Schutzschalter

13.71 Kennzeichen für pulsstromsensitive FI-Schutzschalter

Pulsstromsensitive FI-Schutzschalter. Da in zunehmendem Maß Geräte mit Phasenanschnittsteuerung und Gleichrichtern eingesetzt werden, fordert DIN VDE 0664, daß FI-Schutzschalter nicht nur bei Wechselfehlerströmen, sondern auch bei pulsierendem Gleichstrom und bei Wechselfehlerstrom mit einer Gleichstromkomponente auslösen. Im ersten Fall darf die Auslösestromstärke das 1,4fache der Nennfehlerstromstärke betragen. Im zweiten Fall darf sie höchstens 6 mA größer als die Nennfehlerstromstärke sein. Solche „pulsstromsensitiven" FI-Schutzschalter sind nach Bild (**13.**71) gekennzeichnet.

Anwendung. Die FI-Schutzschaltung ist in allen Drehstromnetzen anwendbar. Besonders geeignet ist sie in Anlagen mit erhöhten Sicherheitsanforderungen, z. B. in Badezimmern, in landwirtschaftlichen Betriebsstätten, in Labors und medizinisch genutzten Räumen, auf Baustellen und in feuer- und explosionsgefährdeten Betriebsstätten, in Schulen und betrieblichen Ausbildungsstätten.

Vorteile der FI-Schutzschaltung gegenüber allen Schutzmaßnahmen mit Schutzleiter:

1. FI-Schutzschalter mit Nennfehlerströmen bis 0,5 A schützen die Anlage zusätzlich gegen Brandgefahr durch Erdschluß, da sie die Anlage bei einem für Brände ungefährlichen Erdschlußstrom von weniger als 0,5 A abschalten (s. auch Abschn. 13.1.4).

2. FI-Schutzschalter mit Nennfehlerströmen bis 30 mA bieten außer dem Schutz gegen zu hohe Berührungsspannung und gegen Brandgefahr zusätzlich Schutz bei unabsichtlichem Berühren betriebsmäßig spannungsführender Teile. Entsteht dabei ein Fehlerstromkreis über den Körper zur Erde, wird die Anlage bei Strömen von weniger als 30 mA innerhalb von 0,2 s abgeschaltet.

Vorteile der FI-Schutzschaltung gegenüber der FU-Schutzschaltung:

1. Sie braucht keinen Schutzleiter zwischen dem zu schützenden Gerät und dem FI-Schutzschalter. Der FI-Schutzschalter kann daher ohne bauliche Veränderungen an den Zuleitungen im TN-Netz und im TT-Netz vor jedes Gerät gesetzt werden, wenn man darauf achtet, daß der N-Leiter nach dem FI-Schutzschalter nicht mehr geerdet ist. Wird der Schutzleiter mit dem N-Leiter verbunden, ist die Verbindung v o r dem FI-Schutzschalter herzustellen. Andernfalls würde der Fehlerstrom durch den Ringwandler zurückgeführt werden, so daß keine Differenzbildung zwischen zu- und abfließenden Strömen zustande käme: Der FI-Schutzschalter würde nicht auslösen.

2. Die Hilfserdung kann man auch an der Potentialausgleichsschiene vornehmen. Sind Geräte durch den Aufstellungsort gut geerdet (z. B. Heißwasserbereiter oder Wasserpumpen), ist die Hilfserdung völlig entbehrlich.

Prüfung der FI-Schutzschaltung. Die Funktion des FI-Schutzschalters kann man durch Betätigen der Prüftaste *6* prüfen (**13.**63 a). Durch den Prüfwiderstand *R* fließt dann, wie beim Körperschluß eines Geräts, ein Strom in der Höhe des Auslösestroms.

Die Prüfung der einwandfreien Beschaffenheit von Schutzleitung und Hilfserdung kann man nach Bild **13.**72 durchführen. Der Stellwiderstand *R* ist so einzustellen, daß die Spannung am Gerätegehäuse erheblich unter 50 V (25 V) liegt. Beim Verringern des Widerstands muß der FI-Schutzschalter auslösen, bevor die Spannung 50 V (25 V) erreicht. Mit dem Strommesser ist dabei zu prüfen, ob der Schalter spätestens beim Nennfehlerstrom des Schalters auslöst.

Außerdem gibt es spezielle Geräte zum Überprüfen der FI-Schutzschaltung (**13.**73).

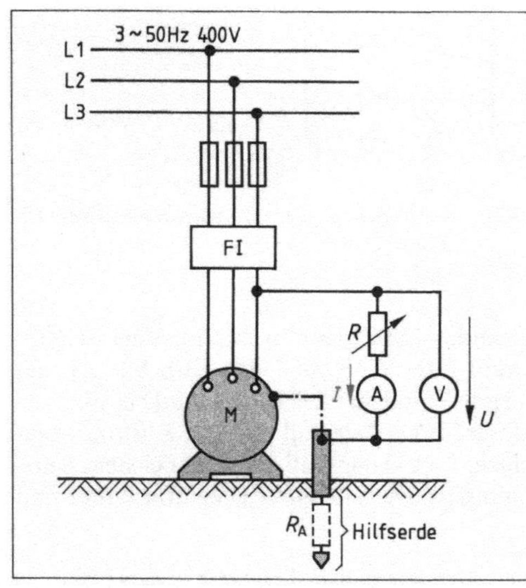

13.72 Prüfung der FI-Schutzschaltung

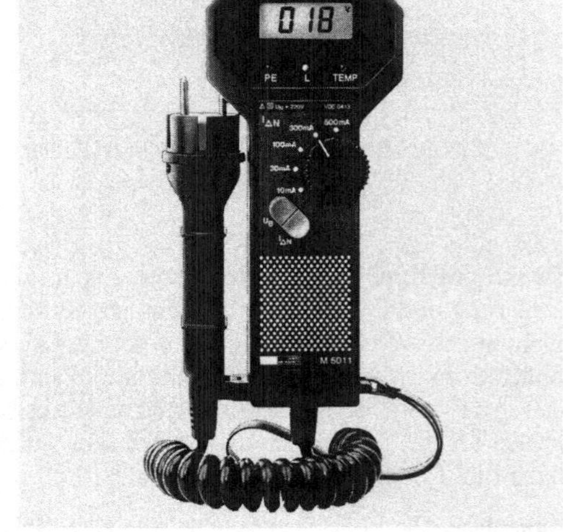

13.73 Prüfgerät für FI-Schutzschaltung

Fehlerspannungs-(FU-)Schutzschaltung

Die Fehlerspannungs-Schutzschaltung (FU-Schutzschaltung) soll das Bestehenbleiben einer zu hohen Berührungsspannung dadurch verhindern, daß der FU-Schutzschalter das fehlerhafte Gerät innerhalb von 0,2 s allpolig einschließlich des N-Leiters abschaltet (**13.**74). Dabei entsteht

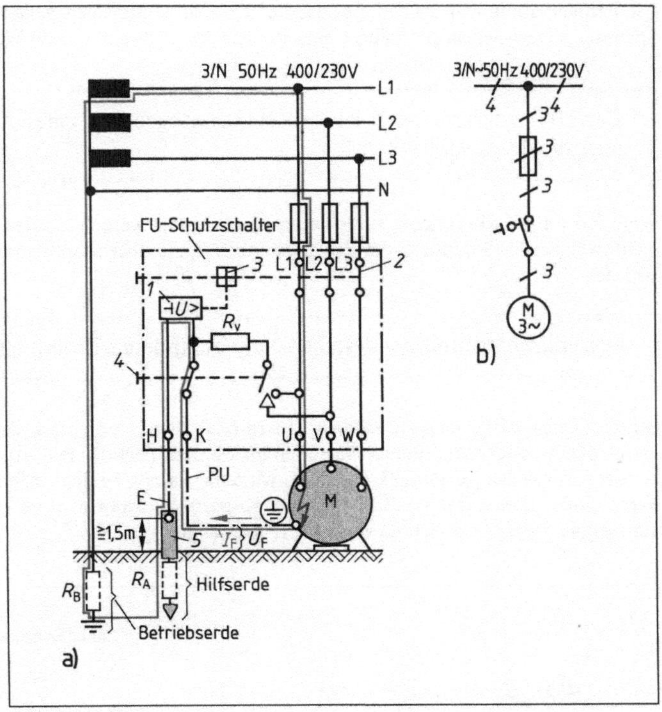

13.74
Fehlerspannungs-(FU-)Schutzschaltung

a) Schaltplan. Bei einem Körperschluß entsteht der rot eingetragene Fehlerstromkreis
b) einpolige Darstellung mit Schaltkurzzeichen

1 Fehlerspannungsspule
2 Schalter
3 Schaltschloß
4 Prüftaste
5 Hilfserder
E Hilfserdungsleiter
PU Schutzleiter, ungeerdet (grüngelb)

bei Körperschluß ein Fehlerstrom über die Erde. Dieser bringt hier aber nicht die Sicherung, sondern eine Auslösespule (die Fehlerspannungsspule *1*) zum Ansprechen, die den Schalter *2* über das Schaltschloß *3* schon bei dem Fehlerstrom I_F = 40 bis 50 mA allpolig öffnet. Die Fehlerspannungsspule liegt an der Fehlerspannung U_F, also zwischen dem zu schützenden Anlageteil und Erde. Eine Freiauslösung verhindert das Wiedereinschalten des Schutzschalters, solange die Ursache der Fehlerspannung nicht beseitigt ist. Die Erdung wird von der Klemme H über den Hilfserdungsleiter E und den Hilfserder *5* hergestellt, die Verbindung zum geschützten Anlageteil von der Klemme K über den Schutzleiter PU (nicht geerdeter Schutzleiter).

Hilfserder. Bei der Herstellung von Hilfserdungen sind unter Beachtung der Angaben in Tabelle **13.75** für die Hilfserder folgende Mindestmaße einzuhalten:

Tabelle **13.75** **Hilfserder**

Rohrerder	Plattenerder	Banderder
½zölliges Rohr 1,5 m tief im Boden	Plattenfläche 0,5 m × 0,5 m	Länge 10 m

Der Anschlußpunkt des Hilfserdungsleiters muß mindestens 1,5 m über dem Erdboden liegen (**13.74**), um Unterbrechungen durch mechanische Einwirkung zu vermeiden.

Bedingungen für die Anwendung der FU-Schutzschaltung (Auswahl)

Die Fehlerspannungsspule ist wie ein Spannungsmesser anzuschließen.

Die Fehlerspannungsspule soll die zwischen dem zu schützenden Anlageteil und dem Hilfserder auftretende Spannung überwachen und beim Überschreiten der höchstzulässigen Werte sofort abschalten.

Der Hilfserdungsleiter E ist isoliert zu verlegen, um eine Überbrückung der Fehlerspannungsspule zu verhindern.

Während sonst Erdungsleiter isoliert oder blank verlegt werden können, ist dies bei den FU-Schutzschaltern nicht möglich, weil dadurch die Fehlerspannungsspule überbrückt werden und im Fehlerfall nicht auslösen könnte.

Der Hilfserder muß mindestens 10 m von anderen Erdern entfernt sein.

Bei geringeren Abständen zu anderen Erdern (z.B. den Haupterdern des Schutzleiters, Stahlkonstruktionen des Gebäudes oder metallischen Wasserleitungsrohren) liegt der Hilfserder nämlich im Einflußbereich (Spannungsbereich) dieser Erder (**13**.76). Dann wirken zwischen beiden Erdern nicht ihre vollen Erdausbreitungswiderstände. Dies käme im Bild **13**.76 bei Körperschluß des Motors einer Überbrückung der Fehlerspannungsspule gleich – der Schutz wäre in Frage gestellt.

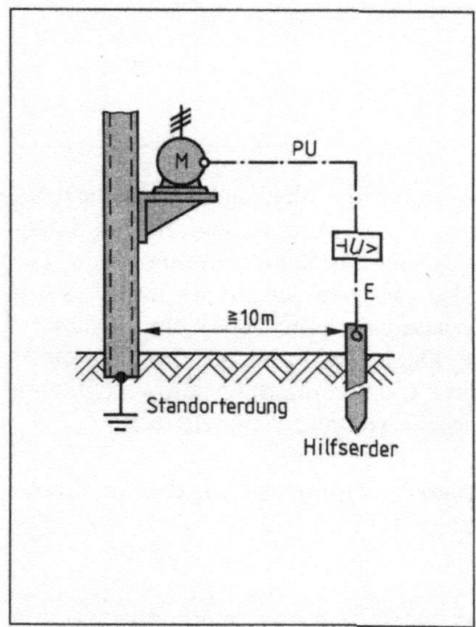

13.76 Hilfserdung bei FU-schutzgeschalteten Geräten mit Erdverbindung (hier durch geerdetes Gebäudeteil)

PU Schutzleiter
E Hilfserdungsleiter

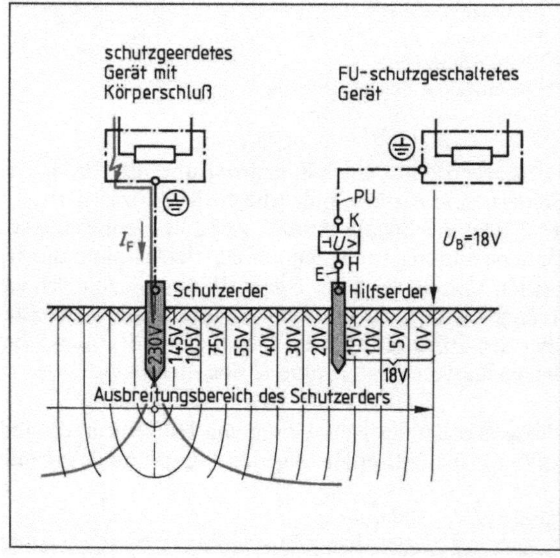

13.77 Spannungsverteilung im Bereich des Ausbreitungswiderstands eines stromdurchflossenen Schutzerders (Spannungstrichter)

Läge der Hilfserder im Spannungsbereich eines von einem fremden Strom durchflossenen Erders, könnte das schutzgeschaltete Gerät über die Hilfserdungsleitung E die Fehlerspannungsquelle und die Schutzleitung PU eine gefährliche Berührungsspannung gegen Erde annehmen. In Bild **13**.77 beträgt die Berührungsspannung z.B. 18 V.

Anwendung. Die FU-Schutzschaltung ist aus den behandelten Bedingungen für die Errichtung des Hilfserders nur noch in Sonderfällen anwendbar und hat die frühere Bedeutung verloren.

Übungsaufgaben zu Abschnitt 13.2.4

1. In elektrischen Anlagen kann es zu einem Kurzschluß, Körperschluß oder Erdschluß kommen. Beschreiben Sie diese drei Fehlerarten.
2. Wie wird die Schutzmaßnahme im TN-Netz durchgeführt?
3. Wie verläuft der Fehlerstrom beim Auftreten eines Körperschlusses in einem Gerät, das im TN-Netz betrieben wird?
4. Worauf ist beim Anschließen der Leitungen in einer Schutzkontakt-Steckdose und in einem Schutzkontaktstecker besonders zu achten?
5. Warum muß der Sternpunkt des Transformators bei der Anwendung der Schutzmaßnahmen im TN-Netz geerdet sein?
6. Welche Bestimmungen müssen bei der Verlegung des PEN-Leiters beachtet werden?
7. Welche Gefahr könnte an geschützten Geräten bei abgesichertem PEN-Leiter entstehen?
8. Warum schreibt DIN VDE 0100 vor, daß der Schutzleiter PE in Leitungen bis zu 6 mm^2 Querschnitt getrennt vom N-Leiter geführt werden muß?
9. Wie kann man die einwandfreie Beschaffenheit der Schutzmaßnahmen in neu errichteten Anlagen des TN-Netzes prüfen?
10. Eine mit träger Schmelzsicherung 63 A abgesicherte Anlage soll durch eine Messung nach Bild **13.**56 geprüft werden. Dabei ist die Spannung bei offenem Schalter 209 V. Der Strommesser zeigt 10,5 A an. Darf die Schutzmaßnahme mit Überstrom-Schutzorgan angewendet werden?
11. Warum ist die Anwendung der Schutzmaßnahme mit Überstromauslöser im TT-Netz heute auf Ausnahmefälle beschränkt.
12. Welche Vorteile hat die FI-Schutzschaltung gegenüber der Schutzmaßnahme mit Überstromorgan?
13. Beschreiben Sie die Wirkungsweise des FI-Schutzschalters.
14. Würde die FI-Schutzschaltung versagen, wenn man das zu schützende Gerätegehäuse nicht geerdet, sondern mit dem Nulleiter verbunden hätte? Begründung!
15. Welchen Verlauf nimmt der Fehlerstrom bei einem Körperschluß an einem durch FU-Schutzschalter geschützten Gerät?
16. In welchen Fällen besteht die Gefahr, daß der FU-Schutzschalter nicht auslöst?
17. Welche Besonderheit hat das Schutzleitungssystem gegenüber den anderen Schutzmaßnahmen mit Schutzleiter?
18. Worin besteht der Unterschied zwischen Schutzmaßnahmen mit und ohne Schutzleiter?
19. Erläutern Sie die Netzarten TN- und TT-Netz.
20. Erläutern Sie den Unterschied zwischen einem TN-C-Netz und einem TN-S-Netz.
21. Warum dürfen Wasserrohrnetze nicht mehr als Erder verwendet werden?

13.2.5 Ausführung und Prüfung von Erdungsanlagen

Erdung nennt man die leitende Verbindung eines Punkts des Betriebsstromkreises oder eines nicht zum Betriebsstromkreis gehörenden leitfähigen Bauteils mit dem Erdreich. Eine Erdungsanlage besteht aus dem Erder (Band-, Stab-, Plattenerder) und der Erdungsleitung. In Niederspannungsnetzen (bis 1000 V) unterscheidet man nach dem Zweck zwei Arten von Erdungen:

- **Betriebserdung:** Erdung eines zum Betriebsstromkreis gehörenden Punkts, vor allem des Sternpunktleiters (N-Leiters) in Drehstromanlagen.
- **Hilfserdung** (FU- und FI-Erdung): Erdung bei der FU- und FI-Schutzschaltung (s. Abschn. 13.2.4). Auch bei der Messung des Erdungswiderstands ist eine Hilfserdung mit Hilfe einer Meßsonde erforderlich (**13.**85).

Arten und Ausführung von Erdern

Damit bei der Herstellung einer Erdung ein genügend kleiner Erdungswiderstand zustande kommt, sind bestimmte Vorschriften für die Mindestabmessungen zu beachten (**13.**78).

Tabelle 13.78 **Mindestabmessungen und Werkstoffe für Erder nach DIN VDE 0100 Teil 540**

Werkstoff	Form des Erders	Mindest-querschnitt	Mindest-dicke	andere Mindestabmessungen bzw. Bedingungen
Stahl bei Verlegung im Erdreich, feuerverzinkt, Mindestzink-auflage 70 µm	Band	100 mm²	3 mm	
	Rundstahl	78 mm² (entspricht 10 mm∅)		bei zusammengesetzten Tiefenerdern: Mindestdurchmesser des Stabes 20 mm
	Rohr			Mindestdurchmesser 25 mm Mindestwandstärke 2 mm
	Profilstäbe	100 mm²	3 mm	
Stahl mit Kupfer-auflage	Rundstahl	Stahlseele 50 mm², für Kupfer-auflage 20%, mindestens 35 mm²		bei zusammengesetzten Tiefenerdern: Mindestdurchmesser des Stabes 15 mm. Die Verbindungsstellen müssen so aufgeführt sein, daß sie in ihrer Korrosions-beständigkeit der Kupferauflage gleichwertig sind
Kupfer	Band	50 mm²	2 mm	
	Seil	35 mm²		Mindestdrahtdurchmesser 1,8 mm. Bei Bleiummantelung Mindestdicke des Mantels 1 mm
	Rundkupfer	35 mm²		
	Rohr			Mindestdurchmesser 20 mm Mindestwandstärke 2 mm

Bei ausgedehnten Erdern aus blankem Kupfer oder Stahl mit Kupferauflage ist darauf zu achten, daß sie von unterirdischen Anlagen aus Stahl (z. B. Rohrleitungen und Behältern) möglichst metallisch getrennt gehalten werden. Andernfalls können die Stahlteile einer erhöhten Korrosionsgefahr ausgesetzt sein.

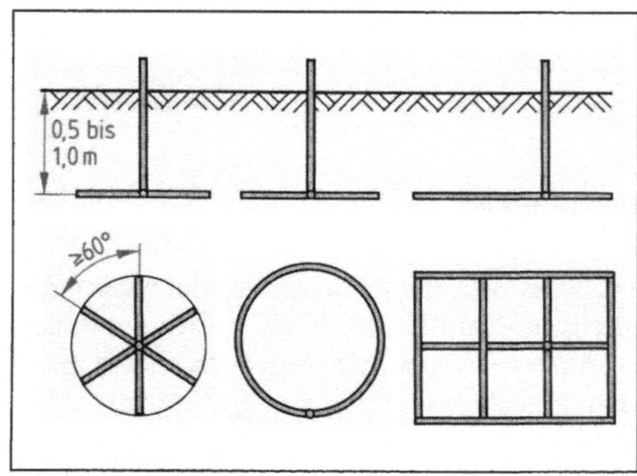

13.79 Banderder

Nach der Verlegung, die im wesentlichen von der Bodenbeschaffenheit abhängt, unterscheidet man Oberflächen-, Tiefen- und Fundamenterder.

Oberflächenerder werden in einer Tiefe von 0,5 bis 1 m gestreckt, strahlenförmig, ringförmig oder maschenförmig verlegt (**13.**79). Sie kommen als Band-, Rundstahl- und Seilerder vor. Bei strahlenförmigen Oberflächenerdern soll ein Winkel von mindestens 60° zwischen zwei benachbarten Strahlen eingehalten werden. Sonst beeinflussen sie sich gegenseitig, und es ergibt sich ein höherer Erdungswiderstand.

Tiefenerder sind besonders dann erforderlich, wenn infolge der Bodenbeschaffenheit der spezifische Erdwiderstand im Oberflächenbereich groß ist. Es sind Erder aus Platten, Rohr oder Profilstahl. Die Rohre und Profilstäbe werden lotrecht in den Erdboden getrieben. Wenn mehrere Tiefenerder notwendig sind, um den erforderlichen geringen Erdübergangswiderstand zu erreichen, soll ihr Mindestabstand voneinander möglichst gleich der doppelten wirksamen Länge eines Einzelerders sein (Spannungsbereich, **13.**77).

Die Platten werden lotrecht in das Erdreich eingegraben. Die Plattenoberkante soll mindestens 1 m unter der Erdoberfläche liegen. Die übliche Plattengröße beträgt 0,5 × 1 m. Sind mehrere Platten erforderlich, um den gewünschten geringen Erdausbreitungswiderstand zu erzielen, soll ein gegenseitiger Mindestabstand von 3 m eingehalten werden.

Damit die Erder in guter Verbindung mit dem umgebenden Erdreich stehen, müssen sie verschlemmt oder sorgfältig verstampft werden.

Fundamenterder sind Ringerder, die beim Bau eines Gebäudes im Gebäudefundament nach den „Richtlinien für das Einbetten von Fundamenterdern in Gebäudefundamente" in die unterste Betonschicht hochkant eingebettet werden (**13.**80). Das freie Ende des Bandes wird bis in den Hausanschlußraum geführt.

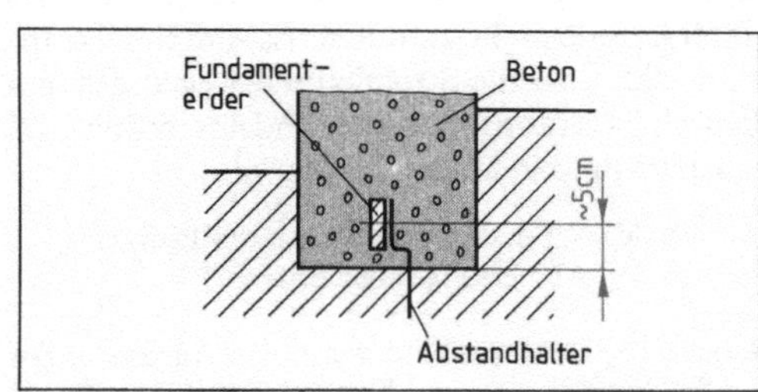

13.80 Richtige Verlegung des Fundamenterders auf Abstandhaltern

Natürliche Erder. Außer den eben beschriebenen Einzelerdern kann man für Erdungen auch natürliche Erder (Bleimäntel von Erdkabeln, Metallbewehrungen von Beton im Erdbereich) oder andere unterirdische Konstruktionsteile (z. B. Spundwände) heranziehen.

Bleimantel von Erdkabeln. Dieser kann als Erder herangezogen werden, wenn das Kabel im Erdboden verlegt ist und die Kabelmuffen mit einem Überbrückungsleiter aus Kupfer von mindestens 4 mm² Querschnitt, bei Außenleiterquerschnitten über 10 mm² mit einem Überbrückungsleiter von mindestens 10 mm² Querschnitt überbrückt sind.

Erdungsleitungen

Sie müssen mit Rücksicht auf ausreichende mechanische Festigkeit Mindestquerschnitte haben (**13.**81).

Tabelle **13.**81 **Mindestquerschnitte für Erdungsleitungen nach DIN VDE 0100 Teil 540**

Verlegung	mechanisch geschützt	mechanisch ungeschützt
isoliert	wie Schutzleiter (s. Tab. **13.**43)	16 mm² Cu oder Fe
blank	25 mm² Cu 50 mm² Fe, feuerverzinkt AL unzulässig	

Die Verbindung von Erdungsleiter und Erder muß zuverlässig und elektrisch einwandfrei durchgeführt werden.

Für den Anschluß von Erdungsleitern mit Hilfe von Schellen, z. B. bei Rohrerdern, müssen mindestens Schrauben M 10 verwendet werden. Blanke Erdungsleitungen sind in der Nähe der Anschlußstellen zu kennzeichnen (⏚ oder *E*). Sie können außerdem einen schwarzen Farbanstrich haben (nicht grüngelb oder blau). Sie sind außerhalb der Erde sichtbar oder bei Verkleidung zugänglich zu verlegen. Zur Überprüfung der Erdungsanlage ist in der Erdungsleitung eine Trennstelle vorzusehen.

Erdungswiderstand

Er ergibt sich als Summe von Ausbreitungswiderstand des Erders und Widerstand der Erdungsleitung. Der Ausbreitungswiderstand eines Erders ist der Widerstand zwischen dem Erder selbst und den Punkten eines Bereichs der Erdoberfläche, in dem keine merklichen Spannungsunterschiede mehr auftreten. Es sind Stellen an der Erdoberfläche, die so weit vom Erder entfernt sind, daß dort die Stromleitung wegen des immer größer werdenden Querschnitts des leitenden Erdreichs praktisch widerstandslos erfolgt. Man nennt diesen Erdbereich Bezugserde. Der Ausbreitungswiderstand hängt ab

- von der Art und Beschaffenheit des Erdreichs,
- von den Abmessungen des Erders.

Tabelle **13**.82 enthält Mittelwerte von Ausbreitungswiderständen für lehmigen Ackerboden. Die Werte sind bei feuchtem Stand- und Kiesboden 2- bis 5mal, bei trockenem Sand- und Kiesboden etwa 10mal und bei steinigem Boden etwa 30mal so hoch.

Tabelle **13**.82 **Mittelwerte für Ausbreitungswiderstände verschiedener Erder**

Art des Erders	Band oder Seil[1])				Stab oder Rohr				senkrechte Platte, Oberkante etwa 1 m tief	
Abmessungen des Erders in m	Länge 10	25	50	100	Länge 1	2	3	5	Oberfläche 0,5 × 1	1 × 1
Ausbreitungs-widerstand in Ω	20	10	5	3	70	40	30	20	35	25

[1]) Bei Fundamenterdern haben die Ausbreitungswiderstände etwa die halben Werte, unabhängig von der Art des Erdreichs.

Beispiel 13.8 Um in lehmigem Ackerboden den Ausbreitungswiderstand 5 Ω zu erreichen, braucht man einen Banderder von 50 m Länge oder vier in einem Ring von etwa 15 m Durchmesser angeordnete Staberder von 5 m Länge oder 5 Plattenerder 1 m × 1 m in mindestens 3 m Abstand.

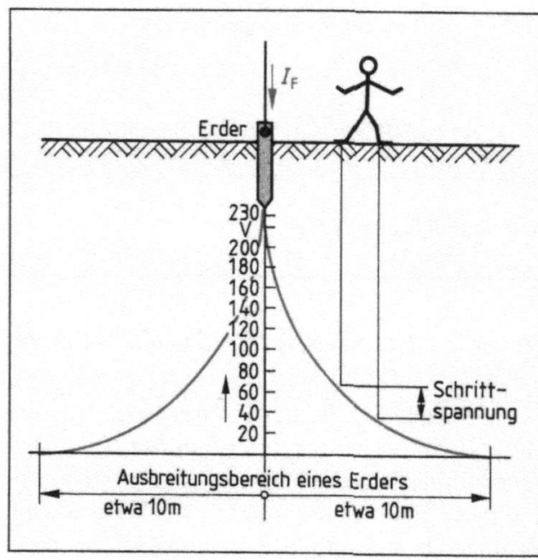

13.83 Spannungstrichter um einen Erder

Im Ausbreitungsbereich eines Erders, auch Spannungsbereich genannt, entsteht bei Stromdurchgang ein Spannungsabfall. Der Ausbreitungsbereich erstreckt sich auf einen Umkreis von etwa 10 m um den Erder (**13**.83). Die Spannungsabfälle im Erdboden bilden um den Erder einen Spannungstrichter, der unter Umständen gefährlich hohe Schrittspannungen für Mensch und Tier zur Folge hat. Aufgrund der Spannungsverteilung ist die Schrittspannung in der Nähe des Erders am größten.

Messung des Erdungswiderstands. Bestehen Zweifel über den zu fordernden niedrigen Ausbreitungswiderstand eines Erders, muß eine Messung mit einem Erdungsmeßgerät (**13**.84) oder mit Strom- und Spannungsmesser durchgeführt werden (**13**.85). Im letzten Fall wird die Erdungsleitung hinter der Sicherung über einen einstellbaren Widerstand $R = 20$ bis $1000\,\Omega$

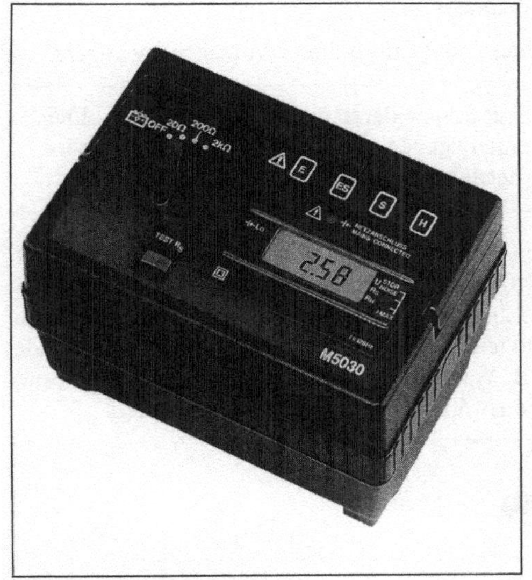

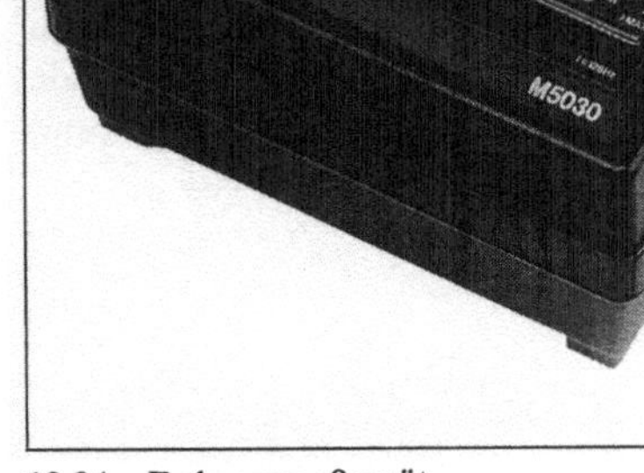

13.84 Erdungsmeßgerät

13.85 Messen des Erdungswiderstands. Der Meßstromkreis ist rot eingetragen

und den Strommesser mit einem nicht geerdeten Außenleiter verbunden. Als Meßsonde im Bereich der Bezugserde (d. h. außerhalb des Ausbreitungsgebietes des Erders) dient ein 1 bis 1,5 m tief eingetriebener Staberder im Abstand von mindestens 20 m. Da der Meßstrom des Spannungsmessers bei dem geforderten hohen Innenwiderstand von mindestens $R_i = 40\ \text{k}\Omega$ etwa 1 mA beträgt, ist der Erdungswiderstand der Meßsonde nicht kritisch. (Bei 100 Ω entstände an der Sonde z. B. ein Spannungsabfall von nur $0{,}001\ \text{A} \cdot 100\ \Omega = 0{,}1\ \text{V}$, der keinen störenden Einfluß auf die Genauigkeit der Messung hat.) Die gemessene Spannung U stellt den Spannungsabfall am Erdungswiderstand R_A des Erders dar. Daher ist der

Erdungswiderstand $$R_A = \frac{U}{I}.$$

Beispiel 13.9 Mit dem einstellbaren Widerstand R wird der Strom $I = 1{,}5$ A eingestellt (**13.**85). Die dabei gemessene Spannung möge $U = 45$ V betragen. Wie groß ist der Erdungswiderstand R_A?

Lösung Erdungswiderstand $R_A = \frac{U}{I} = \frac{45\ \text{V}}{1{,}5\ \text{A}} = \mathbf{30\ \Omega}$

13.2.6 Prüfung des Isolationswiderstands von Verbraucheranlagen und Fußböden

Die Gefährdung des Menschen durch zu hohe Berührungsspannungen tritt, wie oben gezeigt wurde, im allgemeinen beim Zusammentreffen von zwei Voraussetzungen auf, nämlich:

- fehlerhafte Isolation an Geräten oder Leitungen und
- leitende Verbindung des Standorts mit der Erde.

Vor der Inbetriebnahme einer Anlage muß daher der Errichter (Installateur), den Isolationswiderstand der Anlage und in Zweifelsfällen auch den des Fußbodens prüfen.

Prüfung des Isolationswiderstands einer Verbraucheranlage

Isolationswiderstand. Die Isolation einer elektrischen Anlage muß dieser Vorschrift genügen:

> In trockenen und feuchten Räumen muß der Isolationswiderstand der Anlagenteile ohne Verbrauchsgeräte zwischen zwei Überstrom-Schutzorganen oder hinter dem letzten Überstrom-Schutzorgan mindestens 1000 Ω je Volt Betriebsspannung betragen.

Bei 230 V Betriebsspannung muß der Isolationswiderstand daher mindestens 230 000 Ω und darf der Fehlerstrom über die Isolation höchstens 1 V/1000 Ω = 1 mA betragen. Sind die Teilstrecken der Leiter länger als 100 m, darf für jede weitere angefangene 100-m-Strecke der Fehlerstrom 1 mA mehr betragen. In nassen Räumen (das sind feuchte Räume, deren Fußböden und Wände zu Reinigungszwecken oft abgespritzt werden, z. B. Waschküchen und Wagenwaschräume) und bei im Freien verlegten Leitungen darf der Isolationswert 500 Ω/V nicht unterschreiten.

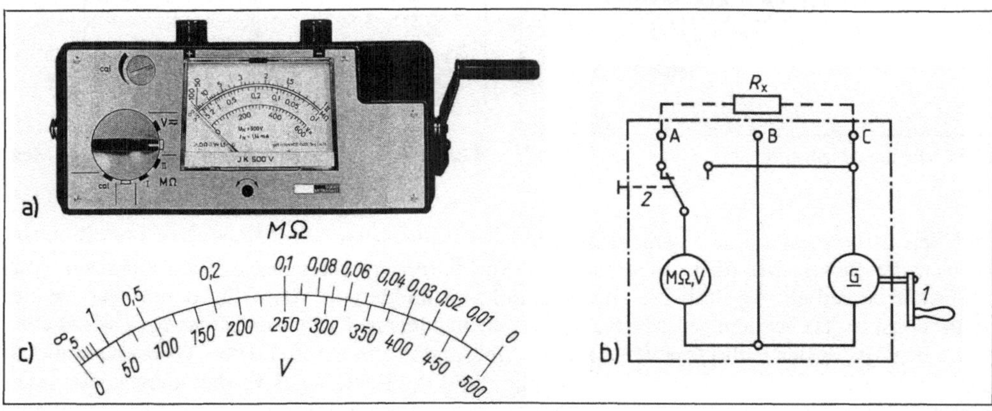

13.86 Isolationsmesser mit Kurbelinduktor und Drehspulinstrument

a) Ansicht, b) Prinzipschaltplan. Klemmen A, B für Spannungsmessung; Klemmen A, C für Isolationsmessung, c) Skale mit Megohm- und Volt-Teilung

1 Handkurbel für Kurbelinduktor *2* Prüftaste zum Einstellen der Prüfspannung

Isolationsmesser. Der Isolationswiderstand wird mit einem Isolationsmesser geprüft – einem Widerstandsmesser, der aus einem in Ohm geeichten Drehspul- oder Kreuzspulinstrument und einem Kurbelinduktor (**13.**86) oder Batterieumformer (**13.**87) zur Erzeugung der Prüfspannung besteht.

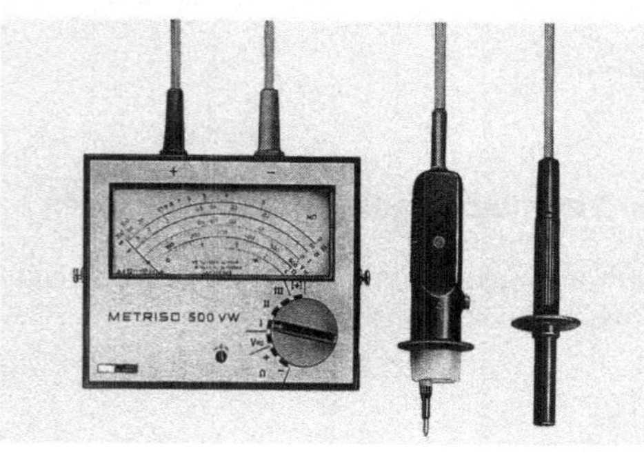

13.87 Isolationsmesser mit Batterieumformer (Meßleitungen fest angeschlossen)

Der Kurbelinduktor *1* ist ein kleiner Gleichstromgenerator, dessen Magnetfeld durch Dauermagnete erzeugt wird. Er wird über eine Zahnradübersetzung von einer Handkurbel angetrieben. Die Prüfspannung kann z. B. erreicht werden, wenn bei gedrückter Taste *2* die Handkurbel so schnell gedreht wird, daß der Zeiger bis zum Nullwert der Megohm-Skale ausschlägt. Läßt man dann bei gleichbleibender Drehzahl der Handkurbel die Taste los, stellt sich der Zeiger entsprechend dem Isolationswiderstand R_x der angeschlossenen Anlage ein. Eine andere Möglichkeit ist, die Spannung mit Hilfe eines eingebauten Fliehkraftreglers konstant zu halten. Hat der Isolationsmesser ein Kreuzspulinstrument, braucht die Spannung nur ungefähr eingehalten zu werden.

Bei der Isolationsmessung muß die **Prüfspannung** mindestens gleich der Nennspannung der Anlage sein, damit sich schwache Stellen der Isolation sicher bemerkbar machen. Bei Nennspannungen unter 500 V darf sie 500 V nicht unterschreiten. Die meisten Isolationsmesser arbeiten mit der Gleichspannung 500 V. Gleichspannung ist für Isolationsmessungen vorgeschrieben, weil eine Meß-Wechselspannung in Anlagen mit Kondensatoren durch deren kapazitiven Widerstand einen zu kleinen Isolationswiderstand vortäuschen würde.

Durchführung der Isolationsprüfung (13.88)

Prüfung Leiter gegen Erde. Der zu prüfende Anlagenteil wird allpolig vom Netz getrennt. Eine Klemme des Isolationsmessers wird an die für die Messung miteinander verbundenen Leiter der Anlage (Punkte *1* und *2*), die andere mit der Erde (z. B. der metallischen Wasserleitung) verbunden. Dann muß man alle Verbrauchsgeräte außer den Leuchten abtrennen, Glühlampen und Leuchtstofflampen aus den Leuchten herausnehmen und alle Schalter schließen. So nämlich erfaßt man den Isolationswiderstand des gesamten Leitungsnetzes, nicht aber den Isolationswiderstand der Verbrauchsgeräte. (Dieser unterliegt besonderen Prüfvorschriften.) Liegt der Isolationswiderstand über dem geforderten Mindestwert, ist die Isolation gegen Erde einwandfrei. Im anderen Fall müssen die Stromkreise getrennt geprüft werden, der Stromkreis *I* z. B. an den Punkten *3* und *4* (Leitungen an der Verteilerschiene trennen). Ist der Stromkreis mit der fehlerhaften Isolation gefunden, wird die Fehlerstelle „eingekreist", indem man die Leitungen an der nächsten Trennstelle (Abzweigdose) – z. B. an den Punkten *5* und *6* – abklemmt und noch einmal mißt. Nach diesem Verfahren wird die Prüfung so lange fortgesetzt, bis der fehlerhafte Leitungsstrang gefunden ist.

Prüfung Leiter gegen Leiter. Nach Entfernen der Verbindung zwischen den Punkten *1* und *2* wird der Isolationsmesser an diese Punkte angeschlossen. Mißt man einen zu kleinen Isolationswiderstand, wird der Fehler auf dieselbe Weise eingekreist, wie oben beschrieben.

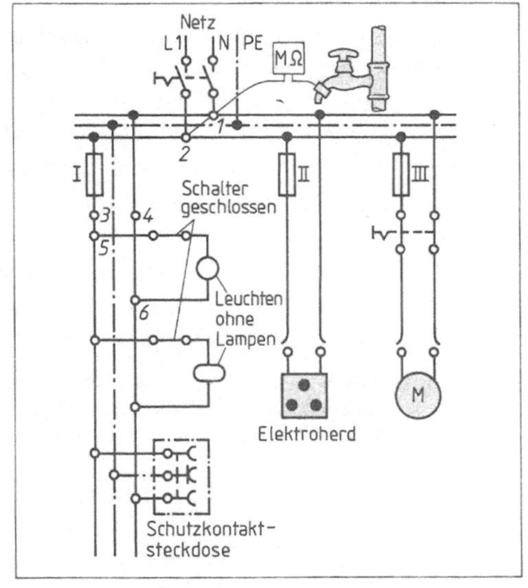

13.88 Prüfung des Isolationswiderstands eines Teils einer Verbraucheranlage

Prüfung des Isolationswiderstands von Fußböden

Diese Prüfung ist nur erforderlich, wenn geprüft werden soll, ob in einem Wohn- oder Büroraum die Schutzmaßnahme „Schutz durch nichtleitende Räume" angewendet werden kann (s. Abschn. 13.2.3). Der Fußboden wird an der zu messenden Stelle zunächst mit einem feuchten Tuch (Fläche etwa 270 mm × 270 mm) bedeckt, auf das man eine Metallplatte (etwa 250 mm × 250 mm × 2 mm) legt (**13.89**). Die Platte wird durch ein Gewicht von etwa 750 N belastet, z. B. durch das Gewicht einer Person. Nun schließt man die Metallplatte über einen Spannungsmesser, dessen Innenwiderstand R_i bekannt ist, an einen Spannung gegen Erde führenden Außenleiter des Netzes an. Die Spannung U zwischen Außenleiter und Erde wird durch den Standortübergangs-

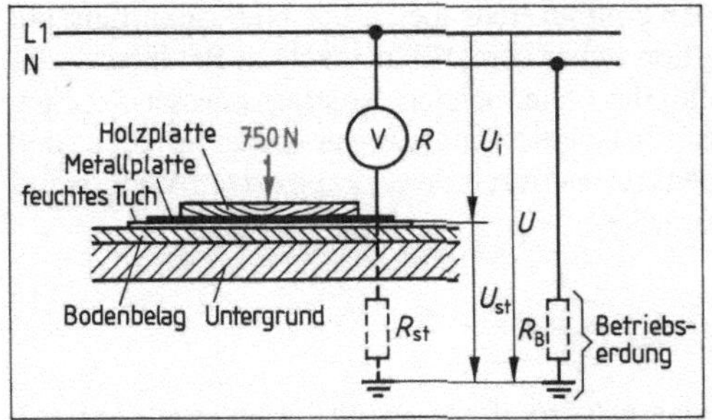

13.89 Prüfung des Isolationswiderstands eines Fußbodens

widerstand R_{St} und den Innenwiderstand R_i des Spannungsmessers in beiden Teilspannungen U_{St} und U_i zerlegt. Nach den Regeln der Reihenschaltung von Widerständen gilt

$$\frac{R_{St}}{R_i} = \frac{U_{St}}{U_i}.$$

Da $U_{St} = U - U_i$ ist, kann man auch schreiben

$$\frac{R_{St}}{R_i} = \frac{U - U_i}{U_i} = \frac{U}{U_i} - 1.$$

Daraus erhält man den

Standortübergangswiderstand $$R_{St} = R_i \cdot \left(\frac{U}{U_i} - 1\right).$$

Die Messung ist an mindestens drei beliebig gewählten Stellen des Fußbodens auszuführen. Dabei muß der Standortübergangswiderstand an jeder Meßstelle wenigstens 50 kΩ, bei höheren Netzspannungen 100 kΩ betragen, wenn der Fußboden als isolierend gelten soll.

Mindestwerte für den Standortübergangswiderstand
- 50 kΩ bei Anlagen mit Nennspannung bis 500 V Wechselspannung oder 750 V Gleichspannung
- 100 kΩ bei Anlagen mit Nennspannungen über 500 V Wechselspannung oder 750 V Gleichspannung

Beispiel 13.10 Mit dem Spannungsmesser, dessen innerer Widerstand $R_i = 100$ kΩ beträgt, wird in der Schaltung nach Bild **13.89** die Spannung $U_i = 160$ V gemessen. Die Spannung des Außenleiters gegen Erde beträgt $U = 230$ V. Der Standortübergangswiderstand ist dann

$$R_{St} = R_i \cdot \left(\frac{U}{U_i} - 1\right) = 100\,\text{k}\Omega \left(\frac{230\text{ V}}{160\text{ V}} - 1\right) = \mathbf{43{,}75\,k\Omega}.$$

Er hat demnach nicht den für einen isolierenden Fußboden geforderten Mindestwiderstand 50 kΩ. Folglich muß eine Schutzmaßnahme vorgesehen werden.

13.90 Universalprüfgerät

Prüfgeräte. Um die verschiedenen nach DIN VDE 0100 und VDE 0190 erforderlichen Messungen nicht mit einer Vielzahl von Meß- und Prüfgeräten durchführen zu müssen, wurden Universalprüfgeräte für alle Messungen geschaffen (**13.90**): Berührungsspannung, Erdungswiderstand, Schleifenwiderstand, FI/FU-Schutzschaltung, Isolationswiderstand und Standortwiderstand.

Übungsaufgaben zu Abschnitt 13.2.5 und 13.2.6

1. Was versteht man unter dem Ausbreitungswiderstand eines Erders? Wovon hängt er ab?
2. Auf welche verschiedene Weise werden Erdungen durchgeführt?
3. Welche Bestimmungen sind bei der Verlegung einer Erdungsleitung zu beachten?
4. Welche Länge muß ein Banderder in Lehmboden erhalten, um einen Ausbreitungswiderstand von etwa 80 Ω zu erzielen?
5. Welche Überlegungen sind bei der Durchführung einer Isolationsmessung anzustellen?
6. Warum muß bei der Messung des Erdungswiderstands nach Bild **13.**85 die Meßsonde einen Abstand von mindestens 20 m von dem zu messenden Erder haben?
7. Wie hoch muß der Isolationswiderstand von Verbraucheranlagen mindestens sein?
8. Für welche Prüfung muß beim Messen des Isolationswiderstands nach Bild **13.**89 die Metallplatte durch ein Gewicht von 750 N belastet werden?
9. Beschreiben Sie die Erderarten Oberflächen-, Tiefen- und natürliche Erder.
10. Wie hoch muß der Standortübergangswiderstand mindestens sein?
11. Beschreiben Sie den grundsätzlichen Aufbau eines Isolationsmessers.
12. Beschreiben Sie die Durchführung einer Isolationsprüfung.

14 Antennen- und Blitzschutzanlagen

14.1 Ausbreitung modulierter Trägerwellen

Rundfunk- und Fernsehsender strahlen mit Hilfe von Sendeantennen elektromagnetische Wellen ab, die mit dem zu übertragenden Signal moduliert sind (**14.**1). Auf der Empfangsseite dienen Empfangsantennen dazu, diese elektromagnetischen Wellen zu empfangen und in hochfrequente elektrische Spannungsschwankungen umzusetzen, die im Rundfunk- oder Fernsehgerät wieder in das ursprüngliche Signal umgewandelt werden.

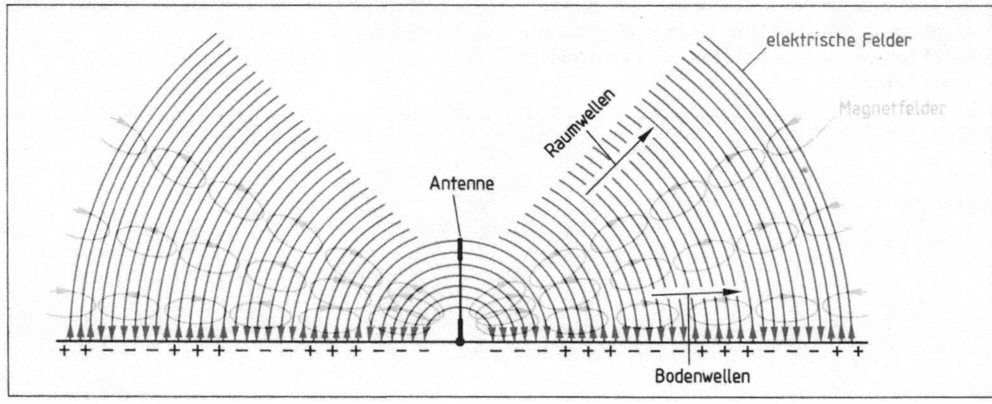

14.1 Wellenabstrahlung einer senkrechten Antenne

Wellenlänge. In der Rundfunk- und Fernsehtechnik wird statt der Frequenz gelegentlich die Wellenlänge angegeben. Schließt man einen Wechselspannungsgenerator an eine Leitung an, dauert es eine gewisse Zeit, bis der Stromimpuls in einigen Kilometern Entfernung festzustellen ist. Diese Zeit ist allerdings sehr gering, denn elektrische Stromimpulse breiten sich auf einer zweiadrigen Leitung mit etwa 240000 Kilometer je Sekunde aus. Bei einem Generator mit z. B. 100 kHz kann man entlang der Leitung zu einem bestimmten Zeitpunkt alle 2,4 km gerade den gleichen Verlauf (Augenblickswert) dieser Wechselspannung feststellen, denn in dieser 1 Sekunde sind 100000 Perioden vergangen (**14.**2).

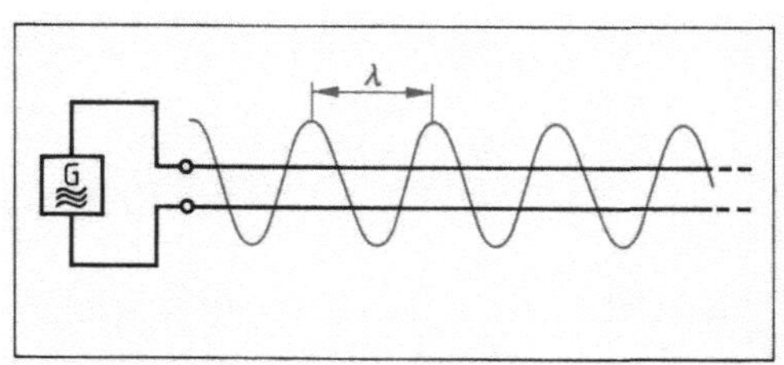

14.2 Wellenlänge

> Die Entfernung, bei der sich ein periodischer Vorgang wiederholt, heißt Wellenlänge λ (sprich: lambda). Einheit: $[\lambda] = 1$ m

Die Geschwindigkeit, mit der sich ein Wellenzug ausbreitet, bezeichnet man mit Ausbreitungsgeschwindigkeit c. Zwischen c, der Frequenz f und der Wellenlänge λ besteht folgender Zusammenhang: Wird die Ausbreitungsgeschwindigkeit c höher, nimmt die Entfernung zu, bei der sich ein bestimmter periodischer Vorgang wiederholt. Ist aber die Frequenz des Generators höher, ergeben sich in einer Sekunde mehr Perioden – die Wellenlänge λ ist geringer.

Wellenlänge	$\lambda = \frac{c}{f}$	f in Hz $\quad c$ in $\frac{\text{m}}{\text{s}}$ $\quad \lambda$ in m

Für die Ausbreitung elektromagnetischer Wellen in Luft und im Vakuum gilt: Die Ausbreitungsgeschwindigkeit elektromagnetischer Wellen entspricht etwa der Lichtgeschwindigkeit

$$c = 300\,000\,\frac{\text{km}}{\text{s}}.$$

Damit läßt sich jeder elektromagnetischen Welle eine Wellenlänge zuordnen:

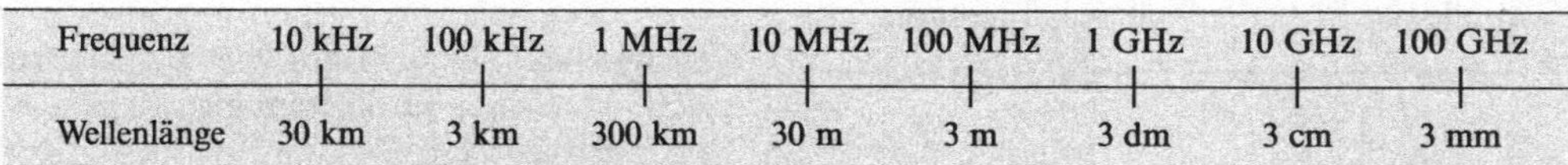

Frequenz	10 kHz	100 kHz	1 MHz	10 MHz	100 MHz	1 GHz	10 GHz	100 GHz
Wellenlänge	30 km	3 km	300 km	30 m	3 m	3 dm	3 cm	3 mm

Beispiel 14.1 Welcher Wellenlänge einer elektromagnetischen Welle entspricht eine Frequenz von 7,0 MHz?

Lösung $\lambda = \frac{c}{f} = \frac{300\,000\,000\ \text{m/s}}{7\,000\,000\ 1/\text{s}} = \frac{300}{7}\,\text{m} = \mathbf{42{,}9\ m}$

14.1.1 Sendeantennen

Im geschlossenen Schwingkreis pendelt die Energie zwischen Induktivität und Kapazität hin und her. Dabei bilden sich abwechselnd zwischen den Kondensatorplatten ein elektrisches Feld und in der Spule ein Magnetfeld.

Offener Schwingkreis. Bild **14**.3 veranschaulicht sein Entstehen. Beim Auseinanderziehen der Kondensatorplatten ergeben sich nach wie vor elektrische Felder. Die Spule wird dabei zum geraden Leiter. Um den Leiter (Spule) entstehen magnetische Feldlinien. Zieht man die Platten vollständig auseinander, erhält man einen offenen Schwingkreis. Bei symmetrischem Aufbau

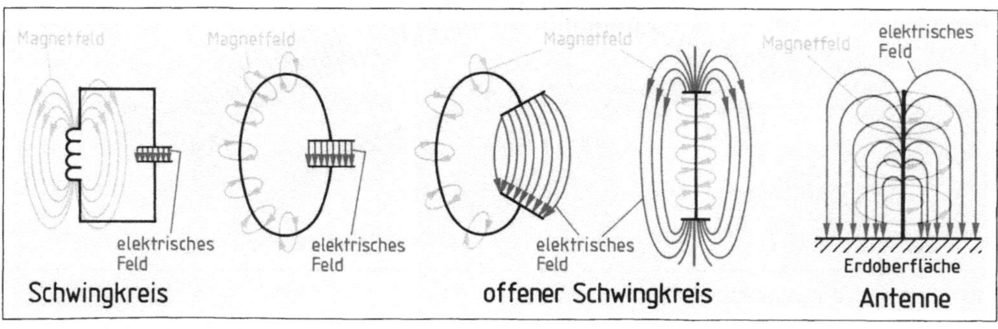

14.3 Vom Schwingkreis zur Antenne

heißt er Dipol. Das elektrische Feld eines offenen Schwingkreises bildet sich frei im Raum, das Magnetfeld steht senkrecht zum elektrischen Feld kreisförmig um den Leiter. Ein offener Schwingkreis strahlt elektromagnetische Energie (Wellen) ab oder nimmt sie auf – er ist eine Antenne.

Eine Antenne ist ein offener Schwingkreis.

Beim Abstrahlen der Energie werden die elektrischen und magnetischen Felder von den neu entstehenden Feldern verdrängt. Dabei treten abwechselnd magnetische und elektrische Feldlinien mit wechselnder Richtung auf.

Eine Sendeantenne strahlt die elektromagnetischen Wellen gleichmäßig nach allen Richtungen in den Raum aus. Da dies oft nicht erwünscht ist, erzeugt man durch eine besondere Form der Antenne eine Richtwirkung. Die Ausbreitung der abgestrahlten Wellen hängt außerdem stark von ihrer Wellenlänge (Frequenz) ab. Schließlich beeinflussen auch die Erdoberfläche und die Lufthülle der Erde die Wellenausbreitung.

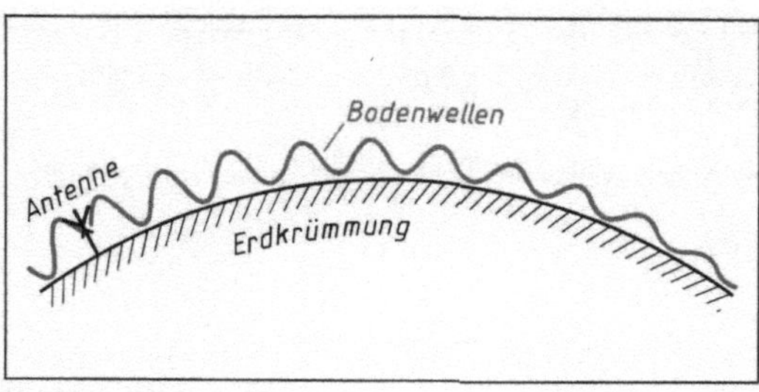

14.4 Bodenwellen (LW)

Langwellen (LW, 150 bis 300 kHz) breiten sich trotz der Erdkrümmung längs der Erdoberfläche aus. Sie sind Bodenwellen (**14.4**). Mit großen Sendeleistungen kann man deshalb weite Entfernungen überbrükken. Der LW-Empfang wird jedoch oft durch atmosphärische Entladungen (Gewitter) und andere Störspannungen beeinträchtigt. Außerdem kann man im Langwellenbereich nur wenige Sender unterbringen (Kanalbreite 9 kHz).

Im Mittelwellenband (MW, 525 bis 1605 kHz) übermittelt die Bodenwelle tagsüber den Empfang. Nach Sonnenuntergang werden jedoch auch die von der Erde in den Raum gestrahlten Wellen (Raumwellen) in der Ionosphäre (Heaviside-Schicht[1]), 90 bis 130 km Höhe) gebrochen und reflektiert (**14.5**). Etwa 60 km vom Sender entfernt treffen die Bodenwellen und die reflektierten Raumwellen mit vergleichbaren Feldstärken gleichzeitig auf die Empfangsantennen. Dabei ändert sich die gegenseitige Phasenlage ständig, so daß die beiden Wellen eine größere oder kleinere Spannung in der Empfangsantenne erzeugen. Bei gleicher Feldstärke und entgegengesetzter

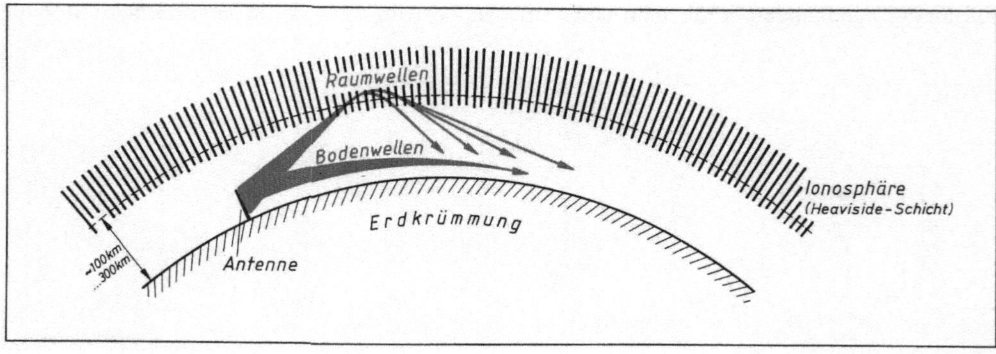

14.5 Boden- und Raumwellen (MW)

[1]) Oliver Heaviside, britischer Physiker, 1850 bis 1925

Polarität können sich Raum- und Bodenwelle vollständig auslöschen und so die bekannte Schwunderscheinung (Fading) hervorrufen. In großer Entfernung vom Sender wird nur noch die reflektierte Raumwelle empfangen.

Die Kurzwellen (KW, 3 bis 30 MHz) benutzen ausschließlich die Raumwellen zur Übertragung. Die Reflexionsfähigkeit der Ionosphäre ist für diese Wellenlänge so hoch, daß man mit verhältnismäßig kleinen Sendeleistungen große Entfernungen überbrücken kann. Kurzwellen eignen sich gut für den Weitverkehr, weil es zu Mehrfachreflexionen in der Heaviside-Schicht und an der Erdoberfläche kommt (**14.**6). Die reflektierenden Schichten ändern sich allerdings mit den Tages- und Jahreszeiten. Schwunderscheinungen sind im Kurzwellenbereich besonders störend.

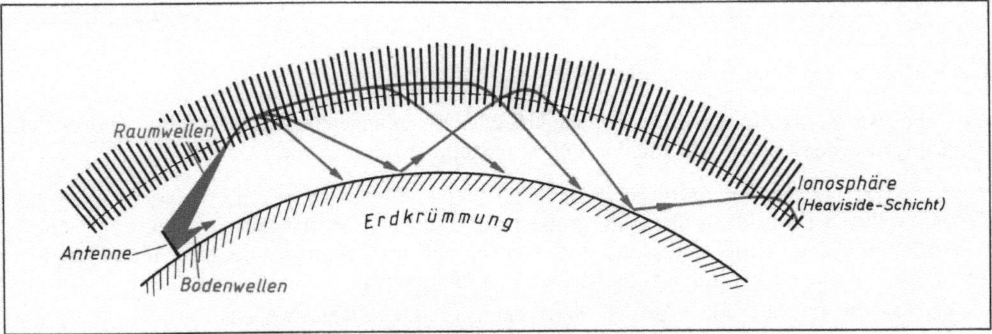

14.6 Kurzwellen (KW) mit Mehrfachreflexion

Ultrakurzwellen (UKW, 30 bis 300 MHz, VHF-Bereich) breiten sich fast geradlinig aus. Die Beugung längs der Erdoberfläche, die bei Lang- und Mittelwellen weitreichende Bodenwellen bewirkt, ist praktisch nicht vorhanden. Nur in Ausnahmefällen kommt es zu Reflexionen in der Heaviside-Schicht. UKW-Senderwellen werden bei normalen Verhältnissen in der Atmosphäre nur so weit gekrümmt, daß der Horizont eines ebenen Geländes scheinbar um 15% erweitert wird (**14.**7). Außerhalb dieses Bereichs nimmt die Senderfeldstärke rasch ab (quasioptische Wellenausbreitung; quasi = scheinbar). Nach oben abgestrahlte Wellen durchdringen die Ionosphäre und verschwinden im Weltraum. Deshalb arbeitet man bei der Raumfahrt stets im UKW-Bereich und mit noch höheren Frequenzen.

Ultrakurzwellen werden von allen großen Körpern reflektiert. Hinter hohen Gebäuden und Hügeln liegen deshalb Schattenzonen mit erheblich geschwächter Empfangsfeldstärke. Andererseits sind die Feldstärken reflektierter Ultrakurzwellen manchmal so stark, daß die Empfangs-

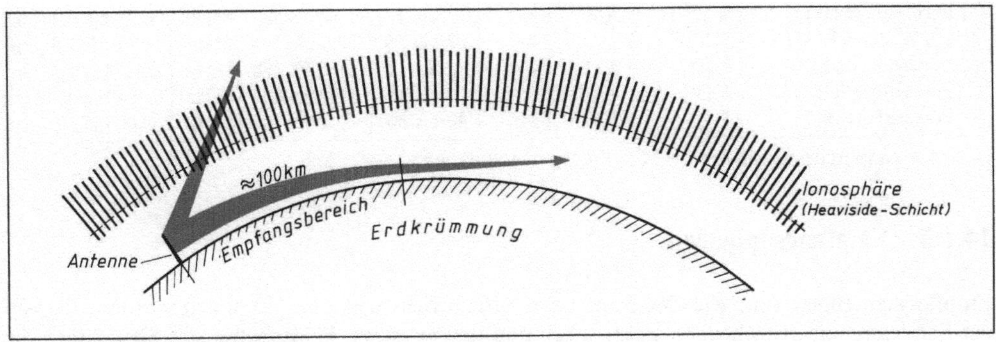

14.7 Ultrakurzwellen (UKW)

antennen sowohl das direkte Sendersignal als auch das reflektierte Signal aufnehmen (**14**.8). Dadurch kommt es zu Störungen (Geisterbilder beim Fernsehen).

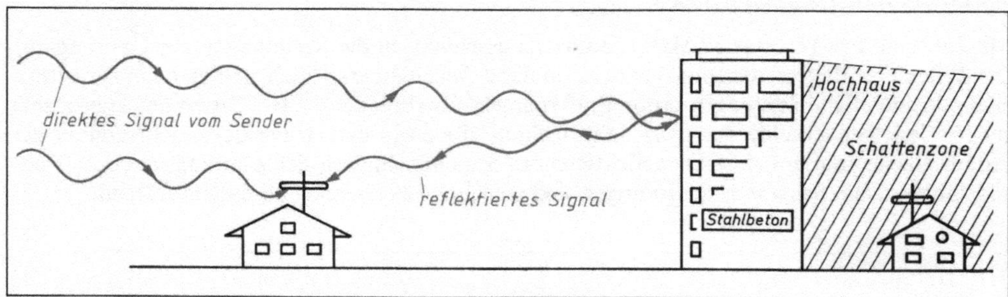

14.8 Reflexions- und Schattenzonen beim UKW-Empfang

Im Gegensatz zu Lichtwellen durchdringen UKW-Schwingungen Nebel, Rauch und Hauswände. Allerdings werden sie von Metallteilen und von Stahlbeton reflektiert.

> Langwellen sind Bodenwellen, die große Entfernungen überbrücken können, aber sehr störanfällig sind. Mittelwellen sind Bodenwellen und nach Sonnenuntergang auch Raumwellen, die sich gegenseitig auslöschen können (Schwund).
>
> Kurzwellen sind besonders für den Weitverkehr geeignete Raumwellen.
>
> Ultrakurzwellen breiten sich geradlinig und daher nur in einem begrenzten Bereich aus.

Dezimeter- und Zentimeterwellen (UHF und SHF, 300 MHz bis 30 GHz) werden mit abnehmender Wellenlänge durch Regen- und Schneefälle beeinflußt. SHF eignen sich besonders für die Radartechnik.

Tab. **14.9** bietet einen Überblick über die Frequenzbereiche für Ton- und Fernsehrundfunk und deren Modulationsarten in der Bundesrepublik Deutschland.

Tabelle **14.9** **Frequenzbereiche**

Bezeichnung	Kurz-zeichen	Modulation[1]) Bild	Ton	Kanäle	Frequenzen	Wellenlängen
Langwellenbereich	L		AM	–	150 bis 285 kHz	2000 bis 1050 m
Mittelwellenbereich	M		AM	–	510 bis 1605 kHz	590 bis 187 m
Kurzwellenbereich	K		AM	–	3,95 bis 26,1 MHz	76 bis 11,5 m
Fernsehbereich I	FI	AM	FM	2 bis 4	47 bis 68 MHz	6,35 bis 4,4 m
UKW-Bereich (II)	UKW		FM	2 bis 55	87,5 bis 104 MHz	3,4 bis 2,9 m
Fernsehbereich III	FIII	AM	FM	5 bis 12	174 bis 230 MHz	1,7 bis 1,3 m
Fernsehbereich IV	FIV	AM	FM	21 bis 39	470 bis 622 MHz	64 bis 48 cm
Fernsehbereich V	FV	AM	FM	40 bis 60	622 bis 790 MHz	48 bis 38 cm

[1]) AM = Amplitudenmodulation, FM = Frequenzmodulation

14.1.2 Empfangsantennen

Empfangsantennen sind wie Sendeantennen offene Schwingkreise. In ihnen werden die von der Sendeantenne ausgehenden elektrischen und magnetischen Felder wirksam. Sie nehmen die elektromagnetischen Schwingungen auf und geben sie an den Empfänger weiter.

Antennen für LW-, MW- und KW-Empfang nehmen meist die elektrischen Felder der Senderwellen auf. Sie wirken wie Kondensatoren, in denen die Antenne selbst den einen Beleg bildet, die Erde den zweiten. Die von der Sendeantenne ausgehenden elektrischen Felder stehen senkrecht zur Erde und durchsetzen den Raum zwischen den Kondensatorplatten. Sie rufen damit in der Antenne eine hochfrequente Wechselspannung hervor (**14.**10).

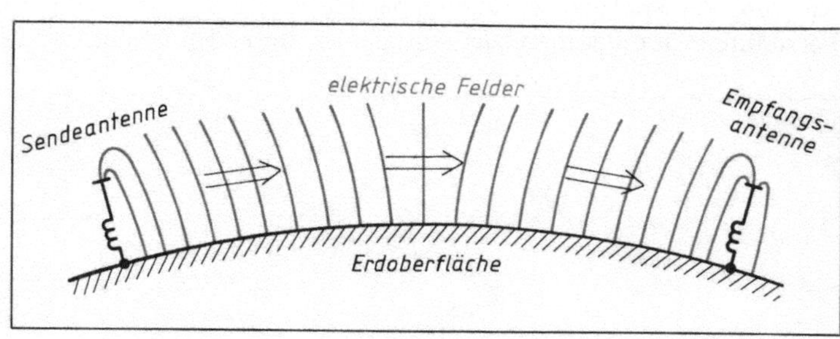

14.10
Zusammenwirken von Sende- und Empfangsantenne

Stabantenne. Anfangs herrschte die waagerecht ausgespannte Hochantenne vor, heute die Stabantenne. Sie besteht aus einem metallischen Stab, der senkrecht am Empfänger oder über dem Hausdach (isoliert) befestigt ist (**14.**11).

Antennenlänge. Eine Antenne hat eine günstige Abmessung, wenn sie die Länge einer Viertelwelle hat. Diese Bedingung können MW- und LW-Empfangsantennen wegen der erforderlichen großen Antennenlänge nicht erfüllen. Deshalb schaltet man hier eine Spule oder einen Kondensator zu (**14.**12). Die Spule in Reihe mit dem Antennendraht (Eigeninduktivität der Antenne) vergrößert die Gesamtinduktivität des offenen Schwingkreises und wirkt daher als elektrische „Verlängerung" der Antenne. Ein mit der Antenne in Serie geschalteter Kondensator liegt mit der Eigenkapazität der Antenne in Reihe. Er verkleinert die Antennenkapazität und wirkt so als „elektrische Verkürzung" der Antenne.

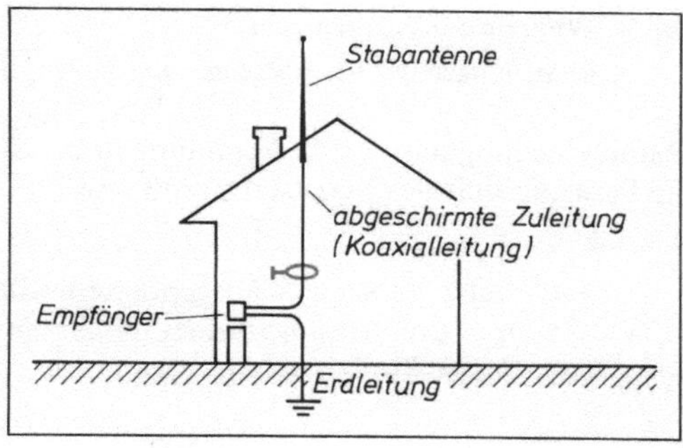

14.11 Stabantenne

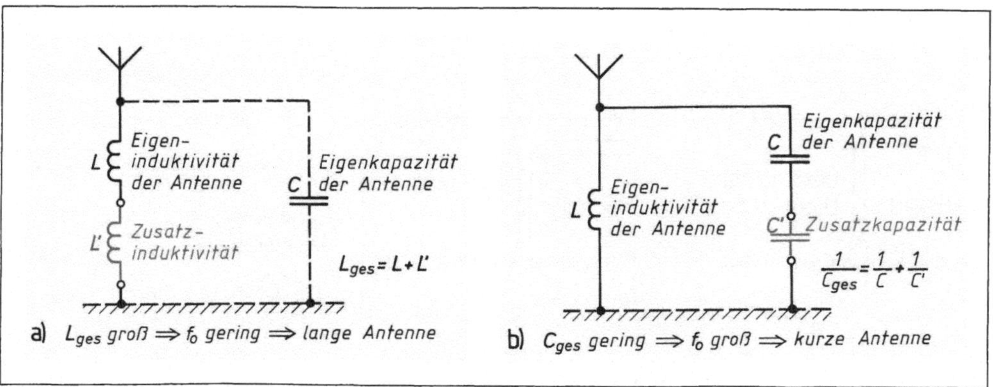

14.12 a) Verlängerungsspule, b) Verkürzungskondensator

Die Ferritantenne nimmt die magnetischen Feldlinien des abgestrahlten Sendersignals auf. Sie besteht aus einem etwa 140 mm langen und 8 mm dicken Ferritstab, auf den die Antennenspule aufgeschoben wird. Meist bildet eine Spule mit dem Drehkondensator zusammen einen Schwingkreis (**14.**13). Ferritantennen haben eine ausgeprägte Richtwirkung: Die in der Richtung der Wirkungsebene ankommenden Wellen werden gut aufgenommen (**14.**13 a), die senkrecht (also in Richtung der Spulenachse) ankommenden Wellen dagegen fast gar nicht. Diese Eigenschaft der Ferritantennen nutzt man zum Ausblenden störender Sender.

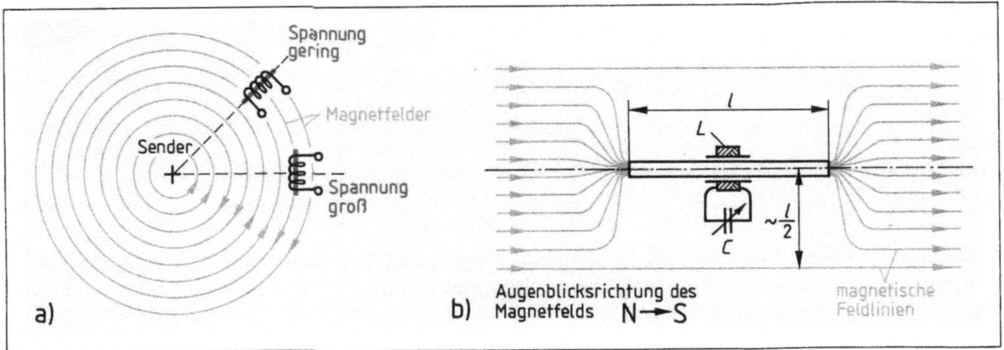

14.13 Wirkung der Ferritantenne

a) Stellungen der Ferritantenne zum Sender, b) Magnetfeld in der Nähe einer Ferritantenne

Damit eine möglichst große Spannung in der Spule induziert wird, sollen die Abmessungen und die Permeabilität des Ferritstabs groß sein.

> Ferritantennen haben eine ausgeprägte Richtwirkung. In größeren Rundfunkempfängern sind sie meist drehbar angeordnet (Peilantennen).

Dipolantennen benutzt man in den VHF- und UHF-Bereichen (UKW-Rundfunk und Fernsehen). Im einfachsten Fall besteht ein Dipol aus zwei in einer Geraden angeordneten Metallstäben (**14.**14 a). Die Resonanzfrequenz einer solchen Antenne wird durch die Länge der beiden Stäbe bestimmt. Lange Stäbe bilden größere Induktivitäten und Kapazitäten als kurze. Weil die Antenne als Schwingkreis wirkt, ergibt sich eine um so höhere Resonanzfrequenz, je kürzer die Antennenstäbe sind.

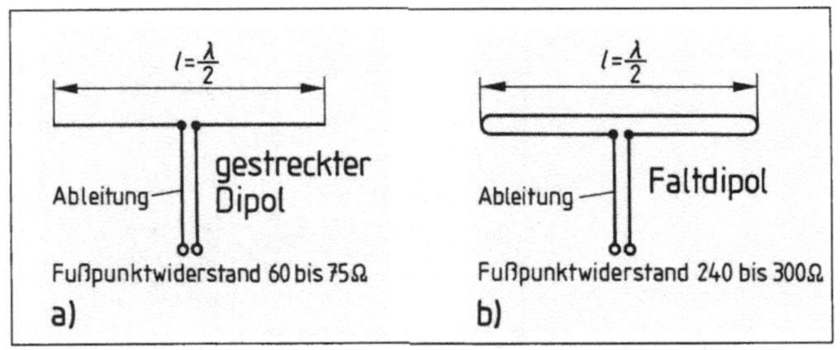

14.14 Dipolantennen

a) $\frac{\lambda}{2}$-Dipol, b) Faltdipol

> Ein Dipol wird durch seine Stablänge auf eine bestimmte Resonanzfrequenz abgestimmt.

Beträgt die Resonanzwellenlänge λ, ist für den Dipol eine Gesamtlänge von $\lambda/2$ erforderlich. Jeder Dipolstab muß demnach $\lambda/4$ lang sein. Die Dipollänge hängt allerdings auch von der Dicke (Stärke) der Stäbe ab. Für etwa 1 cm dicke Stäbe ergibt sich ein Verkürzungsfaktor $K = 0{,}94$ bei einer Wellenlänge von $\lambda = 3$ m.

Fußpunktwiderstand. Der $\lambda/2$-Dipol verhält sich wie ein Reihenschwingkreis bei Resonanz. Der Resonanzwiderstand eines Reihenschwingkreises ist gering, beim $\lambda/2$-Dipol 60 Ω bis 75 Ω. Bei Empfangsantennen heißt er Fußpunktwiderstand.

Falt- und Streckdipol. Der gefaltete Dipol (**14.**14b) ist etwas breitbandiger als der gestreckte (**14.**14a). Er hat einen Fußpunktwiderstand von 240 Ω bis 300 Ω. Als Empfangsantennen benutzt man meist Faltdipole (**14.**16a).

Dipole haben eine ausgeprägte Richtwirkung. Die aufgenommene Spannung ist am größten, wenn die Dipolachse senkrecht zur Verbindungslinie zwischen Sender und Empfangsantennenstandort liegt (Dipol *A* in **14.**15). Der Empfang ist am ungünstigsten, wenn die Dipolachse in Richtung auf den Sender weist (Dipol *B* in **14.**15).

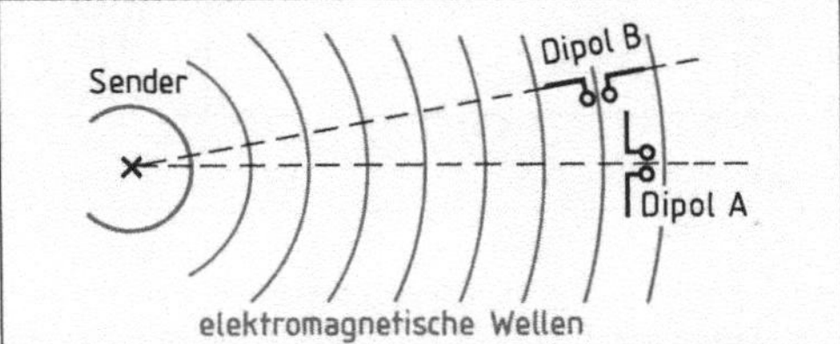

14.15 Richtwirkung eines Dipols

> Dipolantennen haben eine ausgeprägte Richtwirkung. Die vorzugsweise verwendeten Faltdipole haben einen Fußpunktwiderstand von 240 Ω.

Reflektorantennen. Um aus einer bestimmten Richtung eine möglichst große Empfangsspannung zu erzielen und den Empfang aus der Gegenrichtung weitgehend zu unterdrücken, nimmt man eine Reflektorantenne. Hier ist der stabförmige Reflektor in etwa $\lambda/4$-Abstand auf der vom Sender abgewandten Dipolseite angeordnet (**14.**16b).

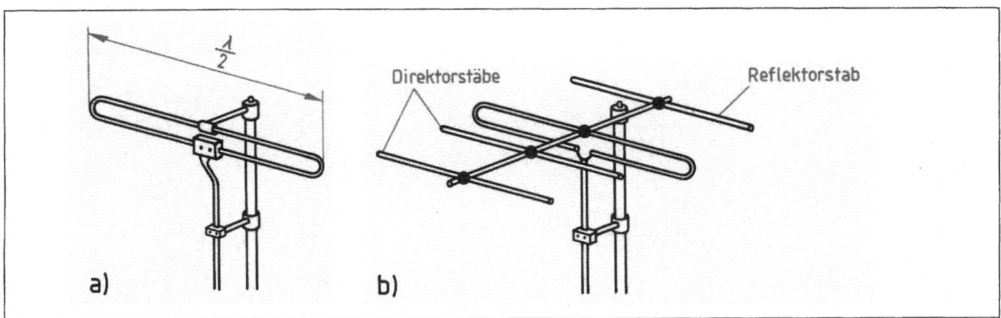

14.16 a) Faltdipol, b) Yagi-Antenne

Yagi-Antenne. Richtwirkung und Leistungsfähigkeit eines Dipols steigern sich erheblich, wenn man neben dem Reflektor einen oder mehrere Richtstäbe (Direktorstäbe) auf der dem Sender zugewandten Seite anbringt (**14.**16b). Diese Antenne ist nach dem japanischen Physiker Yagi benannt. Der Reflektor und die zusätzlichen Direktorstäbe nutzen die Laufzeit- und Phasenunterschiede zwischen der direkten Senderstrahlung und den von den Stäben aufgenommenen und wieder abgestrahlten Wellen. Solche Mehrelemente-Antennen sind in der Vorzugsrichtung wesentlich empfindlicher als einfache Dipole (**14.**18).

Parabolantennen verwendet man für Richtfunkstrecken und den Satellitenempfang. Sie zeichnen sich durch sehr gute Richtwirkung aus. Die eigentliche Antenne sitzt im Antennenkopf (**14.**17). Bei der offsetgespeisten Parabolantenne sind die Abschattung durch den Antennenkopf und seine Halterung sowie die mögliche Empfangsbeeinträchtigung durch Schnee und Eis geringer als bei der zentralgespeisten Parabolantenne.

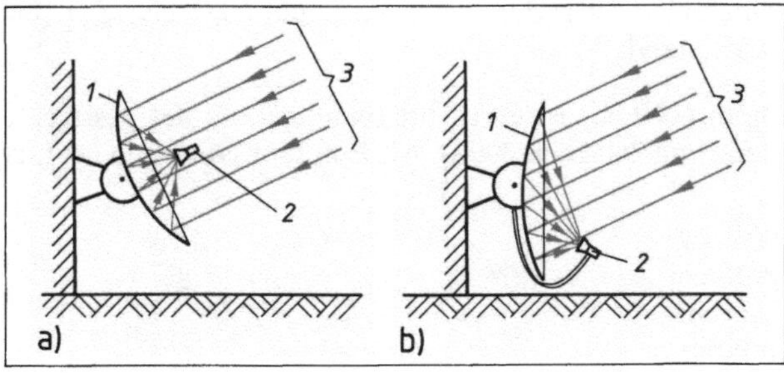

14.17
Parabolantennen
a) zentralgespeiste Antenne
b) offsetgespeiste Antenne
1 Parabolspiegel
2 Antennenkopf
3 elektromagnetische Wellen

Antennengewinn. Das Verhältnis der Empfangsspannung von Mehrelemente-Antennen zu der einfacher Dipolantennen heißt Antennengewinn. Er wird in Dezibel (dB) angegeben und liegt je nach Konstruktion und Wellenbereich zwischen 3 dB und 18 dB, bei Parabolantennen noch höher.

Das Vor-Rückverhältnis ist ein weiterer Kennwert der Antenne (**14.**18 a). Man versteht darunter das Verhältnis der Empfangsspannung aus der Vorzugsrichtung (0°, Spannung A) zur aufgenommenen Spannung in entgegengesetzter Richtung (180°, Spannung B). Es wird ebenfalls in Dezibel angegeben und liegt zwischen 10 und 30 dB.

Aus der horizontalen und vertikalen Richtcharakteristik entnimmt man die Öffnungswinkel α und α'. Je kleiner sie sind, desto größer wird der Antennengewinn. Aus Bild **14.**18 ist zu erkennen, daß die Antenne möglichst genau auf die zu empfangenden Sender eingerichtet werden muß.

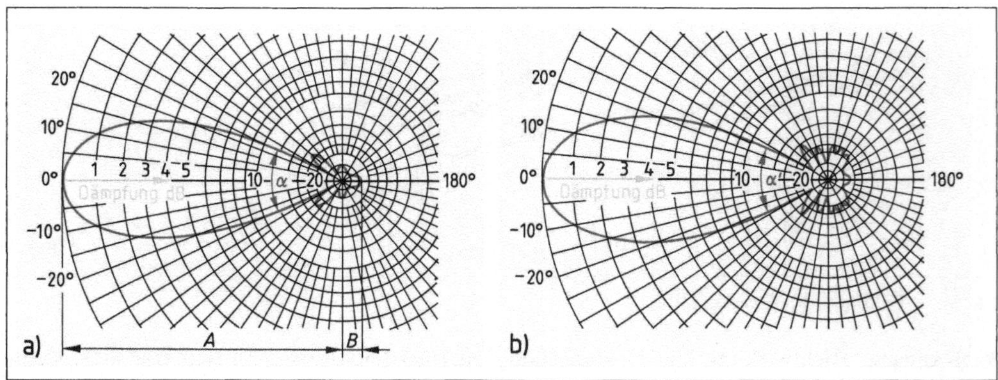

14.18 Vor-Rück-Verhältnis der Yagi-Antenne. a) horizontale, b) vertikale Richtcharakteristik

Anpassungsübertrager. Um Reflexionen zu vermeiden, wird die Antennenenergie dem Empfänger über eine angepaßte Leitung zugeführt. Der Kennwiderstand der Antennenableitung, ihr Wellenwiderstand Z, muß mit dem Fußpunktwiderstand der Antenne übereinstimmen – sonst muß man einen Anpassungsübertrager zwischenschalten (**14.**19). Dieser kann zugleich eine symmetrische Antenne (Dipol) an eine unsymmetrische Leitung (Koaxialleitung, **14.**20) anpassen. Die Abschirmung der Koaxialleitung verhindert, daß die Antennenleitung Störspannungen aus Kraftfahrzeugen, Motoren, Schaltern usw. aufnimmt. Außerdem kann man diese Leitungen ohne Nachteil in Schutzrohren oder unter Putz verlegen.

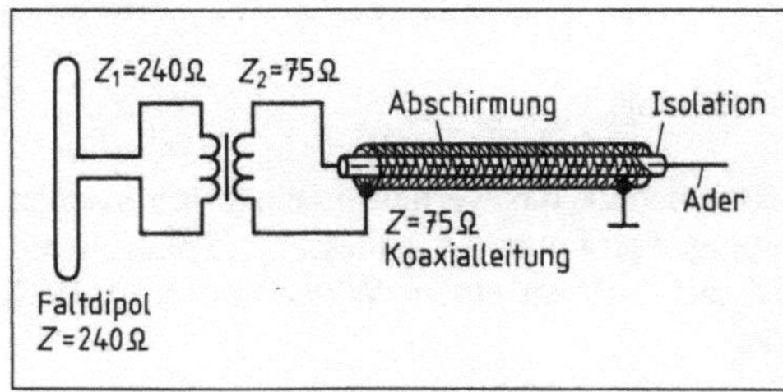

14.19 Anpassungsübertrager

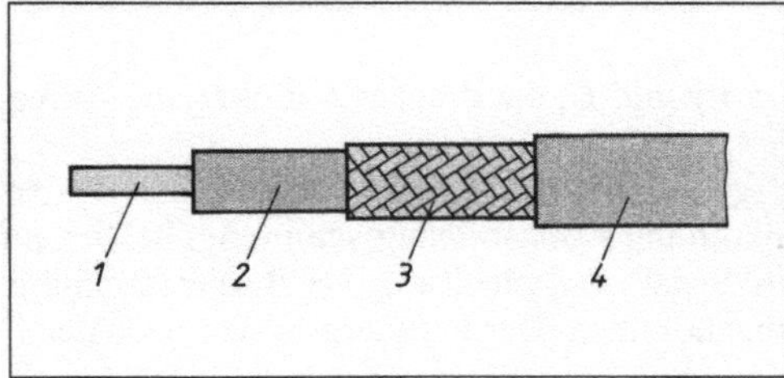

14.20 Koaxialleitung
1 Kupferleitung
2 Isolierung (PE)
3 Abschirmung (Kupfergeflecht)
4 Kunststoffmantel (PVC)

Antennenweiche. Meist überträgt man über eine Antennenleitung mehrere Programme und Wellenbereiche. Um die gegenseitige Beeinflussung auszuschließen, entkoppelt man Antenne und Antennenleitung durch Zwischenglieder (Antennenweichen, **14.**21). Das gleiche geschieht am Empfänger-Eingang. Die Weichen am Anfang und Ende der Antennenleitung bestehen aus Hoch-, Tief- und Bandpässen. Sie haben eine Durchgangsdämpfung von 0,5 bis 2 dB. Die durch die Antennenweiche auftretende Dämpfung muß man evtl. durch einen Antennenverstärker ausgleichen.

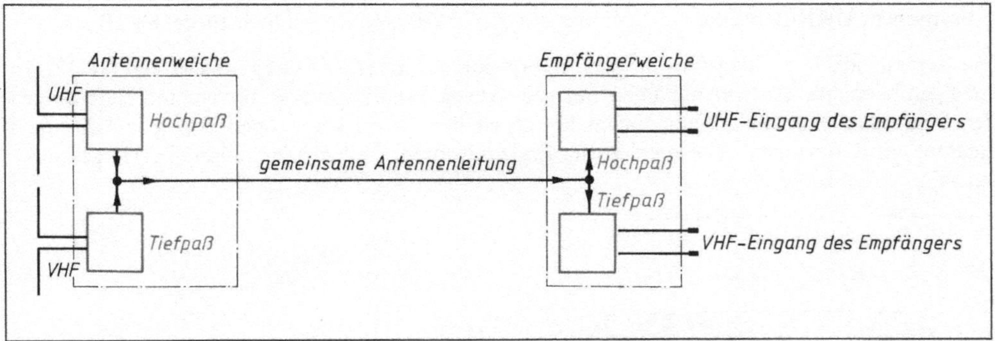

14.21 Mehrfachausnutzung der Antennenleitung am Beispiel von VHF- und UHF-Bereich (Antennenweiche)

Anpassungsübertrager gleichen Wellen- und Fußpunktwiderstand einander an und passen den Dipol an die Koaxialleitung an. Antennenweichen ermöglichen den Empfang mehrerer Wellenbereiche über ein Antennenkabel.

Dämpfung. Bei jeder elektrischen Signalübertragung treten Verluste auf (z. B. auf dem Weg von der Antenne zum Empfänger). Ein Maß dafür ist die Dämpfung. Da beim Übertragen von ton- oder hochfrequenten Signalen Leistung und Spannung nicht gleichmäßig, sondern im logarithmischen Verhältnis abnehmen, ist es sinnvoll, das Dämpfungsmaß als logarithmisches Maß anzugeben. Für die Dämpfung a gilt deshalb die Formel

Dämpfung	$a = 20 \lg \frac{U_1}{U_2}$.	in dB

Dabei sind U_1 die Eingangs- und U_2 die Ausgangsspannung.

Pegel. Unter einem Pegel versteht man in der Elektrotechnik das Verhältnis einer gemessenen Spannung zu einer Bezugsspannung. Bei Antennenanlagen gibt man die gemessenen Spannungen als Pegel in Dezibel an. Die Bezugsspannung wird mit 1 µV an einem Widerstand von 75 Ω angenommen. Der Pegel ergibt sich nach der Formel

Pegel	$L_u = 20 \lg \frac{U}{1\,\mu V}$.	in dB µV (lies: dB über µV)

Gemeinschaftsantennen für Tonrundfunk und Fernsehen gibt es in modernen Mehrfamilienhäusern. Dabei erhält jedes Empfangsgerät nur einen kleinen Teil der aufgenommenen Signalspannung, weil diese auf alle angeschlossenen Empfänger verteilt wird und dafür dämpfende Entkopplungsglieder erforderlich sind. Um einen einwandfreien Empfang für alle angeschlossenen Geräte zu sichern, müssen folgende in den VDE-Bestimmungen festgelegten Mindest- und Höchstpegel an der letzten Antennensteckdose eingehalten werden (DIN VDE 0855):

UKW (Stereoempfang)	Mindestpegel 40 dB µV	Höchstpegel 94 dB µV
Fernsehen, VHF-Bereiche	Mindestpegel 54 dB µV	Höchstpegel 88 dB µV
Fernsehen, UHF-Bereiche	Mindestpegel 57,5 dB µV	Höchstpegel 88 dB µV

Die unvermeidlichen Dämpfungen gleicht man durch Antennenverstärker aus (**14**.22). In Großgemeinschafts-Antennenanlagen mit sehr vielen Empfängeranschlüssen und sehr langen Verbindungskabeln schaltet man an mehreren Stellen Verstärkergruppen ein. Alle Leitungen müssen, um Reflexionen zu vermeiden, am Ende mit ihrem Wellenwiderstand (75 Ω) abgeschlossen sein.

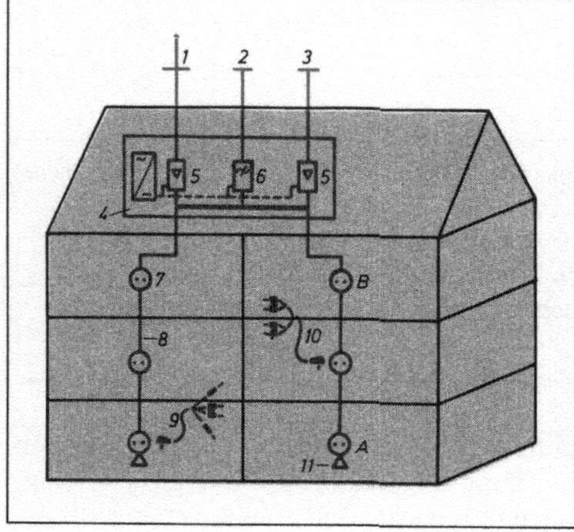

14.22
Gemeinschaftsantenne eines Mehrfamilienhauses
1 Rundfunkantenne
2 VHF-Fernsehantenne
3 UHF-Fernsehantenne
4 Gehäuse mit Netzgerät
5 Transistorverstärker
6 Bereichspaß
7 Gemeinschaftsantennen-Steckdose
8 Koaxialkabel
9 Rundfunkempfänger-Anschlußkabel
10 Fernsehempfänger-Anschlußkabel
11 Abschlußwiderstand

14.2 Errichten von Antennenanlagen

DIN VDE 0855 Antennenanlagen enthält alle Bedingungen zum Errichten von Antennenanlagen. Die Technischen Vorschriften der Deutschen Bundespost stimmen im wesentlichen mit ihnen überein.

> Die wichtigsten Sicherheitsanforderungen an den Antennenbauer sind ausreichende Festigkeit und Erdung der Antennenstandrohre.

Festigkeit. Die wesentliche Belastung eines Antennenstandrohrs ergibt sich durch den Staudruck des Windes. Die zulässige Windlast des Antennenstandrohrs darf daher nach DIN VDE 0855 nicht überschritten werden. Für Antennenanlagen mit Standrohren bis zu einer freien Länge von 6 m und einem maximalen Einspannmoment von 1650 Nm sind dort die Grundwerte gegeben (**14.**23). Danach ist bei der Montage

- auf Gebäuden mit maximal 8 Stockwerken (etwa 20 m über der Geländeoberfläche) mit einem Staudruck von $q = 800$ Pa $= 800$ N/m^2,
- auf höheren Gebäuden mit $q = 1100$ Pa $= 1100$ N/m^2 zu rechnen.

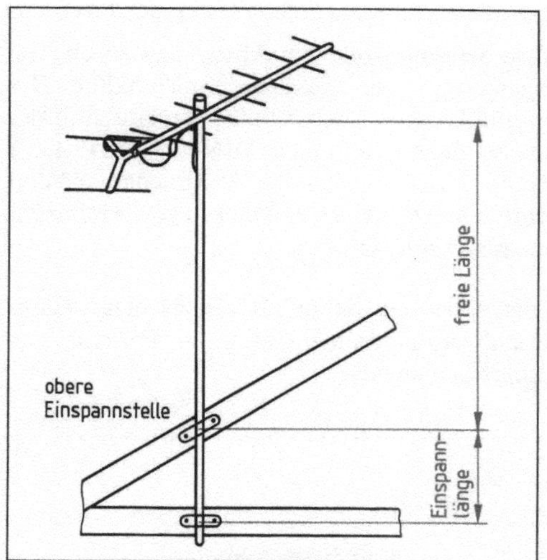

14.23 Freie Länge und Einspannlänge eines Antennenstandrohrs

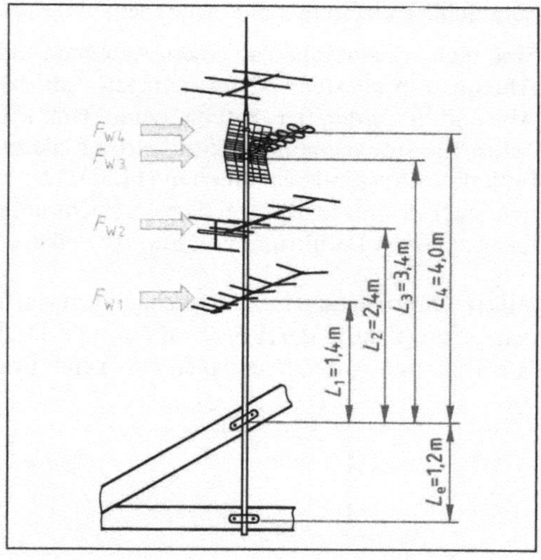

14.24 Antennenanlage mit drei Fernsehantennen und einer Rundfunkantenne

Die Hersteller müssen die zulässige Windlast ihrer Antennen angeben. Damit ist eine Berechnung des von der Antenne an der oberen Einspannstelle hervorgerufenen Biegemoments möglich. Dieses Biegemoment muß kleiner als das zulässige Einspannmoment sein.

> Die Windlast einer Antenne erzeugt bei der Rohrlänge l bis zur oberen Einspannstelle ein Biegemoment $M = F_w \cdot l$. Es muß kleiner sein als das zulässige Einspannmoment des Standrohrs.

Bei mehreren montierten Antennen ergibt sich das gesamte Biegemoment aus der Summe der einzelnen Momente (**14.**24).

Beispiel 14.2 Für die Antennenanlage **14.**24 ist das Gesamtbiegemoment zu berechnen. $F_{w1} = 48$ N, $F_{w2} = 51$ N, $F_{w3} = 65$ N, $F_{w4} = 80$ N.

Lösung

$$\begin{aligned} M_1 &= F_{w1} l_1 = 48\,\text{N} \cdot 1{,}4\,\text{m} = 67{,}2\,\text{Nm} \\ M_2 &= F_{w2} l_2 = 51\,\text{N} \cdot 2{,}4\,\text{m} = 122{,}4\,\text{Nm} \\ M_3 &= F_{w3} l_3 = 65\,\text{N} \cdot 3{,}4\,\text{m} = 221{,}0\,\text{Nm} \\ M_4 &= F_{w4} l_4 = 80\,\text{N} \cdot 4{,}0\,\text{m} = 320{,}0\,\text{Nm} \\ M &= \mathbf{730{,}6\,Nm} \end{aligned}$$

Für Antennenstandrohre muß also eine hohe Festigkeit gewährleistet sein. Gas- und Wasserrohre, die mit Muffen verbunden sind, erfüllen diese Bedingungen nicht. Antennenstandrohre dürfen bei Sturm nur abgebogen werden, nicht abbrechen. Stahlrohre müssen feuerverzinkt oder gleichwertig gegen Korrosion geschützt sein und im Einspannbereich eine Wanddicke von mindestens 2 mm haben. Das Standrohr ist am tragenden Bauteil mit zwei Halterungen zu befestigen, deren Abstand voneinander mindestens ⅙ der gesamten Rohrlänge betragen muß (Einspannlänge). Verbindungen mit verschiedenen Metallen, bei denen Korrosionsgefahr durch Elementbildung besteht, sind zu vermeiden. Standrohre dürfen nicht mit Gips oder Kunststoffdübel am Mauerwerk befestigt werden. Die Befestigung an Belüftungsschächten ist unzulässig. Die beiden Befestigungsschrauben müssen einen Außendurchmesser von mindestens 8 mm aufweisen. An Schornsteinen darf man Antennen nur in Ausnahmefällen befestigen. Die gesamte Antennenanordnung muß zuverlässig gegen Verdrehung gesichert sein. Auf Gebäuden mit weicher Bedachung (Reet, Stroh oder Schilf) darf man keine Antennenanlage errichten – sie muß vom Gebäude abgesetzt werden.

Sind mehrere Antennen an einem Antennenstandrohr befestigt, sollte der Abstand zwischen zwei Antennen mindestens 80 cm betragen, um die gegenseitige Beeinflussung geringzuhalten. Der Abstand der untersten Antenne vom Dach sollte mindestens 1 m sein (**14.**25). Verlaufen in der Nähe der Antennenanlagen Starkstromfreileitungen bis 1000 V, sind nach DIN VDE 0855 Teil 1 bestimmte Abstände einzuhalten (**14.**26). Der Abstand zwischen Teilen der Antennenanlage und den Starkstromfreileitungen darf 1 m nicht unterschreiten. Auch beim Abknicken von Antennenteilen muß die Berührung von Starkstromleitungen ausgeschlossen sein.

Weitere Bestimmungen. Antennenanlagen dürfen die Arbeit des Schornsteinfegers nicht behindern. Zum Schutz der Vögel müssen alle Drähte und Leitungen mehr als 1 mm Durchmesser haben. Durch Antennenanlagen darf keine Brandgefahr entstehen.

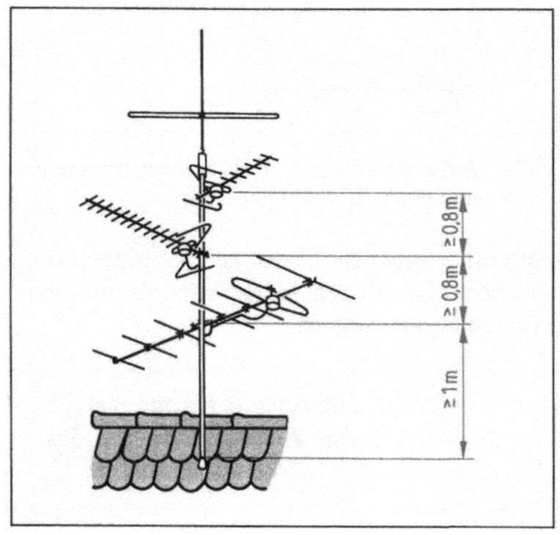

14.25 Mindestabstände

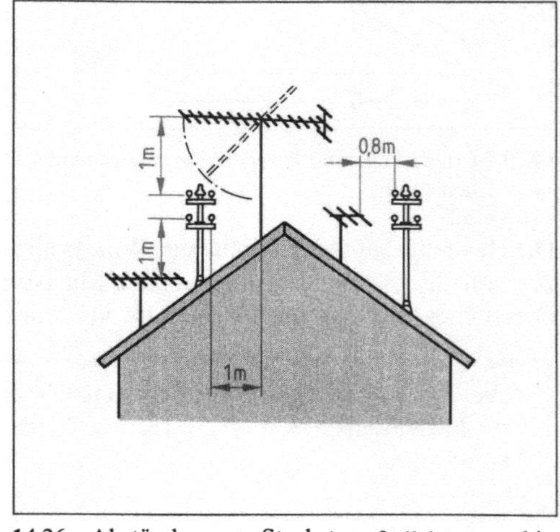

14.26 Abstände von Starkstromfreileitungen bis 1000 V

Erdung. Zum Schutz gegen atmosphärische Überspannungen (Blitzschutz) und um Spannungsunterschiede zu verhindern, müssen die auf oder außen an Gebäuden angebrachten Antennenträger auf möglichst kurzem Weg durch Erdungsleitungen mit der Erde verbunden werden (**14.**27).

Tabelle **14.**27 **Querschnitte von Leitungen für Erdungs- und Potentialausgleichsmaßnahmen nach DIN VDE 0855**

Leitungsmaterial	Querschnitt	
Kupfer blank oder isoliert (gn, ge)	$\geq 16\ mm^2$ [1])	ein- oder mehrdrähtig, jedoch nicht feindrähtig, z. B. H07V-U, H07V-R NYY, NYM, NAYY
Aluminium blank oder isoliert (gn, ge)	$\geq 25\ mm^2$	
Aluminiumknetlegierung	$\geq 50\ mm^2$	RD 8
Stahl verzinkt	Draht Ø 8 mm Band 20 × 2,5	RD 8-St Fl 20-St

[1]) Für Potentialausgleichsleitungen zwischen den Betriebsmitteln einer Antennenanlage ist ein Mindestquerschnitt von 4 mm^2 Kupfer, blank oder isoliert (gn, ge) vorgeschrieben.

Es ist zulässig, als Erdungsleitung auch andere elektrisch leitfähige Teile zu verwenden. Dazu gehören Heizungsrohre, Ableitungen von Blitzschutzanlagen, Stahlskelette und metallene Bekleidungen. Die Erdungsleitungen müssen an einen Erder angeschlossen werden. Dazu eignen sich Fundamenterder, Blitzschutzerder, Stahlskelette und Stahlbauten. Fehlt ein geeigneter Erder, bringt man Stab- oder Banderder aus verzinktem Stahl in den Erdboden (**14.**28).

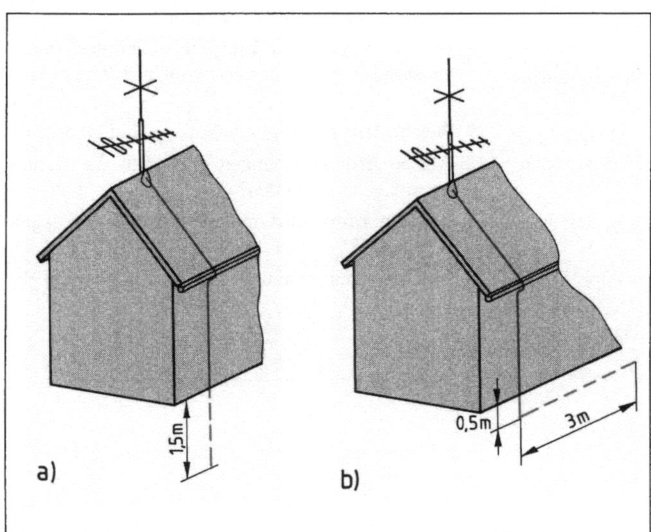

14.28 Erder für Antennenanlagen
a) Staberder, b) Banderder

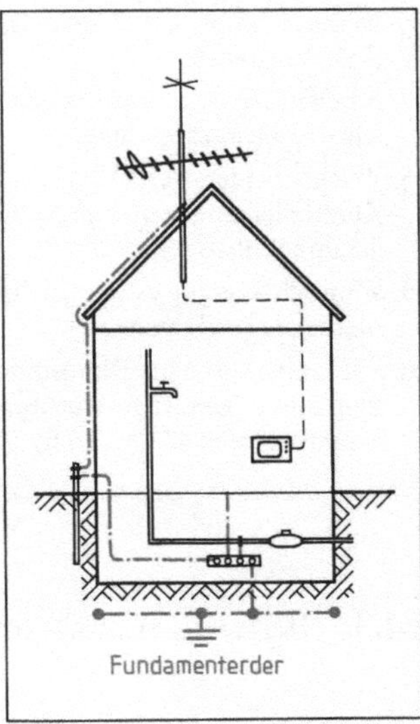

14.29 Einbeziehung des Antennenerders in den Potentialausgleich

Bei Gebäuden mit geerdetem Potentialausgleich ist der Erder der Antennenanlage in den Potentialausgleich einzubeziehen (**14.**29). Bei Gebäuden mit Blitzschutzanlage (s. Abschn. 14.3) muß die Antennenanlage mit der Blitzschutzanlage verbunden werden.

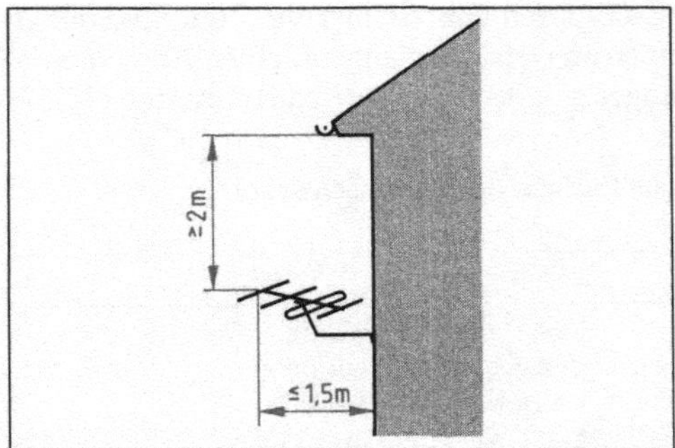

14.30 Fensterantenne ohne Erdung

Antennenanlagen ersetzen keine Blitzschutzanlagen, müssen aber mit ihnen verbunden werden.

Auf Erdung darf verzichtet werden bei Zimmerantennen, eingebauten Antennen, Antennen unter dem Dach und Außenantennen, deren höchster Punkt mindestens 2 m unter der Dachkante und deren äußerster Punkt nicht mehr als 1,5 m von der Gebäudeaußenwand entfernt liegen (Fensterantennen, **14.**30).

Übungsaufgaben zu Abschnitt 14.1 und 14.2

1. Erklären Sie anhand einer Skizze die Wirkungsweise einer Antenne.
2. Warum sinken die Reichweiten der Bodenwellen mit zunehmender Senderfrequenz?
3. Wodurch entstehen Schwunderscheinungen?
4. Warum gibt es im UKW-Bereich keine Schwunderscheinungen?
5. Welche Hindernisse können den Empfang im UKW-Bereich beeinträchtigen?
6. Wodurch können auf dem Bildschirm Geisterbilder entstehen?
7. Nennen Sie Vor- und Nachteile der quasioptischen Wellenausbreitung.
8. Welche Felder werden von Lang-, Mittel- und Kurzwellenantennen aufgenommen? Begründen Sie Ihre Antwort.
9. Wodurch kommt es zur Richtwirkung der Ferritantenne (Peilantenne)?
10. Wie lang müssen die Dipolstäbe eines Dipols zum Empfang folgender Frequenzen sein? a) 88 MHz, b) 300 MHz, c) 470 MHz, d) 790 MHz.
11. Warum müssen Fußpunktwiderstand, Antennenwiderstand und Wellenwiderstand der Leitung übereinstimmen?
12. Was versteht man unter Öffnungswinkel und Antennengewinn?
13. Welche Aufgaben haben Antennenweichen?
14. Wo sind die Bestimmungen zur Errichtung von Antennenanlagen zusammengestellt?
15. Warum darf man keine Gas- oder Wasserrohre als Antennenstandrohre verwenden?
16. Wie weit müssen die Einspannstellen des Antennenstandrohrs mindestens voneinander entfernt sein?
17. Welche Teile der Antennenanlage sind zu erden?
18. Welche Erdungsleitungen darf man für Antennenanlagen verwenden?
19. Welchen Erder darf man für Antennenanlagen verwenden?
20. Welche Antennen müssen nicht geerdet werden?

14.3 Blitzschutzanlagen

14.3.1 Gewitter und Blitz

Entstehen von Blitzen. Gewitter bilden sich, wenn warme, feuchte Luft mit hoher Geschwindigkeit aufsteigt und sich in höheren Bereichen abkühlt. Dabei entstehen in den Wolken Eisteilchen, die herabfallen und die Erdoberfläche als Hagelkörner oder Regentropfen erreichen. Bei diesem Fallvorgang kommt es zur Trennung von positiven und negativen Ladungsträgern, so daß sich in der Wolke Bereiche mit unterschiedlicher Ladung ergeben. Außerdem erreichen nicht alle

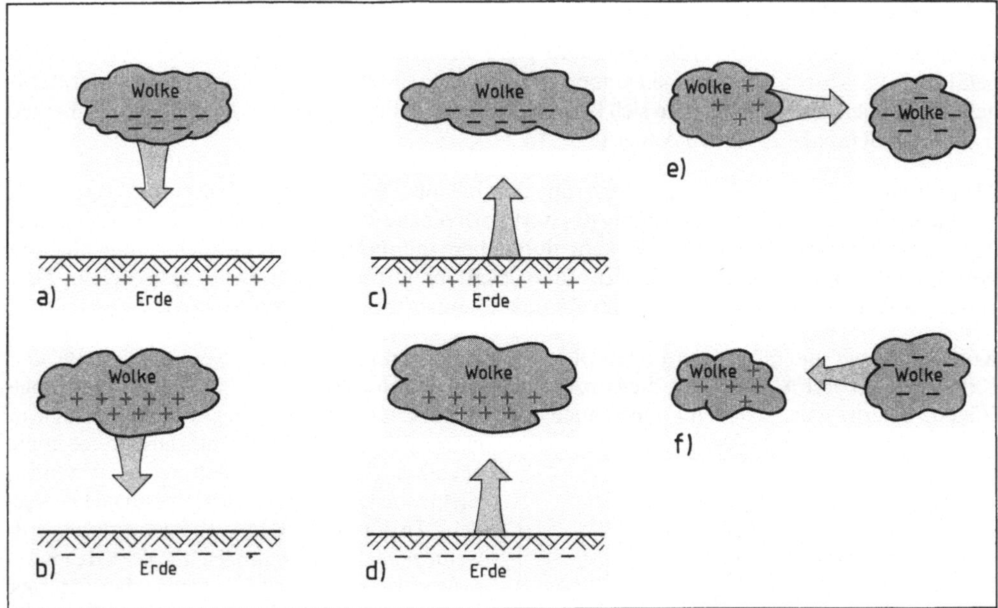

14.31 Blitzarten

a) negativer Wolke-Erde-Blitz, b) positiver Wolke-Erde-Blitz, c) positiver Erde-Wolken-Blitz, d) negativer Erde-Wolken-Blitz, e) positiver Wolke-Wolke-Blitz, f) negativer Wolke-Wolke-Blitz

Tropfen die Erde. Einige werden infolge der starken Aufwinde in den unteren Teil der Wolke gedrückt, wo sie zur weiteren Aufladung beitragen.

Bei genügend hoher Aufladung wird die Durchschlagsfestigkeit der Luft (1 bis 2,5 kV/mm) überschritten, und es kommt zur heftigen Entladung innerhalb der Wolke, zwischen verschiedenen Wolken oder zwischen Wolke und Erde. Diese Entladungen sind von starken Lichterscheinungen begleitet, die wir Blitze nennen. Da sich Blitze sowohl von der negativen als auch von der positiven Ladung her bilden, können sie von der Wolke zur Erde, aber auch von der Erde zur Wolke hin ausgelöst werden (**14.**31). Dabei steigt der Blitzstrom in einer sehr kurzen Zeit auf seinen Höchstwert und klingt dann allmählich aus (**14.**32). Mittlere Werte liegen bei 20 bis 50 kA, doch werden auch Werte von mehr als 400 kA bei Spannungen von mehreren Millionen Volt gemessen.

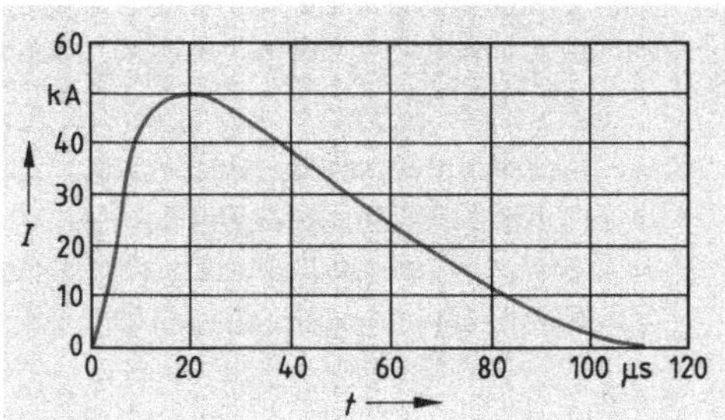

14.32 Blitzstromverlauf

Begleitet wird der Blitzschlag von einem krachenden Geräusch, dem Donner. Er entsteht dadurch, daß sich die vom Blitz erhitzte Luft schlagartig ausdehnt. Der Donner breitet sich mit Schallgeschwindigkeit aus ($\approx$ 333 m/s).

> Gewitter und Blitze entstehen durch Turbulenzen der Luft und die damit verbundenen Ladungstrennungen.

Wirkungen des Blitzes

Bei einem Blitzschlag ist für Menschen und Tiere im Freien besonders die Schrittspannung gefährlich (s. Abschn. 13.2.5). Sie ist noch einige hundert Meter von der Einschlagstelle entfernt gefährlich hoch. Daher sollte man sich bei Gewitter im Freien möglichst mit geschlossenen Beinen in einer Bodensenke zusammenkauern.

Thermische Wirkung. Fließt der Blitzstrom durch Holz, Bäume oder Mauerwerk, verdampft infolge der extrem starken Erwärmung das dort vorhandene Wasser schlagartig und sprengt diese Teile explosionsartig auseinander. Es kann durch diese thermische Wirkung auch zum Schmelzen von Metallen kommen. Befinden sich dann leicht brennbare Materialien in der Nähe oder geschieht dies in explosionsgefährdeten Räumen, können Brände ausgelöst werden.

Kraftwirkungen sind infolge der hohen Blitzstromstärken in Blitzschutzanlagen möglich. Bei den Krümmungen von Ableitungen, die vom Dach zur Hauswand führen (**14.**33), sind deshalb enge Bögen zu vermeiden. Schäden können auch durch Überschläge (Abspringen) des Blitzes von einer Blitzschutzanlage auf andere geerdete Metallteile (z. B. Wasserleitungen, Heizungs-, Elektroinstallationsanlagen) verursacht werden. Indirekte Blitzschäden treten auf, wenn sich Überspannungen als Wanderwellen entlang von Freileitungen ausbreiten. Der steile Anstieg des Blitzstroms (**14.**32) – d.h. die hohe zeitliche Änderung des Blitzstroms – kann zu hohen Induktionsspannungen in Elektroinstallationsanlagen führen und dadurch Schäden besonders an elektronischen Geräten verursachen.

14.33 Krümmung bei einer Ableitung

Blitzschutzanlagen. In Bauordnungen oder in den Vorschriften der Berufsgenossenschaften werden daher zum Schutz besonderer Gebäude Blitzschutzanlagen vorgeschrieben, z. B. bei Gebäuden mit Menschenansammlungen (Schulen, Krankenhäuser, Kirchen), bei besonders hohen Gebäuden oder Gebäudeteilen (Hochhäuser, Aussichtstürme, Kirchtürme, Schornsteine) oder bei Gebäuden mit feuer- oder explosionsgefährdeten Anlagen (chemische Fabriken, Farbenfabriken, Holzverarbeitungsbetriebe).

> Blitze können infolge ihrer elektrischen Wirkung für Mensch und Tier tödlich sein und an Gebäuden, vor allem durch ihre thermischen Wirkungen große Schäden hervorrufen.
> Zum Schutz der Gebäude dienen Blitzschutzanlagen.

14.3.2 Äußerer Blitzschutz

Beim Errichten von Blitzschutzanlagen sind die Bestimmungen des Ausschusses für Blitzableiterbau ABB, heute DIN VDE 0185 Teil 1 und 2 „Blitzschutzanlagen" zu beachten. Dort unterscheidet man zwischen äußerem und innerem Blitzschutz.

Der äußere Blitzschutz umfaßt die Teile einer Blitzschutzanlage außerhalb des Gebäudes. Dazu gehören Fangeinrichtungen, Ableitungen und Erder. Ein idealer Schutz wäre ein vollkommener Faradayscher Käfig, der bei Gebäuden jedoch nicht realisierbar ist.

Als Fangeinrichtungen dienen Fangstangen und Fangleitungen.

Fangstangen reichen bei kleineren Gebäuden aus. Sie dürfen höchstens 20 m lang sein und schließen einen Schutzbereich von 45° nach allen Seiten ein (**14**.34)

Fangleitungen ähneln mehr dem Prinzip des Faradayschen Käfigs. Dazu errichtet man auf dem Dach ein System von Leitungen, die vor allem an bevorzugten Blitzeinschlagstellen entlanglaufen. Das sind Kanten und Spitzen. Deshalb erhalten Dachfirste und -kanten, Turm- und Giebelspitzen, Gauben, Schornsteine, Dampfabzugsschlote und andere Dachaufbauten eine Fangleitung. Metallische Dachrinnen werden in dieses System einbezogen.

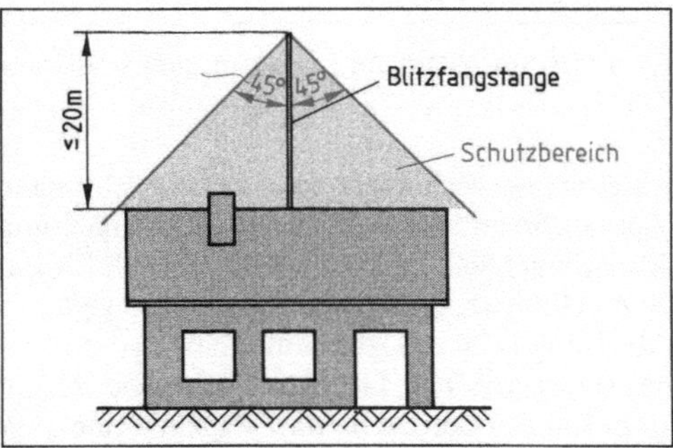

14.34 Schutzbereich einer Fangstange

Die Fangleitungen werden zu Maschen verbunden, die nicht größer als 10 m × 20 m sein dürfen. Kein Punkt des Daches ist dann mehr als 5 m von einer Fangleitung entfernt (**14**.35). Ragen Dachaufbauten mehr als 30 cm aus der Maschenebene heraus, müssen sie ebenfalls mit Fangmaschen oder kurzen Fangstangen (Fangspitzen, **14**.36) versehen sein. Bei Metallaufbauten, die weniger als 30 cm aus der Maschenebene herausragen, kann man auf eine Fangeinrichtung verzichten, wenn sie maximal 2 m lang sind oder eine Fläche von höchstens 1 m² aufweisen und weiter als 0,5 m von der nächsten Fangeinrichtung entfernt sind.

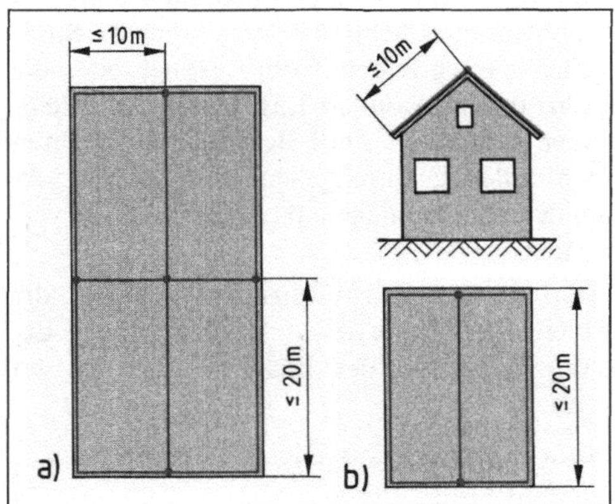

14.35 Fangleitung
a) beim Flachdach, b) beim Satteldach

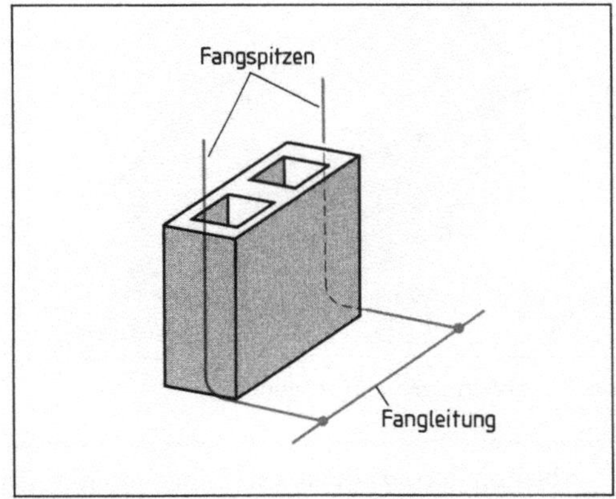

14.36 Fangspitzen bei einem breiten Schornstein

Die Fangleitungen auf einem Dachfirst müssen an den Firstenden um mindestens 30 cm zu Fangspitzen aufwärts gebogen sein. Als Material für die Fangleitungen und kurzen Fangstangen bis 0,5 m Länge kommen z. B. feuerverzinkter Rundstahl mit 8 mm Mindestdurchmesser oder verzinkter Bandstahl 20 mm × 2,5 mm in Frage (**14**.37).

Tabelle **14**.37 **Werkstoffe und Abmessungen für Fangleitungen und Ableitungen nach DIN VDE 0185 Teil 1** (Auswahl)

Werkstoff	Mindestmaße
Stahl, verzinkt	Ø 8 mm, 20 mm × 2,5 mm
Stahl, nichtrostend	Ø 10 mm, 30 mm × 3,5 mm
Kupfer	Ø 8 mm, 20 mm × 2,5 mm
Aluminium	Ø 10 mm, 20 mm × 4,0 mm
Kupfer mit Bleimantel 1 mm	Ø 10 mm, 19 mm × 1,8 mm
Aluminium-Knetlegierung Ø 8 mm	

Antennenstandrohre müssen mit der Blitzschutzanlage verbunden werden (s. Abschn. 14.2). Dachständer für Freileitungen dürfen nur mit Genehmigung des EVU über eine Trennfunkenstrecke an die Blitzschutzanlage angeschlossen werden.

Fangeinrichtungen (Fangstangen und Fangleitungen) dienen zum Auffangen des Blitzes.

Ableitungen verbinden die Fangeinrichtungen mit dem Erder. Ihre Mindestquerschnitte und Werkstoffe entsprechen denen der Fangleitungen (**14.**37). Jedes Gebäude sollte mindestens zwei Ableitungen haben. Eine Ausnahme gilt für Bauweke von weniger als 20 m Umfang und maximal 20 m Höhe (z. B. Schornsteine); hier genügt eine Ableitung. Bei größeren Gebäuden ist eine Ableitung je 20 m Dachkantenlänge vorzusehen. ergibt dies eine ungerade Zahl, muß die Anzahl bei symmetrischen Gebäuden um eine Ableitung erhöht werden. Bei schmalen Gebäuden bis 12 m Länge oder Breite darf dagegen eine ungerade Zahl um eine Ableitung vermindert werden. Für Gebäude mit Innenhöfen ist bei einer Innenwandlänge von mehr als 30 m ebenfalls je 20 m eine Ableitung vorzusehen.

Die Ableitungen sollen, beginnend bei den Ecken, möglichst gleichmäßig verteilt werden (**14.**38). Von Fenstern, Türen und anderen Gebäudeöffnungen sollen sie mindestens 0,5 m entfernt sein. Regenfallrohre aus Metall dürfen als Nebenableitungen benutzt werden, wenn die Stoßstellen der einzelnen Rohre gelötet oder die Rohre durch besondere Laschen leitend miteinander verbunden sind. Bei Stahlbetonbauten ist es zulässig, durchgehend miteinander verbundene Stahleinlagen als Ableitungen zu verwenden.

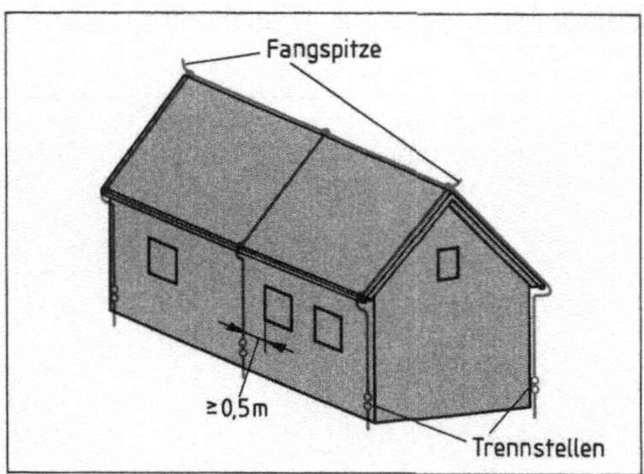

14.38 Ableitungen an Gebäuden

Oberhalb der Erdeinführungen erhalten die Ableitungen Trennstellen, damit man den Erdungswiderstand der Erdungsanlage messen kann.

Ableitungen verbinden die Fangeinrichtungen mit dem Erder.

Erdungsanlage. Sind keine ausreichenden Erder vorhanden (z. B. Fundamenterder), muß die Blitzschutzanlage eine eigene Erdungsanlage haben. In Frage kommt ein Ringerder, in Ausnahmefällen für jede Ableitung auch ein Einzelerder. Beim Ringerder wird der Erder in 0,5 bis 1,0 m Tiefe und etwa 1 m Abstand vom Außenfundament um das Gebäude verlegt und mit den Ableitungen verbunden (**14.**39). Die Erdungsanlage muß auf möglichst kurzem Weg mit der Potentialausgleichsschiene verbunden werden.

Tabelle **14.**39 **Werkstoffe und Abmessungen für Erder nach DIN VDE 0185 Teil 1** (Auswahl)

Werkstoff	Mindestmaße	Werkstoff	Mindestmaße
Stahl, verzinkt		**Kupfer**	
Rund	∅ 10 mm	Rund	∅ 8 mm
Band	30 mm × 3,5 mm	Band	20 mm × 2,5 mm
Rohr	∅ 25 mm, 2 mm dick	Seil	19 mm × 1,8 mm
Profil	100 mm², 3 mm dick	Rohr	∅ 20 mm, 2 mm dick

Näherungen sollten beim Errichten von Blitzschutzanlagen vermieden werden. Wir unterscheiden Eigen- und Fremdnäherung.

Von Eigennäherung spricht man, wenn Teile der Blitzschutzanlage so nahe beieinander liegen, daß der Blitz überspringen kann. Dies ist z. B. der Fall, wenn Fangleitungen um einen Mauervorsprung herumgeführt werden (**14.40**). Eigennäherung liegt aber auch vor, wenn z. B. eine Blitzschutzleitung in der Nähe des Ausgleichsgefäßes einer Warmwasserheizung vorbeigeführt wird und die Heizungsanlage mit der Blitzschutzanlage leitend verbunden ist (**14.41**). Beim Abstand $D \geq L/20$ einer Ableitung bzw. $D \geq L/7\,n$ mehrerer Ableitungen besteht keine Gefahr (n = Anzahl der Ableitungen).

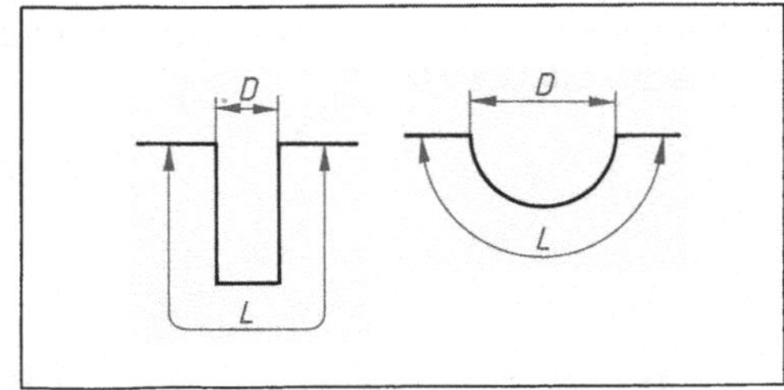

14.40 Eigennäherung aufgrund der Leitungsführung

Bei der Fremdnäherung liegen Teile der Blitzschutzanlage so nahe an Teilen der elektrischen Anlage oder geerdeten Metallteilen anderer Installationen, die nicht mit der Blitzschutzanlage leitend verbunden sind, daß ein Blitzüberschlag möglich ist (**14.42**). Liegen zwischen den beiden Näherungsstellen nichtleitende Werkstoffe (z. B. Mauern), kann man beim Ermitteln des erforderlichen Mindestabstands D den fünffachen Wert einsetzen.

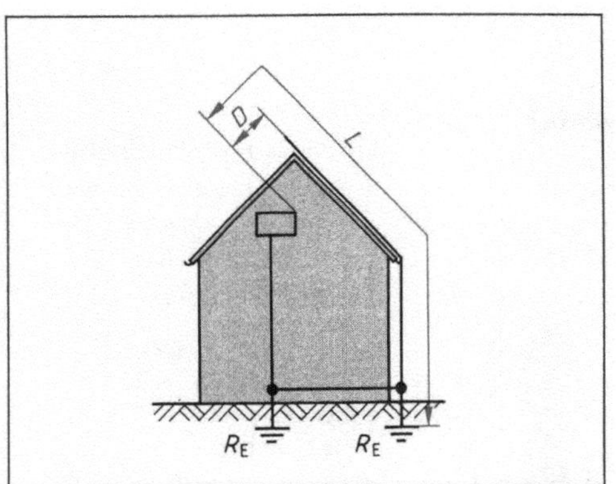

14.41 Eigennäherung durch Verbindung zwischen Blitzschutzanlage und Warmwasserheizung

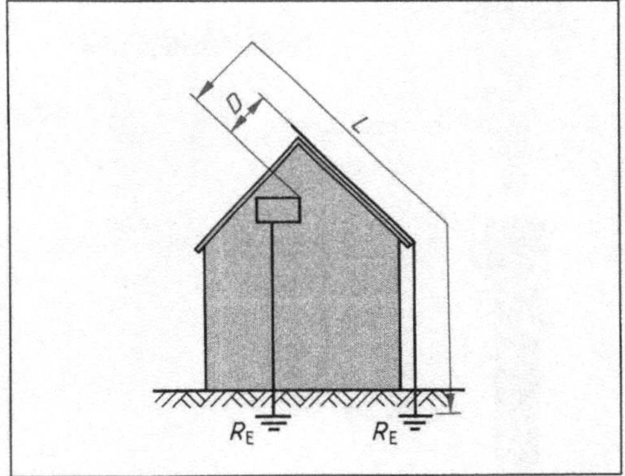

14.42 Fremdnäherung – keine Verbindung zwischen Blitzschutzanlage und Warmwasserheizung

> Bei Näherungen besteht die Gefahr eines Blitzüberschlags.

14.3.3 Innerer Blitzschutz

Der äußere Blitzschutz schützt das Gebäude bei Blitzschlag und leitet die Blitzströme zur Erde ab. Die dabei fließenden sehr hohen Ströme können durch ihre elektrischen und magnetischen Felder auch in elektrisch leitfähigen Systemen innerhalb des Gebäudes hohe Ströme hervorrufen. Dadurch können Spannungsunterschiede zwischen verschiedenen Teilen auftreten und Menschen gefährden. Um dies zu verhindern, führt man einen Blitzschutz-Potentialausgleich durch. Dazu verbindet man alle leitfähigen Systeme des Gebäudes (z. B. Wasser-, Gas-, Heizungsrohre, Lüftungs- und Klimaanlagen, Führungsschienen von Aufzügen, Leitungen von Feuerlöscheinrichtungen) möglichst widerstandsarm mit der Blitzschutzanlage. Diese Potentialausgleichsleitungen müssen folgende Mindestquerschnitte haben: Kupfer 10 mm², Aluminium 16 mm², Stahl 50 mm², wenn nicht nach DIN VDE 0100 Teil 540 oder DIN VDE 0190 größere Querschnitte vorzusehen sind. Alle Potentialausgleichsleitungen werden an der Potentialausgleichsschiene zusammengeschlossen (**14.**43).

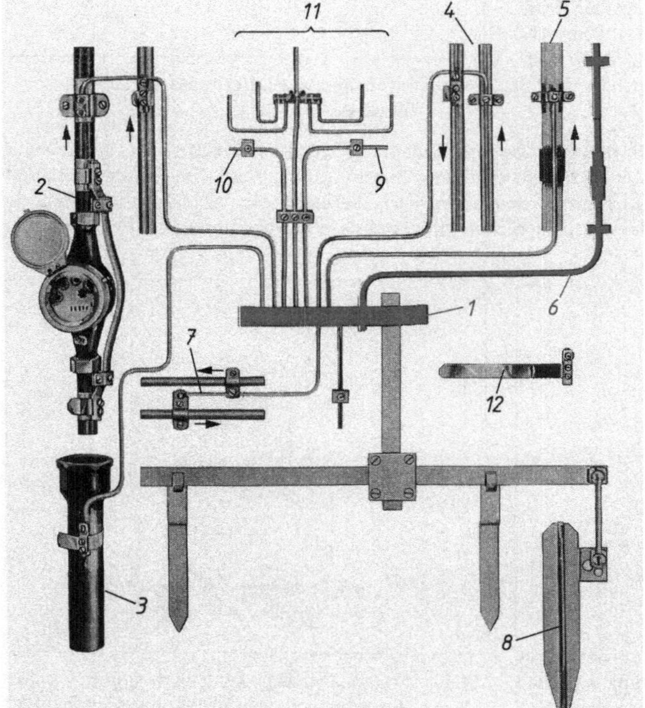

14.43
Blitzschutz-Potentialausgleich
1 Potentialausgleichsschiene
2 Frischwasserleitung
3 Abwasserleitung
4 Heizungsanlage
5 Gasleitung
6 Blitzschutzanlage
7 Ölversorgung
8 Erder
9 PEN-Leiter
10 Antennenanlage
11 Dusche, Badewanne
12 Erdungs-Bandschelle

Zum Schutz vor Überspannungen wird auch die elektrische Anlage in den Potentialausgleich einbezogen. Der Schutzleiter, der PEN-Leiter und die Erdungsanlagen werden direkt mit der Potentialausgleichsschiene verbunden.

Sollen aktive Leiter gegen Überspannungen durch Blitzeinwirkung geschützt werden, nimmt man sie ebenfalls in den Potentialausgleich hinein. Dazu verbindet man sie über Überspannungsableiter (Ventilableiter) mit der Potentialausgleichsschiene (**14.**44). Ventilableiter bestehen aus der Reihenschaltung eines spannungsabhängigen Widerstands (Varistor, s. Abschn. 12.2.2, Elektro-Fachkunde 1), einer Funkenstrecke und einer Sicherung (**14.**45). Bei Überspannung wird der Ventilableiter leitend und leitet die Überspannung ab.

Bei Anlagen der Datenverarbeitung sowie Einrichtungen aus der Meß-, Steuerungs- und Regelungstechnik, die evtl. noch über Signalleitungen miteinander verbunden sind, reichen diese Maßnahmen nicht aus. Hier sind zusätzliche Überspannungs-Feinschutzeinrichtungen vorzusehen.

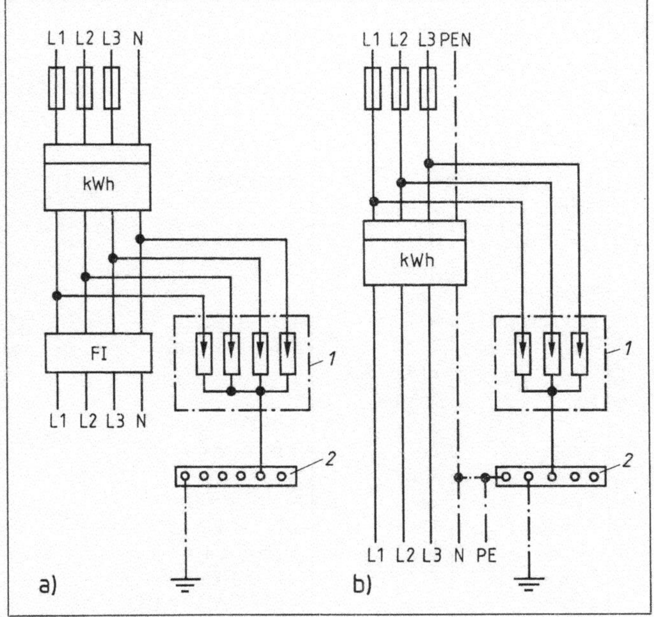

14.44 Ventilableiter

a) im TT-Netz, b) im TN-Netz; die Verbindung kann vor oder nach dem Zähler durchgeführt werden

1 Ventilableiter

2 Potentialausgleichsschiene

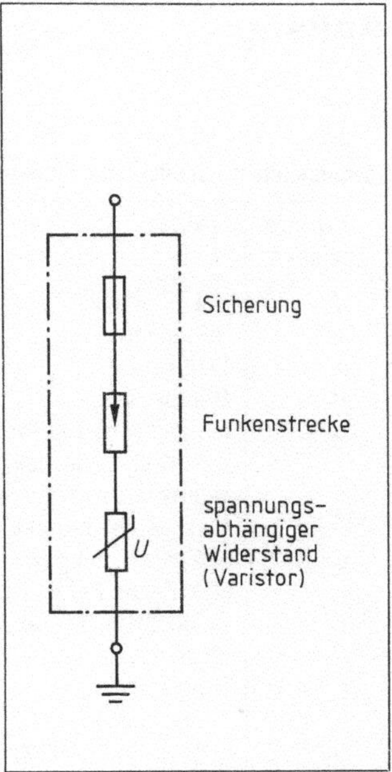

14.45 Ventilableiter

> Maßnahmen des inneren Blitzschutzes schützen Anlagenteile, leitfähige Installationen und elektrischen Anlagen gegen die Wirkungen des Blitzstroms.

Übungsaufgaben zu Abschnitt 14.3

1. Wodurch kommt es zu Gewittern?
2. Was versteht man unter einem Blitz?
3. Wozu dient eine Blitzschutzanlage?
4. Welche Wirkungen hat ein Blitz?
5. Wodurch kann es zu indirekten Blitzschäden kommen?
6. Für welche Gebäude sind Blitzschutzanlagen vorgeschrieben?
7. Was versteht man unter äußerem und innerem Blitzschutz?
8. Aus welchen Teilen setzt sich die äußere Blitzschutzanlage zusammen?
9. Erläutern Sie die verschiedenen Fangeinrichtungen.
10. Wozu dienen die Ableitungen?
11. Warum sind in den Ableitungen Trennstellen vorzusehen?
12. Warum brauchen Blitzschutzanlagen einen guten Erder?
13. Beschreiben Sie den Aufbau eines Ringerders.
14. Was versteht man unter Näherung?
15. Unterscheiden Sie Eigen- und Fremdnäherung.
16. Wozu dient der innere Blitzschutz?
17. Wie wird der innere Blitzschutz durchgeführt?
18. Wie lassen sich die aktiven Leiter gegen Überspannungen schützen?
19. Beschreiben Sie den Aufbau eines Ventilableiters.

Anhang

Formelzeichen, Größen und Einheiten

Formel- zeichen	Größe	Einheit Name	Zeichen	Beziehung
A	Fläche, Querschnittsfläche	Quadratmeter	m^2	
a	Beschleunigung		m/s^2	
a	Dämpfung	Dezibel	dB	
B	Blindleitwert	Siemens	S	$1\,S = 1\,1/\Omega$
B	magnetische Flußdichte	Tesla	T	$1\,T = 1\,Wb/m^2$
c	spezifische Wärmekapazität	–	$kJ/kg \cdot K$	
c	elektrochem. Äquivalent	–	g/Ah	
c	Lichtgeschwindigkeit	–	–	$3 \cdot 10^8\,m/s$
C	elektrische Kapazität	Farad	F	$1\,F = 1\,As/V$
E	elektrische Feldstärke	–	V/m	
E	Beleuchtungsstärke	Lux	Lx	
F	Kraft	Newton	N	$1\,N = 1\,kgm/s^2$
f	Frequenz	Hertz	Hz	$1\,Hz = 1\,1/s$
G	Gewichtskraft	Newton	N	$1\,N = 1\,kgm/s^2$
G	elektrischer Leitwert	Siemens	S	$1\,S = 1\,A/V = 1/\Omega$
H	magnetische Feldstärke	–	A/m	
I	elektrische Stromstärke	Ampere	A	Basisgröße
I	Lichtstärke	Candela	cd	Basisgröße
J	Stromdichte	–	A/mm^2	
L	Induktivität	Henry	H	$1\,H = 1\,Wb/A = 1\,Vs/A$
L	Leuchtdichte	–	cd/m^2	
L_a	Pegel	–	dB µV	
l	Länge	Meter	m	Basisgröße
M	Drehmoment	Newtonmeter	Nm	1 Nm
m	Masse	Kilogramm	kg	Basisgröße
N	Windungszahl	–	–	
n	Drehzahl, Umdrehungsfrequenz	–	1/s, 1/min	
P	Leistung, Wirkleistung	Watt	W	$1\,W = 1\,J/s = 1\,Nm/s$
Q	Wärmemenge	Joule	J	$1\,J = 1\,Nm = 1\,Ws$
Q	elektrische Ladungsmenge	Coulomb	C	$1\,C = 1\,As$, $1\,Ah = 3600\,As$
Q	Blindleistung	Voltampere reaktiv	Var	
R	elektrischer Widerstand	Ohm	Ω	$1\,\Omega = 1\,V/A = 1/S$
R_w	Wirkwiderstand	Ohm	Ω	
S	Scheinleistung	Voltampere	VA	
T	Periodendauer	Sekunde	s	
t	Zeit	Sekunde, Minute, Stunde	s, min, h	Basisgröße
U	elektrische Spannung	Volt	V	$1\,V = 1\,W/A = 1\,Ws/As = 1\,J/As$
V	Volumen	Kubikmeter	m^3	
v	Geschwindigkeit	–	m/s	$1\,m/s = 3{,}6\,kM/h$
W	Energie, Arbeit	Joule	J	$1\,J = 1\,Nm = 1\,Ws$
X	Blindwiderstand	Ohm	Ω	
Y	Scheinleitwert	Siemens	S	$1\,S = 1\,1/\Omega$
Z	Scheinwiderstand	Ohm	Ω	$1\,S = 1\,1/\Omega$

Fortsetzung s. nächste Seite

Formelzeichen, Größen und Einheiten, Fortsetzung

Formelzeichen	Größe	Einheit Name	Einheit Zeichen	Beziehung
α	Temperaturbeiwert	–	1/K, 1/°C	
γ	elektrische Leitfähigkeit	–	$m/(\Omega \cdot mm^2)$	
ε_0	elektrische Feldkonstante	–	–	$8{,}86 \cdot 10^{-12}$ As/Vm
ε_r	Dielektrizitätszahl	–	–	
η	Wirkungsgrad	–	–	
ϑ	Temperatur	–	K, °C	Basisgröße 0 °C = 273,16 K
$\Delta\vartheta$	Temperaturdifferenz	Kelvin, Grad Celsius	K, °C	1 K = 1 °C
λ	Wellenlänge	Meter	m	
μ_0	magnetische Feldkonstante	–	–	$\frac{4\pi}{10} 10^{-6} \frac{Vs}{Am}$
μ_r	Permeabilitätszahl	–	–	
ϱ	Dichte	–	kg/dm^3	
ϱ	spezifischer elektrischer Widerstand	–	$\Omega\, mm^2/m$	
τ	Zeitkonstante	Sekunde	s	
Φ	magnetischer Fluß	Weber, Voltsekunde	Wb, Vs	1 Wb = 1 Vs
Φ	Lichtstrom	Lumen	Lm	
φ	Phasen- und Phasenverschiebungswinkel	grad rad	°	
ω	Kreisfrequenz	–	1/s	

Bildquellenverzeichnis

AEG, Berlin: Bild **3.**16, **4.**24, **4.**26, **4.**34, **5.**7, **5.**22, **5.**26

BBC, Mannheim: Bild **7.**2 bis **7.**4, **7.**7

Berger, Lahr: Bild **7.**11

Borucki, Digitaltechnik, B. G. Teubner Stuttgart: Bild **9.**43 bis **9.**46, **10.**5 bis **10.**10, **10.**12 bis **10.**15, **10.**21, **10.**24 bis **10.**27, **10.**48, **10.**51, **10.**61 bis **10.**69, **10.**71, **10.**72, **10.**74, **10.**75

Elektro-Gerätebau GmbH, Oberderdingen: Bild **12.**55b bis **12.**57, **12.**59, **12.**63 bis **12.**65

Giersch/Harthus/Vogelsang, Elektrische Maschinen, B. G. Teubner Stuttgart: Bild **4.**20 bis **4.**23, **4.**40, **5.**17, **5.**19 bis **5.**21, **5.**23, **5.**54, **5.**55, **7.**1, **7.**5, **7.**10, **7.**12 bis **7.**16, **9.**72, **9.**73, **9.**77 bis **9.**79, **9.**81, **9.**82, **9.**94 bis **9.**99, **9.**101

Gossen & Co., Erlangen: Bild **4.**29, **4.**30, **12.**45, **13.**72, **13.**84

Hartmann & Braun AG, Frankfurt: Bild **2.**24, **4.**28

Kraftwerksunion, Mühlheim: Bild **5.**8

Metrawatt, Nürnberg: Bild **13.**57, **13.**73, **13.**84, **13.**86a, **13.**87, **13.**90

Olsberg Hütte, Olsberg: Bild **12.**70

Osram GmbH, München: Bild **12.**17, **12.**18, **12.**26, **12.**34 bis **12.**36

Siemens AG, Erlangen: Bild **7.**8, **7.**9, **8.**22a, **13.**62, **13.**68

Stotz-Kontakt GmbH, Heidelberg: Bild **13.**62, **13.**64

Willems/Blank/Mohn, Elektro-Fachkunde 3, B. G. Teubner Stuttgart: Bild **9.**7 bis **9.**10, **9.**33 bis **9.**42, **14.**1 bis **14.**16, **14.**18, **14.**19, **14.**21, **14.**22

Alle übrigen Bilder stammen aus dem Verlagsarchiv B. G. Teubner Stuttgart.

Sachwortverzeichnis

(f. = und folgende Seite, ff. = und folgende Seiten)